渭河洪水特性与风险研究

曹绮欣　冯普林　石长伟　等 编著
李　茜　吕园园　张冰洁

黄河水利出版社

·郑 州·

内 容 提 要

本书围绕渭河防洪安全,从洪水特性、洪水演进模拟、洪水风险分析、河道过洪能力、河道工程出险分析等环节进行了典型研究。先后总结了渭河高含沙洪水特点,提出了适用于渭河高、低含沙水流且量纲和谐的挟沙力公式;建立了渭河中游河道洪水演进计算及演示系统;计算绘制了渭河下游南、北两岸洪水风险图582张;分析了渭河全线整治后中下游河道的过洪能力;结合仓西工程出险分析总结了后续河道工程设计与管理可资借鉴的经验与教训。

本书可供从事河道防洪、管理人员及洪水风险研究相关专业师生学习参考。

图书在版编目(CIP)数据

渭河洪水特性与风险研究/曹绮欣等编著. —郑州:黄河水利出版社,2020.6

ISBN 978-7-5509-2688-2

Ⅰ.①渭… Ⅱ.①曹… Ⅲ.①渭河-洪水-风险管理-研究 Ⅳ.①P331.1

中国版本图书馆 CIP 数据核字(2020)第 095369 号

出 版 社:黄河水利出版社　　　　　　　　　　网址:www.yrcp.com

地址:河南省郑州市顺河路黄委会综合楼14层　邮政编码:450003

发行单位:黄河水利出版社

发行部电话:0371-66026940、66020550、66028024、66022620(传真)

E-mail:hhslcbs@ 126. com

承印单位:河南瑞之光印刷股份有限公司

开本:890 mm×1 240 mm　1/16

印张:43.75

字数:1010 千字　　　　　　　　　印数:1—1 000

版次:2020 年 6 月第 1 版　　　　　印次:2020 年 6 月第 1 次印刷

定价:145.00 元

前　言

　　渭河是黄河最大的支流,是中华民族文明的发祥地之一,也是国务院批复的关中-天水经济区发展的基础承载。渭河是黄河中游典型的多泥沙河流,泾河、渭河、洛河的高含沙洪水举世闻名。黄河三门峡水库建成运用后,库区潼关高程急剧抬升并长期居高不下,渭河下游成为"悬河",河槽过洪能力由建库前的 5 000 m³/s 减少到目前的 3 000 m³/s 左右,渭河下游的泥沙淤积和防洪安全问题成为关中东部乃至陕西省的心腹之患。

　　为改善渭河生态环境,陕西省委、省政府于 2011 年启动实施渭河全线整治工程,着力打造"洪畅、堤固、水清、岸绿、景美"的生态渭河。同时,经国家有关方面同意,开始启动实施省内南水北调——引汉济渭工程和泾河东庄水库建设工作。随着渭河整治一期、二期建设的陆续实施,通过加宽堤防、整治河滩、调度水量、绿化治污等措施,"堤固、水清、岸绿、景美"的目标已初步实现。

　　2018 年 7 月 12 日,渭河临潼站出现洪峰流量 4 500 m³/s 的洪水,从洪水演进过程中的洪峰削减、传播时间、洪水位等特征表现看,渭河治理的"洪畅"目标还相距甚远。对渭河下游冲淤演变和三门峡水库运用资料分析表明,渭河下游问题的根源,是三门峡水库建成运用引起的泥沙淤积和潼关河床抬升问题;渭河下游问题的核心,是河槽的泄洪输沙通道受阻、功能受损、恢复机制失衡;解决渭河下游问题的关键,是尽快改变三门峡水库运用方式,明显降低潼关高程。同时,还需依靠水利科技创新和水利现代化建设,研究渭河水沙特性、灾害风险和资源配置条件,整合建设流域实时水情信息系统并完善预报调度机制,构建河流健康评价指标体系,规划生态水源并实施生态治理,在兼顾经济社会需求中维护好河流生态。

　　基于上述认识,作者总结了"十三五"以来开展渭河洪水特性与风险研究的部分成果,编辑出版了这本专著。试图在新时代中国特色社会主义思想指引下不断传承和深化对渭河问题的研究,希望能引起关心、支持、研究渭河的专家学者和社会各界同仁的关注,和我们携起手来,为渭河生态文明建设而不懈努力。

　　本书编写人员及编写分工如下:冯普林编写第 1 章;李茜编写第 2 章;曹绮欣、吕园园编写第 3 章;张冰洁编写第 4 章;石长伟编写第 5 章。此外,张琳琳、白少智、包岁利、雷波、刘俊、尚潇瑛、徐春燕、曲艳、王凯、董倩、詹牧、王灵灵等分别承担了有关章节的部分资料整理及图表绘制工作。

　　限于时间和作者水平,本书疏漏之处在所难免,敬请读者批评指正。

作　者

2020 年 3 月

目　录

第1章 渭河下游高含沙洪水特性及冲淤机制研究

1.1 高含沙水流相关文献综述

1.1.1 高含沙水流概念

我国早在20世纪50年代就开始系统研究高含沙水流,研究涉及高含沙水流的形成特性、流变特性、流动特性、输沙特性、河床演变规律等,成果丰硕。中国水利科学研究院泥沙研究所、清华大学、武汉水利电力学院、黄河水利委员会(简称黄委)黄河水利科学研究院、水利部西北水利科学研究所等国内重要的科研单位,对高含沙水流运动规律进行深入研究,逐步建立起高含沙水流运动的理论体系。国外高含沙水流的系统研究始于20世纪80年代,国外目前关于高含沙水流的研究遵循与借鉴了我国的方法和理论[1]。

但究竟什么是高含沙水流,高含沙水流如何界定,迄今尚未有公认的标准。王光谦[1]认为,高含沙水流是指含沙量高达200~300 kg/m³的挟沙水流。王兴奎等[2]认为,当水体中含沙量较高,并且含有一定量的细(黏)颗粒($d<0.01$ mm),使该挟沙水流的物理特性、运动特性和输沙特性等基本上不再用牛顿流体的运动规律来描述时,这种水流称为高含沙水流。许炯心等[3]以含沙量大于400 kg/m³作为高含沙水流的含沙量标准。为了在不同的河流间进行比较,采用了年最大悬移质含沙量C_{max}、年均悬移质含沙量C_{mean}和有观察资料以来的断面最大含沙量C_{max1}作为指标。当C_{mean}超过100 kg/m³或C_{max1}超过400 kg/m³时,即认为出现过高含沙水流。廖建华[4]认为主要与悬移质泥沙的粗细有关,悬移质泥沙越粗,呈现宾汉体特性所需要的含沙量越大。陕北地区的支流泥沙颗粒较粗,当含沙量达到400 kg/m³时才呈现宾汉体性质;粗颗粒泥沙沿途发生淤积,悬移质泥沙变细,至黄河下游,含沙量达到200 kg/m³左右时,水流便呈现出宾汉体性质,此时水流即为高含沙水流;对于细沙区河流(如渭河),当含沙量达到100 kg/m³时,水流就有可能转变为宾汉体,从而形成高含沙水流。为使各区域高含沙水流发生情况具有可比性,以大于200 kg/m³作为高含沙水流的含沙量标准。惠遇甲等[5]给出了高含沙水流紊动结构和非均匀沙运动规律的诸多研究成果,指出关于高含沙水流,一般认为:某一水流强度的挟沙水流中,其含沙量与泥沙颗粒组成,特别是粒径$d<0.01$ mm的细颗粒所占百分数,使该挟沙水流在其物理特性、运动特性和输沙特性等方面基本上不能用牛顿流体的运动规律进行描述时,称为高含沙水流。有文献建议将水流黏度$\mu_r>1.5$作为判别高含沙水流的标准。

1.1.2 流变、流动和输沙特性

(1)流变特性方面:田治宗等[6]利用黄河干支流河道的实测流速、含沙量资料,分析泥沙在高含沙紊动水流中的沉降速度,得到高含沙水流紊动状态下的流变参数与雷诺数Re的

关系,当 $Re < 800$ 时,流变参数随着 Re 的增大而增大;当 $Re > 800$ 时,流变参数则随着 Re 的增大而减小并渐趋稳定。陈立[7]用极限浓度综合反映诸因素对高含沙水流流变参数——刚性系数和宾汉极限切应力的影响,提出了确定极限浓度的新方法,并根据流变试验资料,建立了精度较高、适用范围较广的流变参数表达式。白玉川、徐海珏[8]研究认为,对于高含沙水流等非牛顿流体,层流转换为紊流以及紊流溃灭再次转为层流,其不仅主要取决于惯性力与黏性力的比值——临界雷诺数,而且取决于这种非牛顿流体中含沙量的大小、含沙量的分布形式、含沙颗粒粒径的大小以及含沙颗粒的容重等多种因素。研究结果为解释河流中的"浆河"现象、挟沙水流湍流强度及湍流结构的变化趋势提供了一些重要的科学依据。司凤林、乔永杰[9]在黄河中游多沙粗沙区 25 条支流大量试验资料的基础上进行了分析研究,提出了不同河流形成高含沙水流的定量条件,并给出了不同地区、不同河流流变参数的经验公式。

(2)流动特性方面:张瑞瑾[10-12]致力于河流泥沙运动基本理论和实际工程应用的研究,提出了泥沙沉速、泥沙起动、水流挟沙力公式,被广泛应用。费祥俊[13]对泥沙运动特性进行了研究,建立了高浓度浆体黏滞系数与宾汉屈服应力计算公式,可用于泥石流浆体的黏性计算。舒安平等[14]推导得出了紊动能转化率表达式以及泥沙悬浮效率系数表达式,并得出了高含沙水流的紊动能量转化与耗散规律,为黄河具有"多来多排"的输沙特性找到了一定的理论依据。黄远东等[15]基于"紊流涡团模式"和采用高精度的流速垂向分布表达式,建立起高含沙水流的紊动黏性系数计算公式,并将计算公式应用于黄河下游平面二维泥沙数学模型中。王光谦等[16]建立了流域水沙运动模拟模型,提供了黄土丘陵沟壑区沟道系统水沙运动模拟的一种模式。对于沟道水流挟沙力的计算,验证对比了常用于黄河干流的张红武公式和专为泥沙源区建立的费祥俊公式。刘兆存、徐永年[17]综述了高含沙水流的阻力特征、流速分布、紊动强度分布、能量分布等流动过程中所具有的特性,并和清水、低含沙水流做了对比分析。系统论述了高、低含沙水流所共同具有的规律。

(3)输沙特性方面:钱宁等[18]发展了高速不均匀沙的输沙理论,开拓与推动了高含沙水流运动机制研究。窦国仁[19]对泥沙运动、推移质和悬移质输沙、河床变形等基本理论进行研究,提出了河床紊流随机理论、非恒定流不平衡输沙方程式、泥沙沉降的统一公式,被广泛应用。韩其为[20]采用力学与随机过程相结合的方法,对泥沙运动统计(随机)理论进行了长期研究,建立了较为完整的泥沙运动统计理论体系;对不平衡输沙、异重流、淤积形态、变动回水区冲淤、回水抬高、水库淤积控制等均进行了专门研究,基本完成了将淤积由定性描述到定量表达的过程。曹如轩等[21-22]对水库高含沙冲淤、水流挟沙力双值关系、高含沙洪水"揭河底"现象进行了探索。齐璞、余欣等[23]利用黄河主要干支流渭河、北洛河、黄河下游及三门峡水库大量实测资料分析得出:河道中的高含沙水流的阻力与低含沙水流相同,均可用曼宁公式进行阻力计算,分析了黄河高含沙水流的高效输沙特性形成机制。张德茹、苏晓波等[24]利用洛惠渠近 20 年的实测资料,分析洛惠渠高含沙水流的特性,指出水流中含沙量的增大和细颗粒含量的增加,一方面使流体黏度增加;另一方面使流体容重增大,从而导致颗粒的沉速大幅度降低,甚至形成不分选泥浆。许继刚、郑宝旺等[25]根据对实测资料的分析,得出了输沙管道高含沙水流沿程和局部阻力系数的变化规律及确定方法,提出了管道综合泥沙因子和综合阻力系数的相关关系,同时指出细颗粒组成对高含沙水流的阻力特性有很大影响。

以上关于高含沙水流概念的界定,以及高含沙水流的流变、流动、输沙特性等研究成果丰硕,为本次渭河高含沙洪水特性及冲淤机制研究提供了参考和借鉴。

1.1.3 滩槽冲淤影响及机制

国内针对高含沙洪水滩槽冲淤影响的研究较多,主要集中在高含沙洪水的滩槽冲淤影响、冲淤临界流量及输沙水量、冲淤机制等方面。

曾庆华等[26]对高含沙水流与渭河河道冲淤关系进行了初步探讨。杜殿勋[27]分析了黄河禹门口至潼关河道的冲淤特性及揭河底冲刷,提出了河槽平滩宽度和河湾形态关系式。赵文林、茹玉英[28]分析了渭河下游临潼—华阴的冲淤输沙特性,认为高含沙量和较高含沙量的小水主槽淤积,高含沙大洪水冲滩刷槽,形成窄深河槽,研究了高含沙洪水的冲淤分布及断面形态调整。王明甫等[29]分析了高含沙水流游荡型河道滩槽冲淤演变特点,指出窄深河槽一方面由高含沙水流自身塑造,另一方面又表现出相对的不稳定性。江恩惠等[30-32]对黄河高含沙洪水"揭河底"冲刷的现象和机制进行了系统的研究。戴清等[33]将泾河、渭河洪水分为4类组合,分析了典型年份不同水沙组合条件下渭河下游河道的冲淤规律及主槽形态变化特点。李琦等[34]分析了渭河下游河道泥沙冲淤变化特点、河道比降演变规律以及河道泥沙淤积对河床比降的影响关系。侯素珍等[35]分析了小北干流河段来水来沙及冲淤演变情况。

梁志勇[36-37]对渭河下游冲淤临界流量进行了研究,对冲淤临界流量与含沙量关系进行了验证和对比,将河床冲淤分成2个大区和5个小区。张翠萍等[38]探讨了高含沙水流对渭河下游平滩主槽的影响,分析并提出了渭河洪水不淤的临界流量。陈雄波等[39]分析了渭河下游洪水冲淤特性,提出了新的洪水期输沙用水量计算方法及不同水平年的输沙用水量。李小平等[40]对洪水冲淤特性及高效输沙过程进行了分析,指出输沙水量与排沙比的关系因含沙量的不同而分带分布,提出用平均流量为 3 200 m³/s、平均含沙量为 65 kg/m³ 的水沙搭配来代表黄河下游高效输沙洪水过程。刘继祥等[41]分析了各种水沙条件下黄河下游河道的冲淤特性,总结了5类洪水及非汛期河道的冲淤规律和各河段的相互调整关系,提出了各河段冲淤最严重的洪水类型,确定了各河段冲淤平衡的临界条件。

秦毅等[42]试验研究了高含沙浑液的静态剪切应力,认为静态剪切应力的存在是造成河道滩槽贴边淤积和滩地高含沙水流整体停滞的根源。当渭河下游发生高含沙洪水时,发生的淤积主要是贴边淤积。所谓贴边淤积,是指发生在河槽两岸边壁附近的淤积,以两种形式出现。一种是由于边壁附近流速较小,处于紊流状态的含沙量 300 kg/m³ 以下且泥沙颗粒较粗的二相水流挟沙能力低下,以至于无法挟带大量泥沙,从而使泥沙颗粒按照粒径等级依次落下,称为分选落淤;另一种是在流速很小的滩地或主槽边壁附近,处于层流状态的含沙量 600 kg/m³ 以上且泥沙颗粒细的泥浆运动过程中很快整层浑水水体几乎停止不动而形成的水流分层整体停滞现象,即贴边滞淤,基本不存在颗粒的分选,淤积形态在滩地近似水平,在河槽中近似直立,导致断面形态呈窄深型。如华县站 1994 年洪水虽然没有漫滩,但主槽出现贴着边壁整块的淤积,1995 年主河槽和滩地同时发生了贴边淤积,河槽边壁或边滩上的淤积高度几乎与最高水位同高。

上述关于高含沙水流与渭河河道冲淤关系、河道冲淤规律、冲淤输沙特性、冲淤临界流量及河道滩槽贴边淤积、贴边滞淤等方面分析研究,为开展渭河下游高含沙洪水冲淤特征分析及高含沙洪水河床冲淤模式及机制研究奠定了重要的研究基础。

1.1.4   小结

本章通过资料收集、文献查询,综述了国内学者关于高含沙水流概念的界定,高含沙水流的流变特性、流动特性、输沙特性等研究成果,对本书研究有重要的参考价值。

1.2   渭河下游高含沙洪水特性

1.2.1   高含沙洪水的界定

我国早在 20 世纪 50 年代就开始系统研究高含沙水流,研究涉及高含沙水流的形成特性、流变特性、流动特性、输沙特性、河床演变规律等,成果丰硕。国外高含沙水流的系统研究始于20 世纪 80 年代,国外目前关于高含沙水流的研究遵循与借鉴了我国的方法和理论[1]。

结合前述有关高含沙水流的概念,一般洪水期水体中含沙量较高,并且含有一定量粒径($d < 0.01$ mm)的细颗粒,水流相对黏度 $\mu_r > 1.5$ 的洪水过程称为高含沙洪水。

结合对渭河咸阳站、临潼站、华县站 1974~2009 年 275 组实测水力泥沙资料全沙断面平均含沙量与水流相对黏度关系的分析[46],拟合关系如图 1-1 所示,可得如下经验关系:

$$S = 317.25\ln\mu_r - 5.601\ 6 \quad (R = 0.996) \tag{1-1}$$

式中:S 为含沙量,kg/m^3。

据此,则与水流相对黏度 $\mu_r = 1.5$ 相应的断面平均含沙量为 123 kg/m^3,即渭河下游断面平均含沙量 123 kg/m^3,相应体积含沙量 $S_v = 0.046$ 以上的洪水过程,可以界定为高含沙洪水。

本书结合渭河下游水沙特点,为切实研究高含沙洪水特性,将洪水期最大含沙量 200 kg/m^3、相应体积含沙量 $S_v = 0.075$ 以上的洪水过程作为研究对象。

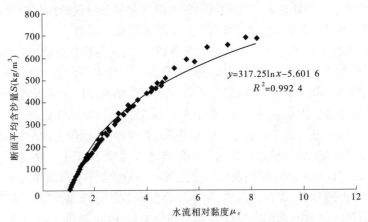

图 1-1   渭河下游断面平均含沙量与水流相对黏度 μ_r 关系

1.2.2   高含沙洪水水沙构成

1.2.2.1   场次洪水特征

统计临潼站 1961 年建站以来 168 场洪水期最大含沙量 200 kg/m^3 以上的洪水水沙过程

特征、水沙量、输沙率及平均含沙量,以及粒径 d_{50}、$d < 0.01$ mm 的细颗粒沙重百分数或细颗粒含沙量,分析高含沙洪水过程的变化特征,详见表 1-2。

1. 高含沙洪水历时

根据表 1-2 绘制临潼站高含沙洪水历时变化图(见图 1-2)。从图 1-2 中可知,洪水历时五年滑动平均值从 1985 年以来出现了两次台阶式下降,第一阶段是 1986~2003 年洪水历史平均下降为 106 h,第二阶段是 2004 年至今洪水历时平均下降为 68 h,渭河下游高含沙洪水历时显著减小。

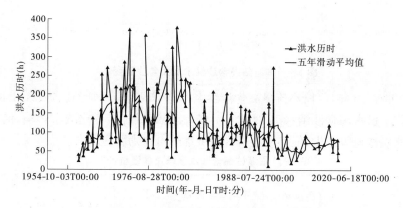

图 1-2　临潼站高含沙洪水历时变化

2. 高含沙洪水洪峰流量及最大含沙量

绘制临潼站高含沙洪水洪峰流量变化图(见图 1-3)及最大含沙量变化图(见图 1-4),由于近年来渭河来水来沙减少,21 世纪以来临潼站高含沙洪水洪峰流量较 20 世纪六七十年代显著减少。最大含沙量在经历了 20 世纪 80 年代初期的最低时期后,2009 年以来,临潼站高含沙洪水最大含沙量处于较低的水平,但相较于洪峰流量,最大含沙量的变化幅度明显较小。

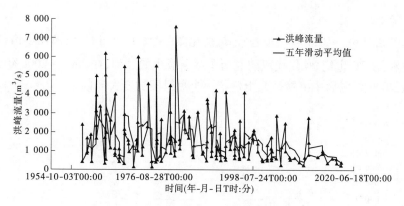

图 1-3　临潼站高含沙洪水洪峰流量变化

上述洪峰流量及最大含沙量的变化特点,使得渭河下游高含沙洪水的水沙搭配情况在不同时期也出现不同的特点,统计临潼站高含沙小洪水(洪峰流量小于 1 000 m³/s)场次数量,见表 1-1。从表 1-1 中数据可知,2000 年以来年均高含沙洪水场次数量显著减少,2000 年以前,年均高含沙洪水场次数量达 3 场以上,2000~2009 年年均 2.6 场,2010 年以来年均

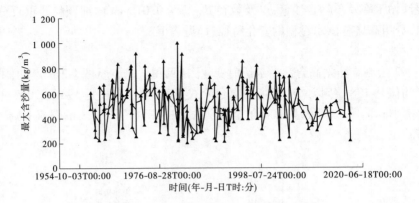

图 1-4 临潼站高含沙洪水最大含沙量变化

1.6 场;除 20 世纪 80 年代外,小流量高含沙洪水占比呈现逐渐增加的趋势,21 世纪以来,小流量高含沙洪水已占高含沙洪水 70% 以上。综上,受流域气候变化减水影响,渭河下游年均高含沙洪水场次显著减少,但小流量高含沙洪水的占比则明显增大。

表 1-1 临潼站高含沙洪水场次数量统计

时间段	高含沙洪水场次数量(场)	年均场次数量(场)	小流量高含沙洪水 ($q < 1\ 000\ \mathrm{m^3/s}$)	
			场次数量(场)	占比(%)
1961 ~ 1969 年	32	3.6	12	37.50
1970 ~ 1979 年	31	3.1	12	38.71
1980 ~ 1989 年	32	3.2	9	28.13
1990 ~ 1999 年	34	3.4	14	41.18
2000 ~ 2009 年	26	2.6	19	73.08
2010 ~ 2017 年	13	1.6	10	76.92

3. 悬移质颗粒

点绘临潼站 1961 ~ 2017 年中值粒径 d_{50} 变化图(见图 1-5)可知,临潼站中值粒径由于三门峡水库蓄水,在 20 世纪 90 年代以前经历了逐渐减小的过程,在 2005 ~ 2008 年,中值粒径达到最高值,2009 年以后中值粒径又出现了一个短时段的变大时期。

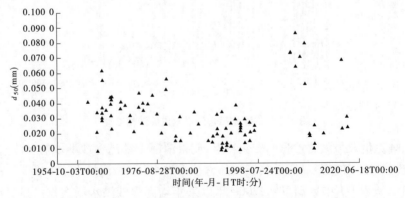

图 1-5 临潼站高含沙洪水 d_{50} 变化

点绘临潼站1961～2017年细颗粒含量(粒径小于0.010 mm的细颗粒沙重百分比)变化图(见图1-6)可知,临潼站高含沙洪水细颗粒含量自1961年以来,呈现一个逐渐增多的过程。

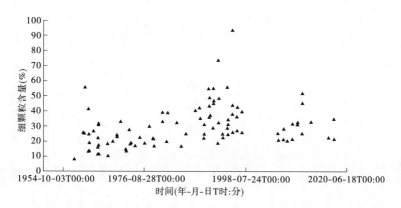

图1-6 临潼站高含沙洪水细颗粒含量($d<0.010$ mm)变化

1.2.2.2 场次洪水干、支流来源分析

渭河是我国典型的高含沙河流,从1961～2016年的统计资料(见表1-2)来看,渭河下游干流华县站平均每年向黄河输送2.76亿t泥沙,泥沙主要来自北岸的黄土区,以泾河及渭河上游为甚。其中,泾河张家山站平均每年向渭河输送1.90亿t泥沙,占华县站输沙总量的69.01%,而流域面积只占华县站的40.6%。来自渭河上游的泥沙,林家村站每年向渭河输送0.89亿t,占华县站年输沙量的32.21%,而流域面积只占华县站的28.8%。渭河南岸为秦岭土石山区,植被较好,河流含沙量甚少,一般均在1.0 kg/m³以下。

根据林家村、张家山及华县三站1960～2016年的水量、沙量成果统计资料,林家村站多年平均水、沙量分别占华县站的22.99%、32.21%,张家山站多年平均水、沙量分别占华县站的19.04%、69.01%。其中,汛期林家村站多年平均水、沙量分别占华县站的24.33%、28.98%,张家山站多年平均水、沙量分别占华县站的12.89%、70.21%。上述数据说明,渭河下游两个主要泥沙来源中,以泾河来沙为甚,张家山站历年日输沙量占华县站的约70%;汛期来沙量集中,林家村站、张家山站、华县站汛期输沙量占历年日输沙量的95%以上。

表1-3统计了临潼站1961～2017年高含沙洪水共计157场场次的水沙来源。从表1-3中可知,高含沙洪水干流来水自1980年以来场次及占比逐渐减少,而泾河来水场次及占比逐渐增多。总体来看,1961～2017年出现157场高含沙洪水,其中泾河来水106场,占比67.5%。来沙则是以泾河为主,1961～2017年的157场高含沙洪水中,泾河来沙134场,占比85.4%,其次是同时来沙13场,占比8.3%;从来沙场次的历年变化来看,1961年以来泾河来沙占比呈现缓慢增加的趋势,干流来沙较大的自2000年以来仅出现过"03·8"一场高含沙洪水(咸阳最大含沙量为298 kg/m³)。从上述统计成果可反映出:一方面,20世纪90年代以来,渭河中上游降雨减少导致干流来水场次及洪峰洪量明显减小;另一方面,近年来渭河中上游水土保持工作取得了比较好的成效,汛期洪水含沙量明显降低。

表 1-2 渭河下游高含沙洪水过程特征统计

序号	临潼站洪峰现时间（年-月-日T时:分）	临潼站洪峰水位（m）	临潼站洪峰流量（m³/s）	临潼站最大含沙量（kg/m³）	洪水历时（h）	临潼站平均含沙量（kg/m³）	d_{50}（mm）	细颗粒含量（$d<0.01$ mm）的细颗粒沙重百分数	悬沙颗粒分析方法	临潼站水量（亿m³）	临潼站输沙量（亿t）	华县站洪峰现时间	华县站洪峰水位（m）	华县站洪峰流量（m³/s）	华县站最大含沙量（kg/m³）
1	1961-07-02T08:43	354.69	2 420	472	41.6	400	0.041 0	8.2	粒径计	1.791 0	0.347 6	1961-07-02T14:00	335.92	2 280	404
2	1961-08-03T02:30	353.73	420	608	24					0.236 2	0.097 6	无洪要资料	—	—	—
3	1962-07-15T09:25	354.26	850	307	72					0.573 8	0.112 6	1962-07-16T14:00	335.22	440	245
4	1962-07-24T17:48	354.57	1 730	471	72					1.859 8	0.557 9	1962-07-25T16:30	336.86	1 450	654
5	1962-08-15T04:22	354.26	927	250	34.7					0.320 4	0.054 3	1962-08-15T16:00	336.08	1 170	94.9
6	1963-06-07T07:00	354.93	1 930	228	90	57.9	0.020 8	25.8	粒径计	1.760 4	0.206 9	1963-06-07T16:00	336.10	1 460	222
7	1963-08-05T03:00	354.27	396	517	55	131	0.034 0	25.5	粒径计	0.231 3	0.062 0	无洪要资料	—	—	—
8	1963-08-08T00:00	354.36	378	648	100.4	648	0.008 4	55.6	粒径计	0.399 8	0.147 7	无洪要资料	—	—	—
9	1964-07-18T04:00	355.34	3 120	602	80	310	0.061 5	13.2	粒径计	3.145 2	1.312 5	1964-07-18T15:00	337.42	2 770	659
10	1964-07-22T16:00	355.75	5 030	463	84	182	0.030 1	41.3	粒径计	4.639 9	1.292 3	1964-07-23T04:00	337.18	3 790	452
11	1964-08-11T05:00	354.89	2 380	479	76	421	0.028 5	24.7	粒径计	1.791 2	0.722 6	1964-08-11T14:00	336.08	1 800	469
12	1964-08-14T00:00	355.41	3 970	670	140	665	0.033 5	18.8	粒径计	4.150 2	1.692 1	1964-08-14T11:30	337.45	3 560	643
13	1964-08-21T08:00	354.26	1 610	527	80	430	0.037 1	13.8	粒径计	1.709 9	0.494 9	1964-08-21T17:30	335.84	1 490	427
14	1964-09-08T08:00	354.35	1 580	234	48	200	0.055 0	24.5	粒径计	1.281 9	0.128 2	1964-09-09T04:00	337.02	2 060	136
15	1965-07-09T02:30	355.03	3 390	447	60	433	0.035 5	26.8	粒径计	2.458 0	0.765 0	1965-07-09T12:00	337.48	3 200	357
16	1966-06-13T14:30	353.74	325	710	161		0.044 2	11.2	粒径计	0.055 2	0.023 3	1966-06-14T13:00	334.79	305	397
17	1966-06-29T03:00	354.67	1 680	609	112		0.039 5	15.9	粒径计	0.129 7	0.066 8	1966-06-29T18:00	336.93	1 140	602
18	1966-07-23T16:00	355.86	5 060	565	84		0.031 7	22	粒径计	0.397 4	0.128 6	1966-07-24T04:00	338.85	3 550	405
19	1966-07-27T20:00	356.15	6 250	688	256		0.042 4	17.4	粒径计	1.322 4	0.455 3	1966-07-28T09:00	339.47	5 180	636

续表 1-2

序号	临潼站峰现时间 (年-月-日 T 时:分)	临潼站洪峰水位 (m)	临潼站洪峰流量 (m³/s)	临潼站最大含沙量 (kg/m³)	洪水历时 (h)	临潼站平均含沙量 (kg/m³)	d_{50} (mm)	细颗粒含量 ($d<0.01$ mm 的细颗粒沙重百分数)	悬沙颗粒分析方法	临潼站水量 (亿m³)	临潼站输沙量 (亿t)	华县站峰现时间	华县站洪峰水位 (m)	华县站洪峰流量 (m³/s)	华县站最大含沙量 (kg/m³)
20	1966-08-11T14:00	353.02	507	413	108		0.023 1	31.7	粒径计	0.099 5	0.021 2	1966-08-13T00:00	335.83	408	346
21	1966-08-17T05:30	354.05	1 990	605	88		0.044 3	11.2	粒径计	0.114 8	0.040 0	1966-08-17T13:00	336.48	1 340	624
22	1966-09-04T07:30	354.93	3 000	438	188		0.023 0	30.5	粒径计	0.719 0	0.107 1	1966-09-04T07:00	338.93	2 880	483
23	1967-08-04T12:00	353.85	1 120	832	196				粒径计	0.225 9	0.067 9	1967-08-06T08:00	353.76	664	731
24	1967-09-10T08:00	354.53	2 650	248	270				粒径计	0.660 4	0.060 8	1967-09-10T17:30	339.13	1 970	320
25	1968-08-03T16:30	355.12	4 050	697	156		0.036 4	18.2	粒径计	0.487 3	0.189 5	1968-08-04T04:00	339.86	1 980	727
26	1968-08-20T08:00	353.84	1 140	315	84		0.041 0	10.2	粒径计	0.121 7	0.027 3	1968-08-20T20:00	339.05	830	286
27	1968-08-24T00:40	353.75	880	717	72				粒径计	0.097 2	0.049 5	1968-08-24T18:00	338.78	730	753
28	1968-08-29T14:00	353.81	780	582	156				粒径计	0.266 5	0.031 3	1968-08-30T12:00	338.89	770	400
29	1969-07-25T16:00	353.72	422	576	88				粒径计	0.064 5	0.019 8	1969-07-25T08:00	336.20	330	503
30	1969-07-27T06:00	354.12	786	594	74				粒径计	0.119 1	0.048 0	1969-07-28T20:00	337.38	608	508
31	1969-07-30T16:00	354.29	1 110	578	222				粒径计	0.107 0	0.039 0	1969-07-31T06:00	337.63	965	555
32	1969-08-10T17:00	353.96	654	629	180		0.038 6	19.7	粒径计	0.135 9	0.042 7	1969-08-11T02:00	337.43	725	601
33	1970-07-22T22:30	353.63	336	822	48				粒径计	0.021 3	0.008 2	1970-07-23T17:20	336.07	182	491
34	1970-07-29T21:00	354.77	2 170	447	174				粒径计	0.350 4	0.085 6	1970-07-30T08:00	338.64	1 440	457
35	1970-08-03T08:00	354.82	2 160	801	78				粒径计	0.248 1	0.097 0	1970-08-03T08:00	338.83	1 590	702
36	1970-08-06T06:00	355.33	2 930	448	174		0.027 8	24.2	粒径计	0.486 8	0.148 8	1970-08-06T17:00	339.85	2 540	445
37	1970-08-31T03:12	356.10	5 520	518	216		0.031 8	22.7	粒径计	0.815 8	0.204 1	1970-08-31T18:00	340.55	4 320	527
38	1970-09-17T11:00	354.35	1 940	331	120				粒径计	0.353 8	0.048 1	1970-09-18T08:00	337.06	1 300	233

序号	临潼峰现时间（年-月-日T时:分）	临潼站洪峰水位（m）	临潼站洪峰流量（m³/s）	临潼站最大含沙量（kg/m³）	洪水历时（h）	临潼站平均含沙量（kg/m³）	d_{50}（mm）	细颗粒含量（$d<0.01$ mm 的细颗粒沙重百分数）	悬沙颗粒分析方法	临潼站水量（亿m³）	临潼站输沙量（亿t）	华县站峰现时间	华县站洪峰水位（m）	华县站洪峰流量（m³/s）	华县站最大含沙量（kg/m³）
39	1971-07-10T11:00	354.29	1 590	253	288		0.021 0	32.8	粒径计	0.420 0	0.320 0	1971-07-10T20:00	337.45	1 280	271
40	1971-08-21T21:30	354.34	1 390	917	218				粒径计	2.020 0	0.770 0	1971-08-22T09:00	338.15	1 380	662
41	1971-09-03T18:30	354.05	925	609	144				粒径计	0.900 0	0.280 0	1971-09-04T10:00	337.10	625	566
42	1972-07-09T12:48	354.50	1 280	579	372		0.037 1	14.7	粒径计	4.270 0	0.240 0	1972-07-10T04:00	337.84	980	176
43	1972-08-21T12:48	353.04	162	579	96		0.046 4	13.5	粒径计	1.580 0	0.037 0	1972-07-10T04:00	337.84	980	176
44	1973-04-30T04:00	354.62	1 600	346	225		0.026 7	27.7	粒径计	4.940 0	0.410 0	1973-05-04T14:00	338.13	1 030	331
45	1973-07-20T08:00	354.39	1 030	622	268		0.040 0	18.1	粒径计	2.350 0	0.850 0	1973-07-20T22:00	337.69	679	554
46	1973-08-19T10:48	355.07	2 520	823	144		0.035 3	18.7	粒径计	2.060 0	0.970 0	1973-08-20T02:00	339.39	1 210	721
47	1973-08-31T08:00	356.77	6 050	634	172				粒径计	8.960 0	2.720 0	1973-09-01T02:00	341.57	5 010	572
48	1974-08-01T06:30	354.25	802	755	184		0.039 5	16.8	粒径计	1.090 0	0.460 0	1974-08-01T19:00	336.48	590	509
49	1974-08-09T20:00	354.66	1 230	581	96				粒径计	1.340 0	0.250 0	1974-08-10T10:00	337.46	1 080	364
50	1975-07-26T05:30	355.13	2 290	645	78.5		0.044 8	22.6	粒径计	2.290 0	0.910 0	1975-07-26T14:00	337.97	1 650	634
51	1975-07-26T05:30	355.13	2 290	645					粒径计	3.190 0	0.610 0	1975-07-26T14:00	337.97	1 650	634
52	1975-10-02T12:00	357.20	4 600	377	360			18.8	粒径计	11.830 0	0.640 0	1975-10-02T20:00	340.97	4 010	274
53	1976-07-19-T02:12	354.18	424	473	60		0.033 0		粒径计	0.350 0	0.092 0	1976-07-20T02:00	335.83	310	208
54	1976-07-19T02:12	354.18	424	473					粒径计	0.400 0	0.081 0	1976-07-20T02:00	335.83	310	208
55	1976-08-03T03:00	353.78	180	623	216				粒径计	0.510 0	0.160 0	1976-08-04T00:00	335.09	117	261
56	1976-08-19T23:00	354.15	440	281	84				粒径计	0.610 0	0.080 0	1976-08-21T12:00	336.09	230	214
57	1977-06-28T19:00	354.19	412	661	134				粒径计	0.700 0	0.110 0	1977-06-28T15:00	336.11	298	451

续表 1-2

序号	临潼站峰现时间(年-月-日T时:分)	临潼站洪峰水位(m)	临潼站洪峰流量(m³/s)	临潼站最大含沙量(kg/m³)	洪水历时(h)	临潼站平均含沙量(kg/m³)	d_{50}(mm)	细颗粒含量($d<0.01$ mm的细颗粒沙重百分数)	悬沙颗粒分析方法	临潼站水量(亿 m³)	临潼站输沙量(亿 t)	华县站峰现时间	华县站洪峰水位(m)	华县站洪峰流量(m³/s)	华县站最大含沙量(kg/m³)
58	1977-07-07T10:30	357.16	5 550	695	172.6				粒径计	7.300 0	3.380 0	1977-07-07T20:00	340.43	4 470	795
59	1977-07-31T10:54	354.24	1 440	351	102		0.020 0	29.6	粒径计	1.300 0	0.280 0	1977-07-31T20:00	335.41	950	349
60	1977-08-07T09:00	354.64	1 650	861	132				粒径计	1.600 0	1.050 0	1977-08-07T13:30	335.55	1 450	905
61	1977-09-21T13:30	353.69	515	591	60				粒径计	1.640 0	0.120 0	1977-09-22T16:00	335.25	460	420
62	1978-05-31T14:00	354.05	731	270	229.2		0.026 0	22	粒径计	1.790 0	0.110 0	1978-06-01T16:00	335.94	687	142
63	1978-07-22T01:00	355.28	2 700	579	207.2		0.056 0	21.6	粒径计	5.500 0	1.260 0	1978-07-22T08:00	337.2	2 280	419
64	1978-08-15T08:00	353.61	490	580	213.4		0.049 0	16.9	粒径计	1.380 0	0.170 0	1978-08-15T19:30	335.13	550	383
65	1979-07-31T21:36	354.23	926	619	288				粒径计	7.320 0	1.330 0	1979-08-01T05:00	336.43	720	532
66	1980-07-03T18:00	356.54	4 490	331	264				移液管	0	0	1980-07-04T06:00	340.16	3 770	398
67	1980-07-26T10:12	354.21	1 450	561	59.5		0.018 0	33	移液管	0	0	1980-07-26T19:00	336.53	974	450
68	1980-07-29T04:00	354.75	1 660	996	134		0.015 0	39.1	移液管	0	0	1980-07-29T10:00	337.11	1 430	711
69	1980-08-04T11:00	355.64	3 080	223	204				移液管	0	0	1980-08-04T20:00	338.64	2 800	230
70	1980-08-19T17:00	353.98	899	463	84				移液管	0	0	1980-08-20T05:30	336.63	995	417
71	1980-08-24T15:00	354.62	1 820	241	148				移液管	0	0	1980-08-24T23:00	337.39	1 580	245
72	1981-06-22T08:00	353.78	741	915	140		0.031 0	19.7	移液管	0	0	1981-06-22T23:30	336.06	491	761
73	1981-07-05T08:00	354.29	1 060	256	128.9		0.015 0	38.9	移液管	0	0	1981-07-05T16:00	337.53	970	125
74	1981-08-16T20:00	354.71	1 570	638	32				移液管	0	0	1981-08-17T03:00	337.61	1 320	671
75	1981-08-22T17:30	357.97	7 610	267	328				移液管	0	0	1981-08-23T10:00	341.03	5 380	313
76	1982-07-30T20:00	354.35	1 360	461	48				移液管	0	0	1982-07-31T12:00	336.74	935	339

续表 1-2

序号	临潼站峰现时间（年-月-日 T 时∶分）	临潼站洪峰水位（m）	临潼站洪峰流量（m³/s）	临潼站最大含沙量（kg/m³）	洪水历时（h）	临潼站平均含沙量（kg/m³）	d_{50}（mm）	细颗粒含量（$d < 0.01$ mm 的细颗粒泥沙重百分数）	悬沙颗粒分析方法	临潼站水量（亿 m³）	临潼站输沙量（亿 t）	华县站峰现时间	华县站洪峰水位（m）	华县站洪峰流量（m³/s）	华县站最大含沙量（kg/m³）
77	1982-08-01T10∶00	354.96	1 650	204	90				移液管	0	0	1982-08-01T19∶45	337.61	1620	156
78	1982-08-05T07∶42	354.42	1 110	397	378				移液管	0	0	1982-08-05T14∶00	337.22	1 480	327
79	1983-07-31T01∶00	355.86	3 180	292	240				移液管	0	0	1983-07-31T22∶00	338.95	3 170	128
80	1983-09-09T00∶00	355.18	2 220	237	200		0.020 0	32	移液管	0	0	1983-09-09T05∶30	337.81	2 200	153
81	1984-07-26T15∶00	355.46	1 690	288	168				光电仪、筛分析	0	0	1984-07-27T06∶00	337.62	1 930	158
82	1984-08-04T12∶00	355.75	2 900	549	240		0.034 0	16.9	光电仪、筛分析	0	0	1984-08-04T22∶00	338.30	2 870	514
83	1985-05-15T15∶00	354.81	760	291	232				移液管、筛分析	0	0	1985-05-16T04∶00	336.68	788	95.9
84	1985-08-16T18∶00	354.98	585	679	104				移液管、筛分析	0	0	1985-08-17T06∶00	336.56	482	531
85	1985-08-18T21∶00	354.76	690	489	104		0.026 0	24.8	移液管、筛分析	0	0	1985-08-19T08∶00	336.73	610	498
86	1985-08-30T21∶00	355.44	1 320	296	92				移液管、筛分析	0	0	1985-08-31T14∶00	337.65	1 210	57.8
87	1986-06-27T23∶00	356.42	3 120	488	108				移液管、筛分析	0	0	1986-06-28T09∶00	338.95	2 980	485
88	1987-07-30T07∶18	354.58	798	727	128		0.015 0	40.3	光电仪、筛分析	0	0	1987-07-30T10∶00	336.79	900	515
89	1987-08-27T15∶30	354.59	906	636	86				光电仪、筛分析	0	0	1987-08-28T02∶00	336.69	777	462
90	1988-06-29T18∶24	354.40	449	673	84				移液管、筛分析	0	0	1988-06-30T09∶00	336.44	367	504
91	1988-07-06T00∶00	355.37	1 260	241	140		0.014 0	41.9	移液管、筛分析	0	0	1988-07-06T16∶00	337.76	1 210	212
92	1988-07-24T08∶00	355.25	1 530	582	84				移液管、筛分析	0	0	1988-07-24T15∶30	337.95	1 560	554
93	1988-08-09T13∶00	356.47	3 580	494	156				移液管、筛分析	0	0	1988-08-10T00∶00	339.45	3 090	466
94	1988-08-19T01∶36	356.53	3 770	221	186		0.018 0	35.1	移液管、筛分析	0	0	1988-08-19T14∶00	338.98	3 980	162
95	1989-07-18T00∶36	355.53	2 030	599	56		0.022 8	24.6	移液管	0	0	1989-07-18T10∶00	337.68	1 910	516
96	1989-07-21T11∶00	354.44	714	395	88		0.032 5	22.1	移液管	0	0	1989-07-21T20∶00	336.09	485	410

续表 1-2

序号	临潼站洪峰出现时间(年-月-日T时:分)	临潼站洪峰水位(m)	临潼站洪峰流量(m³/s)	临潼站最大含沙量(kg/m³)	洪水历时(h)	临潼站平均含沙量(kg/m³)	d_{50}(mm)	细颗粒含量($d<0.01$ mm的细颗粒沙重百分数)	悬沙颗粒分析方法	临潼站水量(亿m³)	临潼站输沙量(亿t)	华县站峰现时间	华县站洪峰水位(m)	华县站洪峰流量(m³/s)	华县站最大含沙量(kg/m³)
97	1989-08-05T17:36	354.64	1 010	480	82		0.019 1	31.2	移液管	0	0	1989-08-06T08:00	336.78	940	495
98	1990-07-07T08:00	356.46	4 270	461	101		0.008 7	54.7	移液管	0.098 8	0.443 3	1990-07-08T00:00	339.20	3 250	286
99	1990-08-01T03:00	354.70	788	430	68		0.033 9	35.8	移液管	1.079 2	0.208 8	1990-08-01T18:00	336.98	722	325
100	1990-08-17T03:00	355.22	1 300	213	209		0.010 5	49	移液管	4.500 8	0.270 0	1990-08-17T16:00	337.68	1 250	218
101	1990-08-27T22:00	354.66	613	279	38.5		0.013 1	43.2	移液管	0.520 2	0.061 8	1990-08-28T08:00	337.08	621	118
102	1990-09-24T06:30	354.79	1 130	464	44		0.017 9	37	移液管	1.314 4	0.246 1	1990-09-24T17:42	337.46	1 020	386
103	1991-05-26T20:00	354.83	814	304	96		0.008 2	54.9	移液管	1.719 2	0.001 3	1991-05-27T12:00	336.98	510	296
104	1991-06-11T11:42	355.37	1 980	476	110		0.022 9	28.6	移液管	3.101 9	0.976 2	1991-06-12T01:00	338.28	1 680	494
105	1991-07-20T15:30	354.35	522	651	61.5		0.011 8	46.9	移液管	0.366 3	0	1991-07-21T12:00	336.59	440	311
106	1991-07-29T20:30	354.85	800	336	72		0.013 4	45.2	移液管	0.880 5	0.170 5	1991-07-30T08:00	337.36	900	233
107	1992-06-25T04:00	354.75	664	471	72		0.026 5	18.8	移液管	0.766 1	0.014 0	1992-06-25T22:34	337.34	796	374
108	1992-07-26T05:18	355.50	1 280	573	52		0.019 7	32.1	移液管	0.793 2	0.002 5	1992-07-26T17:38	337.18	830	491
109	1992-07-31T00:00	354.61	567	365	84			73.7	移液管	0.021 1	0.131 7	1992-07-31T08:00	336.63	393	251
110	1992-08-13T15:15	357.38	4 150	557	134		0.011 2	48.4	移液管	7.927 9	2.783 2	1992-08-10T00:00	340.93	3950	569
111	1993-07-16T05:54	355.08	1 560	461	204		0.029 3	22.5	移液管	3.165 5	0.231 2	1993-07-16T17:00	337.48	1 310	201
112	1993-08-05T15:48	354.78	1 100	662	104		0.038 8	24.7	移液管	1.568 1	0.546 4	1993-08-05T20:18	337.98	1 650	618
113	1994-07-08T14:36	355.82	2 150	785	154		0.026 4	28.8	移液管	3.749 0	0.904 5	1994-07-08T23:00	338.21	2 000	765
114	1994-07-22T00:00	353.95	608	386	108		0.008 9	56	移液管	0.842 9	0.121 4	1994-07-22T06:00	336.29	337	237
115	1994-07-28T03:30	354.45	1 150	859	88		0.024 5	24.3	移液管	1.022 6	0.473 9	1994-07-28T12:00	336.77	1 010	802

续表 1-2

序号	临潼站洪峰出现时间（年-月-日 T 时:分）	临潼站洪峰水位（m）	临潼站洪峰流量（m³/s）	临潼站最大含沙量（kg/m³）	洪水历时（h）	临潼站平均含沙量（kg/m³）	d_{50}（mm）	细颗粒含量（$d<0.01$ mm 的细颗粒沙重百分数）	悬沙颗粒分析方法	临潼站水量（亿m³）	临潼站输沙量（亿t）	华县站峰现时间	华县站洪峰水位（m）	华县站洪峰流量（m³/s）	华县站最大含沙量（kg/m³）
116	1994-08-06T13:30	354.37	824	725	116		0.021 3	31.1	移液管	1.175 5	0.415 7	1994-08-07T23:45	337.76	643	649
117	1994-08-12T09:48	355.47	1 780	704	70		0.023 3	33.9	移液管	1.314 3	0.637 5	1994-08-12T21:00	338.95	1 450	728
118	1995-07-15T18:06	354.18	675	653	82.4		0.018 6	37.6	移液管	0.566 0	0.201 4	1995-07-16T18:00	338.36	431	771
119	1995-08-02T21:00	354.14	598	603	104			93.5	移液管	0.602 0	0.164 5	1995-08-04T02:00	338.99	319	373
120	1995-08-07T03:00	356.41	2 640	627	122.5		0.029 3	26.1	移液管	2.249 5	0.997 4	1995-08-08T03:00	340.88	1 500	716
121	1995-08-30T10:30	354.87	1 280	383	120		0.013 7	43.9	移液管	1.561 6	0.394 6	1995-08-31T06:36	339.96	747	436
122	1996-07-16T15:00	354.18	698	682	100		0.026 6	27.1	移液管	1.079 4	0.377 6	1996-07-17T12:00	338.44	545	696
123	1996-07-29T01:30	357.79	4 170	591	172		0.014 7	42.5	移液管	6.844 2	2.402 4	1996-07-29T21:00	342.25	3 500	565
124	1996-08-11T04:00	354.84	1 300	551	76		0.020 5	36.1	移液管	1.684 5	0.579 4	1996-08-11T10:00	339.31	1 340	618
125	1997-08-01T13:00	355.63	1 500	827	164		0.024 8	25.8	移液管	2.336 6	1.173 6	1997-08-02T00:00	340.36	1 090	749
126	1997-08-08T00:06	354.02	569	387	64.7		0.021 3	39.4	移液管	0.384 6	0.055 8	1997-08-08T18:00	338.99	315	320
127	1998-05-22T09:06	355.64	1 700	413	160.5				移液管	3.588 7	0.431 3	1998-05-22T18:30	339.90	1 100	426
128	1998-07-09T11:00	356.03	1 970	576	143.9				移液管	5.340 9	0.234 6	1998-07-10T08:00	340.58	1 450	613
129	1998-08-22T14:00	356.05	2 160	308	98				移液管	3.009 9	0.188 6	1998-08-22T19:30	339.82	1 620	130
130	1999-07-15T08:00	355.49	1 430	471	56				移液管	1.605 2	0.518 7	1999-07-15T16:00	338.81	1 310	635
131	1999-07-22T08:00	354.76	975	443	128				移液管	2.606 3	0.658 7	1999-07-22T16:16	338.25	1 350	504
132	2000-07-16T10:00	353.72	507	691	42					0.418 5	0.040 6	2000-07-16T20:10	337.41	508	142
133	2000-07-29T12:00	353.88	449	612	108					0.362 4	0.099 6	2000-07-30T04:00	336.90	252	647
134	2001-07-28T12:30	353.90	616	524	156					1.515 7	0.279 9	2001-07-29T06:00	337.82	338	442

续表 1-2

序号	临潼站峰现时间 (年-月-日Ｔ时:分)	临潼站洪峰水位 (m)	临潼站洪峰流量 (m³/s)	临潼站最大含沙量 (kg/m³)	洪水历时 (h)	临潼站平均含沙量 (kg/m³)	d_{50} (mm)	细颗粒含量 ($d<0.01$ mm 的细颗粒沙重百分数)	悬沙颗粒分析方法	临潼站水量 (亿m³)	临潼站输沙量 (亿t)	华县站峰现时间	华县站洪峰水位 (m)	华县站洪峰流量 (m³/s)	华县站最大含沙量 (kg/m³)
135	2001-08-04T16:42	353.66	504	535	68					0.305 2	0.060 6	2001-08-05T06:00	337.24	253	478
136	2001-08-20T04:00	355.45	1 350	770	87.5					1.142 6	0.618 3	2001-08-21T01:32	339.96	887	729
137	2002-06-10T15:30	355.71	1 780	224	68					2.034 4	0.069 9	2002-06-11T10:30	340.75	1 200	109
138	2002-06-23T05:00	354.69	1 210	510	56					1.109 5	0.345 3	2002-06-23T09:10	338.1	892	787
139	2002-07-05T18:00	354.14	604	412	126					1.102 9	0.194 8	2002-07-07T06:00	337.49	480	465
140	2002-07-27T16:30	353.93	544	673	180					0.861 7	0.299 8	2002-07-28T20:00	338.03	306	498
141	2002-08-06T12:30	354.82	1 000	752	172					1.278 5	0.340 2	2002-08-07T06:00	339.41	597	731
142	2002-08-13T16:00	354.20	688	498	11.2					0.145 9	0.020 9	2002-08-14T11:00	338.87	439	340
143	2002-08-15T14:30	354.48	700	583	97					1.281 3	0.522 2	2002-08-17T17:30	340.4	340.41	666
144	2003-07-24T21:30	354.20	606	729	118					0.012 9	0.230 7	2003-07-25T06:00	339.01	551	721
145	2003-08-09T17:54	353.97	573	395	276					3.144 6	0.192 0				
146	2003-08-27T08:30	357.55	2 930	588	83					3.583 8	1.144 6	2003-08-29T16:48	341.32	1470	664
147	2004-07-27T19:00	353.61	280	242	34					0.190 1	0.022 1	2004-07-28T21:08	336.39	214	101
148	2004-08-21T13:12	355.54	1240	738	60					1.637 8	0.667 5	2004-08-22T05:54	338.84	1 050	677
149	2005-07-03T22:18	356.75	2 550	371	41.5		0.072 9	25.2	光电仪	2.148 9	0.152 6	2005-07-04T14:30	340.63	2 060	180
150	2005-07-20T18:30	354.35	1 020	499	39		0.073 4	20.8	光电仪	0.870 9	0.259 3	2005-07-21T12:54	338.72	1 150	573
151	2006-07-17T00:30	354.17	665	641	92		0.086 3	21.2	光电仪	0.561 1	0.208 8	2006-07-17T16:00	335.74	555	724
152	2006-08-16T12:00	353.89	545	518	62		0.063 9	28.2	光电仪	0.592 2	0.133 3	2006-08-17T01:14	337.07	615	486
153	2007-07-26T11:42	354	655	450	18		0.070 4	20.3	光电仪	0.241 6	0.042 1	2007-07-27T07:18	337.92	662	296

续表 1-2

序号	临潼站峰现时间（年-月-日Ｔ时:分）	临潼站洪峰水位（m）	临潼站洪峰流量（m³/s）	临潼站最大含沙量（kg/m³）	洪水历时（h）	临潼站平均含沙量（kg/m³）	d_{50}（mm）	细颗粒含量（$d<0.01$ mm 的细颗粒沙重百分数）	悬沙颗粒分析方法	临潼站水量（亿m³）	临潼站输沙量（亿t）	华县站峰现时间	华县站洪峰水位（m）	华县站洪峰流量（m³/s）	华县站最大含沙量（kg/m³）
154	2008-08-10T07:24	353.23	370	369	61		0.052 3	31.5	光电仪	0.307 3	0.132 2	2008-08-11T03:18	336.38	252	426
155	2008-08-18T22:42	353.39	423	313	26		0.079 2	21.5	光电仪	0.230 9	0.024 7	2008-08-18T11:42	337.03	409	358
156	2009-07-19T09:00	352.82	233	342	54		0.019 3	31.2	光电仪	0.238 5	0.009 6	2009-07-20T11:00	336.51	180	130
157	2009-08-20T17:00	353.58	649	358	50		0.018 1	33.0	光电仪	0.614 0	0.090 4	2009-08-21T06:44	337.72	613	367
158	2010-07-25T10:00	356.51	2 800	453	90		0.009 4	51.8	光电仪	4.092 5	0.016 5	2010-07-26T19:30	341.15	1 980	451
159	2010-08-10T21:00	355.12	1 480	559	75.5		0.025 0	25.3	光电仪	1.389 0	0.472 8	2010-08-11T05:00	339.53	1 270	566
160	2010-08-13T13:00	354.06	804	302	90		0.012 5	45.2	光电仪	1.615 0	0.196 9	2010-08-13T22:18	338.20	1 130	248
161	2012-07-23T01:12	353.57	688	486	59		0.019 4	33.0	筛光结合	0.726 3	0.192 6	2012-07-23T23:00	337.26	671	382
162	2013-07-10T20:00	353.71	895	347	64				筛光结合	1.371 0	0.194 9	2013-07-17T04:24	337.57	1 180	491
163	2013-07-16T20:00	353.65	1 020	504	48				筛光结合	1.320 3	0.264 4	2013-07-18T00:24	336.98	930	404
164	2014-08-19T04:00	352.39	356	536	68				筛光结合	0.438 8	0.089 0	2014-08-20T10:42	336.01	312	385
165	2015-08-13T20:00	353.07	630	435	120				筛光结合	1.007 7	0.163 2	2015-08-14T13:48	336.84	558	350
166	2016-07-12T20:36	353.51	592	409	48		0.068 0	22.4	筛光结合	0.534 7	0.120 1	2016-07-13T20:42	336.81	545	340
167	2016-08-17T10:00	352.73	362	760	84		0.022 7	22.4	筛光结合	0.519 7	0.423 3	2016-08-17T20:42	336.02	412	792
168	2017-07-29T20:00	352.40	234	434	80		0.030 6	21.7	光电仪、筛分析	0.366 5	0.042 8	2017-07-30T20:00	335.85	229	290
169	2017-08-20T20:00	352.36	235	382	24			21.7	光电仪、筛分析	0.174 7	0.021 3	2017-08-21T12:00	336.12	314	219
170	2017-08-24T03:24	352.69	370	220	46.4		0.023 6	34.6	光电仪、筛分析	0.389 4	0.038 8	2017-08-24T18:00	336.15	365	207

表 1-3　临潼站高含沙洪水水沙来源统计

项目		1961～1969 年	1970～1979 年	1980～1989 年	1990～1999 年	2000～2009 年	2010～2017 年	合计
来水	干流	10	6	11	4	1	0	32
	占比	31.3	21.4	35.5	12.9	4.5	0	20.4
	泾河	19	17	14	23	21	12	106
	占比	59.4	60.7	45.2	74.2	95.5	92.3	67.5
	同时	3	5	6	4	0	1	19
	占比	9.4	17.9	19.4	12.9	0	7.7	12.1
来沙	干流	4	3	2	1	0	0	10
	占比	12.5	10.7	6.5	3.2	0	0	6.4
	泾河	21	22	28	29	21	13	134
	占比	65.6	78.6	90.3	93.5	95.5	100.0	85.4
	同时	7	3	1	1	1	0	13
	占比	21.9	10.7	3.2	3.2	4.5	0	8.3
合计		32	28	31	31	22	13	157

已有的实测资料表明,渭河上游与泾河同时来水来沙遭遇多出现在流量较大的场次洪水中,选取 1966 年 7 月、1973 年 8 月、1977 年 7 月三场场次洪水进行洪水构成分析,详见表 1-4。

表 1-4　渭河下游干支流主要控制站典型洪水构成统计

场次洪水	河名	站名	洪峰时间（年-月-日 T 时:分）	洪峰流量（m³/s）	最大含沙量（kg/m³）	洪量（亿 m³）	输沙量（亿 t）	平均含沙量（kg/m³）
1966 年 7 月洪水	渭河	咸阳	1966-07-23T11:30	4 290	453	3.64	1.09	253
	泾河	张家山	1966-07-23T01:00	1 110	601	1.39	0.85	302
	渭河	临潼	1966-07-23T16:00	5 060	565	5.12	1.46	215
1973 年 8 月洪水	渭河	咸阳	1973-08-31T17:30	3 220	302	3.29	0.61	142
	泾河	张家山	1973-08-30T21:00	6 160	503	4.31	1.75	222
	渭河	临潼	1973-08-31T08:00	6 050	195	8.38	2.62	201
1977 年 7 月洪水	渭河	咸阳	1977-07-07T05:42	3 270	483	5.33	1.15	151
	泾河	张家山	1977-07-06T21:00	5 750	670	4.54	1.92	727
	渭河	临潼	1977-07-07T10:30	5 550	695	10.06	3.64	211

1973 年 8 月与 1977 年 7 月洪水以泾河来水为主。其中,1973 年 8 月洪水咸阳站洪量及输沙量分别为 3.29 亿 m³、0.61 亿 t,张家山站洪量及输沙量分别为 4.31 亿 m³、1.75 亿 t,临潼站洪量及输沙量分别为 8.38 亿 m³、2.62 亿 t,咸阳站、张家山站洪量分别占临潼站洪量的 39.26%、51.43%,咸阳站、张家山站输沙量分别占临潼站输沙量的 23.28%、66.79%,泾河是主要的产沙区域;1977 年 7 月洪水咸阳站洪量及输沙量分别为 5.33 亿 m³、1.15 亿 t,张家山站洪量及输沙量分别为 4.54 亿 m³、1.92 亿 t,临潼站洪量及输沙量分别为 10.06 亿 m³、3.64 亿 t,咸阳站、张家山站洪量分别占临潼站洪量的 52.98%、45.13%,咸阳站、张家山站输沙量分别占临潼站输沙量的 31.59%、52.75%,泾河是主要的产沙区域。

1966 年 7 月洪水以渭河上游来水为主,咸阳站洪量及输沙量分别为 3.64 亿 m³、1.09 亿 t,张家山站洪量及输沙量分别为 1.39 亿 m³、0.85 亿 t,临潼站洪量及输沙量分别为 5.12 亿 m³、1.46 亿 t,咸阳站、张家山站洪量分别占临潼站洪量的 71.09%、27.15%,咸阳站、张家山站输沙量分别占华县站输沙量的 74.66%、58.22%,渭河干流是主要的产沙区域。

1.2.2.3　泾河高含沙洪水来源分析

泾河是渭河的最大支流,干流总长 455.1 m,河道平均比降 2.47‰。流域面积 45 421 km²,占渭河流域面积的 33.7%。按地貌特征分为黄土丘陵沟壑区、黄土高塬沟壑区、土石山林区和平原区四个地貌单元,分别占全流域面积的 38.0%、43.6%、13.5%、4.9%。泾河水系支流众多,呈扇形分布,多集中在左岸,较大支流有洪河、蒲河、马莲河、三水河;右岸有汭河、黑河、达溪河。据张家山以上主要控制站杨家坪站及雨落坪站实测水、沙量的统计成果,雨落坪站多年平均水、沙量分别占张家山站的 34.39%、51.51%,杨家坪站多年平均水、沙量分别占张家山站的 53.62%、29.29%。其中,汛期雨落坪站多年平均水、沙量分别占张家山站的 33.93%、51.89%,杨家坪站多年平均水、沙量分别占张家山站的 48.41%、28.92%。水量主要来自杨家坪站以上,沙量主要来自雨落坪站以上,水沙异源。

统计分析 1966 年 7 月、1973 年 8 月、1977 年 7 月洪水组成及降雨径流关系,见表 1-5 ～ 表 1-7。从表中可知,1966 年 7 月洪水暴雨中心在杨家坪站以上内河、洪河,雨落坪站以上的合水川,洪河平均降雨量 125.1 mm,径流深 18.29 mm,径流系数 0.15;合水川平均降雨量 174.3 mm,径流深 11.75 mm。洪水主要来自杨家坪站以上支流洪河、蒲河、内河,马莲河雨落坪站以上支流西川、合水川及东川,内河泾川站、洪河杨间站、蒲河毛家河站洪量分别占杨家坪站的 15.8%、12.4%、20.1%,沙量分别占杨家坪站的 7.8%、15.4%、22.4%。西川庆阳站、东川庆阳站、合水川板桥站洪量分别占雨落坪站的 43.0%、11.9%、6.9%,沙量分别占雨落坪站的 50.8%、10.6%、5.4%,水沙主要来自西川。泾河杨家坪站洪水水、沙量分别占张家山站的 63.7%、54.6%,马莲河雨落坪站洪水水、沙量分别占张家山站的 36.6%、44.6%。次洪平均含沙量均大于 220 kg/m³,环江洪德站平均含沙量达 897.9 kg/m³,西川是主要产沙区。

表 1-5　泾河主要控制站 1966 年 7 月洪水组成及降雨径流系数

河名	站名	洪峰时间 (年-月-日 T 时:分)	洪峰流量 (m³/s)	最大含沙量 (kg/m³)	次降雨量 (mm)	洪量 (亿 m³)	径流深 (mm)	径流系数	沙量 (亿 t)	平均含沙量 (kg/m³)
内河	泾川	1966-07-27T00:30	631	511	128.6	0.395			0.089	224.2
洪河	杨间	1966-07-26T14:54	1 710	703	125.1	0.311	18.29	0.15	0.175	563.7
蒲河	毛家河	1966-07-26T19:28	1 310	608	95.0	0.503	7.62	0.08	0.255	506.3
泾河	杨家坪	1966-07-27T01:00	3 580	616	112.3	2.508	20.90	0.19	1.137	453.2
环江	洪德	1966-07-26T05:00	1 230	952	89.5	0.446	10.39	0.12	0.400	897.9
合道川	高家湾	1966-07-26T18:12	102	645	77.1	0.006	0.76	0.01	0.003	486.9
西川	庆阳	1966-07-26T13:42	1 830	908	91.4	0.620	5.96	0.07	0.471	760.2
柔远川	悦乐	1966-07-26T05:24	143	549	94.3	0.013	1.45	0.02	0.005	362.7
东川	庆阳	1966-07-26T07:00	961	664	82.3	0.171	4.57	0.06	0.099	574.9
合水川	板桥	1966-07-26T14:06	1 190	666	174.3	0.100	11.75	0.07	0.050	498.0
马莲河	雨落坪	1966-07-26T20:48	3 290	753	103.2	1.443	7.07	0.07	0.927	642.3
泾河	张家山	1966-07-27T08:00	7 520	629	97.8	3.938	9.28	0.09	2.080	528.2

表 1-6　泾河主要控制站 1973 年 8 月洪水组成及降雨径流系数

河名	站名	洪峰时间 （年-月-日 T 时:分）	洪峰 流量 （m³/s）	最大 含沙量 （kg/m³）	次降 雨量 （mm）	洪量 （亿 m³）	径流深 （mm）	径流 系数	沙量 （亿 t）	平均 含沙量 （kg/m³）
泾河	泾川	1973-08-30T04:06	1 880	533	98.9	0.825	26.24	0.27	0.290	351.7
洪河	杨间	1973-08-30T02:15	1 260	488	99.6	0.463	35.43	0.36	0.208	448.4
蒲河	毛家河	1973-08-30T05:30	1 800	559	93.3	1.255	17.46	0.19	0.564	449.0
泾河	杨家坪	1973-08-30T08:12	4 030	522	93.8	2.647	18.74	0.20	0.974	368.1
环江	洪德	1973-08-29T06:30	303	1 000	36.5	0.098	2.11	0.06	0.080	818.9
西川	庆阳	1966-07-26T13:42	1 290	744	46.4	0.305	2.87	0.06	0.186	609.8
柔远川	悦乐	1973-08-29T06:36	29.9	416	48.9	0.065	2.14	0.04	0.031	476.3
东川	庆阳	1973-08-30T04:00	179	586	39.6	0.001	0.26	0.01	0	281.7
合水川	板桥	1973-08-29T06:36	341	443	84.1	0.045	5.61	0.07	0.016	343.9
马莲河	雨落坪	1973-08-30T08:00	1 790	650	60.5	2.016	10.60	0.18	0.488	241.9
泾河	张家山	1973-08-30T21:00	6 160	503	75.4	4.221	8.19	0.11	1.653	391.7

表 1-7　泾河主要控制站 1977 年 7 月洪水组成及降雨径流系数

河名	站名	洪峰时间 （年-月-日 T 时:分）	洪峰 流量 （m³/s）	最大 含沙量 （kg/m³）	次降 雨量 （mm）	洪量 （亿 m³）	径流深 （mm）	径流 系数	沙量 （亿 t）	平均 含沙量 （kg/m³）
泾河	泾川	1977-07-06T08:36	640	748	100.9	0.312	9.93	0.10	0.095	303.7
洪河	杨间	1977-07-06T08:15	398	651	105.3	0.168	12.85	0.12	0.081	481.9
蒲河	毛家河	1977-07-06T02:00	1 330	677	111.7	0.705	9.81	0.09	0.343	486.9
泾河	杨家坪	1977-07-06T06:00	1 580	670	106.2	1.711	12.11	0.11	0.717	419.0
环江	洪德	1977-07-05T07:24	39.9	965	12.5	0.007	0.15	0.01	0.005	764.7
西川	庆阳	1977-07-06T00:12	3 930	885	96.3	1.246	11.75	0.12	0.801	642.9
柔远川	悦乐	1977-07-05T23:48	1 580	725	153.6	0.268	50.85	0.33	0.169	629.5
东川	庆阳	1977-07-06T00:30	3 690	699	155.9	1.181	38.56	0.25	0.715	605.6
合水川	板桥	1977-07-06T05:12	181	452	94.4	0.032	4.00	0.04	0.011	329.6
马莲河	雨落坪	1977-07-06T09:30	5 220	700	97.5	2.589	13.61	0.14	1.615	624.0
泾河	张家山	1977-07-06T21:00	5 750	670	92.7	4.181	9.86	0.11	2.107	503.9

　　1973 年 8 月洪水暴雨中心在杨家坪站以上内河、洪河、蒲河,其平均降雨量分别为 98.9 mm、99.6 mm、93.3 mm,径流深分别为 26.24 mm、35.43 mm、17.46 mm,径流系数分别为 0.27、0.36、0.19。洪水主要来自杨家坪站以上泾河(泾川站),支流洪河、蒲河,马莲河雨落坪站以上支流西川。泾河泾川站、洪河杨间站、蒲河毛家河站洪量分别占杨家坪站的 31.2%、17.5%、47.4%,沙量分别占杨家坪站的 29.8%、21.3%、57.8%。西川庆阳站、东川庆阳站、合水川板桥站洪量分别占雨落坪站的 15.1%、3.24%、2.25%,沙量分别占雨落坪站的 38.1%、6.39%、3.19%,水沙主要来自西川。泾河杨家坪站水、沙量分别占张家山

站的 62.7%、58.9%,水沙主要来自洪河、蒲河、泾河泾川以上;马莲河雨落坪站水、沙量分别占张家山站的 47.8%、29.5%。次洪平均含沙量均大于 240 kg/m³,环江洪德站平均含沙量达 818.9 kg/m³,最大含沙量 1 000 kg/m³。

1977 年 7 月洪水暴雨中心在马莲河雨落坪以上东川、柔远川,杨家坪以上洪河、蒲河,东川及支流柔远川平均降雨量分别为 155.9 mm、153.6 mm,径流深分别为 38.56 mm、50.85 mm,径流系数分别为 0.25、0.33;洪河、蒲河平均降雨量分别为 111.7 mm、105.3 mm,径流深分别为 12.85 mm、9.81 mm。洪水主要来自马莲河雨落坪以上的东川、西川,泾河杨家坪以上支流蒲河。蒲河毛家河站洪量占杨家坪站的 41.2%,沙量占杨家坪站的 47.9%。西川庆阳站、东川庆阳站洪量分别占雨落坪站的 48.1%、45.6%,沙量分别占雨落坪站的 49.6%、44.3%,水沙主要来自东川、西川。泾河杨家坪站水、沙量分别占张家山站的 40.9%、34.0%,马莲河雨落坪站水、沙量分别占张家山站的 61.9%、76.7%。次洪平均含沙量均大于 300 kg/m³,环江洪德站洪峰流量仅为 39.9 m³/s,最大含沙量却达 965 kg/m³,平均含沙量达 764.7 kg/m³,西川是主要产沙区。

1.2.2.4 渭河典型场次洪水特性分析

渭河中下游发生过多次大洪水,例如"81·8""92·8""03·8"洪水,分析临潼站历年典型大洪水的流量与含沙量关系,可知,当径流量为 500 ~ 1 500 m³/s 时,含沙量相对最大。对比各年典型洪水,发现 20 世纪 90 年代及 21 世纪初径流含沙量明显增大,2011 年含沙量又急剧减小。

1. 1964 年 9 月洪水

1964 年 9 月洪水主要来自林家村—魏家堡区间,林家村(二)站 14 日 13 时洪峰流量为 1 360 m³/s,最大含沙量为 148 kg/m³;魏家堡(四)站 13 日 18 时 12 分洪峰流量为 2 580 m³/s,最大含沙量为 114 kg/m³;咸阳(二)站 14 日 4 时洪峰流量为 3 390 m³/s,最高水位为 387.34 m,最大含沙量为 78 kg/m³;临潼(船北)站 14 日 13 时洪峰流量为 5 130 m³/s,最高水位为 356.11 m,最大含沙量为 93.2 kg/m³;华县站 15 日 4 时洪峰流量为 5 130 m³/s,最高水位为 338.78 m,最大含沙量为 85.7 kg/m³。咸阳—华县传播历时 24 h。魏家堡(四)站、咸阳(二)站、临潼(船北)站、华县站流量大于 2 000 m³/s 的持续时间分别为 28 h、36 h、60 h、80 h。

三门峡水库 1960 年 9 月开始蓄水拦沙运用,1962 年 3 月改为滞洪排沙运用,潼关以下河段恢复河道特性,1964 年汛前渭河下游首次出现冲刷,冲刷量为 0.205 8 亿 m³。但由于枢纽泄洪能力限制,不仅场次洪水滞洪,而且滞洪时间较长,汛期累计淤积量为 0.493 2 亿 m³。1964 年汛前潼关高程为 326.03 m,汛后潼关高程为 328.09 m,抬升 2.06 m,该时期潼关高程经历了一个大幅度抬升、小幅度降低的过程。

2. 1977 年 7 月洪水

1977 年 7 月 7 日洪水主要来自泾河及林家村(三)站以上,林家村(三)站 6 日 15 时 6 分洪峰流量为 2 710 m³/s,最大含沙量为 463 kg/m³;魏家堡(四)站 6 日 18 时 12 分洪峰流量为 3 580 m³/s,最大含沙量为 418 kg/m³;张家山站 6 日 21 时洪峰流量为 5 750 m³/s,最大含沙量为 670 kg/m³;咸阳(二)站 7 日 5 时 42 分洪峰流量为 3 270 m³/s,最高水位为 386.16 m,最大含沙量为 462 kg/m³;临潼站 7 日 11 时洪峰流量为 5 550 m³/s,最高水位为 357.16 m,最大含沙量为 695 kg/m³;华县站 7 日 20 时洪峰流量为 4 470 m³/s,最高水位为 340.43

m、最大含沙量为 795 kg/m³。临潼—华县传播历时 9 h。临潼、华县两站流量大于 2 000 m³/s 的持续时间分别为 31 h、32 h。

这次洪水的特点是泾河、渭河共同来水,含沙量大、传播快、渭河下游冲槽淤滩。1973 年汛后水库开始按蓄清排浑方式运用。1977 年渭河下游非汛期、汛期都是淤积的,累计淤积量为 9.735 5 亿 m³,1977 年洪水汛前潼关高程为 327.37 m,汛后潼关高程为 326.79 m,汛期降低 0.58 m,非汛期抬升 1.25 m,该时期潼关高程以抬升为主要趋势。

3.1981 年 8 月洪水

1981 年 8 月渭河洪水主要以林家村(三)站以上和中下游区间支流来水为主。林家村(三)站 21 日 19 时洪峰流量为 2 420 m³/s;魏家堡(四)站出现两个明显的洪水过程,19 日 9 时出现洪峰,流量为 2 310 m³/s,21 日 22 时再次出现洪峰,流量为 4 500 m³/s。渭河魏家堡(四)—咸阳(二)区间各支流均出现洪水,但与干流洪峰未能相遇;咸阳(二)站 8 月 19 日 17 时出现洪峰,流量为 2 680 m³/s,22 日 3 时 30 分再次出现洪峰,流量为 6 210 m³/s,最高水位 387.38 m,最大含沙量为 44.6 kg/m³。洪水演进至临潼站成为有多个小峰的洪水过程,8 月 22 日 17 时 30 分出现洪峰,流量为 7 610 m³/s,最高水位 358.03 m,最大含沙量为 95.5 kg/m³;华县站 8 月 23 日 10 时出现洪峰,流量为 5 380 m³/s,最高水位为 341.05 m,最大含沙量为 68.7 kg/m³。

1981 年 8 月洪水是三门峡建库后渭河下游发生的最大一场洪水,洪水主要来源于林家村—咸阳区间南山支流。1973 年汛后三门峡水库按蓄清排浑方式运用,1981 年汛后渭河下游累计淤积量 10.14 亿 m³,相应的潼关汛前高程为 327.95 m,汛后高程为 326.94 m,汛期降低 1.01 m,非汛期抬升 0.57 m,该时期潼关高程以抬升为主要趋势。

4.1992 年 8 月洪水

1992 年 8 月 13 日洪水为泾河、渭河共同来水。泾河张家山站 13 日 7 时洪峰流量为 2 380 m³/s,最大含沙量为 625 kg/m³;渭河咸阳(二)站 13 日 10 时洪峰流量为 2 080 m³/s,最高水位 385.97 m,最大含沙量为 440 kg/m³;临潼站 13 日 15 时洪峰流量为 4 150 m³/s,最高水位 357.38 m,最大含沙量为 541 kg/m³;华县站 14 日 0 时洪峰流量为 3 950 m³/s,最高水位 340.95 m,最大含沙量为 569 kg/m³。临潼站到华县站传播历时 9 h。临潼、华县两站流量大于 2 000 m³/s 的持续时间分别为 32 h、38 h。这次洪水的特点是泾河、渭河共同来水,含沙量大,洪水位高。而 1992 年 8 月 15 日潼关站出现的一场洪水,其洪峰流量为 4 040 m³/s(相应华县站洪峰流量 3 950 m³/s),洪量为 8.16 亿 m³,沙量为 1.03 亿 t,由于坝前水位较低(最低水位为 298.46 m,最高水位为 303.21 m,平均水位为 300.62 m),冲刷潼关高程的作用十分明显。这场洪水冲刷潼关以下淤积泥沙 1.835 亿 t,使潼关高程由洪水前的 328.20 m 下降为洪水后的 326.48 m,一次下降了 1.72 m。水库汛期控制水位对潼关高程的影响作用非常明显。1992 年潼关汛前高程为 328.40 m,汛后高程为 327.30 m,汛期降低 1.10 m,非汛期抬升 0.50 m,1995 年后潼关高程超过 328 m,长时段居高不下。

5.2003 年 8 月洪水

2003 年最大洪水主要来自林家村—咸阳区间,受渭河、泾河流域强降雨影响,渭河林家村(三)站 8 月 26 日 20 时出现洪峰,流量为 1 270 m³/s,最大含沙量为 468 kg/m³;魏家堡(五)站 30 日 2 时出现洪峰,流量为 3 000 m³/s,最大含沙量为 307 kg/m³;咸阳(二)站 30 日 20 时出现洪峰,流量为 5 170 m³/s,最高水位 387.86 m,最大含沙量为 298 kg/m³。泾河张家山站 8 月 26 日 21 时 42 分洪峰流量为 3 610 m³/s,与泾河、沣河、灞河汇合后,形成渭河 2003 年最大洪峰;临潼站 31 日 9 时 30 分洪峰流量为 5 090 m³/s,最高水位为 358.34 m,最大含沙量为 131 kg/m³;华县站 9 月 1 日 9 时 48 分出现洪峰,流量为 3 540 m³/s,最高水位为 342.76 m,最大含沙量为 174 kg/m³。临潼站到华县站传播历时达 24 h。临潼、华县两站流量大于 2 000 m³/s 的持续时间分别为 38 h、72 h。这次洪水特点是渭河下游洪水位为历史最高,含沙量小,洪水传播历时长,洪峰削减率大。渭河“03·8”洪水临潼—华县河段滞洪的突出表现是:洪水演进速度慢,高水位行洪时间长。

三门峡建库以来至 2003 年汛前,渭河下游累计淤积泥沙 13.21 亿 m³,其中渭淤 26 断面以下淤积泥沙 12.96 亿 m³,占渭河下游总淤积量的 98.1%;1989 年汛后以来,渭淤 26 断面以下淤积泥沙 2.865 5 亿 m³,占该河段累计淤积量的 22.1%。大量的泥沙淤积造成渭河下游河床大幅度抬升,这是本次洪水临潼—华县河段高水位的一个重要原因。2003 年汛前潼关高程为 328.78 m,7 月 25 日潼关高程曾达 329.10 m,8 月下旬洪水前潼关高程为 328.79 m。渭河洪水过后,10 月 19 日潼关高程为 327.94 m,较洪水前降低了 0.85 m。渭河“03·8”洪水前后潼关高程降低了 0.85 m。在有利水沙条件发挥重要作用的同时,三门峡水库的敞泄排沙运用也发挥了重要作用,东垆裁弯工程和渭河口及潼关上下河段的清淤均起到了一定的促进作用。

1.2.3 高含沙洪水的极限含沙量 S_{vm}、宾汉极限剪切力 τ_B、刚度系数 η、有效雷诺数 Re_m

1.2.3.1 参数计算分析

为了分析高含沙洪水水沙特征,依据实测水力泥沙资料中实测流量成果、实测悬移质输沙率成果、实测悬移质断面平均与相应单位水样颗粒级配成果和实测悬移质单样颗粒级配成果中流量、水流流速、输沙率、颗粒级配等相关参数,计算临潼站高含沙洪水的体积比极限含沙量 S_{vm}、宾汉极限剪切力 τ_B、刚度系数 η、有效雷诺数 Re_m、流核深度 $H_0 = \dfrac{\tau_B}{r_m J_m}$ 等指标,分析其分布特征。

按文献[47],各指标计算式如下:

$$S_v = S/\gamma_s = S/2\ 650 \tag{1-2}$$

$$S_{vm} = 0.92 - 0.2 \lg\left[\sum(\Delta P_k/d_k)\right] \tag{1-3}$$

$$\mu_r = \left(1 - k'\frac{S_v}{S_{vm}}\right)^{-2.5} \tag{1-4}$$

$$k' = 1 + 2\left(\frac{S_v}{S_{vm}}\right)^{0.3}\left(1 - \frac{S_v}{S_{vm}}\right)^4 \tag{1-5}$$

式中:μ_r 为挟沙浑水相对黏度;k' 为考虑封闭水影响对有效浓度系数的修正;S 为以 kg/m³ 计的含沙量;S_v 为体积比含沙量;S_{vm} 为体积比极限含沙量;γ_s 为泥沙的重度;ΔP_k 为全部泥沙中相应于分组平均粒径 d_k(以 mm 计)的比例。

$$Re_m = \frac{4Rv\rho_m}{\mu_m\left(1 + \dfrac{\tau_B R}{2\mu_m V}\right)} \tag{1-6}$$

$$\mu_m = \mu_t\mu \tag{1-7}$$

$$\rho_m = \frac{\gamma_m}{g} \tag{1-8}$$

$$\gamma_m = \gamma_s S_v + \gamma(1 - S_v) \tag{1-9}$$

$$\tau_B = 0.098\exp\left(8.45\frac{S_v - S_{v0}}{S_{vm}} + 1.5\right) \tag{1-10}$$

$$S_{v0} = 1.26S_{vm}^{3.2} \tag{1-11}$$

$$H_0 = \frac{\tau_B}{\gamma_m J_m} \tag{1-12}$$

式中：Re_m 为浑水有效雷诺数；R 为水力半径；V 为断面平均流速；μ_m 为浑水动力黏滞系数；μ 为清水动力黏滞系数，一个大气压下 20 ℃时，$\mu_0 = 1.005 \times 10^{-3}$ Pa·s，$\mu = \mu_0 e^{-0.035(t-20)}$；$\rho_m$ 为浑水密度；γ_m 为浑水重度；γ 为清水重度，取 $\gamma = 1\,000$ kg/m^3；g 为重力加速度，取 $g = 9.81$ m/s^2；τ_B 为宾汉极限切应力，以 N/m^2 计；S_{v0} 为临界浓度；J_m 为平均比降。

通过对临潼站 1961～2017 年实测水力泥沙资料的整理,筛选出 175 场洪水期最大含沙量 200 kg/m^3 以上的洪水过程,从中选取洪水实测流量为 57.5～2 790 m^3/s、断面平均含沙量为 34.9～713 kg/m^3 的实测水力泥沙资料成果 209 组,据此分析计算临潼站高含沙洪水的体积比极限含沙量 S_{vm}、宾汉极限剪切力 τ_B、刚度系数 η、有效雷诺数 Re_m、流核深度 H_0 等指标,建立各指标与断面平均含沙量的点据关系,如图 1-7～图 1-11 所示。

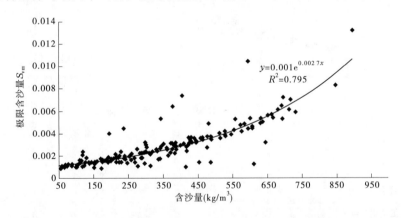

图 1-7　临潼站高含沙洪水极限含沙量与含沙量关系

从图 1-7～图 1-11 中可以看出,临潼站高含沙洪水的体积比极限含沙量 S_{vm}、刚度系数 η、有效雷诺数 Re_m、流核深度 H_0 与含沙量具有指数型相关关系,其相关系数 R 分别为 0.89、0.94、0.67、0.75,说明这几个指标中高含沙洪水的刚度系数 η 与含沙量的相关性最好;渭河高含沙洪水的体积比极限含沙量 S_{vm}、刚度系数 η、有效雷诺数 Re_m、流核深度 H_0 指标随含沙量增大呈指数型增加。

1.2.3.2　典型参数与断面平均含沙量关系

1. 极限含沙量

临潼站高含沙洪水极限含沙量与断面平均含沙量的关系见图 1-7。由图 1-7 可知,随着含沙量的增大,极限含沙量逐渐增大,两者相关系数为 0.80,相关关系良好。

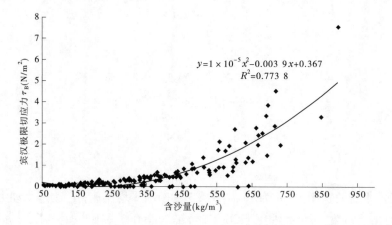

图 1-8　临潼站高含沙洪水宾汉极限切应力与含沙量关系

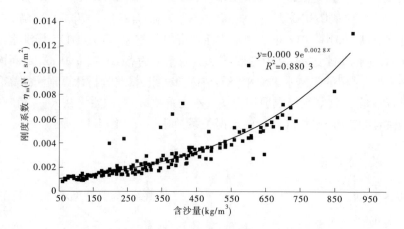

图 1-9　临潼站高含沙洪水刚度系数与含沙量关系

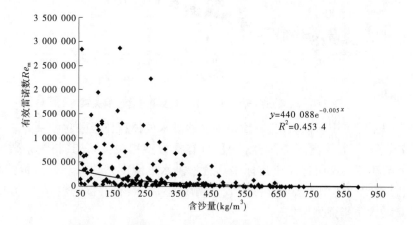

图 1-10　临潼站高含沙洪水有效雷诺数与含沙量关系

2. 宾汉极限剪切应力

宾汉流体在静止时具有足够刚度的三维结构,能承受一定的剪切力,当剪切力 τ 小于某临界值 τ_f 时,液体不能克服黏滞阻力而流动,其 $du/dy = 0$;当 $\tau > \tau_f$ 时,液体才开始流动,

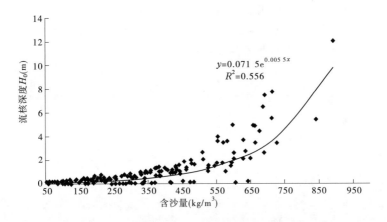

图 1-11　临潼站高含沙洪水流核深度与含沙量关系

此时的剪切应力成为静剪切应力。随着 T 继续增加即呈现直线变化,此直线的斜率即表示液体黏度的大小,称为刚性系数,直线的延长线与纵坐标的交点 τ_B 称为宾汉流体极限剪切力。一般而言,泥浆等含有细颗粒泥沙的高含沙水流均属于宾汉流体。

临潼站高含沙洪水宾汉极限切应力与断面平均含沙量的关系见图 1-8。由图 1-8 可知,随着含沙量的增大,宾汉极限切应力逐渐增大,一般不超过 5 N/m²,两者相关系数为 0.77,相关关系良好。

3. 浑水刚度系数

临潼站浑水刚度系数与断面平均含沙量的关系见图 1-9。由图 1-9 可知,随着含沙量的增大,浑水刚度系数逐渐增大,两者相关系数为 0.88,相关关系良好。

4. 浑水有效雷诺数

已有成果表明,雷诺数的力学意义就是惯性力作用于黏滞力作用的对比关系,当雷诺数较小时,黏滞力占主导,液体为层流,反之则为紊流。对明渠水流而言,当雷诺数小于 500 时为层流,当雷诺数大于 500 时为紊流。

临潼站浑水有效雷诺数与断面平均含沙量的关系见图 1-10,总体上随着含沙量的增大,浑水有效雷诺数逐渐减小,但其最小值皆不低于 2 000,说明渭河下游高含沙洪水发生时其流型为紊流。

5. 流核深度

临潼站流核深度与断面平均含沙量的关系见图 1-11。由图 1-11 可知,两者相关系数为 0.56,当含沙量增大时,两者的相关关系变差,但总体来说,随着含沙量的增大,流核深度也逐渐增大。

6. 浑水卡门常数 κ_m

挟沙水流卡门常数是反映固液两相流中泥沙对水流结构影响的重要参数之一。已有的研究成果表明,卡门常数 κ_m 是关于混掺长度和速度轮廓线的经验系数,在清水中其值为 0.4,在浑水中它是一个变量,其实质是反映流速分布变化的一个参数,见下式

$$\kappa_m = \kappa_0 [1 - 1.5 \lg u_r \cdot (1 - \lg \mu_r)] \tag{1-13}$$

式中:κ_m 为浑水卡门常数;κ_0 为清水卡门常数,$\kappa_0 = 0.4$;μ_r 为挟沙浑水相对黏度。

张红武利用大量室内和天然河流的试验资料,点绘了卡门常数与 S_v 的关系曲线[48],尽

管关系点比较分散,但其变化趋势仍显而易见。

本书根据渭河干流临潼站 1961～2017 年 231 组高含沙资料,根据实测断面含沙量及式(1-13)计算的卡门常数,点绘两者的关系图,见图 1-12。

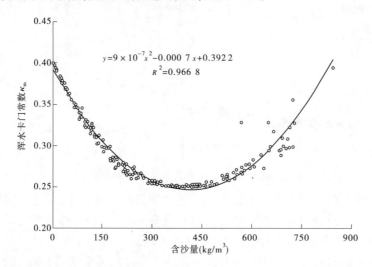

$$y=9 \times 10^{-7} x^2 - 0.000\,7\,x + 0.392\,2$$
$$R^2 = 0.966\,8$$

图 1-12　临潼站 1961～2017 年断面含沙量与浑水卡门常数关系

从图 1-12 可知,临潼站高含沙洪水断面平均含沙量与卡门常数相关关系良好,点据整体上呈现抛物线的关系,相关系数达 0.966 8,与张红武的经验关系图较为相似。当临潼站断面含沙量小于 380 kg/m³ 时,浑水卡门常数随着含沙量变大,自 0.40 逐渐降低至 0.25;当断面含沙量大于 380 kg/m³ 时,浑水卡门常数逐渐增大至 0.40 左右。

1.2.4　高含沙洪水的泥沙沉速

1.2.4.1　群体沉速分布特征

1. 粒径分组

按照 1961～1964 年、1980～1999 年、2000～2008 年水文年鉴中泥沙颗粒级配的粒径分组,将泥沙颗粒分为 8 组。对于第 2～8 组泥沙,代表粒径为 $d_k = \sqrt{d_1 d_2}$。为了确定 $d <$ 0.005 mm 部分泥沙的代表粒径,采用了以下两种计算方法:①根据渭河咸阳、临潼、华县三站 1989 年实测悬移质单位水样颗粒级配成果中 93 次实测资料的泥沙颗粒级配,推算得出与 $P = 0$ 相应的下限泥沙粒径 d_1,再求其几何均值 $d_k = \sqrt{0.005 d_1}$,得到 $d_1 = 0.001\,27$ mm、$d_k = 0.002\,52$ mm。②设 $d < 0.005$ mm 部分泥沙的沙重百分数为 p,则以沙重百分数 $\frac{p}{2}$ 相应的泥沙粒径作为 $d < 0.005$ mm 部分泥沙的代表粒径,应用上述资料计算,得到 $d_k =$ 0.002 37 mm。两种方法计算结果基本一致,模型中以 0.002 52 mm 作为 $d < 0.005$ mm 部分泥沙的代表粒径。分组粒径及其沉速见表 1-8。

自 2009 年以后,水文年鉴中泥沙颗粒级配的粒径分组发生变化,又按 2009～2017 年的资料将泥沙颗粒分为 9 组。对于第 2～9 组泥沙,代表粒径为 $d_k = \sqrt{d_1 d_2}$。对 $d < 0.004$ mm 部分泥沙的代表粒径,采用前述两种方法,推算出 $d_k = 0.001\,809$ mm。两种方法结果

基本一致,模型中以 0.001 81 mm 作为 $d < 0.004$ mm 部分泥沙的代表粒径。分组粒径及其沉速见表 1-9。

表 1-8　1980～1999 年泥沙分组情况及其沉速

序号	粒径级 $d_1 \sim d_2$ (mm)	代表粒径 d_k (mm)
1	0.001～0.005	0.002 52
2	0.005～0.010	0.007 07
3	0.010～0.025	0.015 81
4	0.025～0.050	0.035 36
5	0.050～0.10	0.070 71
6	0.10～0.25	0.158 11
7	0.25～0.50	0.353 55
8	0.50～1.00	0.707 11

表 1-9　2009～2017 年泥沙分组情况及其沉速

序号	粒径级 $d_1 \sim d_2$ (mm)	代表粒径 d_k (mm)
1	0.001～0.004	0.002 25
2	0.004～0.008	0.005 66
3	0.008～0.016	0.011 31
4	0.016～0.031	0.022 27
5	0.031～0.062	0.043 84
6	0.062～0.125	0.088 03
7	0.125～0.25	0.176 78
8	0.25～0.50	0.353 55
9	0.50～1.00	0.707 11

2. 单颗粒沉速

单颗粒泥沙自由沉降公式一般采用原水电部 1975 年水文测验规范中推荐的沉速公式:

$$\omega_{0k} = \begin{cases} \dfrac{\gamma_s - \gamma_0}{18\mu_0} d_k^2 & (d_k < 0.1 \text{ mm}) \\ (\lg S_a + 3.79)^2 + (\lg \varphi_a - 5.777)^2 = 39 & (0.1 \text{ mm} \leqslant d_k \leqslant 1.5 \text{ mm}) \end{cases}$$

$$(1\text{-}14)$$

式中:φ_a 为粒径判数,$\varphi_a = \dfrac{g^{\frac{1}{3}} \left(\dfrac{\gamma_s - \gamma_0}{\gamma_0} \right)^{\frac{1}{3}} d_k}{\nu_0^{\frac{2}{3}}}$;$S_a$ 为沉速判数,$S_a = \dfrac{\omega_{0k}}{g^{\frac{1}{3}} \left(\dfrac{\gamma_s - \gamma_0}{\gamma_0} \right)^{\frac{1}{3}} \nu_0^{\frac{1}{3}}}$;$\gamma_s$、

γ_0 分别为泥沙和水的容重,取值分别为 2 650 kg/m³ 和 1 000 kg/m³,μ_0、ν_0 分别为清水动力

黏滞系数($kg \cdot s/m^2$)和运动黏滞系数(m^2/s)。

水利部 1993 年发布的《河流泥沙颗粒分析规程》(SL 42—1992)规定,当选用沉降分析法时,应按下列规定计算泥沙颗粒的沉降粒径:①当粒径小于或等于 0.062 mm 时,采用斯托克斯公式;②当粒径为 0.062~2.0 mm 时,采用沙玉清的过渡区公式[4]。

上述两项规定的内容基本一致,只是分界粒径不同。各组粒径沉速见表 1-8、表 1-9。

3. 浑水泥沙沉速修正

浑水泥沙沉速修正按文献[5]的做法包括以下两步:

第一步对原公式的均质清水介质按非均质浑水进行介质修正,即在分粒径组计算各组沉速时,将式(1-14)中均质流体的 γ_0、ν_0、μ_0 改为非均质流体的 γ_m、ν_m、μ_m,即各粒径组浑水沉速为

$$\omega_{mk} = \begin{cases} \dfrac{\gamma_s - \gamma_m}{18\mu_m}d_k^2 & (d_k < 0.1 \text{ mm}) \\ (\lg S_a + 3.79)^2 + (\lg \varphi_a - 5.777)^2 = 39 & (0.1 \text{ mm} \leqslant d_k \leqslant 1.5 \text{ mm}) \end{cases}$$

(1-15)

式中:φ_a 为粒径判数,$\varphi_a = \dfrac{g^{\frac{1}{3}}\left(\dfrac{\gamma_s - \gamma_m}{\gamma_m}\right)^{\frac{1}{3}}d_k}{\nu_m^{\frac{2}{3}}}$;$S_a$ 为沉速判数,$S_a = \dfrac{\omega_{mk}}{g^{\frac{1}{3}}\left(\dfrac{\gamma_s - \gamma_m}{\gamma_m}\right)\dfrac{1}{3}\nu_m^{\frac{1}{3}}}$;$\gamma_s$、

γ_m 分别为泥沙和水的容重;μ_m 为浑水动力黏滞系数,$kg \cdot s/m^2$,按后文挟沙力计算中推荐的公式计算;ν_m 为浑水运动黏滞系数,m^2/s,$\nu_m = \mu_m/\rho_m$。

第二步按照曹如轩方法对非均匀沙进行群体沉速修正,考虑到渭河洪水含沙量高、细沙含量多,颗粒间的相互影响大,浑水黏性作用较强,在单颗粒泥沙沉降速度计算基础上修正得到考虑黏性及沉降时相互影响的非均匀沙群体沉速为

$$\omega_{msk} = \omega_{mk}(1 - S_v)^m$$

(1-16)

式中:m 为指数,与沙粒雷诺数 $Re^* = \dfrac{\omega_{0k}d_k}{\nu_0}$ 有关,其变化关系见表 1-10,这里取 $Re^* = \dfrac{\omega_{mk}d_k}{\nu_m}$,由此可计算出各粒径组的指数 m。

表 1-10　指数 m 与沙粒雷诺数 Re^* 关系

Re^*	≤0.1	0.2	0.5	1	2	5	10	20	50	100	200	≥200
m	4.91	4.89	4.83	4.78	4.69	4.51	4.25	3.89	3.33	2.92	2.58	2.25

4. 进口断面悬移质泥沙级配

对渭河咸阳站、临潼站和泾河张家山站 1982~1997 年典型年汛期实测悬移质单样颗粒级配均值的统计分析表明,各年汛期悬移质级配变化并不显著,三站典型年级配均值分别见表 1-11~表 1-13。

表 1-11　渭河咸阳站典型年汛期实测悬移质单样颗粒级配均值统计

年份	小于某粒径(mm)的沙重百分数(%)							
	0.005	0.01	0.025	0.05	0.1	0.25	0.5	1
1982	35.86	46.75	72.81	91.23	98.44	99.66	99.92	100.00
1983	29.76	41.81	68.66	89.09	97.15	99.53	99.97	100.00
1984	29.43	41.35	65.99	87.13	97.69	99.41	99.92	100.00
1985	34.57	48.51	73.82	90.80	97.85	99.37	99.93	100.00
1986	44.08	56.91	78.14	92.39	97.62	99.36	99.94	99.99
1987	34.53	47.34	70.51	87.99	96.28	98.68	99.68	99.98
1988	35.73	48.25	69.90	89.47	96.22	99.15	99.93	100.00
1989	33.43	46.27	74.48	90.67	97.30	99.30	99.89	100.00
1990	41.02	53.54	76.85	91.88	98.40	99.67	99.99	100.00
1991	38.25	50.71	76.59	91.50	98.60	99.60	99.97	100.00
1992	38.60	51.37	74.29	101.16	98.13	99.54	99.96	100.00
1993	40.84	55.28	80.87	94.19	98.70	99.76	99.97	100.00
1994	42.34	55.23	80.40	93.68	99.30	99.72	99.95	100.00
1995	45.44	55.72	79.17	93.05	99.22	99.83	99.99	100.00
1996	33.42	46.32	64.02	82.66	99.16	99.75	99.98	100.00
1997	58.08	64.46	75.27	83.96	99.83	100.00	100.00	100.00
1998	47.02	56.82	73.51	88.32	98.94	99.89	99.98	100.00
1999	39.86	54.28	67.88	85.16	97.75	99.33	99.92	99.99
2000	31.22	43.66	58.88	77.91	98.35	99.48	99.79	99.98
2001	48.47	63.87	76.81	88.25	99.00	99.58	99.83	100.00
平均值	39.10	51.42	72.94	89.52	98.20	99.53	99.92	100.00
均方差	7.13	6.52	5.73	4.89	0.97	0.30	0.08	0.01

表 1-12　渭河临潼站典型年汛期实测悬移质单样颗粒级配均值统计

年份	小于某粒径(mm)的沙重百分数(%)							
	0.005	0.01	0.025	0.05	0.1	0.25	0.5	1
1982	37.32	51.07	75.27	93.21	98.71	99.86	99.98	100.00
1983	34.85	47.18	70.81	91.94	97.97	99.84	99.95	99.97
1984	25.55	36.32	62.81	88.01	96.88	99.22	99.91	100.00
1987	35.55	48.71	71.21	90.97	98.96	99.84	99.96	100.00
1990	35.41	49.73	75.56	95.68	99.55	99.98	99.98	100.00
1993	39.67	51.54	73.97	94.22	99.37	99.89	99.93	100.00
1995	38.52	50.23	73.34	94.52	99.15	99.53	99.82	100.00
1996	35.70	46.39	74.23	95.49	99.76	99.97	99.98	100.00
1997	38.82	51.93	75.38	93.75	99.48	99.93	99.98	100.00
均值	35.71	48.12	72.51	93.09	98.87	99.78	99.94	100.00
均方差	4.18	4.81	4.02	2.45	0.92	0.25	0.05	0.01

表 1-13　泾河张家山站典型年汛期实测悬移质单样颗粒级配均值统计

年份	小于某粒径(mm)的沙重百分数(%)							
	0.005	0.01	0.025	0.05	0.1	0.25	0.5	1
1982	32.81	42.52	68.84	92.40	99.66	99.95	99.98	100.00
1983	35.09	49.53	72.88	93.25	99.67	99.99	100.00	100.00
1984	35.71	49.48	73.57	93.38	99.76	99.98	99.99	100.00
1985	30.64	41.60	63.27	88.37	99.51	99.96	99.99	100.00
1986	41.90	59.24	80.86	92.81	99.73	99.98	100.00	100.00
1987	42.30	56.99	78.73	93.75	99.85	99.99	100.00	100.00
1988	30.64	43.25	68.86	91.75	99.63	99.94	100.00	100.00
1989	34.59	48.02	72.13	92.82	99.76	99.95	100.00	100.00
1990	34.58	47.74	71.27	92.53	99.61	99.97	100.00	100.00
1991	31.00	45.10	69.80	91.70	99.40	99.80	99.90	100.00
1992	28.51	41.88	66.32	89.94	99.30	99.74	99.92	100.00
1993	31.90	44.18	65.94	90.13	99.73	99.96	99.99	100.00
1994	32.70	46.04	66.05	87.34	99.44	99.85	99.95	100.00
1995	27.63	38.61	66.16	89.90	99.26	99.76	99.93	100.00
1996	33.00	47.27	70.69	93.36	99.66	99.91	99.96	99.98
1997	38.50	51.14	71.74	91.86	99.74	99.92	99.97	100.00
1998	28.93	40.61	66.44	91.83	99.67	99.98	99.99	100.00
1999	40.51	54.49	74.50	89.88	99.67	99.98	100.00	100.00
2000	29.70	42.90	67.84	88.65	99.83	99.99	100.00	100.00
2001	35.25	51.56	75.48	92.49	99.86	99.99	100.00	100.00
均 值	33.80	47.11	70.57	91.41	99.64	99.93	99.98	100.00
均方差	4.32	5.56	4.56	1.87	0.17	0.08	0.03	0

5. 非均匀沙代表沉速

非均匀沙代表沉速采用下式进行计算：

$$\omega_m = \sum_{k=1}^{NSF} \Delta P_k \omega_{msk} \tag{1-17}$$

式中：NFS 为泥沙粒径组数,模型中取为 8(9)；ΔP_k 为悬移质泥沙级配。

6. 群体沉速分布特征

根据上述资料及公式,计算曹如轩修正泥沙群体沉速,同时点绘断面平均含沙量与沉速的关系图(见图 1-13),从计算结果可知,临潼站出现高含沙水流时,泥沙群体沉速随着含沙量的增大而变小,同时随着断面含沙量的增大,群体沉速与含沙量的关系更趋于相关。

1.2.4.2　不沉粒径

已有研究表明,当水流中含沙量增大时,水流的黏性急剧增加,表现出具有较大的宾汉极限切应力 τ_B,理论分析和试验表明,一定数量的 τ_B 可以使一定粒径的泥沙处于悬浮状

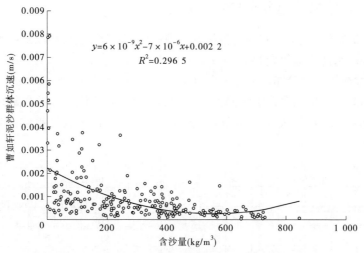

图 1-13　临潼站断面平均含沙量与泥沙群体沉速关系

态,两者的关系可以用下式表示:

$$D_{\max} = \frac{k\tau_B}{\gamma_s - \gamma_m} \qquad (1-18)$$

式中:$D_{\max}$ 为浑水不沉的泥沙粒径,mm;τ_B 为浑水的宾汉极限切应力;γ_s、γ_m 分别为泥沙和浑水的容重;k 为系数。

式(1-18)最早由苏联学者希辛柯[52]提出,该公式假定当球体与宾汉液体中处于平衡状态时,球体表面上的最大剪切应力与球体在液体中的重量成正比,与其表面积成反比,从而建立公式;以后,蔡树棠经理论分析,也获得与式(1-18)相同的公式,k 取值为 6[53];钱意颖、杨文海采用花园口泥沙做试验,结果 k 为 5.7[50]。本次试验 k 取值为 5.7。

利用渭河干流临潼站 231 组高含沙实测资料数据,计算不同测次浑水的不沉泥沙粒径,可知不沉粒径数值多数小于 1.0 mm。同时,点绘不沉粒径与断面平均含沙量的关系(见图 1-14)可知,随着断面含沙量增大,不沉粒径逐渐增大,一般不超过 2.0 mm。

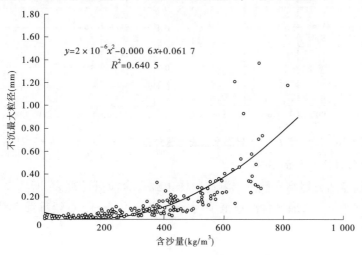

图 1-14　最大不沉粒径与断面平均含沙量关系

1.2.5 高含沙洪水的流速分布和阻力损失

整理已统计的临潼站、华县站高含沙洪水的原始测流记录,反映与场次洪水相应的垂线流速、糙率系数 n、水面比降等资料。

1.2.5.1 流速垂线及断面分布

整理渭河临潼站典型高含沙洪水测速取样记载及含沙量计算表,所选高含沙洪水流量范围为 532 ~ 2 640 m³/s,最大含沙量范围为 185 ~ 677 kg/m³。点绘垂线流速分布图,见图 1-15 ~ 图 1-26。

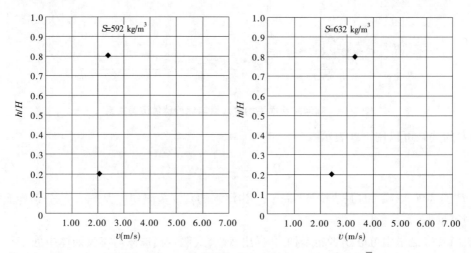

图 1-15 1964 年 7 月 18 日洪水垂线流速分布($Q = 1\ 770$ m³/s,$\bar{h} = 2.75$ m)

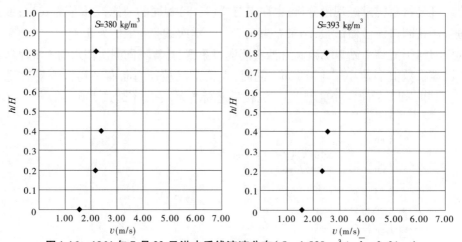

图 1-16 1964 年 7 月 23 日洪水垂线流速分布($Q = 1\ 820$ m³/s,$\bar{h} = 2.21$ m)

1.2.5.2 含沙量垂线及断面分布

整理渭河临潼站典型高含沙洪水测速取样记载及含沙量计算表,所选高含沙洪水流量范围为 375 ~ 1 820 m³/s,最大含沙量范围为 181 ~ 514 kg/m³。点绘垂线含沙量分布图,见图 1-27 ~ 图 1-34。

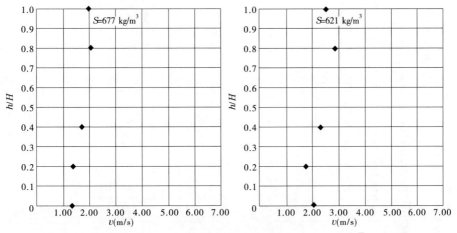

图 1-17　1964 年 8 月 14 日洪水垂线流速分布（$Q = 1\,610\ \mathrm{m^3/s}, \bar{h} = 2.50\ \mathrm{m}$）

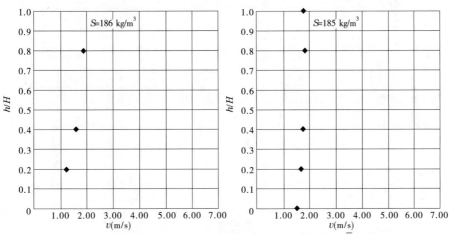

图 1-18　1966 年 7 月 25 日洪水垂线流速分布（$Q = 561\ \mathrm{m^3/s}, \bar{h} = 2.00\ \mathrm{m}$）

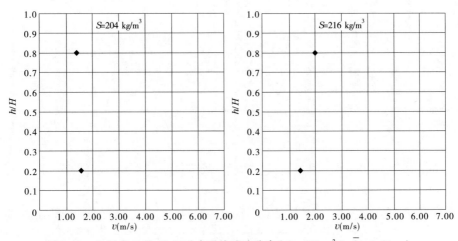

图 1-19　1966 年 7 月 27 日洪水垂线流速分布（$Q = 532\ \mathrm{m^3/s}, \bar{h} = 1.91\ \mathrm{m}$）

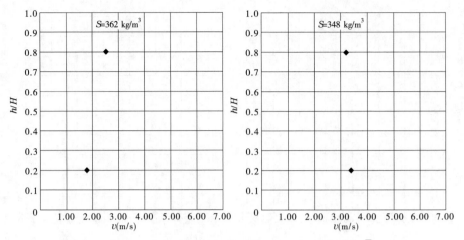

图 1-20　1966 年 7 月 28 日洪水垂线流速分布($Q = 2\ 640\ \text{m}^3/\text{s}, \bar{h} = 3.09\ \text{m}$)

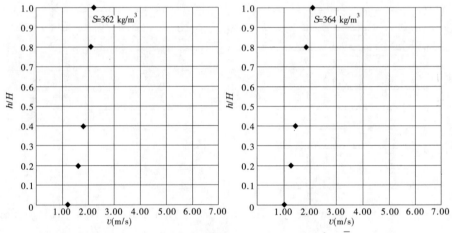

图 1-21　1968 年 8 月 5 日洪水垂线流速分布($Q = 662\ \text{m}^3/\text{s}, \bar{h} = 1.86\ \text{m}$)

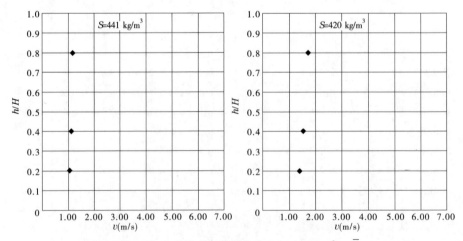

图 1-22　1975 年 7 月 26 日洪水垂线流速分布($Q = 623\ \text{m}^3/\text{s}, \bar{h} = 2.19\ \text{m}$)

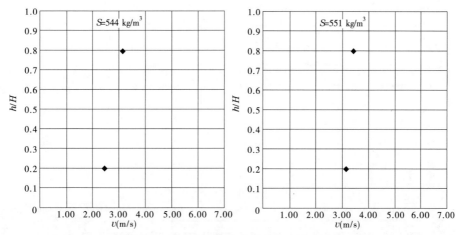

图 1-23　1984 年 8 月 4 日洪水垂线流速分布($Q = 1\,990$ m³/s,$\bar{h} = 2.41$ m)

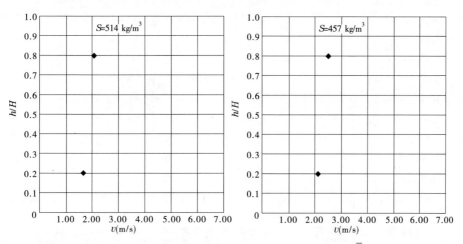

图 1-24　1986 年 6 月 28 日洪水垂线流速分布($Q = 1\,760$ m³/s,$\bar{h} = 3.21$ m)

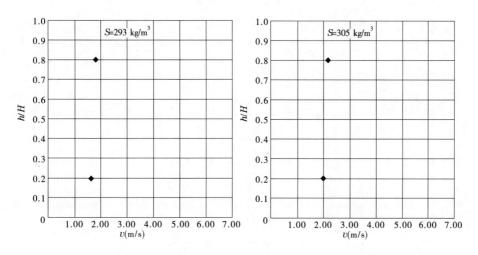

图 1-25　1988 年 8 月 10 日洪水垂线流速分布($Q = 1\,940$ m³/s,$\bar{h} = 3.32$ m)

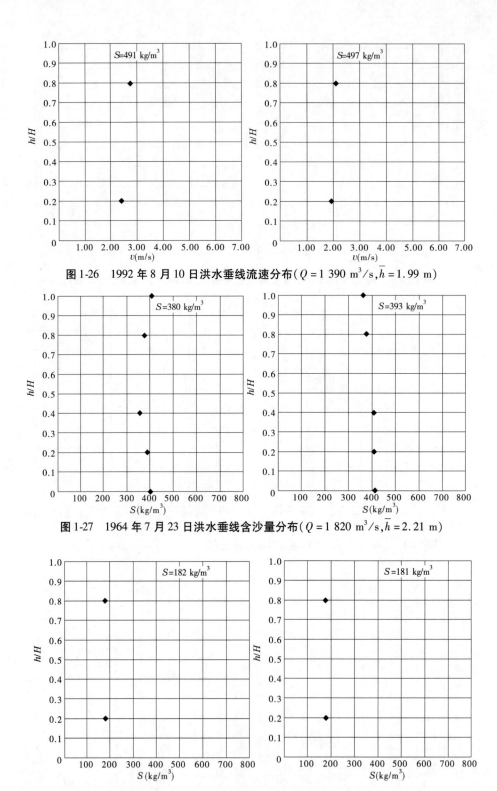

图 1-26　1992 年 8 月 10 日洪水垂线流速分布（$Q = 1\ 390\ \text{m}^3/\text{s}, \bar{h} = 1.99\ \text{m}$）

图 1-27　1964 年 7 月 23 日洪水垂线含沙量分布（$Q = 1\ 820\ \text{m}^3/\text{s}, \bar{h} = 2.21\ \text{m}$）

图 1-28　1964 年 8 月 17 日洪水垂线含沙量分布（$Q = 375\ \text{m}^3/\text{s}, \bar{h} = 1.50\ \text{m}$）

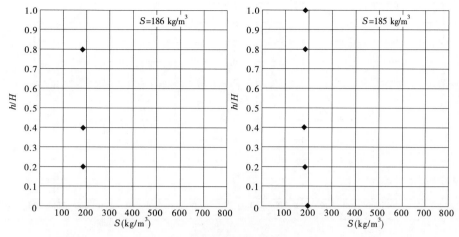

图 1-29　1966 年 7 月 25 日洪水垂线含沙量分布($Q = 561$ m³/s, $\bar{h} = 2.00$ m)

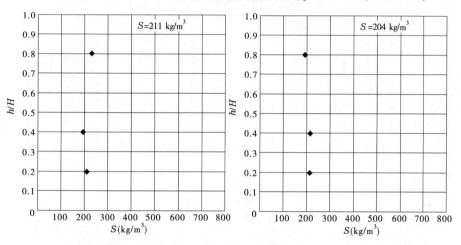

图 1-30　1966 年 8 月 2 日洪水垂线含沙量分布($Q = 895$ m³/s, $\bar{h} = 1.72$ m)

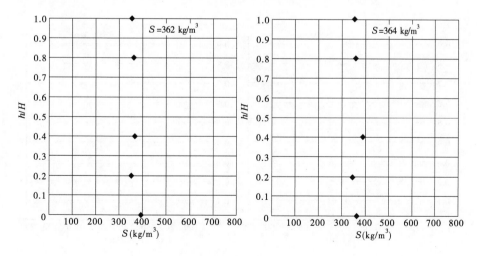

图 1-31　1968 年 8 月 5 日洪水垂线含沙量分布($Q = 662$ m³/s, $\bar{h} = 1.86$ m)

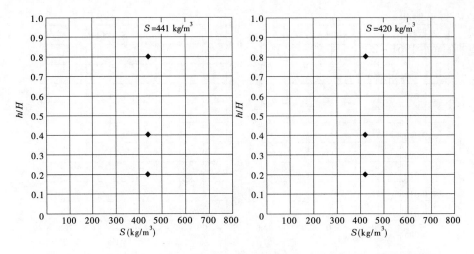

图 1-32　1975 年 7 月 26 日洪水垂线含沙量分布（$Q = 623$ m³/s，$\bar{h} = 2.19$ m）

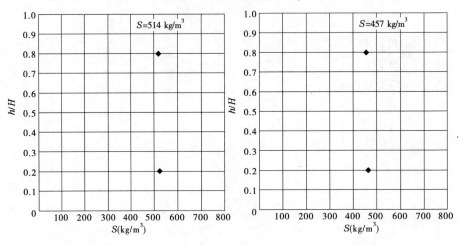

图 1-33　1986 年 6 月 28 日洪水垂线含沙量分布（$Q = 1\,760$ m³/s，$\bar{h} = 3.21$ m）

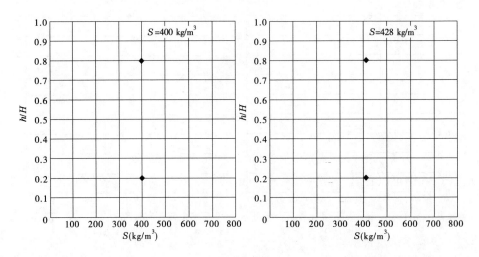

图 1-34　1992 年 8 月 11 日洪水垂线含沙量分布（$Q = 1\,560$ m³/s，$\bar{h} = 2.37$ m）

1.2.5.3　阻力损失

依据临潼站 1961~2017 年原始测流资料,计算与场次洪水相应的阻力系数 $f_m = \dfrac{8gRJ_m}{v^2}$ 及有效雷诺数 Re_m,分析研究阻力系数 f_m 与有效雷诺数 Re_m 的关系,具体情况如图 1-35 所示。

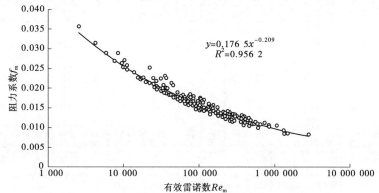

$$y=0.176\,5x^{-0.209}$$
$$R^2=0.956\,2$$

图 1-35　临潼站高含沙洪水阻力系数与有效雷诺数关系

从图 1-35 中可以看出,渭河临潼典型高含沙洪水阻力系数 f_m 与有效雷诺数 Re_m 在有效雷诺数为 2 567~2 771 113 时具有类似紊流光滑区 Blasius 公式[54]的形式,只是公式的系数和指数略偏小。其关系式如下

$$f_m = \frac{0.176\,5}{Re_m^{0.209\,4}} \quad (临潼站, R = 0.978) \tag{1-19}$$

分析研究阻力系数 f_m 与糙率系数 n 的关系,具体情况如图 1-36 所示。

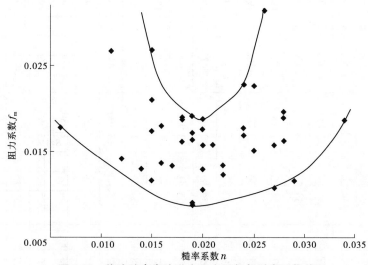

图 1-36　临潼站高含沙洪水阻力系数与糙率系数关系

从图 1-36 中可以看出,当糙率系数小于 0.020 时,糙率对阻力系数的影响很小,阻力系数的大小主要取决于湿周和比降等因素,但当糙率系数大于 0.020 时,阻力系数明显随着糙率系数的增大而增大,两者成正比关系。

1.2.5.4　洪峰水位及传播时间

收集整理了临潼站、华县站 1961~2017 年历次高含沙洪水(临潼站最大含沙量大于 200 kg/m³)共计 162 场次的洪峰水位、洪峰流量及传播时间,具体情况见表 1-14。

表 1-14 临潼站、华县站高含沙洪水情况统计

序号	临潼站峰现时间 (年-月-日 T 时:分)	临潼站洪峰水位 (m)	临潼站洪峰流量 (m³/s)	临潼站最大含沙量 (kg/m³)	华县站峰现时间 (年-月-日 T 时:分)	华县站洪峰水位 (m)	华县站洪峰流量 (m³/s)	华县站最大含沙量 (kg/m³)	洪峰传播时间 (h)	水位差 (m)
1	1961-07-02T08:43	354.69	2 420	472	1961-07-02T14:00	335.92	2 280	404	5.28	18.77
2	1962-07-15T09:25	354.26	850	307	1962-07-16T14:00	335.22	440	245	28.58	19.04
3	1962-07-24T17:48	354.57	1 730	471	1962-07-25T16:30	336.86	1 450	654	22.70	17.71
4	1962-08-15T04:22	354.26	927	250	1962-08-15T16:00	336.08	1 170	94.9	11.63	18.18
5	1963-06-07T07:00	354.93	1 930	228	1963-06-07T16:00	336.10	1 460	222	9.00	18.83
6	1964-07-18T04:00	355.34	3 120	602	1964-07-18T15:00	337.42	2 770	659	11.00	17.92
7	1964-07-22T16:00	355.75	5 030	463	1964-07-23T04:00	337.18	3 790	452	12.00	18.57
8	1964-08-11T05:00	354.89	2 380	479	1964-08-11T14:00	336.08	1 800	469	9.00	18.81
9	1964-08-14T00:00	355.41	3 970	670	1964-08-14T11:30	337.45	3 560	643	11.50	17.96
10	1964-08-21T08:00	354.26	1 610	527	1964-08-21T17:30	335.84	1 490	427	9.50	18.42
11	1964-09-08T08:00	354.35	1 580	234	1964-09-09T04:00	337.02	2 060	136	20.00	17.33
12	1965-07-09T02:30	355.03	3 390	447	1965-07-09T12:00	337.48	3 200	357	9.50	17.55
13	1966-06-13T14:30	353.74	325	710	1966-06-14T13:00	334.79	305	397	22.50	18.95
14	1966-06-29T03:00	354.67	1 680	609	1966-06-29T18:00	336.93	1 140	602	15.00	17.74
15	1966-07-23T16:00	355.86	5 060	565	1966-07-24T04:00	338.85	3 550	405	12.00	17.01
16	1966-07-27T20:00	356.15	6 250	688	1966-07-28T09:00	339.47	5 180	636	13.00	16.68
17	1966-08-11T14:00	353.02	507	413	1966-08-13T00:00	335.83	408	346	34.00	17.19
18	1966-08-17T05:30	354.05	1 990	605	1966-08-17T13:00	336.48	1 340	624	7.50	17.57
19	1967-08-04T12:00	353.85	1 120	832	1967-08-06T08:00	336.47	664	731	44.00	17.38

续表 1-14

序号	临潼站峰现时间（年-月-日 T 时:分）	临潼站洪峰水位（m）	临潼站洪峰流量（m³/s）	临潼站最大含沙量（kg/m³）	华县站峰现时间（年-月-日 T 时:分）	华县站洪峰水位（m）	华县站洪峰流量（m³/s）	华县站最大含沙量（kg/m³）	洪峰传播时间（h）	水位差（m）
20	1967-09-10T08:00	354.53	2 650	248	1967-09-10T17:30	339.13	1 970	320	9.50	15.40
21	1968-08-03T16:30	355.12	4 050	697	1968-08-04T04:00	339.86	1 980	727	11.50	15.26
22	1968-08-20T08:00	353.84	1 140	315	1968-08-20T20:00	339.05	830	286	12.00	14.79
23	1968-08-24T00:40	353.75	880	717	1968-08-24T18:00	338.78	730	753	17.33	14.97
24	1968-08-29T14:00	353.81	780	582	1968-08-30T12:00	338.89	770	400	22.00	14.92
25	1969-07-27T06:00	354.12	786	594	1969-07-28T20:00	337.38	608	508	38.00	16.74
26	1969-07-30T16:00	354.29	1 110	578	1969-07-31T06:00	337.63	965	555	14.00	16.66
27	1969-08-10T17:00	353.96	654	629	1969-08-11T02:00	337.43	725	601	9.00	16.53
28	1970-07-22T22:30	353.63	336	822	1970-07-23T17:20	336.07	182	491	18.83	17.56
29	1970-07-29T21:00	354.77	2 170	447	1970-07-30T08:00	338.64	1 440	457	11.00	16.13
30	1970-08-06T06:00	355.33	2 930	448	1970-08-06T17:00	339.85	2 540	445	11.00	15.48
31	1970-08-31T03:12	356.10	5 520	518	1970-08-31T18:00	340.55	4 320	527	14.80	15.55
32	1970-09-17T11:00	354.35	1 940	331	1970-09-18T08:00	337.06	1 300	233	21.00	17.29
33	1971-07-10T11:00	354.29	1 590	253	1971-07-10T20:00	337.45	1 280	271	9.00	16.84
34	1971-08-21T21:30	354.34	1 390	917	1971-08-22T09:00	338.15	1 380	662	11.50	16.19
35	1971-09-03T18:30	354.05	925	609	1971-09-04T10:00	337.10	625	566	15.50	16.95
36	1972-07-09T12:48	354.50	1 280	579	1972-07-10T04:00	337.84	980	176	15.20	16.66
37	1973-04-30T04:00	354.32	1 600	346	1973-04-30T16:00	337.45	882	333	12.00	16.87
38	1973-07-20T08:00	354.39	1 030	622	1973-07-20T22:00	337.69	679	554	14.00	16.70

续表 1-14

序号	临潼站峰现时间 (年-月-日 T 时:分)	临潼站洪峰水位 (m)	临潼站洪峰流量 (m³/s)	临潼站最大含沙量 (kg/m³)	华县站峰现时间 (年-月-日 T 时:分)	华县站洪峰水位 (m)	华县站洪峰流量 (m³/s)	华县站最大含沙量 (kg/m³)	洪峰传播时间 (h)	水位差 (m)
39	1973-08-19T10:48	355.07	2 520	823	1973-08-20T02:00	339.39	1 210	721	15.20	15.68
40	1973-08-31T08:00	356.77	6 050	634	1973-09-01T02:00	341.57	5 010	572	18.00	15.20
41	1973-08-31T08:00	356.77	6 050	634	1973-09-01T02:00	341.57	5 010	572	18.00	15.20
42	1974-08-01T06:30	354.25	802	755	1974-08-01T19:00	336.48	590	509	12.50	17.77
43	1974-08-01T06:30	354.25	802	755	1974-08-01T19:00	336.48	590	509	12.50	17.77
44	1974-08-09T20:00	354.66	1 230	581	1974-08-10T10:00	337.46	1 080	364	14.00	17.20
45	1975-07-26T05:30	355.13	2 290	645	1975-07-26T14:00	337.97	1 650	634	8.50	17.16
46	1975-10-02T12:00	357.20	4 600	377	1975-10-02T20:00	340.97	4 010	274	8.00	16.23
47	1976-07-19T02:12	354.18	424	473	1976-07-20T02:00	335.83	310	208	23.80	18.35
48	1976-07-19T02:12	354.18	424	473	1976-07-20T02:00	335.83	310	208	23.80	18.35
49	1976-08-03T03:00	353.78	180	623	1976-08-04T00:00	335.09	117	261	21.00	18.69
50	1976-08-19T23:00	354.15	440	281	1976-08-21T12:00	336.09	230	214	37.00	18.06
51	1977-07-07T10:30	357.16	5 550	695	1977-07-07T20:00	340.43	4 470	795	9.50	16.73
52	1977-07-31T10:54	354.24	1 440	351	1977-07-31T20:00	335.41	950	349	9.10	18.83
53	1977-08-07T09:00	354.64	1 650	861	1977-08-07T13:30	335.55	1 450	905	4.50	19.09
54	1977-09-21T13:30	353.69	515	591	1977-09-22T16:00	335.25	460	420	26.50	18.44
55	1977-09-21T13:30	353.69	515	591	1977-09-22T16:00	335.25	460	420	26.50	18.44
56	1978-05-31T14:00	354.05	731	270	1978-06-01T16:00	335.94	687	142	26.00	18.11
57	1978-07-22T01:00	355.28	2 700	579	1978-07-22T08:00	337.20	2 280	419	7.00	18.08

续表 1-14

序号	临潼站峰现时间 (年-月-日 T 时:分)	临潼站 洪峰水位 (m)	临潼站 洪峰流量 (m³/s)	临潼站最 大含沙量 (kg/m³)	华县站峰现时间 (年-月-日 T 时:分)	华县站 洪峰水位 (m)	华县站 洪峰流量 (m³/s)	华县站最 大含沙量 (kg/m³)	洪峰传 播时间 (h)	水位差 (m)
58	1978-08-15T08:00	353.61	490	580	1978-08-15T19:30	335.13	550	383	11.50	18.48
59	1979-07-31T21:36	354.23	926	619	1979-08-01T05:00	336.43	720	532	7.40	17.80
60	1979-07-31T21:36	354.23	926	619	1979-08-01T05:00	336.43	720	532	7.40	17.80
61	1980-07-03T18:00	356.54	4 490	331	1980-07-04T06:00	340.16	3 770	398	12.00	16.38
62	1980-07-26T10:12	354.21	1 450	561	1980-07-26T19:00	336.53	974	450	8.80	17.68
63	1980-07-29T04:00	354.75	1 660	996	1980-07-29T10:00	337.11	1 430	711	6.00	17.64
64	1980-08-04T11:00	355.64	3 080	223	1980-08-04T20:00	338.64	2 800	230	9.00	17.00
65	1980-08-19T17:00	353.98	899	463	1980-08-20T05:30	336.63	995	417	12.50	17.35
66	1980-08-24T15:00	354.62	1 820	241	1980-08-24T23:00	337.39	1 580	245	8.00	17.23
67	1981-06-22T08:00	353.78	741	915	1981-06-22T23:30	336.06	491	761	15.50	17.72
68	1981-07-05T08:00	354.29	1 060	256	1981-07-05T16:00	337.53	970	125	8.00	16.76
69	1981-08-16T20:00	354.71	1 570	638	1981-08-17T03:00	337.61	1 320	671	7.00	17.10
70	1981-08-22T17:30	357.97	7 610	267	1981-08-23T10:00	341.03	5 380	313	16.50	16.94
71	1982-07-30T20:00	354.35	1 360	461	1982-07-31T12:00	336.74	935	339	16.00	17.61
72	1982-08-01T10:00	354.96	1 650	204	1982-08-01T19:45	337.61	1 620	156	9.75	17.35
73	1982-08-05T07:42	354.42	1 110	397	1982-08-05T14:00	337.22	1 480	327	6.30	17.20
74	1983-07-31T01:00	355.86	3 180	292	1983-07-31T22:00	338.95	3 170	128	21.00	16.91
75	1983-09-09T00:00	355.18	2 220	237	1983-09-09T05:30	337.81	2 200	153	5.50	17.37
76	1984-07-26T15:00	355.46	1 690	288	1984-07-27T06:00	337.62	1 930	158	15.00	17.84

续表 1-14

序号	临潼站峰现时间 (年-月-日 T 时:分)	临潼站 洪峰水位 (m)	临潼站 洪峰流量 (m³/s)	临潼站最 大含沙量 (kg/m³)	华县站峰现时间 (年-月-日 T 时:分)	华县站 洪峰水位 (m)	华县站 洪峰流量 (m³/s)	华县站最 大含沙量 (kg/m³)	洪峰传 播时间 (h)	水位差 (m)
77	1984-08-04T12:00	355.75	2 900	549	1984-08-04T22:00	338.30	2 870	514	10.00	17.45
78	1985-05-15T15:00	354.81	760	291	1985-05-16T04:00	336.68	788	95.9	13.00	18.13
79	1985-08-16T18:00	354.98	585	679	1985-08-17T12:00	336.56	482	531	18.00	18.42
80	1985-08-18T21:00	354.76	690	489	1985-08-19T08:00	336.73	610	498	11.00	18.03
81	1985-08-30T21:00	355.44	1 320	296	1985-08-31T14:00	337.65	1 210	57.8	17.00	17.79
82	1986-06-27T23:00	356.42	3 120	488	1986-06-28T09:00	338.95	2 980	485	10.00	17.47
83	1987-07-30T07:18	354.58	798	727	1987-07-30T10:00	336.79	900	515	2.70	17.79
84	1987-08-27T15:30	354.59	906	636	1987-08-28T02:00	336.69	777	462	10.50	17.90
85	1988-06-29T18:24	354.40	449	673	1988-06-30T09:00	336.44	367	504	14.60	17.96
86	1988-07-06T00:00	355.37	1 260	241	1988-07-06T16:00	337.76	1 210	212	16.00	17.61
87	1988-07-24T08:00	355.25	1 530	582	1988-07-24T15:30	337.95	1 560	554	7.50	17.30
88	1988-08-09T13:00	356.47	3 580	494	1988-08-10T00:00	339.45	3 090	466	11.00	17.02
89	1988-08-19T01:36	356.53	3 770	221	1988-08-19T14:00	338.98	3 980	162	12.40	17.55
90	1989-07-18T00:36	355.53	2 030	599	1989-07-18T10:00	337.68	1 910	516	9.40	17.85
91	1989-07-21T11:00	354.44	714	395	1989-07-21T20:00	336.09	485	410	9.00	18.35
92	1989-08-05T17:36	354.64	1 010	480	1989-08-06T08:00	336.78	940	495	14.40	17.86
93	1990-07-07T08:00	356.46	4 270	461	1990-07-08T00:00	339.20	3 250	286	16.00	17.26
94	1990-08-01T03:00	354.70	788	430	1990-08-01T18:00	336.98	722	325	15.00	17.72
95	1990-08-17T03:00	355.22	1 300	213	1990-08-17T16:00	337.68	1 250	218	13.00	17.54

续表 1-14

序号	临潼站峰现时间 (年-月-日 T 时:分)	临潼站洪峰水位 (m)	临潼站洪峰流量 (m³/s)	临潼站最大含沙量 (kg/m³)	华县站峰现时间 (年-月-日 T 时:分)	华县站洪峰水位 (m)	华县站洪峰流量 (m³/s)	华县站最大含沙量 (kg/m³)	洪峰传播时间 (h)	水位差 (m)
96	1990-08-27T22:00	354.66	613	279	1990-08-28T08:00	337.08	621	118	10.00	17.58
97	1990-09-24T06:30	354.79	1 130	464	1990-09-24T17:42	337.46	1 020	386	11.20	17.33
98	1991-05-26T20:00	354.83	814	304	1991-05-27T12:00	336.98	510	296	16.00	17.85
99	1991-06-11T11:42	355.37	1 980	476	1991-06-12T01:00	338.28	1 680	494	13.30	17.09
100	1991-07-20T15:30	354.35	522	651	1991-07-21T12:00	336.59	440	311	20.50	17.76
101	1991-07-29T20:30	354.85	800	336	1991-07-30T08:00	337.36	900	233	11.50	17.49
102	1992-06-25T04:00	354.75	664	471	1992-06-25T22:34	337.34	796	374	18.57	17.41
103	1992-07-26T05:18	355.50	1 280	573	1992-07-26T17:38	337.18	830	491	12.33	18.32
104	1992-07-31T00:00	354.61	567	365	1992-07-31T08:00	336.63	393	251	8.00	17.98
105	1993-07-16T05:54	355.08	1 560	461	1993-07-16T17:00	337.48	1 310	201	11.10	17.60
106	1993-08-05T15:48	354.78	1 100	662	1993-08-05T20:18	337.98	1 650	618	4.50	16.80
107	1994-07-08T14:36	355.82	2 150	785	1994-07-08T23:00	338.21	2 000	765	8.40	17.61
108	1994-07-22T00:00	353.95	608	386	1994-07-22T06:00	336.29	337	237	6.00	17.66
109	1994-07-28T03:30	354.45	1 150	859	1994-07-28T12:00	336.77	1 010	802	8.50	17.68
110	1994-08-06T13:30	354.37	824	725	1994-08-07T23:45	337.76	643	649	34.25	16.61
111	1994-08-12T09:48	355.47	1 780	704	1994-08-12T21:00	338.95	1 450	728	11.20	16.52
112	1995-07-15T18:06	354.18	675	653	1995-07-16T18:00	338.36	431	771	23.90	15.82
113	1995-08-02T21:00	354.14	598	603	1995-08-04T02:00	338.99	319	373	29.00	15.15
114	1995-08-07T03:00	356.41	2 640	627	1995-08-08T03:00	340.88	1 500	716	24.00	15.53

序号	临潼站峰现时间 (年-月-日 T 时:分)	临潼站洪峰水位 (m)	临潼站洪峰流量 (m³/s)	临潼站最大含沙量 (kg/m³)	华县站峰现时间 (年-月-日 T 时:分)	华县站洪峰水位 (m)	华县站洪峰流量 (m³/s)	华县站最大含沙量 (kg/m³)	洪峰传播时间 (h)	水位差 (m)
115	1995-08-30T10:30	354.87	1 280	383	1995-08-31T06:36	339.96	747	436	20.10	14.91
116	1996-07-16T15:00	354.18	698	682	1996-07-17T12:00	338.44	545	696	21.00	15.74
117	1996-07-29T01:30	357.79	4 170	591	1996-07-29T21:00	342.25	3 500	565	19.50	15.54
118	1996-08-11T04:00	354.84	1 300	551	1996-08-11T10:00	339.31	1 340	618	6.00	15.53
119	1997-08-01T13:00	355.63	1 500	827	1997-08-02T00:00	340.36	1 090	749	11.00	15.27
120	1997-08-08T00:06	354.02	569	387	1997-08-08T18:00	338.99	315	320	17.90	15.03
121	1998-05-22T09:06	355.64	1 700	413	1998-05-22T18:30	339.90	1 100	426	9.40	15.74
122	1998-07-09T11:00	356.03	1 970	576	1998-07-10T08:00	340.58	1 450	613	21.00	15.45
123	1998-08-22T14:00	356.05	2 160	308	1998-08-22T19:30	339.82	1 620	130	5.50	16.23
124	1999-07-15T08:00	355.49	1 430	471	1999-07-15T16:00	338.81	1 310	635	8.00	16.68
125	1999-07-22T08:00	354.76	975	443	1999-07-22T16:16	338.25	1 350	504	8.27	16.51
126	2000-07-16T10:00	353.72	507	691	2000-07-16T20:10	337.41	508	142	10.17	16.31
127	2000-07-29T12:00	353.88	449	612	2000-07-30T04:00	336.90	252	647	16.00	16.98
128	2001-07-28T12:30	353.90	616	524	2001-07-29T06:00	337.82	338	442	17.50	16.08
129	2001-08-04T16:42	353.66	504	535	2001-08-05T06:00	337.24	253	478	13.30	16.42
130	2001-08-20T04:00	355.45	1 350	770	2001-08-21T01:32	339.96	887	729	21.53	15.49

续表 1-14

序号	临潼站峰现时间（年-月-日 T 时:分）	临潼站洪峰水位（m）	临潼站洪峰流量（m³/s）	临潼站最大含沙量（kg/m³）	华县站峰现时间（年-月-日 T 时:分）	华县站洪峰水位（m）	华县站洪峰流量（m³/s）	华县站最大含沙量（kg/m³）	洪峰传播时间（h）	水位差（m）
131	2002-06-10T15:30	355.71	1 780	224	2002-06-11T10:30	340.75	1 200	109	19.00	14.96
132	2002-06-23T05:00	354.69	1 210	510	2002-06-23T09:10	338.10	892	787	4.17	16.59
133	2002-07-05T18:00	354.14	604	412	2002-07-07T06:00	337.49	480	465	36.00	16.65
134	2002-07-27T16:30	353.93	544	673	2002-07-28T20:00	338.03	306	498	27.50	15.90
135	2002-08-06T12:30	354.82	1 000	752	2002-08-07T06:00	339.41	597	731	17.50	15.41
136	2002-08-13T16:00	354.20	688	498	2002-08-14T11:00	338.87	439	340	19.00	15.33
137	2002-08-15T14:30	354.48	700	583	2002-08-17T17:30	340.40	340.41	666	51.00	14.08
138	2003-07-24T21:30	354.20	606	729	2003-07-25T06:00	339.01	551	721	8.50	15.19
139	2003-08-27T08:30	357.55	2 930	588	2003-08-29T16:48	341.32	1 470	664	56.30	16.23
140	2004-07-27T19:00	353.61	280	242	2004-07-28T21:08	336.39	214	101	26.13	17.22
141	2004-08-21T13:12	355.54	1 240	738	2004-08-22T05:54	338.84	1 050	677	16.70	16.70
142	2005-07-03T22:18	356.75	2 550	371	2005-07-04T14:30	340.63	2 060	180	16.20	16.12
143	2005-07-20T18:30	354.35	1 020	499	2005-07-21T12:54	338.72	1 150	573	18.40	15.63
144	2006-07-17T00:30	354.17	665	641	2006-07-17T16:00	335.74	555	724	15.50	18.43
145	2006-08-16T12:00	353.89	545	518	2006-08-17T01:14	337.07	615	486	13.23	16.82
146	2007-07-26T11:42	354.00	655	450	2007-07-27T07:18	337.92	662	296	19.60	16.08

续表 1-14

序号	临潼站峰现时间（年-月-日 T 时:分）	临潼站洪峰水位（m）	临潼站洪峰流量（m³/s）	临潼站最大含沙量（kg/m³）	华县站峰现时间（年-月-日 T 时:分）	华县站洪峰水位（m）	华县站洪峰流量（m³/s）	华县站最大含沙量（kg/m³）	洪峰传播时间（h）	水位差（m）
147	2008-08-10T07:24	353.23	370	369	2008-08-11T03:18	336.38	252	426	19.90	16.85
148	2009-07-19T09:00	352.82	233	342	2009-07-20T11:00	336.51	180	130	26.00	16.31
149	2009-08-20T17:00	353.58	649	358	2009-08-21T06:44	337.72	613	367	13.73	15.86
150	2010-07-25T10:00	356.51	2 800	453	2010-07-26T19:30	341.15	1 980	451	33.50	15.36
151	2010-08-10T21:00	355.12	1 480	559	2010-08-11T05:00	339.53	1 270	566	8.00	15.59
152	2010-08-13T13:00	354.06	804	302	2010-08-13T22:18	338.20	1 130	248	9.30	15.86
153	2012-07-23T01:12	353.57	688	486	2012-07-23T23:00	337.26	671	382	21.80	16.31
154	2013-07-10T20:00	353.71	895	347	2013-07-11T11:30	337.93	1 200	161	15.50	15.78
155	2013-07-16T20:00	353.65	1 020	504	2013-07-18T00:24	336.98	930	404	28.40	16.67
156	2014-08-19T04:00	352.39	356	536	2014-08-20T10:42	336.01	312	385	30.70	16.38
157	2015-08-13T20:00	353.07	630	435	2015-08-14T13:48	336.84	558	350	17.80	16.23
158	2016-07-12T20:36	353.51	592	409	2016-07-13T20:42	336.81	545	340	24.10	16.70
159	2016-08-17T10:00	352.73	362	760	2016-08-17T20:42	336.02	412	792	10.70	16.71
160	2017-07-29T20:00	352.40	234	434	2017-07-30T20:00	335.85	229	290	24.00	16.55
161	2017-08-20T20:00	352.36	235	382	2017-08-21T12:00	336.12	314	219	16.00	16.24
162	2017-08-24T03:24	352.69	370	220	2017-08-24T18:00	336.15	365	207	14.60	16.54

点绘临潼站高含沙洪水洪峰流量与传播时间见图 1-37,图中临潼站洪峰流量范围为
180~7 610 m³/s,含沙量范围为 204~996 kg/m³。由图 1-37 可以看出,在含沙量大于 200
kg/m³ 的高含沙洪水中,当洪峰流量超过 4 000 m³/s 时,洪水传播时间在 20 h 以内。

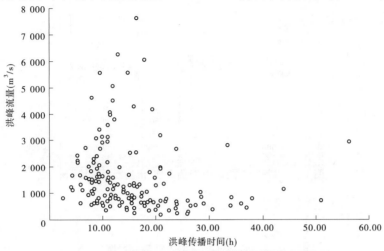

图 1-37　临潼站高含沙洪水洪峰流量与传播时间关系

1.2.6　高含沙洪水的冲淤特征

1.2.6.1　淤滩刷槽

渭河下游出现高含沙漫滩洪水时,往往造成河床淤滩刷槽。1996 年 7 月 16 日至 8 月
13 日,渭河下游出现 3 次高含沙洪水,临潼站最大洪峰流量 4 170 m³/s,最大含沙量
682 kg/m³。渭河 1996 年高含沙洪水临潼站特征值统计见表 1-15。

表 1-15　渭河 1996 年高含沙洪水临潼站特征值统计

洪峰时间				最高水位 (m)	洪峰流量 (m³/s)	最大含沙量 (kg/m³)
月	日	时	分			
7	16	15	0	354.18	698	682
7	29	1	30	357.79	4 170	591
8	11	4	0	354.84	1 300	551

2003 年 7 月 24 日至 8 月 29 日,渭河下游出现 3 场高含沙洪水,临潼站最大洪峰流量
2 930 m³/s,最大含沙量 729 kg/m³。渭河 2003 年高含沙洪水临潼站特征值统计见表 1-16。

表 1-16　渭河 2003 年高含沙洪水临潼站特征值统计

洪峰时间				最高水位 (m)	洪峰流量 (m³/s)	最大含沙量 (kg/m³)
月	日	时	分			
7	24	21	30	354.20	606	729
8	9	17	54	353.97	573	395
8	27	8	30	357.55	2 930	588

套绘 1996 年渭淤 10 断面,2003 年渭淤 4、渭淤 10 断面高含沙洪水前后断面图,见

图 1-38～图 1-40。从图 1-38～图 1-40 可以看出,洪水出槽漫滩后滩面出现不同程度的淤积,同时主槽均发生不同程度的冲刷展宽。

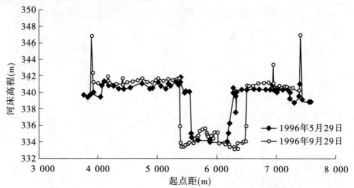

图 1-38　1996 年渭淤 10 断面汛前、汛后断面套绘图

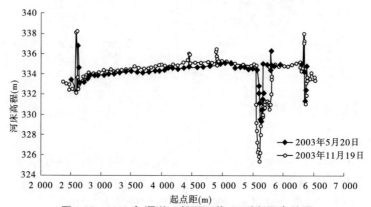

图 1-39　2003 年渭淤 4 断面汛前、汛后断面套绘图

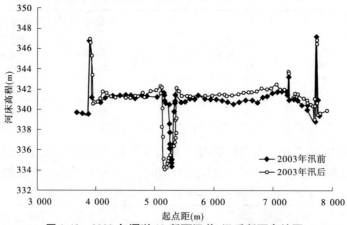

图 1-40　2003 年渭淤 10 断面汛前、汛后断面套绘图

"96·7""03·8"洪水,渭淤 4、渭淤 10 断面汛前、汛后主槽宽、主槽面积变化见表 1-17。从表 1-17 中可知,主槽普遍展宽刷深,主槽面积增大。"96·7"洪水,渭淤 4、渭淤 10 断面河槽宽分别增加 90 m、227 m,分别是汛前的 2.12 倍、1.25 倍;面积分别增大 204 m²、2 957 m²,分别是汛前的 1.61 倍、1.59 倍;河底最深点分别降低 0.3 m、0.8 m。"03·8"洪水,渭淤 4、渭淤 10 断面河槽宽分别增加 237 m、48 m,分别是汛前的 3.42 倍、1.25 倍;面积分别增

大 1 030 m²、1 005 m²,分别是汛前的 3.93 倍、2.95 倍;河底最深点分别降低 3.7 m、0.3 m。

表 1-17 "96·7""03·8"洪水前后典型断面主槽特性变化

断面名称		渭淤 4		渭淤 10	
		主槽宽(m)	主槽面积(m²)	主槽宽(m)	主槽面积(m²)
"96·7"洪水	汛前	80	330	895	5 034
	汛后	170	534	1 122	7 991
	差值	90	204	227	2 957
"03·8"洪水	汛前	98	351	191	515
	汛后	335	1 381	239	1 520
	差值	237	1 030	48	1 005

1.2.6.2 贴边淤积

1994 ~ 1995 年期间,渭河下游多次出现小水大沙洪水过程。华县站洪水情况如表 1-18 所示。

表 1-18 1994 ~ 1995 年渭河华县站小水大沙洪水情况统计

年份	洪峰时间				洪峰流量 (m³/s)	最大含沙量 (kg/m³)	洪量 (亿 m³)	沙量 (亿 t)
	月	日	时	分				
1994	7	28	23	00	2 000	765	2.318	0.995
	7	12	6	00	890	258	2.597	0.257
	7	22	6	00	337	237	0.887	0.082
	7	28	12	00	1 010	802	0.992	0.489
	8	7	23	45	643	649	1.006	0.37
	8	12	21	00	1 450	728	1.245	0.674
	9	2	21	00	612	883	0.483	0.291
1995	7	16	18	00	431	771	0.37	0.213
	7	22	4	54	209	351	0.449	0.114
	8	4	2	00	319	373	0.568	0.123
	8	8	3	00	1 500	716	1.999	0.778
	8	18	9	00	510	473	0.581	0.19
	8	24	2	00	329	234	1.132	0.206
	8	31	6	36	747	436	1.425	0.439

从表 1-18 中可以看出,1994 ~ 1995 年渭河下游共出现 $S > 200$ kg/m³ 的洪水 14 次,最大流量为 2 000 m³/s,最小流量为 209 m³/s,最大含沙量为 883 kg/m³,在这样连续出现小水大沙的水沙条件下,渭河下游河道产生严重淤积。

套绘渭河下游华县河段的渭淤 9 断面和临渭河段的渭淤 17 断面 1994 年汛前和 1995 年汛后大断面图,如图 1-41、图 1-42 所示。从图 1-41、图 1-42 中可以看出,华县河段的渭淤 9 断面主槽和滩地同时发生贴边淤积,滩地表现得尤其显著;渭淤17断面主槽发生明显的贴边淤积现象。

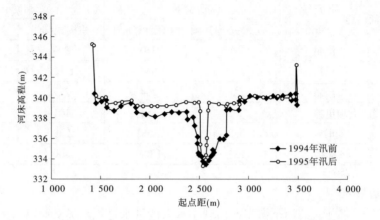

图1-41   渭淤9断面1994年汛前、1995年汛后断面套绘图

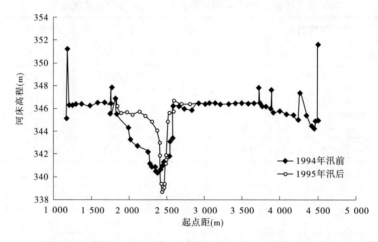

图1-42   渭淤17断面1994年汛前、1995年汛后断面套绘图

根据实测淤积资料统计,渭河下游1994～1995年的淤积情况见表1-19。从表1-19中可以看出,1994年、1995年渭河下游分别在汛期淤积泥沙0.843 6亿m³和0.824 4亿m³,特别是临潼以下河段淤积最为严重。

表1-19   1994～1995年渭河下游非汛期、汛期冲淤量   (单位:亿m³)

年份	时段	渭拦—渭淤1	渭淤1—渭淤10	渭淤10—渭淤26	渭淤26—渭淤28	渭淤28—渭淤37	渭河下游
1994	非汛期	0.000 1	− 0.008 1	− 0.049 8	− 0.008 3	0.006 5	− 0.059 6
	汛期	0.015 4	0.504 8	0.281 4	0.019 1	0.022 9	0.843 6
1995	非汛期	0.008 7	− 0.025 4	− 0.039 5	− 0.001 4	− 0.011 7	− 0.069 3
	汛期	0.007 4	0.339 0	0.433 7	0.009 7	0.034 6	0.824 4

1.2.6.3 河底冲刷

当渭河下游出现以泾河来水为主的高含沙大洪水时,有可能发生强烈的"揭河底"冲刷现象。据程龙渊[31]研究统计,1964～1992年渭河曾发生7次较大规模的"揭河底"冲刷,分别为1964年(2次)、1966年、1970年、1975年、1977年及1992年,主要发生在临潼至华县河段。渭河下游"揭河底"冲刷统计及洪水特性见表1-20、表1-21。

表1-20　渭河下游"揭河底"冲刷统计　　　　　　　　　　　　　　　　(单位:m)

河名	站名	距三门峡大坝里程(km)	1964年 7月16～23日	1964年 8月8～24日	1966年 7月20～8月8日	1970年 8月2～19日	1975年 7月26～28日	1977年 7月6～18日	1992年 8月5～19日
渭河	临潼	280.3	-0.64	-0.58	-0.80	-0.50	-0.36	-0.80	-0.70
	交口	256.5			-0.70	-0.86	-0.60	-1.30	0
	渭南	241.0			-1.40	-1.00	-0.97	-2.22	-0.94
	华县	201.5	-0.60	0.43	-0.32	-0.75	-0.50	-1.93	0
	陈村	169.2	-0.40	-0.62	-0.37	-1.04	-0.12	-1.88	-0.99
	华阴	146.3	-0.47	0	-0.40		0	-3.05	-2.86
	吊桥	132.9	-0.53	0.50	-0.65	-1.24	-0.62	-2.55	-2.80

表1-21　渭河下游"揭河底"冲刷洪水特性

河段	冲刷类别	项目	1964年 7月	1964年 8月	1966年 7月	1970年 7月	1975年 7月	1977年 7月	1992年 8月
渭河下游	"揭河底"冲刷	临潼站最大流量(m^3/s)	5 030	3 970	6 250	2 930	2 290	5 550	4 150
		最大含沙量(kg/m^3)	602	670	688	801	645	695	557
		冲刷长度(km)	151.3	134.0	175.8	155.2	134.0	175.8	147.4
		主槽宽(m)	450	400	450	350	350	450	400
		单宽输沙率(t/s)	6.7	6.6	9.6	6.7	4.2	8.6	5.8
最高库水位(m)			318.54	325.26	319.52	312.92	305.49	317.18	302.03
最低库水位(m)			314.34	320.38	304.92	291.95	301.91	301.82	297.48

以1970年华县站、1975年及1977年临潼站三场高含沙洪水为例,分析"揭河底"冲刷特征及其水流特性。1970年8月华县站洪峰流量2 940 m^3/s,最大含沙量445 kg/m^3;1975年7月临潼站洪峰流量2 290 m^3/s,最大含沙量645 kg/m^3;1977年7月临潼站洪峰流量5 550 m^3/s,最大含沙量695 kg/m^3。套绘1970年华县站、1975年及1977年临潼站高含沙洪水前后大断面图,如图1-43～图1-45所示。从图1-43～图1-45中可以看出,三场洪水过程均造成主槽冲刷,河底冲刷深度为0.3～4 m,滩地淤积,滩槽差加大,平滩流量加大,同时深泓点位置发生30～

100 m 的摆动,但断面整体形态变化不大,表现出明显的"揭河底"冲刷特征。

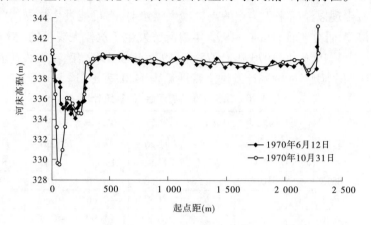

图 1-43　华县站 1970 年"揭河底"冲刷前后断面套绘图

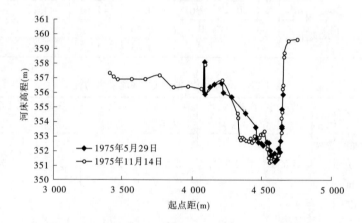

图 1-44　临潼站 1975 年"揭河底"冲刷前后断面套绘图

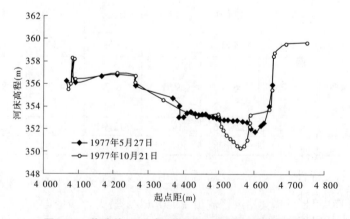

图 1-45　临潼站 1977 年"揭河底"冲刷前后断面套绘图

　　点绘临潼站 1975 年"揭河底"冲刷水位流量关系曲线,见图 1-46。从图 1-46 中可以看出,"揭河底"冲刷期洪水位呈规律性变化,与一般高含沙洪水差别较大。非"揭河底"的常见高含沙冲刷水位流量关系曲线较为平缓,洪水前后的水位变化过程呈明显的逆时针绳套。

"揭河底"冲刷洪水水位流量关系曲线较为陡峭,水位变化过程则是明显的顺时针绳套。

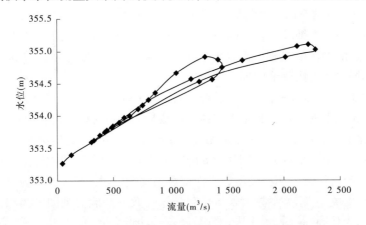

图 1-46　临潼站 1975 年"揭河底"冲刷水位流量关系曲线

点绘临潼站 1975 年"揭河底"冲刷水位流量过程线见图 1-47。从图 1-47 中可以看出,"揭河底"冲刷发生的瞬时,水位、流量均有一个明显的升高和快速下降过程。

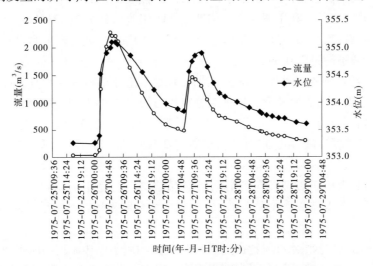

图 1-47　临潼站 1975 年"揭河底"水位流量过程线

1.2.7　小结

(1)借鉴有关高含沙水流的概念,结合对渭河咸阳站、临潼站、华县站 1974～2009 年 275 组实测水力泥沙资料全沙断面平均含沙量与水流相对黏度关系的分析,为切实研究渭河下游高含沙洪水特性,通过对渭河下游高含沙洪水的界定,将洪水期最大含沙量 200 kg/m³、相应体积含沙量 $S_v = 0.075$ 以上的洪水过程作为研究对象。

(2)通过统计 1961 年临潼建站以来 168 场洪水期最大含沙量 200 kg/m³ 以上的洪水水沙过程特征、水沙量、输沙率及平均含沙量,以及中值粒径 d_{50}、$d < 0.01$ mm 的细颗粒沙重百分数或细颗粒含沙量,分析高含沙洪水过程的变化特征。可知,受流域气候变化减水影响,渭河下游年均高含沙洪水场次显著减少,但小流量高含沙洪水的占比则明显增大;临潼

站中值粒径 d_{50} 由于三门峡水库蓄水,在 20 世纪 90 年代以前经历了逐渐减小的过程,在 2005～2008 年间,中值粒径达到最高值,2009 年以后中值粒径又出现了一个短时段的变大时期;临潼站高含沙洪水细颗粒含量(粒径小于 0.010 mm 的细颗粒沙重百分数)自 1961 年以来,呈现一个逐渐增多的过程。高含沙洪水干流来水自 1980 年以来场次及占比逐渐减少,而泾河来水场次及占比逐渐增多。

(3)通过对临潼站 1961～2017 年实测水力泥沙资料的整理,筛选出 175 场洪水期最大含沙量 200 kg/m³ 以上的洪水实测水力泥沙资料成果 209 组,据此分析计算建立临潼站高含沙洪水的体积比极限含沙量 S_{vm}、刚度系数 η、有效雷诺数 Re_m、流核深度 H_0 与含沙量具有指数型相关关系,其相关系数 R 分别为 0.89、0.94、0.67、0.75,说明这几个指标中高含沙洪水的刚度系数 η 与含沙量的相关性最好。而临潼站高含沙洪水浑水卡门常数与断面平均含沙量呈抛物线型的关系,相关系数达 0.966 8,与张红武的经验关系图较为相似。当临潼站断面含沙量小于 380 kg/m³ 时,浑水卡门常数随着含沙量变大,自 0.40 逐渐降低至 0.25;当断面含沙量大于 380 kg/m³ 时,卡门常数逐渐增大至 0.40 左右。

(4)根据相关资料及公式,计算曹如轩修正泥沙群体沉速。可知,临潼站出现高含沙水流时,泥沙群体沉速随着含沙量的增大而变小,同时随着断面含沙量的增大,群体沉速与含沙量的关系更趋于相关。利用渭河干流临潼站 231 组高含沙实测资料数据,计算不同测次浑水的不沉泥沙粒径,可知不沉粒径数值多数小于 1.0 mm。随着断面含沙量增大,不沉粒径逐渐增大,一般不超过 2.0 mm。

(5)通过点绘渭河临潼站所选高含沙洪水垂线流速分布和含沙量分布图,可知渭河临潼站典型高含沙洪水的流速及含沙量垂线分布相当均匀。同时,依据临潼站 1961～2017 年高含沙洪水原始测流资料,计算分析研究阻力系数 f_m 与有效雷诺数 Re_m 的关系,高含沙洪水阻力系数 f_m 与有效雷诺数 Re_m 在有效雷诺数为 2 567～2 771 113 时具有类似紊流光滑区 Blasius 公式的形式,只是公式的系数和指数略偏小。分析研究阻力系数 f_m 与糙率系数 n 的关系,当糙率系数小于 0.02 时,糙率对阻力系数的影响很小,阻力系数的大小主要取决于湿周和比降等因素,但当糙率系数大于 0.02 时,阻力系数明显随着糙率系数的增大而增大,两者成正比关系。

(6)渭河下游高含沙洪水冲淤特征主要表现为淤滩刷槽、贴边淤积和河底冲刷。当出现高含沙漫滩洪水时,往往造成河床淤滩刷槽;当连续出现小水大沙的水沙条件时,往往造成贴边淤积;当出现以泾河来水为主的高含沙大洪水时,有可能发生强烈的"揭河底"冲刷现象。

1.3 泾河、渭河高含沙洪水挟沙机制及挟沙力公式优化

1.3.1 高含沙洪水挟沙机制

1.3.1.1 洪水物质组成

统计临潼站、咸阳站、张家山站 1961～2016 年与年最大含沙量相应的实测悬移质单样颗粒级配,对 1979 年以前粒径计法沙重百分数进行换算后,统计各站实测悬移质单样颗粒级配特征,点绘各站实测悬移质单样颗粒级配曲线,见图 1-48～图 1-50。

上述数据反映了渭河下游高含沙洪水的物质组成特点,三站 d_{50} 的变化,说明高含沙洪

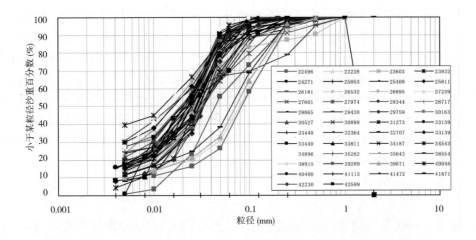

图 1-48　临潼站典型高含沙洪水悬沙级配曲线

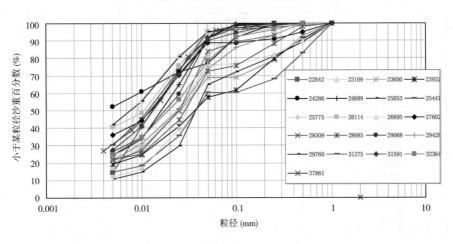

图 1-49　咸阳站典型高含沙洪水悬沙级配曲线

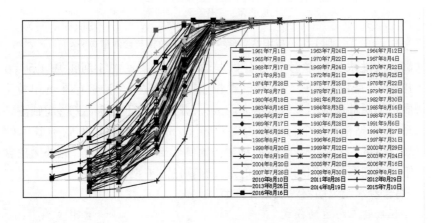

图 1-50　张家山站典型高含沙洪水悬沙级配曲线

水来自干流咸阳的粒径偏细,而来自泾河张家山的粒径稍粗;细颗粒沙重百分数的变动,说明泾河入渭后泾河、渭河细颗粒含量相近,且都较咸阳站高含沙洪水的细颗粒含量为小。

三站高含沙洪水中值粒径 d_{50} 与含沙量关系见图 1-51 ~ 图 1-53。由图 1-51 ~ 图 1-53 可以看出,咸阳站高含沙洪水中值粒径与含沙量存在正相关关系,说明洪水组成物质随含沙量增大而变粗,水流中所挟带的粗颗粒泥沙的比例也随之增大;而临潼站、张家山站均无此关系,临潼站存在几个含沙量 441 ~ 641 kg/m³ 间中值粒径成倍增大的点据,张家山站也出现含沙量 773 kg/m³ 的中值粒径成倍增大现象,说明泾河高含沙洪水的组成物质一般不随含沙量增大而变粗,但上游不同区域的洪水来源对物质组成的影响更大。

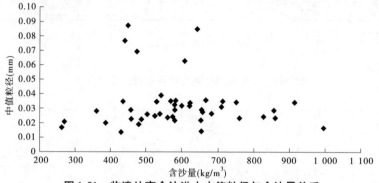

图 1-51 临潼站高含沙洪水中值粒径与含沙量关系

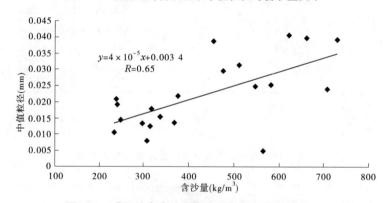

图 1-52 咸阳站高含沙洪水中值粒径与含沙量关系

三站高含沙洪水细颗粒沙重百分数与含沙量关系见图 1-54 ~ 图 1-56。由图 1-54 ~ 图 1-56可以看出,咸阳站高含沙洪水细颗粒沙重百分数与含沙量存在负相关关系,说明洪水组成物质中细颗粒比例随含沙量增大而减小,并逐渐趋于 23% 左右;而临潼站、张家山站也无此关系,临潼站存在几个含沙量 358 ~ 760 kg/m³ 间细颗粒比例低于 10% 的点据,张家山站也出现含沙量 627 ~ 773 kg/m³ 间细颗粒比例低于 10% 的情况。此外无论含沙量大小,洪水物质组成中细颗粒比例均大于此低限,最高可达 44.8%、62.5%。

1.3.1.2 高含沙水流运动特性及模式判断

1.泥沙颗粒的三种运动模式

泥沙比水重,要保证泥沙在水流中运动而不沉降,必须有一定的力支持泥沙的重量。根据此力来源的不同,可以把运动中的泥沙区分为推移质、悬移质和中性悬浮质,它们的运动形式也不一样[54]。

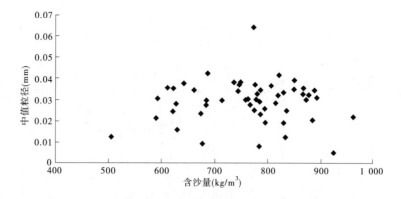

图1-53　张家山站高含沙洪水中值粒径与含沙量关系

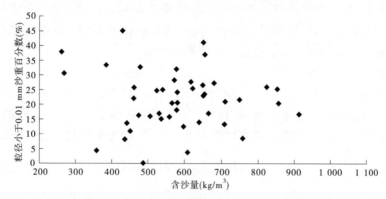

图1-54　临潼站高含沙洪水细颗粒沙重百分数与含沙量关系

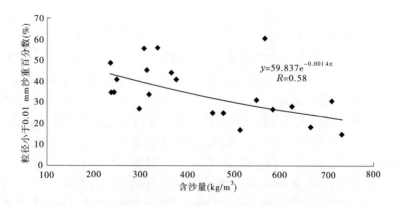

$$y=59.837e^{-0.0014x}$$
$$R=0.58$$

图1-55　咸阳站高含沙洪水细颗粒沙重百分数与含沙量关系

　　凡是重量受颗粒间相互碰撞而产生的离散力所支持的泥沙统称为推移质,其运动需要从水流中取出一部分势能。当水流强度较小时,推移质以滚动、滑动和跳跃的形式在床面运动,在运动中经常和床面接触,又称接触质。由于河床是由松散的泥沙颗粒组成的,因而水流拖曳力的作用不仅限于河床表面,也会深入到床面以下的各层泥沙。当拖曳力大于床面泥沙颗粒之间的摩擦力时,表层以下的泥沙也会进入运动状态,随着水流的不断加强,运动不断向深层发展。这部分泥沙只能成层地移动或滚动,称为层移质。

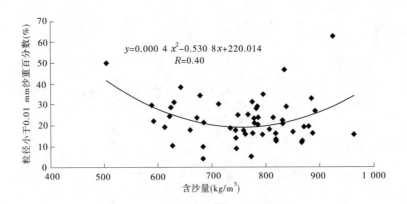

图 1-56 张家山站高含沙洪水细颗粒沙重百分数与含沙量关系

对于悬移质来说,使泥沙悬浮于水中的是漩涡的动量,这种动量在垂直方向的交换产生了一定的力,此力支持了悬浮泥沙的重量。悬移质在运动中和周围水体在垂直方向有相对运动,为了维持它们的运动,需要消耗一部分紊动动能。

当水流中黏性泥沙颗粒含量超过一定限度以后,水流将不再为牛顿体,而是具有宾汉体的性质,存在宾汉极限剪切力 τ_B。在这样的水体中,黏性颗粒泥沙形成一定的结构,具有结构应力。当水流的剪切力小于结构应力时,不可能有相对运动。同理,这样的结构应力还有可能支持一定重量的泥沙颗粒悬浮在水体中而不沉降,称为中性悬浮质。中性悬浮质的最大粒径 $D_{max} = \dfrac{k\tau_B}{\gamma_s - \gamma_m}$。中性悬浮质和周围的水体不存在相对运动,事实上已成为水体的一部分,因此含有中性悬浮质的水流统称为伪一相流。在高含沙水流中,伪一相体常组成两相流中的液相。

2. 泾河、渭河高含沙水流的特性指标关系

点绘三站高含沙洪水宾汉极限剪切力与含沙量关系,见图 1-57 ~ 图 1-59。由图 1-57 ~ 图 1-59 可以看出,泾河、渭河高含沙洪水的宾汉极限剪切力与含沙量具有指数型相关关系,其相关系数为 0.70 ~ 0.91,说明泾河、渭河高含沙洪水已呈宾汉体特征,其宾汉极限剪切力随含沙量增大呈指数型增加。

三站高含沙洪水平均比降时的流核深度与含沙量关系见图 1-60 ~ 图 1-62。由图 1-60 ~ 图 1-62 可以看出,泾河、渭河高含沙洪水的流核深度与含沙量均具有指数型相关关系,其相关系数为 0.68 ~ 0.89,说明平均比降条件下,泾河、渭河高含沙洪水的流核深度随含沙量增大呈指数型增加,临潼站的流核深度可介于 0.1 ~ 9.7 m,咸阳站介于 0.4 ~ 7.1 m,张家山站介于 0.4 ~ 8.8 m。值得指出,三站平均比降是在 20 世纪 60 年代以来多次高含沙洪水实测比降统计分析的基础上的代表比降,并不能准确反映历次高含沙洪水的实际,因而相关指标结果仅具有一般意义上的概念性认知,也会存在极端的不合理现象。如流核深度过大甚至大于水深,这当然是由于比降选取不合理所致,但作为一般性分析只能如此。这种情况可以理解为流核深度接近于水深。

三站高含沙洪水最大粒径指标与含沙量关系见图 1-63 ~ 图 1-65。由图 1-63 ~ 图 1-65 可以看出,泾河、渭河高含沙洪水的最大粒径指标与含沙量也具有指数型相关关系,其相关系数为 0.73 ~ 0.92,说明泾河、渭河高含沙洪水的最大粒径指标随含沙量增大呈指数型增

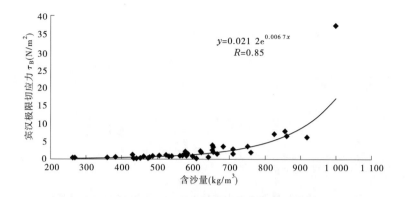

图 1-57　临潼站高含沙洪水宾汉极限切应力与含沙量关系

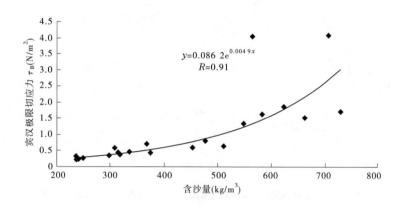

图 1-58　咸阳站高含沙洪水宾汉极限切应力与含沙量关系

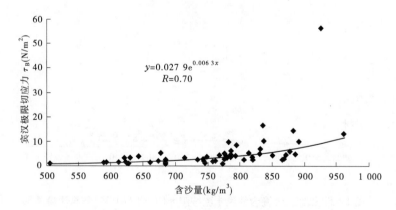

图 1-59　张家山站高含沙洪水宾汉极限切应力与含沙量关系

加,临潼站可达 0.007 m^2/s^2,咸阳站可达 0.003 m^2/s^2,张家山站可达 0.013 m^2/s^2。

　　三站固定水深(5 m)和比降(J = 0.000 53、0.000 4、0.001 24)时高含沙洪水层移质厚度与含沙量关系见图 1-66 ~ 图 1-68,计算时床沙物质浓度 S_{v*} = 1 300/2 650。由图 1-66 ~ 图 1-68 可以看出,泾河、渭河高含沙洪水的层移质厚度与含沙量具有线性相关关系,其相关

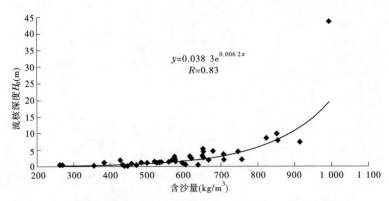

图1-60　临潼站高含沙洪水流核深度($J=0.000\ 53$)与含沙量关系

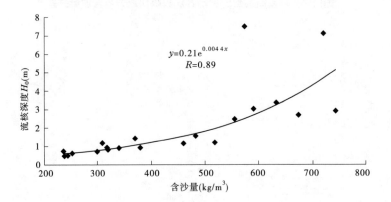

图1-61　咸阳站高含沙洪水流核深度($J=0.000\ 4$)与含沙量关系

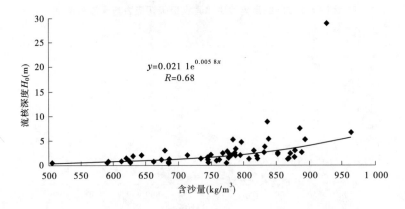

图1-62　张家山站高含沙洪水流核深度($J=0.001\ 24$)与含沙量关系

系数为0.994~0.998,说明泾河、渭河高含沙洪水的层移质厚度随含沙量增大呈线性增加,其厚度均不大,临潼站为0.006~0.011 m,咸阳站为0.004~0.007 m,张家山站为0.017~0.026 m。

3.运动模式判断

上述三站高含沙洪水宾汉极限切应力、流核深度、最大粒径指标、层移质厚度等随含沙量变化关系,反映出泾河、渭河高含沙洪水的运动模式,基本处在泥沙运动的Ⅳ~Ⅵ阶段,水

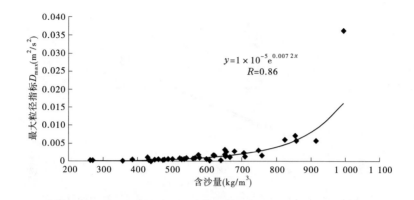

图1-63　临潼站高含沙洪水最大粒径指标与含沙量关系

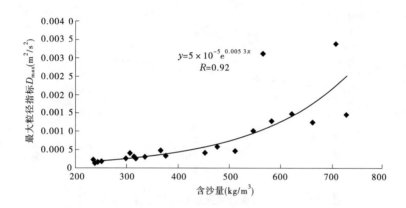

图1-64　咸阳站高含沙洪水最大粒径指标与含沙量关系

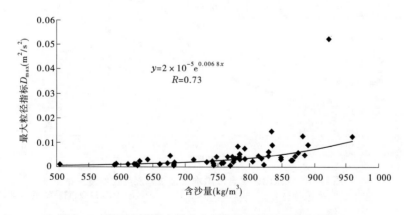

图1-65　张家山站高含沙洪水最大粒径指标与含沙量关系

流中的泥沙以悬移质、推移质为主,辅以中性悬浮质运动,或者以中性悬浮质、推移质为主,辅以悬移质运动,前者悬移运动得到加强而中性悬浮质运动较弱,后者中性悬浮质运动较强而悬移运动得到遏制,水流多属于紊流两相流,水和中性悬浮质组成液相,推移质和悬移质组成固相,但含沙量特高、流核深度接近水深的高含沙水流则为中性悬浮质运动,接近于伪

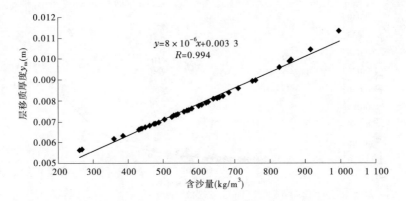

图 1-66　临潼站高含沙洪水层移质厚度与含沙量关系

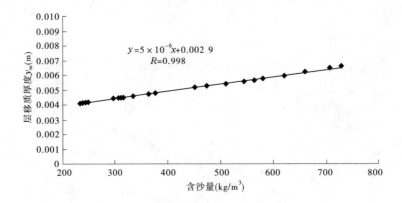

图 1-67　咸阳站高含沙洪水层移质厚度与含沙量关系

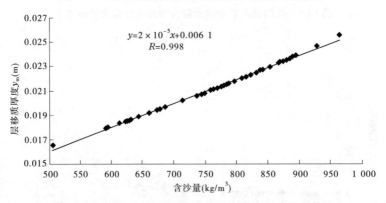

图 1-68　张家山站高含沙洪水层移质厚度与含沙量关系

一相流。

1.3.1.3　黏性颗粒泥沙的絮凝现象

1. 絮凝现象及理论基础

较细的黏性颗粒泥沙在水体中会凝聚在一起,发生所谓的絮凝现象。絮凝发生以后,不但参加絮凝的颗粒本身将失去作为单独颗粒的特性,而被颗粒集体的特性所取代,同时还将影响未直接参加絮凝而单独存在的颗粒特性。黏性颗粒的絮凝,不但会影响水的物理性质,如黏滞系数等,往往还会改变水的流变特性,使其从牛顿流体转变成非牛顿流体。

按照胶体化学关于悬浮体的 DLVO 理论,两个颗粒间的黏着力主要由范德华引力和双电层斥力组成,可用两种势能叠加表示,用来判别颗粒是否会发生絮凝或作为悬浮体(或溶胶)是否稳定的指标;两种势能的强弱对比,常会出现较大和最小间距吸引而中间和近距离排斥的情况;黏聚力等于零的两个间距 R_1、R_2,是两个颗粒可以稳定维持的间距,如果颗粒有机会接近,首先将要以 R_2 的间距互相凝聚在一起,称为远距离絮凝,如果颗粒接近时的动能足以冲破能量壁垒 ΔE 的阻拦,则两个颗粒将在 R_1 处互相凝聚在一起,称为近距离絮凝,它比远距离絮凝更为牢固,不易破裂;颗粒能否实现近距离絮凝,完全取决于能量壁垒 ΔE 的大小及颗粒互相接近时动能的对比关系;促使颗粒互相接近的原因,可能是颗粒的布朗运动、颗粒的沉降及流体的流动等,对于粒径小于 1 μm 的颗粒,布朗运动为颗粒发生接触创造了条件,由此引起的絮凝现象称为异向絮凝,对于粒径大于 1 μm 的颗粒,布朗运动的作用已可忽略,颗粒发生接触的机会主要由水流运动的流速差异所提供,即存在流速梯度,由此引起的絮凝称为同向絮凝。

2. 絮凝的发育过程及絮网结构

黏土颗粒多呈片状,片状颗粒絮凝时,可能有三种不同的连接方式:面—面、边—面和边—边。片状颗粒的晶层表面和边缘表面的电荷分布,以及电荷的正负号都可以不同。因此,表面上的双电层和边缘的双电层可以完全不同。由于范德华引力势能也与两个表面的几何形状有关,因此三种连接方式的势能曲线,亦即三种黏着力的变化关系是各不相同的。所以,上述三种连接方式不能同时发生,不能以同样的可能性随机地发生。三种连接方式的后果也是不一样的:面—面的连接仅仅导致较厚的薄片,但边—面或边—边的连接则引起体积庞大的三维片架结构。

异向絮凝产生的絮团个数与颗粒原始个数的比值可以由絮凝发育过程的理论确定。同向絮凝发育中,由于流场中的流速梯度既能为颗粒碰撞产生絮团创造条件,同样也为絮团的破裂提供了必要手段,因此在具有速度梯度的流场里,絮团尺寸的发展是有限制的,不会无限制地发展下去。在静水沉降的条件下,絮团尺寸的增大是有一定限制,因而絮凝的发育将使各个絮团直径趋近同一个极限值。利用絮团直径保持一致的前提,通过絮团沉降规律,可以推算出絮团直径和絮团密度。

随着浓度的提高和絮凝的继续发展,具有极限尺寸的絮团个数将不断增加。当絮团个数达到一定程度以后,絮团与絮团之间开始发生连接,形成一种松散的网状结构。从絮团开始转变成絮网的颗粒浓度称为临界浓度。在未达临界浓度以前,絮团内部各颗粒之间因受黏聚力的作用互相吸引着,而絮团与絮团之间却无黏聚力的作用,可按离散型对待。但在超过临界浓度以后,絮团与絮团发生搭接,形成结构,使悬浮体开始具有结构体的力学性质,絮团与絮团之间开始起着传递力的作用。这使悬浮体的流变特性发生质的变化,从牛顿流体转变成非牛顿流体。

絮网结构的密度随浓度的增高而提高。同一浓度下的絮网结构,随着时间的推移,在自重的作用下,也在不断地调整,缓慢地将清水分离出来,使结构的密实度逐渐提高。絮网结构的密实度越高,其结构强度也越大。这种不同的絮网结构强度与不同的结构层次相适应。不同的结构层次就意味着不同的流变参数。在流动过程中,对结构层次起主要控制作用的因素是流场的流速梯度。

1.3.1.4　高含沙水流挟沙机制及减淤措施分析

泾河、渭河高含沙水流举世罕见,国内有关高含沙水流的研究起步于20世纪70年代,各有关单位结合生产实际需要进行了大量的理论探讨和实际观察,取得了不少研究成果[55]。

1.悬移质泥沙

在中低含沙水流中,位于床面的泥沙,当粒径d或者沉速ω小到一定程度时,受邻近床面猝发的水流紊动作用,自床面扬起,随水流运动。这种运动的悬移质,既因承受重力作用而下沉,又因承受紊动扩散作用而上升。由于悬移质含沙量沿水深分布都是上稀下浓,即存在自下而上逐渐减小的含沙量梯度,尽管因紊动作用,在单位时间里,穿过任一水平面的浑水水体的体积,向上与向下应该彼此相等而相消,但向上的沙量却应大于向下的沙量,从而产生悬移质上升的效果。另外,由于泥沙比水重,势必往下沉。当因紊动作用而上移的沙量与因重力作用而下沉的沙量恰好相等时,悬移质含沙量沿垂线的分布达到平衡状态[56]。达到平衡以后的悬移质含沙量沿垂线分布遵循扩散方程。

在高含沙量条件下,悬移质泥沙依然因承受重力作用而下沉,又因承受紊动扩散作用而上升。悬移质的垂线分布继续遵循扩散定律,但悬浮指标Z应考虑浓度对泥沙沉速的影响。在粗颗粒悬移质中加入细颗粒泥沙,将影响悬移质的垂线分布。由于细颗粒泥沙的存在,流体黏性增大,因而粗颗粒泥沙的沉速大幅度降低,表现为浓度分布趋于均匀化。对于同一平均含沙量来说,泥沙越粗,垂线分布越不均匀;对于同一颗粒组成的泥沙来说,含沙量越小,垂线分布越不均匀。

2.层移质泥沙

如前所述,泾河、渭河三站高含沙洪水的层移质厚度在0.03 m以下,发展不充分,属非饱和的层移质运动。在这种流动中,相邻两流层间没有颗粒交换现象,颗粒的有效重力不是由紊动扩散作用而是由颗粒相互碰撞产生的离散力所支持。层移质运动中,颗粒和颗粒、颗粒和水体之间始终存在着相对运动,因此流动阻力很大。尽管这种流动中颗粒均匀分布在流区内,但流动一旦停止,颗粒在重力作用下即与水体迅速分离,所以层移质运动是一种两相流。层移质运动厚度与水流强度、颗粒特性和全断面平均的固体体积浓度及淤积最大浓度等有关。

3.中性悬浮质泥沙

如前所述,泾河、渭河三站高含沙洪水的流核深度为0.1~8.8 m,中性悬浮质运动相对较强。由于高含沙水流中有一定量的黏性颗粒,这些颗粒在带有离子的水中形成絮团,絮团发育成长,互相搭接形成网状结构,或称絮网,它有一定的抗剪能力,当水流剪切力小于这一抗剪能力时,悬浮液就不会流动,就产生了宾汉极限剪切力τ_B。它是一种黏性和容重都不同于清水的另一种流体,垂线方向上固体浓度分布十分均匀,中性悬浮质的最大粒径与泥沙和流体容重及宾汉极限剪切力τ_B等有关,流动具有伪一相流的性质。

中性悬浮质运动实质上是一个阻力问题,已不存在一般意义上的挟沙能力。其紊流流速分布除流核区服从流核公式外,非流核区的流速分布仍然遵循对数规律。高含沙水流的伪一相流的紊流阻力系数,大体上等于或略小于同雷诺数的清水阻力系数。伪一相流从层流过渡到紊流的条件也和清水一样,可用临界雷诺数作为判据。只是前者的临界雷诺数与赫氏数有关。

4.减淤措施分析

结合目前河道条件和高含沙洪水运动机制,为避免泾河高含沙大洪水漫滩贴边淤积或高含沙小洪水河槽贴边淤积造成渭河下游的滩面抬升或河槽萎缩,需对泾河张家山站洪峰流量大于 4 000 m³/s 和小于 400 m³/s 的高含沙洪水要特别监测防范,同时密切关注渭河咸阳站和黄河、洛河水情,加强分析研判,以减小高含沙洪水停滞概率为目标,争取泾河、渭河下游高含沙洪水少上滩、少淤槽,以减轻河槽过洪能力剧变,适时在渭河咸阳以上干、支流采取水库放水冲沙等调度措施。

1.3.2 水流挟沙力公式优化分析

1.3.2.1 水流挟沙力主要影响因子分析选取

目前计算悬移质水流挟沙力的公式,多是在张瑞瑾挟沙力公式悬移质制紊及能量平衡观点理论推导及结构形式基础上增加相关因素的修正[43]。结合相关文献综述和分析,能同时适用于高、低含沙水流的挟沙力公式修正应体现以下几点:

(1)黄河、渭河下游等复式断面河床具有广阔的滩地,滩上洪水一般流速缓慢、滞蓄时间较长,因而滩地往往只淤不冲,且淤积物粒径较细,所以参与河床冲淤计算的挟沙力公式应能反映包含冲泻质与床沙质的全沙挟沙力。

(2)挟沙水流中泥沙的存在不仅改变了浑水的重率,而且也影响着水中泥沙的有效重度 $\dfrac{\gamma_s - \gamma_m}{\gamma_m}$;非均匀沙水流中细颗粒的存在增大了水流的相对黏度 $\mu_r = \mu_m/\mu_0$,对水流泥沙的紊动制约作用或絮网结构产生影响,也使挟沙水流的流速梯度发生变化,引起 κ 常数的变化;高含沙水流运动既要克服边界的沿程阻力,还要克服内部的黏性阻力,其阻力系数 f_m 明显增大且随含沙浓度而变化;所以在挟沙力计算中必然要考虑含沙浓度因素。

(3)从泥沙在非均质浑水中悬浮和运动的实际出发,考虑泥沙的浑水及群体沉速修正[43],并根据输送悬移质泥沙的能量原理建立平衡关系较为适宜[57],令单位水体势能转化的紊动能中悬浮泥沙的部分能量等于泥沙悬浮功,即

$$e_s k_t (\gamma_m V J_m) = S_v (\gamma_s - \gamma_m) \omega_m \tag{1-20}$$

式中:k_t 为水流势能转化为紊动能的比率;e_s 为泥沙悬移质运动效率系数,反映单位挟沙水体在单位时间内所提供的紊动能量中用以维持垂向含沙量(密度)梯度的特征参数,与包含水流相对黏度 μ_r 的综合系数 ϕ、κ_m 常数、紊动能转化率 k_t、挟沙水流阻力系数 f_m 和推移质相对厚度 a/h 有关[58],可得到

$$S_v = e_s k_t \frac{\gamma_m}{\gamma_s - \gamma_m} \frac{f_m}{8} \frac{v^3}{g R \omega_m} = k \left[\frac{f(\mu_r)}{\kappa_m^2} \left(\frac{f_m}{8} \right)^{\frac{3}{2}} \frac{\gamma_m}{\gamma_s - \gamma_m} \frac{v^3}{g R \omega_m} \right]^m \tag{1-21}$$

(4)挟沙力公式中的自变量因子须经得起实测输沙平衡资料的独立性及其与挟沙力相关性的检验。结合对渭河下游实测资料的分析[59],在挟沙力判数及 μ_r、κ_m、f_m、a_m 等影响因子中,基于含沙量 S_v 求得的 μ_r 与 $1/a_m$ 因直接相关而相互不独立,基于 μ_r 求得的 κ_m 与 μ_r、$1/a_m$ 均有一定相关性,不宜同时作为自变量因子,而 f_m 与挟沙力判数近乎不相关,它作为自变量因子的作用不大,可不予考虑。因而水流挟沙力主要影响因子为 $v^3/gR\omega_m$、μ_r 或 $1/a_m$ 或 κ_m 等 2 个。

选取挟沙力判数和相对黏度 μ_r 作为主要影响因子,则影响因素有断面平均流速 v、水

力半径 R、非均匀沙群体沉速式中 ω_{m}、相对黏度 μ_{r}。

1.3.2.2 水流挟沙力优化公式分析推导

要建立同时适用于高、低含沙水流的挟沙力公式,必须对张瑞瑾挟沙力公式进行修正,结合前述对水流挟沙力公式影响因子的分析,如果设想存在如下形式的全沙挟沙力公式

$$S_* = k \left[f_1(\mu_{\mathrm{r}}) f_2(\kappa_{\mathrm{m}}) f_3(f_{\mathrm{m}}) f_4(a_{\mathrm{m}}) \frac{v^3}{gR\omega_{\mathrm{m}}} \right]^m \tag{1-22}$$

则存在两个明显的问题,一是部分自变量直接相关而相互不独立,二是相关因子是有量纲量而导致关系式量纲不和谐。因此,在式(1-22)的设想中必须去掉非独立因子和不相关因子,并构建无量纲数方程。结合前面的分析,设想存在一基础挟沙力 S_0,则可以构建无量纲数方程如下

$$F\left(\frac{S_*}{S_0}, f_1(\mu_{\mathrm{r}}), \frac{v^3}{gR\omega_{\mathrm{m}}} \right) = 0 \tag{1-23}$$

结合对渭河下游实测资料的分析,可写成如下形式

$$\frac{S_*}{S_0} = k_1 \left(\ln\mu_{\mathrm{r}} \right)^{m_1} \left(\frac{v^3}{gR\omega_{\mathrm{m}}} \right)^{m_2} \tag{1-24}$$

取 $k = S_0 k_1$,则得到量纲和谐的水流挟沙力公式如下

$$S_* = k \left(\ln\mu_{\mathrm{r}} \right)^{m_1} \left(\frac{v^3}{gR\omega_{\mathrm{m}}} \right)^{m_2} \tag{1-25}$$

1.3.2.3 优化公式拟合率定及检验

结合对渭河下游实测资料的分析,拟合关系如图 1-69 所示,可得公式的具体形式如下

$$S_* = 81.913 \left[\ln(\mu_{\mathrm{r}}) \right]^{0.8265} \left(\frac{v^3}{gR\omega_{\mathrm{m}}} \right)^{0.2066} \quad (R = 0.991, DC = 0.96) \tag{1-26}$$

式中:S_* 为悬移质全沙水流挟沙力,$\mathrm{kg/m^3}$;μ_{r} 为挟沙水流相对黏度,无量纲数;v 为断面平均流速,$\mathrm{m/s}$;g 为重力加速度,$\mathrm{m/s^2}$;R 为水力半径,m;ω_{m} 为由曹如轩浑水沉速修正方法计算的泥沙群体沉速,$\mathrm{m/s}$。

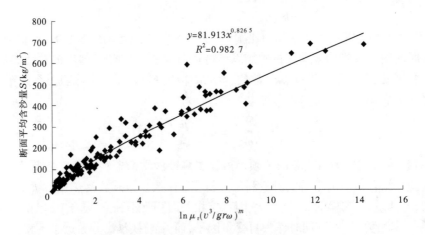

图 1-69 渭河下游断面平均含沙量与挟沙因子 $\ln\mu_{\mathrm{r}}(v^3/gr\omega_{\mathrm{m}})^m$ 关系

式(1-26)就是同时适用于渭河高、低含沙水流且量纲和谐的挟沙力公式。数学模型计算中可直接用前一时段的浑水特征按曹如轩浑水沉速修正方法计算泥沙群体沉速,再应用

此公式计算水流挟沙力。这一算法和挟沙力公式在渭河中游洪水演算中对十几乃至数百量级的含沙量均得到了较好的计算效果。

1.3.3 小结

(1)通过分析渭河下游高含沙洪水的物质组成特点,三站 d_{50} 的变化,说明高含沙洪水来自干流咸阳的粒径偏细,而来自泾河张家山的粒径稍粗;而细颗粒沙重百分数的变动,说明泾河入渭后泾河、渭河细颗粒含量相近,且都较咸阳站高含沙洪水的细颗粒含量为小。从三站高含沙洪水中值粒径 d_{50} 与含沙量关系可以看出,咸阳站高含沙洪水中值粒径与含沙量存在正相关关系,说明洪水组成物质随含沙量增大而变粗,水流中所挟带的粗颗粒泥沙的比例也随之增大;而临潼站、张家山站均无此关系,临潼站存在几个含沙量 441 ~ 641 kg/m³ 的中值粒径成倍增大的点据,张家山站也出现含沙量 773 kg/m³ 的中值粒径成倍增大现象,说明泾河高含沙洪水的组成物质一般不随含沙量增大而变粗,但上游不同区域的洪水来源对物质组成的影响更大。而咸阳站高含沙洪水细颗粒沙重百分数与含沙量存在负相关关系,说明洪水组成物质中细颗粒比例随含沙量增大而减小,并逐渐趋于 23% 左右;而临潼站、张家山站也无此关系。

(2)通过分析临潼、咸阳、张家山三站高含沙洪水宾汉极限切应力、流核深度、最大粒径指标、层移质厚度等随含沙量变化关系,反映出泾河、渭河高含沙洪水的运动模式,基本处在泥沙运动的Ⅳ－Ⅵ阶段,水流中的泥沙以悬移质、推移质为主辅以中性悬浮质运动,或者以中性悬浮质、推移质为主辅以悬移质运动,前者悬移运动得到加强而中性悬浮质运动较弱,后者中性悬浮质运动较强而悬移运动得到遏制,水流多属于紊流两相流,水和中性悬浮质组成液相,推移质和悬移质组成固相,但含沙量特高、流核深度接近水深的高含沙水流则为中性悬浮质运动,接近于伪一相流。

(3)结合目前河道条件和高含沙洪水运动机制,为避免泾河高含沙大洪水漫滩贴边淤积或高含沙小洪水河槽贴边淤积造成渭河下游的滩面抬升或河槽萎缩,需对泾河张家山站洪峰流量大于 4 000 m³/s 和小于 400 m³/s 的高含沙洪水要特别监测防范,同时密切关注渭河咸阳站和黄河、洛河水情,加强分析研判等。

(4)通过对水流挟沙力影响因子的分析选取,进行水流挟沙力优化公式理论推导,依据渭河下游实测资料对推导的优化公式拟合率定,分析得到了同时适用于渭河高、低含沙水流且量纲和谐的挟沙力公式,该挟沙力公式在渭河中游洪水演算中对十几乃至数百量级的含沙量均得到了较好的计算效果。

1.4 高含沙洪水河床冲淤模式及机制

1.4.1 贴边淤积模式

当近边壁处水流的剪切力小于浑水的宾汉极限切应力 τ_{B} 时,沿边壁的浆体几乎整体停滞,即发生贴边淤积。因此,在高含沙洪水演进过程中,会出现滩面、河槽岸边及河床底部的贴边淤积。

1.4.1.1　漫滩洪水滩面贴边淤积

漫滩水深不大的高含沙水流,当水流强度低于一定值时,高含沙水流会整体停滞形成不动层。如"96·7""03·8"洪水,在渭河下游造成全面漫滩,洪水滞蓄停滞,出现类似静水沉降的全沙淤积。

1.4.1.2　未出槽洪水河槽贴边淤积

高含沙水流在运动过程中,水深不超过中水河槽时,在接近河槽边壁的地方由于河湾或边壁阻水形成流速减缓的局部停滞,产生河槽贴边淤积。如 1994 ~ 1995 年期间,渭淤 17 断面洪水贴着主槽边壁产生了整块的淤积。

1.4.1.3　小洪水河底贴边淤积

当渭河下游发生高含沙小流量洪水(洪峰流量为 200 ~ 300 m^3/s),水深不超过 2 m,或局部河段比降较小时,会发生贴近河槽底部的低速停滞淤积。

1.4.2　河底冲刷模式

高含沙大洪水使渭河下游河底冲刷主要有展宽刷深和河底沿程冲刷、"揭河底"冲刷三种情况。

1.4.2.1　展宽刷深

高含沙漫滩洪水往往使河槽展宽刷深,如"96·7""03·8"洪水,临潼站最大洪峰流量分别为 4 170 m^3/s、2 930 m^3/s,最大含沙量分别为 682 kg/m^3、729 kg/m^3。主槽普遍展宽刷深,主槽面积增大。"96·7"洪水,渭淤 4、渭淤 10 河槽宽分别增加 90 m、227 m,分别是汛前的 2.12 倍、1.25 倍;面积分别增大 204 m^2、2 957 m^2,分别是汛前的 1.61 倍、1.59 倍;河底最深点分别降低 0.3 m、0.8 m。渭淤 4 断面"03·8"洪水河底最深点降低 3.7 m。

1.4.2.2　河底沿程冲刷

当高含沙水流流速较大,水流挟沙力大于含沙量时,则主槽发生冲刷,甚至含沙量愈大,这种冲刷愈剧烈;否则,即使含沙量相对较小,主槽也会发生淤积。如 1977 年洪水,临潼站洪峰流量 5 550 m^3/s,最大含沙量 695 kg/m^3。洪水过程均造成主槽冲刷,滩地淤积,滩槽差加大,平滩流量加大,同时,深泓点位置发生 30 ~ 100 m 的摆动,但断面整体形态变化不大。

1.4.2.3　"揭河底"冲刷

"揭河底"冲刷是在高含沙量、大洪水过程产生的短时段、大幅度、长河段的河床剧烈冲刷现象。当渭河下游出现以泾河来水为主的高含沙大洪水时,有可能发生强烈的"揭河底"冲刷现象。"揭河底"冲刷现象多发生在主槽深泓或边壁位置,使河槽有一定程度的冲深,深泓点位置可能发生一些变化,但断面整体形态变化不大。如 1970 年、1975 年洪水,河底冲刷深度为 0.3 ~ 4 m,同时深泓点位置发生 30 ~ 100 m 的摆动,但断面整体形态变化不大。其特点是:主槽冲刷,滩地淤积,滩槽高差加大,平滩流量增大,河势归顺,河床粗化。

1.4.3　河床冲淤机制分析

1.4.3.1　贴边淤积机制

贴近河槽、滩地边壁或河底的高含沙水流由于滩地阻力、弯道作用或局部比降减小等因素,洪水流速减缓,水流的剪切力小于浑水的宾汉极限切应力 τ_B,沿边壁的浆体几乎整体停滞,出现贴边淤积。

1.4.3.2　河底冲刷机制

高含沙洪水因细粒含量存在而使相对黏度大幅度增加,使浑水中泥沙的沉速明显减小,甚至形成伪一相流,使得高含沙洪水具有极强的挟沙能力,是造成高含沙大洪水河底冲刷的根本原因。

胶泥块上下表面脉动压力波传播速度不同引起的瞬时上举力是揭河底冲刷现象发生的机制。当水流作用于胶泥块的动力大于胶泥块的有效重力时,胶泥块将被揭起[60]。通过对渭河下游典型淤积断面“揭河底”前后断面形态变化的对比分析,渭河下游发生“揭河底”时,河道发生明显的贴边淤积,引起河道过水断面急剧减小,河道由宽浅变为窄深,形成典型的相对窄深河槽;同时,伴随着大幅度的河势摆动,但断面整体形态变化不大。

1.4.4　小结

渭河下游高含沙洪水河床冲淤模式主要有贴边淤积和河底冲刷两种。贴边淤积主要有漫滩洪水滩面贴边淤积、未出槽洪水河槽贴边淤积、小洪水河底贴边淤积三种形式,河底冲刷主要有展宽刷深、河底沿程冲刷、揭河底冲刷三种形式。

贴近河槽、滩地边壁或河底的高含沙水流由于滩地阻力、弯道作用或局部比降减小等因素,导致洪水流速减缓,水流的剪切力小于浑水的宾汉极限切应力,沿边壁的浆体几乎整体停滞,出现贴边淤积。

高含沙洪水因细粒含量存在而使相对黏度大幅度增加,使浑水中泥沙的沉速明显减小,甚至形成伪一相流,使得高含沙洪水具有极强的挟沙能力,是造成高含沙大洪水河底冲刷的根本原因。胶泥块上下表面脉动压力波传播速度不同引起的瞬时上举力是“揭河底”现象发生的机制。

1.5　结论与建议

1.5.1　结论

本书通过对渭河下游近60年以来高含沙洪水实测资料及现象的分析,总结了渭河下游高含沙洪水的物质组成及细粒含量、流变参数、沉速、流速及含沙量分布等特点,探讨了泾河、渭河下游高含沙洪水的运动模式和运动机制,建立了同时适用于渭河高、低含沙水流且量纲和谐的挟沙力公式,分析总结了贴边淤积、“揭河底”冲刷及河槽展宽刷深等河床冲淤模式及机制,为在新时代泾河、渭河水沙和河道条件下维护河槽过洪能力、减轻河道淤积并进而改善渭河生态环境奠定了基础。得出如下结论:

(1)通过资料收集,文献查询,综述了国内学者关于高含沙水流概念的界定;结合对渭河咸阳、临潼、华县站1974~2009年275组实测水力泥沙资料全沙断面平均含沙量与水流相对粘度关系的分析,为切实研究渭河下游高含沙洪水特性,通过对渭河下游高含沙洪水的界定,将洪水期最大含沙量200 kg/m³、相应体积含沙量 $S_v = 0.075$ 以上的洪水过程作为研究对象。

(2)通过分析高含沙洪水过程的变化特征。可知,受流域气候变化减水影响,渭河下游年均高含沙洪水场次显著减少,但小流量高含沙洪水的占比则明显增大;临潼站中值粒径

d_{50}由于三门峡水库蓄水,在 20 世纪 90 年代以前经历了逐渐减小的过程,在 2005~2008 年间,中值粒径达到最高值,2009 年以后中值粒径又出现了一个短时段的变大时期;临潼站高含沙洪水细颗粒含量(粒径小于 0.010 mm 的细颗粒沙重百分数)自 1961 年以来,呈现一个逐渐增多的过程。高含沙洪水干流来水自 1980 年以来场次及占比逐渐减少,而泾河来水场次及占比逐渐增多。

(3)通过对临潼站 1961~2017 年实测水力泥沙资料的整理,筛选出 175 场洪水期最大含沙量 200 kg/m³ 以上的洪水实测水力泥沙资料成果 209 组,据此分析计算建立临潼站高含沙洪水的体积比极限含沙量 S_{vm}、刚度系数 η、有效雷诺数 Re_m、流核深度 H_0 与含沙量具有指数型相关关系,其相关系数 R 分别为 0.89、0.94、0.67、0.75,说明这几个指标中高含沙洪水的刚度系数 η 与含沙量的相关性最好。而临潼站高含沙洪水浑水卡门常数与断面平均含沙量呈抛物线的关系,相关系数达 0.966 8,与张红武的经验关系图较为相似。当临潼站断面含沙量小于 380 kg/m³ 时,浑水卡门常数随着含沙量变大,自 0.40 逐渐降低至 0.25,当断面含沙量大于 380 kg/m³ 时,卡门常数逐渐增大至 0.40 左右。

(4)根据相关资料及公式,计算曹如轩修正泥沙群体沉速。可知,临潼站出现高含沙水流时,泥沙群体沉速随着含沙量的增大而变小,同时随着断面含沙量的增大,群体沉速与含沙量的关系更趋于相关。利用渭河干流临潼站 231 组高含沙实测资料数据,计算不同测次浑水的不沉泥沙粒径,可知不沉粒径数值多数小于 1.0 mm。随着断面含沙量增大,不沉粒径逐渐增大,一般不超过 2.0 mm。

(5)通过对临潼水文站典型高含沙洪水阻力系数 f_m 与有效雷诺数 Re_m 的计算、分析研究,得到高含沙洪水阻力系数 f_m 与有效雷诺数 Re_m 具有类似紊流光滑区 Blasius 公式的关系,只是公式的系数和指数略偏小。当糙率系数小于 0.02 时,糙率对阻力系数的影响很小,阻力系数的大小主要取决于湿周和比降等因素,但当糙率系数大于 0.02 时,阻力系数明显随着糙率系数的增大而增大,两者成正比关系。

(6)通过分析渭河下游高含沙洪水的物质组成特点,三站 d_{50} 的变化,说明高含沙洪水来自干流咸阳的粒径偏细,而来自泾河张家山的粒径稍粗;而细颗粒沙重百分数的变动,说明泾河入渭后泾河、渭河细颗粒含量相近,且都较咸阳高含沙洪水的细颗粒含量为小。咸阳站高含沙洪水中值粒径与含沙量存在正相关关系,咸阳站高含沙洪水细颗粒沙重百分数与含沙量存在负相关关系,而临潼、张家山站均无此关系。

通过咸阳、临潼、张家山三站高含沙洪水宾汉极限切应力、流核深度、最大粒径指标、层移质厚度等特性指标随含沙量变化关系,反映出泾、渭河高含沙洪水基本处在泥沙运动的 Ⅳ~Ⅵ 阶段,水流中的泥沙以悬移质、推移质为主辅以中性悬浮质运动,或者以中性悬浮质、推移质为主辅以悬移质运动,前者悬移运动得到加强而中性悬浮质运动较弱,后者中性悬浮质运动较强而悬移运动得到遏制,水流多属于紊流两相流,水和中性悬浮质组成液相,推移质和悬移质组成固相,但含沙量特高、流核深度接近水深的高含沙水流则为中性悬浮质运动,接近于伪一相流。

(7)通过对水流挟沙力影响因子的分析选取,进行水流挟沙力优化公式理论推导,依据渭河下游实测资料对推导的优化公式拟合率定,分析得到了同时适用于渭河高、低含沙水流且量纲和谐的挟沙力公式,该挟沙力公式在渭河中游洪水演算中对十几乃至数百量级的含沙量均得到了较好的计算效果。

（8）渭河下游高含沙洪水冲淤特征主要表现为淤滩刷槽、贴边淤积和河底冲刷。当出现高含沙漫滩洪水时，往往造成河床淤滩刷槽；当连续出现小水大沙的水沙条件时，往往造成贴边淤积；当出现以泾河来水为主的高含沙大洪水时，有可能发生强烈的"揭河底"冲刷现象。渭河下游高含沙洪水河床冲淤模式主要有贴边淤积和河底冲刷两种。贴边淤积主要有漫滩洪水滩面贴边淤积、未出槽洪水河槽贴边淤积、小洪水河底贴边淤积三种形式，河底冲刷主要有展宽刷深、河底沿程冲刷、"揭河底"冲刷三种形式。

1.5.2　建议

（1）加强泾河、渭河高含沙洪水和渭河下游滩岸及黄河、洛河来水监测，注重防范大流量高含沙洪水大范围漫滩停滞淤积和小流量高含沙洪水受黄河、洛河来水顶托影响而停滞淤堵河槽两种灾害的发生，结合河槽及滩岸变化及时划定警戒流量，构建高含沙洪水及河道监测分析体系，制定必要的水沙调控调度预案，以减轻灾害影响。

（2）结合目前河道条件和高含沙洪水运动机制，为避免泾河高含沙大洪水漫滩贴边淤积或高含沙小洪水河槽贴边淤积造成渭河下游的滩面抬升或河槽萎缩，需对泾河张家山站洪峰流量大于 4 000 m³/s 和小于 400 m³/s 的高含沙洪水要特别监测防范，同时密切关注渭河咸阳站和黄河、洛河水情，加强分析研判，以减小高含沙洪水停滞概率为目标，争取泾河、渭河下游高含沙洪水少上滩、少淤槽，以减轻河槽过洪能力剧变，适时在渭河咸阳以上干、支流采取水库放水冲沙等调度措施。

（3）待正在实施的水沙调控工程有能力发挥作用后，进一步构建完善的渭河减淤监测分析体系和业务系统，着眼于渭河减淤和稳定降低潼关高程，编制完善的水沙调控调度预案，优化调度方案，基本实现泾河、渭河下游高含沙洪水不上滩、不淤槽，以维护稳定的河槽过洪能力，并有利于降低潼关高程。

（4）加强泾河、渭河高含沙洪水的水文泥沙基础测验工作，完善监测站网，继续加强高含沙洪水特性和淤积灾害防治的分析研究工作，新建必要的泥沙科研试验设施，为相关分析研究和水沙调控工程调度创造必要的有利条件。

第 2 章　河道洪水演进模拟及动态显示技术示范

2.1　项目概述

2.1.1　项目背景及必要性

2.1.1.1　项目背景

渭河是黄河的最大支流,是国务院批复的关中—天水经济区发展的基础承载,其中流域中游河段主要流经宝鸡、咸阳,是陕西省关中平原人口最为密集、工农业最为发达的城市群之一,对陕西省的经济发展、社会稳定有着重要的影响。

2011 年中央一号文件下发后,陕西省委、省政府做出了"全线整治渭河"的决策部署,审议通过了《陕西省渭河全线整治规划及实施方案》,计划用 5 年时间对渭河实施全线整治,打造一条"洪畅、堤固、水清、岸绿、景美"的生态渭河。截至 2014 年年底,渭河全线整治主体工程已基本完工,其中宝鸡及咸阳城市段堤防保持 100 年一遇标准,中游其他全河段堤防为 30 年一遇标准,中游堤防的加宽处理使得堤防质量显著提高,城市防洪能力有了进一步的保障。

在渭河全线整治的背景下,中游河段正走在逐步实现堤防坚固、水质良好、水生态景观优美的道路上。但从当前渭河中游的现状来看,仍然面临着水沙条件变化、河床冲淤演变等诸多复杂的问题。一方面,历史上渭河中游是冲淤平衡的微冲性河道,河道相对稳定,冲淤变化较小,20 世纪 90 年代初期,渭河中游河道采砂逐渐由沿河居民零星自用变为商品采砂,随着关中沿岸城市逐渐发展,基础设施如公路、工民建等建设步伐加速,使得商品采砂量与日俱增,特别是全面禁止炸山采石和部分支流禁止采砂后,渭河采砂量急剧增加;支流大中型水库的修建拦蓄部分支流泥沙,中游干流来沙量显著减少;2010 年年底,渭河全线整治建设实施以来,中游河段河滩取土筑堤,进一步加剧了河床的冲刷下切,当前渭河中游正处于显著的冲刷阶段,局部河床冲刷下降达数米,给河道堤防与治理工程,以及涉河建筑物的安全与稳定造成一定的安全隐患。另一方面,由国家防汛抗旱总指挥部、水利部部署的《全国山洪灾害防治和重点地区洪水风险图编制》项目,将渭河下游,陕西省内嘉陵江、漆水河、延河等中小河流及安康市纳入陕西省洪水风险图编制任务内,但作为陕西省第二大城市、西北地区重要的工业重镇的宝鸡市,其洪水风险分析并未划入国家层面的洪水风险分析部署中,从陕西省的经济发展及社会稳定的角度出发,将宝鸡市的洪水风险分析纳入渭河安澜及陕西省防洪调度的统一部署中十分必要。此外,数字渭河、信息渭河是流域管理模式的发展趋向,中游河段作为渭河流域的一部分,完善中游河段的数字化、信息化建设,是流域管理部门重要的工作任务。在上述形势下,加强中游河段有关河道整治、城市洪水分析、防洪调度、数字渭河等的建设,显得尤为迫切。

2.1.1.2 项目必要性

陕西省河流工程技术研究中心(简称河流中心)是渭河流域防洪泥沙专业领域领先的科研机构,多年以来,在渭河高含沙洪水运动机制、数值模拟技术等方面取得了丰硕的成果。2010年,获得水利部公益性行业科研专项经费资助,自主承担了《渭河下游洪水演进模拟研究》(项目编号201001059)项目。公益项目进一步完善、改进已有的"渭河一维洪水演进模型研究"(陕西省科学技术成果的登记号9612009Y0277)及渭河洪水演进可视化演示系统,同时开发了渭河下游二维洪水演进数学模型及渭河下游洪水演进三维可视化系统,为渭河下游防洪减灾提供了新的技术手段。

本项目将渭河下游河道洪水演进计算及动态显示技术推广至渭河中游,一方面,可以加速科研成果转化为技术应用,确保科研经费的投入有所产出;另一方面,弥补渭河中游河道洪水模拟技术的空白,为渭河中游沿岸重要城镇的涉水工程设计、防洪预警、洪水风险分析等应用提供更高效、节约的技术手段。因而,本项目技术成果在渭河中游的推广是非常有必要的。

2.1.2 目标任务

河道洪水演进计算及动态显示技术,已经在渭河下游涉水工程设计、防洪预警、风险分析等方面得到了实际的应用,本书主要目标拟将该技术推广至渭河中游171 km的河道上,为渭河中游涉水工程设计、防洪预警、风险分析等方面提供有效的技术支持。本系统开发目标主要有以下几点:①建立操作简单、使用方便、易扩展的河道一维洪水演示系统平台;②利用图形化直观、形象地反映洪水演进过程;③洪水演进过程数据保存完整、易于存取、符合逻辑。

2.1.3 技术路线

通过文献综述,对国内外河道洪水演进演算及动态显示技术现状、专利等知识产权及技术发展趋势等情况进行分析总结,确定引入陕西省河流工程技术研究中心自主研发的河道洪水演进计算及动态显示技术,将渭河下游河道洪水演进计算及动态显示技术推广至渭河中游。

通过实地查勘、工程勘测等方式,全面收集渭河中游的水沙、河道地形、地理信息等资料,并与河段相关管理部门协调沟通,选定林家村至咸阳铁路桥长171 km的渭河中游河段进行技术示范推广,完成技术示范推广的前期准备。

根据渭河中游的河道特征及收集的基础资料,对河段进行概化,相应地修改洪水演进模拟模型的程序代码,建立渭河中游洪水演进模型,并利用历史洪水进行模型率定与验证,完成现状河道条件下渭河中游洪水演进模拟及动态显示系统的建立,实现渭河中游河段洪水实时预报、重要城市洪水风险分析。

编写河道洪水演进模拟与动态显示技术在渭河中游示范推广项目总结报告,接受咨询专家的项目评估,对评估中出现的问题进行整改和完善,确保项目的全面完成。

2.2 技术简介

本书引入的河道洪水演进计算及动态显示技术,是陕西省河流工程技术研究中心自主研发、专门针对多沙河流且特别适用于复式河床河道的河道水沙运动模拟技术,其计算稳定性良好、界面操作方便。根据工程设计、洪水预报的实际需要,河流中心多年来不断更新、完善渭河河道洪水演进计算及动态显示技术。2009 年,由河流中心自主开发的"渭河下游一维洪水演进数学模型研究"被确认为陕西省科学技术成果;2010 年,得到水利公益性行业科研专项经费资助,河流中心承担了《渭河下游洪水演进模拟研究》项目,深入探讨高含沙河流泥沙运动的机制,进一步深化了对模型中泥沙运动的模型的研究,使得渭河下游洪水演进模拟技术不断改善、优化。

渭河下游一维洪水演进数学模型,在直接应用实测断面成果进行计算的基础上,对模型程序进行了计算格式验证和典型洪水验证,为应用本模型成果进行实时洪水作业预报,提出了按六个步骤开展相关准备及计算分析工作的实时洪水演算方案,据以进行渭河下游洪水过程预报。

渭河下游洪水演进一维演示系统,采用 C/S 架构,用 Microsoft Visual Studio 2010 的 C# 作为开发语言,利用 Microsoft Access 作为数据库,应用 WPF 技术作为图形化界面显示框架,依靠 WCF 技术的可靠稳定的通信功能建立可视化洪水演进一维演示系统。同时,在国内典型流域洪水演进可视化演示系统调研的基础上,通过对洪水演算成果的数据库管理,建立了操作简单、使用方便、易扩展、直观、形象的河道一维洪水演示系统平台。

本书引入的河道洪水演进计算及动态显示技术,是在渭河下游河道洪水演进计算及动态显示技术的基础上,结合渭河中游河道实际的河道边界条件及水沙边界条件,相应地修改洪水演进模拟模型的程序代码,建立渭河中游洪水演进模型,开发针对渭河中游的动态显示系统。

2.3 渭河中游洪水演进模型

2.3.1 计算范围

渭河中游一维洪水演进模型计算范围为林家村至咸阳河段,期间考虑北岸千河,以及南岸清姜河、石头河、汤峪河、黑河、涝河共计 6 条支流入汇,河网概化图见图 2-1。

2.3.2 数据更新

2.3.2.1 河道断面及床沙级配

渭河中游河道断面选取范围为林家村至咸阳河段,共选取断面 73 个,断面测量资料时间为 2015 年汛前,具体断面情况见表 2-1。

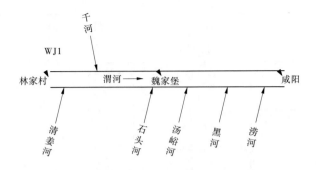

图 2-1　渭河中游一维洪水演进模型河网概化图

表 2-1　渭河中游选取断面情况统计

断面编号	断面位置	距林家村断面距离(m)	堤顶高程(m) 左岸	堤顶高程(m) 右岸	断面滩槽分界高程(m)
1	林家村水文站	0	612.88	609.15	604.1
2		1 052	607.83	607.32	603.99
3		1 875	604.92	603.53	597.76
4	福临堡	2 669	603.53	601.45	596.39
5		4 093	600.43	598.79	592.97
6	清姜河口	6 253	595.18	594.31	590.61
7	清姜河口下	6 912	595.22	594.09	585.55
8		8 917	588.62	587.64	583.55
9	金陵河口下	9 994	585.86	586.34	581.68
10		11 834	581.80	582.84	576.11
11		13 682	577.71	580.97	573.35
12		15 527	574.27	573.19	567.36
13		17 552	570.10	569.52	565.84
14	清水河口	19 547	566.41	566.34	558.17
15		21 465	562.26	563.21	555.13
16	千河口上	23 178	559.88	559.74	549.84
17	千河口下	24 660	557.05	556.52	546.03
18		26 415	554.17	553.57	543.83
19		28 608	550.45	549.64	540.99
20		30 941	545.70	545.17	536.05
21	虢镇桥	32 335	543.40	542.71	533.28
22		34 576	539.63	538.69	530.79

断面编号	断面位置	距林家村断面距离(m)	堤顶高程(m) 左岸	右岸	断面滩槽分界高程(m)
23		37 095	535.36	535.07	531.30
24		39 431	531.63	531.17	523.28
25		41 537	528.50	528.23	519.66
26		43 632	524.45	524.08	514.66
27		45 642	522.02	521.55	512.19
28		47 395	519.27	518.62	508.96
29		49 626	515.98	515.67	506.81
30		51 393	512.06	511.80	504.44
31	蔡家坡渭河大桥	53 607	508.93	509.09	500.81
32	石头河口下	55 768	505.74	506.18	497.77
33	龚刘大桥	58 191	502.27	502.48	495.01
34		60 165	499.56	499.65	492.46
35	原魏家堡站	62 303	497.18	497.03	490.50
36	魏家堡水文站	64 219	495.14	495.27	487.25
37		65 546	493.34	493.68	487.66
38		66 845	489.90	490.74	483.24
39	北兴村	68 644	487.77	487.85	484.65
40	河池	71 804	484.40	484.50	476.25
41		74 475	480.82	481.07	474.06
42	南寨村	76 702	477.51	477.47	470.01
43		79 541	473.17	472.14	466.08
44		82 435	467.76	468.96	459.65
45		85 883	462.41	464.05	454.92
46		89 273	458.00	458.25	450.47
47		91 120	455.39	454.12	447.88
48	汤峪河口下 300 m	92 927	452.86	452.26	447.29
49		95 862	448.91	448.82	437.89
50		99 182	445.16	445.38	437.75
51	杨凌大桥 188 m	101 453	442.64	441.47	433.49
52		104 521	439.06	438.43	431.67

断面编号	断面位置	距林家村断面距离(m)	堤顶高程(m) 左岸	堤顶高程(m) 右岸	断面滩槽分界高程(m)
53		107 231	435.97	435.29	428.75
54	漆水河口下	109 252	433.04	432.81	422.11
55		112 125	428.98	429.10	421.45
56		115 142	426.30	427.19	415.45
57		118 914	422.70	422.82	414.97
58		122 430	419.54	419.67	411.63
59		125 736	416.53	416.55	410.23
60	龙过村	129 141	413.47	413.99	404.2
61	黑河口上	131 868	411.40	411.45	404.02
62	黑河口下	134 078	409.18	409.71	397.09
63	东马村	137 159	406.95	407.21	399.06
64		140 939	403.58	404.60	395.87
65	耿峪河口下	144 233	401.45	402.44	394.96
66	户县原种场	147 316	399.02	400.06	391.45
67		149 990	396.84	397.88	393.21
68	涝峪河口下	152 918	395.72	396.40	389.52
69		155 928	394.47	394.58	387.96
70	新河口	158 009	393.65	392.68	385.77
71	新河口下	159 104	397.68	393.71	386.65
72		161 663	392.23	391.94	383.99
73	咸阳水文站	163 740	389.68	391.04	382.18

　　林家村水文站断面至龙过村断面(1~60 断面)采用统一的床沙级配,黑河口上至咸阳水文站断面(61~73 断面)采用统一的床沙级配,床沙级配见表 2-2。

表 2-2　河床质颗粒级配成果

断面位置	小于某粒径(mm)的沙重百分数(%)													中值粒径(mm)	分析方法
	0.002	0.004	0.008	0.016	0.031	0.062	0.125	0.25	0.5	1.0	2.0	4.0	8.0		
1~60 主槽						0.4	0.5	1.7	11.3	37.0	53.1	64.7	100	1.756	筛分析
1~60 滩面		1.0	2.4	3.5	4.6	5.1	5.9	6.7	45.5	78.8	100			0.545	筛光结合
61~73 主槽	7.8	14.5	28.9	56.8	81.4	92.5	96.9	99.2	100					0.014	激光仪
61~73 滩面	7.8	14.5	28.9	56.8	81.4	92.5	96.9	99.2	100					0.014	激光仪

2.3.2.2 河道糙率

渭河中游河道中洪合一,河道平面摆动不大,河道宽,多沙洲,水流分散,比降 0.67‰~2.0‰。平面形态受堤防工程的控制基本趋于稳定,平面摆动不大,河势更为顺直。从渭河中游的断面套绘图来看,渭河中游由山区河流逐渐过渡到平原河流,呈复式断面形态发育。

一维模型中,断面糙率系数综合反映了滩槽边壁、断面形态、河流纵向及平面变动对水流阻力的影响。针对渭河中游复式断面的特点,其取值按如下方法计算:一是在断面中选定滩、槽分界高程,划分断面的滩、槽区域;二是给定滩、槽边壁的糙率系数,结合对渭河下游糙率系数的分析,模型中各断面滩、槽糙率系数分别取 0.035、0.020;三是对各相邻实测点据构成的单元分别计算流量模数并累积为滩、槽流量模数,公式为 $K_t = \sum_{i=1}^{m} \dfrac{b_i h_i^{\frac{5}{3}}}{n_t}$、$K_c = \sum_{j=1}^{n} \dfrac{b_j h_j^{\frac{5}{3}}}{n_c}$;四是为减轻糙率系数不合理取值对水流流态的不利影响,对河槽流量模数应用断面弗劳德数 Fr 进行修正,即 $K'_c = \dfrac{K_c}{1 + Fr^2}$;五是为了避免小流量糙率系数不合理取值对计算稳定性的影响,对河槽糙率系数进行流量修正,即 $K''_c = \dfrac{K'_c}{1 + \dfrac{10}{10 + Q}}$;六是依据前面求出的滩、槽流量模数计算断面流量模数,即 $K_z = \sqrt{K_t^2 + K''_c{}^2}$,并据此及断面平均水力因子推求断面综合糙率系数,即 $n_z = \dfrac{b h^{\frac{5}{3}}}{K_z}$。

2.3.2.3 挟沙力公式

1. 水流挟沙力主要影响因子分析选取

目前计算悬移质水流挟沙力的公式,多是在张瑞瑾挟沙力公式悬移质制紊及能量平衡观点理论推导及结构形式基础上增加相关因素的修正。结合相关文献综述和分析,能同时适用于高、低含沙水流的挟沙力公式修正应体现以下几点:①黄河、渭河下游等复式断面河床具有广阔的滩地,滩上洪水一般流速缓慢、滞蓄时间较长,因而滩地往往只淤不冲,且淤积物粒径较细,所以参与河床冲淤计算的挟沙力公式应能反映包含冲泻质与床沙质的全沙挟沙力。②挟沙水流中泥沙的存在不仅改变了浑水的重率,而且也影响着水中泥沙的有效重度 $\dfrac{\gamma_s - \gamma_m}{\gamma_m}$;非均匀沙水流中细颗粒的存在增大了水流的相对黏度 $\mu_r = \mu_m / \mu_0$,对水流泥沙的紊动制约作用或絮网结构产生影响,也使挟沙水流的流速梯度发生变化,引起 κ 常数的变化;高含沙水流运动既要克服边界的沿程阻力,还要克服内部的黏性阻力,其阻力系数 f_m 明显增大且随含沙浓度而变;所以在挟沙力计算中必然要考虑含沙浓度因素。③从泥沙在非均质浑水中悬浮和运动的实际出发,考虑泥沙的浑水及群体沉速修正,并根据输送悬移质泥沙的能量原理建立平衡关系较为适宜,令单位水体势能转化的紊动能中悬浮泥沙的部分能量等于泥沙悬浮功,即 $e_s k_t (\gamma_m V J_m) = S_v (\gamma_s - \gamma_m) \omega_m$,式中 k_t 为水流势能转化为紊动能的比率,e_s 为泥沙悬移质运动效率系数,反映单位挟沙水体在单位时间内所提供的紊动能量中用以维持垂向含沙量(密度)梯度的特征参数,与包含水流相对黏度 μ_r 的综合系数 ϕ、κ_m

常数、紊动能转化率 k_t、挟沙水流阻力系数 f_m 和推移质相对厚度 a/h 有关,可得到

$$S_v = e_s k_t \frac{\gamma_m}{\gamma_s - \gamma_m} \frac{f_m}{8} \frac{v^3}{gR\omega_m} = k \left[\frac{f(\mu_r)}{\kappa_m^2} \left(\frac{f_m}{8} \right)^{\frac{3}{2}} \frac{\gamma_m}{\gamma_s - \gamma_m} \frac{v^3}{gR\omega_m} \right]^m$$ 。④挟沙力公式中的自变量因

子须经得起实测输沙平衡资料的独立性及其与挟沙力相关性的检验。结合对渭河下游实测资料的分析,在挟沙力判数及 μ_r、κ_m、f_m、a_m 等影响因子中,基于含沙量 S_v 求得的 μ_r 与 $1/a_m$ 因直接相关而相互不独立;基于 μ_r 求得的 κ_m 与 μ_r、$1/a_m$ 均有一定相关性,不宜同时作为自变量因子,而 f_m 与挟沙力判数近乎不相关,它作为自变量因子的作用不大,可不予考虑。因而,水流挟沙力主要影响因子为 $v^3/gR\omega_m$、μ_r 或 $1/a_m$ 或 κ_m 等 2 个。

选取挟沙力判数和相对黏度 μ_r 作为主要影响因子,则影响因素有:断面平均流速 v、水力半径 R、非均匀沙群体沉速式中 ω_m、相对黏度 μ_r。

2. 水流挟沙力优化公式分析推导

要建立同时适用于高、低含沙水流的挟沙力公式,必须对张瑞瑾挟沙力公式进行修正,结合前述对水流挟沙力公式影响因子的分析,如果设想存在如下形式的全沙挟沙力公式:

$$S_* = k \left[f_1(\mu_r) f_2(\kappa_m) f_3(f_m) f_4(a_m) \frac{v^3}{gR\omega_m} \right]^m \tag{2-1}$$

则存在两个明显的问题,一是部分自变量直接相关而相互不独立,二是相关因子是有量纲量而导致关系式量纲不和谐。因此,在式(2-1)的设想中必须去掉非独立因子和不相关因子,并构建无量纲数方程。结合前面的分析,设想存在一基础挟沙力 S_0,则可以构建无量纲数方程如下:

$$F\left(\frac{S_*}{S_0}, f_1(\mu_r), \frac{v^3}{gR\omega_m} \right) = 0 \tag{2-2}$$

结合对渭河下游实测资料的分析,可写成如下形式:

$$\frac{S_*}{S_0} = k_1 (\ln\mu_r)^{m_1} \left(\frac{v^3}{gR\omega_m} \right)^{m_2} \tag{2-3}$$

取 $k = S_0 k_1$,则得到量纲和谐的水流挟沙力公式如下:

$$S_* = k (\ln\mu_r)^{m_1} \left(\frac{v^3}{gR\omega_m} \right)^{m_2} \tag{2-4}$$

3. 优化公式拟合率定及检验

结合对渭河下游实测资料的分析,拟合关系如图 2-2 所示,可得公式的具体形式如下:

$$S_* = 81.913 \left[\ln(\mu_r) \right]^{0.8265} \left(\frac{v^3}{gR\omega_m} \right)^{0.2066} \quad (R = 0.991, DC = 0.96) \tag{2-5}$$

式中:S_* 为悬移质全沙水流挟沙力,kg/m^3;μ_r 为挟沙水流相对黏度,无量纲数;v 为断面平均流速,m/s;g 为重力加速度,m/s^2;R 为水力半径,m;ω_m 为由曹如轩浑水沉速修正方法计算的泥沙群体沉速,m/s。

式(2-5)就是同时适用于渭河高、低含沙水流且量纲和谐的挟沙力公式。数学模型计算中可直接用前一时段的浑水特征按曹如轩浑水沉速修正方法计算泥沙群体沉速,再应用此公式计算水流挟沙力。这一算法和挟沙力公式在渭河下游洪水演算中对十几乃至数百量级的含沙量均得到了较好的计算效果。

2.3.2.4　典型洪水过程

选取渭河中游"54 型"洪水为典型洪水过程,干流林家村水文站及支流清姜河益门镇、

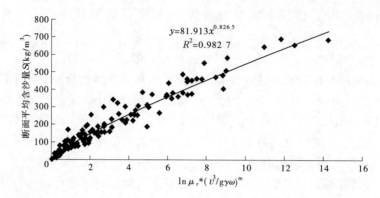

图 2-2　渭河下游断面平均含沙量与挟沙因子 $\ln\mu_r*(v^3/g\gamma\omega)^m$ 关系

千河千阳站、石头河斜峪关站、潭峪河漫湾村站、黑河黑峪口站及涝河涝峪口站的流量及含沙量过程见图 2-3～图 2-9。

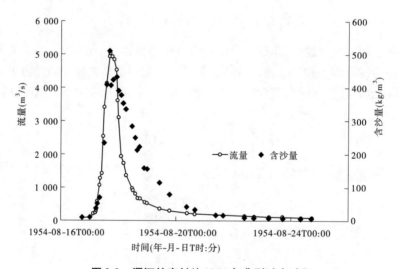

图 2-3　渭河林家村站 1954 年典型过水过程

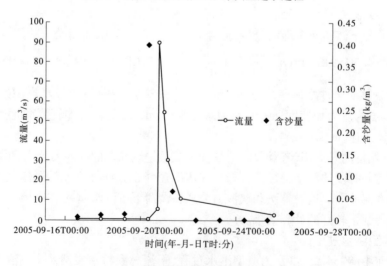

图 2-4　清姜河益门镇站 1954 年典型过水过程

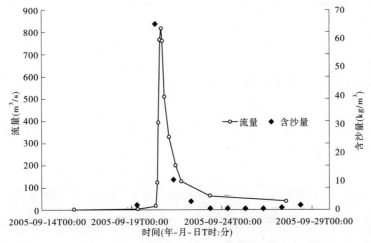

图 2-5　千河千阳站 1954 年典型过水过程

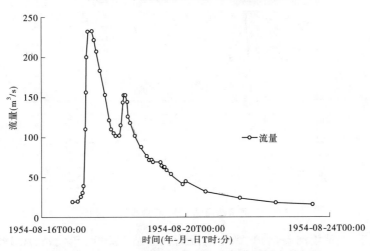

图 2-6　石头河斜峪关站 1954 年典型过水过程

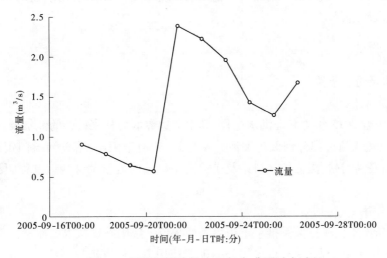

图 2-7　潭峪河漫湾村站 1954 年典型过水过程

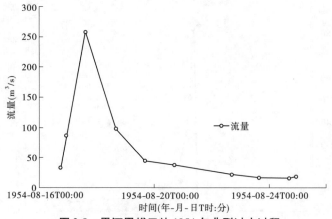

图 2-8 黑河黑峪口站 1954 年典型过水过程

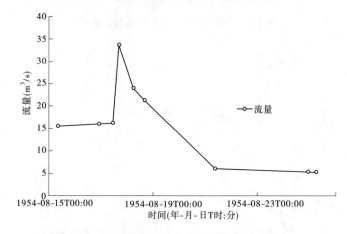

图 2-9 涝河涝峪口站 1954 年典型过水过程

其中,千河千阳、清姜河益门镇、潭峪河漫湾村三站于 2005 年设站,无 1954 年测流资料,故上述三站按照"54 型"雨区相近的干流大水相应的支流来水的原则,选取 2005 年 9 月洪水过程作为入流过程。

2.3.3 模型验证

2.3.3.1 洪水及边界条件

1. 入流边界条件

选取渭河中游 2015 年为验证洪水过程,其中上边界取为林家村站的流量及含沙量过程(见图 2-10),支流入流过程分别取为渭河林家村站、千河千阳站、清姜河益门镇站、石头河鹦鸽站、潭峪河漫湾村站、黑河黑峪口站及涝河涝峪口站的流量及含沙量过程(见图 2-10 ~图 2-16)。

2. 下边界条件

采用咸阳断面水位流量关系推求下边界断面水位。咸阳站现状水位流量关系低水部分以 1995 ~ 2013 年实测点为依据,高水部分的确定使用 R − K 法延长现状水位流量关系,成果详见图 2-17、图 2-18 及表 2-3。

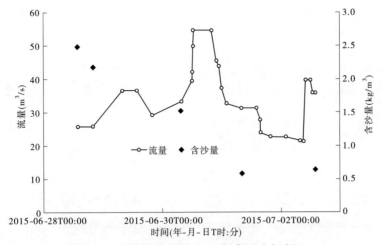

图 2-10　渭河林家村站 2015 年典型过水过程

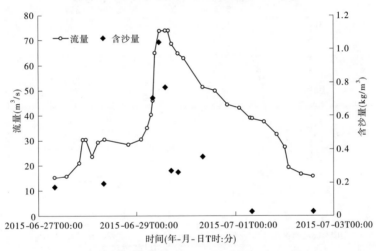

图 2-11　清姜河益门镇站 2015 年典型过水过程

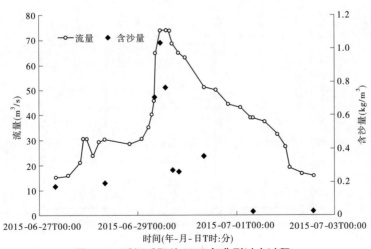

图 2-12　千河千阳站 2015 年典型过水过程

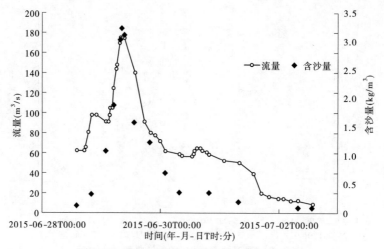

图 2-13　石头河鹦鸽站 2015 年典型过水过程

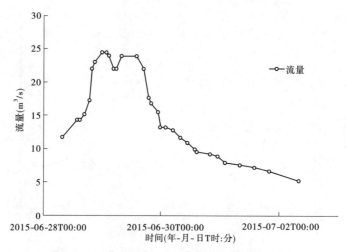

图 2-14　潭峪河漫湾村站 2015 年典型过水过程

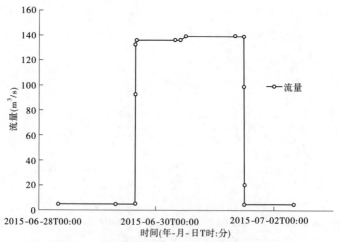

图 2-15　黑河黑峪口站 2015 年典型过水过程

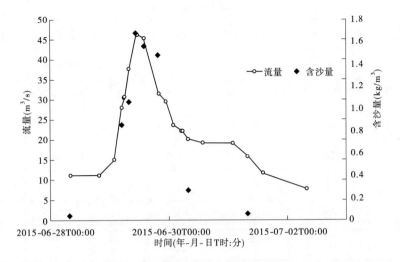

图 2-16　涝河涝峪口站 2015 年典型过水过程

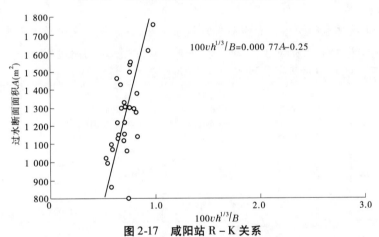

$$100vh^{1/3}/B=0.000\ 77A-0.25$$

图 2-17　咸阳站 R - K 关系

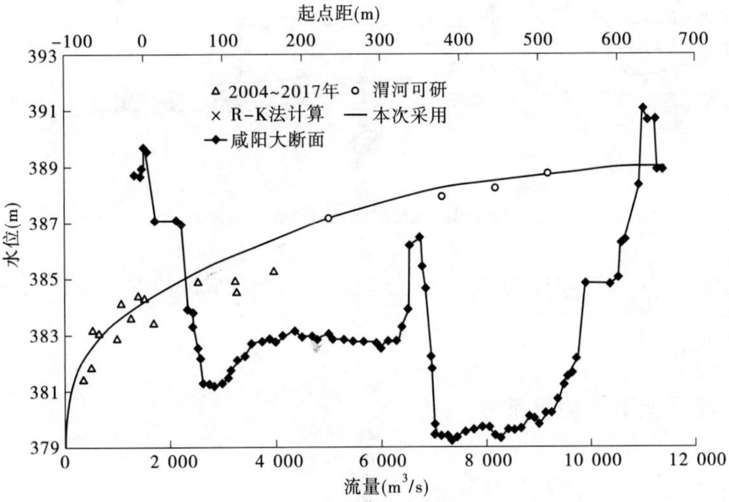

图 2-18　咸阳站水位流量关系曲线

表2-3 咸阳站水位流量关系

水位(m)	流量(m³/s)	水位(m)	流量(m³/s)	水位(m)	流量(m³/s)
379.30	0	385.50	2 800	388.51	8 160
380.00	30	385.89	3 310	388.71	9 170
381.00	100	386.90	4 600	389.00	10 700
381.80	250	387.60	5 770	389.04	11 400
382.60	500	388.22	7 160	389.00	10 700
383.55	1 000	388.29	7 280		
384.74	2 000	388.38	7 580		

2.3.3.2 验证结果

渭河中游干流林家村至咸阳布设有林家村水文站、魏家堡水文站及咸阳水文站,利用上述三站的实测水文资料,分别对模型2015年魏家堡站、咸阳站的流量与含沙量过程,以及林家村站、魏家堡站的水位过程进行洪水验证,详见图2-19、图2-20。

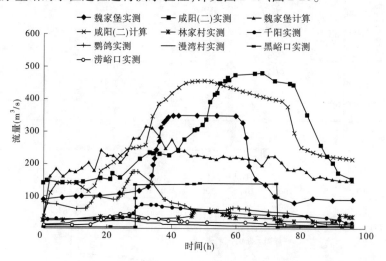

图2-19 流量过程验证

从验证成果来看,咸阳站计算的水位流量过程与实测的水位流量过程误差相对较小。

2.3.4 典型洪水演算

2.3.4.1 河道断面及上下游边界条件

1.河道断面

河道断面仍在用2015年汛前渭河中游施测的73个断面,详见2.3.2.1部分。

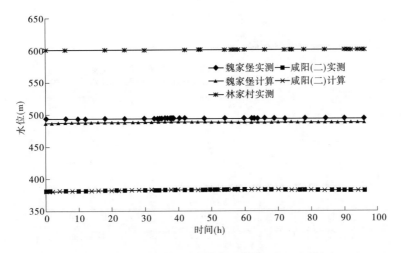

图 2-20　水位过程验证

2. 上边界条件

选取渭河中游"54 型"洪水为典型洪水过程,其中上边界取为林家村站的流量及含沙量过程(见图 2-20),支流入流过程分别取为千河千阳站、清姜河益门镇站、石头河斜峪关站、潭峪河漫湾村站、黑河黑峪口站及涝河涝峪口站的流量及含沙量过程,详见 2.3.2.4 部分。

其中,千河千阳站、清姜河益门镇站、汤峪河漫湾村站三站于 2005 年设站,无 1954 年测流资料,故上述三站按照"54 型"雨区相近的干流大水相应的支流来水的原则,选取 2005 年9 月洪水过程作为入流过程。

3. 下边界条件

采用 2015 年汛前咸阳断面水位流量关系推求下边界断面水位,成果详见表 2-3。

2.3.4.2　计算结果

计算结果见图 2-21 ~ 图 2-23、表 2-4。

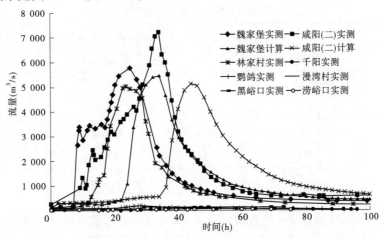

图 2-21　渭河魏家堡站、咸阳站 1954 年 8 月洪水流量计算与实测过程线

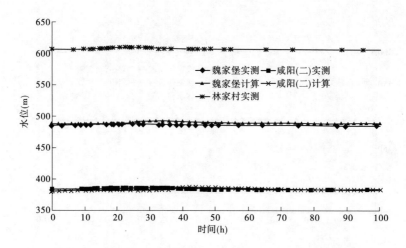

图 2-22　渭河魏家堡站、咸阳站 1954 年 8 月洪水水位计算与实测过程线

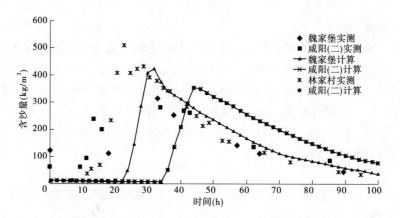

图 2-23　渭河魏家堡站、咸阳站 1954 年 8 月洪水含沙量计算与实测过程线

表 2-4　1954 年 8 月洪水要素计算与实测对比

水文站	项目	峰现时间（h）	洪峰流量（m³/s）	含沙量（kg/m³）
魏家堡	实测	25	5 780	341
	计算	34	5 468	423
	差值	9	−312	82
咸阳	实测	34	7 220	280
	计算	44	5 132	353
	差值	10	−2 088	73

从图 2-21～图 2-23 及表 2-4 的数据可知，1954 年 8 月洪水魏家堡站计算洪峰流量比实测洪峰流量小 312 m³/s，计算最大含沙量比实测最大含沙量大 82 kg/m³，误差较大，计算洪现时间比实测洪现时间晚 9 h，误差较小。咸阳站计算洪峰流量比实测洪峰流量小 2 088 m³/s，计算最大含沙量比实测最大含沙量大 73 kg/m³，咸阳计算洪现时间比实测峰现时间晚 10 h，误差较大。从洪水来源上分析，1954 年 8 月洪水主要来自渭河上游干流，魏家堡——

咸阳区间支流来水使得咸阳实测洪峰流量增加约 1 440 m³/s,1954 年千河千阳、清姜河益门镇、潭峪河漫湾村三站尚未设站,无年测流资料,上述三站按照"54 型"雨区相近的干流大水相应的支流来水的原则,选取 2005 年 9 月洪水过程作为入流过程,但据 1954 年实测干支流来流分析,千河、清姜河及潭峪河的入流总量较 2005 年 9 月洪水大,造成了洪水洪峰流量及洪量上的一定差异;从河道断面条件来看,本次计算采用的断面为 2015 年汛前实测断面,两者河道条件差异大,据分析,近年来渭河中游冲刷下切显著,此外 1954 年以来,渭河中游干流闸坝、桥梁等工程建设数量多,对削峰及缓流作用显著,故而导致洪水传播历时延长、洪峰流量坦化等现象。

洪水水位因河道断面条件变化较大,故不进行比较分析。

针对上述计算成果分析,河道洪水演进及可视化技术在渭河中游的推广。一方面,需要有更丰富的实测洪水及断面资料对其进行基础的数据支撑;另一方面,则需要在程序算法上进一步完善改进,需求同时适合大、中、小流量及高低含沙量的计算模式。

2.4　渭河中游洪水演进动态演示系统

2.4.1　动态演示系统简介

本系统以 2015 年渭河中游林家村—咸阳设立淤积测验断面 327 条。自上而下,先选择 73 个断面(含渭河中游多条支流),开发渭河中游洪水演进演示系统,通过河道洪水演进过程的预报,为各级政府和防汛部门监测洪水、制订防御洪水方案、指挥抗洪救灾、洪涝灾情评估等提供科学依据和基础支撑,对推进洪水风险管理、减轻洪灾损失等具有重要意义。

主要功能:①功能 1,典型洪水验证主要是 2015 年洪水的演进过程;②功能 2,典型洪水计算主要是 1954 型洪水演进过程。

2.4.2　数据更新内容

数据更新界面直接可按照一定的格式录入最新年份的数据,用于实时更新数据库。

2.4.3　动态演示系统效果及操作说明

本系统开发目标主要有以下几点:①建立操作简单、使用方便、易扩展的河道一维洪水演示系统平台;②利用图形化直观、形象地反映洪水演进过程;③洪水演进过程数据保存完整、易于存取、符合逻辑。

本系统开发思路是采用 C/S 架构,用 Microsoft Visual Studio 2010 的 C#作为开发语言,利用 Microsoft Access 作为数据库,应用 WPF 技术作为图形化界面显示框架,依靠 WCF 技术的可靠稳定的通信功能建立可视化洪水演进一维演示系统。

本系统开发最低硬件环境:计算机主机:P4 以上 CPU,1 G 以上内存,100 G 硬盘;计算机外设:19 英寸显示器,DVD 驱动器,CD/RW 光盘驱动器;网络环境:100 M 以太网卡,网络交换器,网络连接电缆;输出设备:高速网络激光彩色打印机。

本系统开发软件环境:Windows XP、Windows 7 以上的、Compaq Visual Fortran6.5 或6.6,系统必须装 Microsoft Office Access 2003。

2.4.3.1 软件的首页

渭河中游洪水演进演示系统详见图2-24。

图2-24 渭河中游洪水演进演示系统界面

2.4.3.2 通用功能

主要包括:选择断面形态;选择断面;选择计算结果;选择入流过程;曲线是否填充;点击【读取数据】按钮,软件将会从数据库里读取相应的数据;点击【开始】按钮,软件将会在下方区域根据设置(是否填充)绘制曲线;点击【暂停】按钮,在绘制曲线过程中,暂停曲线绘制;点击【停止】按钮,在绘制曲线过程中,停止绘制;点击【放大】按钮,将绘制的曲线放大;点击【放小】按钮;将绘制的曲线缩小;播放速度,可以在绘制曲线过程中,控制绘制的速度;最大值,显示到当前时间以前绘制的曲线的最大值;最小值,显示到当前时间以前绘制的曲线的最小值;时间,显示曲线绘制的数据的相应的时间。

2.4.3.3 功能模块

1.典型洪水验证中洪水前横断面

首先设置断面形态 断面形态 2015年汛前修正断面 ▼ 、断面 选择断面 325 ▼ 、计算结果 计算结果 洪水前横断面 ▼ 、入流过程 入流过程 2015年洪 ▼ 、是否填充 ✓ 是否填充 等。其次点击[读取数据]按钮,然后点击[开始]按钮。选择典型形态:典型洪水验证2015年汛前渭淤325断面,如图2-25绘制的曲线所示。

2.典型洪水验证中横断面流量过程

首先设置断面形态 断面形态 2015年汛前修正断面 ▼ 、断面 选择断面 325 ▼ 、计算结果 计算结果 横断面流量过程 ▼ 、入流过程 入流过程 2015年洪 ▼ 等;其次点击[读取数据]按钮、然后点击[开始]按钮。如典型洪水2015年渭淤325横断面流量过程线,绘制的曲线如图2-26所示。

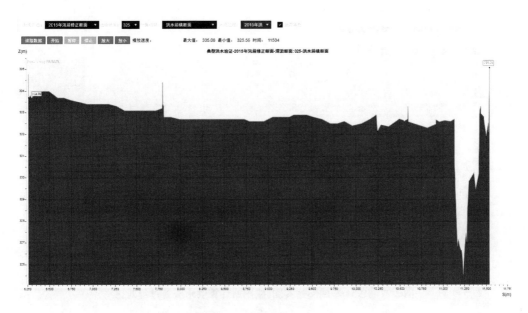

图 2-25　典型洪水验证 2015 年汛前渭淤 325 断面

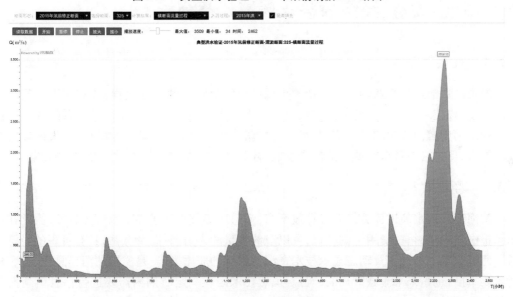

图 2-26　典型洪水 2015 年渭淤 325 横断面流量过程线

3. 典型洪水验证中横断面流量过程

首先设置选择年份 选择年份 1954 ▼ 、类型 选择类型: 流量 ▼ 、是否填充
（请在开始前选择） ■ 是否填充 (请在开始前选择) 等；其次点击［读取数据］按钮，然后点击
［开始］按钮。如典型洪水 1954 年流量过程线，绘制的曲线如图 2-27 所示。

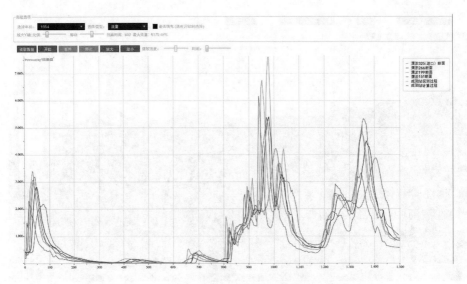

图 2-27　1954 年咸阳站实测、咸阳站计算洪水流量过程对比

2.5　社会效益、经济效益及环境效益分析

2.5.1　社会效益

河道洪水演进计算及动态显示技术可以模拟河道洪水的演进过程,并对其进行实时的动态显示,该技术在渭河下游的洪水预报及洪水风险分析运用中已获得了显著的成效。该技术在渭河中游河段中的推广应用,将为区域防洪调度、河道治理、城镇规划等决策提供重要的参考,促进沿渭各市区域经济健康发展、社会长治久安,具有不可估量的社会效益。

2.5.2　经济效益

渭河一维洪水演进计算模型计算效率高,河道地形及水沙边界获取较为容易,因此在洪水预报中具有用时省、费用低的特点,可以节约大量的人力、时间及金钱,具有可观的经济效益。河道洪水演进计算及动态显示技术在渭河中游的应用推广,是实现渭河信息化、数字化的重要举措,也是未来流域管理的趋势。虽然技术因在一定时期内需要进行信息更新而产生新的费用,但相对于传统的洪水预报手段、防汛抗旱调度等活动,能大量节约时间及人员使用,高效地组织防洪调度活动,合理地规划土地利用类型,由此而产生的巨大的经济效益是不可估量的。

2.5.3　环境效益

项目成果在渭河中游洪水预报、河道及城市洪水风险分析等运用后,可合理指导土地利用规划、防洪工程的布局调整,有效地优化陕西省渭河全线整治方案,有助于渭河中游水生态景观的合理布局,改善渭河下游生态环境,促进关中—天水经济区沿渭产业带的快速发展。

2.6 结 论

2.6.1 经验与体会

本书引入的河道洪水演进计算及动态显示技术,是陕西省河流工程技术研究中心自主研发的、专门针对多沙河流且特别适用于复式河床河道的河道水沙运动模拟技术,其计算稳定性良好、界面操作方便。将该技术推广至渭河中游 171 km 河道的过程中,取得了较好的应用效果,经验与体会主要如下:

(1)在渭河中游 171 km 的河道上首次引入了河道洪水演进计算及动态显示技术,其计算速度快、资金投入小,有显著的经济效益及社会效益,大大丰富了对渭河中游科学研究、工程设计、防汛预警及洪水风险管理等方面的技术手段。

(2)项目完成的工作主要包括渭河中游基础水沙及断面等资料的收集整理、一维洪水演进模拟计算程序输入数据更新及程序代码修改、渭河中游历史洪水的模型率定与验证、渭河中游洪水演进动态显示技术的数据更新及修改开发,最终建立了渭河中游一维洪水演进模拟计算模型及渭河中游洪水演进演示系统。

(3)通过对水流挟沙力主要影响因子的相关分析,对水流挟沙力公式进行了优化分析,推导出适用于渭河高、低含沙水流且量纲和谐的挟沙力公式,同时利用渭河下游的实测资料进行了相关参数的率定计算,模型计算成果表明,其在渭河中游的含沙量过程计算中效果较佳。

(4)本节采用渭河中游 2015 年汛前测验断面及 2015 年渭河中游干支流水文站的洪水过程,进行了一维洪水演进模型的洪水验证,验证成果表明,咸阳站计算的水位流量过程与实测的水位流量过程误差相对较小,可以用本技术提供的程序进行渭河中游洪水演进模拟。

(5)典型洪水演进。模型对"54 型"典型洪水进行了计算,计算成果表明,魏家堡站计算与实测洪峰流量、最大含沙量大误差较小,而咸阳站的误差相对较大,造成误差的原因主要是断面条件变化、支流来水实测资料不足及干流涉水工程的削峰缓流作用。

(6)动态显示。选择 2015 年渭河中游林家村—咸阳设立淤积测验断面 327 条中的 73 个断面(含渭河中游多条支流),开发渭河中游洪水演进演示系统,系统的主要功能为 2015 年洪水演进过程验证及"54 型"典型洪水演进过程计算,实现了渭河中游河道洪水演进的动态显示。

2.6.2 存在的问题

(1)本节的关键技术之一是针对渭河中游河道特点,相应地修改洪水演进模拟模型的程序代码。程序代码的修改主要针对断面数量变化、支流入汇口位置不同等因素开展,洪水演进模拟计算程序的通用性尚有待完善。针对洪水演进模拟计算程序通用性不完善的问题,可学习商用软件特点,完善程序源代码编制,对程序源代码进行打包封装,建立操作友好的应用界面,改善一维洪水演进计算程序的通用化问题,拓展该技术在我国其他多沙河流的应用范围。

（2）洪水演进模拟计算程序的输入资料主要是河道断面资料,而渭河中游实测河道断面资料少,多年来仅开展过 1988 年、1999 年、2011 年及 2015 年共计四次系统的河道断面测量,河道断面资料的缺乏也限制了可用于洪水演进模拟计算的洪水场次。定期进行渭河中游河道断面测量,不仅能为河道演变分析积累原始资料,也能为渭河中游河道洪水演进模拟及动态显示系统提供基础的输入数据,便于模型数据更新。

（3）模型在来流中大水时有较好的模拟效果,小水时洪水演进模拟精度则相对较差,一方面是程序算法上仍存在可改善之处,另一方面则是受渭河中游沿程建设的闸坝等工程影响。进一步完善程序算法,需要课题组时刻关注学科最新的研究动态,针对渭河中游沿程闸坝的分布特点,合理概化闸坝的泄流影响,寻求同时适合大、中、小流量及高、低含沙量的计算模式,提高模型计算精度。

第3章 渭河下游南、北两岸防洪
保护区洪水风险图编制

3.1 项目概况

3.1.1 项目主要任务

按《洪水风险图编制导则》《洪水风险图编制技术细则(试行)》(2013)等相关规定和国家防汛抗旱总指挥部办公室的要求,渭河下游防洪保护区洪水风险图编制的基本目标为:以《陕西省洪水风险图编制2013年度实施方案》为指导,收集整理渭河下游防洪保护区编制对象范围内符合《洪水风险图编制导则》和《洪水风险图编制技术细则(试行)》(2013)相关规定的资料,按保护区遭遇不同强度洪水时面临的防洪形势,开展洪水风险分析、洪水影响分析和避险转移方案分析,制作洪水风险图和避洪转移图,编写相关报告,并将验收通过的成果和过程文件交付陕西省防汛抗旱总指挥部办公室。

依据《全国重点地区洪水风险图编制项目实施方案(2013~2015年)》《陕西省洪水风险图编制2013年度实施方案》《2013年渭河下游南北两岸防洪保护区洪水风险图编制项目技术服务合同》的要求,渭河下游防洪保护区洪水风险图编制项目的建设任务如下。

3.1.1.1 编制技术大纲

按照《洪水风险图编制技术大纲编制要求》,编制渭河下游防洪保护区洪水风险图编制项目的技术大纲。大纲需明确项目实施的总体工作思路、技术路线、进度安排、质量控制,并由项目管理机构组织专家进行技术大纲审查。

3.1.1.2 洪水来源分析

对渭河下游南北两岸防洪保护区可能的洪水来源、各洪水来源的影响、洪水分析计算需考虑的洪水来源进行分析,提出计算依据的洪水分类选型成果。

3.1.1.3 基础资料收集与处理

根据渭河下游南北两岸洪水风险图编制需要,基础资料收集与处理主要包括:水文泥沙及设计洪水资料;防洪工程、涉河建筑物及工程调度资料;基础地理资料;社会经济资料;洪水灾害资料等。

3.1.1.4 现场调查与补充测量

现场调查的目的是使风险图编制人员直观了解研究区域的基本情况,对关键位置的地形、地貌、工程特点和社会经济分布等有定性的认识,有助于更加合理地对编制区域进行概化和分析。补充测量则是对收集的基础地形、构筑物及工程资料中不能满足洪水风险分析和避险转移分析的局部区域或断面,以及新增道路、堤防等地物和变化地形进行补测。

3.1.1.5 计算方案制订

按编制要求和河道防洪标准对各来源洪水及其分析量级进行确定,结合洪水来源选定洪水类型及其洪水组合方式,结合险工险段及堤防布局进行溃口(漫溢)设定,在此基础上制订计算方案。

3.1.1.6 洪水分析

根据制订的计算方案,确定洪水分析计算方法和模型,采用典型洪水资料对模型进行参数率定与模型验证,根据不同计算方案的边界洪水过程和溃口设置等条件,开展洪水演进及淹没计算。

3.1.1.7 洪水影响分析

建立渭河下游南北两岸防洪保护区灾情统计与损失评估模型,对所有分析方案开展洪水影响分析,综合分析评估洪水影响程度,包括淹没范围和各级淹没水深区域内人口、资产统计分析等,进行财产损失评估。

3.1.1.8 避险转移分析

结合各溃口相应的防洪保护区淹没范围、淹没水深、洪水流速和洪水到达时间等基础信息,综合洪水淹没范围内人口分布及构成、转移道路、安全设施、区外安置点等信息开展避险转移分析。确定避险转移人员范围,规划安置场所,制订转移路线,形成避洪转移图及文字成果。

3.1.1.9 洪水风险图绘制

运用统一的洪水风险图绘制系统绘制渭河下游南北两岸防洪保护区不同计算方案淹没水深图、洪水到达时间图和避洪转移图,并将电子图、标准化纸质图件以及涉及的数据提交洪水风险图项目管理机构。绘制河道内的洪水风险图,主要涉及典型断面的淹没水深图。

3.1.1.10 编制风险图报告

参照国家防汛抗旱总指挥部办公室的统一要求,结合区域的具体要求编写报告,阐明所用基本数据资料的来源、可靠性;论述计算方法的选择依据、模型概化的基本假定、计算过程及结果;准确描述洪水来源、组合情况、洪水分析初始条件和边界条件等;说明洪水对人口、耕地面积、GDP 等社会经济指标的影响程度等。

3.1.2 编制区域基本情况

3.1.2.1 区域自然地理条件

1. 地形地貌

渭河下游南、北两岸保护区是自渭河西宝高速桥至渭河入黄口南、北两岸堤防的保护区,面积 1 600 km^2,其范围为东经 108°40′21″～110°19′54″、北纬 34°17′31″～34°36′4″。渭河下游北岸保护区包括咸阳市秦都区、渭城区,西安市高陵区、临潼区,渭南市临渭区、大荔县等县(区)。渭河下游南岸保护区包括咸阳市秦都区,西安市未央区、灞桥区、临潼区,渭南市临渭区、华县、华阴市、潼关县等县(市、区)。

渭河下游南、北两岸保护区地形特点为西高东低,自西向东,地势逐渐变缓,河谷变宽。

渭河下游防洪保护区位于渭河河谷阶地上,海拔高度为325~420 m,地势相对平坦。南岸秦岭坡脚为山前洪积扇地貌,地形由南向北倾斜,水系发达,河流源近流短;北岸为黄土塬台和河谷阶地,北高南低,河网不大发育,河流源远流长,渭河主要支流泾河、洛河均在北岸。渭河下游主要分三级阶地,南、北两岸阶地大体上是对称的,但也有些局部的差异。第一级阶地海拔一般为330~370 m,一般高出水面5~15 m;第二级阶地海拔一般为360~400 m,一般高出第一级阶地15~30 m;第三级阶地海拔一般在500 m左右。

2. 水文气象

渭河下游地处关中平原东部地区,属暖温带半湿润半干旱季风气候。气候特点是:春季空气干燥,日温差变化大,多冷空气入侵;夏季干燥,降水集中;秋季多阴雨,天气凉爽;冬季寒冷干燥,多寒潮,多霜冻。年均气温11.3~13.6 ℃,年内7月平均气温26.8 ℃,极端最高气温42.8 ℃;1月平均气温-1.5 ℃,极端最低气温-18.3 ℃。年日照时数2 144~2 505 h,年无霜期199~255 d,冬季多偏北风,夏季多偏南风,平均风速2.1 m/s,最大风速16 m/s,最多风向东北东。年降水量529~638 mm,由于受季风和地形影响,降水时空分布不均,总体呈现南多北少、年内分配极不平衡、夏秋多雨、冬春雨量偏少等特点。降水主要集中在7~9月,占全年降水量的60%以上,多暴雨和连阴雨,该地区是陕西省洪涝灾害频发地区;年际间降水量变化也很大,模比系数(变幅)一般在3.0左右。

渭河下游洪水主要由上游暴雨洪水形成,洪水最早发生于4月,但峰量较小;10月以后由于受连阴雨影响,亦有洪水发生,但一般情况下峰量亦较小;量级较大的洪水一般出现在7月至9月上旬。据1950~2010年实测资料统计,华县水文站年均水量68.05亿 m³,多年平均输沙量为3.20亿 t。咸阳站年均水量40.49亿 m³,多年平均输沙量为1.08亿 t,分别占华县站年均水量和多年平均输沙量的59.5%和33.8%。泾河张家山站年均水量和多年平均输沙量分别为13.04亿 m³和2.33亿 t,分别占华县站年均水量和多年平均输沙量的19.2%和69.7%。

3. 河流水系

渭河下游自咸阳至河口河长208 km,于潼关附近汇入黄河,流域面积8.8万 km²。渭河右岸为秦岭北麓,支流较多;左岸为黄土阶地塬区,支流稀少。渭河下游水系呈不对称状分布,北岸支流源长而稀疏,南岸源短而稠密。北岸主要支流有泾河、石川河、洛河等。泾河干流河长455.1 km,流域面积4.54万 km²,集水面积大,穿行于水土流失严重区,是渭河泥沙的主要来源区。洛河干流长680 km,流域面积2.69万 km²,在华县水文站以下约37 km处汇入渭河。南岸主要支流有沣河、灞河、浐河、零河、沈河、赤水河、遇仙河、石堤河、罗纹河、方山河、罗敷河、柳叶河、长涧河等,多为季节性河流。图3-1为渭河下游水系图。

3.1.2.2 社会经济发展情况

渭河下游南、北两岸防洪保护区涉及3个市、12个县(区)。按照《洪水风险图编制技术细则(试行)》(2013)要求,社会经济数据以乡(镇)为单位统计,共涉及以下乡(镇),见表3-1,各市、县(区)的社会经济概况见表3-2。

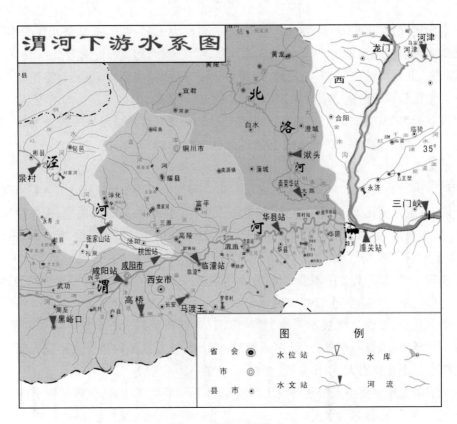

图 3-1　渭河下游水系

表 3-1　渭河下游南北两岸保护区各市、县（区）涉及的乡（镇）

序号	市	县（区）	乡（镇）名称	乡（镇、街办）数
1	咸阳市	秦都区	渭滨街道办事处、渭阳西路街道办事处、西兰路街道办事处、人民路街道办事处、陈杨寨街道办事处、钓台街道办事处、沣东街道办事处	7
2		渭城区	新兴街道办事处、渭阳街道办事处、渭城街道办事处、窑店街道办事处、正阳街道办事处	5
3	西安市	未央区	六村堡街道办事处、汉城街道办事处、谭家街道办事处、草滩镇	4
4		灞桥区	新筑街道办事处、新合街道办事处	2
5		临潼区	西泉街道办事处、行者街道办事处、北田街道办事处、新丰街道办事处、任留街道办事处、雨金街道办事处、何寨街道办事处、交口街道办事处、油槐街道办事处、相桥街道办事处	10
6		高陵区	泾渭镇、耿镇、张卜镇、崇皇乡	4

序号	市	县(区)	乡(镇)名称	乡(镇、街办)数
7	渭南市	临渭区	杜桥街道办事处、人民路街道办事处、双王街道办事处、向阳街道办事处、龙背镇、辛市镇、官道镇、故市镇、孝义镇	9
8		高新区	良田街道办事处、崇业路街道办事处	2
9		华县	华州镇、赤水镇、下庙镇、莲花寺镇、柳枝镇、瓜坡镇、杏林镇	7
10		华阴	华西镇、太华路街道办事处、岳庙街道办事处、罗敷镇、华山镇	5
11		大荔县	下寨镇、苏村镇、官池镇、韦林镇、赵渡镇	5
12		潼关县	秦东镇	1
合计				61

表 3-2　渭河下游南北岸保护区涉及的市、县(区)社会经济概况

市	县(区)	面积(km²)	2013 年 GDP (亿元)	2013 年人口 (万人)
咸阳市	秦都区	37	47.18	7.29
	渭城区	40.74	34.64	5.5
西安市	未央区	100.91	181.62	19.2
	灞桥区	19.27	207.07	3.6
	临潼区	114.27	184.75	7.28
	高陵区	35.73	188.3	2.75
渭南市	临渭区	241.6	220.26	28.75
	高新区	31	71.11	5.14
	华县	185.8	92.13	13.46
	华阴	201.07	58.31	7.41
	大荔县	179	81.23	9.57
	潼关县	6.8	26.8	0.61
合计		1 193.19	1 393.4	110.56

3.1.2.3　洪水及其灾害情况

渭河流域洪水主要来源于泾河、渭河干流咸阳以上和南山支流。洪水有暴涨暴落、洪峰高、含沙量大的特点。每年 7～9 月为暴雨季节,汛期水量约占全年水量的 60%。

历史上渭河曾发生过多次大洪水,1898 年(光绪二十四年),渭河咸阳段发生特大洪水,

咸阳站、华县站洪峰流量分别为 11 600 m³/s、11 500 m³/s;1911 年,泾河发生特大洪水,张家山站洪峰流量 14 700 m³/s;1933 年 8 月,泾河、渭河同时涨水,张家山站洪峰流量 9 200 m³/s,华县站洪峰流量 8 340 m³/s;1954 年 8 月,渭河涨水,华县站洪峰流量 7 660 m³/s;1981 年 8 月,渭河涨水,临潼站洪峰流量 7 610 m³/s,华县站洪峰流量 5 380 m³/s。

进入 20 世纪 90 年代以后,渭河洪水特性发生了一定变化,主要表现在:洪水次数减少、发生时间更加集中,高含沙中常洪水频繁发生,同流量水位上升、漫滩概率增大、漫滩洪水传播时间延长等。据统计,日平均流量大于 1 000 m³/s 天数,90 年代以前平均 14 d/年,90 年代只有 2.6 d/年;大于 3 000 m³/s 的洪水,1960~1990 年共发生了 25 次,90 年代仅发生 3 次。

2000 年以来,渭河流域主要发生了"03·8""05·10""11·9"三场较大洪水,其中"03·8"洪水的特性是持续时间长、水位高、径流量大,临潼站洪峰流量为 5 090 m³/s,最高洪水位 358.34 m,径流量为 56.63 亿 m³;华县站洪峰流量为 3 570 m³/s,最高洪水位 342.76 m,径流量为 60.08 亿 m³。"05·10"洪水特性是水位高,洪水演进速度慢,临潼站洪峰流量 5 270 m³/s,最高洪水位 358.58 m;华县站洪峰流量 4 820 m³/s,最高洪水位 343.32 m,临潼站到华县站洪峰传播时间为 42.3 h。"11·9"洪水在渭河下游临潼—渭南、华阴—吊桥河段均出现历史最高洪水位,洪水传播速度慢,临潼站洪峰流量 5 410 m³/s,最高洪水位 359.02 m;华县站洪峰流量 5 260 m³/s,最高洪水位 342.70 m,临潼站到华县站洪峰传播时间为 34.3 h。

中华人民共和国成立以来渭河下游发生的多次较大洪水带来了严重灾害。渭河下游干流华县毕家和临潼南屯堤防曾发生决口:1968 年 9 月 10 日 2 时,华县毕家堤段发生决口,口门宽约 100 m,毕家防护区 4 个乡(镇)的十几个村庄、0.37 万 hm² 耕地被淹,倒塌房屋 1.1 万间,1.64 万人受灾;1981 年 8 月 23 日,华县站洪峰流量 5 380 m³/s 洪水过程中,临潼南屯堤段决口,淹没耕地 0.11 万 hm²。据 55 年来不完全统计,渭河下游南山支流堤防有 17 个年份出现决口,累计决口 73 处。其中,20 世纪 90 年代以来就出现了"92·8"洪水等 5 次 21 处决口,2000 年以来仅"03·8"洪水就出现 8 处决口。在移民迁返区,"92·8"洪水使渭河移民生产堤多处决口,大片农田被淹,8 000 多间房屋倒塌,移民群众无家可归,造成直接经济损失 2 亿元;"00·10"洪水中华阴冯东移民围堤决口,淹没区积水时间近 1 个月。"03·8"洪水是渭河下游有实测资料以来灾害最为严重的一场洪水,给渭河下游咸阳、西安、渭南三市 12 个县(市、区)造成严重灾害,受灾人口达 56.25 万人,累计迁移人口 29.22 万人,总受灾面积达 91 866.67 hm²,经济损失 29 亿元。

3.1.2.4 区域防洪工程及防洪调度情况

渭河干流堤防工程多修建于 20 世纪 60 年代以后,是在群众运动修建堤防的基础上多次加培而成的。堤防标准低、质量差,常常是小水即灾。进入 20 世纪 90 年代后,渭河治理得到中央和地方的高度重视及社会各界的普遍关注,多种治理规划逐步实施。2010 年 12 月 29 日,陕西省政府第 23 次常务会审议通过了《陕西省渭河全线整治规划及实施方案》,于 2011 年 1 月经陕西省政府批准实施。随着渭河全线整治工程的实施并逐步完工,渭河中下游堤防发生了较大的变化。目前,渭河南岸西宝高速桥至西咸交界堤防防洪标准为 100 年一遇洪水,西咸交界至西安高陵交界堤防为 300 年一遇洪水,西安高陵交界至赤水河口堤防为 100 年一遇洪水,赤水河口至方山河口堤防为 50 年一遇洪水,方山河口至吊桥渭河口移民防洪围堤为5年一遇洪水。渭河北岸西宝高速桥至石川河口堤防防洪标准为100年一遇洪水,石川河口至临潼渭南界堤防为50年一遇洪水,临潼渭南界至龙背堤防为100年一遇洪水,孝义至大荔官池堤防为50年一遇洪水,官池至洛河口堤防为5年一遇洪水。

渭河下游南北两岸防洪保护区内已建堤防327.5 km。水闸主要为南山支流河口闸,为防止渭河洪水倒灌支流而建。目前,渭河下游综合治理堤防工程基本完工,堤防防御洪水整体能力得到了提高。

3.1.3 编制原则、依据和思路

3.1.3.1 编制原则

(1)把握需求,科学实用。以规范人类活动和土地利用、防汛应急管理、支撑洪水保险、提高公众风险意识为基本需求,规范洪水风险信息及其展示方式。

(2)突出重点,全面推进。以渭河两岸城市段及人口、交通、重要设施为重点,全面编制渭河下游洪水风险图,为完成陕西省主要江河洪水风险图打好基础。

(3)技术先进、规范可靠。在严格执行洪水风险图有关技术规范的基础上,充分采用先进的风险分析方法、技术和现代信息技术,保证洪水风险分析成果的科学、合理、可靠,同时按照有关行业标准,采用先进的制图技术,以直观、便捷、简明、易懂的方式展现风险信息。

3.1.3.2 编制依据

根据项目的建设任务,项目承担单位将在《洪水风险图编制导则》(SL 483—2010)和《洪水风险图编制技术细则(试行)》(2013)等文件的指导下开展编制工作,并根据《全国重点地区洪水风险图编制项目建设管理细则(试行)》(办减〔2014〕6号)的要求,编制项目总结报告,详细的编制依据如下。

1. 法律法规

(1)《中华人民共和国水法》(2002年修订)。

(2)《中华人民共和国防洪法》(2015年第二次修订)。

(3)《中华人民共和国河道管理条例》(2011年修订)。

2. 洪水风险图编制项目相关规定和技术文件

(1)《洪水风险图编制导则》(SL 483—2010)。

(2)《洪水风险图编制技术细则(试行)》(2013)。

(3)《重点地区洪水风险图编制项目软件名录》(防办减〔2013〕35号文)。

(4)《全国重点地区洪水风险图编制项目建设管理细则(试行)》(办减〔2014〕6号)。

(5)《全国山洪灾害防治项目建设管理办法》(水汛〔2014〕80号)。

(6)《全国山洪灾害防治项目实施方案(2013—2015年)》(水汛〔2013〕257号)。

(7)《全国重点地区洪水风险图编制项目实施方案(2013—2015年)》。

(8)《陕西省洪水风险图编制项目实施方案(2013—2015年)》。

(9)《陕西省洪水风险图编制项目2013年度实施方案》。

(10)洪水风险图制图技术要求(2014年9月)。

(11)关于印发避洪转移图编制技术要求(试行)等四项技术文件的通知(水总研二〔2015〕27号)。

3.规范规程

(1)《水利水电工程水文计算规范》(SL 44—2006)。

(2)《水利工程水利计算规范》(SL 278—2015)。

(3)《水利工程水文计算规范》(SL 104—1995)。

(4)《防汛抗旱用图图式》(SL 73.7—2013)。

(5)《防洪标准》(GB 50201—2014)。

(6)《工程测量规范》(GB 50026—2007)。

(7)《国家基本比例尺地图编绘规范 第1部分:1∶25 000 1∶50 000 1∶100 000 地形图编绘规范》(GB/T 12343.1—2008)。

(8)《国家基本比例尺地图图式 第2部分:1∶5 000 1∶10 000 地形图图式》(GB/T 20257.2—2007)。

(9)《国家基本比例尺地图图式 第3部分:1∶25 000 1∶50 000 1∶100 000 地形图图式》(GB/T 20257.3—2007)。

(10)《国家基本比例尺地图图式 第4部分:1∶250 000 1∶500 000 1∶1 000 000 地形图图式》(GB/T 20257.4—2007)。

(11)《地图印刷规范》(GB/T 14511—2008)。

4.规划及洪水调度相关文件

(1)《陕西省渭河流域综合规划》。

(2)《陕西省渭河全线整治规划及实施方案》。

(3)《陕西省渭河防洪治理工程可行性研究报告》(2013年)。

3.1.3.3 编制思路

陕西省渭河下游南、北两岸防洪保护区洪水风险图编制项目主要任务包括基础资料收集与处理、洪水风险分析、避险转移方案分析及风险图绘制与成果汇总等工作,工作流程见图3-2。项目涉及面广、问题复杂、工作量大。根据工作目标和项目特点,在资料收集与处理阶段,在向陕西省江河水库管理局、陕西省水文局、陕西省测绘地理信息局、各区(县)统计局等资料管理单位收集已有资料成果的基础上,采用现场调研及补充测量两种手段全面推进基础资料收集工作。在洪水风险分析阶段,采用水文分析计算法,确定设计洪水组合及设计洪水过程;采用水动力学法,模拟各计算方案下防洪保护区的洪水演进过程;采用"损失评估软件"结合 ArcGIS 平台软件,开展洪水损失评估。在避洪转移方案分析阶段,根据各项洪水指标下的最大包络图,确定避洪转移范围、人员,在全面分析安全区域环境及交通路网等因素下,合理安排安置场所、转移路线及转移时机。在洪水风险图绘制阶段,采用"洪水风险图绘制系统 FMAP"绘制符合相关标准和规范的洪水风险图。项目开展过程中,对重大技术问题、关键技术环节及重要的阶段性成果向有关专家进行咨询。

其中,拟采用的主要方法有以下几种。

1.资料收集与整编

加强与陕西省防汛抗旱总指挥部办公室、陕西省江河水库管理局、陕西省测绘地理信息局、陕西省水文局、各区(县)统计局等机关的沟通与协调,落实自然地理、水文气象、工程调度、社会经济、洪水灾害等基础资料的收集与整编。

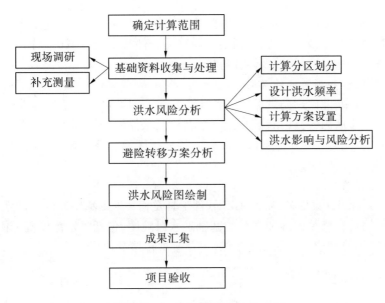

图 3-2　洪水风险图编制工作流程

2. 现场调查

组织调研小组,对渭河下游南、北两岸防洪保护区开展现场调研,一方面全面了解渭河下游南北两岸的水系分布、堤防与险工险段现状、历史洪水、抗洪抢险设施的布置、撤退道路分布等信息;另一方面在现场调研过程中,加强与防汛管理部门、流域管理机构、资料管理部门的沟通与协调,落实资料收集事宜。

3. 补充测量

由于已有的 1∶5 000 电子地图主要为 2011 年测绘的资料,对于其后新增高出地面 0.5 m 以上的线状建筑物、对洪水计算有影响的建筑物及洪水分析计算中尚缺少的河道断面资料,成立测量分队,开展外业测量工作,补测尚为缺乏的地形资料。

4. 图形整编

基础底图加工处理严格遵照水总研二〔2015〕27 号文件《附件 4 - 洪水风险图地图数据分类编码与结构要求(试行)》、《防汛抗旱用图图式》(SL 73.7—2013)、《国家基本比例尺地图图式 第2部分:1∶5 000 1∶10 000 地形图图式》(GB/T 20257.2—2007)、《1∶10 000(1∶5 000)基础地理信息地形要素数据规范(试行稿)》等技术规范与标准,采用 AutoCAD、Arc-GIS 等软件进行图形整编处理,完成坐标转换、地理信息数据处理和属性输入等操作。

5. 水文分析计算

在全面分析渭河干支流控制水文站历史洪水资料的基础上,分析洪水来源,确定设计洪水组合及选型工作;水文频率分析采用皮尔逊Ⅲ型分布进行曲线拟合,推求干支流水文站的设计洪水流量;对于有实测水文资料的站点,采用同倍比放大法,推求水文站(控制断面)的设计洪水过程,对于无资料的支流控制断面,采用水文比拟法推求设计洪水过程。

6. 水动力学法

采用水动力学法模拟渭河下游南、北两岸防洪保护区各计算方案下的洪水演进过程,具有运算速度快、边界条件易变动等特点。本书中,河道洪水演进采用一维洪水分析软件开展洪水模拟与分析工作,防洪保护区洪水演进采用二维洪水分析软件开展洪水模拟与分析工作。

7.避洪转移方案分析

根据洪水淹没范围、淹没水深、到达时间等各项洪水指标下的最大包络图,确定避洪转移范围、人员数量及分布情况;根据最新的交通路网条件及安全区域的位置、容纳能力等情况,合理规划安置场所、转移路线及转移时机。

8.区域灾情统计和损失评估模型

根据渭河下游南、北两岸防洪保护区各计算方案下的洪水淹没范围、淹没水深、淹没历时等要素,考虑淹没区内各县(市、区)社会经济情况,采用中国水利水电科学研究院提供的洪水影响分析软件结合 ArcGIS 平台软件,建立各分析区域灾情统计和损失评估模型,开展防护区的洪灾损失评估工作。

9.洪水风险图绘制

综合采用 AutoCAD 桌面软件、ArcGIS 软件工具及相关地图编辑软件、"洪水风险图绘制系统 FMAP"绘制符合相关标准和规范的基础洪水风险图,包括洪水淹没范围图、淹没水深图、淹没历时图、洪峰到达时间图等基本图,以及避洪转移专题图。

3.1.4 项目实施过程

项目实施过程主要分为两阶段:第一阶段为技术大纲编制阶段,在现场调研、资料收集、洪水来源组合分析、计算方案分析的基础上,编制了《2013 年渭河下游南、北两岸防洪保护区洪水风险图编制项目技术大纲》,指导项目后续工作的实施与开展;第二阶段为风险图项目编制的实施阶段,按照图 3-3 所示流程开展,首先进行基本资料的收集与整理、整编与评估,然后根据计算方案开展洪水分析工作,结合基础地图、社会经济数据及洪水分析成果,开展洪水影响分析、洪水风险图绘制及避险转移分析工作。

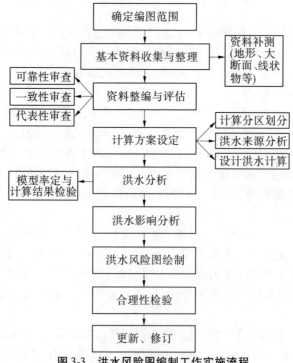

图 3-3 洪水风险图编制工作实施流程

3.1.5 项目成果概要

根据水总研二〔2015〕27 号文件《附件 3 – 洪水风险图编制成果提交要求(试行)》的相关要求,本项目成果主要包括以下内容。

3.1.5.1 基础资料整编成果

基础资料整编成果包括渭河下游南、北两岸防洪保护区基础地理信息、水利工程、历史洪水、洪涝灾害、社会经济等统一格式的数据资料,以及相关文字及图纸资料的整编成果。

3.1.5.2 洪水分析模型工程文件包及说明文件

本项目采用 MIKE 模型开展河道一维及防洪保护区二维洪水演进计算,其中一维模型工程包中包括 *.sim11、*.xsn11、*.bnd11、*.dfs0 等文件;二维模型工程包中包括 *.m21fm、*.mdf、*.mesh、*.dfs0、*.dfsu 等文件。

说明文件以 *.word 文档格式提交,内容包括软件名称、方案及模型工程文件说明、模型参数说明、计算方案说明及模型工程文件运行说明等。

3.1.5.3 洪水影响评价和损失评估工程文件包及说明文件

洪水风险图损失评估系统环境下的项目工程文件,包括地图数据(*.shp)、社会经济数据(*.xls)及分析计算结果数据表(*.xls)。

其中,工程说明文件以 *.word 文档格式提交,内容包括方案与工程文件包说明、其他对运行及计算成果的相关说明。

3.1.5.4 制图工程文件包及说明文件

利用洪水风险图绘制系统创建的工程文件包,包括地图数据库(*.GDB)、电子地图配置文件(*.MXD)及方案的相关信息(*.XML)。

其中,工程说明文件以 *.word 文档格式提交,内容包括方案与工程文件包说明、其他对运行及操作的相关说明。

3.1.5.5 地图数据库及图件成果

根据本项目方案设置的要求,报告图件成果中,淹没水深图 158 张、洪水到达时间图 158 张、洪水淹没历时图 158 张、洪水淹没范围图 54 张、避洪转移图 54 张,共计 A0 图幅 582 张、A3 图幅 582 张,总计 1 164 张。地图、数据库及图件成果提交内容包括:

(1)地图数据库由洪水风险图绘制系统输出,以 GDB 格式提交,包括规定比例的水工数据集、标准基础地理数据集、洪水风险专题数据集及其他辅助制图数据集。

(2)矢量电子地图由洪水风险图绘制系统配置完成,以 MXD 格式提交,包括基础地图、完整地图及专题地图。

(3)成果图件由洪水风险图绘制系统输出,以 PDF 格式提交。

3.1.5.6 风险图应用业务相关数据

如编制单元基本信息(以 Excel 格式提交)、编制方案信息(以 Excel 格式提交)、编制单元其他相关文档(以 Word 格式提交)。

3.1.5.7 报告文档

本项目报告成果以电子版及纸质版的形式提交,主要包括以下几类:

(1)《2013年渭河下游南、北两岸防洪保护区洪水风险图编制项目技术大纲》,包括洪水分析计算方案制订、洪水分析计算方法确定、现场调查报告、补充测量技术报告、项目组织实施方案等内容,为洪水风险图项目开展的主要依据。

(2)《渭河下游南、北两岸防洪保护区洪水风险图编制成果报告》,内容符合风险图报告编制大纲的要求,明确说明所采用的基本数据的来源、可靠性,清楚论述计算方案的选择依据、模型概化的基本假定及可靠性、计算过程及结果,准确描述洪水来源、组合情况、洪水分析初始条件及边界条件等,说明洪水对人口、耕地面积、GDP等社会经济指标的影响程度,并针对渭河下游南、北两岸防洪保护区的实际情况合理设置避险转移方案。

3.2 项目技术方案

3.2.1 模型方法

3.2.1.1 洪水分析模型

洪水分析方法的确定是进行洪水分析的重要环节与基础性工作。洪水风险图编制所采用的洪水分析方法可分为水文学法、水力学法及实际水灾法。根据《洪水风险图编制技术细则(试行)》(2013),洪水分析方法应尽量采用水力学法。

一方面,从项目需求来看,渭河下游南北两岸防洪保护区风险图编制的主要任务是研究防洪保护区在遭遇渭河干支流洪水溃堤所产生的洪水风险,需要计算保护区在遭遇洪水时的洪水演进过程、淹没水深及洪水前锋到达时间等平面变化的水力因素;另一方面,从基础资料来看,渭河干支流水文站网完善,规划设计及相关水文、泥沙研究成果丰富,保护区测绘成果完整,能够满足二维洪水演算输入条件的需求。综合考虑上述两点,渭河下游南北两岸防洪保护区风险图编制项目优先选取水力学法开展防洪保护区的二维洪水演进计算。

根据《渭河下游南、北两岸防洪保护区洪水风险图编制项目技术大纲》要求,项目开展过程中采用中国水利水电科学研究院研发的"防洪保护区洪水分析软件",开展渭河干流河道一维洪水演进计算及保护区二维洪水演进计算。在实际工作中,由于对"防洪保护区洪水分析软件"的使用经验相对缺乏,软件运行过程中报错频繁,影响后续工作开展,为了保证项目进度,及时向相关专家进行了咨询,并在征得陕西省防汛抗旱总指挥部办公室的同意下,调整为采用技术人员更为熟悉的MIKE系列软件开展洪水分析计算工作。

3.2.1.2 洪水影响分析模型

根据《洪水风险图编制技术细则(试行)》(2013),需建立渭河下游南、北两岸防洪保护区灾情统计与损失评估模型,对所有分析方案开展洪水影响分析,综合分析评估洪水影响程度,包括淹没范围和各级淹没水深区域内人口、资产统计分析等,进行财产损失评估。本项目使用推荐的中国水利水电科学研究院研制的损失评估计算模型软件,以乡(镇)为资产统计的最小单元,统计综合指标、人民生活指标、农业指标、第三产业指标、第二产业指标。各项指标的财产值采用现行市价法、收益现值法、重置成本法、清算价格法等方法进行估算。

3.2.2　洪源分析和量级确定

3.2.2.1　区域可能洪水及其影响

1. 区域可能洪水

渭河下游南、北两岸防洪保护区可能的洪水来源包括渭河下游干流、各支流和黄河小北干流洪水。其中,黄河小北干流洪水的影响主要表现为对渭河洪水的顶托与倒灌,它对渭河河口段的影响相对较大,但与渭河干支流洪水对防护区的影响而言相对较小,可不考虑。

渭河下游洪水主要来源于流域暴雨,其洪水大小、时空分布受降雨区域及强度所控制。统计分析渭河干流华县站年最大流量 5 000 m³/s 以上和 1981 年以来典型致灾洪水资料,形成渭河中下游洪水的暴雨主要有斜向型和纬南型,斜向型暴雨一般雨落区在泾河、洛河、渭河上中游,该类型暴雨所形成的洪水,往往使龙门站、华县站同时出现洪水,形成潼关站大洪水,例如 1843 年、"1933・8""1966・7""1973・9""1977・7""1992・8""1996・7"。纬南型暴雨一般位于宝鸡峡下游的渭河干流及泾河、洛河下游部分地区,该类型暴雨所形成的洪水,分为中上游来水及中下游区间来水。中上游来水如"1954・8""1956・6"洪水,中下游区间来水如"1958・8""1964・9""1968・9""1981・8""2003・8""2005・10""2011・9"洪水。

结合流域暴雨洪水分析,渭河下游洪水来源主要有三:一是流域型洪水,洪水来源主要为渭河干流、泾河、洛河、小北干流等河流;二是上游来水型洪水,临潼站洪水主要来源于渭河咸阳站以上或泾河张家山站以上;三是支流来水型洪水,主要是指渭河支流石川河、洛河、沣河、灞河、零河、沈河、赤水河、遇仙河、石堤河、罗纹河、方山河、罗敷河、柳叶河、长涧河等上游单独出现的洪水。

1)流域型洪水

流域型洪水是指渭河下游洪水来自渭河干流上中游、泾河、洛河及黄河小北干流等。如1933 年 8 月的洪水,暴雨类型属于斜向型。洪水的降雨发生在 8 月 5 ~ 10 日,前后两次暴雨过程为:第一次发生在 8 月 6 ~ 7 日凌晨,雨区基本遍及整个黄河中游地区,7 日白天至 8 日雨势减弱,雨区呈斑状分布;第二次在 8 月 9 日,主要雨区在渭河上游和泾河上游一带,10日暴雨基本结束。1933 年 8 月洪水第一个过程:泾河张家山站 8 日 14 时出现 9 200 m³/s 洪峰;渭河咸阳站 8 日 17 时出现 4 780 m³/s 洪峰,9 日渭河沙王渡洪峰流量 8 340 m³/s;黄河干流龙门站 8 日 14 时出现 12 900 m³/s 洪峰,接着 9 日 5 时又出现 13 300 m³/s 洪峰,并与支流洪水遭遇,在陕县站形成了洪峰流量为 22 000 m³/s 的特大洪水。第二个过程:泾河张家山站 10 日 17 时洪峰流量为 7 700 m³/s,渭河咸阳站 11 日 19 时洪峰流量为 6 260 m³/s,黄河龙门站 10 日 6 时洪峰流量为 7 700 m³/s。

2)上游来水型洪水

上游来水型洪水是指临潼站洪水主要来源于渭河咸阳站以上或泾河张家山站以上。如1954 年 8 月 19 日华县站出现洪峰流量为 7 660 m³/s 的洪水,是渭河中游咸阳站建站以来实测最大洪水,形成该场洪水的暴雨雨型属于与渭河平行的纬南型;8 月 10 ~ 18 日,甘肃东部和关中一带普遍降雨,局地出现了大到暴雨,整个渭河流域的降雨量在 50 mm 以上,大部分为 50 ~ 200 mm,东部略偏小,站点最大降雨量为扶风站 237 mm。1954 年 8 月洪水在林家村站出现洪峰流量为 5 030 m³/s 的洪水,是近百年来的第二大洪水,仅次于 1933 年和 1898

年,相当于 25 年一遇洪水;咸阳站 18 日 10 时洪峰流量为 7 220 m³/s,仅次于 1898 年,相当于 30 年一遇洪水;华县站 19 日 1 时洪峰流量为 7 660 m³/s,仅次于 1898 年和 1933 年,相当于 12 年一遇洪水。

3) 支流来水型洪水

支流来水型洪水主要是指渭河支流石川河、洛河、沣河、灞河、零河、沈河、赤水河、遇仙河、石堤河、罗纹河、方山河、罗敷河、柳叶河、长涧河等上游单独出现的洪水。如洛河洑头站 1994 年 9 月 1 日出现洪峰流量达 6 280 m³/s,是该站 1933 年以来最大洪水,而同期渭河华县站洪水流量仅 65.5 m³/s。降雨从 8 月 30 日 20 时开始至 31 日 8 时基本结束,降雨量集中在 30 日 23 时至 31 日 5 时。由于受地形和气象条件影响,形成两个暴雨中心。一是吴旗县北部吴仓堡乡、五谷城乡、薛岔乡一带,雨区呈西北—东南向分布,降雨量为孙台水库 214 mm、吴仓堡 233 mm、沙集 383 mm(调查值)、蔡家贬 145 mm、薛岔 145 mm、吴旗县 91 mm;二是志丹县北部周水河(北洛河支流)及杏子河(延河支流)上游,雨区也是呈西北—东南向分布,降雨量为黄草湾 125 mm、杏河 125 mm、张渠 123 mm、志丹县 97 mm。志丹水文站 31 日 7 时 18 分洪峰流量为 2 060 m³/s,洪水过程径流量达 0.264 7 亿 m³;周水河洪水汇入洛河后,干支流洪水叠加,致使刘家河站成为单峰,次洪过程径流量达 2.164 7 亿 m³,刘家河站洪峰为建站以来最大值。洪水历时 12.8 h,经 206 km 河道的演进,于 9 月 1 日 0 时 49 分在洛川县交口河水文站出现洪峰流量 6 630 m³/s,是该站建站以来最大洪水。

2. 区域可能洪水影响

防洪保护区是重点保护对象,发生洪水时保护区内不会主动分洪。防洪保护区洪水风险主要来源于堤防溃决等意外事故发生时洪水进入保护区。

1) 流域型洪水影响

当发生流域型洪水时,渭河下游大部分地区均会受到洪水影响,洪水影响范围包括渭河下游南、北两岸保护区,尤其是对泾河口以下南、北两岸保护区的影响会更为严重。

如 1933 年 8 月发生的流域型洪水,这次雨区主要在渭河、泾河上游的甘肃境内和陕北的延河、清涧河,主要是泾河、洛河、渭河的中下游及黄河小北干流地区的洪涝灾害。据资料统计,该年的主要暴雨洪水受灾区为关中和陕北。陕西省黄河流域受灾面积 12.80 万 km²,成灾面积达 8.50 万 km²,其中关中地区占 55.70%;受灾人口达 20.10 万人,关中地区占 68.70%;倒塌房屋近万间,死亡 980 人,关中地区约占半数;牲畜死亡无数;共损失 910 余万元。大荔县沿洛河东西 25 km、南北 5 km 的禾苗尽淹,房屋倾塌。渭河洪水淹长安县秋田 266 km²,冲走居民行客 500 余人。临潼县东西 25 km、南北 5 km 禾苗尽淹,房屋倾塌。8 月 8 日,黄河暴涨,西至朝邑,东至山西蒲州城下,宽 10 余 km,洪水直流南下,朝邑沿河 50 余 km 及潼关西区尽被淹没。平民县政府及民房淹塌殆尽,秋禾被淹。其中,韩城、朝邑、平民、潼关等县合计受灾人口 14 万余人,伤亡 5 106 人,损失房屋 5 980 间,田禾 327.47 km²,财产损失 715.59 万元。

2) 上游来水型洪水影响

当发生上游来水型洪水时,渭河下游大部分地区均会受到洪水影响,洪水影响范围包括渭河下游南、北两岸保护区,咸阳、西安保护区也会受到严重影响。

如 1954 年 8 月发生上游来水型洪水,陕西省农田受灾面积 510 km²,成灾面积 418 km²;倒塌房屋 5 084 间,受灾人口 18.70 万人,死亡 96 人,死亡牲畜 1 063 头;造成陇海铁路被冲坏,主要受灾地区有宝鸡、西安、咸阳、渭南,直接经济损失当年价 3 891. 80 万元。

2003 年洪水,造成南山支流倒灌,石堤河、罗纹河、方山河河堤多处决口,使华县、华阴等地淹没受灾,洪水淹没农田 30 万亩(1 亩 = 1/15 hm², 全书同),形成东西长 25 km、南北宽 8 km,总面积 30 万亩的淹没区,近 30 万群众被迫紧急转移安置。

3)支流来水型洪水影响

当发生支流洪水时,对渭河干流造成的影响较小,受影响区域主要为支流保护区。

如 1953 年 7 月南山支流发生的支流型洪水,造成赤水河、石堤河、遇仙河、罗纹河等先后决口 13 处,华县全县淹没秋田 10 km²,死亡 6 人。

由上述各洪水来源的影响分析可知,流域型洪水和上游来水型洪水对渭河下游造成的影响大,受灾范围大及人口多,而支流来水型洪水造成的影响相对较小。

3.2.2.2 计算分区划分方案

根据洪水来源的分析成果,划分河道一维模型及保护区二维模型的计算分区,主要成果如下。

1. 河道一维模型

河道一维水动力模型按照咸阳西宝高速桥—临潼水文站、临潼水文站—华县水文站、华县水文站—潼关(八)水文站分段,划分为 3 个计算分区,如图 3-4 ~ 图 3-6 所示。

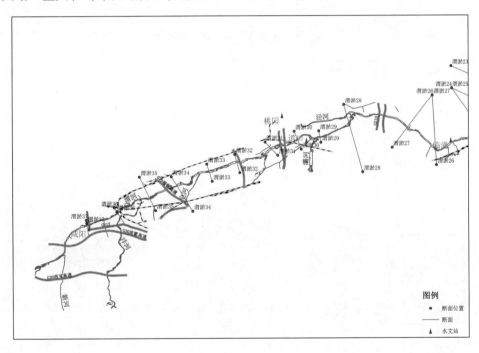

图 3-4　咸阳西宝高速桥—临潼水文站

2. 保护区二维模型

根据渭河历史溃决洪水的特点,堤防连续溃决多发生在南山支流河口段,主要由渭河倒灌洪水造成。"03·8"洪水过后,二华南山支流堤防逐步经过加高培厚、河口段拓宽退建等加固治理,支流堤防质量基本达到设计标准。因此,本次洪水风险图编制不考虑多溃口组合,南山支流二维模型各计算分区亦按此原则划分。综合渭河下游保护区地形和河流水系

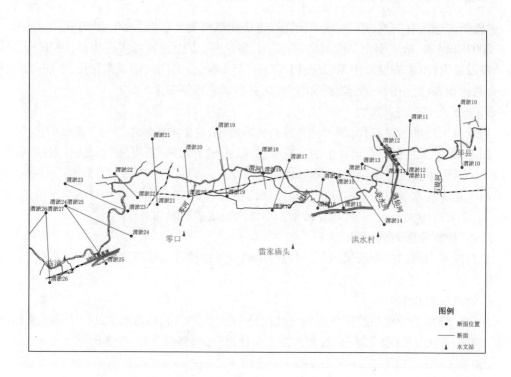

图 3-5　临潼水文站—华县水文站

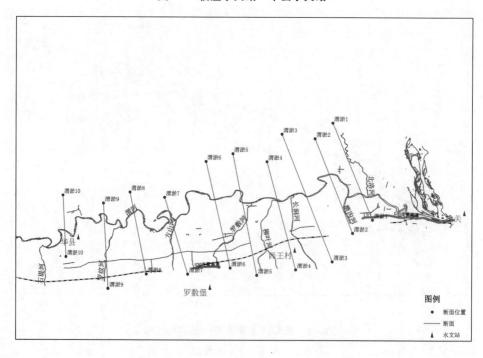

图 3-6　华县水文站—潼关(八)水文站

及阻水地物分布情况,将整个保护区划分为 22 个计算分区,详见表 3-3。

表 3-3　渭河下游保护区计算分区

序号	分区名称	序号	分区名称
1	西宝高速—包茂高速	10	赤水河东堤—遇仙河西堤
2	京昆高速公路—南赵村	11	遇仙河东堤—石堤河西堤
3	南赵村—北洛河西堤	12	石堤河东堤—罗纹河西堤
4	泾河左岸—高陵区	13	罗纹河东堤—方山河西堤
5	正阳镇—泾河右岸	14	方山河东堤—罗敷河西堤
6	西宝高速—沣河西堤	15	罗敷河东堤—柳叶河西堤
7	沣河东堤—灞河西堤	16	柳叶河东堤—长涧河西堤
8	灞河东堤—尤河西堤	17	长涧河东堤—秦东镇
9	尤河东堤—赤水河西堤		

3.2.2.3　洪水来源和洪水量级确定

根据上述洪水来源及影响分析,本次渭河下游南、北两岸防洪保护区风险分析主要考虑三种洪水来源:泾河、渭河、洛河同时来水形成的流域型洪水("33·8"洪水),以泾河或渭河单独来水形成的上游来水型洪水("54·8"洪水)和渭河支流洛河、南山支流等单独出现洪水的支流来水型洪水。

根据对设计洪水频率的分析,在综合分析《陕西省洪水风险图编制 2013 年度实施方案》的基础上,渭河干支流洪水量级调整为:①渭河干流洪水量级选取为设计标准洪水,并增加一组低于堤防标准的洪水。渭河干流主要计算 20 年一遇、50 年一遇、100 年一遇洪水;②支流洪水量级选取为设计标准洪水、超标准洪水及 100 年一遇洪水。渭河北岸支流和南山支流主要计算 10 年一遇、20 年一遇、50 年一遇、100 年一遇洪水。

本次洪水风险分析中,渭河下游干支流采用的设计洪水重现期详见表 3-4。

表 3-4　渭河下游干支流采用的设计洪水重现期

河流		设计洪水重现期
渭河干流(南北岸)		20 年一遇、50 年一遇、100 年一遇
渭河北岸支流	泾河	50 年一遇、100 年一遇
	洛河	10 年一遇、20 年一遇、50 年一遇
南山支流	赤水河	20 年一遇、50 年一遇、100 年一遇
	遇仙河	20 年一遇、50 年一遇、100 年一遇
	石堤河	20 年一遇、50 年一遇、100 年一遇
	罗纹河	20 年一遇、50 年一遇、100 年一遇
	罗敷河	20 年一遇、50 年一遇、100 年一遇
	方山河	10 年一遇、50 年一遇、100 年一遇
	柳叶河	10 年一遇、50 年一遇、100 年一遇

渭河下游干流河段一维计算划分为咸阳—临潼、临潼—华县、华县—潼关三段分别进行计算。一维模型计算中根据不同分段给定的上下边界条件和断面内插模型计算出不同溃口所在河道断面不同洪水频率的水位和流量数据。

3.2.2.4　洪源遭遇组合方案

根据洪水来源的分析,本次渭河下游南、北两岸防洪保护区风险分析主要考虑三种洪水来源:泾河、渭河、洛河同时来水形成的流域型洪水,以泾河或渭河单独来水形成的上游来水型洪水和渭河支流洛河等单独出现洪水的支流来水型洪水。洪水组合情况如下：

（1）临潼站"54 型"来水，与其他各支流相应洪水组合。

（2）临潼站（华县站）"33 型"来水，与其他各支流及黄河小北干流相应洪水组合。

（3）对泾河单独来水，采用张家山站"33·8"洪水为典型；对洛河单独来水，采用洑头站"94·8"洪水为典型。

（4）对二华南山支流各河单独来水，采用入渭口处"98·7"洪水为典型。

3.2.2.5　溃口设置方案

溃口的选择主要考虑河道险工险段、砂基砂堤、穿堤建筑物、堤防溃决后洪灾损失较大等情况。根据"可能""不利"和"代表性"三个原则，"可能"溃口选取以临水堤防的险工险段为主，由于这些位置的堤防比较薄弱，有可能在洪水的作用下，造成工程失事而形成溃口，即易发生；"不利"溃口选取重要的城镇、工商业所处位置的堤防段，可以由此预估出较为严重的灾害影响，即影响大；"代表性"溃口可以选取以前发生过溃口或能覆盖重要保护区的位置，即全覆盖。

值得指出的是，本项目对溃口的发展方式按照如下概化处理：当河道水位达到溃决流量阈值时，假定堤防瞬间溃决至设定的宽度及底高。针对该假定，一维、二维水动力模型耦合计算中，使用侧向建筑物连接对 MIKE 11 和 MIKE 21 进行耦合，计算溃口流量过程；一维、二维水动力模型联合计算中，考虑水量平衡的条件下采用宽顶堰流公式计算溃口流量过程。

1. 渭河干流

三门峡水库建成运用以来，渭河下游河道淤积严重，同流量水位持续抬高，河道过洪能力降低，加之堤防抗洪能力较差，渭河干堤决口共计发生 3 次，分别为 1968 年 9 月华县毕家乡大堤决口（溃口宽度 100 m）、1981 年 8 月临潼南屯大堤决口（溃口宽度 10 m）及 2003 年临渭区尤孟堤决口（溃口宽度 65 m）。目前，渭河全线整治的堤防加高培厚、新（改）建等任务已全部完成，渭河干流堤防的防洪标准及堤身质量明显改善；另外，渭河下游河道为典型的复式河床，滩面宽阔，随着流量增大，滩面水深变化较缓，流量变幅对溃口展宽幅度的作用也随之减弱。在综合考虑干堤历史溃口、险工险段的实际状况及防洪大堤保护对象重要性的基础上，渭河干流咸阳、西安区域内及南山支流河口的溃口口门宽度取 100 m，其余溃口口门宽度取 200 m。渭河下游干流南北两岸设定的溃口如表 3-5 所示。

表 3-5　渭河下游干流南北两岸堤防溃口设置

岸别	区（县）	险段部位	工程长度（m）	拟定口门宽（m）
北岸	秦都区	安虹路口		100
	渭城区	店上险工	2 500	100
	高陵区	吴村阳险工	2 422	100
	临潼区	西渭阳险工	885	200
	临渭区	沙王险工	1 750	200
		仓渡险工		200
	大荔县	苏村险工		200
		仓西险工		200

岸别	区(县)	险段部位	工程长度(m)	拟定口门宽(m)
南岸	秦都区	段家堡		100
		小王庄险工	2 690	100
	未央区	农六险工	5 340	100
		东站险工	3 500	100
	灞桥区	水流险工	4 600	100
	高陵区	周家险工	400	100
	临潼区	季家工程	2 110	100
	临渭区	张义险工	1 410	100
		梁赵险工		200
		八里店险工		200
		田家工程		200
	华县	詹刘险工		200
		遇仙河口(东)		100
		石堤河口(西)		100
		石堤河口(东)		100
		南解村		200
		罗纹河口(西)		100
		罗纹河口(东)		100
		毕家		200
		方山河口(西)		100
	华阴市	方山河口(东)		100
		冯东险工		200
		罗敷河口(东)		100
		柳叶河口(东)		100
		长涧河口(东)		100
		华农工程		200
		三河口工程		200

2. 南山支流

中华人民共和国成立以来,由于渭河南山支流堤防标准低,质量差,抗洪能力弱,加之渭河下游淤积抬升及洪水倒灌、顶托影响,南山支流堤防溃决频发,南山支流历次堤防溃决的溃口位置和宽度详见表 3-6,溃口宽度在数十米至数百米不等。从灾后调查成果来看,数百米宽的溃口多发生在支流河口段,由渭河倒灌洪水冲刷形成,溃决洪量大;数十米宽的溃口则多发生在本河来水的情况下,溃决洪量较小。经过各次灾后重建,特别是渭河"03·8"洪水灾后重建,随着支堤加高培厚、河口段支堤拓宽退建加固等工程的实施,二华南山支流堤防质量逐步提高,在综合考虑支堤历史溃口宽度及现状堤身质量的基础上,南山支流本河来水情况下各溃口宽度取 50 m。二华南山支流溃口设置情况详见表 3-7。

表 3-6　二华南山支流堤防历史溃决统计

发生时间	溃口位置	溃口宽度(m)
1976 年	长涧河决口多处	
1980 年	赤水河、罗纹河、石堤河、方山河决口 17 处	
1981 年	支堤决口 17 处	455
1982 年 8 月	赤水河、罗纹河、方山河、长涧河决口 66 处	
1985 年	南山支流决口 1 处	
1987 年	石堤河、遇仙河、柳叶河、长涧河决口 13 处	
1988 年 8 月	柳叶河、长涧河决口 3 处	30～40
1989 年	柳叶河西堤决口 1 处	
1991 年	罗敷河东堤决口 1 处	
1992 年 8 月	南山支流决口 4 处	
1996 年 7 月	罗纹河等 5 条南山支流决口 9 处	
1998 年 6 月	罗敷河决口 3 处,柳叶河决口 2 处, 长涧河决口 2 处,仙峪河决口 1 处	罗敷河决口最大口门宽达 100
2000 年 1 月	方山河决口 1 处	口门宽 20
2003 年 8 月	二华南山支流地方决口 10 处	最大口门宽 322,总决口长度 1 580

表 3-7　二华南山支流溃口设置情况

河流	行政区	险段部位	拟定口门宽(m)
赤水河	临渭区	赤水镇(西堤)	50
	华县	赤水镇(东堤)	50
遇仙河		老公路桥南(西堤)	50
		老公路桥南(东堤)	50
石堤河		老公路桥南(西堤)	50
		老公路桥南(东堤)	50
罗纹河		二华干沟北(西堤)	50
		二华干沟北(东堤)	50
方山河	华阴市	二华干沟北(西堤)	50
		二华干沟北(东堤)	50
罗敷河		二华干沟北(西堤)	50
		二华干沟北(东堤)	50
柳叶河		二华干沟南 300 m(西堤)	50
		二华干沟南 300 m(东堤)	50
长涧河		二华干沟南 800 m(西堤)	50
		二华干沟南 800 m(东堤)	50

3. 北岸支流

北岸支流泾河及洛河的堤防标准低,中华人民共和国成立以来北岸支流也出现数次堤防溃决情况。如 1992 年 8 月 10～14 日,黄河、渭河、洛河同时涨水,华阴、大荔、潼关漫堤决口,沿岸 3～14 km 范围内一片汪洋,水深 1～5 m。由于黄河、渭河、洛河汇流区顶托渭河、洛河和南山支流,洪水位居高不下,造成洪水淹没农田 60 多万亩,大荔、华阴、潼关一带 38 个返库移民村庄约 5 万移民受灾,近 3 万人无家可归,房倒屋塌,村台被毁,交通中断,机井损坏,堤防冲垮,经济损失 2.58 亿元。但经过多年来的加高培厚,泾河及洛河下游堤防防洪标准及堤身质量进一步提高,在综合考虑支堤历史溃口宽度及现状堤身质量的基础上,北岸支流各溃口宽度取 50 m,各溃决设置详见表 3-8。

表 3-8　北岸支流溃口设置情况

河流	行政区	险段部位	拟定口门宽(m)
泾河	高陵区	陕汽大道泾河桥上首(左岸)	50
		陕汽大道泾河桥上首(右岸)	50
洛河	大荔	农垦七连(西堤)	50

3.2.3　洪水影响分析方案

3.2.3.1　洪水影响分析思路

本次洪水影响统计分析的经济指标主要包括 GDP、耕地面积、交通干线(省级以上公路、铁路)里程;社会指标为人口。根据洪水模拟计算的结果与社会经济数据的统计值和空间分布信息获得。

本次主要考虑淹没范围内不同频率下不同淹没水深区域(<0.5 m、0.5~1.0 m、1.0~2.0 m、2.0~3.0 m 和 >3 m)内的受影响行政区域、淹没面积、淹没农田面积、淹没房屋面积、受影响公路长度、受影响铁路长度、受影响人口总数以及 GDP 等指标。

3.2.3.2　洪水影响统计分析方案

洪水影响指标统计具体方法如下。

1. 受淹行政区面积、受淹耕地面积及受淹居民地面积的统计

基于 ArcGIS 软件的叠加分析功能,将淹没图层分别与行政区图层、耕地图层以及居民地图层相叠加,得到对应不同洪水方案、不同淹没水深等级下的受淹行政区面积、淹没耕地面积、受淹居民地面积等。

2. 受影响交通道路里程的统计

道路遭受冲淹破坏是洪水灾害主要类型之一。道路在 ArcGIS 矢量图层上呈线状分布,受淹道路的统计通过道路线图层与洪水模拟面图层叠加运算实现,能够获取不同淹没方案下的受淹道路长度等数据信息。

3. 受影响人口的统计

人口数据通常是以行政单元为统计单位的。为了进行准确的受影响人口统计,需要对人口统计数据进行空间分析。

人口统计数据以乡(镇)为单元收集,每个统计单元内人口分布较为均匀,因此采用行政区受淹面积的比例来概算受影响人口。该算法认为某行政区内的人口是平均分布在该行政单元边界内的,受灾人口比例与该行政区受淹面积占整个行政区面积的比例相同,进而根据行政区人口总数推算受影响人口数,即

$$P_e = \frac{PA_f}{A} \tag{3-1}$$

式中:P_e 为区域总人口;A_f 为某一行政区域的受淹面积;A 为行政区域总面积。

在确定了受影响人口的空间分布之后,与其相关的其他指标(如受影响 GDP、房屋、家庭财产等)可在此基础上进一步推求。

4. 受影响 GDP 的统计

本书以地均 GDP 法进行受影响 GDP 的统计,即按照不同行政单元受淹面积与该行政区单位面积上的 GDP 值相乘来计算受影响 GDP。

3.2.4 洪水损失评估方案

3.2.4.1 损失评估方法

本书使用推荐的中国水利水电科学研究院研制的损失评估计算模型软件,以乡(镇)为资产统计的最小单元,统计综合指标、人民生活指标、农业指标、第三产业指标、第二产业指标。各项指标的财产价值采用现行市价法、收益现值法、重置成本法等方法进行估算。在确定了各类承灾体受淹程度、价值之后,根据洪灾损失率关系,即可进行分类洪灾直接经济损失估算。

本书结合前期调研收集资料,将东庄水库防洪保护范围内泾河、渭河下游洪灾损失率作为本次损失率确定的一个参考。通过对比、分析、修正,最终确定本书洪灾损失率与淹没水深的相关关系。估算时各行政区损失由家庭财产、家庭住房、工商企业、农业、基础设施等单项损失构成,受影响区域的经济总损失由各行政区损失累加得出。

3.2.4.2 损失统计方案

洪灾损失评估包括对各量级洪水导致的居民财产、农林牧渔、工业信息、交通运输、水利设施等方面的直接损失估算分析。在进行损失评估统计时,根据渭河下游南北两岸保护区洪水分析计算后得到洪水淹没范围、淹没水深、淹没历时等要素,进而结合淹没区内各县(区)社会经济情况,综合分析评估洪水影响程度,包括淹没范围和各级淹没水深区域内人口、资产统计分析等,进行财产损失评估。

洪灾损失评估工作流程如图 3-7 所示。

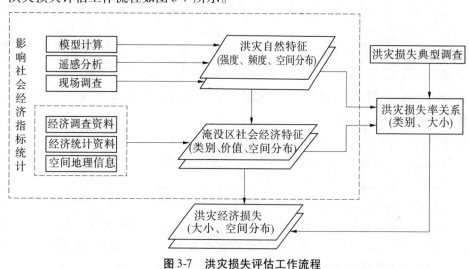

图 3-7　洪灾损失评估工作流程

(1)数学模型模拟计算确定洪水淹没范围、淹没水深、淹没历时等致灾特性指标。

(2)依据保护区所涉及的咸阳、西安、渭南的乡(镇)级行政区社会经济指标值、基础地图、社会经济数据以及空间地理信息资料,运用面积权重法对社会经济数据进行空间求解,生成具有空间属性的社会经济数据库,反映社会经济指标的分布差异。

(3)洪水淹没特征分布与社会经济特征分布通过空间地理关系进行拓扑叠加,获取洪水影响范围内不同淹没水深下社会经济不同财产类型的价值及分布。

（4）将东庄水库防洪保护范围内泾河、渭河下游洪灾损失率作为本次损失率确定的参考。结合调研及对比分析，最终修正提出本书各类财产洪灾损失率，建立淹没水深与各类财产损失率关系。按照本书使用的中国水利水电科学研究院研制的洪水损失评估分析软件的计算要求，结合本地区的实际经济分布及发展特点，损失统计选取的统计参数为淹没水深。

（5）根据影响区内各类经济类型和洪灾损失率关系，按式（3-2）计算洪灾经济损失：

$$D = \sum_i \sum_j W_{ij} \eta(i,j) \tag{3-2}$$

式中：W_{ij} 为评估单元在第 j 级水深的第 i 类财产的价值；$\eta(i,j)$ 为第 i 类财产在第 j 级水深条件下的损失率。

淹没损失结果可以按照淹没灾情和损失计算结果进行汇总统计。损失统计成果可根据溃口发生不同频率洪水溃决的淹没情况，对不同频率的洪水方案进行对比分析；同时，可以比对不同溃口相同频率洪水的灾情和损失情况。

3.2.5 避险转移分析方案

3.2.5.1 避险转移分析目的

避险转移分析的目的在于制订合理的避险转移方案，对洪水灾害隐患点的受威胁群众实施提前、有序的分批次避险转移，为防汛预案的编制提供参考和基础信息，从而提高渭河下游南、北两岸防洪保护区抵御洪水自然灾害的能力，减少和避免人员伤亡。

3.2.5.2 避险转移分析主要内容及分析方法

1. 主要内容

根据《洪水风险图编制技术细则（试行）》（2013）的要求，选取最大量级洪水为对象进行避洪转移分析。本书结合渭河实际，渭河下游南、北两岸防洪保护区选取 100 年一遇洪水，根据其实际淹没情况对 54 个溃口进行避险转移分析，内容包括资料收集和现场调查、危险区与转移单元确定、安置场所以及容量确定、避洪转移方案确定、方案合理性分析等。

2. 分析方法

避洪转移内容以渭河下游南北岸保护区不同组合洪水淹没分析计算结果为依据，选择各方案计算所得最大水深值和最短到达时间值，形成水深分布与洪水到达时间包络图，并将各方案淹没范围叠加得到可能最大淹没范围；以上述淹没信息为基础，收集与整理渭南市、华阴市、华县等各市、县现有防洪预案，并进行详细分析，作为转移路线的参考；同时，综合渭河下游南、北岸人口分布情况、撤离道路、安置条件等基本信息，对 54 个溃口进行避险转移分析，计算转移人员数量，拟定安置场所，采用 Dijkstra 算法计算转移路线最短路径最优解，并于现有预案转移路线综合分析后确定转移路线方案。

3.3 基础资料分析处理

3.3.1 基础资料内容和成果情况

3.3.1.1 资料需求

渭河下游南、北两岸防洪保护区洪水风险图编制需要的基础资料包括自然地理、水文及洪水、社会经济、工程及调度、洪涝灾害、补充测量、基础工作底图等资料收集、审核和处理分析。基础资料收集与整理流程见图3-8。

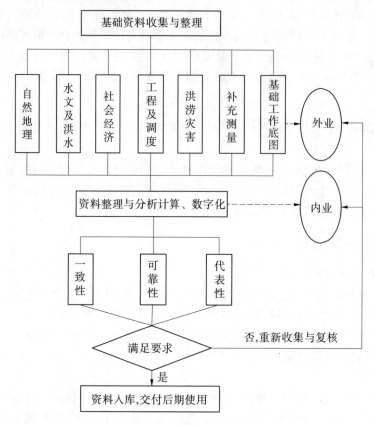

图 3-8　基础资料收集与整理流程

3.3.1.2　资料成果情况

1. 水文及设计洪水

1）水文站基本情况

渭河下游南、北两岸防洪保护区涉及的水文站主要有渭河干流咸阳站、临潼站、华县站，泾河张家山站、桃园站，洛河湫头站、南荣华站及渭河支流秦渡镇站、高桥站、马渡王站、罗李村站、罗敷堡站，黄河潼关站，小北干流龙门站。咸阳站控制集水面积4.68万 km^2，1974 ~ 2010 年多年平均径流量为 31.44 亿 m^3，多年平均输沙量为 0.606 亿 t。泾河张家山站控制集水面积4.32 万 km^2，1974 ~ 2010 年多年平均径流量为 13.01 亿 m^3，多年平均输沙量为1.845 亿 t。洛河湫头站控制集水面积 2.51 万 km^2，1974 ~ 2010 年多年平均径流量为 6.174亿 m^3，多年平均输沙量为 0.551 5 亿 t。保护区涉及的水文站和水位站见表 3-9、见图 3-1。

表 3-9　渭河下游南、北两岸防洪保护区涉及的水文站和水位站概况统计

河流	测站名称	测站编码	经度	纬度	站址	站类	高程基准	与 85 国家高程换算关系	设立日期（年-月）
黄河	龙门	40104200	110°35′	35°40′	陕西省韩城市龙门乡禹门口	水文站	大沽	1985 国家高程 = 大沽高程 − 1.19 m	1935
	潼关（八）	40104360	110°18′	34°37′	陕西省潼关县港口老城东关	水文站	大沽	1985 国家高程 = 大沽高程 − 1.19 m	1929
	潼关（六）	40104340			陕西省潼关县港口老城东关	水位站	大沽	1985 国家高程 = 大沽高程 − 1.19 m	
	咸阳	41101100	108°42′	34°19′	陕西省咸阳市西关外铁匠嘴	水文站	大沽	1985 国家高程 = 大沽高程 − 1.19 m	1932
	耿镇	41101250			陕西省高陵区余楚乡渭桥村	水位站	大沽	1985 国家高程 = 大沽高程 − 1.19 m	1980
	临潼	41101300	109°12′	34°26′	陕西省临潼区行者乡船北村	水文站	大沽	1985 国家高程 = 大沽高程 − 1.19 m	1954-06
	交口	41101400			陕西省临潼区油槐乡南阳村	水位站	大沽	1985 国家高程 = 大沽高程 − 1.19 m	1965-05
渭河	渭南（二）	41101510			陕西省渭南市双王乡八里店村	水位站	大沽	1985 国家高程 = 大沽高程 − 1.19 m	1995-06
	华县	41101600	109°46′	34°35′	陕西省华县下庙镇荀家堡	水文站	大沽	1985 国家高程 = 大沽高程 − 1.19 m	1935-03
	陈村	41101610			陕西省大荔县苏村乡陈村	水位站	大沽	1985 国家高程 = 大沽高程 − 1.19 m	1963-06
	华阴	41101620			陕西省华阴市	水文站	大沽	1985 国家高程 = 大沽高程 − 1.19 m	1960-07
	吊桥	41101700			陕西省潼关县高桥乡吊桥村	水位站	大沽	1985 国家高程 = 大沽高程 − 1.19 m	1964-12
泾河	张家山	41201100	108°08′	34°38′	陕西省泾阳县王桥乡赵家沟村	水文站	大沽	1985 国家高程 = 大沽高程 − 1.19 m	1932-01
	桃园	41201350	108°58′	34°28′	陕西省泾阳县旭东乡桃园村	水文站	大沽	1985 国家高程 = 大沽高程 − 1.19 m	1966-04
洛河	洑头	41300700	109°50′	35°03′	陕西省澄城县交道乡固市村	水文站	黄海	1985 国家高程 = 黄海高程 − 0.029 m	1933-05
	南荣华	41310900	109°52′	34°46′	陕西省大荔县东七乡南荣华村	水文站	大沽	1985 国家高程 = 大沽高程 − 1.19 m	1965-06
	朝邑	41311100	110°05′	34°46′	陕西省大荔县朝邑乡王王村	水位站	大沽	1985 国家高程 = 大沽高程 − 1.19 m	1964-06
沣河	秦渡镇	41107500	108°46′	34°06′	陕西省鄠邑区秦渡乡秦镇	水位站	导渭	1985 国家高程 = 大沽高程 − 1.19 m	1935-01
灞河	马渡王	41108500	109°09′	34°14′	陕西省西安市毛西乡马渡王村	水位站	黄海	1985 国家高程 = 黄海高程 − 0.029 m	1952-06
罗敷河	罗敷堡	41110800	109°57′	34°31′	陕西省华阴市敷水乡罗敷堡	水文站	大沽	1985 国家高程 = 大沽高程 − 1.19 m	1954-06

渭河下游南、北两岸防洪保护区涉及的雨量站包括富平站、泉草站、店子站、上灰池站、五龙山站、燕子站、冰凌沟站、华阳川站、西沟站、黄崖口站、华山站、王坪站等。

2)控制站水位流量关系

考虑到渭河干支流水系特点及水文测站的分布现状,一维河道洪水演进模型分3段建立,分别为咸阳西宝高速桥—临潼站河段、临潼站—华县站河段、华县站—潼关(八)站河段,下边界控制站分别为临潼站、华县站、潼关(八)站。

下边界控制水文站的水位流量关系,低水点据根据2014年实测水位流量点定线,中水部分采用2003~2014年水文站相应的洪峰水位—洪峰流量点据确定,高水部分综合水文断面 $R—K$ 关系曲线法并参考渭河全线整治设计水位成果,按趋势外延。临潼站、华县站、潼关(八)站水位流量关系见表3-10。

表3-10 临潼站、华县站、潼关(八)站水位流量关系

河道名称	控制断面名称	序号	水位(m)	流量(m³/s)
渭河	临潼	1	352.00	50
		2	352.70	200
		3	353.58	500
		4	354.06	700
		5	354.27	800
		6	354.64	1 000
		7	355.00	1 250
		8	355.43	1 500
		9	356.10	2 000
		10	356.70	2 500
		11	357.10	2 800
		12	358.86	5 270
		13	359.47	6 600
		14	360.08	8 350
		15	360.54	10 100
		16	361.01	12 400
		17	361.37	14 200
		18	361.91	17 000
渭河	华县	1	335.30	20
		2	336.30	200
		3	337.51	500
		4	338.90	1 000
		5	339.50	1 250
		6	339.95	1 500
		7	340.33	1 700
		8	341.84	3 300
		9	342.70	4 880
		10	343.03	5 770
		11	343.51	7 160
		12	343.91	8 530
		13	344.41	10 300
		14	344.72	11 700

河道名称	控制断面名称	序号	水位(m)	流量(m³/s)
黄河	潼关	1	327.90	1 000
		2	328.21	2 000
		3	328.80	4 000
		4	329.35	6 000
		5	329.90	8 000
		6	330.51	10 000
		7	330.88	11 700
		8	331.81	15 200
		9	332.76	18 800
		10	333.94	23 600
		11	334.63	27 500

3) 实测流量系列

根据洪水计算方案,分析统计了1933年及1954年咸阳站、临潼站、华县站、张家山站典型洪水的流量系列,统计了1970年耀县站、1994年㳤头站、1998年罗敷堡站典型洪水的流量系列,统计了2005年、2011年、2013年咸阳站、临潼站、华县站、桃园站、秦都镇站、马渡王站、南荣华站、龙门站、潼关(八)站的洪水资料。以1954年典型洪水为例,实测水位流量关系见表3-11～表3-13。

表3-11　1954年8月典型洪水咸阳站实测水位流量关系

时间 (年-月-日 T 时:分)	水位(m)	流量(m³/s)	时间 (年-月-日 T 时:分)	水位(m)	流量(m³/s)
1954-08-17T14:00	384.62	2 060	1954-08-18T15:00	384.98	3 740
1954-08-17T15:58	384.59	2 180	1954-08-18T16:00	384.83	3 190
1954-08-17T17:00	384.71	2 560	1954-08-18T16:58	384.75	2 900
1954-08-17T18:00	384.81	2 880	1954-08-18T17:00	384.74	2 870
1954-08-17T19:00	384.90	3 200	1954-08-18T18:00	384.66	2 590
1954-08-17T20:00	384.87	3 080	1954-08-18T18:58	384.62	2 450
1954-08-17T22:00	384.94	3 600	1954-08-18T20:00	384.58	2 320
1954-08-17T23:00	384.97	3 700	1954-08-18T22:00	384.50	2 060
1954-08-18T00:00	385.02	3 900	1954-08-18T23:00	384.44	1 880
1954-08-18T02:00	385.10	4 210	1954-08-19T00:00	384.35	1 620
1954-08-18T03:00	385.06	4 060	1954-08-19T02:00	384.26	1 370
1954-08-18T04:00	385.18	4 520	1954-08-19T04:00	384.20	1 210
1954-08-18T05:00	385.32	5 090	1954-08-19T06:00	384.14	1 060
1954-08-18T07:00	385.50	5 860	1954-08-19T09:00	384.03	920
1954-08-18T08:00	385.65	6 550	1954-08-19T12:00	384.01	780
1954-08-18T09:00	385.75	7 040	1954-08-19T14:15	383.97	705
1954-08-18T10:00	385.79	7 220	1954-08-19T16:00	383.95	670
1954-08-18T11:00	385.60	6 320	1954-08-19T21:00	383.90	590
1954-08-18T12:00	385.53	6 000	1954-08-20T00:00	383.89	580
1954-08-18T13:00	385.42	5 510	1954-08-20T07:00	383.94	650
1954-08-18T14:00	385.16	4 450	1954-08-20T12:00	383.88	570

表 3-12　1954 年 8 月典型洪水华县站实测水位流量关系

时间 （年-月-日 T 时:分）	水位 （m）	流量 （m³/s）	时间 （年-月-日 T 时:分）	水位 （m）	流量 （m³/s）
1954-08-17T12:00	335.24	600	1954-08-19T13:00	337.34	3 900
1954-08-17T16:00	335.66	1 080	1954-08-19T17:00	336.72	2 810
1954-08-17T16:28	335.80	1 260	1954-08-19T20:00	336.44	2 390
1954-08-17T20:00	336.73	2 550	1954-08-20T00:00	336.21	2 060
1954-08-18T00:00	337.21	3 330	1954-08-20T04:00	336.05	1 840
1954-08-18T04:00	337.41	3 700	1954-08-20T08:00	335.88	1 630
1954-08-18T08:00	337.68	4 230	1954-08-20T10:44	335.82	1 540
1954-08-18T11:05	337.85	4 630	1954-08-20T12:00	335.80	1 520
1954-08-18T12:00	338.09	5 220	1954-08-20T16:00	335.68	1 380
1954-08-18T16:00	338.23	5 640	1954-08-20T17:40	335.65	1 350
1954-08-18T20:00	338.58	6 740	1954-08-20T20:00	335.61	1 300
1954-08-19T00:00	338.78	7 520	1954-08-21T00:00	335.57	1 260
1954-08-19T01:00	338.81	7 660	1954-08-21T08:00	335.44	1 110
1954-08-19T03:00	338.67	7 200	1954-08-21T11:12	335.41	1 080
1954-08-19T05:00	338.47	6 600	1954-08-21T16:00	335.36	1 030
1954-08-19T07:00	338.21	5 900	1954-08-21T17:54	335.31	980
1954-08-19T08:00		5 600	1954-08-22T00:00	335.41	1 080
1954-08-19T10:00	337.80	4 880	1954-08-22T10:40	335.28	950
1954-08-19T12:02	337.49	4 200	1954-08-22T17:28	335.15	820

表 3-13　1954 年 8 月典型洪水张家山站实测水位流量关系

时间 （年-月-日 T 时:分）	水位(m)	流量(m³/s)	时间 （年-月-日 T 时:分）	水位(m)	流量(m³/s)
1954-08-17T10:00	425.49	845	1954-08-18T11:00	425.96	967
1954-08-17T11:00	425.41	820	1954-08-18T12:00	425.77	920
1954-08-17T12:00	425.25	776	1954-08-18T12:30	425.75	913
1954-08-17T13:00	425.09	734	1954-08-18T13:00	425.67	891
1954-08-17T13:50	425.09	734	1954-08-18T14:00	425.48	838
1954-08-17T14:00	424.91	687	1954-08-18T16:00	425.17	754
1954-08-17T15:00	424.83	666	1954-08-18T18:00	424.93	692
1954-08-17T16:00	424.98	705	1954-08-18T18:12	424.91	687

时间 (年-月-日 T 时:分)	水位(m)	流量(m³/s)	时间 (年-月-日 T 时:分)	水位(m)	流量(m³/s)
1954-08-17T16:42	425.39	817	1954-08-18T19:00	424.80	658
1954-08-17T17:00	425.43	825	1954-08-18T21:00	424.63	612
1954-08-17T18:00	426.25	1 060	1954-08-18T23:00	424.49	575
1954-08-17T19:00	427.36	1 490	1954-08-19T00:00	424.37	543
1954-08-17T20:00	428.21	1 920	1954-08-19T01:00	424.27	518
1954-08-17T21:45	428.66	2 180	1954-08-19T03:00	424.17	491
1954-08-18T00:00	428.41	2 030	1954-08-19T05:00	424.07	465
1954-08-18T01:00	428.16	1 890	1954-08-19T07:00	423.97	439
1954-08-18T02:00	427.91	1 760	1954-08-19T10:00	423.83	403
1954-08-18T03:00	427.63	1 620	1954-08-19T14:00	423.73	378
1954-08-18T04:00	427.35	1 490	1954-08-19T19:00	423.61	349
1954-08-18T05:00	427.02	1 340	1954-08-19T21:00	423.49	321
1954-08-18T06:00	426.79	1 250	1954-08-20T00:00	423.39	300
1954-08-18T06:10	426.85	1 270	1954-08-20T05:00	423.30	280
1954-08-18T07:00	426.51	1 150	1954-08-20T06:00	423.36	293
1954-08-18T08:00	426.41	1 110	1954-08-20T07:00	423.51	325
1954-08-18T09:00	426.30	1 070	1954-08-20T08:00	423.53	338

4）设计洪水

在防洪治理方面，渭河干支流各类防洪规划成果丰硕。考虑到这些设计成果在渭河干支流上的运用情况，本次对干支流各水文站的设计洪水成果仍采用已有成果。渭河干流咸阳站、临潼站、华县站 100 年一遇设计洪水洪峰流量分别为 9 700 m³/s、14 200 m³/s、11 700 m³/s，50 年一遇设计洪水洪峰流量分别为 8 570 m³/s、12 400 m³/s、10 300 m³/s，20 年一遇设计洪水洪峰流量分别为 7 080 m³/s、10 100 m³/s、8 530 m³/s。泾河张家山站、桃园站 100 年一遇设计洪水洪峰流量分别为 13 600 m³/s、15 400 m³/s，50 年一遇设计洪水洪峰流量分别为 11 000 m³/s、12 600 m³/s，20 年一遇设计洪水洪峰流量分别为 7 630 m³/s、9 090 m³/s。洛河洑头站、朝邑站 100 年一遇设计洪水洪峰流量分别为 8 500 m³/s、4 030 m³/s，50 年一遇设计洪水洪峰流量分别为 6 790 m³/s、3 280 m³/s，20 年一遇设计洪水洪峰流量分别为 4 620 m³/s、2 340 m³/s。详细数据成果见表 3-35、表 3-36。各南山支流入渭口不同频率的设计洪峰流量成果见表 3-41。

2. 历史洪水资料

历史上渭河曾发生过多次大洪水，较大洪水年份有 1933 年、1954 年、1968 年、1973 年、1981 年、1992 年、1994 年、1996 年、2000 年、2003 年、2005 年、2011 年。根据洪水计算方案，还补充统计了 1970 年、1998 年以及 2013 年的洪水资料。以下是典型年份渭河洪水的雨水情及陕西省灾害概况。

（1）"33·8"洪水：1933 年 8 月上旬，渭河、泾河、洛河及延河、清涧河流域普降暴雨。本次降雨发生在 8 月 5~10 日,前后有两次暴雨过程。第一次发生在 8 月 6 日至 7 日凌晨,雨区基本遍及整个黄河流域中游地区,7 日白天至 8 日雨势减弱,雨区呈斑状分布;第二次在 8 月 9 日,主要雨区在渭河上游和泾河上游一带,10 日暴雨基本结束,属斜向型暴雨。

1933 年 8 月洪水第一个过程:8 日 14 时泾河张家山站出现 9 200 m³/s 洪峰;8 日 17 时渭河咸阳站出现洪峰流量 4 780 m³/s,9 日渭河沙王渡站出现洪峰流量 8 340 m³/s;8 日 14 时黄河干流龙门站出现洪峰流量 12 900 m³/s,并与支流渭河洪水遭遇,在陕县站形成洪峰流量 22 000 m³/s 的特大洪水。第二个过程,泾河张家山站 10 日 17 时洪峰流量 7 700 m³/s,渭河咸阳站 11 日 19 时洪峰流量 6 260 m³/s,黄河龙门站 10 日 6 时洪峰流量 7 700 m³/s。

渭河南河川 1933 年 8 月 9 日流量为 6 150 m³/s,林家村站同年 8 月 10 日流量为 6 890 m³/s,咸阳站同年 8 月 11 日流量为 6 260 m³/s。泾河景村站同年 8 月 8 日流量为 9 380 m³/s,张家山站同年 8 月 8 日实测洪峰流量为 9 200 m³/s。渭河临潼站同年 8 月 9 日流量为 10 600 m³/s,沙王渡站同年 8 月 9 日流量为 8 340 m³/s。显然,渭河临潼站以下的洪水主要来自泾河流域,因其洪峰出现时间比咸阳站洪峰出现时间早 2 d,故泾河最大洪峰只和渭河涨峰段洪水遭遇,形成渭河临潼河段的洪水,而洛河湫头站最大洪峰出现在同年 8 月 7 日,湫头站距洛河口约 137 km,临潼站距洛河口约 133 km,故洛河洪峰比渭河洪峰早 2 d,所以 1933 年洪水虽然泾河、洛河、渭河同时涨水,但各河最大洪峰均未遭遇,仅有涨落交错情况。

1933 年 8 月洪水峰高量大,给黄河中下游地区造成严重灾害。这次雨区主要在渭河、泾河上游的甘肃境内和陕北的延河、清涧河,陕西省主要是泾河、洛河、渭河的中下游及黄河小北干流地区的洪涝灾害。据资料统计,该年的主要暴雨洪水受灾区为关中地区和陕北。陕西省黄河流域受灾面积 12.80 万 km²,成灾面积达 8.50 万 km²,其中关中地区占 55.70%;受灾人口达 20.10 万人,关中地区占 68.70%;倒塌房屋近万间,死亡 980 人,关中地区约占半数;牲畜死亡无数;共损失 910 余万元。大荔县沿洛河东西 25 km、南北 5 km 的禾苗尽淹,房屋倾塌。渭河洪水淹长安县秋田 40 余万亩,冲走居民行客 500 余人。临潼县东西 25 km、南北 5 km 禾苗尽淹,房屋倾塌。8 月 8 日,黄河暴涨,西至朝邑,东至山西蒲州城下,宽 10 余 km,洪水直流南下,朝邑沿河 50 余 km 及潼关西区尽被淹没。平民县政府及民房淹塌殆尽,秋禾被淹。其中,韩城、朝邑、平民、潼关等县合计受灾人口 14 万余人,伤亡 5 106 人,损失房屋 5 980 间,损毁田禾 32 746.67 hm²,财产损失 715.59 万元。

(2)"54·8"洪水:1954 年 8 月渭河洪水是渭河有实测资料以来的第一大洪水,是近百年来林家村站的第二大洪水,仅次于 1933 年大洪水。

形成该场洪水的暴雨雨区类型属于与渭河平行的纬南型。1954 年 8 月 10~18 日,甘肃东部和关中一带普遍降雨,局地出现了大到暴雨,整个渭河流域的降雨量在 50 mm 以上,大部分为 50~200 mm,东部略偏小,站点最大降雨量扶风站为 237 mm。在空间分布上"54·8"洪水有 3 个暴雨中心:一为渭河上游散渡河、葫芦河及千河上游;二为纬水、漆水河(麟游);三为清峪河、漆水河(铜川),雨区基本位于渭河上中游干流及其以北区域。8 月 16~18 日,降雨量大于 50 mm 的面积为 5.01 万 km²。1954 年 8 月 17 日 17 时,林家村站出现出现洪峰流量 5 030 m³/s,最大含沙量 509 kg/m³。8 月 17 日 22 时,魏家堡站出现洪峰流量 5 780 m³/s,仅次于 1933 年、1898 年洪水,相当于 25 年一遇洪水;18 日 10 时,咸阳站洪峰流量为 7 220 m³/s,是渭河中游咸阳站建站以来实测最大洪水,最高水位 385.79 m,最大含沙量 280 kg/m³,相当于 30 年一遇洪水,仅次于 1898 年洪水;8 月 19 日 1 时,华县站洪峰流量为 7 660 m³/s,最高水位 338.81 m,最大含沙量 290 km/m³,仅次于 1898 年和 1933 年,相当于 12 年一遇洪水。

这次洪水过程中,最大 7 d 洪量林家村站为 4.914 亿 m³,咸阳站为 7.513 亿 m³,华县站为 12.99 亿 m³。由"54·8"洪水地区组成来看,洪水主要来自林家村以上,如 7 d 洪量林家村站占该场洪水咸阳站 7 d 洪量的 65.40%,沙量占 88.50%;林家村—咸阳区间仅占 34.60%,区间主要支流石头河、黑河 7 d 洪量占咸阳站的 5.60% 和 8.30%,区间洪水较小。

这次洪水造成天水河段损毁农田 2 266.67 hm²,损失民房 2 047 间,死亡多人,并造成陇海铁路被冲坏,按当年价格计算财产损失 1 600 万元。陕西省农田受灾面积 51 000 hm²,成灾 41 800 hm²,倒塌房屋 5 084 间,受灾人口 18.70 万人,死亡 96 人,死亡牲畜 1 063 头,主要受灾地区有宝鸡城区、宝鸡县、凤翔、扶风、岐山、眉县、长武、西安、周至、高陵、临潼、咸阳、兴平、华县、华阴、大荔,直接经济损失当年价 3 891.80 万元。

(3)"68·9"洪水:1968 年 9 月 6 日,渭河流域发生大面积降雨,降雨量为 90~153 mm,降雨量最大的宝鸡市达 153 mm,渭河华县站洪峰流量 4 740 m³/s,洪水位 340.53 m,华县防护堤全线临水,洪水持续时间长。该洪水造成毕家乡防护大堤马家放淤闸决口,口门宽 100 m 左右,支流罗纹河、构峪河受渭河洪水倒灌影响冲决,毕家、下庙、莲花寺、柳枝等 4 乡 10 多个村,约 1 万余人被洪水包围,这次洪水使渭河下游倒塌房屋 15 561 间,淹没耕地 11 600 hm²,成灾面积 4 853.33 hm²,灾民 2 万多人。陕西省政府组织力量进行抢救,调部队 1 000 多人,冒雨抢救群众,经过 7 个昼夜艰苦奋战,受围群众全部解救。

(4)"70·8"洪水:1970 年漆水河耀县站 8 月 5 日 9 时 54 分、10 时、10 时 6 分洪峰流量 842 m³/s。

(5)"73·8"洪水:1973 年 8 月 30 日洪水主要来自泾河,这次洪水是渭河下游淤积较为严重的一次洪水过程。张家山站 30 日 21 时洪峰流量 6 160 m³/s,最大含沙量 503 kg/m³;咸阳站 31 日 17 时 30 分洪峰流量 3 220 m³/s,最大含沙量 302 kg/m³;临潼站 31 日 8 时洪峰流量 6 050 m³/s,最高水位 356.51 m,最大含沙量 495 kg/m³;华县站 9 月 1 日 2 时洪峰流量 5 010 m³/s,最高水位 341.57 m,最大含沙量 428 kg/m³。洪水淹没土地 16 673.33 h m²,倒塌房屋 22 间,按损失指标估算当年价为 5 080 万元。

(6)"81·8"洪水:1981 年 8 月 13~24 日,渭河天水—魏家堡区间及黑河普降大雨,从 8 月中旬到 9 月初关中等地降雨历时在 20 d 以上,其中渭河中游林家村、凤翔、赤沙镇一带降水量超过 400 mm,占该地区年正常降水量的 2/3。"81·8"暴雨中心大体上位于渭河中上游秦岭北麓,千河黄土坡站、清姜河观音堂站、石头河长坪里站、黑河南天门站最大 1 d(8 月 21 日)降雨量分别为 141.1 mm、116.5 mm、103.5 mm、102.5 mm。累计雨量 200 mm 以上站数 71 站,控制面积约 15 000 km²。

1981 年 8 月渭河洪水主要以林家村以上和中下游区间支流来水为主。林家村站 21 日 19 时出现洪峰流量 2 420 m³/s;魏家堡站出现两个明显的洪水过程,19 日 9 时出现洪峰流量 2 310 m³/s,21 日 22 时再次出现洪峰流量 4 500 m³/s。渭河魏家堡—咸阳区间各支流均出现洪水,但与干流洪峰未能相遇;咸阳站 8 月 19 日 17 时出现洪峰流量 2 680 m³/s,22 日 3 时再次出现洪峰流量 6 210 m³/s,最高水位 387.38 m,最大含沙量 44.6 kg/m³。洪水演进至临潼站成为有多个小峰的洪水过程,8 月 22 日 17 时 30 分出现洪峰流量 7 610 m³/s,最高水位 358.03 m,最大含沙量 95.5 kg/m³;华县站 8 月 23 日 10 时出现洪峰流量 5 380 m³/s,最高水位 341.05 m,最大含沙量 68.7 kg/m³。

1981 年 8 月洪水是三门峡建库后渭河下游发生的最大一场洪水,洪水主要来源于林家村—咸阳区间南山支流,林家村站洪量占咸阳站洪量的 41.1%,沙量占咸阳站沙量的 82.8%;林家村—魏家堡区间洪量占总洪量的 58.9%。林家村以上和咸阳—临潼区间来水量不大。咸阳站洪量占华县站洪量的 72.5%,占华县站沙量的 26.7%。

这次洪水水位高,持续时间长,沿河洪水普遍漫滩,防护大堤全线临水 1.0~2.0 m。渭河下游南山支流普遍倒灌,华阴、华县支流出险 11 处,华县防护堤方山河段决口 2 m,因抢修及时,才幸免于灾。临潼防护堤因排水涵洞与大堤结合不良,被洪水冲决,口门宽 10 m,淹地 133.33 hm²。洪水使渭河沿岸 40 多个生产单位、14 个村庄被洪水淹没或包围,围困群众 310 多人。这次洪水共淹没土地 27 466.67 hm²、鱼池 46 h m²、机井 1 335 眼、钻机 2 台,经济损失达 2 000 万元。

(7)“92·8”洪水:1992 年 8 月 7~12 日,黄河、洛河、渭河上中游普降大暴雨,黄河、洛河、渭河相继涨水。8 月 9 日 9 时 36 分黄河龙门站出现洪峰流量 7 740 m³/s,11 日 11 时 30 分洛河湫头站出现洪峰流量 2 780 m³/s,12 日 16 时洛河朝邑站出现洪峰流量 918 m³/s;13 日 7 时张家山站出现洪峰流量 2 380 m³/s,13 日 10 时渭河咸阳站出现洪峰流量 2 080 m³/s,13 日 15 时渭河临潼站出现洪峰流量 4 150 m³/s,14 日 1 时 54 分华县站出现洪峰流量 3 950 m³/s。这次洪水量级不大,但洪水水位高,持续时间长,南山支流普遍发生倒灌,长度 2~4 km,水深 2~4 m,致使工程出险 22 处,其中渭河大堤出险 1 处,南山支流决口 4 处,河道工程出险 13 处,生产围堤决口 4 处,损坏堤防 14.5 km。该次洪灾危害最严重的华阴市北社乡全部被淹,焦镇、五合两乡的大部分,大荔县赵渡、雨林两乡的 8 个村,以上 5 个乡的返库移民遭到严重损失,库区 10 县(市)、70 个乡(镇)196 个自然村,28.5 万人受灾,1.14 万人无家可归,被洪水围困群众 2.6 万人;损坏房屋 1.47 万间,倒塌房屋 0.28 万间,农作物受灾面积 36 666.67 hm²,减产粮食 2.54 万 t,损失粮食 1.71 万 t;冲淹鱼池 186.67 hm²,冲淹机井 2 579 眼,冲毁公路 47 km,损坏输电线路电杆 4 025 根,长 249 km,通信线路电杆 985 根长 80 km,造成直接经济损失 2.58 亿元。

(8)“94·9”洪水:1994 年 8 月 13 日,洛河上游吴旗、志丹、安塞、延安等地突降大暴雨,洛河上游出现百年一遇特大洪水。9 月 1 日 8 时 36 分,湫头站洪峰流量达 6 280 m³/s,水位 377.15 m,最大含沙量 749 kg/m³,是 1933 年建站以来最大洪水;1 日 21 时南荣华站最高水位达 346.95 m;2 日 12 时,朝邑站最大洪峰流量 2 100 m³/s,洪水位 338.96 m;洪峰于 2 日 18 时 30 分汇入渭河,洪水历时 32 h,挟带泥沙 2.5 亿 t,滞留库区约 1 亿 t,洪水总量 3.37 亿 m³。该洪水使下游白水、蒲城、澄城、大荔、华阴、潼关 6 县(市)受到洪水危害。据统计,淹没农作物、果林等 6 666.67 hm²,沿河两岸生产堤被冲毁 300 多 km,128 处大小水电站设施受到洪水袭击;白水县王家寨水电站隧道全部被淹没,厂区防洪墙倒塌,厂房进水,大型机械、施工材料、工棚等被冲;党家湾水电站拦洪墙冲倒,引水渠 50 m 毁坏;袁家坡、蒲城电厂、育红、光华纺织厂等 4 个水源地被淹;蒲城县城停水,20 万人饮水困难;洛惠渠总干渠倒灌洪水 50 m³/s,1 号、2 号进水闸门被冲坏,洛河倒虹 4 号、6 号排架基础沉陷,4 号排架向北偏离 60 多 cm,桥面扭曲裂缝。受灾人口 29.6 万人,损坏房屋 1 550 间,倒塌房屋 183 间,毁坏耕地 1 013.33 hm²,减产粮食 9 835 t,损失粮食 2 055 t;冲淹鱼池 793.33 hm²,损失成鱼 2 385 t,损坏机电泵站 134 座,冲淹机井 2 388 眼,损坏管理设施 332 处,损坏公路、输电线路

625 km,造成直接经济损失 1.13 亿元。

（9）"96·7"洪水：1996 年 7 月 26 ~ 28 日，泾河上游甘肃庆阳地区降暴雨到大暴雨，镇源县平泉镇日降雨量 122 mm，陕西省长武、彬县、旬邑等降中雨。这次降雨过程主要集中在两个时段，即 26 日 8 ~ 14 时和 27 日 8 时至 28 日 8 时，降雨中心主要在泾河、马莲河上游。

1996 年 7 月 28 洪水主要来自泾河，泾河张家山站 28 日 15 时 30 分洪峰流量 3 860 m³/s，最大含沙量 656 kg/m³；渭河咸阳站 30 日 5 时 36 分洪峰流量 292 m³/s，最大含沙量 240 kg/m³；临潼站 29 日 1 时 30 分洪峰流量 4 170 m³/s，最高水位 357.79 m，最大含沙量 529 kg/m³；华县站 29 日 11 时洪峰流量 3 500 m³/s，最高水位 342.25 m，最大含沙量 565 kg/m³。临潼—华县传播历时 20.5 h。临潼站、华县站流量大于 2 000 m³/s 持续时间分别为 25 h、16 h。从洪水地区组成看，张家山站洪量占华县站洪量的 96.3%，沙量占华县站的 114%。这次洪水的特点主要是泾河来水、含沙量大，洪水位高、历时长。

1996 年 7 月洪水量级不大，但水位特高；洪水造成二华南山支流堤防决口 2 处，穿孔 7 处，漫顶 1 处。华县下庙、柳枝 2 个乡（镇）6 个自然村，华阴五合乡 3 个自然村被洪水围困。临渭、华县、大荔、华阴、潼关 5 县（市）27 个乡（镇）172 个自然村 17.96 万人受灾；共计淹没耕地 16 533.33 hm²，倒塌房屋 2 466 间，损坏机井 1 163 眼、渠道 30.3 km、机电泵站 124 座，冲毁各种桥梁 5 座，损坏电力线路 22.2 km，倒杆 300 根，310、108 国道交通中断长达 72 h，直接经济损失 1.76 亿元。汛情发生后，灾区干部群众和部队官兵顺利解救受困群众 1.4 万人，完成了罗纹河、柳叶河 2 处决口封堵。

（10）"98·7"洪水：1998 年 7 月 6 ~ 10 日，关中东部连续降雨，降雨量 147 mm。3 日华阴市南部山区又降暴雨，50 min 降雨量 80.7 mm，南山支流罗敷河罗敷堡站 7 月 13 日出现百年一遇洪水，洪峰流量 340 m³/s。柳叶河、长涧河等 4 条河流决口 8 处，其中罗敷河决口 3 处、柳叶河 2 处、长涧河 2 处、仙峪河 1 处。罗敷河决口最大口门宽达 100 m，堤防塌陷 13 处，堤顶裂缝 2.3 km。3 处河道工程、12 座坝垛发生严重根石走失、坡石滑塌等险情，洪水危及 10 个乡（镇），43 个村庄和驻地 6 个单位，淹没农田 2 266.67 hm²，冲毁机井 45 眼，倒塌房屋 490 间，华山至金堆公路被冲断 27 处，交通中断 13 d。金堆地区邮电载波和光缆线路冲毁 10 km，通信中断 10 多 d。全年共发生洪水 3 次，有 594 个自然村 34 万人受灾，损坏房屋 5 499 间，倒塌房屋 2 295 间，损坏水利设施 86 处。损坏渠道、公路、输电线线路、通信线路 243.11 km，造成直接经济损失 1.94 亿元。

（11）"00·10"洪水：2000 年 10 月 9 ~ 10 日，渭河中下游普降大到暴雨，黑河黑峪口站 11 日 11 时出现洪峰流量 310 m³/s，灞河马渡王站 11 日 12 时 30 分出现洪峰流量 670 m³/s，沣河秦渡镇站 11 日 12 时 54 分出现洪峰流量 360 m³/s，罗敷河罗敷堡站 11 日 17 时出现洪峰流量 53.7 m³/s。渭河咸阳站 11 日 23 时 36 分出现洪峰流量 1 440 m³/s，渭河临潼站 12 日 5 时 42 分出现洪峰流量 2 230 m³/s，渭河华县站 13 日 14 时出现洪峰流量 1 890 m³/s，华县站 1 000 m³/s 以上流量持续时间达 81 h。洪水在渭河下游漫滩，倒灌南山支流。13 日 6 时华阴焦镇河段 2 + 300 m 处围堤渗漏，发生决口；13 日 14 时在围堤决口以南约 2 km 处的方山河右岸决口，口门宽 20 m，焦镇乡良坊、演家、冯东、庆华、孙家等 7 个村 3 300 名移民被洪水围困。临渭、华阴、华县、大荔 4 县（市）33 个乡（镇）35 万人受灾，倒塌房屋 552 间，农作物受灾 14 800 hm²，堤防决口 2 处长 60 m，损坏堤防 4 处 1.88 km，2 座涵洞渗漏，5 处河道工程损坏严重，损坏机井 1 460 眼、U 形渠道 28 km，直接经济损失 1.15 亿元。

汛情发生后,驻地部队 1 000 名官兵经过一昼夜奋力拼搏,完成决口封堵,营救出受困移民。

(12)"03·8"洪水:2003 年 8 月 26 日至 10 月 19 日,渭河、泾河、洛河流域先后出现 6 次强降雨过程,普降大到暴雨,雨区主要分布在陕北南部、关中大部、渭河中下游秦岭北麓南山支流等。8 月 27 ~ 30 日,渭河、泾河、洛河出现的第二次强降雨过程,雨区主要分布在陕北南部、关中大部,渭河中游支流千河固关站、漆水河乾县站、渭河林家村站、渭河上游支流葫芦河咸戍站 8 月 28 日降雨量分别达到 81 mm、67 mm、66 mm、53 mm,渭河中下游漆水河乾县站、黑河黑峪口站、大峪河大峪站、涝河涝峪口站 8 月 29 日降雨量分别达到 57 mm、55 mm、55 mm、52 mm,石川河美源站最大 3 d 降雨量 131 mm;降雨量在 100 mm 以上的雨区面积约 3 947 km²。

2003 年 8 月洪水渭河干流连续发生了 6 次洪水过程。8 月 29 日 17 时 24 分渭河林家村站出现洪峰流量 1 270 m³/s,最大含沙量 468 kg/m³;30 日 2 时魏家堡站出现洪峰流量 3 000 m³/s,最大含沙量 307 kg/m³;30 日 21 时咸阳站出现洪峰流量 5 170 m³/s,最高水位 387.86 m,最大含沙量 298 kg/m³;8 月 29 日 20 时泾河张家山站出现洪峰流量 988 m³/s;31 日 10 时临潼站出现洪峰流量 5 090 m³/s,最高水位 358.34 m,最大含沙量 604 kg/m³;9 月 1 日 10 时华县站出现洪峰流量 3 570 m³/s,最高水位 342.76 m,为该站建站以来实测最高洪水位,最大含沙量 391 kg/m³。

此次洪水给陕西省渭河下游两岸咸阳、西安、渭南 3 市 12 个县(市)造成严重灾害,受灾人口达 56.25 万人,累计迁移人口 29.22 万人,总受灾面积达 91 866.67 hm²,成灾面积 81 560 hm²,绝收面积 81 306.67 hm²,倒塌房屋 18.72 万间;损坏水利设施 6 503 座、抽水站 17 座、桥涵 17 座、公路 158 条 558 km、输电线路 296 km,造成危漏校舍 195 所,20 个乡(镇)卫生院被淹,182 所学校 4.90 万名学生无法入学上课,直接经济损失高达 29 亿元。受灾以华县、华阴市最为严重,仅决口洪水淹没面积达 20 133.33 hm²,淹没水深最大达 4 m,受灾人口达 35.19 万人,总直接经济损失达 23.21 亿元,占渭河下游总经济损失的 83%。

(13)"05·10"洪水:9 月 25 日至 10 月 6 日,渭河中下游出现大范围的降雨过程,降雨中心集中在秦岭北麓,各站降雨量为 84 ~ 383 mm。2005 年 10 月 1 日 23 时渭河魏家堡站洪峰流量 2 320 m³/s;2 日 4 时咸阳站洪峰流量 3 310 m³/s;2 日 15 时 6 分临潼站洪峰流量 5 270 m³/s;4 日 9 时 30 分华县站洪峰流量 4 880 m³/s。当洪水进入华阴境内公庄堤段时,发现围堤有大面积渗水和管涌,引起坍塌;在解放军指战员和当地抢险队共同抢护下,控制了险情,保护了围堤安全。

这次洪水堤防发生险情 95 处,其中裂缝 16 条、渗水 5 处、陷坑 74 处;河道工程 260 座坝垛和护岸发生不同程度的根石走失、坡石坍塌、土胎外露、坝头墩蛰等险情;冲毁进坝路 35 条、连坝路 34 条,水毁泥结石路面 48.7 万 m³,损失土方 20 万 m³、石方 11 万 m³多,损坏路面石渣 16.7 万 m³,淹没防浪林 76 万株;淹没滩地 32 200 hm²。

(14)"11·9"洪水:2011 年 9 月 2 ~ 18 日,渭河流域出现了 3 次较大的降雨过程,且降雨主要集中在宝鸡林家村以下的渭河两岸,24 h 最大降水量为黑河黑峪口站 150.2 mm(9 月 17 日)。临潼站 9 月 19 日 8 时出现洪峰流量为 5 400 m³/s,华县站 9 月 20 日 19 时 6 分出现洪峰流量 5 050 m³/s。本次洪水临潼站到华县站洪峰传播时间为 34.3 h,临潼站和华县站涨水历时分别为 50.3 h、70.3 h。此次洪水给渭河下游两岸咸阳、西安、渭南三市造成严重灾害,淹没耕地 6 933.33 hm²,直接经济损失 1.5 亿元。

（15）"13·7"洪水:2013年咸阳站7月23日6时36分出现洪峰流量为3 240 m³/s,临潼站7月23日18时54分出现洪峰流量为3 850 m³/s,华县站7月24日9时24分、9时30分、12时12分、12时18分出现洪峰流量为2 470 m³/s。

渭河中下游典型致灾洪水特征、溃口及灾情统计见表3-14～表3-16。

表3-14　典型洪水特征

序号	测站	时间 (年-月-日 T 时:分)	流量(m³/s)	水位(m)
1	龙门	1933-08-09	13 300	
	景村	1933-08-07	9 380	
	张家山	1933-08-08	9 200	451.98
	林家村	1933-08-11	6 890	
	咸阳	1933-08-11	6 260	385.40
	临潼	1933-08-09	10 600	
	洑头	1933-08-07	2 810	113.73
	陕县	1933-08-11	22 000	299.14
	华县	1933-08-09	8 340	
2	林家村(太寅二)	1954-08-17T17:00	5 030	609.39
	魏家堡(三)	1954-08-17T22:00	5 780	487.72
	咸阳	1954-08-18T10:00	7 220	385.79
	华县	1954-08-19T01:00	7 660	338.81
3	林家村(三)	1968-09-11T00:00	2 280	606.33
	咸阳(二)	1968-09-11T08:00	5 360	387.25
	临潼	1968-09-11T20:00	5 460	356.02
	华县	1968-09-12T08:00	5 000	340.54
4	耀县	1970-08-09T09:54	842	28.00
		1970-08-09T10:00	842	28.00
		1970-08-09T10:06	842	28.00
5	林家村(三)	1973-08-31T02:00	2 430	606.31
	魏家堡(四)	1973-08-31T05:36	2 500	500.21
	咸阳(二)	1973-08-31T17:30	3 220	386.48
	张家山	1973-08-30T21:00	6 160	433.20
	临潼	1973-08-31T08:00	6 050	356.51
	华县	1973-09-01T02:00	5 010	341.57

序号	测站	时间 (年-月-日 T 时:分)	流量(m³/s)	水位(m)
6	林家村(三)	1981-08-21T19:00	2 420	606.33
	魏家堡(四)	1981-08-21T22:00	4 500	500.84
	咸阳(二)	1981-08-22T03:30	6 210	387.38
	张家山	1981-08-22T16:00	1 320	
	临潼	1981-08-22T17:30	7 610	358.03
	华县	1981-08-23T10:00	5 380	341.05
7	林家村(三)	1992-08-12T15:12	2 360	606.23
	魏家堡(四)	1992-08-12T22:00	3 140	500.05
	咸阳(二)	1992-08-13T10:00	2 080	385.97
	张家山	1992-08-13T07:00	2 380	
	临潼	1992-08-13T15:00	4 150	357.38
	华县	1992-08-14T00:00	3 950	340.95
8	洑头	1994-09-01T08:36	6 280	377.15
	南荣华	1994-09-01T21:00		346.95
	朝邑	1994-09-02T18:30	2 100	338.96
9	林家村(三)	1996-07-28T23:24	308	603.60
	魏家堡(四)	1996-07-29T10:00	374	498.82
	咸阳(二)	1996-07-30T05:36	292	385.26
	张家山	1996-07-28T15:30	3 860	431.25
	临潼	1996-07-29T01:30	4 170	357.79
	华县	1996-07-29T21:00	3 500	342.25
10	罗敷堡	1998-07-13T00:00	340	
11	华县	2000-10-13T14:00	1 890	341.30
12	林家村(三)	2003-08-29T15:30	1 270	605.12
	魏家堡(四)	2003-08-30T02:00	3 000	497.82
	咸阳(二)	2003-08-30T21:00	5 170	387.86
	张家山	2003-08-26T21:42	3 610	430.70
	临潼	2003-08-31T10:00	5 090	358.34
	华县	2003-09-01T10:00	3 540	342.76

序号	测站	时间 (年-月-日 T 时:分)	流量(m³/s)	水位(m)
13	林家村(三)	2005-10-02T08:00	674	604.19
	魏家堡(四)	2005-10-01T23:00	2 320	497.21
	咸阳(二)	2005-10-02T04:18	3 310	385.78
	张家山	2005-10-03T08:00	212	422.10
	临潼	2005-10-02T13:48	5 270	358.58
	华县	2005-10-04T09:30	4 880	342.32
14	临潼	2011-09-19T08:00	5 400	359.02
	华县	2011-09-20T19:06	5 050	342.70
15	咸阳(二)	2013-07-23T06:36	3 240	386.36
	临潼	2013-07-23T18:54	3 850	26.00
	华县	2013-07-24T09:24	2 470	22.00

表 3-15　渭河下游历史洪水溃决信息

序号	溃决位置	起溃时间 (年-月-日 T 时:分)	溃决水位 (m)	溃口宽度 (m)	溃决原因
1	华阴县内各河决口 17 处	1954-08			
2	华鲁防洪堤冲决	1967-08-11			金水、徐水、太枣沟水倒流
3	毕家乡防护大堤马家 放淤闸决口	1968-09-06	340.53	100	渭河流域发生大面积降 雨,县防护堤全线临水, 洪水持续时间长
4	支流罗纹河	1968-09-06			渭河洪水倒灌影响冲决
5	支流构峪河	1968-09-06			渭河洪水倒灌影响冲决
6	皂河东堤决口	1981-08			
7	华县防护堤方山河段	1981-08-22		2	渭河洪水倒灌影响冲决
8	临潼县三王至吴村阳 防护大堤南屯处	1981-08-22		10	排水涵洞与大堤结合 不良,被洪水冲决
9	支堤决口 17 处	1981-08-23			
10	柳叶河决口 3 处	1988-07-15		30~40	华阴暴雨
11	南山支流决口 7 处	1992-08-09			
12	华县方山河西堤堤身 0+700 决口 1 处	1996-07-29		10	鼠洞

序号	溃决位置	起溃时间 (年-月-日 T 时:分)	溃决水位 (m)	溃口宽度 (m)	溃决原因
13	华县构峪河东堤堤身决口 3 处	1996-07-29		5	鼠洞、质量
14	华阴方山河东堤堤身	1996-07-29		10	水流冲刷
15	华县罗纹河西堤堤身	1996-07-30		10	獾洞
16	华阴柳叶河西堤堤身	1996-07-31		5	水流冲刷
17	华阴白龙洞东堤堤身	1996-08-01		10	水流冲刷
18	华阴葱峪河西堤堤身	1996-08-01		10	水流冲刷
19	临渭区尤孟堤 38+950	2003-08-31T21:35		65	洪峰水位历史最高、洪量大、持续时间长、洪水演进速度慢
20	方山河东堤渭河大堤南 54 m	2003-09-01T14:30		129.5	洪峰水位历史最高、洪量大、持续时间长、洪水演进速度慢
21	方山河西堤渭河大堤南 64 m	2003-09-01T02:00		96.3	洪峰水位历史最高、洪量大、持续时间长、洪水演进速度慢
22	方山河西堤渭河大堤南 2 816 m	2003-09-01T05:24		31	洪峰水位历史最高、洪量大、持续时间长、洪水演进速度慢
23	石堤河东堤渭河大堤南 100 m	2003-09-01T09:30		322	洪峰水位历史最高、洪量大、持续时间长、洪水演进速度慢
24	罗纹河西堤渭河大堤南 220 m	2003-09-08T21:55		277.1	洪峰水位历史最高、洪量大、持续时间长、洪水演进速度慢
25	罗纹河东堤渭河大堤南 280 m	2003-09-08T23:45		157.1	洪峰水位历史最高、洪量大、持续时间长、洪水演进速度慢
26	罗纹河东堤渭河大堤南 39 m	2003-09-09T04:14		56.3	洪峰水位历史最高、洪量大、持续时间长、洪水演进速度慢

表 3-16　历史洪水淹没及洪涝灾害信息

编号	洪水时间（年-月-日）	淹没范围	淹没历时（d）	淹没耕地面积（hm²）	农作物损失	受灾人口（万人）	死亡人口（人）	倒塌房屋（间）	工业交通基础设施	水利工程受损情况	经济损失（万元）
1	1933-08-05~10	渭南、咸阳、宝鸡、西安的25个县（区）	6	84 413.33	大荔县沿洛河东西25 km，河东西5 km，南北尽淹的禾苗尽淹；渭河淹没长安县水淹没26 666余hm²；临潼县东西25 km，南北尽淹5 km禾苗尽淹，平民、朝邑、韩城、潼关等县合计淹没田禾32 746.67 hm²	13.81	490	5 980			715.59
2	1954-08-10~18	宝鸡城区、宝鸡县、凤翔、扶风、岐山、眉县、长武、西安、临潼、高陵、兴平、咸阳、华阴、大荔	9	51 000	农田受灾面积达51 000 hm²，成灾面积41 800 hm²	18.7	96	5 084	陇海铁路被冲坏		3 891.8
3	1968-09-06~12	毕家、下庙、莲花寺、柳枝等4乡10余村	7	11 600	淹没耕地11 600 hm²，粮食损失129万t	2	0	15 561		华县防护全线临水，洪水持续时间长，造成毕家乡防护大堤马家决口，口门宽100 m左右，支流罗纹河、构峪河漫水倒灌影响渭河洪水下泄	

编号	洪水时间（年-月-日）	淹没范围	淹没历时（d）	淹没耕地面积（hm²）	农作物损失	受灾人口（万人）	死亡人口（人）	倒塌房屋（间）	工业交通基础设施	水利工程受损情况	经济损失（万元）
4	1973-08-30～09-01		3	16 673.33		0	0	22			5 080
5	1981-08-13～24	渭河沿岸40多个生产单位、14个村庄	11	27 466.67	农作物受灾面积 7 133.33 hm²	8.7	18	15 800	冲毁桥涵4处，路基4.3 km，陇海铁路中断2次	损毁机井1 335眼，钻机2台，渭河防护堤17处，华县防洪堤决口，方山河段临潼防护堤被洪水冲决，口门宽10 m	33 100
6	1992-08-09～13	陕西省库区10县（市）70个乡（镇）196个自然村	5	19 386.67	洪水过程中，总受灾面积46 006.67 hm²，成灾面积36 400 hm²，绝收面积20 506.67 hm²，毁坏耕地面积19 386.67 hm²	28.5	0	2 800	冲毁公路桥涵2座，毁坏公路42 km，损坏输电线路3 463根（长114 km）、通信线路128根（长51.40 km）	损坏堤防14.50 km，堤防决口7处，渠道决口长度0.50 km，渠道决口294 km，冲毁机井2 659眼，损坏机电泵站73座。	25 800

续表 3-16

编号	洪水时间 (年-月-日)	淹没范围	淹没历时 (d)	淹没耕地面积 (hm²)	农作物损失	受灾人口 (万人)	死亡人口 (人)	倒塌房屋 (间)	工业交通基础设施	水利工程受损情况	经济损失 (万元)
7	1994-09-01~02	白水、蒲城、澄城、大荔、潼关6县(市)	2	7 720	淹没农作物、果林等10万亩,毁坏耕地1 013.33 hm²,减产粮食9 835 t,损失粮食2 055 t	29.6	0	183	损坏公路,输电线路625 km	冲毁生产堤300 km,128处大小水电站设施受到洪水袭击,党家湾水电站拦洪墙冲倒,引水墙50 m被毁坏,1号、2号进水闸门被冲坏,4号洛河倒虹,6号排架基础沉陷,4号排架向北偏离60多cm,桥面扭曲裂缝。损坏机电泵站134座,冲淹机井2 388眼,损坏渠管理设施332处	11 300
8	1996-07-26~28	临渭、华县、华阴、潼关4县(市)27个乡(镇)172个自然村	3	16 533.33	淹没耕地16 533.33 hm²,损失粮食2 005万t	17.96	0	2 466	冲毁各种桥涵5座,毁坏公路47 km,洪水期间,310、108国道中断交通72 h,损坏电线路电杆300根(长22.2 km)	损毁机井1 163眼,渠道决口30.3 km,损坏机电泵站124座	17 600

编号	洪水时间(年-月-日)	淹没范围	淹没历时(d)	淹没耕地面积(hm²)	农作物损失	受灾人口(万人)	死亡人口(人)	倒塌房屋(间)	工业交通基础设施	水利工程受损情况	经济损失(万元)
9	2000-10-12~14	临渭、华阴、华县、大荔4县(市)33个乡镇	3	14 800	农作物受灾14 800 hm²	35	0	552		堤防决口2处长60 m,损坏堤防4处1.88 km,2座涵洞渗漏,5处河道工程损坏严重,损坏机井1 460眼,U形渠道28 km	11 500
10	2003-08-26~09-01	渭河下游咸阳、西安、渭南3市12个县(市)	7	91 866.67	总受灾面积达91 866.67 hm²,成灾面积81 560 hm²,绝收面积81 306.67 hm²	56.247	0	187 220	冲毁大堤交通桥1座、损坏桥17座,涵17座,公路158条、输电线296 km、路296 km	损坏水利设施6 503座、抽水站17座,冲毁淤积断面标志桩526个,淹没防浪林66万株	280 047
11	2005-10-01~04		4	32 333.33		0	0	0		冲毁堤坝连路35条、连坝34条,水毁路面48.70万m³,损失土方20万m³,右方11万多m³,损坏路面16.70万m³,淹没防浪林76万株	
12	2011-09-04~21	咸阳、西安、渭南	18	6 933.33		0	0	0			1 500

3.基础地形图

根据现有地图情况,收集覆盖渭河下游防洪保护区洪水计算范围1∶5 000比例尺的地形图、DEM数据、DLG数据及影像资料,部分地区使用1∶10 000地形图。重点收集现有基础地形图变化部分的地理资料,对地形变化较大的地方进行补充测量。收集防洪保护区行政区划图、土地利用资料、水系分布、断面资料等。根据渭河下游南、北两岸防洪保护区范围,收集到2011年1∶5 000 DEM数据和DLG数据各308幅,用来作为防洪保护区范围的基础底图;2002年1∶10 000地形图36幅,用于防洪保护区范围基础地图的补充;2007年1∶50 000 DLG数据29幅,用于防洪保护区外部范围避险转移路线及人口安置的补充工作底图。其中,保护区范围1∶5 000地形图、DEM数据、DLG数据、影像资料及土地利用资料来源于陕西省江河水库管理局2011年航拍资料,1∶10 000地形图来源于2002年陕西省测绘局测绘资料,渭河下游防洪工程平面图、渭河流域水系图、水文站网图来源于陕西省江河水库管理局,1∶50 000地形图来源于陕西省防汛抗旱总指挥部办公室,断面测绘图来源于陕西省江河水库管理局2014年实测资料。渭河下游南北两岸防洪保护区图幅缩略图见图3-9。不同比例尺图幅编号分别见表3-17～表3-19。

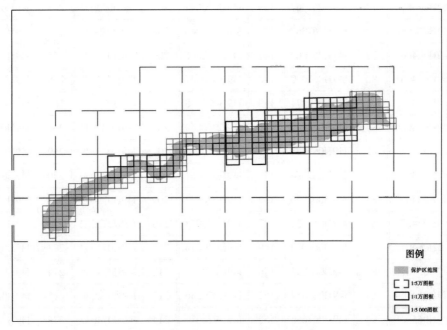

图3-9 图幅数据覆盖范围

表3-17 渭河下游防洪保护区1∶5 000数据图幅编号(308幅)

序号	图幅编号	序号	图幅编号	序号	图幅编号	序号	图幅编号	序号	图幅编号
1	I49H062068	63	I49H067053	125	I49H069059	187	I49H072044	249	I49H077031
2	I49H062069	64	I49H067054	126	I49H069060	188	I49H072045	250	I49H077032
3	I49H062070	65	I49H067055	127	I49H069061	189	I49H072046	251	I49H077033
4	I49H062071	66	I49H067056	128	I49H069062	190	I49H072047	252	I49H077034

序号	图幅编号	序号	图幅编号	序号	图幅编号	序号	图幅编号	序号	图幅编号
5	I49H062072	67	I49H067057	129	I49H069063	191	I49H072048	253	I49H077037
6	I49H063063	68	I49H067058	130	I49H069064	192	I49H072049	254	I49H077038
7	I49H063064	69	I49H067059	131	I49H069065	193	I49H072050	255	I49H077039
8	I49H063065	70	I49H067060	132	I49H069066	194	I49H072051	256	I49H078025
9	I49H063066	71	I49H067061	133	I49H069067	195	I49H072052	257	I49H078026
10	I49H063067	72	I49H067062	134	I49H069068	196	I49H072053	258	I49H078027
11	I49H063068	73	I49H067063	135	I49H070040	197	I49H072054	259	I49H078028
12	I49H063069	74	I49H067064	136	I49H070041	198	I49H072055	260	I49H078029
13	I49H063070	75	I49H067065	137	I49H070042	199	I49H072056	261	I49H078030
14	I49H063071	76	I49H067066	138	I49H070043	200	I49H072057	262	I49H078031
15	I49H063072	77	I49H067067	139	I49H070044	201	I49H073034	263	I49H078032
16	I49H064062	78	I49H067068	140	I49H070045	202	I49H073035	264	I49H078033
17	I49H064063	79	I49H067069	141	I49H070046	203	I49H073036	265	I49H079024
18	I49H064064	80	I49H067070	142	I49H070047	204	I49H073040	266	I49H079025
19	I49H064065	81	I49H067071	143	I49H070048	205	I49H073041	267	I49H079026
20	I49H064066	82	I49H067072	144	I49H070049	206	I49H073042	268	I49H079027
21	I49H064067	83	I49H067073	145	I49H070050	207	I49H073049	269	I49H079028
22	I49H064068	84	I49H067074	146	I49H070051	208	I49H073050	270	I49H079029
23	I49H064069	85	I49H068050	147	I49H070052	209	I49H073051	271	I49H079030
24	I49H064070	86	I49H068051	148	I49H070053	210	I49H073052	272	I49H080022
25	I49H064071	87	I49H068052	149	I49H070054	211	I49H074034	273	I49H080023
26	I49H064072	88	I49H068053	150	I49H070055	212	I49H074035	274	I49H080024
27	I49H064169	89	I49H068054	151	I49H070056	213	I49H074036	275	I49H080025
28	I49H065061	90	I49H068055	152	I49H070057	214	I49H074037	276	I49H080026
29	I49H065062	91	I49H068056	153	I49H070058	215	I49H074038	277	I49H080027
30	I49H065063	92	I49H068057	154	I49H070059	216	I49H074039	278	I49H080028
31	I49H065064	93	I49H068058	155	I49H070060	217	I49H074040	279	I49H081022
32	I49H065065	94	I49H068059	156	I49H070061	218	I49H074041	280	I49H081023
33	I49H065066	95	I49H068060	157	I49H070062	219	I49H074042	281	I49H081024
34	I49H065067	96	I49H068061	158	I49H070063	220	I49H075031	282	I49H081025
35	I49H065068	97	I49H068062	159	I49H070064	221	I49H075032	283	I49H081026

序号	图幅编号	序号	图幅编号	序号	图幅编号	序号	图幅编号	序号	图幅编号
36	I49H065069	98	I49H068063	160	I49H070065	222	I49H075033	284	I49H081027
37	I49H065070	99	I49H068064	161	I49H071040	223	I49H075034	285	I49H082021
38	I49H065071	100	I49H068065	162	I49H071041	224	I49H075035	286	I49H082022
39	I49H065072	101	I49H068066	163	I49H071042	225	I49H075036	287	I49H082023
40	I49H065073	102	I49H068067	164	I49H071043	226	I49H075037	288	I49H082024
41	I49H066055	103	I49H068068	165	I49H071044	227	I49H075038	289	I49H082025
42	I49H066056	104	I49H068069	166	I49H071045	228	I49H075039	290	I49H083021
43	I49H066057	105	I49H068071	167	I49H071046	229	I49H075040	291	I49H083022
44	I49H066058	106	I49H068072	168	I49H071047	230	I49H075041	292	I49H083023
45	I49H066059	107	I49H068073	169	I49H071048	231	I49H075042	293	I49H083024
46	I49H066060	108	I49H068074	170	I49H071049	232	I49H076029	294	I49H083025
47	I49H066061	109	I49H069042	171	I49H071050	233	I49H076030	295	I49H084021
48	I49H066062	110	I49H069043	172	I49H071051	234	I49H076031	296	I49H084022
49	I49H066063	111	I49H069045	173	I49H071052	235	I49H076032	297	I49H084023
50	I49H066064	112	I49H069046	174	I49H071053	236	I49H076033	298	I49H084024
51	I49H066065	113	I49H069047	175	I49H071054	237	I49H076034	299	I49H084025
52	I49H066066	114	I49H069048	176	I49H071055	238	I49H076035	300	I49H085021
53	I49H066067	115	I49H069049	177	I49H071056	239	I49H076036	301	I49H085022
54	I49H066068	116	I49H069050	178	I49H071057	240	I49H076037	302	I49H085023
55	I49H066069	117	I49H069051	179	I49H071058	241	I49H076038	303	I49H085024
56	I49H066070	118	I49H069052	180	I49H071059	242	I49H076039	304	I49H086021
57	I49H066071	119	I49H069053	181	I49H071060	243	I49H076040	305	I49H086022
58	I49H066072	120	I49H069054	182	I49H071061	244	I49H076041	306	I49H086023
59	I49H066073	121	I49H069055	183	I49H071062	245	I49H077027	307	I49H086024
60	I49H067050	122	I49H069056	184	I49H072040	246	I49H077028	308	I49H087022
61	I49H067051	123	I49H069057	185	I49H072041	247	I49H077029		
62	I49H067052	124	I49H069058	186	I49H072042	248	I49H077030		

表 3-18 渭河下游防洪保护区 1:10 000 数据图幅编号(36 幅)

序号	图幅编号	图名	序号	图幅编号	图名
1	I49G032031	北丁	19	I49G035034	华阴市
2	I49G032032	管池镇	20	I49G036022	何寨乡
3	I49G032033	西寨乡	21	I49G036024	双王乡
4	I49G032034	韦林乡	22	I49G036027	赤水镇
5	I49G033026	故市镇	23	I49G036028	东赵乡
6	I49G033027	交斜镇	24	I49G036030	莲花寺镇
7	I49G033028	乔甸	25	I49G037019	咀头
8	I49G033029	下沙洼	26	I49G037020	仁留乡
9	I49G033030	苏村乡	27	I49G037025	西张村
10	I49G033031	溢渡	28	I49G037027	赤水站
11	I49G034025	西屯南村	29	I49G038019	北田镇
12	I49G034026	巴邑村	30	I49G038020	长条村
13	I49G034027	苍渡村	31	I49G038016	马家湾乡
14	I49G034028	张家乡	32	I49G037016	姬家乡
15	I49G034029	西马家	33	I49G037017	船张
16	I49G034030	北刘村	34	I49G035027	辛庄乡
17	I49G035025	辛市镇	35	I49G035028	候坊乡
18	I49G035033	南营村	36	I49G036029	华县

表 3-19 渭河下游防洪保护区 1:50 000 DLG 地图图幅编号(29 幅)

序号	图幅编号	图幅名称
1	I49E011003	马王镇
2	I49E010003	咸阳市
3	I49E010004	窑店
4	I49E009004	三原县
5	I49E009005	高陵区
6	I49E010005	临潼区
7	I49E008006	张桥镇
8	I49E009006	田市镇
9	I49E007007	蒲城县
10	I49E008007	齐家店
11	I49E009007	固市

序号	图幅编号	图幅名称
12	I49E007008	许庄镇
13	I49E008008	大荔县
14	I49E009008	华县
15	I49E007009	安仁镇
16	I49E008009	朝邑
17	I49E009009	华阴市
18	I49E008010	韩阳
19	I49E009010	风陵渡
20	I49E011004	西安市
21	I49E011005	灞桥
22	I49E010006	渭南市
23	I49E010007	高塘镇
24	I49E011007	厚镇
25	I49E010008	华阳乡
26	I49E011008	洛源街
27	I49E010009	华山
28	I49E010010	太峪口
29	I49E011006	马楼

4. 工程资料

1）堤防情况

2011 年陕西省开始实施了渭河全线综合整治,通过修筑堤防、疏浚河道、整治河滩、调度水量、绿化治污,极大地改善了渭河的防洪工程和河道面貌。

整治后渭河中游干流现有新、老堤防长共计 340.24 km,全部加宽培厚,其中新建堤防长 43.2 km;渭河下游干流现有堤防共计 265.39 km;移民围堤 57.90 km,全部加宽培厚。

整治后渭河中游宝鸡、杨凌、咸阳城区段堤防防洪标准为 100 年一遇洪水,其余堤防防洪标准为 50 一遇年或 30 年一遇洪水。渭河下游西安城区段堤防防洪标准为 300 年一遇洪水,渭南城区段堤防防洪标准为 100 年一遇洪水,其余为 50 年一遇洪水防御标准。渭河移民防洪围堤设防标准为华县站 5 年一遇洪水。

本次对渭河下游南北两岸的河道堤防进行了统计,统计情况见表 3-20。

表 3-20　渭河下游堤防统计

堤防（段）名称	设计防洪标准	堤防（段）起点位置	堤防（段）终点位置	堤防（段）类型	堤防（段）长度（km）	说明
西宝高速桥—铁桥	100 年一遇	西宝高速与渭河交界处	古渡公园	防洪大堤	9.0	36°带北岸咸阳
铁桥—西咸交界	100 年一遇	古渡公园	上林大桥	防洪大堤	3.4	36°带北岸咸阳
西咸交界—泾河口	100 年一遇	上林大桥	泾河口	防洪大堤	29.8	36°带北岸西安
泾河口—高陵	100 年一遇	泾河口	秦王一号桥	防洪大堤	12.3	36°带北岸西安
高陵—石川河口	100 年一遇	秦王一号桥	粉刘村	防洪大堤	13.9	36°带北岸临潼
石川河口—渭南交界	50 年一遇	粉刘村	观西村曹家组	防洪大堤	22.3	36°带北岸临潼
西宝高速桥—铁桥	100 年一遇	西宝高速桥	铁桥	防洪大堤	9.0	36°带南岸咸阳
铁桥—沣河口	100 年一遇	铁桥	沣河口	防洪大堤	3.0	36°带南岸咸阳
沣河口—西咸交界	100 年一遇	沣河口	上林大桥	防洪大堤	0.7	36°带南岸西安
西咸交界—灞河口	300 年一遇	上林大桥	灞河口	防洪大堤	22.8	36°带南岸西安
灞河口—西安高陵交界	300 年一遇	灞河口	秦王一号桥	防洪大堤	16.1	36°带南岸西安
西安高陵交界—临潼交界	100 年一遇	秦王一号桥	西咸北环线跨河桥	防洪大堤	17.4	36°带南岸高陵
临潼交界—渭南交界（零河口）	100 年一遇	西咸北环线跨河桥	零河河口桥	防洪大堤	9.9	36°带南岸高陵
渭南交界—大荔交界	100 年一遇/50 年一遇	西干排污口	孝南村南	防洪大堤	25.5	37°带北岸渭南
大荔交界—拜家	50 年一遇	秦家滩村北	朝渡路	防洪大堤	41.3	37°带北岸渭南
拜家—洛河口	5 年一遇	朝渡路	沙苑农场九连	移民围堤	5.5	37°带北岸渭南
渭南界—赤水河口	100 年一遇/50 年一遇	零河河口桥（在建桥）	赤水河河口桥（在建桥）	防洪大堤	27.3	37°带南岸渭南
赤水河口—遇仙河口	50 年一遇	赤水河河口桥（在建桥）	遇仙河河口桥（在建桥）	防洪大堤	4.2	37°带南岸渭南
遇仙河口—石堤河口	50 年一遇	遇仙河河口桥（在建桥）	石堤河河口桥（在建桥）	防洪大堤	5.9	37°带南岸渭南
石堤河口—罗纹河口	50 年一遇	石堤河河口桥（在建桥）	罗纹河河口桥（在建桥）	防洪大堤	9.9	37°带南岸渭南
罗纹河口—方山河口	50 年一遇	罗纹河河口桥（在建桥）	方山河河口桥（在建桥）	防洪大堤	8.1	37°带南岸渭南
方山河口—罗敷河口	5 年一遇	方山河河口桥（在建桥）	罗敷河河口桥（在建桥）	移民围堤	12.5	37°带南岸渭南
罗敷河口—潼关华阴交界	5 年一遇	罗敷河河口桥（在建桥）	潼关王庄渡口	移民围堤	11.6	37°带南岸渭南
潼关华阴交界—吊桥工程	5 年一遇	潼关王庄渡口	庭东村	移民围堤	6.1	37°带南岸渭南

2)河道情况

本次统计了渭河下游河道渭淤 37 ~ 渭淤 1、汇淤 1、黄淤 40 ~ 黄淤 41、潼关(八)等断面
2005 年、2011 年、2013 年汛前及 2014 年汛后的断面资料,并在渭淤 37 至西宝高速新增 2 个
断面,进行了补充测量。补充测量的断面资料见表 3-21。河道断面情况统计见表 3-22。

表 3-21　补充测量的断面资料

断面名称或编码	年份	起点距(m)	高程(m)
152	2015	0	393.87
	2015	10.30	390.29
	2015	22.00	386.12
	2015	48.80	386.22
	2015	74.40	385.69
	2015	77.00	384.70
	2015	78.80	383.40
	2015	81.80	382.70
	2015	85.80	381.30
	2015	88.80	380.40
	2015	93.80	379.40
	2015	95.80	379.70
	2015	98.80	380.50
	2015	105.80	380.70
	2015	111.80	380.70
	2015	118.80	380.40
	2015	127.80	380.30
	2015	133.80	380.70
	2015	137.80	382.70
	2015	141.80	383.30
	2015	144.80	384.20
	2015	147.80	384.70
	2015	150.70	387.06
	2015	168.20	387.48
	2015	197.10	387.15
	2015	199.60	387.27
	2015	200.50	387.56
	2015	224.70	387.43

断面名称或编码	年份	起点距(m)	高程(m)
	2015	262.00	387.29
	2015	282.40	386.86
	2015	288.40	387.32
	2015	297.80	387.33
	2015	302.10	386.88
	2015	335.30	387.06
	2015	361.70	387.10
	2015	382.00	386.39
	2015	409.90	386.39
	2015	420.00	387.15
	2015	434.10	387.51
	2015	461.90	387.43
	2015	474.20	386.90
	2015	492.30	386.72
	2015	497.10	386.35
	2015	498.50	385.18
	2015	507.60	385.53
	2015	512.00	388.11
	2015	529.00	388.15
	2015	530.70	388.86
	2015	543.10	388.90
	2015	544.90	387.73
	2015	546.40	387.76
	2015	564.00	393.71
150	2015	−6.00	392.15
	2015	0	390.60
	2015	5.50	387.11
	2015	18.60	386.51
	2015	28.60	386.15
	2015	29.00	386.67
	2015	39.50	387.28

断面名称或编码	年份	起点距(m)	高程(m)
	2015	41.70	386.57
	2015	49.30	385.96
	2015	75.70	386.02
	2015	84.20	385.82
	2015	86.50	384.85
	2015	86.90	383.94
	2015	88.80	384.15
	2015	89.50	385.22
	2015	91.20	385.91
	2015	125.10	385.95
	2015	153.30	386.15
	2015	177.60	386.20
	2015	205.10	386.39
	2015	206.70	385.00
	2015	220.60	384.65
	2015	221.70	383.85
	2015	228.30	386.58
	2015	242.50	386.72
	2015	267.60	386.61
	2015	276.30	386.44
	2015	279.90	385.23
	2015	292.20	384.64
	2015	301.80	384.53
	2015	306.30	383.63
	2015	314.30	382.93
	2015	323.30	381.83
	2015	329.30	379.43
	2015	338.30	379.53
	2015	346.30	379.53
	2015	358.30	379.53
	2015	359.30	379.43

断面名称或编码	年份	起点距(m)	高程(m)
	2015	366.30	379.43
	2015	372.30	379.23
	2015	379.30	379.13
	2015	385.30	379.13
	2015	392.30	379.03
	2015	399.30	379.03
	2015	408.30	379.13
	2015	414.30	379.13
	2015	420.30	379.53
	2015	426.30	379.43
	2015	431.30	379.53
	2015	439.30	379.53
	2015	446.30	379.33
	2015	453.30	379.23
	2015	460.30	379.33
	2015	470.30	379.43
	2015	478.30	379.43
	2015	484.30	379.43
	2015	491.30	379.63
	2015	498.30	379.83
	2015	505.30	380.23
	2015	512.30	381.03
	2015	521.30	381.53
	2015	527.30	381.83
	2015	533.30	382.53
	2015	538.30	382.93
	2015	545.30	383.13
	2015	553.30	383.53
	2015	560.30	383.73
	2015	565.30	383.73
	2015	574.30	383.73
	2015	582.30	384.03
	2015	590.30	384.53
	2015	591.70	385.16
	2015	612.60	387.00
	2015	626.60	392.01
	2015	639.40	392.31

表 3-22　河道断面情况统计

区段	河底最低高程(m)	底宽(m)	坡比(‰)	滩面高程(m)
西宝高速—临潼站	349.77～379.40	450～2 600	0.47	357.80～387.10
临潼站—华县站	333.32～349.77	1 670～3 770	0.20	341.80～357.80
华县站—潼关(八)	323.07～333.32	920～8 200	0.17	328.39～341.80
龙门—潼关(八)	323.07～375.50	290～5 050	0.378	328.39～380.00

3)水闸情况

片区内的水闸主要为南山支流的河口闸,为防止渭河洪水倒灌南山支流而设,具体情况统计见表 3-23。

表 3-23　水闸情况统计

水闸名称	所在河流名称	水闸类型	闸孔数量(孔)	闸孔总净宽(m)	过闸流量(m³/s)	橡胶坝坝高(m)	橡胶坝坝长(m)
遇仙河河口闸	遇仙河	河口闸	1	5.50×6.50	100	4.5	58.8
石堤河河口闸	石堤河	河口闸	1	5.50×7.00	90	4.5	76
罗纹河河口闸	罗纹河	河口闸	1	5.50×6.40	107	4.7	52
罗纹河分洪闸	罗纹河	分洪闸	1	18.10×7.10	97		
罗敷河分洪闸	罗敷河	分洪闸	1	17.10×4.90	92		
长涧河分洪闸	长涧河	分洪闸	1	24.00×6.80	117		

4)险工险段

(1)渭河干流。

中华人民共和国成立以来,渭河干堤决口共计发生 3 次,分别为 1968 年 9 月华县毕家乡大堤决口、1981 年 8 月临潼南屯大堤决口及 2003 年临渭区尤孟堤决口。渭河干流河道溃口情况,见表 3-24。

表 3-24　1949 年以来渭河干流堤防决口统计

发生时间(年-月)	溃口位置	溃口原因	口门宽度(m)
1968-09	华县毕家乡防护大堤马家放淤闸	渭河流域发生大面积降雨,县防护堤全线临水,洪水持续时间长	100
1981-08	临潼南屯	排水涵洞与大堤结合不良,被洪水冲决	10
2003-08	临渭区尤孟堤		65

注:本表数据摘自《陕西省三门峡库区志》。

根据干流堤防历史溃口、河势及实际工程状况确定干流河道险工险段位置,见表 3-25。

表 3-25　渭河干流河道险工险段情况统计

岸别	行政区	险段部位
北岸	秦都区	安虹路口
	渭城区	店上险工
	高陵区	吴村阳险工
	临潼区	西渭阳险工
	临渭区	沙王险工
		仓渡险工
	大荔县	苏村险工
		仓西险工
南岸	秦都区	段家堡
		小王庄险工
	未央区	农六险工
		东站险工
	灞桥区	水流险工
	高陵区	周家险工
	临潼区	季家工程
	临渭区	张义险工
		梁赵险工
		八里店险工
		田家工程
	华县	詹刘险工
		遇仙河口(东)
		石堤河口(西)
		石堤河口(东)
		南解村
		罗纹河口(西)
		罗纹河口(东)
		毕家
		方山河口(西)
	华阴市	方山河口(东)
		冯东险工
		罗敷河口(东)
		柳叶河口(东)
		长涧河口(东)
		华农工程
		三河口工程

(2)南山支流。

二华南山支流堤防历史决口情况统计如表 3-26 所示,分析历史支堤决口的特点,二华南山支流险工险段情况统计见表 3-27。

表 3-26　二华南山支流堤防历史决口情况统计

发生时间 （年-月）	溃口位置	溃口宽度（m）
1976	长涧河决口多处	
1980	赤水河、罗纹河、石堤河、方山河决口17处	
1981	支堤决口17处	455
1982-08	赤水河、罗纹河、方山河、长涧河决口66处	
1985	南山河支流决口1处	
1987	石堤河、遇仙河、柳叶河、长涧河决口13处	
1988-08	柳叶河、长涧河决口3处	30~40
1989	柳叶河西堤决口1处	
1991	罗敷河东堤决口1处	
1992-08	南山支流决口4处	
1996-07	罗纹河等5条南山支流决口9处	
1998-06	罗敷河决口3处,柳叶河决口2处, 长涧河决口2处,仙峪河决口1处	罗敷河决口最大口门宽达100
2000-01	方山河决口	口门宽20
200-03-08	二华南山支流地方决口10处	最大口门宽322, 总决口长度1 580

表 3-27　二华南山支流险工险段情况统计

河流	行政区	险段部位
赤水河	临渭区	赤水镇（西堤）
	华县	赤水镇（东堤）
遇仙河		老公路桥南（西堤）
		老公路桥南（东堤）
石堤河		老公路桥南（西堤）
		老公路桥南（东堤）
罗纹河		二华干沟北（西堤）
		二华干沟北（东堤）
方山河	华阴市	二华干沟北（西堤）
		二华干沟北（东堤）
罗敷河		二华干沟北（西堤）
		二华干沟北（东堤）
柳叶河		二华干沟南300 m（西堤）
		二华干沟南300 m（东堤）
长涧河		二华干沟南800 m（西堤）
		二华干沟南800 m（东堤）

（3）北岸支流。

综合考察北岸支流河势、堤防现状及历史溃决情况，泾河、洛河险工险段情况统计见表3-28。

表3-28 北岸支流险工险段情况统计

河流	行政区	险段部位
泾河	高陵区	陕汽大道泾河桥上首（左岸）
		陕汽大道泾河桥上首（右岸）
洛河	大荔县	农垦七连（西堤）

5）线性工程

渭河下游南、北两岸防洪保护区内影响洪水演进的高速公路主要有连霍高速、京昆高速、渭蒲高速、包茂高速、延西高速、机场高速、福银高速、西宝高速、绕城高速。铁路主要有郑西高速客运专线、南同蒲线、太西线、咸铜线、陇海线、西铁北环线，路面高程数据可从2011年航拍的1∶5 000的地形图及补充测量的资料中获得。本次对上述公路和铁路及其下的桥梁、涵洞进行调查，调查数据见表3-29、表3-30。

表3-29 桥梁情况统计 （单位：m）

桥梁名称	所在河流	桥长	桥高	桥宽
西宝高速桥	渭河	879.0	399.03	28.0
秦都桥	渭河	870.9	397.18	28.0
咸阳桥	渭河	599.2	390.44	27.1
咸阳风雨廊桥	渭河	755.0	386.05	16.0
渭城桥	渭河	800.0	389.44	24.9
陇海铁路咸阳渭河大桥（上行）	渭河	338.1	385.70	7.5
陇海铁路咸阳渭河大桥（下行）	渭河	338.1	385.70	7.2
陇海铁路咸阳渭河大桥（三线）	渭河	338.9	385.70	7.6
郑西客运专线咸阳渭河特大桥	渭河	1 161.4		13.2
渭河上林大桥	渭河	1 397.9	388.20	27.6
福银高速公路桥	渭河	3 280.0	385.20	34.3
咸阳渭河横桥	渭河	1 419.5	389.29	27.3
西安咸阳国际机场专用高速跨渭河特大桥	渭河	1 462.5	383.10	41.9
西铜高速公路桥	渭河	1 233.2	375.30	26.6
西延高速渭河特大桥	渭河	1 267.2	402.60	41.1
北环线铁路桥	渭河	1 775.9	386.40	10.4
泾未路跨渭河大桥	渭河	1 172.0	373.40	17.1
鹿苑渭河特大桥	渭河	1 173.7	373.67	17.1

桥梁名称	所在河流	桥长	桥高	桥宽
耿镇渭河大桥	渭河	914.5	364.10	8.0
西禹高速渭河特大桥	渭河	1 014.4	360.70	28.0
渭河秦王一桥	渭河	1 860.0	365.21	16.8
新丰渭河大桥	渭河	1 532.0	359.90	10.9
西延铁路渭河特大桥	渭河	1 561.9	354.70	7.9
何寨渭河铁路特大桥	渭河	1 559.9		7.6
渭富大桥	渭河	2 346.0	355.60	28.0
沙王渭河大桥	渭河	2 294.0	354.80	11.8
大西高铁桥	渭河	2 857.7	361.26	12.2
郑西客运专线渭南二跨渭河大桥	渭河	2 963.0	361.90	13.7
渭蒲公路渭河大桥	渭河	2 377.0	357.60	18.5
郑西客运专线渭南一跨渭河大桥	渭河	2 228.1		13.7
渭浦高速渭河特大桥	渭河	4 410.0	357.6	27.5
韦庄至罗敷高速公路桥	渭河	4 475.1		
大华公路阳村渭河大桥	渭河	3 260.0	342.2	9.7
军渡浮桥	渭河	255.0	328.3	6.5
皂河河口桥	皂河	185.3	381.9	
漕运明渠河口桥	漕运明渠	62.1	375.8	
幸福渠河口桥	幸福渠	49.2	372.4	
灞河河口桥	灞河	1 275.3	372.2	
零河河口桥	零河	244.6	357.6	
202 省道洛河大桥	北洛河	686.2	341.5	
赤水河河口桥(在建桥)	赤水河	519.3	352.2	
遇仙河河口桥(在建桥)	遇仙河	104.5	349.0	
石堤河河口桥(在建桥)	石堤河	100.3	347.9	
罗纹河河口桥(在建桥)	罗纹河	122.2	345.5	
方山河河口桥(在建桥)	方山河	95.8	343.6	
罗敷河河口桥(在建桥)	罗敷河	153.6	341.3	
柳叶河河口桥(在建桥)	柳叶河	81.9	339.3	
长涧河河口桥(在建桥)	长涧河	98.3	338.2	

表 3-30　涵洞情况统计 （单位:m）

所在堤防或道路	涵洞底高	涵洞高	涵洞长	涵洞宽
西宝高速	394.80	2.80	27.90	4.50
西宝高速	387.40	2.80	33.10	4.60
咸铜线	375.20	4.00	14.90	8.00
咸铜线	376.10	3.80	14.90	6.60
咸铜线	376.30	4.00	14.90	8.00
咸铜线	376.50	3.20	14.90	6.00
咸铜线	375.10	3.00	14.90	4.50
咸铜线	377.20	2.40	14.90	4.00
咸铜线	375.10	4.00	14.90	8.00
西宝高速	392.10	2.80	25.50	4.00
西宝高速	391.40	3.00	25.50	4.50
西宝高速	389.50	3.00	25.50	4.50
西宝高速	388.10	2.80	25.50	4.50
西宝高速	389.20	2.80	25.50	4.50
西宝高速	388.10	2.80	25.50	4.50
西宝高速	387.90	3.00	25.50	4.50
西宝高速	387.70	3.00	25.50	4.50
西宝高速	387.60	3.00	25.50	4.50
西宝高速	387.20	3.00	25.50	4.50
西宝高速	387.30	3.00	25.50	4.50
西宝高速	386.10	2.80	25.50	4.50
西宝高速	387.20	2.80	25.50	4.50
西宝高速	386.40	3.00	25.50	4.50
西宝高速	386.50	3.00	25.50	4.50
西宝高速	385.70	3.00	25.50	4.50
西宝高速	385.90	3.00	25.50	4.50
西宝高速	385.90	3.00	25.50	4.50
西宝高速	385.60	3.00	25.50	4.50
铁桥	381.30	4.00	30.60	8.00
铁桥	383.20	2.80	30.60	4.50
郑西线	364.30	4.00	47.40	8.00

所在堤防或道路	涵洞底高	涵洞高	涵洞长	涵洞宽
郑西线	364.10	3.80	47.40	8.00
郑西线	364.20	4.00	47.40	8.00
郑西线	364.10	3.80	47.40	8.00
郑西线	364.30	4.00	47.40	8.00
郑西线	364.60	3.80	47.40	8.00
郑西线	363.60	4.00	47.40	8.00
郑西线	363.10	3.80	47.40	8.00
郑西线	363.30	4.00	47.40	8.00
郑西线	362.20	3.80	47.40	8.00
郑西线	363.20	4.00	47.40	8.00
郑西线	363.80	3.80	47.40	8.00
郑西线	363.10	4.00	47.40	8.00
郑西线	363.20	3.80	47.40	8.00
郑西线	362.80	4.00	47.40	8.00
郑西线	364.10	3.80	47.40	8.00
西潼高速	365.40	2.80	45.30	4.50
西潼高速	365.30	2.80	45.30	4.50
西潼高速	365.10	2.80	45.30	4.50
西潼高速	365.60	2.80	45.30	4.50
西潼高速	365.20	2.80	45.30	4.50
西潼高速	365.20	2.80	45.30	4.50
西禹高速	361.40	2.80	36.20	4.50
西禹高速	361.60	2.80	36.20	4.50
西禹高速	361.60	2.80	36.20	4.50
西禹高速	361.50	2.80	36.20	4.50
西潼高速	378.30	2.80	47.10	4.50
西潼高速	371.50	2.40	47.10	4.00
西潼高速	354.50	4.00	47.10	8.00
西潼高速	353.80	4.00	47.10	8.00
西潼高速	352.30	3.80	47.10	6.60
西潼高速	354.60	4.00	47.10	8.00

所在堤防或道路	涵洞底高	涵洞高	涵洞长	涵洞宽
西潼高速	354.60	4.00	47.10	8.00
西潼高速	354.60	4.00	47.10	8.00
西潼高速	361.50	2.20	47.10	4.00
西潼高速	358.50	2.80	47.10	4.50
西潼高速	351.50	4.00	47.10	8.00
西潼高速	354.10	4.00	47.10	8.00
西潼高速	349.10	3.80	47.10	6.60
西潼高速	344.20	2.80	47.10	4.50

5. 社会经济

1）数据要求与来源

（1）数据要求。

根据《洪水风险图编制技术细则（试行）》，社会经济资料主要包括洪水风险图制作对象区域范围内的有关人口、耕地、生产总值等基本统计指标；防洪保护区的社会经济统计数据原则上以县级行政区为最小统计单元[有条件的区域可以细化到乡（镇）]；统计数据应采用权威机构发布的最新统计资料、公报等并要求统一年份。

将社会经济统计数据与土地利用图层之间通过关键字建立关联，并进行相应的社会经济空间展布分析，使各类社会经济统计指标落实在相应的土地利用图层上。

（2）数据来源。

在现场调研的过程中，因涉及区域较多，工作量大，安排专人与当地防汛部门、统计部门进行沟通协调，赴当地收集到所涉及县（区）统计部门的统计年鉴、公报等权威资料。资料以乡（镇）为最小统计单元，年份统一为 2013 年，统计包括综合、人民生活、农业、第二产业及第三产业等数据表格。各县（区）均收集到 2013 年统计年鉴，除临潼区年鉴统计为 2012年年底数据外，其余各县（区）均为 2013 年年底数据，其中渭南市高新区为原临渭区良田街道办和崇业路街道办，无行政编码。考虑到洪灾损失计算的精确性，与沿渭各区（县）派出所、街道办沟通协调，收集 2013 年年底沿渭各区（县）以村庄为单位的人口数据。

2）数据统计成果

所有资料均审查分析其资料来源可靠性和时效性，数据主要采用统计、整理、分析等方法，同时结合政府官网数据及电话咨询统计局工作人员进行复核。社会经济数据以乡（镇）为最小统计单位，按照淹没影响范围分别统计了渭河下游南、北两岸保护区涉及的县（区）的面积、人口、农业产值、工业产值、单位数、固定资产等各类信息。具体见表 3-31 ～表 3-33。

表 3-31 渭河下游南北两岸保护区各县（区）综合、农业

县（区）	区域名称	综合		农业	
		面积 （km²）	地区生产总值 （万元）	耕地面积 （hm²）	农业总产值 （万元）
秦都区	人民路街道	2.40	473 279.894 3	0	0
	西兰路街道	3.60	592 419.261 6	0	0
	渭阳西路街道	12.80	730 364.072 8	0	0
	陈杨寨街道	7.50	361 544.340 6	176.354 8	3 734.458 7
	沣东街道	36.00	68 443.102 2	867.100 0	18 333.474 2
	钓台街道	44.00	354 537.789 4	1 394.030 0	28 844.318 6
	渭滨街道	42.00	229 385.628 7	933.800 0	27 924.666 2
渭城区	渭阳街道办事处	3.32	744 410.093 7	111.000 0	6 272.000 0
	渭城街道办事处	24.50	179 861.881 1	748.000 0	21 967.000 0
	窑店街道办事处	34.08	161 420.005 1	1 374.000 0	29 110.000 0
	新兴路街道办事处	1.95	669 044.523 4	0	0
	正阳街道办事处	59.97	230 976.372 1	2 813.000 0	45 551.000 0
未央区	六村堡街道办事处	75.93	205 909.328 2	399.400 0	6 974.205 5
	汉城街道办事处	29.85	416 106.167 3	223.300 0	4 149.911 8
	谭家街道办事处	16.60	489 800.252 4	0	0
	草滩街道办事处	41.04	527 866.775 2	32.000 0	2 854.059 5
灞桥区	新筑街道办事处	38.75	214 839.940 0	1 662.600 0	57 194.990 0
	新合街道办事处	40.00	96 344.080 0	2 471.900 0	44 903.650 0
临潼区	北田街道办事处	31.69	20 969.959 4	2 099.808 9	20 511.139 3
	任留街道办事处	34.33	18 090.125 2	1 892.918 7	18 490.215 7
	雨金街道办事处	31.99	27 897.200 0	1 840.971 9	17 982.794 2
	交口街道办事处	41.83	20 731.001 0	2 178.177 6	21 276.652 7
	油槐街道办事处	43.62	22 975.307 9	2 093.040 3	20 445.023 1
	相桥街道办事处	59.07	36 701.895 6	3 066.003 1	29 949.019 5
	西泉街道办事处	27.48	28 197.564 8	2 063.845 7	20 159.847 5
	行者街道办事处	27.35	24 768.877 0	2 136.669 1	20 871.193 4
	新丰街道办事处	42.20	147 665.347 3	2 836.850 0	27 710.629 6
	何寨街道办事处	49.66	25 981.130 0	2 564.312 8	25 048.459 1
高陵区	泾渭镇	22.50	609 661.290 0	13.133 0	2 388.000 0
	耿镇	20.69	41 351.959 3	1 104.933 3	35 212.000 0
	崇皇办	28.30	62 438.940 4	1 084.200 0	12 326.000 0
	张卜镇	40.80	64 927.030 0	2 960.867 0	35 000.000 0

续表 3-31

县（区）	区域名称	综合		农业	
		面积 （km²）	地区生产总值 （万元）	耕地面积 （hm²）	农业总产值 （万元）
临渭区	杜桥街道办事处	8.68	227 565.833 1	0	0
	人民街道办事处	5.90	281 023.730 8	78.933 3	534.182 6
	向阳街道办事处	43.80	194 367.974 8	1 835.200 0	12 419.744 7
	双王街道办事处	22.36	78 281.118 8	1 468.933 3	9 941.029 3
	龙背镇	22.60	45 993.829 4	5 188.133 3	32 860.468 2
	辛市镇	72.00	34 580.969 9	3 040.666 7	27 477.443 8
	官道镇	98.60	38 607.502 2	6 279.866 7	25 893.418 7
	故市镇	96.00	61 866.429 4	4 984.266 7	40 463.368 7
	孝义镇	36.00	19 988.398 2	2 719.133 3	16 928.480 7
高新区	良田+崇业路街道办事处	31.00	711 100.000 0	2 028.013 5	13 724.581 4
华县	华州镇	22.23	177 016.079 6	469.942 2	3 029.258 9
	赤水镇	77.60	29 240.960 9	4 667.000 0	22 550.758 5
	瓜坡镇	48.00	318 517.140 9	2 400.000 0	15 161.367 1
	莲花寺镇	114.57	54 359.742 1	2 422.009 8	15 612.334 6
	柳枝镇	101.70	33 374.616 0	2 149.938 0	13 858.553 1
	杏林镇	105.00	91 048.852 2	2 219.210 0	14 312.740 0
	下庙镇	49.00	29 687.240 3	3 267.860 0	21 057.013 5
华阴市	华西镇	121.78	61 031.765 4	2 298.533 3	8 606.319 0
	岳庙街道办事处	135.62	49 101.598 2	3 485.666 7	25 716.995 2
	太华街道办事处	29.94	299 054.182 9	989.866 7	13 607.707 3
	罗敷镇	231.72	101 631.817 0	2 400.000 0	21 390.973 1
	华山镇	185.98	95 375.202 4	1 959.533 3	20 423.386 4
大荔县	下寨镇	106.40	33 846.380 6	4 956.600 0	19 028.316 8
	苏村镇	77.90	42 517.423 9	3 169.133 3	13 012.082 4
	官池镇	128.00	51 084.754 9	8 721.533 3	30 891.382 9
	韦林镇	98.00	46 121.479 0	8 657.866 7	20 653.068 2
	赵渡镇	107.00	29 900.076 4	3 082.400 0	5 839.795 7
潼关县	秦东镇	68.74	32 604.811 0	2 658.600 0	15 878.543 0

表 3-32　渭河下游南北两岸保护区各县（区）人民生活

县（区）	区域名称	常住人口（人）	乡村人口（人）	乡村居民人均纯收入（元/人）	乡村居民人均住房（m²/人）	城镇人口（人）	城镇居民人均可支配收入（元/人）	城镇居民人均住房（m²/人）
秦都区	人民路街道	49 529	0	0	0	49 529	32 081	40.10
	西兰路街道	61 997	0	0	0	61 997	32 081	40.10
	渭阳西路街道	76 433	0	0	0	76 433	32 081	40.10
	陈杨寨街道	41 457	4 012	10 787	41.00	37 445	32 081	40.10
	沣东街道	24 940	19 696	11 940	41.00	5 244	32 081	40.10
	钓台街道	65 072	30 988	10 787	41.00	34 084	32 081	40.10
	渭滨街道	51 083	30 000	11 284	41.00	21 083	32 081	40.10
渭城区	渭阳街道办事处	107 654	22 101	10 582	41.00	85 553	31 746	40.10
	渭城街道办事处	26 011	5 340	10 836	41.00	20 671	31 936	40.10
	窑店街道办事处	23 344	4 793	10 452	41.00	18 551	31 936	40.10
	新兴路街道办	80 401	0	0	0	80 401	31 936	40.10
	正阳街道办事处	33 403	6 858	10 775	41.00	26 545	31 936	40.10
未央区	六村堡街道办事处	54 588	40 300	16 455	115.00	14 288	33 268	32.00
	汉城街道办事处	53 282	23 980	16 455	115.00	29 302	33 268	32.00
	谭家街道办事处	39 185	4 483	16 455	115.00	34 702	33 268	32.00
	草滩街道办事处	53 768	16 492	16 455	115.00	37 276	33 268	32.00
灞桥区	新筑街道办事处	63 530	47 389	15 514	41.60	16 141	31 952	30.20
	新合街道办事处	52 413	50 447	15 690	41.60	1 966	31 952	30.20
临潼区	北田街道办	24 557	25 749	10 685	45.00	519	24 568	30.40
	任留街道办	23 716	23 212	10 685	45.00	415	24 568	30.40
	雨金街道办	23 736	22 575	10 685	45.00	1 073	24 568	30.40
	交口街道办	26 773	26 710	10 685	45.00	472	24 568	30.40
	油槐街道办	25 184	25 666	10 685	45.00	652	24 568	30.40
	相桥街道办	38 514	37 597	10 685	45.00	1 153	24 568	30.40
	西泉街道办	26 309	25 308	10 685	45.00	1 003	24 568	30.40
	行者街道办	25 804	26 201	10 685	45.00	751	24 568	30.40
	新丰街道办	45 454	34 787	10 685	45.00	8 454	24 568	30.40
	何寨街道办	30 726	31 445	10 685	45.00	658	24 568	30.40

县(区)	区域名称	常住人口（人）	乡村人口（人）	乡村居民人均纯收入（元/人）	乡村居民人均住房（m²/人）	城镇人口（人）	城镇居民人均可支配收入（元/人）	城镇居民人均住房（m²/人）
高陵区	泾渭镇	73 850	0	0	0	73 850	26 030	42.64
	耿镇	17 353	17 016	12 167	66.96	337	26 030	42.64
	崇皇办	23 822	6 384	12 167	66.96	17 438	26 030	42.64
	张卜镇	33 664	32 945	12 167	66.96	719	26 030	42.64
临渭区	杜桥街道办事处	50 099	0	0	0	56 004	26 143	34.04
	人民街道办事处	61 868	0	0	0	69 160	26 143	34.04
	向阳街道办事处	42 790	0	0	0	47 834	26 143	34.04
	双王街道办事处	17 234	0	0	0	19 265	26 143	34.04
	龙背镇	46 256	46 925	7 321	37.54	4 783	26 143	34.04
	辛市镇	37 825	39 238	8 439	37.54	3 045	26 143	34.04
	官道镇	36 970	36 976	8 351	38.01	4 351	26 143	34.04
	故市镇	58 110	57 782	10 311	40.96	7 177	26 143	34.04
	孝义镇	23 013	24 174	9 244	38.01	1 552	26 143	34.04
高新区	良田+崇业路街道办事处	51 378	0	0	0	57 431	26 143	34.04
华县	华州镇	37 777	0	0	0	37 777	24 700	33.98
	赤水镇	43 864	40 300	7 500	38.00	3 564	24 700	38.00
	瓜坡镇	29 997	23 980	7 500	38.00	6 017	24 700	38.00
	莲花寺镇	28 468	16 492	7 500	38.00	11 976	24 700	38.00
	柳枝镇	30 538	25 749	7 500	38.00	4 789	24 700	38.00
	杏林镇	25 883	10 584	7 500	38.00	15 299	24 700	38.00
	下庙镇	24 103	23 212	7 500	38.00	891	24 700	38.00
华阴市	华西镇	22 466	16 375	7 325	40.00	6 091	22 461	36.99
	岳庙街道办	52 639	48 931	7 325	40.00	3 708	22 461	36.99
	太华街道办	57 549	25 891	7 325	40.00	31 658	22 461	36.99
	罗敷镇	50 395	40 700	7 325	40.00	9 695	22 461	36.99
	华山镇	47 935	38 859	7 325	40.00	9 076	22 461	36.99
大荔县	下寨镇	37 218	35 158	8 070	39.00	3 399	23 596	37.82
	苏村镇	29 740	24 042	8 070	39.00	6 768	23 596	37.82
	官池镇	59 566	57 077	8 070	39.00	4 632	23 596	37.82
	韦林镇	42 474	38 160	8 070	39.00	5 842	23 596	37.82
	赵渡镇	15 743	10 790	8 070	39.00	5 519	23 596	37.82
潼关县	秦东镇	27 715	20 725	7 391	29.55	6 990	23 346	37.88

表 3-33　渭河下游南北两岸保护区各县（区）第二产业、第三产业

县（区）	区域名称	第二产业			第三产业		
		单位数（个）	固定资产（万元）	工业产值（万元）	单位数（个）	固定资产（万元）	主营收入（万元）
秦都区	人民路街道	4	237 418.232 3	326 796.345 9	237	26 703.412 7	81 990.069 8
	西兰路街道	4	297 183.834 7	409 061.217 8	294	33 425.497 8	101 688.541 1
	渭阳西路街道	17	366 383.083 7	504 311.112 8	592	41 208.624 1	205 009.176 5
	陈杨寨街道	6	198 724.942 1	247 065.137 0	175	22 351.418 0	60 636.836 3
	沣东街道	27	119 550.378 9	34 600.335 9	86	13 446.326 7	2 221.461 7
	钓台街道	7	311 923.907 5	224 888.987 3	161	35 083.374 9	55 763.221 4
	渭滨街道	6	244 867.361 8	139 107.338 3	99	27 541.247 2	34 409.987 8
渭城区	渭阳街道办事处	78	177 628.101 8	1 049 224.077 9	231	58 041.333 2	168 068.527 3
	渭城街道办事处	22	42 917.908 8	253 510.018 1	56	14 023.753 1	40 608.156 3
	窑店街道办事处	2	38 517.383 5	227 516.737 7	50	12 585.848 0	36 444.458 2
	新兴路街道办事处	48	132 660.904 5	783 609.202 5	173	43 347.959 5	125 521.370 9
	正阳街道办事处	5	55 114.640 3	325 554.386 0	72	18 009.127 9	52 148.485 1
未央区	六村堡街道办事处	4	4 500.000 0	408 992.587 3	73	738.944 2	24 149.570 2
	汉城街道办事处	7	9 303.000 0	838 766.852 8	110	1 527.644 0	49 925.211 5
	谭家街道办事处	21	92 935.500 0	993 341.318 9	301	15 260.921 9	498 744.974 3
	草滩街道办事处	17	89 607.000 0	1 067 021.814 4	298	14 714.349 5	480 882.342 2
灞桥区	新筑街道办事处	14	101 676.030 0	361 070.690 0	197	3 699.990 0	29 445.960 0
	新合街道办事处	8	53 927.160 0	191 505.480 0	229	4 089.240 0	32 543.760 0
临潼区	北田街道办事处	1	1 734.517 5	15 509.120 1	3	330.660 0	2 406.866 0
	任留街道办事处	1	1 386.945 6	12 401.319 5	2	263.860 0	1 920.630 5
	雨金街道办事处	1	3 586.006 4	32 064.134 6	6	684.700 0	4 983.914 5
	交口街道办事处	1	1 577.441 8	14 104.633 3	2	300.600 0	2 188.060 0
	油槐街道办事处	1	2 179.008 6	19 483.518 9	3	414.160 0	3 014.660 5
	相桥街道办事处	3	3 853.369 4	34 454.750 4	6	734.800 0	5 348.591 2
	西泉街道办事处	3	3 352.063 8	29 972.345 8	5	637.940 0	4 643.549 6
	行者街道办事处	1	2 509.870 3	22 441.906 0	4	477.620 0	3 476.584 3
	新丰街道办事处	13	28 253.586 3	252 628.326 3	50	5 397.440 0	39 287.833 2
	何寨街道办事处	1	2 199.060 8	19 662.815 1	3	417.500 0	3 038.972 2

县 （区）	区域名称	第二产业			第三产业		
		单位数 （个）	固定资产 （万元）	工业产值 （万元）	单位数 （个）	固定资产 （万元）	主营收入 （万元）
高陵区	泾渭镇	178	351 874.078 7	125 649.000 0	284	64 032.466 4	29 068.273 7
	耿镇	35	82 682.070 2	184 155.000 0	80	15 046.092 8	1 234.977 1
	崇皇办	57	113 505.000 7	56 260.000 0	41	20 655.104 2	632.925 8
	张卜镇	788	160 399.309 2	49 640.000 0	105	29 188.709 1	1 620.907 5
临渭区	杜桥街道办事处	5	11 710.028 3	43 115.098 8	1 406	2 045.524 7	13 673.667 8
	人民街道办事处	6	15 320.263 5	56 407.607 0	1 839	2 526.042 6	16 885.773 6
	向阳街道办事处	4	8 769.869 1	32 289.740 3	1 053	1 747.118 6	11 678.919 8
	双王街道办事处	1	2 963.517 0	10 911.359 4	356	703.646 8	4 703.649 9
	龙背镇	0	0	0	996	423.741 9	2 832.416 5
	辛市镇	0	0	0	819	319.464 9	2 135.385 3
	官道镇	0	0	0	795	355.161 0	2 374.009 6
	故市镇	0	0	0	1 239	568.803 1	3 802.066 3
	孝义镇	0	0	0	500	184.984 7	1 236.479 8
高新区	良田＋崇业路 街道办事处	12	27 947.084 29	253 104.659 4	10	2 097.580 9	14 021.607 7
华县	华州镇	11	45 102.740 0	121 790.774 5	457	340 311.128 1	31 293.192 2
	赤水镇	2	1 679.635 8	4 750.043 7	12	8 935.959 6	12 450.182 8
	瓜坡镇	4	100 720.161 0	284 838.632 9	85	63 296.380 5	12 117.713 4
	莲花寺镇	1	11 517.222 8	32 570.936 9	28	20 850.572 4	12 873.932 3
	柳枝镇	2	5 865.818 9	16 588.653 5	14	10 425.286 2	10 431.395 3
	杏林镇	4	19 265.294 8	54 482.639 7	75	55 849.747 5	15 341.453 2
	下庙镇	2	2 593.932 4	7 335.692 8	10	7 446.633 0	8 686.626 9
华阴市	华西镇	31	620.000 0	48 569.561 7	156	5 307.352 9	18 616.407 7
	岳庙街道办事处	1	7 143.000 0	29 652.548 0	151	10 025.294 1	43 619.206 1
	太华街道办事处	108	657 471.912 4	255 334.516 4	108	10 241.470 6	47 687.868 2
	罗敷镇	180	1 100 550.809 9	987 597.815 0	133	9 935.294 1	41 759.719 8
	华山镇	32	192 953.713 4	84 686.916 3	131	16 824.117 6	39 721.245 6
大荔县	下寨镇	1	1 784.501 8	5 591.314 2	32	10 422.265 1	1 432.387 7
	苏村镇	2	3 553.253 4	11 133.278 7	64	20 752.542 0	2 852.132 9
	官池镇	2	2 431.836 5	7 619.584 3	44	14 202.980 9	1 951.991 6
	韦林镇	2	3 067.096 1	9 610.019 8	55	17 913.172 3	2 461.903 1
	赵渡镇	2	2 897.518 5	9 078.688 7	52	16 922.765 9	2 325.786 2
潼关县	秦东镇	3	3 738.120 2	9 734.688 0	16	1 608.000 0	6 991.580 0

6. 补充测量

补充测量的主要内容包括以下几个方面：①2011 年渭河堤防整治后堤防位置、高程、河口桥及取土造成的局部河道地形变化；②2011 年以后出现的区域性地形变化和新增小区；

③2011年以后新建的高出地面0.5 m以上的公路、铁路等线状地物、河道工程及涉河建筑物等,如桥梁、水闸、涵闸、泵站;④影响洪水演进的高出地面0.5 m以上的道路涵洞定位测量;⑤避水减灾设施及通信预警设施,如避水楼、安全楼、避水台、庄台、通信基站、卫星地面接收站、视频监控点、预警设施;⑥2015年现状西宝高速桥以下—渭河入黄口渭河河道大断面;⑦西宝高速桥以下—渭河入黄口跨渭河大桥桥梁名称、桥长、桥宽、两堤肩内桥墩数量与尺寸、主跨长度、与堤防交叉形式、防洪标准与桥面高程、堤顶处梁底高程、桥位滩面高程等特征指标调查与高程。具体详见3.3.3.2部分内容。

7. 典型调查

(1)调查内容:本次现场调查时间为2015年3月2～9日,每天的调研地点和调研内容如表3-34所示。

表3-34 调研行程及内容

时间	地点	内容
3月2日上午	咸阳市渭城区	现场调研,主要项目如下: 主要河流:渭河干流、沣河; 堤防标准,堤防历史溃决位置及险工险段;
3月2日下午	咸阳市秦都区	区内典型排水河道、干渠; 区内典型水利工程,包括控导工程、涵洞、闸门等; 区内主要道路
3月3日	西安市未央区灞桥区	现场调研,主要项目如下: 主要河流:渭河干流、泾河、灞河; 堤防历史溃决位置及险工险段;
3月4日	西安市高陵区临潼区	区内典型水利工程; 区内主要道路
3月5日	渭南市临渭区	现场调研,主要项目如下: 主要河流:渭河干流、石川河、南山支流; 堤防历史溃决位置及险工险段;
3月6日	华县华阴市	区内典型排水河道、干渠,包括二华排水干沟等; 区内典型水利工程; 区内主要道路
3月9日	大荔县潼关县	现场调研,主要项目如下: 主要河流:渭河干流、洛河; 堤防历史溃决位置及险工险段; 区内典型排水河道、干渠; 区内典型水利工程,包括桥梁、涵洞、闸门等; 区内主要道路

(2)调查方式:资料收集、专家座谈、实地考察。

8. 相关规划、研究成果

(1)《陕西省三门峡库区渭、洛河下游治理规划》(1990年)。

(2)《陕西省渭河中游干流防洪工程建设可行性研究报告》(2000年)。

(3)《渭洛河下游近期防洪工程建设可行性研究报告》(2005年)。

（4）《三门峡库区陕西返迁移民防洪保安工程可行性研究报告》(2005年)。

（5）《陕西省渭河流域综合规划》(2010年)。

（6）《陕西省渭河全线整治规划及实施方案》(2011年)。

（7）《泾河流域综合规划》(2012年)。

（8）《渭南市南山支流防洪工程规划报告》(2013年)。

（9）《陕西省渭河防洪治理工程可行性研究报告》(2013年)。

（10）《渭河流域基础资料手册》。

9. 资料成果概要总结

按照《洪水风险图编制导则》(SL 483—2010)和《洪水风险图编制技术细则(试行)》的要求,多方收集购买资料,与相关单位积极开展联系和沟通,收集到水文泥沙及设计洪水资料、历史洪水及洪水灾害资料、基础地理资料、防洪工程涉河建筑物及工程调度资料、社会经济资料、补充测量等基础资料,并对资料进行"三性"审查,保证资料质量。

1) 水文泥沙及设计洪水资料

收集了渭河下游防洪保护区涉及的水文站、水位站、雨量站资料;统计了1933年、1954年咸阳站、临潼站、华县站、张家山站典型洪水的流量系列,统计了1970年耀县站、1994年洑头站、1998年罗敷堡站典型洪水的流量系列,统计了2005年、2011年、2013年咸阳站、临潼站、华县站、桃园站、秦都镇站、马渡王站、南荣华站、龙门站、潼关(八)站的洪水要素资料。根据2003~2014年实测水位、流量数据,定线确定了下边界控制站的水位流量关系。综合了渭河干支流各类防洪规划成果,提出渭河干支流设计洪水洪峰流量。这些资料摘自水文年鉴或各类防洪规划,资料准确可靠,为设计洪水复核计算提供依据。

2) 历史洪水资料

收集到1933年、1954年、1968年、1973年、1981年、1992年、1994年、1996年、2000年、2003年、2005年、2011年的历史洪水资料。根据洪水计算方案,补充统计了1970年、1998年以及2013年的洪水资料。资料均来自陕西省江河水库管理局档案室,资料可靠、真实,为洪水计算提供了依据。

3) 基础地形图

收集到覆盖渭河下游防洪保护区洪水计算范围1:5 000、1:10 000、1:50 000比例尺的地形图,DEM数据,DLG数据及影像资料,其中1:5 000地形图用于基础底图,1:10 000地形图用于防洪保护区范围基础地图的补充,1:50 000地形图用于防洪保护区外部范围避险转移路线及人口安置的补充工作底图。不同比例尺地形图可以完整覆盖渭河下游防洪保护区及其外部范围,能够满足制图及计算需要。地图数据来源于陕西省测绘局及陕西省江河水库管理局,资料来源可靠。

4) 工程资料

统计了渭河下游南、北两岸防洪保护区的河道堤防防洪标准及长度;统计了渭河下游河道渭淤37~渭淤1、汇淤1、黄淤40~黄淤41、潼关(八)等断面2005年、2011年、2013年汛前及2014年汛后的断面资料,并在渭淤37至西宝高速之间新增2个断面,进行了补充测量;统计了南山支流河口闸的基本情况;根据堤防历史决口情况,列出了险工险段部位;统计了防洪保护区内影响洪水演进的桥梁、涵洞情况。这些资料一部分摘自河道管理单位,一部分通过补充测量获得,资料均准确可靠。

5)社会经济资料

以乡(镇)为统计单位,收集到洪水风险图制作对象区域范围内的 2013 年的人口、耕地面积、农业产值、村庄个数及户数、粮食总产量、工业产值、重要基础设施、重点防洪保护对象、统计年鉴、国民经济和社会发展的有关规划资料等。为确保资料的精确性和完整性,同时收集沿渭各区县以村为单位的人口数据,包括村庄户数、户籍人口、常住人口、村庄总面积等。社会经济资料来源于各市(县)统计局及派出所,数据可靠完整,能够满足后续计算需要。

6)补充测量资料

对 2011 年渭河堤防整治后堤防位置、高程、河口桥及取土造成的局部河道地形变化、区域性地形变化和新增小区、新建的高出地面 0.5 m 以上的公路和铁路等线状地物、河道工程及涉河建筑物、涵洞及附属物等进行测量,形成完整的测量报告及图纸。专业测量人员操作规范,熟悉渭河下游地形,无漏测现象,测量资料准确可靠,对原有资料可有效补充更新,确保此次工作底图为最新地图。

3.3.2 设计洪水复核计算

3.3.2.1 设计洪水成果复核计算

1.一维水动力模型干、支流水文站设计洪水计算

1)计算水文站点及典型年选取

根据计算方案,一维水动力模型分咸阳西宝高速桥—临潼水文站、临潼水文站—华县水文站、华县水文站—潼关(八)水文站三段分别建立,三段模型的概化图见图 3-10 ~ 图 3-12。

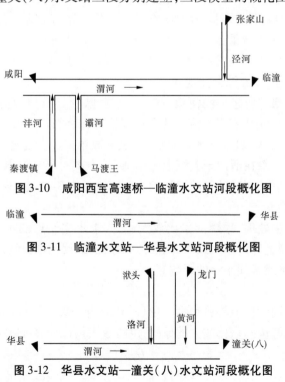

图 3-10　咸阳西宝高速桥—临潼水文站河段概化图

图 3-11　临潼水文站—华县水文站河段概化图

图 3-12　华县水文站—潼关(八)水文站河段概化图

根据河段概化图可知:

(1)咸阳西宝高速桥—临潼水文站河段模型:为单一河道模型,上边界以咸阳站为入流

站,下边界以临潼站为出流站,同时考虑泾河、沣河及灞河入汇,其中泾河张家山站、沣河秦渡镇站及灞河马渡王站为支流入汇输入资料的参考站点。

(2)临潼水文站—华县水文站河段模型:为单一河道模型,上边界以临潼站为入流站,下边界以华县站为出流站,区间内部不考虑支流入汇。

(3)华县水文站—潼关(八)水文站河段模型:为分汊河道模型,其中将黄河小北干流作为干流、渭河下游干流作为支流处理。上边界分别以黄河龙门站及渭河华县站为入流站,下边界以潼关(八)站为出流站,同时考虑洛河入汇,其中洛河湫头站为区间入汇输入资料的参考站点。

结合洪水来源分析成果,渭河干流河道一维洪水演进计算的典型洪水选择,泾河口以上河段考虑"54"型来水,泾河口以下河段考虑"33"型来水。

2)设计洪水计算方法

(1)设计洪水频率。

在防洪治理方面,渭河干支流各类防洪规划成果丰硕。

其中,渭河干流于1990年编制了《陕西省三门峡库区渭、洛河下游治理规划》(1990年),1996年国家计划委员会以农经〔1996〕843号文进行了批复;2000年编制了《陕西省渭河中游干流防洪工程可行性研究报告》,2000年6月水利部水利水电规划设计总院对该报告进行了审查;2005年编制了《渭洛河下游近期防洪工程建设可行性研究报告》,2006年3月水利部以水规计〔2006〕15号文下发了审查意见;2000年编制了《三门峡库区陕西返迁移民防洪保安工程可行性研究报告》,因2003年渭河下游重大洪灾而对其进行修改,于2005年修改完成,并改名为《三门峡库区陕西返迁移民防洪保安近期工程建设可行性研究报告》,2006年4月水利部以水规计〔2006〕109号文下发了审查意见。另外,以流域综合治理为主,先后编制了《渭河流域重点治理规划》(2005年12月国务院批复)、《陕西省渭河流域综合规划》(2010年编制)、《陕西省渭河全线整治规划及实施方案》(陕西省政府常务会议2010年第23次审议通过)等综合性规划。

支流防洪规划成果主要包括泾河流域防洪规划、陕西省石川河流域综合规划报告(陕西省水利厅审查通过)、陕西省洛河流域综合规划报告(陕西省水利厅审查通过)、泾河东庄水利枢纽工程项目建议书(2014年12月国家发展和改革委员会批复)。

考虑到上述设计成果在渭河干支流上运用情况,本次对干支流各水文站的设计洪水成果仍采用已有成果,其中,支流站点的设计洪水频率详见表3-35、表3-36。

(2)设计洪水过程。

对设计洪水过程的处理,采用同倍比放大法,推求水文站点的不同频率的设计洪水过程。其中,对于在支流上游的水文站点,如泾河张家山站、洛河湫头站,需考虑站点—入渭口的传播时间、流量衰减或区间来水的影响。

①放大倍比。

洪水过程采用不同倍比值将典型洪水过程(1933年、1954年)放大,并进行洪峰与设计值的对比分析。根据峰量同倍比放大的原则,洪峰放大倍比计算公式为

$$R_{Q_m} = Q_{mP}/Q_{mD} \tag{3-3}$$

式中:R_{Q_m}为放大倍比;Q_{mP}为设计洪峰流量,m^3/s;Q_{mD}为实测洪峰流量,m^3/s。

根据式(3-3)计算得1933年及1954年各站设计洪水放大倍比,详见表3-37、表3-38。

表 3-35　渭河干支流主要控制站设计洪水成果

河流	站名	项目	资料系列			统计参数			不同频率 P(%) 设计值(m³/s)			
			N	n	a	均值(m³/s)	C_v	C_s/C_v	1	2	5	10
渭河	咸阳	Q_m	72	37	1	3 470	0.53	3	9 700	8 570	7 080	5 910
	临潼	Q_m	72	30	1	5 060	0.50	4	14 200	12 400	10 100	8 350
	华县	Q_m	72	30	1	4 460	0.46	4	11 700	10 300	8 530	7 160
泾河	桃园	Q_m	129	38	2	3 010	1.01	3	15 400	12 600	9 090	6 580
	状头	Q_m	133	38	1	1 230	1.40	2.5	8 500	6 790	4 620	3 120
洛河	朝邑	Q_m	133	38	1	687	1.20	2.5	4 030	3 280	2 340	1 660
黄河	龙门	Q_m		38	1	10 100	0.58	3	30 400	26 600	21 600	17 900
	潼关	Q_m	210	47	1	8 880	0.56	4	27 500	23 600	18 800	15 200

注：黄委勘测设计院1990年完成的《陕西省三门峡库区渭、洛河下游治理规划》成果，各站洪峰、流量系列资料统计至1996年。

表 3-36　泾河张家山站设计洪水成果

项目	资料系列			统计参数			不同频率 P(%) 设计值(m³/s)				
	N	n	a	均值(m³/s)	C_v	C_s/C_v	1	2	5	10	20
Q_m	98	77	1	2 330	1.15	3	13 600	11 000	7 630	5 300	3 220

注：数据来自《泾河东庄水利枢纽工程项目建议书》成果。

表 3-37 1933 年各站设计洪水放大倍比

| 模型 | 计算项目 | 设计洪水频率 | | | | | 说明 |
		$P=1\%$	$P=2\%$	$P=5\%$	$P=10\%$	$P=20\%$	
咸阳—临潼	临潼实测流量(m³/s)	9 260	9 260	9 260	9 260	9 260	倍率放大参证站为临潼站
	临潼设计洪峰流量(m³/s)	14 200	12 400	10 100	8 350	6 600	
	倍比	1.53	1.34	1.09			
临潼—华县	临潼实测流量(m³/s)	9 260	9 260	9 260	9 260	9 260	倍率放大参证站为临潼站
	临潼设计洪峰流量(m³/s)	14 200	12 400	10 100	8 350	6 600	
	倍比	1.53	1.34	1.09			
华县—潼关(八)	华县实测流量(m³/s)	8 340	8 340	8 340	8 340	8 340	倍率放大参证站为华县站
	华县设计洪峰流量(m³/s)	11 700	10 300	8 530	7 160	5 750	
	倍比	1.40	1.24		0.86	0.69	

表 3-38 1954 年各站设计洪水放大倍比

| 模型 | 计算项目 | 设计洪水频率 | | | | | 说明 |
		$P=1\%$	$P=2\%$	$P=5\%$	$P=10\%$	$P=20\%$	
咸阳—临潼	临潼实测流量	8 000	8 000	8 000	8 000	800	倍率放大参证站为临潼站
	临潼设计洪峰流量(m³/s)	14 200	12 400	10 100	8 350	6 600	
	倍比	1.775	1.55	1.262 5			
临潼—华县	临潼实测流量(m³/s)	8 000	8 000	8 000	8 000	8 000	倍率放大参证站为临潼站
	临潼设计洪峰流量(m³/s)	14 200	12 400	10 100	8 350	6 600	
	倍比	1.775	1.55	1.262 5			
华县—潼关(八)	华县实测流量(m³/s)	7 660	7 660	7 660	7 660	7 660	倍率放大参证站为华县站
	华县设计洪峰流量(m³/s)	11 700	10 300	8 530	7 160	5 750	
	倍比	1.53	1.34		0.93	0.75	

②支流沿程衰减、区间来水影响分析。

由于河性不同,不同支流上游水文站传播至河口的过程中,支流沿程衰减与区间来水的共同作用下,流量过程往往表现出不同的变化特点。其中,大洪水发生时,泾河张家山站传播至入渭口处,区间来水一般大于沿程衰减,表现为沿程流量变大;洛河洑头站传播至入渭口处,沿程衰减一般大于区间来水,表现为沿程流量变小。

根据上述特性,分别开展泾河、洛河沿程衰减与区间来水的影响分析。

泾河张家山站下游泾阳县旭东乡桃园村处有桃园水文站,可作为泾河流域出口的控制站点,点绘 2000 年以来张家山与桃园历年最大洪峰流量,得出图 3-13 中标示的关系式:

$$Q_{桃园} = 1.296\,4Q_{张家山} - 327.94 \tag{3-4}$$

将泾河张家山站洪水过程处理为泾河入渭口处的洪水过程时,根据式(3-4)推算泾河入渭口的洪水过程。

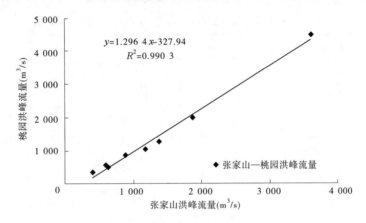

图 3-13 张家山与桃园历年最大洪峰流量关系

洛河洑头站下游荔县朝邑镇王玉村处有朝邑水文站(2000 年以后改为水位站),可作为洛河流域出口的控制站点,点绘 1990～1999 年洑头与朝邑历年最大洪峰流量,得出图 3-14 中标示的关系式:

$$Q_{朝邑} = 0.289\,9Q_{洑头} + 203.67 \tag{3-5}$$

将洛河洑头站洪水过程处理为洛河入渭口处的洪水过程时,当洪水漫滩后,根据式(3-5)推算洛河入渭口的洪水过程。

表 3-39 给出了渭河干支流各控制站点不同洪水量级洪水的平均传播时间。根据表 3-39 整理出支流各主要站点至入渭口的平均传播时间,详见表 3-40。

值得指出的是,本节所述设计洪水成果中,渭河下游"33"型及"54"型洪水各站 50 年一遇、100 年一遇设计洪水过程成果已经过专家审查和批复,本书中直接采用。

③设计洪水成果。

渭河下游"33"型洪水,咸阳、临潼、华县、张家山各站 50 年一遇、100 年一遇设计洪水过程如图 3-15～图 3-18 所示。

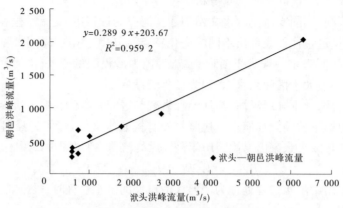

$y = 0.289\ 9\ x + 203.67$

$R^2 = 0.959\ 2$

◆ 洑头—朝邑洪峰流量

图 3-14　洑头与朝邑历年最大洪峰流量关系

表 3-39　干支流各控制站不同洪水量级洪水的平均传播时间

河名	站名	距离(km)	流量级(m³/s)	平均传播时间(h)
黄河	龙门—潼关	125.8	< 5 000	14 ~ 16
			5 000 ~ 10 000	13
			> 10 000	12
渭河	秦渡镇—临潼	85.6	≤ 500	9 ~ 12
			> 500	8
	马渡王—临潼	49.7	≤ 1 000	6 ~ 8
			> 1 000	5
泾河	张家山—桃园	48.8	< 2 000	5 ~ 7
			2 000 ~ 4 000	4
			≥ 4 000	5 ~ 6
	张家山—临潼	74.9	< 2 000	7 ~ 10
			2 000 ~ 8 000	5 ~ 7
洛河	洑头—朝邑	107.6	> 2 000	17 ~ 22
	洑头—南荣华	74.8	< 1 000	12 ~ 16
			1 000 ~ 2 000	10
			> 2 000	8
	南荣华—朝邑	32.8	< 1 000	8 ~ 10
			1 000 ~ 2 000	12
			> 2 000	16

表 3-40　支流各控制站至入渭口的平均传播时间

河流	水文站	至入渭口传播时间(h)
沣河	秦渡镇	6
灞河	马渡王	6
泾河	张家山	6
	桃园	0
洛河	洑头	24
	南荣华	16
黄河	龙门	13

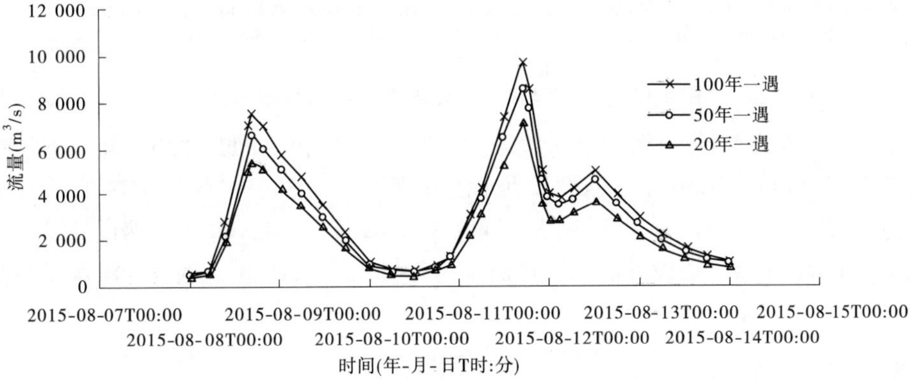

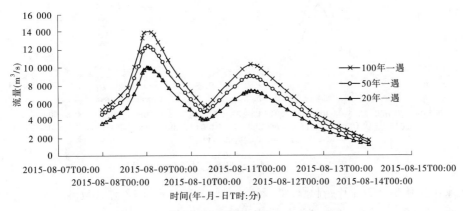

图 3-15　"33"型洪水咸阳站设计洪水过程

图 3-16　"33"型洪水临潼站设计洪水过程

　　咸阳站从 8 月 8 日开始起涨,第一次洪峰到达时间为 8 月 8 日 17 时,100 年一遇设计洪水洪峰流量为 7 390 m³/s,50 年一遇设计洪水洪峰流量为 6 530 m³/s,20 年一遇设计洪水洪峰流量为 5 390 m³/s。第二次洪峰到达时间为 8 月 11 日 17 时,100 年一遇设计洪水洪峰流量为 9 700 m³/s,50 年一遇设计洪水洪峰流量为 8 570 m³/s,20 年一遇设计洪水洪峰流量为 7 080 m³/s。

临潼站从 8 月 8 日开始起涨,第一次洪峰到达时间为 8 月 9 日 0 时,100 年一遇设计洪水洪峰流量为 14 200 m³/s,50 年一遇设计洪水洪峰流量为 12 400 m³/s,20 年一遇设计洪水洪峰流量为 10 100 m³/s。第二次洪峰到达时间为 8 月 11 日 9 时,100 年一遇设计洪水洪峰流量为 10 400 m³/s,50 年一遇设计洪水洪峰流量为 9 030 m³/s,20 年一遇设计洪水洪峰流量为 7 360 m³/s。

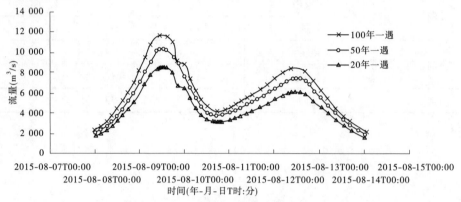

图 3-17 "33"型洪水华县站设计洪水过程

华县站从 8 月 8 日开始起涨,第一次洪峰到达时间为 8 月 9 日 11 时,100 年一遇设计洪水洪峰流量为 11 700 m³/s,50 年一遇设计洪水洪峰流量为 10 300 m³/s,20 年一遇设计洪水洪峰流量为 8 530 m³/s。第二次洪峰到达时间为 8 月 12 日 12 时,100 年一遇设计洪水洪峰流量为 8 400 m³/s,50 年一遇设计洪水洪峰流量为 7 450 m³/s,20 年一遇设计洪水洪峰流量为 6 120 m³/s。

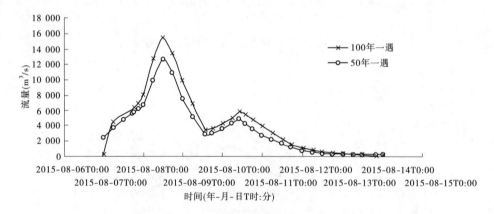

图 3-18 "33"型洪水张家山站设计洪水过程

张家山站从 8 月 7 日开始起涨,洪峰到达时间为 8 月 8 日 12 时,100 年一遇设计洪水洪峰流量为 15 400 m³/s,50 年一遇设计洪水洪峰流量为 12 600 m³/s。

渭河下游"54"型洪水,咸阳站、临潼站、华县站、张家山站 50 年一遇、100 年一遇设计洪水过程如图 3-19 ~ 图 3-22 所示。

咸阳站"54·8"洪水洪峰到达时间为 8 月 18 日 10 时,100 年一遇设计洪水洪峰流量为 9 700 m³/s,50 年一遇设计洪水洪峰流量为 8 570 m³/s,20 年一遇设计洪水洪峰流量为 7 080 m³/s。

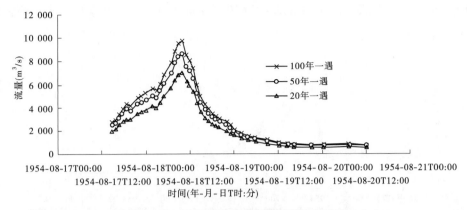

图 3-19   "54"型洪水咸阳站设计洪水过程

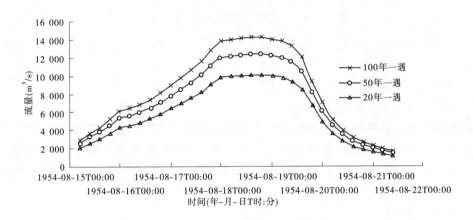

图 3-20   "54"型洪水临潼站设计洪水过程

临潼站"54·8"洪水洪峰到达时间为 8 月 18 日 19 时 30 分,100 年一遇设计洪水洪峰流量为 14 200 m³/s,50 年一遇设计洪水洪峰流量为 12 400 m³/s,20 年一遇设计洪水洪峰流量为 10 100 m³/s。

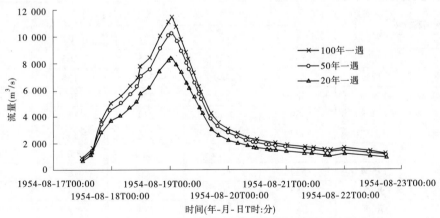

图 3-21   "54"型洪水华县站设计洪水过程

华县站"54·8"洪水洪峰到达时间为 8 月 19 日 1 时,100 年一遇设计洪水洪峰流量为

11 400 m^3/s,50 年一遇设计洪水洪峰流量为 10 300 m^3/s,20 年一遇设计洪水洪峰流量为 8 530 m^3/s。

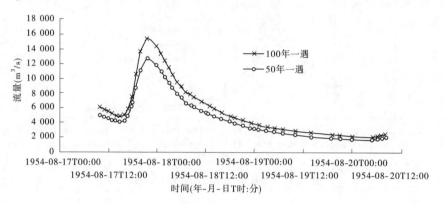

图 3-22 "54"型洪水张家山站设计洪水过程

张家山站"54·8"洪水洪峰到达时间为 8 月 17 日 21 时 45 分,100 年一遇设计洪水洪峰流量为 15 400 m^3/s,50 年一遇设计洪水洪峰流量为 12 600 m^3/s。

2.二维水动力模型支流设计洪水计算

1)溃口支流及典型年选取

根据计算方案设置,北岸拟发生溃口的支流包括泾河、洛河;南岸拟发生溃口的支流包括赤水河、遇仙河、石堤河、罗纹河、方山河、罗敷河、柳叶河、长涧河等共计 8 条南山支流。

结合洪水来源分析成果,泾河选取 1933 年洪水为典型年洪水,洛河选取 1994 年洪水为典型年洪水,罗敷河选取 1998 年洪水为典型年洪水。

2)设计洪水频率

参考《渭南地区暨铜川市实用水文手册》中的经验公式法,《三门峡库区渭洛河下游防洪续建工程可行性研究》报告给出了各南山支流入渭口不同频率的设计洪峰流量。本书根据罗敷堡站的设计洪水成果,插补得各南山支流 100 年一遇的设计洪峰流量,得表 3-41。

表 3-41 南山支流设计洪峰流量成果

支流/站点名称	流域面积（km^2）	不同 P（%）设计值（m^3/s）				
		1	2	5	10	20
赤水河	300	856	671	455	305	177
罗敷堡	122	473	369	240	155	86
遇仙河	129.5	486	382	259	174	101
石堤河	134.8	439	344	234	157	91
罗纹河	91.7	387	303	206	138	80.2
方山河	11.9	98.5	77.2	52.4	35.1	20.4
罗敷河	145.4	527	413	280	188	109
柳叶河	90.5	383	300	204	137	79
长涧河	76.8	343	269	183	122	71.2

注:1.数据来自《三门峡库区渭洛河下游防洪续建工程可行性研究》报告成果。

2.支流入渭口处 100 年一遇洪峰流量根据罗敷堡站插补计算而得。

3) 设计洪水过程

渭河下游南山支流发源于秦岭北麓,受汛期强降雨、渭河河床淤积及渭河洪水倒灌顶托等的影响下,南山支流洪涝灾害频发。但 12 条南山支流中有 9 条无水文站点,难以开展水动力法的河道洪水演进计算。因此,无站点南山支流直接借用罗敷河 1998 年洪水进行面积比拟法处理为本河原型洪水;在计算分析堤防溃口的洪水过程时,使用河道流量的分流比来计算进入淹没区的洪水过程。北岸部分支流的处理原则与南山支流相同。

其他有控制站点的支流,根据控制断面不同频率洪水过程的水深变化,仍采用堰流公式进行溃口流量计算。

(1)有水文站点支流。

以泾河 100 年一遇洪水为例,根据 1933 年泾河张家山站 100 年一遇洪水设计流量过程,结合断面实测大洪水的平均流速资料,推求桃园断面滩面的水深变化过程,根据该水深变化过程,结合溃口断面堤防的临背差,采用堰流公式计算各时刻的溃口流量值。堰流计算公式为

$$Q = m\sigma B \sqrt{2gH_0} \tag{3-6}$$

式中:Q 为堰流流量,m^3/s;m 为流量系数;σ 为淹没系数;B 为口门宽度,m;H_0 为堰顶平均水头,m。

(2)无水文站点支流。

无水文站点南山支流主要指赤水河、遇仙河、石堤河、罗纹河、方山河、柳叶河、长涧河 7 条南山支流。对上述各支流的溃口流量的计算,按以下步骤展开:

①采用面积比拟法,以罗敷堡站 1998 年洪水为原型,根据各支流入渭口的流域面积与罗敷堡站控制的流域面积为倍比,放大罗敷堡站 1998 年洪水过程,作为该支流河口处的原型洪水。

②根据表 3-41 中的设计洪水成果,采用同倍比放大法,分别放大本河入渭口处的原型洪水过程,得不同频率下各支流入渭口处的设计洪水过程。

③综合南山支流历史实测溃口流量,与合理考虑洪水风险的分析下,南山各支流分流比取 0.7,即各支流入渭口处不同频率的设计洪水过程乘以 0.7,即得支流溃口流量过程。

值得指出的是,罗敷河与洛河虽有水文控制站点,但其本河堤防溃口的流量过程仍采用河道流量的分流比法进行推算,其中罗敷河分流比为 0.7,洛河分流比为 0.25。

对上述支流分流比的选取,主要依据如下:

①南山支流本河来水的洪水过程,其洪峰流量不大,但暴涨暴落,加之支流河口段堤防临背差大,又可能受到渭河洪水的倒灌、顶托作用,一旦支堤溃决,溃口流量会较大,会造成较大的洪灾损失。从典型洪水实际发生溃决情况看,二华南山支堤溃口的分流比一般为 0.5~0.8。

这里以遇仙河为实例,采用一维水动力模型及宽顶堰公式对溃口流量过程进行计算,进而计算其分流比,以便从模型计算角度对南山支流堤防溃决的河道分流比做进一步论证。

Ⅰ.计算方法。

采用河道一维水动力模型 MIKE 11 计算遇仙河峪口外河道的洪水位过程,然后结合给定的溃口宽度、溃口底高等计算参数,采用宽顶堰公式计算遇仙河东堤老公路桥南溃口处的流量过程,计算公式见式(3-6)。

Ⅱ.计算条件。

遇仙河峪口外河道地形采用2011年实测横断面资料,断面间距100 m,共计50个计算断面,河道横断面平面位置分布见图3-23。

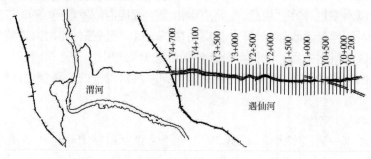

图3-23　遇仙河峪口外河道横断面平面位置分布

上边界条件采用遇仙河50年一遇设计洪水过程。

下边界考虑两种情况:情况一,参考"98・7"罗敷河溃决时的河道水情,在现状河道条件下,渭河干流河道流量1 100 m³/s时遇仙河口断面(Y4 +700)对应的水位值为345.50 m,当本河来水出口断面水位值低于345.50 m时取345.50;当本河来水出口断面水位值高于345.50 m时取本河来水水位值。情况二,考虑渭河洪水的顶托作用,在现状河道条件下,采用渭河干流河道5 000 m³/s流量时,遇仙河口断面(Y4 +700)对应的水位值346.05 m作为下边界条件。

溃口宽度按照计算方案取50 m,溃口底高根据遇仙河东堤老公路桥南溃口所在河道断面Y0 –100的横断面图(见图3-24)取遇仙河东堤保护区地面高程348.0 m。

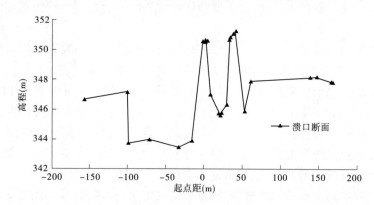

图3-24　遇仙河东堤老公路桥南溃口所在河道断面 Y0 –100 横断面图

Ⅲ.计算成果分析。

根据上述计算条件与计算方法,两种下边界条件下,溃口断面河道水位过程基本一致(见图3-25及表3-42),表明在现状河道地形条件下,渭河干流流量为5 000 m³/s时,其倒灌顶托作用对遇仙河老公路桥南溃口断面无影响,应主要考虑本河来水造成的洪水风险。根据遇仙河溃口断面河道水位计算过程推求遇仙河老公路桥南东堤溃口溃决的流量过程,见图3-26。由分析计算成果可知,溃口所在河道断面洪峰流量为382 m³/s,其溃决洪峰流量为233 m³/s,分流比为61.1%。

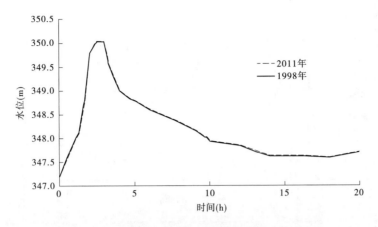

图 3-25　遇仙河老公路桥南东堤溃口断面河道水位过程

表 3-42　遇仙河老公路桥南东堤溃口断面河道水位过程

时间（h）	2011 年水位（m）	1998 年水位（m）	时间（h）	2011 年水位（m）	1998 年水位（m）
0	347.20	347.20	10.5	347.91	347.90
0.5	347.60	347.59	11.0	347.89	347.88
1.0	347.94	347.93	11.5	347.86	347.86
1.5	348.48	348.47	12.0	347.84	347.84
2.0	349.66	349.66	12.5	347.78	347.78
2.5	350.01	350.01	13.0	347.71	347.71
3.0	350.03	350.03	13.5	347.67	347.66
3.5	349.41	349.41	14.0	347.62	347.62
4.0	349.01	349.01	14.5	347.62	347.61
4.5	348.87	348.87	15.0	347.62	347.61
5.0	348.79	348.79	15.5	347.62	347.61
5.5	348.70	348.69	16.0	347.62	347.61
6.0	348.60	348.59	16.5	347.61	347.60
6.5	348.53	348.53	17.0	347.60	347.59
7.0	348.46	348.46	17.5	347.59	347.58
7.5	348.40	348.39	18.0	347.58	347.57
8.0	348.32	348.32	18.5	347.61	347.60
8.5	348.25	348.25	19.0	347.64	347.64
9.0	348.18	348.17	19.5	347.67	347.67
9.5	348.07	348.07	20.0	347.70	347.70
10.0	347.95	347.94			

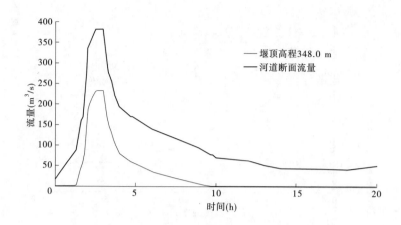

图3-26 遇仙河老公路桥南东堤溃口溃决流量过程

结合上述计算成果,在综合分析南山支流历史洪灾分流状况的基础上,认为南山支流本河来水的分流比采用0.7较为适宜。

②洛河下游河漫滩宽阔,大洪水期间滩面水深小,根据堰流公式推算,溃口流量也相对较小。参考2003年石堤河口东堤溃决的实际情况,华县站2003年实测洪峰流量为3 540 m³/s,还原流量为4 730 m³/s,即溃口洪峰流量达1 190 m³/s,根据洪峰流量计算分流比为0.25。洛河下游堤防溃决与2003年石堤河口东堤溃决有一定的相似性,主要表现在河道形态、洪水过程等方面:洛河下游与渭河下游为典型的复式断面,滩槽宽度比与渭河下游接近;洛河下游与渭河下游河曲发育,河床不稳定,为典型的游荡性河道;由于河道淤积,洛河下游及渭河下游河床抬高,泄洪能力降低,排水受阻;洛河及渭河暴雨洪水特征明显,洪水集中在夏季,皆为高含沙河流,洪水过程特征较为相似。参照上述分析,洛河堤防溃决时,溃口分流比定为0.25。

3.3.2.2 设计洪水采用

本次设计洪水过程的选取,渭河干流泾河口以上河段,采用"54"型洪水,以临潼站为参证站,采用同倍比放大法得出咸阳站的设计洪水过程,其中咸阳站、临潼站100年一遇设计洪水洪峰流量分别为12 800 m³/s、14 200 m³/s。泾河口以下河段,采用"33"型洪水,泾河口—华县河段以临潼站为参证站,华县下游以华县站为参证站,采用同倍比放大法得出临潼站、华县站的设计洪水过程,其中临潼站、华县站百年一遇设计洪水洪峰流量分别为14 200 m³/s、11 700 m³/s。

3.3.3 现场调查与补充测量

3.3.3.1 现场调查

1. 调查目的

根据陕西省洪水风险图编制项目安排,为了做好渭河下游南、北两岸保护区的洪水风险图编制工作,项目承担单位北京中水利德科技发展有限公司对渭河下游南、北两岸保护区的现场实际情况开展实地调研。通过调研准确把握区域情况和洪水特性,并收集洪水风险图编制所需基础资料,为后续洪水风险分析、洪水风险图绘制等工作奠定基础。

2.调查方式

1)资料收集

通过调研,主要收集渭河下游南、北两岸防洪保护区洪水风险图编制所需的水文泥沙及设计洪水资料、防洪工程、涉河建筑物及工程调度资料、基础地理资料、社会经济资料、洪水灾害资料等。

2)专家座谈

在调研的过程中,与当地熟悉情况的领导和专家进行座谈,就当地防洪工程、险工险段及可能溃口的位置和历史洪水等重要情况进行咨询了解,听取领导和专家的意见与建议。

3)实地考察

在通过座谈取得了一定认识的基础上,进行实地考察调研。重点考察重要的险工险段以及对行洪有重要影响的地区,并随时记录考察过程,对重点地区进行拍照,现场商讨相关方案。

3.现场调查相关成果

(1)渭河下游南、北两岸防洪保护区水系众多,河道内情况复杂,对整个区域进行洪水分析,需要对渭河干流进行重点考虑,对沣河、灞河、泾河、石川河、洛河及南山支流等河流进行概化;同时需考虑区域内二华排水干沟的导水作用,也需要关注流域内的零河、沈河、箭峪、涧峪、桥峪、吉家河、小夫峪、蒲峪等水库的影响。

(2)渭河下游堤防工程已按渭河全线整治规划基本建成,河道防洪能力有一定提高。但穿堤建筑物多,险工险段多,在制订计算方案时,需要重点考虑。河道内滩地大部分都是农田,加之部分河段清障工作尚未完成,对行洪会造成影响。

(3)陕西省江河水库管理局于2011年已经完成了渭河干流及其周边的地理数据的测绘工作,可为渭河下游南、北两岸防洪保护区二维模型的建立提供数据支撑。

(4)结合现场调查,需对保护区相关区域开展补充测量。主要内容为渭河整治后堤防位置、区域性地形变化、新建的高出地面0.5 m以上的线状地物、道路涵洞定位等。

(5)渭河保护区内路网非常发达,沿途普通铁路、高速路、国道和省道密布,对区域内高于地面的交通线状物,将其作为挡水建筑物处理。目前这方面资料较少,需要对其进行重点收集。如果有必要则需开展采样补测工作。

(6)渭河保护区内人口密集、城镇密布,在设计洪水计算方案时需充分考虑其影响和损失。

(7)从收集到的数据看,区域内渭南市各区(县)部分统计年鉴缺少行政村的统计数据,不利于开展洪水影响分析和损失评估工作,需要与各区(县)统计部门联系补充收集以行政村为单位的统计数据。同时,需要与各级防办协调联系,重点收集近些年来的灾情报表数据和洪水淹没资料。

(8)经过座谈和资料整理,已了解到本区域的各区(县)均已编制了防汛应急预案,防洪预案中有避险转移的内容;后续需收集西安市及渭南市防洪保护区范围内各个区(县)的避险转移方案。

（9）本地区河流水系、社会经济和基础资料情况比较复杂，设置的溃口和分析方案较多，任务繁重而艰巨。

3.3.3.2 补充测量

1.补充测量主要内容

补充测量主要内容包括以下几个方面：

（1）2011年渭河堤防整治后堤防位置、高程、河口桥及取土造成的局部河道地形变化。

（2）2011年以后出现的区域性地形变化和新增小区。

（3）2011年以后新建的高出地面0.5 m以上的公路、铁路等线状地物、河道工程及涉河建筑物等，如桥梁、水闸、涵闸、泵站。

（4）影响洪水演进的高出地面0.5 m以上的道路涵洞定位测量。

（5）避水减灾设施及通信预警设施，如避水楼、安全楼、避水台、庄台、通信基站、卫星地面接收站、视频监控点、预警设施。

（6）2015年现状西宝高速桥以下—渭河入黄口渭河河道大断面。

（7）西宝高速桥以下—渭河入黄口跨渭河大桥桥梁名称、桥长、桥宽、两堤肩内桥墩数量与尺寸、主跨长度、与堤防交叉形式、防洪标准与桥面高程、堤顶处梁底高程、桥位滩面高程等特征指标调查与高程。

结合现场调查，对如下区域2011年以来的新变化应特别重视。

1）大荔县

（1）省道221渭洛河大桥及保护区内道路。

（2）韦庄至罗敷高速公路渭河桥（陈村与苏村之间）及保护区内道路。

2）华阴市

（1）长涧河以东湖、长涧河至柳叶河湖、柳叶河至罗敷河湖之地形，以及长涧河东堤干沟以南约800 m处的分洪闸、柳叶河东堤干沟以南约300 m处的分洪闸、罗敷河东堤干沟以北处的分洪闸定位。

（2）省道221渭洛河大桥及保护区内道路。

（3）方山河至罗敷河之间华阴农场新建的2处养牛场。

3）华县

（1）罗纹河至石堤河之间正在建设的湖区地形，罗纹河西堤二华排水干沟北处的分洪闸定位。

（2）遇仙河、石堤河、罗纹河的支流河口闸定位。

4）临渭区

（1）渭河湿地景观（湿地泡），大西线高铁路线及保护区内道路。

（2）堤防裁弯改线段2处：白杨段、八里店段，两地间准备开发，现状地形的变化。

5）临潼区

（1）西咸北环线交通桥何寨至雨金段及保护区内道路，秦王二桥及保护区内道路，秦王一桥。

（2）渭北新城西区泵站及排水管道。

6）西安市

（1）新西铜高架桥,咸阳横桥及保护区内道路。

（2）堤后200 m绿化带,清水庄园西、福银高速公路桥东600 m北客站建设取土堆放的公园广播电视塔地形。

（3）经济开发区渭河堤防以南至北三环以北范围突出道路等。

7）咸阳渭城区

（1）咸阳横桥及保护区内道路。

（2）沿渭保护区新建道路等。

8）咸阳秦都城区

（1）南岸3号桥上下游钓台村等拆迁及新建小区,北岸西宝高速桥下4 km高坎处修堤、建公园绿地地形。

（2）咸阳湖区在建的渭水桥及保护区内道路。

2.补充测量方法

1）已有资料情况

（1）控制资料。

渭河咸阳西宝高速桥至潼关入黄口段主要为三门峡库区,有黄委施测的C级、D级平面控制点、库区环湖水准点（三等）、库区淤积测验布设的五等平面、高程点。各桩志大部分保存完好,作为本次GPS RTK图根控制测量时参数求解、基站架设、控制点校核使用。

（2）地形图资料。

本次使用2011年渭河咸阳西宝高速桥至潼关入黄口段渭河保护区内1∶5 000地形图,供技术方案设计及工地施测安排、调度使用。

2）采用的坐标高程系统

平面采用1980西安坐标系（高斯正形投影3°分带,咸阳西宝高速桥至渭南沙王大桥区间,中央子午线为108°。渭南沙王大桥至渭河入黄口区间,中央子午线为111°）,高程采用1985国家高程基准。堤防测量比例尺为1∶5 000,等高距为1 m。

3）项目技术要求

（1）作业依据。

①《水利水电工程测量规范》（SL 197—2013）;

②《全球定位系统实时动态测量（RTK）技术规范》（CH/T 2009—2010）;

③《测绘技术设计规定》（CH/T 1004—2005）;

④《测绘技术总结编写规定》（CH/T 1001—2005）。

（2）控制测量。

利用三门峡库区黄委布设的C、D级点,直接进行堤防及其他附属物测量,个别地段若控制点间距超过5 km,视情况加密临时图根控制点。图根控制测量要求如下:

①图根控制测量采用GPS RTK方法,作业按规定填写:参考点的转换残差及转换参数表、RTK基准站观测手簿。

②使用D级GPS控制点成果求解RTK所需的转换参数。外业按照测区实际情况,分

区域求解转换参数。区域间在选择求解参数时与相邻区域有至少两个以上的重合点。平面坐标转换残差不大于±35 cm,高程拟合残差不大于8.3 cm。

③选择环境比较好(开阔、无电磁干扰、具有良好控制作用)的控制点架设参考站。

④流动站与参考站之间的距离一般不超过10 km。

⑤每次架设参考站后,将流动站在控制点上进行坐标、高程检测,方可开始RTK作业。所有检测结果列表统计。

⑥每个图根点测量两次,取两次测量的中数作为本点的最终成果。两次测量点位较差不大于0.1 m,高程较差不大于1/10基本等高距(0.1 m),否则本点重测。

(3)堤防测量。

堤防测量采用GPS RTK方法。

①转换参数求解。

使用D级GPS控制点成果求解RTK所需的转换参数。外业按照测区实际情况,分区域求解转换参数。区域间在选择求解参数时与相邻区域有至少两个以上的重合点。平面坐标转换残差不大于±35 cm,高程拟合残差不大于8.3 cm。

②堤防测量点编号。

堤防测量点编号按左、右堤防分别编号,左堤邻水坡脚、邻水堤肩、背水堤肩、背水坡脚,按ZLP1、ZLJ1、ZBJ1、ZBP1。右堤邻水坡脚、邻水堤肩、背水堤肩、背水坡脚,按YLP1、YLJ1、YBJ1、YBP1。各作业组可单独编号,点号自上游向下游依次顺序编号。

堤防测量点间距要求:堤防测量点最大间距为75 m,顺直段可适当放宽至100 m。

③堤防测量要求。

大堤加高培厚未成段,测定起止点坐标;2011年以后跨河桥梁,如新增的韦罗桥、渭淤23下游北环线桥、跨支流河口罗敷河、柳叶河桥梁、断堤支流口均应测定平面位置和高程。渭拦10以下河道大断面,北岸沿洛河围堤施测。

(4)成果整理。

①各作业组外业施测完成后,整理堤防纵断面成果。

②面向下游分左、右,左为"-",右为"+"。

③各作业组施测要保留原始记录并装订成册。

④在1:5 000地形图上依比例尺标绘实测堤线。

4)其他附属物测量

采用GPS RTK方法施测,对2011年后新增跨河桥梁、附属物进行测量。

3.补充测量成果

本次测量成果主要包括:①项目技术文档(技术设计、技术总结);②堤防纵断面成果表;③附属物测量成果表;④标绘堤线及附属物的1:5 000地形图。

表3-43是补充测量数据信息表,具体补充测量成果详见《渭河咸阳西宝高速桥至潼关入黄口段堤防测量技术总结报告》。

表 3-43　补充测量数据信息

序号	测量内容	测量范围	测量时间（年-月-日）	数据类型	坐标系	高程基准	图层名或文件名
1	堤防	渭河咸阳西宝高速桥至潼关入黄口段	2015-04-20	CASS	1980 西安坐标系	1985 国家高程基准	堤防
2	灞河河口桥	灞河河口	2015-04-20	CASS	1980 西安坐标系	1985 国家高程基准	桥梁
3	灞河下游排水口	灞河下游渔场排水涵洞	2015-04-20	CASS	1980 西安坐标系	1985 国家高程基准	穿堤涵洞
4	滨河西路	两寺渡南村附近	2015-04-20	CASS	1980 西安坐标系	1985 国家高程基准	道路
5	漕运明渠河口桥	漕运明渠河口	2015-04-20	CASS	1980 西安坐标系	1985 国家高程基准	桥梁
6	草滩八路	东龙村附近	2015-04-20	CASS	1980 西安坐标系	1985 国家高程基准	道路
7	拆迁居民地 - 1	西华路附近	2015-04-20	CASS	1980 西安坐标系	1985 国家高程基准	拆迁居民地
8	拆迁居民地 - 2	两寺渡南村附近	2015-04-20	CASS	1980 西安坐标系	1985 国家高程基准	拆迁居民地
9	拆迁居民地 - 3	曹家寨村附近	2015-04-20	CASS	1980 西安坐标系	1985 国家高程基准	拆迁居民地
10	拆迁居民地 - 4	南安村附近	2015-04-20	CASS	1980 西安坐标系	1985 国家高程基准	拆迁居民地
11	拆迁居民地 - 5	西龙村附近	2015-04-20	CASS	1980 西安坐标系	1985 国家高程基准	拆迁居民地
12	拆迁居民地 - 6	崔家村附近	2015-04-20	CASS	1980 西安坐标系	1985 国家高程基准	拆迁居民地
13	拆迁居民地 - 7	袁家村附近	2015-04-20	CASS	1980 西安坐标系	1985 国家高程基准	拆迁居民地
14	拆迁居民地 - 7	机场高速公路附近	2015-04-20	CASS	1980 西安坐标系	1985 国家高程基准	拆迁居民地
15	拆迁居民地 - 8	尚稷路与机场高速路专用机场路交叉处	2015-04-20	CASS	1980 西安坐标系	1985 国家高程基准	拆迁居民地
16	长庆东路	泾渭湿地附近	2015-04-20	CASS	1980 西安坐标系	1985 国家高程基准	道路
17	厂房 - 1	机场高速公路附近	2015-04-20	CASS	1980 西安坐标系	1985 国家高程基准	新建厂房
18	厂房 - 2	尚稷路附近	2015-04-20	CASS	1980 西安坐标系	1985 国家高程基准	新建厂房

序号	测量内容	测量范围	测量时间 （年-月-日）	数据 类型	坐标系	高程基准	图层名或 文件名
19	厂房－3	向阳大道附近	2015-04-20	CASS	1980 西安坐标系	1985 国家高程基准	新建厂房
20	厂房－4	梁村附近	2015-04-20	CASS	1980 西安坐标系	1985 国家高程基准	新建厂房
21	朝阳五路附近排污管涵	朝阳五路附近	2015-04-20	CASS	1980 西安坐标系	1985 国家高程基准	穿堤涵洞
22	大唐热力管道桥上游 50 m 处穿堤排污管涵	大唐热力管道桥上游 50 m 处	2015-04-20	CASS	1980 西安坐标系	1985 国家高程基准	穿堤涵洞
23	大西线高铁	小屯村至油陈村	2015-04-20	CASS	1980 西安坐标系	1985 国家高程基准	铁路
24	东渭阳村南穿堤涵管	东渭阳村村南	2015-04-20	CASS	1980 西安坐标系	1985 国家高程基准	穿堤涵洞
25	公园	店上村附近	2015-04-20	CASS	1980 西安坐标系	1985 国家高程基准	新建公园
26	机场高速公路桥上游 400 m 处排污管涵	机场高速公路桥上游 400 m 处	2015-04-20	CASS	1980 西安坐标系	1985 国家高程基准	穿堤涵洞
27	机场专用高速铺路	尚宏路北侧	2015-04-20	CASS	1980 西安坐标系	1985 国家高程基准	道路
28	机场专用高速下游 200 m 处穿堤排污管涵	机场专用高速下游 200 m 处	2015-04-20	CASS	1980 西安坐标系	1985 国家高程基准	穿堤涵洞
29	经电路	荣华小区附近	2015-04-20	CASS	1980 西安坐标系	1985 国家高程基准	道路
30	临潼区泵站	魏庄村附近	2015-04-20	CASS	1980 西安坐标系	1985 国家高程基准	泵站
31	零河河口桥	零河河口	2015-04-20	CASS	1980 西安坐标系	1985 国家高程基准	桥梁
32	鹿苑大道	上马渡和小庄子之间	2015-04-20	CASS	1980 西安坐标系	1985 国家高程基准	道路
33	鹿苑大桥	鹿苑大道	2015-04-20	CASS	1980 西安坐标系	1985 国家高程基准	桥梁
34	绿化带－1	机场高速公路附近	2015-04-20	CASS	1980 西安坐标系	1985 国家高程基准	绿化带

续表 3-43

序号	测量内容	测量范围	测量时间 (年-月-日)	数据 类型	坐标系	高程基准	图层名或 文件名
35	绿化带－2	草滩八路附近	2015-04-20	CASS	1980 西安坐标系	1985 国家高程基准	绿化带
36	南付村村南排污渠	南付村村南	2015-04-20	CASS	1980 西安坐标系	1985 国家高程基准	穿堤涵洞
37	南刘村村南废弃穿堤涵管	南刘村村南	2015-04-20	CASS	1980 西安坐标系	1985 国家高程基准	穿堤涵洞
38	秦宫二路	崔家村附近	2015-04-20	CASS	1980 西安坐标系	1985 国家高程基准	道路
39	秦王二号桥	东渭阳村以南	2015-04-20	CASS	1980 西安坐标系	1985 国家高程基准	桥梁
40	秦王路	东渭阳村	2015-04-20	CASS	1980 西安坐标系	1985 国家高程基准	道路
41	秦王一号桥	渭阳南村附近	2015-04-20	CASS	1980 西安坐标系	1985 国家高程基准	桥梁
42	秦王一号桥上游穿堤涵管	秦王一号桥上游	2015-04-20	CASS	1980 西安坐标系	1985 国家高程基准	穿堤涵洞
43	秦王一号桥下游侧排水口	秦王一号桥下游	2015-04-20	CASS	1980 西安坐标系	1985 国家高程基准	穿堤涵洞
44	取土区－1	尚稷路附近	2015-04-20	CASS	1980 西安坐标系	1985 国家高程基准	取土区
45	取土区－2	草滩二路附近	2015-04-20	CASS	1980 西安坐标系	1985 国家高程基准	取土区
46	上林大桥管理房处排污管涵	上林大桥管理房处	2015-04-20	CASS	1980 西安坐标系	1985 国家高程基准	穿堤涵洞
47	上林大桥管理房上游 100 m 处排污管涵	上林大桥管理房上游 100 m 处	2015-04-20	CASS	1980 西安坐标系	1985 国家高程基准	穿堤涵洞
48	尚稷路	清水庄园附近	2015-04-20	CASS	1980 西安坐标系	1985 国家高程基准	道路
49	湿地公园	尚稷路附近	2015-04-20	CASS	1980 西安坐标系	1985 国家高程基准	公园
50	天宇混凝土有限公司门口排污管涵	天宇混凝土有限公司门口	2015-04-20	CASS	1980 西安坐标系	1985 国家高程基准	穿堤涵洞

续表 3-43

序号	测量内容	测量范围	测量时间 （年-月-日）	数据 类型	坐标系	高程基准	图层名或 文件名
51	渭城区人民法院 附近排污管涵	渭城区人民法院附近	2015-04-20	CASS	1980 西安坐标系	1985 国家高程基准	穿堤涵洞
52	渭城区人民检察院 附近排污管涵	渭城区人民检察院附近	2015-04-20	CASS	1980 西安坐标系	1985 国家高程基准	穿堤涵洞
53	西安经济技术开发区 第一中学	草滩四路附近	2015-04-20	CASS	1980 西安坐标系	1985 国家高程基准	学校
54	西咸北环线 （两金村至何寨镇）	两金村至何寨镇	2015-04-20	CASS	1980 西安坐标系	1985 国家高程基准	道路
55	西咸北环线跨河桥 （在建）	粉刘村附近	2015-04-20	CASS	1980 西安坐标系	1985 国家高程基准	桥梁
56	咸阳朝阳一路附近 排污管涵	咸阳朝阳一路附近	2015-04-20	CASS	1980 西安坐标系	1985 国家高程基准	穿堤涵洞
57	咸阳加气站附近 穿堤排污管涵	咸阳加气站附近	2015-04-20	CASS	1980 西安坐标系	1985 国家高程基准	穿堤涵洞
58	咸阳金旭学校附近 排污管涵	咸阳金旭学校附近	2015-04-20	CASS	1980 西安坐标系	1985 国家高程基准	穿堤涵洞
59	咸阳三号桥	咸阳湖中部	2015-04-20	CASS	1980 西安坐标系	1985 国家高程基准	桥梁
60	咸阳自来水厂第四水厂 附近排污管涵	咸阳自来水厂第四水厂附近	2015-04-20	CASS	1980 西安坐标系	1985 国家高程基准	穿堤涵洞
61	新建小区－1	马家寨附近	2015-04-20	CASS	1980 西安坐标系	1985 国家高程基准	新建小区
62	新建小区－10	西龙村附近	2015-04-20	CASS	1980 西安坐标系	1985 国家高程基准	新建小区

序号	测量内容	测量范围	测量时间 (年-月-日)	数据 类型	坐标系	高程基准	图层名或 文件名
63	新建小区-11	崔家村附近	2015-04-20	CASS	1980 西安坐标系	1985 国家高程基准	新建小区
64	新建小区-12	草滩六路附近	2015-04-20	CASS	1980 西安坐标系	1985 国家高程基准	新建小区
65	新建小区-13	草滩三路附近	2015-04-20	CASS	1980 西安坐标系	1985 国家高程基准	新建小区
66	新建小区-14	尚稷路与机场专用高速路交叉处	2015-04-20	CASS	1980 西安坐标系	1985 国家高程基准	新建小区
67	新建小区-15	尚稷路与文景路交叉处	2015-04-20	CASS	1980 西安坐标系	1985 国家高程基准	新建小区
68	新建小区-16	尚稷路与文景路交叉处	2015-04-20	CASS	1980 西安坐标系	1985 国家高程基准	新建小区
69	新建小区-17	尚苑路与明光路交叉处	2015-04-20	CASS	1980 西安坐标系	1985 国家高程基准	新建小区
70	新建小区-18	草滩古镇附近	2015-04-20	CASS	1980 西安坐标系	1985 国家高程基准	新建小区
71	新建小区-19	张家湾附近	2015-04-20	CASS	1980 西安坐标系	1985 国家高程基准	新建小区
72	新建小区-2	西华路附近	2015-04-20	CASS	1980 西安坐标系	1985 国家高程基准	新建小区
73	新建小区-20	泾渭路附近	2015-04-20	CASS	1980 西安坐标系	1985 国家高程基准	新建小区
74	新建小区-21	泾渭九路附近	2015-04-20	CASS	1980 西安坐标系	1985 国家高程基准	新建小区
75	新建小区-22	泾渭九路附近	2015-04-20	CASS	1980 西安坐标系	1985 国家高程基准	新建小区
76	新建小区-23	泾渭八路附近	2015-04-20	CASS	1980 西安坐标系	1985 国家高程基准	新建小区
77	新建小区-24	泾渭湿地附近	2015-04-20	CASS	1980 西安坐标系	1985 国家高程基准	新建小区
78	新建小区-3	两寺渡南村附近	2015-04-20	CASS	1980 西安坐标系	1985 国家高程基准	新建小区
79	新建小区-4	曹家寨村附近	2015-04-20	CASS	1980 西安坐标系	1985 国家高程基准	新建小区
80	新建小区-5	曹家寨村附近	2015-04-20	CASS	1980 西安坐标系	1985 国家高程基准	新建小区
81	新建小区-6	经电路附近	2015-04-20	CASS	1980 西安坐标系	1985 国家高程基准	新建小区

续表 3-43

序号	测量内容	测量范围	测量时间 (年-月-日)	数据 类型	坐标系	高程基准	图层名或 文件名
82	新建小区 – 7	经电路附近	2015-04-20	CASS	1980 西安坐标系	1985 国家高程基准	新建小区
83	新建小区 – 8	抗战北路附近	2015-04-20	CASS	1980 西安坐标系	1985 国家高程基准	新建小区
84	新建小区 – 9	店上村附近	2015-04-20	CASS	1980 西安坐标系	1985 国家高程基准	新建小区
85	幸福渠河口桥	幸福渠河口	2015-04-20	CASS	1980 西安坐标系	1985 国家高程基准	桥梁
86	皂河河口桥	皂河河口	2015-04-20	CASS	1980 西安坐标系	1985 国家高程基准	桥梁
87	中国石油西北销售陕西 分公司附近排污管涵	中国石油西北销售陕西分公司附近	2015-04-20	CASS	1980 西安坐标系	1985 国家高程基准	穿堤涵洞
88	涵管	林家寨附近	2015-04-30	CASS	1980 西安坐标系	1985 国家高程基准	穿堤涵洞
89	朝渡路	朝渡路	2015-04-30	CASS	1980 西安坐标系	1985 国家高程基准	道路
90	朝华路	朝华路	2015-04-30	CASS	1980 西安坐标系	1985 国家高程基准	道路
91	舟桥	东社村附近	2015-04-30	CASS	1980 西安坐标系	1985 国家高程基准	桥梁
92	长涧河河口桥(在建桥)	长涧河土洛坊村段	2015-04-30	CASS	1980 西安坐标系	1985 国家高程基准	桥梁
93	柳叶河河口桥(在建桥)	柳叶河南严村与北严村段	2015-04-30	CASS	1980 西安坐标系	1985 国家高程基准	桥梁
94	罗敷河河口桥(在建桥)	罗敷河五合村段	2015-04-30	CASS	1980 西安坐标系	1985 国家高程基准	桥梁
95	养牛场 – 1	华阴农场六连	2015-04-30	CASS	1980 西安坐标系	1985 国家高程基准	养牛场
96	泄洪区 – 1	长李方	2015-04-30	CASS	1980 西安坐标系	1985 国家高程基准	泄洪区
97	泄洪区 – 2	南营村北	2015-04-30	CASS	1980 西安坐标系	1985 国家高程基准	泄洪区
98	泄洪区 – 3	鹿圈村	2015-04-30	CASS	1980 西安坐标系	1985 国家高程基准	泄洪区
99	养牛场 – 2	华阴农场九连	2015-04-30	CASS	1980 西安坐标系	1985 国家高程基准	养牛场

序号	测量内容	测量范围	测量时间（年-月-日）	数据类型	坐标系	高程基准	图层名或文件名
100	韦庄至罗敷高速公路渭河大桥（在建桥）	韦罗高速良坊村段	2015-04-30	CASS	1980 西安坐标系	1985 国家高程基准	桥梁
101	方山河口桥（在建桥）	方山河孙庄村段	2015-04-30	CASS	1980 西安坐标系	1985 国家高程基准	桥梁
102	西王排污口	西王村附近	2015-04-30	CASS	1980 西安坐标系	1985 国家高程基准	穿堤涵洞
103	罗纹河河口（在建桥）	罗纹河吴家桥东堡村附近	2015-04-30	CASS	1980 西安坐标系	1985 国家高程基准	桥梁
104	下沙洼村南排水管	下沙洼村南	2015-04-30	CASS	1980 西安坐标系	1985 国家高程基准	穿堤涵洞
105	张家排污口	张家村附近	2015-04-30	CASS	1980 西安坐标系	1985 国家高程基准	穿堤涵洞
106	张下总干渠	张家村附近	2015-04-30	CASS	1980 西安坐标系	1985 国家高程基准	穿堤涵洞
107	石堤河河口（在建桥）	石堤河河口（湾里村附近）	2015-04-30	CASS	1980 西安坐标系	1985 国家高程基准	桥梁
108	泄洪区－4	东甘村附近	2015-04-30	CASS	1980 西安坐标系	1985 国家高程基准	泄洪区
109	遇仙河河口桥（在建桥）	遇仙河沙涨村附近	2015-04-30	CASS	1980 西安坐标系	1985 国家高程基准	桥梁
110	任李排水口	任李村附近	2015-04-30	CASS	1980 西安坐标系	1985 国家高程基准	桥梁
111	任李自流闸	任李村附近	2015-04-30	CASS	1980 西安坐标系	1985 国家高程基准	穿堤涵洞
112	赤水河河口桥（在建桥）	赤水河三涨村附近	2015-04-30	CASS	1980 西安坐标系	1985 国家高程基准	桥梁
113	绿化带	朱王村附近	2015-04-30	CASS	1980 西安坐标系	1985 国家高程基准	绿化带
114	洛河大桥	202 省道成王村附近	2015-04-30	CASS	1980 西安坐标系	1985 国家高程基准	桥梁
115	仓程路雨水泵站	朱王村附近	2015-04-30	CASS	1980 西安坐标系	1985 国家高程基准	泵站
116	西干排污口	瓦冯村附近	2015-04-30	CASS	1980 西安坐标系	1985 国家高程基准	穿堤涵洞
117	涵洞	底图上存在位置没有尺寸的涵洞	2015-06-05	CASS	1980 西安坐标系	1985 国家高程基准	涵洞

3.3.4 重要基础资料和特殊问题处理

3.3.4.1 基础工作地图处理

1.数据类型、数量及来源

根据渭河下游南、北两岸洪水风险图编制需要,基础资料收集与处理主要包括:水文及设计洪水资料;防洪工程、涉河建筑物及工程调度资料;基础地理资料;社会经济资料;洪水灾害资料等。

基础工作地图资料包括 2011 年成图的 1∶5 000 线划地形图(DLG)、对应比例尺数字高程模型(DEM)、水利工程图、水利普查数据、行政区划图[包括乡(镇)级]、交通道路图、土地利用图,以及影响洪水分析的道路、堤防、桥梁、涵闸等相关资料。在陕西省防汛抗旱办公室的积极支持下,本次收集的基础地理数据有:1∶5 000 线划地形图(DLG)、1∶5 000 数字高程模型(DEM)、1∶100 000 行政区划图等基础资料,以及断面测量数据,并对线状地物、桥梁、涵洞、穿堤建筑物等进行了补充测量,详见表 3-44。其他已获取的相关资料见表 3-44 ~ 表 3-48。

表 3-44　基础地理信息数据及特征

名称	坐标系	高程基准	数量	格式	年份	范围
1∶5 000 DLG	1980 西安坐标系	1985 国家高程基准	144 幅	dwg	2011	渭河下游南北两岸保护区区域
1∶5 000DEM	1980 西安坐标系	1985 国家高程基准	308 幅	Img	2011	渭河下游南北两岸保护区区域
1∶1万测绘图	1980 西安坐标系	1985 国家高程基准	36 幅	纸质图	2002	渭河下游南北两岸保护区区域
1∶5万 DLG	1980 西安坐标系		24 幅	E00	2007	渭河下游南北两岸保护区外侧区域
1∶10 万行政区划图	1954 北京坐标系		3 张	JPG 图片	2013	渭河下游流域
1∶50 万渭河流域水系图	1954 北京坐标系		2 张	纸质图和JPG 图片	2006	渭河下游流域
断面数据	1980 西安坐标系	大沽高程	236 个	Excel	2012	渭河下游流域
1∶5万渭河下游防洪工程平面图		1985 国家高程基准	1 张	JPG 图片	2010	渭河下游流域

表 3-45　已获取水文及设计洪水资料

序号	资料名称
1	渭河干流咸阳站、临潼站、华县站,泾河张家山站、桃园站,洛河洑头站、南荣华站、朝邑站及渭河支流秦渡镇站、高桥站、马渡王站、罗李村站、罗敷堡站,黄河潼关站,小北干流龙门站的测站资料,属性表中应包含站名、类型、级别及测站编码、河流名称等
2	咸阳站、临潼站、华县站、张家山站、桃园站、洑头站、南荣华站、秦渡镇站、马渡王站、罗敷堡站、龙门站、潼关(八)站,建站以来的历年最高水位和最大流量
3	1933 年咸阳站、临潼站、华县站、张家山站的典型洪水洪要;1954 年咸阳站、临潼站、华县站的典型洪水洪要;1994 年洑头站的典型洪水洪要;1998 年罗敷堡站的典型洪水洪要;2005 年、2011 年、2013 年临潼站、华县站的典型洪水洪要
4	渭河全线整治的设计洪水成果
5	渭淤 37 ~ 渭淤 1 的断面资料,包括其位置坐标,每一断面各测点的高程及其与测量起点的距离等
6	2005 年、2011 年、2013 年渭淤断面洪痕资料
7	各河段的糙率资料
8	渭淤 37 至西宝高速之间新增断面各测点的高程及其与测量起点的距离等

表 3-46　已获取防洪工程涉河建筑物及工程调度资料

序号	资料类型	数据范围	收集的数据说明
1	河道工程	堤防包括:西宝高速桥至吊桥工程之间的防洪大堤和移民围堤	河道工程位置、过流能力参数
		水闸包括遇仙河河口闸、石堤河河口闸、罗纹河河口闸、罗纹河分洪闸、罗敷河分洪闸、长涧河分洪闸	
2	桥梁	西延铁路渭河特大桥、西铜高速公路桥、西宝高速桥、安咸阳国际机场专用高速跨渭河特大桥、渭河上林大桥、渭河秦王一桥、渭富大桥、渭城桥、韦庄至罗敷高速公路桥、石堤河河口桥、沙王渭河大桥、秦都桥、罗纹河河口桥、鹿苑渭河特大桥、遇仙河河口桥、陇海铁路咸阳渭河大桥柳叶河河口桥、新丰渭河大桥等	桥两端坐标、桥长、桥面底板高程、桥墩间跨度、桥墩形状及尺寸、个数等
3	涵洞	渭河南北岸公路、铁路下的涵洞	涵洞坐标、涵洞形状、涵洞长、涵洞底高和地面高程等
4	铁路	郑西高速客运专线、南同蒲线、太西线新张段、咸铜线、陇海线、西铁北环线	沿程坐标、路面高程、路面宽
5	高速公路	G5 京昆高速、G30 连霍高速、S22 渭蒲高速、G65 包茂高速、G3001 绕城高速、S213 机场专用高速等高速公路	沿程坐标、路面高程、路面宽
6	国道和省道	包括 G312、G210、G108、G310、S107、S201、S202、S108 等	沿程坐标、路面高程、路面宽

表 3-47　已获取历史洪水及洪水灾害资料

序号	资料名称
1	典型致灾洪水的洪水特性(淹没范围、淹没水深、淹没历时等淹没特征)
2	洪灾损失(淹没耕地面积、农作物损失、人员伤亡、工业交通基础设施和水利工程受损情况等资料)
3	洪水灾害历史档案

表 3-48　已获取社会经济资料

序号	资料分类	内容	范围
1	人口	总人口、农业人口、城镇人口、农业/非农业人口户数,农业/非农业人口数	咸阳市的秦都区、渭城区,西安市的未央区、灞桥区、临潼区、高陵区,渭南市的临渭区、高新区、华县、华阴市、大荔县、潼关区
2	地区生产总值	GDP	
3	农业	耕地面积、农业产值	
4	工业/建筑业	企业单位数、固定资产净值、工业总产值	
5	第三产业	企业单位数、固定资产净值、主营收入	

2. 数据处理与标准化

按照制图系统要求对收集的1:5 000、1:1万和1:5万基础地理数据进行数据格式转换和坐标转换,对数据拓扑关系进行检查和错误修正,对属性和空间位置进行关联等。数据统一采用中国大地坐标系统2000(CGCS2000)、高斯-克吕格投影,高程基准统一采用1985年国家高程基准。根据洪水风险图对基础数据分层整理的要求,对基础地理信息数据和水利普查数据进行合并、概化,重新分层。

1)数据预处理

本项目收集到的基础地理数据主要是以CAD格式为主的1:5 000、1:1万的测绘数据。1:5 000的地形数据基本上覆盖本研究区的大部分范围,缺少的区域用1:1万和1:5万比例尺的图幅数据进行补充。

本项目收集到的地形数据格式不统一,并且大部分数据是以CAD数据格式提供的。需要做的预处理工作包括:

(1)将原始数据CAD数据按照划分的图层提取相关的地物数据(村庄、道路、铁路、居民地、居民点、堤防、河流、桥梁等)和地名数据(村庄名、道路名、桥梁名称等)。按照每幅CAD数据提取出相应的图层转换成矢量图层格式,然后进行合并、剪裁和数据调整等预处理工作。

(2)将1:1万比例尺的纸质测绘图进行扫描矢量化,绘制相关的图层文件。给相应图层赋值相关的属性信息。

(3)将所有的背景底图数据进行合并、裁剪、样式调整。

(4)将收集到的阻水地物(涵洞、桥梁、水闸、泵站)、测站、断面、险工险段等经纬度的位置数据转换为矢量的图层数据。

2）数据格式转换

本次收集到的基础地理数据类型复杂，包括 CAD、DEM 等类型，需要对不同格式的数据进行转换，生成原始坐标系下满足洪水风险图分析计算所需的 shp 格式，并赋以相应的属性信息。数据格式主要转换过程详见表 3-49。

表 3-49　主要数据转换过程

原始数据	原始格式	转换后格式	转换工具
1:10 000 DLG 数据	dwg	shp	AutoCAD、ArcGIS
1:50 000 DLG 数据	纸质	shp	ArcGIS
河道断面数据	Excel	shp	ArcGIS
补测数据（涵洞、水闸、泵站、桥梁等）	文本、dwg	shp	ArcGIS
水文测站数据	文本	shp	ArcGIS
溃口位置数据	文本	shp	ArcGIS

3）拼接与裁剪

根据编制区计算范围及绘制范围对 DLG、DEM 标准基础地理数据进行拼接和裁剪，使之符合计算和绘制的范围要求。

4）坐标系换转

将基础地理数据、断面数据由 1980 西安坐标系转换到风险图制作要求的国家 CGCS2000 坐标系，并由国家 CGCS2000 大地坐标系经纬度坐标系进行高斯－克吕格投影坐标的转换。

5）图层提取

图层提取的目的主要有：第一，为洪水分析计算准备地形数据和各参与计算的要素层；第二，为洪水影响分析与损失评估准备数据和要素；第三，根据洪水风险图对基础数据分层整理的要求，对基础地理信息数据和水利普查数据进行整合，以便为风险图绘制做准备。

地形数据利用已有 1:5 000 DEM 数据按照 100 m × 100 m 的格网大小对 DEM 进行高程提取，不足部分用 1:10 000 比例尺数据中等高线和高程点层进行补充。最后，根据计算需要，依据线状阻水物沿线对创建的网格进行加密处理，作为洪水分析计算的初始地形条件。根据洪水分析计算需要，整理和提取道路交通（国道、省道、高速公路、铁路）、水系、渠系、堤防、构筑物、水文测站、险工险段及断面数据等，并整理成 shp 格式和 Excel 坐标表形式为计算做准备。

洪水影响分析需要的空间数据准备与处理：整理出行政区划图层、土地利用图层、道路图层和线状地物图层、重要工矿企业图层，分别用来统计淹没行政区面积、GDP 损失、受灾人口、淹没耕地面积、淹没居民地面积、淹没道路里程、淹没重要企事业单位个数及名称，按照损失评估软件基础图层的标准格式进行整理，并按照溃口方案计算成果范围裁剪。

风险图绘制数据准备：按照洪水风险图编制要求分层处理，按点、线、面和注记分别编辑、整理并录入属性。每个图层包含 typecode（类别编码）、type（要素类别）、ennm（工程名称）、ennmcd（工程编码）等属性字段。图形数据统一采用中国大地坐标系 2000（CGCS2000）、高斯－克吕格投影；高程统一采用 1985 年国家高程基准；图形数据采用 shp

格式。

6)属性数据整理

属性数据主要针对影响分析和风险图绘制两个部分,按要求进行整理。

在进行洪水损失评估计算分析时,对数据的属性字段和地段类型以及长度有严格的要求,一般图层都需要有"EMMN 名称""GB 编码""TYPE 和 TYPECODE 类型编码"等共有字段,分别以"text""long""short"等类型严格界定,有些层还需要增加特殊字段,例如公路层的"RTEC"字段,行政区界层的"RegionID"字段。行政边界图层除有行政区别名称外,还必须有行政区划编码字段,与社会经济数据中提供的行政区划编码字段必须一致,字段对应提供社会经济资料和地理信息数据关联码。另外,公路、铁路、重点单位必须有类型编码字段,提供中国水利科学研究院损失评估软件所能识别的相关地物类型(比如 420100 表示国道,420200 表示省道,420800 表示高速公路,410000 表示铁路),参与损失评估计算。

根据洪水风险图绘制系统要求,将水利工程要素分层并重新编码,按照属性表结构要求,建立必要的属性字段(详见表 3-50、表 3-51),并对属性字段赋以相应值。

表 3-50　水利工程要素分层与编码

图层名	要素内容	Typecode（类别码）	几何类型	说明
流域界	一级流域界 A	110101	面	图幅内最高级别流域的分界线,作为两流域间的公共界时
	一级流域界 B	110102	面	图幅内最高级别流域的分界线,作为制图区域边界时
	其他流域界	110200		其他流域间的分界线
水系面状	河流渠道	120100	面	面状河流、渠道等
	湖泊	120301	面	依比例尺面状普通湖泊
水系线状	线状干流	120401	线	主要线状河流
	线状支流	120402	线	次要线状河流
水系点状	大型水库	120501	点	大型不依比例尺点状水库
	中型水库	120502	点	中型不依比例尺点状水库
	小型水库	120503	点	小型不依比例尺点状水库
	湖泊	120601	点	不依比例尺普通点状湖泊
	堰塞湖	120602	点	特指不依比例尺点状堰塞湖
堤防	Ⅰ 级堤防	140100	线	对应堤防设计规范中Ⅰ级堤防
	Ⅱ / Ⅲ级堤防	140200	线	对应堤防设计规范中Ⅱ/Ⅲ级堤防
	其他级别堤防	140300	线	其他级别堤防
	城市防洪墙	140400	线	修建在城市的堤防
	海堤	140500	线	沿海岸修建的挡潮防浪的堤及路

图层名	要素内容	Typecode（类别码）	几何类型	说明
测站	水文站	130100	点	水文站
	水位站	130200	点	水位站
	雨量站	130300	点	雨量站
口门	进退水口门	160501	点	包括进水口门、退水口门
	进退水合用口门	160502	点	指进、退水合用口门
避水设施	避水楼、安全楼	160601	点	避水楼、安全楼
	避水台、庄台	160602	点	避水台、庄台
闸	大型水闸	210201	点	大型水闸
	中小型水闸	210202	点	中小型水闸
	涵闸	210300	点	涵闸
泵站	泵站	420100	点	包括机电排灌站、排涝泵站
治河工程	丁坝	240100	线	丁坝
	护滩、护岸	240200	线	护滩、护岸
跨河工程线状	桥梁	230101	线	半依比例尺桥梁
	渡槽	230201	线	半依比例尺渡槽
	地上跨河管线	230301	线	地上跨河管线
	地下跨河管线	230302	线	地下跨河管线
	倒虹吸	230400	线	倒虹吸
	正虹吸	230500	线	正虹吸
	缆线	230600	线	缆线
跨河工程点状	桥梁	230102	线	不依比例尺桥梁
	渡槽	230202	线	不依比例尺渡槽
坝线状	滚水坝	430101	线	半依比例尺滚水坝,包括橡胶坝
	拦水坝	430201	线	半依比例尺拦水坝
	水库大坝	430202	线	突出显示水库大坝
坝点状	滚水坝	430102	点	不依比例尺滚水坝,包括橡胶坝
	拦水坝	430202	点	不依比例尺拦水坝
水电站	大型水电站	300101	点	大型水电站
	中型水电站	300102	点	中型水电站
	小型水电站	300103	点	小型水电站

图层名	要素内容	Typecode（类别码）	几何类型	说明
灌区	灌区	290100	面	灌区
调水路线	地上调水路线	440101	线	地上调水路线
	地下调水路线	440102	线	地下调水路线
抢险救灾	现场指挥部	550100	点	现场指挥部
	防汛抗旱应急队伍	550200	点	防汛抗旱应急队伍
	防汛抗旱物资仓库	550300	点	防汛抗旱物资仓库
	防汛备用土、石料	550400	点	防汛备用土、石料
	转移安置点	550600	点	转移安置点
	紧急救护站	550700	点	紧急救护站
避险转移路线	避险转移路线	550500	线	线的数字化方向代表转移方向
洪涝灾害等级	易涝区	550800	面	易涝区
	一般洪涝灾害	550901	面	一般洪涝灾害
	较大洪涝灾害	550902	面	较大洪涝灾害
	重大洪涝灾害	550903	面	重大洪涝灾害
	特别重大洪涝灾害	550904	面	特别重大洪涝灾害
基础地理信息扩展				
行政界	国界	100101	线	
	省界	100102	线	
	市界	100103	线	
	县(区)界	100104	线	
	乡(镇)界	100105	线	
行政驻地	首都驻地	100201	点	
	省会城市驻地	100202	点	
	市驻地	100203	点	
	县(区)驻地	100204	点	
	乡(镇)驻地	100205	点	
	村及其他驻地	100206	点	
道路	铁路	100301	线	
	国道	100401	线	
	省道	100501	线	
	县道	100502	线	
	乡道	100503	线	
	高速公路	100504	线	
	其他道路	100505	线	

图层名	要素内容	Typecode (类别码)	几何类型	说明
土地利用	居民地	100600	面	街区、依比例尺房屋
	工矿用地	100700	面	
	耕地	100800	面	稻田、旱地、菜地、水生作物地、台田、条田等
重点企事业单位	重点企事业单位	100900	点	水利行业单位、公共供水企业、规模用水户、医院、学校、其他

表 3-51 专题数据属性表结构

字段名称	字段类型	说明
Typecode	长整型	要素分类编码,由 GB 码重新对照生成
ennm	字符型	工程名称
ennmcd	字符型	工程编码

7)图片等多媒体数据整编处理

图片等多媒体数据按文件方式存储,要求按规范的命名及分类层次目录组织,并输入原数据,用于查询检索。

3.数据成果

1)分析计算数据成果

洪水分析计算所需基础数据见表 3-52。

表 3-52 洪水分析计算所需基础数据

数据	文件类型	说明
地形网格	shp、txt	高程点和 DEM 网格高程数据
水系	shp	渭河下游干流及支流水系
线状地物	shp、txt	堤防、桥梁、公路、铁路
构筑物	shp、txt	涵洞、水闸、泵站
断面	shp、Excel	河道断面
险工险段	shp、txt	溃口溃决位置
水文测站	shp、txt	源汇项输入位置
水文资料	Excel	水位及流量过程、水位—流量关系

2)洪水影响分析数据成果

洪水损失评估计算所需基础数据见表 3-53。

表 3-53   洪水损失评估计算所需基础数据

数据	文件类型	空间类型
公路	shp	线
铁路	shp	线
居民地	shp	面
农田	shp	面
行政区界	shp	面
重点单位	shp	点
风险数据	shp	面

3）风险图绘制数据成果

洪水风险图绘制所需基础数据见表3-54。

表 3-54   洪水风险图绘制所需基础数据

数据	数据内容	类型
水系	水系线	shp
	水系面	
境界	境界线	shp
居民地及其设施	居民地面	shp
	驻地点	
道路交通	交通线	shp
测站	测站点	shp
泵站	泵站点	shp
水闸	水闸点	shp
跨河工程	跨河工程线	shp
坝	坝点	shp
	坝线	
治河工程	治河工程线	shp
流域界	流域线	shp
堤防	堤防线	shp
险点险段	溃口点	shp
危险区	洪水淹没区的村庄(面)	shp
安置点	安置区(面)	shp
避险转移路线	群众撤退路线	shp
风险数据	风险网格面	shp

3.3.4.2   主要构筑物概化处理

渭河下游南、北两岸防洪保护区内主要构筑物是指高出地面 0.5 m 以上的桥梁、公路、铁路等线状地物及涉河建筑物等,如涵洞、闸门、泵站等需要在建模过程中进行概化处理。

(1)公路、铁路等线状阻水地物均以堤防建筑物的模式在模型中进行构筑设置。采用MIKE21中的"dike"建筑物概化,该结构物可以设定沿着圩堤和路基空间变化堤顶高程,当水位没有漫过堤顶时堤防起到挡水作用,当水位超过堤顶高程时发生漫堤。输入参数为临界水位差、堰流系数、顶部高程,其中顶部高程又分为常数顶高程和变化的高程,变化的高程指给每个点指定不同的高程值。输入坐标 X、坐标 Y 与变化高程值,由一系列离散点确定的多线段来定义线状阻水地物。

(2)一些过水地物涵洞、闸门、堰等水工建筑物通过 MIKE 21 中对应的水工结构物进行构筑处理。对于桥涵过水问题,采用涵洞过流公式,可根据涵洞的无压流、半有压流和有压流三种状态选取不同的计算公式。桥涵概化成果如图 3-27 所示。

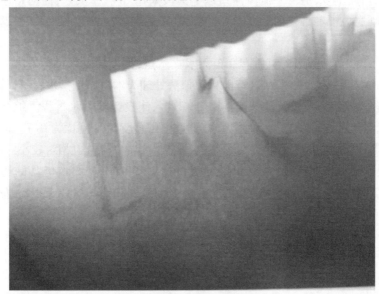

图 3-27　桥涵概化成果

另外,渭河干流河道内有干流堤防、西宝高速桥、郑西客运专线渭南一跨渭河等桥以及灌渠拦河坝等阻水构筑物,本次在一维河道模型中进行了概化处理。桥梁根据桥孔净宽数据将过水断面概化为一个大的桥洞;拦河坝主要用于壅水灌溉,溢流堰顶较低,直接在河道断面中加以概化。

3.3.4.3　社会经济数据处理

本次调查范围为咸阳西宝高速桥以下的渭河南、北两岸防洪保护区(统称为渭河下游南、北两岸防洪保护区),涉及区域包括咸阳市的秦都区、渭城区,西安市的未央区、灞桥区、临潼区、高陵区,渭南市的临渭区、高新区、华县、华阴市、大荔县、潼关县。社会经济数据主要包括人口、耕地面积、农业产值、村庄个数及户数、粮食总产量、工业产值、重要基础设施、重点防洪保护对象、统计年鉴、国民经济和社会发展的有关规划资料等,形式包括图表、文字等。

以上指标来源于所涉县(区)的 2013 年统计年鉴、国民经济与社会发展统计公报、专项社会经济调查资料等;数据收集以街道(乡、镇)为最小统计单元。可获取的社会经济资料在统计年份上可能存在差异,将不同年份的社会经济统计数据均换算成 2013 年的数据。

社会经济资料的整理:在各县(区)统计年鉴及其他相关数据中提取本次需要的社会经济资料,并在工作底图上进行空间展布。

3.3.4.4 其他特殊问题及其处理

(1)渭河下游干支流各站的洪水地区组成不是同频率的,但针对某频率洪水,在一个河段的分析计算又必须符合典型洪水的地区组成特点。因此,本次计算选定渭河下游主要干支流汇合后的临潼站为控制站,以该站设计洪水频率作为临潼上、下两个河段设计洪水放大的依据,这一做法是符合实际的。

(2)"54"型洪水和"33"型洪水在渭河泾河口上、下河段的量级和危害是有区别的,本次从"最不利"的角度出发,渭河干流泾河口以上河段采用"54"型洪水,泾河口以下河段采用"33"型洪水,既避免了不必要的重复计算,又反映了各河段的最大洪水风险,这一做法是较为适宜的。

(3)渭河下游 12 条南山支流中有 9 条无水文站点,无设计洪水过程。本次无站点南山支流直接借用罗敷河 1998 年洪水进行面积比拟法处理为本河原型洪水;在计算分析堤防溃口的洪水过程时,使用河道流量的分流比来计算进入淹没区的洪水过程。综合南山支流历史实测溃口流量,结合适度的洪水风险考虑,选取南山各支流分流比为 0.7。而洛河下游河漫滩宽阔,大洪水期间滩面水深小,根据堰流公式推算,溃口流量也相对较小。参考 2003 年石堤河口东堤溃决的实际情况,其溃口洪峰流量达 1 190 m³/s,约占华县站还原洪峰流量 4 730 m³/s 的 25%。因此,洛河分流比选定为 0.25。这一做法虽然较为粗糙,但仍属较为实用的方法。

3.4 模型构建

3.4.1 模型构建思路及建模范围

3.4.1.1 模型构建思路

根据渭河下游地形和洪水特征,采用一维水动力数学模型来模拟渭河河道洪水演进过程;采用二维水动力数学模型来模拟渭河下游南、北两岸保护区洪水演进过程;采用一维和二维耦合水动力数学模型来模拟溃堤或漫堤洪水过程。水力学法通过数值求解一维或二维水动力学方程进行洪水分析,获得水位、流量、流速及其随时间的变化过程。结合已有工作基础,采用 MIKE 11 模拟一维河道洪水,采用 MIKE 21 模拟防洪保护区洪水演进。

损失评估模型的构建思路是根据洪水计算得到的淹没范围、淹没水深、淹没历时等要素,结合淹没区内的人口、资产等社会经济情况,综合分析评估洪水影响程度。本章的损失评估模型采用全国洪水风险图编制推荐的"重点地区洪水风险图编制项目软件名录"中的损失评估计算软件来进行计算分析。

路径分析模型是在现有道路数据的基础上,考虑转移点和安置区之间道路数据的连通性、道路的畅通性、时间最短、路径最短等原则,利用 Dijkstra 最短路径分析算法来构建路径分析模型。

3.4.1.2 建模范围

本次编制范围为渭河西宝高速桥至入黄口南、北两岸堤防的保护区,面积为 1 600 km²,其范围为东经 108°40′21″ ~ 110°19′54″、北纬 34°17′31″ ~ 34°36′04″。河道建模范围自渭河西宝高速桥至黄河潼关(八)断面及自黄河龙门至渭河口,河道长度分别为 212.56 km、131.08 km。

渭河下游北岸保护区建模涉及的主要河流有渭河干流、泾河、石川河、洛河及黄河干流,涉及的行政区包括咸阳市秦都区、渭城区,西安市高陵区、临潼区,渭南市临渭区、大荔县等县(区)。渭河下游南岸保护区涉及的主要河流有渭河干流、沣河、灞河、零河、沋河、赤水河、遇仙河、石堤河、罗纹河、方山河、罗敷河、柳叶河、长涧河等河流,涉及的行政区包括咸阳市秦都区,西安市未央区、灞桥区、临潼区,渭南市临渭区、华县、华阴市、潼关县等县(区)。保护区建模范围见图 3-28。

3.4.2 水动力学模型

3.4.2.1 模型选取及适用性

结合渭河下游南、北两岸防洪保护区地形特点及模型的适用性,从全国洪水风险图编制推荐的"重点地区洪水风险图编制项目软件名录"中选择 MIKE ZERO 系列模型软件进行洪水分析计算。

DHI MIKE 模型系列软件是丹麦 DHI 公司开发生产的标准化商业软件,曾在很多国家和地区得到成功应用。

MIKE11 可动态模拟河流和水道水力,适用于一维河道内洪水演进过程的模拟。本书中用到的 HD 水动力学模块具有:求解明渠流完全非线性圣维南方程、扩散波和动力波简化方程,可以模拟多种水工建筑物,包括堰、箱涵、桥梁和自定义建筑物等功能。

MIKE21 是二维平面区域内的水力学计算软件,主要用于模拟河流、湖泊、河口、海湾、海岸及海洋的水流、波浪、泥沙以及环境等。MIKE21 中地形网格具有自动剖分功能,既可采用不规则三角网也可采用规则多边形进行网格划分,通过对复杂地形的不规则网格和规则网格的组合,网格边可以沿着挡水建筑物(堤防)、导水建筑(河渠)边界布设,使地形概化更接近实际,适应性更强。

MIKE 系列软件在国内许多河流中已经广泛应用,如长江口综合治理、杭州湾海流、南水北调工程等数值模拟,以及基于 MIKE21 的黄河口流场验证及嵌套模型论证等。

结合渭河下游地形地貌、水文特征和 MIKE 模型的应用案例,MIKE 模型能够用于渭河下游南、北两岸洪水风险图的洪水分析和数值模拟工作。可以选用 MIKE21 非结构化网格和结构化网格组合来解决计算区域边界不规则的问题,实现网格自动剖分,同时发挥内核 CPU 的计算优势,结合集成 GIS 的良好操作界面,便捷、高效地完成数值模拟计算和展示工作。

3.4.2.2 一维水动力模型

1. 基本原理

河道洪水采用一维水力学洪水演进模型进行模拟。

河道一维非恒定流的模拟基于圣维南方程,是建立在质量和动量守恒基础上的,以水位和流量为研究对象。其表达式为

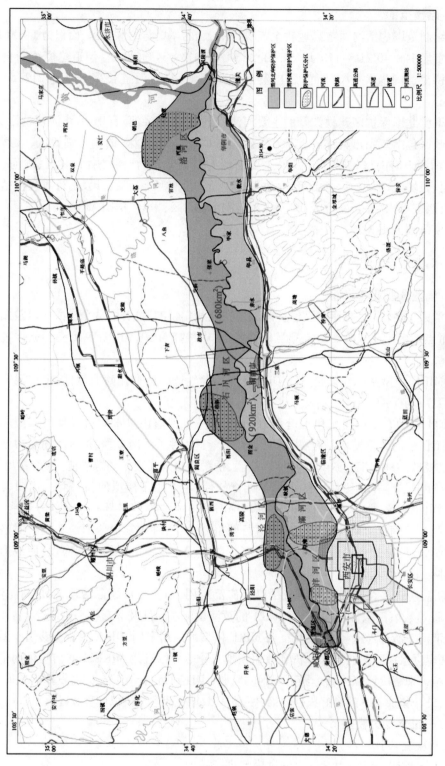

图 3-28 保护区建模范围

连续方程
$$\frac{\partial A}{\partial t} + \frac{\partial Q}{\partial x} = q \qquad (3-7)$$

动量方程
$$\frac{\partial Q}{\partial t} + \frac{\partial}{\partial x}\left(\alpha\,\frac{Q^2}{A}\right) + gA\left(\frac{\partial y}{\partial x}\right) + gAS_f - uq = 0 \qquad (3-8)$$

式中:A 为河道过水断面面积;Q 为流量;u 为侧向来流在河道方向的流速;t 为时间;x 为沿水流方向的水平坐标;q 为河道的侧向来流量;α 为动量修正系数;g 为重力加速度;y 为水位;S_f 为摩阻坡降,其计算方法如下:

$$S_f = \frac{Q\,|\,Q\,|}{K^2} = \frac{n^2 u\,|\,u\,|}{R^{4/3}} \qquad (3-9)$$

在河道交汇处通过水量平衡关系连接各河段:

$$Q_m^{n+1} + \sum_{j=1}^{L(m)} Q_{m,j}^{n+1} = \Delta V \quad (m = 1,2,\cdots,M) \qquad (3-10)$$

式中:$L(m)$ 为连接到节点 m 的河段数;M 为节点总数;Q_m^{n+1} 为 $n+1$ 时段流入节点 m 的外加流量;$Q_{m,j}^{n+1}$ 为 $n+1$ 时段河段 j 流入节点 m 的流量;V 为河道交汇点蓄水量。

河道恒定流的模拟可采用曼宁公式:

$$Q = A\,\frac{1}{n}R^{2/3}\sqrt{i} \qquad (3-11)$$

式中:A 为过水断面面积;Q 为流量;n 为糙率;R 为水力半径;i 为底坡。

2. 溃口流量计算方法

本次建模包含渭河北岸保护区整体建模和渭河南岸保护区分区建模(具体分区情况请参见 3.6.1.1 部分)。整体建模和分区建模分别采用不同的方法来计算溃口流量。

1)采用 MIKE Flood 耦合模拟计算

MIKE Flood 是把一维模型和二维模型连接在一起,进行动态耦合的模型系统,耦合模型既利用了一维模型和二维模型的优点,又避免了采用单一模型时遇到的网格精度和准确性方面的问题。不同模型之间需要不同的连接方式,MIKE Flood 有标准连接、侧向连接、侧向建筑物连接、城市连接等七种不同的连接方式。标准连接是 MIKE11 中河段一端和一个或多个 MIKE21 网格单元连接,可以模拟溃坝,坝体方向垂直于水流方向;侧向连接是允许 MIKE21 网格单元从侧面连接到 MIKE11 的部分河段甚至整个河段,可以模拟漫堤;侧向建筑物连接将 MIKE11 中的侧向建筑物与一个或一组 MIKE21 单元相连,可以模拟溃堤,堤防方向平行于水流方向;模拟堤防被洪水破坏时以溃堤建筑物作为侧向建筑物。

渭河下游南、北两岸防洪保护区堤防大致平行于河道水流方向,根据不利原则确定的溃口位置,模拟溃堤,所以使用 MIKE Flood 耦合模拟计算时连接方法采用侧向建筑物连接。

渭河北岸保护区采用 MIKE ZERO 系列洪水模拟软件,其中采用 MIKE11 一维模型模拟河道的洪水演进过程,采用 DAMBRK 方法计算溃堤洪水;采用 MIKE21 二维模型模拟淹没区的洪水演进过程;采用 MIKE Flood 将一维河道非恒定流模型、溃堤模型、淹没区二维模型三者连接为一个整体,三者相互耦合,同步求解,以模拟堤防溃决对防洪保护区的影响。

2)采用一维、二维联合计算

根据《洪水风险图编制技术细则(试行)》(2013)要求,结合对渭河干堤已有溃口实例的分析,本章部分方案采用类似无侧收缩宽顶堰进行溃口溃决流量计算。

如图 3-29 所示,宽顶堰流的基本特征有:堰顶水头 H,堰宽 b,堰上、下游坎高 p 及 p',堰

顶厚度 δ,下游水深 h 及高出堰顶的高度 Δ。

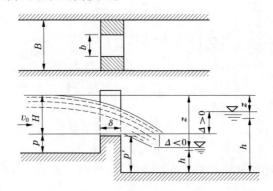

图 3-29 宽顶堰流示意

根据溃口溃决过程,可分为自由式宽顶堰流和淹没式宽顶堰流。

采用宽顶堰公式计算溃口出流:

$$Q_b = m\sigma B \sqrt{2g}(z - z_b)^{1.5} \tag{3-12}$$

式中:Q_b 为溃口处出流,m^3/s;z 为溃口处河道水位,m;z_b 为溃口顶部高程,m;B 为溃口宽度,m;m 为自由溢流的流量系数;σ 为淹没系数。

流量系数 m 与堰的进口形式和相对堰高 P/H 等有关。

(1)对于自由出流。

$$Q_b = mB \sqrt{2g}(z - z_b)^{1.5} \tag{3-13}$$

当 $P/H > 3$ 时,$m = 0.36$;当 $0 \leqslant P/H \leqslant 3$ 时,$m = 0.36 + 0.01 \times (3 - P/H)/(1.2 + 1.5 \times P/H)$。宽顶堰的流量系数 m 变化范围为 $0.32 \sim 0.38$。

(2)对于淹没出流。

淹没出流必须满足下游水位与堰高之差 $\Delta > 0$,通过试验可以认为淹没式宽顶堰的充分条件是 $\Delta = h - p' \geqslant 0.8 H_0$。

$$Q_b = m\sigma B \sqrt{2g}(z - z_b)^{1.5} \tag{3-14}$$

淹没系数 σ 与 Δ/H_0 的关系如表 3-55 所示。

表 3-55 σ 与 Δ/H_0 的关系

Δ/H_0	0.80	0.81	0.82	0.83	0.84	0.85	0.86	0.87	0.88	0.89
σ	1.00	0.995	0.99	0.98	0.97	0.96	0.95	0.93	0.90	0.87
Δ/H_0	0.90	0.91	0.92	0.93	0.94	0.95	0.96	0.97	0.98	
σ	0.84	0.82	0.78	0.74	0.70	0.65	0.59	0.50	0.40	

一、二维联合计算步骤如下:

(1)根据一维水动力学模型计算河道溃口断面河道水位过程和流量过程。

(2)依据技术大纲拟定的各个溃口的溃决时机(当河道洪水流量达到溃决阈值时,各溃口溃决时机参见 3.6.2.1 部分)确定洪水溃决时间。

(3)确定溃口顶部高程 z_b,确定堤防保护区水深—容积曲线。

(4)计算河道洪水和溃口出流过程,获取等时段(0.5 h、1 h)溃口河道水位 z 和溃口宽

度 B。

（5）根据 $\Delta = h - p'$ 与 $0.8H_0$ 的关系判断溃口是自由出流还是淹没出流。若是自由出流，判断 P/H 与 3 的大小关系，取流量系数 m 值，利用式（3-13）计算溃口流量。若是淹没出流，则通过 Δ/H_0 的比值来确定淹没系数 σ 的值，利用式（3-14）计算溃口流量。

（6）利用式（3-15）计算等时段溃口分洪水量，利用保护区的水深—容积曲线计算保护区淹没水深（下游水深 h）。

$$S = Q_\mathrm{b}t_1 \quad （亿\ \mathrm{m}^3） \tag{3-15}$$

式中：S 为分洪入堤防保护区内的水量；t_1 为分洪历时（$\leq \Delta t$）。

（7）通过下游水深 h 反推 Δ 与 $h - p'$ 的关系，判断计算溃口分洪水量所选用的公式及 m、σ 系数值，获取该时刻溃决水位，计算溃口流量。

（8）循环步骤（3）~（6），直至河道洪水位与保护区内水位相等可停止循环计算，获取不同时刻溃口流量过程，作为保护区二维模型计算的入流边界条件。

3. 建模流程

河道一维水动力学模型的建立（见图 3-30）具体可以依照下面步骤进行：

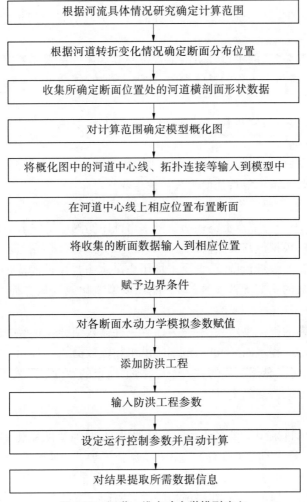

图 3-30　河道一维水动力学模型建立

第一步:根据渭河下游实际确定计算范围,其原则是各边界点有比较好的边界条件支持。上游边界点是流量监测记录完整的站点,下游边界点是水位与流量对应关系良好且较为稳定的监测站点。

第二步:通过实地测量获取河道计算范围内沿程断面形状的数值化描述。

第三步:如果河道断面数据不完善,可以考虑根据准确的高精度 DEM(数字化高程模型)数据在指定位置截取得到断面形状信息予以使用。

第四步:断面数据要能够比较准确地描述其具体形状,在变化较大处适当加大数据点密度,在平直段可少取点。

第五步:对计算范围内的河道进行概化,确定中心线、交汇点、拓扑连接关系等信息,然后按照标准化软件平台的要求将数据输入并完成拓扑连接,形成模型概化图。

第六步:根据河道断面归属的河道中心线以及其具体的位置在模型概化图上进行绘制定位。

第七步:将收集到的河道断面形状数据分别输入到在模型概化图中对应的断面位置上。

第八步:将收集的上下游各边界点的数据资料或水力学要素对应关系赋值到模型概化图中的对应位置。

第九步:根据现场实地考察或者已经掌握的数据资料对各个河道断面的水动力学模拟参数赋予合理的数值。

第十步:将闸门、泵站、取水口等防洪工程按照其具体位置添加到模型概化图中。

第十一步:输入各防洪工程的具体参数,如闸门孔数、闸门尺寸、调度规则、闸门类型、抽排水情况等。

第十二步:设定运行时间步长、起始时间等水动力学模拟控制性参数后可启动模型计算。

第十三步:计算完成后,提取河道沿程水面线、关键站点水力学要素时间过程、峰现时间、最大流量、最大过水范围等特征值与统计信息。

模型建立完成后,需要收集两场以上的历史洪水事件的完整数据以及重点监测站点的水位流量过程,在所有边界节点上输入历史洪水事件中实测记录的水位流量数据,根据计算结果中监测站点处的模拟值与实测值比较来对模型的准确度进行检验,如果相差较大则需反复对水动力学模拟参数进行调节,直至多场历史洪水事件中监测点的模拟值与实测值都符合较好。如果参数的调节无法实现,则可能在模型概化或其他方面有问题,需要检查纠正。

取得不同重现期的设计洪水数据,作为边界条件输入到已建模型中进行计算,从而得到不同重现期洪水下的沿程水面线、过水范围等洪水相关数据。

对于堤防溃口,可以参照工程的方式予以添加,溃口的宽度以及发展过程根据原堤防溃口的溃痕或与相关专家协商确定。

4. 河段概化

单一河道洪水演进采用一维水动力计算软件模拟,对河道的概化主要为断面划分。根据《洪水风险图编制技术细则(试行)》(2013)及合同要求,渭河干流计算断面间距小于1 000 m,支流计算间距小于500 m;对河道形态变化显著的河段和有河道工程的位置,采用上下相邻两断面的数据插值加密,获得虚拟的中间断面。

渭河下游南、北两岸防洪保护区河段概化如图 3-31 所示。

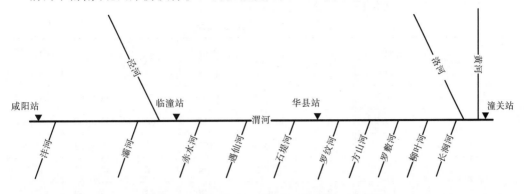

图 3-31　渭河下游南、北岸防洪保护区河段概化图

5．河道断面构建及分析

一维河道模型采用 2005 年、2011 年实测洪水进行验证。根据断面调查和补充测量,渭河干流最新的河道断面信息如表 3-56 所示。

表 3-56　渭河干流河道断面信息

序号	断面名称	断面间距（m）	序号	断面名称	断面间距（m）	序号	断面名称	断面间距（m）
1	西宝高速桥(152)	2 164	19	渭淤25	4 275	37	渭淤8	10 500
2	150	658	20	渭淤24	3 250	38	渭淤7	6 400
3	咸阳站	20	21	渭淤23	7 060	39	渭淤陈水	2 900
4	渭淤37	4 170	22	渭淤22	4 865	40	渭淤6	1 795
5	渭淤36	4 690	23	渭淤21	4 290	41	渭淤5 + 1	3 315
6	渭淤35	4 210	24	渭淤20	5 265	42	渭淤5	2 014
7	渭淤34	4 825	25	渭淤19	6 640	43	渭淤4 + 1	2 060
8	渭淤33	4 010	26	渭淤18	3 580	44	渭淤4	1 785
9	渭淤32	5 550	27	渭淤17	5 660	45	渭淤3 + 1	2 155
10	渭淤31	3 805	28	渭淤16	4 545	46	渭淤3	2 415
11	渭淤30	3 035	29	渭淤15	2 955	47	渭淤2 + 1	4 410
12	渭淤29	2 900	30	渭淤14	4 225	48	渭淤2	4 536
13	渭淤28 + 1	1 160	31	渭淤13	3 850	49	渭淤1 + 1	1 870
14	渭淤28	2 110	32	渭淤12	4 980	50	渭淤1	14 160
15	渭淤27 + 1	7 555	33	渭淤11	9 040	51	汇淤1	1 700
16	渭淤27	4 600	34	渭淤10	900	52	黄淤41	1 660
17	渭淤26	800	35	华县站	8 400	53	黄淤40	650
18	临潼站	5 510	36	渭淤9	6 245	54	潼关(八)	

本风险图编制区域黄河段的断面信息如表 3-57 所示。

表 3-57　黄河段的断面信息

序号	断面号	断面间距（m）	序号	断面号	断面间距（m）	序号	断面号	断面间距（m）
1	潼关八	650	12	黄淤 48	4 130	23	黄淤 59	6 600
2	黄淤 40	1 660	13	黄淤 49	5 190	24	黄淤 60	5 000
3	黄淤 41(三)	290	14	黄淤 50	4 070	25	黄淤 61	5 500
4	潼关六	1 410	15	黄淤 51	3 660	26	黄淤 62	4 450
5	汇淤 1	1 420	16	黄淤 52	5 970	27	黄淤 63	5 050
6	黄淤 42	4 320	17	黄淤 53	5 170	28	黄淤 64	6 100
7	汇淤 2	3 520	18	黄淤 54	6 380	29	黄淤 65	7 400
8	汇淤 4	3 510	19	黄淤 55	7 160	30	黄淤 66	4 250
9	汇淤 6	3 910	20	黄淤 56	3 520	31	黄淤 67	5 650
10	黄淤 45	5 710	21	黄淤 57	3 140	32	黄淤 68	2 510
11	黄淤 47	5 270	22	黄淤 58	3 930	33	龙门	

根据实际河道断面测量成果,将一维河道划分为咸阳—临潼、临潼—华县、华县—潼关三段,不同河段的断面布设统计情况如表 3-58 所示。

表 3-58　不同河段的断面布设统计情况

序号	河段	河长（km）	断面起止编号	断面个数（个）	平均间距（km）	最大间距（km）	最小间距（km）
1	咸阳—临潼	53.44	咸阳站—渭淤 26	15	3.56	7.55	0.02
2	临潼—华县	80.89	临潼站—渭淤 10	17	4.76	9.04	0.9
3	华县—潼关	78.97	华县站—断面 23	19	3.95	14.16	0.65

利用以上实测大断面,并根据渭河的实际宽度及河道蜿蜒情况,对河道断面进行内插加密处理,使得计算断面间距尽可能小,重要河段断面间距为 0.5 km。河道形态变化显著的河段和有工程(桥、闸、坝、堰等)的位置,断面再进行适当加密。

3.4.2.3　二维水动力模型

1. 计算原理

二维洪水演进模型是在二维浅水动力学的计算方法的基础上构建的。二维水动力学按数值离散基本原理的不同可以分为有限差分法、有限元法和有限体积法。其中,有限体积法是 20 世纪 80 年代发展起来的一种新型微分方程离散方法,结合了有限差分法和有限元法的特点,能够处理复杂边界问题的需要,同时在间断模拟方面也显示了独特的效果。因此,近年来该方法成为浅水流动模拟的一个主流方法,本章也采用此方法。

二维水动力学模型的控制方程如下:

连续方程

$$\frac{\partial H}{\partial t} + \frac{\partial M}{\partial x} + \frac{\partial N}{\partial y} = q \qquad (3\text{-}16)$$

动量方程

$$\frac{\partial M}{\partial t} + \frac{\partial(uM)}{\partial x} + \frac{\partial(vM)}{\partial y} + gH\frac{\partial z}{\partial x} + g\frac{n^2 u \sqrt{u^2 + v^2}}{H^{1/3}} = 0 \qquad (3\text{-}17)$$

$$\frac{\partial N}{\partial t} + \frac{\partial(uN)}{\partial x} + \frac{\partial(vN)}{\partial y} + gH\frac{\partial z}{\partial y} + g\frac{n^2 v \sqrt{u^2 + v^2}}{H^{1/3}} = 0 \qquad (3\text{-}18)$$

式中:H 为水深;z 为水位,$z = H + B$,B 为地面高程;M 与 N 分别为 x 和 y 方向的单宽流量;u 和 v 分别为 x 和 y 方向的流速分量;n 为糙率系数;g 为重力加速度;q 为源汇项。

方程没有考虑科氏力和紊动项的影响。

运用二维水动力学方法进行洪水风险分析的技术路线参见图 3-32。

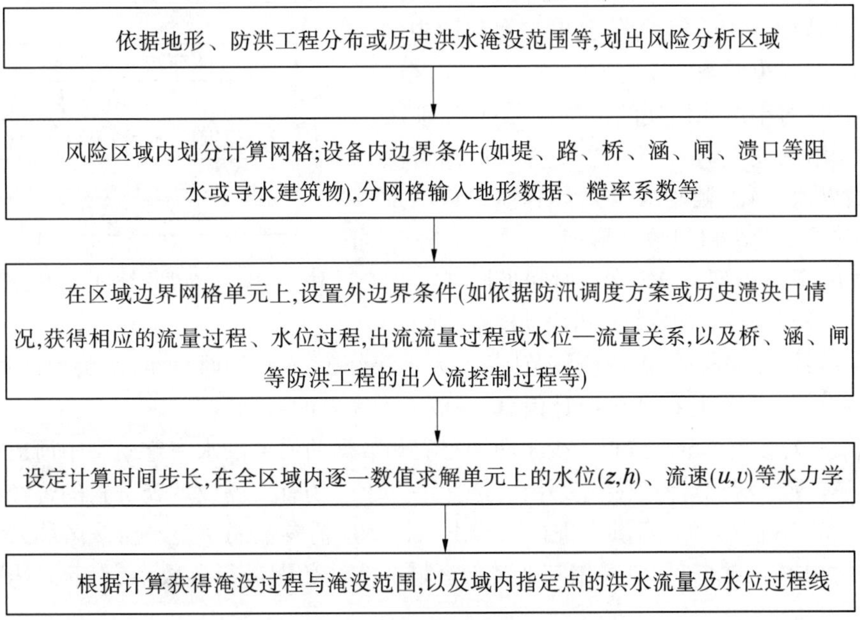

图 3-32 洪水风险分析的技术路线

2. 建模流程

二维洪水演进模型建模流程如图 3-33 所示。

第一步:确定洪水来源,即风险辨识。可能的洪水来源包括漫溢、决堤、溃坝、分洪、当地暴雨等。

第二步:根据上述洪水可能波及的区域确定计算的地理边界。地理边界的确定办法是综合参考历史洪水淹没情况、咨询当地水利专家、利用地形图和水利工程布置图等信息确定。

第三步:分析确定计算边界条件。二维模型的入流边界条件是各个溃口的溃决流量过程。内边界条件:计算区域内可人为调节水流运动的工程设施为内边界条件,包括闸、坝、泵,例如蓄滞洪区的分洪闸、淹没区内的泵站等。对于这类工程设施,需明确其调度原则和运行方式,并据此计算其对洪水运动过程的影响。

第四步:在所确定的计算域内,基于GIS,进行网格剖分及网格拓扑关系检查,并形成网格数据;添加各个单元网格的属性(包括编号、类型、高程、糙率系数、面积修正率等)。

第五步:分析计算区域内的阻水或导水建筑物,并形成相应的概化数据;添加阻水或导水建筑物的属性(包括高程、宽度、深度等)。

第六步:将闸门、泵站、涵洞等防洪工程按照其具体位置添加到模型概化图中。添加各防洪工程的具体参数,如闸门孔数、闸门尺寸、调度规则、闸门类型、抽排水情况等。

第七步:将收集的上下游各边界点的数据资料或水力学要素对应关系赋值到模型概化图中的对应位置,形成边界条件。

第八步:对于可能出现的溃决情况,设定溃决口门位置,溃决发生时口门所在位置对应河道洪水水位临界值(溃决触发水位),计算溃决口门发展过程,并设置溃决口门最终形态。

第九步:运行模型。设定运行时间步长、起始时间等水动力学模拟控制性参数后可启动模型计算。

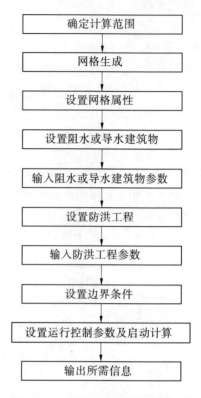

```
确定计算范围
   ↓
网格生成
   ↓
设置网格属性
   ↓
设置阻水或导水建筑物
   ↓
输入阻水或导水建筑物参数
   ↓
设置防洪工程
   ↓
输入防洪工程参数
   ↓
设置边界条件
   ↓
设置运行控制参数及启动计算
   ↓
输出所需信息
```

图3-33　二维洪水演进模型建模流程

第十步:计算完成后,提取淹没范围、最大水深分布、淹没历时分布、水头到达时间、任意单元网格水位过程等特征值与统计信息,完成一次完整的过程。

第十一步:参数率定。选择不少于两场有实测数据的河道洪水率定模型中河道洪水计算所需的有关参数,特别是河道糙率系数。选择不少于一场有实测或调查资料的曾经淹没过计算区域(或其一部分)的实际洪水进行二维洪水计算所需参数的率定。当该区域无实测或调查的历史洪水淹没数据时,应采用其他类似区域的实测数据进行参数率定,近似选取有关参数。

第十二步:模型验证。选取不少于一场有实测数据的历史洪水,采用率定过的参数进行河道洪水和区域淹没洪水的验证。要求河道洪水最大水位的绝对误差不超过0.2 m,最大流量的相对误差不超过5%,峰现时间的误差不超过2 h,淹没范围相对误差不超过5%,淹没范围内最高水位的绝对误差不超过0.3 m。若该区域无实测或调查资料,则应选择进行参数率定区域的其他实际洪水数据进行模型验证,验证精度要求同上。

第十三步:洪水风险图分析制作。针对不同洪水来源,选择历史典型洪水或所需频率(量级)的设计洪水,采用验证后的计算模型,开展洪水分析计算,得到淹没区淹没范围、水深、流速、洪水到达时间、淹没历时等洪水特征信息,绘制洪水风险图。

3.4.2.4　网格划分

保护区洪水演进采用二维水动力计算软件模拟,需对洪泛区平面进行网格划分。MIKE21模型中的不规则三角网和规则多边形的组合形式能够较好地拟合河道边界。

对于二维水力学模型的网格剖分,以渭河下游南、北两岸保护区的计算范围作为网格剖分的边界约束条件,将高速公路、内河堤防、铁路等阻水建筑物作为网格剖分的内部约束条件,进行网格剖分,网格最大面积不大于 0.1 km²。主要沟渠、重要地区、地形和平面形态变化较大地区的计算网格适当加密,控制最大网格面积不大于 0.02 km²。区域内部的桥涵、堤防、引水渠和路基等建筑物,采用 MIKE21 的水工建筑物模块进行概化和模拟。

网格的属性赋值主要包括:对网格逐一进行编号、类型、高程、糙率、面积修正率等的赋值。首先,需要对每个网格进行编号,赋予每个网格一个 ID;其次,根据基础底图将网格划分为陆地、河道、水面等不同类型,并赋予相应的代码(需要说明的是,在剖分网格时是根据已有堤防资料确定河道型网格的位置和宽度的,但某些河道型网格的宽度与实际情况略有偏差,因此在准备程序计算文件时需对此进行合理的修正);再次,根据 DEM 数据,计算出每个网格的平均高程,并将网格转换为点,提取出平均高程作为网格的高程属性;再按照水面型网格、河道型网格、农田网格、非农田陆地网格等不同类型网格,分别赋予网格相应的糙率;最后,以每个网格内的居民地面积与其所在网格面积的比值,作为网格的面积修正率属性。再根据不同居民地的特点,选取不同的面积修正率系数,对每个网格的面积修正率进行进一步的修正。

对于堤防和 0.5 m 以上的道路,将其概化为阻水型特殊通道,其赋值是根据保护区内堤防和道路的现状资料,将其逐一在地图中标出,并赋高程值,再根据已有高程点进行线性插值,得到全部阻水型特殊通道的高程。阻水型特殊通道与其他特殊通道的交口处,根据实际情况设置涵洞,有缺口的特殊通道则采用宽顶堰的方式进行计算。

选取渭河干流北岸临渭区沙王险工溃口为例,模拟的面积为 436.53 km²,网格划分情况见图 3-34,模型采用非结构网格,网格数为 70 174 个,防洪保护区最大网格面积为 0.099 km²,平均网格面积为 0.043 km²。

局部网格剖分示意图见图 3-34。

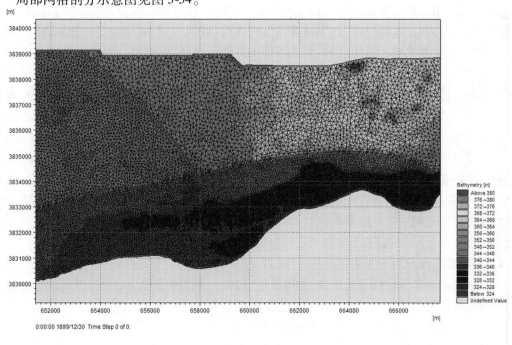

图 3-34　局部网格剖分示意图

3.4.3 损失评估模型

3.4.3.1 模型原理

科学地评估洪水灾害所造成的损失是评估防洪效益、制定防洪规划和防洪减灾决策的重要依据。本章采用"重点地区洪水风险图编制项目软件名录"中由中国水利水电科学研究院在 2014 年研制、2015 年 6 月升级优化的损失评估软件 V2.0 版本。该版本增加了对经济参数进行设定的功能,用户可根据实地调研的情况设定不同等级居民地、不同等级公路的单价费用及资产净值率。

洪水灾害的损失评估模型是利用空间叠加分析功能,将行政区划、居民地、铁路、公路、农田、重点单位与洪水淹没风险的矢量网格图层数据及社会经济指标数据进行空间叠加分析和计算,得出淹没范围内单元网格的不同等级公路、铁路的长度、农田的面积、重点单位的个数以及所属行政区划等指标;然后结合以乡(镇)为单位的社会经济指标数据和模型内、外置的经济参数,通过面积所占权重、铁路及公路长度所占权重折算出淹没影响区各经济损失评估指标的价值;最后根据影响区内各类经济类型和洪灾损失率关系,按式(3-19)计算洪灾经济损失:

$$D = \sum_i \sum_j W_{ij} \eta(i,j) \tag{3-19}$$

式中:W_{ij} 为评估单元在第 j 级水深的第 i 类财产的价值;$\eta(i,j)$ 为第 i 类财产在第 j 级水深条件下的损失率。

3.4.3.2 评估指标及淹没指标的确定

根据洪涝灾害损失评估软件技术要求,损失评估计算需要收集以乡(镇)为单元的社会经济指标,包括综合指标(区域编码、区域名称、面积、地区生产总值、第一产业增加值、第二产业增加值、第三产业增加值)、人民生活指标(常住人口、户数、人口密度、乡村人口、乡村居民户数、乡村居民人均纯收入、乡村居民人均住房、城镇人口、城镇居民户数、城镇居民人均可支配收入、城镇居民人均住房、职工年均工资收入、居民地面积)、农业指标(耕地面积、农业总产值、种植业产值、粮食播种面积、粮食总产量、蔬菜播种面积、蔬菜总产量、经济作物播种面积、经济作物总产量、育林面积、林业产值、水产养殖面积、渔业产值、牧业产值、副业产值)、第三产业指标(单位数、从业人员数、资产总计、固定资产、流动资产、主营收入)、第二产业指标(单位数、从业人员数、资产总计、固定资产、流动资产、工业产值)。

本项目灾情统计指标包括:淹没面积、淹没农田面积、淹没房屋面积、受影响公路长度、受影响铁路长度、受影响人口总数、受影响 GDP。损失评估指标包括:居民房屋损失、家庭财产损失、农业损失、工业资产损失、工业产值损失、商贸业资产损失、商贸业主营收入损失、道路损失和总计损失。淹没指标包括:洪水淹没水深、洪水淹没历时、洪水到达时间、洪水淹没范围。

3.4.3.3 损失指标估算方法

在确定了各类承灾体受淹程度、灾前价值之后,根据洪灾损失率关系,即可进行分类洪灾直接经济损失估算。主要直接经济损失类别的计算方法如下。

1. 城乡居民家庭财产、住房洪涝灾损失计算

城乡居民家庭财产直接损失值可采用式(3-20)计算:

$$R_{家直损} = \sum_{i=1}^{n} R_{家损i} = \sum_{i=1}^{n} \sum_{j=1}^{m} \sum_{k=1}^{l} W_{家产ijk} \eta_{ijk} \qquad (3\text{-}20)$$

式中:$R_{家直损}$为城乡居民家庭财产洪涝灾直接损失值,元;$R_{家损i}$为各类家庭财产洪灾直接损失值,元;$W_{家产ijk}$为第 k 级淹没水深下第 i 类第 j 种家庭财产灾前价值,元;η_{ijk}为第 k 级淹没水深下第 i 类第 j 种财产洪灾损失率(%);n 为财产类别数;m 为各类财产种类数;l 为淹没水深等级数。

考虑到城乡居民家庭财产种类的差别,可按城市(镇)与乡村分别计算居民家庭财产损失值,然后累加。

城乡居民住房损失计算方法公式与城乡居民家庭财产的方法公式相同。

2. 商贸业洪涝灾损失估算

1) 商贸业资产损失估算方法

计算工商企业各类财产损失时,需分别考虑固定资产(厂房、办公用房、营业用房、生产设备、运输工具等)与流动资产(原材料、成品、半成品及库存物资等),其计算公式如下:

$$R_{财} = R_1 + R_2 = \sum_{i=1}^{n} R_{1i} + \sum_{i=1}^{n} R_{2i} = \sum_{i=1}^{n} \sum_{j=1}^{m} \sum_{k=1}^{l} W_{ijk} \eta_{ijk} + \sum_{i=1}^{n} \sum_{j=1}^{m} \sum_{k=1}^{l} B_{ijk} \beta_{ijk} \qquad (3\text{-}21)$$

式中:$R_{财}$为工商企业洪涝灾财产总损失值,元;R_1为企业洪涝灾固定资产损失值,元;R_2为企业洪涝灾流动资产损失值,元;R_{1i}为第 i 类企业固定资产损失,元;R_{2i}为第 i 类企业流动资产损失,元;W_{ijk}为第 k 级淹没水深下第 i 类企业第 j 种固定资产值,元;η_{ijk}为第 k 级淹没水深下第 i 类企业第 j 种固定资产洪灾损失率(%);B_{ijk}为第 k 级淹没水深下第 i 类企业第 j 种流动资产值,元;β_{ijk}为第 k 级淹没水深下第 i 类企业第 j 种资产洪涝灾损失率(%);n 为企业类别数;m 为第 i 类企业财产种类数;l 为淹没水深等级数。

2) 工商企业停产损失估算方法

企业的产值和主营收入损失是指因企业停产停工引起的损失,产值损失主要根据淹没历时、受淹企业分布、企业产值或主营收入统计数据确定。首先从统计年鉴资料推算受影响企业单位时间(时、日)的产值或主营收入,再依据淹没历时确定企业停产停业时间后,进一步推求企业的产值损失。

3. 农业损失估算

农业损失主要考虑淹没范围内的农作物的损失。

$$R_{农直} = \sum_{i=1}^{n} \sum_{j=1}^{m} W_{ij} \eta_{ij} \qquad (3\text{-}22)$$

式中:$R_{农直}$为农业直接经济损失,元;η_{ij}为第 j 级淹没水深下第 i 类农作物洪涝灾损失率(%);W_{ij}为第 j 级淹没水深范围内第 i 类农作物正常年产值,元;n 为作物种类数;m 为淹没水深等级数。

4. 道路交通等损失估算

道路交通等损失根据不同等级道路的受淹长度与单位长度的修复费用进行计算。

5. 总经济损失计算

各类财产损失值的计算方法如上所述,各行政区的总损失包括家庭财产、家庭住房、工商企业、农业、基础设施等,各行政区损失累加得出受影响区域的经济总损失,即

$$D = \sum_{i=1}^{n} R_i = \sum_{i=1}^{n} \sum_{j=1}^{m} R_{ij} \qquad (3\text{-}23)$$

式中：R_i 为第 i 个行政分区的各类损失总值，元；R_{ij} 为第 i 个行政分区内第 j 类损失值；n 为行政分区数；m 为损失种类数。

3.4.4　路径分析模型

避洪转移路径(方向)确定的原则是：

(1)路网数据完备但不具备道路通量信息时，按照最短路径原则确定转移路线。

(2)路网数据完备且具备道路通量信息时，按照时间最短原则建立路径分析模型，分析确定效率最优的转移路线。

(3)对于道路数据不完备或危险区面积大于 1 000 km^2 的防洪保护区，可根据转移单和安置区分布直接标示转移方向。

Dijkstra 算法是很有代表性的最短路算法。Dijkstra 算法能得出最短路径的最优解，用于计算一个节点到其他所有节点的最短路径。主要特点是以起始点为中心向外层层扩展，直到扩展到终点。

Dijkstra 算法思想为：设 $G = (V, E)$ 是一个带权有向图，把图中顶点集合 V 分成两组，第一组为已求出最短路径的顶点集合(用 S 表示，初始时 S 中只有一个源点，以后每求得一条最短路径，就将其加入集合 S 中，直到全部顶点都加入 S 中，算法就结束了)。第二组为其余未确定最短路径的顶点集合(用 U 表示)，按最短路径长度的递增次序依次把第二组的顶点加入 S 中。在加入的过程中，总保持从源点 v 到 S 中各顶点的最短路径长度不大于从源点 v 到 U 中任何顶点的最短路径长度。此外，每个顶点对应一个距离，S 中的顶点的距离就是从 v 到此顶点的最短路径长度，U 中的顶点的距离就是从 v 到此顶点只包括 S 中的顶点为中间顶点的当前最短路径长度。

(1)初始时，S 只包含源点，即 $S = \{v\}$ 的距离为 0。U 包含除 v 外的其他顶点，即 $U = \{$其余顶点$\}$，若 v 与 U 中顶点 u 有边，则 $<u, v>$ 正常有权值；若 u 不是 v 的出边邻接点，则 $<u, v>$ 权值为 ∞ 。

(2)从 U 中选取一个距离 v 最小的顶点 k，把 k 加入 S 中(该选定的距离就是 v 到 k 的最短路径长度)。

(3)以 k 为新考虑的中间点，修改 U 中各顶点的距离；若从源点 v 到顶点 $u(u, U)$ 的距离(经过顶点 k)比原来距离(不经过顶点 k)短，则修改顶点 u 的距离值，修改后的距离值的顶点 k 的距离加上边上的权。

(4)重复步骤(2)和(3)，直到所有顶点都包含在 S 中。

3.5　模型参数率定与模型验证

3.5.1　模型参数选取与率定

3.5.1.1　一维水动力模型参数选取与率定

本次河道一维洪水演算划分为咸阳—临潼、临潼—华县、华县—潼关三段，分别进行各段河道糙率率定和模型验证。通过实地调研和资料收集分析，对计算模型和模型参数进行率定。

1.模型参数选取

根据《洪水风险图编制技术细则(试行)》及《水力计算手册(第二版)》对糙率取值要求,需要对计算渭河干流一维河道模型糙率参数进行选取和率定。渭河下游为复式河床,滩槽分明,滩槽糙率相异,结合已有成果和经验,渭河干流各河段糙率参数选取范围如表3-59所示。

表3-59　渭河干流各河段糙率参数选取范围

渭淤断面号	1~17	17~24	24~27	27~29	29~35
河槽糙率	0.019	0.016 2	0.019 6	0.022 8	0.026 6
滩地糙率	0.035	0.035	0.035	0.035	0.035
综合糙率	0.031 9	0.031 7	0.027 2	0.028 4	0.028 4

2.模型参数率定

对于渭河干流河道糙率,本章选择2013年7月实测洪水进行糙率率定。渭河干流按照咸阳—临潼、临潼—华县、华县—潼关三段分别进行河道糙率的调试和洪峰流量误差的分析,最终河道糙率确定如表3-60所示。2013年实测洪水在渭河主干河道三段的洪峰流量相对误差分别是3.51%、2.14%、4.61%,均在相对误差5%以内,满足《洪水风险图编制导则》(SL 483—2010)参数率定的相关精度要求。

表3-60　河道糙率率定值及洪峰流量相对误差

序号	河段名称	糙率率定值	洪峰流量相对误差(%)
1	咸阳—临潼	0.028	3.51
2	临潼—华县	0.031 7	2.14
3	华县—潼关	0.031 9	4.61

渭河干流河道分段模型的流量验证计算结果如图3-35~图3-37所示。

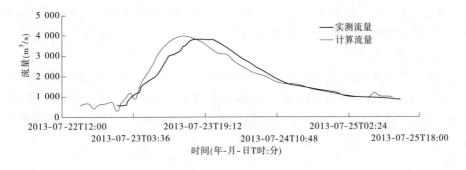

图3-35　咸阳—临潼段临潼站洪水验证

3.5.1.2　二维水动力模型参数选取与率定

1.模型参数选取

在二维洪水演进模型中,需要设置的主要参数有计算时间和步长、糙率、干湿边界、水体密度、风场、涡黏系数等。本次洪水模拟的目的是计算洪水在淹没区的演进过程,提取包括

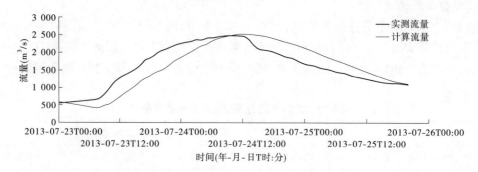

图 3-36　临潼—华县段华县站洪水验证

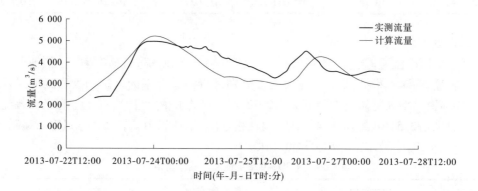

图 3-37　华县—潼关段潼关站洪水验证

淹没水深、历时、到达时间等风险要素,故对计算结果无明显影响的计算参数均采用默认值,包括水体密度、风场、涡黏系数等,其余计算参数需要反复计算和确定。

2.模型参数率定

二维水动力模型需要进行率定确定的参数有计算时间步长、糙率、干湿边界。

结合该地区或类似区域以往糙率、干湿边界相关参数范围,采用试算法进行参数率定。根据经验将相关参数设定初始值后,代入模型反复试算,将计算的最大水位误差控制在 20 cm 以内,洪峰流量相对误差控制在 10% 以内。

1)计算时间步长

在二维水动力模型中,计算时间步长是影响模型计算的一个比较重要的参数,为保证模型稳定运行且具有较高运行效率,经反复调试,计算区二维模型的最大时间步长设定为 30 s,最小时间步长设定为 0.01 s,模型根据网格质量、进洪情况及区域地形复杂程度会自动调整计算时间步长。

2)糙率

在二维水动力模型中,糙率是影响模型计算的另一个比较重要的参数。模型中,糙率用曼宁 M(单位为 $m^{1/3}/s$)来表示。前面各分区剖分好的网格是由面积小于 0.1 km^2 的不规则三角形网格构成的,在 MIKE21 中可以设定每个网格不同的糙率值,也可全区统一设定为一个固定的糙率值。

在本次计算中,利用本区域土地利用图、航拍图,并结合现场调查,对不同下垫面赋予不同的糙率值,见表3-61,将结果以坐标加糙率的文本格式导入模型,并通过插值得到各网格糙率值。

表 3-61　防洪保护区内地面糙率取值

内容	地类名称	糙率范围	内容	地类名称	糙率范围
旱地	植被	0.04 ~ 0.05	池塘	水系	0.02 ~ 0.025
园地		0.03 ~ 0.04	水库		0.02 ~ 0.025
成林		0.07 ~ 0.08	沼泽湿地	水系附属设施	0.04 ~ 0.06
幼林		0.06 ~ 0.07	盐田、盐场	居民地设施	0.05 ~ 0.06
疏林		0.04 ~ 0.05	温室、大棚		0.05 ~ 0.06
苗圃		0.04 ~ 0.05	街区	居民地	0.06 ~ 0.07
高草地		0.06 ~ 0.07	单幢房屋、普通房屋		0.06 ~ 0.07
草地		0.04 ~ 0.05	高层建筑区		0.06 ~ 0.07
地面河流	水系	0.02 ~ 0.025	棚房		0.06 ~ 0.07
常年河		0.02 ~ 0.025	破坏房屋		0.06 ~ 0.07
时令河		0.02 ~ 0.025	沙地	地貌土质	0.04 ~ 0.05
干渠		0.02 ~ 0.025	砂砾地		0.05 ~ 0.06
湖泊		0.02 ~ 0.025	盐碱地		0.05 ~ 0.06

3)干湿边界

干湿边界是 MIKE21 水动力学模型中为避免模型计算出现不稳定性和不收敛而设定的参数,当某一网格单元的水深小于湿水深时,在此单元上的水流计算会被相应调整;而当水深小于干水深时,会被冻结而不参与计算。本研究区域内模型的干水深、浸没水深和湿水深分别取 0.005 m、0.05 m 和 0.1 m。

3.5.1.3　损失评估模型参数选取与率定

1.模型参数选取

损失评估模型参数主要是洪灾损失率。洪灾损失率是描述洪灾直接经济损失的一个相对指标,通常指各类财产损失的价值与灾前或正常年份原有各类财产价值之比。洪灾损失率的选取是洪灾直接经济损失评估的关键,与洪灾发生区域的淹没等级、财产类别、成灾季节、范围、洪水预见期、抢救时间、抢救措施等有关。

2.模型参数率定

选取具有代表性的典型地区、典型单元、典型部门等分类做洪灾损失调查统计,根据调查资料估算不同淹没水深(历时)条件下各类财产洪灾损失率,建立淹没水深(历时)与各类财产洪灾损失率关系表或关系曲线;然后将该损失率反复代入有洪水灾害损失资料的方案中进行验证、试算,保证模型计算洪灾损失和历史实际灾害损失统计数据的差值在一定误差范围内,即可确定洪灾损失率。

根据试算结果,本保护区的洪灾损失率率定结果见表3-62。

表 3-62　防洪区内不同淹没水深的损失率

资产种类	不同淹没水深(m)的损失率(%)				
	<0.5	0.5~1.0	1.0~2.0	2.0~3.0	>3.0
家庭财产	33	45	55	59	63
家庭住房	30	45	52	56	60
农业损失	46	60	65	70	72
工业资产	12	18	26	30	34
铁路	2	5	10	10	12
公路	20	30	35	40	42
桥涵	2	5	10	10	12

3.5.2　模型验证

3.5.2.1　模型验证要求

1. 一维模型验证要求

一维模型验证的要求如下:

(1)验证结果与实际洪水的最大水位误差(实测水位与计算水位之差绝对值的最大值)小于或等于0.2 m。

(2)最大流量相对误差(实测流量与计算流量之差的绝对值/实测流量)小于或等于10%。

2. 二维模型验证要求

1)二维模型计算结果与典型调查洪水的验证

选取渭河"03·8"洪水采用率定过的参数进行保护区淹没洪水验证,具体验证要求如下:

(1)最大水位误差(实测水位与计算水位之差绝对值的最大值)小于或等于0.2 m。

(2)洪峰流量相对误差(调查流量与计算流量之差的绝对值/调查流量)小于或等于10%。

(3)将淹没面积、淹没水深等计算结果与实测资料进行综合对比。

2)计算结果合理性评价

通过对不同计算方案的模拟演算,获得各个方案的模拟结果;分析不同方案的洪水最大淹没水深、洪水到达时间以及最大流速等洪水风险因素,并在如下五个方面进行合理性分析与评价。

(1)水量平衡。

计算来流量、出流量和区内淹没水量,判断分析来流量减去出流量,与区内淹没总水量的误差是否在1%之内,对于误差在1%之内的模型,可以认为洪水模拟结果合理。

(2)计算域内的流场分布。

以保护区的DEM高程分布为依据,对比计算某些溃决洪水的某些演进时刻的流场分布,判断水流的运动趋势是否遵循由高至低的物理原则;否则,认为模拟计算结果不合理。

（3）局部流场分布。

对于计算域内地形特殊概化的地方,如地势的突然变化、河渠、堤防、道路等边界位置,其流场分布必须能反映出阻水构筑物的阻水作用或河渠的导水作用。

（4）不同方案之间的洪水风险信息比较。

比较分析不同计算方案的洪水风险信息,可以是溃口位置的进洪过程或最大值时刻的水深、流速以及洪水到达时间等的比较,其结果必须符合物理概念上的判别。

（5）各方案自身的风险信息比较。

各个方案的水流过程要符合水流不间断的原则,洪水最大水深、洪水到达时间、淹没历时、流速分布合理,位于低洼位置的水深应是比较大的,坡降大的区域流速应该更大些。

3.5.2.2 一维水动力模型验证

采用2005年、2011年实测洪水进行渭河下游干流河道模型验证。

1. 咸阳—临潼段模型验证

1）临潼站流量验证

构建一维模型后,根据咸阳站2005年、2011年实测洪水过程资料(见图3-38、图3-39),计算得出临潼站的流量过程。

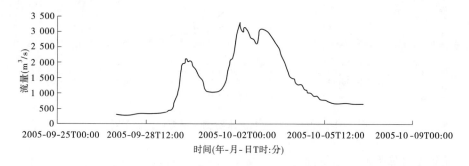

图3-38　2005年咸阳站实测洪水流量过程

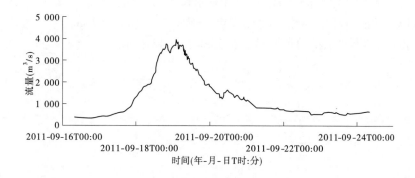

图3-39　2011年咸阳站实测洪水流量过程

临潼站2005年、2011年场次洪水实测流量和计算流量对比如图3-40、图3-41所示。由图3-40、图3-41可知,临潼站洪峰流量计算值与实测值相对误差2005年为2.02%,2011年为4.38%,均小于5%。

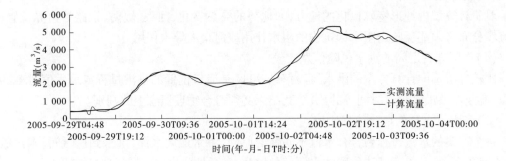

图 3-40   2005 年临潼站洪水实测流量与计算流量对比

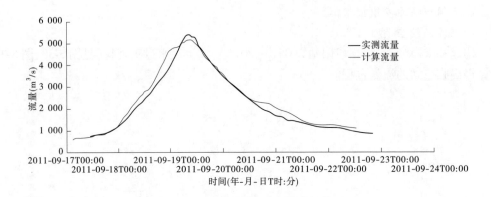

图 3-41   2011 年临潼站洪水实测流量与计算流量对比

2)耿镇站水位验证

耿镇站是位于咸阳与临潼之间的一个水位站,在泾河与渭河交汇处的下游。通过对耿镇站 2005 年、2011 年实测水位与该断面计算水位进行对比(见图 3-42、图 3-43),2005 年、2011 年耿镇站验证结果与实测洪水位的误差分别是 0.17 m、0.07 m。

(1)2005 年实测洪水的验证情况如表 3-63、图 3-42 所示。

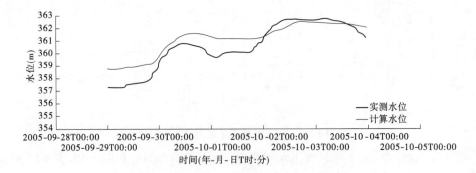

图 3-42   耿镇站 2005 年实测水位与计算水位对比

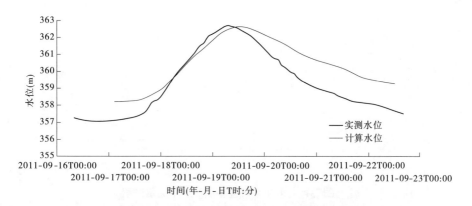

图 3-43 耿镇站 2011 年实测水位与计算水位对比

表 3-63 2005 年耿镇站实测水位与计算水位对比

序号	验证断面	实测最高水位(m)	模型计算最高水位(m)	最高水位绝对误差(m)
1	耿镇站	362.71	362.54	−0.17

（2）2011 年实测洪水的验证情况如表 3-64、图 3-43 所示。

表 3-64 2011 年耿镇站实测水位与计算水位对比

序号	验证断面	实测最高水位(m)	模型计算最高水位(m)	最高水位绝对误差(m)
1	耿镇站	362.67	362.60	−0.07

2. 临潼—华县段模型验证

1）华县站流量验证

构建一维模型后,根据临潼站 2005 年、2011 年实测洪水过程资料(见图 3-44、图 3-45)和华县站水位—流量关系,计算得出华县站流量过程。

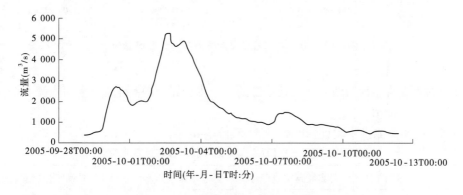

图 3-44 2005 年临潼站实测洪水流量过程

华县站 2005 年、2011 年场次洪水实测流量和计算流量对比如图 3-46、图 3-47 所示。由图 3-46、图 3-47 可知,华县站 2005 年最大流量相对误差为 1.9%,2011 年最大流量相对误差为 2.81%,相对误差均在 5% 以内。

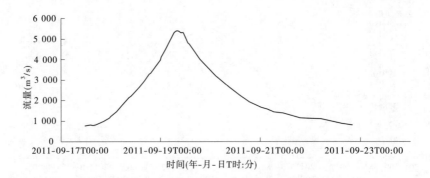

图 3-45　2011 年临潼站实测洪水流量过程

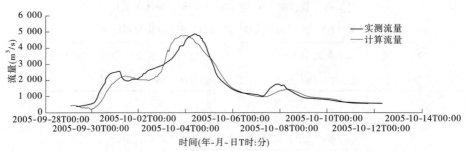

图 3-46　2005 年华县站年实测流量与计算流量对比

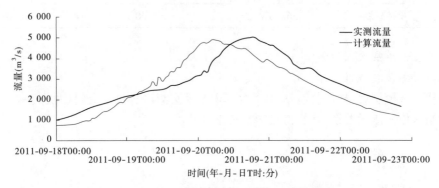

图 3-47　2011 年华县站年实测流量与计算流量对比

2)交口站、渭南站水位验证

交口站是支流零河与渭河交汇处上游的一个水位站,渭南站是赤水河支流与渭河交汇处上游的一个水位站。

(1)2005 年实测洪水验证情况如表 3-65、图 3-48、图 3-49 所示。

表 3-65　2005 年交口站、渭南站实测水位与计算水位对比

序号	验证断面	实测最高水位(m)	模型计算最高水位(m)	最高水位绝对误差(m)
1	交口站	352.17	352.03	-0.14
2	渭南站	348.15	348.03	-0.12

(2)2011 年实测洪水的验证情况如表 3-66、图 3-50、图 3-51 所示。

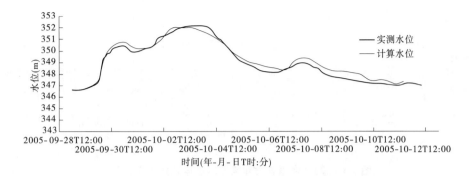

图 3-48　2005 年交口站年实测水位与计算水位对比

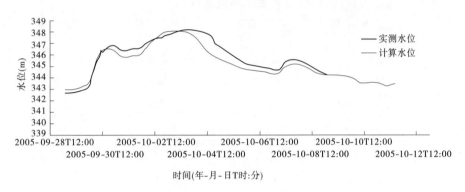

图 3-49　2005 年渭南站年实测水位与计算水位对比

表 3-66　2011 年交口站、渭南站实测水位与计算水位对比

序号	验证断面	实测最高水位(m)	模型计算最高水位(m)	最高水位绝对误差(m)
1	交口站	352.49	352.41	-0.08
2	渭南站	348.75	348.61	-0.14

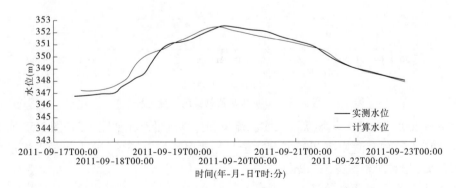

图 3-50　2011 年交口站年实测水位与计算水位对比

3.华县—潼关段模型验证

1)潼关站流量验证

构建一维模型后,根据华县站 2005 年、2011 年实测洪水过程资料(见图 3-52、图 3-53)

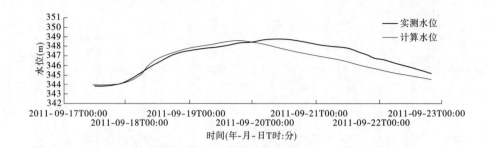

图 3-51　2011 年渭南站年实测水位与计算水位对比

和潼关站水位—流量关系,计算得出潼关站的流量过程。

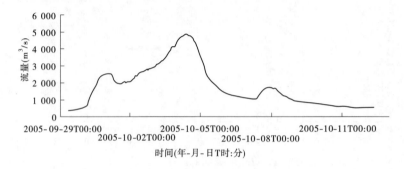

图 3-52　2005 年华县站实测流量过程

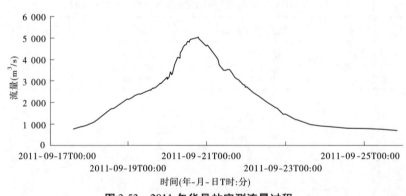

图 3-53　2011 年华县站实测流量过程

潼关站 2005 年、2011 年场次洪水实测流量和计算流量对比如图 3-54、图 3-55 所示。由图 3-54、图 3-55 可知,潼关站 2005 年最大流量相对误差为 2.73%,2011 年最大流量相对误差为 0.53%,相对误差均在 5% 以内。

2)陈村站、华阴站水位验证

陈村站是方山河支流和罗敷河支流与渭河干流交汇处之间的 1 座水位站,华阴站是支流长涧河和支流洛河与渭河干流交汇处之间的 1 座水位站。

(1)2005 年实测洪水的验证情况如表 3-67、图 3-56、图 3-57 所示。

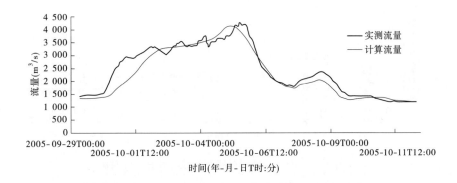

图 3-54 2005 年潼关站实测流量与计算流量对比

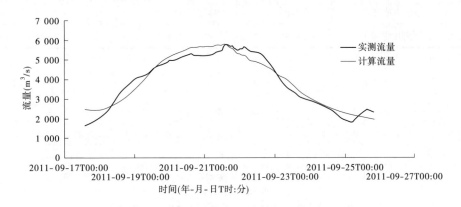

图 3-55 2011 年潼关站实测流量与计算流量对比

表 3-67 2005 年陈村站、华阴站实测水位与计算水位对比

序号	验证断面	实测最高水位(m)	模型计算最高水位(m)	最高水位绝对误差(m)
1	陈村站	338.23	338.12	−0.11
2	华阴站	334.38	334.46	0.08

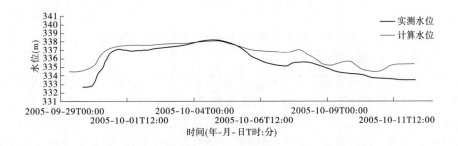

图 3-56 2005 年陈村站实测水位与计算水位对比

(2)2011 年实测洪水的验证情况如表 3-68、图 3-58、图 3-59 所示。

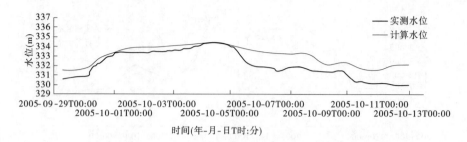

图 3-57   2005 年华阴站实测水位与计算水位对比

表 3-68   2011 年陈村站、华阴站实测水位与计算水位对比

序号	验证断面	实测最高水位(m)	模型计算最高水位(m)	最高水位绝对误差(m)
1	陈村站	338.23	338.11	-0.12
2	华阴站	334.46	334.58	0.12

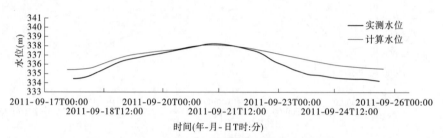

图 3-58   2011 年陈村站实测水位与计算水位对比

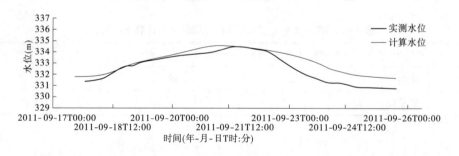

图 3-59   2011 年华阴站实测水位与计算水位对比

3.5.2.3   二维水动力模型验证

应用典型年洪水对所建模型进行验证,确保模型对各计算区域洪水模拟的计算精度,然后利用该模型对各计算方案设定不同的边界条件、初始条件等,对不同方案进行洪水分析计算。将淹没面积、淹没水深等计算结果与实测资料进行对比,分析其合理性;对各计算区域设定的计算方案进行洪水分析计算,计算成果包括洪水最大流速、最大淹没水深及洪水前锋到达时间等。通过模型精度验证、整体流场分布、局部流场分析、同一方案洪水风险信息比较等方法分析成果的合理性。

1.实测数据说明

通过实地调研和资料收集分析,采用 2003 年石堤河东堤溃口实测及调研资料对 MIKE21 模型进行验证。

2003 年 9 月 1 日 9 时 18 分,由于渭河洪水倒灌,石堤河东堤溃决(决口 1 处),溃堤洪水向东演进,先后冲决罗纹河堤防(决口 4 处)、方山河堤防(决口 5 处),洪水淹没范围东至罗敷河西堤。洪水演进情况及溃口位置见图 3-60。

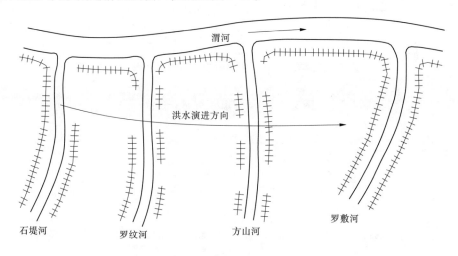

图 3-60　洪水演进情况及溃口位置

1) 石堤河

2003 年 9 月 1 日 9 时 18 分石堤河东堤决口,9 月 12 日 14 时石堤河大堤决口处全面合龙。石堤河东堤 Z1 溃口口门宽度 321.5 m,口门最低点高程 326.50 m,出水口滩面高程 340.57 m,溃口形状详见图 3-61。

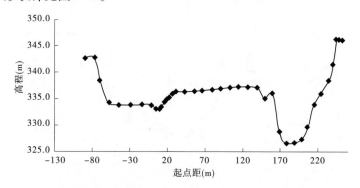

图 3-61　石堤河东堤 Z1 溃口形状

2) 罗纹河

罗纹河东堤 Z1 溃口:口门宽度 76.4 m,口门最低点高程 329.19 m,溃口形状详见图 3-62。

罗纹河东堤 Z2 溃口:口门宽度 157.1 m,口门最低点高程 329.19 m,溃口形状详见图 3-63。

罗纹河东堤 Z3 溃口:口门宽度 56.3 m,口门最低点高程 333.39 m,溃口形状详见图 3-64。

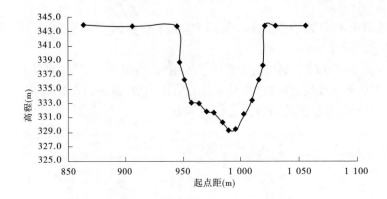

图 3-62　罗纹河东堤 Z1 溃口形状

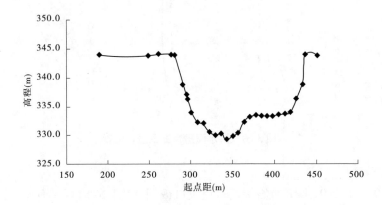

图 3-63　罗纹河东堤 Z2 溃口形状

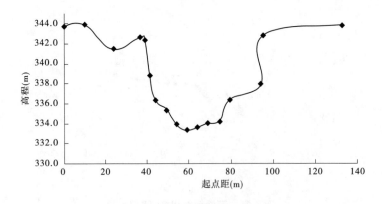

图 3-64　罗纹河东堤 Z3 溃口形状

　　罗纹河西堤 Z4 溃口:口门宽度 277.1 m,口门最低点高程 322.79 m,溃口形状详见图 3-65。

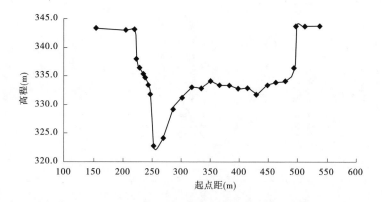

图 3-65　罗纹河西堤 Z4 溃口形状

3）方山河

方山河西堤 Z1 溃口：口门宽度 96.3 m，口门最低点高程 327.79 m，溃口形状详见图 3-66。

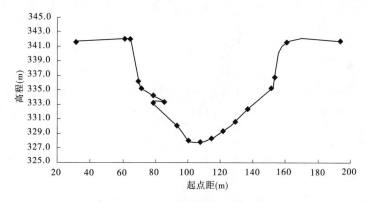

图 3-66　方山河西堤 Z1 溃口形状

方山河东堤 Z2 溃口：口门宽度 129.5 m，口门最低点高程 323.29 m，溃口形状详见图 3-67。

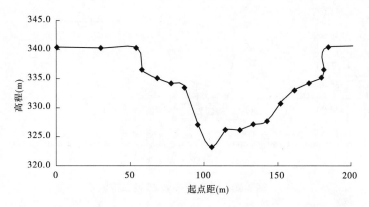

图 3-67　方山河东堤 Z2 溃口形状

方山河西堤 Z3 溃口：口门宽度 31 m，口门最低点高程 332.99 m，溃口形状详见图 3-68。

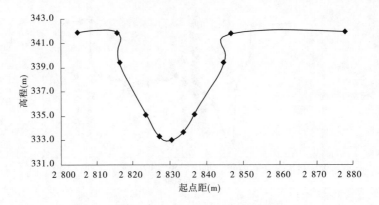

图 3-68 方山河西堤 Z3 溃口形状

方山河西堤 Z4 溃口:口门宽度 213 m,口门最低点高程 330.99 m,溃口形状详见图 3-69。

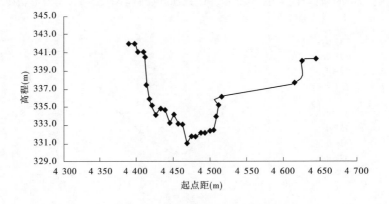

图 3-69 方山河西堤 Z4 溃口形状

方山河东堤 Z5 溃口:口门宽度 156.5 m,口门最低点高程 332.09 m,溃口形状详见图 3-70。

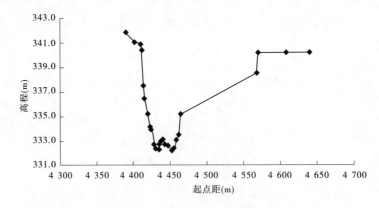

图 3-70 方山河东堤 Z5 溃口形状

渭河"03·8"洪水渭南以下全面漫滩,南山支流严重倒灌,造成渭河下游南山支流及堤防决口 11 处,淹没面积 137.6 km²。其中,华阴、华县灾害严重,支堤决口 10 处,最大口门宽 322 m,总决口长度 1 580 m。

滞留在库区的洪水,西起华县石堤河,东至华阴罗敷河,面积200多km²,平均水深2~4 m。为减少洪灾损失,防汛指挥部门经过现场查勘,反复测算,确定二华之间高程差值后,提出破堤自流泄洪,启动破除华阴围堤150 m,以自流排水为主、机电排水为辅的排水方案。从9月中旬至10月底,使淹没的30万亩地、5.2亿 m³积水得以排除。

2. 模型验证

1)模型建立

结合保护区洪水淹没的实际情况,分区建立二维模型,根据实际情况描述、干支流水系堤防以及相关部门的100年一遇洪水线而划分区域分区。所以,二维分区以渭河干流南岸堤防为上边界;相关部门提供的100年一遇洪水淹没范围线为下边界;东边以石堤河东堤为边界,西边以罗敷河西堤为边界。由于罗纹河、方山河堤防先后几处决口,所以在模型构建中将罗纹河、方山河处的堤防设为敞泄状态,其余阻水建筑物如铁路、国道等都设置在模型建筑物中,对实测地形进行合理模拟。保护区地形如图3-71所示。

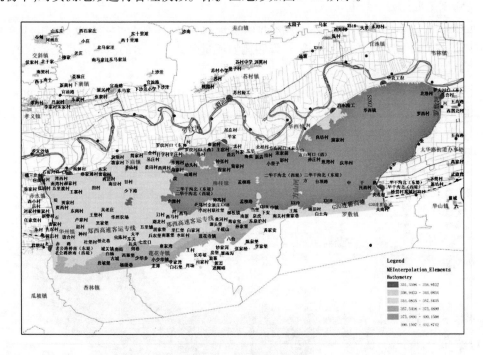

图3-71 石堤河右岸至罗敷河左岸保护区地形

2)溃口宽度设定

根据实际情况描述,石堤河东堤溃口口门宽321.5 m,2003年9月1日2时至9月12日14时30分间石堤河溃口处实测水位最大值为343.39 m,溃口处堤底高程为341.41 m,水位差1.98 m,计算时取溃口口门宽321.5 m,根据侧堰流量公式计算出溃口流量为1 302.7 m³/s,实测还原的近似溃口流量为1 190 m³/s,相对误差为9.47%,洪峰流量相对误差在误差允许范围内。

3)入流条件

MIKE21的入流条件:验证保护区洪水时,提供石堤河东堤溃口位置的水位过程作为溃口入流条件。石堤河东堤溃口处流量过程采用侧堰流量公式计算。

石堤河河口的水位资料是从2003年9月1日9时18分至12日14时的水位资料,通过侧堰流量公式计算石堤河东堤的溃口流量,如图3-72所示。

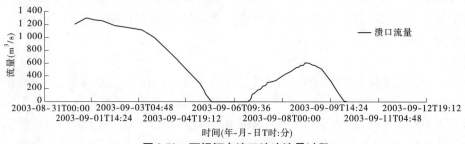

图3-72　石堤河东溃口溃决流量过程

华县站2003年实测洪峰流量为3 540 m^3/s,后还原流量为4 730 m^3/s,则石堤河口东堤溃口洪峰流量近似为1 190 m^3/s。

通过侧堰流量公式计算石堤河东堤的溃口流量最大值为1 302.7 m^3/s,相对误差为9.45%,洪峰流量相对误差小于10%。说明侧堰流量公式计算出的溃口流量是合理的。

4)计算结果

为保证模型计算稳定和结果精度,计算时间步长为10 s,输出时间步长为10 min。

2003年洪水时,石堤河东溃口发生溃决,溃口处纵向冲刷全溃,溃口宽度300 m,洪水由溃口进入二维平面区域,淹没面积128.4 km^2。

整个洪水演进过程淹没范围见图3-73。

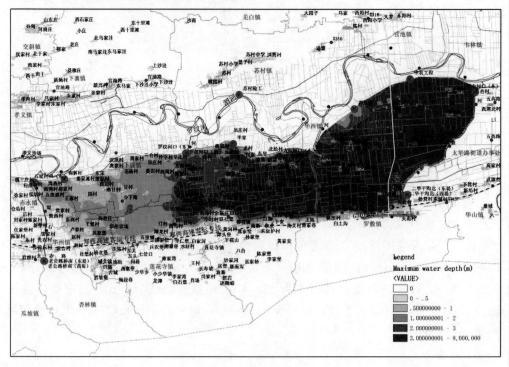

图3-73　石堤河东溃口溃决淹没范围

计算结果表明,石堤河东堤溃决,洪水自地势高处向地势低处演进,保护区地形呈西高东低态势;洪水自西向东演进,向低洼处汇集,直至罗敷河西堤。

区间内计算淹没面积128.4 km²,2003年9月11日12时实测洪水淹没面积为137.6 km²,相对误差为6.7%,可见计算淹没面积与实测淹没面积基本一致。

经验证,本次保护区洪水验证计算洪水自石堤河东堤决口,先后冲决罗纹河堤防、方山河堤防,最终淹没至罗敷河西堤,其演进和淹没范围与实测数据基本一样,说明模型计算结果基本合理,二维模型构建及参数设定满足洪水计算分析要求。

5)观测站水位验证

淹没区内设有两个水尺(位置分布见表3-69),分别记录了罗纹河西堤1+500(管理桩号)处下堤路坡脚、柳枝镇孟柳路坡脚处实测的淹没水位过程数据。

表3-69   水尺位置分布平面坐标

水尺编号	X 坐标	Y 坐标	位置
P1	390 374.39	3 827 773.03	罗纹河西堤1+500(管理桩号)处下堤路坡脚
P2	394 216.32	3 828 288.20	柳枝镇孟柳路坡脚

水尺的实测水位数据表明,2003年9月12日14时11分,水尺P1最高水位达339.21 m,而水尺P1处计算最高水位为339.16 m,实测水位与计算水位的误差为0.05 m,在误差范围内,说明模型计算结果基本合理。

值得指出的是,由于没有本次洪水退水资料的数据支撑,因此模型未考虑退水和下渗影响,水尺P2处的模型计算水位暂不能作为验证条件来进行模型验证分析。

6)洪痕验证

根据2003年石堤河东堤溃决的实际淹没情况,选取淹没区域相应河道断面(渭淤7、渭淤8、渭淤9、渭淤10)的洪痕资料进行验证分析。断面的位置示意图见图3-74。

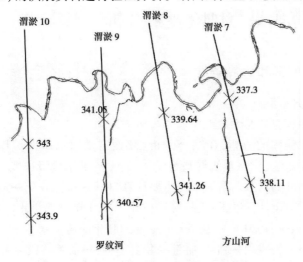

图3-74   2003年实测洪水洪痕断面位置示意图

上述典型断面2003年实测洪痕与该区域石堤河溃决二维模型计算成果对比情况见表3-70。

表 3-70　2003 年石堤河溃堤淹没区洪痕资料

断面名称	方位	起点距(m)	洪痕(m)	计算水位(m)	误差(m)
渭淤 7	北	4 407.9	337.3	338.01	0.71
	南	10 288.7	338.11	338.28	0.17
渭淤 8	北	6 135.8	339.64	339.15	−0.49
	南	11 479.2	341.26	341.41	0.15
渭淤 9	北	4 826.3	341.05	341.17	0.12
	南	10 661.1	340.57	340.68	0.11
渭淤 10	北	7 738.4	343	343.18	0.18
	南	12 783.2	343.9	343.31	−0.59

注:高程基准为大沽高程;起点距起点为各断面最北侧的顶点(见图 3-74)。

由表 3-70 可知,除渭淤 7、渭淤 8 北洪痕点及渭淤 10 南洪痕点水位与计算水位误差在 0.2~0.8 m 外,其余 5 个实测洪痕点水位与计算水位误差皆在 0.2 m 以内。在构建的石堤河东堤溃决的二维模型中,考虑到罗纹河、方山河在"03·8"洪水中左右岸堤防决口数量不止 1 个,且位置不对称,为突出重点并简便建模,在模型中对该堤防进行了去除处理。本模型在地物概化过程中忽略了计算区域内二华排水干沟的排水过程,加之相关实测资料多属灾后补充调研所得,与实际可能有一定差异,因此模型计算结果中部分点位与资料偏差稍大。但总体上来说,二维模型的计算结果基本反映了 2003 年石堤河东堤溃口的洪水演进情况,二维模型成果基本合理。

综合上述对溃口流量、水尺水位、淹没范围及淹没区洪痕的验证成果,结合 2003 年石堤河溃决以来二华保护区内地物变化对模型验证成果的影响,可认为由 MIKE21 构建的二维模型及参数选择基本能反映渭河下游南、北两岸防洪保护区的洪水演进特点,利用本模型开展保护区洪水演进分析是合理、可行的。

3.6　洪水计算成果与风险要素分析

3.6.1　洪水计算方案和边界条件

3.6.1.1　洪水计算方案汇总

1. 一维水动力学模型计算方案

根据对设计洪水频率的分析,在综合分析《陕西省洪水风险图编制 2013 年度实施方案》的基础上,渭河干、支流洪水量级调整为:①渭河干流洪水量级选取为设计标准洪水,并增加一组低于堤防标准的洪水。渭河干流主要计算 20 年一遇、50 年一遇、100 年一遇洪水。②支流洪水量级选取为设计标准洪水、超标准洪水及 100 年一遇洪水。渭河北岸支流和南山支流主要计算 10 年一遇、20 年一遇、50 年一遇、100 年一遇洪水。

渭河下游干流划分为咸阳—临潼、临潼—华县、华县—潼关三段分别进行计算。一维模型计算中需要根据不同分段给定的上下边界条件和断面内插模型计算出不同溃口所在河道断面不同洪水频率的水位、流量数据。

不同溃口断面选取的典型年洪水类型和洪水计算频率如表 3-71 所示。

表 3-71　不同溃口断面选取的典型年洪水类型和洪水计算频率

河流	行政区	溃口信息			洪水频率
		工程位置	溃口宽度(m)	洪水类型	
渭河干流	北岸	秦都区 安虹路口	100	"54"型洪水	20年一遇、50年一遇、100年一遇
		渭城区 店上险工	100		20年一遇、50年一遇、100年一遇
		高陵区 吴村阳险工	100	"33"型洪水	20年一遇、50年一遇、100年一遇
		临潼区 西渭阳险工	200		20年一遇、50年一遇、100年一遇
		临渭区 沙王险工	200		20年一遇、50年一遇、100年一遇
		临渭区 仓渡险工	200		20年一遇、50年一遇、100年一遇
		大荔县 苏村险工	200		20年一遇、50年一遇、100年一遇
		大荔县 仓西险工	200		20年一遇、50年一遇、100年一遇
	南岸	秦都区 段家堡	100	"54"型洪水	20年一遇、50年一遇、100年一遇
		秦都区 小王庄险工	100		20年一遇、50年一遇、100年一遇
		未央区 农六险工	100		20年一遇、50年一遇、100年一遇
		未央区 东站险工	100		20年一遇、50年一遇、100年一遇
		灞桥区 水流险工	100	"33"型洪水	20年一遇、50年一遇、100年一遇
		高陵区 周家险工	100		20年一遇、50年一遇、100年一遇
		临潼区 季家工程	100		20年一遇、50年一遇、100年一遇
		临渭区 张义险工	100		20年一遇、50年一遇、100年一遇
		临渭区 梁赵险工	200		20年一遇、50年一遇、100年一遇
		临渭区 八里店险工	200		20年一遇、50年一遇、100年一遇
		临渭区 田家工程	200		20年一遇、50年一遇、100年一遇
		华县 詹刘险工	200		20年一遇、50年一遇、100年一遇
		华县 遇仙河口(东)	100		50年一遇、100年一遇
		华县 石堤河口(西)	100		
		华县 石堤河口(东)	100		
		华县 南解村	200		20年一遇、50年一遇、100年一遇
		华县 罗纹河口(西)	100		50年一遇、100年一遇
		华县 罗纹河口(东)	100		
		华县 毕家	200		20年一遇、50年一遇、100年一遇
		华县 方山河口(西)	100		
		华阴市 方山河口(东)	100		20年一遇、50年一遇、100年一遇
		华阴市 冯东险工	200		
		华阴市 罗敷河口(东)	100		
		华阴市 柳叶河口(东)	100		
		华阴市 长涧河口(东)	100		
		华阴市 华农工程	200		
		华阴市 三河口工程	200		

河流		区（县）	溃口信息			洪水频率
			工程位置	溃口宽度（m）	洪水类型	
二华南山支流	赤水河	临渭区	赤水镇（西堤）	50	本河上游来水	20 年一遇、50 年一遇、100 年一遇
			赤水镇（东堤）	50		
	遇仙河	华县	老公路桥南（西堤）	50	本河上游来水	20 年一遇、50 年一遇、100 年一遇
			老公路桥南（东堤）	50		
	石堤河		老公路桥南（西堤）	50	本河上游来水	20 年一遇、50 年一遇、100 年一遇
			老公路桥南（东堤）	50		
	罗纹河		二华干沟北（西堤）	50	本河上游来水	20 年一遇、50 年一遇、100 年一遇
	方山河		二华干沟北（东堤）	50		
	罗敷河		二华干沟北（西堤）	50	本河上游来水	20 年一遇、50 年一遇、100 年一遇
			二华干沟北（东堤）	50		10 年一遇、50 年一遇、100 年一遇
	柳叶河		二华干沟北（西堤）	50	本河上游来水	10 年一遇、50 年一遇、100 年一遇
			二华干沟北（东堤）	50		
	长涧河	华阴市	二华干沟南 300 m（西堤）	50	本河上游来水	10 年一遇、50 年一遇、100 年一遇
			二华干沟南 300 m（东堤）	50		
			二华干沟南 800 m（西堤）	50	本河上游来水	10 年一遇、50 年一遇、100 年一遇
			二华干沟南 800 m（东堤）	50		
北岸支流	洛河	大荔县	农垦七连（西堤）	50	本河上游来水	10 年一遇、20 年一遇、50 年一遇
	泾河	高陵区	陕汽大道泾河桥上首（左岸）	50	本河上游来水	50 年一遇、100 年一遇
			陕汽大道泾河桥上首（右岸）	50	本河上游来水	50 年一遇、100 年一遇

2. 二维水动力模型计算方案

1）计算方案汇总

根据渭河洪水来源、洪水组合方式、历史溃口情况、洪水频率等的分析，共设置溃口 54 个，计算方案 155 个，具体方案见表 3-71。

2）计算分区划分

渭河下游咸阳铁路桥以下属陕西省三门峡库区，是受黄河三门峡水库蓄水和淤积影响最严重的地区，干、支流河道淤积抬升形成"悬河"，渭河干流和支流河道堤防将渭河南、北两岸防护区分隔为众多的封闭区域。在现场调研及当地防洪预案分析的基础上，结合相关咨询专家意见，对渭河下游南、北两岸保护区进行单溃口计算，本次二维模型对北岸和南岸分别计算。根据《洪水风险图编制技术细则》要求，计算分区指可以确定边界条件、进行洪水分析的最小对象，一般是被地形、水系堤防、公路、铁路等分割成若干相对独立的区域；对于无堤防河流或无分割构筑物设施的区域，可选择洪水泛滥的整个区域作为计算分区，对于有堤防河流,宜区分左、右岸,作为两个计算分区分析;对编制对象划分计算分区是为了进一步分析内河洪水的风险和对相应分区的影响。

根据渭河下游北岸保护区内地形和北岸支流堤防以及历史洪水和100年一遇洪水淹没范围线,结合现有堤防高程和线状地物资料进行分区划分,把北岸划分为西宝高速—包茂高速、京昆高速公路—南赵村、南赵村—洛河西堤、正阳镇—泾河右岸、泾河左岸—高陵区等5个分区。分区边界主要是自然高地和干、支流堤防。分区位置见图3-75~图3-79。

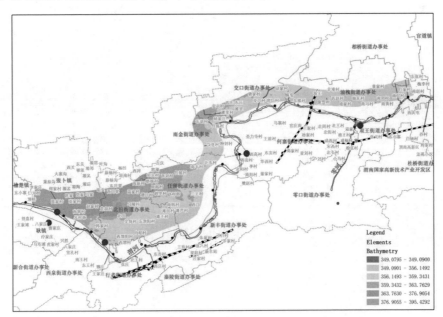

图3-75　京昆高速公路—南赵村计算分区地形云图

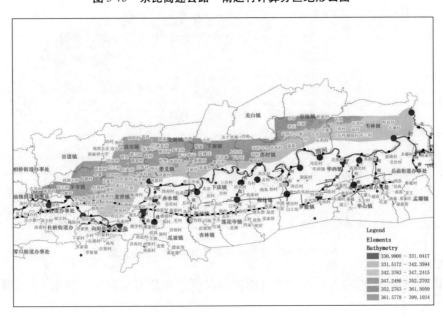

图3-76　南赵村—洛河西堤计算分区地形云图

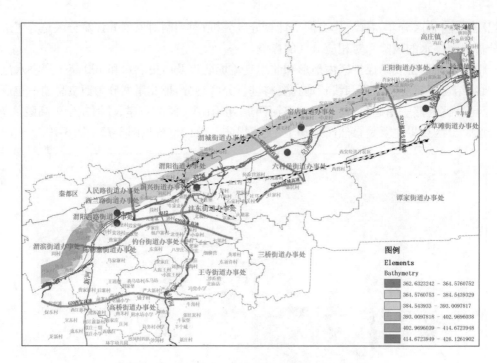

图 3-77 西宝高速—包茂高速计算分区地形云图

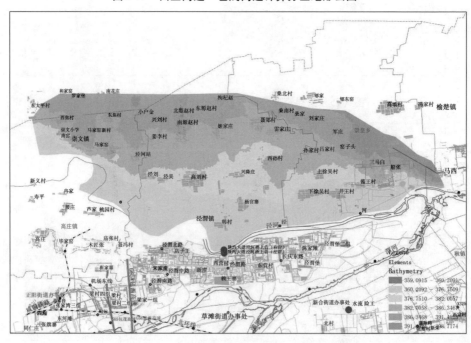

图 3-78 泾河左岸—高陵区计算分区地形云图

根据 2013 年渭河下游南、北两岸防洪保护区洪水风险图编制项目技术大纲,渭河下游南岸保护区内河流水系较多,考虑单溃口溃决,不考虑多溃口同时溃决以及堤防同时冲刷的情况。因此,主要依据干支流堤防及自然高地等分隔形成相对封闭区域作为分区划分基础。

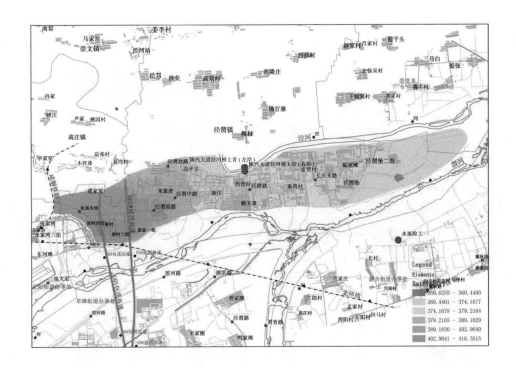

图 3-79　正阳镇—泾河右岸计算分区地形云图

自西宝高速桥以下划分为西宝高速—沣河西堤、沣河东堤—灞河西堤、灞河东堤—尤河西堤
等 12 个分区。分区边界主要是自然高地和干、支流堤防。分区位置见图 3-80 ~ 图 3-91。

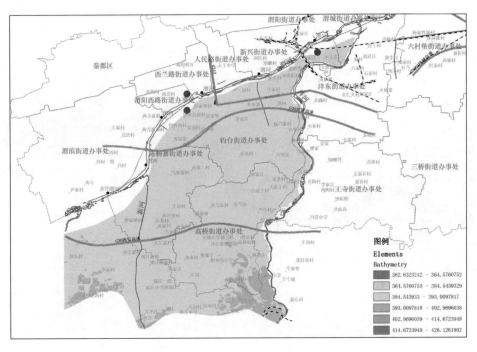

图 3-80　西宝高速—沣河西堤计算分区地形云图

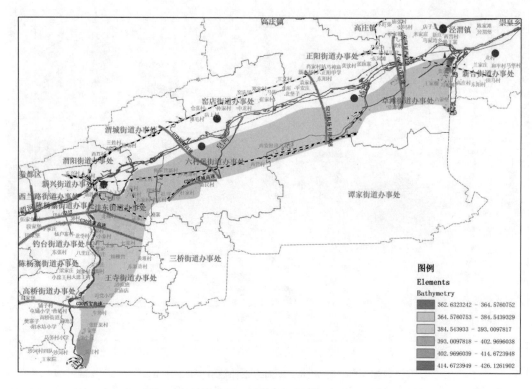

图 3-81　沣河东堤—灞河西堤计算分区地形云图

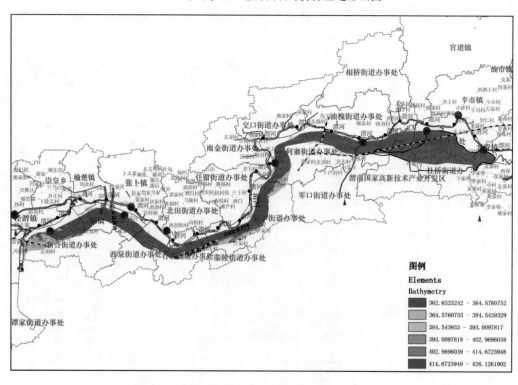

图 3-82　灞河东堤—尤河西堤计算分区地形云图

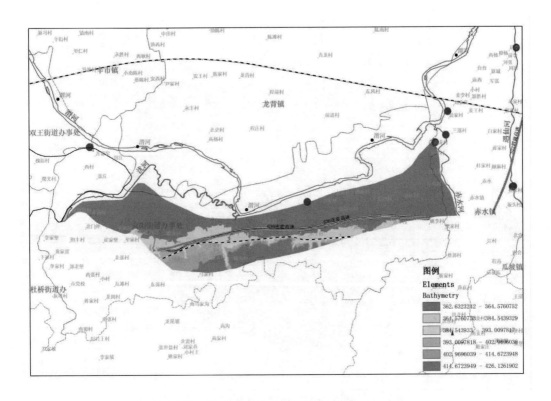

图 3-83 尤河东堤—赤水河西堤计算分区地形云图

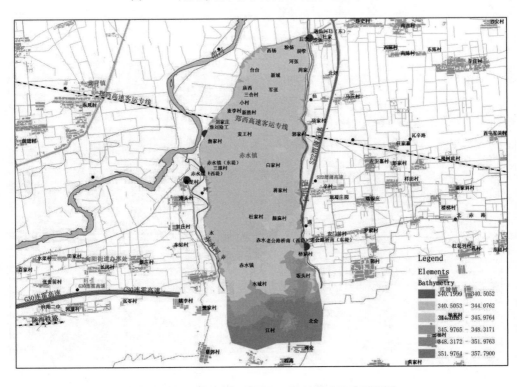

图 3-84 赤水河东堤—遇仙河西堤计算分区地形云图

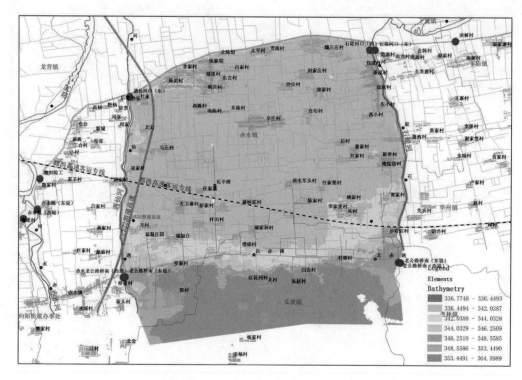

图 3-85　遇仙河东堤—石堤河西堤计算分区地形云图

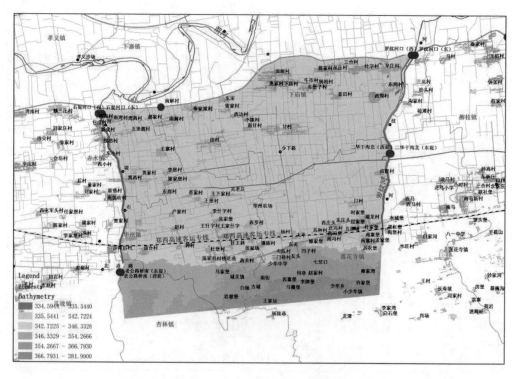

图 3-86　石堤河东堤—罗纹河西堤计算分区地形云图

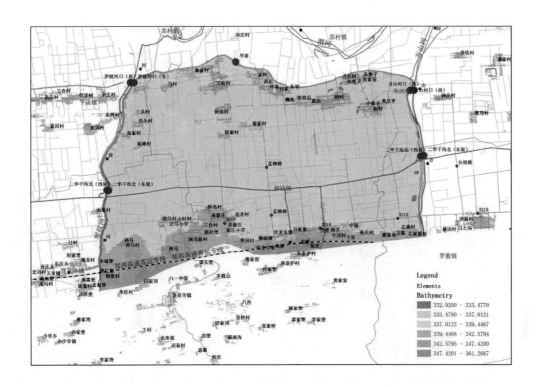

图 3-87　罗纹河东堤—方山河西堤计算分区地形云图

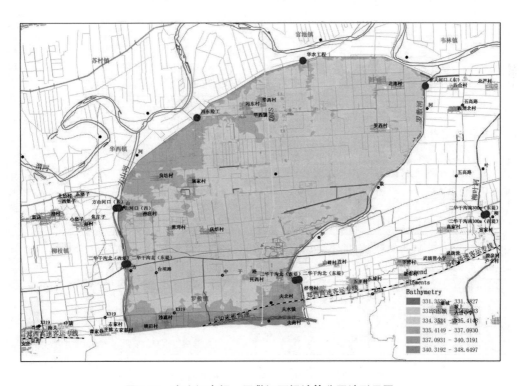

图 3-88　方山河东堤—罗敷河西堤计算分区地形云图

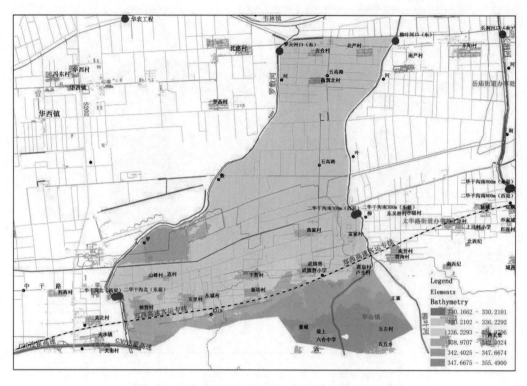

图 3-89 罗敷河东堤—柳叶河西堤计算分区地形云图

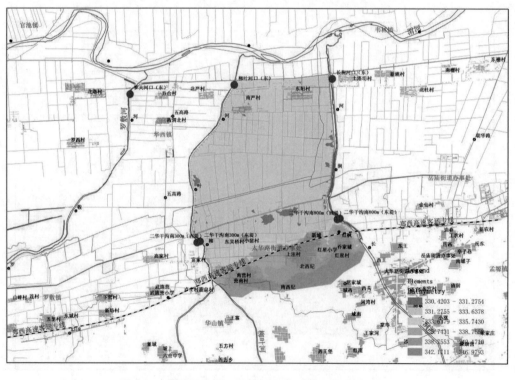

图 3-90 柳叶河东堤—长涧河西堤计算分区地形云图

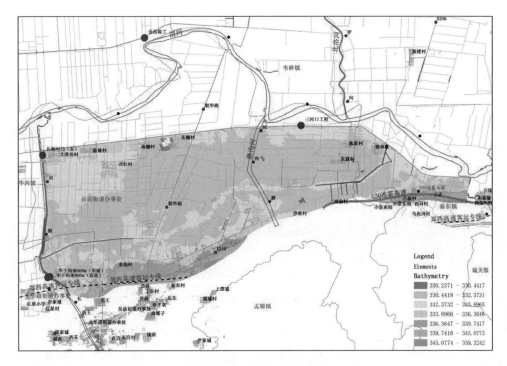

图 3-91　长涧河东堤—秦东镇计算分区地形云图

3.6.1.2　洪水计算初始条件与边界条件

1. 一维水动力模型初始条件与边界条件

1) 初始条件

一维河道模型初始条件设定的目的是让模型平稳启动,所以原则上初始水深和流量的设定应尽可能与模拟开始时刻的河网水动力条件一致。在一维水动力模型设置中,给定模型初始水深和初始流量进行计算。

2) 边界条件

(1) 水文边界条件。

根据渭河站网分布和现有水文资料情况,将渭河干流按照咸阳水文站、华县水文站和潼关水文站划分为三段进行一维建模和计算。各段上、下边界条件如表 3-72 所示。

表 3-72　渭河干流洪水演进水文边界条件

河段	上边界条件	下边界条件	支流入汇
咸阳—临潼	渭河咸阳站"33"型、"54"型年流量过程	临潼站水位—流量关系、水位过程	考虑沣河秦渡镇、灞河马渡王、泾河桃园"33"型、"54"型相应洪水过程
临潼—华县	渭河临潼站"33"型流量过程	华县站水位—流量关系、水位过程	不考虑支流入汇
华县—潼关	渭河华县站"33"型流量过程	潼关(八)站水位—流量关系、水位过程	洛河㳇头(衰减至朝邑)、黄河龙门"33"型年相应洪水过程

各站设计洪水过程如图 3-92 ~ 图 3-95 所示。

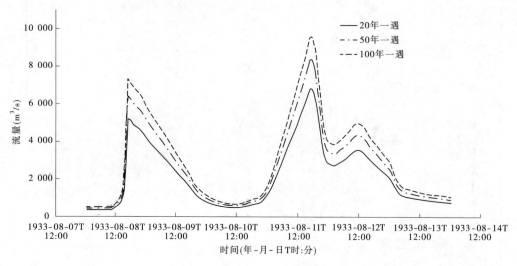

图 3-92　咸阳站"33"型设计洪水过程

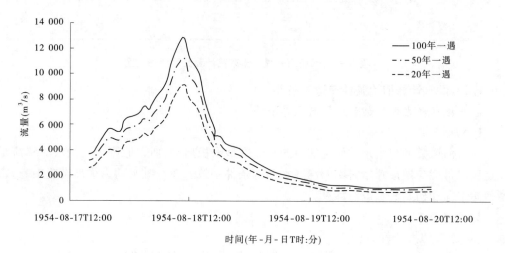

图 3-93　咸阳站"54"型设计洪水过程

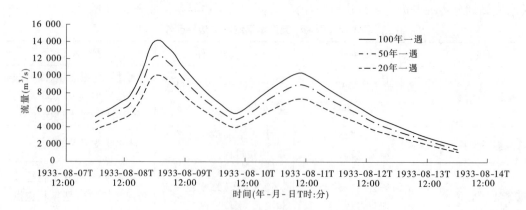

图 3-94　临潼站"33"型设计洪水过程

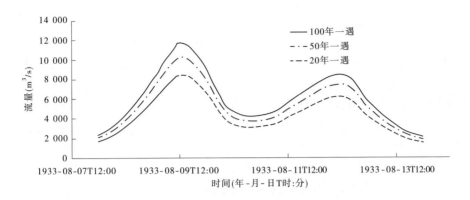

图 3-95　华县站"33"型设计洪水过程

（2）工程边界条件。

在处理河道线状建筑物时,采取如下方法:区域内高于地面的线状地物(公路、铁路路基,堤防等),将其作为挡水或导流建筑物处理;线状建筑物沿程有缺口或桥涵时,在洪水漫过其顶(底)部时,计算线状建筑物两侧的水流交换过程;具有导水作用的河渠,将其概化为特殊通道。

3)特殊边界的处理

（1）渭河下游南山支流水库众多,由于这些水库基本为小型水库,洪水调度能力较低,在进行洪水计算分析时,南山支流水库按照敞泄处理。

（2）渭河下游南山支流源短流急、洪水量级较小,在计算分析南山支流堤防溃口洪水演进过程时,使用河道流量的分流比来计算进入淹没区的洪量。北岸支流的处理原则与南山支流相同。

（3）渭河是我国著名的多沙河流,其中北岸支流为重要的泥沙来源,但考虑到泥沙运动的特殊性及复杂性,本次洪水风险图分析计算中不考虑泥沙的影响。

（4）在华县—潼关段,由于黄河流量大,河道断面宽,河道地势相对渭河干流低,在本段将黄河作为渭河支流的试算过程中,出现了计算不稳定、计算结果拟合不合理等现象。因此,在华县—潼关段将渭河作为黄河的入汇支流考虑,构建黄河小北干流、渭河下游干流分汊河道模型进行计算。

2.二维水动力模型初始条件与边界条件

1)初始条件

在二维水动力模型中,假设在溃堤之前,防洪保护区内地面没有积水,设定初始水深为0.0 m。

2)边界条件

（1）水文边界条件。

各溃口的溃决流量过程作为保护区二维水动力模型计算的输入边界条件。

（2）工程边界条件。

在二维模型中，为还原洪水在保护区内的实际洪水演进过程和形态，需要对保护区内的铁路、公路（高速公路、国道、省道及部分高于地面较多的县道）、涵洞（闸门）、堤防等线状地物进行相应的概化处理。

在处理河道线状建筑物时，采取如下方法：

①区域内高于地面的公路、铁路路基和堤防等线状地物，将整条线状建筑物在模型文件中以堤防（dike）的形式进行添加概化。

②线状建筑物沿程有缺口或桥涵（高架桥公路）时，各桥梁、缺口范围内降低建筑物（各公路、铁路）顶部高程至原地面高程进行概化，形成缺口。

③对于保护区内有过水作用的涵洞、闸门，将其概化为模型中的涵洞（culverts）形式，模拟计算时反映其水流过程。

④对沿线状建筑物的桥梁和涵洞数据较多的情况，在计算分区内周边地势相对较平坦的区域可以对多个桥梁或涵洞进行合并处理。根据实际情况合并的方法有两种，一是合并所有桥梁及涵洞的长、宽、高等尺寸数据，构筑一个更宽口门的涵洞形态；二是根据各涵洞及桥梁的过水能力，在需要合并的多个桥梁或涵洞的中间位置构筑一个缺口，降低该部分地物的高程至地面高程，缺口的宽度需要根据经验或计算公式进行估算。

3）特殊边界的处理

在 MIKE21 中，公路、铁路等线状阻水地物均以堤防建筑物的形式在模型中设置，输入参数为临界水位差、堰流系数、顶部高程。其中，顶部高程又分为常数顶部高程和变化的高程，变化的高程指给每个点指定不同的高程值。输入坐标 X、坐标 Y 与变化高程值，由一系列离散点确定的多线段来定义线状阻水地物。一些过水地物涵洞、闸门等建筑物也可以通过 MIKE21 设置。MIKE21 中涵洞形状分为矩形、圆形和不规则形。矩形需要知道长、宽、高来描述；圆形需用涵洞的半径来描述；不规则形需通过深度、宽度来描述，其中深度的数值必须单调递增。涵洞参数设置包括涵洞的位置坐标、上游入口处的管底高程和下游出口处的管底高程。渭河下游南、北两岸保护区涵洞形状多为矩形，在西潼高速孟家村至赤水镇段、西宝高速桥至铁桥段以及东大寨村至左排村等高速公路、铁路位置的涵洞直接在二维模型中加以概化。

3.6.2 洪水计算成果主要内容

3.6.2.1 一维水动力模型计算成果及分析

根据分段模型的初始条件和边界条件，应用构建的一维河道水动力学模型计算出渭河下游干、支流上 54 个溃口所在河道断面相应的不同洪水频率的水位—流量数据。然后应用一维模型中溃坝模型 DEMBREAK 计算堤防溃口流量过程。

1. 渭河干流北岸成果分析

渭河下游干流北岸的险工险段溃口包括安虹路口、店上险工、吴村阳险工、西渭阳险工、沙王险工、仓渡险工、苏村险工、仓西险工等 8 个，计算的洪水频率是 20 年一遇、50 年一遇、100 年一遇。根据不同溃口所在河道断面流量阈值推算出的每个溃口溃决时间，见表 3-73。

表 3-73　渭河下游干流北岸溃口所在河道断面流量阈值推算出的每个溃口溃决时间

序号	工程位置	洪水类型	溃决流量阈值（m³/s）	溃决时机(年-月-日 T 时：分)		
				20 年一遇	50 年一遇	100 年一遇
1	安虹路口	"54"型洪水	5 910	1954-08-18T05：34	1954-08-18T01：17	1954-08-17T22：29
2	店上险工		5 910	1954-08-18T06：43	1954-08-18T02：00	1954-08-17T23：23
3	吴村阳险工	"33"型洪水	8 350	1933-08-08T10：16	1933-08-08T07：37	1933-08-08T05：39
4	西渭阳险工		8 350	1933-08-08T10：50	1933-08-08T08：09	1933-08-08T06：12
5	沙王险工		8 350	1933-08-09T04：00	1933-08-08T00：07	1933-08-08T21：43
6	仓渡险工		8 350	1933-08-09T09：14	1933-08-09T04：00	1933-08-09T01：21
7	苏村险工		7 160	1933-08-09T08：32	1933-08-09T03：37	1933-08-08T00：36
8	仓西险工		5 760	1933-08-09T12：31	1933-08-09T07：36	1933-08-09T04：44
9	农垦七连以西		5 760	1933-08-09T13：03	1933-08-09T07：56	1933-08-09T05：03

以吴村阳险工溃口为例，来说明溃口所在河道断面不同量级洪水水位和溃口流量计算结果。吴村阳险工溃口水量平衡分析见表 3-74。渭河吴村阳险工河道断面计算洪水流量过程如图 3-96 所示，渭河吴村阳险工河道断面计算洪水位过程如图 3-97 所示，吴村阳险工溃口溃决流量过程如图 3-98 所示。

表 3-74　渭河干流北岸高陵区吴村阳险工溃口水量平衡分析

序号	溃口名称	洪水频率	溃口宽度（m）	溃口处河道上游断面水量（m³）	溃口处河道下游断面水量（m³）	溃口处分洪水量（m³）	相对误差
1	吴村阳险工	20 年一遇	200	3 074 784 235.20	3 042 546 690.60	5 029 632.0	8.84×10^{-3}
2		50 年一遇	200	3 773 374 322.4	3 735 910 605.6	14 314 482.0	6.13×10^{-3}
3		100 年一遇	200	4 320 122 059.8	4 278 333 580.2	23 768 334.0	4.17×10^{-3}

2. 渭河干流南岸成果分析

渭河下游干流南岸的险工险段溃口包括段家堡、小王庄险工、农六险工等 27 个。计算的洪水频率基本上都是 20 年一遇、50 年一遇、100 年一遇。根据不同溃口所在河道断面流量阈值推算出的每个溃口溃决时间见表 3-75。

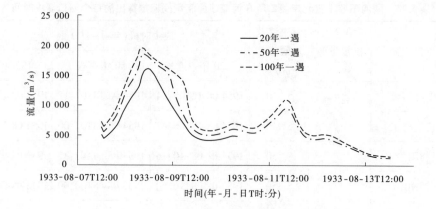

图 3-96　渭河吴村阳险工河道断面计算洪水流量过程

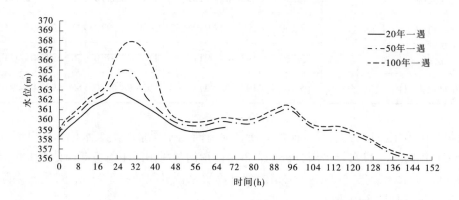

图 3-97　渭河吴村阳险工河道断面计算洪水位过程

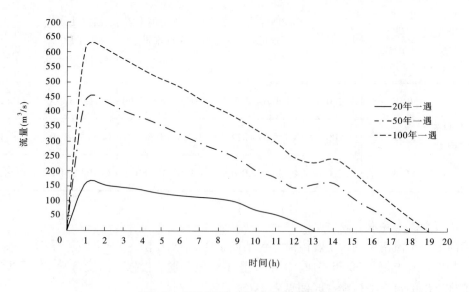

图 3-98　吴村阳险工溃口溃决流量过程

表 3-75　渭河下游干流南岸溃口所在河道断面流量阈值推算出的每个溃口溃决时间

序号	工程位置	洪水类型	溃决流量阈值（m³/s）	溃决时机(年-月-日 T 时:分)		
				20 年一遇	50 年一遇	100 年一遇
1	段家堡	"54"型洪水	5 910	1954-08-18T05:34	1954-08-18T01:17	1954-08-17T22:29
2	小王庄险工		5 910	1954-08-18T05:59	1954-08-18T01:32	1954-08-17T22:46
3	农六险工		5 910	1954-08-18T06:31	1954-08-18T01:45	1954-08-17T23:15
4	东站险工		5 910	1954-08-18T07:31	1954-08-18T02:49	1954-08-17T00:08
5	水流险工	"33"型洪水	5 910	1933-08-11T17:39	1933-08-11T14:31	1933-08-11T12:45
6	周家险工		8 350	1933-08-08T10:16	1933-08-08T07:37	1933-08-08T05:39
7	季家工程		8 350	1933-08-08T22:12	1933-08-08T19:15	1933-08-08T17:03
8	张义险工		8 350	1933-08-09T01:00	1933-08-08T21:39	1933-08-08T19:21
9	梁赵险工		8 350	1933-08-09T03:09	1933-08-08T23:27	1933-08-08T21:00
10	八里店险工		8 350	1933-08-09T05:25	1933-08-09T01:05	1933-08-08T22:38
11	田家工程		8 350	1933-08-09T06:52	1933-08-09T02:16	1933-08-08T23:45
12	詹刘险工		7 160	1933-08-09T04:57	1933-08-09T01:02	1933-08-08T22:00
13	遇仙河口东堤		7 160	—	1933-08-09T01:29	1933-08-08T22:29
14	石堤河口西堤		7 160	—	1933-08-09T03:44	1933-08-08T00:40
15	石堤河口东堤		7 160	—	1933-08-09T03:44	1933-08-08T00:40
16	南解村		7 160	1933-08-09T08:40	1933-08-09T04:08	1933-08-09T01:04
17	罗纹河口西堤		7 160	—	1933-08-09T03:04	1933-08-09T00:00
18	罗纹河口东堤		7 160	—	1933-08-09T03:04	1933-08-09T00:00
19	毕家		7 160	1933-08-09T08:17	1933-08-09T03:23	1933-08-08T00:22
20	方山河口西堤		7 160	1933-08-09T10:32	1933-08-09T05:32	1933-08-09T02:34
21	方山河口东堤		5 760	1933-08-09T05:54	1933-08-09T05:32	1933-08-09T02:34
22	冯东险工		5 760	1933-08-09T08:14	1933-08-09T03:57	1933-08-09T01:16
23	罗敷河口东堤		5 760	1933-08-09T11:38	1933-08-09T07:15	1933-08-09T04:31
24	柳叶河口东堤		5 760	1933-08-09T11:47	1933-08-09T07:24	1933-08-09T04:39
25	长涧河口东堤		5 760	1933-08-09T12:22	1933-08-09T07:56	1933-08-09T05:12
26	华农工程		5 760	1933-08-09T09:43	1933-08-09T05:24	1933-08-09T02:41
27	三河口工程		5 760	1933-08-09T14:18	1933-08-09T08:41	1933-08-09T05:44

以八里店险工溃口为例,来说明溃口所在河道断面不同量级洪水水位和溃口流量计算结果。八里店险工溃口水量平衡分析见表3-76。渭河八里店险工河道断面计算洪水流量过程如图3-99 所示,渭河八里店险工河道断面计算洪水位过程如图3-100 所示,八里店险工溃

口溃决流量过程如图3-101所示。

表3-76　渭河干流南岸临渭区八里店险工溃口水量平衡分析

序号	溃口名称	洪水频率	溃口宽度（m）	溃口处河道上游断面水量（m³）	溃口处河道下游断面水量（m³）	溃口处分洪水量（m³）	相对误差
1	八里店险工	20年一遇	200	2 653 321 948.20	2 641 772 664.00	8 529 156	1.13×10^{-3}
2		50年一遇	200	3 443 378 284.8	3 430 066 127.4	23 327 928	2.91×10^{-3}
3		100年一遇	200	3 944 625 040.80	3 930 409 409.40	32 179 320	4.55×10^{-3}

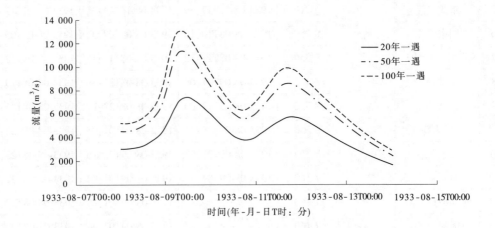

图3-99　渭河八里店险工河道断面计算洪水流量过程

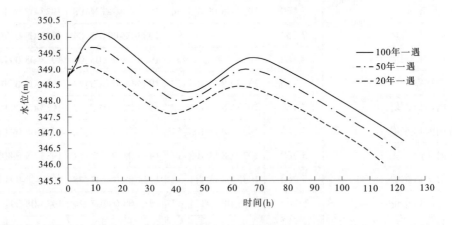

图3-100　渭河八里店险工河道断面计算洪水位过程

3.渭河南岸支流成果分析

渭河南岸支流的险工险段溃口包括赤水河、遇仙河、石堤河、罗纹河、方山河、罗敷河、柳叶河、长涧河共8条支流上的赤水镇（东堤、西堤）、老公路桥南、二华干沟北等16个。计算的洪水频率基本上都是10年一遇、20年一遇、50年一遇、100年一遇。渭河二华南山支流不同溃口按罗敷河1998年型洪水通过分流比计算,每个溃口溃决时间见表3-77。

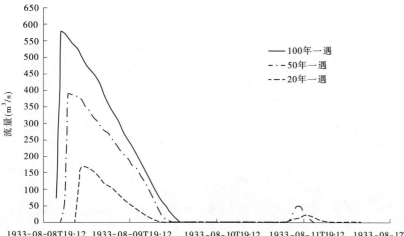

图 3-101　八里店险工溃口溃决流量过程

表 3-77　二华南山支流溃口分流比推算出的每个溃口溃决时机

序号	支流名称	工程位置	洪水类型	洪水频率	溃决时机			
					10 年一遇	20 年一遇	50 年一遇	100 年一遇
1	赤水河	赤水镇（西堤）	本河上游来水	20 年一遇、50 年一遇、100 年一遇	涨水期计算洪水过程起点开始溃决			
2		赤水镇（东堤）			涨水期计算洪水过程起点开始溃决			
3	遇仙河	老公路桥南（西堤）	本河上游来水	20 年一遇、50 年一遇、100 年一遇	涨水期计算洪水过程起点开始溃决			
4		老公路桥南（东堤）			涨水期计算洪水过程起点开始溃决			
5	石堤河	老公路桥南（西堤）	本河上游来水	20 年一遇、50 年一遇、100 年一遇	涨水期计算洪水过程起点开始溃决			
6		老公路桥南（东堤）			涨水期计算洪水过程起点开始溃决			
7	罗纹河	二华干沟北（西堤）	本河上游来水	20 年一遇、50 年一遇、100 年一遇	涨水期计算洪水过程起点开始溃决			
8		二华干沟北（东堤）			涨水期计算洪水过程起点开始溃决			
9	方山河	二华干沟北（西堤）	本河上游来水	20 年一遇、50 年一遇、100 年一遇	涨水期计算洪水过程起点开始溃决			
10		二华干沟北（东堤）			10 年一遇、50 年一遇、100 年一遇	涨水期计算洪水过程起点开始溃决			

序号	支流名称	工程位置	洪水类型	洪水频率	溃决时机			
					10年一遇	20年一遇	50年一遇	100年一遇
11	罗敷河	二华干沟北(西堤)	本河上游来水	10年一遇、50年一遇、100年一遇	涨水期计算洪水过程起点开始溃决			
12		二华干沟北(东堤)			涨水期计算洪水过程起点开始溃决			
13	柳叶河	二华干沟南300 m(西堤)	本河上游来水	10年一遇、50年一遇、100年一遇	涨水期计算洪水过程起点开始溃决			
14		二华干沟南300 m(东堤)			涨水期计算洪水过程起点开始溃决			
15	长涧河	二华干沟南800 m(西堤)	本河上游来水	10年一遇、50年一遇、100年一遇	涨水期计算洪水过程起点开始溃决			
16		二华干沟南800 m(东堤)			涨水期计算洪水过程起点开始溃决			

以方山河二华干沟北支堤溃口为例,来说明溃口流量计算结果。方山河二华干沟北西堤、东堤溃口断面水位过程和溃决流量过程如图 3-102 所示。

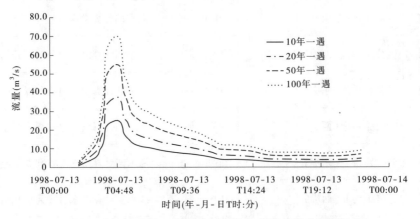

图 3-102　方山河二华干沟北西堤、东堤溃口溃决流量过程

4.渭河北岸支流成果分析

渭河北岸支流的险工险段溃口包括洛河农垦七连(西堤)、泾河陕汽大道泾河桥上首(左岸)和泾河陕汽大道泾河桥上首(右岸)等 3 个。不同溃口按本河洪水分流比计算,每个溃口溃决时间见表 3-78。

洛河农垦七连(西堤)溃口 10 年一遇、20 年一遇、50 年一遇洪水溃决流量过程如图 3-103 所示。

表 3-78　北岸支流溃口分流比推算出的每个溃口溃决时机

序号	支流名称	工程位置	洪水类型	洪水频率	溃决时机			
					10年一遇	20年一遇	50年一遇	100年一遇
1	洛河	农垦七连（西堤）	本河上游来水	10年一遇、20年一遇、50年一遇	涨水期计算洪水过程起点开始溃决			
2	泾河	陕汽大道泾河桥上首（左岸）	本河上游来水	50年一遇、100年一遇	涨水期计算洪水过程起点开始溃决			
3		陕汽大道泾河桥上首（右岸）	本河上游来水	50年一遇、100年一遇	涨水期计算洪水过程起点开始溃决			

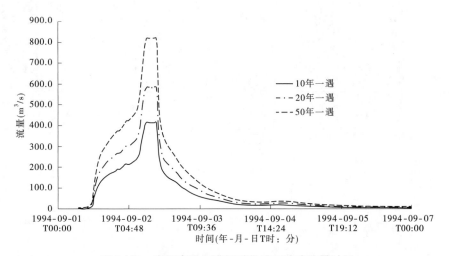

图 3-103　洛河农垦七连（西堤）溃口溃决流量过程

3.6.2.2　二维水动力模型计算成果及分析

1. 渭河干流北岸堤防溃决成果分析

渭河干流北岸的险工险段溃口包括安虹路口、店上险工、吴村阳险工、西渭阳险工、沙王险工、仓渡险工、苏村险工、仓西险工等 8 个，其溃决洪水淹没二维计算的洪水频率是 20 年一遇、50 年一遇、100 年一遇，共 24 个洪水计算方案。

为了对比分析前述一维水动力模型中溃口流量计算（简称方法一）成果的合理性，这里采用 MIKE Flood 一、二维耦合计算方法（简称方法二）对渭河干流北岸沙王险工溃口构建模型，计算其溃口流量、分洪水量并与方法一成果进行对比。为了对比不同溃口宽度对洪水风险的影响，这里对沙王险工溃口按四种宽度（20 m、50 m、100 m、200 m）分别进行了计算分析。

1）沙王险工溃口流量不同计算方法的对比分析

方法一的计算思路是：采用 MIKE11 构建河道一维模型，用宽顶堰公式、水深—体积法和水量平衡的方法（详见 4.2.2.2 部分）获取溃口流量过程，采用 MIKE21 构建保护区二维模型进行计算。

方法二的计算思路是:采用 MIKE Flood 构建河道和保护区的一、二维耦合模型进行计算。

(1)计算分区划分。

根据渭河北岸保护区地形和河流水系及阻水地物分布情况和历史洪水灾害情况,将渭河北岸保护区的险工险段沙王险工计算分区划分如图 3-104 所示。计算分区下边界为渭河支流堤防,上边界是根据地形及其历史淹没情况分析和洪水淹没线的范围划分的,将渭河干流北岸临潼区南赵村至洛河区间的北岸区域作为一个计算分区。

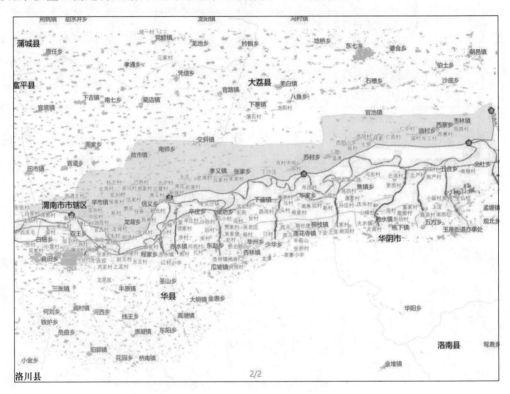

图 3-104　沙王险工计算分区范围

(2)溃口流量分析。

选取沙王险工百年一遇洪水,溃口宽度设定为 200 m,分别用两种方法计算溃口流量。方法一计算出的溃口流量过程如图 3-105 所示,方法二计算出的溃口流量过程如图 3-106 所示。

以渭河干流北岸临渭区沙王险工 100 年一遇洪水 200 m 溃口宽为例,从溃口溃决流量、分洪水量、淹没面积以及平均淹没水深等分析方法一和方法二两种模型算法的合理性。方法一计算结果中溃口洪峰流量达到 527 m^3/s,分洪水量为 5.34×10^7 m^3;方法二计算结果中溃口洪峰流量为 524 m^3/s,分洪水量为 5.09×10^7 m^3,与方法一的分洪水量相对误差为 4.7%,误差在允许范围内;对比淹没面积,方法一计算出的淹没面积是 49.35 km^2,方法二计算出的淹没面积是 48.69 km^2,与方法一计算的相对误差为 1.3%,两种方法计算的淹没情况基本一致;对比平均淹没水深,方法一计算的平均淹没水深为 1.05 m,集中在刘宋村、陈滩村、蓝家村等,方法二计算出的平均淹没水深为 1 m,也是集中在刘宋村、陈滩村、蓝家村等。因此,与方法二相比,使用方法一计算溃口流量过程也是合理的。

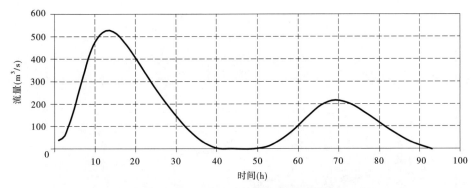

图 3-105　方法一计算出的溃口流量过程

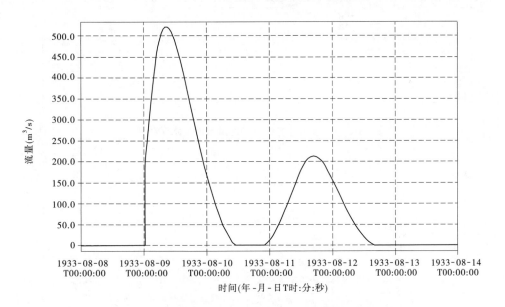

图 3-106　方法二计算出的溃口流量过程

（3）计算成果分析。

利用两种方法计算的洪水淹没水深成果如图 3-107、图 3-108 所示。两种计算方法溃口分洪水量相差 4.7%，方法一的淹没范围比方法二的稍大，但多出的淹没区域的淹没水深基本在 0.5 m 以下（在图 3-107 的圈定区域）。可见，两种方法的分洪水量和淹没情况基本一致。因此，采用方法一计算溃口流量是可行合理的。

2）沙王险工不同频率洪水的对比计算分析

沙王险工溃口宽度设定为 200 m，选取 20 年一遇、50 年一遇、100 年一遇的洪水分别计算出溃口流量过程，如图 3-109 ~ 图 3-111 所示。计算结果中 100 年一遇洪水溃口洪峰流量为 524 m^3/s，50 年一遇洪水溃口洪峰流量为 349.4 m^3/s，20 年一遇洪水溃口洪峰流量为 148.2 m^3/s。

沙王险工设定溃口宽度为 200 m 时，分别发生 20 年一遇、50 年一遇和 100 年一遇溃口溃决的洪水淹没水深效果如图 3-112 ~ 图 3-114 所示。

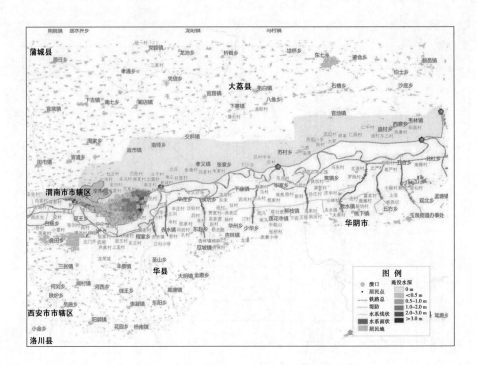

图 3-107　方法一计算的保护区洪水淹没水深效果

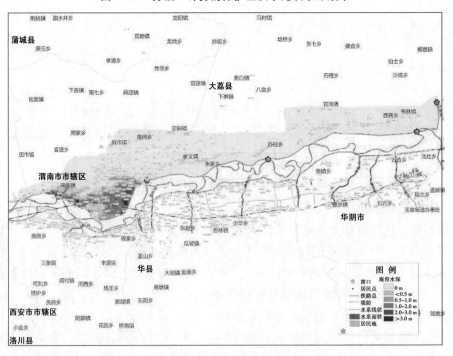

图 3-108　方法二计算的保护区洪水淹没水深效果

　　由图 3-112～图 3-114 可见,随着洪水量级的增加,洪水淹没范围增大,淹没范围从溃口位置沿着渭河干流堤防向外扩散。由于溃口左侧地势高于右侧,大部分水流都沿右侧堤防向东南方向演进,在前进村、陈南村附近汇集,随着洪水量级越高,该部分区域的水深越深,

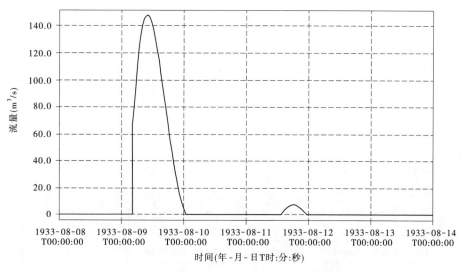

图3-109　沙王险工20年一遇洪水溃口流量过程

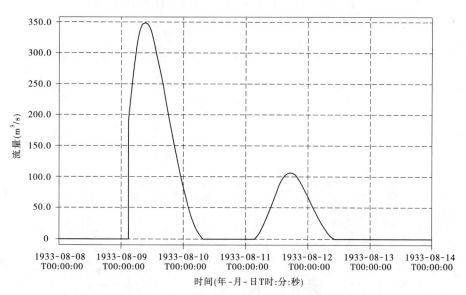

图3-110　沙王险工50年一遇洪水溃口流量过程

向北演进的范围也越广。

3）沙王险工不同溃口宽度的对比计算分析

为了对比不同溃口宽度对洪水风险的影响,这里在对沙王险工溃口按四种宽度(20 m、50 m、100 m、200 m)进行计算时以100年一遇洪水为代表,分别计算其溃决洪水淹没情况。

渭河发生100年一遇洪水时,沙王险工溃口溃决时机为溃口所在渭河河道断面流量达到8 350 m³/s;溃决方式设定为瞬间溃决,溃口处纵向冲刷全溃。根据溃口周边地形地势,溃口底高程取堤后100 m范围内最低点347.8 m。100年一遇洪水在沙王险工溃口的初始进洪水位为345.44 m,最高水位为346.57 m,与溃口底高水位差1.28 m。设计洪水计算时间为8月7日18时至8月13日18时,共6 d;溃口溃决时间为8月8日21时43分至8月

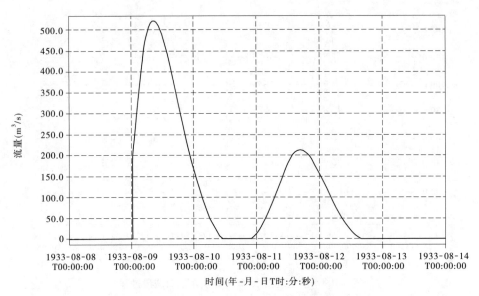

图 3-111　沙王险工 100 年一遇洪水溃口流量过程

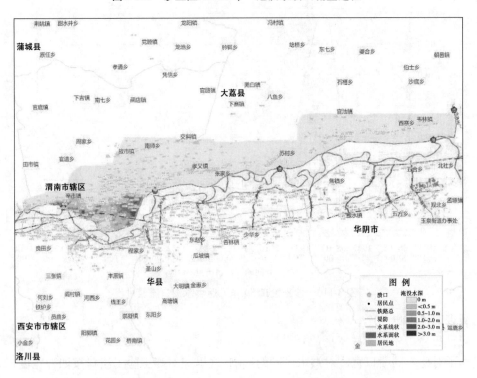

图 3-112　沙王险工 20 年一遇洪水溃决淹没水深效果

12 日 17 时,历时约 4 d。

（1）沙王险工 100 年一遇洪水溃口宽度为 200 m。

当沙王险工溃口溃决宽度为 200 m 时,保护区淹没面积为 48.69 km²,溃决流量过程如图 3-115 所示,溃口洪峰流量为 521 m³/s。

不同时段洪水演进过程见图 3-116 ~ 图 3-118。

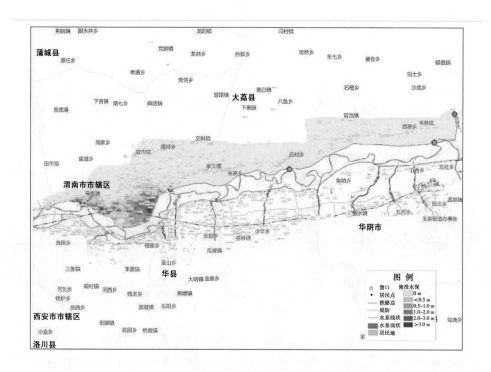

图 3-113　沙王险工 50 年一遇洪水溃决淹没水深效果

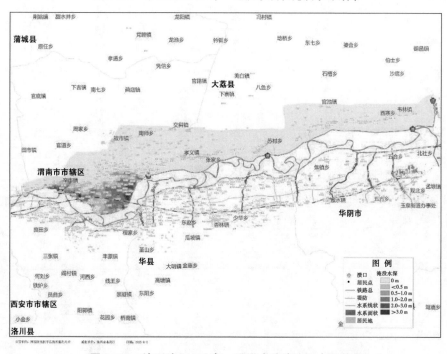

图 3-114　沙王险工 100 年一遇洪水溃决淹没水深效果

洪水演进到 2 d,洪水从沙王险工溃口流出,沿渭河北岸干流堤防向东南方向流动,经辛市镇的观西村、永胜村向龙背镇的安西村、程前村边缘方向演进,穿过郑西高速铁路专线的涵洞,演进至龙背镇任李村边缘;向东北方向演进至辛市村和权家村部分区域;由于沙王下

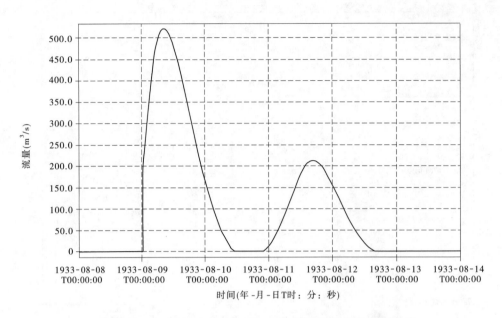

图 3-115　沙王险工溃口宽度 200 m 时 100 年一遇溃口流量过程

游堤防外侧地势较低,大部分水流涌入此处,最北侧淹至红星韩村、木张村和田家村;平均淹没水深在 0.9 m 左右。

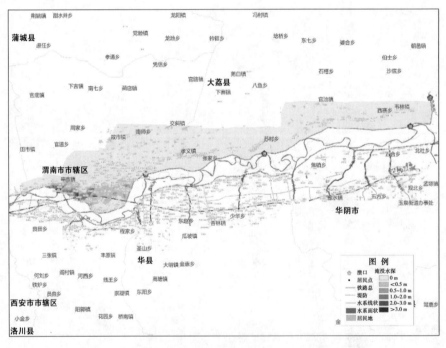

图 3-116　沙王险工溃口宽度 200 m 的 100 年一遇洪水演进 2 d

洪水演进到 4 d,沙王险工溃口附近淹没范围基本未发生变化,范围变化主要在由龙背镇的秦庄向北至南耿村部分区域、上秦村至木张村,水深增加主要集中在陈北村和西白村附近,水深增加明显;东北方向向新庄村方向演进,水深开始减小。总的淹没范围增加不突显,但局部地区水深增加明显；平均淹没水深在1.2 m左右。

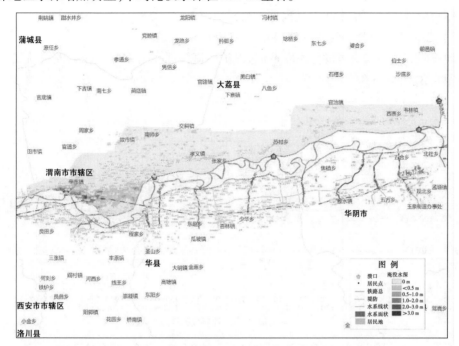

图 3-117　沙王险工溃口宽度 200 m 时 100 年一遇洪水演进 4 d

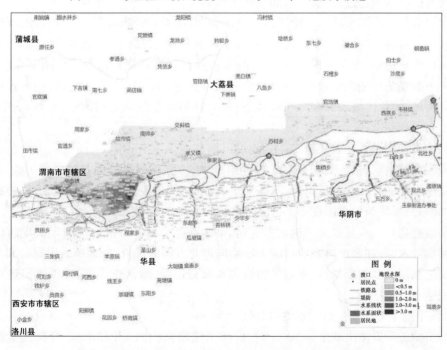

图 3-118　沙王险工溃口宽度 200 m 时 100 年一遇洪水演进 6 d

洪水演进到 6 d,也就是分洪时间截止时,洪水在整个计算分区与渭河干流堤防最南部区域继续增加水深;在辛市镇观西村附近继续向东北方向演进,在龙背镇的田家村和秦庄继续向北演进至信义乡的安刘村、南王村、骞家村等部分区域;水深主要集中在青龙村、陈南村汇入老庄村附近。溃口洪水演进过程总淹没面积达 48.69 km²。

(2)沙王险工 100 年一遇洪水溃口宽度为 100 m。

当沙王险工溃口溃决宽度为 100 m 时,保护区淹没面积为 46.48 km²,溃决流量过程如图 3-119 所示,溃口洪峰流量为 273 m³/s。

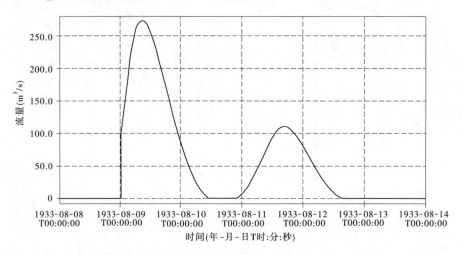

图 3-119　沙王险工溃口宽度 100 m 时 100 年一遇溃口流量过程

不同时段洪水演进过程见图 3-120 ~ 图 3-122。

洪水演进到 2 d,洪水从沙王险工溃口流出,沿渭河干流堤防向东南方向流动,经辛市镇的观西村、永胜村向龙背镇的安西村、蓝家村方向演进,穿过郑西高速铁路专线的涵洞,演进至龙背镇任李村边缘;在新冯村向东北方向演进,并在京昆高速路基阻水作用下滞水明显;由于沙王下游堤防外侧地势较低,大部分水流涌入此处,最北侧淹至红星韩村、木张村和代家村部分区域,大片区域水深在 0.5 m 以下,但在地势较低的陈北村附近,平均水深在 1 m左右。

洪水演进到 4 d,沙王险工溃口附近淹没范围基本未发生变化,范围变化主要在由龙背镇的秦庄向北至南耿村、上秦村至木张村,在田家村附近,洪水继续向北演进了一些;水深增加主要集中在陈北村和西白村附近,水深增加明显;总的淹没范围增加不明显,但局部地区水深增加明显;平均淹没水深在 1.1 m 左右。

洪水演进到 6 d,也就是分洪时间截止时,洪水在整个计算分区与渭河干流堤防最南部区域继续增加水深;在辛市镇观西村附近继续向东北方向演进,在龙背镇的田家村和秦庄继续向北演进至信义乡的段刘村、安刘村边缘和骞家村边缘,水深较浅;溃口洪水演进过程总淹没面积达 46.48 km²。

(3)沙王险工 100 年一遇洪水溃口宽度为 50 m。

当沙王险工溃口溃决宽度为 50 m 时,保护区淹没面积为 32.33 km²,溃决流量过程如图 3-123 所示,溃口洪峰流量为 139 m³/s。

沙王险工 100 年一遇洪水溃口宽度为 50 m 时不同时段洪水演进过程见图 3-124 ~图 3-126。溃口宽度设置为 50 m 时,洪峰流量降低,分洪水量减少,但在洪水演进过程中的趋势和动向与宽度为 200 m、100 m 时类似,自西向东沿着渭河干流堤防进行演进,从沙王险

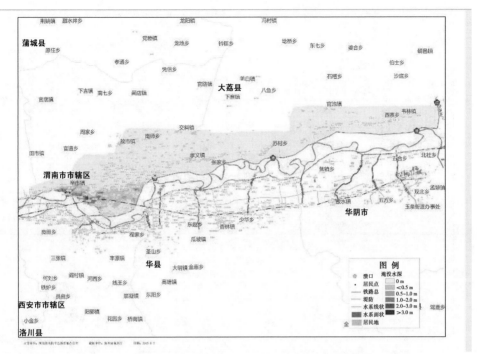

图 3-120　沙王险工溃口宽度 100 m 时 100 年一遇洪水演进 2 d

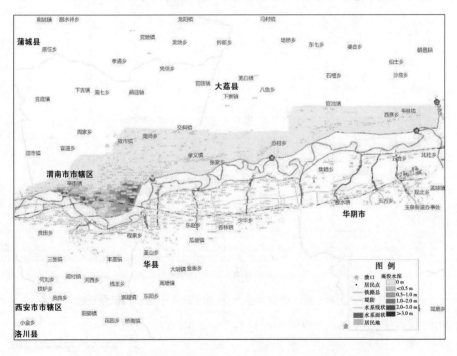

图 3-121　沙王险工溃口宽度 100 m 时 100 年一遇洪水演进 4 d

工溃口处快速淹没至地势较低的陈北村附近,同时受到京昆高速路基的阻水作用,在 2 d 时洪水淹没至辛市镇的观西村、镇南村,龙背镇的中田村、红星韩村、上泰村、老庄村;在 4 d 时淹没范围扩大至泰庄、田家村、代家村;在 6 d 时淹没范围进一步扩大至龙背镇的南王村、任

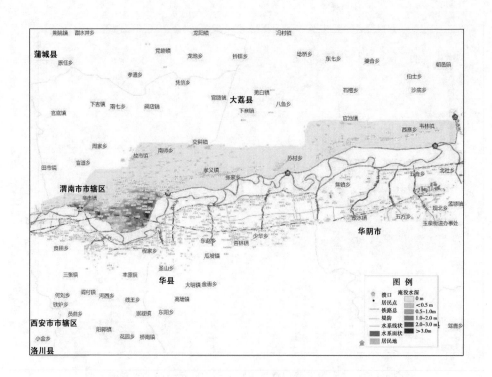

图 3-122　沙王险工溃口宽度 100 m 时 100 年一遇洪水演进 6 d

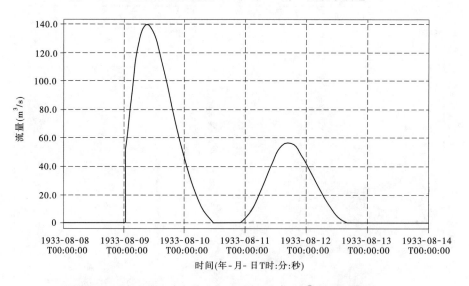

图 3-123　沙王险工溃口宽度 50 m 时 100 年一遇溃口流量过程

家村、南耿村和新庄村以及辛市镇的辛冯村和沙王村附近。

(4)沙王险工 100 年一遇洪水溃口宽度为 20 m。

当沙王险工溃口溃决宽度为 20 m 时,保护区淹没面积为 19.64 km²,溃决流量过程如图 3-127 所示,溃口洪峰流量为 56.8 m³/s。

沙王险工 100 年一遇洪水溃口宽度为 20 m 时不同时段洪水演进过程见图 3-128 ~ 图 3-130。溃口宽度设置为 20 m 时,洪峰流量降低,分洪水量减少。

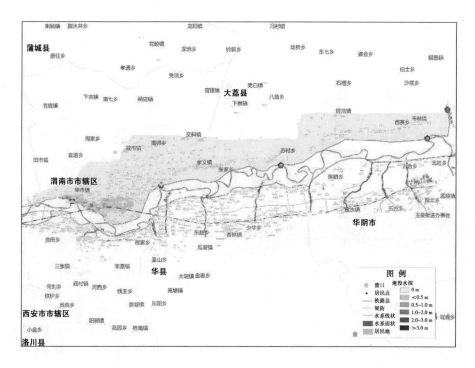

图 3-124　沙王险工溃口宽度 50 m 时 100 年一遇洪水演进 2 d

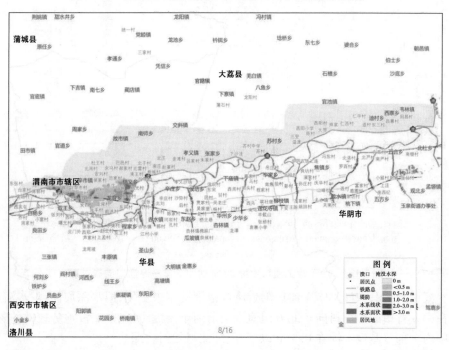

图 3-125　沙王险工溃口宽度 50 m 时 100 年一遇洪水演进 4 d

　　在洪水演进 2 d 时,洪水从沙王险工溃口附近的观西村开始淹没,演进至辛市镇的里仁村、永胜村,然后到龙背镇的油西村、油陈村和北陈村;由于水量较少,还未淹到计算分区最南部的程庄村和前进村,淹没了地势较低的北陈村部分区域;大部分淹没水深在 0.5 m 以下。

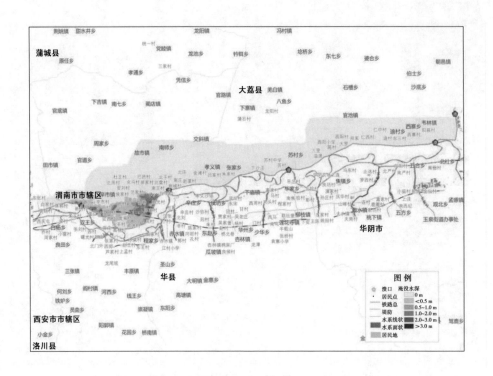

图 3-126　沙王险工溃口宽度 50 m 时 100 年一遇洪水演进 6 d

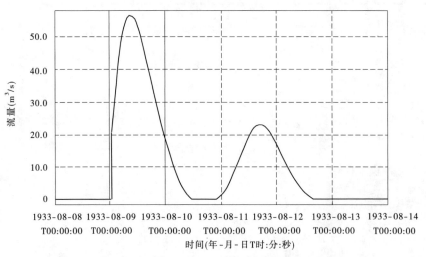

图 3-127　沙王险工溃口宽度 20 m 时 100 年一遇溃口流量过程

　　洪水演进到 4 d,在沙王险工溃口附近淹没范围基本未变化,但水深加深,洪水演进范围主要是在由龙背镇的东街村向东北方向演进至渭河干流堤防,完全淹没地势较低的陈北村;淹没范围内大部分淹没水深在 0.5 m 以下,但陈北村相对较深。

　　洪水演进到 6 d,也就是分洪时间截止时,洪水在整个计算分区与渭河干流堤防最东部区域水深继续增加,洪水继续向南和向北方向演进;溃口洪水演进过程总淹没面积达 19.64 m²。

　　综上所述,沙王险工溃决流量和分洪水量都随着溃口宽度的增大而增加,洪水淹没范围也随之增大。在洪水演进过程中,洪水由堤防溃口位置向地势较低的地方演进,地势起伏越大的区域,洪水演进水深及流量变化也越明显。同时,在公路及过水涵洞等构筑物的影

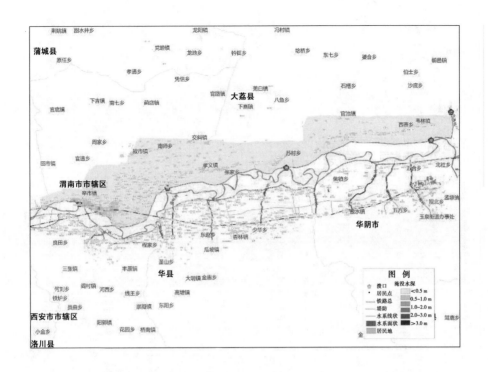

图 3-128　沙王险工溃口宽度 20 m 时 100 年一遇洪水演进 2 d

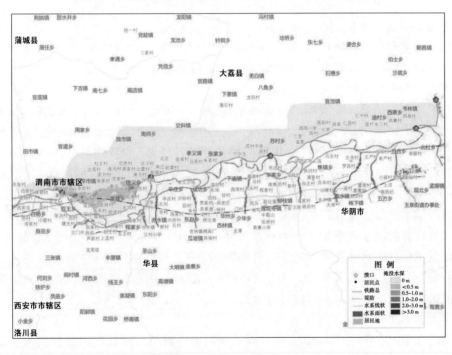

图 3-129　沙王险工溃口宽度 20 m 时 100 年一遇洪水演进 4 d

响下,也对水流方向、流量及最终淹没范围有一定的影响。根据其不同溃口宽度的不同历时演进,随着溃口宽度的增大,洪水演进的范围和水深变化比较明显。

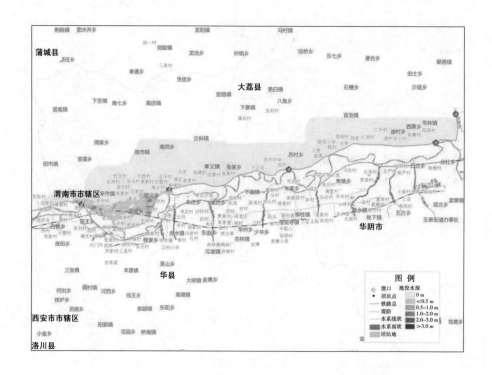

图 3-130　沙王险工溃口宽度 20 m 时 100 年一遇洪水演进 6 d

4)干流北岸其他溃口溃决成果分析

对渭河干流北岸其他溃口做简单分析。渭河干流北岸其他溃口的各量级洪水所对应的溃决时机、溃口底高、溃口宽度、溃决洪峰流量和淹没历时等见表 3-79。

2. 渭河干流南岸堤防溃决成果分析

渭河干流南岸的险工险段溃口包括段家堡、小王庄险工、农六险工、东站险工、水流险工、周家险工、季家险工、张义险工、梁赵险工、八里店险工、田家险工、詹刘险工、遇仙河口(东)、石堤河口(西)和石堤河口(东)、南解村、罗纹河口(西)和罗纹河口(东)、毕家险工、方山河口(西)和方山河口(东)、冯东险工、华农险工、罗敷河口(东)、柳叶河口(东)、长涧河口(东)、三河口工程等 27 个,其中遇仙河口东堤、石堤河口东西堤、罗纹河口东西堤等 5 个溃口溃决洪水淹没二维计算的洪水频率是 50 年一遇、100 年一遇,其余 22 个溃口溃决洪水淹没二维计算的洪水频率是 20 年一遇、50 年一遇、100 年一遇,共 76 个洪水计算方案。

考虑到本区域洪水计算方案较多,这里以南岸临渭区梁赵险工溃口(零河右岸—沈河左岸)为例进行详细说明,其余溃口做简单分析。梁赵险工保护区范围包括渭河南岸堤防以南临渭区零河右岸—沈河左岸的部分地区。

1)梁赵险工 100 年一遇洪水

当渭河发生 100 年一遇洪水时,梁赵险工溃口溃决时机为所处渭河断面洪水流量达到 8 350 m³/s,溃决方式设定为瞬间溃决,溃口处纵向冲刷全溃。

为了对比不同溃口宽度对洪水风险的影响,这里对梁赵险工溃口也按四种宽度(20 m、50 m、100 m、200 m)分别进行计算分析。

表 3-79 渭河干流北岸其他溃口的各量级洪水淹没情况统计

溃口名称	洪水量级	溃决时机 （m³/s）	溃口宽度 （m）	溃口底高 （大沽高程,m）	溃决洪峰流量 （m³/s）
安虹路口	20 年一遇	5 910	100	388.537	230.19
	50 年一遇	5 910	100	388.537	416.21
	100 年一遇	5 910	100	388.537	567.84
店上险工	20 年一遇	5 910	100	376.2	169.50
	50 年一遇	5 910	100	376.2	280.00
	100 年一遇	5 910	100	376.2	371.00
吴村阳险工	20 年一遇	8 350	100	364.95	158.14
	50 年一遇	8 350	100	364.95	442.56
	100 年一遇	8 350	100	364.95	621.36
西渭阳险工	20 年一遇	8 350	200	365.89	152.94
	50 年一遇	8 350	200	365.89	386.29
	100 年一遇	8 350	200	365.89	662.31
仓渡险工	20 年一遇	8 350	200	344.5	285.00
	50 年一遇	8 350	200	344.5	514.40
	100 年一遇	8 350	200	344.5	714.30
苏村险工	20 年一遇	7 160	200	340	367.50
	50 年一遇	7 160	200	340	525.10
	100 年一遇	7 160	200	340	650.27
仓西险工	20 年一遇	5 760	200	334.57	244.56
	50 年一遇	5 760	200	334.57	308.44
	100 年一遇	5 760	200	334.57	426.05

（1）溃口分洪分析。

根据溃口周边地形地势,计算时溃口宽度分别设置为 20 m、50 m、100 m、200 m,溃口底高程取堤后 100 m 范围内最低点 347.8 m,溃口进洪初始水位 350.0 m,水位差 2.2 m。分洪时间为 8 月 8 日 21 时至 11 日 21 时,分洪历时 72 h。

渭河 100 年一遇洪水梁赵险工溃口不同溃口宽度的流量过程见图 3-131。如图 3-131 所示,随着溃口宽度的增加,溃口流量不断增大,分洪水量不断增加。

（2）保护区淹没结果分析。

梁赵险工不同溃口宽度的淹没范围及水深结果见图 3-132 ～ 图 3-135。梁赵险工溃口计算分区面积 29.39 km²,淹没区平均水深 4.2 m,最大淹没水深 9.6 m。梁赵险工不同溃口宽

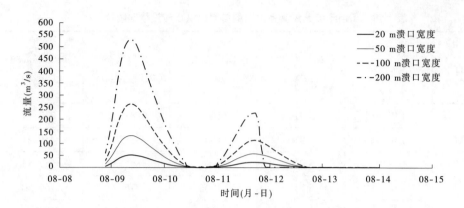

图 3-131 梁赵险工溃口 100 年一遇洪水不同溃口宽度溃口流量过程

度的洪水淹没情况统计见表 3-80。

表 3-80 梁赵险工不同溃口宽度的洪水淹没情况统计

溃口宽度(m)	分洪水量(m³)	淹没面积(km²)	溃决洪峰流量(m³/s)
20	5.55×10^6	15.69	52.79
50	1.39×10^7	18.56	132.10
100	2.78×10^7	19.03	264.20
200	4.79×10^7	20.35	528.40

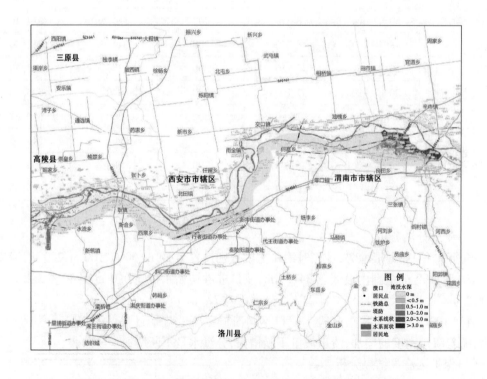

图 3-132 梁赵险工溃口宽度 20 m 时 100 年一遇洪水演进淹没范围

计算成果表明,随着梁赵险工溃口宽度的增大,溃决洪峰流量增加,分洪水量也变大,淹

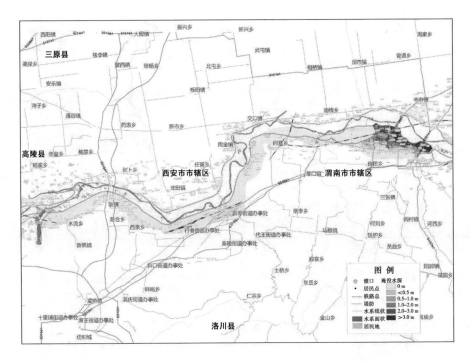

图3-133　梁赵险工溃口宽度50 m时100年一遇洪水演进淹没范围

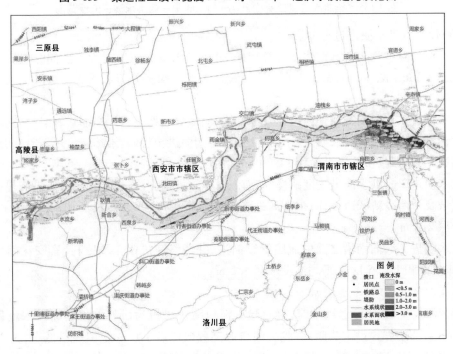

图3-134　梁赵险工溃口宽度100 m时100年一遇洪水演进淹没范围

没面积也随之增大。其中,由于地形地势不同,20 m溃口宽度的洪水水量相对较小,淹没范围也最小;50 m溃口宽度的洪水淹没范围明显增大;100 m和200 m溃口宽度的淹没范围变化不太明显,但在地势较低的地方,涌水较严重,水深会加大。

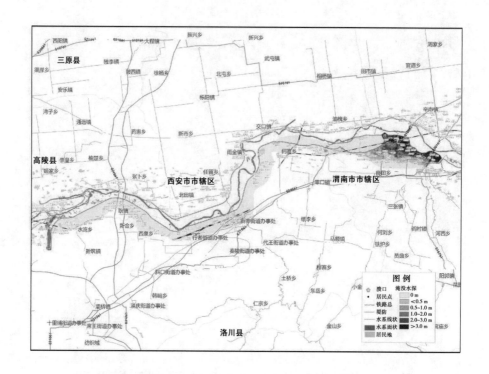

图 3-135　梁赵险工溃口宽度 200 m 时 100 年一遇洪水演进淹没范围

（3）保护区洪水演进过程分析。

选取溃口宽度为 200 m 时洪水计算成果,分析洪水淹没演进过程。不同时段洪水演进过程见图 3-136～图 3-138,整个洪水演进过程最大淹没水深分布见图 3-138,洪水演进到达时间见图 3-139。

洪水演进 1 d,向南穿过郑西高速客运专线,向地势较低溃口以东演进,然后向南演进至乐天大街,沿途淹没了穆屯、西王、小雷等村;向东南演进至堤防,沿途淹没了罗刘、四东里等村并到达小寨村附近;总淹没面积 14.09 km,平均淹没水深 2.72 m。

洪水演进 2 d,洪水演进速度减慢,向南淹没乐天大街并演进至渭清路,淹没红星村委会部分区域及渭南高新区边缘;向东南演进淹没龙源新村边缘;总淹没面积 15.92 km²,平均淹没水深 2.3 m。

洪水演进 3 d,向南沿之前的流路继续演进,并最终演进南至周家村、泰安花园部分区域;总淹没面积 17.96 km²,平均淹没水深 4.2 m。

2）梁赵险工 50 年一遇洪水

当渭河发生 50 年一遇洪水时,梁赵险工溃口溃决时机为所处渭河断面洪水流量达到 8 350 m³/s,溃决方式设定为瞬间溃决,溃口底高程取堤后 100 m 范围内最低点,为 349.79 m,进洪初始水位 350.10 m,水位差 0.31 m,最高水位 351.09 m,水位差 1.30 m。分洪时间为 8 月 8 日 23 时至 12 日 11 时,分洪历时 84 h。

梁赵险工 50 年一遇洪水不同溃口宽度（20 m、50 m、100 m、200 m）时溃决洪水流量、分洪水量、淹没范围等情况与 100 年一遇的变化趋势基本类似,在此不再分别描述。下面以梁赵险工 50 年一遇洪水溃口宽度为 200 m 的计算成果进行分析。

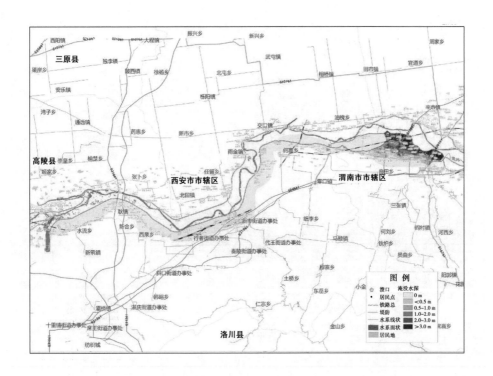

图 3-136 梁赵险工 100 年一遇洪水演进 1 d

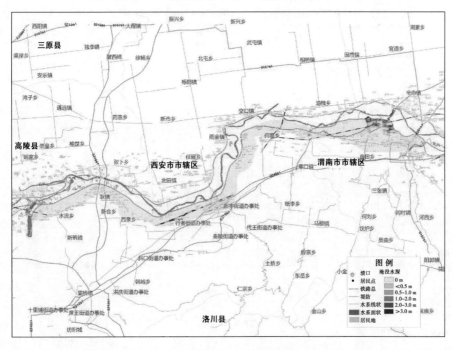

图 3-137 梁赵险工 100 年一遇洪水演进 2 d

梁赵险工溃口计算分区面积为 29.39 km²,洪水由溃口进入二维平面区域的淹没面积为 13.29 km²,淹没区平均水深 3.5 m,最大淹没水深 8.52 m。梁赵险工溃口 50 年一遇流量

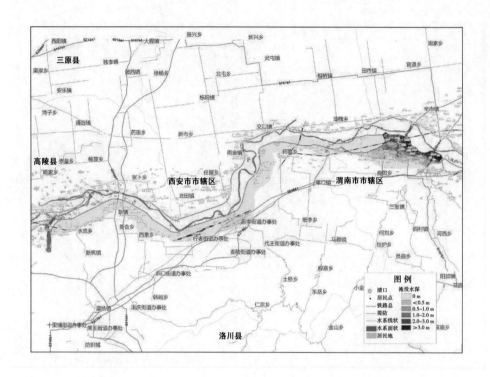

图 3-138　梁赵险工 100 年一遇洪水演进 3 d(最终淹没范围)

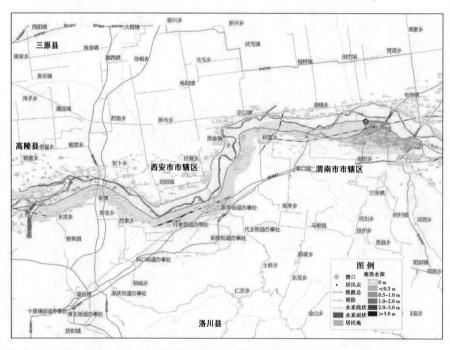

图 3-139　梁赵险工 100 年一遇洪水演进到达时间

过程见图 3-140。

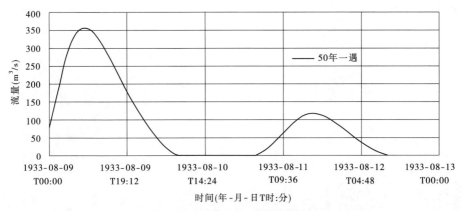

图 3-140　梁赵险工溃口 50 年一遇流量过程

　　洪水从临渭区梁赵险工溃口进入保护区向下游沈河左岸方向演进。不同时段洪水演进过程见图 3-141 ~ 图 3-144,整个洪水演进过程最大淹没水深分布见图 3-144,洪水演进到达时间见图 3-145。

　　梁赵险工 50 年一遇洪水淹没演进过程情况如下:

　　洪水演进 1 d,向南穿过郑西高速客运专线,向地势较低溃口以东演进,然后向南演进至仓程路、车雷大街,沿途淹没了仓程路和渭清路部分小区并到达丰荫村附近;向东南演进至堤防,沿途淹没了罗刘、四东里等村并到达张庄;总淹没面积 10.9 km²,平均淹没水深 2.0 m。

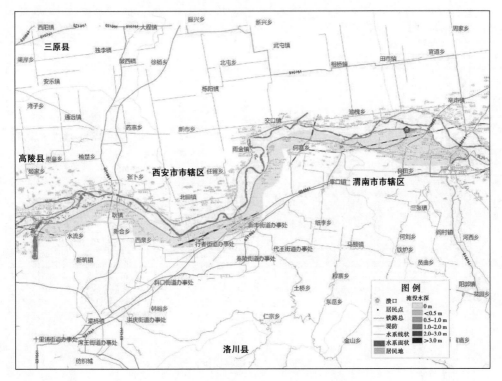

图 3-141　梁赵险工 50 年一遇洪水演进 1 d

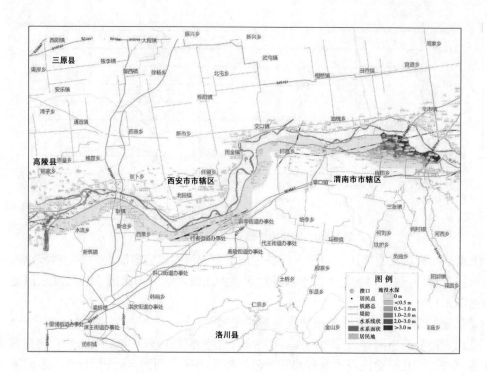

图 3-142　梁赵险工 50 年一遇洪水演进 2 d

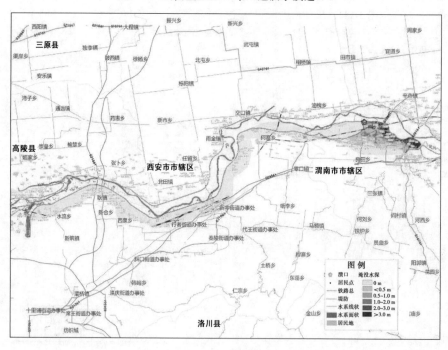

图 3-143　梁赵险工 50 年一遇洪水演进 3 d

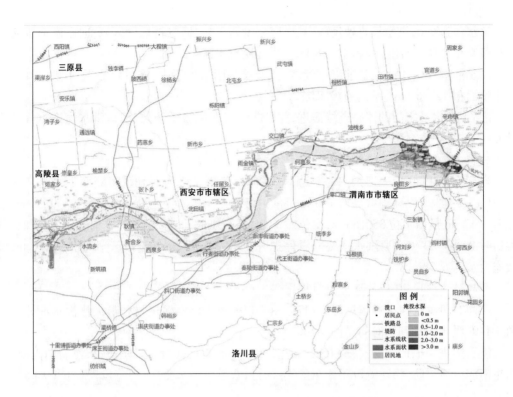

图 3-144 梁赵险工 50 年一遇洪水演进 84 h(最终淹没范围)

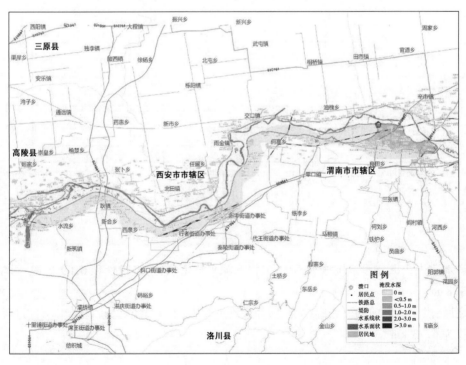

图 3-145 梁赵险工 50 年一遇洪水演进到达时间

洪水演进 2 d,洪水演进速度减慢,向南淹没西王村,穆屯村部分区域;向东南演进淹没五马路南至堤防;总淹没面积 11.68 km²,平均淹没水深 2.3 m。

洪水演进 3 d,洪水演进速度逐渐减慢,淹没范围增加不大,淹没水深平均增加 0.5 m;总淹没面积 12.96 km²,平均淹没水深 2.9 m。

之后,洪水沿之前的流路继续演进,并最终汇集在地势低洼处,溃口洪水演进过程总淹没面积为 13.29 km²。

3) 梁赵险工 20 年一遇洪水

当渭河发生 20 年一遇洪水时,梁赵险工溃口溃决时机为所处渭河断面洪水流量达到 8 350 m³/s,溃口底高程取堤后 100 m 范围内最低点 349.79 m,进洪初始水位 349.96 m,水位差 0.17 m,最高水位 350.53 m,水位差 0.74 m;分洪时间为 8 月 9 日 3 时至 12 日 1 时,分洪历时 70 h。20 年一遇洪水最终淹没保护区面积为 6.43 km²,淹没区平均水深 2.0 m,最大淹没水深 6.73 m。

梁赵险工溃口 20 年一遇流量过程见图 3-146。

不同时段洪水演进过程见图 3-147~图 3-149,整个洪水演进过程最大淹没水深分布见图 3-149,洪水演进到达时间见图 3-150。

洪水演进 1 d,向南穿过郑西高速客运专线,向地势较低溃口以东演进,然后向南演进;向东南演进至堤防,沿途淹没了四东里、吴杨村、八里店等至张庄;总淹没面积 6.09 km²,平均淹没水深 1.3 m。

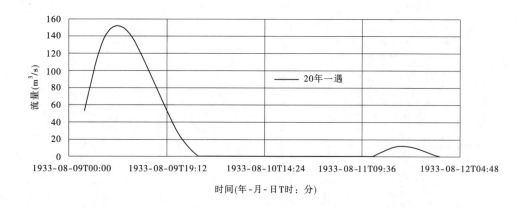

图 3-146 梁赵险工溃口 20 年一遇流量过程

洪水演进 2 d,淹没范围增加不大,淹没水深平均增加;总淹没面积 6.09 km²,平均淹没水深 1.8 m。

之后,洪水沿之前的流路继续演进,并最终汇集在地势低洼处,溃口洪水演进过程总淹没面积为 6.73 km²。

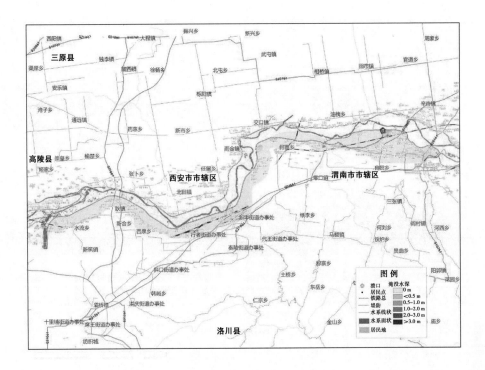

图 3-147　梁赵险工 20 年一遇洪水演进 1 d

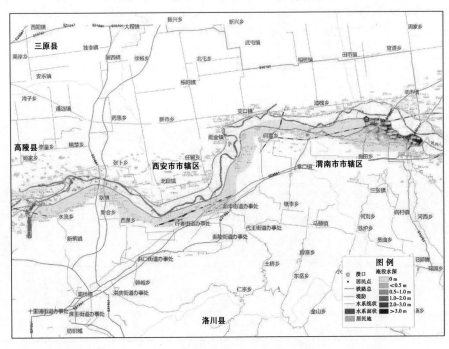

图 3-148　梁赵险工 20 年一遇洪水演进 2 d

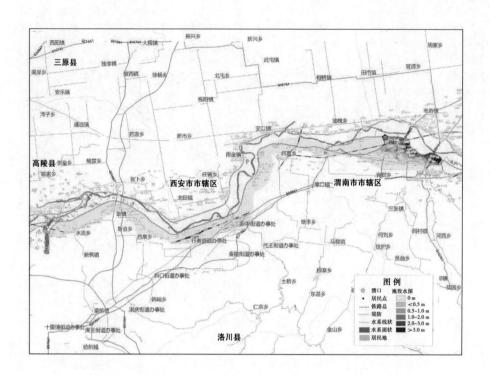

图 3-149　梁赵险工 20 年一遇洪水演进洪水演进 70 h（最终淹没范围）

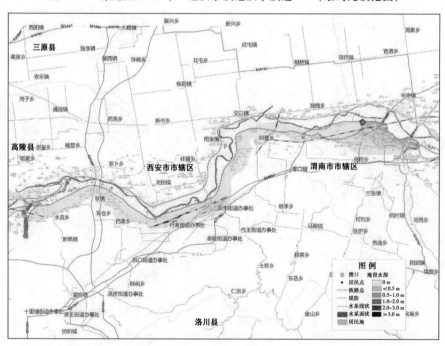

图 3-150　梁赵险工 20 年一遇洪水演进到达时间

4）干流南岸其他溃口溃决淹没统计

对渭河干流南岸其他溃口做简单分析。渭河干流南岸其他溃口的各量级洪水所对应的溃决时机、溃口底高、溃口宽度、溃决洪峰流量和淹没历时等见表3-81。

表 3-81　渭河干流南岸其他溃口的各量级洪水淹没情况统计

溃口名称	洪水量级	溃决时机（m³/s）	溃口宽度（m）	溃口底高（大沽高程,m）	溃决洪峰流量（m³/s）
段家堡险工	20 年一遇	5 910	100	386.99	230.19
	50 年一遇	5 910	100	386.99	416.21
	100 年一遇	5 910	100	386.99	567.84
小王庄险工	20 年一遇	5 910	100	381.69	247.60
	50 年一遇	5 910	100	381.69	421.70
	100 年一遇	5 910	100	381.69	557.30
农六险工	20 年一遇	5 910	100	377.3	163.67
	50 年一遇	5 910	100	377.3	275.47
	100 年一遇	5 910	100	377.3	368.82
东站险工	20 年一遇	5 910	100	368.22	128.00
	50 年一遇	5 910	100	368.22	237.40
	100 年一遇	5 910	100	368.22	329.40
水流险工	20 年一遇	5 910	100	365.83	19.62
	50 年一遇	5 910	100	365.83	98.57
	100 年一遇	5 910	100	365.83	458.45
季家险工	20 年一遇	8 350	100	354.09	168.60
	50 年一遇	8 350	100	354.09	323.40
	100 年一遇	8 350	100	354.09	443.40
张义险工	20 年一遇	8 350	100	353.5	232.40
	50 年一遇	8 350	100	353.5	401.10
	100 年一遇	8 350	100	353.5	529.10
八里店险工	20 年一遇	8 350	200	348.31	168.00
	50 年一遇	8 350	200	348.31	388.39
	100 年一遇	8 350	200	348.31	578.14
田家险工	20 年一遇	8 350	200	346.5	235.20
	50 年一遇	8 350	200	346.5	461.30
	100 年一遇	8 350	200	346.5	651.20
詹刘险工	20 年一遇	7 160	200	345.9	225.32
	50 年一遇	7 160	200	345.9	475.17
	100 年一遇	7 160	200	345.9	658.29
方山河口西堤	20 年一遇	7 160	100	337.9	350.70
	50 年一遇	7 160	100	337.9	450.30
	100 年一遇	7 160	100	337.9	530.00
华农险工	20 年一遇	5 760	200	337.44	135.39
	50 年一遇	5 760	200	337.44	256.20
	100 年一遇	5 760	200	337.44	362.16

3. 渭河北岸支流堤防溃决成果分析

渭河北岸支流的险工险段溃口包括洛河农垦七连西堤、泾河陕汽大道泾河桥上首左岸和右岸等3个，其溃决洪水淹没二维计算的洪水频率，洛河是10年一遇、20年一遇、50年一遇，泾河是20年一遇、50年一遇、100年一遇，共9个洪水计算方案。这里以洛河农垦七连西堤溃口(洛河西堤—仁东村片区)为例进行说明，其余溃口做简单分析。

洛河农垦七连西堤溃口保护区范围包括洛河西堤至仁东村渭河移民围堤以北地区。

当洛河发生50年一遇洪水时，洛河农垦七连西堤溃口溃决时机为涨水期计算洪水过程起点，溃决方式为瞬间溃决，溃口处纵向冲刷全溃，溃口宽度50 m；洪水由溃口进入二维平面区域，溃决洪峰流量100 m³/s，分洪历时89 h，淹没面积37.52 km²，淹没区平均水深4.85 m。洛河农垦七连西堤溃口50年一遇洪水演进过程最大淹没水深分布见图3-151，洪水演进到达时间见图3-152。

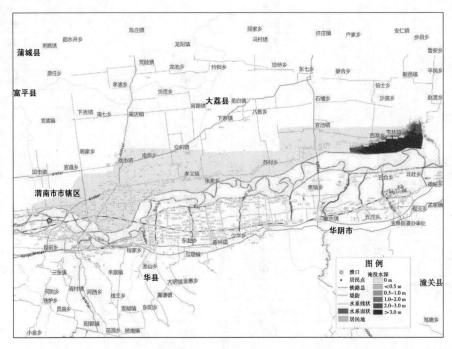

图3-151　农垦七连险工溃口50年一遇洪水演进过程最大淹没水深分布

当洛河发生20年一遇洪水时，洛河农垦七连西堤溃口溃决时机为涨水期计算洪水过程起点，溃决方式为瞬间溃决，溃口处纵向冲刷全溃，溃口宽度50 m；洪水由溃口进入二维平面区域，溃决洪峰流量69.8 m³/s，分洪历时87 h，淹没面积34.42 km²，淹没区平均水深4.2 m。洛河农垦七连西堤溃口20年一遇洪水演进过程最大淹没水深分布见图3-153，洪水演进到达时间见图3-154。

当洛河发生10年一遇洪水时，洛河农垦七连西堤溃口溃决时机为涨水期计算洪水过程起点，溃决方式为瞬间溃决，溃口处纵向冲刷全溃，溃口宽度50 m；洪水由溃口进入二维平面区域，溃决洪峰流量62.2 m³/s，分洪历时81 h，淹没面积31.75 km²，淹没区平均水深3.3 m。洛河农垦七连西堤溃口10年一遇洪水演进过程最大淹没水深分布见图3-155，洪水演进到达时间见图3-156。

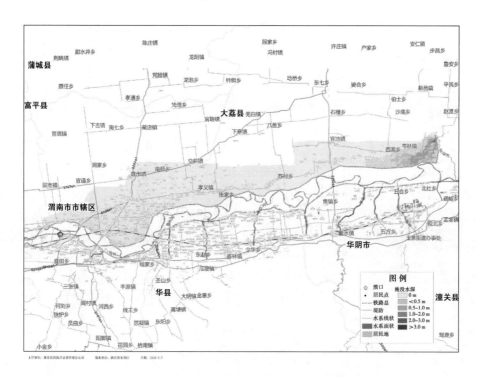

图 3-152　农垦七连险工溃口 50 年一遇洪水演进到达时间

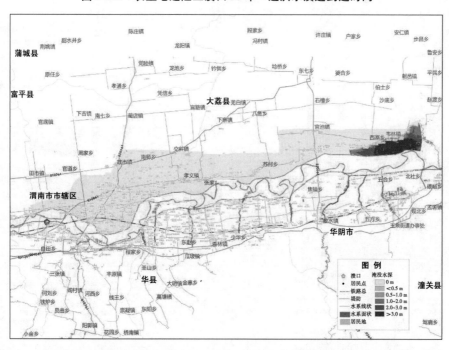

图 3-153　农垦七连险工溃口 20 年一遇洪水演进过程最大淹没水深分布

4.渭河南岸支流堤防溃决成果分析

渭河南岸支流的险工险段溃口包括赤水河东西堤、遇仙河老公路桥南东西堤、石堤河老公路桥南东西堤、罗纹河二华干沟北东西堤、方山河二华干沟北东西堤、罗敷河二华干沟北

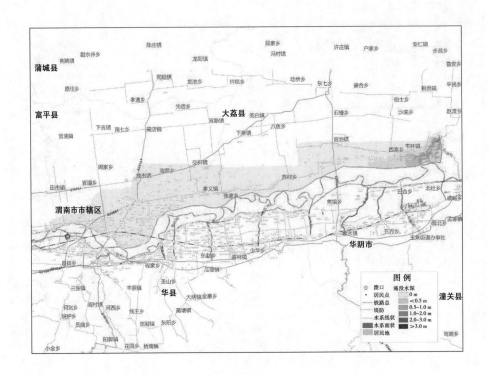

图 3-154　农垦七连险工溃口 20 年一遇洪水演进到达时间

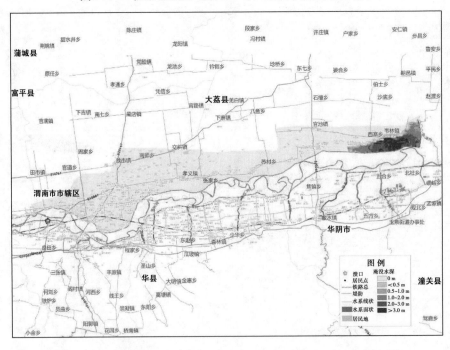

图 3-155　农垦七连险工溃口 10 年一遇洪水演进过程最大淹没水深分布

东西堤、柳叶河二华干沟北 300 m 东西堤、长涧河二华干沟北 800 m 东西堤等 16 个,其溃决洪水淹没二维计算的洪水频率,方山河以东是 10 年一遇、50 年一遇、100 年一遇,方山河以西是 20 年一遇、50 年一遇、100 年一遇,共 48 个洪水计算方案。这里以遇仙河老公路桥南

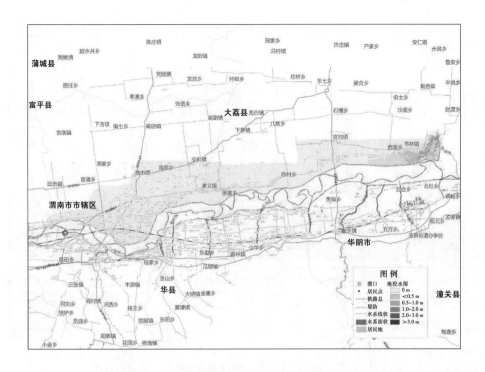

图 3-156　农垦七连险工溃口 10 年一遇洪水演进到达时间

(东堤)溃口(遇仙河右岸至石堤河左岸片区)为例进行说明,其余溃口做简单分析。

遇仙河老公路桥南(东堤)溃口保护区范围包括遇仙河右岸至石堤河左岸地区。

1)100 年一遇洪水

当遇仙河发生 100 年一遇洪水时,遇仙河老公路桥南(东堤)溃口溃决时机为涨水期计算洪水过程起点,溃决方式设定为瞬间溃决,溃口处纵向冲刷全溃,溃口宽度 50 m,分洪时间为 7 月 13 日 2~22 时(计算时间为 13 日 2~22 时,计 26 h),分洪历时 26 h;保护区面积 42.91 km²;洪水由溃口进入二维平面区域,淹没面积 18.16 km²,淹没区平均水深 0.82 m。遇仙河老公路桥南(东堤)溃口 100 年一遇流量过程见图 3-157,洪水演进过程最大淹没水深分布见图 3-158,洪水演进到达时间见图 3-159。

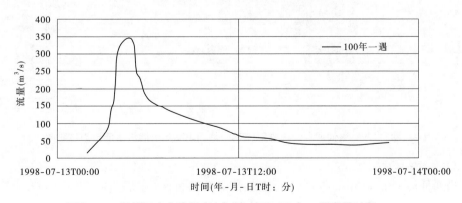

图 3-157　遇仙河老公路桥南(东堤)溃口 100 年一遇流量过程

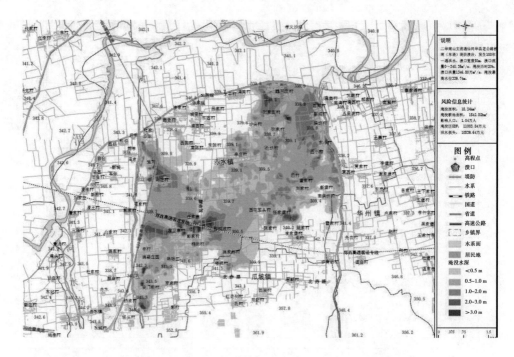

图 3-158　遇仙河老公路桥南(东堤)溃口 100 年一遇淹没范围

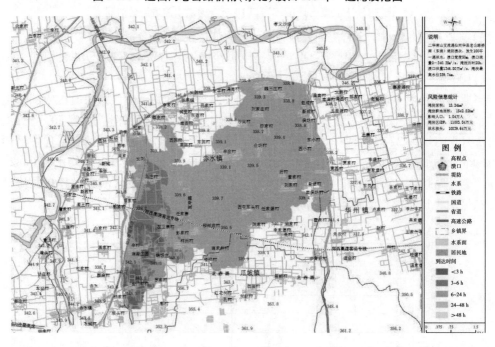

图 3-159　遇仙河老公路桥南(东堤)溃口 100 年一遇洪水演进到达时间

2)50 年一遇洪水

当遇仙河发生 50 年一遇洪水时,遇仙河老公路桥南(东堤)溃口溃决时机为涨水期计算洪水过程起点,溃决方式设定为瞬间溃决,溃口处纵向冲刷全溃,溃口宽度 50 m,分洪时间为 7 月 13 日 2~22 时(计算时间为 13 日 2~22 时,计 26 h),分洪历时 26 h;保护区面积

42.91 km²;洪水由溃口进入二维平面区域,淹没面积18.13 km²,淹没区平均水深0.58 m。遇仙河老公路桥南(东堤)溃口50年一遇流量过程见图3-160,洪水演进过程最大淹没水深分布见图3-161,洪水演进到达时间见图3-162。

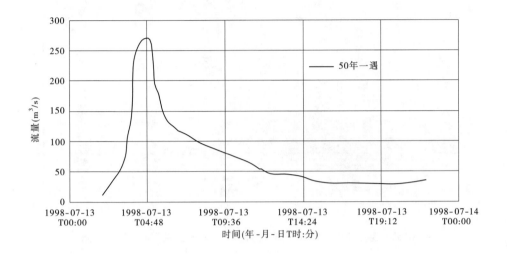

图3-160　遇仙河老公路桥南(东堤)险工溃口50年一遇流量过程

图3-161　遇仙河老公路桥南(东堤)溃口50年一遇淹没范围

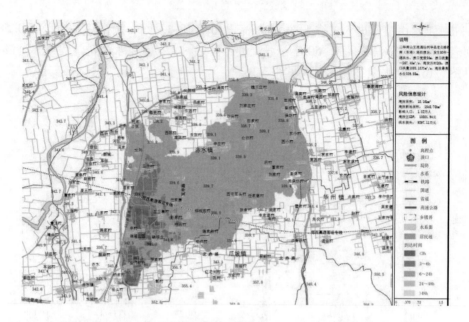

图 3-162　遇仙河老公路桥南(东堤)溃口 50 年一遇洪水演进到达时间

3)20 年一遇洪水

当遇仙河发生 20 年一遇洪水时,遇仙河老公路桥南(东堤)溃口溃决时机为涨水期计算洪水过程起点,溃决方式设定为瞬间溃决,溃口处纵向冲刷全溃,溃口宽度 50 m,分洪时间为 7 月 13 日 2~22 时(计算时间为 13 日 2~22 时,计 26 h),分洪历时 26 h;保护区面积 42.91 km²;洪水由溃口进入二维平面区域,淹没面积 12.22 km²,淹没区平均水深 0.35 m。遇仙河老公路桥南(东堤)溃口 20 年一遇流量过程见图 3-163,洪水演进过程最大淹没水深分布见图 3-164,洪水演进到达时间见图 3-165。

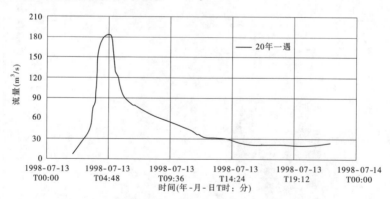

图 3-163　老公路桥南(东堤)溃口 20 年一遇流量过程

3.6.3　成果合理性分析

3.6.3.1　典型断面合理性分析

本次模型验证中对部分典型断面的计算水位与不同频率洪水设计水位进行了对比,其结果见表 3-82。

图 3-164　遇仙河老公路桥南(东堤)溃口 20 年一遇淹没范围

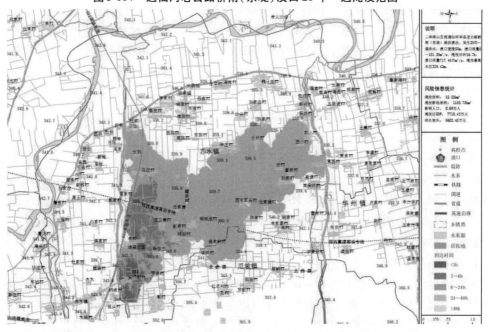

图 3-165　遇仙河老公路桥南(东堤)溃口 20 年一遇洪水演进到达时间

从表 3-82 中可以看出,本次基于 2014 年汛后地形的计算成果比《陕西省渭河防洪治理工程可行性研究报告》设计洪水位成果(2011 地形)低 0.20～0.93 m。究其原因,一方面本次计算水位未考虑洪水淤积;另一方面近年来渭河下游河床普遍冲刷,河道过洪能力有所增加。因此,本次模型对部分典型断面的计算水位成果有一定合理性。

表3-82　渭河干流部分典型断面计算水位与不同频率洪水设计水位对比

断面名称	设计洪水频率		设计水位（大沽高程，m）		计算水位（大沽高程，m）		绝对误差（m）	
	左岸	右岸	左岸	右岸	左岸	右岸	左岸	右岸
咸阳水文站	100年一遇	100年一遇	389.93	389.93	390.325	390.325	0.395	0.395
WY33	100年一遇	—	378.16	378.61	378.675	—	0.515	—
临潼水文站	100年一遇	100年一遇	361.33	361.33	361.064	361.064	0.266	0.266
WY17	100年一遇	100年一遇	351.48	351.48	350.553	350.553	0.927	0.927
华县水文站	50年一遇	50年一遇	345.03	345.03	344.784	344.784	0.246	0.246
WY4	5年一遇	5年一遇	337.08	337.08	336.492	336.492	0.588	0.588
WY2	5年一遇	5年一遇	335.18	335.18	335.372	335.372	0.192	0.192

3.6.3.2　溃口出流合理性分析

1. 地形分析

为便于分析,可以任选某一个溃口,以保护区 DEM 高程分布为依据,对比溃决洪水的某些演进时刻的流场分布,判断水流的运动趋势是否遵循由高至低的物理原则。同时,以洪水流速流向分布,判断水体流速与流向是否合理。

以柳叶河二华干沟南 300 m 西堤溃口为例进行分析。在对计算区剖分网格并内插高程后,区内地势高低一目了然,总体呈现北低南高的地形特点;溃堤洪水总体上呈现自溃口优先向地势低洼地方演进的趋势,如图 3-166 所示,从溃口 100 年一遇洪水演进 3 h、5 h 的淹没范围对比,可以看出溃决洪水自溃口附近低洼地方逐渐向周边高地势区域拓展的趋势,说明该溃口溃决洪水演进趋势与地势高低非常匹配,二维模型结果基本合理。

2. 流场分布

在 MIKE21 模型中,各溃口处溃决洪水从溃口边界逐渐演进的过程中,会产生流场分布,洪水的流速流场是从地势高的地方平缓流向地势低的地方。同时,水流方向及流速会在高地处环绕通过,如图 3-167 所示。图中箭头方向表示流向,箭头长短表示流速大小。经验证,从溃口出水演进开始,随着时间的增长,流场的方向都是沿着地形较低的部分开始扩散的,地势起伏较大的地方,流速也较大,说明模型溃决出流流场分布合理。

3. 局部流场分布

对计算区内地形特殊概化的地方,如地势的突然变化、河渠、堤防、道路等边界位置,其流场分布应反映阻水构筑物的阻水作用或河渠的导水作用。这里以遇仙河老公路桥南东堤溃口 20 年一遇洪水为例进行分析,如图 3-168 所示。从图 3-168 中可以看出,洪水在穿越 S22 渭浦高速线状路基时,所展现的受阻滞流场形态和穿涵洞出流形态与实际完全相同,说明模型对计算区内地形特殊概化的处理是合理的。

4. 水量平衡分析

水量平衡分析主要是对溃口分洪量和保护区淹没范围内的水量进行对比。该方法要求是封闭区域,在不考虑下渗和退水的情况下,结合地形情况,得到封闭区域内计算网格内的淹没范围和淹没水深,计算得出网格内的累积水量与最终分洪水量进行对比分析。

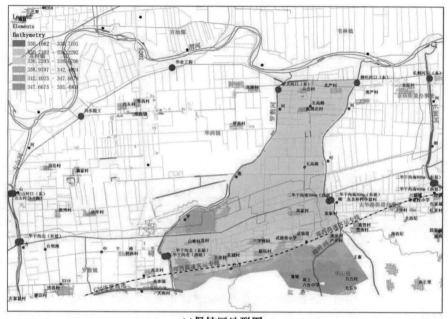

(a)保护区地形图

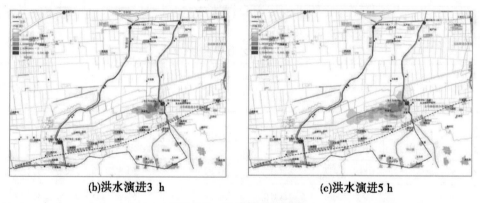

(b)洪水演进3 h　　　　　　　　　　　(c)洪水演进5 h

图 3-166　洪水演进趋势图

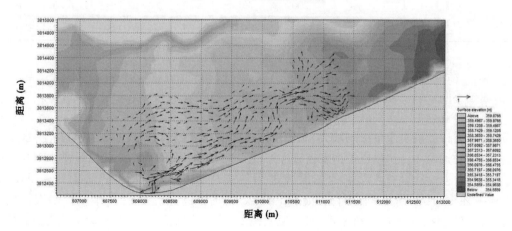

图 3-167　洪水流速与流向趋势

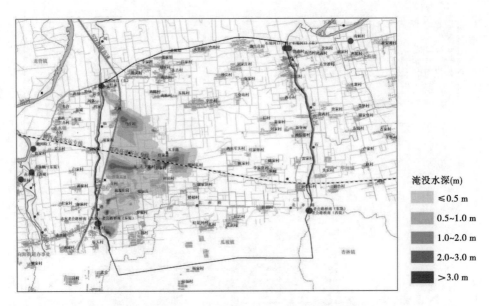

图 3-168　遇仙河老公路桥南东堤溃口 20 年一遇洪水淹没图

淹没水深(m)
≤0.5 m
0.5~1.0 m
1.0~2.0 m
2.0~3.0 m
>3.0 m

渭河北岸以沙王险工为例,渭河南岸以梁赵险工为例进行说明,详见表 3-83。从表 3-83 中可以看出,渭河南、北两岸代表溃口溃决的水量满足《洪水风险图编制技术细则(试行)》(2013)中水量误差控制的要求。

表 3-83　水量平衡分析

序号	溃口名称	洪水频率	溃口宽度(m)	溃口分洪水量(m³)	保护区蓄水量(m³)	相对误差
1	沙王险工	20 年一遇	200	6 635 470.62	6 635 421.39	7.42×10^{-6}
2		50 年一遇	200	25 933 562.7	25 933 634.4	-2.76×10^{-6}
3		100 年一遇	200	50 873 142.2	50 872 983.25	3.12×10^{-6}
4	梁赵险工	20 年一遇	200	24 263 433.03	24 263 233.26	8.23×10^{-6}
5		50 年一遇	200	38 966 950.12	38 967 150.83	-5.15×10^{-6}
6		100 年一遇	200	46 903 625.23	46 903 725.31	-2.13×10^{-6}

3.6.3.3　溃堤洪水淹没演进合理性分析

通过不同方案计算洪水风险信息的比较来说明溃堤洪水淹没演进的合理性。

1. 同一溃口不同量级洪水淹没范围的合理性分析

同一溃口随着洪水量级的增大,淹没范围也相应增大,同时淹没水深应更大,洪水也应能演进到更远距离。这里以渭河临渭区左岸沙王险工溃口宽 200 m 不同量级洪水 100 年一遇、50 年一遇、20 年一遇洪水的淹没演进为例进行分析,该溃口演进计算成果汇总见表 3-84,不同量级洪水在同一时刻(演进 5 d、120 h)的演进对比见图 3-169 ~ 图 3-171。可以看出,计算结果与前面的分析基本一致,说明模型对同一溃口不同量级洪水淹没范围的计算是合理的。

表 3-84　沙王险工溃口淹没演进 5 d 计算成果汇总

洪水量级	淹没面积(m²)	溃决洪峰流量(m³/s)	最大淹没水深(m)	淹没历时(h)
100 年一遇	48.69	524	4.22	92
50 年一遇	43.43	349.4	3.89	82.99
20 年一遇	35.85	148.2	3.47	66.99

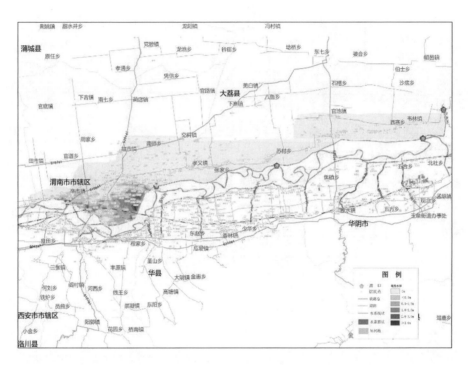

图 3-169　沙王险工溃口 100 年一遇洪水演进 5 d 水深分布

2.同一方案不同时刻洪水演进变化的合理性分析

洪水演进除应匹配空间地势外,在不同时刻应符合水力学规律。例如,随着溃口处流量逐步减小或不再出流后,地势较高的淹没区域由于来流少出流多,淹没水深应逐步减小;而地势较低的区域,即使溃口流量减小或不再出流,洪水聚集水深也还将增加。这里以渭河临渭区左岸沙王险工溃口宽 200 m 100 年一遇洪水为例进行分析,该溃口不同时间段(演进 25 h、40 h、92 h)洪水淹没水深分布见图 3-172 ~ 图 3-174。由图 3-172 ~ 图 3-174 可以看出,计算结果基本符合前述特征,说明模型对同一溃口不同时刻洪水演进的计算是合理的。

3.6.4　洪水风险要素综合分析

本项目溃口多、计算方案量大,下面按渭河干流北岸、渭河干流南岸、渭河北岸支流和渭河南岸支流四个区域分别进行分析。

3.6.4.1　渭河干流北岸

渭河干流北岸的险工险段溃口包括安虹路口、店上险工、吴村阳险工、西渭阳险工、沙王险工、仓渡险工、苏村险工、仓西险工等 8 个,计算的洪水频率为 20 年一遇、50 年一遇、100

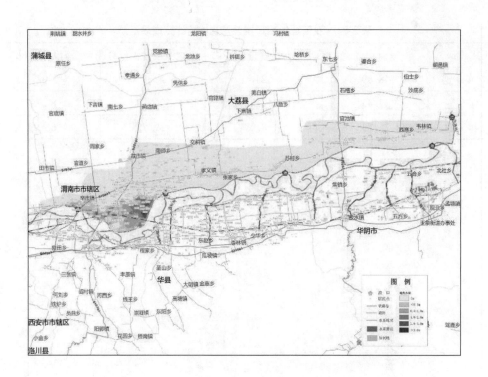

图 3-170　沙王险工溃口 50 年一遇洪水演进 5 d 水深分布

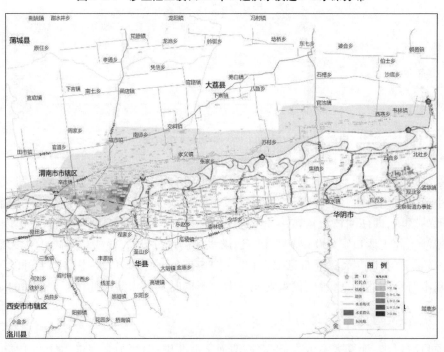

图 3-171　沙王险工溃口 20 年一遇洪水演进 5 d 水深分布

年一遇,共 24 个洪水计算方案。

　　渭河干流北岸为黄土塬台和河谷阶地,支流水系较少,考虑参与入汇计算的北岸支流是洛河和泾河。渭河干流北岸保护区除渭河干流、支流堤防外,其他阻水线状地物(公路、铁

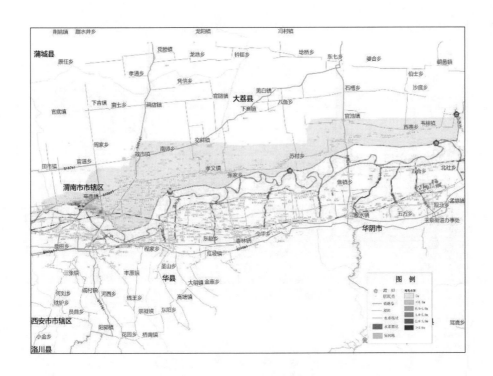

图 3-172 沙王险工溃口 25 h 淹没范围

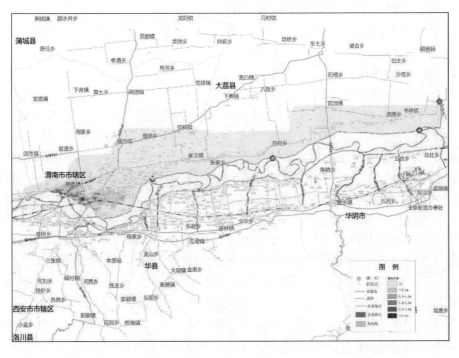

图 3-173 沙王险工溃口 40 h 淹没范围

路)和水工建筑物较少,部分铁道及高速公路都是高架桥。同时,保护区地形特点为西高东低,自西向东,地势逐渐变缓,河谷变宽;北高南低。由于地形原因,淹没范围较大,各溃口

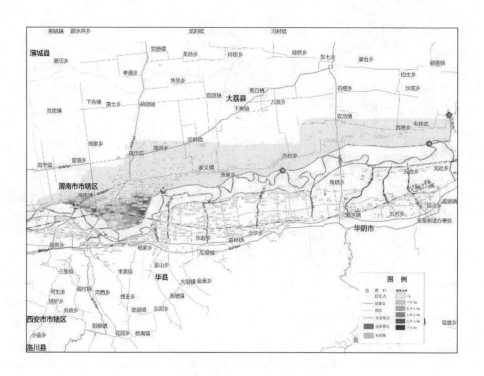

图 3-174 沙王险工溃口 92 h 淹没范围(最终状态)

100 年一遇洪水累计淹没范围达 201.62 km²,平均淹没水深在 1.5 m 左右。其中,沙王险工溃口 100 年一遇洪水的淹没面积最大,为 48.69 km²;仓西险工溃口 100 年一遇洪水的溃决洪峰流量最大,为 842.17 m³/s,淹没历时 90 h。

3.6.4.2 渭河干流南岸

渭河干流南岸的险工险段溃口包括段家堡、小王庄险工、农六险工、东站险工等 27 个,大部分溃口计算的是 20 年一遇、50 年一遇、100 年一遇洪水,共 76 个洪水计算方案。

渭河干流南岸为河漫滩和河谷阶地,支流众多、源短流急,考虑参与入汇计算的南岸支流是沣河和灞河。渭河干流南岸保护区除渭河干流、入汇计算支流堤防外,还有沋河、赤水河、遇仙河、石堤河、罗纹河、方山河、罗敷河、柳叶河、长涧河等南山支流堤防及二华排水干沟阻(导)水影响,其他阻水线状地物(公路、铁路)和水工建筑物也较多。同时,南岸各分区地势自西向东逐渐变缓,海拔在 325 ~ 420 m,地形由南向北倾斜。各方案计算结果显示,渭河干流南岸段家堡至詹刘险工溃口淹没面积较小,平均淹没水深在 1 m 左右;赤水河至长涧河片区由于溃决洪水流量较大,洪水淹没范围也相对较大。其中,南解村、冯东险工、石堤河口东、遇仙河口东、长涧河东险工、石堤河口西、方山河口东 100 年一遇洪水的淹没面积分别为 40.31 km²、36.89 km²、32.99 km²、29.36 km²、25.39 km²、24.81 km²、23.14 km²,其淹没范围比渭河干流南岸其他溃口大。南解村溃决洪峰流量最大,为 674.93 m³/s。当发生同频率洪水时,南岸区域的华县、华阴市、临渭区淹没范围较大,淹没更严重。

3.6.4.3 渭河北岸支流

渭河北岸支流的险工险段溃口包括泾河陕汽大道桥上首左、右岸,洛河农垦七连等 3 个,计算的洪水频率,泾河是 20 年一遇、50 年一遇、100 年一遇,洛河是 10 年一遇、20 年一遇、50 年一遇,共 9 个洪水计算方案。

北岸支流泾河高陵区陕汽大道泾河桥上首左岸堤防溃口溃决洪水的最大淹没面积为 5.73 m²,溃决洪峰流量为 448 m³/s。洛河大荔县农垦七连西堤溃口溃决洪水的最大淹没面积为 37.52 m²,溃决洪峰流量为 100 m³/s。由于渭南市大荔县地处陕西关中平原东部,地貌分为黄土台塬、渭河阶地、洛南沙苑、黄河滩地四个类型,地势平坦,淹没范围较大,损失较为严重。

3.6.4.4 渭河南岸支流

渭河南岸支流的险工险段溃口包括赤水河东西堤、遇仙河老公路桥南东西堤等 16 个,计算的洪水频率,方山河以东是 10 年一遇、50 年一遇、100 年一遇,方山河以西是 20 年一遇、50 年一遇、100 年一遇,共 48 个洪水计算方案。

渭河南山支流发源于秦岭山麓,源短流急,河口段属"二华夹槽"地带,地势平坦低洼。各方案计算结果显示,南山支流石堤河老公路桥南东堤和西堤溃口的淹没面积最大,分别为 25.28 km² 和 19.26 km²,损失较为严重。其溃口溃决的洪峰流量为 307 m³/s,淹没历时为 20 h。

综上所述,渭河干流南岸和北岸、北岸支流、南山支流四片区域发生同频率洪水时,渭南市华县、临渭区、华阴市受灾风险较大;渭河南山支流堤防多,有一定的阻水作用,所以支流上游来水较小时淹没范围不太大;渭河北岸支流泾河、洛河上游来水较大,但泾河溃口最大淹没面积、溃口洪峰流量等指标远小于洛河溃口,说明洛河下游大荔县淹没面积较大、受灾风险较高,而泾河高陵区受灾风险相对较低。

3.7 洪水影响与损失估算分析

3.7.1 洪水影响统计分析

3.7.1.1 淹没行政区域

渭河下游南、北岸防洪保护区共设 54 个溃口,对每个溃口分别进行不同洪水频率的计算,共 170 个洪水计算方案。各溃口洪水影响涉及咸阳市秦都区、渭城区,西安市高陵区、临潼区、未央区、灞桥区,渭南市临渭区、大荔县、华县、华阴市、潼关县 11 个县(区)的 40 个乡(镇)、街道办事处,详见表 3-85 ~ 表 3-88。

表 3-85 渭河干流北岸溃口洪水影响区域统计

溃口名称	市	县(区)	乡(镇)
安虹路口	咸阳市	秦都区、渭城区	人民路街道办事处、渭阳西路街道办事处、渭阳街道办事处
店上险工	咸阳市	渭城区	正阳街道办事处、窑店街道办事处
吴村阳险工	西安市	高陵区、临潼区	张卜镇、北田街道办事处、任留街道办事处
西渭阳险工	西安市	临潼区	北田街道办事处、任留街道办事处
沙王险工	渭南市	临渭区	辛市镇、龙背镇
仓渡险工	渭南市	临渭区、大荔县	龙背镇、孝义镇、下寨镇
苏村险工	渭南市	大荔县	苏村镇、官池镇
仓西险工	渭南市	大荔县	韦林镇

表 3-86　渭河干流南岸溃口洪水影响区域统计

溃口名称	市	县(区)	乡(镇)
段家堡	咸阳市	秦都区	陈杨寨街道办事处、钓台街道办事处
小王庄险工	咸阳市	秦都区	陈杨寨街道办事处
农六险工	西安市	未央区	六村堡街道办事处
东站险工	西安市	未央区	汉城街道办事处
水流险工	西安市	灞桥区、高陵区	新合街道办事处、耿镇
周家险工	西安市	高陵区、临潼区	耿镇、西泉街道办事处
季家工程	西安市	临潼区	何寨街道办事处
张义险工	渭南市	临渭区	双王街道办事处、何寨镇
梁赵险工	渭南市	临渭区	高新区、人民街道办事处、双王街道办事处、向阳街道办事处
八里店险工	渭南市	临渭区	双王街道办事处、向阳街道办事处
田家工程	渭南市	临渭区	龙背镇、向阳街道办事处
詹刘险工	渭南市	华县	赤水镇、莲花寺镇
遇仙河口(东)	渭南市	华县	赤水镇、柳枝镇
石堤河口(西)	渭南市	华县	赤水镇
石堤河口(东)	渭南市	华县	华州镇、莲花寺镇、下庙镇、赤水镇
南解村	渭南市	华县	赤水镇、华州镇、莲花寺镇、下庙镇
罗纹河口(西)	渭南市	华县	下庙镇、莲花寺镇
罗纹河口(东)	渭南市	华县	柳枝镇、下庙镇
毕家	渭南市	华县、华阴市	柳枝镇、下庙镇、罗敷镇
方山河口(西)	渭南市	华县	柳枝镇
方山河口(东)	渭南市	华阴市	华西镇、罗敷镇
冯东险工	渭南市	华阴市	华西镇、罗敷镇
罗敷河口(东)	渭南市	华阴市	华西镇、罗敷镇、华山镇
柳叶河口(东)	渭南市	华阴市	华西镇、太华路街道办事处
长涧河口(东)	渭南市	华阴市、潼关县	岳庙街道办、秦东镇
华农工程	渭南市	华阴市	华西镇
三河口工程	渭南市	华阴市、潼关县	岳庙街道办、秦东镇

表 3-87　二华南山支流溃口洪水影响区域统计

河流名称	溃口名称	市	县(区)	乡(镇)
赤水河	赤水镇(西堤)	渭南市	临渭区	向阳街道办事处
	赤水镇(东堤)	渭南市	华县	赤水镇
遇仙河	老公路桥南(西堤)	渭南市	华县	赤水镇、莲花寺镇
	老公路桥南(东堤)	渭南市	华县	赤水镇
石堤河	老公路桥南(西堤)	渭南市	华县	赤水镇、瓜坡镇
	老公路桥南(东堤)	渭南市	华县	华州镇、莲花寺镇、下庙镇
罗纹河	二华干沟北(西堤)	渭南市	华县	下庙镇、莲花寺镇
	二华干沟北(东堤)	渭南市	华县	下庙镇、莲花寺镇、柳枝镇
方山河	二华干沟北(西堤)	渭南市	华县	柳枝镇
	二华干沟北(东堤)	渭南市	华阴市	华西镇
罗敷河	二华干沟北(西堤)	渭南市	华阴市	罗敷镇
	二华干沟北(东堤)	渭南市	华阴市	罗敷镇、华西镇、华山镇
柳叶河	二华干沟南 300 m(西堤)	渭南市	华阴市	华西镇、华山镇
	二华干沟南 300 m(东堤)	渭南市	华阴市	太华路街道办事处
长涧河	二华干沟南 800 m(西堤)	渭南市	华阴市	太华路街道办事处
	二华干沟南 800 m(东堤)	渭南市	华阴市	岳庙街道办事处

表 3-88　渭河下游北岸支流溃口洪水影响区域统计

溃口名称	市	县(区)	乡(镇)
陕汽大道泾河桥上首(左岸)	西安市	高陵区	崇皇乡、泾渭街道办事处
陕汽大道泾河桥上首(右岸)	西安市	高陵区	泾渭街道办事处
农垦七连(西堤)	渭南市	大荔县	韦林镇

3.7.1.2　灾情统计及分析

　　54 个溃口不同频率洪水的灾情统计主要包括各频率洪水的最大淹没面积、淹没耕地面积、受影响人口及受影响 GDP 等指标,各区域社会经济状态背景为 2013 年年底。各溃口不同计算方案下主要灾情统计详见表 3-89 ~ 表 3-92。

表 3-89　渭河干流北岸各溃口在不同计算方案下主要灾情统计

溃口	洪水标准	淹没面积（km²）	淹没居民地面积（万 m²）	淹没耕地面积（hm²）	受影响公路长度（km）	受影响铁路长度（km）	受影响重点单位及设施个数(个)	受影响人口总数（万人）	受影响GDP（万元）
安虹路口	20 年一遇	4.34	16.10	86.74	17.23	3.17	45	6.77	24 245.62
	50 年一遇	5.86	35.24	132.12	22.44	8.44	59	7.78	40 510.84
	100 年一遇	6.20	61.24	232.75	23.15	8.48	64	8.34	67 321.28
店上险工	20 年一遇	2.67	12.28	187.65	8.61	1.30	6	0.19	12 646.46
	50 年一遇	3.30	13.91	301.09	9.53	1.44	6	0.22	15 595.51
	100 年一遇	3.95	19.25	375.75	11.94	1.09	8	0.25	18 098.56
吴村阳险工	20 年一遇	4.65	24.64	409.53	14.97	0	1	0.37	5 800.79
	50 年一遇	18.19	82.74	1 643.47	67.42	0.04	5	1.41	17 369.75
	100 年一遇	25.61	126.36	2 220.18	91.84	0.04	7	1.85	22 183.34
西渭阳险工	20 年一遇	15.85	96.51	715.06	63.89	0	4	0.57	10 805.45
	50 年一遇	23.43	112.36	851.21	94.82	0	6	0.70	12 920.55
	100 年一遇	38.69	130.42	1 132.46	114.07	0	6	0.91	15 598.55
沙王险工	20 年一遇	35.85	296.51	3 120.06	163.89	7.83	87	5.92	58 670.29
	50 年一遇	43.43	342.36	3 781.21	194.82	8.24	96	7.34	72 588.36
	100 年一遇	48.69	392.82	4 232.46	214.07	8.33	107	8.14	80 359.40
仓渡险工	20 年一遇	5.81	46.51	262.06	16.89	0	1	0.49	5 706.20
	50 年一遇	11.40	72.36	448.21	19.82	0	1	0.82	7 748.37
	100 年一遇	18.68	92.82	723.46	24.07	0	1	1.03	10 013.37
苏村险工	20 年一遇	12.23	26.28	920.06	23.89	0	2	0.43	8 045.36
	50 年一遇	16.36	44.76	1 781.21	34.82	0	2	0.59	10 179.06
	100 年一遇	20.69	65.82	2 232.46	44.07	0	4	0.70	13 361.24
仓西险工	20 年一遇	25.80	78.50	320.06	163.89	1.90	7	5.92	8 342.28
	50 年一遇	33.50	109.37	378.21	184.82	2.20	9	7.34	12 588.67
	100 年一遇	39.11	124.80	423.46	214.07	2.20	10	8.14	15 234.40
合计	20 年一遇	107.20	597.33	6 021.22	473.26	14.20	153	20.66	134 262.45
	50 年一遇	155.47	813.10	9 316.73	628.49	20.36	184	26.20	189 501.11
	100 年一遇	201.62	1 013.53	11 572.98	737.28	20.14	207	29.36	242 170.14

表 3-90　渭河干流南岸各溃口在不同计算方案下主要灾情统计

溃口	洪水标准	淹没面积（km²）	淹没居民地面积（万 m²）	淹没耕地面积（hm²）	受影响公路长度（km）	受影响铁路长度（km）	受影响重点单位及设施个数（个）	受影响人口总数（万人）	受影响GDP（万元）
段家堡	20 年一遇	5.23	68.42	403.49	22.14	0.06	23	1.75	139 701.86
	50 年一遇	9.39	120.65	741.27	39.55	0.06	36	3.08	243 730.08
	100 年一遇	10.17	125.53	807.88	41.70	0.06	37	3.34	264 406.88
小王庄险工	20 年一遇	0.78	0.84	213.75	0.03	0.99	0	0.28	22 320.07
	50 年一遇	0.99	1.16	293.96	0.29	0.99	0	0.31	25 497.61
	100 年一遇	1.28	3.80	419.83	0.95	1.10	0	0.45	36 699.01
农六险工	20 年一遇	4.12	17.42	345.51	7.15	0.66	2	0.28	11 172.75
	50 年一遇	4.98	28.56	366.64	10.04	1.74	7	0.36	13 504.92
	100 年一遇	5.51	30.36	375.87	12.59	2.36	8	0.40	14 942.19
东站险工	20 年一遇	2.71	11.34	120.45	4.47	5.24	8	0.20	9 480.65
	50 年一遇	5.54	50.59	188.75	7.88	6.94	11	0.47	26 484.58
	100 年一遇	6.84	58.12	262.93	10.56	8.10	14	0.61	37 130.97
水流险工	20 年一遇	4.36	6.13	639.29	8.68	0	13	0.51	9 291.63
	50 年一遇	10.03	50.03	2 568.89	26.44	0	25	1.06	18 382.77
	100 年一遇	11.53	77.21	3 066.31	33.40	0	32	1.26	21 870.12
周家险工	20 年一遇	4.84	2.27	450.94	14.44	0	0	0.44	5 508.85
	50 年一遇	5.68	7.51	615.89	18.07	0	0	0.50	6 498.54
	100 年一遇	6.83	19.52	897.36	22.18	0	0	0.59	7 782.27
季家工程	20 年一遇	1.35	13.31	135.28	3.21	0	0	0.08	706.34
	50 年一遇	3.54	56.03	248.54	10.66	0	1	0.22	1 852.10
	100 年一遇	4.44	63.22	308.56	13.56	0	1	0.28	259 986.40
张义险工	20 年一遇	4.09	2.33	384.17	10.62	1.46	1	0.35	22 041.01
	50 年一遇	6.83	8.38	613.26	19.07	1.77	1	0.58	37 435.89
	100 年一遇	11.99	14.72	1 081.19	29.11	3.85	1	0.98	55 790.18
梁赵险工	20 年一遇	12.00	200.53	906.37	61.46	2.90	17	1.28	58 185.96
	50 年一遇	16.10	275.07	1 188.74	82.79	3.01	29	2.05	93 369.69
	100 年一遇	17.76	316.57	1 270.34	90.71	3.01	34	2.54	118 347.28
八里店险工	20 年一遇	5.64	16.64	387.74	30.66	0.79	12	0.48	21 743.32
	50 年一遇	11.80	19.57	895.09	60.31	2.90	16	1.25	55 890.31
	100 年一遇	13.79	23.05	1 537.87	70.41	2.96	20	1.61	72 221.83
田家工程	20 年一遇	0.05	0.07	3.98	0.46	0	0	0	221.88
	50 年一遇	3.72	26.04	2 418.46	20.16	0	3	0.35	14 355.74
	100 年一遇	4.48	30.09	3 689.84	25.23	0	3	0.41	17 687.72
詹刘险工	20 年一遇	7.67	59.51	650.52	31.85	1.64	8	0.43	2 890.19
	50 年一遇	8.89	82.10	746.58	40.61	1.69	10	0.51	3 349.91
	100 年一遇	9.06	84.09	982.30	41.62	1.69	10	0.51	3 413.96
遇仙河口（东）	50 年一遇	27.15	20.11	1 457.89	12.89	4.76	13	1.57	20 618.48
	100 年一遇	29.39	22.13	1 536.68	13.97	5.57	20	1.71	26 655.53
石堤河口（西）	50 年一遇	17.79	87.45	1 442.39	73.55	2.70	8	1.02	10 453.22
	100 年一遇	24.80	147.69	1 995.03	107.85	4.41	14	1.42	17 565.12

溃口	洪水标准	淹没面积（km²）	淹没居民地面积（万 m²）	淹没耕地面积（hm²）	受影响公路长度（km）	受影响铁路长度（km）	受影响重点单位及设施个数(个)	受影响人口总数(万人)	受影响GDP(万元)
石堤河口（东）	50 年一遇	30.92	90.20	2 758.78	127.13	0.13	12	1.91	49 259.52
	100 年一遇	32.97	115.49	2 912.91	141.31	0.20	13	2.02	52 561.51
南解村	20 年一遇	25.53	65.49	2 326.11	104.99	0	9	1.56	41 035.11
	50 年一遇	35.40	132.29	3 102.31	152.55	0.34	14	2.23	57 944.83
	100 年一遇	40.31	211.64	3 414.58	177.54	1.80	19	2.58	69 517.24
罗纹河口（西）	50 年一遇	18.86	66.58	1 685.69	79.16	0.01	9	0.84	14 970.94
	100 年一遇	24.19	77.54	2 157.09	102.59	0.03	10	1.36	34 853.48
罗纹河口（东）	50 年一遇	27.78	37.16	2 596.76	82.83	0	18	0.82	10 409.28
	100 年一遇	32.05	54.17	2 990.63	96.25	0	21	0.96	12 092.59
毕家	20 年一遇	12.92	21.81	929.70	36.82	0	11	0.38	4 443.17
	50 年一遇	20.88	40.14	1 624.11	77.38	0	11	0.44	6 261.55
	100 年一遇	26.49	164.53	4 156.43	121.65	0	11	1.10	8 788.13
方山河口（西）	20 年一遇	10.48	19.78	993.43	27.42	0	7	0.28	3 839.46
	50 年一遇	17.77	37.85	1 669.31	51.49	0	14	0.51	6 274.21
	100 年一遇	26.78	61.07	2 515.52	79.83	0	22	0.75	9 483.84
方山河口（东）	20 年一遇	9.04	16.86	738.18	18.81	0	20	0.69	2 513.70
	50 年一遇	16.22	28.65	1 386.88	49.38	0	21	0.72	3 820.92
	100 年一遇	23.28	42.64	2 657.16	104.61	0	21	0.77	5 089.51
冯东险工	20 年一遇	23.28	24.36	1 338.23	45.39	0	14	0.44	11 374.93
	50 年一遇	28.30	33.82	2 167.18	62.23	0	19	0.46	15 356.88
	100 年一遇	37.10	82.42	4 003.09	158.40	0	19	0.55	23 724.01
罗敷河口（东）	20 年一遇	12.46	4.99	1 224.59	19.49	0	1	0.25	6 515.18
	50 年一遇	16.27	8.38	1 542.04	28.92	0	1	0.42	13 605.90
	100 年一遇	18.44	22.78	1 734.65	36.87	0	3	0.45	15 380.34
柳叶河口（东）	20 年一遇	13.90	3.35	1 351.28	26.75	0	6	1.11	138 321.89
	50 年一遇	16.35	5.96	1 578.18	35.59	0	6	1.30	61 835.30
	100 年一遇	17.37	11.77	1 659.20	38.88	0	6	1.40	65 939.15
长涧河口（东）	20 年一遇	11.89	20.70	960.17	14.45	0		0.53	9 117.99
	50 年一遇	21.35	24.64	1 779.13	27.87	0.13	8	1.01	19 392.37
	100 年一遇	25.92	35.94	2 805.32	36.86	0.58	9	1.32	29 373.90
华农工程	20 年一遇	8.69	15.88	770.74	21.71	0	3	0.15	4 355.11
	50 年一遇	16.55	29.47	383.49	43.42	0	5	0.30	8 294.26
	100 年一遇	18.78	42.29	545.45	51.86	0	5	0.34	9 411.86
三河口工程	20 年一遇	17.84	11.44	1 714.17	26.05	0.15	3	0.70	6 691.43
	50 年一遇	25.37	25.74	2 301.04	37.00	0.16	9	1.04	12 343.65
	100 年一遇	27.41	26.35	2 425.98	39.39	0.26	10	1.24	20 018.15
合计	20 年一遇	186.41	598.48	15 163.50	517.56	13.89	163	11.92	524 957.30
	50 年一遇	424.45	1 394.13	38 361.25	1 277.26	27.33	307	25.33	851 193.45
	100 年一遇	504.52	1 901.51	51 901.44	1 686.32	35.98	362.67	30.67	1 050 746.77

表3-91　二华南山支流各溃口在不同计算方案下主要灾情统计

河流	溃口	洪水标准	淹没面积 （km²）	淹没居民地 面积 （万 m²）	淹没 耕地面积 （hm²）	受影响 公路长度 （km）	受影响铁路 长度 （km）	受影响重点 单位及设施 个数（个）	受影响 人口总数 （万人）	受影响 GDP （万元）
赤水河	赤水镇 （西堤）	20年一遇	3.87	26.02	334.85	21.14	0	2	0.36	14 980.78
		50年一遇	4.53	31.11	393.49	25.52	0	3	0.41	17 909.59
		100年一遇	5.03	37.36	432.17	28.30	0	3	0.47	20 128.41
	赤水镇 （东堤）	20年一遇	7.38	54.96	623.82	29.84	1.65	7	0.43	2 780.90
		50年一遇	8.00	68.39	668.27	33.27	1.68	9	0.46	3 014.53
		100年一遇	8.70	79.78	729.54	39.23	1.68	10	0.49	3 278.31
遇仙河	老公路桥南 （西堤）	20年一遇	7.67	61.45	647.15	31.55	1.44	6	0.44	2 890.17
		50年一遇	8.19	67.64	690.27	35.03	1.63	8	0.46	3 086.13
		100年一遇	8.48	75.22	713.12	37.01	1.63	10	0.48	3 895.40
	老公路桥南 （东堤）	20年一遇	12.21	33.69	1 061.08	44.89	3.40	15	0.68	7 730.42
		50年一遇	18.17	70.09	1 509.33	71.86	3.57	20	1.03	10 869.53
		100年一遇	18.13	74.27	1 505.95	70.68	3.46	20	1.10	14 272.09
石堤河	老公路桥南 （西堤）	20年一遇	13.57	58.24	1 115.68	48.89	3.66	8	0.79	17 182.85
		50年一遇	16.43	70.26	1 360.63	58.84	4.42	12	0.96	18 824.41
		100年一遇	19.26	84.12	1 579.55	73.17	4.78	15	1.12	20 998.98
	老公路桥南 （东堤）	20年一遇	15.71	21.62	1 454.72	55.86	1.14	4	1.50	57 564.35
		50年一遇	21.73	28.67	2 001.93	80.68	1.27	6	1.77	64 827.42
		100年一遇	25.27	36.45	2 314.92	94.44	1.41	8	1.99	68 930.32

续表 3-91

河流	溃口	洪水标准	淹没面积 (km²)	淹没居民地面积 (万m²)	淹没耕地面积 (hm²)	受影响公路长度 (km)	受影响铁路长度 (km)	受影响重点单位及设施个数 (个)	受影响人口总数 (万人)	受影响GDP (万元)
罗纹河	二华干沟北（西堤）	20年一遇	2.55	14.83	1 344.72	72.11	0	12	0.17	10 781.46
		50年一遇	8.59	68.94	3 845.97	265.50	0	25	0.18	12 668.97
		100年一遇	12.23	109.71	4 921.01	366.37	0	40	0.23	15 943.78
	二华干沟北（东堤）	20年一遇	3.34	44.51	1 670.59	98.78	0	3	0.34	12 192.52
		50年一遇	9.12	78.33	5 043.62	169.12	0	5	0.43	14 344.13
		100年一遇	13.94	177.57	5 605.65	211.06	0	8	0.48	18 639.83
方山河	二华干沟北（西堤）	20年一遇	1.25	10.72	957.64	220.05	0	6	2.31	41 374.69
		50年一遇	2.37	26.04	1 563.14	419.95	0	8	3.99	67 292.12
		100年一遇	5.75	56.88	2 063.27	607.41	0	15	10.34	88 866.59
	二华干沟北（东堤）	10年一遇	1.66	1.82	156.73	3.09	0	2	0.04	784.38
		50年一遇	3.85	4.95	368.06	7.56	0	2	0.07	1 793.72
		100年一遇	5.35	5.21	515.59	11.50	0	4	0.10	2 500.42
罗敷河	二华干沟北（西堤）	10年一遇	5.82	9.70	505.92	19.66	0	3	0.13	2 689.04
		50年一遇	10.05	15.18	898.39	31.57	0	4	0.21	4 679.44
		100年一遇	12.12	16.10	1 095.00	35.99	0	4	0.26	5 668.68
	二华干沟北（东堤）	10年一遇	8.18	3.25	808.05	11.33	0	0	0.18	2 280.62
		50年一遇	11.21	6.69	1 102.92	20.56	0	1	0.23	5 721.37
		100年一遇	12.40	8.66	1 201.81	24.49	0	1	0.29	8 675.52

河流	溃口	洪水标准	淹没面积(km²)	淹没居民地面积(万m²)	淹没耕地面积(hm²)	受影响公路长度(km)	受影响铁路长度(km)	受影响重点单位及设施个数(个)	受影响人口总数(万人)	受影响GDP(万元)
柳叶河	二华干沟南300m(西堤)	10年一遇	6.71	3.66	645.32	10.28	0	0	0.22	7 917.06
		50年一遇	10.59	7.45	1 022.52	16.34	0	1	0.32	10 685.37
		100年一遇	11.24	8.75	1 084.48	18.07	0	2	0.34	11 195.33
	二华干沟南300m(东堤)	10年一遇	7.78	0.42	771.48	12.18	0	2	0.92	44 993.20
		50年一遇	11.87	0.47	1 175.17	22.61	0	2	1.10	53 181.87
		100年一遇	13.22	0.67	1 301.68	27.04	0	2	1.17	56 417.22
长洞河	二华干沟南800m(西堤)	10年一遇	7.06	0.40	698.31	11.94	0	2	0.89	43 969.64
		50年一遇	10.76	0.49	965.57	19.63	0	2	1.08	51 870.77
		100年一遇	11.38	0.60	1 127.52	21.68	0	2	1.10	51 275.91
	二华干沟南800m(东堤)	10年一遇	4.82	1.12	244.62	4.29	0.63	0	0.49	20 420.31
		50年一遇	11.28	8.89	820.96	14.37	0.63	4	0.80	26 032.13
		100年一遇	14.38	12.48	1 090.23	18.44	0.63	4	0.92	27 828.34
合计		10年一遇	42.03	20.37	3 830.43	72.77	0.63	9	2.87	123 054.25
		20年一遇	67.55	326.04	9 210.25	623.11	11.03	63	7.02	167 478.14
		50年一遇	166.74	563.59	23 630.24	1 292.41	13	112	13.50	366 801.50
		100年一遇	196.88	803.83	27 681.49	1 694.88	13.59	148	20.88	418 515.13

表 3-92　北岸支流各溃口在不同计算方案下主要灾情统计

溃口	洪水标准	淹没面积（km²）	淹没居民地面积（万 m²）	淹没耕地面积（hm²）	受影响公路长度（km）	受影响铁路长度（km）	受影响重点单位及设施个数(个)	受影响人口总数（万人）	受影响GDP（万元）
陕汽大道泾河桥上首（左岸）	50 年一遇	2.20	0.94	167.39	2.42	0	2	0.66	96 102.73
	100 年一遇	4.69	19.42	356.41	6.95	0	2	0.92	139 632.83
陕汽大道泾河桥上首（右岸）	50 年一遇	3.99	37.95	258.51	6.54	0	33	1.19	227 240.92
	100 年一遇	5.71	73.39	410.55	11.94	0	50	1.75	337 673.70
农垦七连（西堤）	10 年一遇	31.76	16.24	3 156.00	69.25	0.04	7	1.38	14 947.13
	20 年一遇	34.42	23.64	3 392.81	75.82	0.04	8	1.50	16 198.99
	50 年一遇	37.52	45.45	3 642.76	85.45	0.04	11	1.63	17 657.94
合计	10 年一遇	31.76	16.24	3 156.00	69.25	0.04	7	1.38	14 947.13
	20 年一遇	34.42	23.64	3 392.81	75.82	0.04	8	1.50	16 198.99
	50 年一遇	39.72	46.39	3 810.15	87.87	0.04	13	2.29	113 760.67
	100 年一遇	5.71	73.39	410.55	11.94	0	50	1.75	337 673.70

渭河干流北岸 20 年一遇洪水沙王险工溃口淹没面积、淹没耕地面积和受影响 GDP 最大，分别为 35.85 km²、3 120.06 hm² 和 58 670.29 万元；安虹路口溃口的受影响人口总数最大，为 6.77 万人。50 年一遇洪水沙王险工溃口淹没面积、淹没耕地面积最大和受影响 GDP 最大，分别为 43.43 km²、3 781.21 hm² 和 72 588.36 万元；安虹路口溃口的受影响人口为 7.78 万人。100 年一遇洪水沙王险工溃口淹没面积、淹没耕地面积和受影响 GDP 最大，分别为 48.69 km²、4 232.46 hm² 和 80 359.40 万元；安虹路口溃口的受影响人口总数最大，为 8.34 万人。

渭河干流南岸 20 年一遇洪水南解村溃口淹没面积、淹没耕地面积最大，分别为 25.53 km²、2 326.11 hm²；段家堡溃口受影响人口、受影响 GDP 最大，分别为 1.75 万人、139 701.86 万元。50 年一遇洪水南解村溃口淹没面积、淹没耕地面积最大，分别为 35.40 km²、3 102.31 hm²；段家堡溃口受影响人口、受影响 GDP 最大，分别为 3.08 万人、243 730.08 万元。100 年一遇洪水南解村溃口淹没面积最大，为 40.31 km²；毕家溃口淹没耕地面积最大，为 4 156.43 hm²；段家堡溃口受影响人口、受影响 GDP 最大，分别为 3.34 万人、264 406.88 万元。

渭河二华南山支流 10 年一遇洪水罗敷河二华干沟北（东堤）溃口淹没面积、淹没耕地面积最大，分别为 8.18 km²、808.05 hm²；柳叶河二华干沟南 300 m（东堤）溃口受影响人口、受影响 GDP 最大，分别为 0.92 万人、44 993.20 万元。20 年一遇洪水石堤河老公路桥南（东堤）溃口淹没面积、受影响 GDP 最大，分别为 15.71 km²、57 564.35 万元；罗纹河二华干沟北（东堤）淹没耕地面积最大，为 1 670.59 hm²；方山河二华干沟北（西堤）受影响人口最大，为 2.31 万人。50 年一遇洪水石堤河老公路桥南（东堤）溃口淹没面积最大，为 21.73 km²；罗纹河二华干沟北（东堤）淹没耕地面积最大，为 5 043.62 hm²；方山河二华干沟北（西堤)受影响人口、受影响GDP最大,分别为3.99万人、67 292.12万元。100年一遇洪水石堤河老公路桥南(东堤)溃口淹没面积最大,为25.27 km²;罗纹河二华干沟北(东堤)淹没耕地面积最大,为5 605.65 hm²;方山河二华干沟北(西堤)受影响人口、受影响GDP最大,分别为10.34万人、88 866.59万元。

渭河北岸支流10年一遇、20年一遇、50年一遇洪水洛河农垦七连(西堤)溃口淹没面积、淹没耕地面积最大,分别为31.76 km²、34.42 km²、37.52 km²和3 156.00 hm²、3 392.81 hm²、3 642.76 hm²。50年一遇洪水陕汽大道泾河桥上首(右岸)溃口受影响GDP最大,为227 240.92万元;100年一遇洪水陕汽大道泾河桥上首(右岸)溃口受影响GDP最大,为337 673.70万元。

综上所述,10年一遇洪水北岸支流洛河农垦七连(西堤)溃口淹没面积、淹没耕地面积最大,二华南山支流柳叶河二华干沟南300 m(东堤)溃口受影响GDP最大。20年一遇洪水干流北岸沙王险工溃口淹没面积最大,北岸支流洛河农垦七连(西堤)溃口淹没耕地面积最大,干流北岸安虹路口溃口受影响人口最大,干流南岸段家堡溃口受影响GDP最大。50年一遇洪水干流北岸沙王险工溃口淹没面积最大,二华南山支流罗纹河二华干沟北(东堤)淹没耕地面积最大,干流北岸安虹路口溃口受影响人口最大,干流南岸段家堡溃口受影响GDP最大。100年一遇洪水干流北岸沙王险工溃口淹没面积最大,二华南山支流罗纹河二华干沟北(东堤)淹没耕地面积最大,二华南山支流方山河二华干沟北(西堤)受影响人口最大,北岸支流陕汽大道泾河桥上首(右岸)溃口受影响GDP最大。

3.7.2 洪水损失评估结果统计分析

3.7.2.1 损失率确定

洪灾损失评估关键是估算不同淹没水深条件下各类财产洪灾损失率,并建立淹没水深与各类财产洪灾损失率的关系。

分析确定损失率一般有两种方法:其一是洪灾发生后,调查收集各类承灾体的灾后价值,运用统计学方法,采用参数统计模型建立单项的洪水淹没特征与洪灾损失率的关系。其二是按照一定的原则,选择前人总结出的具有一定可信度的损失率作为参考样本,根据目前评估流域的社会经济发展水平、预计淹没区域的现实情况,依据损失率随时间空间变化的一般规律,做出相对合理的调整,最后确定出适合评估目的和要求的损失率。

本节采用第二种方法确定损失率。将东庄水库防洪保护范围泾河、渭河下游洪灾损失率作为本次损失率确定的参考(见表3-93)。结合调研及对比分析,最终修正提出本项目各类财产洪灾损失率与淹没水深的相关关系,详见表3-94。

3.7.2.2 分类资产价值

1.人民生活指标、三产指标

根据本次采用的洪水损失评估模型计算要求,统计出以2013年年底社会经济状况为背景的渭河下游南、北两岸保护区各县(区)人民生活指标、三产指标,具体见表3-95、表3-96。从表3-95、表3-96可以看出,华阴市罗敷镇占地面积最大,为231.72 km²;大荔县官池镇耕地面积最大,为8 721.53 hm²;高陵区泾渭镇生产总值最高,为146.09亿元;灞桥区新筑街道办事处农业产值最高,为5.72亿元;未央区草滩街道办事处工业产值最高,为106.70亿元;未央区谭家街道办事处第三产业主营收入最高,为49.87亿元。

表 3-93　东庄水库防洪保护范围泾河、渭下游洪灾损失率(%)调查

类别	渭河下游 (100年一遇 洪水)	渭河下游 (50年一遇 洪水)	泾河下游 (20年一遇 洪水)	泾河下游 (10年一遇 洪水)	三门峡水库 移民返迁区 (20年一遇 洪水)	三门峡水库 移民返迁区 (5年一遇 洪水)
一、农业						
1. 农作物产值	95	95	95	95	95	95
2. 果林产值	72	70	60	55	60	50
3. 水产产值	95	95	95	95	95	95
4. 果林资产	45	40	30	25		
5. 水产资产	52	50	45	40		
6. 农户家庭财产	63	59	55	50	55	45
①土木房屋	87	85	80	70		
②砖木房屋	35	30	25	20		
③运输工具	10	10	10	10		
④自行车	35	30	20	10		
⑤口粮存粮	100	100	90	80		
⑥其他	72	70	70	50		
二、行政企事业单位						
1. 固定资产	35	30	25	20	25	15
2. 产值	25	20	20	18	20	15
3. 职工家庭财产	42	40	35	30	35	25
三、公共设施						
1. 防洪工程	22	20	15	10	15	5
2. 农田水利	52	50	45	40	45	35
3. 电力	17	15	15	10	15	5
4. 通信	22	20	20	15	20	10
5. 公路	42	40	40	30	40	20
6. 铁路	12	10	10	5	10	2
7. 桥涵	12	10	10	5	10	2

表 3-94　渭河下游防洪区内不同淹没水深的损失率

资产种类	不同淹没水深(m)损失率(%)				
	< 0.5	0.5~1.0	1.0~2.0	2.0~3.0	> 3.0
家庭财产	33	45	55	59	63
家庭住房	30	45	52	56	60
农业	46	60	65	70	72
工业资产	12	18	26	30	34
商业资产	14	19	25	29	32
铁路	2	5	10	10	12
省道及以上公路	20	30	35	40	42
省道以下公路	21	32	38	43	45
桥涵	2	5	10	10	12

表 3-95　渭河下游南、北两岸保护区各县（区）人民生活指标统计

县（区）	区域名称	面积（km²）	地区生产总值（万元）	常住人口（人）	乡村人口（人）	乡村居民人均纯收入（元/人）	乡村居民人均住房（m²/人）	城镇人口（人）	城镇居民人均可支配收入（元/人）	城镇居民人均住房（m²/人）
临渭区	杜桥街道办事处	8.68	227 565.83	50 099	0	0	0	56 004	26 143	34.04
	人民街道办事处	5.90	281 023.73	61 868	0	0	0	69 160	26 143	34.04
	向阳街道办事处	43.80	194 367.97	42 790	0	0	0	47 834	26 143	34.04
	双王街道办事处	22.36	78 281.12	17 234	0	0	0	19 265	26 143	34.04
	龙背镇	22.60	45 993.83	46 256	46 925	7 321	37.54	4 783	26 143	34.04
	辛市镇	72.00	34 580.97	37 825	39 238	8 439	37.54	3 045	26 143	34.04
	官道镇	98.60	38 607.50	36 970	36 976	8 351	38.01	4 351	26 143	34.04
	故市镇	96.00	61 866.43	58 110	57 782	10 311	40.96	7 177	26 143	34.04
	孝义镇	36.00	19 988.40	23 013	24 174	9 244	38.01	1 552	26 143	34.04
高新区（良田＋崇业路街道办事处）	高新区	31.00	711 100.00	51 378	0	0	0	57 431	26 143	34.04
大荔县	下寨镇	106.40	33 846.38	37 218	35 158	8 070	39	3 399	23 596	37.82
	苏村镇	77.90	42 517.42	29 740	24 042	8 070	39	6 768	23 596	37.82
	官池镇	128.00	51 084.75	59 566	57 077	8 070	39	4 632	23 596	37.82
	韦林镇	98.00	46 121.48	42 474	38 160	8 070	39	5 842	23 596	37.82
	赵渡镇	107.00	29 900.08	15 743	10 790	8 070	39	5 519	23 596	37.82

县（区）	区域名称	面积（km²）	地区生产总值（万元）	常住人口（人）	乡村人口（人）	乡村居民人均纯收入（元/人）	乡村居民人均住房（m²/人）	城镇人口（人）	城镇居民人均可支配收入（元/人）	城镇居民人均住房（m²/人）
华县	华州镇	22.23	177 016.08	37 777	0	0	0	37 777	24 700	33.98
	赤水镇	77.60	29 240.96	43 864	40 300	7 500	38	3 564	24 700	38
	瓜坡镇	48.00	318 517.14	29 997	23 980	7 500	38	6 017	24 700	38
	莲花寺镇	114.57	54 359.74	28 468	16 492	7 500	38	11 976	24 700	38
	柳枝镇	101.70	33 374.62	30 538	25 749	7 500	38	4 789	24 700	38
	杏林镇	105.00	91 048.85	25 883	10 584	7 500	38	15 299	24 700	38
	下庙镇	49.00	29 687.24	24 103	23 212	7 500	38	891	24 700	38
华阴市	华西镇	121.78	61 031.77	22 466	16 375	7 325	40	6 091	22 461.3	36.99
	岳庙街道办事处	135.62	49 101.60	52 639	48 931	7 325	40	3 708	22 461.3	36.99
	太华街道办事处	29.94	299 054.18	57 549	25 891	7 325	40	31 658	22 461.3	36.99
	罗敷镇	231.72	101 631.82	50 395	40 700	7 325	40	9 695	22 461.3	36.99
	华山镇	185.98	95 375.20	47 935	38 859	7 325	40	9 076	22 461.3	36.99
潼关县	秦东镇	68.74	32 604.81	27 715	20 725	7 391	29.55	6 990	23 346	37.88
未央区	六村堡街道办事处	75.93	205 909.33	54 588	40 300	16 455	115	14 288	33 268	32
	汉城街道办事处	29.85	416 106.17	53 282	23 980	16 455	115	29 302	33 268	32
	谭家街道办事处	16.60	489 800.25	39 185	4 483	16 455	115	34 702	33 268	32
	草滩街道办事处	41.04	527 866.78	53 768	16 492	16 455	115	37 276	33 268	32

县(区)	区域名称	面积 (km²)	地区生产总值 (万元)	常住人口 (人)	乡村人口 (人)	乡村居民人均纯收入 (元/人)	乡村居民人均住房 (m²/人)	城镇人口 (人)	城镇居民人均可支配收入 (元/人)	城镇居民人均住房 (m²/人)
临潼区	北田街道办事处	31.69	20 969.96	24 557	25 749	10 685	45	519	24 568.25	30.4
	任留街道办事处	34.33	18 090.13	23 716	23 212	10 685	45	415	24 568.25	30.4
	雨金街道办事处	31.99	27 897.20	23 736	22 575	10 685	45	1 073	24 568.25	30.4
	交口街道办事处	41.83	20 731.00	26 773	26 710	10 685	45	472	24 568.25	30.4
	油槐街道办事处	43.62	22 975.31	25 184	25 666	10 685	45	652	24 568.25	30.4
	相桥街道办事处	59.07	36 701.90	38 514	37 597	10 685	45	1 153	24 568.25	30.4
	西泉街道办事处	27.48	28 197.56	26 309	25 308	10 685	45	1 003	24 568.25	30.4
	行者街道办事处	27.35	24 768.88	25 804	26 201	10 685	45	751	24 568.25	30.4
	新丰街道办事处	42.20	147 665.35	45 454	34 787	10 685	45	8 454	24 568.25	30.4
	何寨街道办事处	49.66	25 981.13	30 726	31 445	10 685	45	658	24 568.25	30.4
灞桥区	新筑街道办事处	38.75	214 839.94	63 530	47 389	15 514	41.6	16 141	31 952.42	30.2
	新合街道办事处	40.00	96 344.08	52 413	50 447	15 690	41.6	1 966	31 952.42	30.2
高陵区	泾渭镇	22.50	1 460 940.06	73 850	0	0	0	73 850	26 030	42.64
	耿镇	20.69	26 218.35	17 353	17 016	12 167.25	66.96	337	26 030	42.64
	崇皇办事处	28.30	35 822.22	23 822	6 384	12 167.25	66.96	17 438	26 030	42.64
	张卜镇	40.80	64 927.03	33 664	32 945	12 167.25	66.96	719	26 030	42.64

县（区）	区域名称	面积（km²）	地区生产总值（万元）	常住人口（人）	乡村人口（人）	乡村居民人均纯收入（元/人）	乡村居民人均住房（m²/人）	城镇人口（人）	城镇居民人均可支配收入（元/人）	城镇居民人均住房（m²/人）
渭城区	渭阳街道办事处	3.32	744 410.09	107 654	22 101	10 582	41	85 553	31 746	40.1
	渭城街道办事处	24.50	179 861.88	26 011	5 340	10 836	41	20 671	31 936	40.1
	窑店街道办事处	34.08	161 420.01	23 344	4 793	10 452	41	18 551	31 936	40.1
	新兴路街道办事处	1.95	669 044.52	80 401	0	0	0	80 401	31 936	40.1
	正阳街道办事处	59.97	230 976.37	33 403	6 857	10 775	41	26 545	31 936	40.1
	人民路街道办事处	2.40	473 279.89	49 529	0	0	0	49 529	32 081	40.1
	西兰路街道办事处	3.60	592 419.26	61 997	0	0	0	61 997	32 081	40.1
	渭阳西路街道办事处	12.80	730 364.07	76 433	0	0	0	76 433	32 081	40.1
秦都区	陈扬寨街道办事处	7.50	361 544.34	41 457	4 012	10 787	41	37 445	32 081	40.1
	沣东街道办事处	36.00	68 443.10	24 940	19 696	11 940	41	5 244	32 081	40.1
	钓台街道办事处	44.00	354 537.79	65 072	30 988	10 787	41	34 084	32 081	40.1
	渭滨街道办事处	42.00	229 385.63	51 083	30 000	11 284	41	21 083	32 081	40.1

表 3-96 渭河下游南、北两岸保护区各县（区）三产指标统计

县（区）	区域名称	农业		第二产业			第三产业		
		耕地面积（hm²）	农业总产值（万元）	单位数（个）	固定资产（万元）	工业产值（万元）	单位数（个）	固定资产（万元）	主营收入（万元）
临渭区	杜桥街道办事处	0	0	5	11 710.03	43 115.10	1 406	2 045.52	13 673.67
	人民街道办事处	78.93	534.18	6	15 320.26	56 407.61	1 839	2 526.04	16 885.77
	向阳街道办事处	1 835.20	12 419.74	4	8 769.87	32 289.74	1 053	1 747.12	11 678.92
	双王街道办事处	1 468.93	9 941.03	1	2 963.52	10 911.36	356	703.65	4 703.65
	龙背镇	5 188.13	32 860.47	0	0	0	996	423.74	2 832.42
	辛市镇	3 040.67	27 477.44	0	0	0	819	319.46	2 135.39
	官道镇	6 279.87	25 893.42	0	0	0	795	355.16	2 374.01
	故市镇	4 984.27	40 463.37	0	0	0	1 239	568.80	3 802.07
	孝义镇	2 719.13	16 928.48	0	0	0	500	184.98	1 236.48
高新区（良田+崇业路街道办事处）	高新区	2 028.01	13 724.58	12	27 947.08	253 104.66	10	2 097.58	14 021.61
大荔县	下寨镇	4 956.60	19 028.32	1	1 784.50	5 591.31	32	10 422.27	1 432.39
	苏村镇	3 169.13	13 012.08	2	3 553.25	11 133.28	64	20 752.54	2 852.13
	官池镇	8 721.53	30 891.38	2	2 431.84	7 619.58	44	14 202.98	1 951.99
	韦林镇	8 657.87	20 653.07	2	3 067.10	9 610.02	55	17 913.17	2 461.90
	赵渡镇	3 082.40	5 839.80	2	2 897.52	9 078.69	52	16 922.77	2 325.79

续表 3-96

县(区)	区域名称	农业			第二产业				第三产业		
		耕地面积 (hm²)	农业总产值 (万元)	单位数 (个)	固定资产 (万元)	工业产值 (万元)	单位数 (个)	固定资产 (万元)	主营收入 (万元)		
华县	华州镇	469.94	3 029.26	11	45 102.74	121 790.77	457	340 311.13	31 293.19		
	赤水镇	4 667.00	22 550.76	2	1 679.64	4 750.04	12	8 935.96	12 450.18		
	瓜坡镇	2 400.00	15 161.37	4	100 720.16	284 838.63	85	63 296.38	12 117.71		
	莲花寺镇	2 422.01	15 612.33	1	11 517.22	32 570.94	28	20 850.57	12 873.93		
	柳枝镇	2 149.94	13 858.55	2	5 865.82	16 588.65	14	10 425.29	10 431.40		
	杏林镇	2 219.21	14 312.74	4	19 265.29	54 482.64	75	55 849.75	15 341.45		
	下庙镇	3 267.86	21 057.01	2	2 593.93	7 335.69	10	7 446.63	8 686.63		
	华西镇	2 298.53	8 606.32	31	620.00	48 569.56	156	5 307.35	18 616.41		
	岳庙街道办事处	3 485.67	25 717.00	1	7 143.00	29 652.55	151	10 025.29	43 619.21		
华阴市	大华街道办事处	989.87	13 607.71	108	657 471.91	255 334.52	108	10 241.47	47 687.87		
	罗敷镇	2 400.00	21 390.97	180	1 100 550.81	987 597.81	133	9 935.29	41 759.72		
	华山镇	1 959.53	20 423.39	32	192 953.71	84 686.92	131	16 824.12	39 721.25		
潼关县	秦东镇	2 658.60	15 878.54	3	3 738.12	9 734.69	16	1 608.00	6 991.58		
未央区	六村堡街道办事处	399.40	6 974.21	4	4 500.00	408 992.59	73	738.94	24 149.57		
	汉城街道办事处	223.30	4 149.91	7	9 303.00	838 766.85	110	1 527.64	49 925.21		
	谭家街道办事处	0	0	21	92 935.50	993 341.32	301	15 260.92	498 744.97		
	草滩街道办事处	32.00	2 854.06	17	89 607.00	1 067 021.81	298	14 714.35	480 882.34		

续表 3-96

县(区)	区域名称	农业		第二产业			第三产业		
		耕地面积（hm²）	农业总产值（万元）	单位数（个）	固定资产（万元）	工业产值（万元）	单位数（个）	固定资产（万元）	主营收入（万元）
临潼区	北田街道办事处	2 099.81	20 511.14	1	1 734.52	15 509.12	3	330.66	2 406.87
	任留街道办事处	1 892.92	18 490.22	1	1 386.95	12 401.32	2	263.86	1 920.63
	雨金街道办事处	1 840.97	17 982.79	1	3 586.01	32 064.13	6	684.70	4 983.91
	交口街道办事处	2 178.18	21 276.65	1	1 577.44	14 104.63	2	300.60	2 188.06
	油槐街道办事处	2 093.04	20 445.02	1	2 179.01	19 483.52	3	414.16	3 014.66
	相桥街道办事处	3 066.00	29 949.02	3	3 853.37	34 454.75	6	734.80	5 348.59
	西泉街道办事处	2 063.85	20 159.85	3	3 352.06	29 972.35	5	637.94	4 643.55
	行者街道办事处	2 136.67	20 871.19	1	2 509.87	22 441.91	4	477.62	3 476.58
	新丰街道办事处	2 836.85	27 710.63	13	28 253.59	252 628.33	50	5 397.44	39 287.83
	何寨街道办事处	2 564.31	25 048.46	1	2 199.06	19 662.82	3	417.50	3 038.97
灞桥区	新筑街道办事处	1 662.60	57 194.99	14	101 676.03	361 070.69	197	3 699.99	29 445.96
	新合街道办事处	2 471.90	44 903.65	8	53 927.16	191 505.48	229	4 089.24	32 543.76
高陵区	泾渭镇	13.13	2 388.00	178	351 874.08	125 649.00	284	64 032.47	29 068.27
	耿镇	1 104.93	35 212.00	35	82 682.07	184 155.00	80	15 046.09	1 234.98
	崇皇办事处	1 084.20	12 326.00	57	113 505.00	56 260.00	41	20 655.10	632.93
	张卜镇	2 960.87	35 000.00	788	160 399.31	49 640.00	105	29 188.71	1 620.91

县（区）	区域名称	农业		第二产业				第三产业		
		耕地面积（hm²）	农业总产值（万元）	单位数（个）	固定资产（万元）	工业产值（万元）	单位数（个）	固定资产（万元）	主营收入（万元）
	渭阳街道办事处	111.00	6 272.00	78	177 628.10	1 049 224.08	231	58 041.33	168 068.53
	渭城街道办事处	748.00	21 967.00	22	42 917.91	253 510.02	56	14 023.75	40 608.16
渭城区	窑店街道办事处	1 374.00	29 110.00	2	38 517.38	227 516.74	50	12 585.85	36 444.46
	新兴路街道办事处	0	0	48	132 660.90	783 609.20	173	43 347.96	125 521.37
	正阳街道办事处	2 813.00	45 551.00	5	55 114.64	325 554.39	72	18 009.13	52 148.49
	人民路街道办事处	0.00	0.00	4	237 418.23	326 796.35	237	26 703.41	81 990.07
	西兰路街道办事处	0.00	0.00	4	297 183.83	409 061.22	294	33 425.50	101 688.54
	渭阳西路街道办事处	0.00	0.00	17	366 383.08	504 311.11	592	41 208.62	205 009.18
秦都区	陈杨寨街道办事处	176.35	3 734.46	6	198 724.94	247 065.14	175	22 351.42	60 636.84
	沣东街道办事处	867.10	18 333.47	27	119 550.38	34 600.34	86	13 446.33	2 221.46
	钓台街道办事处	1 394.03	28 844.32	7	311 923.91	224 888.99	161	35 083.37	55 763.22
	渭滨街道办事处	933.80	27 924.67	6	244 867.36	139 107.34	99	27 541.25	34 409.99

2. 损失评估模型内置参数

根据本次采用的洪水损失评估模型内置参数的要求，通过调研分析确定的相关内置参数见表3-97。

表3-97 洪水损失评估模型调研分析输入参数

房屋建筑参数	
房屋建筑类型	单位土地面积建筑价格（元/m²）
城镇房屋	1 500.00（区域均值）
农村房屋	800.00（区域最高值）
道路修复费用	
名称	修复费用（万元/km）
国道	2 000.00
省道	800.00
县道	500.00
乡道	117.00
城市主干道	3 510.00
城市次干道	2 172.00
高速公路	5 000.00
铁路	7 000.00

资产净值率 95%（注:不能大于100%）

3. 分类资产价值统计

保护区分类资产价值包括农村和城镇居民地价值、耕地价值以及铁路价值等,其中保护区内公路等级较多,修复费用差异较大,洪水损失评估中由模型分等级进行计算。这里列出了各溃口几类主要资产价值,见表3-98 ~ 表3-101。

表3-98 渭河干流北岸各溃口不同计算方案几类主要资产价值统计

溃口	洪水标准	居民地价值（万元）	耕地价值（万元）	铁路价值（万元）
安虹路口	20 年一遇	24 150.00	260.22	22 190.00
	50 年一遇	52 860.00	396.36	59 080.00
	100 年一遇	91 860.00	698.25	59 360.00
店上险工	20 年一遇	18 420.00	562.95	9 100.00
	50 年一遇	20 865.00	903.27	10 080.00
	100 年一遇	28 875.00	1 127.25	7 630.00
吴村阳险工	20 年一遇	36 960.00	1 228.59	0
	50 年一遇	124 110.00	4 930.41	280.00
	100 年一遇	189 540.00	6 660.54	280.00

続表 3-98

溃口	洪水标准	居民地价值(万元)	耕地价值(万元)	铁路价值(万元)
西渭阳险工	20 年一遇	144 765.00	2 145.18	0
	50 年一遇	168 540.00	2 553.63	0
	100 年一遇	195 630.00	3 397.38	0
沙王险工	20 年一遇	237 208.00	9 360.18	54 810.00
	50 年一遇	273 888.00	11 343.63	57 680.00
	100 年一遇	314 256.00	12 697.38	58 310.00
仓渡险工	20 年一遇	37 208.00	786.18	0
	50 年一遇	57 888.00	1 344.63	0
	100 年一遇	74 256.00	2 170.38	0
苏村险工	20 年一遇	21 024.00	2 760.18	0
	50 年一遇	35 808.00	5 343.63	0
	100 年一遇	52 656.00	6 697.38	0
仓西险工	20 年一遇	62 800.00	960.18	13 300.00
	50 年一遇	87 496.00	1 134.63	15 400.00
	100 年一遇	99 840.00	1 270.38	15 400.00

表 3-99　渭河干流南岸各溃口不同计算方案几类主要资产价值统计

溃口	洪水标准	居民地价值(万元)	耕地价值(万元)	铁路价值(万元)
段家堡	20 年一遇	102 630.00	1 210.47	420.00
	50 年一遇	180 975.00	2 223.81	420.00
	100 年一遇	188 295.00	2 423.64	420.00
小王庄险工	20 年一遇	1 260.00	641.25	6 930.00
	50 年一遇	1 740.00	881.88	6 930.00
	100 年一遇	5 700.00	1 259.49	7 700.00
农六险工	20 年一遇	26 130.00	1 036.53	4 620.00
	50 年一遇	42 840.00	1 099.92	12 180.00
	100 年一遇	45 540.00	1 127.61	16 520.00
东站险工	20 年一遇	17 010.00	361.35	36 680.00
	50 年一遇	75 885.00	566.25	48 580.00
	100 年一遇	87 180.00	788.79	56 700.00
水流险工	20 年一遇	9 195.00	1 917.87	0
	50 年一遇	75 045.00	7 706.67	0
	100 年一遇	115 815.00	9 198.93	0

溃口	洪水标准	居民地价值 （万元）	耕地价值 （万元）	铁路价值 （万元）
周家险工	20 年一遇	3 405.00	1 352.82	0
	50 年一遇	11 265.00	1 847.67	0
	100 年一遇	29 280.00	2 692.08	0
季家工程	20 年一遇	19 965.00	405.84	0
	50 年一遇	84 045.00	745.62	0
	100 年一遇	94 830.00	925.68	0
张义险工	20 年一遇	3 495.00	1 152.51	10 220.00
	50 年一遇	12 570.00	1 839.78	12 390.00
	100 年一遇	22 080.00	3 243.57	26 950.00
梁赵险工	20 年一遇	300 795.00	2 719.11	20 300.00
	50 年一遇	412 605.00	3 566.22	21 070.00
	100 年一遇	474 855.00	3 811.02	21 070.00
八里店险工	20 年一遇	24 960.00	1 163.22	5 530.00
	50 年一遇	29 355.00	2 685.27	20 300.00
	100 年一遇	34 575.00	4 613.61	20 720.00
田家工程	20 年一遇	105.00	11.94	0
	50 年一遇	39 060.00	7 255.38	0
	100 年一遇	45 135.00	11 069.52	0
詹刘险工	20 年一遇	47 608.00	1 951.56	11 480.00
	50 年一遇	65 680.00	2 239.74	11 830.00
	100 年一遇	67 272.00	2 946.90	11 830.00
遇仙河口（东）	50 年一遇	16 088.00	4 373.67	33 320.00
	100 年一遇	17 704.00	4 610.04	38 990.00
石堤河口 （西）	50 年一遇	69 960.00	4 327.17	18 900.00
	100 年一遇	118 152.00	5 985.09	30 870.00
石堤河口 （东）	50 年一遇	72 160.00	8 276.34	910.00
	100 年一遇	92 392.00	8 738.73	1 400.00
南解村	20 年一遇	52 392.00	6 978.33	0
	50 年一遇	105 832.00	9 306.93	2 380.00
	100 年一遇	169 312.00	10 243.74	12 600.00

溃口	洪水标准	居民地价值 （万元）	耕地价值 （万元）	铁路价值 （万元）
罗纹河口 （西）	50 年一遇	53 264.00	5 057.07	70.00
	100 年一遇	62 032.00	6 471.27	210.00
罗纹河口 （东）	50 年一遇	29 728.00	7 790.28	0
	100 年一遇	43 336.00	8 971.89	0
毕家	20 年一遇	17 448.00	2 789.10	0
	50 年一遇	32 112.00	4 872.33	0
	100 年一遇	131 624.00	12 469.29	0
方山河口 （西）	20 年一遇	15 824.00	2 980.29	0
	50 年一遇	30 280.00	5 007.93	0
	100 年一遇	48 856.00	7 546.56	0
方山河口 （东）	20 年一遇	13 488.00	2 214.54	0
	50 年一遇	22 920.00	4 160.64	0
	100 年一遇	34 112.00	7 971.48	0
冯东险工	20 年一遇	19 488.00	4 014.69	0
	50 年一遇	27 056.00	6 501.54	0
	100 年一遇	65 936.00	12 009.27	0
罗敷河口 （东）	20 年一遇	3 992.00	3 673.77	0
	50 年一遇	6 704.00	4 626.12	0
	100 年一遇	18 224.00	5 203.95	0
柳叶河口 （东）	20 年一遇	5 025.00	4 053.84	0
	50 年一遇	8 940.00	4 734.54	0
	100 年一遇	17 655.00	4 977.60	0
长涧河口 （东）	20 年一遇	31 050.00	2 880.51	0
	50 年一遇	36 960.00	5 337.39	910.00
	100 年一遇	53 910.00	8 415.96	4 060.00
华农工程	20 年一遇	23 820.00	512.22	0
	50 年一遇	44 205.00	1 150.47	0
	100 年一遇	63 435.00	1 636.35	0
三河口工程	20 年一遇	17 160.00	5 142.51	1 050.00
	50 年一遇	38 610.00	6 903.12	1 120.00
	100 年一遇	39 525.00	7 277.94	1 820.00

表 3-100　二华南山支流各溃口不同计算方案几类主要资产价值统计

河流	溃口	洪水标准	居民地价值（万元）	耕地价值（万元）	铁路价值（万元）
赤水河	赤水镇（西堤）	20 年一遇	39 030.00	1 004.55	0
		50 年一遇	46 665.00	1 180.47	0
		100 年一遇	56 040.00	1 296.51	0
	赤水镇（东堤）	20 年一遇	43 968.00	1 871.46	11 550.00
		50 年一遇	54 712.00	2 604.81	11 760.00
		100 年一遇	63 824.00	3 088.62	11 760.00
遇仙河	老公路桥南（西堤）	20 年一遇	49 160.00	1 941.45	10 080.00
		50 年一遇	54 112.00	2 070.81	11 410.00
		100 年一遇	60 176.00	2 439.36	11 410.00
	老公路桥南（东堤）	20 年一遇	26 952.00	3 183.24	22 400.00
		50 年一遇	56 072.00	4 527.99	23 590.00
		100 年一遇	59 416.00	4 517.85	24 220.00
石堤河	老公路桥南（西堤）	20 年一遇	46 592.00	3 347.04	25 200.00
		50 年一遇	56 208.00	4 081.89	30 940.00
		100 年一遇	67 296.00	4 738.65	33 460.00
	老公路桥南（东堤）	20 年一遇	17 296.00	4 364.16	7 980.00
		50 年一遇	30 936.00	6 005.79	8 890.00
		100 年一遇	45 160.00	6 944.76	9 870.00
罗纹河	二华干沟北（西堤）	20 年一遇	11 864.00	4 034.16	0
		50 年一遇	55 152.00	11 537.91	0
		100 年一遇	87 768.00	14 763.03	0
	二华干沟北（东堤）	20 年一遇	35 608.00	5 011.77	0
		50 年一遇	62 664.00	15 130.86	0
		100 年一遇	142 056.00	16 816.95	0
方山河	二华干沟北（西堤）	20 年一遇	8 576.00	2 872.92	0
		50 年一遇	20 832.00	4 689.42	0
		100 年一遇	45 504.00	6 189.81	0
	二华干沟北（东堤）	10 年一遇	1 456.00	470.19	0
		50 年一遇	3 960.00	1 104.18	0
		100 年一遇	4 168.00	1 546.77	0

河流	溃口	洪水标准	居民地价值(万元)	耕地价值(万元)	铁路价值(万元)
罗敷河	二华干沟北(西堤)	10 年一遇	7 760.00	1 517.76	0
		50 年一遇	12 144.00	2 695.17	0
		100 年一遇	12 880.00	3 285.00	0
	二华干沟北(东堤)	10 年一遇	2 600.00	2 424.15	0
		50 年一遇	5 352.00	3 308.76	0
		100 年一遇	6 928.00	3 605.43	0
柳叶河	二华干沟南 300 m (西堤)	10 年一遇	2 928.00	1 935.96	0
		50 年一遇	5 960.00	3 067.56	0
		100 年一遇	7 000.00	3 253.44	0
	二华干沟南 300 m (东堤)	10 年一遇	630.00	2 314.44	0
		50 年一遇	705.00	3 525.51	0
		100 年一遇	1 005.00	3905.04	0
长涧河	二华干沟南 800 m (西堤)	10 年一遇	600.00	2 094.93	0
		50 年一遇	735.00	2 896.71	0
		100 年一遇	900.00	3 382.56	0
	二华干沟南 800 m (东堤)	10 年一遇	1 680.00	733.86	4 410.00
		50 年一遇	13 335.00	2 462.88	4 410.00
		100 年一遇	18 720.00	3 270.69	4 410.00

表 3-101　北岸支流各溃口不同计算方案几类主要资产价值统计

溃口	洪水标准	居民地价值(万元)	耕地价值(万元)	铁路价值(万元)
陕汽大道泾河桥上首(左岸)	50 年一遇	1 410.00	502.17	0
	100 年一遇	29 130.00	1 069.23	0
陕汽大道泾河桥上首(右岸)	50 年一遇	56 925.00	775.53	0
	100 年一遇	110 085.00	1 231.65	0
农垦七连(西堤)	10 年一遇	12 992.00	9 468.00	280.00
	20 年一遇	18 912.00	10 178.43	280.00
	50 年一遇	36 360.00	10 928.28	280.00

3.7.2.3 损失评估计算

根据影响区内各类经济类型和洪灾损失率的关系,按式(3-24)计算洪灾经济损失:

$$D = \sum_i \sum_j W_{ij} \eta(i,j) \tag{3-24}$$

式中:W_{ij} 为评估单元在第 j 级水深的第 i 类财产的价值;$\eta(i,j)$ 为第 i 类财产在第 j 级水深条件下的损失率。

淹没损失统计结果可以按照淹没灾情情况和损失计算结果进行汇总统计。据此可对溃口不同频率洪水方案的淹没损失进行对比分析,也可以对不同溃口相同频率洪水的淹没损失进行对比。

3.7.2.4 损失评估结果分析

1. 损失评估结果统计分析

各溃口不同计算方案的洪灾经济损失统计见表 3-102 ~ 表 3-105。其主要损失指标包括居民房屋损失、家庭财产损失、农业损失、工业资产损失、商贸业资产损失、商贸业主营收入损失、道路损失、铁路损失等。从表 3-102 ~ 表 3-105 中数据可以看出:

渭河干流北岸 20 年一遇、50 年一遇、100 年一遇洪水沙王险工溃口经济损失最为严重,分别为 229 196.52 万元、283 695.09 万元、333 622.34 万元。

渭河干流南岸 20 年一遇、50 年一遇洪水梁赵险工溃口经济损失最为严重,分别为 119 905.11 万元、147 826.22 万元。100 年一遇洪水段家堡溃口经济损失最为严重,为 191 121.38 万元。

二华南山支流 10 年一遇洪水柳叶河二华干沟南 300 m(西堤)溃口经济损失最为严重,为 58 339.31 万元,20 年一遇洪水赤水镇(东堤)溃口经济损失最为严重,为 55 987.88 万元,50 年一遇、100 年一遇洪水罗纹河二华干沟北(西堤)溃口经济损失最为严重,分别为 103 133.71 万元、173 131.46 万元。

渭河北岸支流 10 年一遇洪水洛河农垦七连(西堤)溃口经济损失为 23 637.76 万元、20 年一遇洪水经济损失为 31 193.16 万元。50 年一遇、100 年一遇洪水泾河陕汽大道泾河桥上首(右岸)溃口经济损失分别为 550 774.67 万元、1 204 641.81 万元。

综上所述,10 年一遇洪水柳叶河二华干沟南 300 m(西堤)溃口经济损失最为严重,为 58 339.31 万元。20 年一遇洪水沙王险工溃口经济损失最为严重,为 229 196.52 万元。50 年一遇、100 年一遇洪水泾河陕汽大道泾河桥上首(右岸)溃口经济损失最为严重,分别为 550 774.67 万元、1 204 641.81 万元。

2. 损失评估结果合理性分析

结合前面溃口灾情及经济损失的统计分析,综上所述,10 年一遇洪水北岸支流洛河农垦七连(西堤)溃口淹没面积、淹没耕地面积最大,二华南山支流柳叶河二华干沟南 300 m(东堤)溃口受影响 GDP 最大。20 年一遇洪水干流北岸沙王险工溃口淹没面积最大,北岸支流洛河农垦七连(西堤)溃口淹没耕地面积最大,干流北岸安虹路口溃口受影响人口最大,干流南岸段家堡溃口受影响 GDP 最大。50 年一遇洪水干流北岸沙王险工溃口淹没面积最大,二华南山支流罗纹河二华干沟北(东堤)淹没耕地面积最大,干流北岸安虹路口溃口受影响人口最大,干流南岸段家堡溃口受影响 GDP 最大。100 年一遇洪水干流北岸沙王险工溃口淹没面积最大,二华南山支流罗纹河二华干沟北(东堤)淹没耕地面积最大,二华南山支流方山河二华干沟北(西堤)受影响人口最大,北岸支流陕汽大道泾河桥上首(右岸)溃口受影响 GDP 最大。10 年一遇洪水柳叶河二华干沟南 300 m(西堤)溃口经济损失最为严重,20 年一遇洪水沙王险工溃口经济损失最为严重,50 年一遇、100 年一遇洪水泾河陕汽大道泾河桥上首(右岸)溃口经济损失最为严重。

表 3-102　渭河干流北岸各溃口在不同计算方案下主要损失统计

溃口	洪水标准	居民房屋损失(万元)	家庭财产损失(万元)	农业损失(万元)	工业资产损失(万元)	工业产值损失(万元)	商贸业资产损失(万元)	商贸业主营收入损失(万元)	道路损失(万元)	铁路损失(万元)	合计(万元)
安虹路口	20年一遇	18 007.20	1 813.55	193.42	85.88	3.78	179.73	87.33	4 590.58	2 051.10	27 012.57
	50年一遇	39 226.44	4 027.93	282.95	108.26	4.77	1 515.93	161.87	5 941.24	5 491.68	56 761.07
	100年一遇	66 300.44	8 149.07	417.48	104.03	6.36	5141.70	721.88	6 118.98	5 976.68	92 936.62
店上险工	20年一遇	15 082.83	3 047.80	408.56	0	0	280.94	37.47	1 581.11	1 029.20	21 467.91
	50年一遇	17 149.79	3 476.85	525.25	0	0	373.92	50.79	1 759.06	1 052.39	24 388.05
	100年一遇	23 307.17	4 730.68	606.54	0	0	570.87	86.61	4 057.57	750.96	34 110.40
吴村阳险工	20年一遇	22 001.48	3 344.36	737.15	1 020.97	89.51	707.95	5.25	3 240.11	0	31 146.78
	50年一遇	68 551.00	13 181.27	2 958.25	2 004.46	180.59	1 380.97	12.60	20 171.19	30.20	108 470.53
	100年一遇	113 795.67	23 991.38	4 280.12	2 283.70	220.97	1 535.16	16.95	30 272.77	30.20	176 426.92
西渭阳险工	20年一遇	27 722.33	3 806.42	1 345.72	178.45	78.86	28.03	10.79	16 456.69	0	49 627.29
	50年一遇	38 426.52	5 859.66	1 718.60	252.49	96.37	41.32	13.12	24 999.80	0	71 407.88
	100年一遇	43 330.95	13 272.89	2 278.53	347.45	165.32	62.98	22.40	29 411.22	0	88 891.74

溃口	洪水标准	居民房屋损失（万元）	家庭财产损失（万元）	农业损失（万元）	工业资产损失（万元）	工业产值损失（万元）	商贸业资产损失（万元）	商贸业主营收入损失（万元）	道路损失（万元）	铁路损失（万元）	合计（万元）
沙王险工	20年一遇	103 181.72	69 240.71	5 523.91	0	0	49.05	64.05	47 150.47	3 986.61	229 196.52
	50年一遇	127 725.52	84 144.04	6 941.83	0.01	0	64.43	81.86	60 596.43	4 140.97	283 695.09
	100年一遇	150 638.56	99 413.84	8 031.59	0	0	76.61	86.57	70 974.27	4 400.90	333 622.34
仓渡险工	20年一遇	15 517.32	6 376.23	523.11	0	0	11.83	5.77	5 154.81	0	27 589.07
	50年一遇	23 561.56	8 698.80	823.16	0.50	0.06	26.54	11.39	7 812.28	0	40 934.29
	100年一遇	29 347.21	10 023.38	1 522.14	29.76	3.63	131.31	16.89	8 249.17	0	49 323.49
苏村险工	20年一遇	8 140.54	3 062.93	1 969.41	330.70	123.06	1 088.19	27.81	5 207.30	0	19 949.94
	50年一遇	13 412.36	6 607.74	3 187.89	587.69	186.33	1 836.08	42.13	7 759.81	0	33 620.02
	100年一遇	20 486.62	8 932.49	4 047.20	788.39	222.04	2 413.79	50.18	10 333.71	0	47 274.42
仓西险工	20年一遇	26 933.11	15 505.32	759.98	322.71	63.49	821.56	146.84	28 694.45	1 187.88	74 435.34
	50年一遇	38 463.17	22 069.37	818.57	402.62	33.85	1 009.39	178.29	40 994.68	1 360.70	105 330.64
	100年一遇	41 319.65	23 771.75	973.12	424.30	33.22	1 061.81	196.83	45 903.26	1 379.78	115 063.72
合计	20年一遇	236 586.53	106 197.32	11 461.26	1 938.71	358.70	3 167.28	385.31	112 075.52	8 254.79	480 425.41
	50年一遇	366 516.36	148 065.66	17 256.50	3 356.03	501.97	6 248.58	552.05	170 034.48	12 075.94	724 607.56
	100年一遇	488 526.26	192 285.48	22 156.72	3 977.63	651.54	10 994.23	1 198.31	205 320.95	12 538.52	937 649.64

表 3-103 渭河干流南岸各溃口在不同计算方案下主要损失统计

溃口	洪水标准	居民房屋损失（万元）	家庭财产损失（万元）	农业损失（万元）	工业资产损失（万元）	工业产值损失（万元）	商贸业资产损失（万元）	商贸业主营收入损失（万元）	道路损失（万元）	铁路损失（万元）	合计（万元）
段家堡	20 年一遇	71 764.53	17 007.37	846.66	112.76	11.16	876.60	82.72	7 846.33	50.34	98 598.47
	50 年一遇	89 023.29	20 732.71	1 330.00	241.78	18.80	1 294.17	87.37	10 641.18	38.68	123 407.98
	100 年一遇	139 307.37	32 742.82	1 358.47	379.04	37.21	2 090.22	163.62	15 003.95	38.68	191 121.38
小王庄险工	20 年一遇	268.61	192.42	394.39	22.40	2.18	129.66	16.22	6.77	496.03	1 528.68
	50 年一遇	401.19	282.24	527.30	29.19	2.63	157.68	18.03	68.83	618.40	2 105.49
	100 年一遇	1 347.03	952.65	733.31	49.58	3.58	265.75	26.38	224.35	768.56	4 371.19
农六险工	20 年一遇	21 373.88	7 060.05	558.96	119.90	426.44	15.26	22.22	1 587.43	512.61	31 676.75
	50 年一遇	32 434.05	10 669.17	604.88	145.33	544.20	18.54	28.35	1 990.75	1 389.17	47 824.44
	100 年一遇	36 555.65	11 972.35	626.60	162.95	766.46	20.73	39.95	2 295.82	1 913.63	54 354.14
东站险工	20 年一遇	9 027.00	3 367.95	159.49	199.60	287.25	25.62	39.84	361.01	3 883.33	17 351.09
	50 年一遇	49 725.50	18 004.89	256.25	850.44	813.38	110.31	178.48	713.68	4 916.37	75 569.30
	100 年一遇	63 393.93	23 298.32	358.49	1 463.15	1 182.07	186.66	285.51	986.82	5 606.52	96 761.47
水流险工	20 年一遇	2 076.56	1 911.22	1 281.75	849.44	155.62	89.19	12.96	1 440.57	0	7 817.31
	50 年一遇	20 073.11	12 046.13	4 887.86	3 423.55	517.52	416.80	23.54	6 693.14	0	48 081.65
	100 年一遇	30 484.80	20 903.65	5 658.88	4 198.52	610.59	491.84	35.11	8 195.86	0	70 579.25

溃口	洪水标准	居民房屋损失（万元）	家庭财产损失（万元）	农业损失（万元）	工业资产损失（万元）	工业产值损失（万元）	商贸业资产损失（万元）	商贸业主营收入损失（万元）	道路损失（万元）	铁路损失（万元）	合计（万元）
周家险工	20年一遇	1 581.93	377.89	829.00	2 588.43	414.59	380.77	10.34	6 222.64	0	12 405.59
	50年一遇	5 448.68	1 246.60	1 025.49	3 341.42	392.27	485.91	11.13	8 129.70	0	20 081.20
	100年一遇	15 900.35	3 801.33	1 483.84	4 404.11	516.93	626.39	14.22	10 935.76	0	37 682.93
季家工程	20年一遇	8 722.58	2 515.84	316.48	10.57	6.87	1.79	0.94	354.61	0	11 929.68
	50年一遇	47 507.88	13 575.31	553.03	306.76	91.99	44.20	12.58	2 587.64	0	64 679.39
	100年一遇	58 216.65	16 591.82	595.82	329.69	99.67	47.52	13.61	3 455.09	0	79 349.87
张义险工	20年一遇	811.80	10.72	719.98	136.81	41.21	3.76	2.18	2 559.69	758.40	5 044.55
	50年一遇	3 106.80	32.77	1 108.21	324.59	80.72	8.94	4.51	4 424.62	890.74	9 981.90
	100年一遇	5 349.20	71.02	1 936.92	391.50	80.66	11.37	5.05	6 524.80	1 870.01	16 240.53
梁赵险工	20年一遇	66 159.23	39 079.62	1 664.10	1.78	0.20	49.48	35.71	11 062.80	1 852.20	119 905.11
	50年一遇	83 142.10	45 571.05	2 192.53	13.30	6.86	55.95	30.63	14 902.20	1 911.60	147 826.22
	100年一遇	96 971.14	59 015.57	2 325.34	18.23	0	59.69	35.61	16 327.80	2 086.00	176 829.98
八里店险工	20年一遇	10 782.08	2 681.16	847.87	0	0	43.96	35.97	5 108.40	0	19 499.44
	50年一遇	13 086.85	3 013.16	1 921.21	0.98	0.11	51.83	43.82	10 028.32	0	28 146.28
	100年一遇	15 027.98	4 631.16	3 069.96	7.14	0.26	58.49	24.16	11 731.93	0	34 551.08

溃口	洪水标准	居民房屋损失（万元）	家庭财产损失（万元）	农业损失（万元）	工业资产损失（万元）	工业产值损失（万元）	商贸业资产损失（万元）	商贸业主营收入损失（万元）	道路损失（万元）	铁路损失（万元）	合计（万元）
田家工程	20年一遇	19.15	6.00	8.00	0.96	0.05	0.06	0.01	75.00	0	109.23
	50年一遇	7 615.53	5 216.72	4 837.95	482.71	44.16	1 220.45	102.13	3 430.50	0	22 950.15
	100年一遇	8 272.73	6 306.22	7 273.09	548.74	44.66	1 365.24	103.28	4 303.72	0	28 217.68
詹刘险工	20年一遇	26 933.11	15 505.32	1 359.98	322.71	63.49	821.56	146.84	16 694.45	1 187.88	63 035.34
	50年一遇	38 463.17	22 069.37	1 518.57	402.62	33.85	1 009.39	78.29	20 994.68	1 360.70	85 930.64
	100年一遇	41 319.65	23 771.75	1 773.12	424.30	33.22	1 061.81	76.83	21 903.26	1 379.78	91 743.72
遇仙河口（东）	50年一遇	8 561.56	3 698.80	2 723.16	0.50	0.06	26.54	11.39	3 624.55	0	18 646.56
	100年一遇	9 347.21	4 023.38	2 422.14	29.76	3.63	131.31	16.89	4 498.33	0	20 472.65
石堤河口（西）	50年一遇	34 197.45	19 637.69	2 661.58	922.74	193.27	1 097.24	125.84	27 824.15	1 554.49	88 214.45
	100年一遇	60 391.94	34 534.49	3 473.36	2 594.24	613.79	2 235.52	200.11	43 211.65	2 715.64	149 970.74
石堤河口（东）	50年一遇	27 759.23	14 779.99	4 787.18	1 278.69	211.80	1 713.52	156.01	33 145.42	0	83 831.84
	100年一遇	39 199.13	20 944.67	5 876.32	1 803.07	252.90	2 209.60	183.76	42 203.61	0	112 673.06
南解村	20年一遇	18 700.09	10 164.48	4 866.72	865.62	280.07	1 214.81	227.28	22 124.64	0.50	58 444.21
	50年一遇	42 866.59	23 078.06	5 867.77	1 900.80	487.70	2 461.38	386.47	42 290.24	217.23	119 556.24
	100年一遇	73 777.56	40 015.02	6 365.85	2 588.71	648.51	3 365.29	520.17	56 117.87	1 159.21	184 558.19

溃口	洪水标准	居民房屋损失（万元）	家庭财产损失（万元）	农业损失（万元）	工业资产损失（万元）	工业产值损失（万元）	商贸业资产损失（万元）	商贸业主营收入损失（万元）	道路损失（万元）	铁路损失（万元）	合计（万元）
罗纹河口（西）	50年一遇	23 290.70	12 158.30	2 832.44	290.40	35.71	468.60	21.06	24 767.91	7.79	63 872.91
	100年一遇	26 292.54	13 771.62	3 313.79	287.24	35.14	345.87	24.27	29 473.68	21.22	73 565.37
罗纹河口（东）	50年一遇	10 062.25	4 280.03	4 121.11	454.83	64.29	284.71	22.48	15 842.78	0	35 132.48
	100年一遇	14 945.52	6 365.39	5 095.99	1 277.06	124.37	340.12	27.86	21 296.54	0	49 472.85
毕家	20年一遇	6 069.56	2 490.40	1 777.00	317.21	504.33	97.10	9.40	8 394.13	0	19 659.43
	50年一遇	10 481.96	14 236.87	2 959.60	16 839.44	5 302.84	542.28	353.19	20 196.92	0	70 913.10
	100年一遇	48 270.87	22 284.12	6 870.98	40 497.66	6 702.18	1 355.06	586.11	30 089.04	0	156 656.02
方山河口（西）	20年一遇	5 717.85	2 385.93	1 766.47	1 111.03	86.72	88.69	11.29	7 099.78	0	18 267.76
	50年一遇	11 904.06	4 934.93	3 053.56	1 565.21	115.06	170.44	20.90	14 570.94	0	36 335.10
	100年一遇	18 459.43	7 699.15	4 521.60	1 823.74	140.68	273.62	34.59	20 136.23	0	53 089.04
方山河口（东）	20年一遇	5 622.29	5 391.70	1 580.15	7 057.49	5 545.32	993.24	537.19	2 968.75	0	30 472.89
	50年一遇	8 376.56	6 168.46	2 956.25	9 979.54	6 142.57	1 118.45	591.87	8 286.72	0	46 431.36
	100年一遇	13 604.30	8 979.40	5 183.71	56 161.57	8 369.22	1 302.67	797.69	16 993.80	0	107 804.66
冯东险工	20年一遇	7 814.39	3 744.39	2 734.48	2 123.86	4 238.94	413.55	262.24	10 201.46	0	31 533.31
	50年一遇	10 666.11	6 946.18	3 941.60	1 737.95	7 088.13	639.44	419.72	14 402.77	0	45 841.90
	100年一遇	26 670.06	18 616.14	6 874.34	23 719.71	6 128.03	1 569.09	681.24	38 640.43	0	122 899.04

溃口	洪水标准	居民房屋损失（万元）	家庭财产损失（万元）	农业损失（万元）	工业资产损失（万元）	工业产值损失（万元）	商贸业资产损失（万元）	商贸业主营收入损失（万元）	道路损失（万元）	铁路损失（万元）	合计（万元）
罗敷河口（东）	20年一遇	1 486.06	672.55	2 232.63	28 958.68	4 398.69	818.44	486.66	8 585.98	0	47 639.69
	50年一遇	2 640.57	1 232.12	3 421.84	79 274.71	7 472.08	1 556.87	882.39	13 874.40	0	110 354.98
	100年一遇	7 623.49	3 601.23	4 216.52	107 080.94	10 001.40	1 953.83	1 119.20	20 327.43	0	155 924.04
柳叶河口（东）	20年一遇	874.39	391.80	3 039.36	25 994.78	2 940.35	1 173.33	1 040.54	5 852.49	0	41 307.04
	50年一遇	1 643.07	735.80	3 907.74	37 794.75	3 596.66	1 604.72	1 261.31	8 732.78	0	59 276.83
	100年一遇	3 488.85	1 657.55	4 468.65	45 921.26	3 920.91	1 968.39	1 424.40	10 299.02	0	73 149.03
长涧河口（东）	20年一遇	8 424.61	4 522.84	2 117.95	12 179.98	903.57	360.89	322.84	4 587.24	0	33 419.92
	50年一遇	9 942.14	5 358.49	3 634.55	24 712.30	1 672.55	691.83	555.18	9 451.60	108.86	56 127.50
	100年一遇	13 766.07	7 438.67	5 188.50	48 691.72	2 736.80	1 087.25	799.19	12 888.43	493.14	93 089.77
华农工程	20年一遇	4 877.60	1 837.39	403.30	12.42	166.11	83.73	56.18	7 442.67	0	14 879.40
	50年一遇	9 315.83	3 526.03	791.25	25.13	299.88	167.64	101.41	14 628.73	0	28 855.90
	100年一遇	14 215.38	5 409.70	939.71	33.44	356.94	217.35	120.71	19 018.88	0	40 312.11
三河口工程	20年一遇	3 441.31	1 863.93	2 442.58	188.26	75.05	181.49	92.71	6 647.10	116.31	15 048.74
	50年一遇	9 328.23	4 950.35	3 584.07	3 564.93	254.52	331.27	174.27	10 786.94	122.37	33 096.95
	100年一遇	9 740.54	5 168.97	4 060.25	13 012.79	491.17	476.21	224.21	11 744.34	157.30	45 075.78
合计	20年一遇	281 062.84	122 508.42	29 714.67	54 216.01	16 149.52	7 045	2 965.62	128 637.96	8 857.60	651 933.93
	50年一遇	611 064.45	278 182.22	72 006.97	189 904.59	35 483.61	17 749	5 702.35	347 032.09	13 136.40	1 573 072.72
	100年一遇	833 722.71	387 976.34	95 469.74	357 570.17	43 801.31	25 069.37	7 570.12	475 373.35	18 210.29	2 241 175.70

表3-104 二华南山支流各溃口在不同计算方案下主要损失统计

河流	溃口	洪水标准	居民房屋损失（万元）	家庭财产损失（万元）	农业损失（万元）	工业资产损失（万元）	工业产值损失（万元）	商贸业资产损失（万元）	商贸业主营收入损失（万元）	道路损失（万元）	铁路损失（万元）	合计（万元）
赤水河	赤水镇（西堤）	20年一遇	23 050.38	1 284.07	715.75	529.72	45.32	1 325.10	104.79	4 504.98	0	31 560.11
		50年一遇	25 963.64	1 306.22	727.31	548.77	46.75	1 365.27	108.10	5 503.74	0	35 569.80
		100年一遇	28 763.64	1 306.22	728.96	551.14	47.07	1 370.53	108.87	8 028.04	0	40 904.47
	赤水镇（东堤）	20年一遇	24 287.15	13 604.24	1 378.15	248.41	24.58	645.83	59.65	14 660.20	1 079.67	55 987.88
		50年一遇	29 803.47	17 209.80	1 692.52	335.52	30.09	854.94	69.56	17 310.88	1 207.88	68 514.66
		100年一遇	35 775.78	20 534.04	1 804.96	381.97	32.53	965.83	75.26	20 081.37	1 285.84	80 937.58
遇仙河	老公路桥南（西堤）	20年一遇	21 135.21	12 248.51	1 332.35	228.08	24.87	613.24	57.56	12 434.33	893.09	48 967.24
		50年一遇	24 782.12	14 257.34	1 370.28	267.75	29.50	705.17	68.23	14 929.13	1 045.65	57 455.17
		100年一遇	28 637.03	16 507.86	1 570.30	300.18	32.34	779.59	74.81	16 592.60	1 045.65	65 540.36
	老公路桥南（东堤）	20年一遇	11 115.67	6 486.42	2 316.43	634.83	72.44	471.95	26.77	13 093.99	1 903.55	36 122.05
		50年一遇	24 393.95	14 101.36	3 431.14	771.57	87.51	662.42	43.73	20 463.30	2 123.64	66 078.62
		100年一遇	27 247.67	15 656.02	3 624.00	880.68	89.12	723.40	43.97	21 642.35	2 435.87	72 343.08
石堤河	老公路桥南（西堤）	20年一遇	19 751.94	11 358.49	3 053.18	2 320.57	473.46	1 388.79	55.28	12 717.89	2 213.79	53 333.39
		50年一遇	24 615.59	14 178.72	3 699.04	2 514.20	504.75	1 566.90	65.25	17 139.07	2 688.14	66 971.66
		100年一遇	29 676.55	17 120.69	4 277.72	2 746.87	535.25	1 733.99	73.82	24 128.19	3 037.94	83 331.02
	老公路桥南（东堤）	20年一遇	5 543.32	635.56	3 148.10	5 118.43	834.70	2 956.46	84.60	6 930.41	640.00	25 891.58
		50年一遇	9 671.37	1 498.90	3 993.03	10 862.93	2 039.47	5 384.97	148.64	12 475.16	713.40	46 787.87
		100年一遇	14 739.44	2 717.59	4 672.36	11 585.12	2 550.62	5 812.21	183.94	16 612.55	841.30	59 715.13

河流	溃口	洪水标准	居民房屋损失（万元）	家庭财产损失（万元）	农业损失（万元）	工业资产损失（万元）	工业产值损失（万元）	商贸业资产损失（万元）	商贸业主营收入损失（万元）	道路损失（万元）	铁路损失（万元）	合计（万元）
罗纹河	二华干沟北（西堤）	20 年一遇	4 165.22	3 415.68	2 842.30	28.17	2.65	36.48	1.94	21 213.37	0	31 705.81
		50 年一遇	18 937.37	9 619.53	6 209.24	132.50	14.12	151.55	7.99	68 061.41	0	103 133.71
		100 年一遇	32 388.4	37 042.11	7 953.53	188.11	17.40	209.05	9.98	95 322.88	0	173 131.46
	二华干沟北（东堤）	20 年一遇	13 574.69	7 553.97	3 131.20	1 495.28	261.05	1 578.74	115.78	23 986.23	0	51 696.94
		50 年一遇	24 062.53	12 171.07	8 182.65	5 147.28	445.81	1 855.54	134.62	39 410.97	0	91 410.47
		100 年一遇	54 100.16	35 913.88	8 922.46	6 443.92	494.64	2 051.34	147.07	45 991.17	0	154 064.64
方山河	二华干沟北（西堤）	20 年一遇	2 464.09	1 194.39	1 805.90	2 197.06	226.70	66.78	19.90	34 765.61	0	42 740.43
		50 年一遇	5 864.97	2 481.65	2 817.75	4 129.94	404.26	100.86	29.69	70 493.27	0	86 322.39
		100 年一遇	13 079.57	5 536.56	3 892.38	5 905.65	553.48	129.59	37.17	102 025.74	0	131 160.14
	二华干沟北（东堤）	10 年一遇	570.90	307.25	309.06	4 283.61	424.61	41.07	17.86	943.42	0	6 897.78
		50 年一遇	1 668.63	892.23	828.50	11 856.89	947.36	107.77	38.92	1 486.47	0	17 826.77
		100 年一遇	1 877.09	994.51	1 094.73	15 414.23	1 202.58	141.64	49.80	1 937.05	0	22 711.63
罗敷河	二华干沟北（西堤）	10 年一遇	3 521.50	985.07	870.87	18 203.57	894.36	140.95	35.40	5 676.94	0	30 328.66
		50 年一遇	5 774.77	2 883.75	2 408.87	48 586.11	2 437.11	385.78	97.75	11 988.98	0	74 563.12
		100 年一遇	6 263.38	3 141.96	2 818.61	56 552.41	2881.02	451.79	116.89	13 659.34	0	85 885.40
	二华干沟北（东堤）	10 年一遇	1 159.13	603.07	1 624.73	25 568.04	2 212.82	519.89	143.87	5 293.15	0	37 124.70
		50 年一遇	2 402.11	1 234.55	2 268.55	42 629.45	2 940.19	855.76	213.76	11 181.55	0	63 725.92
		100 年一遇	3 159.43	1 639.08	2 607.81	64 046.84	3 479.47	1 145.72	278.63	13 788.61	0	90 145.59

河流	溃口	洪水标准	居民房屋损失（万元）	家庭财产损失（万元）	农业损失（万元）	工业资产损失（万元）	工业产值损失（万元）	商贸业资产损失（万元）	商贸业主营收入损失（万元）	道路损失（万元）	铁路损失（万元）	合计（万元）
柳叶河	二华干沟南300 m（西堤）	10年一遇	1 267.34	673.71	1 393.62	47 295.58	2 221.18	792.67	240.12	4 455.09	0	58 339.31
		50年一遇	2 476.91	1 329.83	2 271.48	67 039.67	3 198.80	1 160.76	334.12	8 070.76	0	85 882.33
		100年一遇	2 969.86	1 579.58	1 948.26	73 045.15	3 453.20	1 282.78	362.98	9 483.82	0	94 125.63
	二华干沟南300 m（东堤）	10年一遇	415.04	79.71	1 673.77	21 621.53	867.40	647.12	227.45	2 579.62	0	28 111.64
		50年一遇	502.91	96.30	2 281.39	27 249.09	1 204.78	1 074.37	328.81	5 328.89	0	38 066.54
		100年一遇	660.32	124.64	2 129.75	30 622.26	1 316.12	1 200.51	360.37	6 260.72	0	42 674.69
长涧河	二华干沟南800 m（西堤）	10年一遇	359.50	77.22	1 343.91	21 004.72	784.70	610.47	210.07	2 437.93	0	26 828.52
		50年一遇	456.70	98.25	1 667.84	26 680.24	1 133.34	999.14	309.04	4 753.54	0	36 098.09
		100年一遇	549.78	118.20	1 878.69	29 344.98	1 199.11	1 118.12	329.30	5 517.28	0	40 055.46
	二华干沟南800 m（东堤）	10年一遇	1 032.50	221.22	544.10	41 807.43	877.02	568.72	164.66	1 928.77	362.57	47 506.99
		50年一遇	8 130.43	1 714.12	1 548.23	51 769.86	968.46	793.65	220.81	4 523.12	434.78	70 103.46
		100年一遇	11 971.65	2 583.82	1 999.65	54 131.32	988.24	876.30	243.42	5 658.86	456.54	78 909.80
合计		10年一遇	8 325.914	2 947.25	7 760.06	179 784.48	8 282.09	3 320.89	1 039.43	23 314.92	362.57	235 137.60
		20年一遇	125 087.674	57 781.33	19 723.359	12 800.55	1 965.77	9 083.37	526.27	144 307.01	6 730.10	378 005.433
		50年一遇	209 507.467	95 073.62	45 397.819	300 521.77	16 432.30	18 024.85	2 219.02	313 120.24	8 213.49	1 008 510.576
		100年一遇	291 859.753	162 516.76	51 924.169	352 140.83	18 872.19	19 992.39	2 496.28	406 730.57	9 103.14	1 315 636.082

表 3-105　渭河北岸支流各溃口在不同计算方案下主要损失统计

溃口	洪水标准	居民房屋损失(万元)	家庭财产损失(万元)	农业损失(万元)	工业资产损失(万元)	工业产值损失(万元)	商贸业资产损失(万元)	商贸业主营收入损失(万元)	道路损失(万元)	铁路损失(万元)	合计(万元)
陕汽大道泾河桥上首(左岸)	50年一遇	372.32	142.44	325.60	4 055.77	359 970.04	556.19	24 890.04	671.63	0	390 984.03
	100年一遇	7 094.83	3 093.30	589.05	4 170.10	541 143.02	564.51	5 073.89	1 792.92	0	563 521.62
陕汽大道泾河桥上首(右岸)	50年一遇	31 863.44	6 314.58	448.12	5 395.48	480 454.04	1 874.53	23 063.88	1 360.6	0	550 774.67
	100年一遇	63 800.07	13 314.10	648.50	7 713.22	1 023 224.47	3 517.08	89 815.18	2 609.19	0	1 204 641.81
农垦七连(西堤)	10年一遇	6 330.21	3 267.31	3 856.28	365.61	91.04	1 104.50	20.58	8 572.32	29.91	23 637.76
	20年一遇	9 277.76	4 843.85	4 265.85	428.60	95.25	1 280.86	21.53	10 946.13	33.33	31 193.16
	50年一遇	18 128.67	9 492.61	4 667.90	490.23	102.28	1 456.35	23.11	15 203.37	33.34	49 597.86
合计	10年一遇	6 330.21	3 267.31	3 856.28	365.61	91.04	1 104.50	20.58	8 572.32	29.91	23 637.76
	20年一遇	9 277.76	4 843.85	4 265.85	428.60	95.25	1 280.86	21.53	10 946.13	33.33	31 193.16
	50年一遇	49 992.11	15 807.19	5 116.02	5 885.71	480 556.32	3 330.88	23 086.99	16 563.97	33.34	600 372.53
	100年一遇	63 800.07	13 314.10	648.50	7 713.22	1 023 224.47	3 517.08	89 815.18	2 609.19	0	1 204 641.81

房屋损失值/淹没居民地面积/损失率,得出城镇房屋的原值为 1 074.94 ~ 2 364.47 元/m²,农村房屋原值为 383.10 ~ 818.96 元/m²。通过调研,保护区内城镇房屋建筑均价为 1 500 元/m²,农村房屋建筑价格为 400 ~ 800 元/m²,低于城镇均值的区域是城镇和农村都存在的区域,所以结果具有一定的合理性。用同样的计算方法,得出粮食年产值原值为 1 130.38 ~ 2 533.90 元/亩,通过调研,保护区内粮食年产值一般在 2 000 元/亩左右,由于保护区面积比较大,地分为水浇地、旱地,种植结构等也有差异,原值结果符合实际情况。其他的指标也是用同样的方法验证其合理性,基本符合实际情况。

表中各项灾情损失指标值随着洪水重现期增大而增加,经济损失比较严重的区域主要是保护区面积以及耕地面积相对较大且附近居民比较集中、经济较发达的地区,所以本次的损失评估结果具有一定的合理性。

3.8 避险转移成果分析

以渭河下游南、北两岸保护区各溃口不同频率洪水淹没分析计算结果为依据,选择各方案计算所得最大水深值和最短到达时间值,形成水深分布与洪水到达时间包络图,并将各方案淹没范围叠加得到可能最大淹没范围水深分布及到达时间包络图。在此基础上,结合前期收集的渭南市及华阴市、华县等各县(市、区)现有防洪预案,按照《洪水风险图编制导则》(SL 483—2010)和《洪水风险图编制技术细则(试行)》(2013)的要求,进行避险转移分析,计算转移人员数量,拟订安置场所,依据所花时间最短的最优路径原则并考虑道路通容能力确定转移路线,结合对当地防洪预案的分析及现场实地调查复核确认。

3.8.1 危险区与避洪转移单元确定

根据渭河下游南、北两岸溃口洪水模拟成果,各溃口各频率洪水方案计算的淹没范围叠加之后的外包范围,即为危险区。由于各溃口计算方案中最大重现期洪水溃决的淹没范围均包含小量级方案的淹没范围,故 54 个溃口的避洪区面积为计算方案中最大重现期洪水的淹没面积,共计 955.42 km²,各溃口的淹没面积详见表3-106。

根据《避洪转移图编制技术要求(试行)》,防洪保护区转移单元不大于乡(镇),若危险区面积小于 1 000 km²,转移单元不大于行政村。由于渭河下游南、北两岸保护区各溃口的危险区面积均小于 1 000 km²,故避洪转移单元均为行政村。

3.8.2 资料收集和现场调查

3.8.2.1 资料收集

避洪转移分析所需要的资料类型包括洪水要素、居民点分布及人口统计数据、安全设施分布、道路数据、危险区内及周边可能的安置信息、防汛预案等。

本章收集了渭河下游南、北两岸保护区及安置区 1:5 000 SHP 图。在现场调研过程中,与当地防汛部门、统计部门、公安局、街道办事处等进行沟通协调,收集到所涉及县(区)统计部门刊印的统计年鉴等权威资料,统计所属行政村人口,统计资料时间为 2013 年年底。居民点分布、安全设施、道路信息、危险区及周边可能的安置信息等,参考区域内各市、县现有防洪预案或通过数字地图获取。

表3-106 各溃口危险区淹没范围及面积

河流		溃口名称	市	淹没区(县)	淹没面积(km²)
渭河干流	北岸	安虹路口	咸阳市	秦都区	2.86
				渭城区	3.34
		店上险工	咸阳市	渭城区	3.95
		吴村阳险工	西安市	高陵区	7.56
				临潼区	18.05
		西渭阳险工	西安市	临潼区	36.52
				高陵区	2.17
		沙王险工	渭南市	临渭区	48.69
		仓渡险工	渭南市	临渭区	9.88
				大荔县	8.80
		苏村险工	渭南市	大荔县	20.69
		仓西险工	渭南市	大荔县	39.11
	南岸	段家堡	咸阳市	秦都区	10.17
		小王庄险工	咸阳市	秦都区	1.28
		农六险工	西安市	未央区	5.51
		东站险工	西安市	未央区	6.84
		水流险工	西安市	灞桥区	3.87
				高陵区	7.66
		周家险工	西安市	高陵区	1.02
				临潼区	5.81
		季家工程	西安市	临潼区	4.44
		张义险工	渭南市	临渭区	11.99
		梁赵险工	渭南市	临渭区	17.76
		八里店险工	渭南市	临渭区	13.79
		田家工程	渭南市	临渭区	4.48
		詹刘险工	渭南市	华县	9.06
		遇仙河口(东)	渭南市	华县	29.39
		石堤河口(西)	渭南市	华县	24.8
		石堤河口(东)	渭南市	华县	32.97
		南解村	渭南市	华县	40.31
		罗纹河口(西)	渭南市	华县	24.19
		罗纹河口(东)	渭南市	华县	32.05
		毕家	渭南市	华县	26.49
		方山河口(西)	渭南市	华县	26.78
		方山河口(东)	渭南市	华阴市	23.28
		冯东险工	渭南市	华阴市	37.1
		罗敷河口(东)	渭南市	华阴市	18.44
		柳叶河口(东)	渭南市	华阴市	17.37

続表 3-106

河流		溃口名称	市	淹没区(县)	淹没面积(km²)
渭河干流	南岸	长涧河口(东)	渭南市	华阴市	25.01
				潼关县	0.91
		华农工程	渭南市	华阴市	18.78
		三河口工程	渭南市	华阴市	15.68
				潼关县	11.73
二华南山支流	赤水河	赤水镇(西堤)	渭南市	临渭区	5.03
		赤水镇(东堤)	渭南市	华县	8.70
	遇仙河	老公路桥南(西堤)	渭南市	华县	8.48
		老公路桥南(东堤)	渭南市	华县	18.17
	石堤河	老公路桥南(西堤)	渭南市	华县	19.26
		老公路桥南(东堤)	渭南市	华县	25.27
	罗纹河	二华干沟北(西堤)	渭南市	华县	12.23
		二华干沟北(东堤)	渭南市	华县	13.94
	方山河	二华干沟北(西堤)	渭南市	华县	5.75
		二华干沟北(东堤)	渭南市	华阴市	5.35
	罗敷河	二华干沟北(西堤)	渭南市	华阴市	12.12
		二华干沟北(东堤)	渭南市	华阴市	12.40
	柳叶河	二华干沟南300 m(西堤)	渭南市	华阴市	11.24
		二华干沟南300 m(东堤)	渭南市	华阴市	13.22
	长涧河	二华干沟南800 m(西堤)	渭南市	华阴市	11.38
		二华干沟南800 m(东堤)	渭南市	华阴市	14.38
北岸支流	洛河	农垦七连(西堤)	渭南市	大荔县	37.52
	泾河	陕汽大道泾河桥上首(左岸)	西安市	高陵区	4.69
		陕汽大道泾河桥上首(右岸)	西安市	高陵区	5.71
合计					955.42

3.8.2.2 现场调查

1. 安置区避洪设施调查

安置区以行政村为单位,安置区内居民房屋的类型有砖混结构、砖木结构、简易房、楼房等,本次对安置区部分村庄进行典型调查,确定安置区人均避洪面积,调查能够安置人口的房屋面积(砖混结构、砖木结构、楼房等)及公共场所建筑面积,这些建筑面积可以用来安置外来避洪人口,危房、不能居住的房屋不予调查。

选择渭河干流北岸及北岸支流、渭河干流南岸及南岸支流共8个溃口100年一遇洪水淹没范围以外的部分村庄进行典型调查,调查安置区避洪设施汇总见表3-107,计算区域人均避洪设施面积约为32.7 m²,见表3-108。现场调查部分房屋情况分别见图3-175~图3-178。

表 3-107　安置区避洪设施调查

区域	溃口	市	县(区)	乡(镇)	行政村	调查人口(人)	避洪设施面积(m²)			本村露天面积(m²)
							坚固楼房	公共场所建筑面积	小计	
北岸	安虹路口	咸阳市	渭城区	渭阳街道办事处	碱滩村	42	1 285.2	46.2	1 331.4	4 002
	西渭阳险工	西安市	临潼区	渭阳街道办事处	滨河新村	38	1 174.2	41.8	1 216.0	3 335
				北田镇	增月村	48	1 483.2	57.6	1 540.8	4 536
北岸支流	农垦七连以西	渭南市	大荔县	韦林镇	梁园村	29	884.5	31.9	916.4	3 669
					马坊村	27	842.4	35.1	877.5	4 336
	段家堡	咸阳市	秦都区	马泉镇	程家村	30	930.0	33.0	963	4 028
				双照镇	南上召村	27	810.0	29.7	839.7	3 965
南岸	周家险工	西安市	高陵区	西安市高陵区榆楚乡	安家村	28	898.8	33.6	932.4	4 235
	詹刘险工	渭南市	华县	渭南市华县赤水镇	任家寨	30	978.0	33.0	1 011	5 032
				渭南市华县赤水镇	江村	39	1 205.1	46.8	1 251.9	4 987
南岸支流	遇仙河老公路桥南(西堤)	渭南市	华县	渭南市华县瓜坡镇	瓜底村	42	1 310.4	54.6	1 365.0	3 926
				赤水镇	郭村	40	1 324.0	44.0	1 368.0	3 845
	罗纹河二华干沟北(东堤)	渭南市	华县	杏林镇	杏林村	39	1 302.6	46.8	1 349.4	4 102
				渭南市华县柳枝镇	梁堡村	28	912.8	30.8	943.6	3 916
合计						487	15 341.2	564.9	15 906.1	57 914

表 3-108　安置区避洪设施人均面积表

区域	溃口	市	县（区）	乡（镇）	行政村	调查人口（人）	避洪设施面积（m²/人）				本村露天面积（m²）
							坚固楼房	公共场所建筑面积	小计		
北岸	安虹路口	咸阳市	渭城区	渭阳街道办事处	碱滩村	42	30.6	1.1	31.7		4 002
				渭阳街道办事处	滨河新村	38	30.9	1.1	32.0		3 335
	西渭阳险工	西安市	临潼区	北田镇	增月村	48	30.9	1.2	32.1		4 536
北岸支流	农垦七连以西	渭南市	大荔县	韦林镇	梁园村	29	30.5	1.1	31.6		3 669
					马坊村	27	31.2	1.3	32.5		4 336
南岸	段家堡	咸阳市	秦都区	马泉镇	程家村	30	31.0	1.1	32.1		4 028
				双照镇	南上召村	27	30.0	1.1	31.1		3 965
	周家险工	西安市	高陵区	西安市高陵区榆楚乡	安家村	28	32.1	1.2	33.3		4 235
	詹刘险工	渭南市	华县	渭南市华县赤水镇	任家寨	30	32.6	1.1	33.7		5 032
				渭南市华县赤水镇	江村	39	30.9	1.2	32.1		4 987
南岸支流	遇仙河老公路桥南（西堤）	渭南市	华县	渭南市华县瓜坡镇	瓜底村	42	31.2	1.3	32.5		3 926
				赤水镇	郭村	40	33.1	1.1	34.2		3 845
	罗纹河二华干沟北（东堤）	渭南市	华县	杏林镇	杏林村	39	33.4	1.2	34.6		4 102
				渭南市华县柳枝镇	梁堡村	28	32.6	1.1	33.7		3 916
合计						487	31.5	1.2	32.7		57 914

图 3-175 安虹路口溃口渭阳街道办事处滨河新村安置区

图 3-176 洛河农垦七连以西溃口韦林镇马坊村安置区

2. 转移道路情况调查

对渭河干流北岸及北岸支流、渭河干流南岸及南岸支流共 6 个溃口转移道路路况进行现场典型调查,重点调查转移道路级别、路况结构及道路危险点(跨河桥梁)等情况,详见表 3-109。转移道路级别分为国道、县道、乡级道路,支路(村村通)等。调查的撤退道路大多为沥青、混凝土路面,少数为泥结碎石路面,均能满足撤退转移条件。现场调查部分道路情况见图 3-179 ～ 图 3-181。

图 3-177 段家堡溃口秦都区马泉镇程家村安置区

图 3-178 遇仙河老公路桥南（西堤）溃口华县赤水镇郭村安置区

表 3-109　转移道路情况调查

区域	溃口	转移路线	转移道路级别	线路长（km）	路面宽（m）	路面结构	危险点
北岸	店上险工	左所村—后排村	乡路、支路	0.23、0.84	6.5、4.5	沥青、混凝土	
	西渭阳险工	西口村—任留街办院内	乡路、支路	0.25、3.0	6.5、4.0	混凝土、混凝土	
北岸支流	农垦七连（西堤）	望仙观村—马坊村	支路	2.32	4.5	混凝土	
		韦林村—梁园村	支路	5.13	4.5	混凝土	
南岸	段家堡	段家堡—程家村	省道、乡道、支路	0.47、1.89、7.35	12.5、6.5、4.5	沥青、沥青碎石、混凝土	1
		孔家寨—陈家台村	省道、支路	0.75、9.5	12.5、4.5	沥青、泥结石	1
		田家堡—查田村	省道、乡道、支路	0.47、1.21、9.6	12.5、6.5、4.5	沥青、混凝土、混凝土	1
		李家庄—李都村	省道、乡道、支路	0.47、1、10.89	12.5、6.5、4.5	混凝土、沥青碎石、泥结石	1
南岸支流	遇仙河老公路桥南（东堤）	辛村—郭村小学	乡路、支路	1.53、0.13	6.5、4	混凝土、泥结石	
		样田村—郭村	乡路、支路	0.29、1.64	6.5、4.5	混凝土、泥结石	
		楼梯村—江村小学	省道、乡道、支路	0.29、3.73、1.3	12.5、6.5、4.0	沥青、混凝土、混凝土	
	罗纹河二华干沟北（东堤）	沟家村—杏林村	乡道、支路	5.14、1.74、8.32	12.5、6.5、4.5	沥青、混凝土、泥结石	

图 3-179　省道（咸阳市秦都区段家堡转移至程家村）

图 3-180　乡道（咸阳市渭城区左所村转移至后排村）

图 3-181　支路（渭南市华县样田村转移至郭村）

3.8.3 避洪转移人口分析及避洪方式选择

3.8.3.1 淹没人口分析

1. 渭河干流北岸

渭河干流北岸共有 8 个溃口,淹没范围涉及咸阳市秦都区、渭城区,西安市高陵区、临潼区,渭南市临渭区、大荔县共 6 个区(县)的 14 个乡(镇)75 个行政村,人口共计 122 285 人。

1)安虹路口溃口

安虹路口淹没区域为咸阳市秦都区、渭城区 3 个街道办事处 8 个行政村或社区,人口有 8 186 人,其中秦都区包括渭阳西路街道办事处、人民路街道办事处,共 2 618 人;渭城区渭阳街道办事处,影响 4 个行政村,共 5 568 人。洪水影响村庄人口统计见表 3-110。

2)店上险工溃口

店上险工溃口淹没区域为渭城区正阳街道办事处、窑店街道办事处,共 7 个行政村,人口 6 649 人。洪水影响村庄人口统计见表 3-110。

表 3-110 渭河北岸咸阳市各溃口洪水影响村庄人口统计

市	溃口名称	县(区)	乡(镇)	行政村	人口(人)
咸阳市	安虹路口	秦都区	渭阳西路街道办事处	南安村	1 174
				金山社区	406
			人民路街道办事处	嘉惠社区	612
				天王第一社区	426
		渭城区	渭阳街道办事处	旭鹏村	2 483
				利民村	2 517
				光辉村	362
				金家庄	206
		合计			8 186
	店上险工	渭城区	正阳街道办事处	孙家村	908
				左所村	1 297
				左排村	403
				东阳村	210
			窑店街道办事处	仓张村	2 649
				大寨村	878
				长兴村	304
		合计			6 649

3)吴村阳险工溃口

吴村阳险工溃口淹没区域为西安市高陵区、临潼区 3 个乡(镇)14 个行政村,人口 28 849 人。其中,临潼区淹没北田街道办事处 8 个行政村、任留街道办事处 2 个行政村。洪水影响村庄人口统计见表3-111。

4）西渭阳险工溃口

西渭阳险工溃口淹没区域为西安市高陵区张卜镇韩家村627人；临潼区2个乡（镇）6个行政村，人口12 301人；人口共计12 928人。洪水影响村庄人口统计见表3-111。

表3-111　渭河北岸西安市各溃口洪水影响村庄人口统计

市	溃口名称	县（区）	乡（镇）	行政村	人口（人）
西安市	吴村阳险工	高陵区	张卜镇	韩家村	3 438
				张家村	3 516
				南郭村	3 351
				贾蔡村	1 264
		临潼区	北田街道办事处	西渭阳村委会	1 985
				尖角村	1 564
				田严村	1 823
				北田村委会	2 206
				马陵村	1 599
				增月村	410
				东渭阳村委会	1 202
				滩王村委会	3 955
			任留街道办事处	南屯村委会	923
				西口村委会	1 613
		合计			28 849
	西渭阳险工	临潼区	北田街道办事处	西渭阳村委会	1 985
				田严村委会	2 316
				东渭阳村委会	1 202
				滩王村委会	3 955
			任留街道办事处	南屯村委会	1 923
				西口村委会	920
		高陵区	张卜镇	韩家村	627
		合计			12 928

5）沙王险工溃口

沙王险工溃口淹没区域为渭南市临渭区龙背镇和辛市镇31个行政村，人口48 741人。洪水影响村庄人口统计见表3-112。

表 3-112　渭河北岸渭南市各溃口洪水影响村庄人数

市	溃口名称	县(区)	乡(镇)	行政村	人口(人)
渭南市	沙王险工	临渭区	龙背镇	油陈村	2 681
				龙背村	1 688
				东风村	2 465
				永丰村	2 589
				北史村	1 599
				程庄村	774
				前进村	2 428
				青龙村	1 656
				安王村	2 011
				高杨村	928
				信义村	3 183
				新光村	821
				侯家村	1 360
				任李村	1 564
				陈南村	1 933
				陈北村	1 213
				新庄村	2 004
				刘宋村	1 617
				段刘村	413
				郝家村	768
			辛市镇	沙王村	1 587
				东四村	1 022
				东酒王村	243
				小霍村	853
				观西村	963
				里仁村	1 628
				马渡村	1 505
				权家村	2 825
				新冯村	1 301
				辛市村	2 724
				南孟村	395
		合计			48 741
	仓渡险工	临渭区	龙背镇	苍渡村	1 873
			孝义镇	孝南村	224
				洪新村	940
		大荔县	下寨镇	朱家村	1 026
				张家村	636
		合计			4 699
	苏村险工	大荔县	苏村镇	三里村	1 817
				陈村	2 445
				溢渡村	2 112
		合计			6 374
	仓西险工	大荔县	韦林镇	长城村	534
				西寨村	514
				韦林村	1 010
				阳昌村	923
				东三村	464
				望仙观村	1 584
				东二村	502
				仓头村	328
		合计			5 859

6）仓渡险工溃口

仓渡险工溃口淹没区域为临渭区龙背镇和孝义镇2个乡（镇）及大荔县下寨镇1个镇，共5个行政村，人口4 699人。洪水影响村庄人口统计见表3-112。

7）苏村险工溃口

苏村险工溃口淹没区域为渭南市大荔县苏村镇3个行政村，人口6 374人。洪水影响村庄人口统计见表3-112。

8）仓西险工溃口

仓西险工溃口淹没区域为大荔县韦林镇8个行政村，人口5 859人。洪水影响村庄人口统计见表3-112。

2. 渭河北岸支流

渭河下游北岸支流共有3个溃口，分别为洛河农垦七连（西堤）溃口、泾河陕汽大道泾河桥上首（左、右岸）溃口。北岸支流淹没范围涉及渭南市大荔县、西安市高陵区，共2个县3个乡（镇）26个行政村，人口共计21 861人。

1）洛河农垦七连（西堤）溃口

农垦七连（西堤）溃口淹没区域为大荔县韦林镇16个行政村，人口15 382人。洪水影响村庄人口统计见表3-113。

2）泾河陕汽大道泾河桥上首（左岸）溃口

陕汽大道泾河桥上首（左岸）溃口淹没区域为高陵区泾渭街道办事处和崇皇乡5个行政村，人口2 691人。洪水影响村庄人口统计见表3-113。

表 3-113　渭河下游北岸支流各溃口洪水影响村庄人数

河流	溃口名称	市	县（区）	乡（镇）	行政村	人口（人）
洛河	农垦七连以西	渭南市	大荔县	韦林镇	阳昌村	923
					长城村	1 481
					泊子村	1 765
					会龙村	649
					仓西村	1 038
					火留村	928
					西寨村	1 072
					东一村	980
					东二村	519
					东三村	464
					新合	590
					迪东村	700
					迪西村	513
					韦林村	1 010
					仓头村	1 166
					望仙观村	1 584
合计						15 382

河流	溃口名称	市	县（区）	乡（镇）	行政村	人口（人）
泾河	陕汽大道泾河桥上首（左岸）	西安市	高陵区	泾渭街道办事处	韩村	623
					杨官寨	327
				崇皇乡	下徐吴村	622
					酱王村	497
					井王村	622
	合计					2 691
	陕汽大道泾河桥上首（右岸）	西安市	高陵区	泾渭街道办事处	店子王村	1 203
					西营村	462
					雷贾村	624
					陈家滩	864
					泾渭堡	635
	合计					3 788

3）泾河陕汽大道泾河桥上首（右岸）溃口

陕汽大道泾河桥上首（右岸）溃口淹没区域为西安市高陵区泾渭街道办事处 5 个行政村，人口 3 788 人。洪水影响村庄人口统计见表 3-113。

3. 渭河干流南岸

渭河干流南岸共有 27 个溃口，淹没范围涉及咸阳市秦都区，西安市未央区、灞桥区、高陵区及临潼区，渭南市临渭区、华县、华阴市、潼关县共 9 个县 17 个乡（镇）133 个行政村，人口共计 296 806 人。

1）段家堡溃口

段家堡溃口淹没区域为秦都区陈杨寨街道办事处和钓台街道办事处共 9 个行政村，人口 20 075 人。洪水影响村庄人口统计见表 3-114。

2）小王庄险工溃口

小王庄险工溃口淹没区域为秦都区陈杨寨街道办事处小王村，人口 1 103 人。洪水影响村庄人口统计见表 3-114。

3）农六险工溃口

农六险工溃口淹没区域为未央区六村堡街道办事处八兴滩村，人口 1 948 人。洪水影响村庄人口统计见表 3-115。

4）东站险工溃口

东站险工溃口淹没区域为未央区汉城街道办事处西三村，人口 845 人。洪水影响村庄人口统计见表 3-115。

5）水流险工溃口

水流险工溃口淹没区域为灞桥区、高陵区 2 个乡（镇）3 个行政村，共 676 人。其中，灞桥区新合街道办事处班家村104人、和平村409人,高陵区耿镇王家滩村163人。洪水影响村庄人口统计见表3-115。

表3-114　渭河南岸咸阳市各溃口洪水影响村庄人数

市	溃口名称	县(区)	乡(镇)	行政村	人口(人)
咸阳市	段家堡	秦都区	陈杨寨街道办事处	郭村	3 312
				安谷村	2 190
				伍家堡村	873
				段家堡村	1 911
				田家堡村	1 439
				孔家寨村	1 332
				曹家寨村	4 578
			钓台街道办事处	文家村	2 630
				李家庄村	1 810
		合计			20 075
	小王庄险工	秦都区	陈杨寨街道办事处	小王村	1 103
		合计			1 103

表3-115　渭河南岸西安市各溃口洪水影响村庄人数

市	溃口名称	县(区)	乡(镇)	行政村	人口(人)
西安市	农六险工	未央区	六村堡街道办事处	八兴滩村	1 948
		合计			1 948
	东站险工	未央区	汉城街道办事处	西三村	845
		合计			845
	水流险工	灞桥区	新合街道办事处	班家村	104
				和平村	409
		高陵区	耿镇	王家滩村	163
		合计			676
	周家险工	高陵区	耿镇	周家村	2 811
		临潼区	西泉街道办事处	宣孔村	324
		合计			3 135
	季家工程	临潼区	何寨街道办事处	圣力寺村委会	4 728
				马寨村委会	3 106
		合计			7 834

6）周家险工溃口

周家险工溃口淹没区域为高陵区、临潼区2个乡（镇）2个行政村，共3 135人。其中，高陵区耿镇周家村2 811人、临潼区西泉街道办事处宣孔村324人。洪水影响村庄人口统计见表3-115。

7）季家工程溃口

季家工程溃口淹没区域为临潼区何寨街道办事处2个行政村，人口7 834人。洪水影响村庄人口统计见表3-115。

8）张义险工溃口

张义险工溃口淹没区域为临渭区2个乡（镇）3个行政村，人口1 260人。其中，双王街道办事处张西村383人、西庆屯725人，何寨镇寇家村152人。洪水影响村庄人口统计见表3-116。

9）梁赵险工溃口

梁赵险工溃口淹没区域为临渭区4个乡（镇）14个行政村，人口21 157人。洪水影响村庄人口统计见表3-116。

10）八里店险工溃口

八里店险工溃口淹没区域为临渭区双王街道办事处和向阳街道办事处8个行政村，人口15 006人。洪水影响村庄人口统计见表3-116。

11）田家工程溃口

田家工程溃口淹没区域为临渭区龙背镇、向阳街道办事处6个行政村，人口6 625人。洪水影响村庄人口统计见表3-116。

12）詹刘险工溃口

詹刘险工溃口淹没区域为华县赤水镇、莲花寺镇7个行政村，人口8 704人。洪水影响村庄人口统计见表3-116。

13）遇仙河口（东）溃口

遇仙河口（东）溃口淹没区域为华县赤水镇、柳枝镇18个行政村，人口23 165人。其中，赤水镇17个行政村21 698人、柳枝镇北刘村1 467人。洪水影响村庄人口统计见表3-116。

14）石堤河口（西）溃口

石堤河口（西）溃口淹没区域为华县赤水镇14个行政村，人口16 982人。洪水影响村庄人口统计见表3-116。

15）石堤河口（东）溃口

石堤河口（东）溃口淹没区域为华县华州镇、莲花寺镇、下庙镇和赤水镇29个行政村，人口27 969人。其中，华州镇5个行政村3 486人、莲花寺镇4个行政村3 341人、下庙镇18个行政村17 233人、赤水镇2个行政村3 909人。洪水影响村庄人口统计见表3-116。

16）罗纹河口（西）溃口

罗纹河口（西）溃口淹没区域为华县下庙镇、莲花寺镇、华州镇19个行政村，人口9 866人。洪水影响村庄人口统计见表3-116。

17) 罗纹河口(东)溃口

罗纹河口(东)溃口淹没区域为华县柳枝镇、下庙镇8个行政村,人口13 063人。洪水影响村庄人口统计见表3-116。

18) 南解村溃口

南解村溃口淹没区域为华县赤水镇、华州镇、莲花寺镇和下庙镇34个行政村,人口36 306人。其中,赤水镇3个行政村4 922人、华州镇6个行政村3 645人、莲花寺镇6个行政村6 256人、下庙镇19个行政村21 483人。洪水影响村庄人口统计见表3-116。

19) 毕家溃口

毕家溃口淹没区域为华县、华阴市3个镇10个行政村,人口为15 628人。其中,华县柳枝镇7个行政村、下庙镇2个行政村,人口15 274人;华阴市罗敷镇左家村354人。洪水影响村庄人口统计见表3-116。

20) 方山河口(西)溃口

方山河口(西)溃口淹没区域为华县柳枝镇10个行政村,人口10 279人。洪水影响村庄人口统计见表3-116。

21) 方山河口(东)溃口

方山河口(东)溃口淹没区域为华阴市华西镇、罗敷镇6个行政村,人口6 302人。洪水影响村庄人口统计见表3-116。

22) 冯东险工溃口

冯东险工溃口淹没区域为华阴市华西镇、罗敷镇9个行政村,人口9 719人。其中,华西镇8个行政村8 287人、罗敷镇托西村1 432人。洪水影响村庄人口统计见表3-116。

23) 罗敷河口(东)溃口

罗敷河口(东)溃口淹没区域为华阴市罗敷镇、华山镇、华西镇5个行政村,人口4 726人。洪水影响村庄人口统计见表3-116。

24) 柳叶河口(东)溃口

柳叶河口(东)溃口淹没区域为华阴市华西镇、太华路街道办事处5个行政村,人口5 893人。洪水影响村庄人口统计见表3-116。

25) 长涧河口(东)溃口

长涧河口(东)溃口淹没区域为华阴市、潼关县2个乡(镇)8个行政村,人口14 346人。其中,华阴市岳庙街道办事处7个行政村,人口13 169人;潼关县秦东镇桃林寨村1 177人。洪水影响村庄人口统计见表3-116。

26) 华农工程溃口

华农工程溃口淹没区域为华阴市华西镇4个行政村,人口5 835人。洪水影响村庄人口统计见表3-116。

27) 三河口工程溃口

三河口工程溃口淹没区域为华阴市、潼关县5个行政村,人口8 359人。其中,华阴市岳庙街道办事处4个行政村,人口7 182人;潼关县秦东镇桃林寨村1 177人。洪水影响村庄人口统计见表3-116。

表 3-116　渭河南岸渭南市各溃口洪水影响村庄人数

市	溃口名称	县(市、区)	乡(镇)	行政村	人口(人)
渭南市	张义险工	临渭区	双王街道办事处	张西村	383
				西庆屯	725
			何寨镇	寇家村	152
			合计		1 260
	梁赵险工	临渭区	高新区	周家村	402
			人民街道办事处	胜利中街社区	3 120
				乐天中街社区	1 105
				曙光村	936
			双王街道办事处	红星村	468
				朱王村	2 745
				八里店村	1 732
				双王村	2 736
				丰荫村	1 378
				梁村	1 320
				罗刘村	1 078
				槐衙村	3 087
			向阳街道办事处	张岭村	486
				郭壕村	564
			合计		21 157
	八里店险工	临渭区	双王街道办事处	梁村	1 320
				丰荫村	1 378
				罗刘村	1 078
				朱王村	2 745
				八里店	1 732
				双王村	2 736
				槐衙村	3 087
			向阳街道办事处	东王村	930
			合计		15 006
	田家工程	临渭区	龙背镇	青龙村	1 656
				新庄村	1 002
			向阳街道办事处	长闵村	540
				田家村	1 573
				淹头村	1 369
				赵王村	485
			合计		6 625
	詹刘险工	华县	赤水镇	赤水村	1 611
				蒋家村	1 619
				麦王村	1 935
				水城村	795
				台台村	1 548
				新城村	822
			莲花寺镇	三合村	374
			合计		8 704

市	溃口名称	县(市、区)	乡(镇)	行政村	人口(人)
渭南市	遇仙河口 (东)	华县	赤水镇	薛史村	1 305
				雷家村	404
				李家堡村	1 013
				辛村	972
				沙弥村	1 560
				南吉村	1 724
				李家村	1 224
				刘家村	1 800
				楼梯村	908
				马庄村	817
				太平村	703
				魏三庄村	1 891
				辛庄村	2 061
				样田村	1 611
				姚家村	532
				陈家村	949
				候坊村	2 224
			柳枝镇	北刘村	1 467
		合计			23 165
	石堤河口 (西)	华县	赤水镇	辛村	100
				样田村	1 611
				楼梯村	908
				南吉村	1 724
				沙弥村	1 560
				魏三庄村	1 891
				太平村	500
				辛庄村	2 061
				李家村	1 224
				薛史村	1 305
				马庄村	817
				刘家村	1 800
				姚家村	532
				陈家村	949
		合计			16 982

市	溃口名称	县(市、区)	乡(镇)	行政村	人口(人)
渭南市	石堤河口 (东)	华县	华州镇	西罗村	375
				王堡村	773
				峪家村	604
				王什字村	1 112
				张场村	622
			莲花寺镇	东罗村	1 267
				庄头村	1 460
				时堡村	40
				汀村	574
			下庙镇	下庙村	400
				南解村	1 399
				秦家滩村	169
				惠家村	740
				滨坝村	870
				牛市村	618
				简家村	539
				吊庄村	427
				什字村	1 366
				东周村	884
				西周村	968
				姜田村	654
				杨相村	429
				车堡村	778
				甘村	2 157
				康甘村	1 176
				田村	2 053
				王巷村	1 606
			赤水镇	贾家村	2 047
				王里渡村	1 862
		合计			27 969

续表 3-116

市	溃口名称	县(市、区)	乡(镇)	行政村	人口(人)
渭南市	罗纹河口（西）	华县	下庙镇	姜田村	654
				杨相村	429
				西周村	968
				东周村	884
				吊庄村	427
				什字村	1 366
				田村	608
				康甘村	429
				甘村	1 015
				车堡村	628
				下庙村	173
				滨坝村	462
			莲花寺镇	由里村	404
				汀村	306
				庄头村	258
				东罗村	137
			华州镇	西罗村	98
				王什字村	324
				王堡村	296
		合计			9 866
	罗纹河口（东）	华县	柳枝镇	秦家村	1 242
				孟村	1 553
				钟张村	2 199
				拾村	2 784
				北拾村	1 409
				彭村	1 669
			下庙镇	三吴村	1 238
				沟家村	969
		合计			13 063

市	溃口名称	县(市、区)	乡(镇)	行政村	人口(人)
渭南市	南解村	华县	赤水镇	李家堡村	1 013
				王里渡村	1 862
				贾家村	2 047
			华州镇	吝家村	654
				王堡村	837
				赵村	704
				王什字村	1 112
				团结村	158
				杜堡村	180
			莲花寺镇	汀村	574
				庄头村	1 460
				时堡村	971
				东罗村	1 267
				南寨村	1 580
				由里村	404
			下庙镇	南解村	1 399
				田村	2 053
				甘村	2 157
				康甘村	1 176
				下庙村	633
				姜田村	654
				杨相村	429
				车堡村	778
				牛市村	618
				滨坝村	1 729
				惠家村	1 259
				西周村	968
				东周村	884
				吊庄村	427
				简家村	539
				什字村	1 366
				秦家滩村	1 835
				三吴村	1 238
				新建村	1 341
		合计			36 306

市	溃口名称	县(市、区)	乡(镇)	行政村	人口(人)
渭南市	毕家	华县	柳枝镇	彭村	1 669
				秦家村	1 345
				王宿村	1 551
				钟张村	2 199
				孟村	1 682
				拾村	3 015
				北拾村	1 526
			下庙镇	沟家村	1 049
				三吴村	1 238
		华阴市	罗敷镇	左家村	354
		合计			15 628
	方山河口（西）	华县	柳枝镇	北拾村	1 409
				彭村	1 669
				拾村	2 784
				孟村	1 106
				王宿村	352
				钟张村	2 030
				东新庄村	124
				柳枝街道办事处	78
				丰良村	201
				南关村	526
		合计			10 279
	方山河口（东）	华阴市	华西镇	庆华村	1 187
				葱湾村	539
				孙庄村	1 207
				良坊村	579
				演家村	1 358
			罗敷镇	托西村	1 432
		合计			6 302

市	溃口名称	县(市、区)	乡(镇)	行政村	人口(人)
渭南市	冯东险工	华阴市	华西镇	华西村	1 010
				庆华村	1 187
				葱湾村	539
				孙庄村	1 207
				冯东村	1 024
				罗西村	1 383
				良坊村	579
				演家村	1 358
			罗敷镇	托西村	1 432
		合计			9 719
	罗敷河口 (东)	华阴市	罗敷镇	山峰村	440
				连村	303
			华山镇	高家村	1 844
			华西镇	北严村	1 054
				西渭北村	1 085
		合计			4 726
	柳叶河口 (东)	华阴市	华西镇	东阳村	1 895
				南严村	2 031
			太华路街道办事处	小留村	573
				郭家村	966
				新城村	428
		合计			5 893
	长涧河口 (东)	华阴市	岳庙街道办事处	南栅村	1 737
				北社村	1 624
				陈家村	2 384
				东联村	1 952
				东栅村	2 109
				土洛坊村	1 663
				新姚村	1 700
		潼关县	秦东镇	桃林寨村	1 177
		合计			14 346

市	溃口名称	县(市、区)	乡(镇)	行政村	人口(人)
渭南市	华农工程	华阴市	华西镇	北洛村	2 418
				罗西村	1 383
				华西村	1 010
				冯东村	1 024
		合计			5 835
	三河口工程	华阴市	岳庙街道办事处	陈家村	2 384
				东联村	1 952
				东栅村	2 109
				南栅村	737
		潼关县	秦东镇	桃林寨村	1 177
		合计			8 359

4.渭河南岸支流

渭河南岸二华南山支流共有 16 个溃口,淹没范围涉及渭南市临渭区、华县、华阴市 3 个县(市、区)的 12 个乡(镇)66 个行政村,人口共计 89 450 人。

1)赤水河赤水镇(西堤)溃口

赤水镇(西堤)溃口淹没区域为临渭区向阳街道办事处 6 个行政村,人口 6 302 人。洪水影响村庄人口统计见表 3-117。

2)赤水河赤水镇(东堤)溃口

赤水镇(东堤)溃口淹没区域为华县赤水镇 6 个行政村,人口 8 330 人。洪水影响村庄人口统计见表 3-117。

表 3-117　赤水河溃口洪水影响村庄人数

市	溃口名称	县(区)	乡(镇)	行政村	人口(人)
渭南市	赤水镇(西堤)	临渭区	向阳街道办事处	长冈村	1 080
				赤水村	801
				田家村	1 573
				新庄村	510
				淹头村	1 369
				赵王村	969
		合计			6 302
	赤水镇(东堤)	华县	赤水镇	赤水村	1 611
				蒋家村	1 619
				麦王村	1 935
				水城村	795
				台台村	1 548
				新城村	822
		合计			8 330

3）遇仙河老公路桥南（西堤）溃口

遇仙河老公路桥南（西堤）溃口淹没区域为华县赤水镇、莲花寺镇 9 个行政村，人口 11 443 人。其中，赤水镇 8 个行政村，人口 11 069 人；莲花寺镇三合村 374 人。洪水影响村庄人口统计见表 3-118。

4）遇仙河老公路桥南（东堤）溃口

遇仙河老公路桥南（东堤）溃口淹没区域为华县赤水镇 11 个行政村，人口 11 781 人。洪水影响村庄人口统计见表 3-118。

表 3-118　遇仙河溃口洪水影响村庄人数

溃口名称	市	县	乡（镇）	行政村	人口（人）
老公路桥南 （西堤）	渭南市	华县	赤水镇	赤水村	1 611
				赤水社区	801
				蒋家村	1 619
				麦王村	1 935
				水城村	795
				台台村	1 548
				桥家村	960
				刘家村	1 800
			莲花寺镇	三合村	374
			合计		11 443
老公路桥南 （东堤）	渭南市	华县	赤水镇	马庄村	817
				辛村	687
				样田村	1 611
				罗家村	1 161
				楼梯村	100
				辛庄村	972
				陈家村	158
				刘家村	600
				沙弥村	1 560
				魏三庄村	1 891
				候坊村	2 224
			合计		11 781

5）石堤河老公路桥南（西堤）溃口

石堤河老公路桥南（西堤）溃口淹没区域为华县赤水镇、瓜坡镇 12 个行政村，人口 13 864 人。其中，赤水镇 11 个行政村，人口 13 624 人；瓜坡镇君朝村 240 人。洪水影响村庄人口统计见表3-119。

6）石堤河老公路桥南（东堤）溃口

石堤河老公路桥南（东堤）溃口淹没区域为华县华州镇、莲花寺镇、下庙镇16个行政村，人口11 286人。其中，华州镇7个行政村，人口5 053人；莲花寺镇汀村574人；下庙镇8个行政村，人口5 659人。洪水影响村庄人口统计见表3-119。

表3-119　石堤河溃口洪水影响村庄人数

溃口名称	市	县	乡（镇）	行政村	人口（人）
老公路桥南（西堤）	渭南市	华县	赤水镇	步背后村	401
				陈家村	949
				李家堡村	635
				样田村	1 611
				刘家村	1 800
				辛庄村	2 061
				马庄村	817
				太平村	703
				魏三庄村	1 891
				候坊村	2 224
				姚家村	532
			瓜坡镇	君朝村	240
			合计		13 864
老公路桥南（东堤）	渭南市	华县	华州镇	王堡村	773
				咎家村	604
				赵村	880
				宜合村	525
				先农村	1 009
				西罗村	150
				王什字村	1 112
			莲花寺镇	汀村	574
			下庙镇	下庙村	190
				牛市村	309
				姜田村	327
				杨相村	215
				车堡村	311
				甘村	1 078
				康甘村	1 176
				田村	2 053
			合计		11 286

7)罗纹河二华干沟北(西堤)溃口

罗纹河二华干沟北(西堤)溃口淹没区域为华县2个乡(镇)11个行政村,人口7 641人。其中,下庙镇9个行政村,人口6 663人;莲花寺镇2个行政村,人口978人。洪水影响村庄人口统计见表3-120。

8)罗纹河二华干沟北(东堤)溃口

罗纹河二华干沟北(东堤)溃口淹没区域为华县下庙镇、莲花寺镇、柳枝镇3个行政村,人口3 687人。洪水影响村庄人口统计见表3-120。

表3-120 罗纹河溃口洪水影响村庄人数

溃口名称	市	县	乡(镇)	行政村	人口(人)
二华干沟北 (西堤)	渭南市	华县	下庙镇	姜田村	654
				杨相村	429
				车堡村	778
				牛市村	618
				东周村	884
				吊庄村	427
				简家村	539
				什字村	1 366
				西周村	968
			莲花寺镇	由里村	404
				汀村	574
合计					7 641
二华干沟北 (东堤)	渭南市	华县	下庙镇	沟家村	969
			莲花寺镇	北马村	688
			柳枝镇	钟张村	2 030
合计					3 687

9)方山河二华干沟北(西堤)溃口

方山河二华干沟北(西堤)溃口淹没区域为华县柳枝镇3个行政村,人口3 908人。洪水影响村庄人口统计见表3-121。

10)方山河二华干沟北(东堤)溃口

方山河二华干沟北(东堤)溃口淹没区域为华阴市华西镇2个行政村,人口563人。洪水影响村庄人口统计见表3-121。

11)罗敷河二华干沟北(西堤)溃口

罗敷河二华干沟北(西堤)溃口淹没区域为华阴市罗敷镇托西村,人口1 432人。洪水影响村庄人口统计见表3-122。

12)罗敷河二华干沟北(东堤)溃口

罗敷河二华干沟北(东堤)溃口淹没区域为华阴市3个乡(镇)5个行政村,人口2 836人。洪水影响村庄人口统计见表3-122。

表3-121　方山河溃口洪水影响村庄人数

溃口名称	市	县(市)	乡(镇)	行政村	人口(人)
二华干沟北 (西堤)	渭南市	华县	柳枝镇	彭村	1 669
				拾村	1 253
				北拾村	986
			合计		3 908
二华干沟北 (东堤)	渭南市	华阴市	华西镇	葱湾村	81
				孙庄村	482
			合计		563

表3-122　罗敷河溃口洪水影响村庄人数

溃口名称	市	县(市)	乡(镇)	行政村	人口(人)
二华干沟北 (西堤)	渭南市	华阴市	罗敷镇	托西村	1 432
			合计		1 432
二华干沟北 (东堤)	渭南市	华阴市	罗敷镇	连村	303
				付家村	622
				山峰村	88
			华西镇	西渭北村	1 085
			华山镇	高家村	738
			合计		2 836

13)柳叶河二华干沟南300 m(西堤)溃口

二华干沟南300 m(西堤)溃口淹没区域为华阴市华西镇、华山镇2个行政村,人口1 638人。洪水影响村庄人口统计见表3-123。

14)柳叶河二华干沟南300 m(东堤)溃口

二华干沟南300 m(东堤)溃口淹没区域为华阴市太华路街道办事处小留村,人口573人。洪水影响村庄人口统计见表3-123。

15)长涧河二华干沟南800 m(西堤)溃口

二华干沟南800 m(西堤)溃口淹没区域为华阴市太华路街道办事处小留村,人口320人。洪水影响村庄人口统计见表3-124。

表 3-123　柳叶河溃口洪水影响村庄人数

溃口名称	市	县(市)	乡(镇)	行政村	人口(人)
二华干沟南 300 m (西堤)	渭南市	华阴市	华西镇	西渭北村	1 085
			华山镇	高家村	553
			合计		1 638
二华干沟南 300 m (东堤)	渭南市	华阴市	太华路街道办事处	小留村	573
			合计		573

16) 长涧河二华干沟南 800 m(东堤)溃口

二华干沟南 800 m(东堤)溃口淹没区域为华阴市岳庙街道办事处 2 个行政村,人口 3 846 人。洪水影响村庄人口统计见表 3-124。

表 3-124　长涧河溃口洪水影响村庄人数

溃口名称	市	县(市)	乡(镇)	行政村	人口(人)
二华干沟南 800 m (西堤)	渭南市	华阴市	太华路街道办事处	小留村	320
			合计		320
二华干沟南 800 m (东堤)	渭南市	华阴市	岳庙街道办事处	南栅村	1 737
				东栅村	2 109
			合计		3 846

3.8.3.2　避洪安置方式的选择

根据《避洪转移图编制技术要求(试行)》,并结合渭南市县防汛转移的实际做法,避洪安置方式为异地转移安置,形式上分为两类:有亲友的投亲靠友安置;无亲友的由当地政府组织实行集中分散安置。安置区的选择结合渭南市、华阴市、华县等各市、县现有防洪预案中划定的安置区确定。

分批转移分区坚持如下原则:对区域面积较大、洪水前锋演进时间超过 24 h 的区域,按洪水前锋到达时间小于 12 h、介于 12 ~ 24 h 和大于 24 h 三个区间划定分批转移分区。洪水前锋演进时间小于 12 h 的区域为第一批次,介于 12 ~ 24 h 为第二批次,大于 24 h 为第三批次。

1. 渭河干流北岸

渭河干流北岸溃口共 8 个,溃口洪水淹没区域较大,洪水前锋演进时间超过 12 h,需要分批转移。其中,8 个溃口需要第一批次转移的人口 55 169 人,转移村庄人口统计见表 3-125;7 个溃口需要第二批次转移的人口 32 689 人,转移村庄人口统计见表 3-126;沙王险工溃口需要第三批次转移的人口 32 223 人,转移村庄人口统计见表 3-127。

表 3-125　渭河北岸各溃口转移安置中第一批次转移村庄人口统计

溃口名称	市	县（区）	乡（镇）	行政村	人口（人）
安虹路口	咸阳市	秦都区	渭阳西路街道办事处	南安村	1 174
				金山社区	406
			人民路街道办事处	嘉惠社区	612
		渭城区	渭阳街道办事处	旭鹏村	2 483
				利民村	2 517
		合计			7 192
店上险工	咸阳市	渭城区	正阳街道办事处	孙家村	908
				左所	1 297
			窑店街道办事处	仓张村	2 649
				大寨村	989
				长兴村	304
		合计			6 147
吴村阳险工	西安市	临潼区	北田街道办事处	西渭阳村委会	1 985
				尖角村	1 564
				北田村委会	2 206
				马陵村	1 599
				增月村	410
				东渭阳村委会	1 202
	西安市	高陵区	张卜镇	韩家村	3 438
				张家村	3 516
				南郭村	3 351
				贾蔡村	1 264
		合计			20 535
西渭阳险工	西安市	临潼区	北田街道办事处	西渭阳村委会	1 985
				东渭阳村委会	1 202
		合计			3 187
沙王险工	渭南市	临渭区	龙背镇	观西村	963
				里仁村	1 628
				新冯村	1 301
		合计			3 892
仓渡险工	渭南市	临渭区	龙背镇	苍渡村	1 873
				洪新村	940
		合计			2 813
苏村险工	渭南市	大荔县	苏村镇	三里村	1 817
				陈村	2 445
				溢渡村	2 112
		合计			6 374
仓西险工	渭南市	大荔县	韦林镇	长城村	534
				西寨村	514
				韦林村	1 010
				阳昌村	923
				东三村	464
				望仙观村	1 584
		合计			5 029

表 3-126　渭河北岸各溃口转移安置中第二批次转移村庄人口统计

溃口名称	市	县(区)	乡(镇)	行政村	人口(人)
安虹路口	咸阳市	秦都区	人民路街道办事处	天王第一社区	426
		渭城区	渭阳街道办事处	光辉村	362
				金家庄	206
	合计				994
店上险工	咸阳市	渭城区	正阳街道办事处	左排村	403
				东阳村	210
	合计				613
吴村阳险工	西安市	临潼区	北田街道办事处	田严村	1 823
				滩王村委会	3 955
			任留街道办事处	南屯村委会	923
				西口村委会	1 613
	合计				8 314
西渭阳险工	西安市	临潼区	北田街道办事处	田严村委会	2 316
				滩王村委会	3 955
			任留街道办事处	南屯村委会	1 923
				西口村委会	920
		高陵区	张卜镇	韩家村	627
	合计				9 741
沙王险工	渭南市	临渭区	龙背镇	油陈村	2 681
			辛市镇	东四村	1 022
				马渡村	1 505
				东酒王村	243
				沙王村	1 587
				辛市村	2 724
	合计				9 762
仓渡险工	渭南市	临渭区	孝义镇	孝南村	224
		大荔县	下寨镇	朱家村	201
				张家村	636
	合计				1 061
仓西险工	渭南市	大荔县	韦林镇	东二村	1 038
				仓头村	1 166
	合计				2 204

表 3-127　渭河北岸各溃口转移安置中第三批次转移村庄人口统计

溃口名称	市	县(区)	乡(镇)	行政村	人口(人)
沙王险工	渭南市	临渭区	龙背镇	龙背村	1 688
				东风村	2 465
				永丰村	2 589
				北史村	1 599
				程庄村	774
				前进村	2 428
				青龙村	1 656
				高杨村	928
				信义村	3 183
				新光村	821
				侯家村	1 360
				任李村	1 564
				陈南村	1 933
				陈北村	1 213
				新庄村	2 004
				段刘村	413
				郝家村	768
				刘宋村	1 617
			辛市镇	权家村	2 825
				南孟村	395
合计					32 223

2.渭河北岸支流

渭河北岸支流溃口共 3 个,3 个溃口需要第一批次转移,转移人口 19 738 人,转移村庄人口统计见表 3-128;泾河陕汽大道泾河桥上首(右岸)溃口需要第二批次转移,转移人口 2 123 人,转移村庄人口统计见表 3-129。

表 3-128　渭河北岸支流各溃口转移安置中第一批次转移村庄人口统计

河流	溃口名称	市	县(区)	乡(镇)	行政村	人口(人)
洛河	农垦七连以西	渭南市	大荔县	韦林镇	阳昌村	923
					长城村	1 481
					泊子村	1 765
					会龙村	649
					仓西村	1 038
					火留村	928
					西寨村	1 072
					东一村	980
					东二村	519
					东三村	464
					新合	590
					迪东村	700
					迪西村	513
					韦林村	1 010
					仓头村	1 166
					望仙观村	1 584
		合计				15 382
泾河	陕汽大道泾河桥上首(左岸)	西安市	高陵区	泾渭镇	韩村	623
					杨官寨	327
				崇皇乡	下徐吴村	622
					酱王村	497
					井王村	622
		合计				2 691
	陕汽大道泾河桥上首(右岸)	西安市	高陵区	泾渭街道办事处	店子王村	1 203
					西营村	462
		合计				1 665

表 3-129　渭河北岸支流各溃口转移安置中第二批次转移村庄人口统计

河流	溃口名称	市	县(区)	乡(镇)	行政村	人口(人)
泾河	陕汽大道泾河桥上首(右岸)	西安市	高陵区	泾渭街道办事处	雷贾村	624
					陈家滩	864
					泾渭堡	635
		合计				2 123

3. 渭河干流南岸

渭河干流南岸溃口共 27 个,溃口洪水淹没区域较大,洪水前锋演进时间超过 12 h,需要分批转移。其中,27 个溃口需要第一批次转移的人口共 102 888 人,转移村庄人口统计见表 3-130;21 个溃口需要第二批次转移的人口 108 156 人,转移村庄人口统计见表 3-131;11 个溃口第三批次转移的人口 70 653 人,转移村庄人口统计见表 3-132。

表 3-130　渭河南岸各溃口转移安置中第一批次转移村庄人口统计

溃口名称	市	县(市、区)	乡(镇)	行政村	人口(人)
段家堡	咸阳市	秦都区	陈杨寨街道办事处	安谷村	2 190
				段家堡村	1 911
				田家堡村	1 439
				曹家寨村	4 578
				宇宏社区	899
			钓台街道办事处	钓鱼台村	1 214
		合计			12 231
小王庄险工	咸阳市	秦都区	陈杨寨街道办事处	小王村	1 103
		合计			1 103
农六险工	西安市	未央区	六村堡街道办事处	八兴滩村	1 948
		合计			1 948
东站险工	西安市	未央区	汉城街道办事处	西三村	845
		合计			845
水流险工	西安市	灞桥区	新合街道办事处	班家村	104
				和平村	409
		合计			513
周家险工	西安市	高陵区	耿镇	周家村	2 811
		合计			2 811

溃口名称	市	县(市、区)	乡(镇)	行政村	人口(人)
季家工程	西安市	临潼区	何寨街道办事处	马寨村	3 106
				圣力寺村	4 728
	合计				7 834
张义险工	渭南市	临渭区	何寨街道办事处	寇家村	152
	合计				152
梁赵险工	渭南市	临渭区	双王街道办事处	朱王村	2 745
				八里店村	1 732
				双王村	2 736
				罗刘村	1 078
	合计				8 291
八里店险工	渭南市	临渭区	双王街道办事处	梁村	1 320
				罗刘村	1 078
				双王村	2 736
				朱王村	2 745
				八里店村	1 732
				槐衙村	3 087
	合计				12 698
田家工程	渭南市	临渭区	龙背镇	青龙村	1 656
			向阳街道办事处	田家村	1 573
				淹头村	1 369
	合计				4 598
詹刘险工	渭南市	华县	赤水镇	蒋家村	1 619
				麦王村	1 935
				台台村	1 548
				新城村	822
			莲花寺镇	三合村	374
	合计				6 298
遇仙河口(东)	渭南市	华县	赤水镇	刘家村	1 800
				马庄村	817
				魏三庄村	1 891
			柳枝镇	北刘村	1 467
	合计				5 975

溃口名称	市	县(市、区)	乡(镇)	行政村	人口(人)
石堤河口（西）	渭南市	华县	赤水镇	刘家村	1 800
		合计			1 800
石堤河口（东）	渭南市	华县	华州镇	吝家村	604
			下庙镇	南解村	1 399
				田村	2 053
		合计			4 056
南解村	渭南市	华县	赤水镇	李家堡村	1 013
			华州镇	王堡村	837
				吝家村	654
			莲花寺镇	汀村	574
				由里村	404
			下庙镇	南解村	1 399
				康甘村	1 176
				姜田村	654
				杨相村	429
				车堡村	778
				牛市村	618
				吊庄村	427
				简家村	539
				新建村	1 341
		合计			10 843
罗纹河口（西）	渭南市	华县	下庙镇	姜田村	654
				东周村	884
		合计			1 538
罗纹河口（东）	渭南市	华县	柳枝镇	秦家村	1 242
			下庙镇	三吴村	1 238
		合计			2 480
毕家	渭南市	华县	柳枝镇	孟村	1 682
		合计			1 682
方山河口（西）	渭南市	华县	柳枝镇	拾村	2 784
		合计			2 784

溃口名称	市	县(市、区)	乡(镇)	行政村	人口(人)
方山河口（东）	渭南市	华阴市	华西镇	孙庄村	1 207
	合计				1 207
冯东险工	渭南市	华阴市	华西镇	华西村	1 010
				冯东村	1 024
				良坊村	579
				演家村	1 358
	合计				3971
罗敷河口（东）	渭南市	华阴市	罗敷镇	山峰村	440
				连村	303
			华山镇	高家村	1 844
			华西镇	北严村	1 054
				西渭北村	1 085
	合计				4 726
柳叶河口（东）	渭南市	华阴市	华西镇	东阳村	1 895
				南严村	2 031
			太华路街道办事处	小留村	573
				郭家村	966
				新城村	428
	合计				5 893
长涧河口（东）	渭南市	华阴市	岳庙街道办事处	南栅村	1 737
				东栅村	2 109
	合计				3 846
华农工程	渭南市	华阴市	华西镇	冯东村	1 024
	合计				1 024
三河口工程	渭南市	华阴市	岳庙街道办事处	陈家村	2 384
				东联村	1 952
	渭南市	潼关县	秦东镇	桃林寨村	1 177
	合计				5 513

表 3-131　渭河南岸各溃口转移安置中第二批次转移村庄人口统计

溃口名称	市	县(市、区)	乡(镇)	行政村	人口(人)
段家堡	咸阳市	秦都区	陈杨寨街道办事处	伍家堡村	873
				孔家寨村	1 332
				牛家村	2 151
			钓台街道办事处	文家村	2 630
				郭村	3 312
				李家庄村	1 810
				杨户寨村	1 047
	合计				13 155
水流险工	西安市	高陵区	耿镇	王家滩村	163
	合计				163
周家险工	西安市	临潼区	西泉街道办事处	宣孔村	324
	合计				324
张义险工	渭南市	临渭区	双王街道办事处	张西村	383
				西庆屯	1 840
	合计				2 223
梁赵险工	渭南市	临渭区	双王街道办事处	丰荫村	1 378
				梁村	1 320
				槐衙村	3 087
	合计				5 785
八里店险工	渭南市	临渭区	向阳街道办事处	东王村	930
	合计				930
田家工程	渭南市	临渭区	龙背镇	新庄村	1 002
			向阳街道办事处	长闵村	540
				赵王村	485
	合计				2 027
詹刘险工	渭南市	华县	赤水镇	赤水村	1 611
				水城村	795
	合计				2 406
遇仙河口（东）	渭南市	华县	赤水镇	沙弥村	1 560
				太平村	703
				辛庄村	2 061
				样田村	1 611
				陈家村	949
				候坊村	2 224
	合计				9 108
石堤河口（西）	渭南市	华县	赤水镇	沙弥村	1 560
				刘家村	1 800
	合计				3 360
石堤河口（东）	渭南市	华县	华州镇	王堡村	773
			下庙镇	秦家滩村	169
				车堡村	778
			赤水镇	贾家村	2 047
				王里渡村	1 862
	合计				5 629

溃口名称	市	县(市、区)	乡(镇)	行政村	人口(人)
南解村	渭南市	华县	赤水镇	王里渡村	1 862
				贾家村	2 047
			华州镇	赵村	704
				王什字村	1 112
				团结村	158
				杜堡村	180
			莲花寺镇	庄头村	1 460
				时堡村	971
				东罗村	1 267
				南寨村	1 580
			下庙镇	田村	2 053
				甘村	2 157
				下庙村	633
				滨坝村	1 729
				惠家村	1 259
				西周村	968
				东周村	884
				秦家滩村	1 835
				三吴村	1 238
				什字村	1 366
合计					25 463
罗纹河口(西)	渭南市	华县	下庙镇	什字村	1 366
				西周村	968
合计					2 334
罗纹河口(东)	渭南市	华县	柳枝镇	孟村	1 553
				钟张村	2 199
				拾村	2 784
				北拾村	1 409
				彭村	1 669
			下庙镇	沟家村	969
合计					10 583

溃口名称	市	县(市、区)	乡(镇)	行政村	人口(人)
毕家	渭南市	华县	柳枝镇	秦家村	1 345
				王宿村	1 551
			下庙镇	三吴村	1 238
				沟家村	1 049
	合计				5 183
方山河口(西)	渭南市	华县	柳枝镇	北拾村	1 409
				孟村	1 106
	合计				2 515
方山河口(东)	渭南市	华阴市	华西镇	庆华村	1 187
	合计				1 187
冯东险工	渭南市	华阴市	华西镇	庆华村	1 187
				葱湾村	539
				孙庄村	1 207
				罗西村	1 383
			罗敷镇	托西村	1 432
	合计				5 748
长涧河口(东)	渭南市	华阴市	岳庙街道办事处	土洛坊村	1 663
				新姚村	1 700
	合计				3 363
华农工程	渭南市	华阴市	华西镇	北洛村	2 418
				华西村	1 010
	合计				3 428
三河口工程	渭南市	华阴市	岳庙街道办事处	东栅村	1 181
					928
				南栅村	737
	合计				2 846

表 3-132　渭河南岸各溃口转移安置中第三批次转移村庄人口统计

溃口名称	市	县(市、区)	乡(镇)	行政村	人口(人)
梁赵险工	渭南市	临渭区	高新区	周家村	402
			人民街道办事处	曙光村	936
				胜利中街社区	3 120
				乐天中街社区	1 105
			双王街道办事处	红星村	468
			向阳街道办事处	张岭村	486
				郭壕村	564
合计					7 081
八里店险工	渭南市	临渭区	双王街道办事处	丰荫村	1 378
合计					1 378
遇仙河口（东）	渭南市	华县	赤水镇	薛史村	1 305
				雷家村	404
				李家堡村	1 013
				辛村	972
				南吉村	1 724
				李家村	1 224
				楼梯村	908
				姚家村	532
合计					8 082
石堤河口（西）	渭南市	华县	赤水镇	辛村	100
				样田村	1 611
				楼梯村	908
				南吉村	1 724
				沙弥村	1 560
				魏三庄村	1 891
				太平村	500
				辛庄村	2 061
				李家村	1 224
				薛史村	1 305
				马庄村	817
				姚家村	532
				陈家村	949
合计					15 182
石堤河口（东）	渭南市	华县	华州镇	西罗村	375
				王什字村	1 112
				张场村	622
			莲花寺镇	东罗村	1 267
				庄头村	1 460
				时堡村	40
				汀村	574

溃口名称	市	县(市、区)	乡(镇)	行政村	人口(人)
石堤河口（东）	渭南市	华县	下庙镇	下庙村	400
				惠家村	740
				滨坝村	870
				牛市村	618
				简家村	539
				吊庄村	427
				什字村	1 366
				东周村	884
				西周村	968
				姜田村	654
				杨相村	429
				甘村	2 157
				康甘村	1 176
				王巷村	1 606
合计					18 284
罗纹河口（西）	渭南市	华县	下庙镇	杨相村	429
				吊庄村	427
				田村	608
				康甘村	1 406
				甘村	2 157
				车堡村	778
				下庙村	173
				滨坝村	462
			莲花寺镇	由里村	404
				汀村	574
				庄头村	258
				东罗村	137
			华州镇	西罗村	375
				王什字村	1 562
				王堡村	1 093
合计					10 843

溃口名称	市	县(市、区)	乡(镇)	行政村	人口(人)
毕家	渭南市	华县	柳枝镇	彭村	1 669
				钟张村	2 199
				拾村	3 015
				北拾村	1 526
		华阴市	罗敷镇	左家村	354
	合计				8 763
方山河口（西）	渭南市	华县	柳枝镇	彭村	1 669
				王宿树	352
				钟张村	2 030
				东新庄村	124
				柳枝街道办事处	78
				丰良村	201
				南关村	526
	合计				4 980
方山河口（东）	渭南市	华阴市	华西镇	葱湾村	539
				良坊村	579
				演家村	1 358
			罗敷镇	托西村	1 432
	合计				3 908
长涧河口（东）	渭南市	华阴市	岳庙街道办事处	北社村	1 624
				陈家村	2 384
				东联村	1 952
		潼关县	秦东镇	桃林寨村	1 177
	合计				7 137
华农工程	渭南市	华阴市	华西镇	罗西村	1 383
	合计				1 383

4. 渭河南岸支流

渭河南岸南山支流溃口共16个,16个溃口需要第一批次转移的人口53 153人,转移村庄人口统计见表3-133;11个溃口需要第二批次转移的人口30 006人,转移村庄人口统计见表3-134。

表 3-133　南岸支流各溃口转移安置中第一批次转移村庄人口统计

河流	溃口名称	市	县(市、区)	乡(镇)	行政村	人口(人)
赤水河	赤水镇 (西堤)	渭南市	临渭区	向阳街道办事处	田家村	1 573
					赤水村	801
					淹头村	1 369
		合计				3 743
	赤水镇 (东堤)	渭南市	华县	赤水镇	蒋家村	1 619
					麦王村	1 935
					台台村	1 548
					新城村	822
		合计				5 924
遇仙河	老公路桥南 (西堤)	渭南市	华县	赤水镇	赤水村	1 611
					赤水社区	801
					水城村	795
					台台村	1 548
					桥家村	960
				莲花寺镇	三合村	374
		合计				6 089
	老公路桥南 (东堤)	渭南市	华县	赤水镇	马庄村	817
					辛村	687
					样田村	1 611
					罗家村	1 161
					楼梯村	100
					辛庄村	972
					陈家村	158
					刘家村	600
					沙弥村	1 560
					魏三庄村	1 891
					候坊村	2 224
		合计				11 781
石堤河	老公路桥南 (西堤)	渭南市	华县	赤水镇	步背后村	401
					陈家村	949
					李家堡村	635
					魏三庄村	1 891
					姚家村	532
				瓜坡镇	君朝村	240
		合计				4 648
	老公路桥南 (东堤)	渭南市	华县	华州镇	王堡村	773
					各家村	604
					赵村	880
					宜合村	525
					先农村	1 009
					西罗村	150
					王什字村	1 112
				下庙镇	田村	2 053
		合计				7 106

河流	溃口名称	市	县(市、区)	乡(镇)	行政村	人口(人)
罗纹河	二华干沟北（西堤）	渭南市	华县	下庙镇	姜田村	654
					东周村	884
					西周村	968
				莲花寺镇	由里村	404
				合计		2 910
	二华干沟北（东堤）	渭南市	华县	下庙镇	沟家村	969
				莲花寺镇	北马村	688
				合计		1 657
罗敷河	二华干沟北（西堤）	渭南市	华阴市	罗敷镇	托西村	1 432
				合计		1 432
	二华干沟北（东堤）	渭南市	华阴市	罗敷镇	连村	303
					付家村	622
					山峰村	88
				华西镇	西渭北村	1 085
				合计		2 098
柳叶河	二华干沟南300 m(西堤)	渭南市	华阴市	华山镇	高家村	553
				合计		553
	二华干沟南300 m(东堤)	渭南市	华阴市	太华路街道办事处	小留村	573
				合计		573
长涧河	二华干沟南800 m（西堤）	渭南市	华阴市	太华路街道办事处	小留村	320
				合计		320
	二华干沟南800 m（东堤）	渭南市	华阴市	岳庙街道办事处	南栅村	1 737
					东栅村	2 109
				合计		3 846
方山河	二华干沟北（东堤）	渭南市	华阴市	华西镇	孙庄村	482
				合计		482
	二华干沟北（西堤）	渭南市	华县	柳枝镇	拾村	1 253
					彭村	1 669
					北拾村	986
				合计		3 908

表 3-134　南岸支流各溃口转移安置中第二批次转移村庄人口统计

河流	溃口名称	市	县(市、区)	乡(镇)	行政村	人口(人)
赤水河	赤水镇 (西堤)	渭南市	临渭区	处阳街道办事处	新庄村	510
					赵王村	969
					长闵村	1 080
			合计			2 559
	赤水镇 (东堤)	渭南市	华县	赤水镇	赤水村	1 611
					水城村	795
			合计			2 406
遇仙河	老公路桥南 (西堤)	渭南市	华县	赤水镇	蒋家村	1 619
					麦王村	1 935
					刘家村	1 800
			合计			5 354
石堤河	老公路桥南 (西堤)	渭南市	华县	赤水镇	样田村	1 611
					刘家村	1 800
					辛庄村	2 061
					马庄村	817
					太平村	703
					候坊村	2 224
			合计			9 216
石堤河	老公路桥南 (东堤)	渭南市	华县	莲花寺镇	汀村	574
				下庙镇	下庙村	190
					牛市村	309
					姜田村	327
					杨相村	215
					车堡村	311
					甘村	1 078
					康甘村	1 176
			合计			4 180
罗纹河	二华干沟北 (西堤)	渭南市	华县	下庙镇	杨相村	429
					车堡村	778
					牛市村	618
					吊庄村	427
					简家村	539
					什字村	1 366
				莲花寺镇	汀村	574
			合计			4 731
	二华干沟北 (东堤)	渭南市	华县	柳枝镇	钟张村	2 030
			合计			2 030
罗敷河	二华干沟北 (东堤)	渭南市	华阴市	华山镇	高家村	738
			合计			738
柳叶河	二华干沟南 300 m(西堤)	渭南市	华阴市	华西镇	西渭北村	1 085
			合计			1 085
方山河	二华干沟北 (东堤)	渭南市	华阴市	华西镇	葱湾村	81
			合计			81

3.8.4　安置区划定

安置场所指可容纳避难居民且适宜建设避难设施,如房台、避难用房的安全区域。根据洪水淹没情况,结合安全区域(设施)的布局及容纳能力,以能充分容纳可能转移的最大人口数为衡量标准,沿可能最大淹没区周边规划安置场所。安置场所布置应考虑安置点高程、到达安置点的交通条件、安置点的生活保障措施、安置点的管理措施,且应尽可能选择在居民地、厂矿企业,以便于提供相关生活保障。若上述区域容纳能力仍然不足,则规划设置独立的安置场所。

3.8.4.1　安置区划定的原则

安置区选择时应遵循如下原则:

(1)在有安置预案的区域,应结合预案设置安置区。

(2)远离洪水风险区,远离河道、水库等;根据具体情况,安置场所应与上述危险区域保持适宜的缓冲距离。

(3)地势相对较高,但不宜过高;一般避难区的地面高程比附近的最高洪水位高出设计的安全超高即视为安全(例如:安全超高为3 m),这样将利于避难设施的建设。

(4)尽量靠近公路和铁路,以利于避难转移。

(5)尽量选择附近有医院的区域,可能的紧急医疗救护在转移避难中是不可少的。

(6)可保障避洪人员的基本生活。

(7)安置区的容纳人数一般按照建筑物内人均面积3 m²、露天区域人均面积8 m²估算。

3.8.4.2　人均避洪面积确定

渭河下游南、北两岸防洪保护区54个溃口的安置区涉及咸阳、西安、渭南三市11个县(市、区)。根据各县(市、区)统计年鉴中"农村住户基本情况表"确定的人均避洪面积见表3-135。

表3-135　渭河下游南、北两岸防洪保护区各县(市、区)室内避洪设施面积

市	县(市、区)	室内避洪设施面积(m²/人)	
		居民房屋	公共场所
渭南市	临渭区	38	1.2
	大荔县	39	1.1
	华县	38	1.5
	华阴市	40	1.4
	蒲城县	42	1.2
西安市	未央区	115	1.3
	临潼区	45	1.2
	灞桥区	42	1.1
	高陵区	67	1.5
咸阳市	渭城区	41	1.1
	秦都区	41	1.3

3.8.4.3 安置区的划定

根据渭河下游南、北两岸防洪保护转移单元的分布及人口数量,兼顾行政隶属关系,结合各市现有防洪预案划定的安置区,并按照就近、安全、通达等原则确定安置区位置。安置场所涉及 11 个区 41 个乡(镇),包括秦都区古渡、马泉、双照、钓台等 4 个街道办事处;渭城区渭阳、窑店、正阳等 3 个街道办事处;未央区六村堡、汉城等 2 个街道办事处;灞桥区新合街道办事处;临潼区西泉、任留、北田等 3 个街道办事处;高陵区耿镇、榆楚乡、张卜镇、泾渭街道办事处、崇皇乡、榆楚乡等 6 个乡(镇);蒲城县龙阳、党睦、龙池等 3 个镇;临渭区辛市、龙背、故市、孝义 4 个镇和人民、白杨、向阳 3 个街道办事处;大荔县苏村、官池、韦林、下寨镇等 4 个镇;华县赤水、瓜坡、华州、莲花寺、柳枝、杏林等 6 个镇;华阴罗敷镇、华山镇、太华街道办事处等,详见表 3-136 ~ 表 3-139。

表 3-136 渭河北岸各溃口安置区信息

溃口名称	安置区地址	安置区名称	可容纳人数(人)
安虹路口	咸阳市秦都区古渡街道办事处	古渡街道办	46 666
	咸阳市秦都区古渡街道办事处	石斗村	14 000
	咸阳市渭城区渭阳街道办事处	马家堡村	19 283
	咸阳市渭阳街道办事处	碱滩村	16 529
	咸阳市渭阳街道办事处	滨河新村	91 299
	咸阳市渭阳街道办事处	双泉村	25 102
店上险工	咸阳市渭城区窑店街道办事处	沙道村	4 966
	咸阳市渭城区正阳街道办事处	后排	10 656
	咸阳市渭城区正阳街道办事处	左排村	11 559
	咸阳市渭城区正阳街道办事处	柏家咀村	17 648
	渭城区窑店街道办事处	毛王村	29 758
	渭城区窑店街道办事处	窑店村	43 207
	渭城区窑店街道办事处	黄家沟	30 791
吴村阳险工	西安市临潼区北田街道办事处	温梁村	40 940
	西安市临潼区北田街道办事处	月掌村	39 457
	西安市临潼区任留街道办事处	潘杨村	19 762
	西安市临潼区北田街道办事处	刘张村	8 194
	西安市临潼区任留街道办事处	周闫村	22 615
	西安市临潼区任留街道办事处	任留街办院内	30 401
	西安市临潼区任留街道办事处	任留街办院内	30 401
	西安市高陵区	龙胡村	13 808
	西安市高陵区张卜镇	塬后村	45 167
	西安市高陵区张卜镇	塬张村	6 455
	西安市高陵区张卜镇	李家庄	4 682

溃口名称	安置区地址	安置区名称	可容纳人数(人)
西渭阳险工	西安市临潼区北田街道办事处	增月村委会	17 871
	西安市临潼区北田街道办事处	北田街道办事处院内	70 433
	西安市临潼区任留街道办事处	任留街道办事处院内	30 401
	西安市临潼区张卜镇	龙胡村	13 808
沙王险工	渭南市临渭区辛市镇	黑杨村	37 515
	渭南市临渭区辛市镇	庞家村	19 119
	渭南市临渭区辛市镇	大李村	21 119
	渭南市临渭区辛市镇	大田村	12 880
	渭南市临渭区辛市镇	吴刘村	4 738
	渭南市临渭区辛市镇	东酒王村	8 003
	渭南市临渭区辛市镇	前锋村	32 346
	渭南市临渭区辛市镇	贺田村	19 160
	渭南市临渭区辛市镇	灯塔村	31 860
	渭南市临渭区辛市镇	圪塔张村	9 907
	渭南市临渭区故市镇	巴邑村	42 192
	渭南市临渭区故市镇	杜王村	9 047
	渭南市临渭区故市镇	尹家村	6 216
	渭南市临渭区孝义镇	北周村	22 448
	渭南市临渭区孝义镇	南周村	6 122
	渭南市临渭区龙背镇	南焦村	28 567
	渭南市临渭区龙背镇	中焦村	7 780
	渭南市临渭区龙背镇	石家村	6 324
仓渡险工	渭南市临渭区龙背镇	南焦村	28 567
	渭南市临渭区孝义镇	第一初级中学	20 579
	渭南市临渭区孝义镇	南庄	14 275
	渭南市大荔县下寨镇	新蔺	8 305
	渭南市大荔县下寨镇	芟家庄村	13 691
苏村险工	渭南市大荔县官池镇	大园子	7 521
	渭南市大荔县苏村镇	苏村中学	16 241
	渭南市大荔县苏村镇	洪善村	75 610
仓西险工	渭南市大荔县韦林镇	仓西村	15 902
	渭南市大荔县韦林镇	梁园村	16 579
	渭南市大荔县韦林镇	马坊林场	12 017
	渭南市大荔县韦林镇	高洼	9 733
	渭南市大荔县韦林镇	会龙村	17 179
	渭南市大荔县韦林镇	火留	13 820

表 3-137　渭河北岸支流各溃口安置区信息

河流	溃口名称	安置区地址	安置区名称	可容纳人数（人）
洛河	农垦七连以西	渭南市大荔县韦林镇	马坊林场	12 017
		渭南市大荔县韦林镇	沙苑林场	14 306
		渭南市大荔县韦林镇	梁园村	24 473
		渭南市大荔县韦林镇	高洼	9 733
		渭南市大荔县韦林镇	柳园村	10 154
		渭南市大荔县韦林镇	仁东村	16 975
		渭南市大荔县韦林镇	马坊村	30 042
泾河	陕汽大道泾河桥上首（左岸）	高陵区泾渭街道办事处	高刘村	7 153
		高陵区泾渭街道办事处	西孙村	6 252
		高陵区崇皇乡	上徐吴村	10 709
		高陵区崇皇乡	三马白	12 493
		高陵区崇皇乡	窑子头	16 434
	陕汽大道泾河桥上首（右岸）	高陵区泾渭街道办事处	米家崖村	15 215
		高陵区泾渭街道办事处	梁村	44 653
		高陵区泾渭街道办事处	马湾村	7 406

表 3-138　渭河南岸各溃口安置区信息

溃口名称	安置区地址	安置区名称	可容纳人数（人）
段家堡	咸阳市秦都区马泉街道办事处	赵家村	222 917
	咸阳市秦都区马泉街道办事处	安家村	124 583
	咸阳市秦都区马泉街道办事处	程家村	333 333
	咸阳市秦都区马泉街道办事处	查田村	171 458
	咸阳市秦都区马泉街道办事处	陈家台村	220 833
	咸阳市秦都区双照街道办事处	南上召村	795 529
	咸阳市秦都区钓台街道办事处	马家寨村	71 670
	咸阳市秦都区钓台街道办事处	马家寨智英小学	11 128
	咸阳市秦都区双照街道办事处	李都村	904 011
	咸阳市秦都区钓台街道办事处	北季村	16 039
	咸阳市秦都区钓台街道办事处	南季村	13 260

溃口名称	安置区地址	安置区名称	可容纳人数（人）
小王庄险工	咸阳市秦都区	沣西中学	17 537
农六险工	西安市未央区六村堡街道办事处	六村堡街道办事处	27 547
东站险工	西安市未央区汉城街道办事处	南党村	6 956
水流险工	西安市灞桥区新合街道办事处	草店村	32 763
	西安市高陵区张卜镇	张卜村	29 657
周家险工	西安市高陵区榆楚乡	安家村	272 683
	西安市临潼区西泉街道办事处	西泉街街道办事处	380 879
季家工程	西安市临潼区何寨村委会	何寨村委会	46 673
	西安市临潼区何寨街道办事处	邓家村	7357
张义险工	渭南市临渭区孝义镇	南刘村	22 659
	渭南市临渭区白杨街道办事处	西庆屯安置小区	6 547
	西安市临潼区何寨村委会	成杨村	3 932
梁赵险工	渭南市高新区	政和苑小区	26 134
	渭南市临渭区人民街道办事处	景和花园	21 147
	渭南市临渭区	渭南市实验初级中学	26 675
	渭南市临渭区人民街道办事处	熙园公馆	19 280
	渭南市临渭区人民街道办事处	曹景村	6 973
	渭南市临渭区解放街道办事处	五里铺村	21 069
	渭南市临渭区人民街道办事处	海兴小区	48 888
	渭南市临渭区人民街道办事处	小寨村	6 532
	渭南市临渭区白杨街道办事处	南黄村	20 421
	渭南市临渭区人民街道办事处	华山小区	25 558
	渭南市临渭区人民街道办事处	曙光小区	5 339
	渭南市临渭区丰原镇	闵家村	13 952
八里店险工	渭南市临渭区人民街道办事处	小寨村	6 532
	渭南市临渭区双王街道办事处	南黄村	20 421
	渭南市临渭区人民街道办事处	曹井村	40 271
	渭南市临渭区人民街道办事处	华山小区	25 558
	渭南市临渭区解放街道办事处	五里铺村	21 069
	渭南市临渭区人民街道办事处	海兴小区	48 888
	渭南市临渭区人民街道办事处	曙光小区	5 339

续表 3-138

溃口名称	安置区地址	安置区名称	可容纳人数（人）
田家工程	渭南市临渭区龙背镇	南周村	12 051
	渭南市临渭区向阳街道办事处	张苓村	6 418
	渭南市临渭区向阳街道办事处	郭壕村	5 428
	渭南市临渭区向阳街道办事处	孟家村	12 645
	渭南市临渭区向阳街道办事处	程家村	7 065
	渭南市临渭区向阳街道办事处	向阳二中	37 666
詹刘险工	渭南市华县赤水镇	赤水医院	785
	渭南市华县赤水镇	老赤水中学	15 200
	渭南市华县赤水镇	任家寨	11 603
	渭南市华县赤水镇	程高小学	872
	渭南市华县赤水镇	江村	19 899
	渭南市华县赤水镇	程高村	12 122
	渭南市华县莲花寺镇	袁寨小学	11 400
遇仙河口（东）	渭南市华县瓜坡镇	黄家村	11 527
	渭南市华县瓜坡镇	南沙村	40 052
	渭南市华县瓜坡镇	李托村	19 063
	渭南市华县赤水镇	郭村小学	849
	渭南市华县瓜坡镇	瓜底村	23 965
	渭南市华县瓜坡镇	庙前村	13 667
	渭南市华县瓜坡镇	过村	11 159
	渭南市华县赤水镇	江村小学	960
	渭南市华县瓜坡镇	良候村	21 318
	渭南市华县瓜坡镇	张岩村	6 967
	渭南市华县瓜坡镇	三留村	16 378
	渭南市华县瓜坡镇	孔村	26 182
	渭南市华县赤水镇	郭村	25 004
	渭南市华县瓜坡镇	井堡村	11 172
	渭南市华县瓜坡镇	姚郝	15 301
	渭南市华县柳枝镇	丰良村	27145

溃口名称	安置区地址	安置区名称	可容纳人数(人)
石堤河口 （西）	渭南市华县赤水镇	郭村小学	849
	渭南市华县赤水镇	郭村	25 004
	渭南市华县赤水镇	江村小学	960
	渭南市华县瓜坡镇	庙前村	13 667
	渭南市华县瓜坡镇	瓜底村	5 252
	渭南市华县瓜坡镇	过村	2 105
	渭南市华县瓜坡镇	良候村	2 500
	渭南市华县瓜坡镇	张岩村	1 253
	渭南市华县瓜坡镇	三留村	3 184
	渭南市华县瓜坡镇	孔村	4 128
	渭南市华县瓜坡镇	南沙村	40 052
	渭南市华县瓜坡镇	井堡村	11 172
石堤河口（东）	渭南市华县华州镇	大街村	16 537
	渭南市华县华州镇	马斜村	4 497
	渭南市华县华州镇	红岭机械厂	8 348
	渭南市华县华州镇	城内村	9 786
	渭南市华县莲花寺镇	瓦头村	10 855
	渭南市华县莲花寺镇	少华中学	15 444
	渭南市华县莲花寺镇	少华村	11 337
	渭南市华县莲花寺镇	乔堡村	7 182
	渭南市华县杏林镇	棉麻厂	9 474
	渭南市华县杏林镇	李坡村	12 987
	渭南市华县杏林镇	城南村	21 038
	渭南市华县杏林镇	磨村	18 962
	渭南市华县杏林镇	杏林钢厂	8 372
	渭南市华县杏林镇	梓里村	24 615
	渭南市华县杏林镇	老观台村	8 436
	渭南市华县杏林镇	三溪村	14 949
	渭南市华县杏林镇	梁西村	5 231
	渭南市华县杏林镇	城关中学	6 500
	渭南市华县杏林镇	龙山村	34 897
	渭南市华县杏林镇	李庄村	16 449
	渭南市华县瓜坡镇	东赵村	19 532
	渭南市华县瓜坡镇	三小村	15 618

続表 3-138

溃口名称	安置区地址	安置区名称	可容纳人数(人)
南解村	渭南市华县瓜坡镇	李托村	19 063
	渭南市华县瓜坡镇	三小村	15 618
	渭南市华县瓜坡镇	东赵村	19 532
	渭南市华县莲花寺镇	西寨村	13 908
	渭南市华县华州镇	城内村	9 786
	渭南市华县华州镇	杨巷村	12 063
	渭南市华县华州镇	马斜村	4 497
	渭南市华县莲花寺镇	乔堡村	6 422
	渭南市华县莲花寺镇	少华中学	24 692
	渭南市华县莲花寺镇	少华村	10 137
	渭南市华县莲花寺镇	瓦头村	9 707
	渭南市华县莲花寺镇	何寨村	18 950
	渭南市华县杏林镇	李坡村	12 831
	渭南市华县杏林镇	李庄村	16 251
	渭南市华县杏林镇	龙山村	34 897
	渭南市华县杏林镇	城关中学	25 093
	渭南市华县杏林镇	棉麻厂	9 361
	渭南市华县杏林镇	梁西村	5 168
	渭南市华县杏林镇	城关中学	25 093
	渭南市华县杏林镇	三溪村	14 769
	渭南市华县杏林镇	杏林钢厂	8 271
	渭南市华县杏林镇	磨村	18 734
	渭南市华县杏林镇	城南村	20 786
	渭南市华县杏林镇	老观台村	8 335
	渭南市华县杏林镇	梓里村	24 320
	渭南市华县杏林镇	复肥厂	39 520
	渭南市华县杏林镇	吉林	22 603
罗纹河口（西）	渭南市华县杏林镇	城关中学	6 500
	渭南市华县杏林镇	梁西村	91 087
	渭南市华县杏林镇	三溪村	14 949
	渭南市华县杏林镇	老观台村	8 436
	渭南市华县杏林镇	磨村	18 962
	渭南市华县杏林镇	梓里村	24 615
	渭南市华县杏林镇	李庄村	16 449
	渭南市华县杏林镇	龙山村	34 897
	渭南市华县杏林镇	棉麻厂	9 474
	渭南市华县莲花寺镇	西寨村	13 908
	渭南市华县莲花寺镇	乔堡村	7 182
	渭南市华县莲花寺镇	少华中学	24 692
	渭南市华县莲花寺镇	瓦头村	10 855
	渭南市华县华州镇	大街村	16 537
	渭南市华县华州镇	城内村	9 786
	渭南市华县华州镇	马斜村	4 497
罗纹河口（东）	渭南市华县柳枝镇	孙庄村	17 480
	渭南市华县柳枝镇	梁堡村	11 641
	渭南市华县柳枝镇	张桥村	16 454
	渭南市华县柳枝镇	宏发石材	66 700
	渭南市华县柳枝镇	上安村	8 955
	渭南市华县柳枝镇	南关村	42 788
	渭南市华县杏林镇	复肥厂	356 667
	渭南市华县杏林镇	杏林村	22 603

溃口名称	安置区地址	安置区名称	可容纳人数（人）
毕家	渭南市华县柳枝镇	南关村	42 788
	渭南市华县柳枝镇	孙庄村	17 480
	渭南市华县柳枝镇	柳枝中学	22 787
	渭南市华县柳枝镇	梁堡村	11 641
	渭南市华县柳枝镇	张桥村	16 454
	渭南市华县柳枝镇	宏发石材	66 700
	渭南市华县柳枝镇	上安村	8 955
	渭南市华县杏林镇	杏林村	22 603
	渭南市华县杏林镇	复肥厂	356 667
方山河口（西）	渭南市华县柳枝镇	上安村	8 955
	渭南市华县柳枝镇	南关村	42 788
	渭南市华县柳枝镇	宏发石材	66 700
	渭南市华县柳枝镇	张桥	16 454
	渭南市华县柳枝镇	秦家村	17 037
	渭南市华县柳枝镇	梁堡村	12 603
	渭南市华县柳枝镇	孙庄	18 937
	渭南市华县柳枝镇	丰良	27 145
方山河口（东）	蒲城县龙阳镇	汉帝村	22 379
	蒲城县党睦镇	党南村	10 256
	蒲城县龙阳镇	峯家村	4 854
	蒲城县龙阳镇	龙阳村	18 067
	蒲城县龙阳镇	店子村	16 261
	渭南市华阴罗敷镇	敷北村	20 394
冯东险工	蒲城县龙阳镇	龙王村	353 052
	蒲城县龙阳镇	汉帝村	22 379
	蒲城县党睦镇	党南村	10 256
	蒲城县龙阳镇	店子村	16 261
	蒲城县龙阳镇	小寨村	21 681
	蒲城县党睦镇	洛北村	11 228
	蒲城县龙阳镇	峯家村	4 854
	蒲城县龙阳镇	龙阳村	18 067
	渭南市华阴罗敷镇	敷北村	20 394
罗敷河口（东）	渭南市华阴罗敷镇	桥营村	21 392
	渭南市华县柳枝镇	丰良村	25 067
	渭南市华阴罗敷镇	武旗营村	24 586
	蒲城县龙阳镇	白庙村	3 972
	蒲城县党睦镇	孝东村	12 277

溃口名称	安置区地址	安置区名称	可容纳人数(人)
柳叶河口(东)	蒲城县龙阳镇	蒲石村	19 874
	蒲城县龙阳镇	秦家村	5 296
	华阴市华山镇	北洞村	1 926
	华阴市太华路街道办事处	王道一村	21 179
	华阴市太华路街道办事处	河湾村	8 845
长涧河口(东)	蒲城县龙阳镇	统一村	5 540
	蒲城县龙池镇	七一村	19 575
	蒲城县龙池镇	五更村	14 564
	蒲城县龙池镇	屈家村	14 740
	蒲城县龙池镇	张家村	9 729
	蒲城县龙池镇	康家村	11 004
	蒲城县龙池镇	五四村	20 703
	蒲城县龙池镇	三家村	6 380
	蒲城县龙池镇	埝城村	17 260
	蒲城县龙池镇	东社村	3 994
	蒲城县龙池镇	平头村	8 601
	蒲城县龙池镇	重泉村	12 044
	蒲城县龙池镇	金星村	18 300
	蒲城县龙池镇	屈家村	14 740
华农工程	蒲城县党睦镇	沙坡头村	25 579
	蒲城县党睦镇	洛北村	11 228
	蒲城县龙阳镇	龙王村	353 052
	蒲城县龙阳镇	小寨村	21 681
三河口工程	蒲城县龙池镇	屈家村	14 740
	蒲城县龙池镇	张家村	9 729
	蒲城县龙池镇	康家村	11 004
	蒲城县龙池镇	五四村	20 703
	蒲城县龙池镇	三家村	6 380
	蒲城县龙池镇	埝城村	17 260
	蒲城县龙阳镇	统一村	5 540

表 3-139 渭河南岸支流各溃口安置区信息

河流	溃口名称	安置区地址	安置区名称	可容纳人数(人)
赤水河	赤水镇(西堤)	渭南市临渭区向阳街道办事处	郭壕村	5 429
		渭南市临渭区向阳街道办事处	孟家村	12 646
		渭南市临渭区向阳街道办事处	张岑村	6 418
		渭南市临渭区向阳街道办事处	程家村	7 065
		渭南市华县赤水镇	老赤水中学	15 200
		渭南市临渭区向阳街道办事处	向阳二中	32 979
	赤水镇(东堤)	渭南市华县赤水镇	老赤水中学	15 200
		渭南市华县赤水镇	赤水医院	785
		渭南市华县赤水镇	任家寨	11 603
		渭南市华县赤水镇	程高小学	872
		渭南市华县赤水镇	江村	19 899
		渭南市华县赤水镇	程高村	12 122

河流	溃口名称	安置区地址	安置区名称	可容纳人数（人）
遇仙河	老公路桥南（西堤）	渭南市华县赤水镇	老赤水中学	15 200
		渭南市华县赤水镇	江村	19 899
		渭南市华县赤水镇	赤水医院	785
		渭南市华县赤水镇	任家寨	11 603
		渭南市华县赤水镇	程高小学	872
		渭南市华县赤水镇	江村	19 899
		渭南市华县赤水镇	郭村	25 004
		渭南市华县瓜坡镇	瓜底村	23 965
		渭南市华县莲花寺镇	袁寨小学	11 400
	老公路桥南（东堤）	渭南市华县瓜坡镇	良候村	21 318
		渭南市华县赤水镇	郭村小学	849
		渭南市华县赤水镇	郭村	25 004
		渭南市华县赤水镇	江村小学	960
		渭南市华县瓜坡镇	孔村	26 182
		渭南市华县瓜坡镇	井堡村	11 172
		渭南市华县瓜坡镇	瓜底村	23 965
		渭南市华县瓜坡镇	三留村	16 378
		渭南市华县瓜坡镇	姚郝	15 301
石堤河	老公路桥南（西堤）	渭南市华县瓜坡镇	湾惠村	8 816
		渭南市华县瓜坡镇	井堡村	11 172
		渭南市华县瓜坡镇	李托村	19 063
		渭南市华县赤水镇	郭村	25 004
		渭南市华县瓜坡镇	瓜底村	23 965
		渭南市华县瓜坡镇	孔村	26 182
		渭南市华县瓜坡镇	良候村	21 318
		渭南市华县瓜坡镇	张岩村	6 967
		渭南市华县瓜坡镇	三留村	16 378
		渭南市华县瓜坡镇	姚郝	15 301
		渭南市华县瓜坡镇	南沙村	40 052
		渭南市华县瓜坡镇	闫岩村	12 654

続表 3-139

河流	溃口名称	安置区地址	安置区名称	可容纳人数（人）
石堤河	老公路桥南（东堤）	渭南市华县华州镇	马斜村	4 497
		渭南市华县华州镇	红岭机械厂	8 348
		渭南市华县莲花寺镇	西寨村	13 908
		渭南市华县华州镇	崖坡纸箱厂	1 314
		渭南市华县华州镇	吴家村	15 585
		渭南市华县莲花寺镇	西寨村	13 908
		渭南市华县华州镇	大街村	13 908
		渭南市华县华州镇	城内村	9 786
		渭南市华县莲花寺镇	乔堡村	7 182
		渭南市华县杏林镇	棉麻厂	9 474
		渭南市华县杏林镇	杏林钢厂	8 372
		渭南市华县杏林镇	梁西村	5 231
		渭南市华县杏林镇	李庄村城关中学	5 231
		渭南市华县杏林镇	三溪村	14 949
		渭南市华县杏林镇	龙山村	34 897
		渭南市华县杏林镇	城关中学	6 500
		渭南市华县杏林镇	李庄村	16 449
罗纹河	二华干沟北（西堤）	渭南市华县杏林镇	梁西村	91 087
		渭南市华县杏林镇	李庄村城关中学	5 230
		渭南市华县杏林镇	三溪村	14 948
		渭南市华县杏林镇	杏林钢厂	8 371
		渭南市华县杏林镇	磨村	18 961
		渭南市华县杏林镇	梓里村	24 615
		渭南市华县杏林镇	老观台村	8 435
		渭南市华县莲花寺镇	西寨村	13 908
		渭南市华县莲花寺镇	乔堡村	7 182
	二华干沟北（东堤）	渭南市华县杏林镇	杏林村	22 603
		渭南市华县莲花寺镇	镇中学	23 332
		渭南市华县柳枝镇	丰良村	27 145

河流	溃口名称	安置区地址	安置区名称	可容纳人数(人)
罗敷河	二华干沟北(西堤)	华阴市罗敷镇	敷北村	20 394
	二华干沟北(东堤)	渭南市华县柳枝镇	丰良村	27 145
		华阴市罗敷镇	鹿圈村	3 771
		华阴市罗敷镇	桥营村	21 392
		蒲城县党睦镇	孝东	12 277
		华阴市罗敷镇	武旗营	24 586
柳叶河	二华干沟南 300 m(西堤)	蒲城县党睦镇	孝东	12 277
		华阴市罗敷镇	武旗营	24 586
	二华干沟南 300 m(东堤)	华阴市太华路街道办事处	王道一村	21 179
长涧河	二华干沟南 800 m(西堤)	华阴市太华路街道办事处	王道一村	21 179
	二华干沟南 800 m(东堤)	蒲城县龙阳镇	统一村	5 540
		蒲城县龙池镇	三家村	6 380
		蒲城县龙池镇	埝城	17 260
方山河	二华干沟北(东堤)	蒲城县党睦镇	党南村	10 256
		蒲城县龙阳镇	店子村	16 261
	二华干沟北(西堤)	渭南市华县柳枝镇	宏发石材	66 700
		渭南市华县柳枝镇	南关村	42 788
		渭南市华县柳枝镇	上安村	8 955

3.8.4.4 安置区容量分析

渭河干流北岸、北岸支流、干流南岸、南岸支流各溃口淹没村庄对应安置区容量分析见表 3-140~表 3-143。表中需安置面积为需要安置的室内面积,可避洪面积为安置区可以提供的避洪面积(不包括安置区本村人员所需面积);可容纳人数为可避洪面积按人均 3 m^2 折算得出的最大可容纳人数。从表中可以看出,安置区可避洪面积远远大于转移人口所需要的需安置面积,安置区可以容纳的人数远远大于转移人口总数。

表3-140　渭河北岸各溃口安置区容量

溃口名称	转移单元					安置区					
	市、县(区)	乡(镇)	行政村	转移人口(人)	需安置面积(m²)	安置区地址	安置区名称	人口(人)	可避洪面积(m²)	可容纳人数(人)	总人口(人)
安虹路溃口	咸阳市秦都区	渭阳西路街道办事处	南安村	1 174	3 522	咸阳市秦都区古渡街道办事处	古渡街道办事处	42 400	140 000	46 666	43 574
	咸阳市秦都区	渭阳西路街道办事处	金山社区	406	1 218	咸阳市秦都区古渡街道办事处	石斗村	12 720	42 000	14 000	13 126
	咸阳市秦都区	人民路街道办事处	嘉惠社区	612	1 836	咸阳市渭城区渭阳街道办事处	马家堡村	1 435	57 851	19 283	2 047
	咸阳市秦都区	人民路街道办事处	天王第一社区	426	1 278	咸阳市渭城区渭阳街道办事处	马家堡村	1 435	57 851	19 283	1 861
	咸阳市渭城区	渭阳街道办事处	旭鹏村	2 483	7 449	咸阳市渭阳街道办事处	碱滩村	1 230	49 587	16 529	3 713
	咸阳市渭城区	渭阳街道办事处	利民村	2 517	7 551	咸阳市渭阳街道办事处	滨河新村	6 794	273 896	91 299	9 311
	咸阳市渭城区	渭阳街道办事处	光辉村	362	1 086	咸阳市渭阳街道办事处	双泉村	1 868	75 307	25 102	2 230
	咸阳市渭城区	渭阳街道办事处	金家庄	206	618	咸阳市渭阳街道办事处	碱滩村	1 230	49 587	16 529	1 436
	合计			8 186	24 558			66 447	638 641	212 879	74 633
店上险工	咸阳市渭城区	正阳街道办事处	孙家村	908	2 724	咸阳市渭城区窑店区正阳街道办事处	沙道村	370	14 899	4 966	1 278
	咸阳市渭城区	正阳街道办事处	左所村	1 297	3 891	咸阳市渭城区正阳街道办后排	后排	791	31 969	10 656	2 088
	咸阳市渭城区	正阳街道办事处	左排村	403	1 209	咸阳市渭城区正阳街道办事处	左排村	858	34 677	11 559	1 261
	咸阳市渭城区	正阳街道办事处	东阳村	210	630	咸阳市渭城区正阳街道办事处	柏家阳村	1 310	52 944	17 648	1 520
	咸阳市渭城区	窑店街道办事处	仓张村	2 649	7 947	渭城区窑店街道办事处	毛王村	2 217	89 273	29 758	4 866
	咸阳市渭城区	窑店街道办事处	大寨村	878	2 634	渭城区窑店街道办事处	窑店村	3 219	129 620	43 207	4 097
	咸阳市渭城区	窑店街道办事处	长兴村	304	912	渭城区窑店街道办事处	黄家沟	2 294	92 373	30 791	2 598
	合计			6 649	19 947			11 059	445 755	148 585	17 708

续表 3-140

遗口名称	转移单元					安置区					总人口(人)
	市、县(区)	乡(镇)	行政村	转移人口(人)	需安置面积(m²)	安置区地址	安置区名称	人口(人)	可避洪面积(m²)	可容纳人数(人)	
吴村阳险工	西安市临潼区	北田街道办事处	西渭阳村委会	1 985	5 955	西安市临潼区北田街道办事处	温梁村	2 568	122 819	40 940	4 553
			尖角村	1 564	4 692	西安市临潼区北田街道办事处	月掌村	2 475	118 371	39 457	4 039
			田严村	1 823	5 469	西安市临潼区任留街道办事处	潘杨村	1 330	59 286	19 762	3 153
			北田村委会	2 206	6 618	西安市临潼区北田街道办事处	月掌村	2 475	118 371	39 457	4 681
			马陵村	1 599	4 797	西安市临潼区北田街道办事处	温梁村	2 568	122 819	40 940	4 167
			增月村	410	1 230	西安市临潼区北田街道办事处	刘张村	514	24 583	8 194	924
			东渭阳村委会	1 202	3 606	西安市临潼区北田街道办事处	温梁村	2 568	122 819	40 940	3 770
			滩王村委会	3 955	11 865	西安市临潼区任留街道办事处	周闫村	1 522	67 844	22 615	5 477
		任留街道办事处	南屯村委会	923	2 769	西安市临潼区任留街道办事处	任留街道办事处院内	2 046	91 202	30 401	2 969
			西口村委会	1 613	4 839	西安市临潼区任留街道办事处	任留街道办事处院内	2 046	91 202	30 401	3 659
	西安市高陵区	张卜镇	韩家村	3 438	10 314	西安市高陵区	龙胡村	649	41 424	13 808	4 087
			张家村	3 516	10 548	西安市高陵区张卜镇	塬后村	2 981	135 500	45 167	6 497
			南郭村	3 351	10 053	西安市高陵区张卜镇	塬张村	426	19 364	6 455	3 777
			贾蔡村	1 264	3 792	西安市高陵区张卜镇	李家庄	309	14 045	4 682	1 573
	合计			28 849	86 547			13 298	626 594	208 866	42 147
西渭阳险工	西安市临潼区	北田街道办事处	西渭阳村委会	1 985	5 955	西安市临潼区北田街道办事处	增月村委会	1 121	53 614	17 871	3 106
			田严村委会	2 316	6 948	西安市临潼区北田街道办事处	北田街道办事处院内	4 418	211 299	70 433	6 734
			东渭阳村委会	1 202	3 606	西安市临潼区北田街道办事处	北田街道办事处院内	4 418	211 299	70 433	5 620
			滩王村委会	3 955	11 865	西安市临潼区北田街道办事处	北田街道办事处院内	4 418	211 299	70 433	8 373
		任留街道办事处	南屯村委会	1 923	5 769	西安市临潼区任留街道办事处	任留街道办事处院内	2 046	91 202	30 401	3 969
			西口村委会	920	2 760	西安市临潼区任留街道办事处	任留街道办事处院内	2 046	91 202	30 401	2 966
	西安市高陵区	张卜镇	韩家村	627	1 881	西安市高陵区	龙胡村	649	41 424	13 808	1 276
	合计			12 928	38 784			7 585	356 115	118 705	20 513

溃口名称	转移单元					安置区					
	市、县(区)	乡(镇)	行政村	转移人口(人)	需安置面积(m²)	安置区地址	安置区名称	人口(人)	可避洪面积(m²)	可容纳人数(人)	总人口(人)
沙王险工	渭南市临渭区	辛市镇	沙王村	1 587	4 761	渭南市临渭区辛市镇	黑杨村	2 700	112 544	37 515	4 287
			观西村	963	2 889	渭南市临渭区辛市镇	庞家村	1 376	57 356	19 119	2 339
			里仁村	1 628	4 884	渭南市临渭区辛市镇	庞家村	1 376	57 356	19 119	3 004
			马渡村	1 505	4 515	渭南市临渭区辛市镇	大李村	1 520	63 358	21 119	3 025
			权家村	2 825	8 475	渭南市临渭区辛市镇	大田村	927	38 640	12 880	3 752
			小霍村	853	2 559	渭南市临渭区辛市镇	庞家村	1 376	57 356	19 119	2 229
			新冯村	1 301	3 903	渭南市临渭区辛市镇	吴刘村	341	14 214	4 738	1 642
			东四村	1 022	3 066	渭南市临渭区辛市镇	大田村	927	38 640	12 880	1 949
			东酒王村	243	729	渭南市临渭区辛市镇	东酒王村	576	24 009	8 003	819
			辛市村	2 724	8 172	渭南市临渭区故市镇	前锋村	2 328	97 038	32 346	5 052
			南孟村	821	2 463	渭南市临渭区孝义镇	贺田村	1 379	57 481	19 160	2 200
			陈南村	1 933	5 799	渭南市临渭区故市镇	巴邑村	2 817	126 577	42 192	4 750
			信义村	3 183	9 549	渭南市临渭区故市镇	巴邑村	2 817	126 577	42 192	6 000
			油陈村	2 681	8 043	渭南市临渭区孝义镇	北周村	1 595	67 345	22 448	4 276
			龙背村	1 688	5 064	渭南市临渭区辛市镇	灯节村	2 293	95 579	31 860	3 981
			东风村	2 465	7 395	渭南市临渭区龙背镇	南焦村	2 060	85 702	28 567	4 525
			永丰村	2 589	7 767	渭南市临渭区辛市镇	圪塔张村	713	29 720	9 907	3 302
			北史村	1 599	4 797	渭南市临渭区龙背镇	灯节村	2 293	95 579	31 860	3 892
			程庄村	774	2 322	渭南市临渭区孝义镇	北周村	1 595	67 345	22 448	2 369
		龙背镇	前进村	2 428	7 284	渭南市临渭区辛市镇	杜王村	604	27 140	9 047	3 032
			青龙村	1 656	4 968	渭南市临渭区辛市镇	杜王村	604	27 140	9 047	2 260
			安王村	2 011	6 033	渭南市临渭区辛市镇	前锋村	2 328	97.038	32 346	4 339
			高杨村	928	2 784	渭南市临渭区龙背镇	圪塔张村	713	29 720	9 907	1 641
			新光村	821	2 463	渭南市临渭区龙背镇	南焦村	2 060	85 702	28 567	2 881
			侯家村	1 360	4 080	渭南市临渭区孝义镇	南周村	435	18 367	6 122	1 795
			任李村	1 564	4 692	渭南市临渭区龙背镇	中焦村	561	23 339	7 780	2 125
			陈北村	1 213	3 639	渭南市临渭区故市镇	尹家村	415	18 647	6 216	1 628
			新庄村	2 004	6 012	渭南市临渭区故市镇	尹家村	415	18 647	6 216	2 419

溃口名称	转移单元					安置区					
	市、县(区)	乡(镇)	行政村	转移人口(人)	需安置面积(m²)	安置地址	安置区名称	人口(人)	可避洪面积(m²)	可容纳人数(人)	总人口(人)
沙王险工	渭南市临渭区	龙背镇	刘宋村	1 617	4 851	渭南市临渭区故市镇	巴邑村	2 817	126 577	42 192	4 434
			段刘村	413	1 239	渭南市临渭区龙背镇	石家村	456	18 971	6 324	869
			郝家村	768	2 304	渭南市临渭区龙背镇	石家村	456	18 971	6 324	1 224
	合计			49 167	147 501			25 424	1 073 065	357 689	74 591
仓渡险工	渭南市临渭区	龙背镇	苍渡村	1 873	5 619	渭南市临渭区龙背镇南焦村	南焦村	2 060	85 702	28 567	3 933
		孝义镇	孝南村	224	672	渭南市临渭区第一初级中学	第一初级中学	1 420	61 739	20 579	1 644
			洪新村	940	2 820	渭南市临渭区孝义镇南庄	南庄	985	42 826	14 275	1 925
	渭南市大荔县	下寨镇	朱家村	1 026	3 078	渭南市大荔县下寨镇	新蒲	643	24 916	8 305	1 669
			张家村	636	1 908	渭南市大荔县下寨镇	艾家庄村	1 060	41 074	13 691	1 696
	合计			4 699	14 097			6 168	256 257	85 417	10 867
苏村险工	渭南市大荔县	苏村镇	三里村	1 817	5 451	渭南市大荔县官池镇	大园子	602	22 563	7 521	2 419
			溢渡村	2 112	6 336	渭南市大荔县苏村镇	苏村中学	1 300	48 724	16 241	3 412
			洪善村	1 513	4 539	渭南市大荔县苏村镇	南营村	1 072	40 179	13 393	2 585
			苏村	823	2 469	渭南市大荔县苏村镇	沙南村	835	31 296	10 432	1 658
			陈村	2 445	7 335	渭南市大荔县苏村镇	洪善村	6 052	226 830	75 610	8 497
			槐园村	1 915	5 746	渭南市大荔县苏村镇	沙南村	835	31 296	10 432	2 750
			堡子村	2 502	7 506	渭南市大荔县下寨镇	南营村	1 072	40 179	13 393	3 574
		官池镇	西阳村	3 047	9 141	渭南市大荔县官池镇	小园村	2 079	80 822	26 941	5 126
		下寨镇	张家村	1 022	3 066	渭南市大荔县下寨镇	马家洼村	1 140	44 174	14 725	2 162
			沙洼村	899	2 697	渭南市大荔县下寨镇	十里滩村	1 253	48 553	16 184	2 152
	合计			6 374	19 122			7 954	298 117	99 372	14 328
仓西险工	渭南市大荔县	韦林镇	长城村	534	1 602	渭南市大荔县韦林镇	仓西村	1 245	47 706	15 902	1 779
			西寨	514	1 542	渭南市大荔县韦林镇	梁园村	1 298	49 737	16 579	1 812
			韦林村	1 010	3 030	渭南市大荔县韦林镇	梁园村	1 298	49 737	16 579	2 308
			阳昌村	923	2 769	渭南市大荔县韦林镇	马坊林场	940	36 050	12 017	1 863
			东三村	928	2 784	渭南市大荔县韦林镇	高洼	762	29 198	9 733	1 690
			望仙观村	1 584	4 752	渭南市大荔县韦林镇	会龙村	1 345	51 538	17 179	2 929
			东二村	1 038	3 114	渭南市大荔县韦林镇	高洼	762	29 198	9 733	1 800
			仓头村	1 166	3 498	渭南市大荔县韦林镇	火留	1 082	41 461	13 820	2 248
	合计			7 697	23 091			6 672	255 690	85 230	14 369

表3-141 渭河北岸支流各溃口安置区容量

河流	溃口名称	市、县(区)	乡(镇)	行政村	转移人口(人)	需安置面积(m²)	安置区地址	安置区名称	人口(人)	可避洪面积(m²)	可容纳人数(人)	总人口(人)
洛河	农垦七连以西	渭南市大荔县	韦林镇	阳昌村	923	2 768	渭南市大荔县韦林镇	马坊林场	940	36 050	12 017	1 863
				长城村	1 481	4 443	渭南市大荔县韦林镇	马坊村	2 352	90 125	30 042	3 833
				泊子村	1 765	5 296	渭南市大荔县韦林镇	马坊林场	940	36 050	12 017	2 705
				会龙村	649	1 947	渭南市大荔县韦林镇	沙苑林场	1 120	42 917	14 306	1 769
				仓西村	1 038	3 114	渭南市大荔县韦林镇	沙苑林场	1 120	42 917	14 306	2 158
				火留村	928	2 784	渭南市大荔县韦林镇	梁园村	1 916	73 418	24 473	2 844
				西寨村	1 072	3 215	渭南市大荔县韦林镇	梁园村	1916	73 418	24 473	2 988
				东一村	980	2 939	渭南市大荔县韦林镇	高洼	762	29 198	9 733	1 742
				东二村	519	1 556	渭南市大荔县韦林镇	高洼	762	29 198	9 733	1 281
				东三村	464	1 391	渭南市大荔县韦林镇	高洼	762	29 198	9 733	1 226
				新合	590	1 771	渭南市大荔县韦林镇	柳园村	795	30 463	10 154	1 385
				迪东村	700	2 099	渭南市大荔县韦林镇	仁东村	1 329	50 925	16 975	2 029
				迪西村	513	1 538	渭南市大荔县韦林镇	仁东村	1 329	50 925	16 975	1 842
				韦林村	1 010	3 030	渭南市大荔县韦林镇	梁园村	1 916	73 418	24 473	2 926
				仓头村	1 166	3 498	渭南市大荔县韦林镇	马坊村	2 352	90 125	30 042	3 518
				望仙观村	1 584	4 752	渭南市大荔县韦林镇	马坊村	2 352	90 125	30 042	3 936
		合计			15 381	46 142			9 214	353 096	117 700	24 595
泾河	陕汽大道泾河桥上首(左岸)	西安市高陵区	泾渭街道办事处	韩村	623	1 869	高陵区泾渭街道办事处	高刘村	498	21 461	7 153	1 121
				杨官寨	327	981	高陵区泾渭街道办事处	西孙村	435	18 757	6 252	762
			崇皇乡	下徐吴村	622	1 866	高陵区崇皇乡	上徐吴村	746	32 127	10 709	1 368
				酱王村	497	1 491	高陵区崇皇乡	三马白	870	37 481	12 493	1 367
				井王村	622	1 866	高陵区崇皇乡	岔子头	1 145	49 303	16 434	1 767
		合计			2 691	8 073			3 694	159 129	53 041	6 385
	陕汽大道泾河桥上首(右岸)	西安市高陵区	泾渭街道办事处	店子王村	1 203	3 609	高陵区泾渭街道办事处	米家崖村	1 060	45 644	15 215	2 263
				西营村	462	1 386	高陵区泾渭街道办事处	米家崖村	1 060	45 644	15 215	1 522
				雷贾村	624	1 872	高陵区泾渭街道办事处	梁村	3 111	133 960	44 653	3 735
				陈家滩	864	2 592	高陵区泾渭街道办事处	马湾村	516	22 219	7 406	1 380
				泾渭堡	635	1 905	高陵区泾渭街道办事处	马湾村	516	22 219	7 406	1 151
		合计			3 788	11 364			4 687	201 823	67 274	8 475

表 3-142　渭河南岸各溃口安置区容量

溃口名称	转移单元					安置区					
	市、县(区)	乡(镇)	行政村	转移人口(人)	需安置面积(m²)	安置区地址	安置区名称	人口(人)	可避洪面积(m²)	可容纳人数(人)	总人口(人)
段家堡	咸阳市秦都区	陈杨寨街道办事处	安合村	2 190	6 570	咸阳市秦都区马泉街道赵家村	赵家	1 070	668 750	222 917	3 260
			伍家堡村	873	2 619	咸阳市秦都区马泉街道安家村	安家	598	373 750	124 583	1 471
			段家堡村	1 911	5 733	咸阳市秦都区马泉街道程家村	程家	1 600	1 000 000	333 333	3 511
			田家堡村	1 439	4 317	咸阳市秦都区马泉街道查田村	查田	823	514 375	171 458	2 262
			孔家寨村	1 332	3 996	咸阳市秦都区双照街道陈家台村	陈家台	1 060	662 500	220 833	2 392
			曹家寨村	4 578	13 734	咸阳市秦都区双照街道南上召村	南上召	1 210	2 386 588	795 529	5 788
			牛家村	2 151	6 453	咸阳市秦都区钓台街道马家寨村	马家寨	5 313	215 011	71 670	7 464
			宇宏社区	899	2 697	咸阳市秦都区钓台街道马家寨智英小学	马家寨智英小学	825	33 386	11 128	1 724
		钓台街道办事处	文家村	2 630	7 890	咸阳市秦都区双照街道马家寨村	马家寨村	5 313	215 012	71 671	7 943
			李家庄村	1 810	5 430	咸阳市秦都区双照街道李都村	李都	1 375	2 712 032	904 011	3 185
			郭村	3 312	9 936	咸阳市秦都区钓台街道办事处	北季村	1 189	48 118	16 039	4 501
			钓鱼台村	1 214	3 642	咸阳市秦都区钓台街道马家寨智英小学	马家寨智英小学	825	33 386	11 128	2 039
			杨户寨村	1 047	3 141	咸阳市秦都区钓台街道办事处	南季村	983	39 781	13 260	2 030
		合计		25 386	76 158			16 046	8 654 290	2 884 762	41 432
小王庄险工	咸阳市秦都区	陈杨寨街道办事处	小王村	1 103	3 309	咸阳市秦都区洋西中学	洋西中学	1 300	52 610	17 537	2 403
		合计		1 103	3 309			1 300	52 610	17 537	2 403
农六险工	西安市未央区	六村堡街道办事处	八兴滩村	1 948	5 844	西安市未央区六村堡街道办事处	六村堡街道办事处	886	82 642	27 547	2 834
		合计		1 948	5 844			886	82 642	27 547	2 834
东站险工	西安市未央区	汉城街道办事处	西三村	845	2 535	西安市未央区汉城街道南党村	南党村	301	20 869	6 956	1 146
		合计		845	2 535			301	20 869	6 956	1 146
水流险工	西安市灞桥区	新合街道办事处	班家村	104	312	西安市灞桥区新合街道草店村	草店村	2 385	98 289	32 763	2 489
			和平村	409	1 227	西安市灞桥区新合街道草店村	草店村	2 385	98 289	32 763	2 794
	西安市高陵区	耿镇	王家滩村	163	489	西安市高陵区张卜镇张卜村	张卜村	2 162	88 971	29 657	2 325
		合计		676	2 028			4 547	187 260	62 420	5 223

续表 3-142

溃口名称	市、县（区）	乡（镇）	行政村	转移人口（人）	需安置面积（m²）	安置区地址	安置区名称	人口（人）	可避洪面积（m²）	可容纳人数（人）	总人口（人）
							安置区				
周家险工	西安市高陵区	耿镇	周家村	2 811	8 433	西安市高陵区榆楚乡安家村	安家	571	818 051	272 683	3 382
	西安市临潼区	西泉街道办事处	宣孔村	324	972	西安市临潼区西泉街道办事处	西泉街道办事处	25 708	114 263	380 879	26 032
	合计			3 135	9 405			26 279	932 314	653 562	29 414
季家工程	西安市临潼区	何寨街道办事处	马寨村委会	3 106	9 318	西安市临潼区何寨村委会	何寨村委会	2 998	140 019	46 673	6 104
	西安市临潼区	何寨街道办事处	圣力寺村委会	4 728	14 184	西安市临潼区何寨街道办事处邓家村	邓家村	580	22 070	7 357	5 308
	合计			7 834	23 502			3 578	162 089	54 030	11 412
张义险工	渭南市临渭区	双王街道办事处	张西村	383	1 149	渭南市临渭区孝义镇	南刘村	1 610	67 978	22 659	1 993
	渭南市临渭区	何寨镇	西庆屯	1 840	5 520	渭南市临渭区白杨街道办事处	西庆屯安置小区	0	54 562	6 547	1 840
	渭南市临渭区	何寨镇	寇家村	152	456	西安市临潼区何寨村委会成杨村	成杨村	310	11 796	3 932	462
	合计			2 375	7 125			1 920	134 336	33 138	4 295
梁赵险工	渭南市临渭区	高新区	周家村	402	1 206	渭南市高新区政和苑小区	政和苑小区	1 960	78 402	26 134	2 362
		人民街道办事处	曙光村	936	2 808	渭南市临渭区人民街道景和花园	景和花园	1 586	63 441	21 147	2 522
			胜利中街社区	3 120	9 360	渭南市临渭区渭南市实验初级中学	渭南市实验初级中学	2 103	80 024	26 675	5 223
			乐天中街社区	1 105	3 315	渭南市临渭区人民街道熙园同公馆	熙园公馆	1 520	57 839	19 280	2 625
			红星村	468	1 404	渭南市临渭区人民街道曹景村	曹景村	523	20 920	6 973	991
			朱王村	2 745	8 235	渭南市临渭区解放街道办事处	五里铺村	1 517	63 208	21 069	4 262
			八里店村	1 732	5 196	渭南市临渭区人民街道海兴小区	海兴小区	10 400	146 665	48 888	12 132
	渭南市临渭区	双王街道办事处	双王村	2 736	8 208	渭南市临渭区人民街道小寨村	小寨村	515	19 596	6 532	3 251
			丰荫村	1 378	4 134	渭南市临渭区白杨街道曹景村	曹景村	3 175	120 815	40 271	4 553
			梁村	1 320	3 960	渭南市临渭区人民街道南黄村	南黄村	1 610	61 264	20 421	2 930
			罗刘村	1 078	3 234	渭南市临渭区人民街道华山小区	华山小区	2 015	76 675	25 558	3 093
			槐衙村	3 087	9 261	渭南市临渭区解放街道办事处	曙光小区	421	16 019	5 339	3 508
		向阳街道办事处	张岭村	486	1 458	渭南市临渭区解放街道办事处	五里铺村	1 517	63 208	21 069	2 003
			郭壕村	564	1 692	渭南市临潼区丰原镇闵家村	闵家村	1 100	41 857	13 952	1 664
	合计			21 157	63 471			28 445	846 725	282 240	49 602

溃口名称	市、县(区)	转移单元 乡(镇)	转移单元 行政村	转移人口(人)	需安置面积(m²)	安置区地址	安置区名称	人口(人)	可避洪面积(m²)	可容纳人数(人)	总人口(人)
八里店险工	渭南市临渭区	双王街道办事处	双王村	2 736	8 208	渭南市临渭区人民街道办事处	小寨村	515	19 597	6 532	3 251
			梁村	1 320	3 960	渭南市临渭区双王街道办事处	南黄村	1 610	61 263	20 421	2 930
			丰荫村	1 378	4 134	渭南市临渭区人民街道办事处	曹井村	3 175	120 815	40 271	4 553
			罗刘村	1 078	3 234	渭南市临渭区人民街道办事处	华山小区	2 015	76 675	25 558	3 093
			朱王村	2 745	8 235	渭南市临渭区解放街道办事处	五里铺村	1 517	63 208	21 069	4 262
			八里店村	1 732	5 196	渭南市临渭区人民街道办事处	海兴小区	10 400	146 665	48 888	12 132
			槐衙村	3 087	9 261	渭南市临渭区人民街道办事处	曙光小区	421	16 019	5 339	3 508
		向阳街道办事处	东王村	930	2 790	渭南市临渭区人民街道办事处	华山小区	2 015	76 675	25 558	2 945
		合计		15 006	45 018			19 653	504 242	168 079	34 659
田家工程	渭南市临渭区	龙背镇	青龙村	1 656	4 968	渭南市临渭区龙背镇南周村	南周村	869	36 153	12 051	2 525
			新庄村	2 004	6 012	渭南市临渭区向阳街道办事处	张岺村	506	19 254	6 418	2 510
		向阳街道办事处	长闵村	1 080	3 240	渭南市临渭区向阳街道办事处	郭壕村	428	16 286	5 428	1 508
			田家村	1 573	4 719	渭南市临渭区向阳街道办事处	孟家村	997	37 937	12 645	2 570
			赵王村	969	2 907	渭南市临渭区向阳街道办事处	程家村	557	21 195	7 065	1 526
			淹头村	1 369	4 107	渭南市临渭区向阳街道向阳二中	向阳二中	2 000	113 000	37 666	3 369
		合计		8 651	25 953			5 357	243 825	81 273	14 008
詹刘险工	渭南市华县	赤水镇	蒋家村	1 619	4 857	渭南市华县赤水镇赤水医院	赤水医院	62	2 356	785	1 681
			赤水村委会	1 611	4 833	渭南市华县赤水镇老赤水中学	老赤水中学	1 200	45 600	15 200	2 811
			麦王村委会	1 935	5 805	渭南市华县赤水镇任家寨	任家寨	916	34 808	11 603	2 851
			水城村委会	795	2 385	渭南市华县赤水镇程高小学	程高小学	69	2 617	872	864
			台合村委会	1 548	4 644	渭南市华县赤水镇江村	江村	1 571	59 698	19 899	3 119
			新城村委会	822	2 466	渭南市华县赤水镇程高村	程高村	957	36 366	12 122	1 779
		莲花寺镇	三合村委会	374	1 122	渭南市华县莲花寺镇袁寨小学	袁寨小学	900	34 200	11 400	1 274
		合计		8 704	26 112			5 675	215 645	71 882	14 379

续表 3-142

溃口名称	转移单元					安置区地址	安置区				
	市、县(区)	乡(镇)	行政村	转移人口(人)	需安置面积(m²)		安置区名称	人口(人)	可避洪面积(m²)	可容纳人数(人)	总人口(人)
遇仙河口(东)	渭南市华县	赤水镇	薛史村委会	1 305	3 915	渭南市华县瓜坡镇黄家村	黄家村	910	34 580	11 527	2 215
			雷家村委会	404	1 212	渭南市华县瓜坡镇南沙村	南沙村	3 162	120 156	40 052	4 098
			姚家村委会	532	1 596	渭南市华县瓜坡镇李托村	李托村	1 505	57 190	19 063	2 518
			李家堡村委会	1 013	3 039	渭南市华县赤水镇郭村小学	郭村小学	230	2 547	849	1 202
			辛村委会	972	2 916	渭南市华县瓜坡镇瓜底村	瓜底村	1 892	71 896	23 965	5 252
			沙弥村委会	1 560	4 680	渭南市华县瓜坡镇庙前村	庙前村	1 079	41 002	13 667	2 803
			刘家村委会	1 800	5 400	渭南市华县瓜坡镇过村	过村	881	33 478	11 159	2 105
			南吉村委会	1 724	5 172	渭南市华县赤水镇江村小学	江村小学	76	2 879	960	984
			李家村委会	1 224	3 672	渭南市华县瓜坡镇良候村	良候村	1 683	63 954	21 318	2 500
			楼梯村委会	908	2 724	渭南市华县瓜坡镇张岩村	张岩村	550	20 900	6 967	1 253
			马庄村委会	817	2 451	渭南市华县瓜坡镇三留村	三留村	1 293	49 134	16 378	3 184
			太平村委会	703	2 109	渭南市华县瓜坡镇孔村	孔村	2 067	78 546	26 182	4 128
			魏三庄村委会	1 891	5 673	渭南市华县赤水镇郭村	郭村	1 974	75 012	25 004	3 585
			辛庄村委会	2 061	6 183	渭南市华县瓜坡镇井堡村	井堡村	882	33 516	11 172	1 831
			样田村委会	1 611	4 833						
			陈家村委会	949	2 847						
		柳枝镇	候坊村委会	2 224	6 672	渭南市华县瓜坡镇	姚郝	1 208	45 904	15 301	3 432
			北刘村委会	1 673	5 019	渭南市华县柳枝镇	丰良村	2 143	81 434	27 145	3 816
合计				23 371	70 113			21 535	812 128	270 709	44 906

続表 3-142

| 溃口名称 | \multicolumn{4}{c|}{转移单元} | \multicolumn{5}{c|}{安置区} |
	市、县（区）	乡（镇）	行政村	转移人口（人）	需安置面积（m²）	安置区地址	安置区名称	人口（人）	可避洪面积（m²）	可容纳人数（人）	总人口（人）
			辛村村委会	100	300	渭南市华县赤水镇郭村小学	郭村小学	230	8 740	2 913	330
			样田村委会	1 611	4 833	渭南市华县赤水镇郭村	郭村	1 974	75 012	25 004	3 585
			楼梯村委会	908	2 724	渭南市华县赤水镇江村小学	江村小学	76	2 888	963	984
			南吉村委会	1 724	5 172	渭南市华县瓜坡镇庙前村	庙前村	1 079	41 002	13 667	2 803
			沙弥村委会	1 560	4 680	渭南市华县瓜坡镇瓜底村	瓜底村	1 747	66 386	22 129	3 307
			刘家村委会	1 800	5 400	渭南市华县瓜坡镇瓜底村	瓜底村	1 747	66 386	22 129	3 547
石堤河口（西）	渭南市华县	赤水镇	李家村委会	1 224	3 672	渭南市华县瓜坡镇过村	过村	881	33 478	11 159	2 105
			薛史村委会	1 305	3 915	渭南市华县瓜坡镇	黄家村	840	31 920	10 640	2 145
			马庄村委会	817	2 451	渭南市华县瓜坡镇良候村	良候村	1 683	63 954	21 318	2 500
			太平村委会	703	2 109	渭南市华县瓜坡镇	张岩村	550	20 900	6 967	1 253
			魏三庄村委会	1 891	5 673	渭南市华县瓜坡镇三留村	三留村	1 293	49 134	16 378	3 184
			辛庄村委会	2 061	6 183	渭南市华县瓜坡镇孔村	孔村	2 067	78 546	26 182	4 128
			姚家村委会	532	1 596	渭南市华县瓜坡镇南沙村	南沙村	3 162	120 156	40 052	3 694
			陈家村委会	949	2 847	渭南市华县瓜坡镇井堡村	井堡村	882	33 516	11 172	1 831
	\multicolumn{2}{c	}{合计}		17 185	51 555			16 464	625 632	208 544	33 649

续表 3-142

溃口名称	市,县(区)	转移单元				安置区					
		乡(镇)	行政村	转移人口(人)	需安置面积(m²)	安置区地址	安置区名称	人口(人)	可避洪面积(m²)	可容纳人数(人)	总人口(人)
		华州镇	西罗村村委会	375	1 125	渭南市华县华州镇大街村	大街村	1 460	49 611	16 537	1 835
			王堡村村委会	773	2 319	渭南市华县华州镇马斜村	马斜村	397	13 490	4 497	1 170
			客家村村委会	604	1 812	渭南市华县华州镇红岭机械厂	红岭机械厂	737	75 043	8 348	1 341
			王什字村村委会	1 112	3 336	渭南市华县华州镇城内村	城内村	864	29 359	9 786	1 976
		莲花寺镇	张场村村委会	622	1 866	渭南市华县莲花寺镇少华中学	少华中学	2 180	46 333	15 444	2 802
			东罗村村委会	1 267	3 801	渭南市华县莲花寺镇瓦头村	瓦头村	857	32 566	10 855	2 124
			庄头村村委会	1 460	4 380	渭南市华县莲花寺镇少华中学	少华中学	2 180	46 333	15 444	3 640
			时堡村村委会	40	120	渭南市华县莲花寺镇少华村	少华村	895	34 010	11 337	935
			汀村村委会	574	1 722	渭南市华县莲花寺镇乔堡村	乔堡村	567	21 546	7 182	1 141
		下庙镇	下庙村村委会	400	1 200	渭南市华县杏林镇棉麻厂	棉麻厂	739	28 423	9 474	1 139
			南解村村委会	1 399	4 197	渭南市华县杏林镇李坡村	李坡村	1 013	38 962	12 987	2 412
			秦家滩村村委会	169	507	渭南市华县杏林镇城南村	城南村	1 641	63 115	21 038	1 810
			惠家村村委会	740	2 220	华县杏林镇城南村	城南村	1 641	63 115	21 038	2 381
石堤河口(东)	渭南市华县	下庙镇	滨坝村村委会	870	2 610	渭南市华县杏林镇磨村	磨村	1 479	56 885	18 962	2 776
			吊庄村村委会	427	1 281						
			牛市村村委会	618	1 854	渭南市华县杏林镇杏林钢厂	杏林钢厂	653	25 115	8 372	1 271
			简家村村委会	539	1 617	渭南市华县杏林镇梓里村	梓里村	1 920	73 846	24 615	3 825
			什字村村委会	1 366	4 098						
			西周村村委会	968	2 904	渭南市华县杏林镇老观台村	老观台村	658	25 308	8 436	1 626
			东周村村委会	884	2 652	渭南市华县杏林镇三溪村	三溪村	1 166	44 846	14 949	2 828
			车堡村村委会	778	2 334						
			姜田村村委会	654	1 962	渭南市华县城关镇梁西村	梁西村	408	15 692	5 231	1 062
			杨相村村委会	429	1 287	渭南市华县城关镇城关中学	城关中学	1 981	19 500	6 500	2 410
			甘村村委会	2 157	6 471	渭南市华县城关镇龙山村	龙山村	2 722	104 692	34 897	4 879
			康甘村村委会	1 176	3 528	渭南市华县城关镇城关中学	城关中学	1 981	19 500	6 500	3 157
			田村村委会	2 053	6 159	渭南市华县城关镇李庄村	李庄村	1 283	49 346	16 449	3 336
			王巷村村委会	1 606	4 818	渭南市华县瓜坡镇龙山村	龙山村	2 722	103 436	34 479	4 328
			贾家村村委会	2 047	6 141	渭南市华县瓜坡镇东赵村	东赵村	1 542	58 596	19 532	3 589
		赤水镇	王里渡村村委会	1 862	5 586	渭南市华县瓜坡镇三小村	三小村	1 233	46 854	15 618	3 095
合计				27 969	83 907			26 395	903 138	301 046	54 364

续表 3-142

溃口名称	市、县(区)	乡(镇)	行政村	转移人口(人)	需安置面积(m²)	安置区地址	安置区名称	人口(人)	可避洪面积(m²)	可容纳人数(人)	总人口(人)
南解村	渭南市华县	赤水镇	李家堡村委会	1 013	3 039	渭南市华县瓜坡镇李托村	李托村	1 505	57 190	19 063	2 518
			王里渡村	1 862	5 586	渭南市华县瓜坡镇三小村	三小村	1 233	46 854	15 618	3 095
			贾家村	2 047	6 141	渭南市华县瓜坡镇东赵村	东赵村	1 542	58 596	19 532	3 589
			赵村村	704	2 112	渭南市华县莲花寺镇西寨村	西寨村	1 098	41 724	13 908	1 802
		华州镇	王什字村	1112	3 336	渭南市华县华州镇城内村	城内村	864	29 359	9 786	1 976
			团结村	158	474	渭南市华县华州镇	梓里村	1 920	72 960	24 320	2 078
			王堡村	837	2 511	渭南市华县华州镇	杨巷村	1 065	36 189	12 063	2 556
			客家村	654	1 962						577
		莲花寺镇	杜堡村委会	180	540	渭南市华县华州镇马斜村	马斜村	397	13 490	4 497	1 141
			汀村村委会	574	1 722	渭南市华县莲花寺镇乔堡村	乔堡村	567	19 267	6 422	3 640
			庄头村村委会	1 460	4 380	渭南市华县莲花寺镇少华中学	少华中学	2 180	74 076	24 692	1 866
			时堡村村委会	971	2 913	渭南市华县莲花寺镇少华村	少华村	895	30 412	10 137	3 253
			东寨村	1 580	4 740	渭南市华县莲花寺镇	何寨村委会	1 673	56 849	18 950	2 124
			东罗村	1 267	3 801	渭南市华县莲花寺镇	瓦头村	857	29 121	9 707	1 502
			由里村委会	404	1 212	渭南市华县莲花寺镇西寨村	西寨村	1 098	37 310	12 437	2 412
		下庙镇	南解村委会	1 399	4 197	渭南市华县杏林镇李坡村	李坡村	1 013	38 494	12 831	3 336
			田村村委会	2 053	6 159	渭南市华县杏林镇李庄村	李庄村	1 283	48 754	16 251	4 879
			甘村村委会	2 157	6 471	渭南市华县杏林镇龙山村	龙山村	2 722	104 692	34 897	3 157
			康甘村村委会	1 176	3 528	渭南市华县杏林镇李庄村城关中学	城关中学	1 981	75 278	25 093	1 372
			下庙村委会	633	1 899	渭南市华县杏林镇棉麻厂	棉麻厂	739	28 082	9 361	1 062
			姜田村委会	654	1 962	华县杏林镇李庄村	粱西村	408	15 504	5 168	2 410
			杨相村委会	429	1 287	华县杏林镇李庄村城关中学	城关中学	1 981	75 278	25 093	2 828
			车堡村委会	778	2 334	渭南市华县杏林镇三溪村	三溪村	1 166	44 308	14 769	1 271
			东周村委会	884	2 652						3 208
			牛市村委会	618	1 854	渭南市华县杏林镇杏林钢厂	杏林钢厂	653	24 814	8 271	427
			滨坝村委会	1 729	5 187	渭南市华县杏林镇磨村	磨村	1 479	56 202	18 734	4 735
			吕庄村委会	427	1 281	华县杏林镇城南村	城南村	1 641	62 358	20 786	1 626
			惠家滩村委会	1 259	3 777	渭南市华县杏林镇	城南村	658	25 004	8 335	3 104
			秦家滩村委会	1 835	5 505	渭南市华县杏林镇老观台村	老观台村	1 763	67 808	22 603	3 825
			西周村委会	968	2 904	渭南市华县杏林镇杏林村	杏林村	1 920	72 960	24 320	4 358
			新建村	1 341	4 023	渭南市华县杏林镇梓里村	梓里村	3 120	118 560	39 520	72 709
			简家村委会	539	1 617	渭南市华县杏林镇	复肥厂				
			什字村委会	1 366	4 098						
			三吴村委会	1 238	3 714						
合计				36 306	108 918			36 403	1 346 808	448 936	

续表 3-142

遗口名称	市县区	乡(镇)	转移单元			安置区					
			行政村	转移人口(人)	需安置面积(m²)	安置区地址	安置区名称	人口(人)	可避洪面积(m²)	可容纳人数(人)	总人口(人)
罗纹河口(西)	渭南市华县	下庙镇	杨柑村委会	429	1 287	华县杏林镇李庄村城关中学	城关中学	1 981	19 500	6 500	2 410
			姜田村委会	654	1 962	渭南市华县杏林镇梁西村	梁西村	408	273 262	91 087	1 062
			东周村委会	884	2 652	渭南市华县杏林镇三溪村	三溪村	1 166	44 846	14 949	2 050
			西周村委会	968	2 904	渭南市华县杏林镇老观台村	老观台村	658	25 308	8 436	1 626
			吊庄村委会	427	1 281	渭南市华县杏林镇磨村	磨村	1 479	56 885	18 962	1 906
			什字村委会	1 366	4 098	渭南市华县杏林镇梓里村	梓里村	1 920	73 846	24 615	3 286
			田村委会	608	1 824	渭南市华县杏林镇李庄村	李庄村	1 283	49 346	16 449	1 891
			康甘村委会	1 406	4 218	华县杏林镇李庄村城关中学	城关中学	1 981	19 500	6 500	3 387
			甘村	2 157	6 471	渭南市华县杏林镇龙山村	龙山村	2 722	104 692	34 897	4 879
		莲花寺镇	车堡村委会	778	2 334	渭南市华县杏林镇三溪村	三溪村	1 166	44 846	14 949	1 944
			下庙村委会	173	519	渭南市华县杏林镇棉麻厂	棉麻厂	739	28 423	9 474	912
			滨坝村委会	462	1 386	渭南市华县杏林镇磨村	磨村	1 479	56 885	18 962	1 941
			由里村委会	404	1 212	渭南市华县莲花寺镇西寨村	西寨村	1 098	41 724	13 908	1 502
			汀村委会	574	1 722	渭南市华县莲花寺镇乔堡村	乔堡村	567	21 546	7 182	1 141
			庄头村委会	258	774	渭南市华县莲花寺镇少华中学	少华中学	2 180	74 076	24 692	2 438
			东罗村委会	137	411	渭南市华县莲花寺镇瓦头村	瓦头村	857	32 566	10 855	994
		华州镇	西罗村委会	375	1 125	渭南市华县华州镇大街村	大街村	1 460	49 611	16 537	1 835
			正什字村委会	1 562	4 686	渭南市华县华州镇城内村	城内村	864	29 359	9 786	2 426
			王堡村委会	1 093	3 279	渭南市华县华州镇马斜村	马斜村	397	13 490	4 497	1 490
		合计		14 715	44 145			19 779	938 480	312 826	34 494
罗纹河口(东)	渭南市华县	柳枝镇	秦家村委会	1 242	3 726	渭南市华县柳枝镇孙庄村	孙庄村	1 380	52 440	17 480	2 622
			钟张村	2 199	6 597	渭南市华县柳枝镇梁堡	梁堡	919	34 922	11 641	3 118
			孟家村委会	1 553	4 659	渭南市华县柳枝镇张桥村	张桥村	1 299	49 362	16 454	2 852
			拾村	2 784	8 352	渭南市华县柳枝镇宏发石村	宏发石村	230	200 100	66 700	3 014
			北拾村	1 409	4 227	渭南市华县柳枝镇上安村	上安村	707	26 866	8 955	2 116
			彭村委会	1 669	5 007	渭南市华县柳枝镇南关村	南关村	3 378	128 364	42 788	5 047
		下庙镇	三吴村委会	1 238	3 714	渭南市华县杏林镇复肥厂	复肥厂	3 120	1 070 000	356 667	4 358
			沟家村委会	969	2 907	渭南市华县杏林镇杏林村	杏林村	1 763	67 808	22 603	2 732
		合计		13 063	39 189			12 796	1 629 862	543 288	25 859

续表 3-142

溃口名称	市、县(区)	转移单元				安置区地址	安置区				
		乡(镇)	行政村	转移人口(人)	需安置面积(m²)		安置区名称	人口(人)	可避洪面积(m²)	可容纳人数(人)	总人口(人)
毕家	渭南市华县	柳枝镇	彭村村委会	1 669	5 007	渭南市华县柳枝镇	南关村	3 378	128 364	42 788	5 047
			秦家村	1 345	4 035	渭南市华县柳枝镇	孙庄村	1 380	52 440	17 480	2 725
			王宿村	1 551	4 653	渭南市华县柳枝镇	柳枝中学	1 799	68 362	22 787	3 350
			钟张村	2 199	6 597	渭南市华县柳枝镇	梁堡	919	34 922	11 641	3 118
			拾村	1 682	5 046	渭南市华县柳枝镇	张桥村	1 299	49 362	16 454	2 981
			北拾村	3 015	9 045	渭南市华县柳枝镇宏发石村	宏发石村	230	200 100	66 700	3 245
		下庙镇	沟南村	1 526	4 578	渭南市华县柳枝镇	上安村	707	26 866	8 955	2 233
			三吴村委会	1 049	3 147	渭南市华县杏林镇	杏林村	1 763	67 808	22 603	2 812
				1 238	3 714	渭南市华县杏林镇	复肥厂	3 120	1 070 000	356 667	4 358
		华阴市罗敷镇	左家村	354	1 062	渭南市华县柳枝镇	南关村	3 378	128 364	42 788	3 732
		合计		15 628	46 884			14 595	1 698 224	566 075	30 223
方山河口(西)	渭南市华县	柳枝镇	北拾村委会	1 409	4 227	渭南市华县柳枝镇上安村	上安村	707	26 866	8 955	2 116
			彭村村委会	1 669	5 007	渭南市华县柳枝镇南关村	南关村	3 378	128 364	42 788	5 047
			拾村委会	2 784	8 352	渭南市华县柳枝镇宏发石村	宏发石村	230	200 100	66 700	3 014
			孟村	1 106	3 318	渭南市华县柳枝镇张桥村	张桥	1 299	49 362	16 454	2 405
			王宿村	352	1 056	渭南市华县柳枝镇秦家村	秦家村	1 345	51 110	17 037	1 697
			钟张村	2 030	6 090	渭南市华县柳枝镇梁堡村	梁堡	995	37 810	12 603	3 025
			东新庄村	124	372	渭南市华县柳枝镇孙堡村	孙堡	1 495	56 810	18 937	1 619
			柳枝街道办事处	78	234	渭南市华县柳枝镇孙庄村	孙庄	1 495	56 810	18 937	1 573
			丰良村	201	603	渭南市华县柳枝镇丰良村	丰良	2 143	81 434	27 145	2 344
			南关村	526	1 578	渭南市华县柳枝镇南关村	南关村	3 378	127 364	42 788	3 904
		合计		10 279	30 837			11 592	631 856	210 619	21 871
方山河口(东)	渭南市华县	华西镇	庆华村	1 187	3 561	蒲城县龙阳镇汉帝村	汉帝	2 860	67 136	22 379	4 047
			葱湾村	539	1 617	蒲城县党睦镇党南村	党南	1 320	30 769	10 256	1 859
			良坊村	579	1 737	蒲城县龙阳镇客家村	客家	620	14 563	4 854	1 199
			演家村	1 358	4 074	蒲城县龙阳镇龙阳村	龙阳	2 309	54 202	18 067	3 667
			孙庄村	1 207	3 621	蒲城县龙阳镇店子村	店子	2 078	48 782	16 261	3 285
		罗敷镇	托西村	1 432	4 296	渭南市华阴市罗敷镇敷北村	敷北村	1 552	61 181	20 394	2 984
		合计		6 302	18 906			10 740	276 634	92 211	17 042

续表 3-142

溃口名称	转移单元					安置区					
	市、县(区)	乡(镇)	行政村	转移人口(人)	需安置面积(m²)	安置区地址	安置区名称	人口(人)	可避洪面积(m²)	可容纳人数(人)	总人口(人)
冯东险工	渭南市华县	华西镇	华西村	1 010	3 030	蒲城县龙阳镇龙王村	龙王	451	1 059 155	353 052	1 461
			庆华村	1 187	3 561	蒲城县龙阳镇汉帝村	汉帝	2 860	67 136	22 379	4 047
			葱湾村	539	1 617	蒲城县党睦镇党南村	党南	1 320	30 769	10 256	1 859
			孙庄村	1 207	3 621	蒲城县龙阳镇店子村	店子	2 078	48 782	16 261	3 285
			冯东村	1 024	3 072	蒲城县龙阳镇小寨村	小寨	2 771	65 042	21 681	3 795
			罗西村	1 383	4 149	蒲城县党睦镇洛北村	洛北	1 445	33 683	11 228	2 828
			良坊村	579	1 737	蒲城县龙阳镇客家村	客家	620	14 563	4 854	1 199
			演家村	1 358	4 074	蒲城县龙阳镇龙阳村	龙阳	2 309	54 202	18 067	3 667
		罗敷镇	托西村	1 432	4 296	渭南市华阴罗敷镇敷北村	敷北村	1 552	61 181	20 394	2 984
		合计		9 719	29 157			15 407	1 434 514	478 171	25 126
罗敷河口(东)	渭南市华阴市	罗敷镇	山峰村	440	1 320	渭南市华阴罗敷镇桥营村	桥营村	1 628	64 177	21 392	2 068
			连村	303	909	渭南市华县柳枝镇丰良村	丰良村	1 979	75 202	25 067	2 282
		华山镇	高家村	1 844	5 532	渭南市华阴罗敷镇武旗营村	武旗营村	1 871	73 757	24 586	3 715
		华西镇	北严村	1 054	3 162	蒲城县龙阳镇白庙村	白庙	508	11 915	3 972	1 562
			西渭北村	1 085	3 255	蒲城县党睦镇孝东村	孝东	1 580	36 830	12 277	2 665
		合计		4 726	14 178			7 566	261 881	87 294	12 292
柳叶河口(东)	渭南市华阴市	华西镇	东阳村	1 895	5 685	蒲城县龙阳镇蒲石村	蒲石	2 540	59 622	19 874	4 435
			南严村	2 031	6 093	蒲城县龙阳镇秦家村	秦家	677	15 887	5 296	2 708
		大华路街道办事处	郭家村	966	2 898	华阴市华山镇北洞村	北洞	825	5 778	1 926	1 791
			小留村	573	1 719	华阴市太华路街道办事处王道一村	王道一村	1 657	63 536	21 179	2 230
			新城村	428	1 284	华阴市太华路街道办事处河湾村	河湾	692	26 534	8 845	1 120
		合计		5 893	17 679			6 391	171 358	57 119	12 284

溃口名称	市、县(区)	乡(镇)	转移单元 行政村	转移人口(人)	需安置面积(m²)	安置区地址	安置区名称	人口(人)	可避洪面积(m²)	可容纳人数(人)	总人口(人)
长涧河口(东)	渭南市华阴市	岳庙街道办事处	南栅村	1 737	5 211	蒲城县龙阳镇统一村	统一	708	16 620	5 540	2 445
			北社村	654	1 962	蒲城县龙池镇七一村	七一	2 672	58 725	19 575	3 326
			北社村	970	2 910	蒲城县龙池镇五更村	五更	1 988	43 692	14 564	2 958
			陈家村	1 260	3 780	蒲城县龙池镇屈家村	屈家	2 012	44 220	14 740	3 272
			陈家村	1 124	3 372	蒲城县龙阳镇张家村	张家	1 328	29 187	9 729	2 452
			东联村	878	2 634	蒲城县龙池镇康家村	康家	1 502	33 011	11 004	2 380
			东联村	1 074	3 222	蒲城县龙池镇五四村	五四	2 826	62 110	20 703	3 900
			东栅村	1 181	3 543	蒲城县龙池镇三家村	三家	871	19 139	6 380	2 052
			东栅村	928	2 784	蒲城县龙池镇捻城村	捻城	2 356	51 780	17 260	3 284
			土洛坊村	540	1 620	蒲城县龙池镇东社村	东社	545	11 982	3 994	1 085
			土洛坊村	548	1 644	蒲城县龙池镇平头村	平头	1 174	25 802	8 601	1 722
			土洛坊村	575	1 725	蒲城县龙池镇重泉村	重泉	1 644	36 132	12 044	2 219
	渭南市潼关县	秦东镇	新姚村	1 596	4 788	蒲城县龙池镇金星村	金星	2 498	54 901	18 300	4 094
			桃林寨村	1 177	3 531	蒲城县龙池镇屈家村	屈家	2 012	44 220	14 740	3 189
			合计	14 242	42 726			22 124	487 301	162 434	36 366
华农工程	渭南市华阴市	华西镇	北洛村	2 418	7 254	蒲城县党睦镇沙坡头村	沙坡头	3 292	76 737	25 579	5 710
			罗西村	1 383	4 149	蒲城县龙池镇洛北村	洛北	1 445	33 683	11 228	2 828
			华西村	1 010	3 030	蒲城县龙阳镇龙王村	龙王	451	1 059 155	353 052	1 461
			冯东村	1 024	3 072	蒲城县龙池镇小寨村	小寨	2 771	65 042	21 681	3 795
			合计	5 835	17 505			7 959	1 234 617	411 539	13 794
三河口工程	渭南市华阴市	岳庙街道办事处	陈家村	2 384	7 152	蒲城县龙池镇屈家村	屈家	2 012	44 220	14 740	4 396
			陈家村			蒲城县龙阳镇张家村	张家	1 328	29 187	9 729	1 328
			东联村	1 952	5 856	蒲城县龙池镇康家村	康家	1 502	33 011	11 004	3 454
			东栅村	2 109	6 327	蒲城县龙池镇五四村	五四	2 826	62 110	20 703	2 826
			东栅村			蒲城县龙池镇三家村	三家	871	19 139	6 380	2 980
			南栅村	737	2 211	蒲城县龙池镇捻城村	捻城	2 356	51 780	17 260	2 356
			南栅村			蒲城县龙阳镇统一村	统一	708	16 620	5 540	1 445
	渭南市潼关县	秦东镇	桃林寨村	1 177	3 531	蒲城县龙池镇屈家村	屈家	2 012	44 220	14 740	3 189
			合计	8 359	25 077			11 603	256 067	85 356	19 962

表3-143　南岸支流各溃口安置区容量

河流	溃口名称	市、县(区)	乡(镇)	行政村	转移人口(人)	需安置面积(m²)	安置区地址	安置区名称	人口(人)	可避洪面积(m²)	可容纳人数(人)	总人口(人)
					转移单元			安置区				
赤水河	赤水镇(西堤)	渭南市临渭区	向阳街道办事处	长岗村	1080	3 240	渭南市临渭区向阳街道办事处郭壕村	郭壕村	428	16 286	5 429	1 508
				田家村	1 573	4 719	渭南市临渭区向阳街道办事处孟家村	孟家村	997	37 938	12 646	2 570
				新庄村	510	1 530	渭南市临渭区向阳街道办事处张岑村	张岑村	506	19 254	6 418	1 016
				赵王村	969	2 907	渭南市临渭区向阳街道办事处程家村	程家村	557	21 195	7 065	1 526
				赤水村	801	2 403	渭南市华县赤水镇老赤水中学	老赤水中学	1 200	45 600	15 200	2 001
				淹头村	1 369	4 107	渭南市临渭区向阳街道办事处向阳二中	向阳二中	2 600	98 936	32 979	3 969
			合计		6 302	18 906			6 288	239 209	79 737	12 590
	赤水镇(东堤)	渭南市华县	赤水镇	赤水村委会	1 611	4 833	渭南市华县赤水镇老赤水中学	老赤水中学	1 200	45 600	15 200	2 811
				蒋家村	1 619	4 857	渭南市华县赤水镇赤水医院	赤水医院	62	2 356	785	1 681
				麦王村委会	1 935	5 805	渭南市华县赤水镇任家寨	任家寨	916	34 808	11 603	2 851
				水城村委会	795	2 385	渭南市华县赤水镇程高小学	程高小学	69	2 617	872	864
				台台村委会	1 548	4 644	渭南市华县赤水镇江村	江村	1 571	59 698	19 899	3 119
				新城村委会	822	2 466	渭南市华县赤水镇程高村	程高村	957	36 366	12 122	1 779
			合计		8 330	24 990			4 775	181 445	60 481	13 105

续表 3-143

河流	溃口名称	市、县(区)	转移单元				安置区					
			乡(镇)	行政村	转移人口(人)	需安置面积(m²)	安置区地址	安置区名称	人口(人)	可避洪面积(m²)	可容纳人数(人)	总人口(人)
遇仙河	老公路桥南(西堤)	渭南市华县	赤水镇	赤水村委会	1611	4833	渭南市华县赤水镇老赤水中学	老赤水中学	1200	45600	15200	2811
				赤水社区居委会	801	2403	渭南市华县赤水镇江村	江村	1571	59698	19899	2372
				蒋家村	1619	4857	渭南市华县赤水镇赤水医院	赤水医院	62	2356	785	1681
				麦王村委会	1935	5805	渭南市华县赤水镇任家寨	任家寨	916	34808	11603	2851
				水城村委会	795	2385	渭南市华县赤水镇程高小学	程高小学	69	2617	872	864
				台合村委会	1548	4644	渭南市华县赤水镇江村	江村	1571	59698	19899	3119
				桥家村委会	960	2880	渭南市华县赤水镇郭村	郭村	1974	75012	25004	2934
				刘家村委会	1800	5400	渭南市华县瓜坡镇瓜底村	瓜底村	1892	71896	23965	3692
			莲花寺镇	三合村委会	374	1122	渭南市华县莲花寺镇袁寨小学	袁寨小学	900	34200	11400	1274
				合计	11443	34329			10155	385885	128628	21598
	老公路桥南(东堤)	渭南市华县	赤水镇	马庄村委会	817	2451	渭南市华县瓜坡镇良候村	良候村	1683	63954	21318	2500
				辛村村委会	687	2061	渭南市华县赤水镇郭村小学	郭村小学	230	2547	849	917
				样田村村委会	1611	4833	渭南市华县赤水镇郭村	郭村	1974	75012	25004	3585
				罗家村委会	1257	3771	渭南市华县赤水镇郭村	郭村	1974	75012	25004	3231
				楼梯村委会	100	300	渭南市华县赤水镇江村小学	江村小学	76	2879	960	176
				辛庄村委会	972	2916	渭南市华县瓜坡镇孔村	孔村	2067	78546	26182	3039
				陈家村委会	158	474	渭南市华县瓜坡镇井堡村	井堡村	882	33516	11172	1040
				刘家村委会	600	1800	渭南市华县瓜坡镇瓜底村	瓜底村	1892	71896	23965	2492
				沙弥村委会	1560	4680	渭南市华县瓜坡镇瓜底村	瓜底村	1892	71896	23965	3452
				魏三庄村委会	1891	5673	渭南市华县瓜坡镇三留村	三留村	1293	49134	16378	3184
				候坊村委会	2224	6672	渭南市华县瓜坡镇	姚郝	1208	45904	15301	3432
				合计	11877	35631			11305	423388	141129	23182

河流	溃口名称	市、县(区)	乡(镇)	行政村	转移人口(人)	需安置面积(m²)	安置区地址	安置区名称	人口(人)	可避洪面积(m²)	可容纳人数(人)	总人口(人)
石堤河	老公路桥南(西堤)	渭南市华县	赤水镇	步背后村委会	401	1 203	渭南市华县瓜坡镇湾惠村	湾惠村	696	26 448	8 816	1 097
				陈家村委会	949	2 847	渭南市华县瓜坡镇井堡村	井堡村	882	33 516	11 172	1 831
				李家堡村	635	1 905	渭南市华县瓜坡镇李托村	李托村	1 505	57 190	19 063	2 140
				样田村委会	1 611	4 833	渭南市华县赤水镇郭村	郭村	1 974	75 012	25 004	3 585
				刘家村委会	1 800	5 400	渭南市华县瓜坡镇瓜底村	瓜底村	1 892	71 896	23 965	3 692
				辛庄村委会	2 061	6 183	渭南市华县瓜坡镇孔村	孔村	2 067	78 546	26 182	4 128
				马庄村委会	817	2 451	渭南市华县瓜坡镇良候村	良候村	1 683	63 954	21 318	2 500
				太平村委会	703	2 109	渭南市华县瓜坡镇张岩村	张岩村	550	20 900	6 967	1 253
				魏三庄村委会	1 891	5 673	渭南市华县瓜坡镇三留村	三留村	1 293	49 134	16 378	3 184
				候坊村委会	2 224	6 672	渭南市华县瓜坡镇	姚郝	1 208	45 904	15 301	3 432
				姚家村委会	532	1 596	渭南市华县瓜坡镇南沙村	南沙村	3 162	120 156	40 052	3 694
			瓜坡镇	君朝村委会	240	720	渭南市华县瓜坡镇同岩村	同岩村	999	37 962	12 654	1 239
				合计	13 864	41 592			17 911	680 618	226 872	31 775
	老公路桥南(东堤)	渭南市华县	华州镇	王堡村委会	773	2 319	渭南市华县华州镇马斜村	马斜村	397	13 490	4 497	1 170
				客家村委会	604	1 812	渭南市华县华州镇红岭机械厂	红岭机械厂	737	25 043	8 348	1 341
				赵家村委会	880	2 640	渭南市华县莲花寺镇西寨村	西寨村	1 098	41 724	13 908	1 978
				宜农村委会	525	1 575	渭南市华县华州镇崖坡纸箱厂	崖坡纸箱厂	116	3 942	1 314	641
				先农村委会	403	1 209	渭南市华县华州镇吴家村	吴家村	1 376	46 756	15 585	1 779
				西罗村委会	606	1 818	渭南市华县莲花寺镇西寨村	西寨村	1 098	41 724	13 908	1 704
				王什字村委会	150	450	渭南市华县华州镇大街村	大街村	362	41 724	13 908	512
				王什字村委会	1 112	3 336	渭南市华县华州镇城内村	城内村	864	29 359	9 786	1 976
			莲花寺镇	汀村委会	574	1 722	渭南市华县莲花寺镇乔堡村	乔堡村	567	21 546	7 182	1 141
				下庙村委会	190	570	渭南市华县杏林镇棉麻厂	棉麻厂	739	28 423	9 474	929
			下庙镇	牛市村委会	309	927	渭南市华县杏林镇杏林钢厂	杏林钢厂	653	25 115	8 372	962
				姜田村委会	327	981	渭南市华县杏林镇	梁西村	408	15 692	5 231	735
				杨相村委会	215	645	渭南市华县杏林镇李庄村城关	李庄村城关	1 308	15 692	5 231	1 523
				车堡村委会	311	933	渭南市华县杏林镇三溪村	三溪村	1 166	44 846	14 949	1 477
				甘村委会	1 078	3 234	渭南市华县杏林镇龙山村	龙山村	2 722	104 692	34 897	3 800
				康甘村委会	1 176	3 528	渭南市华县杏林镇城关中学	城关中学	1 981	19 500	6 500	3 157
				田村委会	2 053	6 159	渭南市华县杏林镇李庄村	李庄村	1 283	49 346	16 449	3 336
				合计	11 286	33 858			16 875	568 616	189 539	28 161

河流	溃口名称	市、县(区)	乡(镇)	行政村	转移人口(人)	需安置面积(m²)	安置区地址	安置区名称	人口(人)	可避洪面积(m²)	可容纳人数(人)	总人口(人)
罗纹河	二华干沟北(西堤)	渭南市华县	下庙镇	姜田村委会	654	1 962	渭南市华县杏林镇磁化肥厂	梁西村	408	273 262	91 087	1 062
				杨相村委会	215	645		李庄村 城关中学	1 308	15 692	5 230	1 523
				车堡村委会	778	2 334	渭南市华县杏林镇三溪村	三溪村	1 166	44 846	14 948	1 944
				牛市村委会	618	1 854	渭南市华县杏林镇杏林钢厂	杏林钢厂	653	25 115	8 371	1 271
				东周村委会	884	2 652	渭南市华县杏林镇三溪村	三溪村	1 166	44 846	14 948	2 050
				吊庄村委会	427	1 281	渭南市华县杏林镇磨村	磨村	1 479	56 884	18 961	1 906
				简家村委会	539	1 617	渭南市华县杏林镇梓里村	梓里村	1 920	73 846	24 615	3 825
				什字村委会	1 366	4 098						
			莲花寺镇	西周村委会	968	2 904	渭南市华县杏林镇老观台村	老观台村	658	25 307	8 435	1 626
				由里村委会	404	1 212	渭南市华县莲花寺镇西寨村	西寨村	1 098	41 724	13 908	1 502
				汀村村委会	574	1 722	渭南市华县莲花寺镇乔堡村	乔堡村	567	21 546	7 182	1 141
			合计		7 427	22 281			10 423	623 068	207 685	17 850
	二华干沟北(东堤)	渭南市华县	下庙镇	沟家村委会	969	2 907	渭南市华县杏林镇杏林村	杏林村	1 763	67 808	22 603	2 732
			莲花寺镇	北马村委会	688	2 064	渭南市华县莲花寺镇中学	镇中学	1 842	69 996	23 332	2 530
			柳枝镇	钟张村委会	2 030	6 090	渭南市华县柳枝镇	梁堡村	919	34 922	11 641	2 949
			合计		3 687	11 061			4 524	172 726	57 576	8 211
罗敷河	二华干沟北(西堤)	渭南市华阴市	罗敷镇	托西村	1 432	4 296	华阴市罗敷镇敷北村	敷北村	1 552	61 181	20 394	2 984
	二华干沟北(东堤)	渭南市华阴市	罗敷镇	连村	303	909	渭南市华县柳枝镇丰良村	丰良村	2 143	81 434	27 145	2 446
				付家村	622	1 866	华阴市罗敷镇鹿圈村	鹿圈村	287	11 314	3 771	909
				山峰村	88	264	华阴市罗敷镇桥营村	桥营村	1 628	64 177	21 392	1 716
			华西镇	西渭北村	1 085	3 255	蒲城县党睦镇孝东村	孝东	1 580	36 830	12 277	2 665
			华山镇	高家村	738	2 214	华阴市罗敷镇武旗营村	武旗营	1 871	73 757	24 586	2 609
			合计		4 268	12 804			9 061	328 693	109 565	13 329

续表 3-143

河流	溃口名称	转移单元					安置区					总人口(人)
		市,县(区)	乡(镇)	行政村	转移人口(人)	需安置面积(m²)	安置区地址	安置区名称	人口(人)	可避洪面积(m²)	可容纳人数(人)	
柳叶河	二华干沟南300m(西堤)	渭南市华阴市	华西镇	西渭北村	1 085	3 255	蒲城县党睦镇孝东村	孝东	1 580	36 830	12 277	2 665
		渭南市华阴市	华山镇	高家村	553	1 659	华阴市罗敷镇武旗营村	武旗营	1 871	73 757	24 586	2 424
			合计		1 638	4 914			3 451	110 587	36 863	5 089
	二华干沟南300m(东堤)	渭南市华阴市	大华路街道办事处	小留村	573	1 719	华阴市大华路街道办事处	王道一村	1 657	63 536	21 179	2 230
			合计		573	1 719			1 657	63 536	21 179	2 230
长涧河	二华干沟南800m(西堤)	渭南市华阴市	大华路街道办事处	小留村	320	960	华阴市大华路街道办事处	王道一村	1 657	63 536	21 179	1 977
			合计		320	960			1 657	63 536	21 179	1 977
	二华干沟南800m(东堤)	渭南市华阴市	岳庙街道办事处	南栅村	1 737	5 211	蒲城县龙阳镇统一村	统一	708	16 620	5 540	2 445
		渭南市华阴市	岳庙街道办事处	东栅村	2 109	6 327	蒲城县龙池镇三家村	三家	871	19 139	6 380	2 980
							蒲城县龙池镇埝城村	埝城	2 356	51 780	17 260	2 356
			合计		3 846	11 538			3 935	87 539	29 180	7 781
方山河	二华干沟北(东堤)	渭南市华阴市	华西镇	葱瀵村	81	243	蒲城县党睦镇	党南村	1 320	30 769	10 256	1 401
		渭南市华阴市		孙庄村	482	1 446	蒲城县龙阳镇	店子村	2 078	48 782	16 261	2 560
			合计		563	1 689			3 398	79 551	26 517	3 961
	二华干沟北(西堤)	渭南市华阴市	柳枝镇	拾村	1 253	3 759	渭南市华县柳枝镇	宏发石村	230	200 100	66 700	1 483
		渭南市华阴市	柳枝镇	彭村	1 669	5 007	渭南市华县柳枝镇	南关村	3 378	128 364	42 788	5 047
				北拾村	986	2 958	渭南市华县柳枝镇	上安村	707	26 866	8 955	1 693
			合计		3 908	11 724			4 315	355 330	118 443	8 223

3.8.4.5 成果合理性分析

安置区选择的合理性从以下三个方面进行分析:安置区位置合理性,灾民生活、医疗的保障性,安置区道路的通达性。

1. 安置区位置合理性分析

渭河干流南岸、南岸支流、渭河干流北岸、北岸支流54个溃口的淹没区域均为平原区,地势起伏不大,在淹没范围内很难找到高地。因此,安置区的位置均选在淹没范围之外,保证安置区不会受到洪水的威胁。

2. 灾民生活、医疗的保障性

本次选择的安置区均为行政村庄,居民房屋砖混结构较多,建筑质量相对较好,村庄中一般有学校、村委会等公共场所,均可作为安置区域;并且行政村中一般有医疗卫生所,可为灾民提供基本的救护、治疗。这些设施和条件,可为灾民提供基本的生活和医疗保障。

3. 安置区道路的通达性

渭河下游南、北两岸防洪保护区内地势平坦,起伏不大,村庄一般都有良好的道路通行能力,加之"村村通"工程的实施,基本可以保证灾民因人员过剩或疾病等原因的再次转移。

3.8.5 转移路线确定

3.8.5.1 路径分析模型和算法

转移路线选取需综合考虑洪水演进过程和淹没情况、道路状况、转移安置人员和财产情况、安置点、便利性等。转移路线主要依据所花时间最短的最优路径原则并考虑道路通容能力确定,同时结合华县、华阴、渭城、临潼、高陵等各市、县(区)现有防洪预案的撤离路线及现场实地调查复核确认。

运用GIS空间分析技术,通过对受洪水影响区域内路网结构、节点的综合分析,可方便地求出待转区域到安置区域的最优路径,并进行有效的路线规划;而当离安置场所较近时,可直接通过空间判识确定路径。

在进行最优路线规划的同时,需要考虑根据不同等级道路有限的通容能力,并对最优路径进行相应的局部调整。道路通容能力一般可分为三个等级:①高通容能力(高速公路与国道);②中通容能力(一般等级公路);③低通容能力(等级外公路)。

在实际避险转移过程中,计算从受灾点到安置点之间的最佳转移路线,不仅要计算多点间在交通通畅的道路网中的最短距离,更要考虑到灾害发生后,洪水对道路通行能力的影响,如洪水可能冲毁某段道路导致道路无法通行,也可能因洪水淹没造成道路积水而使得道路的通行能力下降等。

目前,最短路径算法中最经典的算法是Dijkstra于1959年提出的按照路径长度递增的次序产生的最短路径方法。Dijkstra算法能得出最短路径的最优解,用于计算一个节点到其他所有节点的最短路径。主要特点是以起始点为中心向外层层扩展,直到扩展到终点。

根据路径分析模型和最短路径算法,确定渭河干流北岸、北岸支流、渭河干流南岸、南岸支流各溃口最大重现期洪水淹没村庄的转移单元和安置区转移路线见表3-144~表3-147。

表3-144　渭河北岸百年一遇洪水各溃口淹没村庄异地转移安置路线

溃口名称		转移单元		转移路线	安置区		转移人口（人）	转移路线距离（km）
安虹路口	咸阳市秦都区	渭阳西路街道办事处	南安村	南安村—古渡街道办事处	咸阳市秦都区古渡街道办事处	古渡街道办事处	1 174	2.11
			金山社区	金山社区—石斗村	咸阳市秦都区古渡街道办事处	石斗村	406	2.07
			嘉惠社区	嘉惠社区—马家堡村	咸阳市渭城区渭阳街道办事处	马家堡村	612	2.54
		人民路街道办事处	天王第一社区	天王第一社区—马家堡村	咸阳市渭城区渭阳街道办事处	马家堡村	426	1.54
	咸阳市渭城区	渭阳街道办事处	旭鹏村	旭鹏村—碱滩村	咸阳市渭城区渭阳街道办事处	碱滩村	2 483	2.27
			利民村	利民村—滨河新村	咸阳市渭城区渭阳街道办事处	滨河新村	2 517	3.26
			光辉村	光辉村—双泉村	咸阳市渭城区渭阳街道办事处	双泉村	362	0.76
			金家庄	金家庄—碱滩村	咸阳市渭城区渭阳街道办事处	碱滩村	206	1.90
		合计					8 186	
店上险工	咸阳市渭城区	正阳街道办事处	孙家村	孙家村—沙道村	咸阳市渭城区底店街道办事处	沙道村	908	1.05
			左所	左所—后排村	咸阳市渭城区正阳街道办事处	后排村	1297	1.07
			左排村	左排村—左排村	咸阳市渭城区正阳街道办事处	左排村	403	1.06
			东阳村	东阳村—柏家咀村	咸阳市渭城区正阳街道办事处	柏家咀村	210	1.53
		底店街道办事处	仓张村	仓张村—毛王村	咸阳市渭城区底店街道办事处	毛王村	2 649	2.06
			大寨村	大寨村—答店村	咸阳市渭城区底店街道办事处	答店村	878	2.06
			长兴村	长兴村—黄家沟	咸阳市渭城区底店街道办事处	黄家沟	304	2.40
		合计					6 649	

续表 3-144

溃口名称	转移路线	转移单元		安置区		转移人口（人）	转移路线距离（km）
吴村阳险工	西渭阳村委会—温梁村	西安市临潼区	北田街道办事处	西渭阳村委会 温梁村	西安市临潼区北田街道办事处 温梁村	1 985	6.20
	尖角村—月掌村			尖角村 月掌村	西安市临潼区北田街道办事处 月掌村	1 564	3.36
	田严村—潘杨村			田严村 潘杨村	西安市临潼区任留街道办事处 潘杨村	1 823	3.55
	北田村委会—月掌村			北田村委会 月掌村	西安市临潼区北田街道办事处 月掌村	2 206	3.25
	马陵村—温梁村			马陵村 温梁村	西安市临潼区北田街道办事处 温梁村	1 599	1.27
	增月村—刘张村			增月村 刘张村	西安市临潼区北田街道办事处 刘张村	410	0.34
	东渭阳村委会—温梁村			东渭阳村委会 温梁村	西安市临潼区北田街道办事处 温梁村	1 202	3.01
	滩王村委会—周同村			滩王村委会 周同村	西安市临潼区任留街道办事处 周同村	3 955	2.28
	南屯村委会—任留街道办事处院内		任留街道办事处	南屯村委会	西安市临潼区任留街道办事处院内	923	3.41
	西口村委会—任留街道办事处院内			西口村委会	西安市临潼区任留街道办事处院内	1 613	3.25
	韩家村—龙朗村	西安市高陵区	张卜镇	韩家村	西安市高陵区 龙朗村	3 438	1.69
	张家村—塬后村			张家村	西安市高陵区张卜镇 塬后村	3 516	1.47
	南郭村—塬张村			南郭村	西安市高陵区张卜镇 塬张村	3 351	4.71
	贾蔡村—李家庄			贾蔡村	西安市高陵区张卜镇 李家庄	1 264	1.38
	合计					28 849	
西渭阳险工	西渭阳村委会—北田街道办事处院内	西安市临潼区	北田街道办事处	西渭阳村委会 增月村	西安市临潼区北田街道办事处 增月村委会	1 985	5.84
	田严村—北田街道办事处院内			田严村	西安市临潼区北田街道办事处院内	2 316	5.14
	东渭阳村委会—北田街道办事处院内			东渭阳村委会	西安市临潼区北田街道办事处院内	1 202	3.35
	滩王村委会—北田街道办事处院内			滩王村委会	西安市临潼区北田街道办事处院内	3 955	4.44
	南屯村委会—任留街道办事处院内		任留街道办事处	南屯村委会	西安市临潼区任留街道办事处院内	1 923	3.41
	西口村委会—任留街道办事处院内			西口村委会	西安市临潼区任留街道办事处院内	920	3.25
	韩家村—龙朗村	西安市高陵区	张卜镇	韩家村	西安市高陵区 龙朗村	627	2.40
	合计					12 928	

续表 3-144

溃口名称	转移路线		转移单元	安置区	转移人口（人）	转移路线距离（km）
沙王险工	油陈村—北周村	渭南市临渭区	龙背镇	渭南市临渭区孝义镇北周村	2 681	4.38
	龙背村—灯塔村			渭南市临渭区辛市镇灯塔村	1 688	4.60
	东风村—南焦村			渭南市临渭区龙背镇南焦村	2 465	6.89
	永丰村—屹塔张村			渭南市临渭区辛市镇屹塔张村	2 589	7.13
	北史村—灯塔村			渭南市临渭区辛市镇灯塔村	1 599	7.85
	程庄村—北周村			渭南市临渭区孝义镇北周村	774	8.25
	前进村—杜王村			渭南市临渭区孝义镇杜王村	2 428	10.30
	青龙村—杜王村			渭南市临渭区孝义镇杜王村	1 656	8.80
	安王村—前锋村			渭南市临渭区孝义镇前锋村	2 011	9.15
	高杨村—屹塔张村			渭南市临渭区孝义镇屹塔张村	928	9.27
	新光村—南焦村			渭南市临渭区辛市镇南焦村	821	4.25
	侯家村—南焦村			渭南市临渭区孝义镇南焦村	1 360	2.78
	任李村—中焦村			渭南市临渭区龙背镇中焦村	1 564	3.34
	陈南村—巴邑村			渭南市临渭区龙背镇巴邑村	1 933	7.06
	陈北村—尹家村			渭南市临渭区故市镇尹家村	1 213	4.93
	信义村—巴邑村			渭南市临渭区故市镇巴邑村	3 183	6.50
	新庄村—尹家村		辛市镇	渭南市临渭区故市镇尹家村	2 004	3.72
	刘宋村—巴邑村			渭南市临渭区故市镇巴邑村	1 617	6.35
	段刘村—石家村			渭南市临渭区龙背镇石家村	413	2.05
	郝家村—石家村			渭南市临渭区龙背镇石家村	768	2.64
	沙王村—黑杨村			渭南市临渭区龙背镇黑杨村	1 587	3.43
	东四村—大田村			渭南市临渭区辛市镇大田村	1 022	8.48
	观西村—庞家村			渭南市临渭区辛市镇庞家村	963	3.16
	里仁村—庞家村			渭南市临渭区辛市镇庞家村	1 628	5.46
	马渡村—大李村			渭南市临渭区辛市镇大李村	1 505	6.15
	权家村—大田村			渭南市临渭区辛市镇大田村	2 825	5.88
	小霍村—庞家村			渭南市临渭区辛市镇庞家村	853	2.13
	东酒王村—东酒王村			渭南市临渭区辛市镇东酒王村	243	3.96
	辛市村—前锋村			渭南市临渭区辛市镇前锋村	2 724	4.80
	南孟村—贺田村			渭南市临渭区辛市镇贺田村	821	3.08
	新冯村—吴刘村			渭南市临渭区辛市镇吴刘村	1 301	4.06
合计					49 167	

続表 3-144

溃口名称		转移单元		安置区		转移人口（人）	转移路线距离（km）
	转移路线						
仓渡险工	苍渡村—南焦村	龙背镇	苍渡村	渭南市临渭区龙背镇	南焦村	1 873	2.40
	孝南村—第一初级中学	孝义镇	孝南村	渭南市临渭区孝义镇	第一初级中学	224	1.15
	洪新村—南庄	下寨镇	洪新村	渭南市临渭区孝义镇	南庄	940	2.00
	朱家村—新蔺		朱家村	渭南市大荔县下寨镇	新蔺	1 026	1.72
	张家村—芟家庄村		张家村	渭南市大荔县下寨镇	芟家庄村	636	2.75
	合计					4 699	
苏村险工	三里村—大园子	苏村镇	三里村	渭南市大荔县官池镇	大园子	1 817	2.99
	陈村—洪善村		陈村	渭南市大荔县苏村镇	洪善村	2 445	5.83
	溢渡村—苏村中学		溢渡村	渭南市大荔县苏村镇	苏村中学	2 112	4.04
	合计					6 374	
仓西险工	长城村—仓西村	韦林镇	长城村	渭南市大荔县韦林镇	仓西村	534	2.66
	西寨村—梁园村		西寨村	渭南市大荔县韦林镇	梁园村	514	3.70
	韦林村—梁园村		韦林村	渭南市大荔县韦林镇	梁园村	1 010	4.67
	阳昌村—马坊林场		阳昌村	渭南市大荔县韦林镇	马坊林场	923	3.10
	东三村—高洼		东三村	渭南市大荔县韦林镇	高洼	928	2.97
	望仙观村—会龙村		望仙观村	渭南市大荔县韦林镇	会龙村	1 584	2.95
	东二村—高洼		东二村	渭南市大荔县韦林镇	高洼	1 038	4.11
	仓头村—火留		仓头村	渭南市大荔县韦林镇	火留	1 166	2.01
	合计					7 697	

渭南市临渭区（仓渡险工转移单元）
渭南市大荔县（苏村险工、仓西险工转移单元）

表 3-145 渭河北岸支流百年一遇洪水各溃口淹没村庄异地转移安置路线

河流	溃口名称	转移单元		转移路线	安置区	转移人口（人）	转移路线距离（km）
洛河	农垦七连以西	渭南市大荔县	韦林镇	阳昌村—马坊林场	渭南市大荔县韦林镇 马坊林场	923	3.38
				长城村—马坊村	渭南市大荔县韦林镇 马坊村	1 481	2.23
				泊子村—马坊林场	渭南市大荔县韦林镇 马坊林场	1 765	2.86
				会龙村—沙苑林厂	渭南市大荔县韦林镇 沙苑林厂	649	3.94
				仓西村—沙苑林厂	渭南市大荔县韦林镇 沙苑林厂	1 038	3.49
				火留村—梁园村	渭南市大荔县韦林镇 梁园村	928	4.93
				西寨村—梁园村	渭南市大荔县韦林镇 梁园村	1 072	4.57
				东一村—高洼	渭南市大荔县韦林镇 高洼	980	3.69
				东二村—高洼	渭南市大荔县韦林镇 高洼	519	3.69
				东三村—高洼	渭南市大荔县韦林镇 高洼	464	3.69
				新合—柳园村	渭南市大荔县韦林镇 柳园村	590	2.21
				迪东村—仁东村	渭南市大荔县韦林镇 仁东村	700	1.80
				迪西村—仁东村	渭南市大荔县韦林镇 仁东村	513	1.80
				韦林村—梁园村	渭南市大荔县韦林镇 梁园村	1 010	5.13
				仓头村—马坊村	渭南市大荔县韦林镇 马坊村	1 166	2.79
				望仙观村—马坊村	渭南市大荔县韦林镇 马坊村	1 584	2.32
合计						15 382	

续表 3-145

河流	溃口名称	转移路线	转移单元			安置区		转移人口（人）	转移路线距离（km）
泾河	陕汽大道泾河桥上首（左岸）	韩村－高刘村	泾渭镇	韩村	高陵区泾渭街道办事处	高刘村	623	1.75
		杨官寨－西孙村		杨官寨	高陵区泾渭街道办事处	西孙村	327	1.60
		下徐吴村－上徐吴村	崇皇乡	下徐吴村	高陵区崇皇乡	上徐吴村	622	0.63
		酱王村－三马白		酱王村	高陵区崇皇乡	三马白	497	0.92
		井王村－崟子头		井王村	高陵区崇皇乡	崟子头	622	1.40
			合计				2 691	
	陕汽大道泾河桥上首（右岸）	店子王村－米家崖村	泾渭街道办事处	店子王村	高陵区泾渭街道办事处	米家崖村	1 203	0.44
		西营村－米家崖村		西营村	高陵区泾渭街道办事处	米家崖村	462	1.62
		雷贾村－梁村		雷贾村	高陵区泾渭街道办事处	梁村	624	5.00
		陈家滩－马湾村		陈家滩	高陵区泾渭街道办事处	马湾村	864	3.68
		泾渭堡－马湾村		泾渭堡	高陵区泾渭街道办事处	马湾村	635	3.99
			合计				3 788	

注：韩村、杨官寨转移单元的行政区划为西安市高陵区。

表 3-146 渭河南岸百年一遇洪水各溃口淹没村庄异地转移安置路线

溃口名称	转移路线			转移单元		安置区		转移人口（人）	转移路线距离（km）
	安谷村—赵家村				安谷村	咸阳市秦都区马泉街道办事处	赵家村	2 190	11.57
	伍家堡村—安家村				伍家堡村	咸阳市秦都区马泉街道办事处	安家村	873	10.05
	段家堡村—程家村				段家堡村	咸阳市秦都区马泉街道办事处	程家村	1 911	9.71
	田家堡村—查田村		陈杨寨街道办事处		田家堡村	咸阳市秦都区马泉街道办事处	查田村	1 439	11.28
	孔家寨村—陈家台村				孔家寨村	咸阳市秦都区马泉街道办事处	陈家台村	1 332	10.25
	曹家寨村—南上召村	咸阳市秦都区			曹家寨村	咸阳市秦都区双照街道办事处	南上召村	4 578	9.58
段家堡险工	牛家村—马家寨村				牛家村	咸阳市秦都区双照街道办事处	马家寨村	2 151	9.64
	宇宏社区—马家寨智英小学				宇宏社区	咸阳市秦都区钓台街道办事处	马家寨智英小学	899	3.39
	文家村—马家寨村		钓台街道办事处		文家村	咸阳市秦都区钓台街道办事处	马家寨村	2 630	8.41
	郭村—北季村				郭村	咸阳市秦都区钓台街道办事处	北季村	3 312	1.40
	李家庄村—李都村				李家庄村	咸阳市秦都区双照街道办事处	李都村	1 810	12.36
	钓鱼台村—马家寨智英小学				钓鱼台村	咸阳市秦都区钓台街道办事处	马家寨智英小学	1 214	3.53
	杨户寨村—南季村				杨户寨村	咸阳市秦都区钓台街道办事处	南季村	1 047	1.34
				合计				25 386	
小王庄险工	小王村—沣西中学校	咸阳市秦都区	陈杨寨街道办事处	小王村		咸阳市秦都区	沣西中学校	1 103	8.10
				合计				1 103	
农六险工	八兴滩村—六村堡街道办事处	西安市未央区	六村堡街道办事处	八兴滩村		西安市未央区	六村堡街道办事处	1 948	2.60
				合计				1 948	
东站险工	西三村—南党村	西安市未央区	汉城街道办事处	西三村		西安市未央区汉城街道办事处	南党村	845	2.48
				合计				845	

· 425 ·

遗口名称	转移路线		转移单元		安置区		转移人口（人）	转移路线距离（km）
水流险工	班家村—草店村	西安市灞桥区	新合街道办事处	班家村	西安市灞桥区新合街道办事处	草店村	104	1.24
	和平滩村—草店村			和平滩村	西安市灞桥区新合街道办事处	草店村	409	0.29
	王家滩村—张卜村	西安市高陵区	耿镇	王家滩村	西安市高陵区张卜镇	张卜村	163	6.35
			合计				676	
周家险工	周家村—安家村	西安市高陵区	耿镇	周家村	西安市高陵区耿楚乡	安家村	2 811	9.08
	宣孔村—西泉街道办事处院内	西安市临潼区	西泉街道办事处	宣孔村	西安市临潼区西泉街道办事处院内	西泉街道办事处院内	324	1.66
			合计				3 135	
季家工程	马寨村委会—何寨村委会	西安市临潼区	何寨街道办事处	马寨村委会	西安市临潼区	何寨村委会	3 106	1.86
	圣力寺村委会—邓家村			圣力寺村委会	西安市临潼区何寨街道办事处	邓家村	4 728	3.06
			合计				7 834	
张义险工	张西村—南刘村	渭南市	双王街道办事处	张西村	渭南市临渭区辛义镇	南刘村	383	2.59
	西庆屯—西庆屯安置小区			西庆屯	渭南市临渭区白杨街道办事处	西庆屯安置小区	1 840	3.90
	寇家村—成杨村	临渭区	何寨街道办事处	寇家村	西安市临潼区何寨村委会	成杨村	152	0.79
			合计				2 375	
梁赵险工	周家村—政和苑小区		高新区	周家村	渭南市高新区	政和苑小区	402	0.69
	曙光村—景和花园		人民街道办事处	曙光村	渭南市临渭区人民街道办事处	景和花园	936	1.80
	胜利中街社区—渭南市实验初级中学			胜利中街社区	渭南市临渭区	渭南市实验初级中学	3 120	3.02
	乐天中街社区—熙园公馆	渭南市		乐天中街社区	渭南市临渭区人民街道办事处	熙园公馆	1 105	2.10
	红星村—曹景村			红星村	渭南市临渭区解放街道办事处	曹景村	468	1.20
	朱王村—五里铺村			朱王村	渭南市临渭区解放街道办事处	五里铺村	2 745	4.80
	八里店村—海兴小区			八里店村	渭南市临渭区双王街道办事处	海兴小区	1 732	3.20
	双王村—小寨村	临渭区	双王街道办事处	双王村	渭南市临渭区双王街道办事处	小寨村	2 736	2.70
	丰荫村—曹井村			丰荫村	渭南市临渭区双王街道办事处	曹井村	1 378	2.01
	梁村—南黄村			梁村	渭南市临渭区双王街道办事处	南黄村	1 320	3.75
	罗刘村—华山小区			罗刘村	渭南市临渭区人民街道办事处	华山小区	1 078	4.10
	槐衙村—景和花园			槐衙村	渭南市临渭区解放街道办事处	景和花园	3 087	2.00
	张岭村—五里铺村		向阳街道办事处	张岭村	渭南市临渭区解放街道办事处	五里铺村	486	3.53
	郭壕村—闵家村			郭壕村	渭南市临渭区丰原镇	闵家村	564	11.50
			合计				21 157	

溃口名称	转移路线	转移单元(地区)	转移单元(乡镇/街道)	转移单元(村)	安置区(单位)	安置区(地点)	转移人口（人）	转移路线距离（km）
八里店险工	梁村—南黄村	渭南市临渭区	双王街道办事处	梁村	渭南市临渭区双王街道办事处	南黄村	1 320	3.75
	丰荫村—曹井村			丰荫村	渭南市临渭区人民街道办事处	曹井村	1 378	2.01
	罗刘村—华山小区			罗刘村	渭南市临渭区人民街道办事处	华山小区	1 078	4.10
	双王村—小寨村			双王村	渭南市临渭区双王街道办事处	小寨村	2 736	2.70
	朱王村—五里铺村			朱王村	渭南市临渭区解放街道办事处	五里铺村	2 745	4.80
	八里店村—海兴小区			八里店村	渭南市临渭区双王街道办事处	海兴小区	1 732	3.20
	槐衙村—曙光小区		向阳街道办事处	槐衙村	渭南市临渭区双王街道办事处	曙光小区	3 087	2.97
	东王村—华山小区			东王村	渭南市临渭区人民街道办事处	华山小区	930	1.88
	合计						15 006	
田家工程	青龙村—南周村	渭南市临渭区	龙背镇	青龙村	渭南市临渭区龙背镇	南周村	1 656	22.32
	新庄村—张岑村			新庄村	渭南市临渭区向阳街道办事处	张岑村	1 002	1.97
	长冈村—郭塚村		向阳街道办事处	长冈村	渭南市临渭区向阳街道办事处	郭塚村	540	4.28
	田家村—孟家村			田家村	渭南市临渭区向阳街道办事处	孟家村	1 573	5.68
	赵王村—程家村			赵王村	渭南市临渭区向阳街道办事处	程家村	485	1.24
	淹头村—向阳二中			淹头村	渭南市临渭区向阳街道办事处	向阳二中	1 369	4.23
	合计						6 625	
詹刘险工	蒋家村—赤水医院	渭南市华县	赤水镇	蒋家村	渭南市华县赤水镇	赤水医院	1 619	2.74
	赤水村委会—老赤水中学			赤水村委会	渭南市华县赤水镇	老赤水中学	1 611	2.18
	麦王村委会—任家寨			麦王村委会	渭南市华县赤水镇	任家寨	1 935	3.89
	水城村委会—程高小学			水城村委会	渭南市华县赤水镇	程高小学	795	2.90
	台合村委会—江村			台合村委会	渭南市华县赤水镇	江村	1 548	5.99
	新城村委会—程高村			新城村委会	渭南市华县赤水镇	程高村	822	6.11
	三合村委会—袁寨小学		莲花寺镇	三合村委会	渭南市华县莲花寺镇	袁寨小学	374	22.00
	合计						8 704	

续表 3-146

溃口名称	转移路线	转移单元			安置区		转移人口（人）	转移路线距离（km）
遇仙河口（东）	薛史村委会—黄家村	渭南市华县	赤水镇	薛史村委会	渭南市华县瓜坡镇	黄家村	1 305	9.72
	雷家村委会—南沙村			雷家村委会	渭南市华县瓜坡镇	南沙村	404	3.96
	李家堡村委会—李托村			李家堡村委会	渭南市华县瓜坡镇	李托村	1 013	7.59
	辛村村委会—郭村小学			辛村村委会	渭南市华县赤水镇	郭村小学	972	1.66
	沙弥村委会—瓜底村			沙弥村委会	渭南市华县瓜坡镇	瓜底村	1 560	12.75
	南吉村委会—庙前村			南吉村委会	渭南市华县瓜坡镇	庙前村	1 724	8.65
	李家村委会—过村			李家村委会	渭南市华县瓜坡镇	过村	1 224	14.48
	刘家村委会—瓜底村			刘家村委会	渭南市华县赤水镇	瓜底村	1 800	7.87
	楼梯村委会—江村小学			楼梯村委会	渭南市华县赤水镇	江村小学	908	5.32
	马庄村委会—良侯村			马庄村委会	渭南市华县瓜坡镇	良侯村	817	11.59
	太平村委会—张岩村			太平村委会	渭南市华县瓜坡镇	张岩村	703	13.24
	魏三庄村委会—三留村			魏三庄村委会	渭南市华县瓜坡镇	三留村	1 891	10.71
	辛庄村委会—孔村			辛庄村委会	渭南市华县赤水镇	孔村	2 061	8.12
	样田村委会—郭村			样田村委会	渭南市华县瓜坡镇	郭村	1 611	1.93
	姚家村委会—南沙村			姚家村委会	渭南市华县瓜坡镇	南沙村	532	4.75
	陈家村委会—井堡村			陈家村委会	渭南市华县瓜坡镇	井堡村	949	7.90
	候坊村委会—姚郝			候坊村委会	渭南市华县瓜坡镇	姚郝	2 224	11.21
	北刘村委会—丰良村		柳枝镇	北刘村委会	渭南市华县柳枝镇	丰良村	1 467	22.29
合计							23 165	

溃口名称	转移路线		转移单元		安置区		转移人口（人）	转移路线距离（km）
石堤河口（西）	辛村村委会—郭村小学	渭南市华县	辛村村委会	赤水镇	渭南市华县赤水镇	郭村小学	100	1.66
	样田村委会—郭村		样田村委会		渭南市华县赤水镇	郭村	1 611	1.93
	楼梯村委会—江村小学		楼梯村委会		渭南市华县赤水镇	江村小学	908	5.32
	南吉村委会—庙前村		南吉村委会		渭南市华县瓜坡镇	庙前村	1 724	8.65
	沙弥村委会—瓜底村		沙弥村委会		渭南市华县瓜坡镇	瓜底村	1 560	12.75
	魏三庄村委会—三留村		魏三庄村委会		渭南市华县瓜坡镇	三留村	1 891	10.71
	太平村委会—张岩村		太平村委会		渭南市华县瓜坡镇	张岩村	500	13.24
	辛庄村委会—孔村		辛庄村委会		渭南市华县瓜坡镇	孔村	2 061	8.12
	李家村委会—过村		李家村委会		渭南市华县瓜坡镇	过村	1 224	14.48
	薛史村委会—黄家村		薛史村委会		渭南市华县瓜坡镇	黄家村	1 305	9.72
	马庄村委会—良候村		马庄村委会		渭南市华县瓜坡镇	良候村	817	11.59
	刘家村委会—瓜底村		刘家村委会		渭南市华县瓜坡镇	瓜底村	1 800	7.87
	姚家村委会—南沙村		姚家村委会		渭南市华县瓜坡镇	南沙村	532	4.75
	陈家村委会—井堡村		陈家村委会		渭南市华县瓜坡镇	井堡村	949	7.90
			合计				16 982	
石堤河口（东）	西罗村委会—大街村	渭南市华县	西罗村委会	华州镇	渭南市华县华州镇	大街村	375	2.65
	王堡村委会—马斜村		王堡村委会		渭南市华县华州镇	马斜村	773	3.57
	客家村委会—红岭机械厂		客家村委会		渭南市华县华州镇	红岭机械厂	604	3.51
	王什字村委会—城内村		王什字村委会		渭南市华县华州镇	城内村	1 112	2.85
	张扬村委会—少华中学		张扬村委会	莲花寺镇	渭南市华县莲花寺镇	少华中学	622	2.41
	东罗村委会—瓦头村		东罗村委会		渭南市华县莲花寺镇	瓦头村	1 267	1.57
	庄头村委会—少华中学		庄头村委会		渭南市华县莲花寺镇	少华中学	1 460	3.10
	时堡村委会—少华村		时堡村委会		渭南市华县莲花寺镇	少华村	40	3.36
	汀村村委会—乔堡村		汀村村委会		渭南市华县莲花寺镇	乔堡村	574	3.27

续表 3-146

溃口名称	转移路线		转移单元		安置区		转移人口（人）	转移路线距离（km）
石堤河口（东）	下庙村委会—棉麻厂	渭南市华县	下庙镇	下庙村委会	渭南市华县杏林镇	棉麻厂	400	10.72
	南解村委会—李坡村			南解村委会	渭南市华县杏林镇	李坡村	1 399	10.12
	蔡家滩村委会—城南村			蔡家滩村委会	渭南市华县杏林镇	城南村	169	8.62
	惠家村委会—城南村			惠家村委会	渭南市华县杏林镇	城南村	740	10.45
	滨坝村委会—磨村			滨坝村委会	渭南市华县杏林镇	磨村	870	15.33
	牛市村委会—杏林钢厂			牛市村委会	渭南市华县杏林镇	杏林钢厂	618	11.23
	简家村委会—梓里村			简家村委会	渭南市华县杏林镇	梓里村	539	13.00
	吊庄村委会—磨村			吊庄村委会	渭南市华县杏林镇	磨村	427	16.60
	什字村委会—梓里村			什字村委会	渭南市华县杏林镇	梓里村	1 366	15.10
	东周村委会—三溪村			东周村委会	渭南市华县杏林镇	三溪村	884	12.57
	西周村委会—老观台村			西周村委会	渭南市华县杏林镇	老观台村	968	13.14
	姜田村委会—梁西村			姜田村委会	渭南市华县杏林镇	梁西村	654	12.92
	杨相村委会—李庄村城关中学			杨相村委会	渭南市华县杏林镇	李庄村城关中学	429	9.49
	车堡村委会—三溪村			车堡村委会	渭南市华县杏林镇	三溪村	778	10.64
	甘村村委会—龙山村			甘村村委会	渭南市华县杏林镇	龙山村	2 157	11.47
	康甘村委会—李庄村城关中学			康甘村委会	渭南市华县杏林镇	李庄村城关中学	1 176	7.39
	田村村委会—李庄村		赤水镇	田村村委会	渭南市华县杏林镇	李庄村	2 053	7.71
	王巷村委会—龙山村			王巷村委会	渭南市华县杏林镇	龙山村	1 606	14.27
	贾家村委会—东赵村			贾家村委会	渭南市华县瓜坡镇	东赵村	2 047	7.10
	王里渡村委会—三小村			王里渡村委会	渭南市华县瓜坡镇	三小村	1 862	10.94
合计							27 969	

溃口名称	转移单元		转移路线	安置区		转移人口（人）	转移路线距离（km）
南解村	赤水镇	渭南市华县	李家堡村委会—李托村	渭南市华县瓜坡镇	李托村	1 013	18.50
			王里渡村—三小村	渭南市华县瓜坡镇	三小村	1 862	10.94
			贾家村—东赵村	渭南市华县瓜坡镇	东赵村	2 047	7.10
	华州镇		赵村村委会—西寨村	渭南市华县莲花寺镇	西寨村	704	5.06
			王什字村委会—城内村	渭南市华县华州镇	城内村	1 112	2.85
			团结村—梓里村	渭南市华县华州镇	梓里村	158	5.85
			王堡村—杨巷村	渭南市华县华州镇	杨巷村	837	3.17
			客家村—杨坡村	渭南市华县华州镇	杨坡村	654	3.28
			杜堡村委会—马斜村	渭南市华县华州镇	马斜村	180	2.71
	莲花寺镇		汀村村委会—乔堡村	渭南市华县莲花寺镇	乔堡村	574	3.27
			庄头村委会—少华中学	渭南市华县莲花寺镇	少华中学	1 460	3.10
			时堡村委会—少华村	渭南市华县莲花寺镇	少华村	971	3.36
			东罗村委会—瓦头村	渭南市华县莲花寺镇	瓦头村	1 267	1.57
			南寨村—何寨村	渭南市华县莲花寺镇	何寨村	1 580	2.29
	下庙镇		由里村委会—西寨村	渭南市华县杏林镇	西寨村	404	7.02
			南解村村委会—李坡村	渭南市华县杏林镇	李坡村	1 399	10.12
			田村委会—李庄村	渭南市华县杏林镇	李庄村	2 053	7.71
			甘村委会—龙山村	渭南市华县杏林镇	龙山村	2 157	11.47
			康甘村村委会—李庄村城关中学	渭南市华县杏林镇	李庄村城关中学	1 176	7.39
			下庙村委会—棉麻厂	渭南市华县杏林镇	棉麻厂	633	10.72
			姜田村委会—梁西村	渭南市华县杏林镇	梁西村	654	12.92
			杨相村委会—李庄村城关中学	渭南市华县杏林镇	李庄村城关中学	429	9.49
			车堡村委会—三溪村	渭南市华县杏林镇	三溪村	778	10.64
			牛市村委会—杏林村	渭南市华县杏林镇	杏林村	618	11.23
			滨坝村委会—磨村	渭南市华县杏林镇	磨村	1 729	15.33
			惠家村委会—城南村	渭南市华县杏林镇	城南村	1 259	10.45
			西周村委会—老观台村	渭南市华县杏林镇	老观台村	968	13.14
			东周村委会—三溪村	渭南市华县杏林镇	三溪村	884	12.57
			吕庄村委会—磨村	渭南市华县杏林镇	磨村	427	16.60
			简家村委会—梓里村	渭南市华县杏林镇	梓里村	539	13.00
			秦家滩村委会—城南村	渭南市华县杏林镇	城南村	1 835	8.62
			三吴村—复肥厂	渭南市华县杏林镇	复肥厂	1 238	16.54
			新建村—杏林	渭南市华县杏林镇	杏林	1 341	16.55
			什字村委会—梓里村	渭南市华县杏林镇	梓里村	1 366	15.10
合计						36 306	

续表 3-146

渎口名称	转移路线	转移单元			安置区		转移人口(人)	转移路线距离(km)
罗纹河口(西)	杨相村委会-李庄村城关中学	渭南市华县	下庙镇	杨相村委会	渭南市华县杏林镇	李庄村城关中学	429	9.49
	姜田村委会-梁西村			姜田村委会	渭南市华县杏林镇	梁西村	654	12.92
	东周村委会-三溪村			东周村委会	渭南市华县杏林镇	三溪村	884	12.57
	西周村委会-老观台村			西周村委会	渭南市华县杏林镇	老观台村	968	13.14
	吊庄村委会-磨村			吊庄村委会	渭南市华县杏林镇	磨村	427	16.60
	什字村委会-梓里村			什字村委会	渭南市华县杏林镇	梓里村	1 366	15.10
	田村委会-李庄村			田村委会	渭南市华县杏林镇	李庄村	608	7.71
	康甘村委会-李庄村城关中学			康甘村委会	渭南市华县杏林镇	李庄村城关中学	1 406	7.39
	甘村委会-龙山村			甘村委会	渭南市华县杏林镇	龙山村	2 157	11.47
	车堡村委会-三溪村			车堡村委会	渭南市华县杏林镇	三溪村	778	10.64
	下庙村委会-棉麻厂			下庙村委会	渭南市华县杏林镇	棉麻厂	173	10.72
	滨坝村委会-磨村			滨坝村委会	渭南市华县杏林镇	磨村	462	15.33
	由里村委会-西寨村		莲花寺镇	由里村委会	渭南市华县莲花寺镇	西寨村	404	7.02
	汀村委会-乔堡村			汀村委会	渭南市华县莲花寺镇	乔堡村	574	3.27
	庄头村委会-少华中学			庄头村委会	渭南市华县莲花寺镇	少华中学	258	3.10
	东罗村委会-瓦头村			东罗村委会	渭南市华县莲花寺镇	瓦头村	137	1.57
	西罗村委会-大街村		华州镇	西罗村委会	渭南市华县华州镇	大街村	375	2.65
	王什字村委会-城内村			王什字村委会	渭南市华县华州镇	城内村	1 562	2.85
	王堡村委会-马斜村			王堡村委会	渭南市华县华州镇	马斜村	1 093	3.57
	合计			合计			14 715	
罗纹河口(东)	秦家村委会-孙庄村	渭南市华县	柳枝镇	秦家村委会	渭南市华县柳枝镇	孙庄村	1 242	7.20
	孟村委会-张桥村			孟村委会	渭南市华县柳枝镇	张桥村	1 553	8.80
	钟张村-梁堡			钟张村	渭南市华县柳枝镇	梁堡	2 199	8.56
	拾村-宏发石村			拾村	渭南市华县柳枝镇宏发石村	宏发石村	2 784	8.20
	北拾村-上安村			北拾村	渭南市华县柳枝镇	上安村	1 409	7.01
	彭村委会-南关村			彭村委会	渭南市华县柳枝镇	南关村	1 669	5.00
	三吴村委会-复肥厂		下庙镇	三吴村委会	渭南市华县杏林镇	复肥厂	1 238	13.99
	沟家村委会-杏林村			沟家村委会	渭南市华县杏林镇	杏林村	969	15.20
	合计			合计			13 063	

溃口名称	转移路线	转移单元			安置区		转移人口（人）	转移路线距离（km）
毕家	彭村委会—南关村	渭南市华县	柳枝镇	彭村委会	渭南市华县柳枝镇	南关村	1 669	5.00
	秦家村—孙庄村			秦家村委会	渭南市华县柳枝镇	孙庄村	1 345	7.20
	王宿村—柳枝中学			王宿村	渭南市华县柳枝镇	柳枝中学	1 551	6.30
	钟张村—梁堡			钟张村	渭南市华县柳枝镇	梁堡	2 199	8.56
	孟村—张桥村			孟村	渭南市华县柳枝镇	张桥村	1 682	8.80
	拾村—宏发石材			拾村	渭南市华县柳枝镇	宏发石材	3 015	8.20
	北拾村—上安村			北拾村	柳枝镇上安村	上安村	1 526	7.01
	三吴村委会—复肥厂		下庙镇	三吴村委会	渭南市华县杏林镇	复肥厂	1 238	13.99
	沟家村—杏林村			沟家村	渭南市华县杏林镇	杏林村	1 049	15.20
	左家村—南关村	渭南市华阴	罗敷镇	左家村	渭南市华县柳枝镇南关村	南关村	354	0.99
	合计			合计			15 628	
方山河口（西）	北拾村委会—上安村	渭南市华县	柳枝镇	北拾村委会	渭南市华县柳枝镇	上安村	1 409	7.01
	彭村委会—南关村			彭村委会	渭南市华县柳枝镇	南关村	1 669	5.00
	拾村委会—宏发石材			拾村委会	渭南市华县柳枝镇	宏发石材	2 784	8.20
	孟村—张桥			孟村	渭南市华县柳枝镇张桥村	张桥	1 106	10.22
	王宿村—秦家村			王宿村	渭南市华县柳枝镇秦家村	秦家村	352	1.05
	钟张村—梁堡			钟张村	渭南市华县柳枝镇梁堡	梁堡	2 030	8.56
	东新庄村—孙庄			东新庄村	渭南市华县柳枝镇孙庄村	孙庄	124	2.46
	柳枝街道办事处—孙庄			柳枝街道办事处	渭南市华县柳枝镇孙庄村	孙庄	78	1.07
	丰良村—丰良			丰良村	渭南市华县柳枝镇丰良村	丰良	201	0.75
	南关村—南关			南关村	渭南市华县柳枝镇南关村	南关	526	1.17
	合计						10 279	

续表 3-146

溃口名称	转移路线	转移单元			安置区		转移人口（人）	转移路线距离（km）
方山河口（东）	庆华村—汉帝村	渭南市华阴市	华西镇	庆华村	蒲城县龙阳镇	汉帝村	1 187	36.05
	葱湾村—党南村			葱湾村	蒲城县党睦镇	党南村	539	54.90
	良坊村—咨家村			良坊村	蒲城县龙阳镇	咨家村	579	21.91
	演家村—龙阳村			演家村	蒲城县龙阳镇	龙阳村	1 358	25.35
	孙庄村—店子村			孙庄村	蒲城县龙阳镇	店子村	1 207	55.90
	托西村—敷北村		罗敷镇	托西村	渭南市华阴罗敷镇敷北村	敷北村	1 432	0.86
	合计			合计			6 302	
冯东险工	华西村—龙王村	渭南市华阴市	华西镇	华西村	蒲城县龙阳镇	龙王村	1 010	22.95
	庆华村—汉帝村			庆华村	蒲城县龙阳镇	汉帝村	1 187	36.05
	葱湾村—党南村			葱湾村	蒲城县党睦镇	党南村	539	54.90
	孙庄村—店子村			孙庄村	蒲城县龙阳镇	店子村	1 207	55.90
	冯东村—小寨村			冯东村	蒲城县龙阳镇	小寨村	1 024	27.25
	罗西村—洛北村			罗西村	蒲城县党睦镇	洛北村	1 383	59.20
	良坊村—咨家村			良坊村	蒲城县龙阳镇	咨家村	579	55.60
	演家村—龙阳村			演家村	蒲城县龙阳镇	龙阳村	1 358	25.35
	托西村—敷北村		罗敷镇	托西村	渭南市华阴罗敷镇敷北村	敷北村	1 432	0.86
	合计			合计			9 719	
罗敷河口（东）	山峰村—桥营村	渭南市华阴市	罗敷镇	山峰村	渭南市华阴罗敷镇桥营村	桥营村	440	0.97
	连一村—丰良村		华山镇	连一村	渭南市华阴市柳枝镇	丰良村	303	11.49
	高家村—武旗营村			高家村	渭南市华阴武敷镇武旗营村	武旗营村	1 844	0.75
	北严村—白庙村		华西镇	北严村	蒲城县龙阳镇	白庙村	1 054	54.27
	西渭北村—孝东村			西渭北村	蒲城县党睦镇	孝东村	1 085	68.40
	合计			合计			4 726	

续表 3-146

溃口名称	转移路线	转移单元			安置区		转移人口（人）	转移路线距离（km）
柳叶河口（东）	东阳村—蒲石村	渭南市华阴市	华西镇	东阳村	蒲城县龙阳镇	蒲石村	1 895	34.86
	南严村—秦家村			南严村	蒲城县龙阳镇	秦家村	2 031	56.39
	小留村—王道一村		大华路街道办事处	小留村	渭南市华阴市大华路街道办事处	王道一村	573	4.19
	郭家村—北洞村			郭家村	华阴市华山镇	北洞村	966	5.34
	新城村—河湾村			新城村	华阴市大华路街道办事处	河湾村	428	3.08
	合计						5 893	
长洞河口（东）	南栅村—统一村	渭南市华阴市	岳庙街道办事处	南栅村	蒲城县龙阳镇	统一村	1 737	66.38
	北社村—七一村、五更村			北社村	蒲城县龙池镇	七一村	654	58.78
					蒲城县龙池镇	五更村	970	50.91
	陈家村—屈家村、张家村			陈家村	蒲城县龙池镇	屈家村	1 260	60.91
					蒲城县龙池镇	张家村	1 124	69.25
	东联村—康家村、五四村			东联村	蒲城县龙池镇	康家村	878	62.25
					蒲城县龙池镇	五四村	1 074	60.53
	东栅村—三家村、捻城村			东栅村	蒲城县龙池镇	三家村	1 181	61.43
					蒲城县龙池镇	捻城村	928	58.20
	土洛坊村—东射村、平头村、重泉村	渭南市潼关县	秦东镇	土洛坊村	蒲城县龙池镇	东射村	540	57.25
					蒲城县龙池镇	平头村	548	47.97
					蒲城县龙池镇	重泉村	575	48.82
	新姚村—金星村			新姚村	蒲城县龙池镇	金星村	1 700	50.51
	桃林寨村—屈家村			桃林寨村	蒲城县龙阳镇	屈家村	1 177	62.03
	合计						14 346	

溃口名称	转移路线	转移单元		安置区		转移人口（人）	转移路线距离（km）
华农工程	北洛村—沙坡头村	北洛村	渭南市华阴市	蒲城县党睦镇	沙坡头村	2 418	51.58
	罗西村—洛北村	罗西村	华西镇	蒲城县党睦镇	洛北村	1 383	59.20
	华西村—龙王村	华西村		蒲城县龙阳镇	龙王村	1 010	22.95
	冯东村—小寨村	冯东村		蒲城县龙阳镇	小寨村	1 024	27.25
	合计	合计				5 835	
三河口工程	陈家村—屈家村，张家村	陈家村	渭南市华阴市 岳庙街道办事处	蒲城县龙池镇	屈家村	1 260	60.91
				蒲城县龙池镇	张家村	1 124	69.25
	东联村—康家村，五四村	东联村		蒲城县龙池镇	康家村	878	62.25
				蒲城县龙池镇	五四村	1 074	60.53
	东栅村—三家村，埝城村	东栅村		蒲城县龙池镇	三家村	1 181	61.43
				蒲城县龙池镇	埝城村	928	58.20
	南栅村—统一村	南栅村	渭南市潼关县 秦东镇	蒲城县龙阳镇	统一村	737	66.38
	桃林寨村—屈家村	桃林寨村		蒲城县龙池镇	屈家村	1 177	62.03
	合计	合计				8 359	

表 3-147　渭河南岸支流百年一遇洪水各溃口淹没村庄异地转移安置路线

河流	溃口名称	转移路线	转移单元			安置区		转移人口（人）	转移路线距离（km）
赤水河	赤水镇（西堤）	田家村—孟家村	渭南市临渭区	向阳街道办事处	田家村	渭南市临渭区向阳街道办事处	孟家村	1 573	5.68
		新庄村—张岑村			新庄村	渭南市临渭区向阳街道办事处	张岑村	510	1.97
		赵王村—程家村			赵王村	渭南市临渭区向阳街道办事处	程家村	969	1.24
		赤水村—老赤水中学			赤水村	渭南市华县赤水镇老赤水中学	老赤水中学	801	2.06
		长冈村—郭壕村			长冈村	渭南市临渭区向阳街道办事处	郭壕村	1 080	4.28
		淹头村—向阳二中			淹头村	渭南市临渭区向阳街道办事处	向阳二中	1 369	4.23
		合计						6 302	
	赤水镇（东堤）	赤水村委会—老赤水中学	渭南市华县	赤水镇	赤水村委会	渭南市华县赤水镇	老赤水中学	1 611	2.18
		蒋家村—赤水医院			蒋家村	渭南市华县赤水镇	赤水医院	1 619	2.74
		麦王村委会—任家寨			麦王村委会	渭南市华县赤水镇	任家寨	1 935	3.89
		水城村委会—程高小学			水城村委会	渭南市华县赤水镇	程高小学	795	2.90
		台台村委会—江村			台台村委会	渭南市华县赤水镇	江村	1 548	5.99
		新城村委会—程高村			新城村委会	渭南市华县赤水镇	程高村	822	6.11
		合计						8 330	

续表 3-147

河流	溃口名称	转移路线	转移单元		安置区	转移人口(人)	转移路线距离(km)
遇仙河	老公路桥南(西堤)	赤水村委会—老赤水中学	渭南市华县	赤水村委会	渭南市华县赤水镇 老赤水中学	1 611	2.18
		赤水社区居委会—江村		赤水社区居委会	渭南市华县赤水镇 江村	801	1.54
		蒋家村—赤水医院		蒋家村	渭南市华县赤水镇 赤水医院	1 619	2.74
		麦王村委会—任家寨		麦王村委会 赤水镇	渭南市华县赤水镇 任家寨	1 935	3.89
		水城村委会—程高小学		水城村委会	渭南市华县赤水镇 程高小学	795	2.90
		台台村委会—江村		台台村委会	渭南市华县赤水镇 江村	1 548	5.99
		桥家村委会—郭村		桥家村委会	渭南市华县赤水镇 郭村	960	1.91
		刘家村委会—瓜底村		刘家村委会	渭南市华县瓜坡镇 瓜底村	1 800	18.15
		三合村委会—袁寨小学		三合村委会 莲花寺镇	渭南市华县莲花寺镇 袁寨小学	374	22.00
		合计				11 443	
	老公路桥南(东堤)	马庄村委会—良候村	渭南市华县	马庄村委会	渭南市华县瓜坡镇 良候村	817	11.59
		辛村委会—郭村小学		辛村委会	渭南市华县赤水镇 郭村小学	687	1.66
		样田村委会—郭村		样田村委会	渭南市华县赤水镇 郭村	1 611	1.93
		罗家村委会—郭村		罗家村委会	渭南市华县赤水镇 郭村	1 161	1.06
		楼梯村委会—江村小学		楼梯村委会 赤水镇	渭南市华县赤水镇 江村小学	100	5.32
		辛庄村委会—孔村		辛庄村委会	渭南市华县瓜坡镇 孔村	972	8.12
		陈家村委会—井堡村		陈家村委会	渭南市华县瓜坡镇 井堡村	158	7.90
		刘家村委会—瓜底村		刘家村委会	渭南市华县瓜坡镇 瓜底村	600	7.87
		沙弥村委会—瓜底村		沙弥村委会	渭南市华县瓜坡镇 瓜底村	1 560	12.75
		魏三庄村委会—三留村		魏三庄村委会	渭南市华县瓜坡镇 三留村	1 891	10.71
		候坊村委会—姚郝		候坊村委会	渭南市华县瓜坡镇 姚郝	2 224	11.21
		合计				11 781	

续表 3-147

河流	溃口名称		转移路线	转移单元		安置区		转移人口（人）	转移路线距离（km）
石堤河	老公路桥南（西堤）		步背后村委会—湾惠村	步背后村委会	赤水镇	渭南市华县瓜坡镇	湾惠村	401	10.92
			陈家村委会—井堡村	陈家村委会		渭南市华县瓜坡镇	井堡村	949	7.90
			李家堡村—李托村	李家堡村		渭南市华县瓜坡镇	李托村	635	7.59
			样田村委会—郭村	样田村委会		渭南市华县赤水镇	郭村	1 611	1.93
			刘家村委会—瓜底村	刘家村委会		渭南市华县瓜坡镇	瓜底村	1 800	7.87
		渭南市华县	辛庄村委会—孔村	辛庄村委会		渭南市华县瓜坡镇	孔村	2 061	8.12
			马庄村委会—良候村	马庄村委会		渭南市华县瓜坡镇	良候村	817	11.59
			太平村委会—张岩村	太平村委会		渭南市华县瓜坡镇	张岩村	703	13.24
			魏三庄村委会—三留村	魏三庄村委会		渭南市华县瓜坡镇	三留村	1 891	11.66
			候坊村委会—姚郝	候坊村委会	瓜坡镇	渭南市华县瓜坡镇	姚郝	2 224	11.21
			姚家村委会—南沙村	姚家村委会		渭南市华县瓜坡镇	南沙村	532	4.75
			君朝村委会—同岩村	君朝村委会		渭南市华县瓜坡镇	同岩村	240	0.72
				合计				13 864	
	老公路桥南（东堤）		王堡村委会—马斜村	王堡村委会	华州镇	渭南市华县华州镇	马斜村	773	3.57
			客家村委会—红岭机械厂	客家村委会		渭南市华县华州镇	红岭机械厂	604	3.51
			赵村村委会—西寨村	赵村村委会		渭南市华县华州镇	西寨村	880	5.06
			宜合村委会—崖坡纸箱厂	宜合村委会		渭南市华县莲花寺镇	崖坡纸箱厂	525	3.97
			先农村委会—吴家村	先农村委会		渭南市华县华州镇	吴家村	403	5.84
		渭南市华县	西罗村委会—西寨村	西罗村委会		渭南市华县华州镇	西寨村	606	6.10
			王什字村委会—大街村	王什字村委会		渭南市华县华州镇	大街村	150	2.65
			汀村村委会—城内村	汀村村委会	莲花寺镇	渭南市华县华州镇	城内村	1 112	2.85
			下庙村委会—乔堡村	下庙村委会		渭南市华县莲花寺镇	乔堡村	574	3.27
			牛市村委会—棉麻厂	牛市村委会		渭南市华县杏林镇	棉麻厂	190	10.72
			姜田村委会—杏林钢厂	姜田村委会	下庙镇	渭南市华县杏林镇	杏林钢厂	309	11.23
			杨相村委会—梁西村	杨相村委会		渭南市华县杏林镇	梁西村	327	12.92
			车堡村委会—李庄村城关中学	车堡村委会		渭南市华县杏林镇	李庄村城关中学	215	9.49
			甘村村委会—三溪村	甘村村委会		渭南市华县杏林镇	三溪村	311	10.64
			康甘村委会—龙山村	康甘村委会		渭南市华县杏林镇	龙山村	1 078	11.47
			田村村委会—李庄村城关中学	田村村委会		渭南市华县杏林镇	李庄村城关中学	1 176	7.39
				合计			李庄村	2 053	7.71
								11 286	

续表 3-147

河流	溃口名称	转移路线	转移单元			安置区		转移人口（人）	转移路线距离（km）
罗纹河	二华干沟北（西堤）	姜田村委会—梁西村	渭南市华县	下庙镇	姜田村委会	渭南市华县杏林镇	梁西村	654	12.92
		杨相村委会—李庄村城关中学			杨相村委会	渭南市华县杏林镇	李庄村城关中学	429	9.49
		车堡村委会—三溪村			车堡村委会	渭南市华县杏林镇	三溪村	778	10.64
		牛市村委会—杏林钢厂			牛市村委会	渭南市华县杏林镇	杏林钢厂	618	11.23
		东周村委会—三溪村			东周村委会	渭南市华县杏林镇	三溪村	884	12.57
		吊庄村委会—磨村			吊庄村委会	渭南市华县杏林镇	磨村	427	16.60
		简家村委会—梓里村			简家村委会	渭南市华县杏林镇	梓里村	539	13.00
		什字村委会—梓里村			什字村委会	渭南市华县杏林镇	梓里村	1 366	15.10
		西周村委会—老观台村			西周村委会	渭南市华县杏林镇	老观台村	968	13.14
		由里村委会—西寨村		莲花寺镇	由里村委会	渭南市华县莲花寺镇	西寨村	404	7.02
		汀村委会—乔堡村			汀村委会	渭南市华县莲花寺镇	乔堡村	574	3.27
		合计						7 641	
	二华干沟北（东堤）	沟家村委会—杏林村	渭南市华县	下庙镇	沟家村委会	渭南市华县杏林镇	杏林村	969	15.20
		北马村委会—镇中学		莲花寺镇	北马村委会	渭南市华县莲花寺镇	镇中学	688	1.86
		钟张村委会—梁堡村		柳枝镇	钟张村委会	渭南市华县柳枝镇	梁堡村	2 030	8.56
		合计						3 687	
罗敷河	二华干沟北（西堤）	托西村—敷北村	渭南市华阴市	罗敷镇	托西村	华阴市罗敷镇	敷北村	1 432	0.86
		合计						1 432	
	二华干沟北（东堤）	连村—丰良村	渭南市华阴市	罗敷镇	连村	渭南市华县柳枝镇	丰良村	303	11.49
		付家村—鹿圈村			付家村	华阴市罗敷镇	鹿圈村	622	2.41
		山峰村—桥营村			山峰村	华阴市罗敷镇	桥营村	88	0.97
		西渭北村—孝东村		华西镇	西渭北村	蒲城县党睦镇	孝东村	1 085	68.40
		高家村—武旗营		华山镇	高家村	华阴市罗敷镇	武旗营	738	0.75
		合计						2 836	

河流	溃口名称	转移路线		转移单元		安置区		转移人口(人)	转移路线距离(km)
柳叶河	二华干沟南300 m(西堤)	西渭北村—孝东村	渭南市	华西镇	西渭北村	蒲城县党睦镇	孝东村	1 085	68.40
		高家村—武旗营	华阴市	华山镇	高家村	华阴市罗敷镇	武旗营	553	0.75
		合计			合计			1 638	
	二华干沟南300 m(东堤)	小留村—王道一村	渭南市华阴市	大华路街道办事处	小留村	渭南市华阴市大华路街道办事处	王道一村	573	4.19
		合计						573	
	二华干沟南800 m(西堤)	小留村—王道一村	渭南市华阴市	大华路街道办事处	小留村	渭南市华阴市大华路街道办事处	王道一村	320	4.19
		合计						320	
长涧河	二华干沟南800 m(东堤)	南栅村—统一村	渭南市华阴市	岳庙街道办事处	南栅村	蒲城县龙阳镇	统一村	1 737	66.38
		东栅村—三家村			东栅村	蒲城县龙池镇	三家村	2 109	61.43
		东栅村—埝城村			东栅村		埝城村		58.20
		合计						3 846	
方山河	二华干沟北(东堤)	葱湾村—党南村	渭南市华阴市	华西镇	葱湾村	蒲城县党睦镇	党南村	81	54.90
		孙庄村—店子村			孙庄村	蒲城县龙阳镇	店子村	482	55.90
		合计						563	
	二华干沟北(西堤)	拾村委会—宏发石村	渭南市华县	柳枝镇	拾村	渭南市华县柳枝镇	宏发石村	1 253	8.20
		彭村委会—南关村			彭村	渭南市华县柳枝镇	南关村	1 669	5.00
		北拾村委会—上安村			北拾村	渭南市华县柳枝镇	上安村	986	7.01
		合计						3 908	

3.8.5.2 避险转移路阻函数计算模型

洪水避险转移分析中,路权是通过某条道路的行驶时间,用路阻函数表示。路阻函数值的确定可以为最佳转移路线模型提供道路阻力的赋值。路阻函数一般指路段行驶时间与路段交通负荷之间的函数关系。实际救灾工作中交通情况非常复杂,通常会采用一种半理论、半经验的路阻函数计算方法,这种方法是根据流量、车速、密度三个参数,确定路阻函数理论模型。

路阻函数理论计算公式为

$$T(i,j) = L(i,j)/V(i,j) \tag{3-25}$$

$$V(i,j) = U_0/2 \pm \sqrt{(U_0/2)^2 - Q(i,j) \cdot U_0/K_m} \tag{3-26}$$

式中:$T(i,j)$ 为路段 $[i,j]$ 上的行驶时间,h;$L(i,j)$ 为路段 $[i,j]$ 的长度,km;$V(i,j)$ 为行驶速度,km/h;U_0 为交通量为零时的行驶速度,km/h;$Q(i,j)$ 为路段 $[i,j]$ 上的交通量,辆/h;K_m 为路段阻塞密度。

当路段的交通状态处于非拥挤状态时,根式前取"$+$"号;当路段处于拥挤状态时,根式前取"$-$"号。

当路段处于堵塞状态、交通量为零时的路段车速 U_0,可根据路段设计车速 V_0 进行混合交通影响修正与车道宽度影响得到,其公式为

$$U_0 = r \cdot \eta \cdot V_0 \tag{3-27}$$

式中:r 为混合交通状况影响折减系数;η 为车道宽影响系数;V_0 为路段设计车速,km/h。

道路设计车速 V_0 与道路等级有直接关系,而在洪涝灾害多发地区也与当地的实际情况有关系。

对于混合交通状况,非机动车道对机动车的影响分为两种情况:当机动车与非机动车之间有分隔带时,路段上的非机动车对机动车几乎没有影响,可不考虑折减,故取 $r = 1$;当机动车道与非机动车之间没有分隔带时,非机动车对机动车有影响,应考虑折减,此时取 $r = 0.8$。车道宽度对行车速度有很大的影响,在道路设计中,取标准车道宽度为 3.5 m,当车道宽度大于该值时,有利于车辆行驶,车速略有提高;车道宽度小于该值时,车辆行驶的自由度受到影响,车速下降。车道宽度 w 与影响系数 η 之间的变化关系如表 3-148 所示。

表 3-148　η 与 w 之间的变化关系

w(m)	2.5	3	3.5	4	4.5	5	5.5	6
η(%)	50	75	100	111	120	126	129	130

路段阻塞密度 K_m 的计算公式为

$$K_m = r \cdot c \cdot 1\,000 \cdot n/(L + L_0) \tag{3-28}$$

式中:r 为混合交通状况影响折减系数;c 为交叉影响修正系数;n 为单向机动车道数;L 为平均车身长度,m;L_0 为平均阻塞车间净距,m。

c 的计算公式为

$$c = \begin{cases} c_0 & s \leqslant 200 \text{ m} \\ c_0(0.001\,3s + 0.73) & s > 200 \text{ m} \end{cases} \tag{3-29}$$

式中:s 为交叉口间距;c_0 为交叉口有效通行时间比,根据交叉口控制方式确定。

3.8.5.3 转移时间计算

渭河下游南、北两岸防洪保护区道路设计车速 V_0 与道路等级和当地实际有直接关系，这里根据国家道路标准和当地实际确定的道路等级车速等参数见表3-149。

表3-149 道路等级参数

道路等级	设计车速（km/h）	车道宽（m）	影响系数	自由速度（km/h）	车道数	阻塞密度	路段交通量（辆/h）	实际速度（km/h）
高速	80	4	1.11	71	3	158.4	50 000	53.6
国道	70	3.5	1.00	56	2	105.6	15 000	49.2
省道	60	3.5	1.00	48	2	105.6	10 000	43.7
县道	40	3	0.75	24	2	105.6	5 000	21.8
乡道	30	3	0.75	18	1	52.8	2 000	16.3
支路	20	3	0.75	12	1	52.8	400	11.7

农村的交通工具主要有拖拉机和汽车,参考避险转移路阻函数计算模型、道路等级参数、道路状况和影响转移效率等因素,计算渭河干流北岸、北岸支流、渭河干流南岸及南岸支流54个溃口各转移单元灾民转移所需撤离时间,见表3-150~表3-153。

3.8.5.4 转移计划实施

1. 人员转移方案

将淹没区的灾民转移时,虽然选择车辆等有效运输工具,但是统一的转移路线距离各家会有一段距离,而且有些村民可能没有交通工具,这样就需要有组织、有计划地进行转移。

每个避险转移单元中的各乡村,应在村干部的指挥下,按照事先给灾民提供的路线信息,使灾民有条不紊地向统一的转移路线转移。同时,要遵循以老幼为先、妇女次之、最后是青壮年的顺序,以便高效转移,避免拥挤现象。

对人员转移的原则是不落下一人,将所有需要转移的灾民送至安全的地点。应使用各种交通工具,包括马车、人力车等,减少不必要的人员损失,尽量保证人民的生命安全。

2. 财产转移方案

财产的转移除少量个人自身携带外,基本靠车辆运输。因此,需在保证受灾人员转移的情况下考虑相应的财产转移。为了合理、有效地运输并最大限度地减少灾害损失,应当将转移财产划分等级,明确转移的财产并没有人的生命重要,应合理统筹、轻重分明。

首先保证对国家、民族意义重大的财产物品转移,如重要文物等;其次便于携带的价值昂贵物品应及时转移;再次是能够为灾民提供临时避难的生活物资也要带上;应放弃不可抢救财产,保住可抢救财产,不应为不可抢救财产浪费时间和人力。

在本方案中,财产转移的路线与人员转移的路线相同。

3. 洪灾避险转移方案的组织管理

对洪水避险转移方案实施有效的组织管理,有利于尽最大可能地减少洪灾损失。这里简要提出组织管理的主要措施如下。

表 3-150　渭河北岸百年一遇洪水各溃口淹没村庄异地转移安置路线

溃口名称	转移路线	转移单元（市区）	转移单元（街道）	转移单元（村）	安置区	高速（km）	国道（km）	省道（km）	县道（km）	乡道（km）	支路（km）	撤离时间（min）
	南安村—古渡街道办事处	咸阳市秦都区	渭阳西路街道办事处	南安村	咸阳市秦都区古渡街道办事处　古渡街道办事处	0	0	0	0	0	2.11	10.82
	金山社区—石斗村			金山社区	咸阳市秦都区古渡街道办事处　石斗村	1.77	0	0	0	0	0.29	3.49
	嘉惠社区—马家堡村		人民路街道办事处	嘉惠社区	咸阳市渭城区渭阳街道办事处　马家堡村	0	0	0.94	0	0	1.61	9.52
	天王第一社区—马家堡村			天王第一社区	咸阳市渭城区渭阳街道办事处　马家堡村	0	0	0	0	0	1.54	7.90
安虹路口	旭鹏村—碱滩村	咸阳市渭城区	渭阳街道办事处	旭鹏村	咸阳市渭阳街道办事处　碱滩村	0	0	0	0	0	2.27	11.64
	利民村—滨河新村			利民村	咸阳市渭阳街道办事处　滨河新村	0	0	0	0	0.15	3.11	16.51
	光辉村—双泉村			光辉村	咸阳市渭阳街道办事处　双泉村	0	0	0	0	0	0.76	3.90
	金家庄—碱滩村			金家庄	咸阳市渭阳街道办事处　碱滩村	0	0	0	0	0	1.90	9.74
	孙家村—沙道村		正阳街道办事处	孙家村	咸阳市渭城区正阳街道办事处　沙道村	0	0	0	0	0	1.05	5.38
	左所—后排村			左所	咸阳市渭城区正阳街道办事处　后排村	0	0	0	0	0.23	0.84	5.15
	左排村—左排村			左排村	咸阳市渭城区正阳街道办事处　左排村	0	0	0	0	0	1.06	5.44
店上险工	东阳村—柏家咀村	咸阳市渭城区		东阳村	咸阳市渭城区正阳街道办事处　柏家咀村	0	0	0	0	0	1.53	7.85
	仓张村—毛王村		窑店街道办事处	仓张村	咸阳市渭城区窑店街道办事处　毛王村	0	0	0	0	0	2.06	10.56
	大寨村—窑店村			大寨村	咸阳市渭城区窑店街道办事处　窑店村	0	0	0	0	0	2.06	10.56
	长兴村—黄家沟			长兴村	咸阳市渭城区窑店街道办事处　黄家沟	0	0	0	0	0	2.40	12.31

续表 3-150

溃口名称	转移路线	转移单元			安置区		高速(km)	国道(km)	省道(km)	县道(km)	乡道(km)	支路(km)	撤离时间(min)
吴村阳险工	西渭阳村委会—温梁村	西渭阳村委会	北田街道办事处	西安市临潼区	西安市临潼区北田街道办事处	温梁村	0	0	0	0	0.64	5.56	30.87
	尖角村—月掌村	尖角村			西安市临潼区北田街道办事处	月掌村	0	0	0	0	3.35	0.01	12.38
	田严村—潘杨村	田严村			西安市临潼区任留街道办事处	潘杨村	0	0	0	0	0.54	3.01	17.42
	北田村委会—月掌村	北田村委会			西安市临潼区北田街道办事处	月掌村	0	0	0	0	3.25	0	11.96
	马陵村—温梁村	马陵村			西安市临潼区北田街道办事处	温梁村	0	0	0	0	0	1.27	6.51
	增月村—刘张村	增月村			西安市临潼区北田街道办事处	刘张村	0	0	0	0	0	0.34	1.74
	东渭阳村委会—温梁村	东渭阳村委会			西安市临潼区北田街道办事处	温梁村	0	0	0	0	0	3.01	15.44
	滩王村委会—周闫村	滩王村委会	任留街道办事处		西安市临潼区任留街道办事处	周闫村	0	0	0	0	0	2.28	11.69
	南屯村委会—任留街道办事处院内	南屯村委会			西安市临潼区任留街道办事处	任留街道办事处院内	0	0	0	0	1.16	2.25	15.81
	西口村委会—任留街道办事处院内	西口村委会			西安市临潼区任留街道办事处	任留街道办事处院内	0	0	0	0	0.25	3.00	16.30
	韩家村—龙胡村	韩家村	张卜镇	西安市高陵区	西安市高陵区	龙胡村	0	0	0	0	0	1.69	8.67
	张家村—塬后村	张家村			西安市高陵区张卜镇	塬后村	0	0	0	0	0.90	0.57	6.24
	南郭村—塬张村	南郭村			西安市高陵区张卜镇	塬张村	0	0	0	0	0	4.71	24.15
	贾蔡村—李家庄	贾蔡村			西安市高陵区	李家庄	0	0	0	0	0	1.38	7.08
西渭阳险工	西渭阳村委会—增月村	西渭阳村委会	北田街道办事处	西安市临潼区	西安市临潼区北田街道办事处院内	增月村委会	0	0	0	0	1.13	4.71	28.31
	田严村委会—北田街道办事处院内	田严村委会			西安市临潼区北田街道办事处院内	北田街道办事处院内	0.	0	00	00	2.57	2.57	22.64
	东渭阳村委会—北田街道办事处院内	东渭阳村委会			西安市临潼区北田街道办事处院内	北田街道办事处院内	0	0	0	0	0	3.35	17.18
	滩王村委会—任留街道办事处院内	滩王村委会	任留街道办事处		西安市临潼区北田街道办事处院内	北田街道办事处院内	0	0	0	0	2.18	2.26	19.61
	南屯村委会—任留街道办事处院内	南屯村委会			西安市临潼区任留街道办事处院内	任留街道办事处院内	0	0	0	0	1.16	2.25	15.81
	西口村委会—任留街道办事处院内	西口村委会			西安市临潼区任留街道办事处院内	任留街道办事处院内	0	0	0	0	0.25	3.00	16.30
	韩家村—龙胡村	韩家村	张卜镇	西安市高陵区	西安市高陵区	龙胡村	0	0	0	0	0	2.40	12.31

溃口名称	转移路线		转移单元	安置区	高速 (km)	国道 (km)	省道 (km)	县道 (km)	乡道 (km)	支路 (km)	撤离时间 (min)
沙王险工	油陈村—北周村	渭南市临渭区	龙背镇	渭南市临渭区孝义镇 北周村	0	0	0	0	1.37	3.01	20.48
	龙背村—灯塔村			渭南市临渭区辛市镇 灯塔村	0	0	0	0	3.40	1.20	18.67
	东风村—南焦村			渭南市临渭区龙背镇 南焦村	0	0	0	0	0	6.89	35.33
	永丰村—圪塔张村			渭南市临渭区辛市镇 圪塔张村	0	0	0	2.15	0	4.98	31.46
	北史村—灯塔村			渭南市临渭区辛市镇 灯塔村	0	0	0	2.15	0	5.70	35.15
	程庄村—北周村			渭南市临渭区孝义镇 北周村	0	0	0	0.60	3.04	4.61	36.48
	前进村—杜王村			渭南市临渭区故市镇 杜王村	0	0	0	0	1.58	8.72	50.53
	青龙村—杜王村			渭南市临渭区故市镇 杜王村	0	0	0	0	1.58	7.22	42.84
	安王村—前锋村			渭南市临渭区辛市镇 前锋村	0	0	0	5.22	0	3.93	34.52
	高杨村—圪塔张村			渭南市临渭区辛市镇 圪塔张村	0	0	0	2.15	0	7.12	42.43
	新光村—南焦村			渭南市临渭区龙背镇 南焦村	0	0	0	0	0	4.25	21.79
	侯家村—南周村			渭南市临渭区孝义镇 南周村	0	0	0	0	0.72	2.06	13.21
	任李村—中焦村			渭南市临渭区龙背镇 中焦村	0	0	0	0	0	3.34	17.13
	陈南村—巴邑村			渭南市临渭区故市镇 巴邑村	0	0	0	0	5.01	2.05	28.95
	陈北村—尹家村			渭南市临渭区龙背镇 尹家村	0	0	0	0	3.02	1.91	20.91
	信义村—巴邑村			渭南市临渭区故市镇 巴邑村	0	0	0	0	5.01	1.49	26.08
	新庄村—尹家村			渭南市临渭区龙背镇 尹家村	0	0	0	2.37	2.37	1.35	15.65
	刘宋村—巴邑村			渭南市临渭区故市镇 巴邑村	0	0	0	0	0	6.35	32.56
	段刘村—石家村			渭南市临渭区龙背镇 石家村	0	0	0	0	0	2.05	10.51
	郝家村—石家村			渭南市临渭区龙背镇 石家村	0	0	0	0	1.58	1.06	11.25
	沙王村—黑杨村		辛市镇	渭南市临渭区辛市镇 黑杨村	0	0	0	0	2.21	1.22	14.39
	东四村—大田村			渭南市临渭区辛市镇 大田村	0	0	0	2.19	0	6.29	38.28
	观西村—庞家村			渭南市临渭区辛市镇 庞家村	0	0	0	0	0.30	2.86	15.77
	里仁村—庞家村			渭南市临渭区辛市镇 庞家村	0	0	0	0.17	0	5.29	27.60
	马渡村—大李村			渭南市临渭区辛市镇 大李村	0	0	0	0	0	6.15	31.54
	权家村—大田村			渭南市临渭区辛市镇 大田村	0	0	0	2.37	0	3.51	24.52
	小霍村—庞家村			渭南市临渭区辛市镇 庞家村	0	0	0	0	0	2.13	10.92
	东酒王村—东酒王村			渭南市临渭区辛市镇 东酒王村	0	0	0	2.02	1.58	1.94	15.51
	辛市村—前锋			渭南市临渭区辛市镇 前锋村	0	0	0	2.34	0	2.46	19.06
	南孟村—贺田村			渭南市临渭区辛市镇 贺田村	0	0	0	0	0	3.08	15.79
	新冯村—吴刘村			渭南市临渭区辛市镇 吴刘村	0	0	2.10	0	0.35	1.61	12.43

続表 3-150

溃口名称	转移路线	转移单元			安置区		高速 (km)	国道 (km)	省道 (km)	县道 (km)	乡道 (km)	支路 (km)	撤离时间 (min)
仓渡险工	苍渡村—南焦村	渭南市临渭区	龙背镇	苍渡村	渭南市临渭区龙背镇	南焦村	0	0	0	0	0	2.40	12.31
	孝南村—第一初级中学		孝义镇	孝南村	渭南市临渭区孝义镇	第一初级中学	0	0	0	0	0.74	0.41	4.83
	洪新村—南庄			洪新村	渭南市临渭区孝义镇	南庄	0	0	0	0	0	2.00	10.26
	朱家村—新蔺	渭南市大荔县	下寨镇	朱家村	渭南市大荔县下寨镇	新蔺	0	0	0	0	0	1.72	8.82
	张家村—芝家庄村			张家村	渭南市大荔县下寨镇	芝家庄村	0	0	0	0	1.60	1.15	11.79
苏村险工	三里村—大园子	渭南市大荔县	苏村镇	三里村	渭南市大荔县官池镇	大园子	0	0	0	0	0	2.99	15.33
	陈村—洪善村			陈村	渭南市大荔县苏村镇	洪善村	0	0	0	0	0.30	5.53	29.46
	溢渡村—苏村中学			溢渡村	渭南市大荔县苏村镇	苏村中学	0	0	0	0	0	4.04	20.72
仓西险工	长城村—仓西村	渭南市大荔县	韦林镇	长城村	渭南市大荔县韦林镇	仓西村	0	0	0	0	0	2.66	13.64
	西寨村—梁园村			西寨村	渭南市大荔县韦林镇	梁园村	0	0	0	0	0	4.57	23.45
	韦林村—梁园村			韦林村	渭南市大荔县韦林镇	梁园村	0	0	0	0	0	5.13	26.30
	阳昌村—马坊林场			阳昌村	渭南市大荔县韦林镇	马坊林场	0	0	0	0	0	3.38	17.33
	东三村—高渠			东三村	渭南市大荔县韦林镇	高渠	0	0	0	0	0.49	3.20	18.22
	望仙观村—会龙村			望仙观村	渭南市大荔县韦林镇	会龙村	0	0	0	0	0.19	2.76	14.85
	东二村—高渠			东二村	渭南市大荔县韦林镇	高渠	0	0	0	0	0.50	3.61	20.35
	仓头村—火留			仓头村	渭南市大荔县韦林镇	火留	0	0	0	0	0	2.01	10.31

表3-151 渭河北岸支流百年一遇洪水各溃口淹没村庄异地转移安置路线

河流	溃口名称	转移路线	转移单元	市县	安置区		高速(km)	国道(km)	省道(km)	县道(km)	乡道(km)	支路(km)	撤离时间(min)
洛河	农垦七连以西	阳昌村—马坊林场	韦林镇	渭南市 大荔县	渭南市大荔县韦林镇	马坊林场	0	0	0	0	0	3.38	17.33
洛河	农垦七连以西	长城村—马坊村	韦林镇	渭南市 大荔县	渭南市大荔县韦林镇	马坊村	0	0	0	0	0	2.23	11.43
洛河	农垦七连以西	泊子村—马坊林场	韦林镇	渭南市 大荔县	渭南市大荔县韦林镇	马坊林场	0	0	0	0	0	2.86	14.65
洛河	农垦七连以西	会龙村—沙苑林厂	韦林镇	渭南市 大荔县	渭南市大荔县韦林镇	沙苑林厂	0	0	0	0	0	3.94	20.18
洛河	农垦七连以西	仓西村—沙苑林厂	韦林镇	渭南市 大荔县	渭南市大荔县韦林镇	沙苑林厂	0	0	0	0	0.72	2.77	16.84
洛河	农垦七连以西	火留村—梁园村	韦林镇	渭南市 大荔县	渭南市大荔县韦林镇	梁园村	0	0	0	0	1.04	3.89	23.76
洛河	农垦七连以西	西寨村—梁园村	韦林镇	渭南市 大荔县	渭南市大荔县韦林镇	梁园村	0	0	0	0	0	4.57	23.45
洛河	农垦七连以西	东一村—高洼	韦林镇	渭南市 大荔县	渭南市大荔县韦林镇	高洼	0	0	0	0	0.49	3.20	18.22
洛河	农垦七连以西	东二村—高洼	韦林镇	渭南市 大荔县	渭南市大荔县韦林镇	高洼	0	0	0	0	0.49	3.20	18.22
洛河	农垦七连以西	东三村—高洼	韦林镇	渭南市 大荔县	渭南市大荔县韦林镇	高洼	0	0	0	0	0.49	3.20	18.22
洛河	农垦七连以西	新合—柳园村	韦林镇	渭南市 大荔县	渭南市大荔县韦林镇	柳园村	0	0	0	0	0	2.21	11.33
洛河	农垦七连以西	迪东村—仁东村	韦林镇	渭南市 大荔县	渭南市大荔县韦林镇	仁东村	0	0	0	0	0	1.80	9.23
洛河	农垦七连以西	迪西村—仁东村	韦林镇	渭南市 大荔县	渭南市大荔县韦林镇	仁东村	0	0	0	0	0	1.80	9.23
洛河	农垦七连以西	韦林村—梁园村	韦林镇	渭南市 大荔县	渭南市大荔县韦林镇	梁园村	0	0	0	0	0	5.13	26.3
洛河	农垦七连以西	仓头村—马坊村	韦林镇	渭南市 大荔县	渭南市大荔县韦林镇	马坊村	0	0	0	0	0	2.79	14.33
洛河	农垦七连以西	望仙观村—马坊村	韦林镇	渭南市 大荔县	渭南市大荔县韦林镇	马坊村	0	0	0	0	0	2.32	11.9
泾河	陕汽大道	韩村—高刘村	泾渭镇	西安市 高陵区	高陵区泾渭街道办事处	高刘村	0	0	0	0	0	1.75	8.98
泾河	陕汽大道	杨官寨—西孙村	泾渭镇	西安市 高陵区	高陵区泾渭街道办事处	西孙村	0	0	0	0	0	1.60	8.22
泾河	泾河桥上首(左岸)	下徐吴村—上徐吴村	崇皇乡	西安市 高陵区	高陵区崇皇乡	上徐吴村	0	0	0	0	0	0.63	3.22
泾河	泾河桥上首(左岸)	酱王村—三马白	崇皇乡	西安市 高陵区	高陵区崇皇乡	三马白	0	0	0	0	0	0.92	4.71
泾河	泾河桥上首(左岸)	井王村—崟子头	崇皇乡	西安市 高陵区	高陵区崇皇乡	崟子头	0	0	0	0	0	1.40	7.16
泾河	陕汽大道	店子王村—米家崖村	泾渭街道办事处	西安市 高陵区	高陵区泾渭街道办事处	米家崖村	0	0	0	0	0	0.44	2.26
泾河	陕汽大道	西营村—米家崖村	泾渭街道办事处	西安市 高陵区	高陵区泾渭街道办事处	米家崖村	0	0	0	0	1.62	0	5.96
泾河	泾河桥上首(右岸)	雷贾村—梁村	泾渭街道办事处	西安市 高陵区	高陵区泾渭街道办事处	梁村	0	0	0	0	0.53	4.47	24.87
泾河	泾河桥上首(右岸)	陈家滩—马湾村	泾渭街道办事处	西安市 高陵区	高陵区泾渭街道办事处	马湾村	0	0	0	0	1.57	2.11	16.6
泾河	泾河桥上首(右岸)	泾渭堡—马湾村	泾渭街道办事处	西安市 高陵区	高陵区泾渭街道办事处	马湾村	0	0	0	0	1.57	2.42	18.19

表 3-152 渭河南岸 100 年一遇洪水各溃口淹没村庄异地转移安置路线

溃口名称	转移单元			转移路线	安置区		高速(km)	国道(km)	省道(km)	县道(km)	乡道(km)	支路(km)	撤离时间(min)
段家堡	咸阳市秦都区	陈杨寨街道办事处	安谷村	安谷村—赵家村	咸阳市秦都区马泉街道办事处	赵家村	0	0	0.47	0	3.12	7.98	53.05
			伍家堡村	伍家堡村—安家村	咸阳市秦都区马泉街道办事处	安家村	0	0	0.47	0	0.99	8.59	48.34
			段家堡村	段家堡村—程家村	咸阳市秦都区马泉街道办事处	程家村	0	0	0.47	0	1.89	7.35	45.29
			田家堡村	田家堡村—查田村	咸阳市秦都区马泉街道办事处	查田村	0	0	0.47	0	1.21	9.60	54.33
			孔家寨村	孔家寨村—陈家台村	咸阳市秦都区马泉街道办事处	陈家台村	0	0	0.75	0	0	9.50	49.75
			曹家寨村	曹家寨村—南上召村	咸阳市秦都区双照街道办事处	南上召村	0	0	4.75	0	2.52	2.31	27.64
			牛家村	牛家村—马家寨村	咸阳市秦都区钓台街道办事处	马家寨村	0	0	1.24	0	2.88	5.52	40.61
		钓台街道办事处	宇宏社区	宇宏社区—马家寨智英小学	咸阳市秦都区钓台街道办事处	马家寨智英小学	0	0	0	0	1.40	1.99	15.36
			文家村	文家村—马家寨村	咸阳市秦都区钓台街道办事处	马家寨村	0	0	0	0	0.39	8.02	42.56
			郭村	郭村—北李村	咸阳市秦都区钓台街道办事处	北李村	0	0	0	0	1.40	0	5.15
			李家庄村	李家庄村—李都村	咸阳市秦都区双照街道办事处	李都村	0	0	0.47	0	1.00	10.89	60.17
			钓鱼台村	钓鱼台村—马家寨智英小学	咸阳市秦都区钓台街道办事处	马家寨智英小学	0	0	0	0	1.40	2.13	16.08
			杨户寨村	杨户寨村—南季村	咸阳市秦都区钓台街道办事处	南季村	0	0	0	0	0	1.34	6.87
小王庄险工	咸阳市秦都区	陈杨寨街道办事处	小王村	小王村—沣西中学	咸阳市秦都区	沣西中学	0	4.18	0	0	0	3.92	25.2
农六险工	西安市未央区	六村堡街道办事处	八兴滩村	八兴滩村—六村堡街道办事处	西安市未央区	六村堡街道办事处	0	0	0	0	0	2.60	13.33
东站险工	西安市未央区	汉城街道办事处	西三村	西三村—南党村	西安市未央区汉城街道办事处	南党村	0	0	0	0	1.58	0.90	10.43
水流险工	西安市灞桥区	新合街道办事处	班家村	班家村—草店村	西安市灞桥区新合街道办事处	草店村	0	0	0	0	1.24	0	4.56
	西安市灞桥区	新合街道办事处	和平村	和平村—草店村	西安市灞桥区新合街道办事处	草店村	0	0	0	0	0	0.29	1.49
	西安市高陵区	耿镇	王家滩村	王家滩村—张卜村	西安市高陵区张卜镇	张卜村	0	4.00	0	0	1.80	0.55	14.32

续表 3-152

溃口名称	转移路线	市/区	转移单元		安置区		高速(km)	国道(km)	省道(km)	县道(km)	乡道(km)	支路(km)	撤离时间(min)
周家险工	周家村—安家村	西安市高陵区	联镇	周家村	西安市高陵区湾楚乡	安家村	0	0	0	0	6.18	2.90	37.62
	宣孔村—西泉街道办事处院内	西安市临潼区	西泉街道办事处	宣孔村	西安市临潼区西泉街道办事处院内	西泉街道办事处院内	0	0	0	0	0	1.66	8.51
季家工程	马寨村委会—何寨村委会	西安市临潼区	何寨街道办事处	马寨村委会	西安市临潼区	何寨村委会	0	0	0	0	0	1.86	9.54
	圣力寺村委会—邓家村	西安市临潼区	何寨街道办事处	圣力寺村委会	西安市临潼区何寨街道办事处	邓家村	0	0	0	0	0.46	2.60	15.03
张义险工	张西村—南刘村	渭南市临渭区	双王街道办事处	张西村	渭南市临渭区孝义镇	南刘村	0	0	0	0	0	2.58	13.23
	西庆屯—西庆屯安置小区	渭南市临渭区	双王街道办事处	西庆屯	渭南市临渭区白杨街道办事处	西庆屯安置小区	0	0	0	0	3.70	0.20	14.65
	寇家村—成杨村		何寨街道办事处	寇家村	西安市临潼区何寨村委会	成杨村	0	0	0	0	0	0.79	4.05
梁赵险工	周家村—政和苑小区	渭南市	高新区	周家村	渭南市高新区	政和苑小区	0	0	0	0	0	0.69	3.54
	曙光村—景和花园		人民街道办事处	曙光村	渭南市临渭区人民街道办事处	景和花园	0	0	0	0	0	1.80	9.23
	胜利中街社区—渭南市实验初级中学		人民街道办事处	胜利中街社区	渭南市临渭区	渭南市实验初级中学	0	0	0	0	1.60	1.42	13.17
	乐天中街社区—熙园公馆	渭南市临渭区		乐天中街社区	渭南市临渭区人民街道办事处	熙园公馆	0	0	0	0	1.17	0.93	9.08
	红星村—曹景村			红星村	渭南市临渭区人民街道办事处	曹景村	0	0	0	0	0	1.20	6.15
	朱王村—五里铺村			朱王村	渭南市临渭区解放街道办事处	五里铺村	0	0	0	0	3.62	1.18	19.38
	八里店村—海兴小区			八里店村	渭南市临渭区双王街道办事处	海兴小区	0	0	0	0	2.49	0.71	12.81
	双王村—小寨村		双王街道办事处	双王村	渭南市临渭区双王街道办事处	小寨村	0	0	0	0	0	2.70	13.85
	丰荫村—曹井村			丰荫村	渭南市临渭区双王街道办事处	曹井村	0	0	0	0	0.88	1.13	9.03
	梁刘村—南黄村			梁刘村	渭南市临渭区双王街道办事处	南黄村	0	0	2.02	0	0.17	1.56	11.4
	罗刘村—华山小区			罗刘村	渭南市临渭区双王街道办事处	华山小区	0	0	0	0	0.89	3.21	19.74
	槐衙村—景和花园			槐衙村	渭南市临渭区解放街道办事处	景和花园	0	0	0	0	0	2.00	10.26
	张岭村—五里铺村		向阳街道办事处	张岭村	渭南市临渭区	五里铺村	0	0	0	0	0	3.53	18.1
	鄂簇村—闫家村		向阳街道办事处	鄂簇村	渭南市临渭区丰原镇	闫家村	0	0	1.33	0	0.09	10.08	53.85

续表 3-152

项目名称	转移路线	转移单元		安置区	高速 (km)	国道 (km)	省道 (km)	县道 (km)	乡道 (km)	支路 (km)	撤离时间 (min)
八里店险工	梁村—南黄村	渭南市临渭区	双王街道办事处	梁村 渭南市临渭区双王街道办事处 南黄村	0	0	2.02	0	0.17	1.56	11.4
	丰荫村—曹井村			丰荫村 渭南市临渭区人民街道办事处 曹井村	0	0	0	0	0.88	1.13	9.03
	罗刘村—华山小区			罗刘村 渭南市临渭区人民街道办事处 华山小区	0	0	0	0	0.89	3.21	19.74
	双王村—小寨村			双王村 渭南市临渭区双王街道办事处 小寨村	0	0	0	0	0	2.70	13.85
	东王村—五里铺村			朱王村 渭南市临渭区解放街道办事处 五里铺村	0	0	0	0	3.62	1.18	19.38
	八里店村—海兴小区			八里店村 渭南市临渭区人民街道办事处 海兴小区	0	0	0	0	2.49	0.71	12.81
	槐衙村—曙光小区		向阳街道办事处	槐衙村 渭南市临渭区人民街道办事处 曙光小区	0	0	0.53	0	1.98	0.46	10.38
	东王村—华山小区			东王村 渭南市临渭区人民街道办事处 华山小区	0	0	0.76	0	0	1.12	6.78
田家工程	青龙村—南周村	渭南市临渭区	龙背镇	青龙村 渭南市临渭区龙背镇 南周村	0	0	7.05	0	0.25	15.02	87.61
	新庄村—张苓村		向阳街道办事处	新庄村 渭南市临渭区向阳街道办事处 张苓村	0	0	0	0	1.88	0.09	7.39
	长闵村—郭壕村			长闵村 渭南市临渭区向阳街道办事处 郭壕村	0	0	0	0	0	4.28	21.95
	田家村—孟家村			田家村 渭南市临渭区向阳街道办事处 孟家村	4.12	0	0	0	0	1.56	12.61
	赵王村—程家村			赵王村 渭南市临渭区向阳街道办事处 程家村	0	0	0	0	0	1.24	6.36
	淹头村—向阳二中			淹头村 渭南市临渭区向阳街道办事处 向阳二中	0	0	0	0	0	4.23	21.69
詹刘险工	蒋家村—赤水医院	渭南市华县	赤水镇	蒋家村村委会 渭南市华县赤水镇 赤水医院	0	0	0	0	0.71	2.03	13.02
	赤水村委会—老赤水中学			赤水村委会 渭南市华县赤水镇 老赤水中学	0	0	0	0	1.16	1.02	9.5
	麦王村委会—任家寨			麦王村委会 渭南市华县赤水镇 任家寨	0	0	0	0	0	3.89	19.95
	水城村委会—程高小学			水城村委会 渭南市华县赤水镇 程高小学	0	0	0.14	0	1.48	1.28	12.2
	台合村委会—江村			台合村委会 渭南市华县赤水镇 江村	0	0	0	0	1.32	4.67	28.81
	新城村委会—程高村			新城村委会 渭南市华县赤水镇 程高村	0	0	0.90	0	1.88	3.33	25.23
	三合村—袁寨小学		莲花寺镇	三合村村委会 渭南市华县莲花寺镇 袁寨小学	0	0	1.74	0	5.72	14.54	98.01

续表 3-152

溃口名称	转移路线	转移单元		安置区	高速 (km)	国道 (km)	省道 (km)	县道 (km)	乡道 (km)	支路 (km)	撤离时间 (min)
遇仙河口（东）	薛史村委会—黄家村	薛史村委会		渭南市华县瓜坡镇	0	0	0	0	8.80	0.92	37.11
	雷家村委会—南沙村	雷家村委会		渭南市华县瓜坡镇	0	0	0	0	1.46	2.50	18.19
	李家堡村委会—李托村	李家堡村委会		渭南市华县瓜坡镇	0	0	0	0	1.45	6.14	36.82
	辛村村委会—郭村小学	辛村村委会		渭南市华县赤水镇	0	0	0	0	1.53	0.13	6.3
	沙弥村委会—瓜底村	沙弥村委会		渭南市华县瓜坡镇	0	0	0	0	9.30	3.45	51.93
	南吉村委会—庙前村	南吉村委会		渭南市华县瓜坡镇	0	0	0	0	4.13	4.52	38.38
	李家村委会—过村	李家村委会		渭南市华县瓜坡镇	0	0	2.18	0	2.33	9.97	62.7
	刘家村委会—瓜底村	刘家村委会		渭南市华县瓜坡镇	0	0	0.10	0	2.64	5.13	36.16
	楼梯村委会—江村小学	赤水镇（渭南市华县）		渭南市华县赤水镇	0	0	0.29	0	3.73	1.30	20.79
	马庄村委会—良候村	马庄村委会		渭南市华县瓜坡镇	0	0	3.20	0	1.85	6.54	44.74
	太平村委会—张岩村	太平村委会		渭南市华县瓜坡镇	0	0	0	0	9.50	3.74	54.15
	魏三庄村委会—三留村	魏三庄村委会		渭南市华县瓜坡镇	0	0	0.10	0	2.19	8.42	51.38
	辛庄村委会—孔村	辛庄村委会		渭南市华县瓜坡镇	0	0	0	0	5.70	2.42	33.39
	样田村委会—郭村	样田村委会		渭南市华县赤水镇	0	0	0	0	0.29	1.64	9.48
	姚家村委会—南沙村	姚家村委会		渭南市华县瓜坡镇	0	0	0	0	1.46	3.29	22.25
	陈家村委会—井堡村	陈家村委会		渭南市华县瓜坡镇	0	2.02	0	0	3.46	2.42	27.61
	候坊村委会—姚郝	候坊村委会		渭南市华县瓜坡镇	0	0	0.15	0	1.59	9.47	54.62
	北刘村委会—丰良村	北刘村委会	柳枝镇	渭南市华县柳枝镇	0	0	0.51	0	13.90	7.88	92.28

溃口名称	转移路线	转移单元		安置区		高速（km）	国道（km）	省道（km）	县道（km）	乡道（km）	支路（km）	撤离时间（min）
石堤河口（西）	辛村委会—郭村小学		辛村委会	渭南市华县赤水镇	郭村小学	0	0	0	0	1.53	0.13	6.3
	样田村委会—郭村		样田村委会	渭南市华县赤水镇	郭村	0	0	0	0	0.29	1.64	9.48
	楼梯村委会—江村小学		楼梯村委会	渭南市华县赤水镇	江村小学	0	0	0.29	0	3.73	1.30	20.79
	南吉村委会—庙前村		南吉村委会	渭南市华县瓜坡镇	庙前村	0	0	0	0	4.13	4.52	38.38
	沙弥村委会—瓜底村		沙弥村委会	渭南市华县瓜坡镇	瓜底村	0	0	0	0	9.30	3.45	51.93
	魏三庄村委会—三留村		魏三庄村委会	渭南市华县瓜坡镇	三留村	0	0	0.10	0	2.19	8.42	51.38
	太平村委会—张岩村	渭南市华县赤水镇	太平村委会	渭南市华县瓜坡镇	张岩村	0	0	0	0	9.50	3.74	54.15
	辛庄村委会—孔村		辛庄村委会	渭南市华县瓜坡镇	孔村	0	0	0	0	5.70	2.42	33.39
	李家村委会—过村		李家村委会	渭南市华县瓜坡镇	过村	0	0	2.18	0	2.33	9.97	62.7
	薛史村委会—黄家村		薛史村委会	渭南市华县瓜坡镇	黄家村	0	0	0	0	8.80	0.92	47
	马庄村委会—良候村		马庄村委会	渭南市华县瓜坡镇	良候村	0	0	3.20	0	1.85	6.54	44.74
	刘家村委会—瓜底村		刘家村委会	渭南市华县瓜坡镇	瓜底村	0	0	0.10	0	2.64	5.13	36.16
	姚家村委会—南沙村		姚家村委会	渭南市华县瓜坡镇	南沙村	0	0	0	0	1.46	3.29	22.25
	陈家村委会—井堡村		陈家村委会	渭南市华县瓜坡镇	井堡村	0	2.02	0	0	3.46	2.42	27.61

续表 3-152

溃口名称	转移单元			安置区		高速(km)	国道(km)	省道(km)	县道(km)	乡道(km)	支路(km)	撤离时间(min)
	华州镇	西罗村委会	西罗村委会—大街村	渭南市华县华州镇	大街村	0	0	0	0	0	2.65	13.59
		王堡村委会	王堡村委会—马斜村	渭南市华县华州镇	马斜村	0	0	0	0	2.10	1.47	15.27
		客家村委会	客家村委会—红岭机械厂	渭南市华县华州镇	红岭机械厂	0	0	0	0	1.84	1.67	15.34
		王什字村委会	王什字村委会—城内村	渭南市华县华州镇	城内村	0	0	0	0	0.91	1.94	13.3
		张场村委会	张场村委会—少华中学	渭南市华县华州镇	城内村	0	0	0	0	0	2.41	12.36
	莲花寺镇	东罗村委会	东罗村委会—瓦头村	渭南市华县连花寺镇	瓦头村	0	0	0	0	1.15	0.42	6.39
		庄头村委会	庄头村委会—少华中学	渭南市华县连花寺镇	少华中学	0	0	0	0	2.08	1.02	12.89
		时堡村委会	时堡村委会—少华中学	渭南市华县连花寺镇	少华村	0	0	0.36	0	0.24	2.76	15.53
石堤河口（东）		汀村村委会	汀村村委会—乔堡村	渭南市华县连花寺镇	乔堡村	0	0	0.36	0	0	2.91	15.42
	渭南市华县 下庙镇	下庙村委会	下庙村委会—栖林厂	渭南市华县杏林镇	栖林厂	0	0	0	0	8.90	1.82	42.09
		南解村委会	南解村委会—李坡村	渭南市华县杏林镇	李坡村	0	0	0.11	0	5.98	4.03	42.83
		秦家滩村委会	秦家滩村委会—城南村	渭南市华县杏林镇	城南村	0	0	0.50	0	6.80	1.32	32.49
		惠家村委会	惠家村委会—城南村	渭南市华县杏林镇	城南村	0	0	1.03	0	6.31	3.11	40.59
		滨坝村委会	滨坝村委会—磨村	渭南市华县杏林镇	磨村	0	0	0.15	0	0.62	14.56	77.15
		牛市村委会	牛市村委会—杏林钢厂	渭南市华县杏林镇	杏林钢厂	0	0	0	0	10.20	1.03	42.83
		简家村委会	简家村委会—梓里村	渭南市华县杏林镇	梓里村	0	0	0	0	9.70	3.30	52.63
		吊庄村委会	吊庄村委会—磨村	渭南市华县杏林镇	磨村	0	0	0	0	9.60	7.00	71.23
		什字村委会	什字村委会—梓里村	渭南市华县杏林镇	梓里村	0	0	0	0	9.40	5.70	63.83
		东周村委会	东周村委会—三溪村	渭南市华县杏林镇	三溪村	0	0	0	0	7.40	5.17	53.75
		西周村委会	西周村委会—老观台村	渭南市华县杏林镇	老观台村	0	0	0	0	8.40	4.74	55.23
		姜田村委会	姜田村委会—梁西村	渭南市华县杏林镇	梁西村	0	0	0	0	8.70	4.22	53.67
		杨相村委会	杨相村委会—李庄村城关中学	渭南市华县杏林镇	李庄村城关中学	0	0	0	0	1.52	7.97	46.47
		车堡村委会	车堡村委会—三溪村	渭南市华县杏林镇	三溪村	0	0	0	0	8.20	2.44	42.7
		甘村村委会	甘村村委会—龙山村	渭南市华县杏林镇	龙山村	0	0	0	0	6.40	5.07	49.56
		康甘村委会	康甘村委会—李庄村城关中学	渭南市华县杏林镇	李庄村城关中学	0	0	0	0	0.81	6.58	36.73
		田村村委会	田村村委会—李庄村	渭南市华县杏林镇	李庄村	0	0	0	0	3.65	4.06	34.26
		王巷村委会	王巷村委会—龙山村	渭南市华县杏林镇	龙山村	0	4.88	0	0	0	9.39	54.85
	赤水镇	贾家村委会	贾家村委会—东赵村	渭南市华县瓜坡镇	东赵村	0	0	0	0	5.50	1.60	28.45
		王里渡村委会	王里渡村委会—三小村	渭南市华县瓜坡镇	三小村	0	0	0	0	8.70	2.24	43.51

续表 3-152

溃口名称	转移单元			转移路线	安置区		高速(km)	国道(km)	省道(km)	县道(km)	乡道(km)	支路(km)	撤离时间(min)
南解村	渭南市华县	赤水镇	李家堡村委会	李家堡村委会—李托村	渭南市华县瓜坡镇	李托村	0	0	0	0	8.70	9.80	82.28
			王里渡村	王里渡村—三小村	渭南市华县瓜坡镇	三小村	0	0	0	0	8.70	2.24	43.51
		华州镇	贾家村	贾家村—东赵村	渭南市华县瓜坡镇	东赵村	0	0	0	0	5.50	1.60	28.45
			赵村委会	赵村委会—西寨村	渭南市华县莲花寺镇	西寨村	0	0	0	0	1.28	3.78	24.1
			王什字村委会	王什字村委会—城内村	渭南市华县华州镇	城内村	0	0	0	0	0.91	1.94	13.3
			团结村	团结村—梓里村	渭南市华县华州镇	梓里村	0	0	0	0	0.81	5.04	28.83
			王堡村	王堡村—杨巷村	渭南市华县华州镇	杨巷村	0	0	0	0	1.94	1.23	13.45
			客家村	客家村—杨巷村	渭南市华县华州镇	杨巷村	0	0	0	0	0.21	3.07	16.52
			杜堡村委会	杜堡村委会—马斜村	渭南市华县华州镇	马斜村	0	0	0	0	1.78	0.93	11.32
		莲花寺镇	汀村委会	汀村委会—乔堡村	渭南市华县莲花寺镇	乔堡村	0	0	0.36	0	0	2.91	15.42
			庄头村委会	庄头村委会—少华中学	渭南市华县莲花寺镇	少华中学	0	0	0	0	2.08	1.02	12.89
			时堡村委会	时堡村委会—少华村	渭南市华县莲花寺镇	少华村	0	0	0.36	0	0.24	2.76	15.53
			东罗村委会	东罗村—瓦头村	渭南市华县莲花寺镇	瓦头村	0	0	0	0	1.15	0.42	6.39
			南寨村	南寨村—何巷	渭南市华县莲花寺镇	何寨村	0	0	0	0	0	2.29	11.74
			由里村委会	由里村委会—西寨村	渭南市华县莲花寺镇	西寨村	0	0	0	0	4.30	2.72	29.78

续表 3-152

溃口名称	转移路线	转移单元		安置区		高速 (km)	国道 (km)	省道 (km)	县道 (km)	乡道 (km)	支路 (km)	撤离时间 (min)
南解村	南解村委会—李坡村	南解村委会		渭南市华县杏林镇	李坡村	0	0	0.11	0	5.98	4.03	42.83
	田村委会—李庄村	田村委会		渭南市华县杏林镇	李庄村	0	0	0	0	3.65	4.06	34.26
	甘村委会—龙山村	甘村委会		渭南市华县杏林镇	龙山村	0	0	0	0	6.40	5.07	49.56
	康甘村委会—李庄村城关中学	康甘村委会		渭南市华县杏林镇	李庄村城关中学	0	0	0	0	0.81	6.58	36.73
	下庙村委会—棉麻厂	下庙村委会		渭南市华县杏林镇	棉麻厂	0	0	0	0	8.90	1.82	42.09
	姜田村委会—梁西村	姜田村委会		渭南市华县杏林镇	梁西村	0	0	0	0	8.70	4.22	53.67
	杨相村委会—李庄村城关中学	杨相村委会		渭南市华县杏林镇	李庄村城关中学	0	0	0	0	1.52	7.97	46.47
	车堡村委会—三溪村	车堡村委会	下庙镇	渭南市华县杏林镇	三溪村	0	0	0	0	8.20	2.44	42.7
	牛市村委会—杏林钢厂	牛市村委会		渭南市华县杏林镇	杏林钢厂	0	0	0	0	10.20	1.03	42.83
	滨坝村委会—磨村	滨坝村委会		渭南市华县杏林镇	磨村	0	0	0.15	0	0.62	14.56	77.15
	惠家村委会—城南村	惠家村委会		渭南市华县杏林镇	城南村	0	0	1.03	0	6.31	3.11	40.59
	西周村委会—老观台村	西周村委会		渭南市华县杏林镇	老观台村	0	0	0	0	8.40	4.74	55.23
	东周村委会—三溪村	东周村委会	渭南市华县	渭南市华县杏林镇	三溪村	0	0	0	0	7.40	5.17	53.75
	吊庄村委会—磨村	吊庄村委会		渭南市华县杏林镇	磨村	0	0	0	0	9.60	7.00	71.23
	简家村委会—梓里村	简家村委会		渭南市华县杏林镇	梓里村	0	0	0	0	9.70	3.30	52.63
	秦家滩村—城南村	秦家滩村委会		渭南市华县杏林镇	坡南村	0	0	0.50	0	6.80	1.32	32.49
	三吴村—复肥厂	三吴村		渭南市华县杏林镇	复肥厂	0	0	0	0	9.70	6.84	70.78
	新建村—杏林	新建村		渭南市华县杏林镇	杏林	0	0	4.89	0	1.25	10.41	64.7
	什字村委会—梓里村	什字村委会		渭南市华县杏林镇	梓里村	0	0	0	0	9.40	5.70	63.83

溃口名称	转移路线	转移单元 市县	转移单元 镇	转移单元 村委会	安置区 市县镇	安置区 村	高速 (km)	国道 (km)	省道 (km)	县道 (km)	乡道 (km)	支路 (km)	撤离时间 (min)
罗纹河口（西）	杨相村委会—李庄村城关中学	渭南市华县	下庙镇	杨相村委会	渭南市华县杏林镇	李庄村城关中学	0	0	0	0	1.52	7.97	46.47
	姜田村委会—梁西村			姜田村委会	渭南市华县杏林镇	梁西村	0	0	0	0	8.70	4.22	53.67
	东周村委会—三溪村			东周村委会	渭南市华县杏林镇	三溪村	0	0	0	0	7.40	5.17	53.75
	西周村委会—老观台村			西周村委会	渭南市华县杏林镇	老观台村	0	0	0	0	8.40	4.74	55.23
	吊庄村委会—磨村			吊庄村委会	渭南市华县杏林镇	磨村	0	0	0	0	9.60	7.00	71.23
	什字村委会—梓里村			什字村委会	渭南市华县杏林镇	梓里村	0	0	0	0	9.40	5.70	63.83
	田村委会—李庄村			田村委会	渭南市华县杏林镇	李庄村	0	0	0	0	3.65	4.06	34.26
	康甘村委会—李庄村城关中学			康甘村委会	渭南市华县杏林镇	李庄村城关中学	0	0	0	0	0.81	6.58	36.73
	甘村委会—龙山村			甘村委会	渭南市华县杏林镇	龙山村	0	0	0	0	6.40	5.07	49.56
	车堡村委会—三溪村			车堡村委会	渭南市华县杏林镇	三溪村	0	0	0	0	8.20	2.44	42.7
	下庙村委会—棉麻厂			下庙村委会	渭南市华县杏林镇	棉麻厂	0	0	0	0	8.90	1.82	42.09
	滨坝村委会—磨村			滨坝村委会	渭南市华县杏林镇	磨村	0	0	0.15	0	0.62	14.56	77.15
	由里村委会—西兼村		莲花寺镇	由里村委会	渭南市华县莲花寺镇	西兼村	0	0	0	0	4.30	2.72	29.78
	汀村委会—乔堡村			汀村委会	渭南市华县莲花寺镇	乔堡村	0	0	0.36	0	0	2.91	15.42
	庄头村委会—少华中学			庄头村委会	渭南市华县莲花寺镇	少华中学	0	0	0	0	2.08	1.02	12.89
	东罗村委会—瓦头村			东罗村委会	渭南市华县莲花寺镇	瓦头村	0	0	0	0	1.15	0.42	6.39
	西罗村委会—大街村		华州镇	西罗村委会	渭南市华县华州镇	大街村	0	0	0	0	0	2.65	13.59
	王什字村委会—城内村			王什字村委会	渭南市华县华州镇	城内村	0	0	0	0	0.91	1.94	13.3
	王堡村委会—马斜村			王堡村委会	渭南市华县华州镇	马斜村	0	0	0	0	2.10	1.47	15.27
罗纹河口（东）	秦家村委会—孙庄村	渭南市华县	柳枝镇	秦家村委会	渭南市华县柳枝镇	孙庄村	0	0	0	0	5.80	1.40	28.53
	孟家村委会—张桥村			孟家村委会	渭南市华县柳枝镇	张桥村	0	2.10	0	0	6.70	0	27.22
	钟张村—梁堡村			钟张村	柳枝镇 南关村	南关村	0	0	0	0	5.40	3.16	36.08
	拾村—宏发石村			拾村	宏发石村 柳枝镇	宏发石村	0	0	0	0	6.17	2.03	33.12
	北拾村—上安村			北拾村	渭南市华县柳枝镇	上安村	0	0	0	0	6.00	1.01	27.27
	彭村村委会—南关村			彭村村委会	渭南市华县柳枝镇	南关村	0	0	0	0	3.95	1.05	19.92
	三吴村委会—复肥厂		下庙镇	三吴村委会	渭南市华县杏林镇	复肥厂	0	0	4.46	0	0.97	8.56	53.59
	沟家村委会—杏林村			沟家村委会	渭南市华县杏林镇	杏林村	0	0	5.14	0	1.74	8.32	56.13

续表 3-152

溃口名称	转移路线	转移单元(行政区)	转移单元	安置区		高速(km)	国道(km)	省道(km)	县道(km)	乡道(km)	支路(km)	撤离时间(min)
毕家	彭村委会—南关村	渭南市华县柳枝镇	彭村委会	渭南市华县柳枝镇	南关村	0	0	0	0	3.95	1.05	19.92
	秦家村—孙庄村		秦家村	莲花寺镇党家河村	孙庄村	0	0	0	0	5.80	1.40	28.53
	王宿村—柳枝中学		王宿村	渭南市华县柳枝镇党家河村	柳枝中学	0	0	0	0	6.30	0	51.12
	钟张村—梁堡		钟张村	柳枝镇南关村	梁堡	0	0	0	0	5.40	3.16	36.08
	孟村—张桥村		孟村	渭南市华县柳枝镇张桥村	张桥村	0	2.10	0	0	6.70	0	27.22
	拾村—宏发石材		拾村	柳枝镇伏中村	宏发石材	0	0	0	0	6.17	2.03	33.12
	北拾村—上安村		北拾村	柳枝镇上安村	上安村	0	0	0	0	6.00	1.01	27.27
	三吴村委会—复肥厂	渭南市华县下庙镇	三吴村委会	渭南市华县杏林镇	复肥厂	0	0	4.46	0	0.97	8.56	53.59
	沟家村委会—杏林村		沟家村	渭南市华县柳枝镇张桥村	杏林村	0	0	5.14	0	1.74	8.32	56.13
	左家村—南关村	渭南市华阴市罗敷镇	左家村	柳枝镇	南关村	0	0	0	0	0	0.99	5.08
	北拾村委会—上安村	渭南市华县柳枝镇	北拾村委会	渭南市华县柳枝镇	上安村	0	0	0	0	6.00	1.01	27.27
	彭村委会—南关村		彭村委会	渭南市华县柳枝镇	南关村	0	0	0	0	3.95	1.05	19.92
	拾村委会—宏发石材		拾村委会	渭南市华县柳枝镇	宏发石材	0	0	0	0	6.17	2.03	33.12
	孟村—张桥		孟村	渭南市华县柳枝镇张桥村	张桥	0	1.72	0	0	6.72	1.78	35.96
	王宿村—秦家村		王宿村	渭南市华县柳枝镇秦家村	秦家村	0	0	0	0	0	1.05	5.38
	钟张村—梁堡		钟张村	渭南市华县柳枝镇梁堡村	梁堡	0	0	0	0	5.40	3.16	36.08
	东新庄村—孙庄	渭南市华阴市柳枝镇	东新庄村	渭南市华县柳枝镇孙庄村	孙庄	0	0	0	0	1.10	1.36	11.02
	柳枝街道办事处—孙庄		柳枝街道办事处	渭南市华县柳枝镇孙庄村	孙庄	0	0	0	0	0	1.07	5.49
方山河口(西)	丰良村—丰良	渭南市华阴市华西镇	丰良村	渭南市华县柳枝镇丰良村	丰良	0	0	0	0	0	0.75	3.85
	南关村—南关		南关村	渭南市华县柳枝镇南关村	南关	0	0	0	0	0	1.17	6.00
方山河口(东)	庆华村—汉帝村	渭南市华阴市罗敷镇	庆华村	蒲城县龙阳镇	汉帝村	0	0	0.11	10.16	5.08	20.70	152.97
	葱湾村—党南村		葱湾村	蒲城县党睦镇	党南村	0	0	0	4.68	14.44	35.77	249.51
	良坊村—客家村		良坊村	蒲城县龙阳镇	客家村	0	0	0	0	5.74	16.17	104.05
	演家村—龙阳村		演家村	蒲城县龙阳镇	龙阳村	0	0	0	4.68	2.63	18.04	115.07
	孙庄村—店子村		孙庄村	蒲城县龙阳镇	店子村	0	0	0	4.68	5.82	45.4	267.12
	托西村—敷北村	罗敷镇	托西村	渭南市华阴罗敷镇敷北村	敷北村	0	0	0	0	0.86	0	3.17

续表 3-152

渡口名称	转移路线	转移单元		安置区		高速 (km)	国道 (km)	省道 (km)	县道 (km)	乡道 (km)	支路 (km)	撤离时间 (min)
冯东险工	华西村—龙王村	渭南市华阴市 华西镇	华西村	蒲城县龙阳镇	龙王村	0	0	0	10.16	5.08	7.71	86.19
	庆华村—汉帝村		庆华村	蒲城县龙阳镇	汉帝村	0	0	0.11	10.16	5.08	20.70	152.97
	葱湾村—党南村		葱湾村	蒲城县党睦镇	党南村	0	0	0	4.68	14.44	35.77	249.51
	孙庄村—店子村		孙庄村	蒲城县龙阳镇	店子村	0	0	0	4.68	5.82	45.40	267.12
	冯东村—小寨村		冯东村	蒲城县龙阳镇	小寨村	0	0	0	4.68	2.63	19.94	124.82
	罗西村—洛北村		罗西村	蒲城县党睦镇	洛北村	0	0	0	22.70	24.69	11.81	213.92
	良坊村—客家村		良坊村	蒲城县龙阳镇	客家村	0	0	0	4.68	12.64	38.28	255.72
	演家村—龙阳村		演家村	蒲城县龙阳镇	龙阳村	0	0	0	4.68	2.63	18.04	115.07
罗敷河口 (东)	托西村—敷北村	罗敷镇	托西村	渭南市华阴罗敷镇敷北村	敷北村	0	0	0	0	0.86	0	3.17
	山峰村—桥营村	罗敷镇	山峰村	渭南市华阴罗敷镇桥营村	桥营村	0	0	0	0	0	0.97	4.97
	连村—丰良村	华山镇	连村	渭南市华县柳枝镇	丰良村	0	0	8.62	0.18	2.69	0	22.23
	高家村—武旗营村	渭南市 华阴市	高家村	渭南市华阴武旗营村	武旗营村	0	0	0	0	0	0.75	3.85
	北严村—白庙村	华西镇	北严村	蒲城县龙阳镇	白庙村	0	0	5.90	0	9.47	38.90	242.45
	西渭北村—孝东村		西渭北村	蒲城县党睦镇	孝东村	0	0	0	5.58	2.79	60.03	333.47
柳叶河口 (东)	东阳村—蒲石村	渭南市 华阴市 华西镇	东阳村	蒲城县龙阳镇	蒲石村	0	0	0	5.58	3.43	25.85	160.55
	南严村—秦家村		南严村	蒲城县龙阳镇	秦家村	0	0	0.11	5.70	8.26	42.32	263.27
	小留村—王道一村	太华路 街道 办事处	小留村	渭南市华阴市太华路街道办事处	王道一村	0	0	0	0	0	4.19	21.49
	郭家村—北洞村		郭家村	华阴市华山镇	北洞村	0	0	0	0	0	5.34	27.38
	新城村—河湾村		新城村	华阴市太华路街道办事处	河湾村	0	0	0	0	0	3.08	15.79

续表 3-152

溃口名称	转移路线	转移单元（乡镇/街道）	转移单元（村）	安置区（县镇）	安置区（村）	高速（km）	国道（km）	省道（km）	县道（km）	乡道（km）	支路（km）	撤离时间（min）
长涧河口（东）	南栅村—统一村	渭南市华阴市 岳庙街道办事处	南栅村	蒲城县龙阳镇	统一村	0	0	0.28	5.83	10.83	49.44	309.83
	北社村—七一村、五更村		北社村	蒲城县龙阳镇	七一村	0	0	0.28	5.83	7.58	45.09	275.56
				蒲城县龙阳镇	五更村	0	0	0.28	5.83	2.47	42.33	242.6
	陈家村—屈家村、张家村		陈家村	蒲城县龙阳镇	屈家村	0	0	0.28	5.83	7.58	47.22	286.49
				蒲城县龙阳镇	张家村	0	0	0.28	5.83	12.26	50.88	322.48
	东联村—康家村、五四村		东联村	蒲城县龙阳镇	康家村	0	0	0.28	5.83	1.64	54.50	301.95
				蒲城县龙阳镇	五四村	0	0	0.28	5.83	5.65	48.77	287.33
	东栅村—三家村、捻城村		东栅村	蒲城县龙阳镇	三家村	0	0	0.11	5.83	5.65	49.84	292.58
				蒲城县龙阳镇	捻城村	0	0	0.28	5.83	10.83	41.26	267.89
	土洛坊村—东射村、平头村、重泉村		土洛坊村	蒲城县龙阳镇	东射村	0	0	0.28	5.83	7.58	43.56	267.72
				蒲城县龙阳镇	平头村	0	0	0.28	5.83	1.64	40.22	228.72
				蒲城县龙阳镇	重泉村	0	0	0.28	5.83	2.31	40.40	232.11
	新姚村—金星村		新姚村	蒲城县龙阳镇	金星村	0	0	0.28	5.83	1.64	42.76	241.75
	桃林寨村—屈家村	渭南市潼关县 秦东镇	桃林寨村	蒲城县龙阳镇	屈家村	0	0	0.28	5.83	7.36	48.56	292.55
华农工程	北洛头村—沙坡头村	渭南市华阴市 华西镇	北洛村	蒲城县党睦镇	沙坡头村	0	0		22.70	24.69	4.19	174.85
	罗西村—洛北村		罗西村	蒲城县党睦镇	洛北村	0	0		22.70	24.69	11.81	213.92
	华西村—龙王村		华西村	蒲城县龙阳镇	龙王村	0	0		10.16	5.08	7.71	86.19
	冯东村—小寨村		冯东村	蒲城县龙阳镇	小寨村	0	0		4.68	2.63	19.94	124.82
三河口工程	陈家村—屈家村、张家村	渭南市华阴市 岳庙街道办事处	陈家村	蒲城县龙阳镇	屈家村	0	0	0.28	5.83	7.58	47.22	286.49
				蒲城县龙阳镇	张家村	0	0	0.28	5.83	12.26	50.88	322.48
	东联村—康家村、五四村		东联村	蒲城县龙阳镇	康家村	0	0	0.28	5.83	1.64	54.50	301.95
				蒲城县龙阳镇	五四村	0	0	0.28	5.83	5.65	48.77	287.33
	东栅村—三家村、捻城村		东栅村	蒲城县龙阳镇	三家村	0	0	0.11	5.83	5.65	49.84	292.58
				蒲城县龙阳镇	捻城村	0	0	0.28	5.83	10.83	41.26	267.89
	南栅村—统一村		南栅村	蒲城县龙阳镇	统一村	0	0	0.28	5.83	10.83	49.44	309.83
	桃林寨村—屈家村	渭南市潼关县 秦东镇	桃林寨村	蒲城县龙阳镇	屈家村	0	0	0.28	5.83	7.36	48.56	292.55

表3-153　渭河南岸支流百年一遇洪水各溃口淹没村庄异地转移安置路线

河流	溃口名称	转移单元			转移路线	安置区		高速（km）	国道（km）	省道（km）	县道（km）	乡道（km）	支路（km）	撤离时间（min）
赤水河	赤水镇（西堤）	渭南市临渭区	向阳街道办事处	田家村	田家村—孟家村	渭南市临渭区向阳街道办事处	孟家村	4.12	0	0	0	0	1.56	12.61
				新庄村	新庄村—张岑村	渭南市临渭区向阳街道办事处	张岑村	0	0	0	0	1.88	0.09	7.39
				赵王村	赵王村—程家村	渭南市临渭区向阳街道办事处	程家村	0	0	0	0	0	1.24	6.36
				赤水村	赤水村—老赤水中学	渭南市华县赤水镇老赤水中学	老赤水中学	1.65	0	0	0	0	0.41	3.97
				长岗村	长岗村—郭壕村	渭南市临渭区向阳街道办事处	郭壕村	0	0	0	0	0	4.28	21.95
				淹头村	淹头村—向阳二中	渭南市临渭区向阳街道办事处	西王村	0	0	0	0	0	4.23	21.69
	赤水镇（东堤）	渭南市华县	赤水镇	赤水村委会	赤水村委会—老赤水中学	渭南市华县赤水镇	老赤水中学	0	0	0	0	1.16	1.02	9.5
				蒋家村	蒋家村—赤水医院	渭南市华县赤水镇	赤水医院	0	0	0	0	0.71	2.03	13.02
				麦王村村委会	麦王村委会—任家寨	渭南市华县赤水镇	任家寨	0	0	0	0	0	3.89	19.95
				水城村村委会	水城村委会—程高小学	渭南市华县赤水镇	程高小学	0	0	0.14	0	1.48	1.28	12.2
				台合村委会	台合村委会—江村	渭南市华县赤水镇	江村	0	0	0	0	1.32	4.67	28.81
				新城村委会	新城村委会—程高村	渭南市华县赤水镇	程高村	0	0	0.90	0	1.88	3.33	25.23

续表 3-153

河流	溃口名称	转移路线			转移单元		安置区	高速(km)	国道(km)	省道(km)	县道(km)	乡道(km)	支路(km)	撤离时间(min)
遇仙河	老公路桥南(西堤)	赤水村委会—老赤水中学	渭南市华县	赤水镇	赤水村委会		渭南市华县赤水镇 老赤水中学	0	0	0	0	1.16	1.02	9.5
		赤水社区居委会—江村			赤水社区居委会		渭南市华县赤水镇 江村	0	0	0.52	0	0.62	0.40	5.05
		蒋家村—赤水医院			蒋家村		渭南市华县赤水镇 赤水医院	0	0	0	0	0.71	2.03	13.02
		麦王村委会—任家寨			麦王村委会		渭南市华县赤水镇 任家寨	0	0	0	0	0	3.89	19.95
		水坡村委会—程高小学			水坡村委会		渭南市华县赤水镇 程高小学	0	0	0.14	0	1.48	1.28	12.2
		合台村委会—江村			合台村委会		渭南市华县赤水镇 江村	0	0	0	0	1.32	4.67	28.81
		桥家村委会—郭村			桥家村委会		渭南市华县赤水镇 郭村	0	0	0	0	0.23	1.68	9.46
		刘家村委会—瓜底村			刘家村委会		渭南市华县瓜坡镇 瓜底村	0	0	0	0	11.17	6.98	76.91
		三合村委会—袁寨小学		莲花寺镇	三合村委会		渭南市华县莲花寺镇 袁寨小学	0	0	1.74	0	5.72	14.54	98.01
	老公路桥南(东堤)	马庄村委会—良侯村	渭南市华县	赤水镇	马庄村委会		渭南市华县赤水镇 良侯村	0	0	3.20	0	1.85	6.54	44.74
		辛村村委会—郭村小学			辛村村委会		渭南市华县赤水镇 郭村小学	0	0	0	0	1.53	0.13	6.3
		样田村委会—郭村			样田村委会		渭南市华县赤水镇 郭村	0	0	0	0	0.29	1.64	9.48
		罗家村委会—郭村			罗家村委会		渭南市华县赤水镇 郭村	0	0	0	0	0.23	0.83	5.1
		楼梯村委会—江村小学			楼梯村委会		渭南市华县赤水镇 江村小学	0	0	0.29	0	3.73	1.30	20.79
		辛庄村委会—孔村			辛庄村委会		渭南市华县瓜坡镇 孔村	0	0	0	0	5.70	2.42	33.39
		陈家村委会—井堡村			陈家村委会		渭南市华县瓜坡镇 井堡村	0	2.02	0	0	3.46	2.42	27.61
		刘家村委会—瓜底村			刘家村委会		渭南市华县瓜坡镇 瓜底村	0	0	0.10	0	2.64	5.13	36.16
		沙弥村委会—瓜底村			沙弥村委会		渭南市华县瓜坡镇 瓜底村	0	0	0	0	9.30	3.45	51.93
		魏三庄村委会—三留村			魏三庄村委会		渭南市华县瓜坡镇 三留村	0	0	0.10	0	2.19	8.42	51.38
		候坊村委会—姚郝			候坊村委会		渭南市华县瓜坡镇 姚郝	0	0	0.15	0	1.59	9.47	54.62

河流	溃口名称	转移路线	转移单元	安置区	高速 (km)	国道 (km)	管道 (km)	县道 (km)	乡道 (km)	支路 (km)	撤离时间 (min)
石堤河	老公路桥南（西堤）	步背后村委会—湾惠村	赤水镇	渭南市华县瓜坡镇 湾惠	0	0	0	0	6.81	4.11	46.14
		陈家村委会—井堡村		渭南市华县瓜坡镇 井堡村	0	2.02	0	0	3.46	2.42	46.28
		李家堡村—李托村		渭南市华县瓜坡镇 李托村	0	0	0	0	1.45	6.14	36.82
		祥田村委会—郭村		渭南市华县赤水镇 郭村	0	0	0	0	0.29	1.64	9.48
		刘家村委会—瓜底村		渭南市华县瓜坡镇 瓜底村	0	0	0.10	0	2.64	5.13	36.16
		辛庄村委会—孔村		渭南市华县瓜坡镇 孔村	0	0	0	0	5.70	2.42	33.39
		马庄村委会—良候村		渭南市华县瓜坡镇 良候村	0	0	3.20	0	1.85	6.54	44.74
		太平村委会—张岩村		渭南市华县瓜坡镇 张岩村	0	0	0	0	9.50	3.74	54.15
		魏三庄村委会—三留村		渭南市华县瓜坡镇 三留村	0	0	0	0	4.26	7.40	53.63
		候坊村委会—姚郝	瓜坡镇	渭南市华县瓜坡镇 姚郝	0	0	0.15	0	1.59	9.47	54.62
		姚家村委会—南沙村		渭南市华县瓜坡镇 南沙村	0	0	0	0	1.46	3.29	22.25
		君朝村委会—闫岩村		渭南市华县瓜坡镇 闫岩村	0	0	0	0	0.72	0	2.65
	老公路桥南（东堤）	王堡村委会—马斜村	华州镇	渭南市华县华州镇 马斜村	0	0	0	0	2.10	1.47	15.27
		客家村委会—红岭机械厂		渭南市华县华州镇 红岭机械厂	0	0	0	0	1.84	1.67	15.34
		赵村村委会—西崖村		渭南市华县华州镇 西崖村	0	0	0	0	1.28	3.78	24.1
		宜合村委会—崖坡纸箱厂		渭南市华县莲花寺镇 崖坡纸箱厂	0	0	0	0	2.80	1.17	15.87
		先农村委会—吴家村		渭南市华县莲花寺镇 吴家村	0	0	0	0	2.80	3.04	27.82
		先农村委会—西寨村		渭南市华县莲花寺镇 西寨村	0	0	0	0	2.30	3.80	29.15
		西罗村村委会—大街村		渭南市华县华州镇 大街村	0	0	0	0	0	2.65	13.59
		王什字村委会—城内村	莲花寺镇	渭南市华县莲花寺镇 城内村	0	0	0.36	0	0.91	1.94	13.3
		汀村村委会—乔堡村		渭南市华县莲花寺镇 乔堡村	0	0	0	0	0	2.91	15.42
		下庙村委会—棉麻厂	下庙镇	渭南市华县杏林镇 棉麻厂	0	0	0	0	8.90	1.82	42.09
		牛市村委会—杏林钢厂		渭南市华县杏林镇 杏林钢	0	0	0	0	10.20	1.03	42.83
		姜田村委会—梁西村		渭南市华县杏林镇 梁西村	0	0	0	0	8.70	4.22	53.67
		杨相村委会—李庄村城关中学		渭南市华县杏林镇 李庄村城关中学	0	0	0	0	1.52	7.97	46.68
		车堡村委会—三溪村		渭南市华县杏林镇 三溪村	0	0	0	0	8.20	2.44	42.7
		甘村村委会—龙山村		渭南市华县杏林镇 龙山村	0	0	0	0	6.40	5.07	49.56
		康甘村委会—李庄村城关中学		渭南市华县杏林镇 李庄村城关中学	0	0	0	0	0.81	6.58	36.73
		田村村委会—李庄村		渭南市华县杏林镇 李庄村	0	0	0	0	3.65	4.06	34.26

续表 3-153

河流	溃口名称	转移路线	转移单元		安置区		高速（km）	国道（km）	省道（km）	县道（km）	乡道（km）	支路（km）	撤离时间（min）
罗纹河	二华干沟北（西堤）	姜田村委会—梁西村	下庙镇	姜田村委会	渭南市华县杏林镇	梁西村	0	0	0	0	8.70	4.22	53.67
		杨相村委会—李庄村城关中学		杨相村委会	渭南市华县杏林镇	李庄村城关中学	0	0	0	0	1.52	7.97	46.47
		车堡村委会—三溪村		车堡村委会	渭南市华县杏林镇	三溪村	0	0	0	0	8.20	2.44	42.7
		牛市村委会—杏林钢厂		牛市村委会	渭南市华县杏林镇	杏林钢厂	0	0	0	0	10.20	1.03	42.83
		东周村委会—三溪村		东周村委会	渭南市华县杏林镇	三溪村	0	0	0	0	7.40	5.17	53.75
		吊庄村委会—磨村	渭南市华县	吊庄村委会	渭南市华县杏林镇	磨村	0	0	0	0	9.60	7.00	71.23
		简家村委会—梓里村		简家村委会	渭南市华县杏林镇	梓里村	0	0	0	0	9.70	3.30	52.63
		什字村委会—梓里村		什字村委会	渭南市华县杏林镇	梓里村	0	0	0	0	9.40	5.70	63.83
		西周村委会—老观台村		西周村委会	渭南市华县杏林镇	老观台村	0	0	0	0	8.40	4.74	55.23
		由里村委会—西寨村	莲花寺镇	由里村委会	渭南市华县莲花寺镇	西寨村	0	0	0	0	4.30	2.72	29.78
		汀村委会—乔堡村		汀村委会	渭南市华县莲花寺镇	乔堡村	0	0	0.36	0	2.91		15.42
	二华干沟北（东堤）	沟家村委会—杏林村	下庙镇	沟家村委会	渭南市华县杏林镇	杏林村	0	0	5.14	0	1.74	8.32	56.13
		北马村委会—镇中学	莲花寺镇	北马村委会	渭南市华县莲花寺镇	镇中学	0	0	0	0	1.18	0.68	7.83
		钟张村委会—梁堡村	柳枝镇	钟张村委会	渭南市华县柳枝镇	梁堡村	0	0	0	0	5.40	3.16	36.08

河流	溃口名称	转移路线	转移单元	安置区	高速 (km)	国道 (km)	省道 (km)	县道 (km)	乡道 (km)	支路 (km)	撤离时间 (min)
罗敷河	二华干沟北(西堤)	托西村—敷北村	渭南市华阴市罗敷镇 托西村	华阴市罗敷镇 敷北村	0	0	0	0	0.86	0	3.17
	二华干沟北(东堤)	连村—丰良村	渭南市华阴市罗敷镇 连村	渭南市华县柳枝镇 丰良村	0	0	8.62	0.18	2.69	0	22.23
		付家村—鹿圈村	渭南市华阴市罗敷镇 付家村	华阴市罗敷镇 鹿圈村	0	0	0	0	0	2.41	12.36
		山峰村—桥营村	渭南市华阴市华山镇 山峰村	华阴市罗敷镇 桥营村	0	0	0	0	0	0.97	4.97
	二华干沟南300 m(东堤)	西渭北村—孝东村	渭南市华阴市华西镇 西渭北村	蒲城县党睦镇 孝东村	0	0	0	5.58	2.79	60.03	333.47
		高家村—武旗营	渭南市华阴市华山镇 高家村	华阴市罗敷镇 武旗营	0	0	0	0	0	0.75	3.85
柳叶河	二华干沟南300 m(西堤)	西渭北村—孝东村	渭南市华阴市华西镇 西渭北村	蒲城县党睦镇 孝东村	0	0	0	5.58	2.79	60.03	333.47
		高家村—武旗营	渭南市华阴市华山镇 高家村	华阴市罗敷镇 武旗营	0	0	0	0	0	0.75	3.85
长涧河	二华干沟南800 m(东堤)	小留村—王道一村	渭南市华阴市大华路街道办事处 小留村	渭南市华阴市大华路街道办事处 王道一村	0	0	0	0	0	4.19	21.49
	二华干沟南800 m(西堤)	小留村—王道一村	渭南市华阴市大华路街道办事处 小留村	渭南市华阴市大华路街道办事处 王道一村	0	0	0	0	0	4.19	21.49
	二华干沟北(东堤)	南栅村—统一村	渭南市华阴市岳庙街道办事处 南栅村	蒲城县龙阳镇 统一村	0	0	0.28	5.83	10.83	49.44	309.83
		东栅村—三家村	渭南市华阴市华西镇 东栅村	蒲城县龙池镇 三家村	0	0	0.11	5.83	5.65	49.84	292.58
		东栅村—埝城村	渭南市华阴市华西镇 东栅村	蒲城县龙池镇 埝城村	0	0	0.28	5.83	10.83	41.26	267.89
方山河	二华干沟北(东堤)	葱湾村—党南村	渭南市华阴市华西镇 葱湾村	蒲城县党睦镇 党南村	0	0	0	4.68	14.45	35.77	249.51
		孙庄村—店子村	渭南市华阴市华西镇 孙庄村	蒲城县龙阳镇 店子村	0	0	0	4.68	5.82	45.40	267.18
	二华干沟北(西堤)	拾村村委会—发发石村	渭南市华县柳枝镇 拾村	渭南市华县柳枝镇 发发石村	0	0	0	0	6.17	2.03	33.12
		彭村村委会—南关村	渭南市华县柳枝镇 彭村	渭南市华县柳枝镇 南关村	0	0	0	0	3.95	1.05	19.92
		北拾村委会—上安村	渭南市华县柳枝镇 北拾村	渭南市华县柳枝镇 上安村	0	0	0	0	6.00	1.01	27.27

1）正确引导灾民进行避险

发生洪水时，灾民避难往往是自发式的，容易造成很大的混乱；许多灾民一齐涌上一个或几个安置点，会造成拥挤，难以保证灾民的生活质量。因此，必须正确引导灾民进行避难，指导灾民按照防洪决策方案选择正确的撤退路线和相应的安置区，以此控制安置区内的人口数量。

2）合理储备防洪物资

发生洪水灾害时，往往由于抢险救灾物资准备不足或临时调运不及而造成抢险救灾工作的极大困难。在每年汛前准备诸如编织袋、木材、砂石料、水泥等防洪抢险物资，以及食品、帐篷等灾民生活物资时，若物资准备量不足，显然会使得一些可以避免的灾害发生，难以保证灾民的生活质量；反之，若物资储备过剩，也会因材料过期作废或白白占用资金等因素造成损失。所以必须合理统筹，根据对洪水灾害的预测结果，对洪灾的实际需要量有所掌握，尽量减少浪费。

3）人员合理分工

指挥撤退的领导小组合理地分工，尽快将人员转移出洪水淹没区。做好灾区物资和灾民财产的运输装卸，同时要考虑灾民自己的运输工具的合理安置，做到物有所用。

对灾区人民的财产进行统计，制作统计表格下发，确保有序、安全地转移物资，使人民财产尽可能得到保护。

4）为灾民提供良好的环境

发生洪灾时，安置区人口的过度集中，使人居环境恶化，空气污浊，人、畜、水相互污染，极易发生疾病的流行。因此，要搞好供水、卫生和教育设施建设，提高人均避险设施占有面积，改善安置区人居环境。

5）做好安全保卫工作

在避险转移过程中，车辆速度快、现场秩序乱，容易发生意外和人为事故，应加强公安、武警等力量的安全协调，防止出现意外事故和偷盗、抢劫事件。

3.8.5.5　成果合理性分析

1. 转移道路情况分析

"十一五"期间国家实施通县、乡工程以来，陕西关中地区农村公路网逐步得到完善。从当前农村道路情况看，县、乡道路发展速度很快，道路状况基本较好，部分县、乡道路达到次高级（沥青、混凝土、碎石路面）以上。农村村社道路建设也在逐步加快，没有村社道路的村、社的比例较低，但村社道路路面情况普遍较差。村与村间的路面大多数为水泥硬化路面；村、社里水泥硬化路面所占比重较轻。

2. 避险转移路线选择分析

洪水避险转移是从淹没村向未被淹没的村庄进行转移，所以在路线选择时就已考虑转移路面的情况。在 ArcGIS 中应用道路网络数据集进行时间上的动态分析和距离上的静态分析相结合的方法，首先考虑村与村之间路面情况较好的道路，其次考虑距离较短的路线，最终选择较合理的路线。所以，路线选择是合理的。

3. 避洪转移路线危险点分析

在避洪转移过程中,路面较窄、转弯、交叉口处视线不良、过河桥梁等都是容易产生事故的多发地,故将其设置为危险点。结合现场查勘,将实际存在的危险区以标准危险点的形式在 ArcGIS 风险图中标示出,以便在实施转移路线时设置必要的警示标志以减少转移风险。

3.9 风险图图件制作

3.9.1 绘制依据

本次渭河下游南、北两岸防洪保护区洪水风险图制图严格按照现行国家标准、相关规程规范及国家防办有关要求进行绘制。依据的规范如下:

(1)《洪水风险图编制导则》(SL 483—2010)。

(2)《洪水风险图编制技术细则(试行)》(2013 年)。

(3)《洪水风险图制图技术要求(试行)》(2014 年)(简称《要求》)。

(4)《防汛抗旱用图图式》(SL 73.7—2013)。

(5)《地图学术语》(GB/T 16820—2009)。

(6)《地图印刷规范》(GB/T 14511—2008)。

(7)《基础地理信息要素分类与代码》(GB/T 13923—2006)。

(8)《国家基本比例尺地图图式 第 1 部分:1∶500 1∶1 000 1∶2 000 地形图图式》(GB/T 20257.1—2007)。

(9)《国家基本比例尺地图图式 第 2 部分:1∶5 000 1∶10 000 地形图图式》(GB/T 20257.2—2006)。

(10)《国家基本比例尺地图图式 第 3 部分:1∶25 000 1∶50 000 1∶100 000 地形图图式》(GB/T 20257.3—2006)。

(11)《国家基本比例尺地图图式 第 4 部分:1∶250 000 1∶500 000 1∶1 000 000 地形图图式》(GB/T 20257.4—2007)。

3.9.2 图件成果要求

根据绘制系统要求,数据统一采用中国大地坐标系统 2000(CGCS2000);高程统一采用 1985 年国家高程基准;图形数据采用 shp 格式。基础地理要素和水利工程要素各图层具备 typecode(类别编码)、type(所含图形要素类别)、ennm(工程名称)、ennmcd(工程编码)四个字段,风险专题数据包含 gridcode(计算格网编码),以及对应 value(计算值)两个字段。

(1)洪水风险图应包括矢量电子地图与成果图两种。洪水风险图成果图是在矢量电子洪水风险图基础上添加非图形信息(如洪水方案说明、影响分析结果表等),按一定要求配置图面的分幅图。两种成果的内容应保持一致。

(2)风险图命名执行以下规则:洪水风险图名称放在图框外。对于防洪保护区,图名按照流域名称 + 风险图类型 + 洪水量级 + 洪水风险信息种类(如最大淹没水深图、淹没历时图等)命名(例如"沭河泛区左堤保护区 100 年一遇洪水最大水深分布图")。

（3）根据符号样式和色彩的要求，将风险图的图形数据赋以相应的表现风格，构建相应的图层。风险图图层遵循标准的分层结构来划分。

①风险图图层一般按照基础底图信息图层、防洪工程信息图层、防洪非工程信息图层、风险信息图层等类别划分。具体的图层顺序一般按照点图层在最上层，线图层在中间，面图层在最下层的原则设置，但在不影响风险图整体效果的前提下，尽量将需要重点展示的图层放在上层。

②洪水风险图中的洪水风险信息以半透明方式着色，便于同时获取淹没区内行政区划、居民地、重要设施等基础地理信息。

（4）风险图基础图层要素的符号样式和色彩的设置等图式应符合现行国家地形图图式标准及《防汛抗旱用图图式》（SL 73.7—2003）等行业标准，符号尺寸的设置以显示清晰、大小适度为准。

①应制作不同比例尺的标准符号库，用于不同比例尺的风险图。注记字号一般取 8～20 磅。

②风险信息符号样式和色彩的设置应按照所要反映的具体淹没特征选取色系，根据特征值区间选用相应色系中不同的颜色。所用色系按照表 3-154 规则执行。

表 3-154　风险空间信息色系要求

编号	图层名称	所用色系	说明
1	淹没范围	绿色	依据《洪水风险图编制导则》（SL 483—2010）
2	淹没水深	绿色	依据《洪水风险图编制导则》（SL 483—2010），以色差标示区域内淹没水深分布
3	洪水流速	橙色	
4	到达时间	红→橙→黄→青	
5	淹没历时	紫色	

注：现行国家标准和行业标准的图例不能满足洪水风险图的绘图需要时，可以适当选用非标准图例，并符合通俗易懂的原则。

（5）洪水风险要素等级划分按照以下要求进行。

①淹没水深图表现某一量级洪水的最大水深分布或某时刻的淹没水深分布，以等深线和洪水淹没等级面表示。淹没水深分级标准为：< 0.5 m、$0.5 \sim 1.0$ m、$1.0 \sim 2.0$ m、$2.0 \sim 3.0$ m、$3.0 \sim 5.0$ m 和 > 5.0 m。

②洪水到达时间图表现某一量级洪水前锋到达时间分布，以到达时间等级面表示。洪水前锋到达时间分级标准为：< 3 h、$3 \sim 6$ h、$6 \sim 24$ h、24 h ~ 2 d 和 > 2 d。

③洪水淹没历时图表现某一量级洪水在不同区域的淹没时间分布，以淹没历时等级面表示。淹没历时分级标准为：< 12 h、$12 \sim 24$ h、$1 \sim 3$ d、$3 \sim 7$ d 和 > 7 d。

④特征点处的洪水风险信息，应当用数值明确标注，文字风格为黑体红色，文字大小与图面协调。

⑤各类风险要素采用不同的色系表示。同一类要素的不同等级尽量采用同一色系中由浅到深的颜色来表达。

（6）成果图其他地图要素标示按照以下规则进行：

①明确标示风险图标题、图例、指北针、风险图编制单位、风险图编制日期、风险图发布单位、风险图发布日期等辅助信息，以及与该风险图编制相关的洪水计算条件、洪水计算方法、洪水损失统计、重要保护对象等的相关图表或文字性说明。

②图中的主要文字说明和表格包括编制范围内的基本情况（自然、社会经济），形成该图所反映洪水风险的边界条件，洪水风险的统计评估信息等。文字或表格要求简洁、准确、突出重点。

③洪水风险图的指北针应为黑白色，形态简明朴素。指北针一般置于图幅左上角或右上角，大小根据图面尺寸确定。

④图例一般置于图幅右下角，布置顺序从左至右，自上而下依次为点状图例、线状图例、面状图例。

⑤图中各个对象按照美观、简洁、和谐的原则设置。

（7）洪水风险图成果图，根据国家地图标准和水利制图标准，图幅主要采用 A0、A3、1∶5万标准分幅三种规格。A0、A3 尺寸标准见表 3-155。

表 3-155　风险图成果图图幅

规格	宽度（mm）	长度（mm）
A0	841	1 189
A3	297	420

若规定图幅确实不能满足实际需求，可使用在规定图幅基础上加长、加宽或缩小幅面的非标准图幅。A0、A3 图面配置见图 3-182。1∶5万标准分幅图面配置参照 1∶5万地形图图面配置。

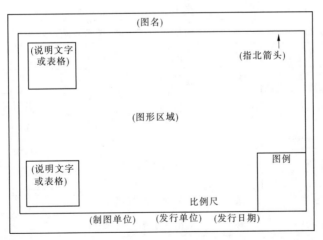

图 3-182　洪水风险图图面配置

依据项目前期收集和整理的地理底图数据，结合项目需求，选取地理底图要素图层和水利工程专题要素图层。具体选取的要素对象和表达方式，以及数据格式如表 3-156 所示。

表 3-156 地理要素选取对象

图层名	要素内容	几何类型	说明
流域界	干流域	面	图幅内最高级别流域的分界线,作为两流域间的公共界时
	支流域	面	图幅内最高级别流域的分界线,作为制图区域边界时
水系面状	河流渠道	面	面状河流、渠道等
	建成水库	面	依比例尺面状已建成水库
	湖泊	面	依比例尺面状普通湖泊
	渔场	面	渔场
	其他	面	其他类型面状水系
水系线状	线状干流	线	主要线状河流
	线状支流	线	次要线状河流
	溪河渠道	线	低等级溪河、渠道等
堤防	堤防	线	对应堤防设计规范中Ⅰ、Ⅱ、Ⅲ级堤防
测站	监测站	点	监测站
	水位站	点	水位站
蓄滞洪区	蓄(滞)洪区	面	蓄(滞)洪区
避水设施	避水楼、安全楼	点	避水楼、安全楼
	避水台、庄台	点	避水台、庄台
闸	水闸	点	水闸
泵站	泵站	点	包括机电排灌站、排涝泵站
治河工程	险工	线	险工
	控导工程	线	控导
跨河工程线状	桥梁	线	半依比例尺桥梁
跨河工程点状	渡槽	点	不依比例尺渡槽
坝线状	拦水坝	线	半依比例尺拦水坝
	水库大坝	线	突出显示水库大坝
坝点状	拦水坝	点	不依比例尺拦水坝
避险转移路线	避险转移路线	线	线的数字化方向代表转移方向

图层名	要素内容	几何类型	备注
行政界	省界	线	
	市界	线	
	县(区)界	线	
	乡(镇)界	线	
行政驻地	首都驻地	点	
	省会城市驻地	点	
	地市驻地	点	
	县驻地	点	
	乡(镇)驻地	点	
	村及其他驻地	点	
道路	铁路	线	
	国道	线	
	省道	线	
	县道	线	
	乡道	线	
	高速公路	线	
	其他道路	线	
土地利用	居民地	面	街区、依比例尺房屋
	工矿用地	面	
	耕地	面	稻田、旱地、菜地、水生作物地、台田、条田等
重点企事业单位	重点企事业单位	点	水利行业单位、公共供水企业、规模用水户、医院、学校、其他

3.9.3 洪水风险图信息

3.9.3.1 洪水风险图图面内容

(1)地图内容:由基础底图和洪水风险专题要素构成。基础底图是在地理底图上添加相关水利工程要素而成。洪水风险专题要素来自洪水模型的分析计算结果。

(2)辅助内容:通用地图辅助信息包括图廓、图名、指北针、图例、比例尺,洪水风险图专用辅助信息包括洪水方案说明、流量(水位、降水)过程线插图、风险信息统计、编制信息等。

3.9.3.2　洪水风险图绘制信息

1. 基础底图信息

基础底图信息指国家基础地理标准规定的、适用于多个行业领域的、具有空间分布特征的地理信息,主要包括行政区划、乡(镇)、村庄、江河湖泊、交通道路、沟渠等信息。

2. 防洪工程信息

防洪工程信息指防洪工程数据库规定的、与洪水风险密切相关的、具有空间分布特征的工程信息,主要包括河道堤防、生产围堤、水文水位站、穿堤建筑物、闸、涵洞、水库、控导工程、险工险段等。

3. 防洪非工程信息

防洪非工程信息指与洪水风险防御、管理及规划相关的领域在实际工作中利用非工程措施管理洪水风险的、且具有空间分布特征的信息,主要包括防洪区的土地利用规划、避险转移地点及撤退路线、防汛工作路线、避险桩台、抗洪抢险物资及队伍等。

4. 洪水风险信息

洪水风险信息指经过水文学法、水力学法或实际水灾法计算获取的、具有空间分布特征的信息,主要包括洪水淹没范围、洪水最大淹没水深、洪水前峰到达时间、洪水淹没历时等数据信息,各类风险信息的分级标准见表3-157。

表3-157　洪水风险信息分级标准

编号	风险信息类别	分级标准
1	洪水淹没水深	<0.5 m、0.5~1.0 m、1.0~2.0 m、2.0~3.0 m 和>3 m
2	洪水到达时间	<3 h、3~6 h、6~24 h、24 h~2 d 和>2 d
3	洪水淹没历时	<12 h、12~24 h、1~3 d、3~7 d 和>7 d

5. 社会经济信息

社会经济信息指洪水淹没范围内的人口、耕地及 GDP 信息等。

6. 延伸信息

延伸信息指依附于整张风险图或某个图层中对象的、反映防洪工程措施及非工程措施特征的、洪水风险分析计算及洪水淹没范围内社会经济损失统计等所延伸出的信息,主要包括洪水特征描述、计算方案说明、洪水损失等。

3.9.4　洪水风险图图件绘制

洪水风险图绘制主要借助 ArcGIS 的空间分析、数据处理及可视化功能,在基础底图上叠加洪水风险信息,制作规范统一的风险图图件。

应用 ArcMAP 平台对点、线、面基础地理图层信息处理分析,按照基于 ArcGIS 研发的洪水风险图绘制系统 FMAP 要求,添加字段、转换投影坐标、图面要素抽稀或加密、修改图层属性等。同时,在洪水风险图绘制系统内按一定的分级标准,将洪水风险信息插值渲染,得到风险信息直观展示图面,与基础地理底图叠加绘制完整、规范、统一的洪水风险图。

基于洪水风险图绘制系统(FMAP)制作风险图图件的步骤如图3-183所示。

3.9.4.1　基础底图处理与加工

对收集到的基础地图,进行数据的加工处理、拼接合并、坐标投影转换以及高程系统转

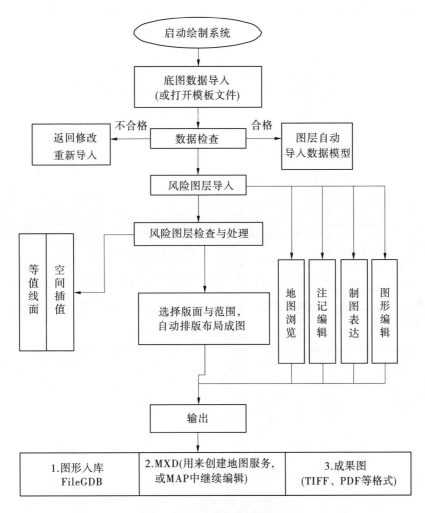

图 3-183 洪水风险图绘制流程

换,如图 3-184 所示。对合并完整的底图数据修改图层属性。将每个底图图层添加 type-code、type、ennm、ennmcd 字段,并给每个字段赋上规定的值。

3.9.4.2 提取洪水风险信息

提取模型计算中各个方案的洪水最大淹没水深、洪水淹没历时以及洪水前峰到达时间的成果数据,并将洪水风险要素转化成 SHP 格式,每个 SHP 格式添加 gridcode,以及 YMSS、HSLS、DDSJ、YMLS 等属性字段,每个字段赋有对应的属性值,见图 3-185。

3.9.4.3 风险图绘制

选用国家防汛抗旱总指挥部办公室公布的《重点地区洪水风险图编制项目软件名录》中的全国洪水风险图绘制系统 FMAP,将各个方案的风险要素导入系统创建方案,制作输出相对应的洪水风险图。

1. 工程创建

工程创建是洪水风险专题图制作的第一步,系统提供了两种方案创建的方式,一种是在打开软件后,通过方案选择面板进行新方案的创建,另一种以工具栏中工具的方式,用户点击新建方案图标,完成专题方案的创建工作,如图 3-186 所示。

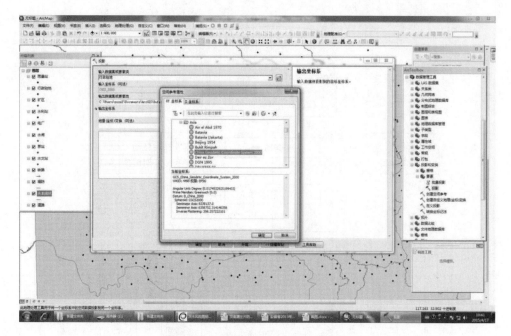

图 3-184　基础底图处理过程页面图

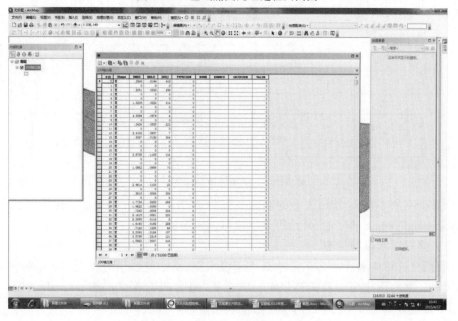

图 3-185　提取洪水风险信息界面

2. 数据导入

洪水风险绘制系统在指定了工程名称和工程目录后,需要导入水利专题数据和风险专题图层数据。加载时就直接根据显示比例尺将对应符号库中的符号应用于图形展示。数据导入过程中会自动检测数据的有效性和合理性,主要检测内容包括数据内容、图层格式、图层投影方式及坐标系统,如图 3-187 所示。

3. 方案创建

方案有两种,一种是单一要素专题方案,另一种是复合要素专题方案,创建方案如

图 3-186　工程创建

图 3-187　预览数据导入

图 3-188 所示。单一要素专题方案主要是到达时间、淹没水深和淹没图的专题图。复合要素专题图主要是避险分析和淹没范围的专题图。每个编制对象只需编制一套。所以,先编制单一要素基本风险图,最后制作复合要素专题图。

洪水风险图绘制系统,在数据检查处理完成后,出现方案专题信息录入界面。系统会提供给用户加载溃口点状数据、范围数据、风险数据入库。

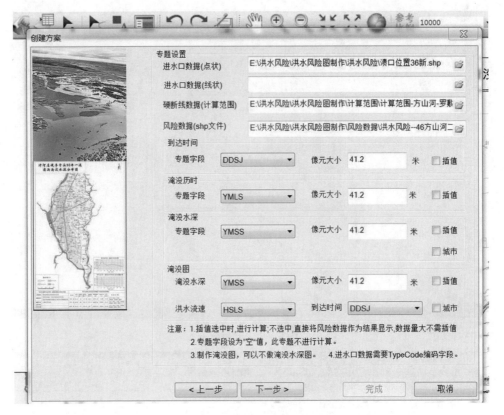

图 3-188　创建方案

4. 制图表达

在"全国洪水风险图绘制系统 FMAP"中,对风险图进行编辑、加工、调整。同时,在 Arc-MAP 中对风险图做进一步的加工处理。

1)对风险图层数据的制图表达处理

对风险图层处理包括相关图层数据检测、空间插值 GRID、等值线生成。

(1)相关图层数据检测,包括:洪水风险专题图层属性表内容是否完整,即细则中规定的属性项都具备并符合要求。洪水风险专题图层包括淹没水深、洪水到达时间、洪水淹没历时,为了空间插值,必须提供计算范围图层,如果计算范围内有堤防,须同时加载堤防图层,做硬断线。

(2)空间插值 GRID:洪水风险分析计算时的基本单元为规则或不规则格网,洪水风险成果以规则或不规则格网多边形呈现,风险信息存储在对应属性表中。受计算工作量及数据可得性的制约,计算格网不可能过细,所以需要将以计算格网为单位输出的风险信息计算成果进行空间插值,得到风险要素呈自然过渡的晕渲图。插值时提供缺省的格网大小,也提供给用户选择指定格网大小。

(3)等值线生成:利用等值线生成工具。

2)对基础底图及版式处理

系统初步完成绘图后对地图图面进行整饰编辑,确保综合取舍适度,数据负载量合理,重点要素突出,图形整饰美观,清晰易读。主要编辑内容有:

(1)密集要素的综合取舍,注记生成(见图 3-189)及大小、方向、间距、位置等的调整,闸涵、泵站等符号的方向调整,线状水系的渐变显示,调整指北针、说明文字的位置,使图形整饰更加美观,以及特征点处洪水风险信息的重点标示等。

(2)道路图层通过绘制系统生成注记偏大,且不能够在绘制系统进行编辑,故需要在ArcGIS中更改牵引线符号的大小。

(3)水系表示主要干流、支流,其他河流、运河、渠道根据图面负量适量选取;主干河、渠、运河及支流需加名称注记。名称注记按流向自上游至下游标注。按主支流关系区分注记等级。次要的小河(渠)名视长度及图面负载量适量标注。湖泊、坑塘应适量选取,面积较小的可舍去。但有特殊意义的小湖需表示。湖泊、坑塘应标注名称。名称注记应分级。河流、运河、沟渠:河流在图上宽度大于 0.4 mm 的用双线依比例尺表示,小于 0.4 mm 的用单线表示。构成网络系统的河、渠,应根据河渠网平面图形特征进行取舍。

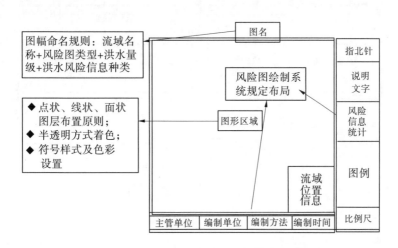

图 3-189 洪水风险图件命名及图面信息布局

总之,保证地图综合合理性,即地物各要素的综合取舍和图形概括应符合制图区域的地理特征,各要素之间协调、层次分明,重要道路、主要河流等内容应明显表示,注记正确,位置指向明确;各内容要素、属性要素、关系正确且无遗漏。

5. 制图输出

输出 mxd 地图文件、输出 tiff 或 pdf 格式文件、输出既定数据模型三部分内容,这三部分内容是需要提交给流域委的成果,主要包括:

(1)mxd 地图文件。用来生成地图服务。如果用户有条件和能力继续对风险图进行美化、加工、编辑,在桌面平台打开继续编辑、保存。

(2)tiff 或 pdf 等图片格式成果图。自动将图形及属性表数据输出到既定的数据模型。

3.9.5 避洪转移图绘制

以渭河下游南、北两岸防洪保护区各量级洪水计算方案的风险信息图为底图,绘制相应方案下各转移单元到转移安置区的最优路径。路径用带方向箭头的线条表示,表示从某个转移单元转移到某个安置区的路线。转移单元和安置区分别用不同颜色的数字编号表示,根据该路径可以追踪出每个转移单元到安置区的转移路线和方向。

3.9.5.1　避洪转移图绘制流程

避洪转移图涉及的基础地理数据用统一的坐标系(CGC2000)、投影坐标系和高程系(1985年国家高程基准)要求,在一、二维水力计算结果的基础上,考虑不同淹没水深、不同流速、不同洪水到达时间,在基础底图中绘制就地安置区、转移单元、安置区和转移路线,避洪转移图绘制流程图见图3-190。

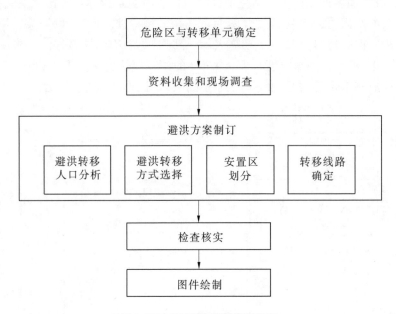

图3-190　避洪转移图绘制流程

1.数据准备

配置转移单元—安置区(异地、就地)对应关系表、安置区基本情况表(类型、地址、容量、电话、责任单位等)、周边医院基本情况表、避险转移责任单位基本情况表等,得到相应洪水量级方案下的避险转移路径图。必要时,在洪水风险信息底图上绘制转移单元与转移安置区匹配的指示关系(直接用箭头指示),并配置转移关系列表信息和其他求助辅助信息等,形成避险转移指示图。

2.图层的处理

对就地安置区、转移单元、安置区和转移路线图层属性表中添加名称、编码、人口等支撑数据字段,并给每个字段赋上规定值。

3.创建方案

利用"洪水风险图绘制系统",将各转移方案的图层要素导入绘制系统创建方案,方案包括:①不同淹没水深和流速的安置方式;②不同洪水洪峰到达时间分批转移方案。

3.9.5.2　避洪转移图绘制样式

(1)避洪转移图的洪水风险要素信息、淹没范围和淹没水深分布、水深区间取值参照《洪水风险图编制技术细则(试行)》的相关规定。

(2)避险转移单元、安置区等以面状或点状图形表示。

(3)转移方向以面状粗箭头表示,转移路线以线状箭头表示,转移批次以红(到达时间<12 h)、黄(12 h<到达时间<24 h)、蓝(到达时间>24 h)分区表示。

（4）就地安置区域边界以红虚线包围。

（5）转移路线沿程危险点以危险警示符号标识。

（6）避洪转移图图例包括安置区、转移单元、水深等级、转移方向或路线、危险点、转移批次（若有）等。

（7）避洪转移图纸质图件以 A0 图幅为主。

3.9.6 洪水风险图成果清单

（1）最大淹没水深图图件成果清单如表 3-158 所示。

表 3-158 最大淹没水深图图件成果清单

序号	风险图名称
1	渭河下游北岸大堤保护区 20 年一遇洪水安虹路口溃决洪水淹没水深图
2	渭河下游北岸大堤保护区 50 年一遇洪水安虹路口溃决洪水淹没水深图
3	渭河下游北岸大堤保护区 100 年一遇洪水安虹路口溃决洪水淹没水深图
4	渭河下游北岸大堤保护区 20 年一遇洪水吴村阳险工溃决洪水淹没水深图
5	渭河下游北岸大堤保护区 50 年一遇洪水吴村阳险工溃决洪水淹没水深图
6	渭河下游北岸大堤保护区 100 年一遇洪水吴村阳险工溃决洪水淹没水深图
7	渭河下游北岸大堤保护区 20 年一遇洪水沙王险工溃决洪水淹没水深图
8	渭河下游北岸大堤保护区 50 年一遇洪水沙王险工溃决洪水淹没水深图
9	渭河下游北岸大堤保护区 100 年一遇洪水沙王险工溃决洪水淹没水深图
10	渭河下游北岸大堤保护区 20 年一遇洪水苏村险工溃决洪水淹没水深图
11	渭河下游北岸大堤保护区 50 年一遇洪水苏村险工溃决洪水淹没水深图
12	渭河下游北岸大堤保护区 100 年一遇洪水苏村险工溃决洪水淹没水深图
13	渭河下游北岸大堤保护区洛河 20 年一遇洪水农垦七连以西溃决洪水淹没水深图
14	渭河下游北岸大堤保护区洛河 50 年一遇洪水农垦七连以西溃决洪水淹没水深图
15	渭河下游北岸大堤保护区洛河 100 年一遇洪水农垦七连以西溃决洪水淹没水深图
16	渭河下游南岸大堤保护区 20 年一遇洪水小王庄险工溃决洪水淹没水深图
17	渭河下游南岸大堤保护区 50 年一遇洪水小王庄险工溃决洪水淹没水深图
18	渭河下游南岸大堤保护区 100 年一遇洪水小王庄险工溃决洪水淹没水深图
19	渭河下游南岸大堤保护区 20 年一遇洪水东站险工溃决洪水淹没水深图
20	渭河下游南岸大堤保护区 50 年一遇洪水东站险工溃决洪水淹没水深图
21	渭河下游南岸大堤保护区 100 年一遇洪水东站险工溃决洪水淹没水深图
22	渭河下游南岸大堤保护区 20 年一遇洪水周家险工溃决洪水淹没水深图
23	渭河下游南岸大堤保护区 50 年一遇洪水周家险工溃决洪水淹没水深图
24	渭河下游南岸大堤保护区 100 年一遇洪水周家险工溃决洪水淹没水深图
25	渭河下游北岸大堤保护区 20 年一遇洪水店上险工溃决洪水淹没水深图

序号	风险图名称
26	渭河下游北岸大堤保护区 50 年一遇洪水店上险工溃决洪水淹没水深图
27	渭河下游北岸大堤保护区 100 年一遇洪水店上险工溃决洪水淹没水深图
28	渭河下游北岸大堤保护区 20 年一遇洪水西渭阳险工溃决洪水淹没水深图
29	渭河下游北岸大堤保护区 50 年一遇洪水西渭阳险工溃决洪水淹没水深图
30	渭河下游北岸大堤保护区 100 年一遇洪水西渭阳险工溃决洪水淹没水深图
31	渭河下游北岸大堤保护区 20 年一遇洪水仓渡险工溃决洪水淹没水深图
32	渭河下游北岸大堤保护区 50 年一遇洪水仓渡险工溃决洪水淹没水深图
33	渭河下游北岸大堤保护区 100 年一遇洪水仓渡险工溃决洪水淹没水深图
34	渭河下游北岸大堤保护区 20 年一遇洪水仓西险工溃决洪水淹没水深图
35	渭河下游北岸大堤保护区 50 年一遇洪水仓西险工溃决洪水淹没水深图
36	渭河下游北岸大堤保护区 100 年一遇洪水仓西险工溃决洪水淹没水深图
37	渭河下游南岸大堤保护区 20 年一遇洪水段家堡溃决洪水淹没水深图
38	渭河下游南岸大堤保护区 50 年一遇洪水段家堡溃决洪水淹没水深图
39	渭河下游南岸大堤保护区 100 年一遇洪水段家堡溃决洪水淹没水深图
40	渭河下游南岸大堤保护区 20 年一遇洪水农六险工溃决洪水淹没水深图
41	渭河下游南岸大堤保护区 50 年一遇洪水农六险工溃决洪水淹没水深图
42	渭河下游南岸大堤保护区 100 年一遇洪水农六险工溃决洪水淹没水深图
43	渭河下游南岸大堤保护区 20 年一遇洪水水流险工溃决洪水淹没水深图
44	渭河下游南岸大堤保护区 50 年一遇洪水水流险工溃决洪水淹没水深图
45	渭河下游南岸大堤保护区 100 年一遇洪水水流险工溃决洪水淹没水深图
46	渭河下游南岸大堤保护区 20 年一遇洪水季家工程溃决洪水淹没水深图
47	渭河下游南岸大堤保护区 50 年一遇洪水季家工程溃决洪水淹没水深图
48	渭河下游南岸大堤保护区 100 年一遇洪水季家工程溃决洪水淹没水深图
49	渭河下游南岸大堤保护区 20 年一遇洪水张义险工溃决洪水淹没水深图
50	渭河下游南岸大堤保护区 50 年一遇洪水张义险工溃决洪水淹没水深图
51	渭河下游南岸大堤保护区 100 年一遇洪水张义险工溃决洪水淹没水深图
52	渭河下游南岸大堤保护区 20 年一遇洪水八里店险工溃决洪水淹没水深图
53	渭河下游南岸大堤保护区 50 年一遇洪水八里店险工溃决洪水淹没水深图
54	渭河下游南岸大堤保护区 100 年一遇洪水八里店险工溃决洪水淹没水深图
55	渭河下游南岸大堤保护区 20 年一遇洪水詹刘险工溃决洪水淹没水深图
56	渭河下游南岸大堤保护区 50 年一遇洪水詹刘险工溃决洪水淹没水深图
57	渭河下游南岸大堤保护区 100 年一遇洪水詹刘险工溃决洪水淹没水深图
58	渭河下游南岸大堤保护区 50 年一遇洪水石堤河口(西)溃决洪水淹没水深图

序号	风险图名称
59	渭河下游南岸大堤保护区 100 年一遇洪水石堤河口（西）溃决洪水淹没水深图
60	渭河下游南岸大堤保护区 20 年一遇洪水南解村溃决洪水淹没水深图
61	渭河下游南岸大堤保护区 50 年一遇洪水南解村溃决洪水淹没水深图
62	渭河下游南岸大堤保护区 100 年一遇洪水南解村溃决洪水淹没水深图
63	渭河下游南岸大堤保护区 50 年一遇洪水罗纹河口（东）溃决洪水淹没水深图
64	渭河下游南岸大堤保护区 100 年一遇洪水罗纹河口（东）溃决洪水淹没水深图
65	渭河下游南岸大堤保护区 20 年一遇洪水方山河口（西）溃决洪水淹没水深图
66	渭河下游南岸大堤保护区 50 年一遇洪水方山河口（西）溃决洪水淹没水深图
67	渭河下游南岸大堤保护区 100 年一遇洪水方山河口（西）溃决洪水淹没水深图
68	渭河下游南岸大堤保护区 20 年一遇洪水冯东险工溃决洪水淹没水深图
69	渭河下游南岸大堤保护区 50 年一遇洪水冯东险工溃决洪水淹没水深图
70	渭河下游南岸大堤保护区 100 年一遇洪水冯东险工溃决洪水淹没水深图
71	渭河下游南岸大堤保护区 20 年一遇洪水梁赵险工溃决洪水淹没水深图
72	渭河下游南岸大堤保护区 50 年一遇洪水梁赵险工溃决洪水淹没水深图
73	渭河下游南岸大堤保护区 100 年一遇洪水梁赵险工溃决洪水淹没水深图
74	渭河下游南岸大堤保护区 20 年一遇洪水田家工程溃决洪水淹没水深图
75	渭河下游南岸大堤保护区 50 年一遇洪水田家工程溃决洪水淹没水深图
76	渭河下游南岸大堤保护区 100 年一遇洪水田家工程溃决洪水淹没水深图
77	渭河下游南岸大堤保护区 50 年一遇洪水遇仙河口（东）溃决洪水淹没水深图
78	渭河下游南岸大堤保护区 100 年一遇洪水遇仙河口（东）溃决洪水淹没水深图
79	渭河下游南岸大堤保护区 50 年一遇洪水石堤河口（东）溃决洪水淹没水深图
80	渭河下游南岸大堤保护区 100 年一遇洪水石堤河口（东）溃决洪水淹没水深图
81	渭河下游南岸大堤保护区 50 年一遇洪水罗纹河口（西）溃决洪水淹没水深图
82	渭河下游南岸大堤保护区 100 年一遇洪水罗纹河口（西）溃决洪水淹没水深图
83	渭河下游南岸大堤保护区 20 年一遇洪水毕家溃决洪水淹没水深图
84	渭河下游南岸大堤保护区 50 年一遇洪水毕家溃决洪水淹没水深图
85	渭河下游南岸大堤保护区 100 年一遇洪水毕家溃决洪水淹没水深图
86	渭河下游南岸大堤保护区 20 年一遇洪水方山河口（东）溃决洪水淹没水深图
87	渭河下游南岸大堤保护区 50 年一遇洪水方山河口（东）溃决洪水淹没水深图
88	渭河下游南岸大堤保护区 100 年一遇洪水方山河口（东）溃决洪水淹没水深图
89	渭河下游南岸大堤保护区 20 年一遇洪水罗敷河口（东）溃决洪水淹没水深图
90	渭河下游南岸大堤保护区 50 年一遇洪水罗敷河口（东）溃决洪水淹没水深图
91	渭河下游南岸大堤保护区 100 年一遇洪水罗敷河口（东）溃决洪水淹没水深图

序号	风险图名称
92	渭河下游南岸大堤保护区 20 年一遇洪水柳叶河口(东)溃决洪水淹没水深图
93	渭河下游南岸大堤保护区 50 年一遇洪水柳叶河口(东)溃决洪水淹没水深图
94	渭河下游南岸大堤保护区 100 年一遇洪水柳叶河口(东)溃决洪水淹没水深图
95	渭河下游南岸大堤保护区 20 年一遇洪水华农工程溃决洪水淹没水深图
96	渭河下游南岸大堤保护区 50 年一遇洪水华农工程溃决洪水淹没水深图
97	渭河下游南岸大堤保护区 100 年一遇洪水华农工程溃决洪水淹没水深图
98	渭河下游南岸大堤保护区赤水河 20 年一遇洪水赤水镇(西堤)溃决洪水淹没水深图
99	渭河下游南岸大堤保护区赤水河 50 年一遇洪水赤水镇(西堤)溃决洪水淹没水深图
100	渭河下游南岸大堤保护区赤水河 100 年一遇洪水赤水镇(西堤)溃决洪水淹没水深图
101	渭河下游南岸大堤保护区遇仙河 20 年一遇洪水老公路桥南(西堤)溃决洪水淹没水深图
102	渭河下游南岸大堤保护区遇仙河 50 年一遇洪水老公路桥南(西堤)溃决洪水淹没水深图
103	渭河下游南岸大堤保护区遇仙河 100 年一遇洪水老公路桥南(西堤)溃决洪水淹没水深图
104	渭河下游南岸大堤保护区石堤河 20 年一遇洪水老公路桥南(西堤)溃决洪水淹没水深图
105	渭河下游南岸大堤保护区石堤河 50 年一遇洪水老公路桥南(西堤)溃决洪水淹没水深图
106	渭河下游南岸大堤保护区石堤河 100 年一遇洪水老公路桥南(西堤)溃决洪水淹没水深图
107	渭河下游南岸大堤保护区罗纹河 20 年一遇洪水二华干沟北(西堤)溃决洪水淹没水深图
108	渭河下游南岸大堤保护区罗纹河 50 年一遇洪水二华干沟北(西堤)溃决洪水淹没水深图
109	渭河下游南岸大堤保护区罗纹河 100 年一遇洪水二华干沟北(西堤)溃决洪水淹没水深图
110	渭河下游南岸大堤保护区方山河 20 年一遇洪水二华干沟北(西堤)溃决洪水淹没水深图
111	渭河下游南岸大堤保护区方山河 50 年一遇洪水二华干沟北(西堤)溃决洪水淹没水深图
112	渭河下游南岸大堤保护区方山河 100 年一遇洪水二华干沟北(西堤)溃决洪水淹没水深图
113	渭河下游南岸大堤保护区罗敷河 10 年一遇洪水二华干沟北(西堤)溃决洪水淹没水深图
114	渭河下游南岸大堤保护区罗敷河 50 年一遇洪水二华干沟北(西堤)溃决洪水淹没水深图
115	渭河下游南岸大堤保护区罗敷河 100 年一遇洪水二华干沟北(西堤)溃决洪水淹没水深图
116	渭河下游南岸大堤保护区柳叶河 10 年一遇洪水二华干沟南 300 m(西堤)溃决洪水淹没水深图
117	渭河下游南岸大堤保护区柳叶河 50 年一遇洪水二华干沟南 300 m(西堤)溃决洪水淹没水深图
118	渭河下游南岸大堤保护区柳叶河 100 年一遇洪水二华干沟南 300 m(西堤)溃决洪水淹没水深图
119	渭河下游南岸大堤保护区长涧河 10 年一遇洪水二华干沟南 800 m(西堤)溃决洪水淹没水深图
120	渭河下游南岸大堤保护区长涧河 50 年一遇洪水二华干沟南 800 m(西堤)溃决洪水淹没水深图
121	渭河下游南岸大堤保护区长涧河 100 年一遇洪水二华干沟南 800 m(西堤)溃决洪水淹没水深图
122	渭河下游北岸大堤保护区洛河 10 年一遇洪水农垦七连(西堤)溃决洪水淹没水深图
123	渭河下游北岸大堤保护区洛河 20 年一遇洪水农垦七连(西堤)溃决洪水淹没水深图
124	渭河下游北岸大堤保护区洛河 50 年一遇洪水农垦七连(西堤)溃决洪水淹没水深图

序号	风险图名称
125	渭河下游南岸大堤保护区 20 年一遇洪水长涧河口(东)溃决洪水淹没水深图
126	渭河下游南岸大堤保护区 50 年一遇洪水长涧河口(东)溃决洪水淹没水深图
127	渭河下游南岸大堤保护区 100 年一遇洪水长涧河口(东)溃决洪水淹没水深图
128	渭河下游南岸大堤保护区 20 年一遇洪水三河口工程溃决洪水淹没水深图
129	渭河下游南岸大堤保护区 50 年一遇洪水三河口工程溃决洪水淹没水深图
130	渭河下游南岸大堤保护区 100 年一遇洪水三河口工程溃决洪水淹没水深图
131	渭河下游南岸大堤保护区赤水河 20 年一遇洪水赤水镇(东堤)溃决洪水淹没水深图
132	渭河下游南岸大堤保护区赤水河 50 年一遇洪水赤水镇(东堤)溃决洪水淹没水深图
133	渭河下游南岸大堤保护区赤水河 100 年一遇洪水赤水镇(东堤)溃决洪水淹没水深图
134	渭河下游南岸大堤保护区遇仙河 20 年一遇洪水老公路桥南(东堤)溃决洪水淹没水深图
135	渭河下游南岸大堤保护区遇仙河 50 年一遇洪水老公路桥南(东堤)溃决洪水淹没水深图
136	渭河下游南岸大堤保护区遇仙河 100 年一遇洪水老公路桥南(东堤)溃决洪水淹没水深图
137	渭河下游南岸大堤保护区石堤河 20 年一遇洪水老公路桥南(东堤)溃决洪水淹没水深图
138	渭河下游南岸大堤保护区石堤河 50 年一遇洪水老公路桥南(东堤)溃决洪水淹没水深图
139	渭河下游南岸大堤保护区石堤河 100 年一遇洪水老公路桥南(东堤)溃决洪水淹没水深图
140	渭河下游南岸大堤保护区罗纹河 20 年一遇洪水二华干沟北(东堤)溃决洪水淹没水深图
141	渭河下游南岸大堤保护区罗纹河 50 年一遇洪水二华干沟北(东堤)溃决洪水淹没水深图
142	渭河下游南岸大堤保护区罗纹河 100 年一遇洪水二华干沟北(东堤)溃决洪水淹没水深图
143	渭河下游南岸大堤保护区方山河 10 年一遇洪水二华干沟北(东堤)溃决洪水淹没水深图
144	渭河下游南岸大堤保护区方山河 50 年一遇洪水二华干沟北(东堤)溃决洪水淹没水深图
145	渭河下游南岸大堤保护区方山河 100 年一遇洪水二华干沟北(东堤)溃决洪水淹没水深图
146	渭河下游南岸大堤保护区罗敷河 10 年一遇洪水二华干沟北(东堤)溃决洪水淹没水深图
147	渭河下游南岸大堤保护区罗敷河 50 年一遇洪水二华干沟北(东堤)溃决洪水淹没水深图
148	渭河下游南岸大堤保护区罗敷河 100 年一遇洪水二华干沟北(东堤)溃决洪水淹没水深图
149	渭河下游南岸大堤保护区柳叶河 10 年一遇洪水二华干沟南 300 m(东堤)溃决洪水淹没水深图
150	渭河下游南岸大堤保护区柳叶河 50 年一遇洪水二华干沟南 300 m(东堤)溃决洪水淹没水深图
151	渭河下游南岸大堤保护区柳叶河 100 年一遇洪水二华干沟南 300 m(东堤)溃决洪水淹没水深图
152	渭河下游南岸大堤保护区长涧河 10 年一遇洪水二华干沟南 800m(东堤)溃决洪水淹没水深图
153	渭河下游南岸大堤保护区长涧河 50 年一遇洪水二华干沟南 800m(东堤)溃决洪水淹没水深图
154	渭河下游南岸大堤保护区长涧河 100 年一遇洪水二华干沟南 800 m(东堤)溃决洪水淹没水深图
155	渭河下游北岸大堤保护区泾河 50 年一遇洪水老公路桥南(西堤)溃决洪水淹没水深图
156	渭河下游北岸大堤保护区泾河 100 年一遇洪水老公路桥南(西堤)溃决洪水淹没水深图
157	渭河下游北岸大堤保护区泾河 50 年一遇洪水老公路桥南(东堤)溃决洪水淹没水深图
158	渭河下游北岸大堤保护区泾河 100 年一遇洪水老公路桥南(东堤)溃决洪水最大淹没水深图

（2）洪水淹没历时图图件成果清单如表 3-159 所示。

表 3-159　洪水淹没历时图图件成果清单

序号	风险图名称
1	渭河下游北岸大堤保护区 20 年—遇洪水安虹路口溃决洪水淹没历时图
2	渭河下游北岸大堤保护区 50 年—遇洪水安虹路口溃决洪水淹没历时图
3	渭河下游北岸大堤保护区 100 年—遇洪水安虹路口溃决洪水淹没历时图
4	渭河下游北岸大堤保护区 20 年—遇洪水吴村阳险工溃决洪水淹没历时图
5	渭河下游北岸大堤保护区 50 年—遇洪水吴村阳险工溃决洪水淹没历时图
6	渭河下游北岸大堤保护区 100 年—遇洪水吴村阳险工溃决洪水淹没历时图
7	渭河下游北岸大堤保护区 20 年—遇洪水沙王险工溃决洪水淹没历时图
8	渭河下游北岸大堤保护区 50 年—遇洪水沙王险工溃决洪水淹没历时图
9	渭河下游北岸大堤保护区 100 年—遇洪水沙王险工溃决洪水淹没历时图
10	渭河下游北岸大堤保护区 20 年—遇洪水苏村险工溃决洪水淹没历时图
11	渭河下游北岸大堤保护区 50 年—遇洪水苏村险工溃决洪水淹没历时图
12	渭河下游北岸大堤保护区 100 年—遇洪水苏村险工溃决洪水淹没历时图
13	渭河下游北岸大堤保护区洛河 20 年一遇洪水农垦七连以西溃决洪水淹没历时图
14	渭河下游北岸大堤保护区洛河 50 年一遇洪水农垦七连以西溃决洪水淹没历时图
15	渭河下游北岸大堤保护区洛河 100 年一遇洪水农垦七连以西溃决洪水淹没历时图
16	渭河下游南岸大堤保护区 20 年—遇洪水小王庄险工溃决洪水淹没历时图
17	渭河下游南岸大堤保护区 50 年—遇洪水小王庄险工溃决洪水淹没历时图
18	渭河下游南岸大堤保护区 100 年—遇洪水小王庄险工溃决洪水淹没历时图
19	渭河下游南岸大堤保护区 20 年—遇洪水东站险工溃决洪水淹没历时图
20	渭河下游南岸大堤保护区 50 年—遇洪水东站险工溃决洪水淹没历时图
21	渭河下游南岸大堤保护区 100 年—遇洪水东站险工溃决洪水淹没历时图
22	渭河下游南岸大堤保护区 20 年—遇洪水周家险工溃决洪水淹没历时图
23	渭河下游南岸大堤保护区 50 年—遇洪水周家险工溃决洪水淹没历时图
24	渭河下游南岸大堤保护区 100 年—遇洪水周家险工溃决洪水淹没历时图
25	渭河下游北岸大堤保护区 20 年—遇洪水店上险工溃决洪水淹没历时图
26	渭河下游北岸大堤保护区 50 年—遇洪水店上险工溃决洪水淹没历时图
27	渭河下游北岸大堤保护区 100 年—遇洪水店上险工溃决洪水淹没历时图
28	渭河下游北岸大堤保护区 20 年—遇洪水西渭阳险工溃决洪水淹没历时图
29	渭河下游北岸大堤保护区 50 年—遇洪水西渭阳险工溃决洪水淹没历时图
30	渭河下游北岸大堤保护区 100 年—遇洪水西渭阳险工溃决洪水淹没历时图
31	渭河下游北岸大堤保护区 20 年—遇洪水仓渡险工溃决洪水淹没历时图

序号	风险图名称
32	渭河下游北岸大堤保护区 50 年—遇洪水仓渡险工溃决洪水淹没历时图
33	渭河下游北岸大堤保护区 100 年—遇洪水仓渡险工溃决洪水淹没历时图
34	渭河下游北岸大堤保护区 20 年—遇洪水仓西险工溃决洪水淹没历时图
35	渭河下游北岸大堤保护区 50 年—遇洪水仓西险工溃决洪水淹没历时图
36	渭河下游北岸大堤保护区 100 年—遇洪水仓西险工溃决洪水淹没历时图
37	渭河下游南岸大堤保护区 20 年—遇洪水段家堡溃决洪水淹没历时图
38	渭河下游南岸大堤保护区 50 年—遇洪水段家堡溃决洪水淹没历时图
39	渭河下游南岸大堤保护区 100 年—遇洪水段家堡溃决洪水淹没历时图
40	渭河下游南岸大堤保护区 20 年—遇洪水农六险工溃决洪水淹没历时图
41	渭河下游南岸大堤保护区 50 年—遇洪水农六险工溃决洪水淹没历时图
42	渭河下游南岸大堤保护区 100 年—遇洪水农六险工溃决洪水淹没历时图
43	渭河下游南岸大堤保护区 20 年—遇洪水水流险工溃决洪水淹没历时图
44	渭河下游南岸大堤保护区 50 年—遇洪水水流险工溃决洪水淹没历时图
45	渭河下游南岸大堤保护区 100 年—遇洪水水流险工溃决洪水淹没历时图
46	渭河下游南岸大堤保护区 20 年—遇洪水季家工程溃决洪水淹没历时图
47	渭河下游南岸大堤保护区 50 年—遇洪水季家工程溃决洪水淹没历时图
48	渭河下游南岸大堤保护区 100 年—遇洪水季家工程溃决洪水淹没历时图
49	渭河下游南岸大堤保护区 20 年—遇洪水张义险工溃决洪水淹没历时图
50	渭河下游南岸大堤保护区 50 年—遇洪水张义险工溃决洪水淹没历时图
51	渭河下游南岸大堤保护区 100 年—遇洪水张义险工溃决洪水淹没历时图
52	渭河下游南岸大堤保护区 20 年—遇洪水八里店险工溃决洪水淹没历时图
53	渭河下游南岸大堤保护区 50 年—遇洪水八里店险工溃决洪水淹没历时图
54	渭河下游南岸大堤保护区 100 年—遇洪水八里店险工溃决洪水淹没历时图
55	渭河下游南岸大堤保护区 20 年—遇洪水詹刘险工溃决洪水淹没历时图
56	渭河下游南岸大堤保护区 50 年—遇洪水詹刘险工溃决洪水淹没历时图
57	渭河下游南岸大堤保护区 100 年—遇洪水詹刘险工溃决洪水淹没历时图
58	渭河下游南岸大堤保护区 50 年—遇洪水石堤河口(西)溃决洪水淹没历时图
59	渭河下游南岸大堤保护区 100 年—遇洪水石堤河口(西)溃决洪水淹没历时图
60	渭河下游南岸大堤保护区 20 年—遇洪水南解村溃决洪水淹没历时图
61	渭河下游南岸大堤保护区 50 年—遇洪水南解村溃决洪水淹没历时图
62	渭河下游南岸大堤保护区 100 年—遇洪水南解村溃决洪水淹没历时图

序号	风险图名称
63	渭河下游南岸大堤保护区 50 年—遇洪水罗纹河口(东)溃决洪水淹没历时图
64	渭河下游南岸大堤保护区 100 年—遇洪水罗纹河口(东)溃决洪水淹没历时图
65	渭河下游南岸大堤保护区 20 年—遇洪水方山河口(西)溃决洪水淹没历时图
66	渭河下游南岸大堤保护区 50 年—遇洪水方山河口(西)溃决洪水淹没历时图
67	渭河下游南岸大堤保护区 100 年—遇洪水方山河口(西)溃决洪水淹没历时图
68	渭河下游南岸大堤保护区 20 年—遇洪水冯东险工溃决洪水淹没历时图
69	渭河下游南岸大堤保护区 50 年—遇洪水冯东险工溃决洪水淹没历时图
70	渭河下游南岸大堤保护区 100 年—遇洪水冯东险工溃决洪水淹没历时图
71	渭河下游南岸大堤保护区 20 年—遇洪水梁赵险工溃决洪水淹没历时图
72	渭河下游南岸大堤保护区 50 年—遇洪水梁赵险工溃决洪水淹没历时图
73	渭河下游南岸大堤保护区 100 年—遇洪水梁赵险工溃决洪水淹没历时图
74	渭河下游南岸大堤保护区 20 年—遇洪水田家工程溃决洪水淹没历时图
75	渭河下游南岸大堤保护区 50 年—遇洪水田家工程溃决洪水淹没历时图
76	渭河下游南岸大堤保护区 100 年—遇洪水田家工程溃决洪水淹没历时图
77	渭河下游南岸大堤保护区 50 年—遇洪水遇仙河口(东)溃决洪水淹没历时图
78	渭河下游南岸大堤保护区 100 年—遇洪水遇仙河口(东)溃决洪水淹没历时图
79	渭河下游南岸大堤保护区 50 年—遇洪水石堤河口(东)溃决洪水淹没历时图
80	渭河下游南岸大堤保护区 100 年—遇洪水石堤河口(东)溃决洪水淹没历时图
81	渭河下游南岸大堤保护区 50 年—遇洪水罗纹河口(西)溃决洪水淹没历时图
82	渭河下游南岸大堤保护区 100 年—遇洪水罗纹河口(西)溃决洪水淹没历时图
83	渭河下游南岸大堤保护区 20 年—遇洪水毕家溃决洪水淹没历时图
84	渭河下游南岸大堤保护区 50 年—遇洪水毕家溃决洪水淹没历时图
85	渭河下游南岸大堤保护区 100 年—遇洪水毕家溃决洪水淹没历时图
86	渭河下游南岸大堤保护区 20 年—遇洪水方山河口(东)溃决洪水淹没历时图
87	渭河下游南岸大堤保护区 50 年—遇洪水方山河口(东)溃决洪水淹没历时图
88	渭河下游南岸大堤保护区 100 年—遇洪水方山河口(东)溃决洪水淹没历时图
89	渭河下游南岸大堤保护区 20 年—遇洪水罗敷河口(东)溃决洪水淹没历时图
90	渭河下游南岸大堤保护区 50 年—遇洪水罗敷河口(东)溃决洪水淹没历时图
91	渭河下游南岸大堤保护区 100 年—遇洪水罗敷河口(东)溃决洪水淹没历时图
92	渭河下游南岸大堤保护区 20 年—遇洪水柳叶河口(东)溃决洪水淹没历时图
93	渭河下游南岸大堤保护区 50 年—遇洪水柳叶河口(东)溃决洪水淹没历时图

序号	风险图名称
94	渭河下游南岸大堤保护区100年一遇洪水柳叶河口(东)溃决洪水淹没历时图
95	渭河下游南岸大堤保护区20年一遇洪水华农工程溃决洪水淹没历时图
96	渭河下游南岸大堤保护区50年一遇洪水华农工程溃决洪水淹没历时图
97	渭河下游南岸大堤保护区100年一遇洪水华农工程溃决洪水淹没历时图
98	渭河下游南岸大堤保护区赤水河20年一遇洪水赤水镇(西堤)溃决洪水淹没历时图
99	渭河下游南岸大堤保护区赤水河50年一遇洪水赤水镇(西堤)溃决洪水淹没历时图
100	渭河下游南岸大堤保护区赤水河100年一遇洪水赤水镇(西堤)溃决洪水淹没历时图
101	渭河下游南岸大堤保护区遇仙河20年一遇洪水老公路桥南(西堤)溃决洪水淹没历时图
102	渭河下游南岸大堤保护区遇仙河50年一遇洪水老公路桥南(西堤)溃决洪水淹没历时图
103	渭河下游南岸大堤保护区遇仙河100年一遇洪水老公路桥南(西堤)溃决洪水淹没历时图
104	渭河下游南岸大堤保护区石堤河20年一遇洪水老公路桥南(西堤)溃决洪水淹没历时图
105	渭河下游南岸大堤保护区石堤河50年一遇洪水老公路桥南(西堤)溃决洪水淹没历时图
106	渭河下游南岸大堤保护区石堤河100年一遇洪水老公路桥南(西堤)溃决洪水淹没历时图
107	渭河下游南岸大堤保护区罗纹河20年一遇洪水二华干沟北(西堤)溃决洪水淹没历时图
108	渭河下游南岸大堤保护区罗纹河50年一遇洪水二华干沟北(西堤)溃决洪水淹没历时图
109	渭河下游南岸大堤保护区罗纹河100年一遇洪水二华干沟北(西堤)溃决洪水淹没历时图
110	渭河下游南岸大堤保护区方山河20年一遇洪水二华干沟北(西堤)溃决洪水淹没历时图
111	渭河下游南岸大堤保护区方山河50年一遇洪水二华干沟北(西堤)溃决洪水淹没历时图
112	渭河下游南岸大堤保护区方山河100年一遇洪水二华干沟北(西堤)溃决洪水淹没历时图
113	渭河下游南岸大堤保护区罗敷河10年一遇洪水二华干沟北(西堤)溃决洪水淹没历时图
114	渭河下游南岸大堤保护区罗敷河50年一遇洪水二华干沟北(西堤)溃决洪水淹没历时图
115	渭河下游南岸大堤保护区罗敷河100年一遇洪水二华干沟北(西堤)溃决洪水淹没历时图
116	渭河下游南岸大堤保护区柳叶河10年一遇洪水二华干沟南300 m(西堤)溃决洪水淹没历时图
117	渭河下游南岸大堤保护区柳叶河50年一遇洪水二华干沟南300 m(西堤)溃决洪水淹没历时图
118	渭河下游南岸大堤保护区柳叶河100年一遇洪水二华干沟南300 m(西堤)溃决洪水淹没历时图
119	渭河下游南岸大堤保护区长涧河10年一遇洪水二华干沟南800 m(西堤)溃决洪水淹没历时图
120	渭河下游南岸大堤保护区长涧河50年一遇洪水二华干沟南800 m(西堤)溃决洪水淹没历时图
121	渭河下游南岸大堤保护区长涧河100年一遇洪水二华干沟南800 m(西堤)溃决洪水淹没历时图
122	渭河下游北岸大堤保护区洛河10年一遇洪水农垦七连(西堤)溃决洪水淹没历时图
123	渭河下游北岸大堤保护区洛河20年一遇洪水农垦七连(西堤)溃决洪水淹没历时图
124	渭河下游北岸大堤保护区洛河50年一遇洪水农垦七连(西堤)溃决洪水淹没历时图
125	渭河下游南岸大堤保护区20年一遇洪水长涧河口(东)溃决洪水淹没历时图

续表 3-159

序号	风险图名称
126	渭河下游南岸大堤保护区 50 年一遇洪水长涧河口(东)溃决洪水淹没历时图
127	渭河下游南岸大堤保护区 100 年一遇洪水长涧河口(东)溃决洪水淹没历时图
128	渭河下游南岸大堤保护区 20 年一遇洪水三河口工程溃决洪水淹没历时图
129	渭河下游南岸大堤保护区 50 年一遇洪水三河口工程溃决洪水淹没历时图
130	渭河下游南岸大堤保护区 100 年一遇洪水三河口工程溃决洪水淹没历时图
131	渭河下游南岸大堤保护区赤水河 20 年一遇洪水赤水镇(东堤)溃决洪水淹没历时图
132	渭河下游南岸大堤保护区赤水河 50 年一遇洪水赤水镇(东堤)溃决洪水淹没历时图
133	渭河下游南岸大堤保护区赤水河 100 年一遇洪水赤水镇(东堤)溃决洪水淹没历时图
134	渭河下游南岸大堤保护区遇仙河 20 年一遇洪水老公路桥南(东堤)溃决洪水淹没历时图
135	渭河下游南岸大堤保护区遇仙河 50 年一遇洪水老公路桥南(东堤)溃决洪水淹没历时图
136	渭河下游南岸大堤保护区遇仙河 100 年一遇洪水老公路桥南(东堤)溃决洪水淹没历时图
137	渭河下游南岸大堤保护区石堤河 20 年一遇洪水老公路桥南(东堤)溃决洪水淹没历时图
138	渭河下游南岸大堤保护区石堤河 50 年一遇洪水老公路桥南(东堤)溃决洪水淹没历时图
139	渭河下游南岸大堤保护区石堤河 100 年一遇洪水老公路桥南(东堤)溃决洪水淹没历时图
140	渭河下游南岸大堤保护区罗纹河 20 年一遇洪水二华干沟北(东堤)溃决洪水淹没历时图
141	渭河下游南岸大堤保护区罗纹河 50 年一遇洪水二华干沟北(东堤)溃决洪水淹没历时图
142	渭河下游南岸大堤保护区罗纹河 100 年一遇洪水二华干沟北(东堤)溃决洪水淹没历时图
143	渭河下游南岸大堤保护区方山河 10 年一遇洪水二华干沟北(东堤)溃决洪水淹没历时图
144	渭河下游南岸大堤保护区方山河 50 年一遇洪水二华干沟北(东堤)溃决洪水淹没历时图
145	渭河下游南岸大堤保护区方山河 100 年一遇洪水二华干沟北(东堤)溃决洪水淹没历时图
146	渭河下游南岸大堤保护区罗敷河 10 年一遇洪水二华干沟北(东堤)溃决洪水淹没历时图
147	渭河下游南岸大堤保护区罗敷河 50 年一遇洪水二华干沟北(东堤)溃决洪水淹没历时图
148	渭河下游南岸大堤保护区罗敷河 100 年一遇洪水二华干沟北(东堤)溃决洪水淹没历时图
149	渭河下游南岸大堤保护区柳叶河 10 年一遇洪水二华干沟南 300 m(东堤)溃决洪水淹没历时图
150	渭河下游南岸大堤保护区柳叶河 50 年一遇洪水二华干沟南 300 m(东堤)溃决洪水淹没历时图
151	渭河下游南岸大堤保护区柳叶河 100 年一遇洪水二华干沟南 300 m(东堤)溃决洪水淹没历时图
152	渭河下游南岸大堤保护区长涧河 10 年一遇洪水二华干沟南 800 m(东堤)溃决洪水淹没历时图
153	渭河下游南岸大堤保护区长涧河 50 年一遇洪水二华干沟南 800 m(东堤)溃决洪水淹没历时图
154	渭河下游南岸大堤保护区长涧河 100 年一遇洪水二华干沟南 800 m(东堤)溃决洪水淹没历时图
155	渭河下游北岸大堤保护区泾河 50 年一遇洪水老公路桥南(西堤)溃决洪水淹没历时图
156	渭河下游北岸大堤保护区泾河 100 年一遇洪水老公路桥南(西堤)溃决洪水淹没历时图
157	渭河下游北岸大堤保护区泾河 50 年一遇洪水老公路桥南(东堤)溃决洪水淹没历时图
158	渭河下游北岸大堤保护区泾河 100 年一遇洪水老公路桥南(东堤)溃决洪水最大淹没历时图

（3）洪水到达时间图图件成果清单如表 3-160 所示。

表 3-160　洪水到达时间图图件成果清单

序号	风险图名称
1	渭河下游北岸大堤保护区 20 年一遇洪水安虹路口溃决到达时间图
2	渭河下游北岸大堤保护区 50 年一遇洪水安虹路口溃决到达时间图
3	渭河下游北岸大堤保护区 100 年一遇洪水安虹路口溃决到达时间图
4	渭河下游北岸大堤保护区 20 年一遇洪水吴村阳险工溃决到达时间图
5	渭河下游北岸大堤保护区 50 年一遇洪水吴村阳险工溃决到达时间图
6	渭河下游北岸大堤保护区 100 年一遇洪水吴村阳险工溃决到达时间图
7	渭河下游北岸大堤保护区 20 年一遇洪水沙王险工溃决到达时间图
8	渭河下游北岸大堤保护区 50 年一遇洪水沙王险工溃决到达时间图
9	渭河下游北岸大堤保护区 100 年一遇洪水沙王险工溃决到达时间图
10	渭河下游北岸大堤保护区 20 年一遇洪水苏村险工溃决到达时间图
11	渭河下游北岸大堤保护区 50 年一遇洪水苏村险工溃决到达时间图
12	渭河下游北岸大堤保护区 100 年一遇洪水苏村险工溃决到达时间图
13	渭河下游北岸大堤保护区洛河 20 年一遇洪水农垦七连以西溃决到达时间图
14	渭河下游北岸大堤保护区洛河 50 年一遇洪水农垦七连以西溃决到达时间图
15	渭河下游北岸大堤保护区洛河 100 年一遇洪水农垦七连以西溃决到达时间图
16	渭河下游南岸大堤保护区 20 年一遇洪水小王庄险工溃决到达时间图
17	渭河下游南岸大堤保护区 50 年一遇洪水小王庄险工溃决到达时间图
18	渭河下游南岸大堤保护区 100 年一遇洪水小王庄险工溃决到达时间图
19	渭河下游南岸大堤保护区 20 年一遇洪水东站险工溃决到达时间图
20	渭河下游南岸大堤保护区 50 年一遇洪水东站险工溃决到达时间图
21	渭河下游南岸大堤保护区 100 年一遇洪水东站险工溃决到达时间图
22	渭河下游南岸大堤保护区 20 年一遇洪水周家险工溃决到达时间图
23	渭河下游南岸大堤保护区 50 年一遇洪水周家险工溃决到达时间图
24	渭河下游南岸大堤保护区 100 年一遇洪水周家险工溃决到达时间图
25	渭河下游北岸大堤保护区 20 年一遇洪水店上险工溃决到达时间图
26	渭河下游北岸大堤保护区 50 年一遇洪水店上险工溃决到达时间图
27	渭河下游北岸大堤保护区 100 年一遇洪水店上险工溃决到达时间图
28	渭河下游北岸大堤保护区 20 年一遇洪水西渭阳险工溃决到达时间图
29	渭河下游北岸大堤保护区 50 年一遇洪水西渭阳险工溃决到达时间图
30	渭河下游北岸大堤保护区 100 年一遇洪水西渭阳险工溃决到达时间图

序号	风险图名称
31	渭河下游北岸大堤保护区 20 年—遇洪水仓渡险工溃决到达时间图
32	渭河下游北岸大堤保护区 50 年—遇洪水仓渡险工溃决到达时间图
33	渭河下游北岸大堤保护区 100 年—遇洪水仓渡险工溃决到达时间图
34	渭河下游北岸大堤保护区 20 年—遇洪水仓西险工溃决到达时间图
35	渭河下游北岸大堤保护区 50 年—遇洪水仓西险工溃决到达时间图
36	渭河下游北岸大堤保护区 100 年—遇洪水仓西险工溃决到达时间图
37	渭河下游南岸大堤保护区 20 年—遇洪水段家堡溃决到达时间图
38	渭河下游南岸大堤保护区 50 年—遇洪水段家堡溃决到达时间图
39	渭河下游南岸大堤保护区 100 年—遇洪水段家堡溃决到达时间图
40	渭河下游南岸大堤保护区 20 年—遇洪水农六险工溃决到达时间图
41	渭河下游南岸大堤保护区 50 年—遇洪水农六险工溃决到达时间图
42	渭河下游南岸大堤保护区 100 年—遇洪水农六险工溃决到达时间图
43	渭河下游南岸大堤保护区 20 年—遇洪水水流险工溃决到达时间图
44	渭河下游南岸大堤保护区 50 年—遇洪水水流险工溃决到达时间图
45	渭河下游南岸大堤保护区 100 年—遇洪水水流险工溃决到达时间图
46	渭河下游南岸大堤保护区 20 年—遇洪水季家工程溃决到达时间图
47	渭河下游南岸大堤保护区 50 年—遇洪水季家工程溃决到达时间图
48	渭河下游南岸大堤保护区 100 年—遇洪水季家工程溃决到达时间图
49	渭河下游南岸大堤保护区 20 年—遇洪水张义险工溃决到达时间图
50	渭河下游南岸大堤保护区 50 年—遇洪水张义险工溃决到达时间图
51	渭河下游南岸大堤保护区 100 年—遇洪水张义险工溃决到达时间图
52	渭河下游南岸大堤保护区 20 年—遇洪水八里店险工溃决到达时间图
53	渭河下游南岸大堤保护区 50 年—遇洪水八里店险工溃决到达时间图
54	渭河下游南岸大堤保护区 100 年—遇洪水八里店险工溃决到达时间图
55	渭河下游南岸大堤保护区 20 年—遇洪水詹刘险工溃决到达时间图
56	渭河下游南岸大堤保护区 50 年—遇洪水詹刘险工溃决到达时间图
57	渭河下游南岸大堤保护区 100 年—遇洪水詹刘险工溃决到达时间图
58	渭河下游南岸大堤保护区 50 年—遇洪水石堤河口（西）溃决到达时间图
59	渭河下游南岸大堤保护区 100 年—遇洪水石堤河口（西）溃决到达时间图
60	渭河下游南岸大堤保护区 20 年—遇洪水南解村溃决到达时间图
61	渭河下游南岸大堤保护区 50 年—遇洪水南解村溃决到达时间图
62	渭河下游南岸大堤保护区 100 年—遇洪水南解村溃决到达时间图

序号	风险图名称
63	渭河下游南岸大堤保护区 50 年一遇洪水罗纹河口(东)溃决到达时间图
64	渭河下游南岸大堤保护区 100 年一遇洪水罗纹河口(东)溃决到达时间图
65	渭河下游南岸大堤保护区 20 年一遇洪水方山河口(西)溃决到达时间图
66	渭河下游南岸大堤保护区 50 年一遇洪水方山河口(西)溃决到达时间图
67	渭河下游南岸大堤保护区 100 年一遇洪水方山河口(西)溃决到达时间图
68	渭河下游南岸大堤保护区 20 年一遇洪水冯东险工溃决到达时间图
69	渭河下游南岸大堤保护区 50 年一遇洪水冯东险工溃决到达时间图
70	渭河下游南岸大堤保护区 100 年一遇洪水冯东险工溃决到达时间图
71	渭河下游南岸大堤保护区 20 年一遇洪水梁赵险工溃决到达时间图
72	渭河下游南岸大堤保护区 50 年一遇洪水梁赵险工溃决到达时间图
73	渭河下游南岸大堤保护区 100 年一遇洪水梁赵险工溃决到达时间图
74	渭河下游南岸大堤保护区 20 年一遇洪水田家工程溃决到达时间图
75	渭河下游南岸大堤保护区 50 年一遇洪水田家工程溃决到达时间图
76	渭河下游南岸大堤保护区 100 年一遇洪水田家工程溃决到达时间图
77	渭河下游南岸大堤保护区 50 年一遇洪水遇仙河口(东)溃决到达时间图
78	渭河下游南岸大堤保护区 100 年一遇洪水遇仙河口(东)溃决到达时间图
79	渭河下游南岸大堤保护区 50 年一遇洪水石堤河口(东)溃决到达时间图
80	渭河下游南岸大堤保护区 100 年一遇洪水石堤河口(东)溃决到达时间图
81	渭河下游南岸大堤保护区 50 年一遇洪水罗纹河口(西)溃决到达时间图
82	渭河下游南岸大堤保护区 100 年一遇洪水罗纹河口(西)溃决到达时间图
83	渭河下游南岸大堤保护区 20 年一遇洪水毕家溃决到达时间图
84	渭河下游南岸大堤保护区 50 年一遇洪水毕家溃决到达时间图
85	渭河下游南岸大堤保护区 100 年一遇洪水毕家溃决到达时间图
86	渭河下游南岸大堤保护区 20 年一遇洪水方山河口(东)溃决到达时间图
87	渭河下游南岸大堤保护区 50 年一遇洪水方山河口(东)溃决到达时间图
88	渭河下游南岸大堤保护区 100 年一遇洪水方山河口(东)溃决到达时间图
89	渭河下游南岸大堤保护区 20 年一遇洪水罗敷河口(东)溃决到达时间图
90	渭河下游南岸大堤保护区 50 年一遇洪水罗敷河口(东)溃决到达时间图
91	渭河下游南岸大堤保护区 100 年一遇洪水罗敷河口(东)溃决到达时间图
92	渭河下游南岸大堤保护区 20 年一遇洪水柳叶河口(东)溃决到达时间图
93	渭河下游南岸大堤保护区 50 年一遇洪水柳叶河口(东)溃决到达时间图
94	渭河下游南岸大堤保护区 100 年一遇洪水柳叶河口(东)溃决到达时间图

序号	风险图名称
95	渭河下游南岸大堤保护区 20 年—遇洪水华农工程溃决到达时间图
96	渭河下游南岸大堤保护区 50 年—遇洪水华农工程溃决到达时间图
97	渭河下游南岸大堤保护区 100 年—遇洪水华农工程溃决到达时间图
98	渭河下游南岸大堤保护区赤水河 20 年—遇洪水赤水镇(西堤)溃决到达时间图
99	渭河下游南岸大堤保护区赤水河 50 年—遇洪水赤水镇(西堤)溃决到达时间图
100	渭河下游南岸大堤保护区赤水河 100 年—遇洪水赤水镇(西堤)溃决到达时间图
101	渭河下游南岸大堤保护区遇仙河 20 年—遇洪水老公路桥南(西堤)溃决到达时间图
102	渭河下游南岸大堤保护区遇仙河 50 年—遇洪水老公路桥南(西堤)溃决到达时间图
103	渭河下游南岸大堤保护区遇仙河 100 年—遇洪水老公路桥南(西堤)溃决到达时间图
104	渭河下游南岸大堤保护区石堤河 20 年—遇洪水老公路桥南(西堤)溃决到达时间图
105	渭河下游南岸大堤保护区石堤河 50 年—遇洪水老公路桥南(西堤)溃决到达时间图
106	渭河下游南岸大堤保护区石堤河 100 年—遇洪水老公路桥南(西堤)溃决到达时间图
107	渭河下游南岸大堤保护区罗纹河 20 年—遇洪水二华干沟北(西堤)溃决到达时间图
108	渭河下游南岸大堤保护区罗纹河 50 年—遇洪水二华干沟北(西堤)溃决到达时间图
109	渭河下游南岸大堤保护区罗纹河 100 年—遇洪水二华干沟北(西堤)溃决到达时间图
110	渭河下游南岸大堤保护区方山河 20 年—遇洪水二华干沟北(西堤)溃决到达时间图
111	渭河下游南岸大堤保护区方山河 50 年—遇洪水二华干沟北(西堤)溃决到达时间图
112	渭河下游南岸大堤保护区方山河 100 年—遇洪水二华干沟北(西堤)溃决到达时间图
113	渭河下游南岸大堤保护区罗敷河 10 年—遇洪水二华干沟北(西堤)溃决到达时间图
114	渭河下游南岸大堤保护区罗敷河 50 年—遇洪水二华干沟北(西堤)溃决到达时间图
115	渭河下游南岸大堤保护区罗敷河 100 年—遇洪水二华干沟北(西堤)溃决到达时间图
116	渭河下游南岸大堤保护区柳叶河 10 年—遇洪水二华干沟南 300 m(西堤)溃决到达时间图
117	渭河下游南岸大堤保护区柳叶河 50 年—遇洪水二华干沟南 300 m(西堤)溃决到达时间图
118	渭河下游南岸大堤保护区柳叶河 100 年—遇洪水二华干沟南 300 m(西堤)溃决到达时间图
119	渭河下游南岸大堤保护区长涧河 10 年—遇洪水二华干沟南 800 m(西堤)溃决到达时间图
120	渭河下游南岸大堤保护区长涧河 50 年—遇洪水二华干沟南 800 m(西堤)溃决到达时间图
121	渭河下游南岸大堤保护区长涧河 100 年—遇洪水二华干沟南 800 m(西堤)溃决到达时间图
122	渭河下游北岸大堤保护区洛河 10 年—遇洪水农垦七连(西堤)溃决到达时间图
123	渭河下游北岸大堤保护区洛河 20 年—遇洪水农垦七连(西堤)溃决到达时间图
124	渭河下游北岸大堤保护区洛河 50 年—遇洪水农垦七连(西堤)溃决到达时间图
125	渭河下游南岸大堤保护区 20 年—遇洪水长涧河口(东)溃决到达时间图
126	渭河下游南岸大堤保护区 50 年—遇洪水长涧河口(东)溃决到达时间图

序号	风险图名称
127	渭河下游南岸大堤保护区 100 年一遇洪水长涧河口（东）溃决到达时间图
128	渭河下游南岸大堤保护区 20 年一遇洪水三河口工程溃决到达时间图
129	渭河下游南岸大堤保护区 50 年一遇洪水三河口工程溃决到达时间图
130	渭河下游南岸大堤保护区 100 年一遇洪水三河口工程溃决到达时间图
131	渭河下游南岸大堤保护区赤水河 20 年一遇洪水赤水镇（东堤）溃决到达时间图
132	渭河下游南岸大堤保护区赤水河 50 年一遇洪水赤水镇（东堤）溃决到达时间图
133	渭河下游南岸大堤保护区赤水河 100 年一遇洪水赤水镇（东堤）溃决到达时间图
134	渭河下游南岸大堤保护区遇仙河 20 年一遇洪水老公路桥南（东堤）溃决到达时间图
135	渭河下游南岸大堤保护区遇仙河 50 年一遇洪水老公路桥南（东堤）溃决到达时间图
136	渭河下游南岸大堤保护区遇仙河 100 年一遇洪水老公路桥南（东堤）溃决到达时间图
137	渭河下游南岸大堤保护区石堤河 20 年一遇洪水老公路桥南（东堤）溃决到达时间图
138	渭河下游南岸大堤保护区石堤河 50 年一遇洪水老公路桥南（东堤）溃决到达时间图
139	渭河下游南岸大堤保护区石堤河 100 年一遇洪水老公路桥南（东堤）溃决到达时间图
140	渭河下游南岸大堤保护区罗纹河 20 年一遇洪水二华干沟北（东堤）溃决到达时间图
141	渭河下游南岸大堤保护区罗纹河 50 年一遇洪水二华干沟北（东堤）溃决到达时间图
142	渭河下游南岸大堤保护区罗纹河 100 年一遇洪水二华干沟北（东堤）溃决到达时间图
143	渭河下游南岸大堤保护区方山河 10 年一遇洪水二华干沟北（东堤）溃决到达时间图
144	渭河下游南岸大堤保护区方山河 50 年一遇洪水二华干沟北（东堤）溃决到达时间图
145	渭河下游南岸大堤保护区方山河 100 年一遇洪水二华干沟北（东堤）溃决到达时间图
146	渭河下游南岸大堤保护区罗敷河 10 年一遇洪水二华干沟北（东堤）溃决到达时间图
147	渭河下游南岸大堤保护区罗敷河 50 年一遇洪水二华干沟北（东堤）溃决到达时间图
148	渭河下游南岸大堤保护区罗敷河 100 年一遇洪水二华干沟北（东堤）溃决到达时间图
149	渭河下游南岸大堤保护区柳叶河 10 年一遇洪水二华干沟南 300 m（东堤）溃决到达时间图
150	渭河下游南岸大堤保护区柳叶河 50 年一遇洪水二华干沟南 300 m（东堤）溃决到达时间图
151	渭河下游南岸大堤保护区柳叶河 100 年一遇洪水二华干沟南 300 m（东堤）溃决到达时间图
152	渭河下游南岸大堤保护区长涧河 10 年一遇洪水二华干沟南 800 m（东堤）溃决到达时间图
153	渭河下游南岸大堤保护区长涧河 50 年一遇洪水二华干沟南 800m（东堤）溃决到达时间图
154	渭河下游南岸大堤保护区长涧河 100 年一遇洪水二华干沟南 800m（东堤）溃决到达时间图
155	渭河下游北岸大堤保护区泾河 50 年一遇洪水老公路桥南（西堤）溃决到达时间图
156	渭河下游北岸大堤保护区泾河 100 年一遇洪水老公路桥南（西堤）溃决到达时间图
157	渭河下游北岸大堤保护区泾河 50 年一遇洪水老公路桥南（东堤）溃决到达时间图
158	渭河下游北岸大堤保护区泾河 100 年一遇洪水老公路桥南（东堤）溃决洪水最大到达时间图

（4）洪水淹没范围图图件成果清单如表3-161所示。

表3-161　洪水淹没范围图图件成果清单

序号	风险图名称
1	渭河下游北岸大堤保护区100年—遇洪水安虹路口溃决淹没范围图
2	渭河下游北岸大堤保护区100年—遇洪水吴村阳险工溃决淹没范围图
3	渭河下游北岸大堤保护区100年—遇洪水沙王险工溃决淹没范围图
4	渭河下游北岸大堤保护区100年—遇洪水苏村险工溃决淹没范围图
5	渭河下游北岸大堤保护区洛河50年—遇洪水农垦七连以西溃决淹没范围图
6	渭河下游南岸大堤保护区100年—遇洪水小王庄险工溃决淹没范围图
7	渭河下游南岸大堤保护区100年—遇洪水东站险工溃决淹没范围图
8	渭河下游南岸大堤保护区100年—遇洪水周家险工溃决淹没范围图
9	渭河下游北岸大堤保护区100年—遇洪水店上险工溃决淹没范围图
10	渭河下游北岸大堤保护区100年—遇洪水西渭阳险工溃决淹没范围图
11	渭河下游北岸大堤保护区100年—遇洪水仓渡险工溃决淹没范围图
12	渭河下游北岸大堤保护区100年—遇洪水仓西险工溃决淹没范围图
13	渭河下游南岸大堤保护区100年—遇洪水段家堡溃决淹没范围图
14	渭河下游南岸大堤保护区100年—遇洪水农六险工溃决淹没范围图
15	渭河下游南岸大堤保护区100年—遇洪水水流险工溃决淹没范围图
16	渭河下游南岸大堤保护区100年—遇洪水季家工程溃决淹没范围图
17	渭河下游南岸大堤保护区100年—遇洪水张义险工溃决淹没范围图
18	渭河下游南岸大堤保护区100年—遇洪水八里店险工溃决淹没范围图
19	渭河下游南岸大堤保护区100年—遇洪水詹刘险工溃决淹没范围图
20	渭河下游南岸大堤保护区100年—遇洪水石堤河口（西）溃决淹没范围图
21	渭河下游南岸大堤保护区100年—遇洪水南解村溃决淹没范围图
22	渭河下游南岸大堤保护区100年—遇洪水罗纹河口（东）溃决淹没范围图
23	渭河下游南岸大堤保护区100年—遇洪水方山河口（西）溃决淹没范围图
24	渭河下游南岸大堤保护区100年—遇洪水冯东险工溃决淹没范围图
25	渭河下游南岸大堤保护区100年—遇洪水梁赵险工溃决淹没范围图
26	渭河下游南岸大堤保护区100年—遇洪水田家工程溃决淹没范围图
27	渭河下游南岸大堤保护区100年—遇洪水遇仙河口（东）溃决淹没范围图

序号	风险图名称
28	渭河下游南岸大堤保护区 100 年一遇洪水石堤河口(东)溃决淹没范围图
29	渭河下游南岸大堤保护区 100 年一遇洪水毕家溃决淹没范围图
30	渭河下游南岸大堤保护区 100 年一遇洪水方山河口(东)溃决淹没范围图
31	渭河下游南岸大堤保护区 100 年一遇洪水罗敷河口(东)溃决淹没范围图
32	渭河下游南岸大堤保护区 100 年一遇洪水柳叶河口(东)溃决淹没范围图
33	渭河下游南岸大堤保护区 100 年一遇洪水华农工程溃决淹没范围图
34	渭河下游南岸大堤保护区 100 年一遇洪水赤水河赤水镇(西堤)溃决淹没范围图
35	渭河下游南岸大堤保护区 100 年一遇洪水遇仙河老公路桥南(西堤)溃决淹没范围图
36	渭河下游南岸大堤保护区 100 年一遇洪水石堤河老公路桥南(西堤)溃决淹没范围图
37	渭河下游南岸大堤保护区 100 年一遇洪水罗纹河二华干沟北(西堤)溃决淹没范围图
38	渭河下游南岸大堤保护区 100 年一遇洪水方山河二华干沟北(西堤)溃决淹没范围图
39	渭河下游南岸大堤保护区 100 年一遇洪水罗敷河二华干沟北(西堤)溃决淹没范围图
40	渭河下游南岸大堤保护区 100 年一遇洪水柳叶河二华干沟南 300 m(西堤)溃决淹没范围图
41	渭河下游南岸大堤保护区 100 年一遇洪水长涧河二华干沟南 800 m(西堤)溃决淹没范围图
42	渭河下游北岸大堤保护区 100 年一遇洪水赤水河赤水镇(西堤)溃决淹没范围图
43	渭河下游南岸大堤保护区 100 年一遇洪水长涧河口(东)溃决淹没范围图
44	渭河下游南岸大堤保护区 100 年一遇洪水三河口工程溃决淹没范围图
45	渭河下游南岸大堤保护区 100 年一遇洪水赤水河赤水镇(东堤)溃决淹没范围图
46	渭河下游南岸大堤保护区 100 年一遇洪水遇仙河老公路桥南(东堤)溃决淹没范围图
47	渭河下游南岸大堤保护区 100 年一遇洪水石堤河老公路桥南(东堤)溃决淹没范围图
48	渭河下游南岸大堤保护区 100 年一遇洪水罗纹河二华干沟北(东堤)溃决淹没范围图
49	渭河下游南岸大堤保护区 100 年一遇洪水方山河二华干沟北(东堤)溃决淹没范围图
50	渭河下游南岸大堤保护区 100 年一遇洪水罗敷河二华干沟北(东堤)溃决淹没范围图
51	渭河下游南岸大堤保护区 100 年一遇洪水柳叶河二华干沟南 300 m(东堤)溃决淹没范围图
52	渭河下游南岸大堤保护区 100 年一遇洪水长涧河二华干沟南 800 m(东堤)溃决淹没范围图
53	渭河下游北岸大堤保护区泾河 100 年一遇洪水老公路桥南(西堤)溃决淹没范围图
54	渭河下游北岸大堤保护区泾河 100 年一遇洪水老公路桥南(东堤)溃决淹没范围图

(5)洪水避洪转移图图件成果清单如表 3-162 所示。

表 3-162　洪水避洪转移图图件成果清单

序号	风险图名称
1	渭河下游北岸大堤保护区 100 年—遇洪水安虹路口溃决避洪转移图
2	渭河下游北岸大堤保护区 100 年—遇洪水吴村阳险工溃决避洪转移图
3	渭河下游北岸大堤保护区 100 年—遇洪水沙王险工溃决避洪转移图
4	渭河下游北岸大堤保护区 100 年—遇洪水苏村险工溃决避洪转移图
5	渭河下游北岸大堤保护区洛河 50 年一遇洪水农垦七连以西溃决避洪转移图
6	渭河下游南岸大堤保护区 100 年—遇洪水小王庄险工溃决避洪转移图
7	渭河下游南岸大堤保护区 100 年—遇洪水东站险工溃决避洪转移图
8	渭河下游南岸大堤保护区 100 年—遇洪水周家险工溃决避洪转移图
9	渭河下游北岸大堤保护区 100 年—遇洪水店上险工溃决避洪转移图
10	渭河下游北岸大堤保护区 100 年—遇洪水西渭阳险工溃决避洪转移图
11	渭河下游北岸大堤保护区 100 年—遇洪水仓渡险工溃决避洪转移图
12	渭河下游北岸大堤保护区 100 年—遇洪水仓西险工溃决避洪转移图
13	渭河下游南岸大堤保护区 100 年—遇洪水段家堡溃决避洪转移图
14	渭河下游南岸大堤保护区 100 年—遇洪水农六险工溃决避洪转移图
15	渭河下游南岸大堤保护区 100 年—遇洪水水流险工溃决避洪转移图
16	渭河下游南岸大堤保护区 100 年—遇洪水季家工程溃决避洪转移图
17	渭河下游南岸大堤保护区 100 年—遇洪水张义险工溃决避洪转移图
18	渭河下游南岸大堤保护区 100 年—遇洪水八里店险工溃决避洪转移图
19	渭河下游南岸大堤保护区 100 年—遇洪水詹刘险工溃决避洪转移图
20	渭河下游南岸大堤保护区 100 年—遇洪水石堤河口(西)溃决避洪转移图
21	渭河下游南岸大堤保护区 100 年—遇洪水南解村溃决避洪转移图
22	渭河下游南岸大堤保护区 100 年—遇洪水罗纹河口(东)溃决避洪转移图
23	渭河下游南岸大堤保护区 100 年—遇洪水方山河口(西)溃决避洪转移图
24	渭河下游南岸大堤保护区 100 年—遇洪水冯东险工溃决避洪转移图
25	渭河下游南岸大堤保护区 100 年—遇洪水梁赵险工溃决避洪转移图
26	渭河下游南岸大堤保护区 100 年—遇洪水田家工程溃决避洪转移图
27	渭河下游南岸大堤保护区 100 年—遇洪水遇仙河口(东)溃决避洪转移图
28	渭河下游南岸大堤保护区 100 年—遇洪水石堤河口(东)溃决避洪转移图
29	渭河下游南岸大堤保护区 100 年—遇洪水毕家溃决避洪转移图
30	渭河下游南岸大堤保护区 100 年—遇洪水方山河口(东)溃决避洪转移图
31	渭河下游南岸大堤保护区 100 年—遇洪水罗敷河口(东)溃决避洪转移图

序号	风险图名称
32	渭河下游南岸大堤保护区 100 年一遇洪水柳叶河口(东)溃决避洪转移图
33	渭河下游南岸大堤保护区 100 年一遇洪水华农工程溃决避洪转移图
34	渭河下游南岸大堤保护区 100 年一遇洪水赤水河赤水镇(西堤)溃决避洪转移图
35	渭河下游南岸大堤保护区 100 年一遇洪水遇仙河老公路桥南(西堤)溃决避洪转移图
36	渭河下游南岸大堤保护区 100 年一遇洪水石堤河老公路桥南(西堤)溃决避洪转移图
37	渭河下游南岸大堤保护区 100 年一遇洪水罗纹河二华干沟北(西堤)溃决避洪转移图
38	渭河下游南岸大堤保护区 100 年一遇洪水方山河二华干沟北(西堤)溃决避洪转移图
39	渭河下游南岸大堤保护区 100 年一遇洪水罗敷河二华干沟北(西堤)溃决避洪转移图
40	渭河下游南岸大堤保护区 100 年一遇洪水柳叶河二华干沟南 300 m(西堤)溃决避洪转移图
41	渭河下游南岸大堤保护区 100 年一遇洪水长涧河二华干沟南 800m(西堤)溃决避洪转移图
42	渭河下游北岸大堤保护区 100 年一遇洪水赤水河赤水镇(西堤)溃决避洪转移图
43	渭河下游南岸大堤保护区 100 年一遇洪水长涧河口(东)溃决避洪转移图
44	渭河下游南岸大堤保护区 100 年一遇洪水三河口工程溃决避洪转移图
45	渭河下游南岸大堤保护区 100 年一遇洪水赤水河赤水镇(东堤)溃决避洪转移图
46	渭河下游南岸大堤保护区 100 年一遇洪水遇仙河老公路桥南(东堤)溃决避洪转移图
47	渭河下游南岸大堤保护区 100 年一遇洪水石堤河老公路桥南(东堤)溃决避洪转移图
48	渭河下游南岸大堤保护区 100 年一遇洪水罗纹河二华干沟北(东堤)溃决避洪转移图
49	渭河下游南岸大堤保护区 100 年一遇洪水方山河二华干沟北(东堤)溃决避洪转移图
50	渭河下游南岸大堤保护区 100 年一遇洪水罗敷河二华干沟北(东堤)溃决避洪转移图
51	渭河下游南岸大堤保护区 100 年一遇洪水柳叶河二华干沟南 300 m(东堤)溃决避洪转移图
52	渭河下游南岸大堤保护区 100 年一遇洪水长涧河二华干沟南 800 m(东堤)溃决避洪转移图
53	渭河下游北岸大堤保护区泾河 100 年一遇洪水老公路桥南(西堤)溃决避洪转移图
54	渭河下游北岸大堤保护区泾河 100 年一遇洪水老公路桥南(东堤)溃决避洪转移图

3.10 结论与建议

3.10.1 结论

渭河下游南、北两岸防洪保护区洪水风险图编制项目是陕西省 2013 年度洪水风险图的编制任务。根据项目的各项要求,完成了研究区域内干、支流河道溃堤洪水的风险分析,包括基础资料收集与整理、洪水来源分析、洪水分析、洪水影响与洪灾损失评估、避洪转移分析及防洪保护区洪水风险图和避洪转移图绘制等工作,最终形成以下主要结论:

（1）本次风险图编制项目，按照以下前提条件开展：①渭河干流河道断面采用 2014 年汛后断面；②洪水来源分为三类，即流域型洪水、上游来水型洪水及支流来水型洪水；③渭河口及潼关高程考虑现状条件，即潼关高程稳定在 327.5～328.0 m；④计算方案未考虑三门峡水库关闸、渭河口淤堵等特殊情况，枢纽按蓄清排浑方式运用考虑。在上述前提条件下，项目组根据《洪水风险图编制导则》（SL 483—2010）、《洪水风险图编制技术细则（试行）》（2013 年）、《洪水风险图制图技术要求（试行）》（2014 年）、水总研二〔2015〕27 号文件附件 1～附件 4 等相关规范、文件的要求，完成了基础资料的收集整理、洪水分析计算、洪水影响分析、避险转移方案设置、风险图绘制各阶段工作，基础资料数据真实、完整，相关计算分析成果能够全面地反映渭河下游南、北两岸防洪保护区洪水风险的分布特征及洪灾损失程度，可为渭河下游防汛调度工作提供有力的技术支撑。

（2）根据洪水来源分析，渭河干流河道设计洪水泾河口上游采用"54"型洪水，泾河口下游采用"33"型洪水，支流采用本河典型年设计洪水。溃口主要设置在险工险段及南山支流河口处，合计溃口 54 个：渭河干堤设置溃口 35 个，其中北岸 8 个，南岸 27 个，主要分布在渭南市临渭区、华县及华阴市；8 条二华南山支流设置溃口 16 个，2 条北岸支流设置溃口 3 个。综合考虑洪水来源、溃口位置及现状堤防标准等情况，共设置计算方案 155 个，基本反映了渭河下游洪水来源、洪水组合及堤防溃决风险的特点，是项目开展渭河下游南、北两岸防洪保护区风险图编制的基础。

（3）从风险图的编制成果来看，同一频率洪水下，渭南市临渭区、大荔县、华县、华阴市淹没面积大；就受灾程度而言，单位面积洪灾损失最为严重的是咸阳、西安等经济较发达的城区，淹没片区洪灾总损失最为严重的则是临渭区发生堤防溃决时；就避险转移规模而言，由于临渭区、华县淹没范围大、人口集中，避险转移规模大。

西安市及咸阳市社会经济繁荣，城镇人口集中，单位面积洪灾损失值高，但受自然地形及地物制约，堤防溃决时洪水淹没面积相对较小，总体而言洪水风险不大。其中，区域内吴村阳险工溃决时淹没面积最大，100 年一遇洪水溃决淹没面积达 25.61 km²；泾河陕汽大道泾河桥上首（右岸）溃口经济损失最为严重，100 年一遇洪水淹没范围内经济损失达 120.46 亿元。

渭南市防洪保护区涉及临渭区、大荔县、华县、华阴市及潼关县五个县（区）。

①临渭区跨越渭河南、北两岸，是渭南市的行政中心，社会经济较为发达，城镇人口相对集中，由于地势低平，洪水淹没范围大，受灾风险高。临渭区涉及的 10 个溃口中，沙王险工位于渭河干流北岸沙王村附近一大河湾凹岸的上首，洪水汇集效应突出，堤防溃决下 100 年一遇洪水淹没范围达 48.68 km²，需转移村庄 31 个、人口 4.87 万人，洪灾损失 33.36 亿元，是临渭区及北岸防洪保护区内淹没范围最大的区域。

②大荔县位于渭河北岸，以农业发展为主，地势平坦，耕地面积大，但人口多分布在北岸高地上，保护区内人口较少，因而尽管洪水淹没面积较大，但洪灾损失及避险转移规模也相对较小。其中干堤仓西险工溃决时，100 年一遇洪水淹没范围 39.11 km²，洪灾损失 11.51 亿元，转移村庄 8 个、人口 0.59 万人。

③华县及华阴市内南山支流发育，支流汛期暴雨多发，汇流时间短促，区域内农业发达，农村人口比重大，历史上支流河口及支流堤防溃决受灾情况严重。计算成果表明，二华地区渭河干流来水时，南解村、冯东险工及南山诸支流河口堤防溃决时，淹没范围比干流南岸其

他溃口的淹没范围大,其中南解村 100 年一遇洪水干堤溃决下淹没面积达 40. 31 km²;渭河干流来水方山河口(东堤)溃决时,100 年一遇洪水淹没面积 23. 28 km²,洪灾损失 10. 78 亿元,转移村庄 6 个、人口 0. 63 万人,由于该区域高新农业产业发达,为渭河南岸洪灾损失总值最为严重的区域。

④潼关县位于渭河南岸,除东北角地势低平外,境内黄土坮塬及山地发育,因而堤防溃决时洪水淹没面积小,受灾程度相对较低。其中,三河口工程溃决时,100 年一遇洪水淹没潼关县 11. 73 km²,避险转移村庄 1 个,人口 0. 12 万人,整个淹没区域洪灾损失 4. 51 亿元。

(4)渭河下游南、北两岸各计算方案的洪水风险图,合计淹没水深图 158 张,淹没历时图 158 张,洪水到达时间图 158 张,淹没范围图 54 张,避洪转移图 54 张。各溃口风险图全面反映了自西宝高速桥至渭河入黄口渭河南、北两岸防洪保护区重点保护对象洪水风险的全貌,涵盖了溃口各级溃决洪水下淹没水深、淹没历时、洪水到达时间等空间洪水风险信息,可为沿渭各市的防汛部门提供快速、高效的风险预警。

3. 10. 2　建议

(1)在渭河下游防洪保护区城镇化发展、渭河干支流防洪体系的不断调整及渭河水沙条件变化等综合因素的影响下,如果河道条件出现较大变化,现状条件下的洪水风险图成果可能就无法反映未来时刻渭河下游防洪保护区真实的洪水风险。为了充分发挥风险图项目在渭河下游防汛工作中的实用性及时效性,参照国际经验,应定时进行日常维护,且每隔 5 年宜对风险图的基础数据进行更新。

(2)渭河下游南、北两岸防洪保护区洪水风险图成果基本反映了保护区洪水风险的全貌,涵盖了保护区洪水淹没特征、洪灾损失及避险转移方案等内容,其成果是在一定的边界条件及洪水计算方案的基础上编制的,陕西省各市、县防汛部门在开展防汛调度工作时,应充分考虑本次项目编制的前提条件,并针对实际发生的洪水特点,灵活变通,合理使用风险图项目成果,制订合理的调度方案。

第4章　渭河中下游防洪能力分析评估

4.1　渭河中下游基本情况

4.1.1　渭河中下游河道情况

渭河是黄河第一大支流,发源于甘肃省渭源县鸟鼠山,流经甘肃、宁夏、陕西3省(自治区)13个市84个县(市),在陕西潼关注入黄河,干流全长818 km,流域总面积13.48万km²,其中甘肃省占44.10%、宁夏回族自治区占6.10%、陕西省占49.80%。渭河源头至林家村为上游,河长430 km,河道狭窄,河谷川峡相间,水流湍急;林家村至咸阳铁路桥为中游,河长180 km,河道宽,多沙洲,水流分散,比降2.0‰~0.67‰;咸阳铁路桥至渭河入黄口为下游,河长208 km,临潼以下河道较为弯曲,水流较缓,比降0.67‰~0.15‰,河道泥沙淤积严重。

渭河流域地形特点为西高东低,西部河源最高处高程3 495 m,自西向东,地势逐渐变缓,河谷变宽,入黄口高程与河源最高处高程相差3 166 m左右。主要山脉北有六盘山、陇山、子午岭、黄龙山,南有秦岭,最高峰太白山,海拔3 767 m。流域北部为黄土高原,南部为秦岭山脉。地貌主要有黄土丘陵区、黄土塬区、土石山区、黄土阶地区、河谷冲积平原区等。

渭河上游主要为黄土丘陵区,面积占该区面积的70%以上,海拔1 200~2 400 m;河谷川地区面积约占10%,海拔900~1 700 m。渭河中下游北部为陕北黄土高原,海拔900~2 000 m;中部为经黄土沉积和渭河干支流冲积而成的河谷冲积平原区——关中盆地(盆地海拔320~800 m,西缘海拔700~800 m,东部海拔320~500 m);南部为秦岭土石山区,多为海拔2 000 m以上高山。其间北岸有泾河和洛河两大支流汇入,泾河北部为黄土丘陵沟壑区,中部为黄土高塬沟壑区,东部子午岭为泾河和洛河的分水岭,有茂密的次生天然林,西部和西南部为六盘山、关山地区,植被良好;洛河上游为黄土丘陵沟壑区,中游两侧分水岭为子午岭林区和黄龙山林区,中部为黄土塬区,下游关中地区为黄土阶地与冲积平原区。

渭河中下游两岸水系呈不对称状分布。左岸的支流多发源于黄土丘陵和黄土高原,相对源远流长,比降较小,含沙量大,主要有千河、漆水河、泾河、石川河和洛河等,泾河和洛河是渭河的第一大支流和第二大支流;渭河中下游右岸的南山支流均发源于秦岭北麓,谷狭坡陡,河道比降大,流程短,流域面积小,径流较丰,含沙量小,主要有清姜河、金陵河、石头河、黑河、涝河、沣河、灞河、罗敷河等。

4.1.2　渭河中下游堤防概况

4.1.2.1　堤防分布及防洪标准

渭河干流堤防工程多修建于20世纪60年代以后,是在群众运动修建堤防的基础上多次加培而成的。堤防标准低,抗冲防渗能力差,常常是小水即灾。水利部 2001 年审查通过《陕西省渭河中游干流防洪工程可研》后,国家安排资金实施了部分可研中安排的防洪工程项目,截至 2009 年年底,仅完成总规模的 30%。渭河下游 2005 年国务院批复的《渭河流域重点治理规划》中安排对防洪大堤加高培厚,截至 2009 年年底,渭河下游仍有 155 km 堤防高度达不到设防标准要求,堤防隐患多的问题没有从根本上解决,堤防防洪能力达不到设防标准要求。

2010 年省委省政府做出了实施渭河全线综合整治的战略决策,通过修筑堤防、疏浚河道、整治河滩、调度水量、绿化治污,誓将渭河打造成关中最大的生态公园、最美的景观长廊和最长的滨河大道;综合整治中渭河中、下游堤距基本维持现状不变,下游整治河宽维持原"97"治导线,即咸阳—耿镇桥为 700 m,耿镇桥—赤水河口为 600 m,赤水河口—方山河口为 500 m,方山河口以下至入黄口为 400 m。

整治后渭河中游干流现有堤防长共计 340.24 km,全部加宽培厚,其中新建堤防长 43.2 km,渭河下游干流现有堤防共计 265.39 km,移民围堤 57.90 km,全部加宽培厚。渭河中游段堤防加宽主要在堤防背水侧加宽,同时在临水侧进行了砌石护坡和修建了护基坝;下游段主要在堤防临水侧加宽。同时,在临水侧进行植草绿化。

目前,沣渭新城渭河除右岸渔王向上大约 3 km 堤防加高培厚工程(咸阳铁路桥"三桥合一"实施方案施工预留,"三桥合一"实施后完成该段加高培厚;现状右岸渔王向上大约 3 km 处有 700 m 左右无堤防,左岸咸阳铁桥处有 150 m 左右无堤防)、部分支流河口交通桥、堤防堤顶硬化、堤坡绿化正在施工外,渭河综合整治中堤防加宽加高土方工程与 27 座支流河口交通桥全面完工。其中,右岸渔王向上大约 3 km 处有 700 m 左右无堤防,左岸咸阳铁路桥处有 150 m 左右无堤防。

整治后渭河中游宝鸡、杨凌、咸阳城区段堤防防洪标准为 100 年一遇洪水,其余堤防防洪标准为 50 年一遇洪水或 30 年一遇洪水。渭河下游西安城区段堤防防洪标准为 300 年一遇洪水,渭南城区段堤防防洪标准为 100 年一遇洪水,其余为 50 年一遇洪水防御标准。渭河移民防洪围堤设防标准为华县站 5 年一遇洪水。综合整治后,渭河中、下游堤防工程防御标准统计见表 4-1、表 4-2。

4.1.2.2 干流堤防各典型断面形态(高、宽、内外坡比)

根据测量数据,渭河干流堤防典型断面形态统计数据见表 4-3、表 4-4。从统计数据来看,中游宝鸡段除城区段堤防宽度小于 20 m,坡比一般受地形限制小于 1:2 外,其余堤防宽度均大于 20 m,坡比大于 1:2,断面形态以胜利大桥上游(314)横断面和常兴大桥下游(235)横断面为例,如图 4-1 ～ 图 4-2 所示。杨凌段左岸堤防宽度均大于 30 m,坡比在 1:2 左右,右岸堤防宽度均大于 20 m,坡比在 1:3 左右,断面形态以扶风杨凌分界线下游(221)横断面为例,如图 4-3 所示。咸阳段堤防宽度基本为 20 ～ 30 m,个别段堤防宽度超过 30 m,例如兴平咸阳分界线下游右岸,坡比在 1:3 左右,横断面形态以杨凌武功分界线(207)横断面和兴平咸阳分界线下游(157)横断面为例,如图 4-4、图 4-5 所示。西安段堤防宽度为 20 ～ 30 m,坡比为 1:3 ～ 1:4,断面形态以涝河入渭口上游(164)横断面为例,如图 4-6 所示。

表 4-1 渭河中游堤防工程各段防御标准统计

序号	所在市、县	岸别	起终点	堤防长度（km）	防御标准（年）
			总计	340.24	
一			宝鸡	188.39	
1	市区	左岸	宝鸡峡桥—硖石河口	2.86	50
			硖石河口—福谭桥	1.52	50
			福谭桥—千河入渭口	18.29	100
			千河入渭口—陈仓区岐山分界线	26.02	100
		右岸	新建堤段—宝鸡铁路桥	1.14	50
			宝鸡铁路桥—清水河入河口	19.54	100
			清水河入河口—马尾河入渭口	4.10	100
			马尾河入渭口—虢镇桥	8.76	30
			虢镇桥—伐鱼河入渭口	6.21	100
			伐鱼河入渭口—陈仓区岐山分界线	12.63	100
			小计	101.07	
2	岐山县	左岸	陈仓区岐山分界线—岐山眉县分界线	9.26	100
		右岸	陈仓区岐山分界线—岐山眉县分界线	7.14	100
			小计	16.40	
3	眉县	左岸	岐山眉县分界线—渭惠渠渠首闸	6.10	30
			渭惠渠渠首闸—眉县扶风交界线	13.96	50
		右岸	岐山分界线—马寨渭河桥	6.24	50
			马寨渭河桥—甘沟河入渭口	6.50	50
			甘沟河入渭口—霸王河入渭口	6.96	50
			霸王河入渭口—眉县扶风交界线	2.02	50
			扶眉交界—槐芽渔场	1.98	50
			东沙河口—眉县杨凌交界线	1.89	50
			杨凌眉县交界线—眉县周至交界线	0.95	50
			小计	46.60	
4	扶风县	左岸	眉县扶风交界线—汤法大桥	6.04	30
			汤法大桥—罗家渭河桥	1.94	30
			罗家渭河桥—扶风杨凌分界线	4.27	30
		右岸	眉县扶风交界线—扶眉交界	5.78	50
			（槐芽渔场）眉扶交界—东沙河口	6.29	50
			小计	24.32	

続表 4-1

序号	所在市、县	岸别	起终点	堤防长度（km）	防御标准（年）
二			杨凌	12.88	
1	杨凌	左岸	扶风杨凌分界线—杨凌武功分界线	11.80	100
		右岸	眉县杨凌交界线—杨凌眉县交界线	1.08	50
			小计	12.88	
三			咸阳	78.13	
1	武功县	左岸	杨凌武功分界线—漆水河入渭口	5.11	100
			漆水河入渭口—武新大桥	4.58	50
			武新大桥—武功兴平分界线	9.00	30
			小计	18.69	
2	兴平市	左岸	武功兴平分界线—兴平咸阳分界线	32.11	30
			小计	32.11	
3	咸阳市	左岸	兴平咸阳分界线—西安高速桥	5.58	100
			西安高速桥—铁桥	9.62	100
		右岸	长安咸阳交界—西安高速桥	3.10	100
			西安高速桥—铁路桥	9.03	100
			小计	27.33	
四			西安	60.84	
1	周至县	右岸	眉县周至交界线—永流末端入渭口	33.29	30
			永流末端入渭口—周户交界	12.48	50
			小计	45.77	
2	户县	右岸	周户交界—涝河入渭口	11.20	50
			涝河入渭口—户县长安交界	2.58	100
			小计	13.78	
3	长安县	右岸	周至户县交界—长安咸阳交界	1.29	100

表 4-2　渭河下游堤防工程防御标准统计

序号	所在市、县（区）	岸别	起终点	堤防长度（km）	防御标准（年）
			防洪大堤与移民围堤总计	320.79	
一			防洪大堤合计	265.39	
（一）			咸阳	28.22	

・503・

序号	所在市、县（区）	岸别	起终点	堤防长度（km）	防御标准（年）
1	城区	左岸	铁路桥—高陵界	22.63	100
		右岸	小王庄—渔王	5.59	50
			小计	28.22	
（二）			西安	122.85	
1	市区	右岸	农六—灞河口	22.14	300
			灞河口—水流耿镇交界	6.20	300
			小计	28.34	
2	高陵县	左岸	西铜桥—泾渭堡	5.76	100
			夹滩（泾渭堡堤段）	3.99	100
			夹滩（泾河口以东—临潼界）	11.34	100
		右岸	水流耿镇交界—耿镇桥	3.00	300
			耿镇桥—宣孔	5.10	100
			小计	29.19	
3	临潼区	左岸	北田任留（高陵界—新丰桥）	8.36	100
			新丰桥—粉刘村	7.15	100
			粉刘村—太西铁路桥	9.77	100
			油槐段堤防（太西铁路桥—张白家村）	6.74	50
			油槐末端—渭南界	2.63	50
		右岸	西泉（高陵界—三里河）	3.16	100
			西泉末端—新丰桥堤防	8.75	100
			新丰桥—季家	6.66	100
			季家—临渭交界	12.10	100
			小计	65.32	
（三）			渭南	114.32	
1	临渭区	左岸	官道（姜方郭—楼赵）	1.68	100
			辛市（高扬村—姜方郭）	8.49	100
			龙背（高扬村—苍渡）	15.15	100
			孝义（仓度村—大荔界）	6.16	50
		右岸	零河口—尤河口	16.02	100
			尤孟堤加培段	1.80	100
			尤孟堤—田家	3.25	100
			田家—赤水河口	4.20	100
			小计	56.75	

序号	所在市、县(区)	岸别	起终点	堤防长度(km)	防御标准(年)
2	大荔县	左岸	下寨(朱家—沙洼)	9.33	50
			苏村(槐园—陈村)	12.51	50
			官池(西阳—拜家)	6.19	50
			小计	28.03	
3	华县	右岸	赤水河口—遇仙河口	5.59	50
			遇仙河口—石堤河口	5.83	50
			石堤河口—罗纹河口	10.01	50
			罗纹河口—方山河口	8.11	50
			小计	29.54	
二			移民防洪围堤合计	57.90	
1	大荔县	左岸	军渡—仁西村	20.06	5
			原移民围堤与防洪大堤连接处	2.95	5
			小计	23.01	
2	华阴市	右岸	方山河口—罗敷河口	12.35	5
			罗敷河口—柳叶河口	2.69	5
			柳叶河口—长涧河口	2.60	5
			长涧河口—干沟出口	10.56	5
			小计	28.20	
3	潼关县	右岸	干沟出口—吊桥	6.69	5

注:中游咸阳段右岸渔王向上大约 3 km 处有 700 m 左右无堤防,左岸咸阳铁桥处有大约 150 m 无堤防。

表 4-3 渭河中游堤防典型断面形态统计

序号	断面位置	岸别	堤宽(m)	堤顶高程(m)	迎水侧坡比	背水侧坡比
一	宝鸡					
1	胜利大桥上游附近(314)	左岸	12	590.75	1:1.6	1:1.3
		右岸	8	590.86	1:0.8	1:1.1
2	千河入渭口下游附近(290)	左岸	20	554.18	1:2.8	1:3
		右岸	14	553.23	1:2.4	1:2.5
3	陈仓区与岐山交界处(264)	左岸	21	512.06	1:4.2	1:1.7
		右岸	31	511.87	1:2.8	1:2.6

续表 4-3

序号	断面位置	岸别	堤宽（m）	堤顶高程（m）	迎水侧坡比	背水侧坡比
4	常兴大桥下游附近（235）	左岸	24	474.15	1:2.8	1:2.9
		右岸	24	474.52	1:2.9	1:2.4
二	杨凌					
1	扶风杨凌分界线下游附近（22）	左岸	34	453.43	1:2.2	1:2.2
		右岸	26	453.00	1:3	1:3.1
三	咸阳					
1	杨凌武功分界线处（207）	左岸	22	439.06	1:2.9	1:2.7
		右岸	21	438.30	1:2.9	1:3.1
2	兴平咸阳分界线下游附近（157）	左岸	31	394.47	1:2.9	
		右岸	37	394.58	1:2.8	1:3.1
四	西安					
1	涝河入渭口上游（164）	左岸	23	397.36	1:4	1:3.3
		右岸	24	398.67	1:2.8	1:3.4

表 4-4　渭河下游堤防典型断面形态统计

序号	断面位置	岸别	堤宽（m）	堤顶高程（m）	迎水侧坡比	背水侧坡比
一	防洪大堤					
（一）	咸阳					
1	小王庄附近（138）	左岸	26	386.36	1:4.2	1:3.4
		右岸	33	385.92	1:6.5	1:3.2
（二）	西安					
1	渭淤35（136）	左岸	24	384.98	1:3.1	1:1.9
		右岸	52	384.44	1:3	1:2.7
2	耿镇渭河桥下游	左岸	21	365.10	1:3.4	1:3
		右岸	36	365.16	1:3.3	1:3.4
3	渭淤27（98）	左岸	39	364.56	1:1.8	1:3
		右岸	37	364.21	1:4.5	1:2.9
4	渭淤20（74）	左岸	24	354.46	1:3	1:3.6
		右岸	31	355.66	1:3.3	1:3.1
（三）	渭南					

序号	断面位置	岸别	堤宽（m）	堤顶高程（m）	迎水侧坡比	背水侧坡比
1	渭淤18(65)	左岸	33	353.66	1:5.4	1:2.5
		右岸	36	353.72	1:5.2	1:3.5
2	渭淤11(45)	左岸	29	347.61	1:2.5	1:2.8
		右岸	31	348.31	1:3.1	1:2.9
3	华县水文站(39)	左岸	23	346.10	1:3.1	1:2.9
		右岸	30	345.83	1:2.9	1:4.1
4	渭淤7(29)	左岸	22	343.11	1:4	1:3.1
		右岸	35	342.30	1:4.1	1:3.7
二	移民防洪围堤					
1	渭淤4(16)	左岸	23	338.79	1:3.3	1:2.8
		右岸	27	339.27	1:3.3	1:3.3

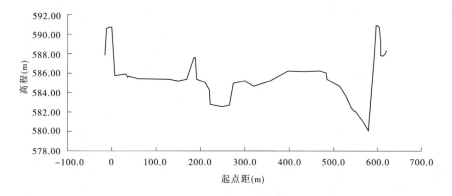

图4-1　胜利大桥上游(314)横断面

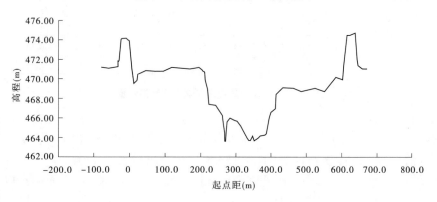

图4-2　常兴大桥下游(235)横断面

下游咸阳段堤防宽度为20~30 m,坡比为1:3~1:6,断面形态以小王庄附近(138)横断

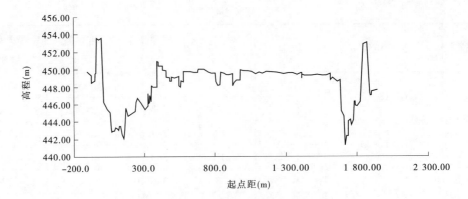

图4-3　扶风杨凌分界线下游(221)横断面

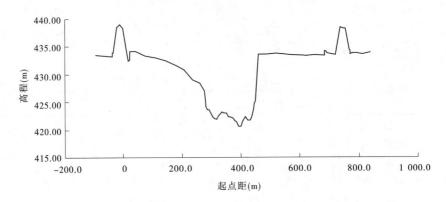

图4-4　杨凌武功分界线处(207)横断面

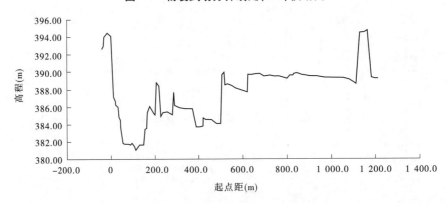

图4-5　兴平咸阳分界线下游(157)横断面

面为例,如图4-7所示。

西安段右岸从农六工程至高陵耿镇桥,堤宽均大于或等于49 m,左岸堤宽为20~30 m,断面形态以渭淤35(136)横断面为例,如图4-8所示。耿镇桥以下至渭南界右岸堤宽在30~35 m,坡比为1:3~1:4,左岸堤宽在20~35 m,坡比在1:3左右,断面形态以渭淤27(98)横断面和渭淤20(74)横断面为例,如图4-9、图4-10。渭南段堤防宽度在20~30 m,坡比为1:3~1:5,断面形态以渭淤18(65#)横断面和华县水文站(39)横断面为例,如图4-11、图4-12。移民防洪围堤宽度在20~30 m,坡比在1:3左右,断面形态以渭淤4(16)横断面为

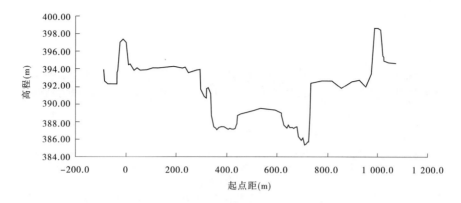

图 4-6 涝河入渭口上游(164)横断面

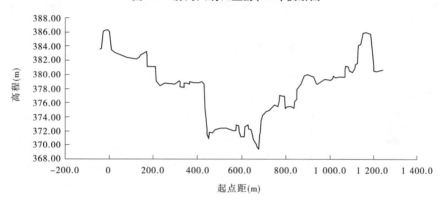

图 4-7 小王庄附近(138)横断面

例,如图 4-13。

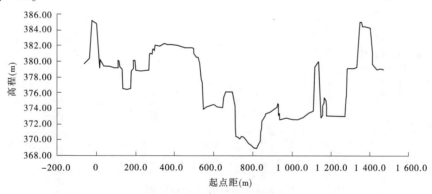

图 4-8 渭淤 35(136)横断面

4.1.2.3 支流入渭河口堤防设防标准与过洪能力

渭河中游干流是一条冲淤平衡的河流,各支流入渭口河段河床也是冲淤平衡的。引用《陕西省渭河防洪治理工程可行性研究报告》中的计算结果,渭河中游按各支流本身设计洪水位与渭河5年一遇洪水位进行比较,若渭河5年一遇洪水位高于支流本身设计洪水位,按二次抛物线方程叠加渭河5年一遇洪水位,推出设计洪水水面线;由于各支流入渭口段属渭河大堤的一部分,所以各支流入渭口渭河洪水回水河段还按渭河干流设计洪水作为控制,将

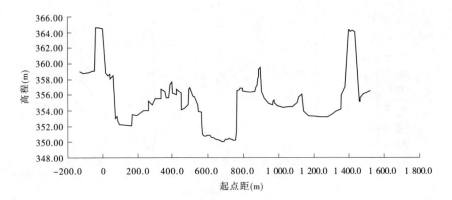

图 4-9　渭淤 27(98)横断面

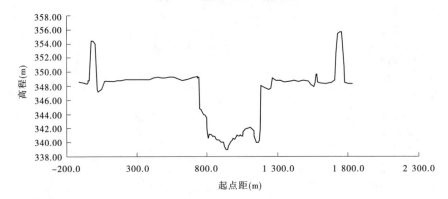

图 4-10　渭淤 20(74)横断面

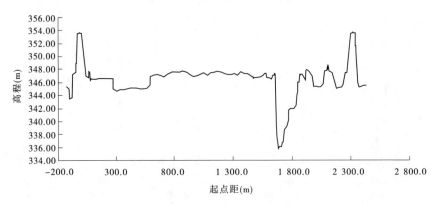

图 4-11　渭淤 18(65)横断面

各支流入渭口段按前述推出的水面线和渭河干流设计洪水倒灌支流的洪水位进行比较,取其外包线作为各支流入渭口河段设计洪水水面线,具体数据见表4-5。

渭河下游干流是一条淤积性河流,渭河倒灌淤积造成了支流入渭口段的淤积。渭河下游按各支流本身设计洪水位与渭河10年一遇洪水位进行比较,若渭河10年一遇洪水位高于支流本身设计洪水位,按二次抛物线方程叠加渭河10年一遇洪水位,推出设计洪水水面线;由于各支流入渭口段属渭河大堤的一部分,所以各支流入渭口渭河洪水回水河段按渭河设计洪水作为控制,将各支流入渭口段水面线和渭河干流设计洪水倒灌支流的洪水位进行

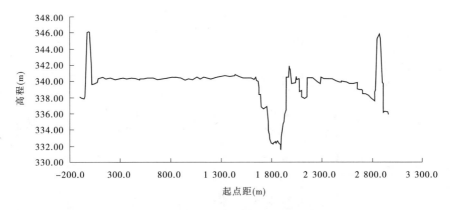

图 4-12　华县水文站(39)横断面

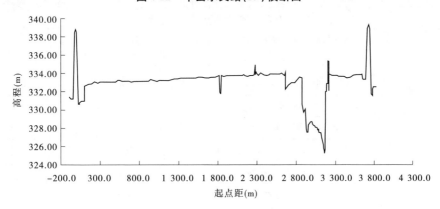

图 4-13　渭淤 4(16)横断面

比较,取二者外包线作为各支流入渭口河段设计水面线,具体数据见表 4-6。

表 4-5　渭河中游各支流入渭口段堤防设防标准及过洪能力　　　（单位:m³/s）

序号	河流名称	支流防洪标准		入渭口河段防洪标准	相应渭河	
		支流设计流量	防洪标准	防洪标准	设防标准	洪峰流量
1	清姜河	673	按清姜河 50 年一遇洪水遭遇渭河 5 年一遇洪水设防	入渭口段按渭河设计洪水作为控制	100 年一遇	7 190
2	清水河	439	按清水河 50 年一遇洪水遭遇渭河 5 年一遇洪水设防	入渭口段按渭河设计洪水作为控制	100 年一遇	7 260
3	马尾河	167	按马尾河 20 年一遇洪水遭遇渭河 5 年一遇洪水设防	入渭口段按渭河设计洪水作为控制	50 年一遇	6 410
4	蹯溪河	138	按蹯溪河 20 年一遇洪水遭遇渭河 5 年一遇洪水设防	入渭口段按渭河设计洪水作为控制	50 年一遇	6 410

序号	河流名称	支流防洪标准			入渭口河段防洪标准		
		支流设计流量	防洪标准		防洪标准	相应渭河	
						设防标准	洪峰流量
5	伐鱼河	339	按伐鱼河20年一遇洪水遭遇渭河5年一遇洪水设防		入渭口段按渭河设计洪水作为控制	50年一遇	6 410
6	雍峪沟	34.7	按雍峪沟20年一遇洪水遭遇渭河5年一遇洪水设防		入渭口段按渭河设计洪水作为控制	"54"型	5 490
7	同峪沟	64	按同峪沟20年一遇洪水遭遇渭河5年一遇洪水设防		入渭口段按渭河设计洪水作为控制	50年一遇	6 410
8	麦李河	144	按麦李河20年一遇洪水遭遇渭河5年一遇洪水设防		入渭口段按渭河设计洪水作为控制	50年一遇	6 410
9	石头河	1 150	按石头河20年一遇洪水遭遇渭河5年一遇洪水设防		入渭口段按渭河设计洪水作为控制	"54"型	5 490
10	霸王河	487	按霸王河20年一遇洪水遭遇渭河5年一遇洪水设防		入渭口段按渭河设计洪水作为控制	"54"型	5 640
11	西沙河	143	按西沙河20年一遇洪水遭遇渭河5年一遇洪水设防		入渭口段按渭河设计洪水作为控制	30年一遇	5 850
12	汤峪河	285	按汤峪河20年一遇洪水遭遇渭河5年一遇洪水设防		入渭口段按渭河设计洪水作为控制	30年一遇	5 850
13	沙河	250	按沙河20年一遇洪水遭遇渭河5年一遇洪水设防		入渭口段按渭河设计洪水作为控制	30年一遇	5 850
14	黑河	1 769	按黑河20年一遇洪水遭遇渭河5年一遇洪水设防		入渭口段按渭河设计洪水作为控制	50年一遇	6 950
15	耿峪河	139	按耿峪河20年一遇洪水遭遇渭河5年一遇洪水设防		入渭口段按渭河设计洪水作为控制	50年一遇	6 950
16	涝峪河	871	按涝峪河20年一遇洪水遭遇渭河5年一遇洪水设防		入渭口段按渭河设计洪水作为控制	50年一遇	6 950
17	新河	187	按新河20年一遇洪水遭遇渭河5年一遇洪水设防		入渭口段按渭河设计洪水作为控制	100年一遇	8 160
18	金陵河	817	按金陵河50年一遇洪水遭遇渭河5年一遇洪水设防		入渭口段按渭河设计洪水作为控制	100年一遇	7 260
19	千河	932	按千河20年一遇洪水遭遇渭河5年一遇洪水设防		入渭口段按渭河设计洪水作为控制	50年一遇	6 410
20	漆水河	411	按漆水河20年一遇洪水遭遇渭河5年一遇洪水设防		入渭口段按渭河设计洪水作为控制	100年一遇	7 390

表 4-6 　渭河下游各支流入渭口段堤防设防标准及过洪能力 　（单位:m³/s）

序号	河流名称	支流防洪标准		入渭口河段防洪标准		
		支流设计流量	防洪标准	防洪标准	相应渭河	
					设防标准	洪峰流量
1	沣河	1 520	按沣河 50 年一遇洪水位和渭河 10 年一遇洪水遭遇的水面线与渭河干流设计倒灌洪水位外包线设防	入渭口段按渭河设计洪水作为控制	100 年一遇	9 700
2	泾河	13 910	按泾河 100 年一遇洪水位和渭河 10 年一遇洪水遭遇的水面线与渭河干流设计倒灌洪水位外包线设防	入渭口段按渭河设计洪水作为控制	100 年一遇	9 700
3	沈河	396	按沈河 20 年一遇洪水位和渭河 10 年一遇洪水遭遇的水面线与渭河干流设计倒灌洪水位外包线设防	入渭口段按渭河设计洪水作为控制	50 年一遇	12 700
4	遇仙河	259	按遇仙河 20 年一遇洪水位和渭河 10 年一遇洪水遭遇的水面线与渭河干流设计倒灌洪水位外包线设防	入渭口段按渭河设计洪水作为控制	50 年一遇	10 400
5	石堤河	234	按石堤河 20 年一遇洪水位和渭河 10 年一遇洪水遭遇的水面线与渭河干流设计倒灌洪水位外包线设防	入渭口段按渭河设计洪水作为控制	50 年一遇	10 300
6	罗纹河	206	按罗纹河 20 年一遇洪水位和渭河 10 年一遇洪水遭遇的水面线与渭河干流设计倒灌洪水位外包线设防	入渭口段按渭河设计洪水作为控制	50 年一遇	10 300
7	方山河	52	按方山河 20 年一遇洪水位和渭河 10 年一遇洪水遭遇的水面线与渭河干流设计倒灌洪水位外包线设防	入渭口段按渭河设计洪水作为控制	50 年一遇	10 300
8	罗敷河	188	按罗敷河 10 年一遇洪水位和渭河 10 年一遇洪水遭遇的水面线与渭河干流设计倒灌洪水位外包线设防	入渭口段按渭河设计洪水作为控制	5 年一遇	5 770
9	柳叶河	137	按柳叶河 10 年一遇洪水位和渭河 10 年一遇洪水遭遇的水面线与渭河干流设计倒灌洪水位外包线设防	入渭口段按渭河设计洪水作为控制	5 年一遇	5 770

序号	河流名称	支流防洪标准			入渭口河段防洪标准		
		支流设计流量	防洪标准		防洪标准	相应渭河	
						设防标准	洪峰流量
10	长涧河	122	按长涧河 10 年一遇洪水位和渭河 10 年一遇洪水遭遇的水面线与渭河干流设计倒灌洪水位外包线设防		入渭口段按渭河设计洪水作为控制	5 年一遇	5 770
11	洛河	1 030	按洛河 5 年一遇洪水位和渭河 10 年一遇洪水遭遇的水面线与渭河干流设计倒灌洪水位外包线设防		入渭口段按渭河设计洪水作为控制	5 年一遇	5 770

4.1.2.4 渭河全线整治前后堤顶高程变化分析

渭河全线整治前后堤顶高程变化对比见表 4-7 ~ 表 4-10 与图 4-14 ~ 图 4-17。由图表可以看出:渭河全线整治后,堤顶高程全面加高,部分原无堤段可分为两种情况:一种是高坎无堤防,本次修连接线后堤防低于原高坎地面高程;另一种是原防护区无堤防,如渭河下游渭淤 21—渭淤 24 断面、渭淤 29 断面等。

表 4-7　渭河下游左岸堤防堤顶高程变化统计 　　　　　　（单位:m）

本次测量断面编号	对应断面名称	2015 年汛前堤顶高程	2011 年汛前堤顶高程	堤顶高程变化	说明	本次测量断面编号	对应断面名称	2015 年汛前堤顶高程	2011 年汛前堤顶高程	堤顶高程变化	说明
147	渭淤 37	390.01	389.65	0.36	未加培	69	渭淤 19	353.93	351.85	2.08	高坎无堤段
141	渭淤 36	385.75	385.45	0.30		65	渭淤 18	353.66	351.15	2.51	
137	渭淤 35	385.18	383.55	1.63		62	渭淤 17	353.38	350.25	3.13	
132 + 1	渭淤 34	382.30	380.85	1.45		57	渭淤 16	351.79	350.25	1.54	
128	渭淤 33	379.31	377.15	2.16		54	渭淤 15	351.16	350.15	1.01	
124	渭淤 32	376.92	374.15	2.77		52	渭淤 14	350.17	349.75	0.41	
118	渭淤 31	373.57	371.95	1.62		49	渭淤 13	349.32	347.85	1.47	
114	渭淤 30	371.43	371.43	0	高坎无堤段	47	渭淤 12	348.77	347.15	1.62	
110	渭淤 29	369.70	369.70	0		45	渭淤 11	347.61	347.25	0.36	
105	渭淤 28	364.98	364.98	0	无堤段	40	渭淤 10	345.98	345.75	0.23	
98	渭淤 27	364.56	362.28	2.28		35	渭淤 9	345.00	344.05	0.94	
95	渭淤 26	362.68	360.55	2.13		32	渭淤 8	344.08	343.05	1.03	
90	渭淤 25	360.41	358.85	1.56		29	渭淤 7	343.11	342.85	0.26	

本次测量断面编号	对应断面名称	2015年汛前堤顶高程	2011年汛前堤顶高程	堤顶高程变化	说明	本次测量断面编号	对应断面名称	2015年汛前堤顶高程	2011年汛前堤顶高程	堤顶高程变化	说明
87	渭淤24	359.76	353.65	6.11	无堤段	23	渭淤6	341.44	339.55	1.89	
84	渭淤23	359.06	353.75	5.31	无堤段	19	渭淤5	339.66	337.95	1.71	
81	渭淤22	357.61	352.65	4.96	无堤段	16	渭淤4	338.79	337.15	1.64	
78	渭淤21	356.76	353.15	3.61		13	渭淤3	337.97	336.35	1.62	
74	渭淤20	354.46	353.35	1.10		9	渭淤2	337.21	335.05	2.16	

注:1. 无堤段指2011年前无堤防;未加培指2011年以来堤防未进行加培厚。

2. 为说明堤防处地物变化:原无堤段以现堤防处原地面高程为2011年堤顶高程求得;原高崖削平段取现状堤防连接线顶面高程为2011年堤顶高程求得;105断面(渭淤28断面)渭河左岸是泾渭半岛,无堤防,所录是泾渭堡工程连坝路。

渭河全线整治对原有堤防加高加宽,一般加高在0.5~3.0 m,0.5 m以下主要是在进行路面硬化工程中加高垫层来实施的。加高较多的堤段主要分布在西咸城区原未硬化段,以及地级行政区交接段与渭河移民围堤段。

4.1.3 洪水情况

渭河流域洪水主要来源于泾河、渭河干流咸阳以上和南山支流。洪水有暴涨暴落、洪峰高、含沙量大的特点。每年7~9月为暴雨季节,汛期水量约占全年水量的60%。

表 4-8　渭河下游右岸堤防堤顶高程变化统计 （单位:m）

本次测量断面编号	对应断面名称	2015年汛前堤顶高程	2011年汛前堤顶高程	堤顶高程变化	说明	本次测量断面编号	对应断面名称	2015年汛前堤顶高程	2011年汛前堤顶高程	堤顶高程变化	说明
147	渭淤37	389.33	389.05	0.28		57	渭淤16	352.07	349.65	2.42	
141	渭淤36	386.01	385.75	0.26		54	渭淤15	351.27	347.95	3.32	
137	渭淤35	385.51	382.45	3.06		52	渭淤14	350.16	348.05	2.11	
132+1	渭淤34	382.49	382.45	0.04		49	渭淤13	348.96	348.05	0.91	
128	渭淤33	379.91	379.55	0.35		47	渭淤12	348.27	347.05	1.22	
124	渭淤32	377.18	377.15	0.03		45	渭淤11	348.31	347.05	1.26	
118	渭淤31	374.01	373.85	0.16		40	渭淤10	346.59	346.05	0.54	
114	渭淤30	371.96	371.75	0.20		35	渭淤9	344.88	344.35	0.53	
110	渭淤29	370.21	367.15	3.06		32	渭淤8	343.90	343.25	0.65	
105	渭淤28	368.05	366.85	1.20		29	渭淤7	342.30	339.75	2.55	
98	渭淤27	364.21	362.05	2.16		23	渭淤6	341.01	338.45	2.56	

本次测量断面编号	对应断面名称	2015年汛前堤顶高程	2011年汛前堤顶高程	堤顶高程变化	说明	本次测量断面编号	对应断面名称	2015年汛前堤顶高程	2011年汛前堤顶高程	堤顶高程变化	说明
95	渭淤26	362.14	361.35	0.79		19	渭淤5	340.15	338.15	2.00	
90	渭淤25	360.88	358.35	2.52		16	渭淤4	339.27	336.65	2.62	
87	渭淤24	359.67	352.15	7.52		13	渭淤3	338.39	336.05	2.34	
84	渭淤23	359.09	351.95	7.14		9	渭淤2	335.03	335.05	-0.02	
81	渭淤22	357.49	350.45	7.04	无堤段	7	渭淤1	336.87	333.85	3.02	
78	渭淤21	356.56	349.45	7.11		6	渭拦10	336.80	331.55	5.25	
74	渭淤20	355.66	348.75	6.91		5	渭拦9	335.50	330.35	5.15	高坎无堤段
69	渭淤19	354.78	346.00	8.78		4	渭拦7	334.96	329.95	5.01	
65	渭淤18	353.72	351.35	2.37		2	渭拦4	334.35	329.65	4.70	
62	渭淤17	353.07	350.94	2.13							

注:1. 无堤段指 2011 年前无堤防。

2. 为说明堤防处地物变化:原无堤段以现堤防处原地面高程为 2011 年堤顶高程求得;原高崖削平段取现状堤防连接线顶面高程为 2011 年堤顶高程求得。

表 4-9　渭河中游左岸堤防堤顶高程变化统计表　　　　　　（单位:m）

断面			左岸堤防堤顶高程			说明	断面			左岸堤防堤顶高程			说明
现编号	原编号	名称	2015年汛前	2011年汛前	堤顶高程变化		现编号	原编号	名称	2015年汛前	2011年汛前	堤顶高程变化	
321	B5	福临堡	603.57	597.68	5.89	无堤防	229	B93		464.58	463.22	1.36	
317	B9	清姜河口	595.18	594.92	0.26		225	B96	罗家村	459.66	458.98	0.68	
312	B14	金陵河口	585.20	585.20	0	原已成堤防	221	B100	东沙河口	453.43	453.12	0.31	
305	B18	菌香河口	577.69	577.54	0.15		215	B106	杨凌西	445.86	445.86	0	原已成堤防
298	B24	清水河口	566.40	566.20	0.20		213	B108	杨凌中	444.30	444.30	0	
294	B28	千河口上	559.85	559.24	0.61		209	B110	杨凌东	441.25	440.65	0.60	
289	B33		552.49	551.39	1.10		208	B111	杨武分界	439.57	438.57	1.00	
285	B37	虢镇	544.52	543.83	0.69		204	B115		436.00	435.45	0.55	
281	B41		538.77	536.51	2.26		202	B118	漆水河口下	433.04	432.80	0.24	
277	B45	伐鱼河口	532.44	529.57	2.87		197	B123	新周普公路桥	428.74	426.15	2.59	
271	B51	阳平镇	523.19	519.51	3.68		194	B127	朱家堡	423.59	422.47	1.12	
267	B56	第六寨	517.36	513.16	4.20		192	B130	寺背后	421.61	420.64	0.97	
263	B60		510.10	508.68	1.42		187	B134		417.41	416.08	1.33	
260	B63	石头河口下	505.85	504.24	1.61		183	B138	龙过村	413.47	412.05	1.42	
257	B67	五会寺	500.77	500.10	0.67		180	B141	黑河口上	411.40	409.46	1.94	

断面			左岸堤防堤顶高程			说明	断面			左岸堤防堤顶高程			说明
现编号	原编号	名称	2015年汛前	2011年汛前	堤顶高程变化		现编号	原编号	名称	2015年汛前	2011年汛前	堤顶高程变化	
253	B70+1	原魏家堡站	497.15	496.39	0.76		175	B145	东马村	406.95	406.37	0.58	
250	B72+1	魏家堡水文站	495.14	494.38	0.76		170	B151	耿峪河口	401.92	401.92	0.00	
248	B74	渭惠渠坝上	489.80	489.80	0.00		166	B155	户县原种场	399.02	398.94	0.08	
244	B78	北兴村	487.77	486.20	1.57		160	B161	涝河口	395.72	395.27	0.45	
241	B81	河池	484.41	482.72	1.68		155	B166	新河口	393.65	393.31	0.34	
237	B85	南寨村	477.51	477.01	0.50		152	B169	西宝高速桥	392.18	392.18	0.00	
233	B89	西沙河口	470.85	469.45	1.40		148	B172	咸阳水文站	390.74	390.74	0.00	

注:原无堤段取现堤防原地面高程为2011年堤顶高程;原高崖削平段取现状堤顶(连接线)高程为原堤顶高程。

表4-10 渭河中游右岸堤防堤顶高程变化统计表　　　　　　　　(单位:m)

断面			右岸堤防堤顶高程			说明	断面			右岸堤防堤顶高程			说明
现编号	原编号	名称	2015年汛前	2011年汛前	堤顶高程变化		现编号	原编号	名称	2015年汛前	2011年汛前	堤顶高程变化	
321	B5	福临堡	601.45	601.45	0.00		229	B93		464.98	463.52	1.46	
317	B9	清姜河口	594.21	594.03	0.18		225	B96	罗家村	459.15	457.85	1.30	
312	B14	金陵河口	586.45	586.35	0.10		221	B100	东沙河口	453.00	451.49	1.51	
305	B18	菌香河口	581.09	580.87	0.22		215	B106	杨凌西	446.59	444.34	2.25	
298	B24	清水河口	566.43	564.03	2.39		213	B108	杨凌中	444.07	442.85	1.22	
294	B28	千河口上	558.54	557.64	0.90		209	B110	杨凌东	440.63	439.57	1.06	
289	B33		551.46	550.29	1.17		208	B111	杨武分界	439.02	438.15	0.87	
285	B37	虢镇	543.73	542.34	1.39		204	B115		435.29	434.44	0.85	
281	B41		537.98	537.81	0.17		202	B118	漆水河口下	432.51	432.16	0.35	
277	B45	伐鱼河口	532.01	529.60	2.41		197	B123	新周普公路桥	427.47	427.14	0.33	
271	B51	阳平镇	522.62	519.28	3.34		194	B127	朱家堡	423.89	423.29	0.60	
267	B56	第六寨	516.83	514.04	2.79		192	B130	寺背后	421.68	420.25	1.43	
263	B60		510.12	507.20	2.92		187	B134		417.64	416.51	1.13	
260	B63	石头河口下	506.20	503.75	2.45		183	B138	龙过村	413.99	412.08	1.91	
257	B67	五会寺	500.07	500.07	0.00		180	B141	黑河口上	411.45	409.94	1.51	
253	B70+1	原魏家堡站	496.91	496.18	0.73		175	B145	东马村	407.21	406.38	0.83	
250	B72+1	魏家堡水文站	495.32	493.55	1.77		170	B151	耿峪河口	403.99	402.04	1.94	
248	B74	渭惠渠坝上	492.40	491.72	0.68		166	B155	户县原种场	400.10	399.96	0.14	
244	B78	北兴村	487.85	485.77	2.08		160	B161	涝河口	396.40	395.59	0.81	
241	B81	河池	484.51	483.37	1.13		155	B166	新河口	392.12	391.96	0.16	
237	B85	南寨村	477.47	476.60	0.87		152	B169	西宝高速桥	392.31	389.06	3.25	
233	B89	西沙河口	471.36	469.59	1.77		148	B172	咸阳水文站	390.67	389.72	0.95	

说明:原无堤段取现堤防原地面高程为2011年堤顶高程;原高崖削平段取现状堤顶(连接线)高程为原堤顶高程。

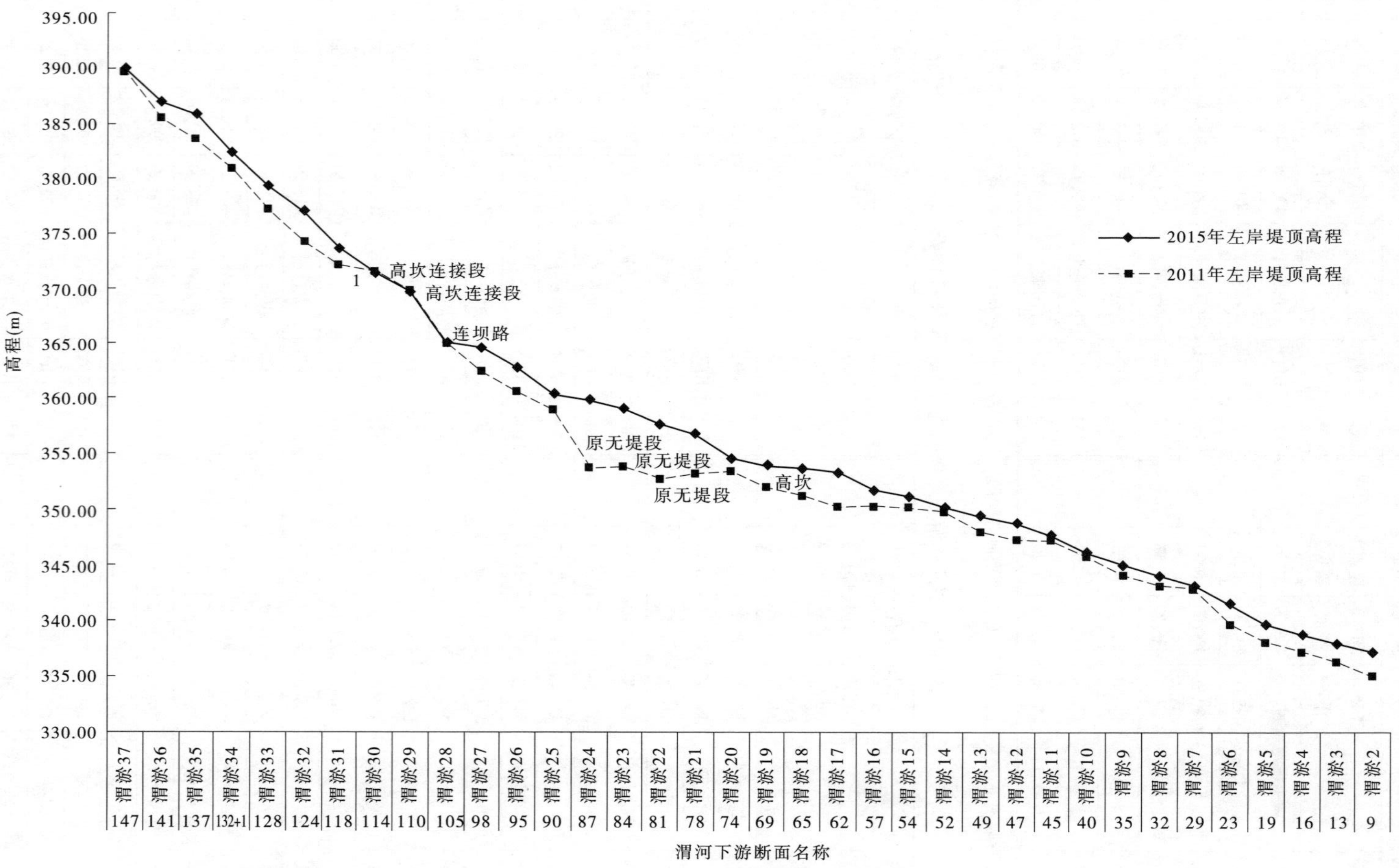

图 4-14　渭河下游左岸堤防堤顶高程变化对比

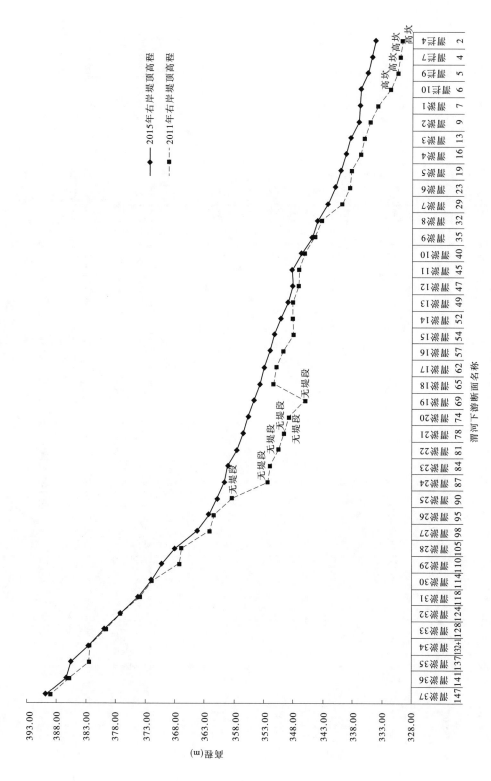

图 4-15　渭河下游右岸堤防堤顶高程变化对比

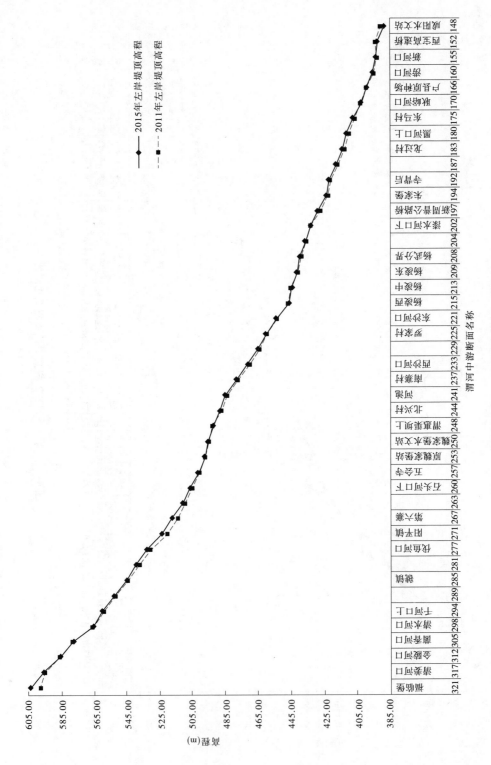

图 4-16　渭河中游左岸堤防堤顶高程变化对比

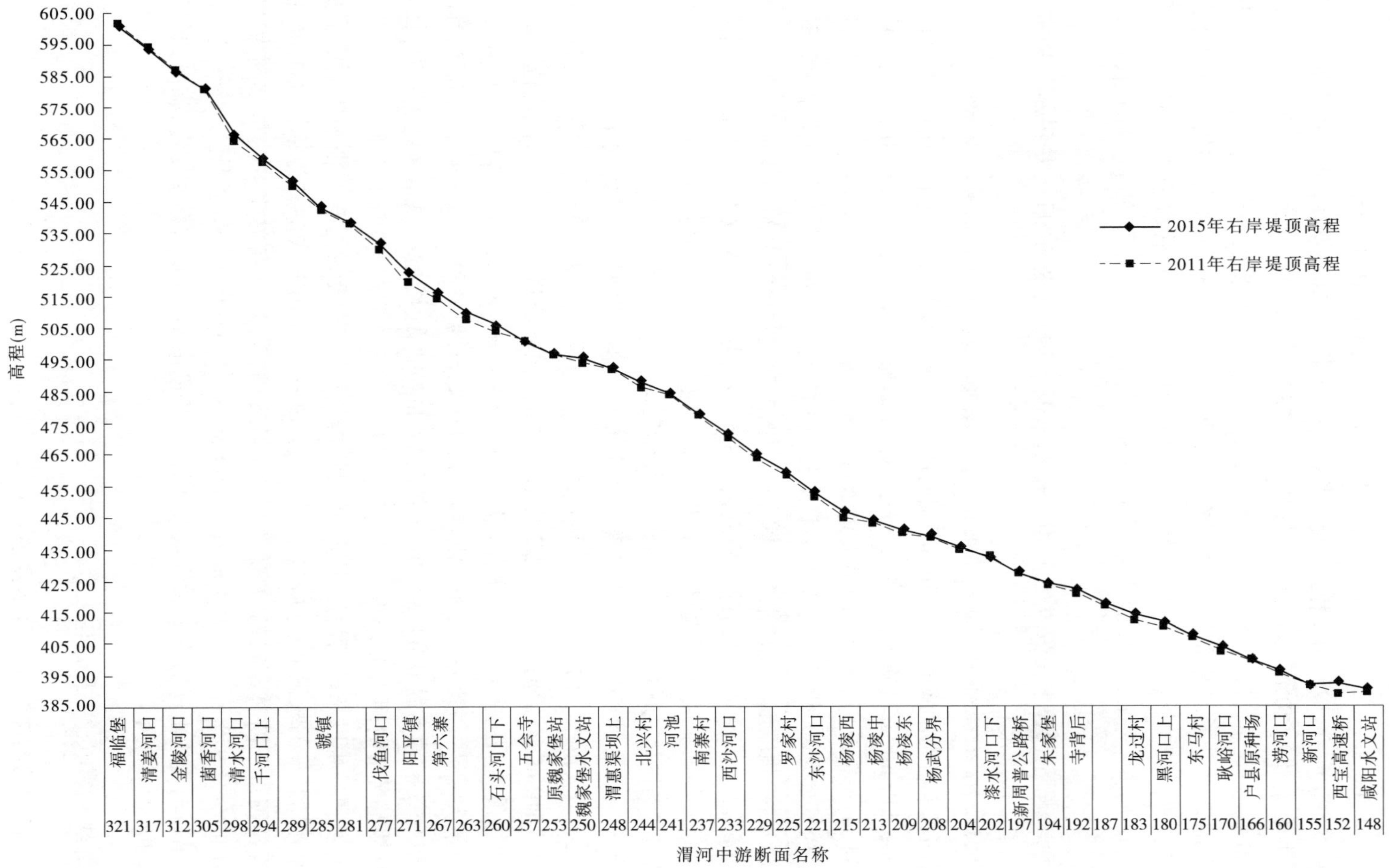

图 4-17　渭河中游右岸堤防堤顶高程变化对比

历史上渭河曾发生过多次大洪水,1898年(光绪二十四年),渭河咸阳段发生特大洪水,咸阳、华县站洪峰流量分别为11 600 m³/s、11 500 m³/s;1911年,泾河发生特大洪水,张家山站洪峰流量14 700 m³/s;1933年,泾河、渭河同时涨水,张家山站洪峰流量9 200 m³/s,华县站洪峰流量8 340 m³/s;1954年,渭河涨水,华县站洪峰流量7 660 m³/s;1981年8月渭河涨水,临潼站洪峰流量7 610 m³/s,华县站洪峰流量5 380 m³/s。

进入20世纪90年代以后,渭河洪水特性发生了一定变化,主要表现在:洪水次数减少、发生时间更加集中,高含沙中常遇洪水频繁发生,同流量水位上升、漫滩概率增大、漫滩洪水传播时间延长等。经统计,日平均流量大于1 000 m³/s天数,90年代以前平均14天/年,90年代只有2.6天/年;大于3 000 m³/s的洪水,1960～1990年共发生了25次,90年代仅发生3次。

2000年以来,渭河流域主要发生了"03"洪水、"05·10"洪水与"11·9"洪水三场常遇洪水(2～5年一遇洪水)。

2003年8～10月,渭河下游连续出现6次洪水过程,其中最大的一场是第二场洪水。8月26日渭河林家村站洪峰流量1 270 m³/s,8月30日魏家堡站洪峰流量3 000 m³/s,咸阳站洪峰流量5 170 m³/s,洪峰水位387.86 m;8月31日临潼站洪峰流量5 090 m³/s,相应洪水位358.34 m,为年最高水位,相应最大含沙量188 kg/m³;三次洪峰过程中临潼站输沙量1.989亿t,径流量为56.63亿m³。9月1日华县站洪峰流量3 540 m³/s,相应洪水位342.76 m,为年最高水位,相应最大含沙量664 kg/m³;三次洪峰过程中华县站输沙量1.35亿t,径流量为60.08亿m³。泾河张家山站洪峰流量988 m³/s,相应洪峰水位425.30 m。这场洪水主要来自渭、泾、洛河流域第二次强降雨过程,洪水的主要特点是峰高量大、洪水过程持续时间长、洪水演进速度慢、洪峰削减率大、高水位持续时间长、河道滞洪量大。

2005年9～10月,渭河下游连续出现了两次洪水过程,特别是第二场洪水为渭河下游1981年以来的最大洪水。10月1日渭河中游魏家堡站洪峰流量2 320 m³/s,10月2日咸阳站洪峰流量3 310 m³/s;渭河下游10月2日临潼水文站洪峰流量5 270 m³/s,洪水位358.58 m,水位为历史最高。比"03·8"洪水位($Q = 5\ 090\ \text{m}^3/\text{s}$,$H = 358.34\ \text{m}$)高0.24 m;10月4日华县站年最大流量4 880 m³/s,相应洪峰水位342.32 m,是1981年以来的最大流量,其洪水位仅低于"03·8"洪水位0.44 m。"05·10"洪水的特性是水位高,洪水演进速度慢,临潼站到华县站洪峰传播时间为42.3 h。

2011年秋汛发生以来,先后有三次较强的降雨过程,三次降雨过程在渭河中下游形成了三次洪水首尾相连的秋汛洪水过程。其中,9月16～24日第三次洪水为年最大洪水;该次洪水过程渭河中下游林家村站、魏家堡站、咸阳站、临潼站、华县站洪峰流量分别为398 m³/s、2 120 m³/s、3 970 m³/s、5 400 m³/s、5 050 m³/s。"11·9"洪水在渭河下游临潼—渭南、华阴—吊桥河段均出现历史最高洪水位,洪峰沿程削减小,洪水传播速度慢,临潼到华县站洪峰传播时间为34.3 h。

4.1.4 河势与冲淤变化分析

4.1.4.1 中游河势与冲淤变化及演变预测分析

1. 中游河势变化分析

渭河中游是中洪合一,河道平面摆动不大;1999年以前无明显的冲刷和淤积,仅在汛前、汛后河床有局部升降现象。根据水文站汛前及汛后实测大断面资料(2011年前)和水位流量关系曲线统计分析,林家村、魏家堡和咸阳3站冲淤变化范围分别为2.0~2.5 m、1.5~2.0 m和2.0~2.5 m,河床冲淤变化范围内有冲有淤,处于冲淤相对平衡的状态。

2009~2011年渭河中游冲淤变化不大,中游河势变化小,中水河槽较为稳定;各断面年度常水位变幅为0.2~0.3 m,符合渭河中游河流特性,洪水对河床冲刷变化不大,过洪能力略有增大。

2012年魏家堡河段整体冲刷,枯水河槽变化不大,主河槽有所拓宽。魏家堡—咸阳河段局部河槽刷深明显。2013年度渭河中下游洪水量级不大,中游河势变化不大,中游河槽较为稳定,魏家堡到咸阳河段过洪能力略有增加,部分河段河道主槽刷深明显,发生塌岸等险情;如魏家堡抽灌站坝处,长约300 m河段河滩刷深达5~6 m,咸阳铁桥下游100 m左右形成明显跌水,深达1~1.5 m、长达100余m。

2014年渭河中游平面变化受堤防工程及天然节点控制趋于稳定,根据现场查勘,杨凌以上河槽变化不大,杨凌至兴平河势南移,咸阳涝河入渭口河势北移;总的河道主槽单一,平面摆动不大,河势较顺直。随着渭河综合治理工程的实施并逐步完工,防洪工程对河势的控导作用愈发明显,河势趋向顺直,水流趋向集中,部分河段河道主槽刷深明显,发生塌岸等险情。

综上所述,"每年冲淤量不大、河槽持续冲刷、河势平面变化小、中水河槽与流路稳定、深泓刷深1.0~2.0 m,部分河段发生冲刷塌岸"是2009~2014年渭河中游河势变化的显著特点。目前,中游河段主槽单一,平面摆动不大,河势更为顺直,平面变化受堤防工程的控制已趋稳定;若不出现较大洪水决堤改道,今后不会出现较大平面摆动。

2.冲淤变化分析

渭河中游1991年以来,林家村以上和林家村至咸阳区间,水量大幅度减少。1991~2000年林家村、咸阳站年均水量分别为6亿m³、18亿m³,比1974~1990年减少了65%和58%;洪峰流量减小,洪水场次减少。

(1)输沙率法计算冲淤变化情况。

根据黄河流域水文年鉴资料,采用输沙率法河段冲淤计算的渭河林家村至咸阳河段2003年以来冲淤情况见表4-11。输沙率法计算成果一般能够较准确反映断面输沙量,计算的河段冲淤量也有一定的精度,但由于不能确定具体的淤积部位,只能总体定量河段冲淤;采用输沙率法河段冲淤计算成果表明:渭河中游总体上是冲刷的,共冲刷6 700万t,年均冲刷泥沙558万t;从冲淤部位上看,林家村—魏家堡河段冲刷8 739万t(年均冲刷泥沙728万t),魏家堡—咸阳河段淤积2 039万t(年均淤积泥沙170万t)。从年度冲淤变化来看,中游河段除2004年、2008年、2010年与2014年4年共淤积1 618万t外,其他年份是冲刷的,共冲刷8 318万t。中游上段林家村—魏家堡河段只有2004年、2010年与2014年3年淤积,其他年份冲刷,总体以冲刷为主;中游下段魏家堡—咸阳河段只有2003年、2006年、2010年与2014年4年冲刷,其他年份为微淤。

从年度冲淤量来看,渭河中游冲刷主要发生在2003年、2005年、2013年,冲刷量分别为3 656万t、1 810万t、1 964万t,3年合计冲刷7 430万t,分别占2003年以来河段总冲刷量的54.57%、27.01%、29.31%与110.90%;可见中游的冲刷主要是这3年较大洪水造成的。

表 4-11　渭河中游各站输沙率法河段冲淤统计　　　　　（单位：万 t）

年份	各河水文站年输沙量								河段冲淤量		
	渭河	清姜河	千河	石头河	渭河	漆水河	涝河	渭河	林家村—魏家堡河段	魏家堡—咸阳河段	林家村—咸阳河段
	林家村站	益门镇站	千阳站	鹦鸽站	魏家堡站	安头站	涝峪口站	咸阳站			
2003	5 010	4.7	268	154	5 870	33.4	13.9	9 140	−587.3	−3 069	−3 656
2004	1 510	0.25	83.8	48.1	1 160	24.9	0.32	1 180	434.1	53.32	487.4
2005	3 370	4.26	511	132	5 830	4.51	18.3	5 850	−1 945	134.8	−1 810
2006	2 780	0.691	52.5	19.5	2 880	8.01	3.13	2 970	−46.81	−59.36	−106.2
2007	1 970	1.58	9.67	60.0	3 860	284	9.62	2 750	−1 879	1 464	−415.1
2008	639	0.245	8.71	13.5	1 070	1.06	2.47	540	−422.0	547.0	125.0
2009	333	1.59	2.31	11.3	767	0.981	1.71	391	−430.1	390.0	−40.1
2010	395	0.905	1 310	9.19	707	3.38	3.82	740	998.9	−16.61	982.3
2011	1 180	6.06	49.6	17.7	2 110	155	10.8	1 660	−874.3	633.5	−240.8
2012	685				1 190			770	−505.0	420.0	−85.0
2013	3 430	1.21	227	21.5	7 180	0.970	4.96	5 650	−3 522	1 557	−1 964
2014	160				121			136.8	39.0	−15.8	23.2
小计	21 462	21.5	2 523	487	32 745	516	69.0	31 778	−8 739	2 039	−6 700
年均	1 789	2.15	252	48.7	2 729	51.6	6.90	2 648	−728.2	169.9	−558.3

注：2012、2014 未出水文年鉴，2012、2014 年表中数据为水情网数据；其他数据均摘自水文年鉴。

从时段冲淤变化来看，2003～2010 年期间中游冲刷 4 433 万 t，年均冲刷 554 万 t；该时期上段林家村—魏家堡河段总冲刷 3 877 万 t、年均冲刷 485 万 t，下段魏家堡—咸阳河段总冲刷 556 万 t、年均冲刷 69.5 万 t。2011～2014 年期间中游输沙率法中游、林家村—魏家堡河段与魏家堡—咸阳河段冲淤量分别为 −2 267 万 t、−4 862 万 t 与 2 595 万 t；年均冲刷 567 万 t、1 216 万 t 与年均淤积 649 万 t。两个时期对比可以看出，两个时期中游年均冲刷泥沙量基本一致（相差 13 万 t），但中游上、下段冲淤差异很大：林家村—魏家堡河段 2011 以来较之前年均冲刷量增大了 731 万 t，是之前的 2.51 倍；魏家堡—咸阳河段由 2011 之前的年均微冲 69.5 万 t 变为淤积 649 万 t。

从渭河中游上段与下段冲淤年度来看，与总体冲淤年度呈明显差异：中游上段林家村—魏家堡河段冲刷主要发生在 2005 年、2013 年，冲刷量分别为 1 945 万 t、3 522 万 t，两年合计冲刷 5 467 万 t，分别占 2003 年以来林家村—魏家堡河段总冲刷量的 22.26%、40.30% 与 62.56%。中游下段魏家堡—咸阳河段主要冲刷发生在 2003 年、淤积主要发生在 2007 年、2013 年，2003 年冲刷量为 3 069 万 t，占 2003 年以来魏家堡—咸阳河段总淤积量的 −150.51%；2007 年、2013 年淤积量分别为 1 464 万 t、1 557 万 t，两年合计淤积 3 021 万 t，分别占 2003 年以来魏家堡—咸阳河段总淤积量的 71.80%、76.36% 与 148.16%。

（2）断面法计算冲淤变化情况。

断面法由于可能布设断面刚好是冲或淤而导致冲淤计算呈冲或淤,单年的计算本质上也只能定性河段冲淤情况,但多年连续的测验由于期间冲刷坑、淤沙堆上下位移抵消了断面测量的偶然性影响,可以消除冲刷坑、淤沙堆的偶然影响。因此,多年连续断面法测量成果可信度大幅提高,结果也能较准确反映各断面间河段的冲淤情况。

根据陕西省水利电力勘测设计研究院1988年(布设断面98个)和1999年4月(布设断面202个)林家村至咸阳河段淤积断面测量(98个断面重合)结果,林家村至咸阳河段12年淤积泥沙16万 m³,多年冲淤基本平衡。

2011年7月中游进行了断面(布设189个断面)测量,与1999年4月实测断面重合183个;断面法河段冲淤量计算表明:1999年04月~2011年07月期间,仅渭河中游宝鸡城区段以上与魏家堡大坝上游约5 km范围内略有淤积,其余河段以冲刷为主,中游河段12年间河段冲刷量为276万 m³;具体为宝鸡城区段以上略有淤积,常兴桥以上以冲刷为主;常兴桥—吕村河段冲淤交替出现,但仍以冲刷为主,咸阳城区以冲刷为主。说明2011年以前,渭河中游段多年冲淤处于"微冲的动态平衡状态"。

2015年5月中游开展断面(布设187个断面)测量,与2011年7月实测断面重合47个;断面法河段冲淤量计算表明:2011年7月~2015年5月期间,渭河中游河段累计冲刷泥沙14 552万 m³;林家村至魏家堡河段累计冲刷泥沙2 983万 m³,魏家堡至咸阳河段累计冲刷泥沙11 659万 m³。渭河中游各实测断面2011年与2015年各断面的过水面积变化详见图4-18及表4-12。

从河段冲淤来看,林家村—魏家堡河段断面平均冲刷488 m²,冲刷面积最大断面是289断面(B33),冲刷面积为1 173 m²;冲刷面积较大的河段是277断面(B45,伐鱼河口)—294断面(B28,千河口上)河段,平均冲刷面积为984 m²;淤积面积最大是271断面(B51,阳平镇),淤积面积为497 m²;淤积面积较大河段是305断面(B18,菌香河口)—317断面(B9,清姜河口)河段,平均淤积面积为43 m²。魏家堡—咸阳河段重合断面均为冲刷,平均冲刷面积1 132 m²,冲刷面积最大是192断面(B130,寺背后),冲刷面积为3 287 m²,平均冲深4.38 m(断面宽750 m);冲刷面积较大的有166断面(B155,户县原种场)—170断面(B151,耿峪河口)、180断面(B141,黑河口上)—202断面(B118,漆水河口下)、209断面(B110,杨凌东)—225断面(B96,罗家村)3个河段,平均冲刷面积分别为1 587 m²、2 048 m²、1 776 m²。总体上中游下段比上段冲刷幅度更大。

(3)2011年7月至2015年5月断面深泓点变化分析。

点绘2011年7月、2015年5月林家村—沣河口下断面的河底最深点高程,数据统计见表4-13、图4-19、图4-20。通过图表可以看出,渭河中游断面冲刷迹象明显,大多数断面2015年深泓点高程都低于2011年相应深泓点高程。杨凌—武功分界处断面以下冲刷尤为明显,其中深泓下降最大处为204断面,下降值为3.22 m。

渭河中游林家村—魏家堡河段,各断面深泓平均下降0.79 m,最大下降处在253断面(原魏家堡站断面),下降2.15 m;下降较多的河段在305断面(菌香河口)—294断面(千河口段)、285断面(虢镇)—271断面(阳平镇)河段,下降幅度分别介于1.38~1.95 m、1.24~1.98 m,平均下降值分别为1.62 m、1.65 m;但该河段还有个别断面深泓点淤积抬升,其中312断面(金陵河口)、267断面(第六寨)深泓点分别抬升2.08 m、1.44 m,抬升幅度较大,另外289断面、250断面(魏家堡水文站)分别抬升0.08 m、0.58 m。

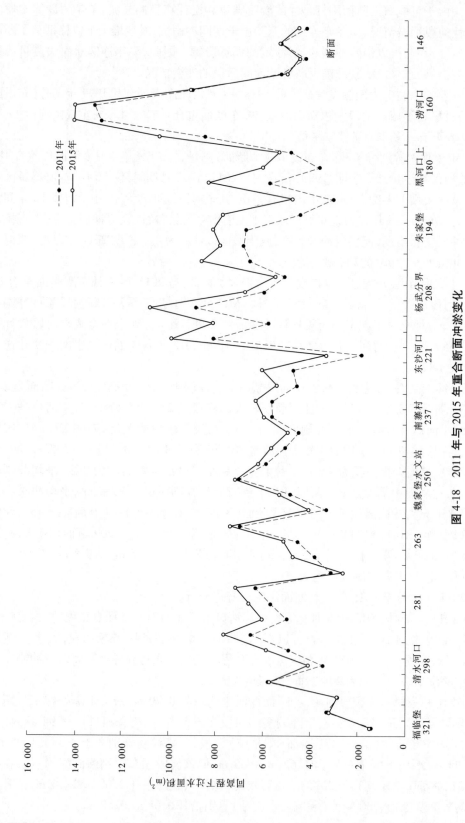

图 4-18 2011 年与 2015 年重合断面冲淤变化

表 4-12 渭河中游重合断面过水面积变化统计 （单位:m²)

断面名称		断面位置	同高程下断面过水面积		
本次编号	原编号		2011 年断面面积	2015 年断面面积	面积冲淤变化值
321	B5	福临堡	1 422.78	1 440.27	-17.49
317	B9	清姜河口	3 276.75	3 169.05	107.7
312	B14	金陵河口	2 799.07	2 851.69	-52.62
305	B18	菌香河口	5 767.32	5 693.23	74.09
298	B24	清水河口	3 431.58	4 031.3	-599.72
294	B28	千河口上	4 920.73	5 833.74	-913.01
289	B33		6 467.18	7 640.56	-1 173.38
285	B37	虢镇	4 958.88	6 000.56	-1 041.68
281	B41		5 642.99	6 583.58	-940.59
277	B45	伐鱼河口	6 288.12	7 139.29	-851.17
271	B51	阳平镇	5 060.54	5 856.56	-796.02
267	B56	第六寨	3 809.91	4 734.72	-924.81
263	B60		4 491.7	5 118.86	-627.16
260	B63	石头河口下	6 942.35	7 393.69	-451.34
257	B67	五会寺	3 322.1	4 053.97	-731.87
253	B70 + 1	原魏家堡站	4 824.46	5 322.08	-497.62
250	B72 + 1	魏家堡水文站	7 014.23	7 161.04	-146.81
247	B75	渭惠渠坝下	5 862.08	6 198.77	-336.69
244	B78	北兴村	5 059.76	5 669.03	-609.27
241	B81	河池	4 487.78	4 955.68	-467.9
237	B85	南寨村	5 618.58	5 974.53	-355.95
233	B89	西沙河口	5 612.68	6 328.71	-716.03
229	B93		4 610.25	5 466.11	-855.86
225	B96	罗家村	4 746.78	6 061.66	-1 314.88
221	B100	东沙河口	8 798.24	9 991.53	-1 193.29
215	B106	杨凌西	8 098.83	9 872.4	-1 773.57
213	B108	杨凌中	5 797.12	8 130.41	-2 333.29
209	B110	杨凌东	8 847.01	10 803.63	-1 956.63
208	B111	杨武分界	5 947.55	6 775.63	-828.08
204	B115		5 122.4	5 524.51	-402.11

断面名称		断面位置	同高程下断面过水面积		
本次编号	原编号		2011 年断面面积	2015 年断面面积	面积冲淤变化值
202	B118	漆水河口下	6 563.7	8 585.46	−2 021.76
197	B123	新周普公路桥	6 855.28	7 844.17	−988.89
194	B127	朱家堡	6 755.96	8 128	−1 372.04
192	B130	寺背后	4 446.79	7 734.39	−3 287.6
187	B134		3 074.18	4 794.99	−1 720.81
183	B138	龙过村	5 766.71	8 314.45	−2 547.74
180	B141	黑河口上	3 647.28	6 046.29	−2 399.01
175	B145	东马村	4 872.33	5 369.23	−496.9
170	B151	耿峪河口	8 458.46	10 403.9	−1 945.44
166	B155	户县原种场	12 853.07	14 082.05	−1 228.98
160	B161	涝河口	8 618.35	9 476.73	−858.38
155	B166	新河口	9 021.73	9 086.8	−65.07
152	B169	西宝高速桥	5 305.32	5 074.03	231.29
148	B172	咸阳水文站	4 256.79	4 487.08	−230.29
146	B175		5 282.44	5 370.38	−87.94
140	B178	咸阳陇海铁路桥	4 220.47	4 563.25	−342.78

渭河中游魏家堡—咸阳陇海铁路桥河段,各断面深泓平均下降 1.03 m,最大下降处为 204 断面,下降值为 3.22 m,另外深泓点下降超 3.0 m 的还有 166 断面(鄠邑区原种场)、187 断面,下降值分别为 3.16 m、3.13 m;下降较大的河段有 183(龙过村)—187 断面、202(漆水河口下)—208(杨武分界)断面、221(东沙河口)—229 断面,河段深泓平均下降值分别为 2.75 m、2.52 m、1.34 m。该河段深泓抬升主要分布在 209(杨凌东)—216(杨凌中)断面河段,最大抬升 1.08 m(213 断面),河段平均抬升 0.72 m;另有 192(寺背后)断面、155(新河口)断面与 148(咸阳水文站)断面 3 个断面深泓抬升,抬升值分别为 0.34 m、0.39 m、0.10 m。

中游输沙率法的冲淤计算成果与断面法的冲淤计算成果不一致,有较大差异。2011 年 7 月~2015 年 5 月期间渭河中游没有发生较大洪水,最大洪水洪峰量林家村站、魏家堡站、咸阳站分别为 2 370 m³/s(2013 年)、2 550 m³/s(2013 年)、3 970 m³/s(2011 年),漫滩水深不大,冲刷一般应在主槽,对滩面冲淤影响不大。因此,该时期滩面冲刷量可大致看作这一时期工程建设取土量(包括防洪工程建设、高速路路基建设、沿河城市建设用砂等,下同),即该时期自然状况断面法冲淤可用总冲淤量减去滩面冲淤量来大致推求。

本次对 2011 年 7 月与本次 2015 年 5 月中游测量重合的 47 个断面进行了套绘,采用截锥法对滩面冲淤进行了计算:2011.07~2015.05 期间,渭河中游、林家村—魏家堡、魏家堡—咸阳河段累计冲刷分别为 15 185 万 m³、3 690 万 m³、11 495 万 m³,渭河中游、林家村—

魏家堡、魏家堡—咸阳河段滩面累计冲刷(人工取土量)分别12 572 万 m^3、2 951 万 m^3、9 620万 m^3,则渭河中游、林家村—魏家堡与魏家堡—咸阳河段主槽冲刷分别为2 614 万 m^3、(3 659 万 m^3,按 1.4 t/m^3 换算下同)、738 万 m^3(1 034 万 t)、1 875 万 m^3(2 625 万 t)。断面法渭河中游河段该时期年均主槽冲刷量915 万 t,考虑该时期渭河中游河槽年采砂量280万~420 万 t(200 万~300 万 m^3),则渭河中游该时期年自然冲刷约495 万~635 万 t,年均565 万 t。

采用断面法扣除人工取土(滩面冲淤量)后的成果与输沙率法成果对比分析可以看出:渭河中游河段2011~2015 年断面法、输沙率法年均河槽冲刷量565 万 t、558 万 t;考虑滩槽分割与断面法计算以及输沙率测验误差,可以认为两种成果是一致的。分析表明:渭河中游河道大幅度冲刷现象主要是人工取土造成的。

表 4-13　渭河中游断面深泓点高程统计

断面名称		断面位置	距潼关河道里程(km)	深泓点高程变化		
本测次	原编号			2011 年汛前(m)	2015 年汛前(m)	变化值(m)
325	B0	林家村水文站	0.66	599.78	600.89	
321	B5	福临堡	3.36	592.94	591.23	-1.71
317	B9	清姜河口	7.00	583.64	583.56	-0.08
312	B14	金陵河口	10.62	576.81	578.89	2.08
305	B18	菌香河口	14.19	567.39	565.85	-1.54
298	B24	清水河口	20.21	555.19	553.24	-1.95
294	B28	千河口上	23.91	545.54	544.16	-1.38
289	B33		28.21	539.71	539.79	0.08
285	B37	虢镇	32.55	532.03	530.79	-1.24
281	B41		36.09	527.27	525.67	-1.60
277	B45	伐鱼河口	39.77	521.35	519.37	-1.98
271	B51	阳平镇	45.60	512.47	510.70	-1.77
267	B56	第六寨	49.81	504.92	506.36	1.44
263	B60		53.67	501.20	500.61	-0.59
260	B63	石头河口下	56.90	495.09	494.47	-0.62
257	B67	五会寺	60.41	490.57	489.58	-0.99
253	B70+1	原魏家堡站	63.41	487.39	485.24	-2.15
250	B72+1	魏家堡水文站	65.67	484.84	485.42	0.58
248	B74	渭惠渠坝上	67.66	482.50		
247	B75	渭惠渠坝下	67.69	480.81	480.63	-0.18
244	B78	北兴村	70.30	476.61	475.40	-1.21
241	B81	河池	73.57	472.78	472.66	-0.12
237	B85	南寨村	78.63	466.61	466.32	-0.29

断面名称		断面位置	距潼关河道里程(km)	深泓点高程变化		
本测次	原编号			2011 年汛前(m)	2015 年汛前(m)	变化值(m)
233	B89	西沙河口	82.63	461.30	460.52	-0.78
229	B93		86.63	455.21	453.12	-2.09
225	B96	罗家村	90.57	448.35	447.43	-0.92
221	B100	东沙河口	94.41	443.06	442.04	-1.02
215	B106	杨凌西	100.67	431.55	430.76	-0.79
213	B108	杨凌中	102.51	428.55	429.63	1.08
209	B110	杨凌东	104.96	425.42	425.77	0.35
208	B111	杨武分界	106.22	424.72	422.82	-1.90
204	B115		110.13	422.01	418.79	-3.22
202	B118	漆水河口下	112.22	419.56	417.12	-2.44
197	B123	新周普公路桥	117.07	414.13	413.88	-0.25
194	B127	朱家堡	120.97	408.62	408.50	-0.12
192	B130	寺背后	123.67	405.83	406.17	0.34
187	B134		128.32	403.76	400.63	-3.13
183	B138	龙过村	133.08	400.44	398.08	-2.36
180	B141	黑河口上	135.83	396.86	396.03	-0.83
175	B145	东马村	141.42	392.96	392.72	-0.24
170	B151	耿峪河口	147.77	390.68	389.55	-1.13
166	B155	户县原种场	151.87	388.14	384.98	-3.16
160	B161	涝河口	157.64	383.62	382.74	-0.88
155	B166	新河口	162.60	380.84	381.23	0.39
152	B169	西宝高速桥	165.72	380.14	378.15	-1.99
148	B172	咸阳水文站	168.56	379.10	379.20	0.10
146	B175		171.24	377.06	375.03	-2.03
140	B178	咸阳陇海铁路桥	173.25	375.53	374.53	-1.00

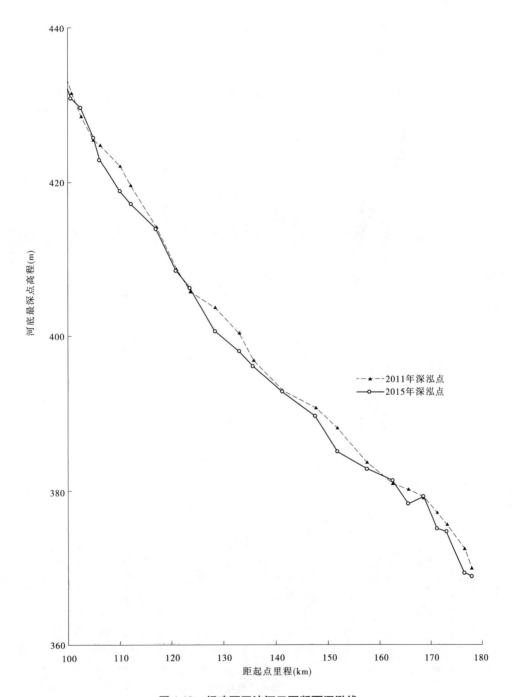

图 4-19　杨凌西至沣河口下断面深泓线

3. 演变预测分析

前述分析表明,渭河中游河道大幅度冲刷现象主要是人工取土造成的;若不考虑人工取土干扰的影响,渭河中游河道冲淤 2011～2014 年时期与 2003～2014 年时期相比,并未发生明显变化。因此,可以用输沙率法河段冲淤变化来预测未来"控制河道采砂规模、2003～2014 年水沙系列"条件下中游河道冲淤趋势。

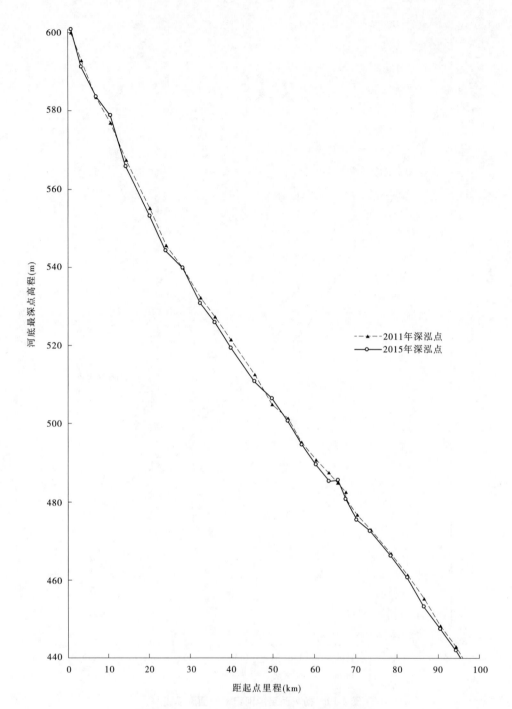

图4-20　林家村水文站至东沙河口断面深泓线

采用输沙率法分析成果来看,2003年以来渭河中游年均冲淤量为558万t,冲淤量是不大的;2003～2010年、2011～2014年两个时期对比可以看出,两个时期中游年均冲刷泥沙量分别为554万t、567万t,仅相差13万t,可认为是基本一致的,也就是说,在不考虑中游大量工程建设取土干扰造成的河道冲刷现象,中游河道冲淤在2003～2010年、2011～2014年两个时期没有发生明显变化。按此结论推算,渭河中游在"2003～2014年水沙系列"条件下总体仍将维持微冲态势;若能大幅度减少与控制渭河中游的河道内建设取土(包括砂石资源开采)量,因前期大量取土形成的坑、塘将逐渐回淤,未来一段时期中游河道冲刷量应小于 2003~2014 年平均冲刷量 558 万 t。

综上所述,预测在"2003~2014 年水沙系列,严格控制中游河道内建设取土(含采砂)量"条件下,未来一段时期内渭河中游河道演变仍将是微冲的,但冲刷量要小于 2003~2014 年平均水平;长期来看,在水沙条件不发生大的变化条件下,中游将逐步恢复到原来河道"冲淤动态平衡"的状态。

由于各种因素共同影响,近年来中游河段部分河段冲刷下切较大,边坡稳定受到影响,工程垮塌险情近年来时有发生。因此,在近期防汛中应加强重点关注福临堡、杨凌、蔡家坡等洪水顶冲或冲刷较为严重的河段,确保岸坡稳定与防洪工程安全。

4.1.4.2 下游河势与冲淤变化及演变预测分析

1. 河势变化分析

2003 年汛期渭河下游冲刷泥沙 0.169 3 亿 m³。上段咸阳、西安河段及下段华县、华阴河段冲刷,中间临潼、渭南河段淤积,说明了渭河下游具有上下河段冲刷、中间河段淤积的显著特点。"03·8"洪水造成渭河下游的主槽普遍拓宽,河底最深点普遍刷深,主槽断面扩大,过洪能力增大。渭河华县水文站主槽过洪能力由"03·8"洪水前的 1 200 m³/s 左右扩大到 2 500 m³/s 左右,有利于洪水的下泄。

渭河"05·10"洪水使渭河下游的河势发生了较大的变化,部分河段主流摆动大、主槽普遍拓宽,一般拓宽 30 m 左右,部分河段更宽些。湾顶上提下挫,部分河弯裁弯取直,渭河下游的河势总的趋势较洪水前较为顺直,大部分河段河势趋于有利。但同时也造成了部分河段的不利河势。

2006 年由于洪水量级较小,渭河下游洪水尚未漫滩,河道的冲淤均发生在主槽内,淤积泥沙 0.140 0 亿 m³,且淤积的重心在渭河下游的下段。由于河道泥沙的淤积,同流量水位有所提高。

2007 年渭河下游河势变化主要为:一是主槽不断拓宽,渭南以下河段的主槽不断拓宽,特别是在华县大荔河段,部分河道拓宽 50~100 m。二是河道湾顶不断上提下挫。三是部分主槽变为更加顺直。在渭河出口段,由于吊桥左岸坍塌拓宽,其入黄口附近右岸坍塌,河道变得更加顺直,在黄河部分形成了渭河的主槽,有利于渭河洪水的下泄。四是部分河道河势变化对工程带来不利影响。

2008 年渭河下游河势变化主要为:一是渭南以下河段河势变化较大,在大多数的河道工程着流点都发生了一定的变化,但变化幅度不大,充分体现了"小水坐湾"的河势变化规律。二是渭南以下部分河段主槽有所拓宽,渭南以下部分河段的主槽不断拓宽,特别是在华县大荔河段,部分河道拓宽 30~160 m。三是河道湾顶不断上提下挫,一般在河道湾顶下挫的地方,其河道变得更加顺直,有利于洪水的宣泄,一般在湾顶上提的河段,往往增加顶冲工程的力度,对河道工程带来不利的影响,如华县的南解弯道,大荔的槐园弯道。

2009 年渭河下游河势变化主要为:一是主槽左右摆动频繁,摆幅较大在西安高陵河段,由于 2009 年汛期洪水,渭河下游多处出现河势摆动情况,摆幅较大。二是河道湾顶上提下挫,新的弯道不断出现。三是在黄河洪水和渭河洪水的共同影响下,渭河入黄口上移,主流北移,其河势向不利的方向发展。

渭河下游 2010 年洪水量级不大,但洪水频繁,含沙量较大,致渭河下游的河势发生了一定的变化。总的来讲,渭河下游咸阳—西安、高陵—临潼河段河势变化较小,渭南及其以下河段河势变化相对较大——渭南河段的张义、梁赵、上涨渡、树园和田家埝头,华县大荔河段的朱家、新兴、仓西,华阴潼关河段的洛河、华农、三河口、公庄、吊桥工程处变化较大。主要变化特点为:一是部分河段主槽拓宽,河势出现左右摆动现象;二是湾顶不断上提下挫明显,河道工程附近主流河湾不断上提下挫;三是部分河段的河势变化对工程带来不利影响,局部河段岸坎坍塌,出现新的险段,甚至对大堤安全造成威胁;四是在黄河洪水和渭河洪水的共同影响下,渭河入黄口下移,主流南移,其河势向有利的方向发展,使入黄口河势较为顺直。

渭河"11·9"洪水对河槽冲刷作用明显,渭河下游全河段总体河势变化较大,使河槽展宽、刷深、主流归顺,呈现出上下游冲刷,交口—泾河口段略有淤积的特点。西安—咸阳段主流普遍南移,咸阳—临潼河段水流相对集中,高陵以下河段主流普遍北移;临潼以下河段河湾变化较大,河湾以挫为主,河道更加顺直。

2012 年渭河下游咸阳、西安、高陵、临潼及临渭河段河势变化不大。但是渭南以下河段的河势变化相对较大,在大多数的河道工程着流点都发生了变化,湾顶不断上提下挫。渭河入黄口的河势变化不大,由于左岸修建顺坝导流,右岸修筑护岸防护,渭河入黄流路复归老河槽,向下延伸约 2.0 km;入黄口处渭河流路趋于稳定。

2013 年渭河中下游洪水量级不大,"13·7"洪水下游河势变化小,中水河槽较为稳定,咸阳—临潼河段的过洪能力增大,临潼—华县河段的过洪能力略有减少。

2014 年渭河来水来沙均较枯,渭河下游临潼、华县水文站最大洪峰流量分别为 1 400 m³/s、1 590 m³/s。下游河势总体变化不大,一是部分河段主槽刷深展宽,主槽继续趋向顺直;例如,高陵—临潼河段由汊流交织、心洲密布的河槽形态,已经演变为比较顺直、稳定的河槽形态。同时,部分河段的塌岸现象比较突出,造成河道展宽、刷深,咸阳铁路桥—农六工程上游段河道整体下切深度达 2~3 m,主槽形状演变剧烈。二是部分河道湾顶上提下挫、以下挫为主,部分河道河势变化给工程带来不利的影响;渭南河段张义、南赵、八里店工程湾顶下挫,上涨渡、河滩李、树园工程湾顶上提;华县大荔河段詹刘、滨坝、北拾、新兴下段、朱家工程下挫,新兴上段、溢渡工程上首河湾上提;华阴—潼关河段洛河险工、三河口上延工程、公庄工程弯道下挫。

2015 年洪水流量较小,水位较低,河床摆动不大,河势基本稳定,与汛前相比变化不大。渔王工程以上至咸阳铁路大桥处的河槽下切严重,形成多处水跌现象,并且河槽有进一步向上游刷深的趋势。

总体来讲,2011 年以来由于除"11·9"洪水外没有发生较大洪水,渭河下游河势总体得到有效控制,除个别河湾外,多数河湾变化以湾顶上提下挫为主,未修控导工程的河湾如南解、南栅等弯道略有发展,但出现了一河跨河桥梁桥位处产生横河(如沙王桥、渭富桥等)、L弯等畸形河湾的新变化。

2.冲淤变化分析

1)典型洪水冲淤情况

渭河"03·8"洪水按输沙率法统计,临潼—华县河段淤积泥沙 0.639 亿 t。再由于大洪水出现前河槽窄,主槽过洪能力小,使洪水普遍出槽漫滩,滩地高秆作物阻水,泥沙滞留滩上,使滩地普遍淤高达 0.5 m。按断面法计算成果,2003 年汛期渭河下游冲刷泥沙 0.169 3

亿 m^3。上段咸阳、西安河段及下段华县、华阴河段冲刷,中间临潼、渭南河段淤积,说明了渭河下游具有上下河段冲刷、中间河段淤积的显著特点。"03·8"洪水渭河下游的主槽普遍拓宽,河底最深点普遍刷深,主槽断面扩大,过洪能力增大。渭河华县水文站"03·8"洪水前主槽过洪能力仅 1 200 m^3/s 左右,而经过 6 次洪水过程的冲刷,华县站主槽过洪能力扩大到 2 500 m^3/s 左右,有利于洪水的下泄。

渭河"05·10"洪水主要来源于渭河干流及南山支流,洪水含沙量小,魏家堡、咸阳、临潼、华县站最大含沙量分别为 50.0 kg/m^3、15.0 kg/m^3、30.0 kg/m^3、31.4 kg/m^3,河道冲淤变化不大。

2011 年秋淋洪水由于连续三场洪水含沙量小,较大流量持续时间长,除泾河口(渭淤 28)至渭淤 23 河段淤积 0.042 3 亿 m^3 外,渭河下游其他河段为冲刷。渭河下游汛期共冲刷 0.621 2 亿 m^3,其中渭拦河段冲刷 0.041 1 亿 m^3,渭淤 1—渭淤 10、渭淤 10—渭淤 26、渭淤 26—渭淤 37 河段分别冲刷 0.237 1 亿 m^3、0.188 5 亿 m^3、0.154 5 亿 m^3。

2)近期(2003~2015 年)冲淤情况

(1)整治前(2003 年 5 月~2011 年 4 月)冲淤情况

渭河下游 2003 年 5 月~2011 年 4 月断面法计算冲淤体成果统计见表4-14。可以看出,该时期河道总体是冲刷的,共冲刷泥沙 1.458 5 亿 m^3,年均冲刷量 0.182 3 亿 m^3。从河段冲淤看,渭淤 10 断面以下河段有冲有淤、以冲为主,冲刷 8 468 亿 m^3;渭淤 10—26 河段有冲有淤、以淤为主,淤积 2 693 亿 m^3;渭淤 26 以上河段全部为冲刷,冲刷 8 229 亿 m^3。

表4-14　2003 年汛前~2011 年汛前渭河下游冲淤量及分布

时段 (年-月-日)	河段冲淤量(亿 m^3)						
	渭拦— 渭淤 1	渭淤 1—渭淤 10			渭淤 10— 渭淤 26	渭淤 26— 渭淤 37	合计
		渭淤 1— 渭淤 4	渭淤 4— 渭淤 10	渭淤 1— 渭淤 10			
2003-05-23~2004-05-15	-0.056 8	-0.179 4	-0.289 9	-0.469 3	0.360 5	-0.114 6	-0.280 2
2004-05-15~2005-05-15	0.010 2	0.040 5	0.060 6	0.101 1	0.012 8	-0.088 9	0.035 2
2005-05-15~2006-04-10	-0.042 0	0.020 2	-0.046 2	-0.026 0	-0.029 6	-0.086 0	-0.183 6
2006-04-10~2007-03-30	0.037 2	0.051 8	0.122 7	0.174 5	0.025 7	-0.028 3	0.209 1
2007-03-30~2008-04-23	-0.011 2	-0.027 7	-0.123 4	-0.151 1	0.002 5	-0.157 7	-0.317 5
2008-04-23~2009-04-05	0.005 5	0.024 0	0.082 5	0.106 5	0.015 4	-0.024 4	0.103 0
2009-04-05~2010-05-09	-0.000 6	-0.002 1	-0.050 0	-0.052 1	-0.058 2	-0.057 7	-0.169 6
2010-05-09~2011-04-24	-0.000 4	-0.025 8	-0.504 6	-0.530 4	-0.059 8	-0.264 3	-0.854 9
2003-05-23~2011-04-24	-0.058 1	-0.098 5	-0.748 3	-0.846 8	0.269 3	-0.822 9	-1.458 5

从时段冲淤变化来看:2003 年 5 月~2010 年 5 月,渭河下游年度冲淤变化为冲淤相间变化特征,冲淤量介于一般冲淤量之间,7 年共冲刷泥沙 0.603 6 亿 m^3,年均冲刷量为 0.086 2 亿 m^3;2010 年 5 月~2011 年 4 月期间,渭河下游在没有发生较大洪水(2010 年最大洪水临潼

站洪峰流量为 2 800 m³/s)的情况下,冲刷量达 0.854 9 亿 m³,远超过正常年份冲淤变化;通过调查发现,这主要是河道采砂与工程建设河道内取土造成的。

(2)2011 年 4 月 ~2015 年 5 月冲淤情况。

2011 年 4 月 ~2015 年 5 月期间渭河下游总体来讲是冲刷的,共冲刷泥沙 1.330 8 亿 m³,年均冲刷 0.332 7 亿 m³。其中,渭拦断面冲刷 0.017 6 亿 m³,渭淤 1—10 断面淤积 0.304 3 亿 m³(渭淤 1—4 冲刷 0.240 3 亿 m³,渭淤 4—10 断面淤积 0.544 6 亿 m³),渭淤 10—26 断面冲刷 0.690 6 亿 m³,渭淤 26—37 断面冲刷 0.926 9 亿 m³,详见表 4-15。

表 4-15 2011 年汛前 ~2015 年汛前渭河下游冲淤量及分布

时段 (年-月-日)	河段冲淤量(亿 m³)						
	渭拦— 渭淤 1	渭淤 1—渭淤 10			渭淤 10— 渭淤 26	渭淤 26— 渭淤 37	合计
		渭淤 1— 渭淤 4	渭淤 4— 渭淤 10	渭淤 1— 渭淤 10			
2011-04-24 ~ 2012-05-12	−0.035 0	−0.203 9	0.003 3	−0.200 6	−0.283 4	−0.179 2	−0.698 2
2012-05-12 ~ 2013-05-06	0.023 5	0.000 1	0.012 1	0.012 2	−0.063 2	−0.085 6	−0.113 1
2013-05-06 ~ 2014-05-08	−0.011 4	0.028 6	−0.027 8	0.000 8	−0.074 1	−0.073 0	−0.157 7
2014-05-08 ~ 2015-05-06	0.005 3	−0.065 1	0.557 0	0.491 9	−0.269 9	−0.589 1	−0.361 8
2011-04-24 ~ 2015-05-06	−0.017 6	−0.240 3	0.544 6	0.304 3	−0.690 6	−0.926 9	−1.330 8

可以看出,该时期渭河下游总体呈“上下冲、中间淤”的趋势,华县水文站以上河段有所冲刷,河道主槽稍有增大;华县河段略有淤积,河槽变化不明显;渭淤 4 以下至渭河入黄河口段呈冲刷状态。部分河段河槽河底刷深明显,如咸阳—农六河段河槽下切加剧,下切深度达 2 ~3 m,上段已发展至西宝客运专线桥附近,并向上游较快发展。渭河下游 2011 年与 2015 年各实测典型断面套绘详见图 4-21。

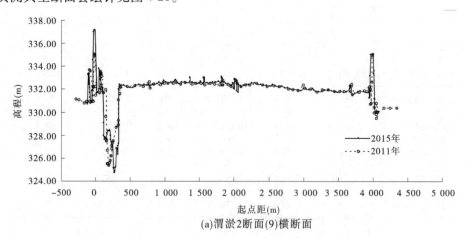

(a)渭淤 2 断面(9)横断面

图 4-21 渭河下游 2011 年与 2015 年各实测典型断面套绘

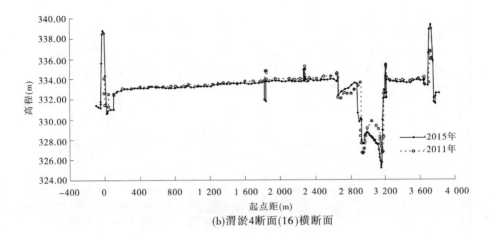

(b)渭淤4断面(16)横断面

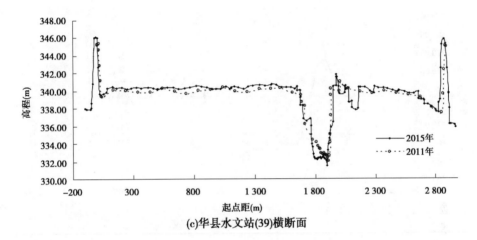

(c)华县水文站(39)横断面

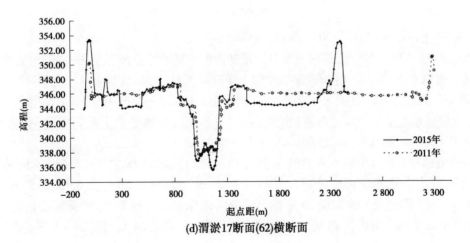

(d)渭淤17断面(62)横断面

续图 4-21

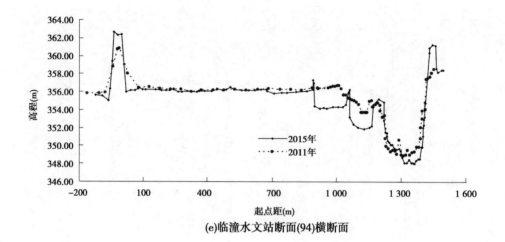

(e)临潼水文站断面(94)横断面

(f)渭淤33断面(128)横断面

续图4-21

3)综合整治以来(2011~2015年)断面深泓点变化

点绘2011~2015年汛前渭河下游各渭淤断面的河底最深点高程见图4-22,数据统计见表4-16。可以看出,渭河下游断面深泓冲刷下降迹象明显,大多数断面深泓点下降,平均下降0.20 m。渭拦、河口(渭淤1—渭淤5+1)、华县(渭淤6—渭淤10)、临渭(渭淤11—渭淤21)、临高(渭淤22—30)与西咸(渭淤31—37)各河段分别平均下降0.73 m、抬升0.63 m、下降0.68 m、下降0.69 m、抬升0.79 m与下降1.53 m。

下降值超过2.0 m的断面有渭淤6、渭淤13、渭淤15、渭淤21、渭淤22、渭淤25、渭淤34与渭淤36等8个断面,下降值分别为3.95 m、2.20 m、2.56 m、2.59 m、2.52 m、2.52 m、2.56 m与4.02 m;下降值最大为渭淤36断面。部分断面深泓呈现抬升,且抬升幅度较大,抬升超过2.0 m的断面有渭淤3、渭淤5+1、渭淤18、渭淤23、渭淤24与渭淤28+1等6个断面,分别抬升2.08 m、5.78 m、3.30 m、2.97 m、4.43 m与2.70 m;其中抬升最大为渭淤5+1断面(见图4-23),抬升5.78 m。

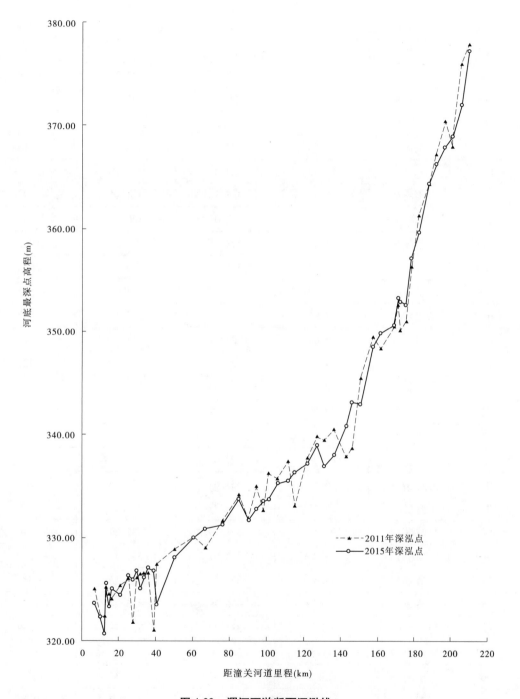

图 4-22　渭河下游断面深泓线

表 4-16　渭河下游断面深泓点高程统计

断面名称		距潼关河道里程(km)	深泓点高程变化		
本次编号	原编号		2011 年汛前(m)	2015 年汛前(m)	变化值(m)
002	渭拦 4	6.64	325.05	323.65	-1.40
004	渭拦 7	10.10	322.40	322.31	-0.09
005	渭拦 9	12.27	322.36	320.70	-1.66
006	渭拦 10	13.32	325.28	325.52	0.24
007	渭淤 1	14.63	324.50	323.34	-1.16
008	渭淤 1+1(一)	16.50	324.06	325.06	1.00
009	渭淤 2	21.04	325.36	324.44	-0.92
011	渭淤 2+1	25.45	326.03	326.29	0.26
013	渭淤 3	27.86	323.81	325.89	2.08
015	渭淤 3+1	30.02	326.14	326.76	0.62
016	渭淤 4	31.80	326.51	325.06	-1.45
018	渭淤 4+1	33.86	326.57	326.15	-0.42
019	渭淤 5(一)	35.88	326.57	327.08	0.51
021	渭淤 5+1	39.19	321.01	326.79	5.78
023	渭淤 6	40.99	327.43	323.48	-3.95
029	渭淤 7	50.29	328.87	328.06	-0.81
032	渭淤 8	60.79	330.08	329.99	-0.09
035	渭淤 9	67.03	329.00	330.89	1.89
040	渭淤 10(一)	76.33	331.64	331.20	-0.44
045	渭淤 11	85.37	334.21	333.75	-0.46
047	渭淤 12	90.35	331.79	331.69	-0.10
049	渭淤 13	94.20	335.01	332.81	-2.20
052	渭淤 14	98.43	332.65	333.53	0.88
054	渭淤 15	101.38	336.29	333.73	-2.56
057	渭淤 16(二)	105.93	335.77	335.28	-0.49
062	渭淤 17	111.59	337.46	335.49	-1.97
065	渭淤 18	115.17	333.03	336.33	3.30
069	渭淤 19	121.81	337.76	337.19	-0.57
074	渭淤 20	127.07	339.82	338.98	-0.84
078	渭淤 21	131.36	339.50	336.91	-2.59

断面名称		距潼关河道里程(km)	深泓点高程变化		
本次编号	原编号		2011 年汛前(m)	2015 年汛前(m)	变化值(m)
081	渭淤 22	136.23	340.54	338.02	-2.52
084	渭淤 23	143.29	337.85	340.82	2.97
087	渭淤 24	146.54	338.70	343.13	4.43
090	渭淤 25	150.81	345.52	343.00	-2.52
095	渭淤 26	157.12	349.48	348.53	-0.95
098	渭淤 27	161.72	348.36	349.82	1.46
104	渭淤 27 + 1	169.28	350.49	350.69	0.20
105	渭淤 28(一)	171.39	352.61	353.27	0.66
106	渭淤 28 + 1	172.55	350.16	352.86	2.70
110	渭淤 29	175.45	351.07	352.61	1.54
114	渭淤 30	178.48	356.32	357.06	0.74
118	渭淤 31	182.29	361.27	359.63	-1.64
124	渭淤 32	187.84	364.35	364.42	0.07
128	渭淤 33	191.85	367.22	366.25	-0.97
132	渭淤 34	196.67	370.45	367.89	-2.56
136	渭淤 35	200.88	369.89	368.89	-1.00
141	渭淤 36	205.57	376.04	372.02	-4.02
147	渭淤 37	209.74	377.91	377.30	-0.61

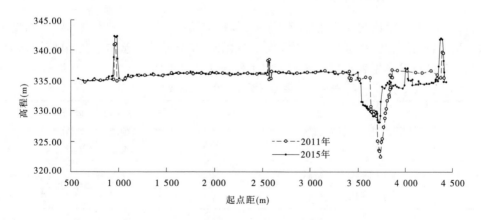

图 4-23　渭淤 5 + 1 断面(21)套绘

3.演变预测分析

渭河下游历史上是微淤的冲淤平衡的地下河,由于三门峡水库修建与运用,渭河下游河道局部侵蚀基准潼关高程大幅度抬升,造成渭河下游泥沙大量淤积,由"微淤的冲淤平衡的地下河"演变淤积为"地上河"形态,河道条件发生了根本性的变化。渭河下游的冲淤与潼关高程变化密切相关,2002 年汛后以来,潼关高程由 2003 年汛前历史最高 328.82 m 逐步下降,近年汛后高程一般维持在 327.50 m 左右。

随着潼关高程的下降与稳定,加之渭河来沙量锐减,共同作用下渭河下游 2003 年以来也发生了"以冲为主"的冲淤变化;特别是 2011 年之后,渭河全线整治大量河道内取土(包括河道采砂)进一步加剧了冲刷的程度,冲刷量明显增大。然而,随着潼关高程逐步稳定在 327.50 m 左右,2012 年后渭河下游渭淤 10 以下河段在砂石禁采与大规模工程建设完成取土锐减情况下,该河段冲淤变化已由 2003 ~ 2011 年的"年度有冲有淤、时段以冲为主"的"冲刷状态"演变为 2012 以来有"以淤为主"的"淤积状态"。

通过渭河下游近期不同河段冲淤变化分析表明,随着渭河整治工程逐步完工,在今后按规划进行采砂有效管理条件下,取土(含采砂)量将锐减;若"潼关高程持续稳定在 327.50 m 左右、2003 ~ 2014 年水沙系列条件"情况下,未来一段时期渭河下游将呈现"年度变化'有冲有淤'、时段变化'以淤为主'"的"微淤动态平衡"状态。

由于水沙条件、河口侵蚀基准、人工采砂(含取土)等各种因素共同影响,下游河段冲淤变化较大,工程垮塌险情近年来时有发生;个别河面畸形河湾发育,如沙王桥等;因此,在近期防汛中应重点关注任李、南解、南栅等河湾变化,适时修建工程进行控导;加强张义、梁赵、田家、台台、滨坝、北拾、朱家、新兴、苏村、益渡、仓西、华农、三河口、公庄等洪水顶冲工程的观测,适时进行加固或续建,确保防洪工程安全。

4.2　水文测站洪水计算复核与选定

根据水文站历年较大洪水实测资料与历史洪水调查资料,分析核定各水文站各级频率洪水成果,对比分析选定本次采用的设计洪水成果作为水面线推算依据。

4.2.1　水文站网及资料系列

自 20 世纪 30 年代初开始,陕西省渭河干流设立拓石、林家村、魏家堡、咸阳、临潼、华县等水文站,其中拓石站、林家村站、魏家堡站、咸阳站、华县站均为基本水文站,临潼站为专用水文站。各站概况详见表 4-17。各站资料系列统计见表 4-18。

表 4-17　陕西省渭河干流水文测站概况

站名	站别	设站位置	坐标		控制面积 (km²)	距河口距离 (km)	设站时间 (年-月)	管理单位
			东经	北纬				
拓石	基本水文	陕西省宝鸡陈仓区拓石镇拓石村	106°32′	34°30′	29 092	470	2003-06	陕西省水文水资源勘测局
林家村(三)	基本水文	陕西省宝鸡县硖石乡林家村	107°03′	34°23′	30 661	388	1934-01	陕西省水文总站
魏家堡(五)	基本水文	陕西省眉县城关镇街道村	107°42′	34°18′	37 006	323	1937-05	陕西省水文总站

站名	站别	设站位置	坐标		控制面积（km²）	距河口距离（km）	设站时间（年-月）	管理单位
			东经	北纬				
咸阳（二）	基本水文	陕西省咸阳市西关外铁匠嘴	108°42′	34°19′	46 827	211	1931-06	黄河水利委员会
临潼	专用水文	陕西省临潼区行者乡船北村	109°12′	34°26′	97 299	157	1961-01	陕西省三门峡水库管理局
华县	基本水文	陕西省华县下庙镇苟家堡	109°46′	34°35′	106 498	73	1935-03	黄河水利委员会

注：林家村站1934年1月设立为太寅站，1954年变更为林家村（二）站，1965年下迁300 m为林家村（三）站；魏家堡站1937年5月设立，1944年变为魏家堡（二）站，1954年为魏家堡（三）站，1981年为魏家堡（四）站，2001年下迁1.8 km为魏家堡（五）站；咸阳水文站1931年6月设立，1957年上迁2 600 m为咸阳（二）站。

表 4-18   陕西省渭河干流各水文站实测资料系列统计

站名	资料年限	系列长度（年）
拓石	2003～2014 年	12
林家村（三）	1934～1937 年、1944～2014 年	75
魏家堡（五）	1944～1946 年、1950～1967 年、1971～2014 年	65
咸阳（二）	1931～2014 年	84
临潼	1961～2014 年	54
华县	1935～1943 年、1950～2014 年	74

林家村站有1934～1937年、1944～2014年共75年的不连续实测洪水系列，魏家堡站有1944～1946年、1950～1967年、1971～2014年共65年的不连续实测洪水系列，咸阳站有1931～2014年共84年的连续实测洪水系列，临潼站有1961～2014年共54年的连续实测洪水系列，华县站有1935～1943年、1950～2014年共74年的不连续实测洪水系列。

4.2.2 洪水选样与系列延长

4.2.2.1 洪水选样

本次设计洪水计算分析主要采用林家村、魏家堡、咸阳、临潼及华县等站资料为依据。在各实测资料系列中，按"年最大值法"选取年最大洪峰流量系列。

4.2.2.2 资料系列的插补延长

由于各控制站实测资料系列长短不一，为使各站资料系列保持相对的连续性和一致性，提高设计洪水计算精度，应根据其具体条件，参照上、下游站或相邻站的资料建立相关方程进行插补延长。

（1）魏家堡站。

魏家堡站缺测年份采用其上游的林家村站作为参证站进行插补延长，采用魏、林两站

1944～1967 年每年最大同场洪水洪峰流量相关,$Q_{魏家堡} = kQ_{林家村} + b$,具体关系式如下:

$$Q_{魏家堡} = 0.906Q_{林家村} + 1\,041, R = 0.85 \tag{4-1}$$

以此求出魏家堡站 1934～1937 年、1947～1949 年、1968～1970 年洪峰流量系列,与魏家堡站实测洪水系列组成连续的长历时洪峰流量系列。

(2)临潼站。

临潼站缺测年份采用其下游的华县站作为参证站进行插补延长,由于参证站与设计站相距较近,区间来水又很少,所以相关关系较好。由于潼关高程在 1986 年比较低,与需要插补的 1935～1943 年、1950～1960 年河道条件最接近,因此,采用华县—临潼站的 1961～1986 年实测年最大洪峰流量短系列、1961～1986 年还原后最大洪峰流量短系列建立相关关系,插补延长临潼站 1935～1943 年、1950～1960 年的资料系列,见图 4-24、图 4-25。

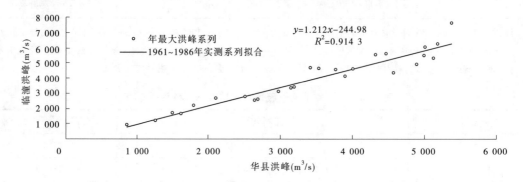

图 4-24 临潼—华县 1961～1986 年实测短系列年最大洪峰相关关系

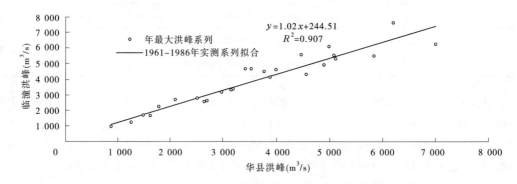

图 4-25 临潼—华县 1961～1986 年还原后短系列年最大洪峰相关关系

由上述插补结果可以看出,就实测和还原后的两组系列对比来看,实测系列的插补结果较还原系列偏大 1.8%～12.6%;就长、短系列的实测系列对比来看,实测短系列插补结果较长系列偏大 0.1%～4.2%,还原短系列插补结果较长系列偏小 0.04%～0.5%,由于短系列拟合年份河道条件比较接近插补年份,且从偏安全的角度考虑宜采用实测短系列结果,即临潼—华县年最大洪峰插补相关关系式为

$$Q_{临家村} = 1.212Q_{华县} - 244.98, R = 0.96 \tag{4-2}$$

以此求出临潼站 1935～1943 年、1950～1960 年洪峰流量系列,与临潼站实测洪水系列组成连续的长历时洪峰流量系列。

4.2.2.3 洪水资料还原

(1)林家村、魏家堡、咸阳站洪水资料还原。

林家村站以上干支流无大中型控制性水利枢纽工程,故林家村站实测洪峰流量可认同为天然值。而林咸区间的魏家堡、咸阳站因受千河冯家山水库和石头河大型水库调蓄影响,应进行还原计算。还原计算起始时间根据其建库时间确定为1972~2010年。

还原方法仍采用叠加流量与干流测站相应洪峰流量进行多元回归相关法(简称相关法)及合成流量法。经比较,两种还原成果差别较小,最后选择相关法成果作为采用成果。经复核,2000年以前仍采用以往还原成果,本次仅还原2001~2010年洪水资料。经过还原计算,得到无支流水库影响的魏家堡、咸阳站年最大洪峰流量的天然值。

(2)临潼、华县站洪水资料还原。

经过分析表明,由于相距较远,支流水库对渭河下游临潼、华县站和黄河潼关站的影响已经很小,故其洪水资料系列不再考虑中游支流水库影响,临潼站资料不做还原。

通过对各年河道大断面的变化、历年实测洪峰削减系数等方面的分析,发现1966年、1968年、1970年、1981年、1995年和2003年河道河槽蓄量有所增加,华县实测洪峰流量削减加大,故需对这些年份的年最大洪峰流量予以还原。对于华县站1966年、1968年、1970年、1981年的还原方法参照水利部黄河水利委员会勘测规划设计院1989年6月编制的《陕西省三门峡库区渭洛河下游治理规划》的还原方法,既用本站洪峰胖瘦系数Q_m/W_1为参数,由1日洪量相关还原;1995年和2003年的还原方法用本站洪峰与临潼站洪峰相关推求,还原成果见详表4-19。

表4-19 华县站洪峰流量还原计算成果对照

年份	1966	1968	1970	1981	1995	2003
实测	5 180	5 000	4 320	5 380	1 500	3 570
还原后	7 000	5 850	5 100	6 200	2 360	4 730

4.2.3 历史洪水及重现期确定

关于渭河中、下游和黄河潼关站历史洪水问题,早在20世纪五六十年代,黄委会水文局会同省水利厅、省水文水资源勘测局,曾进行过大量的洪水调查工作。1982~1984年,黄委会水文局与省水利厅在进行洪水资料整编工作时,对原调查成果做了进一步考证;陕西省水利厅汇编出版了《陕西省洪水调查资料》(1984年12月),本次以此成果为依据。

4.2.3.1 渭河中游

渭河林家村河段近百年曾发生七次大洪水,即同治十年(1866年)、光绪二十四年(1898年)、光绪二十七年(1901年)、光绪三十年(1904年)、宣统元年六月十五日(1909年7月31日)、民国二十二年六月二十二日(1933年8月10日)和1954年。由整编成果评价知:1933年洪峰流量为6 890 m³/s(较可靠),1954年为5 030 m³/s(可靠),其他年份历史洪水因资料条件差均未定量。并指出:以1933年洪水为最大,1954年次之。本次将1933年洪水重现期按调查期确定为82年一遇。

魏家堡河段调查到的历史洪水有1898年和1933年两场,由于干流修建渭惠渠大坝后,使该段河道变化很大,均未能推流定量。仅有访问记录,并按大小排序为1933年最大,1898

年次之,1954 年洪水排位第三。2000 年 7 月陕西省水利电力勘测设计研究院在编制《中游可研》时将魏家堡河段 1933 年洪水重现期按 1933 年以来最大进行排位,本次经复核仍采用其方法,将 1933 年洪水重现期确定为 82 年一遇。依据天然洪水分析的魏家堡站—林家村站洪峰相关关系:$Q_{m魏} = 0.906 Q_{m林} + 1\ 041(r = 0.85)$ 插补得魏家堡站 1933 年洪水洪峰流量为 7 280 m³/s。

咸阳河段调查到的历史洪水有 1898 年、1911 年、1933 年和 1954 年四场。按大小排序为 1898 年 11 600 m³/s(较可靠)最大,1954 年 8 010 m³/s(可靠)次之,再次为 1933 年 6 260 m³/s。1898 年历史洪水按调查期确定其重现期为 117 年一遇。

4.2.3.2　渭河下游

华县河段没有调查到历史洪水,其上游 38 km 处的沙王渡河段调查到 1898 年(光绪二十四年)和 1933 年两场历史洪水,按大小排序为 1898 年 11 500 m³/s(较可靠)最大,1933 年 8 340 m³/s(较可靠)次之。本次仍采用以往处理方法,将沙王渡河段调查历史洪水直接移用到华县河段。黄委会设计院在 1989 年 6 月编制的《陕西省三门峡库区渭洛河下游治理规划洪水分析部分》中,将渭河华县站 1898 年洪水作为历史大洪水,洪峰流量为 11 500 m³/s,重现期定为 72 年;2002 年《三门峡库区渭洛河下游防洪续建工程可行性研究报告》中将重现期定为 100 年,2005《渭洛河下游近期防洪工程建设可行性研究报告》中将重现期定为 105 年。

临潼河段调查到的历史洪水有 1849 年、1898 年、1933 年和 1954 年四场,由于此段河道变化很大,各次洪水均未能推流定量,仅有访问记录,可靠程度均无说明;按大小排序为 1849 年最大,1898 年次之,1933 年洪水排位为第三,1954 年洪水排位为第四。根据本次拟定的华县和临潼年最大洪峰系列相关关系推得临潼站 1898 年洪峰流量为 13 700 m³/s,1933 年洪峰流量为 9 860 m³/s。

参考上述记载和分析,依据 1984 年《陕西省洪水调查资料》,本次计算中,将临潼—华县站 1898 年洪水作为历史大洪水,洪峰流量定为 13 700 m³/s、11 500 m³/s,且认为 1898 年洪水是自 1898 年以来的最大洪水,重现期考虑为 1898 ~ 2011 年,即 117 年;1933 年洪水作为一般洪水,纳入实测洪水系列计算,洪峰流量分别采用 9 860 m³/s、8 340 m³/s。

4.2.4　采用洪水资料系列的三性审查

4.2.4.1　洪水资料的可靠性

渭河中下游各站年最大洪峰流量是依据《黄河流域三门峡水库区水文实验资料》正式整编的流量成果,且在黄河水利委员会 2001 年 3 月出版的《1919 ~ 1951 年及 1991 ~ 1998 年黄河流域主要水文站实测水沙特征值统计中》对各水文站的年最大洪峰流量整编成果没有进行修改;历史洪水采用《陕西省洪水调查资料》成果,该成果表明了调查洪水成果的可靠度,本次采用的成果均为可靠。魏家堡站与临潼站根据参证站进行资料系列插补延长,其与参证站相关系数分别为 0.85、0.96,相关性较好,插补成果较为可信。因此,本次分析采用资料系列总体可靠。

4.2.4.2　洪水资料的代表性

经过插补延长的资料系列,林家村站、魏家堡站、咸阳站、临潼站、华县站、潼关站分别有 1971 年、1971 年、1978 年、1970 年、1970 年、1992 年的洪水系列,另外还调查到 1843 年、1898 年以来较大的历史洪水,从差积曲线图可以看出(如临潼、华县站图 4-26、图 4-27 所示),各水文站资料系列中洪水丰、枯交替出现,各站洪水系列基本上包括了丰、平、枯时段和各种来水组合,且又加入了历史调查洪水;同时,从 $C_v \sim T$ 关系图可以看出,系列愈短,变幅愈大,随着系列增长,均值、变差系数 C_v 随历时变化也趋于稳定;因此,认为本次选用的洪水系列具有较好的代表性。

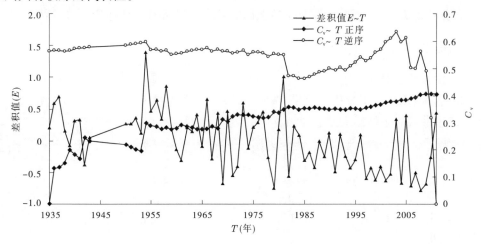

图 4-26　临潼站差积值(E)与历时(T)统计分析

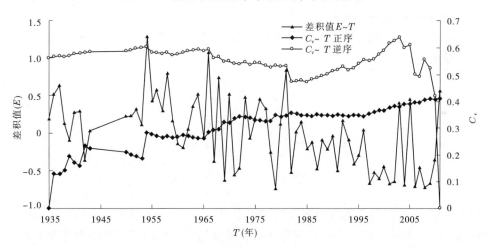

图 4-27　华县站差积值(E)与历时(T)统计分析

4.2.4.3　洪水资料的一致性

林家村建站以来,站址变动很小,其站址以上干支流无大中型控制性水利枢纽工程,故林家村站实测洪峰流量可认同为一致性较好。林咸区间的魏家堡、咸阳站因受千河冯家山水库和石头河大型水库调蓄影响,本次进行了还原计算,还原后的资料系列具有较好的一致性。

临潼站建站以来,测验断面没有变动,测验断面洪水资料一致性较好。就流域下垫面条件而言,自建站以来的变化多具有渐变性且幅度有限,其对洪水过程形成演变的影响也非常有限。此外,测验断面上游干支流修建的一些水利、水保工程虽点多面广,但规模均不大,对年最大洪水过程形成演变的影响可以忽略。因此,多年来流域降雨的产汇流条件,尤其是年最大洪水过程的形成条件并无明显改变,因而选样洪水系列具有较好的一致性。

华县站建站以来,虽然测验断面也没有变动,测验断面洪水资料一致性也较好,但由于三门峡水库蓄水运用,引起渭河下游下段河道条件发生改变,影响了洪峰资料的一致性,本次对华县站年份的年最大洪峰流量予以还原,还原以后的资料系列具有较好的一致性。

综合分析认为,经过还原计算改正后选用的洪峰资料系列均具有较好的一致性。

4.2.5 天然洪水频率计算

4.2.5.1 洪水经验频率

根据前述对历史洪水分析的结果,按不连续系列计算经验频率,相应于 a 个特大洪水和 $n-l$ 个连序洪水的计算公式分别为

$$P_M = \frac{M}{N+1}100\% \qquad M = 1、2、\cdots、a \tag{4-3}$$

$$P_m = \frac{m}{n+1}100\% \qquad m = l+1、\cdots、n \tag{4-4}$$

当某项洪水可以同时在 N 和 n 年系列中排位时,则求得几个经验频率,但一般采用系列较长的结果。

结合前面的分析,在洪峰经验频率计算中,临潼站、华县站 N 均取 114,n 取 72,a 取 1。

4.2.5.2 统计参数估计

对不连续系列,已知在 N 年中有 θ 个特大洪水,其中有 l 个发生在实测或插补系列中,则其矩法估值公式为

$$\overline{Q} = \frac{1}{N}\Big(\sum_{j=1}^{a} Q_j + \frac{N-a}{n-l}\sum_{i=l+1}^{n} Q_i \Big) \tag{4-5}$$

$$C_v = \sqrt{\frac{1}{N-1}\Big[\sum_{j=1}^{a}\Big(\frac{Q_j}{\overline{Q}}-1\Big)^2 + \frac{N-a}{n-l}\sum_{i=l+1}^{n}\Big(\frac{Q_i}{\overline{Q}}-1\Big)^2 \Big]}$$

或

$$C_v = \sqrt{\frac{1}{N-1}\Big[\sum_{j=1}^{a}(K_j-1)^2 + \frac{N-a}{n-l}\sum_{i=l+1}^{n}(K_i-1)^2 \Big]} \tag{4-6}$$

偏态系数 C_s 一般参考附近地区资料选定 C_s/C_v 值。参照有关规定,对于 $0.5 < C_v \leqslant 1.0$ 的地区,试用 $C_s/C_v = 2.5 \sim 3.5$。渭河中下游各水文站矩法估算初试值结果见表4-20。

表4-20 渭河中下游各水文站最大洪水矩法初值统计

河段	站名	洪水类型	均值(m³/s)	C_v	C_s/C_v
中游	林家村	年最大值	1 400	0.87	2.5~3.2
	魏家堡	年最大值	2 080	0.67	2.5~3.3
	咸阳	年最大值	2 860	0.62	2.5~3.4
下游	临潼	年最大值	3 950	0.54	2.5~3.5
	华县	年最大值	3 500	0.51	2.5~3.5

4.2.5.3 统计参数的适线确定

按前述矩法估计初值,应用 Pearson Ⅲ 型曲线进行目估经验适线,调整确定 Pearson Ⅲ

型曲线分布参数。此外,还应用四川省水利水电勘测设计研究院开发的《水文水利分析计算绘图软件系统(V13)》进行了频率分析计算,结合人工目估分析调整,确定分布参数及频率曲线,频率设计成果见表4-21。

就渭河干流各站年最大洪峰频率参数成果而言,临潼以上河段各站的系列均值逐渐增大、C_v值呈减小趋势,这符合地区洪水组成规律,也符合参数的地区分布规律;临潼—华县由于河道比降小,洪峰坦化变形严重,区间南山支流洪水一般不与干流较大洪水遭遇,且区间加水小于坦化变形,实测同场次洪水过程洪峰呈减小趋势,因此其均值减小、与C_v值略大是符合实际的渭河临潼—华县段的洪水演进规律。

表4-21　渭河中下游干流各站天然洪峰频率计算成果　　　　　　(单位:m³/s)

站名	资料系列			均值	C_v		C_s/C_v	各频率设计值 $P(\%)$							
	N	n	a		计算	采用		0.1	0.33	1	2	3.33	5	10	20
林家村	82	75	1	1 400	0.87	1.00	3.0	11 300	9 110	7 070	5 810	5 100	4 200	3 050	1 990
魏家堡	82	75	1	2 080	0.67	0.73	3.0	11 400	9 470	7 700	6 580	5 930	5 120	4 030	2 950
咸阳	117	84	1	2 860	0.62	0.66	3.0	14 000	11 700	9 660	8 330	7 570	6 610	5 320	4 010
临潼	117	74	1	3 950	0.51	0.58	3.0	16 700	14 200	11 900	10 400	9 570	8 480	6 980	5 420
华县	117	74	1	3 500	0.53	0.58	3.0	14 800	12 600	10 500	9 250	8 480	7 510	6 180	4 800

4.2.6　渭河干流设计洪水

4.2.6.1　支流水库对天然洪水影响

通过对"54"型典型洪水分析可知,支流水库对干流洪峰的实际削峰系数魏家堡为0.065,咸阳为0.076。以此系数推求10年一遇魏家堡站天然洪峰流量由4 030 m³/s削减到3 770 m³/s,咸阳站5 320 m³/s削减到4 910 m³/s;30年一遇魏家堡站由5 930 m³/s削减到5 500 m³/s,咸阳站由7 570 m³/s削减到6 990 m³/s;50年一遇魏家堡站由6 580 m³/s削减到6 150 m³/s,咸阳站由8 330 m³/s削减到7 700 m³/s;100年一遇魏家堡站由7 700 m³/s削减到7 200 m³/s,咸阳站由9 660 m³/s削减到8 920 m³/s。

由于相距较远,支流水库对渭河下游临潼站、华县站、潼关站的影响已经很小,故不考虑支流水库的影响。

4.2.6.2　堤防工程对设计洪水的影响和改正

渭河中游林、咸区间目前修建有堤防工程。堤防工程修建后,在不同程度上缩窄了天然河道的行洪断面,使原来天然河道中一部分滩地槽蓄的洪量变成修堤后的归槽行洪水量,致使原经水库影响后的天然洪峰值因受河槽槽蓄量的减少而增加。这种天然和加堤后设计断面洪峰流量变化,经分析,在魏家堡断面平均增加4.3%,咸阳断面平均增加9.1%。

由于实际情况如遇"54"型大洪水,规划河段少部分低标准堤防允许溃堤而出槽。本次参照《陕西省渭河中游干流防洪工程可行性研究报告》(简称《渭河可研》)成果,考虑到10年一遇洪水在天然河槽状态下基本属于归槽行洪,与修堤的行洪条件基本一致,故不再进行归槽改正;对"54"型(20年一遇)、30年一遇洪水,考虑低标准堤防保护范围小,溃堤范围的槽蓄量有限,按不溃堤条件取魏家堡改正系数4.3%、咸阳改正系数9.1%计;50年一遇洪水考虑堤防本身安全超高,加之人为抢险因素,其改正系数可取原计算值的一半;100年一遇洪水由于农堤被淹没,被淹没农堤及城区堤防仍占有部分天然河道槽蓄量,为安全取原计算改正系数的25%作为堤防影响改正值。

经过改正,魏家堡站10年一遇洪水直接采用考虑支流水库影响后的天然洪峰流量值 3 770 m³/s,"54"型(20年一遇)洪水由 4 790 m³/s 增加到 5 000 m³/s,30年一遇洪水由 5 540 m³/s 增加到 5 780 m³/s,50年一遇洪水由 6 150 m³/s 增加到 6 280 m³/s,100年一遇洪水由 7 200 m³/s 增加到 7 280 m³/s;咸阳站10年一遇洪水直接采用考虑支流水库影响后的天然洪峰流量值 4 910 m³/s,"54"型(20年一遇)洪水由 6 110 m³/s 增加到 6 670 m³/s,30年一遇洪水设计洪峰流量由 6 990 m³/s 增加到 7 630 m³/s,50年一遇洪水设计洪峰流量由 7 700 m³/s 增加到 8 050 m³/s,100年一遇洪水设计洪峰流量由 8 920 m³/s 增加到 9 120 m³/s。

渭河下游临潼站、华县站、潼关站不考虑堤防工程的影响,渭河中游林家村站也直接以天然洪水作为设计洪水。

4.2.7 成果对比与选用

渭河干流各站和黄河潼关站洪水频率分析计算工作,因规划和工程建设需要,以往进行过多次。《中游可研》《90规划》《下游可研》《渭河中下游可研》中的洪水频率分析计算成果都通过了陕西省水利厅和水利部的审查。各控制站本次计算成果与历次成果比较情况详见表4-22。

表4-22 各控制站历次洪水计算成果比较 （单位:m³/s）

站名	计算时间(年)	项目名称	资料系列			统计参数			不同频率 P(%) 洪峰流量设计值			
			N	n	a	均值	C_v	C_s/C_v	0.33	1	2	3.33
林家村	2011	渭河可研	78	71	1	1 400	1.03	3.0	9 450	7 290	5 970	5 020
	2000	中游可研		65	1	1 500	0.95	3.0		7 190	5 950	5 060
	2015	本次计算	82	75	1	1 400	1.00	3.0	9 110	7 070	5 810	5 100
魏家堡(天然)	2011	渭河可研	78	71	1	2 080	0.71	3.0	9 190	7 500	6 440	5 660
	2000	中游可研		65	1	2 300	0.68	3.0	7 970	6 870	6 070	
	2015	本次计算	82	75	1	2 080	0.75	3.0	9 470	7 700	6 580	5 930
魏家堡(设计)	2011	渭河可研	78	71	1			3.0		7 090	6 150	5 520
	2000	中游可研		65	1			3.0		7 530	6 560	5 920
	2015	本次计算	82	75	1			3.0		7 280	6 280	5 780
咸阳(天然)	2011	渭河可研	113	78	1	2 860	0.68	3.0	12 100	9 910	8 550	7 540
	2000	中游可研	100	65	1	3 040	0.62	3.0		9 700	8 450	7 520
	2015	本次计算	117	84	1	2 860	0.66	3.0	11 700	9 650	8 330	7 570
咸阳(设计)	2011	渭河可研	113	78	1			3.0		9 370	8 260	7 600
	2000	中游可研	100	65	1			3.0		9 170	8 160	7 580
	1990	90规划	72	37	1			3.0	11 400	9 700	8 570	7 740
	2015	本次计算	117	84	1			3.0	11 300	9 120	8 050	7 630

站名	计算时间(年)	项目名称	资料系列			统计参数			不同频率 P(%) 洪峰流量设计值			
			N	n	a	均值	C_v	C_s/C_v	0.33	1	2	3.33
临潼	2011	渭河可研	113	71	1	3 790	0.60	3.0	14 100	11 700	10 300	9 170
	1990	90 规划	72	30	1	5 060	0.50	3.0	17 000	14 200	12 400	11 100
	2005	下游可研	106	62	1	4 070	0.56	3.0		11 900	11 500	
	2015	本次计算	117	74	1	3 950	0.58	3.0	14 200	11 900	10 400	9 570
华县	2011	渭河可研	113	71	1	3 500	0.60	3.0	13 000	10 800	9 480	8 470
	1990	90 规划	72	30	1	4 460	0.46	4.0	13 800	11 700	10 300	9 330
	2005	下游可研	106	62	1	3 750	0.55	3.0		10 800	9 520	
	2015	本次计算	117	74	1	3 500	0.58	3.0	12 600	10 500	9 250	8 480
潼关	2011	渭河可研	1 000	92	1	7 550	0.56	4.0	28 300	23 300	20 200	17 900
	1990	90 规划	210	47	1	8 880	0.56	4.0	33 300	27 500	23 600	21 000
	2005	下游可研	1 000	82	1	7 920	0.55	4.0		24 100	20 900	
	2015	本次计算	1 000	96	1	7 550	0.58	4.0	28 800	23 700	20 400	18 500

从表 4-22 中可以看出,本次渭河中游各站复核成果与《中游可研》成果比较介于 4.27% ~ 0.79%,小于 5%,可认为基本一致;渭河下游各站和黄河潼关站复核成果比《90 规划》成果偏小 5% ~ 10%,其原因主要是 20 世纪 70 年代以后黄河、渭河发生大洪水次数偏少,使均值随系列延长逐渐减小,加之历史特大洪水重现期不断增长引起的。《下游可研》经计算分析比较后仍采用《90 规划》成果。鉴于此设计洪水涉及黄河治理、渭河规划诸多方面,为和上下游防洪工程设计标准保持一致,本次渭河中游各站设计洪水成果仍采用近期审查确定的《中游可研》中的成果,渭河下游各站和黄河潼关站设计洪水成果仍采用近期审查确定的《下游可研》中的成果作为本次防洪工程设计的依据。渭河干流各水文站不同频率设计洪峰流量成果见表 4-23。

表 4-23 渭河干流各水文站不同频率设计洪峰流量成果

水文站名称	流域面积(km^2)	不同频率 P(%) 设计值(m^3/s)						
		0.33	1	2	"54" 型	5	10	20
林家村	30 661	9 110	7 190	5 950	5 030	4 360	3 210	
魏家堡	37 012	9 470	7 530	6 560	5 640	5 300	4 050	
咸阳	46 827	11 400	9 170	8 160	7 280	6 840	5 100	
临潼	97 299	17 000	14 200	12 400		10 100	8 350	6 600
华县	106 498	13 800	11 700	10 300		8 530	7 160	5 770
潼关	682 141	33 300	27 500	23 600		18 900	15 200	11 700

4.3 水文测站水位流量关系分析确定

根据水文站历年较大洪水实测资料,河道冲淤变化分析与大洪水淤积分析,确定各水文站 2015 年汛前现状断面的水位流量关系,作为水面线推算的边界或验证依据。

4.3.1 实测洪水的定线

4.3.1.1 中游各水文站实测水位流量关系

点绘 1990 年以来林家村、魏家堡、咸阳站实测年最大流量与相应水位关系图,各站实测水位流量关系如图 4-28 ~ 图 4-30 所示(为与习惯采用的较大实测洪水一致,本小节实测水位流量关系采用各水文站基准高程)。从各站实测水位流量关系中看出,林家村站、魏家堡站关系较稳定,呈单一直线关系,咸阳站水位流量关系变化较大,2003 年之后咸阳站水位—流量关系明显下移 1.5 m 左右,同流量水位下降明显。

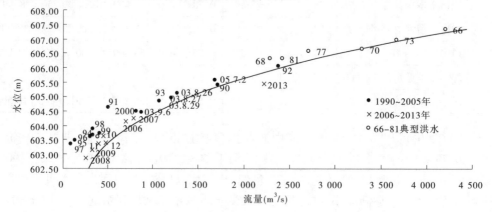

图 4-28　林家村站实测水位流量关系(1990 ~ 2013 年)

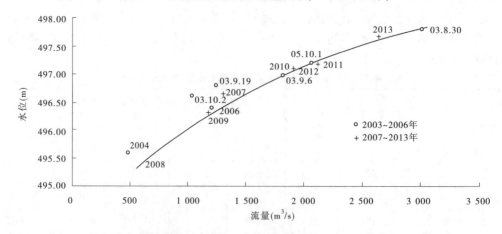

图 4-29　魏家堡(五)站实测水位流量关系(2003 ~ 2013 年)

从上述中游各站实测水位流量关系图可知,林家村站因属山区河道站,砂卵石河床,断面变化较小,水位流量关系点群呈带状分布,关系比较单一,除 1991 年点群外,同流量水位

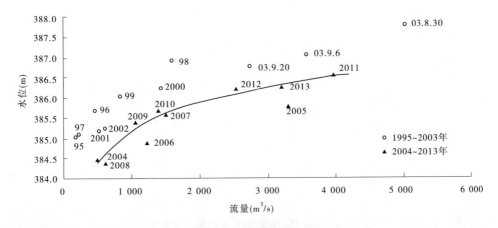

图 4-30　咸阳站实测水位流量关系(1995~2013 年)

变幅在 0.05~0.21 m。

魏家堡站 2000 年下迁 2 km,1990~2000 年年最大水位流量关系及 2003~2005 年场次水位流量关系低水点群变动较大,高水点群单一,关系较好。咸阳站 1995~1999 年来水来沙减少,河槽淤积,同流量水位抬升;2005 年由于咸阳湖的建设运用,河槽挖深展宽,平槽流量增大,故咸阳站实测水位流量关系以"05·10""11·9""13·7"几场较大场次洪水为主。

4.3.1.2　下游各水文站实测水位流量关系

"03·8"洪水过后,渭河下游河道变化较大。临潼水文站、华县水文站实测年最大洪水水位流量关系见图 4-31、图 4-32(为与习惯采用的较大实测洪水一致,本小节实测水位流量关系采用各水文站基准高程)。可以看出:两站洪水位变化均较为剧烈,临潼 1996 年后水位流量关系基本稳定,可以作为本次中低水水位流量关系;华县站 2004 年以来水位流量关系位于 1995~2003 关系线下方,说明 2004~2014 年华县河段有所冲刷,且水位流量关系较为稳定,可以作为本次确定的中低水华县水位流量关系。

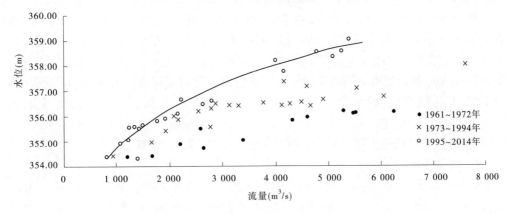

图 4-31　临潼站实测洪水水位流量关系

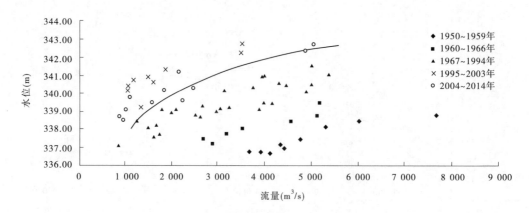

图 4-32　华县站实测洪水水位流量关系

4.3.2　大洪水淤积分析确定

4.3.2.1　渭河中游

根据调查,渭河中游段 1964 年以前无明显地冲刷和淤积,仅在汛前、汛后河床有局部升降现象。按林家村站、魏家堡站、咸阳站 3 个水文站汛前及汛后实测大断面资料统计,3 站冲淤变化范围分别为 2.0~2.5 m、1.5~2.0 m 和 2.0~5.0 m。

常兴桥以上河段以冲刷为主,仅魏家堡大坝上游约 10 km 范围内以淤积为主,常兴桥至吕村区段以淤积为主;吕村以下咸阳市区河段以淤滩冲槽为主,就断面平均值而言,仍以冲为主,仅咸阳水文站断面上下出现淤积。

通过对渭河现状实测断面的分析发现,由于近年来渭河中游河道内采砂、采石活动大量增加,河道主槽行洪断面迅速扩大,主槽段平均深度普遍达到 2~4 m,与原来中水河槽平均深 1.5 m 左右的状况已发生了明显的改变,主槽过洪能力已远大于原来拟定的中水整治流量,由原来 1~2 年一遇洪水流量提高到约 5 年一遇洪水。

渭河中游段纵向输沙量处于平衡状态,平面变化受堤防工程的控制已趋于稳定。根据调查走访,户县保安滩河段,1898~1962 年的 64 年中,渭河较大的变迁就达 7 次,摆幅最大达 5.0 km 以上,扶风龙渠寺至武功桥寨约 25 km 的河段,近百年来,河道南北摆动,逐年北移 2.5~4.0 km,河面宽由清同治年间的 500 m 左右发展到现在的 700~800 m。另外,通过套绘 1988 年至今河势图后发现,经多年治理,目前中游河段主槽单一,平面摆动不大,河势更为顺直,平面已趋稳定。若不出现较大洪水决堤改道,今后不会出现较大平面摆动。

因此,本次洪水位分析计算时,渭河中游河段不考虑大洪水淤积。

4.3.2.2　渭河下游

渭河下游洪水过程,河床一般以淤积为主,特别是高含沙大洪水淤积相当严重。根据实测资料分析,当渭河下游发生大洪水时,虽然冲淤变化比较复杂,但洪水淤积的影响仍然存在,即滩面和主槽均会产生一定淤积。本次计算从安全考虑,泾河口以下河段洪水淤积量及其分配仍采用《90 规划》的大洪水淤积预测成果,详见表 4-24。在洪水淤积铺沙计算时,仍按全断面铺沙考虑。

泾河口至沣河口段洪水淤积量预测以咸阳站 1954 年典型洪水的 12 d 洪量为放大依据,推求各频率洪水的设计次洪输沙量,计算咸阳—临潼河段淤积量,计算成果详见表 4-25。

表 4-24 渭河下游洪水淤积厚度计算

项目		黄淤41—渭淤10			渭淤10—渭淤37		
		全断面	槽	滩	全断面	槽	滩
河道面积（亿 m³）		2.089	0.798	1.291	2.637	1.057	1.579
100 年一遇	淤积量（亿 m³）	1.050			1.404		
	淤积厚度（m）	0.503			0.532		
50 年一遇	淤积量（亿 m³）	0.814	0.328	0.486	1.225	0.490	0.735
	淤积厚度（m）	0.390	0.411	0.376	0.465	0.464	0.465
20 年一遇	淤积量（亿 m³）	0.481	0.193	0.288	1.013	0.836	0.179
	淤积厚度（m）	0.230	0.242	0.223	0.384	0.791	0.113

表 4-25 "54 型"洪水咸阳—临潼河段淤积量计算成果

洪水频率	100 年一遇洪水	50 年一遇洪水	20 年一遇洪水	说明
咸阳站设计 12 d 洪量（亿 m³）	25.08	22.53	19.10	
咸阳站 54 年典型洪水 12 d 洪量（亿 m³）	9.791 5	9.791 5	9.791 5	
次洪沙量放大倍比	2.561 4	2.301	1.947 6	
咸阳站设计 12 d 次洪沙量（亿 t）	4.870 0	4.374 8	3.703 0	
张家山站设计 12 d 次洪沙量（亿 t）	1.183 6	1.063 3	0.900 0	
临潼站设计 12 d 次洪沙量（亿 t）	5.394 5	4.846 8	4.103 6	按次洪输沙量关系计算
咸阳—临潼 12 d 淤积量（亿 t）	0.659 1	0.591 4	0.499 4	
设计洪水前期淤积量（亿 t）	0.329 6	0.295 7	0.249 7	
前期淤积体积（亿 m³）	0.235 4	0.211 2	0.178 4	泥沙容重为 1.40 t/m³
咸阳—临潼区间面积（亿 m²）	0.749	0.749	0.749	
大洪水淤积厚度（m）	0.314	0.282	0.238	

4.3.3 高水部分的延长

4.3.3.1 中游各水文站水位流量关系确定

各测站水位流量关系曲线低水部分均用实测年最大流量、水位点绘,高水延长采用过水面积 A 与 $100\ vh^{1/3}/B$ 关系计算,并参考《渭河可研》中设计洪水确定。

林家村(三)站断面稳定,低水部分以实测年最大洪水量,并以 1954 年洪水位为控制点,高水参考渭河整治成果确定,见图 4-33。

魏家堡站由于断面下迁,低水部分以 2003~2013 年实测年最大洪水量为依据。高水以

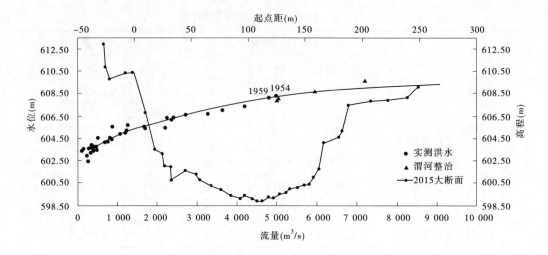

图 4-33　林家村水位流量关系

2003 年以来 1 500 m³/s 以上实测流量成果,建立断面过水面积 A 与 100 $vh^{1/3}/B$ 关系见图 4-34,高水部分 k = 100 $vh^{1/3}/B$ 趋于定值 0.45。并以此计算 2015 年汛前实测断面条件下各级水位平均流速和流量,进行高水部分延长,并参照可研成果确定水位流量关系见图 4-35。

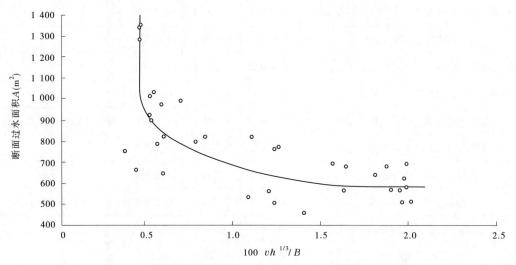

图 4-34　魏家堡站 A 与 100 $vh^{1/3}/B$ 关系

咸阳站现状水位流量关系中低水部分以 1995 ~ 2014 年实测点为依据,高水部分采用 1975 ~ 2013 年的实测流量 2 000 m³/s 以上时,断面过水面积 A 与 $100vh^{1/3}/B$ 关系 $v = 0.01 \times (0.000\,77A - 0.25)B/h^{1/3}$(详见图 4-36)延长,确定的咸阳站现状水位流量关系见图 4-37。

4.3.3.2　下游各水文站水位流量关系确定

临潼站水位流量关系的中、低水部分采用 1974 ~ 2013 年实测水位流量点据外包线确定,高水部分综合 R—K 关系曲线法,按点据外包线定出成果控制,按趋势外延。图 4-38 中高水部分点据关系趋于定值 0.16,据此在 2015 年 5 月实测大断面的基础上,按 $v = 0.001\,6$

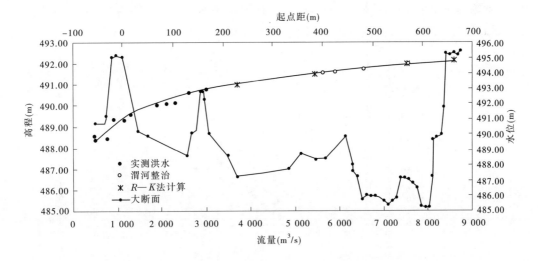

图 4-35　魏家堡站水位流量关系

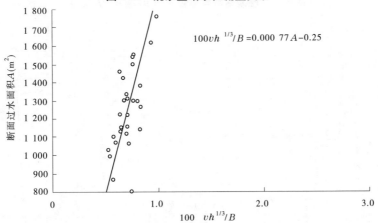

$$100vh^{1/3}/B = 0.000\ 77A - 0.25$$

图 4-36　咸阳站断面面积 A 与 $100\ vh^{1/3}/B$ 关系

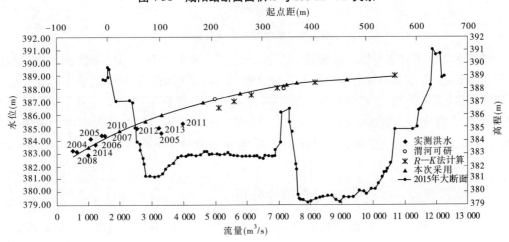

图 4-37　咸阳站水位流量关系

$B/h^{1/3}$推算各级水位相应的流速和流量,进行高水曲线外延。经综合分析,考虑洪水淤积,按点据外包线定出临潼站高水水位—流量曲线,详见图4-39。

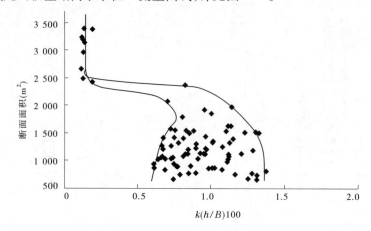

图4-38 临潼站断面面积 A 与 $100 \, vh^{1/3}/B$ 关系

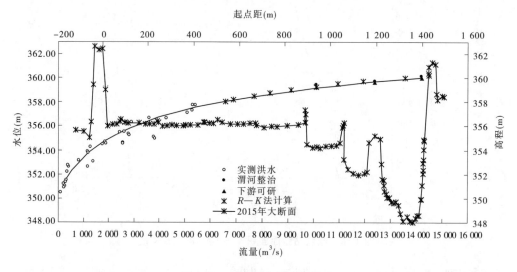

图4-39 临潼站水位流量关系

渭河下华县水文站现状水位流量关系中、低水部分采用1974～2013年实测水位流量点据外包线确定,高水部分综合 $R—K$ 关系曲线法,参考《渭洛河下游近期防洪工程建设可行性研究报告》成果控制,按趋势外延。图4-40中高水部分点据关系趋于定值0.0303,据此在2015年5月实测大断面的基础上,按 $v = 0.0303B/h^{1/3}$ 推算各级水位相应的流速和流量,进行高水曲线外延。经综合分析,拟出现状条件下的华县站高水水位流量关系曲线,详见图4-41。

4.3.4 水位流量关系的确定与合理性分析

渭河中下水游各水文站的水位流量关系中、低水部分采用近期实测水位流量关系确定,高水部分参考《下游可研》《中游可研》《渭河可研》中分析确定的各水文站水位流量关系、$R—K$ 关系曲线法计算点据进行外延。

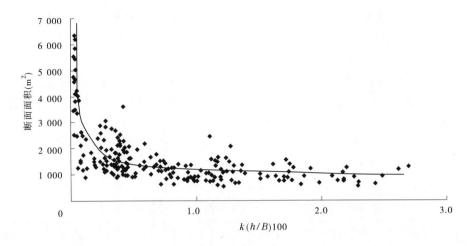

图 4-40 华县站断面面积与 $100\,vh^{1/3}/B$ 关系

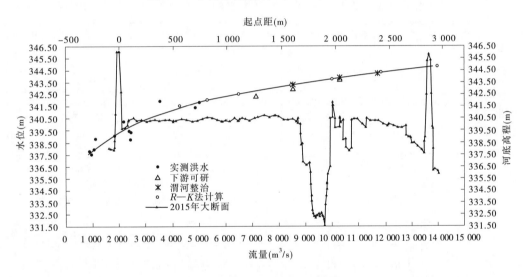

图 4-41 渭河华县站水位流量关系

渭河中游是冲淤平衡性河流,其水位流量关系外延的办法是首先套绘三站实测汛前、汛后大断面图进行河道大断面冲淤变化分析,并将最近几年大断面与历年实测汛后大断面进行比较,本次采用 2015 年 5 月实测大断面作为设计断面。然后套绘林家村站、魏家堡站、咸阳站三站历年实测水位流量关系。由于河床不稳定加之洪水涨落的影响,使水位流量关系稍呈绳套形,使三站实测水位流量关系不呈单一曲线,而为一带状分布,本次采用涨水点据的外包线作为采用的水位流量关系。在外延水位流量关系时,林家村站以 1933 年 8 月 1 日洪水的调查洪痕作为外延控制点,咸阳站以 1898 年 8 月 3 日、1933 年 8 月 1 日洪水的调查洪痕作为外延控制点,并参考《中游可研》确定的各水文站水位流量关系,顺势稍加修正延长。对于三站水位流速关系曲线,因其在高水时接近直线,可顺势延长,并结合相应的水位面积关系曲线转换为水位流量关系曲线。魏家堡站因没有调查到历史洪水洪痕,主要依据水位流速关系、水位面积关系进行延长,并以水力学"曼宁公式"延长进行验证。

渭河下游是淤积性河流,其水位流量关系外延的办法是首先套绘临潼站、华县站两站近期(2000年以来)实测水位流量关系,R—K进行高水部分延长,并考虑到大洪水河道淤积进行外延;然后对比《下游可研》确定的各水文站水位流量关系,进行综合分析后确定,渭河中下游各水文站断面水位流量关系成果详见表4-26。

本次渭河中下游各水文站水位—流量关系的推求,渭河中下游各站中低水部分采用实测点据定线,成果可靠。高水部分在考虑了近期河槽变化的基础上,综合了以往规划、可研成果与本次2015年汛前实测地形按R—K关系曲线法计算的成果,较为可信合理。渭河中游各站不考虑大洪水淤积;下游各站考虑各级不同频率大洪水淤积,泾河口以下河段大洪水淤积采用以往规划与可研多次复核采用成果,咸阳至泾河口河段采用"54"型洪水过程按不同频率放大成果,也经多次复核使用,均较为合理与可靠。

表4-26　渭河中下游各水文站断面水位—流量关系成果

林家村 水文站	水位(m)	603.90	605.60	606.33	607.40	608.22	608.25	608.66	609.05	609.38
	流量 (m³/s)	505	1 670	2 420	3 670	5 030	5 060	5 950	7 190	9 110
魏家堡 水文站	水位(m)	489.77	490.20	490.79	491.32	491.60	491.67	491.79	491.96	492.24
	流量 (m³/s)	1 300	1 860	3 000	4 500	5 640	5 920	6 560	7 530	9 470
咸阳 水文站	水位(m)	385.89	386.90	387.60	388.22	388.29	388.38	388.51	388.71	389.04
	流量 (m³/s)	3 310	4 600	5 770	7 160	7 280	7 580	8 160	9 170	11 400
临潼 水文站	水位(m)	355.84	356.75	357.50	358.09	358.69	359.16	359.71	360.03	360.48
	流量 (m³/s)	2 800	4 000	5 270	6 600	8 350	10 100	12 400	14 200	17 000
华县 水文站	水位(m)	339.00	340.68	341.78	342.25	342.83	343.30	343.83	344.28	344.80
	流量 (m³/s)	1 700	3 300	4 880	5 770	7 160	8 530	10 300	11 700	13 800

综上所述,本次确定的渭河中下游各水文站水位流量关系考虑了近期河槽变化与以往规划、可研等成果,基本合理,总体上较为可靠,可以用以作为推求渭河中下游河槽与河道过洪能力的基础。

4.4　水面线计算数学模型选用及其参数率定

4.4.1　计算原理

天然河道水面线推算一般采用明槽恒定非均匀渐变流基本方程,公式为

$$-\frac{\mathrm{d}z}{\mathrm{d}s} = \alpha\frac{\mathrm{d}}{\mathrm{d}s}\left(\frac{v^2}{2g}\right) + \frac{Q^2}{K^2} \tag{4-7}$$

上述方程利用差分法展开,其中对计算河段变化不大的相邻断面,上、下游断面流量模

数 K 的平均值采用以下公式计算：

$$\frac{1}{K^2} = \frac{1}{2}\left(\frac{1}{K_u^2} + \frac{1}{K_d^2}\right) \tag{4-8}$$

则方程两边可以分别写成上、下游两个断面的函数

$$z_u + \alpha\frac{v_u^2}{2g} - \frac{\Delta s}{2}\frac{Q^2}{K_u^2} = z_d + \alpha\frac{v_d^2}{2g} + \frac{\Delta s}{2}\frac{Q^2}{K_d^2} \tag{4-9}$$

式中：z_u、z_d 分别为上、下断面水位，m；v_u、v_d 分别为上、下断面平均流速，m/s；Q 为河段流量，m³/s；Δs 为断面间距，m；α 为动能改正系数，对天然河流为 1.15 ~ 1.50；$K_u = \frac{A_u(R_u)^{\frac{2}{3}}}{n_u}$；$K_d = \frac{A_d(R_d)^{\frac{2}{3}}}{n_d}$；$A_u$、$A_d$ 分别为上、下断面过水面积，m²；R_u、R_d 分别为上、下断面水力半径，m。

按照上述公式由下游断面水位向上游断面逐段进行洪水位推算，可得计算河段各断面水位值。

4.4.2　特殊问题处理

4.4.2.1　边界条件

主要为下边界条件，进行模型验证时，直接采用验证洪水年份下边界断面的实测水位；演算现状洪水水面线时，采用下边界断面现状年的水位—流量关系。

4.4.2.2　河道糙率

渭河中下游为典型的复式断面，滩、槽格局分明，滩、槽糙率相异。计算程序中，对全断面综合糙率的考虑，主要体现在断面平均流量模数的处理上，具体操作如下：

(1)根据断面形态划分主槽与滩面，分别求出主槽及滩面的面积(A_c、A_t)、水力半径(R_c、R_t)等水力要素。

(2)给定主槽及滩面的糙率 n_c、n_t。

(3)根据滩槽划分，分别计算主槽及滩面的流量模数 K_c、K_t，其中，$K_c = \frac{A_c R_c^{2/3}}{n_c}$，$K_t = \frac{A_t R_t^{2/3}}{n_t}$。

(4)假定滩槽及全断面比降一致，全断面流量为滩面流量与主槽流量之和，根据曼宁公式有 $Q = Q_c + Q_t$，即 $\frac{1}{n}AR^{2/3}J^{1/2} = \frac{1}{n_c}A_c R_c^{2/3}J^{1/2} + \frac{1}{n_t}A_t R_t^{2/3}J^{1/2}$，代入流量模数后 $K_z J^{1/2} = K_c J^{1/2} + K_t J^{1/2}$，得 $K_z = K_c + K_t$，其中，K_z 为断面流量模数。

4.4.2.3　流量沿程变化

根据实测的水文资料可知，渭河中游从林家村—咸阳河段，区间内有千河、黑河等多条支流入汇，洪峰流量沿程增大；咸阳—临潼河段，区间有沣河、灞河及泾河三条较大支流入汇，洪峰流量沿程增大；临潼—华县河段，区间内有石川河及若干南山支流入汇，但由于河道比降小、洪峰坦化变形严重，支流洪水一般不与干流洪水较大遭遇，且区间加水小于坦化变形，实测同场次洪水过程洪峰呈减小趋势，因而洪峰流量表现出沿程衰减的态势。根据上述各河段洪峰流量沿程的变化特征，在开展河段水面线计算的过程中，各计算断面的流量取值

按照表 4-27 处理。

表 4-27　渭河中下游各河段洪峰流量沿程变化处理

河段	采用流量数值
林家村站—千河入渭口	林家村洪峰流量
千河入渭口—黑河入渭口	魏家堡洪峰流量
黑河入渭口—咸阳站	咸阳洪峰流量
咸阳站—泾河入渭口	咸阳洪峰流量
泾河入渭口—临潼站	临潼洪峰流量
临潼站—华县站	以临潼站与华县站洪峰流量为依据, 根据距离线性插值推求各断面流量
华县站—渭淤 1	华县站洪峰流量

4.4.3　模型验证

4.4.3.1　1981 年洪水

采用 1981 年汛前渭淤 37—渭淤 1 断面开展洪水验证计算,各断面实测洪痕与计算水位见表 4-28,差值对比如图 4-42 所示。计算值与实测值相比,差值介于 −0.18 ~ 0.22 m,差值平均为 0.10 m。

表 4-28　1981 年洪水验证成果对比

断面名称	距离 (m)	洪痕 (m)	计算水位 (m)	水位差值 (m)	测站最大水 位变幅(m)	占水位变幅 比例(%)
渭淤 1	195 110	330.65	330.70	0.05		1.09
渭淤 2	188 700	331.90	331.98	0.08		1.74
渭淤 3	181 880	333.20	333.33	0.13		2.83
渭淤 4	177 940	333.80	333.89	0.09		1.96
渭淤 5	173 860	334.60	334.48	−0.12		−2.61
渭淤 6	168 750	335.10	335.03	−0.07		−1.52
渭淤 7	159 450	336.60	336.70	0.10		2.17
渭淤 8	148 950	337.80	337.93	0.13		2.83
渭淤 9	142 710	339.15	339.26	0.11		2.39
渭淤 10	133 410	340.05	339.95	−0.10	4.6	−2.17
渭淤 11	124 370	341.65	341.58	−0.07		−1.52
渭淤 12	119 390	341.90	342.02	0.12		2.61
渭淤 13	115 540	342.90	342.76	−0.14		−3.04
渭淤 14	111 310	343.75	343.69	−0.06		−1.30
渭淤 15	108 360	344.00	344.07	0.07		1.52
渭淤 16	103 810	344.60	344.67	0.07		1.52
渭淤 17	98 150	345.95	346.03	0.08		1.74
渭淤 18	94 570	347.20	347.11	−0.09		−1.96
渭淤 19	87 930	348.10	348.15	0.05		1.09

断面名称	距离 （m）	洪痕 （m）	计算水位 （m）	水位差值 （m）	测站最大水 位变幅（m）	占水位变幅 比例（%）
渭淤 20	82 670	348.85	348.78	-0.07		-1.61
渭淤 21	78 380	349.35	349.44	0.09		2.06
渭淤 22	73 510	350.70	350.59	-0.11		-2.52
渭淤 23	66 450	352.95	353.06	0.11	4.36	2.52
渭淤 24	63 200	353.60	353.69	0.09		2.06
渭淤 25	58 930	354.75	354.66	-0.09		-2.06
渭淤 26	52 620	356.85	356.92	0.07		1.61
渭淤 27	48 020	358.55	358.37	-0.18		-4.13
渭淤 28	38 350	362.25	362.47	0.22		7.17
渭淤 29	34 290	365.00	365.13	0.13		4.23
渭淤 30	31 260	367.45	367.32	-0.13		-4.23
渭淤 31	27 450	369.25	369.34	0.09		2.93
渭淤 32	21 900	372.20	372.12	-0.08	3.07	-2.61
渭淤 33	17 890	374.90	374.99	0.09		2.93
渭淤 34	13 070	377.90	377.81	-0.09		-2.93
渭淤 35	8 860	379.90	379.80	-0.10		-3.26
渭淤 36	4 170	383.25	383.34	0.09		2.93
渭淤 37	0	386.60	386.71	0.11		3.58
平均				0.10		1.07

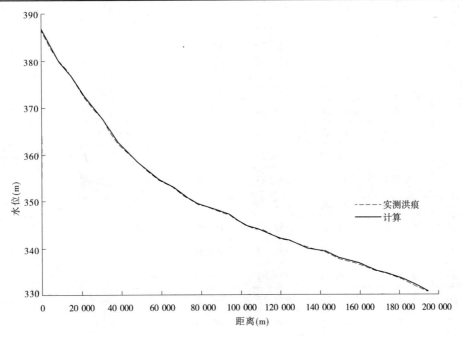

图 4-42　1981 年洪水验证成果差值对比

4.4.3.2 2003 年洪水。

采用 2003 年汛前渭淤 37—渭淤 1 断面开展洪水验证计算,各断面实测洪痕与计算水位见表 4-29,差值对比如图 4-43 所示。计算值与实测值相比,差值介于 − 0.26 ~ 0.25 m,差值平均为 0.15 m。

表 4-29　2003 年洪水验证成果对比

断面名称	距离(m)	洪痕		计算水位(m)	水位差值(m)	测站最大水位变幅(m)	占水位变幅比例(%)
		大沽高程(m)	85 高程(m)				
渭淤 1	195 110	332.20	330.95	331.05	0.10		2.15
渭淤 2	188 700	333.91	332.66	332.79	0.13		2.79
渭淤 3	181 880	334.51	333.26	333.48	0.22		4.72
渭淤 4	177 940	335.58	334.33	334.48	0.15		3.22
渭淤 5	173 860	336.06	334.81	335.06	0.25		5.36
渭淤 6	168 750	337.31	336.06	336.16	0.10		2.15
渭淤 7	159 450	339.23	337.98	337.72	− 0.26		− 5.58
渭淤 8	148 950	341.01	339.76	339.95	0.19		4.08
渭淤 9	142 710	342.14	340.89	340.71	− 0.18		− 3.86
渭淤 10	133 410	343.23	341.98	341.82	− 0.16	4.66	− 3.43
渭淤 11	124 370	344.41	343.16	343.29	0.13		2.79
渭淤 12	119 390	345.41	344.16	344.02	− 0.14		− 3.00
渭淤 13	115 540	345.86	344.61	344.49	− 0.12		− 2.58
渭淤 14	111 310	346.62	345.37	345.25	− 0.12		− 2.58
渭淤 15	108 360	347.04	345.79	346.00	0.21		4.51
渭淤 16	103 810	347.50	346.25	346.14	− 0.11		− 2.36
渭淤 17	98 150	348.62	347.37	347.26	− 0.11		− 2.36
渭淤 18	94 570	349.26	348.01	348.11	0.10		2.15
渭淤 19	87 930	350.17	348.92	348.73	− 0.19		− 4.08
渭淤 20	82 670	351.09	349.84	349.71	− 0.13		− 3.16
渭淤 21	78 380	352.48	351.23	351.11	− 0.12		− 2.92
渭淤 22	73 510	353.30	352.05	352.19	0.14		3.41
渭淤 23	66 450	354.67	353.42	353.52	0.10		2.43
渭淤 24	63 200	354.67	353.42	353.56	0.14	4.11	3.41
渭淤 25	58 930	356.76	355.51	355.40	− 0.11		− 2.68
渭淤 26	52 620	358.40	357.15	357.28	0.13		3.16
渭淤 27	48 020	360.10	358.85	358.70	− 0.15		− 3.65

断面名称	距离（m）	洪痕		计算水位（m）	水位差值（m）	测站最大水位变幅（m）	占水位变幅比例（%）
		大沽高程（m）	85 高程（m）				
渭淤 28	38 350	363.82	362.57	362.78	0.21		5.75
渭淤 29	34 290	365.49	364.24	364.36	0.12		3.29
渭淤 30	31 260	367.67	366.42	366.19	-0.23		-6.30
渭淤 31	27 450	370.25	369.00	368.76	-0.24		-6.58
渭淤 32	21 900	373.38	372.13	372.24	0.11	3.65	3.01
渭淤 33	17 890	375.94	374.69	374.86	0.17		4.66
渭淤 34	13 070	379.20	377.95	377.70	-0.25		-6.85
渭淤 35	8 860	381.45	380.20	380.03	-0.17		-4.66
渭淤 36	4 170	385.60	384.35	384.31	-0.04		-1.10
渭淤 37	0	387.58	386.33	386.22	-0.11		-3.01
平均					0.15		3.62

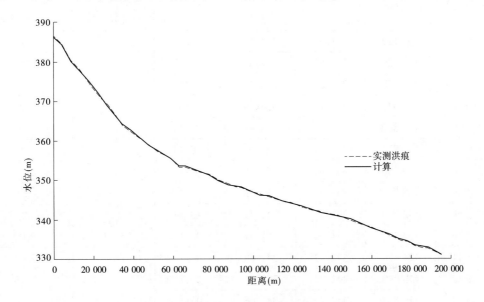

图 4-43 2003 年洪水验证成果差值对比

4.4.3.3 2005 年洪水。

采用 2005 年汛前渭淤 37—渭淤 1 断面开展洪水验证计算，各断面实测洪痕与计算水位如图 4-44 及表 4-30 所示。计算值与实测值相比，差值介于 -0.17 ~ 0.17 m，差值平均为 0.13 m。

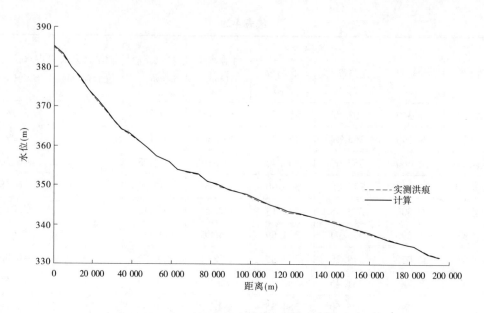

图 4-44 2005 年洪水验证成果差值对比

表 4-30 2005 年洪水验证成果对比

断面名称	距离（m）	洪痕（m）	计算水位（m）	水位差值（m）	测站最大水位变幅（m）	占水位变幅比例（%）
渭淤 1	195 110	331.64	331.64	0		0
渭淤 2	188 700	332.56	332.43	−0.13		−2.39
渭淤 3	181 880	334.30	334.42	0.12		2.21
渭淤 4	177 940	334.74	334.89	0.15		2.76
渭淤 5	173 860	335.30	335.41	0.11		2.02
渭淤 6	168 750	336.11	335.97	−0.14		−2.57
渭淤 7	159 450	337.64	337.75	0.11		2.02
渭淤 8	148 950	339.43	339.32	−0.11		−2.02
渭淤 9	142 710	340.55	340.41	−0.14		−2.57
渭淤 10	133 410	341.56	341.67	0.11	5.44	2.02
渭淤 11	124 370	342.72	342.83	0.11		2.02
渭淤 12	119 390	342.94	343.11	0.17		3.13
渭淤 13	115 540	343.90	344.06	0.16		2.94
渭淤 14	111 310	344.72	344.83	0.11		2.02
渭淤 15	108 360	345.20	345.05	−0.15		−2.76
渭淤 16	103 810	345.99	346.12	0.13		2.39
渭淤 17	98 150	347.44	347.59	0.15		2.76
渭淤 18	94 570	348.13	347.99	−0.14		−2.57
渭淤 19	87 930	348.98	348.82	−0.16		−2.94

断面名称	距离(m)	洪痕(m)	计算水位(m)	水位差值(m)	测站最大水位变幅(m)	占水位变幅比例(%)
渭淤 20	82 670	350.05	350.15	0.10		2.02
渭淤 21	78 380	350.93	350.80	−0.13		−2.63
渭淤 22	73 510	352.63	352.77	0.14		2.83
渭淤 23	66 450	353.33	353.46	0.13		2.63
渭淤 24	63 200	354.01	353.84	−0.17	4.94	−3.44
渭淤 25	58 930	355.75	355.87	0.12		2.43
渭淤 26	52 620	357.30	357.18	−0.12		−2.43
渭淤 27	48 020	359.33	359.21	−0.12		−2.43
渭淤 28	38 350	362.78	362.93	0.15		6.52
渭淤 29	34 290	364.26	364.12	−0.14		−6.09
渭淤 30	31 260	365.92	365.80	−0.12		−5.22
渭淤 31	27 450	368.41	368.55	0.14		6.09
渭淤 32	21 900	371.62	371.72	0.10	2.3	4.35
渭淤 33	17 890	373.94	373.80	−0.14		−6.09
渭淤 34	13 070	377.27	377.38	0.11		4.78
渭淤 35	8 860	379.80	379.68	−0.12		−5.22
渭淤 36	4 170	383.00	383.10	0.10		4.35
渭淤 37	0	384.78	384.91	0.13		5.65
平均				0.13		3.22

4.4.3.4 2011 年洪水

采用 2011 年汛前渭淤 37—渭淤 1 断面开展洪水验证计算,各断面实测洪痕与计算水位见表 4-31,对比如图 4-45 所示。计算值与实测值相比,误差介于 −0.26~0.23 m,差值平均为 0.17 m。

表 4-31 2011 年洪水验证成果对比

断面名称	距离(m)	洪痕(m)	计算水位(m)	水位差值(m)	测站最大水位变幅(m)	占水位变幅比例(%)
渭淤 1	195 110	331.91	331.92	0.01		0.25
渭淤 2	188 700	333.27	333.48	0.21		5.32
渭淤 3	181 880	334.10	334.27	0.17	3.95	4.30
渭淤 4	177 940	334.63	334.78	0.15		3.80
渭淤 5	173 860	335.32	335.47	0.15		3.80
渭淤 6	168 750	336.35	336.52	0.17		4.30

断面名称	距离(m)	洪痕(m)	计算水位(m)	水位差值(m)	测站最大水位变幅(m)	占水位变幅比例(%)
渭淤 7	159 450	338.11	337.85	-0.26		-6.58
渭淤 8	148 950	339.37	339.59	0.22		5.57
渭淤 9	142 710	340.70	340.50	-0.20		-5.06
渭淤 10	133 410	342.05	341.89	-0.16		-4.05
渭淤 11	124 370	343.33	343.53	0.20		5.06
渭淤 12	119 390	343.52	343.37	-0.15		-3.80
渭淤 13	115 540	344.65	344.45	-0.20	3.95	-5.06
渭淤 14	111 310	345.31	345.08	-0.23		-5.82
渭淤 15	108 360	345.77	345.97	0.20		5.06
渭淤 16	103 810	346.74	346.50	-0.24		-6.08
渭淤 17	98 150	347.91	347.73	-0.18		-4.56
渭淤 18	94 570	348.41	348.58	0.17		4.30
渭淤 19	87 930	348.87	348.72	-0.15		-3.80
渭淤 20	82 670	350.32	350.19	-0.13		-2.50
渭淤 21	78 380	351.38	351.22	-0.16		-3.07
渭淤 22	73 510	352.80	352.97	0.17		3.26
渭淤 23	66 450	353.90	354.13	0.23		4.41
渭淤 24	63 200	354.51	354.62	0.11	5.21	2.11
渭淤 25	58 930	355.66	355.52	-0.14		-2.69
渭淤 26	52 620	358.22	358.35	0.13		2.50
渭淤 27	48 020	359.23	359.10	-0.13		-2.50
渭淤 28	38 350	362.70	362.91	0.21		7.12
渭淤 29	34 290	363.50	363.67	0.17		5.76
渭淤 30	31 260	364.94	364.70	-0.24		-8.14
渭淤 31	27 450	366.63	366.496	-0.13		-4.54
渭淤 32	21 900	369.76	369.86	0.10		3.39
渭淤 33	17 890	371.43	371.56	0.13	2.95	4.41
渭淤 34	13 070	375.28	375.05	-0.23		-7.80
渭淤 35	8 860	377.61	377.45	-0.16		-5.42
渭淤 36	4 170	382.23	382.16	-0.07		-2.37
渭淤 37	0	384.81	384.72	-0.09		-3.05
平均				0.17		4.37

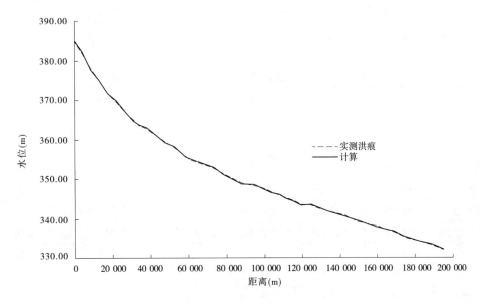

图 4-45　2011 年洪水验证成果差值对比

4.4.3.5　2013 年洪水

采用 2013 年汛前渭淤 37—渭淤 1 断面开展洪水验证计算,各断面实测洪痕与计算水位如图 4-46 及表 4-32 所示。计算值与实测值相比,误差介于 -0.23~0.18 m,差值平均为 0.11 m。

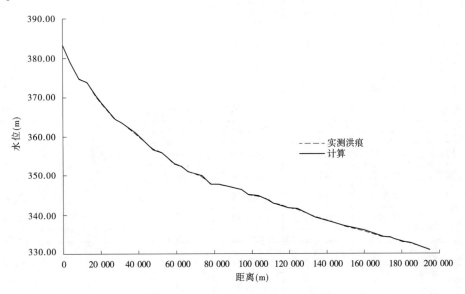

图 4-46　2013 年洪水验证成果差值对比

4.4.4　计算方法合理性分析

采用能量方程推算天然河道水面线,其理论相对严谨,规划设计中使用广泛,特别适合用于无资料断面的水位推算。模型选用了 1981 年、2003 年、2005 年、2011 年及 2013 年洪水进行洪水验证,验证结果表明,各年计算结果与实测成果基本接近。说明利用能量方程推算渭河干流水面线精度较好,该方法的计算成果可以反映渭河滩槽分明格局下的水流运动特性,可以用来推算现状地形条件下各级洪水频率水面线。

表 4-32 2013 年洪水验证实测洪痕和计算水位成果

断面名称	距离(m)	洪痕(m)	计算水位(m)	水位差值(m)	测站最大水位变幅(m)	占水位变幅比例(%)
渭淤 1	195 110	330.75	330.75	0		0
渭淤 2	188 704	332.00	332.09	0.09		2.62
渭淤 2 + 1	184 294	332.53	332.71	0.18		5.23
渭淤 3	181 879	332.85	332.89	0.04		1.16
渭淤 3 + 1	179 724	333.00	333.14	0.14		4.07
渭淤 4	177 939	333.39	333.49	0.10		2.91
渭淤 4 + 1	175 879	333.85	333.64	−0.21		−6.10
渭淤 5	173 865	334.05	334.22	0.17		4.94
渭淤 5 + 1	170 550	334.23	334.17	−0.06		−1.74
渭淤 6	168 755	334.43	334.35	−0.08		−2.33
渭淤 7	159 455	335.82	335.93	0.11	3.44	3.20
渭淤 8	148 955	337.09	336.96	−0.13		−3.78
渭淤 9	142 710	338.13	338.02	−0.11		−3.20
渭淤 10	133 410	339.43	339.33	−0.10		−2.91
渭淤 11	124 370	341.30	341.44	0.14		4.07
渭淤 12	119 390	341.59	341.54	−0.05		−1.45
渭淤 13	115 540	342.45	342.32	−0.13		−3.78
渭淤 14	111 315	342.83	342.93	0.10		2.91
渭淤 15	108 360	343.76	343.62	−0.14		−4.07
渭淤 16	103 815	344.65	344.60	−0.05		−1.45
渭淤 17	98 155	345.13	345.04	−0.09		−2.62
渭淤 18	94 575	346.17	346.24	0.07		2.03
渭淤 19	87 935	347.00	347.13	0.13		3.78
渭淤 20	82 670	347.60	347.68	0.08		2.36
渭淤 21	78 380	347.78	347.71	−0.07		−2.06
渭淤 22	73 515	349.75	349.83	0.08		2.36
渭淤 23	66 455	351.07	350.92	−0.15	3.39	−4.42
渭淤 24	63 205	352.19	352.32	0.13		3.83
渭淤 25	58 930	352.92	352.98	0.06		1.77
渭淤 26	52 620	355.86	355.69	−0.17		−5.01
渭淤 27	48 020	356.64	356.41	−0.23		−6.78

断面名称	距离(m)	洪痕 (m)	计算水位 (m)	水位差值 (m)	测站最大水 位变幅(m)	占水位变幅 比例(%)
渭淤 28	38 355	360.72	360.88	0.16		4.65
渭淤 29	34 295	362.23	362.30	0.07		2.03
渭淤 30	31 260	363.43	363.23	−0.20		−5.81
渭淤 31	27 455	364.35	364.24	−0.11		−3.20
渭淤 32	21 905	367.86	367.74	−0.12	3.44	−3.49
渭淤 33	17 895	370.22	370.16	−0.06		−1.74
渭淤 34	13 070	373.84	373.73	−0.11		−3.20
渭淤 35	8 860	374.67	374.61	−0.06		−1.74
渭淤 36	4 170	378.85	378.77	−0.08		−2.33
渭淤 37	0	383.22	383.12	−0.10		−2.91
平均				0.11		3.17

4.5 现状水面线推算与确定

4.5.1 计算条件

4.5.1.1 计算河段划分

本次水面线推算中,对陕西水环境工程勘测设计研究院 2015 年 5 月测量的渭河中游宝鸡峡河段到渭河下游渭河河口(渭拦 4)河道,总共 327 个河道实测大断面资料进行分析,同时结合渭河中下游原有的河道断面布设和水文站站网分布情况及已有的成果分析,将宝鸡峡河段—渭河河口河段分为上下两个计算河段。其中,上段是从渭河中游林家村水文站—咸阳水文站,下段是从咸阳水文站—渭河下游渭淤 1 河段。

通过对实测断面的分布、横断面形态图的分析,结合河道地形对 327 个实测断面进行分析取舍,具体的计算断面选取如下:

(1)上段:渭河中游林家村水文站—咸阳水文站。

采用 2015 年汛前中游实测断面,其断面编号为 327 ~ 148,其中去掉编号 305、247、248 断面、150 ~ 156 断面,合计断面 171 个。

(2)下段:咸阳水文站—渭河下游渭淤 1 河段。

采用 2015 年汛前下游实测断面,断面编号为 148 ~ 007,其中去掉了编号为 136 断面,合计断面 143 个。

4.5.1.2 断面资料分析选用

点绘分析本次 2015 年实测编号为 007(渭淤 1)断面,结合河道断面布设平面图,对比实测编号为 008(渭淤 1 + 1)断面形态,将 007(渭淤 1)断面修正,因此本次水面线推求计算中 007(渭淤 1)断面采用修正的断面资料,其横断面形态见图 4-47。

分析渭河咸阳水文站上游橡胶坝断面(149 断面)河段资料,对于河道中的拦河工程——拦河橡胶坝,将其作为典型控制断面。观察图 4-48,其中 150 断面距离下游的橡胶坝断面

(149断面)120 m,断面间距太小,且150断面河底高程高于其上游151断面河底高程;分析图4-49,152~156断面也存在下游断面河底高程高于其上游断面河底高程,断面布设不合理,故本次推求水面线计算时去掉编号150~156断面。

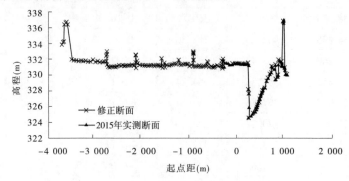

图4-47　007(渭淤1)横断面形态

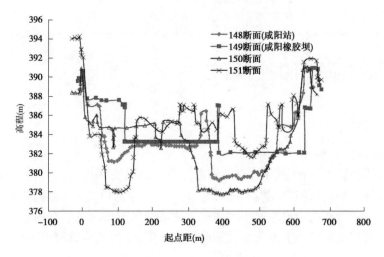

图4-48　148~151横断面形态

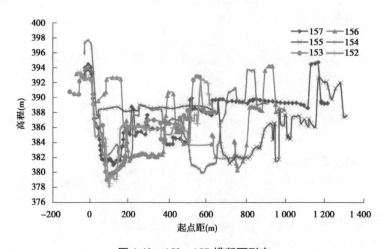

图4-49　152~157横断面形态

分析渭河中游魏家堡水文站(250 断面)及下游滚水坝(248 断面)河段资料,河道中的滚水坝断面,相当于河道侵蚀基准面,滚水坝断面(248 断面)距离其下游 247 断面 34 m,断面间距太小,且断面平均河底高程相差约 5.5 m,落差太大,会发生跌水现象,不满足采用明渠恒定非均匀流基本方程推算水面线的基本要求条件,所以本次推求水面线计算中将 247 断面去掉,横断面形态见图 4-50。

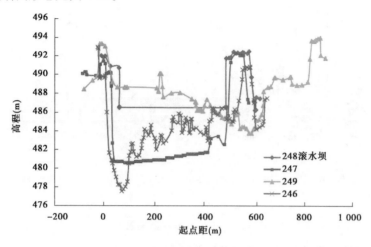

图 4-50　246～249 横断面形态

分析渭河中游宝鸡城区金渭湖下游橡胶坝断面(306 断面)河段资料,其中橡胶坝断面(306 断面)距离下游 305 断面 37 m,断面间距太小,且断面平均河底高程相差约 3 m,落差太大,会发生跌水现象,对推算水面线产生影响,所以本次推求水面线计算中将 305 断面去掉,横断面形态见图 4-51。

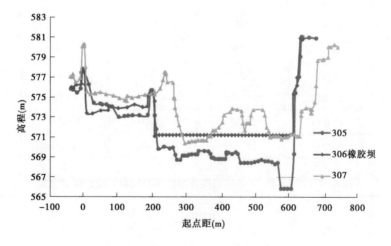

图 4-51　305～307 横断面形态

分析渭河中游林家村水文站及下游橡胶坝 309(断面)河段资料,编号为 307、308、310 断面中行洪河道被人行道路和河堤分割,其断面形态见图 4-52。经水面线推求计算得出 307、308、310 断面 100 年一遇洪水的水位分别是 576.22 m、576.75 m、578.25 m,其中 307 断面 100 年一遇洪水位低于 307 断面中点号为 307H043(232.3,577.53)的高程点;308 断面100年一遇洪水位低于其断面中点号为308H008(216.7,580.34)的高程点;310断面100年一遇洪水位低于其断面中点号为310108(385.3,579.69)的高程点。因此,在水面线推求计算时对307、308、310断面起点距做了调整,选择点307H043(232.3,577.53)、点308H008(216.7,580.34)、点310108(385.3,579.69)为各自断面的起点。

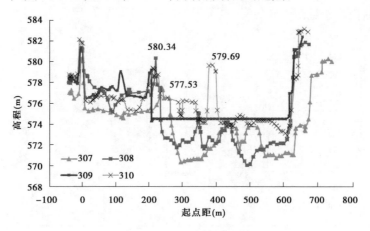

图4-52 307~310横断面形态

4.5.1.3 水文控制站设计洪峰流量与各计算断面流量

渭河中、下游干流水文控制站各频率的设计洪峰流量统计见表4-33。在模型计算过程中,需考虑流量的沿程变化(具体见表4-27);渭河下游临潼站—华县站之间同频率洪水洪峰流量减小,各断面不同频率的设计洪峰流量值参照表4-34。

表4-33 水文站设计洪峰流量成果 （单位:m³/s）

水文站	洪水频率				
	0.33%	1%	2%	5%	10%
林家村	9 110	7 190	5 950	4 360	3 210
魏家堡	9 470	7 530	6 560	5 300	4 050
咸阳	11 400	9 700	8 570	7 080	5 910
临潼	17 000	14 200	12 400	10 100	8 350
华县	13 800	11 700	10 300	8 530	7 160

表4-34 临潼站-华县站河段各断面不同频率的设计洪峰流量 （单位:m³/s）

断面号	洪水频率				
	0.33%	1%	2%	5%	10%
39(华县站)	13 800	11 700	10 300	8 530	7 160
40(渭淤10)	13 856	11 744	10 337	8 558	7 181
41	13 936	11 806	10 389	8 597	7 211
42	13 984	11 844	10 421	8 620	7 229

断面号	洪水频率				
	0.33%	1%	2%	5%	10%
43	14 052	11 897	10 466	8 654	7 254
44	14 116	11 947	10 507	8 685	7 278
45（渭淤 11）	14 180	11 997	10 549	8 716	7 301
46	14 243	12 046	10 591	8 747	7 325
47（渭淤 12）	14 301	12 092	10 629	8 776	7 346
48	14 371	12 146	10 675	8 810	7 372
49（渭淤 13）	14 454	12 211	10 729	8 851	7 403
50	14 497	12 245	10 758	8 872	7 419
51	14 555	12 290	10 796	8 901	7 441
52（渭淤 14）	14 625	12 345	10 841	8 935	7 467
53	14 695	12 400	10 888	8 969	7 493
54（渭淤 15）	14 753	12 445	10 925	8 998	7 514
55	14 802	12 483	10 957	9 021	7 533
56	14 870	12 536	11 002	9 055	7 558
57（渭淤 16）	14 908	12 565	11 027	9 073	7 572
58	14 949	12 598	11 054	9 094	7 587
59	14 996	12 634	11 085	9 117	7 605
60	15 044	12 672	11 116	9 140	7 623
61	15 109	12 723	11 159	9 172	7 647
62（渭淤 17）	15 162	12 764	11 194	9 198	7 667
63	15 212	12 804	11 227	9 223	7 685
64	15 246	12 830	11 249	9 240	7 698
65（渭淤 18）	15 312	12 881	11 292	9 271	7 722
66	15 395	12 946	11 347	9 312	7 753
67	15 445	12 985	11 380	9 337	7 772
68	15 509	13 035	11 421	9 368	7 795
69（渭淤 19）	15 558	13 074	11 454	9 393	7 814
70	15 600	13 106	11 481	9 413	7 829
71	15 646	13 142	11 512	9 436	7 847
72	15 692	13 178	11 542	9 458	7 864

断面号	洪水频率				
	0.33%	1%	2%	5%	10%
73	15 736	13 213	11 571	9 480	7 880
74（渭淤 20）	15 788	13 253	11 605	9 505	7 899
75	15 839	13 293	11 638	9 530	7 918
76	15 888	13 331	11 670	9 554	7 937
77	15 947	13 377	11 709	9 583	7 958
78（渭淤 21）	15 986	13 408	11 735	9 602	7 973
79	16 007	13 424	11 748	9 613	7 981
80	16 103	13 499	11 811	9 660	8 017
81（渭淤 22）	16 197	13 573	11 873	9 706	8 052
82	16 250	13 614	11 908	9 732	8 071
83	16 321	13 669	11 954	9 766	8 097
84（渭淤 23）	16 386	13 720	11 997	9 798	8 122
85	16 435	13 758	12 029	9 822	8 140
86	16 492	13 803	12 066	9 850	8 161
87（渭淤 24）	16 538	13 839	12 097	9 873	8 178
88	16 590	13 880	12 131	9 899	8 198
89	16 665	13 938	12 180	9 935	8 226
90（渭淤 25）	16 720	13 982	12 217	9 963	8 246
91	16 785	14 032	12 259	9 994	8 270
92	16 870	14 099	12 315	10 036	8 302
93	16 920	14 137	12 347	10 060	8 320
94（临潼站）	17 000	14 200	12 400	10 100	8 350

4.5.1.4 下边界水位流量关系

（1）中游林家村—咸阳河段模型。

采用咸阳断面水位流量关系推求下边界断面水位。咸阳站现状水位流量关系低水部分以 1995～2013 年实测点为依据,高水部分的确定使用 R—K 法延长现状水位流量关系,成果详见图 4-37 及表 4-26。

（2）下游咸阳—渭淤 1 河段模型。

下边界控制断面采用渭淤 1 断面,该断面现状水位流量关系低水部分采用 2003～2013 年测试水位及华县站相应流量点据确定,中常洪水部分依据近年来断面平均洪痕及相应流量点据确定,高水部分综合渭淤 1 断面 R—K 关系曲线法并参考《三门峡库区渭洛河下游防洪续建工程可行性研究报告》(简称《续建可研》)成果、陕西省江河局 2013 年天然洪水位预报成果及渭河全线整治成果,按趋势外延。其中,渭淤 1 断面 $R—K$ 法成果,以渭淤 1 断面建库以来华县站流量大于 2 000 m^3/s 的实测洪痕为依据,点绘断面过水面积 A 与 $100\ vh^{1/3}/B$ 关系,详见图 4-53。从图 4-53 可见,当断面过水面积大于 2 000 m^2 时,$100\ vh^{1/3}/B$ 值趋近于 0.022 83,以此关系延长渭淤 1 断面现状的水位流量关系。

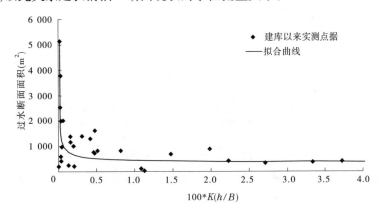

图 4-53　渭淤 1 断面 $R—K$ 法高水延长关系

经综合分析,拟出渭淤 1 断面现状(2015 年)水位流量关系曲线,详见表 4-35 及图 4-54。值得说明的是,高水部分工程设计成果是基于华县站与潼关站同频率的洪水组合条件得出的,因此这里拟定的水位流量关系曲线也反映了这一洪水组合条件。此外,类似 1967 年黄河洪水倒灌淤堵渭河口的条件依然存在,但考虑到黄河、渭河水沙调控措施已较以往有所改善,潼关高程控制正在取得进展,渭河河道监测和水量调度管理日益强化,因而渭河口淤堵对设计洪水水面线影响的可能性很小,这里不予考虑。

表 4-35　2015 现状年渭淤 1 断面水位流量关系

流量(m^3/s)	水位(m)	流量(m^3/s)	水位(m)
0	325.09	4 000	331.93
50	327.09	5 200	332.32
100	327.59	6 300	332.80
250	328.44	7 400	333.23
400	328.97	8 500	333.67
600	329.47	9 500	333.98
850	329.92	10 500	334.29
1 300	330.47	11 500	334.63
2 000	331.01	12 500	335.00
3 000	331.49	14 000	335.53

4.5.1.5　糙率分析与选用

(1)渭河中游。

根据实测水文资料统计,渭河中游林家村、魏家堡、咸阳水文站实测的大洪水河道糙率

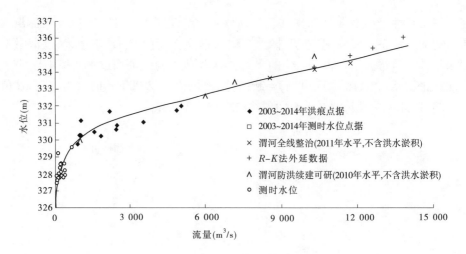

图 4-54　渭淤 1 水位—流量关系

值一般为 0.020 ~ 0.034。2000 年 7 月,陕西省水利电力勘测设计研究院在编制《中游可研》时,在渭河中游河段进行了"54·8""81·8"洪水调查和洪痕测量,并以"54·8""81·8"洪水洪痕作为控制,用"试糙法"率定渭河中游河段糙率为 0.020 ~ 0.036。

本次水面线推算过程中,在渭河中游河段进行了"03·8"洪水调查和洪痕测量,并以"03·8"洪水洪痕作为控制,用"试糙法"率定糙率。然后根据河床组成、河段特征,查表选取糙率,并参考上下游水文站实测洪水糙率,最后综合分析,确定渭河中游河道糙率为 0.024 ~ 0.036,与《中游可研》采用的河道糙率基本一致。

综合考虑渭河中游水文站实测糙率、《中游可研》及本次试糙法成果,本次中游水面线推算中,仍采用《中游可研》的糙率成果,取值为 0.020 ~ 0.036。

(2)渭河下游。

渭河下游各河段糙率,以往是依据 1981 年 8 月实测河道断面和洪痕水面线资料,经验算并综合分析确定,各河段河槽糙率为 0.016 2 ~ 0.026 6,滩地糙率为 0.035,并依据各河段滩、槽糙率,参考实测大断面资料,采用下式计算全断面综合糙率。

$$n_r = \sqrt{(n_1^2 + \alpha n_2^2)/(1 + \alpha)} \qquad (4\text{-}10)$$

式中:n_r 为断面综合糙率;n_1 为滩地糙率;n_2 为河槽糙率;α 为 x_2/x_1 的比值;x_1 为滩地湿周,m;x_2 为河槽湿周,m。

本次根据"03·8""05·10"洪水的实测河道断面和洪痕资料,以试糙法进行拟合验算并综合分析,渭河下游主槽糙率介于 0.016 ~ 0.028,滩面糙率介于 0.030 ~ 0.035,与《下游可研》成果基本一致。综合考虑本次试糙法成果及《下游可研》成果,本次下游水面线推算中,仍采用水利部审查通过的《下游可研》中各河段的主槽、滩面糙率,详见表 4-36。

表 4-36　渭河下游各河段糙率系数

渭淤断面号	渭淤 1 ~ 渭淤 17	渭淤 17 ~ 渭淤 24	渭淤 24 ~ 渭淤 27	渭淤 27 ~ 渭淤 29	渭淤 29 ~ 渭淤 35
河槽糙率	0.019 0	0.016 2	0.019 6	0.022 8	0.026 6
滩地糙率	0.035				
综合糙率	0.031 9	0.031 7	0.027 2	0.028 4	0.028 4

4.5.2 各河段各级频率洪水淤积量分析确定

对各河段各级频率洪水淤积量分析确定,与4.3.2节分析成果一致,即在本次洪水水面线计算中,仍将渭河中游考虑为冲淤基本平衡的河段,大洪水期间不产生大的冲淤变化;当渭河下游发生大洪水时,洪水淤积的影响仍然存在,淤积厚度按照表4-24及表4-25取值。其中在洪水淤积铺沙计算时,仍按全断面铺沙考虑。

4.5.3 洪水水面线推算成果

根据模型计算成果,同时考虑大洪水淤积的影响,本次水面线计算成果详见表4-37和表4-38及附图一、附图二。

表4-37 渭河中游水面线计算成果 （单位:m）

断面编号	累积距离（m）	河底高程（m）	各洪水频率水面线				
			1%	2%	3.33%	5%	10%
148	164 694	379.20	388.79	388.59	388.42	388.22	387.67
149	164 176	382.05	389.34	389.09	388.86	388.64	388.07
157	156 882	380.99	392.83	392.34	391.96	391.62	390.97
158	155 896	382.74	393.12	392.62	392.23	391.89	391.23
159	154 981	382.43	393.35	392.85	392.46	392.12	391.47
160	153 873	382.74	393.89	393.39	393.00	392.65	392.01
161	153 025	383.86	394.50	393.98	393.57	393.21	392.55
162	152 197	384.75	394.88	394.35	393.93	393.58	392.91
163	150 945	385.62	395.73	395.20	394.79	394.43	393.78
164	150 294	385.38	396.24	395.70	395.29	394.92	394.26
165	149 284	386.94	396.99	396.45	396.03	395.66	395.00
166	148 271	384.98	397.87	397.31	396.87	396.50	395.81
167	147 293	388.51	398.33	397.77	397.33	396.95	396.26
168	146 237	389.02	398.94	398.38	397.94	397.56	396.88
169	145 188	388.84	399.80	399.24	398.80	398.43	397.75
170	144 258	389.55	400.62	400.09	399.68	399.33	398.70
171	143 319	387.65	401.59	401.07	400.67	400.33	399.71
172	141 894	390.07	402.02	401.49	401.08	400.73	400.09
173	140 394	389.40	402.38	401.85	401.44	401.08	400.43
174	139 066	390.78	403.42	402.89	402.47	402.12	401.35
175	138 114	392.72	404.91	404.37	403.95	403.59	402.76
176	137 142	391.79	405.96	405.38	404.93	404.54	403.70

断面编号	累积距离 （m）	河底高程 （m）	各洪水频率水面线				
			1%	2%	3.33%	5%	10%
177	136 217	393.87	406.70	406.09	405.62	405.20	404.35
178	135 033	393.45	407.51	406.88	406.38	405.96	405.10
179	133 882	395.43	408.10	407.45	406.97	406.50	405.56
180	132 823	396.03	408.63	407.97	407.50	407.00	406.03
181	131 839	396.77	408.95	408.28	407.82	407.31	406.32
182	130 844	398.45	409.59	408.90	408.45	407.92	406.90
183	130 095	398.08	410.65	409.94	409.52	408.97	407.88
184	129 187	398.67	410.98	410.28	409.86	409.31	408.17
185	127 905	400.54	412.38	411.70	411.30	410.75	409.45
186	126 691	400.75	413.58	412.91	412.52	411.97	410.62
187	125 600	400.63	414.93	414.26	413.87	413.31	411.99
188	124 575	402.20	415.83	415.14	414.75	414.16	412.91
189	124 011	407.28	416.35	415.66	415.26	414.68	413.46
190	123 384	405.47	417.09	416.40	416.00	415.41	414.22
191	121 889	404.38	418.01	417.30	416.90	416.30	415.10
192	121 168	406.17	418.46	417.74	417.34	416.73	415.52
193	119 868	406.43	419.22	418.49	418.07	417.45	416.21
194	118 580	408.50	420.39	419.64	419.21	418.58	417.34
195	117 318	404.06	421.03	420.27	419.84	419.21	417.98
196	116 097	411.34	422.08	421.31	420.89	420.28	419.13
197	114 804	413.88	424.53	423.89	423.49	422.93	421.89
198	114 196	414.05	425.55	424.90	424.48	423.92	422.87
199	113 079	415.43	427.23	426.59	426.20	425.66	424.62
200	112 493	414.83	428.14	427.50	427.13	426.58	425.51
201	111 454	414.84	429.32	428.63	428.22	427.63	426.45
202	110 206	417.12	430.39	429.65	429.22	428.59	427.32
203	109 448	416.93	431.09	430.33	429.89	429.24	427.96
204	108 186	418.79	432.70	431.93	431.47	430.83	429.57
205	107 368	418.86	433.44	432.66	432.21	431.56	430.32
206	106 555	419.66	434.11	433.33	432.88	432.23	430.99

断面编号	累积距离（m）	河底高程（m）	各洪水频率水面线				
			1%	2%	3.33%	5%	10%
207	105 476	420.61	435.56	434.76	434.29	433.64	432.36
208	104 532	422.82	436.72	435.91	435.44	434.77	433.45
209	103 289	425.77	437.76	436.97	436.50	435.85	434.58
210	102 923	432.70	438.28	437.54	437.11	436.52	435.38
211	102 408	429.69	439.57	438.93	438.58	438.09	437.16
212	101 709	429.74	440.82	440.18	439.82	439.30	438.31
213	100 940	429.63	441.58	440.92	440.55	440.00	438.97
214	100 137	431.25	442.44	441.76	441.38	440.81	439.73
215	99 152	430.76	443.69	443.01	442.63	442.06	440.99
216	98 042	433.29	444.43	443.76	443.38	442.82	441.77
217	96 816	435.28	445.37	444.71	444.33	443.79	442.78
218	95 824	435.84	446.11	445.46	445.09	444.55	443.55
219	94 837	437.84	447.16	446.54	446.17	445.67	444.73
220	93 882	440.45	449.57	449.07	448.78	448.36	447.62
221	93 054	441.23	451.42	451.07	450.85	450.51	449.82
222	92 075	444.17	452.65	452.28	452.06	451.72	451.01
223	91 078	444.87	454.14	453.75	453.51	453.16	452.45
224	90 228	446.25	455.94	455.49	455.22	454.84	454.08
225	89 211	447.43	457.57	457.08	456.80	456.38	455.58
226	88 512	449.11	458.71	458.22	457.94	457.52	456.72
227	88 075	450.11	459.50	459.03	458.76	458.37	457.63
228	86 838	452.22	461.16	460.70	460.44	460.06	459.36
229	85 503	453.12	462.66	462.22	461.97	461.61	460.94
230	84 250	455.90	464.39	463.97	463.72	463.36	462.70
231	83 389	456.11	465.57	465.14	464.89	464.52	463.83
232	82 465	459.06	467.36	466.94	466.69	466.34	465.67
233	81 508	460.52	469.09	468.68	468.44	468.09	467.41
234	80 496	463.66	470.56	470.13	469.88	469.51	468.82
235	79 529	463.63	472.73	472.31	472.07	471.72	471.00
236	78 440	465.48	474.65	474.20	473.92	473.52	472.68

断面编号	累积距离（m）	河底高程（m）	各洪水频率水面线				
			1%	2%	3.33%	5%	10%
237	77 656	466.32	475.75	475.28	475.01	474.60	473.77
238	76 545	467.68	476.89	476.41	476.12	475.71	474.89
239	75 430	469.69	478.17	477.68	477.39	476.97	476.17
240	74 103	471.82	480.56	480.08	479.80	479.39	478.65
241	72 758	472.66	482.46	481.96	481.68	481.27	480.49
242	71 792	473.23	483.50	483.00	482.72	482.30	481.51
243	70 454	475.05	484.89	484.38	484.08	483.65	482.80
244	69 599	475.40	485.75	485.25	484.96	484.53	483.67
245	68 721	476.89	485.98	485.50	485.22	484.82	484.01
246	67 800	477.59	486.62	486.22	486.00	485.70	485.16
249	66 500	483.77	490.13	489.91	489.77	489.55	489.08
250	65 174	485.23	492.04	491.79	491.65	491.42	490.99
251	64 726	484.97	492.32	492.06	491.90	491.66	491.22
252	63 906	485.47	492.93	492.62	492.45	492.19	491.70
253	63 257	484.74	494.80	494.39	494.15	493.80	493.12
254	62 572	487.03	495.70	495.26	495.00	494.61	493.86
255	61 933	487.79	496.43	495.97	495.70	495.30	494.54
256	61 120	487.94	497.56	497.05	496.75	496.32	495.47
257	60 262	489.08	498.65	498.11	497.80	497.35	496.46
258	59 145	490.74	500.37	499.82	499.50	499.03	498.13
259	57 836	491.92	502.17	501.59	501.24	500.75	499.80
260	56 723	494.47	503.76	503.17	502.82	502.33	501.40
261	55 955	496.45	504.59	504.02	503.69	503.21	502.31
262	54 561	499.00	506.42	505.93	505.66	505.27	504.56
263	53 510	500.61	507.90	507.43	507.17	506.79	506.11
264	52 347	501.99	509.62	509.14	508.87	508.48	507.74
265	51 427	503.56	511.26	510.78	510.51	510.11	509.35
266	50 580	503.55	512.64	512.16	511.89	511.50	510.74
267	49 806	505.28	513.93	513.45	513.17	512.77	511.99
268	48 350	505.96	515.83	515.32	515.03	514.60	513.79

断面编号	累积距离（m）	河底高程（m）	各洪水频率水面线				
			1%	2%	3.33%	5%	10%
269	47 482	508.61	517.09	516.58	516.28	515.85	515.04
270	46 597	509.92	518.53	518.02	517.73	517.31	516.52
271	45 599	510.70	520.02	519.49	519.20	518.76	517.95
272	44 586	511.79	521.47	520.93	520.62	520.18	519.34
273	43 566	513.27	523.09	522.56	522.25	521.81	520.98
274	42 492	513.73	525.26	524.73	524.42	523.98	523.10
275	41 385	515.85	526.66	526.09	525.76	525.28	524.33
276	40 385	519.79	527.94	527.37	527.04	526.56	525.63
277	39 822	519.37	529.27	528.77	528.49	528.09	527.37
278	38 905	521.48	530.75	530.30	530.03	529.66	528.98
279	38 050	522.29	531.88	531.40	531.13	530.73	529.98
280	37 107	524.83	533.38	532.89	532.60	532.18	531.39
281	36 232	525.67	535.52	535.06	534.79	534.40	533.67
282	35 531	526.00	536.63	536.15	535.87	535.46	534.70
283	34 545	528.03	537.95	537.44	537.14	536.71	535.88
284	33 290	529.95	540.00	539.46	539.16	538.71	537.85
285	32 686	530.79	541.26	540.73	540.44	539.99	539.15
286	31 896	533.05	542.52	542.00	541.69	541.25	540.40
287	30 827	534.81	544.16	543.62	543.31	542.85	541.98
288	29 563	536.50	546.11	545.55	545.23	544.77	543.88
289	28 395	539.79	548.90	548.33	548.00	547.52	546.61
290	27 370	539.02	550.75	550.16	549.81	549.31	548.36
291	26 599	541.20	552.31	551.72	551.38	550.89	549.95
292	25 614	542.54	554.21	553.64	553.30	552.83	551.92
293	25 006	544.03	555.21	554.55	554.10	553.59	552.62
294	24 133	544.16	556.84	556.08	555.51	554.95	553.88
295	23 314	545.98	558.46	557.63	556.98	556.39	555.21
296	22 420	547.50	560.01	559.13	558.44	557.83	556.60
297	21 484	550.66	561.51	560.61	559.83	559.23	558.06
298	20 502	553.24	564.17	563.39	562.64	562.12	561.18

断面编号	累积距离（m）	河底高程（m）	各洪水频率水面线				
			1%	2%	3.33%	5%	10%
299	19 414	554.40	566.69	565.90	565.23	564.66	563.59
300	18 506	560.30	567.27	566.48	565.82	565.27	564.24
301	17 920	560.83	567.77	567.03	566.43	565.94	565.08
302	17 319	561.08	568.58	567.90	567.36	566.93	566.22
303	16 482	563.42	570.78	570.20	569.76	569.40	568.74
304	15 728	564.97	572.94	572.37	571.93	571.54	570.80
306	14 637	571.09	574.80	574.30	573.91	573.60	573.04
307	13 620	570.40	576.35	575.92	575.59	575.33	574.85
308	13 118	570.09	576.89	576.44	576.09	575.81	575.30
309	13 021	574.26	577.09	576.65	576.31	576.03	575.53
310	12 789	572.97	578.34	577.98	577.71	577.50	577.10
311	11 835	573.66	580.91	580.40	580.00	579.65	579.00
312+1	11 275	579.71	582.78	582.37	582.06	581.79	581.31
312	10 949	578.89	583.98	583.61	583.32	583.08	582.64
313	9 872	580.35	585.86	585.43	585.10	584.82	584.29
314	8 710	580.07	588.52	588.11	587.79	587.51	587.00
315	8 244	581.41	589.57	589.14	588.79	588.49	587.92
316	7 866	581.66	590.44	589.98	589.61	589.29	588.66
317	7 208	583.56	591.95	591.42	591.00	590.62	589.89
318	6 139	587.20	594.16	593.60	593.15	592.76	592.00
319	5 048	589.71	595.22	594.87	594.63	594.47	594.14
320	4 347	590.82	597.47	597.19	596.95	596.64	596.16
321	3 624	591.23	600.85	600.62	600.40	600.15	599.69
322	2 830	594.20	602.58	602.21	601.90	601.62	601.07
323	2 006	596.11	604.69	604.01	603.57	603.20	602.51
324	1 315	596.25	607.93	607.18	606.69	606.27	605.45
325	955	598.88	609.26	608.60	608.10	607.59	606.65
326	283	600.89	612.22	611.49	610.88	610.26	609.09
327	0	601.78	613.25	612.47	611.82	611.19	609.99

表 4-38　渭河下游水面线计算成果

断面编号	累积距离 （m）	河底高程 （m）	各洪水频率水面线				
			0.33%	1%	2%	5%	10%
7	155 917	324.54	336.07	335.14	334.57	333.89	333.33
8	153 354	324.76	336.18	335.29	334.73	334.05	333.50
9	151 790	324.76	336.40	335.56	335.02	334.36	333.82
10	150 998	326.38	336.55	335.76	335.27	334.70	334.26
11	149 908	326.12	336.74	336.00	335.56	335.02	334.61
12	149 026	325.03	336.89	336.18	335.75	335.23	334.82
13	147 974	326.26	337.04	336.33	335.91	335.38	334.96
14	147 023	325.04	337.15	336.45	336.02	335.49	335.06
15	145 967	326.97	337.28	336.59	336.17	335.63	335.20
16	144 339	325.18	337.51	336.83	336.42	335.88	335.44
17	143 231	325.24	337.66	337.01	336.60	336.06	335.63
18	142 078	326.75	337.82	337.17	336.77	336.24	335.81
19	140 685	326.67	338.03	337.41	337.02	336.48	336.06
20	139 280	327.02	338.27	337.66	337.27	336.73	336.29
21	138 071	327.12	338.55	337.92	337.52	336.96	336.51
22	137 080	326.46	338.80	338.17	337.76	337.19	336.72
23	136 367	322.25	339.02	338.36	337.94	337.35	336.86
24	135 795	326.95	339.11	338.44	338.02	337.42	336.93
25	134 035	328.30	339.64	338.99	338.57	337.96	337.46
26	133 478	326.58	339.90	339.28	338.87	338.29	337.82
27	132 339	326.90	340.22	339.61	339.21	338.62	338.13
28	131 003	328.95	340.52	339.89	339.48	338.88	338.38
29	129 781	328.35	340.73	340.10	339.69	339.08	338.57
30	127 798	322.23	341.07	340.45	340.04	339.43	338.93
31	126 361	327.21	341.36	340.75	340.35	339.77	339.29
32	125 161	330.06	341.66	341.05	340.65	340.08	339.60
33	123 875	328.30	342.03	341.41	341.01	340.43	339.94
34	122 012	330.20	342.51	341.88	341.47	340.87	340.37
35	121 133	331.21	342.71	342.08	341.67	341.06	340.56
36	120 193	331.08	342.89	342.26	341.85	341.25	340.75

断面编号	累积距离（m）	河底高程（m）	各洪水频率水面线				
			0.33%	1%	2%	5%	10%
37	118 833	330.34	343.14	342.53	342.13	341.55	341.09
38	117 453	330.92	343.45	342.85	342.46	341.90	341.46
39	116 135	331.54	343.88	343.30	342.92	342.38	341.95
40	114 979	331.94	344.03	343.44	343.05	342.49	342.04
41	113 337	333.66	344.17	343.64	343.28	342.78	342.37
42	112 345	333.73	344.43	343.91	343.56	343.06	342.66
43	111 248	332.32	344.76	344.25	343.91	343.42	343.04
44	109 937	330.54	345.12	344.60	344.26	343.76	343.36
45	108 622	333.73	345.41	344.91	344.57	344.08	343.67
46	107 329	331.71	345.71	345.21	344.89	344.41	344.02
47	106 125	332.00	345.95	345.45	345.12	344.64	344.26
48	104 693	332.04	346.18	345.68	345.36	344.89	344.51
49	102 996	333.98	346.56	346.07	345.74	345.27	344.89
50	102 095	332.96	346.83	346.33	345.99	345.50	345.11
51	100 904	334.94	347.22	346.71	346.37	345.88	345.48
52	99 473	333.69	347.60	347.09	346.74	346.25	345.84
53	98 024	329.33	347.95	347.42	347.07	346.56	346.16
54	96 841	333.70	348.28	347.76	347.40	346.89	346.48
55	95 837	333.67	348.65	348.13	347.76	347.27	346.86
56	94 434	334.34	349.04	348.51	348.15	347.64	347.23
57	93 659	335.58	349.22	348.69	348.32	347.81	347.39
58	92 815	336.73	349.50	348.96	348.59	348.07	347.65
59	91 845	336.62	349.71	349.17	348.79	348.26	347.83
60	90 855	335.40	349.86	349.32	348.94	348.41	347.98
61	89 525	337.23	350.15	349.60	349.22	348.69	348.25
62	88 424	335.61	350.43	349.88	349.49	348.95	348.51
63	87 395	335.37	350.72	350.17	349.79	349.25	348.82
64	86 697	334.49	350.94	350.40	350.03	349.49	349.06
65	85 359	335.78	351.33	350.78	350.41	349.89	349.46
66	83 643	336.94	351.69	351.14	350.78	350.25	349.82

续表 4-38

断面编号	累积距离（m）	河底高程（m）	各洪水频率水面线				
			0.33%	1%	2%	5%	10%
67	82 610	338.00	351.87	351.32	350.94	350.41	349.97
68	81 306	337.70	352.09	351.54	351.16	350.61	350.17
69	80 282	337.43	352.31	351.74	351.36	350.80	350.35
70	79 438	332.36	352.54	351.96	351.56	351.00	350.54
71	78 474	335.08	352.81	352.24	351.85	351.29	350.84
72	77 529	337.61	353.10	352.52	352.12	351.56	351.10
73	76 623	336.96	353.38	352.78	352.38	351.80	351.32
74	75 566	339.01	353.69	353.07	352.66	352.05	351.54
75	74 514	339.01	353.98	353.34	352.91	352.27	351.74
76	73 507	340.04	354.22	353.57	353.13	352.47	351.93
77	72 299	339.43	354.51	353.84	353.40	352.73	352.16
78	71 492	337.13	354.70	354.02	353.57	352.89	352.32
79	71 061	343.50	354.81	354.14	353.69	353.01	352.44
80	69 087	339.05	355.52	354.86	354.42	353.78	353.25
81	67 151	338.62	356.07	355.36	354.90	354.20	353.62
82	66 061	337.11	356.29	355.57	355.09	354.38	353.79
83	64 613	340.94	356.54	355.82	355.34	354.63	354.04
84	63 271	340.38	356.83	356.12	355.64	354.94	354.38
85	62 271	341.89	357.01	356.29	355.80	355.09	354.51
86	61 096	340.48	357.20	356.47	355.97	355.24	354.64
87	60 153	343.44	357.40	356.67	356.17	355.44	354.85
88	59 070	336.22	357.56	356.82	356.32	355.58	354.98
89	57 531	344.60	357.88	357.12	356.60	355.83	355.20
90	56 392	344.16	358.29	357.56	357.08	356.35	355.77
91	55 070	345.78	358.84	358.13	357.66	356.96	356.41
92	53 313	346.14	359.48	358.75	358.26	357.53	356.95
93	52 300	348.39	359.92	359.19	358.70	357.98	357.40
94	50 654	347.99	360.60	359.94	359.50	358.85	358.31
95	50 064	348.96	360.74	360.09	359.64	359.00	358.44
96	49 508	348.36	360.87	360.21	359.76	359.11	358.54

续表 4-38

断面编号	累积距离 （m）	河底高程 （m）	各洪水频率水面线				
			0.33%	1%	2%	5%	10%
97	46 811	346.68	361.75	361.09	360.62	359.96	359.39
98	45 567	350.04	362.11	361.43	360.95	360.29	359.71
99	44 237	350.18	362.58	361.88	361.40	360.72	360.14
100	42 853	351.58	363.43	362.72	362.24	361.55	360.97
101	41 722	351.78	364.56	363.85	363.36	362.66	362.05
102	41 101	348.84	365.33	364.62	364.14	363.43	362.81
103	39 489	351.60	365.78	365.05	364.56	363.84	363.21
104	38 437	350.45	365.88	365.15	364.64	363.93	363.29
105	37 131	352.85	366.01	365.28	364.77	364.05	363.39
106	35 783	352.50	366.11	365.38	364.86	364.14	363.47
107	35 211	352.29	366.18	365.45	364.93	364.20	363.54
108	34 291	354.02	366.49	365.75	365.24	364.50	363.84
109	33 510	354.58	366.82	366.08	365.55	364.81	364.15
110	32 954	353.03	367.13	366.37	365.84	365.09	364.42
111	32 705	354.92	367.27	366.51	365.98	365.23	364.55
112	31 616	356.40	367.89	367.12	366.59	365.83	365.15
113	30 898	356.97	368.45	367.68	367.15	366.40	365.73
114	29 980	357.10	369.18	368.44	367.93	367.21	366.56
115	29 489	357.58	369.50	368.76	368.25	367.52	366.87
116	28 539	358.72	370.09	369.35	368.84	368.11	367.44
117	27 239	359.15	370.89	370.15	369.65	368.93	368.26
118	26 350	360.13	371.44	370.71	370.21	369.48	368.81
119	25 494	361.00	371.94	371.19	370.68	369.94	369.27
120	24 669	361.38	372.44	371.71	371.20	370.47	369.81
121	23 517	361.79	373.24	372.54	372.07	371.41	370.82
122	22 407	363.24	374.34	373.67	373.22	372.58	372.00
123	21 862	361.96	374.61	373.94	373.49	372.84	372.25
124	21 444	359.03	374.73	374.05	373.60	372.94	372.35
125	20 720	364.07	375.02	374.33	373.87	373.19	372.58
126	19 725	364.72	375.54	374.83	374.35	373.66	373.03

断面编号	累积距离（m）	河底高程（m）	各洪水频率水面线				
			0.33%	1%	2%	5%	10%
127	18 708	365.99	376.24	375.52	375.04	374.33	373.69
128	17 625	366.16	377.41	376.69	376.21	375.46	374.80
129	16 356	366.51	378.80	378.09	377.61	376.86	376.19
130	15 517	366.98	379.24	378.52	378.03	377.28	376.61
131	14 423	367.32	379.66	378.95	378.46	377.72	377.05
132 + 1	13 499	367.93	380.28	379.60	379.13	378.43	377.80
132	13 009	367.37	380.60	379.91	379.44	378.73	378.10
133	12 502	369.04	380.91	380.22	379.75	379.04	378.40
134	11 373	368.34	381.95	381.24	380.76	380.03	379.36
135	10 198	367.87	382.20	381.48	380.98	380.23	379.55
136	9 141	368.89	382.36	381.64	381.13	380.38	379.68
137	7 874	369.21	382.65	381.92	381.41	380.65	379.95
138	6 828	369.35	383.04	382.30	381.78	381.03	380.34
139	5 824	368.40	383.59	382.83	382.30	381.52	380.82
140	4 628	374.53	384.59	383.81	383.26	382.46	381.73
141	4 422	373.64	384.77	383.98	383.43	382.64	381.92
142	4 232	375.06	385.05	384.26	383.72	382.94	382.25
143	4 134	375.08	385.17	384.39	383.85	383.07	382.38
144	3 835	375.92	385.54	384.76	384.23	383.46	382.79
145	3 237	376.34	386.20	385.43	384.89	384.13	383.46
146	2 616	375.02	386.77	386.01	385.46	384.69	384.01
147	232	377.30	389.14	388.51	388.07	387.41	386.90
148	0	379.20	389.32	388.69	388.25	387.60	387.09

4.5.4 典型断面曼宁公式法的对比分析

用水力学法推求桥位断面设计洪水位,根据典型断面处实测断面资料、河道比降、河床糙率等资料,采用曼宁公式计算各级水位下相应流量,建立桥位断面水位流量关系曲线,计算公式为

$$Q = \frac{1}{n} A R^{\frac{2}{3}} J^{\frac{1}{2}} \quad (4-11)$$

式中:Q 为流量,m^3/s;A 为相应流量下断面过水面积,m^2;n 为糙率;R 为水力半径,m;J 为水

力比降。

4.5.4.1 计算参数选取

（1）河道糙率。

根据实测水文资料统计,渭河中游实测的洪水河道糙率值一般为0.020~0.034,本次魏家堡断面的河道糙率根据河道横断面特征,取实测资料平均值,确定为0.026。渭河下游临潼断面糙率采用水利部审查通过的《下游可研》中的各河段糙率成果,临潼断面河槽糙率为0.019 6,滩地糙率为0.035。

（2）比降。

本次报告的比降参考《渭河防洪治理工程可研报告》的成果,根据全线整治水面线计算成果,魏家堡断面和临潼断面50年一遇洪水水面比降分别为13.89×10^{-4}、3.14×10^{-4}。

4.5.4.2 典型断面水位流量关系曲线推算

根据渭河中下游2015年汛前实测断面资料求得假设某一水位下断面的水力要素,将面积、水力半径、糙率、比降等参数代入曼宁公式,求得魏家堡断面和临潼断面相应水位下的流量(见表4-39和表4-40)。

表4-39 曼宁公式法推算魏家堡断面水位—流量成果

水位 （m）	断面			流量 （m³/s）
	面积（m²）	湿周（m）	水力半径（m）	
485.43	2.90	18.05	0.16	1
486.04	33.31	95.29	0.35	24
486.66	95.87	112.83	0.85	123
487.06	145.58	134.47	1.08	220
487.67	259.63	259.27	1.00	372
488.08	371.63	285.15	1.30	635
488.69	565.15	374.26	1.51	1 066
489.10	730.35	434.78	1.68	1 480
489.71	1 019.39	518.08	1.97	2 296
490.12	1 241.93	570.87	2.18	2 993
490.73	1 599.48	594.10	2.69	4 435
491.34	1 963.72	604.08	3.25	6 176
491.54	2 086.43	607.41	3.43	6 802
491.75	2 209.81	610.74	3.62	7 468
492.15	2 458.48	617.18	3.98	8 850

表4-40 曼宁公式法推算临潼断面水位流量成果

水位 (m)	主槽			滩地			流量 (m³/s)
	面积 (m²)	湿周 (m)	水力半径 (m)	面积 (m²)	湿周(m)	水力半径 (m)	
348.58	24.23	69.60	0.35	0	0	0	11
349.16	72.35	86.93	0.83	0	0	0	58
349.75	129.68	124.77	1.04	0	0	0	120
350.34	211.36	153.57	1.38	0	0	0	237
350.92	305.18	164.79	1.85	0	0	0	416
351.51	403.12	172.89	2.33	0	0	0	641
352.09	506.72	179.38	2.82	6.12	55.45	0.11	915
352.68	612.65	183.18	3.34	52.29	90.44	0.58	1 256
353.27	720.62	188.54	3.82	109.67	104.11	1.05	1 650
354.15	885.58	191.36	4.63	202.42	107.83	1.88	2 380
354.73	996.39	192.69	5.17	329.90	263.69	1.25	2 887
355.32	1 108.94	196.84	5.63	499.81	316.29	1.58	3 516
355.91	1 222.70	198.69	6.15	686.41	345.71	1.99	4 260
356.49	1 337.50	200.55	6.67	1 173.38	1 191.44	0.98	4 873
357.08	1 453.33	202.41	7.18	1 876.75	1 205.41	1.56	6 167
357.67	1 570.19	204.26	7.69	2 582.96	1 209.43	2.14	7 699
358.25	1 688.09	206.12	8.19	3 290.54	1 211.47	2.72	9 444
358.84	1 807.02	207.98	8.69	3 999.27	1 213.51	3.30	11 389
359.72	1 987.36	210.77	9.43	5 064.44	1 216.32	4.16	14 656
360.30	2 108.87	212.62	9.92	5 775.82	1 218.15	4.74	17 056

　　经多年治理,目前渭河中游河段主槽单一,平面摆动不大,河势更为顺直,平面已趋稳定。因此,本次洪水位分析计算时,魏家堡段不考虑大洪水淤积。根据表4-39计算成果,绘制曼宁公式计算下魏家堡断面的水位流量关系图4-55。

　　由图4-55查得"54"型典型洪水洪峰流量对应洪水位为491.11 m,30年一遇洪峰流量对应洪水位为491.23 m,50年一遇洪峰流量对应洪水位为491.46 m,100年一遇洪峰流量对应洪水位为491.75 m,详见表4-41。

表4-41 曼宁公式法推求魏家堡断面水位—流量关系

洪水频率	"54"型	3%	2%	1%
流量(m³/s)	5 640	5 920	6 560	7 530
水位(m)	491.11	491.23	491.46	491.75

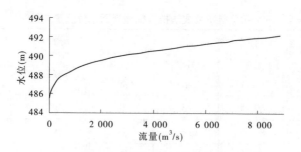

图4-55 魏家堡断面水位流量关系曲线

根据表4-40计算成果,绘制曼宁公式计算下临潼断面的水位流量关系图4-56。渭河下游洪水过程河床一般以淤积为主,特别是高含沙大洪水淤积相当严重,本次计算从安全考虑,临潼段洪水淤积厚度采用《90规划》的大洪水淤积预测成果。根据图4-56,同时考虑大洪水淤积厚度,计算得临潼20年—遇洪峰流量对应洪水位为358.77 m,50年—遇洪峰流量对应洪水位为359.61 m,100年—遇洪峰流量对应洪水位为360.14 m,300年—遇洪峰流量对应洪水位为360.51 m,详见表4-42。

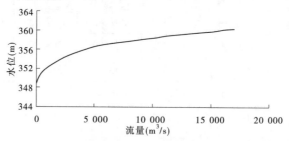

图4-56 临潼断面水位流量关系曲线

表4-42 曼宁公式法推求临潼断面水位流量关系

洪水频率	5%	2%	1%	0.33%
流量(m³/s)	10 100	12 400	14 200	17 000
水位(m)	358.77	359.61	360.14	360.51

4.5.5 咸阳铁路桥壅水计算分析

陇海铁路桥咸阳渭河大桥是陇海铁路干线的重要组成部分,桥址位于咸阳市区南端,左岸是渭城区渭阳办金家庄,右岸是秦都区陈阳办王家庄,大桥共平行并列三座桥,上游侧桥为上行线,中间为下行线,下游侧桥为三线。铁路桥的平面位置见图4-57。

从桥位河段的平面形态可看出,断面148—断面137河道水面宽度逐渐增大,至断面140(咸阳铁路桥)河道水面宽度突然缩窄。套绘142、141、140、139断面见图4-58,表4-43则给出了河段各断面的河床宽度,断面139河宽920 m,断面140(咸阳铁路桥)河宽335 m,断面142河宽690 m,总体而言,断面140(咸阳铁路桥)比上游断面142缩窄355 m,比下游断面139窄585 m。断面束窄作用下,桥位断面将对上游河段产生壅水效应。

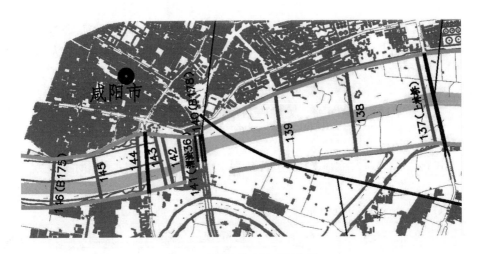

图 4-57　咸阳铁路桥平面位置

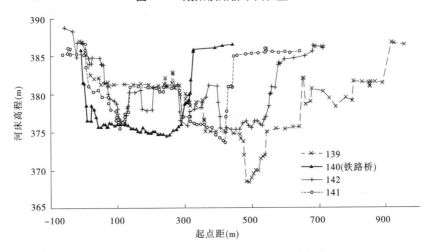

图 4-58　咸阳铁路桥横断面(140)套绘

表 4-43　咸阳铁路桥河段断面河床宽度变化统计　　　　　　　　（单位:m）

断面名称	间距	水面宽度
139	0	921.1
140(铁路桥断面)	1 196	334.5
141	206	440.4
142	190	688.7

　　为了分析咸阳铁路桥对其上游河段的壅水作用,本项目采用相关规范中的壅水计算公式及水面线程序分别计算改建前后铁桥的壅水高度。

4.5.5.1　壅水计算公式法

（1）改建前后断面水力因子变化。

　　咸阳铁路桥断面现状桥墩布设在河道行洪区内,占据了部分行洪断面,使过水面积减小,同时增大了水流阻力,造成桥位上游一定范围内水位壅高,行洪能力降低。

根据相关设计方案,咸阳铁路桥"三桥合一"方案采用全桥跨越渭河,通过立交方式跨越两岸堤防,大桥端点位于渭河防洪大堤之外,断面主流线与桥梁轴线夹角为90°,改建后桥位断面过流面积的增大主要由桥位断面拓宽为600 m后引起,改建前后桥位断面过水因子变化见表4-44。

表4-44 改建前后桥位断面过水因子变化

洪水频率 P	流量 （m^3/s）	改建后			改建前				
		过水面积 （m^2）	水面宽度 （m）	平均流速 （m/s）	阻水宽度 （m）	阻水面积 （m^2）	过水面积 （m^2）	水面宽度 （m）	平均流速 （m/s）
0.33%	11 400	5 086	605.4	2.24	274.2	2 400	2 687	331.3	4.24
1%	9 170	4 622	600.8	1.98	271.3	2 190	2 432	329.5	3.77
2%	8 160	4 298	597.6	1.90	269.3	2 043	2 254	328.2	3.62
5%	6 840	3 825	592.8	1.79	266.4	1 831	1 994	326.4	3.43
10%	5 900	3 415	588.6	1.73	265.9	1 646	1 769	322.7	3.33

从表4-44中可知,铁路桥断面遭遇300年一遇洪水时,改建前过水面积2 687 m^2,改建后过水面积5 086 m^2,改建前阻水面积2 400 m^2;遭遇100年一遇洪水时,改建前过水面积2 432 m^2,改建后过水面积4 622 m^2,改建前阻水面积2 190 m^2;遭遇50年一遇洪水时,改建前过水面积2 254 m^2,改建后过水面积4 298 m^2,改建前阻水面积2 043.32 m^2;遭遇20年一遇洪水时,改建前过水面积1 994 m^2,改建后过水面积3 825 m^2,改建前阻水面积1 831 m^2;遭遇10年一遇洪水时,改建前过水面积1 769 m^2,改建后过水面积3 415 m^2,改建前阻水面积1 646 m^2。

（2）桥梁壅水高度计算。

河滩路堤阻断及桥孔压缩水流形成的天然水面以上的壅起高度称为壅水高度,最大壅水高度一般出现在桥位中线上游的一个桥孔长度处。由于桥位处水流及河床条件复杂多变,很多因素难以准确反映。依据《铁路工程水文勘测设计规范》（TB 10017—99）和《公路桥涵设计手册·桥位设计》中推荐的公式分别进行桥梁壅水计算。

①按《铁路工程水文勘测设计规范》（TB 10017—99）推荐的如下壅水公式进行计算：

$$\Delta Z = \eta(V_m^2 - V_0^2) \tag{4-12}$$

式中：ΔZ 为桥前最大壅水高度,m；V_0 为天然断面平均流速,m/s；V_m 为桥下平均流速,m/s；η 为与水流进入桥孔阻力有关的系数,与河滩路堤阻断流量与设计流量的比值有关,一般在0.05 ~ 0.15取值,本次计算取0.10。

②按《公路桥涵设计手册·桥位设计》推荐的如下壅水公式进行计算：

$$\Delta Z = \frac{K}{2g}(\overline{V}_m^2 - \overline{V}_{0m}^2) \tag{4-13}$$

式中：ΔZ 为桥前最大壅水高度,m；$\overline{V}_{0m}$ 为天然状态下平均流速,m/s；$\overline{V}_{0m} = Q_{0m}/\omega_{0m}$, Q_{0m} 为天然状态下桥下通过的设计流量,m^3/s；ω_{0m} 为桥下过水面积,m^2；$\overline{V}_m$ 为桥下平均流速,m/s；$\overline{V}_m = K_p \times Q_p/\omega_j$；$Q_p$ 为设计流量,m^3/s；ω_j 为桥下净过水面积,m^2；K_p 为考虑冲刷引进的流

速折减系数；$K_p = \dfrac{1}{1 + A(P - 1)}$；$A$ 为河床粒径系数，$A = 0.5 \times \overline{d}_{50}^{-0.25}$；$\overline{d}_{50}$ 为河床平均粒径，mm；P 为冲刷系数；$P = \omega/\omega_j$；ω 为桥下需要的过水断面面积，m^2；V_P 为设计流速，采用河槽平均流速，m/s，K 为壅水系数，$K = K_N \times K_V = \dfrac{1}{\left(\dfrac{\overline{V}_m}{\sqrt{gH_1}} - 0.1\right)\sqrt{\sqrt{\dfrac{\overline{V}_m}{V_{0m}}} - 1.0}}$，$H_1 = 1.0$

m；K_N 为定床壅水系数，$K_N \dfrac{2}{\sqrt{\sqrt{\dfrac{\overline{V}_m}{V_{0m}}} - 1.0}}$；$K_V$ 为修正系数，$K_V \dfrac{0.5}{\left(\dfrac{\overline{V}_m}{\sqrt{gH_1}} - 0.1\right)}$。

③壅水曲线长度计算。

壅水曲线全长按下式计算：

$$L = \frac{2\Delta Z}{I} \qquad (4\text{-}14)$$

式中：L 为壅水曲线全长，m；I 为水面比降。

根据上述两个规范计算的壅水高度，其计算结果见表 4-45。

表 4-45　壅水公式计算成果

洪水频率 P	《铁路工程水文勘测设计规范》（TB 10017—99）		《公路桥涵设计手册·桥位设计》	
	桥前壅水高度（m）	壅水长度（m）	桥前壅水高度（m）	壅水长度（m）
0.33%	0.91	2 711	0.51	1 518
1%	0.72	2 193	0.46	1 393
2%	0.66	2 049	0.44	1 358
5%	0.60	1 848	0.42	1 293
10%	0.57	1 775	0.41	1 275

注：表中壅水高度为桥前壅水高度，桥下壅水高度可采用桥前最大壅水高度的一半。

本次大桥壅水高度采用《铁路工程水文勘测设计规范》（TB 10017—99）和《公路桥涵设计手册·桥位设计》计算成果中的较大值，即设计 300 年一遇洪水、100 年一遇洪水、50 年一遇洪水、20 年一遇洪水、10 年一遇洪水的桥前壅水高度分别为 0.91 m、0.72 m、0.66 m、0.60 m、0.57 m，壅水曲线全长为 2 711 m、2 193 m、2 049 m、1 848 m、1 775 m。

4.5.5.2　水面线程序计算法

水面线计算程序，在相同的水文边界条件下，考虑有咸阳铁路桥断面及无咸阳铁路桥断面两种工况下的河道边界条件，展开水面线计算，根据两种工况下的计算成果，对比分析咸阳铁路桥的壅水效应。

两种工况下，咸阳水文站—咸阳铁路桥河段 300 年一遇、100 年一遇、50 年一遇、20 年一遇、10 年一遇的水面线计算成果如表 4-46 所示。表 4-46 中的咸阳铁桥断面（140）的壅水高度为桥下壅水高度，从现有研究来看，最大壅水高度一般出现在桥位中线上游的一个桥孔长度处，称为桥前壅水高度。参照相关规范的处理，桥下壅水高度为桥前最大壅水高度的一半,即铁路桥断面改建前后,设计300年一遇洪水、100年一遇洪水、50年一遇洪水、20年一遇洪水、10年一遇洪水的桥前壅水高度分别为0.42 m、0.40 m、0.38 m、0.36 m、0.30 m,桥位断面桥前壅水高度最终成果见表4-47。

表4-46 咸阳铁路桥河段各断面壅水计算成果(水面线程序计算成果) (单位:m)

断面名称		140 (铁路桥)	141 (WY36)	142	143	144	145	146	147 (WY37)	148
累积距离		4 628.12	4 422.07	4 231.82	4 134.15	3 834.61	3 236.59	2 616.48	231.78	0
改建前各频率洪水水位	0.33%	384.59	384.77	385.05	385.17	385.54	386.20	386.77	389.14	389.32
	1%	383.81	383.98	384.26	384.39	384.76	385.43	386.01	388.51	388.70
	2%	383.26	383.43	383.72	383.85	384.23	384.89	385.46	388.07	388.25
	5%	382.46	382.64	382.94	383.07	383.46	384.13	384.69	387.41	387.60
	10%	381.73	381.92	382.25	382.38	382.79	383.46	384.01	386.90	387.09
改建后各频率洪水水位	0.33%	384.38	384.53	384.83	384.96	385.37	386.07	386.68	389.11	389.31
	1%	383.61	383.75	384.06	384.20	384.61	385.32	385.93	388.49	388.69
	2%	383.07	383.21	383.54	383.67	384.09	384.79	385.39	388.06	388.25
	5%	382.28	382.43	382.77	382.91	383.33	384.04	384.63	387.41	387.60
	10%	381.58	381.72	382.09	382.24	382.67	383.38	383.96	386.90	387.09
壅水高度	0.33%	0.21	0.24	0.22	0.21	0.17	0.13	0.09	0.03	0.01
	1%	0.20	0.23	0.20	0.19	0.15	0.11	0.08	0.02	0.01
	2%	0.19	0.22	0.18	0.18	0.14	0.10	0.07	0.01	0
	5%	0.18	0.21	0.17	0.16	0.13	0.09	0.06	0	0
	10%	0.15	0.20	0.16	0.14	0.12	0.08	0.05	0	0

注:表中桥位断面(140)的壅水高度为桥下壅水高度。

表4-47 咸阳铁路桥断面壅水计算成果(水面线程序计算成果)

洪水频率 P	设计流量(m^3/s)	桥前壅水高度(m)	壅水长度(m)
0.33%	11 400	0.42	4 738
1%	9 170	0.40	4 628
2%	8 160	0.38	4 396
5%	6 840	0.36	3 228
10%	5 900	0.30	3 068

分析表4-46及表4-47的水面线计算数据可知,咸阳铁路桥断面对其上游河段壅水作用明显,主要表现在以下方面:

(1)咸阳铁路桥断面由于过水宽度突然缩窄,形成一卡口,对其上游河段产生显著的壅水作用,其中桥位断面(140)桥前壅水最大高度达0.42 m,桥位最远的断面148(咸阳水文站)壅水高度0.01 m。

(2)从铁路桥断面对其上游河段壅水的纵向影响来看,越靠近铁路桥断面,壅水高度越高,距离铁路桥断面越远,壅水高度渐趋减小。一般情况下,洪水量级大于等于50年一遇洪水时,壅水的影响范围一般最远至148断面(咸阳水文站),影响长度约4 738 m。

(3)从不同洪水量级对壅水的影响程度来看,洪水量级越大,铁路桥对同一断面造成的壅水高度也越大(见图4-59),可以判断壅水计算成果定性上基本正确,如140断面,300年一遇洪水壅水高度为0.42 m,100年一遇洪水壅水高度为0.40 m,50年一遇洪水壅水高度为0.38 m。

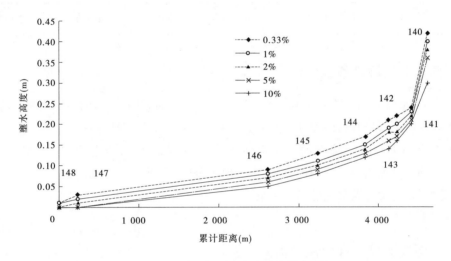

图4-59 铁路桥河段壅水高度纵向分布

4.5.5.3 综合分析

表4-48给出了两种方法的计算成果,综合分析壅水计算公式法与水面线程序法的计算成果,水面线程序计算的桥前壅水高度比规范计算的桥前壅水高度略低,但两种方法的计算成果皆在一个数量级上。考虑工程设计的习惯,壅水计算分析成果宜采用规范推荐的计算方法,即采用《铁路工程水文勘测设计规范》(TB 10017—99)的计算成果:设计300年一遇洪水、100年一遇洪水、50年一遇洪水、20年一遇洪水、10年一遇洪水的桥前壅水高度分别为0.91 m、0.72 m、0.66 m、0.60 m、0.57 m,壅水曲线全长为2 711 m、2 193 m、2 049 m、1 848 m、1 775 m。

根据上述分析可知,咸阳铁路桥断面的卡口作用引起其上游断面显著壅水,壅水最大高度为0.91 m,壅水曲线长度2 711 m(渭淤37下游350 m)。随着咸阳铁路桥"三桥合一"改建方案的计划实施,铁路桥行洪断面将扩大,其壅水效应将得到改善。

表 4-48 铁路桥河段壅水高度纵向分布

洪水频率 P	《铁路工程水文勘测设计规范》(TB 10017—99)(采用成果)		《公路桥涵设计手册·桥位设计》(对比成果1)		水面线程序(对比成果2)	
	桥前壅水高度(m)	壅水长度(m)	桥前壅水高度(m)	壅水长度(m)	桥前壅水高度(m)	壅水长度(m)
0.33%	0.91	2 711	0.51	1 518	0.42	4 738
1%	0.72	2 193	0.46	1 393	0.40	4 628
2%	0.66	2 049	0.44	1 358	0.38	4 396
5%	0.60	1 848	0.42	1 293	0.36	3 228
10%	0.57	1 775	0.41	1 275	0.30	3 068

4.5.6 部分典型桥梁壅水分析

截至 2014 年渭河中下游的跨河桥梁共有 61 座,本节对咸阳、渭南两市城区 9 处跨河桥梁较密集处,进行了典型桥梁壅水统计,见表 4-49。

由表 4-49 可以看出,大部分桥梁相距都在 1.0 km 或 2.0 km 以上,不会引起壅水的持续叠加。个别桥梁虽相距较近,有部分壅水会出现叠加,但都有相应的防治与补救措施,而且渭河各段堤防的设计洪水位已经将桥梁壅水影响考虑在内,弥补了桥梁对河道行洪壅水造成的不利影响。

4.5.7 水面线成果的合理性分析

4.5.7.1 与已有成果的对比分析

渭河干流设计洪水水面线计算工作,以往因工作需要开展过多次,如《陕西省渭河中游干流防洪工程可行性研究要报告》《陕西省三门峡库区渭、洛河下游治理规划》《渭洛河近期防洪工程建设可行性研究报告》《陕西省渭河防洪治理工程可行性研究报告》等成果。本次采用 2015 年汛前地形资料计算的 100 年一遇洪水水面线计算成果与《陕西省渭河防洪治理工程可行性研究报告》(2011 年水平)进行比较,详见图 4-60、图 4-61 及表 4-50、表 4-51。从图表中可知,本次计算的洪水水面线与渭河全线整治成果趋势变化基本一致,但本次计算成果比《陕西省渭河防洪治理工程可行性研究报告》成果(2011 年水平)略微偏低:其中林家村—魏家堡河段平均低 0.41 m,魏家堡—咸阳河段平均低 0.18 m,咸阳—临潼河段平均低 0.35 m,临潼—华县河段平均低 0.14 m,华县—渭淤 1 河段平均低 0.03 m。

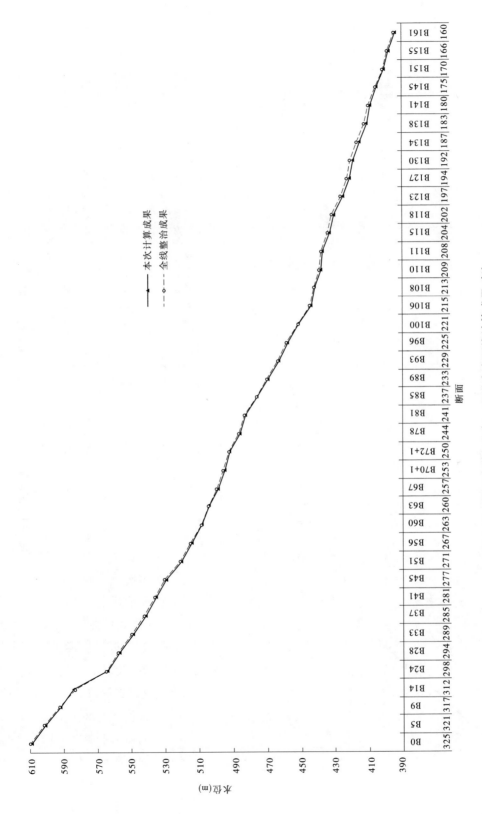

图 4-60 渭河中游 100 年一遇洪水水面线计算成果对比

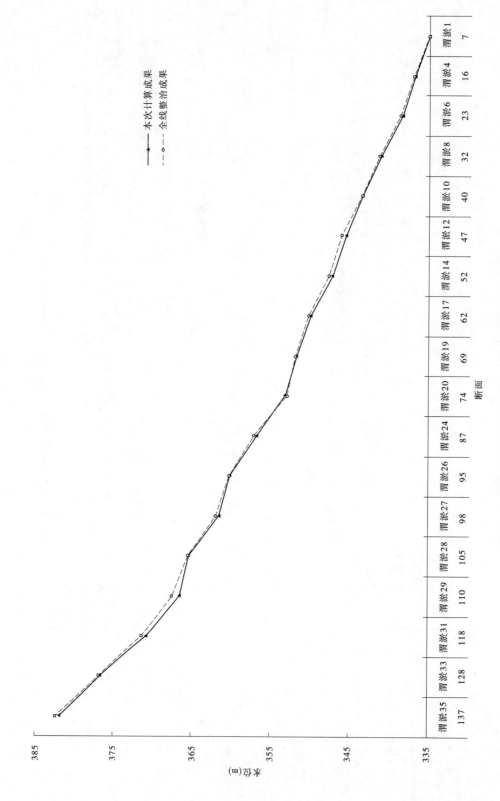

图 4-61　渭河下游 100 年一遇洪水水面线计算成果对比

表 4-49 渭河中下游部分典型桥梁壅水统计

桥梁名称	桥梁位置	桥梁设防标准（年）	设计洪峰流量（m³/s）	洪水频率（%）	壅水高度（m）	壅水长度（m）
上林大桥	渭淤 35 断面上游约 1.12 km 处	100	10 927	0.33	0.39	1 200
				1	0.34	1 046
咸阳机场高速公路跨渭河大桥	渭淤 34 断面上游约 1.71 km 处	300	11 800	0.33	0.26	840
咸阳市渭河横桥	渭淤 33 断面上游约 1.20 km 处	100	10 020	0.33	0.24	977
				1	0.21	856
正阳渭河大桥	渭淤 32 断面下游约 2.75 km 处	300	11 750	0.33	0.20	667
				1	0.19	633
北环线三郎村特大铁路桥	渭淤 31 断面下游约 2.63 km 处	100	9 700	0.33	0.33	1 004
				1	0.29	912
秦王二桥	渭淤 26 断面下游约 2.78 km 处	300	17 000	0.33	0.18	1 118
				1	0.17	1 056
大同至西安客运专线渭南顺渭河湾特大桥	渭淤 19 断面处	100	12 700	0.33	0.017	143
				1	0.016	135
大同至西安客运专线渭河特大桥	与渭淤 17 断面斜交，在郑州至西安客运专线渭南二跨渭河特大桥上游 36 m 处	100	12 700	0.33	0.53	5 584
				1	0.47	4 982
郑州至西安客运专线渭南二跨渭河特大桥	与渭淤 17 断面斜交处	100	12 700	0.33	0.33	3 474
				1	0.30	3 158

注：表中各桥梁壅水高度和壅水长度数据均采用已审查过的防洪评价报告成果，其中大同至西安客运专线渭河特大桥的壅水高度和壅水长度为桥位河段桥群壅水影响数据。

表 4-50 渭河中游水面线计算成果对比分析 （单位：m）

断面			各级洪水水面线成果								
本次编号	原编号	位置	本次计算			陕西省渭河防洪治理工程可研			差值		
			$P=1\%$	$P=2\%$	$P=3.33\%$	$P=1\%$	$P=2\%$	$P=3.33\%$	$P=1\%$	$P=2\%$	$P=3.33\%$
325	B0	林家村水文站	609.26	608.60	608.10	609.56	608.66	608.01	−0.30	−0.06	0.09
321	B5	福临堡	600.85	600.62	600.40	601.20	600.89	600.64	−0.35	−0.27	−0.24
317	B9	清姜河口	591.95	591.42	591.00	592.46	592.16	591.92	−0.51	−0.74	−0.92

断面			各级洪水水面线成果								
本次编号	原编号	位置	本次计算			陕西省渭河防洪治理工程可研			差值		
			$P=1\%$	$P=2\%$	$P=3.33\%$	$P=1\%$	$P=2\%$	$P=3.33\%$	$P=1\%$	$P=2\%$	$P=3.33\%$
312	B14	金陵河口	583.98	583.61	583.32	583.21	582.93	582.70	0.77	0.68	0.62
298	B24	清水河口	564.17	563.39	562.64	564.40	564.04	563.73	−0.23	−0.65	−1.09
294	B28	千河口上	556.84	556.08	555.51	557.30	556.99	556.74	−0.46	−0.91	−1.23
289	B33		548.90	548.33	548.00	549.60	549.31	549.07	−0.70	−0.98	−1.07
285	B37	虢镇	541.26	540.73	540.44	542.03	541.76	541.54	−0.77	−1.03	−1.10
281	B41		535.52	535.06	534.79	536.07	535.75	535.49	−0.55	−0.69	−0.70
277	B45	伐鱼河口	529.27	528.77	528.49	529.96	529.66	529.41	−0.69	−0.89	−0.92
271	B51	阳平镇	520.02	519.49	519.20	520.66	520.37	520.13	−0.64	−0.88	−0.93
267	B56	第六寨	513.93	513.45	513.17	514.40	514.11	513.88	−0.47	−0.66	−0.71
263	B60		507.90	507.43	507.17	508.19	507.91	507.68	−0.29	−0.48	−0.51
260	B63	石头河口下	503.76	503.17	502.82	504.04	503.71	503.44	−0.28	−0.54	−0.62
257	B67	五会寺	498.65	498.11	497.80	499.28	499.01	498.79	−0.63	−0.90	−0.99
253	B70+1	原魏家堡站	494.80	494.39	494.15	495.19	494.93	494.73	−0.39	−0.54	−0.58
250	B72+1	魏家堡站	492.04	491.79	491.65	492.04	491.83	491.66	0	−0.04	−0.01
244	B78	北兴村	485.75	485.25	484.96	485.94	485.56	485.29	−0.19	−0.31	−0.33
241	B81	河池	482.46	481.96	481.68	482.72	482.28	481.98	−0.26	−0.32	−0.30
237	B85	南寨村	475.75	475.28	475.01	475.79	475.43	475.20	−0.04	−0.15	−0.19
233	B89	西沙河口	469.09	468.68	468.44	469.23	468.90	468.69	−0.14	−0.22	−0.25
229	B93		462.66	462.22	461.97	462.98	462.66	462.45	−0.32	−0.44	−0.48
225	B96	罗家村	457.57	457.08	456.80	457.69	457.39	457.19	−0.12	−0.31	−0.39
221	B100	东沙河口	451.42	451.07	450.85	451.44	451.13	450.92	−0.02	−0.06	−0.07
215	B106	杨凌西	443.69	443.01	442.63	444.00	443.67	443.45	−0.31	−0.66	−0.82
213	B108	杨凌中	441.58	440.92	440.55	441.80	441.37	441.05	−0.22	−0.45	−0.50
209	B110	杨凌东	437.76	436.97	436.50	438.75	438.40	438.17	−0.99	−1.43	−1.67
208	B111	杨武分界	436.72	435.91	435.44	437.44	437.10	436.88	−0.72	−1.19	−1.44
204	B115		432.70	431.93	431.47	433.58	433.25	433.03	−0.88	−1.32	−1.56
202	B118	漆水河口下	430.39	429.65	429.22	431.23	430.81	430.51	−0.84	−1.16	−1.29
197	B123	新周普公路桥	424.53	423.89	423.49	425.72	425.45	425.31	−1.19	−1.56	−1.82
194	B127	朱家堡	420.39	419.64	419.21	422.12	421.75	421.51	−1.73	−2.11	−2.30
192	B130	寺背后	418.46	417.74	417.34	420.02	419.67	419.44	−1.56	−1.93	−2.10

断面			各级洪水水面线成果								
本次编号	原编号	位置	本次计算			陕西省渭河防洪治理工程可研			差值		
			$P=1\%$	$P=2\%$	$P=3.33\%$	$P=1\%$	$P=2\%$	$P=3.33\%$	$P=1\%$	$P=2\%$	$P=3.33\%$
187	B134		414.93	414.26	413.87	416.19	415.82	415.56	−1.26	−1.56	−1.69
183	B138	龙过村	410.65	409.94	409.52	411.89	411.55	411.31	−1.24	−1.61	−1.79
180	B141	黑河口上	408.63	407.97	407.50	409.46	409.11	408.86	−0.83	−1.14	−1.36
175	B145	东马村	404.91	404.37	403.95	405.12	404.79	404.56	−0.21	−0.42	−0.61
170	B151	耿峪河口	400.62	400.09	399.68	400.94	400.62	400.40	−0.32	−0.53	−0.72
166	B155	户县原种场	397.87	397.31	396.87	398.03	397.67	397.41	−0.16	−0.36	−0.54
160	B161	涝河口	393.89	393.39	393.00	394.13	393.71	393.40	−0.24	−0.32	−0.40

注:本表中水位数据未考虑系列年淤积厚度。

表 4-51　渭河下游水面线计算成果　　　　　　　　　　　（单位:m）

断面		各级洪水水面线成果								
本次编号	断面名称	本次计算			陕西省渭河防洪治理工程可行性研究报告			差值		
		$P=0.33\%$	$P=1\%$	$P=2\%$	$P=0.33\%$	$P=1\%$	$P=2\%$	$P=0.33\%$	$P=1\%$	$P=2\%$
137	渭淤35	382.65	381.92	381.41	382.84	382.32	381.98	−0.19	−0.40	−0.57
128	渭淤33	377.41	376.69	376.21	377.32	376.86	376.53	0.09	−0.17	−0.32
118	渭淤31	371.44	370.71	370.21	371.72	371.25	370.91	−0.28	−0.54	−0.70
110	渭淤29	367.13	366.37	365.84	367.86	367.30	366.89	−0.73	−0.93	−1.05
105	渭淤28	366.01	365.28	364.77	365.98	365.37	364.83	0.03	−0.09	−0.06
98	渭淤27	362.11	361.43	360.95	362.49	361.84	361.45	−0.38	−0.41	−0.50
95	渭淤26	360.74	360.09	359.64	360.50	360.08	359.72	0.24	0.01	−0.08
87	渭淤24	357.40	356.67	356.17		357.04	356.57		−0.37	−0.40
74	渭淤20	353.69	353.07	352.66		352.87	352.37		0.20	0.29
69	渭淤19	352.31	351.74	351.36		351.76	351.39		−0.02	−0.03
62	渭淤17	350.43	349.88	349.49		350.13	349.66		−0.25	−0.17
52	渭淤14	347.60	347.09	346.74		347.53	347.24		−0.44	−0.50
47	渭淤12	345.95	345.45	345.12		345.96	345.71		−0.51	−0.59
40	渭淤10	344.03	343.44	343.05		343.41	343.11		0.03	−0.06
32	渭淤8	341.66	341.05	340.65		341.12	340.82		−0.07	−0.17
23	渭淤6	339.02	338.36	337.94		338.58	338.32		−0.22	−0.38
16	渭淤4	337.51	336.83	336.42		336.91	336.51		−0.08	−0.09
7	渭淤1	336.07	335.14	334.57		335.04	334.44		0.10	0.13

注:本表中水位数据未考虑系列年淤积厚度。

表 4-52　2011 年汛前～2014 年汛后渭河下游各段冲淤厚度统计

河段	断面平均冲淤厚度（m）
渭淤 1—渭淤 10	0.24
渭淤 10—渭淤 26	−0.39
渭淤 26—渭淤 37	−1.37

为分析水面线计算成果差异原因,统计了渭河中游各实测断面 2011 年与 2015 年各断面的过水面积变化(详见图 4-18 及表 4-13)。从图、表中可知,渭河中游全段基本处于冲刷阶段:其中林家村—魏家堡河段断面平均冲刷 1 088 m^2,魏家堡—咸阳河段断面平均冲刷 563 m^2,总体上中游下段比上段冲刷幅度更大,与中游水面线计算成果的差值变化趋势一致。

针对下游水面线的计算成果合理性分析,统计了 2011 年汛前～2014 年汛后渭淤 1—渭淤 37 河段累计的冲淤量,河段累计淤积体积为 −1.223 0 亿 m^3,总体以冲刷为主。表 4-52 给出了渭河下游各河段平均的淤积厚度,其中渭淤 37—渭淤 26 河段平均淤积厚度 −1.37 m,渭淤 26—渭淤 10 河段平均淤积厚度 −0.39 m,渭淤 10—渭淤 1 河段平均淤积厚度 0.24 m,与下游水面线计算水位降低值基本一致。

综上,通过渭河中下游河段 2011～2015 年的冲淤变化分析可知,2011 年以来,渭河中游全线及下游华县站以上河段冲刷发展,河道过水面积普遍增大,河道过洪能力相应增大,因此本次计算水位(2015 年水平)比《陕西省渭河防洪治理工程可行性研究报告》(2011 年水平)偏低是合理的。

4.5.7.2　与水文站实测资料的对比分析

根据计算成果、实测资料及已有成果点绘魏家堡站、临潼站及华县站的水位流量关系图,详见图 4-62～图 4-64,从图中可见计算水位流量关系成果与水文站 2003 年以来历年实测点据变化趋势基本一致。

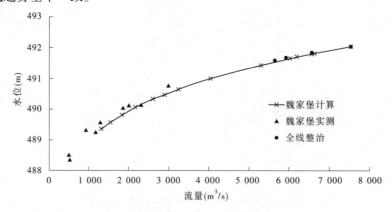

图 4-62　魏家堡站水位流量关系计算成果

4.5.7.3　与曼宁公式法成果的对比分析

表 4-53、表 4-54 分别给出了魏家堡及临潼站各频率洪水的水位计算成果,其中魏家堡站水面线法比曼宁公式法高 0.29～0.42 m,临潼站水面线法与曼宁公式法相差 −0.03～

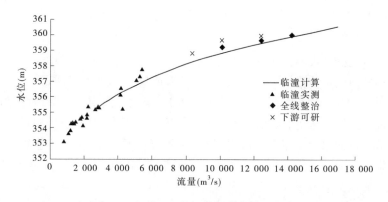

图 4-63   临潼站水位流量关系计算成果

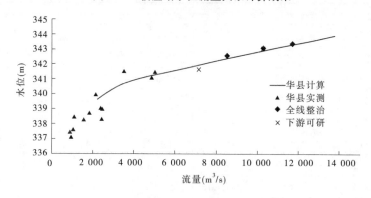

图 4-64   华县站水位流量关系计算成果

0.25 m,两种方法计算成果基本一致。

表 4-53   魏家堡站水位流量关系计算成果比较

洪水频率	"54"型	3.33%	2%	1%
流量(m³/s)	5 640	5 920	6 560	7 530
水面线法水位(m)	491.53	491.62	491.79	492.04
曼宁公式法水位(m)	491.11	491.23	491.46	491.75

表 4-54   临潼站水位流量关系计算成果比较

洪水频率	5%	2%	1%	0.33%
流量(m³/s)	10 100	12 400	14 200	17 000
水面线法水位(m)	359.01	359.65	360.11	360.76
曼宁公式法水位(m)	358.77	359.61	360.14	360.51

通过与《陕西省渭河防洪治理工程可行性研究报告》(2011 年水平)的比较分析可知,本次计算成果比 2011 年水平普遍偏低是由于 2011 年以来华县以上河段河床冲刷引起的,此外本次计算成果与水文站实测资料及曼宁公式法成果基本一致,说明了本次水面线计算成果基本合理。

4.5.8 水面线成果的综合分析与确定

采用能量方程推算天然河道水面线,其理论相对严谨,规划设计中使用广泛,且特别适合用于无资料断面的水位推算。此外,通过与已有成果、水文站实测资料及曼宁公式法成果的对比分析,认为本次水面线计算成果反映了 2011 年以来河道的冲淤变化情况,本次计算成果基本合理。经综合考虑,本次河道防洪能力评估分析中,对于有资料的水文站断面,采用本章第三节分析的水位流量关系成果展开;对无资料断面,按推算的水面线成果、曼宁公式及有关成果综合分析确定的断面水位流量关系展开,各级设计洪峰流量下,无实测资料典型断面的水位流量关系成果详见表 4-55、表 4-56。

表 4-55　渭河下游典型断面水位流量计算成果

128		62		16		9	
流量(m³/s)	水位(m)	流量(m³/s)	水位(m)	流量(m³/s)	水位(m)	流量(m³/s)	水位(m)
11 436	377.41	15 149	350.43	13 819	337.51	13 819	336.40
9 690	376.69	12 741	349.88	11 684	336.83	11 684	335.56
8 575	376.21	11 218	349.49	10 331	336.42	10 331	335.02
7 077	375.46	9 199	348.95	8 531	335.88	8 531	334.36
5 915	374.80	7 665	348.51	7 158	335.44	7 158	333.82
4 715	373.70	6 120	347.75	5 766	334.98	5 766	333.23
4 316	373.41	5 619	347.60	5 313	334.86	5 313	333.07
3 983	373.15	5 208	347.46	4 939	334.76	4 939	332.94
3 443	372.71	4 557	347.21	4 343	334.56	4 343	332.69
3 005	372.34	4 046	346.99	3 872	334.40	3 872	332.50
2 628	372.00	3 624	346.78	3 479	334.23	3 479	332.32
2 288	371.67	3 262	346.58	3 137	334.06	3 137	332.15
2 126	371.51	3 098	346.47	2 980	333.98	2 980	332.09

表 4-56　渭河中游典型断面水位流量计算成果

312		312 + 1		285		262		215		199		171	
流量(m³/s)	水位(m)	流量(m³/s)	水位(m)	流量(m³/s)	水位(m)	流量(m³/s)	水位(m)	流量(m³/s)	水位(m)	流量(m³/s)	水位(m)	流量(m³/s)	水位(m)
10 144	584.80	10 144	583.67	10 397	542.63	10 397	507.78	10 397	445.49	10 397	428.85	12 238	402.70
9 199	584.55	9 199	583.39	9 605	542.27	9 605	507.41	9 605	445.03	9 605	428.43	11 436	402.37
8 451	584.35	8 451	583.17	8 974	541.97	8 974	507.13	8 974	444.63	8 974	428.08	10 794	402.09
7 190	583.98	7 190	582.78	7 530	541.26	7 530	506.42	7 530	443.69	7 530	427.23	9 690	401.59
5 952	583.61	5 952	582.37	6 560	540.73	6 560	505.93	6 560	443.01	6 560	426.59	8 575	401.07
5 744	583.54	5 744	582.30	6 639	540.78	6 639	505.98	6 639	443.06	6 639	426.65	8 385	400.98
5 240	583.38	5 240	582.12	6 192	540.53	6 192	505.74	6 192	442.74	6 192	426.32	7 916	400.75

312		312＋1		285		262		215		199		171	
流量 (m³/s)	水位 (m)	流量 (m³/s)	水位 (m)	流量 (m³/s)	水位 (m)	流量 (m³/s)	水位 (m)	流量 (m³/s)	水位 (m)	流量 (m³/s)	水位 (m)	流量 (m³/s)	水位 (m)
5 059	583.32	5 059	582.06	6 030	540.44	6 030	505.66	6 030	442.63	6 030	426.20	7 746	400.67
4 362	583.08	4 362	581.79	5 300	539.99	5 300	505.27	5 300	442.06	5 300	425.66	7 077	400.33
3 214	582.64	3 214	581.31	4 050	539.15	4 050	504.56	4 050	440.99	4 050	424.62	5 915	399.71
2 141	582.14	2 141	580.77	3 251	538.50	3 251	504.08	3 251	440.18	3 251	423.86	4 715	398.94
1 820	581.96	1 820	580.55	2 905	538.17	2 905	503.86	2 905	439.79	2 905	423.52	4 316	398.67
1 569	581.78	1 569	580.37	2 623	537.88	2 623	503.67	2 623	439.43	2 623	423.21	3 983	398.45
1 202	581.50	1 202	579.99	2 178	537.36	2 178	503.35	2 178	438.86	2 178	422.71	3 443	398.00
949	581.25	949	579.61	1 833	536.92	1 833	503.10	1 833	438.39	1 833	422.31	3 005	397.66
770	581.05	770	579.28	1 552	536.52	1 552	502.86	1 552	438.00	1 552	421.93	2 628	397.35
644	580.90	644	579.02	1 315	536.14	1 315	502.65	1 315	437.62	1 315	421.60	2 288	397.05

4.6 过洪能力河段划分与代表性控制断面分析确定

4.6.1 河段划分确定

4.6.1.1 河段划分析原则

本次河道划分按下述原则进行：

(1)划分的河段一般在河型上是一致的。

(2)划分的河段冲淤定性一般应一致,即河段是冲刷性河道、淤积性河道或冲淤平衡性河道。

(3)河段划分一般以地市级行政区为控制,再在地市级行政区域内进一步划分。

(4)河段划分应包括完整的县(区)级行政区,一般不把一个县(区)内的河道划分在两个河段。

(5)划分的河段,一般河段的规划堤距应一致。

(6)划分的河段,一般两岸(左右)堤防设防标准应一致;若在一个县(区)级行政区内两岸堤防设防标准不一致,一般取两岸设防标准较低的最上分界来划分河段。

(7)划分的河段,两岸分属不同的地级(县级)行政区时,一般取两岸设防标准较低的最上分界来划分河段。

4.6.1.2 河段划分

1.渭河中下游现状堤距

渭河中游堤防布置在中水治导线上,中洪合一;林家村—魏家堡现状堤距一般为600 m,规划主槽宽度为350 m;魏家堡—黑河口现状堤距约为700 m,规划主槽宽450 m;黑河口—新河口(吕村)堤距为1 000 m,规划主槽宽度550 m;新河口以下咸阳市区西宝高速公路桥—咸阳陇海铁路桥堤距为600 m,规划主槽宽度500 m。渭河下游堤距咸阳陇海铁路桥至沣河入渭口为过渡段,堤距为600～1 000 m,规划治导线宽700 m;沣河口至灞河口堤距不小于1 000 m,规划治导线宽700 m;灞河口至临潼新丰公路桥段现状堤距为1 200 m;新丰公路桥至西延铁路桥新修堤段堤距为1 200～1 500 m;西延铁路桥以下至入黄口段堤距展宽为2 000～3 500 m。

2.渭河中下游现状堤防防御标准

(1)渭河中游。

渭河中游宝鸡市左岸福潭桥以上、右岸清水河口以上河段大堤防洪标准为50年一遇;福潭桥、清水河口以下至陈仓区岐山分界河段为宝鸡城区河段,陈仓区岐山分界至岐山眉县分界为岐山河段,这两个河段堤防防洪标准为100年一遇;眉县河段除左岸渭惠渠渠首闸以上堤防防洪标准为30年一遇外,其他河段堤防防洪标准为50年一遇;扶风县左岸堤防防洪标准为30年一遇,右岸堤防防洪标准为50年一遇。

杨凌区左岸堤防防洪标准为100年一遇,右岸堤防防洪标准为50年一遇。

咸阳市武功左岸漆水河入渭口以上段堤防防洪标准为100年一遇、漆水河口—武新大桥河段堤防防洪标准为50年一遇、武新大桥—武兴分界河段堤防防洪标准为30年一遇,右岸堤防防洪标准为50年一遇;兴平市河段左岸堤防防洪标准为30年一遇,右岸堤防防洪标准为50年一遇;咸阳市区左右岸堤防防洪标准均为100年一遇。

西安市周至县河段堤防防洪标准为50年一遇;鄠邑区河段周户界—涝河口段堤防防洪标准为50年一遇,涝河口—鄠邑区长安界堤防防洪标准为100年一遇;长安区河段堤防防洪标准为100年一遇。

(2)渭河下游。

渭河下游咸阳城区河段左岸堤防防洪标准为100年一遇;右岸小王庄至沣河口河段堤防防洪标准为100年一遇,沣河口—渔王河段堤防防洪标准为300年一遇。

西安市城区右岸未央灞桥高陵区河段农六至耿镇桥堤防防洪标准为300年一遇,高陵临潼区河段耿镇桥至临渭交界堤防防洪标准为100年一遇;左岸高陵临潼区河段渭城高陵界至太西铁路桥堤防防洪标准为100年一遇,临潼区太西铁路桥至临渭交界河段堤防防洪标准为50年一遇。

渭南市临渭区河段左岸官道至苍渡堤防防洪标准为100年一遇,苍渡至大荔界堤防防洪标准为50年一遇,右岸零河口至赤水河口段堤防防洪标准为100年一遇;大荔华县河段(左岸临渭大荔界至拜家拜、右岸赤水河至方山河)堤防防洪标准为50年一遇。大荔、华阴、潼关移民围堤防洪标准为5年一遇。

3.渭河中下游河段划分及其合理性

宝鸡峡—潼关河段分为渭河中游、下游两个河道类型;按照上述确定的原则,渭河中游中河段划分为:宝鸡峡—福潭桥河段、宝鸡城区段(福潭桥—陈仓区岐山分界)、岐山河段、眉县—扶风河段(岐山眉县分界—宝鸡市与杨凌区分界)、杨凌河段、西安咸阳农防河段(杨凌界—涝河入渭口河段)、咸阳城区河段(兴咸分界—铁路桥)等7个河段,各河段起止与特征统计见表4-57。

渭河下游河段划分为:西安、咸阳城区河段(涝河入渭口—耿镇桥)、临潼高陵河段、渭南城区河段、大荔与华县堤防河段、大荔与华阴移民围堤河段等5个河段,各河段起讫与特征统计见表4-58。

表 4-57　渭河中游河段划分成果

河段名称		宝鸡峡—福潭桥河段	宝鸡城区河段	岐山河段	眉县—扶风河段	杨凌河段	西安咸阳农防河段	咸阳市区河段
起	左	宝鸡峡桥	福潭桥	陈仓岐山界	岐山眉县界	扶风杨凌界	杨凌武功界	兴平咸阳界
	右					眉县杨凌界	眉县周至界	涝河入渭口
讫	左	福潭桥	陈仓区岐山分界	岐山眉县界	扶风杨凌界	杨凌武功界	兴平咸阳界	铁路桥
	右				眉县杨凌界	杨凌眉县界	涝河入渭口	
堤防设防标准	左	50	100	100	30、50	100	50、30	100
	右	50	100	100	30、50	50	50	100
规划河宽		600	600	600	700	700	1 000	600
河型		顺直型	顺直型	顺直型	顺直型	顺直型	顺直型	过渡型
河道冲淤		微冲	微冲	微冲	微冲	微冲	冲淤平衡	冲淤平衡
所属地级行政区		宝鸡市				杨凌区	西安、咸阳	咸阳市
涉及县区		金台区、渭滨区	渭滨区、陈仓区	岐山县	眉县、扶风县	杨凌区	武功、兴平周至、户县	秦都、渭城区,长安区

注:1. 过渡型河段指顺直型向游荡型过渡的河段。

2. 堤防设防标准指数字对应的多少年一遇洪水标准。

表 4-58　渭河下游河段划分成果

河段名称		西安、咸阳城区河段	临潼高陵河段	渭南城区河段	大荔与华县堤防河段	大荔与华阴移民围堤河段
起	左	陇海铁路桥	高陵临潼界	临潼区、临渭区界	临渭区、大荔界	大荔拜家
	右		耿镇桥		赤水河口	方山河口
讫	左	高陵临潼界	临潼区、临渭区界	临渭区、大荔界	大荔拜家	大荔仁西村
	右	耿镇桥		赤水河口	方山河口	潼关吊桥
堤防设防标准	左	100	100、50	100、50	50	5
	右	100、300	100	100	50	5
规划河宽		600～100	1 200	2 000～3 500	2 000～3 500	2 000～3 500
河型		游荡型	游荡型	过渡型	弯曲型	弯曲型
河道冲淤		微淤型冲淤平衡	微淤	淤积	淤积	淤积
所属地级行政区		咸阳、西安	西安	渭南	渭南	渭南
涉及县区		秦都、渭城、未央、灞桥、高陵	高陵区、临潼区	经开区、临渭区、招商区	大荔县、华县	大荔县、华阴市、潼关县

注:1. 过渡型指游荡型向弯曲型过渡河段。

2. 堤防设防标准指数字对应的多少年一遇洪水标准。

由于本次河段划分考虑了河性、河型,结合了行政区划分与堤防设防标准等河道管理与建设实际情况,并且参考渭河中下游规划与可研等相关成果,综合分析确定了本次的河段划分。因此,总体上看本次河段划分是合理的,能够满足防洪能力分析的需要。

4.6.2 各河段代表性控制断面分析确定

4.6.2.1 各河段代表性控制断面选取原则

(1)原则上一个河段选取一个断面作为代表性控制断面。

(2)原则上划分的河段有水文站时,以水文站作为河段的代表性控制断面。

(3)原则上选取有多次测量成果的断面作为河段代表性控制断面。

(4)原则上选取可对比分析的已有水位流量成果的断面作为河段代表性控制断面。

4.6.2.2 控制断面的选择确定

根据确定的河段与控制断面选取原则,按以上确定的原则对确定的河段选取代表性控制断面时,若个别河段涉及河道较长,如宝鸡城区、西咸农防河段,可按其河段行政区分在该河段选取两个代表性控制断面;若河段有明显特定特征,如移民围堤河段下段是渭河入黄口,可按其河段特征划分选取两个代表性控制断面。各河段选择控制断面详见表4-59。

表 4-59　渭河中下游各河段代表性控制断面统计

区域	河段名称		河段代表性控制断面		备注
			断面名称(编号)	断面位置	
中游	宝鸡峡—福潭桥河段		325	林家村站	金台区渭河峪口以上代表断面(B0)
	宝鸡城区河段	渭滨区	312	宝商大桥	渭滨区代表断面(B14)
		陈仓区	285	虢镇渭河大桥	陈仓区代表断面(WJ01、B37)
	岐山河段		262	蔡家坡水寨桥	岐山代表断面(WJ02、B60+1)
	眉县—扶风河段		250	魏家堡站	眉、扶代表断面(B72+1)
	杨凌河段		215	杨凌永安村	杨凌代表断面(WJ04、B106)
	西安咸阳农防河段	周武段	199	周武桥洪寨村	周至、武功代表断面(WJ05、B121)
		户兴段	171	兴平马村	户县、兴平代表断面(WJ06、B150)
	咸阳市区河段		148	咸阳站	咸阳城区代表断面
下游	西安、咸阳城区河段		128	渭淤33断面	西安城区代表断面
	临潼区河段		094	临潼站	临渭区代表断面
	渭南城区河段		062	渭淤17断面	渭南城区代表断面
	大荔与华县河段		039	华县站	大、华代表断面
	移民围堤河段	围堤段	016	渭淤4断面	围堤段代表断面
		河口段	009	渭淤2断面	河口断代表断面

注:B为渭河中游原布设断面编号,WJ为中游河道监测布设断面。

由表可以看出,本次代表性控制性断面包括干流5个水文站断面、5个渭河中游冲淤监测WJ断面、4个渭河下游渭淤断面,这些断面均有多次测量成果,资料丰富;312断面(B14断面)为宝鸡主城区河段代表性河段,也有多次测量成果。因此,本次选取的代表性控制断面,具有一定的代表性,且具备推求水位流量关系所需的资料。

4.7 渭河中下游河道防洪能力分析评估

4.7.1 渭河中下游防洪能力评估依据与原则

4.7.1.1 有关法规

(1)《中华人民共和国水法》(2002年10月施行)。

(2)《中华人民共和国防洪法》(1998年1月施行)。

(3)《中华人民共和国河道管理条例》(1988年6月施行)。

(4)《陕西省河道管理条例》(2004年修正)。

4.7.1.2 有关规范与规定

(1)《防洪标准》(GB 50201—2014)。

(2)《堤防工程地质勘察规程》(SL 188—2005)。

(3)《堤防工程设计规范》(GB 50286—2013)。

(4)《堤防工程管理设计规范》(SL 171—96)。

(5)《堤防工程施工规范》(SL 260—2014)。

(6)《河道整治设计规范》(GB 50707—2011)。

(7)《水利水电工程等级划分及洪水标准》(SL 252—2000)。

(8)《水利水电工程水文计算规程》(SL 278—2002)。

(9)《水利水电工程设计洪水计算规范》(SL 44—2006)。

4.7.1.3 有关规划成果

(1)《陕西省渭河全线整治规划及实施方案》(2011年)。

(2)《陕西省渭河防洪治理工程可行性研究报告》(2013年)。

(3)《陕西省渭河流域综合规划》(2010年)。

(4)《渭河中游干流防洪工程规划报告》《陕西省渭河中游干流防洪工程可行性研究》及水利部水规总院对该可研项目的审查意见(2000年)。

(5)《陕西省三门峡库区渭洛河下游治理规划报告》《渭洛河下游近期防洪工程建设可行性研究报告》《陕西省三门峡库区返迁移民防洪保安工程近期建设可行性研究报告》及黄委对这两个项目的审查意见(2005年)。

(6)《水文设计成果合理性评价》(2002年)。

4.7.1.4 评估的原则

渭河全线整治初步完成,此次评估是按渭河综合整治工程质量达标基础上展开,按以下原则进行:

(1)原则上评估各河段控制断面各级洪水位及相应流量以洪水水面线推求成果为依据。

（2）本次评估是在渭河堤防全线整治全面完成的基础上进行,原则上认定设计水位为保证水位。

评估的流程:第一,警戒流量确定,首先确定滩面高程。其次运用水位流量关系法推求典型断面河槽过洪能力,分析渭河中下游各河段警戒流量。第二,设计水位下过流能力复核。依据堤防设计确定设计洪水位,运用水位流量关系法复核河道现状设计洪水位下过流能力。第三,设计流量下洪水位复核。依据渭河堤防设计流量,复核现状洪水位。第四,通过对干流控制断面过洪能力分析,综合评估,确定渭河中下游各河段过洪能力。

4.7.2 代表性控制断面水位流量关系分析确定

水文站控制断面最终按分析确定的水位流量关系推求断面河槽过洪能力与河道过洪能力;其他控制断面水位流量关系按推算的水面线成果、曼宁公式及有关成果综合分析确定,并以确定的水位流量关系推求断面河槽过洪能力与河道过洪能力。渭河中下游各河段代表控制断面水位流量成果详见表4-60。

表4-60　渭河中下游各河段代表性控制断面水位流量成果

区域	断面名称（编号）	不同洪水频率洪水量（m³/s）				区域	断面名称（编号）	不同洪水频率洪水水位（m）			
		0.33%	1.00%	2.00%	5.00%			0.33%	1.00%	2.00%	5.00%
中游	林家村	9 110	7 190	5 950	4 360	中游	325	609.38	609.05	608.67	607.86
	魏家堡	9 470	7 530	6 560	5 300		312	583.78	583.15	582.71	582.06
	咸阳	11 400	9 170	8 160	6 840		285	542.03	541.07	540.39	539.36
下游	临潼	17 000	14 200	12 400	10 100		262	507.35	506.42	505.93	505.27
	华县	13 800	11 700	10 300	8 530		250	492.24	491.96	491.79	491.52
							215	445.03	443.76	443.06	442.09
							199	428.85	427.86	427.11	426.27
							171	402.35	401.35	400.87	400.20
							148	389.04	388.71	388.51	388.08
						下游	128	377.40	376.47	376.00	375.32
							94	360.48	360.03	359.71	359.16
							62	350.85	350.21	349.79	349.19
							39	344.80	344.28	343.84	343.30
							16	337.50	336.41	335.88	335.88
							9	336.89	335.57	335.01	334.36

4.7.3 渭河中下游各河段警戒流量(主槽过洪能力)分析

4.7.3.1 干流各控制断面警戒水位(滩面高程)

根据实测断面成果可以看出,中游河段水流总体较为散乱,虽有明显的主槽,但河道分汊较多。下游河段水流较缓慢,河道有淤积,主槽和滩地划分明确。分析实测断面成果图(见图4-65~图4-74,其中与水文站重合断面见4.3节),参照河槽断面形态,中游有明显滩面的取滩面高程,无明显滩面的,以较大心滩顶面为滩面高程,下游选取滩唇高程。干流各控制断面左、右岸滩面高程成果见表 4-61。

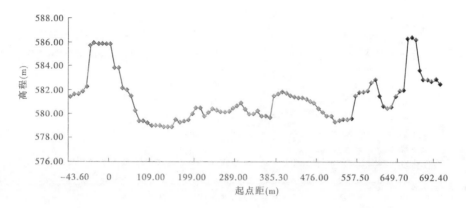

图 4-65　断面 312 横断面

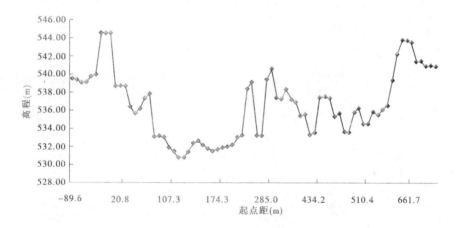

图 4-66　断面 285 横断面

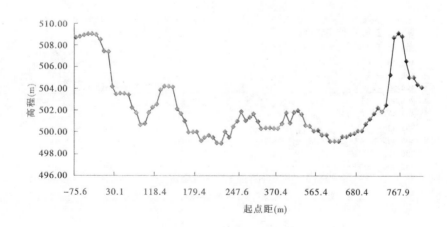

图 4-67　断面 262 横断面

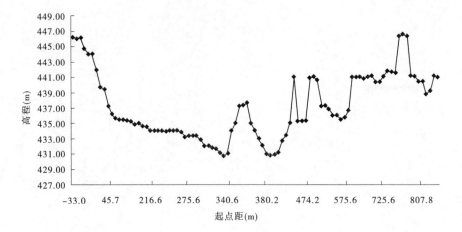

图 4-68　断面 215 横断面

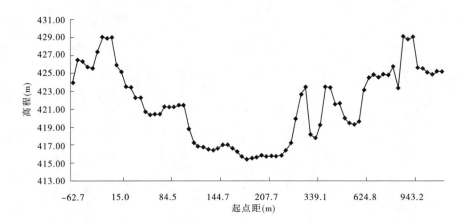

图 4-69　断面 199 横断面

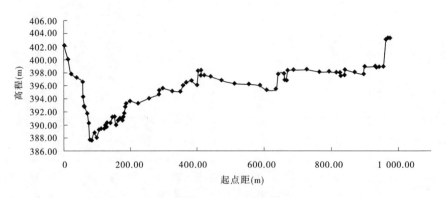

图 4-70　断面 171 横断面

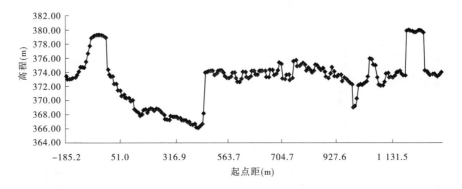

图 4-71　断面 128 横断面

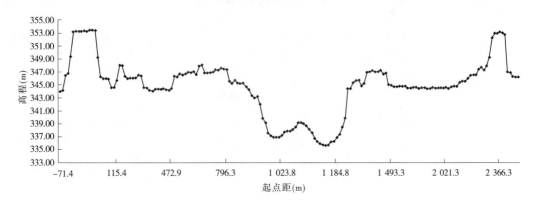

图 4-72　断面 62 横断面

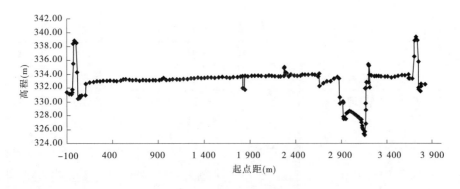

图 4-73　断面 16 横断面

渭河中游各控制断面警戒水位为:林家村站(325)断面警戒水位为 605.12 m,宝商大桥(312)断面警戒水位为 582.04 m,虢镇渭河大桥(285)断面警戒水位为 537.52 m,蔡家坡水寨桥(262)断面警戒水位为 503.50 m,魏家堡站(250)断面警戒水位为 490.06 m,杨凌永安村(215)断面警戒水位为 439.39 m,周武桥(199)断面警戒水位为 423.17 m,兴平马村(171)断面警戒水位为 397.50 m,咸阳站(148)断面警戒水位为 386.20 m。

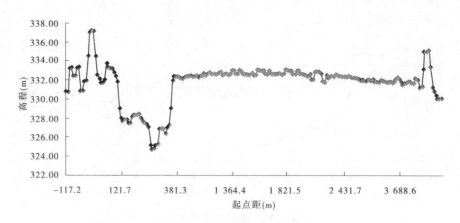

图 4-74　断面 9 横断面

表 4-61　干流各控制断面左、右岸滩面高程成果

区段	代表河段		控制断面		滩面高程		本次选定警戒水位（m）
			名称	本次测量断面编号	左岸（m）	右岸（m）	
渭河中游	宝鸡峡—福潭桥河段		林家村站	断面 325	—	605.12	605.12
	宝鸡城区河段	宝鸡市主城区	宝商大桥	断面 312	582.15	582.04	582.04
		陈仓区	虢镇渭河大桥	断面 285	537.83	537.52	537.52
	岐山河段		蔡家坡水寨桥	断面 262	503.50	—	503.50
	眉县—扶风河段		魏家堡站	断面 250	490.06	—	490.06
	杨凌河段		杨凌永安村	断面 215	439.46	440.39	439.39
	西安咸阳农防河段	周武段	周武桥洪寨村	断面 199	423.43	423.17	423.17
		户兴段	兴平马村	断面 171	397.86	397.50	397.50
	咸阳市城区段		咸阳站	断面 148	—	386.20	386.20
渭河下游	西安咸阳城区河段		渭淤 33	断面 128	—	373.93	373.93
	临潼区河段		临潼站	断面 94	356.31	—	356.31
	渭南城区河段		渭淤 17	断面 62	346.90	346.92	346.90
	大荔与华县河段		华县站	断面 39	340.52	340.52	340.52
	移民围堤河段	华阴与大荔段	渭淤 4	断面 16	334.07	335.35	334.07
		入黄河口段	渭淤 2	断面 9	333.78	332.41	332.41

渭河下游各控制断面警戒水位为：渭淤 33（128）断面警戒水位为 373.93 m，临潼站（94）断面警戒水位为 356.31 m，渭淤 17（62）断面警戒水位为 346.90 m，华县站（39）断面警戒水位为 340.52 m，渭淤 4（16）断面警戒水位为 334.07 m，渭淤 2（9）断面警戒水位为 332.41 m。

4.7.3.2 各控制断面警戒流量(主槽过洪能力)确定

（1）水位流量关系法推求典型断面河槽过洪能力。

根据综合分析确定的各控制断面水位流量关系与确定的警戒水位,各控制断面警戒流量统计见表4-62。

表4-62 各控制断面警戒流量

区段	代表河段		控制断面		警戒水位 (m)	警戒流量 (河槽过洪能力) (m³/s)
			名称	本次测量 断面编号		
渭河中游	宝鸡峡—福潭桥河段		林家村站	断面325	605.12	1 940
	宝鸡城区 河段	宝鸡市主城区	宝商大桥	断面312	582.04	2 050
		陈仓区	虢镇渭河大桥	断面285	537.52	2 310
	岐山河段		蔡家坡水寨桥	断面262	503.50	2 400
	眉县—扶风河段		魏家堡站	断面250	490.06	2 180
	杨凌河段		杨凌永安村	断面215	439.39	2 580
	西安咸阳 农防河段	周武段	周武桥洪寨村	断面199	423.17	2 600
		户兴段	兴平马村	断面171	397.50	2 780
	咸阳市城区段		咸阳站	断面148	386.20	3 710
渭河下游	西安咸阳城区河段		渭淤33	断面128	373.93	4 970
	临潼区河段		临潼站	断面94	356.31	3 560
	渭南城区河段		渭淤17	断面62	346.90	3 870
	大荔与华县河段		华县站	断面39	340.52	3 140
	移民围堤 河段	华阴与大荔段	渭淤4	断面16	334.07	3 160
		入黄河口段	渭淤2	断面9	332.41	3 680

渭河中游各控制断面警戒流量为:林家村站(325)断面警戒水位605.12 m,警戒流量为1 940 m³/s;宝商大桥(312)断面警戒水位582.04 m,警戒流量为2 050 m³/s;虢镇渭河大桥(285)断面警戒水位537.52 m,警戒流量为2 310 m³/s;蔡家坡水寨桥(262)断面警戒水位503.50 m,警戒流量为2 400 m³/s;魏家堡水文站(250)断面警戒水位490.06 m,警戒流量为2 180 m³/s;杨凌永安村(215)断面警戒水位439.39 m,警戒流量为2 580 m³/s;周武桥(199)断面警戒水位423.17 m,警戒流量为2 600 m³/s;兴平马村(171)断面警戒水位397.50 m,警戒流量为2 780 m³/s;咸阳水文站(148)断面警戒水位386.20 m,警戒流量为3 710 m³/s。

可以看出,由于林家村为上游与中游分界,咸阳为中游与下游分界,不考虑两个断面上下游部分过渡河段,渭河中游河道河型基本一致,其警戒流量介于2 050~2 780 m³/s;由上游向下游呈增大趋势,魏家堡以上河段一般小于2 400 m³/s,魏家堡—咸阳河段一般大于2 500 m³/s;魏家堡河段由于拦河坝的影响,断面冲淤受到限制,河段警戒流量变化不大。

渭河下游各控制断面警戒流量为:渭淤 33(128)断面警戒水位 373.93 m,警戒流量为 4 970 m³/s;临潼水文站(94)断面警戒水位 356.31 m,警戒流量为 3 560 m³/s;渭淤 17(62)断面断面警戒水位 346.90 m,警戒流量为 3 870 m³/s;华县水文站(39)断面警戒水位 340.52 m,警戒流量为 3 140 m³/s;渭淤 4(16)断面警戒水位 334.07 m,警戒流量为 3 160 m³/s;渭淤 2(9)断面警戒水位 332.41m,警戒流量为 3 680 m³/s。渭河下游河段警戒流量一般在 3 140~4 970 m³/s;由于近期上段与河口段有所冲刷,河槽延展,河槽过洪能力提升,华县河段冲槽淤滩,华县与大荔(渭淤 4~渭淤 10)河段警戒流量是下游最小河段,警戒流量在 3 150 m³/s 左右,较其他河段小 500 m³/s 以上。

4.7.3.3 各河段警戒流量分析评估

根据水文站与典型断面河槽过洪能力分析成果,结合河段内查勘河道情况,综合确定渭河中下游各河段河槽过洪能力为:宝鸡峡—福潭桥河段 1 900 m³/s,宝鸡城区河段 2 000 m³/s,陈仓区河段 2 300 m³/s,岐山河段 2 400 m³/s,眉县—扶风河段 2 400 m³/s,杨凌河段 2 500 m³/s,西安咸阳农防周武河段 2 600 m³/s,户兴河段 2 700 m³/s,咸阳城区河段 3 700 m³/s,西安、咸阳城区河段 4 900 m³/s,临潼区河段 3 500 m³/s,渭南城区河段 3 800 m³/s,大荔与华县河段 3 100 m³/s,移民围堤河段 3 100 m³/s,河口段 3 600 m³/s。

4.7.4 渭河中下游各控制断面保证流量(过洪能力)评估

4.7.4.1 各控制断面保证流量(过洪能力)确定

本次评估是在渭河堤防全线整治全面完成的基础上进行的,即认定设计水位为保证水位。查阅《陕西省渭河防洪治理工程可行性研究报告》,读取相应断面设计水位,见表 4-63。根据分析确定的各控制断面水位流量关系,综合分析确定渭河中下游各控制断面保证流量。控制断面过洪能力见表 4-64。本次计算所有断面见附表 1、附表 2。

表 4-63 各代表性控制断面设计水位

河段	断面名称			设计水位			
				左岸堤防		右岸堤防	
	本次编号	原可研编号	断面名称	设防水位(m)	防洪标准(年)	设防水位(m)	防洪标准(年)
渭河中游	断面 325	B0	林家村站	608.68	50	608.68	50
	断面 312	B14	宝商渭河大桥	583.20	100	583.20	100
	断面 285	B37	虢镇渭河大桥	542.03	100	542.03	100
	断面 262	B60+1	蔡家坡水寨桥	506.84	100	506.84	100
	断面 250	B72+1	魏家堡站	491.83	50	491.83	50
	断面 215	B106	杨凌永安村	444.00	100	443.86	50
	断面 199	B121	周武桥洪寨村	427.43	30	427.63	50
	断面 171	B150	兴平马村	401.15	30	401.37	50
	断面 148	B172	咸阳站	387.25	100	388.74	100

河段	断面名称			设计水位			
				左岸堤防		右岸堤防	
	本次编号	原可研编号	断面名称	设防水位（m）	防洪标准（年）	设防水位（m）	防洪标准（年）
渭河下游	断面 128		渭淤 33	376.97	100	377.42	300
	断面 94		临潼水文站	360.14	100	360.14	100
	断面 62		渭淤 17	350.29	100	350.29	100
	断面 39		华县水文站	343.84	50	343.84	50
	断面 16		渭淤 4	335.89	5	335.89	5
	断面 9		渭淤 2	333.99	5	333.99	5

可以看出：本次计算的渭河中游控制断面林家村站断面（325）左、右岸过流能力为 5 980 m³/s；宝鸡城区宝商大桥断面（312）左、右岸过流能力为 4 730 m³/s；虢镇桥断面（285）左、右岸过流能力为 9 100 m³/s；水寨桥断面（262）左、右岸过流能力为 8 380 m³/s；魏家堡水文站断面（250）左、右岸过流能力为 6 790 m³/s；杨凌永安村断面（215）左、右岸过流能力分别为 8 020 m³/s、6 560 m³/s；周武桥断面（199）左、右岸过流能力分别为 7 850 m³/s、8 170 m³/s；兴平马村断面（171）左、右岸过流能力分别为 8 750 m³/s、9 220 m³/s；咸阳站断面（148）左岸未加培段为 5 200 m³/s、右岸 9 370 m³/s。

根据表 4-64 可以看出：渭河中游推算过流能力介于 5 980~9 370 m³/s，其中宝商桥断面（312）下游金渭湖闸底板断面（312 + 1 断面）的存在，发生壅水造成断面淤积，宝商大桥断面（312）、咸阳站断面（148）左岸未加培堤段分别低于设计防洪能力 2 460 m³/s、3 970 m³/s，未达到设计防洪能力。其他代表性控制断面均超过设计防洪能力，超过值介于 30~1 930 m³/s，虢镇桥（285）、周武桥洪寨村（199）和兴平马村（171）断面超设计值均超过 1 000 m³/s；分析认为虢镇桥断面和兴平马村断面所在河段 2015 年断面比 2011 年断面有较大冲刷，冲刷面积分别为 1 041 m²、1 724 m²，造成两处河段设计洪水位下过流能力明显增大。

渭河下游代表断面渭淤 33 断面（128）左岸过流能力 10 400 m³/s，右岸过流能力 11 400 m³/s；临潼站断面（94）左、右岸过流能力 14 900 m³/s；渭淤 17 断面（62）左、右岸过流能力 12 800 m³/s；华县水文站断面（39）左、右岸过流能力 10 300 m³/s；渭淤 4 断面（16）左、右岸过流能力 8 560 m³/s；渭淤 2 断面（9）左、右岸过流能力 7 590 m³/s。

渭河下游近期整体有冲刷趋势，各控制断面按水位流量关系确定设计洪水位下过流能力，渭河下游防洪大堤介于 10 300~14 900 m³/s，断面过流能力与保证流量差值介于 0~1 100 m³/s，均超过设计防洪能力；渭河下游防洪移民围堤介于 7 590~8 560 m³/s，断面过流能力与保证流量差值介于 1 830~2 800 m³/s，设计防洪能力有较大提高。

综上所述，由于本次仅对堤防堤顶高程过洪能力进行复核，根据工作安排不进行堤防断面稳定与质量复核分析，加之堤防绝大多数为综合整治期间进行的加高培厚，未经过洪水考

表 4-64　各河段控制断面设计水位下过流能力统计

区段	代表河段	控制断面 断面名称	控制断面 断面编号 本次编号	控制断面 断面编号 可研编号	堤防 堤顶高程(m) 左岸	堤防 堤顶高程(m) 右岸	堤防 防洪标准(年) 左岸	堤防 防洪标准(年) 右岸	堤防 保证水位(m) 左岸	堤防 保证水位(m) 右岸	设计水位下过流能力(m³/s) 设计防洪能力 左岸	设计水位下过流能力(m³/s) 设计防洪能力 右岸	设计水位下过流能力(m³/s) 推算过流能力 左岸	设计水位下过流能力(m³/s) 推算过流能力 右岸	差值(m³/s) 左岸	差值(m³/s) 右岸
	宝鸡峡—福谭桥河段	林家村站	断面325	B0	612.61	—		50	608.68	608.68	5 950	5 950	5 980	5 980	30	30
	宝鸡城区河段 宝鸡市主城区	宝商大桥	断面312	B14	585.88	586.45	100	100	583.20	583.20	7 190	7 190	4 730	4 730	−2 460	−2 460
	宝鸡城区河段 陈仓区	魏镇渭河大桥	断面285	B37	544.52	543.73	100	100	542.03	542.03	7 190	7 190	9 100	9 100	1 910	1 910
渭河中游	岐山河段	蔡家坡水寨桥	断面262	B60 + 1	509.03	509.09	100	100	506.84	506.84	7 530	7 530	8 380	8 380	850	850
	眉县—扶风河段	魏家堡站	断面250	B72 + 1	495.14	495.32	50	50	491.83	491.83	6 560	6 560	6 790	6 790	230	230
	杨凌河段	杨陵永安村	断面215	B106	446.11	446.59	100	50	444.00	443.86	7 530	6 560	8 020	8 020	490	1 460
	西安咸阳农防河段 周武段	周武桥洪寨村	断面199	B121	428.94	428.82	30	50	427.43	427.63	5 920	6 560	7 850	8 170	1 930	1 610
	西安咸阳农防河段 户兴段	兴平马村	断面171	B150	402.36	403.25	30	50	401.15	401.37	7 580	8 160	8 750	9 220	1 170	1 060
	咸阳市城区段	咸阳站	断面148	B172	388.75	390.67	100	100	387.25	388.74	9 170	9 170	5 200	9 370	−3 970	200
	西安咸阳城区河段	渭淤33	断面128		379.31	379.91	100	300	376.97	377.42	9 170	11 400	10 400	11 400	1 230	0
渭河下游	临潼区河段	临潼站	断面94		362.33	361.31	100	100	360.14	360.14	14 200	14 200	14 900	14 900	700	700
	渭南城区河段	渭淤17	断面62		353.38	353.07	100	100	350.29	350.29	12 800	12 800	13 900	13 900	1 100	1 100
	大荔与华县河段	华县站	断面39		346.10	345.83	50	50	343.84	343.84	10 300	10 300	10 300	10 300	0	0
	移民围堤河段 华阴与大荔段	渭淤4	断面16		338.79	339.27	5	5	335.89	335.89	5 760	5 760	8 560	8 560	2 800	2 800
	移民围堤河段 人黄河口口段	渭淤2	断面9		337.21	335.03	5	5	333.99	333.99	5 760	5 760	7 590	7 590	1 830	1 830

注:1. 保证水位(设计防洪水位)时河道过流能力较设计洪水标准增大时用"000"表示,降低时用"−000"表示。

2. B为渭河中游原布设断面编号。

验。因此,本次各河段过洪能力按控制断面保证水位下过流能力大于设计防洪流量时,确定河段防洪能力达到设计防洪能力;当分析计算控制断面保证水位下过流能力小于设计防洪流量时,防洪能力按分析计算值确定。

按堤防高程作为控制指标推算渭河中游各河段防洪能力为:宝鸡峡—福潭桥河段 5 950 m^3/s,宝鸡城区河段 7 190 m^3/s(金渭湖河上下游附近河段 4 730 m^3/s),陈仓区河段 7 190 m^3/s,岐山河段 7 530 m^3/s,眉县—扶风河段 6 560 m^3/s,杨凌河段左岸 7 530 m^3/s、右岸 6 560 m^3/s,西安咸阳农防周武河段左岸 5 920 m^3/s、右岸 6 560 m^3/s,西安咸阳农防户兴河段左岸 7 580 m^3/s、右岸 8 160 m^3/s,咸阳市城区段 9 170 m^3/s;下游各河段防洪能力为:西安、咸阳城区河段左岸 9 170 m^3/s(未加培堤段 5 200 m^3/s)、右岸 11 400 m^3/s,临潼区河段 14 200 m^3/s,渭南市城区河段 12 800 m^3/s,大荔与华县河段 10 300 m^3/s,移民围堤河段 5 760 m^3/s。

与《陕西省黄河、渭河、汉江防洪预案》(陕西省防汛抗旱总指挥部办公室,2015 年 6 月)同一断面进行比较的成果见表 4-65。对比分析表明:本次计算成果杨武交界 100 年一遇洪水位略高于 2015 年预案,其余断面 100 年一遇、50 年一遇水位均较 2015 年预案低:100 年一遇、50 年一遇水位分别低 0.05 ~ 0.29 m、0.11 ~ 0.39 m。林家村、魏家堡断面保证流量由 4 000 m^3/s 分别增加为 5 950 m^3/s、6 560 m^3/s,分别增大 1 950 m^3/s、2 560 m^3/s。

表 4-65 渭河中游 2015 年预案成果和 2015 年现状分析堤防过洪能力成果对比

对比断面(2015 年预案断面)				100 年一遇洪水				50 年一遇洪水			
所在地(市)、县		断面名称	详细位置	流量(m^3/s)	水位			流量(m^3/s)	水位		
					2015 年预案(m)	本次计算(m)	升降值(m)		2015 年预案(m)	本次计算(m)	升降值(m)
地(市)	县(区)										
宝鸡市	城区	文化宫	胜利大桥下游 1.08 km	7 260	586.12	586.07	−0.05	6 080	585.77	585.66	−0.11
	陈仓区	虢镇大桥	虢镇大桥上游 9 m	7 450	540.09	539.96	−0.13	6 410	539.70	539.38	−0.32
	岐山县	岐星	水寨大桥上游 2.45 km	7 450	510.17	510.04	−0.13	6 410	509.79	509.53	−0.26
		古城	水寨大桥下游 2.80 km	7 450	503.00	502.81	−0.19	6 410	502.56	502.17	−0.39
	眉县	常兴桥	常兴大桥下游 120 m	7 530	474.68	474.39		6 560	474.12	473.94	−0.18
	扶风县	罗家大桥	罗家大桥上游 25 m	7 530	458.72	458.58	−0.14	6 560	458.32	458.09	−0.23
咸阳市	武功县	杨武交界	圪崂段	8 800	437.60	437.69	0.09	7 800	437.18	436.91	−0.27

注:1. 升降值中本次计算值较 2015 年预案低时用"−*.**"表示,正值有"*.**"表示;

2. 表中 100 年一遇、50 年一遇流量数值为 2015 年预案数值。

与《陕西省防汛抗旱总指挥部关于印发〈渭河下游干流堤防工程防洪能力复核意见〉的通知》陕汛旱指〔2004〕63 号复核确定的成果对比分析见表 4-66。对比分析表明:现状河道与堤防设防标准下,渭河下游各河段堤防现状过洪能力均增大,西安、咸阳城区河段现状过洪能力左岸 9 170 m^3/s(未加培段 5 200 m^3/s)、右岸 11 400 m^3/s,较左、右岸原 5 500 m^3/s 分别增大 3 670 m^3/s、5 900 m^3/s;高陵、临潼河段现状过洪能力左、右岸 14 200 m^3/s,较原左、右岸 7 600 m^3/s 增加 6 600 m^3/s;临渭区河段现状过洪能力左、右岸 12 800 m^3/s,较原左岸 5 500 m³/s、右岸 9 300 m³/s 分别增加 7 300 m³/s、3 500 m³/s;华县与大荔河段现状过洪能力左、右岸 10 300 m³/s,较原左岸 5 500 m³/s、右岸 8 530 m³/s 分别增加 4 800 m³/s、1 770 m³/s;移民围堤河段现状过洪能力左、右岸 5 760 m³/s,与原左、右岸比较没有变化。

表 4-66   渭河下游各河段 2004 年核定和 2015 年现状分析堤防过洪能力对比

断面名称	陕汛旱指〔2004〕63 号		2015 年复核确定		防洪能力增加值		备注
	左岸(m³/s)	右岸(m³/s)	左岸(m³/s)	右岸(m³/s)	左岸(m³/s)	右岸(m³/s)	
西安咸阳城区河段	5 500	5 500	9 170	11 400	3 670	5 900	渭淤 33(128)
高陵、临潼河段	7 600	7 600	14 200	14 200	6 600	6 600	临潼水文站(94)
临渭区河段	5 500	9 300	12 800	12 800	7 300	3 500	渭淤 17(62)
华县与大荔河段	5 500	8 530	10 300	10 300	4 800	1 770	华县水文站(39)
移民围堤河段	5 760	5 760	5 760	5 760	0	0	渭淤 4(19)
渭河入黄口段	5 760	5 760	5 760	5 760	0	0	渭淤 2(9)

注:咸阳城区左岸未加培堤防推算防洪能力为 5 200 m³/s,与原确定过洪能力大体一致。

4.7.4.2   各控制断面设计流量对应现状水位确定

根据各断面水位—流量关系,分析确定断面设计流量对应现状水位(详见表 4-67)成果为:林家村水文站(325)608.67 m,宝商大桥(312)断面 583.15 m,虢镇桥(285)断面 541.07 m;水寨桥(262)断面 506.42 m;魏家堡水文站(250)491.79 m;杨凌永安村断面(215)断面 443.69 m;周武桥(199)断面左岸 426.15 m、右岸 426.59 m,兴平马村(171)断面左岸 400.59 m、右岸 400.87 m;咸阳水文站(148)388.71 m。

渭河下游断面设计洪水对应现状水位:西咸城区河段渭淤 33(128)断面左岸 376.47 m,右岸 377.40 m;临潼区河段临潼水文站(94)断面左、右岸 360.03 m;渭南城区河段渭淤 17(62)断面左、右岸 350.21 m;大荔与华县河段华县水文站(39)断面左、右岸 343.84 m;移民围堤华阴与大荔渭淤 4(16)断面左、右岸 334.98 m,河口段渭淤 2 断面(9)左、右岸 333.23 m。

可以看出:由于 2011 年以来,除宝商大桥(312)断面受下游金渭湖闸底板(312 + 1)断面壅水影响,现状洪水位较设计水位值增加 0.78 m 外,渭河中游其他河段有明显冲刷迹象,按水位—流量关系确定的典型断面现状洪水位均较设计水位值降低;水位降低值最小值为 0.01 m,最大值为 1.28 m,一般降低 0.04 ~ 1.04 m。渭河下游渭淤 4—渭淤 10(华县河段)断面淤积 0.553 3 亿 m³,主要是冲槽淤滩;其他河段冲刷 1.767 3 亿 m³,整体冲刷 1.214 0 亿 m³;按水位流量关系确定的控制断面现状洪水位除华县站断面无明显变化外,其他断面均较设计水位值降低,洪水位下降最小值为 0.02 m,最大值为 0.91 m,一般在 0.08 ~ 0.76 m。

综上所述,确定渭河中游控制断面保证水位为:林家村站断面左、右岸 608.68 m;宝鸡城区河段宝商大桥断面左、右岸 583.20 m,虢镇桥断面左、右岸 542.03 m;岐山河段水寨桥断面左、右岸 506.84 m;魏家堡水文站断面左、右岸 491.83 m;杨凌永安村断面左、右岸 444.00 m;西咸农防河段周武桥断面左岸 427.43 m、右岸 427.63 m,兴平马村断面左岸 401.15 m、右岸 401.37 m;咸阳水文站断面左岸 387.25 m、右岸 388.74 m。

表 4-67 控制断面设计流量对应现状水位

区段	代表河段	控制断面 断面名称	控制断面 断面编号 本次编号	控制断面 断面编号 可研编号	堤顶高程 (m) 左岸	堤顶高程 (m) 右岸	设计防洪能力 (m³/s) 左岸	设计防洪能力 (m³/s) 右岸	设计水位 左岸	设计水位 右岸	设计防洪能力下对应现状洪水位 对应现状洪水位 左岸	设计防洪能力下对应现状洪水位 对应现状洪水位 右岸	升降值 (m) 左岸	升降值 (m) 右岸
渭河中游	宝鸡峡—福潭桥河段	林家村站	断面 325	B0	610.32	—	5 950	5 950	608.68	608.68	608.67	608.67	−0.01	−0.01
	宝鸡城区 陈仓区河段	宝商大桥	断面 312	B14	585.88	586.45	7 190	7 190	583.20	583.20	583.98	583.98	0.78	0.78
		虢镇渭河大桥	断面 285	B37	544.52	543.73	7 190	7 190	542.03	542.03	541.07	541.07	−0.96	−0.96
	岐山河段	蔡家坡水寨桥	断面 262	B60 + 1	509.03	509.09	7 530	7 530	506.84	506.84	506.42	506.42	−0.42	−0.42
	眉县—扶风河段	魏家堡站	断面 250	B72 + 1	495.14	495.32	6 560	6 560	491.83	491.83	491.79	491.79	−0.04	−0.04
	杨凌河段	杨凌永安村	断面 215	B106	446.11	446.59	7 530	6 560	444.00	443.86	443.69	443.69	−0.31	−0.17
	西安咸阳 农防段 周武段	周武桥洪寨村	断面 199	B121	428.94	428.82	5 920	6 560	427.43	427.63	426.15	426.59	−1.28	−1.04
	户兴河段	兴平马村	断面 171	B150	402.36	403.25	7 580	8 160	401.15	401.37	400.59	400.87	−0.56	−0.50
	咸阳市城区河段	咸阳站	断面 148	B172	388.75	390.67	9 170	9 170	388.74	388.74	388.71	388.71	−0.03	−0.03
渭河下游	西安咸阳城区河段	渭淤 33	断面 128		379.31	379.91	9 170	11 400	376.97	377.42	376.47	377.40	−0.50	−0.02
	临潼区河段	临潼站	断面 94		362.33	361.31	14 200	14 200	360.14	360.14	360.03	360.03	−0.11	−0.11
	渭南城区河段	渭淤 17	断面 62		353.38	353.07	12 800	12 800	350.29	350.29	350.21	350.21	−0.08	−0.08
	大荔与华县河段	华县站	断面 39		346.10	345.83	10 300	10 300	343.84	343.84	343.84	343.84	0.00	0.00
	移民围堤 河段 华阴与大荔段	渭淤 4	断面 16		338.79	339.27	5 760	5 760	335.89	335.89	334.98	334.98	−0.91	−0.91
	入黄河口段	渭淤 2	断面 9		337.21	335.03	5 760	5 760	333.99	333.99	333.23	333.23	−0.76	−0.76

注:1. 设计防洪标准洪峰流量时现状水位较设计洪水位降低时用"−0.00"表示,升高时用"0.00"表示。

2. B 为渭河中游原布设断面编号。

确定渭河下游断面保证水位为:防洪大堤河段渭淤 33 断面左岸 376.97 m、右岸 377.42 m,临潼站断面左、右岸 360.14 m,渭淤 17 断面左、右岸 350.29 m,华县站断面左、右岸 343.84 m;移民围堤河段渭淤 4 断面左、右岸 335.89 m;渭淤 2 断面左、右岸 333.99 m。

4.7.4.3 特殊断面计算成果说明

312 + 1 断面是金渭湖闸底板断面,警戒水位为 579.90 m,警戒流量为 1 140 m³/s,保证水位为 582.59 m,设计过洪能力 7 190 m³/s,对应的现状过流能力为 6 580 m³/s,较设计过洪能力低 610 m³/s;设计防洪能力下对应的水位为 582.78 m,高出保证水位 0.19 m;以312 + 1 断面实测堤防高程减 2.0m 安全超高控制,左岸(高程 586.32 m)、右岸(高程 586.70 m)堤防相应水位分别为 584.32 m、584.70 m,按堤防实际高程断面能满足设计过洪能力。

受金渭湖闸底板(312 + 1)断面影响,其上河段淤积,312 断面(宝商桥)保证水位下过流能力 4 730 m³/s,较设计过洪能力低 2 460 m³/s;设计防洪能力下对应的水位为 583.98 m,高出保证水位 0.78 m;以 312 断面实测堤防高程(左、右岸高程分别为 585.88 m、586.26 m)减 2.0 m 安全超高控制,左岸堤防相应防洪能力(水位 583.88 m)为 6 860 m³/s、右岸堤防相应防洪能力(水位 584.26 m)为 8 100 m³/s,左岸堤防防洪能力仍然不足,较设计过洪能力小 330 m³/s。

咸阳站断面左岸暂未加培,复核过洪能力 5 200 m³/s,较设计过洪能力低 3 970 m³/s。断面 149 是咸阳橡胶坝 2 断面,保证水位为 388.75 m,设计过洪能力 9 170 m³/s,对应的现状过流能力为 7 950 m³/s,较设计过洪能力低 1 220 m³/s;设计防洪能力下对应的水位为 389.34 m,较保证水位高 0.59 m;断面 149 未达到设计防洪标准。

由于测量时部分堤防仍未完工,按实际堤顶高程减去安全超高确定保证水位,个别堤段还达不到设计标准,如断面 171(兴平马村断面)左岸上游按现状堤顶高程减安全超高得出此河段左岸防洪能力比设计小 440 m³/s,临潼水文站河段右岸堤防测流断面预留豁口防洪能力较设防标准 14 200 m³/s 小 3 100 m³/s。

因此,考虑到近期堤防主体工程将全面完工,建议计算时的这些欠高堤段防洪能力 2015 年汛期仍按现状计算确定;在 2015 年堤防主体完工后,防洪能力按达到设计防洪能力考虑,不再另行复核。

4.7.4.4 支流河口段堤防防洪影响

由表4-5 ~ 表4-6 可知,由于支流防护区在入渭河口段与干流防护区是一致的,支流河口堤防设防标准一般中游支流按本河设防标准遭遇渭河 5 年一遇洪水水面线与入渭口河段相应渭河设计洪水洪水位的外包线设防;下游支流按本河设防标准遭遇渭河 10 年一遇洪水设防推算水面线与入渭口渭河设计洪水倒灌洪水水面线的外包线设防。

目前,全线整治渭河干流堤防已全面加高培厚,防洪能力得到恢复与提高,如前所述除个别断面外一般达到设计防洪能力;但是,支流入渭口渭河洪水回水河段支流堤防建设相对滞后,各支流入渭河口回水河段支流堤防多数未能加培达到设防标准,造成渭河干流防护区未能按防洪标准形成封闭防护区,降低了相关河段整体的防洪能力,增加了区域洪水风险。今后防洪工程建设中应优先建设支流入渭口段堤防,提高其防洪能力达到设防标准,使渭河防洪保护区整体防洪能力达到设防标准。

4.7.5 渭河中下游河段防洪能力综合评估

近年来,分析渭河河道冲淤状态,渭河中游总体属于冲刷。渭河下游河道总体上呈上下冲、中间淤的趋势,下游华县站以上河段有所冲刷,河道主槽增大;华县站以下渭淤4河段河槽略冲,滩面淤积明显,总体有所淤积;渭淤4以下渭河入黄口河段为冲刷。按水位流量关系确定的典型断面现状过洪能力,除金渭湖上下游附近河段外,其他河段均较设计防洪能力增大,保证流量下的现状洪水位低于设计洪水位。

各河段堤防保证流量及保证水位是依据控制断面分析成果,参考河段整体情况综合分析确定的,按本次确定的方法与原则复核各河段防洪能力,代表河段的过洪能力如下:

渭河中游各河段过洪能力为:宝鸡峡—福潭桥河段 5 950 m³/s,宝鸡城区河段渭滨区 7 190 m³/s(金渭湖上下游附近河段 4 730~6 580 m³/s),宝鸡城区河段陈仓区 7 190 m³/s,岐山河段 7 530 m³/s,眉县—扶风河段 6 560 m³/s,杨凌河段 7 530 m³/s,西安咸阳农防河段周武段左岸 5 920 m³/s、右岸 6 560 m³/s,西安咸阳农防河段户兴段左岸 7 580 m³/s、右岸 8 160 m³/s,咸阳市城区河段 9 170 m³/s(未加培段 5 200 m³/s)。

渭河下游各河段过洪能力为:西安、咸阳城区河段左岸 9 170 m³/s,右岸 11 400 m³/s,临潼区河段 14 200 m³/s,渭南市城区河段 12 800 m³/s,大荔与华县河段 10 300 m³/s,移民围堤河段 5 760 m³/s。

中游各河段控制断面保证水位如下:宝鸡峡—福潭桥河段林家村站(325)断面 608.68 m,宝鸡城区河段渭滨区宝商大桥(312)断面 583.20 m,陈仓区河段虢镇渭河大桥(285)断面 542.03 m,岐山河段蔡家坡水寨桥(262)断面 506.84 m,眉县—扶风河段魏家站(250)断面 491.83 m,杨凌河段杨凌永安村(215)断面 444.00 m,西安咸阳农防周武河段周武桥(199)断面左岸 427.43 m、右岸 427.63 m,户兴段兴平马村(171)断面左岸 401.15 m、右岸 401.37 m,咸阳市区河段咸阳站(148)断面左岸 387.25 m、右岸 388.74 m。

下游各河段控制断面保证水位如下:西安、咸阳城区河段渭淤33(128)断面左岸 376.97 m、右岸 377.42 m,临潼区河段临潼站(94)断面 360.14 m,渭南城区河段渭淤17(62)断面 350.29 m,大荔与华县河段华县站(39)断面 343.84 m,移民围堤河段围堤段渭淤4(16)断面 335.89 m,河口段渭淤2(9)断面 333.99 m。

4.8 主要结论与建议

4.8.1 主要结论

(1)综合整治后,现状渭河中游干流堤防长共计340.24 km,全部加宽培厚;渭河下游现有干流堤防265.39 km,除沣渭新城渭河右岸渔王向上3 km左右堤防外,全部加宽培厚;移民围堤57.90 km,全部加宽培厚;渭河行洪能力及各项防洪技术指标均发生了变化。为确保渭河安澜,保证防洪预案的科学性和准确性,为渭河防汛决策与风险管理提供科学依据,开展渭河防洪能力评估工作非常必要,意义重大。

(2)2011 年7月至2015 年5月渭河中游、林家村—魏家堡河段、魏家堡—咸阳河段冲刷分别为15 185 万 m³、3 690 万 m³、11 495 万 m³,滩面冲刷(人工取土量)分别 12 571 万 m³、2 951 万 m³、9 620 万 m³;考虑该时期渭河中游河槽年采砂大约250 万 m³,则渭河中游自然冲刷565 万 t/a,与输沙率法冲刷558 万 t/a 是一致的,表明渭河中游河道大幅度冲刷现象主要是人工取土造成的。因此,预估在"2003~2014 年水沙系列,严格控制中游河道内建设取土(含采砂)量"条件下,未来几年内渭河中游河道仍将是微冲的,由于取土坑回淤未来几年冲刷量要小于558万t/a的水平;长期来看,在水沙条件不发生大变化的条件下,中游河道冲淤将逐步恢复到原来"微冲的冲淤动态平衡"状态。

(3)近期下游河道总体呈上下冲、中间淤的趋势,通过渭河下游近期不同河段冲淤变化分析表明,随着渭河整治工程逐步完工,在今后按规划进行采砂有效管理条件下,取土(含采砂)量将锐减;预估"若潼关高程持续稳定在327.50 m左右、2003~2014年水沙系列条件"情况下,渭河下游总体将呈现"微淤"状态,泾河口以上将呈"微冲动态冲淤平衡"状态,泾河口以下将呈淤积状态;若泾河发生高含沙洪水,平面变化局部河段仍可能较为明显。

(4)渭河中下游各水文站洪水成果分析计算对比分析后采用《渭河可研》成果,水文站断面最终按分析确定的水位流量关系推求断面河槽过洪能力与河道过洪能力;其他控制断面水位流量关系按推算的水面线成果,并用曼宁公式及有关成果对比综合分析后,最终确定控制断面水位流量关系,并以此推求控制断面河槽过洪能力与河道过洪能力。

(5)根据渭河中下游的河性特点,采用水面线法分别建立了林家村—咸阳、咸阳—渭淤1河段模型,模型选用了1981年、2003年、2005年、2011年及2013年洪水进行洪水验证,结果表明,验证计算结果与实测成果基本接近,平均水位差值介于-0.26~0.25 m,平均水位变幅在0.10~0.17 m。说明本次采用的利用能量方程的方法可以反映渭河滩槽分明格局下的水流运动特性,成果可以用来推求各测量断面水位—流量关系。

(6)依据滩面高程分析确定的渭河中下游河道各河段主槽过洪能力为:宝鸡峡—福潭桥河段1 900 m³/s,宝鸡城区河段2 000 m³/s,陈仓区河段2 300 m³/s,岐山河段2 400 m³/s,眉县—扶风河段2 400 m³/s,杨凌河段2 500 m³/s,西安咸阳农防周武河段2 600 m³/s,户兴河段2 700 m³/s,咸阳城区河段3 700 m³/s,西安、咸阳城区河段4 900 m³/s,临潼区河段3 500 m³/s,渭南城区河段3 800 m³/s,大荔与华县河段3 100 m³/s,移民围堤河段围堤3 100 m³/s,河口段3 600 m³/s。

(7)依据堤防现状高程确定的渭河中游各河段过洪能力为:宝鸡峡—福潭桥河段5 950 m³/s,宝鸡城区河段渭滨区7 190 m³/s(金渭湖上下游附近河段4 730~6 580 m³/s),宝鸡城区河段陈仓区7 190 m³/s,岐山河段7 530 m³/s,眉县—扶风河段6 560 m³/s,杨凌河段7 530 m³/s,西安咸阳农防河段周武段左岸5 920 m³/s、右岸6 560 m³/s,西安咸阳农防河段户兴段左岸7 580 m³/s、右岸8 160 m³/s,咸阳市区河段9 170 m³/s(未加培堤段5 200 m³/s)。

渭河下游各河段过洪能力为:西安、咸阳城区河段左岸9 170 m³/s、右岸11 400 m³/s,临潼区河段14 200 m³/s,渭南城区河段12 800 m³/s,大荔与华县河段10 300 m³/s,移民围堤河段5 760 m³/s。

(8)渭河中下游河道设计水位下的过流能力均有较大提高,保证水位下过流能力均较设计过洪能力有所增大。中游各河段控制断面保证水位如下:宝鸡峡—福潭桥河段林家村站(325)断面608.68 m,宝鸡城区河段渭滨区宝商大桥(312)断面583.20 m,陈仓区河段虢镇渭河大桥(285)断面542.03 m,岐山河段蔡家坡水寨桥(262)断面506.84 m,眉县—扶风河段魏家站(250)断面491.83 m,杨凌河段杨凌永安村(215)断面444.00 m,西安咸阳农防周武河段周武桥(199)断面左岸427.43 m、右岸427.63 m,户兴段兴平马村(171)断面左岸401.15 m、右岸401.37 m,咸阳市区河段咸阳站(148)断面左岸387.25 m、右岸388.74 m。

下游各河段控制断面保证水位如下:西安、咸阳城区河段渭淤33(128)断面左岸376.97

m、右岸 377.42 m,临潼区河段临潼站(94)断面 360.14 m,渭南城区河段渭淤 17(62)断面 350.29 m,大荔与华县河段华县站(39)断面 343.84 m,移民围堤河段围堤段渭淤 4(16)断面 335.89 m,河口段渭淤 2(9)断面 333.99 m。

(9)除本次选择的控制断面外,分析过程发现个别断面过洪能力不足。312+1 断面是金渭湖闸底板断面,保证水位为 582.59 m,设计过洪能力 7 190 m³/s,对应的现状过流能力为 6 580 m³/s,较设计过洪能力低 610 m³/s;设计防洪能力下对应的水位为 582.78 m,高出保证水位 0.19 m;断面 312+1 未达到设计防洪标准。受之影响,其上河段淤积,312 断面(宝商大桥)保证水位下过流能力 4 730 m³/s,较设计过洪能力低 2 460 m³/s;设计防洪能力下对应的水位为 583.98 m,高出保证水位 0.78 m。

149 断面是咸阳橡胶坝 2 断面,设计过洪能力 9 170 m³/s,对应的现状过流能力为 7 950 m³/s,与设计过洪能力差 1 220 m³/s;保证水位为 388.75 m,设计防洪能力下对应的水位为 389.34 m,较保证水位高 0.59 m。

咸阳左岸未加高堤段,复核过洪能力为 5 200 m³/s,较设计过洪能力小 3 970 m³/s。

4.8.2　建　议

(1)由于 2015 年 4~5 月断面测量时部分堤防仍未完工,按测量堤顶高程减去安全超高确定保证水位,个别堤段还达不到设计标准;目前,堤防主体建设已全面完工。建议 2015 年底之后已完工渭河干流堤防防洪能力按达到设计防洪能力考虑,不再另行复核。

(2)个别达不到防洪能力的断面(如 312 断面、149 断面与 148 断面(咸阳站)断面左岸),以及各支流入渭河口支流未加培达标堤防造成防护区未能按防洪标准形成封闭防护区,降低了相关河段整体的防洪能力,增加了区域洪水风险;建议把这些相关河段作为今后防汛工作关注与工程建设实施的重点,尽快采取加培等必要的措施达到设防标准,提高河段整体防洪能力。

(3)由于各种因素共同影响,中游河段部分河段冲刷下切较大,边坡稳定受到影响;下游河段冲淤变化较大,工程垮塌险情近年来时有发生,个别河段河湾发育迅速。因此,建议在近期防汛中,中游应重点加强福临堡、杨凌、蔡家坡等洪水顶冲或冲刷较为严重河段的监测,适时加固,确保岸坡稳定与防洪工程安全;下游应重点加强任李、南解、南栅等河弯变化,适时修建工程进行控导,加强张义、梁赵、田家、台台、滨坝、北拾、朱家、新兴、苏村、益渡、仓西、华农、三河口、公庄等洪水顶冲工程的观(监)测,适时进行加固或续建,确保防洪工程安全。

(4)咸阳铁路桥断面的卡口作用引起其上游断面显著壅水,分析计算壅水成果为:设计 300 年一遇洪水、100 年一遇洪水、50 年一遇洪水的桥前壅水最大高度分别为 0.91 m、0.72 m、0.66 m,壅水曲线全长为 2 711 m、2 193 m、2 049 m;建议尽快协调、加快咸阳铁路桥"三桥合一"改建方案的计划实施,扩大铁路桥行洪断面,完成堤防预留段加高培厚工程,改善河段行洪条件。

(5)本次复核工作主要依据 2015 年汛前基础资料进行,建议若河道冲淤或工程条件有较明显变化应重新复核。

附表 1 渭河中游控制断面设计水位下过流能力统计

断面编号	断面名称	原编号	堤顶高程（m）		防洪标准		设计水位（m）		设计水位下过流能力（m³/s）					
									设计防洪能力		推算过流能力		差值	
			左岸	右岸	左岸	右岸	左岸	右岸	左岸	右岸	左岸	右岸	左岸	右岸
325	林家村站	B0	612.61	—	50年一遇	50年一遇	608.68	608.68	5 950	5 950	5 980	5 980	30	30
321	福临堡	B5	603.57	601.58	50年一遇	50年一遇	600.89	600.89	5 950	5 950	7 530	7 530	1 580	1 580
317	清姜河口	B9	595.18	594.21	100年一遇	100年一遇	592.66	592.66	5 950	5 950	9 140	9 140	3 190	3 190
312	金陵河口	B14	585.88	586.45	100年一遇	100年一遇	583.20	583.20	7 190	7 190	4 730	4 730	-2 460	-2 460
298	清水河口	B24	566.40	566.43	100年一遇	100年一遇	564.49	564.49	7 190	7 190	7 780	7 780	590	590
294	千河口上	B28	559.85	558.54	100年一遇	100年一遇	557.38	557.38	7 190	7 190	8 060	8 060	870	870
289		B33	552.49	551.46	100年一遇	100年一遇	549.60	549.60	7 190	7 190	8 810	8 810	1 620	1 620
285	虢镇	B37	544.52	543.73	100年一遇	100年一遇	542.03	542.03	7 190	7 190	9 100	9 100	1 910	1 910
281		B41	538.77	537.98	100年一遇	100年一遇	536.07	536.07	7 530	7 530	8 790	8 790	1 260	1 260
277	伐鱼河口	B45	532.44	532.01	100年一遇	100年一遇	529.96	529.96	7 530	7 530	8 910	8 910	1 380	1 380
271	阳平镇	B51	523.19	522.62	100年一遇	100年一遇	520.66	520.66	7 530	7 530	8 810	8 810	1 280	1 280
267	第六寨	B56	517.54	516.83	100年一遇	100年一遇	514.40	514.40	7 530	7 530	8 540	8 540	1 010	1 010
263		B60	510.10	510.12	100年一遇	100年一遇	508.19	508.19	7 530	7 530	8 160	8 160	630	630
262	蔡家坡水寨桥	B60+1	509.03	509.09	100年一遇	100年一遇	506.84	506.84	7 530	7 530	8 380	8 380	850	850
260	石头河口下	B63	505.85	506.20	100年一遇	100年一遇	504.04	504.04	7 530	7 530	8 030	8 030	500	500
257	五会寺	B67	500.77	500.71	50年一遇	100年一遇	499.01	499.28	6 560	7 530	8 240	8 780	1 680	1 250
253	原魏家堡站	B70+1	497.15	496.91	50年一遇	50年一遇	494.82	494.82	6 560	6 560	7 580	7 580	1 020	1 020
250	魏家堡站	B72+1	495.14	495.32	50年一遇	50年一遇	491.83	491.83	6 560	6 560	6 790	6 790	230	230
244	北兴村	B78	487.77	487.85	30年一遇	50年一遇	485.29	485.56	5 920	6 560	6 640	7 160	720	600
241	河池	B81	484.41	484.51	30年一遇	50年一遇	481.98	482.28	5 920	6 560	6 580	7 180	660	620
237	南寨村	B85	477.51	477.47	30年一遇	50年一遇	475.20	475.43	5 920	6 560	6 410	6 870	490	310

续附表 1

断面编号	断面名称	原编号	堤顶高程(m) 左岸	堤顶高程(m) 右岸	防洪标准 左岸	防洪标准 右岸	设计水位(m) 左岸	设计水位(m) 右岸	设计水位下过洪能力(m³/s) 设计防洪能力 左岸	设计防洪能力 右岸	推算过流能力 左岸	推算过流能力 右岸	差值 左岸	差值 右岸
233	西沙河口	B89	470.85	471.36	50年一遇	50年一遇	468.90	468.90	6 560	6 560	7 080	7 080	520	520
229	罗家村	B93	464.50	464.84	50年一遇	50年一遇	462.66	462.66	6 560	6 560	7 530	7 530	970	970
225	东沙村	B96	459.66	459.66	50年一遇	50年一遇	457.39	457.39	6 560	6 560	7 170	7 170	610	610
221	东沙河口	B100	453.43	453.00	50年一遇	30年一遇	451.13	450.92	6 560	5 920	6 730	6 190	170	270
215	杨凌西	B106	446.11	446.59	100年一遇	50年一遇	444.00	443.86	7 530	6 560	8 010	7 790	480	1 230
213	杨凌中	B108	444.30	444.07	100年一遇	50年一遇	441.80	441.61	7 530	6 560	7 870	7 580	340	1 020
209	杨凌东	B110	441.25	440.63	100年一遇	50年一遇	438.75	438.66	7 530	6 560	8 850	8 730	1 320	2 170
208	杨武分界	B111	439.57	439.02	100年一遇	50年一遇	437.44	437.10	7 530	6 560	8 480	8 030	950	1 470
204	漆水河口上	B115	436.00	435.29	100年一遇	50年一遇	433.58	433.25	7 530	6 560	8 750	8 290	1 220	1 730
202	漆水河口下	B118	433.04	432.51	50年一遇	50年一遇	430.81	430.81	6 560	6 560	8 150	8 150	1 590	1 590
199	周武桥洪寨村	B121	428.94	428.82	30年一遇	50年一遇	427.43	427.63	5 920	6 560	7 850	8 170	1 930	1 610
197	新周普公路桥	B123	428.74	427.47	30年一遇	50年一遇	425.31	425.45	5 920	6 560	8 840	9 080	2 920	2 520
194	朱家堡	B127	423.59	423.89	30年一遇	50年一遇	421.51	421.75	5 920	6 560	9 120	9 490	3 200	2 930
192	寺背肖后	B130	421.61	421.68	30年一遇	50年一遇	419.44	419.67	5 920	6 560	8 990	9 350	3 070	2 790
187	沙河桥	B134	417.41	417.64	30年一遇	50年一遇	415.56	415.82	5 920	6 560	8 540	8 960	2 620	2 400
183	龙过村	B138	413.47	413.99	30年一遇	50年一遇	411.31	411.55	5 920	6 560	8 680	9 090	2 760	2 530
180	黑河口上	B141	411.40	411.45	30年一遇	50年一遇	408.86	409.11	5 920	6 560	7 990	8 480	2 070	1 920
175	东马村	B145	406.95	407.21	30年一遇	50年一遇	404.56	404.79	7 580	8 160	8 970	9 440	1 390	1 280
171	兴平马村	B150	402.36	403.25	30年一遇	50年一遇	401.15	401.37	7 580	8 160	8 750	9 220	1 170	1 060
170	耿峪河口	B151	402.12	403.99	30年一遇	50年一遇	400.40	400.62	7 580	8 160	9 230	9 690	1 650	1 530
166	户县原种场	B155	399.02	400.10	50年一遇	50年一遇	397.67	397.67	8 160	8 160	9 290	9 290	1 130	1 130
160	涝河口	B161	395.72	396.40	100年一遇	100年一遇	394.13	394.13	9 170	9 170	10 300	10 300	1 130	1 130
148	咸阳站	B172	388.75	390.67	100年一遇	100年一遇	387.23	388.74	9 170	9 170	5 200	9 370	−3 970	200

附表2 渭河下游控制断面设计水位下过流能力统计

断面编号	断面名称	堤防情况						设计水位下过洪能力(m³/s)					
		堤顶高程(m)		防洪标准		设计水位(m)		设计防洪能力		推算过流能力		差值	
		左岸	右岸	左岸	右岸	左岸	右岸	左岸	右岸	左岸	右岸	左岸	右岸
137	渭淤35	382.48	385.51	100年一遇	100年一遇	382.43	382.43	9 170	9 170	10 630	10 630	1 460	1 460
128	渭淤33	379.31	379.91	100年一遇	300年一遇	376.97	377.42	9 170	11 400	10 400	11 400	1 230	0
110	渭淤29	369.70	370.21	100年一遇	100年一遇	367.41	367.41	9 170	9 170	10 500	10 500	1 330	1 330
98	渭淤27	364.56	364.21	100年一遇	100年一遇	362.00	362.00	14 200	14 200	15 100	15 100	900	900
95	渭淤26	362.68	362.14	100年一遇	100年一遇	360.14	360.14	14 200	14 200	15 000	15 000	800	800
94	临潼站	362.33	361.31	100年一遇	100年一遇	360.04	360.04	14 200	14 200	14 900	14 900	700	700
87	渭淤24	359.76	359.67	100年一遇	100年一遇	357.20	357.20	13 800	13 800	14 800	14 800	1 000	1 000
69	渭淤19	353.93	354.78	100年一遇	100年一遇	351.92	351.92	13 100	13 100	14 300	14 300	1 200	1 200
62	渭淤17	353.38	353.07	100年一遇	100年一遇	350.29	350.29	12 800	12 800	13 900	13 900	1 100	1 100
52	渭淤14	350.17	350.16	100年一遇	100年一遇	347.69	347.69	12 400	12 400	13 200	13 200	800	800
47	渭淤12	348.77	348.27	100年一遇	100年一遇	346.31	346.04	12 100	10 600	13 000	11 400	900	800
39	华县站	346.10	345.83	50年一遇	50年一遇	343.84	343.84	10 300	10 300	10 300	10 300	0	0
32	渭淤8	344.08	343.90	50年一遇	50年一遇	341.92	341.92	10 300	10 300	11 200	11 200	900	900
23	渭淤6	341.44	341.01	5年一遇	5年一遇	339.31	337.84	10 300	5 760	11 100	8 560	800	2 800
16	渭淤4	338.79	339.27	5年一遇	5年一遇	335.89	335.89	5 760	5 760	8 560	8 560	2 800	2 800
9	渭淤2	337.21	335.03	5年一遇	5年一遇	333.99	333.99	5 760	5 760	7 590	7 590	1 830	1 830
7	渭淤1	—	336.87	—	5年一遇	—	332.94	—	5 760	—	6 220	—	460

注:推算设计洪水位过流能力较堤防设计防洪标准洪峰流量大时用"0.00"表示,小时用"-0.00"表示。

第5章 渭河下游大荔仓西工程连年出险原因分析

渭河下游流经关中地区经济社会中心地带的咸阳、西安、渭南3市,由于天气成因和渭河流域复杂的地形地貌特征,流域暴雨洪水频繁;在入黄河口段抬升及泥沙大量淤积引起下游河段行洪条件恶化情况下,洪水灾害时常发生。

2002年汛后以来,有关部门先后采取三门峡水库控制水位原型试验运用、潼关河段清淤、东珍裁弯、小北干流放淤及桃汛期调水调沙等综合措施,同期黄、渭、泾、洛各河均未出现极端不利水沙系列,潼关高程下降,并于2012年以来各年汛后基本稳定在327.50 m左右;加之渭河水沙条件相对有利,渭河下游泥沙总体由淤变冲,随着渭河下游泥沙由淤积变为冲刷的冲淤形势新变化,下游河势也出现了一定的调整变化;2010年10月启动的渭河综合整治工程,对河势变化调整也起到了一定的作用。

在2010年洪水期间,渭河下游大荔仓西工程发生工程整体下沉向前飘浮到原主河道后突然整体下沉,击起10余m水浪的特殊出险类型;2011年9月洪水期间仓西工程4#~10#坝段又一次发生严重类似的险情;之后,随着河势变化河湾上提,在洪水量级仅800~1500 m³/s历连年出现类似险情;在洪水量级不大的情况下仓西工程2010~2014年连续5年出险,由于出险类型特殊、出险原因不明,渭河发生较大洪水时仓西工程仍然可能出显重大险情,直接威胁仓西工程坝后仅80余m的堤防工程。

由于2016年是本次厄尔尼诺现象结束年,一般之后2~3年黄河流域有可能出现较大洪水;仓西工程在较大洪水时仍极易出现重大险情。因此,分析了解、研究掌握大荔仓西工程特殊出险类型的原因,提出科学合理的除险加固方案,并组织实施、确保工程与堤防安全,是十分必要与迫切的。

5.1 仓西河段概况

5.1.1 水文气象

渭河是黄河的一级支流,在潼关汇入黄河。渭河下游汇入支流较多。北岸有泾河、石川河、北洛河等,南岸有沣河,浐河等14条主要支流。泾河是渭河泥沙的主要来源,据观测资料,渭河下游约2/3以上泥沙均来自泾河。近10年来,渭河洪水特点多为来自泾河的小流量大泥沙,小水大沙使得渭河主槽逐年淤积,河床不断抬升。由于渭河河床的淤积抬升,每发洪水,必倒灌支流,倒灌长度3~6 km不等,时时威胁支流堤防的安全。

本区属暖温带半湿润大陆性季风气候,四季分明。春秋气候宜人,夏季炎热多雨,冬季寒冷干燥。多年平均气温14 ℃,最高气温41.2 ℃,最低气温 -14.8 ℃。多年平均降水量平原区为525~650 mm,南部秦岭山地在700 mm以上。年内降水多集中在夏秋季节,其中7、8、9有三个月降水量约占年降水量53%。特别是华山附近,雨季常出现暴雨,数小时降雨量即达 80 多 mm,致华阴南山支流洪水暴涨。暴雨洪水常造成南山支流堤防发生决口、渗漏、滑塌、裂缝等重大灾害或险情,给人民群众生命及国家财产造成重大损失。

1960~2015 年,渭河华县站多年平均水量 64.02 亿 m^3,其中汛期水量 38.60 亿 m^3,非汛期水量 25.4 亿 m^3,分别占年平均水量的 60.3%、39.7%;多年平均输沙量 2.795 亿 t,其中汛期沙量 2.484 亿 t,非汛期沙量 0.311 亿 t,分别占年平均输沙量的 88.9%、11.1%。可以看出,渭河下游年径流量、输沙量均集中于汛期,且输沙量集中于汛期更为突出。

5.1.2　地形地貌

渭河仓西控导工程位于大荔县韦林乡望仙村东南的渭河渭淤 2 断面左岸上下游,仓西湾所在河段是渭河下游的方山河—潼关入黄段,该河段长约 58 km,属于典型的弯曲型河段,枯水河床宽 400~600 m,河床局部摆动不定,河曲十分发育,平均弯曲系数约为 1.43,河势弯化较为剧烈,侵蚀塌岸经常发生,河床纵向平均比降为 1‰左右;在仓西工程下游 6.0 km 左右渭河左岸有洛河汇入渭河。渭河北岸沙苑滩移民围堤处在渭河一级阶地前缘,阶地宽广,宽度数百米至 2 km 不等。黄河朝邑移民围堤位于黄河高漫滩区,漫滩宽 2~5 km 不等(见图 5-1)。

5.1.3　历史河势变化

5.1.3.1　三门峡建库前河势变化

历史上仓西河段河势变化受洛河入渭入黄变化的影响较大。北洛河口段由于受黄河洪水和渭河洪水顶托、倒灌影响河槽变动较大,河口改道时有发生。已有的研究成果表明,与潼关河床高程长期以来基本稳定相应,历史时期黄、渭、洛河汇流区基本保持相对冲淤平衡状态;汇流区黄河主流摆动不定,靠左岸(东岸)时间多于右岸(西岸),随着 1933 年黄河主流倒向东岸,北洛河逐渐汇入渭河,目前形成的沿东岸下行是 1937 年开始的;北洛河河口流路与黄河主流位置有关,黄河主流靠左岸北洛河入渭,靠右岸洛河直接入黄。

据不完整的历史记载资料分析,1555~1933 年,北洛河先后 5 次改道直接入黄(见表 5-1),但入渭多于黄。黄河小北干流属游荡型河道,自古有"30 年河东,30 年河西"之称。据表中资料分析,历史时期北洛河入黄时,小北干流主流基本靠近西岸;当黄河主流偏向东岸时,北洛河汇入渭河。因此,历史时期北洛河入黄或入渭,主要由黄河主流摆动所决定。1960 年以前,北洛河入渭口基本在渭淤 1+1 断面上游约 0.7 km 处。

5.1.3.2　三门峡建库后河势变化

仓西河段位于三门峡库区 335 m 高程以下区域,该河段为黄、渭、洛河汇流区。汇流区范围一般指黄河黄淤 41~黄淤 45 断面、渭河渭淤 2 断面以下及北洛河河口段。1960 年三门峡枢纽建成后渭河汇流区河段很少修建节点性控导工程,河段平面控导能力较差,三门峡建库后汇流区渭河河段的变化见图 5-2。

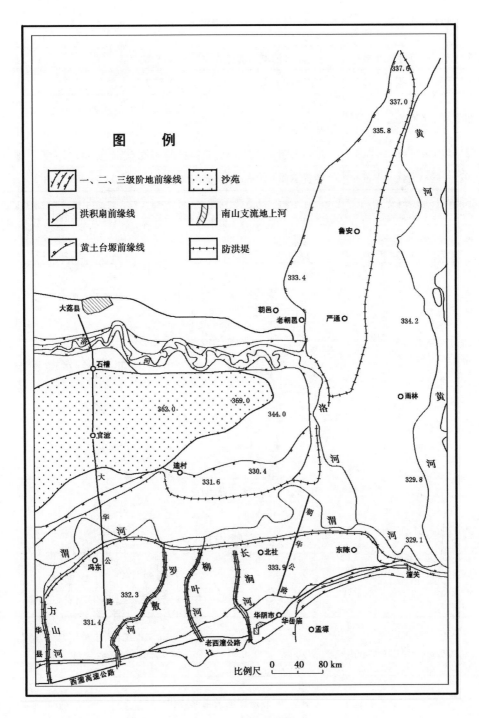

図例

	一、二、三级阶地前缘线		沙苑
	洪积扇前缘线		南山支流地上河
	黄土台塬前缘线		防洪堤

337.6
337.0
335.8
黄
河
鲁安
333.4
朝邑
老朝邑   严通   334.2
石槽
369.0
362.0   344.0   洛
宫池
河
速村   330.4
331.6   329.8
大
华
河   渭
渭   棚   河   329.1
公   北社   华
冯东   333.9 公   东陈
罗   潼关
路
方   敷   柳   长
山   叶   洞
河   河   河   河
332.3
华阴市   华岳庙
331.4   老西潼公路   孟塬
西潼高速公路   比例尺 0   40   80 km

图 5-1　河段地貌

表 5-1　历史时期北洛河口变化统计

年份	汇入河名	北洛河出口位置	距黄 41 距离（km）
嘉靖 34 年(1555 年)	黄河	"洛水入河至赵渡镇东街与河合不复入渭"[①]	约 13
万历 12 年(1584 年)	黄河	"洛水改流东过赵渡镇南挺趋于河不复入渭"[①]	约 12
道光 16 年(1836 年)	黄河	"河水西移……夺洛水于赵渡镇南入河后东西流至上官转而东南"[①]	约 12
道光 22 年(1842 年前)	黄河	三河界图量得,吊桥向北,独头向西交点处[②]	约 13
1927～1933 年	黄河	位置不详[③](1933 年黄河倒向东岸)	

资料来源:①焦恩泽《黄河小北干流南段河道变迁分析》《黄河史志资料》1988 年第 3 期;②中国科学院地理研究所《黄河下游河流地貌的几个问题》(1974 年);③黄委会勘测规划设计院《三门峡库区渭、洛河下游治理规划》(1988 年)。

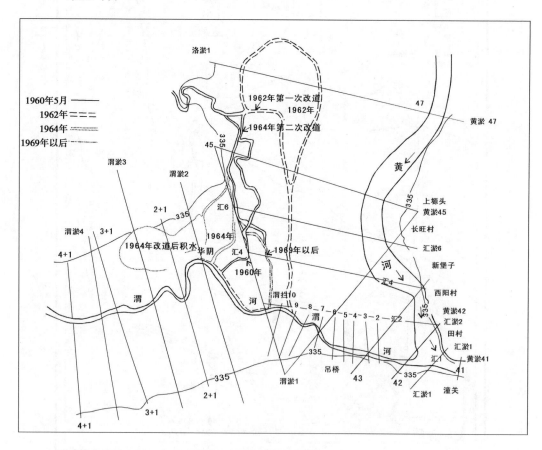

图 5-2　北洛河河道平面变化

　　1960 年 9 月 15 日,三门峡水库建成并投入蓄水拦沙运用;1961 年水库高水位蓄水,回水超过渭河华县和洛河朝邑站,潼关高程抬升,渭河和洛河下段泥沙淤积,致使洛河出口段改道,1962 年入渭口下移至渭拦 9 断面附近。1964 年为丰水丰沙年,三门峡水库泄量有限,潼关高程在汛前 326.03 m 的基础上抬升 2.06 m,达到汛后的 328.09 m,导致汇流区淤积严重,洛河口堵塞,出口段再次改道,入渭口上提至渭淤 1 + 1—渭淤 2 断面间并分成多股;1965 年在渭淤 2 断面下游 0.3 km 处形成稳定出口。该河段渭河主河道的平面位置变化相对摆动不大,但由于受三门峡建库影响,河道淤积,干流泄洪不畅,北洛河水土流失严重,且受黄河倒灌顶托,该河段已经形成固定的拦门沙坎,降低了出口段泄洪排沙能力。

1967 年黄河严重倒灌渭河和洛河小水大沙的汇入,渭河尾闾段 8.8 km 河槽淤塞,北洛河改道于渭淤 2 断面(仓西工程河段)上游分成多股入渭;经人工疏浚后,渭河尾闾段才得以主槽归顺畅通。1969 年入渭口基本稳定在渭拦 10 断面上游 0.7 km 处,其后变化相对较小;与之相应渭河尾闾河段河势大致稳定,没有急剧的变化。

5.2　仓西工程建设与运行情况

仓西工程最初设计缘由与目的,工程续建情况与运行状况、评价等相关文件主要成果结论收集、整理与论述,以及历年出险与抢险情况分析与评价,重点是近期连续出险、抢险情况分析。

5.2.1　工程区位

仓西控导护岸工程处于关中盆地东部,行政上属陕西省大荔县境内。勘察区交通四通八达,312 国道、西潼高速公路、陇海铁路从西往东穿境而过;县域间的朝华公路、大华公路横跨南北;此外,乡级、村级公路纵横交错,交通甚为便利(见图 5-3)。

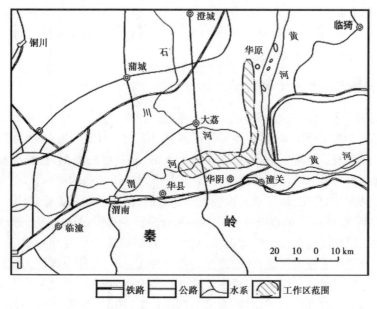

图 5-3　仓西工程区位交通示意图

报告中采用高程未做特殊说明的均为黄海高程。

5.2.2 工程建设缘由与目的

2000～2002年,该河段河势不断恶化,湾顶下挫,主流直接顶冲仓西湾,致使仓西湾岸坎不断坍塌后退,湾顶下挫,2002年3月湾顶距沙苑围堤不到100 m,滩岸后退幅度较大,洪水直接威胁着沙苑移民围堤的安全。

从上游华农抽水站—仓西弯道,渭河主河道靠南岸或中间下行,与原《渭洛河下游河道整治初步设计》(简称《初设》)的控制弯道平行或者反向;《初设》中的控制弯道如东二、南栅弯道远离河道,无法控导和归顺渭河主流,而仓西弯道处却一直着流;由于其上游河段缺少控导工程,主流在该处常上提下挫。仓西控导工程在《初设》中,工程布设起点在仓西湾上段,对应于沙苑围堤管理桩号为9＋600,在仓西湾上段沿修正治导线及岸坎工程布置成直线,直线段布设12座雁翅坝垛抵御渭河洪水顶冲,中下段布设复合弯道,布置23座雁翅坝形成以坝护湾,以湾导流,并保护抽水站取水口和移民围堤。工程总长度2 781 m,沿工程位置线共布置雁翅坝35座;其中水中进占雁翅坝11座,旱滩雁翅坝24座,加固1座。

2000年以来,在仓西湾道处,渭河主流着流点上提,渭河主流在仓西湾道及其上游蜿蜒坐湾,形成连续两个"Ω"湾;至2002年4月,两个"Ω"湾的湾顶分别距移民围堤不足300 m与100 m,傍依左岸行洪的河段长1.5 km,不利的河势不仅造成移民耕地严重损失,还进一步威胁到沙苑移民围堤和移民区的防洪安全,且易引起其下游河势的紊乱。

基于以上分析,陕西省三管局认为应尽快实施渭河大荔仓西控导工程,以保护滩、护堤,控制弯道,稳定该段河势。为控制渭河仓西弯道不利发展,稳定该段河势,保护大荔围堤安全,陕西省三门峡库区管理局以陕库计〔2002〕57号《关于报送渭河仓西控导工程施工图设计的报告》向陕西省水利厅申请新建仓西控导护岸工程。2003年1月,陕西省水利厅以陕西水计发〔2003〕3号《陕西省水利厅关于渭河仓西控导护岸工程施工图设计的批复》,同意安排新建仓西控导护岸工程建设。

5.2.3 工程建设与历次续建情况

在《三门峡库区陕西返迁移民防洪保安工程渭河大荔仓西控导工程施工图设计》(简称《施工图设计》)[3]中,依据《初设》修正治导线流路,结合仓西湾已建成抽水站工程平面形态以及分析现状河势的发展演变情况,按照兼顾上下游、左右岸的原则,在平面布设上尽量使其满足控制仓西湾不再继续下挫的要求,同时满足下游送流顺畅的要求,以达到向三河口送流条件,防止河势继续恶化,确保移民围堤安全的目的;据此在本次工程总体平面布设上,基本同《初设》方案,仓西控导工程设计图见图5-4,仓西控导工程设计基本参数统计见表5-2。

仓西控导工程布设起点在仓西湾上段,对应沙苑围堤管理桩号9＋600,在仓西湾上段沿修正治导线及岸坎工程布置成直线,为加大敞口迎流力度,迎流直线段与弧线节点向下游靠移,延长直线段,直线段布设13座雁翅坝垛抵御洪水顶冲;中段布设复合弯道2 541 m,其中上部弯道半径$R_{上}$＝2 007 m、圆心角为38°、弯道长1 330 m,下部弯道半径$R_{下}$＝1 603 m、圆心角为43°、弯道长1 121 m,布置32座雁翅坝,形成以坝护湾、以湾导流;下段布置成直线,直线段布设雁翅坝4座,以确保向下游送流力度。工程布设总长度3 951 m,沿工程位置线共布置雁翅坝49座,其中水中进占雁翅坝12座、旱滩雁翅坝37座。

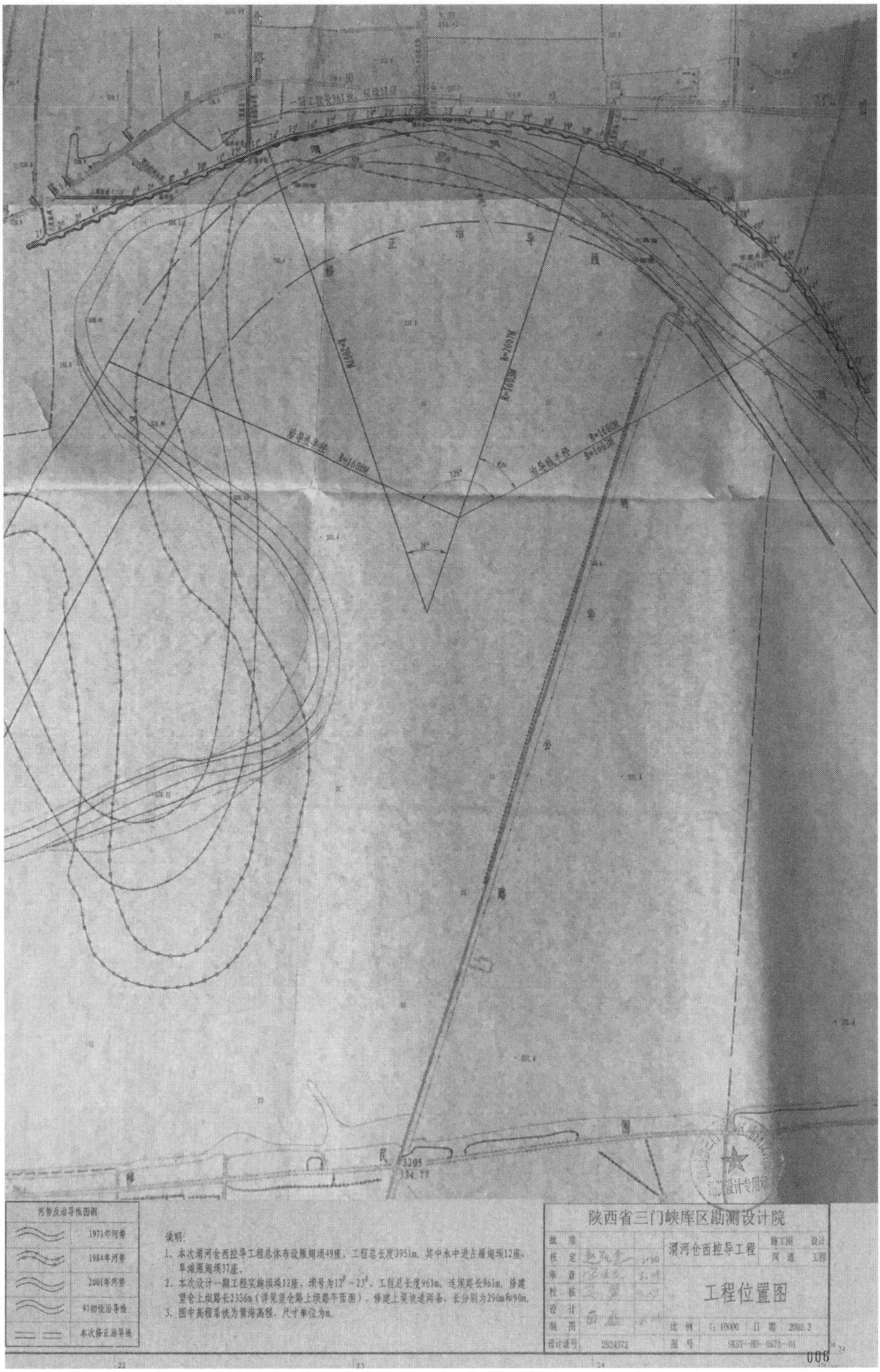

（a）平面图

图 5-4　仓西控导工程设计图

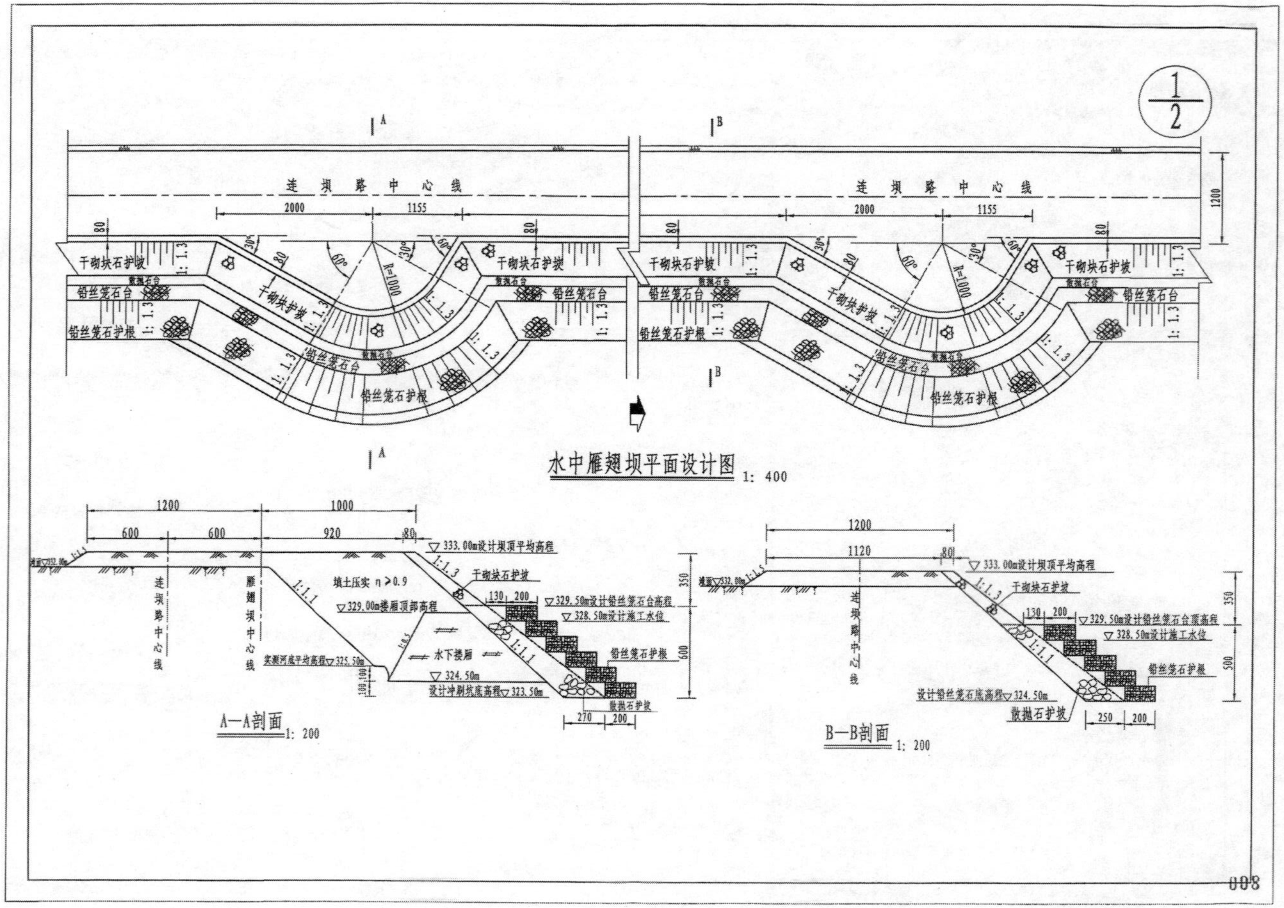

水中雁翅坝平面设计图 1:400

A—A剖面 1:200

B—B剖面 1:200

(b) 水中坝平面图与剖面图

续图 5-4

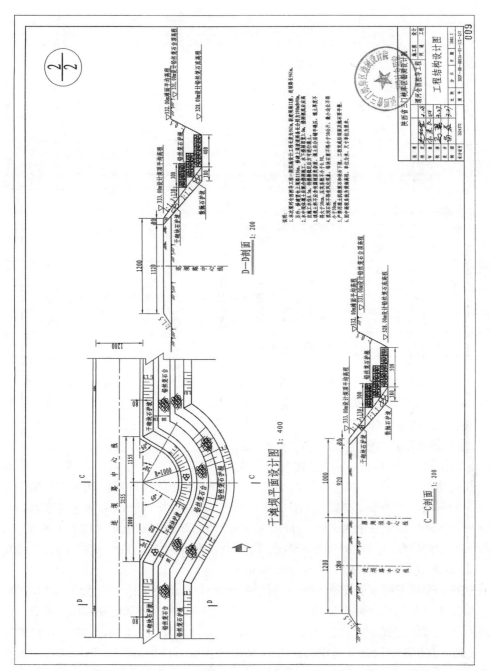

（c）干滩坝平面图与剖面图

续图 5-4

表 5-2　仓西控导工程设计基本参数统计

工程项目			具体内容	
起点			仓西湾上段,沙苑围堤 9 + 600 处	
控导工程	上段	布设形式	沿修正治导线及岸坎工程布置成直线	
		工程	雁翅坝	
		参数	13 座	
	中段	布设形式	复合弯道	
		工程	雁翅坝	
		参数	上部	$R_\text{上} = 2\,007$ m,圆心角为 38°,弯道长 1 330 m
			下部	$R_\text{下} = 1\,603$ m,圆心角为 43°,弯道长 1 121 m
			小计	32 座,2 541 m
	下段	布设形式	直线段布设	
		工程	雁翅坝	
		参数	4 座	
	合计		长 3 951 m,雁翅坝 49 座;其中,水中进占 12 座、旱滩 37 座	
附属工程	上堤路		5 条,长分别为 120 m、330 m、290 m、90 m、150 m,共计 980 m	
	连坝路		新修连坝路长 3 951 m	

仓西工程设计修建望仓上坝路长 2 336 m,修建上堤路 5 条,长分别为 120 m、330 m、290 m、90 m、150 m,共计长 980 m。新修连坝路长 3 951 m,设计连坝路结合堆备防石进行布设。工程预算总投资 2 687.13 万元。

5.2.3.1　仓西控导工程 2003 年初次建设情况

在《施工图设计》中,设计一期工程实施雁翅坝垛 13 座,坝号为 12 ~ 23,坝间距 80 m,布设工程总长度 961 m;其中 12 坝上延护裆及藏头长 30 m,23 坝下延护裆长 20 m。修建望仓上坝路长 2 336 m,修建两条上堤路分别长 290 m 和 90 m,共计长 380 m;新修连坝路 961 m。

本次设计冲刷坑深度确定为 2.0 m,河底平均高程为 325.50 m,施工水位为 328.50 m;坝顶高程按所在河段滩面高程加 0.5 m 确定,设计坝顶高程为 333.50 ~ 335.50 m,平均坝顶高程 333.00 m;工程坝面形石顶宽均为 0.80 m。

设计坝裆护岸顶宽结合连坝路、堆备防石台共计顶宽 12 m,坝裆护岸土胎顶宽 11.2 m,背河侧边坡比为 1∶1.5,临河侧边坡比为 1∶1.1,平均高度 8.5 m;临河侧土胎以外、笼台以下为散抛块石护坡、铅丝笼石护根。笼台以内,笼台高程以上顶宽 0.8 m、内坡 1∶1.1、外坡 1∶1.3 的干砌块石护坡。设计散抛块石护坡高为 5 m,干砌石护坡高为 3.5 m,块石护坡共计高为 8.5 m;干砌块石护坡顶宽 0.8 m,底宽 1.7 m;散抛石护坡顶宽为 1.5 m、底宽 2.5 m。笼石高度为 5 m,笼台顶部高于施工水位 1.0 m,笼台宽度为 2 m。

雁翅坝顶部半径为 10 m,顶部土胎半径为 9.2 m,圆弧的下游节线与顺坝车线夹角分别为 30°和 60°;坝胎为填土压实,后接岸坎按坡比 1∶1.1 进行削坡,水中为搂厢进占,坝胎平均高度 9.5 m。土胎以外、笼台以下为散抛块石护坡,铅丝笼石护根;笼石台以内、笼台高程以上以顶宽 0.8 m、内坡 1:1.1、外坡 1:1.3 的干砌石护坡。一期工程预算总投资 1 080.69 万元。

陕西省水利厅批复的建设任务为:新建 12#～14# 雁翅坝 3 座及连坝路(堤)241.55 m;坝间距 80 m,上延护挡及藏头长 30 m,下延护挡长 20 m;新修上坝路 1 条长 2 626 m。连坝路(堤)和上雕刻路面宽度 7 m,硬化宽度 5 m。批复工程预算总投资 419.92 万元。

由于渭河仓西段河势发生较大变化,陕西省三门峡库区管理局以陕库计〔2003〕70 号文《关于渭河仓西控导护岸工程实施方案调整的请示》上报陕西省水利厅,陕西省水利厅以《陕西省水利厅关于渭河仓西控导护岸工程施工图实施方案变更的批复》陕水计发〔2003〕83 号对工程进行了变更批复,主要内容有:新修 20#～22# 雁翅坝 3 座,坝间距 80 m,坝顶高程 333.02 m;新修雁翅坝部位连坝路 1 条长 250 m、上延护挡及藏头长 30 m、下延护挡长 20 m、上堤路 1 条长 90 m;新修望仓段上坝路 1 条长 2 336 m。

该工程于 2003 年 5 月 16 日与建设单位签订了施工合同,于 2003 年 5 月 20 日开工,2003 年 8 月 31 日竣工,总施工天数 103 d。工程新建 20#、21#、22# 雁翅坝 3 座,其中 20# 坝是旱滩坝,21#、22# 是水中坝,连坝路 265 m,上堤路 1 条长 90 m,上延藏头 30 m,下延护挡长 20 m,坝顶高程为 333.06～333.10 m;各坝型与基础基本按设计施工。

5.2.3.2　仓西控导工程续建建设情况

1. 二期续建情况

2003 年汛后,仓西一期工程全部着流,着流点已有下挫之势。为进一步稳定该段河势,加强工程控导能力,保护大荔围堤安全,安排实施了渭河仓西控导护岸续建工程。

陕西水环境工程勘测设计研究院承担设计工作,于 2003 年 8 月完成。设计内容包括:①续建雁翅坝 9 座;②加高上堤路 90 m;③连坝路 2 条 700 m;④管理房及附属工程。

陕西省水利厅以《陕西省水利厅关于渭河仓西控导护岸续建工程施工图设计的批复》(陕水计发〔2004〕112 号)对渭河仓西控导护岸续建工程进行了批复。同意在已实施的 20#—22# 雁翅坝上、下游续建雁翅坝 9 座及连坝路长度 700 m。其中,上延 18#—19# 雁翅坝 2 座,下延 23#—29# 雁翅坝 7 座,坝间距为 80 m,上下游裹头分别长 18 m 和 20 m。新建上堤路 1 条长度 90 m。同意控导护岸工程按平滩流量设防,设计坝顶高程采用所在河段滩面平均高程加 0.5 m 超高。工程起末点坝顶高程为 333.18 m、332.90 m。

工程于 2005 年 3 月 20 日开工,8 月 10 日完工。施工时由于与设计时间相隔较长,该段河势较原设计河势发生了较大变化,因此发生设计变更,23#—25# 坝段由水中坝变为旱滩坝;18#—19# 坝段笼石台抬高 0.78 m,23# 坝笼石抬高 1.5 m,25#—29# 坝段笼石底部高程抬高 1 m。

2. 三期续建情况

仓西工程由于未达到规划规模,不能有效地控制仓西湾道的不利发展,致使河湾逐渐加深加大。为进一步稳定该段河势,加强工程控导能力,保护大荔围堤安全,安排实施了渭河大荔仓西控导护岸三期续建工程。

陕西水环境工程勘测设计研究院承担设计工作,于 2005 年 1 月完成。设计内容包括:①修建坝垛工程 8 座;②连坝路 1 条 640 m;③进坝路 1 条 188 m;④管理房及附属工程。

陕西省水利厅以《陕西省水利厅关于渭河大荔仓西控导护岸三期续建工程设计的批复》(陕水计发〔2005〕239 号)对渭河大荔仓西控导护岸三期续建工程进行了批复。同意在总体工程位置线上段新建 3#~10# 雁翅坝 8 座,坝间距为 80 m;新建连坝路 1 条长度 640 m;修建进坝路 1 条长度 188 m。同意控导工程按平滩流量进行设防,设计坝顶高程采用所在河段滩面平均高程加 0.5 m 超高,设计施工水位 328.50 m,工程起末点坝顶高程为 333.29 m、333.21 m。

4#~8# 坝为水中进占雁翅坝,设计雁翅坝顶部半径 10.0 m,其中雕刻顶部土胎半径为 9.2 m,工程坝面干砌石顶宽 0.8 m,冲刷坑底高程 322.50 m、施工水深 6.0 m;设计坝体结构为水中搂厢进占外砌裹护体,坝胎为填土压实,笼石台以下裹护散抛石护坡、铅丝笼石护根,笼石台以上裹护干砌块石护坡。

设计采用主流平均流速 1.90 m/s,计算坝头局部冲刷深度 $\Delta h = 2.88$ m,预估工程坝前冲刷坑深为 3.0 m;平均河底高程取 325.50 m,设计冲刷坑底高程为 322.5 m。最大坝高 10.75 m,最大断面铅丝笼块石抛护量为 14.0 m³/m(7 层×2 排);进占搂厢顶宽 3.0 m,顶部高出设计施工水位 0.5 m,搂厢最大高度 5.5 m,搂厢抓底入泥深度 1.0 m,具体情况见图 5-5。

3#、9#、10# 坝为旱滩雁翅坝,坝体为滩面上填土压实,临水侧开挖基槽预抛散石护坡和铅丝笼块石护根,笼石台以上为干砌石护坡。基槽开挖深度 4.25 m,底宽 6.10 m,设计雁翅坝坝高 4.75 m;槽内预抛散石底宽 1.10 m,高 3.50 m;设计冲刷坑底高程 328.50 m、0.8(上)~1.1 m(下)散抛块石护坡,散石垫层 0.50 m,垫层上铺设铅丝笼石护根,铅丝笼石分 3 层 4、5、5 排(4 排×1 层×1.0 m/层 +5 排×2 层×1.0 m/层)错台摆放、高 3.0 m。

工程于 2006 年元月 3 日开工,4 月 28 日完工。施工时由于与设计时间相隔较长,河湾淘刷 4#~7# 坝头,坝前水深 2~4 m,坝前散石抛填达到原设计深度困难大,无法达到原设计断面;2006 年 3 月,黄委会设计院对原设计 4#~8# 坝及坝裆抛石断面按照保持原笼石方量不变的原则进行了适当调整,具体设计变更见图 5-6。

可以看出,变更主要是水中进占坝 4# 埋深由原 322.5 m 变更为 325.0 m 抬升 2.5 m,5#~7# 坝埋深由原 322.5 m 变更为 326.0 m 抬升 3.5 m;8# 坝由水中坝变更为旱滩坝标准施工,埋深由原 322.5 m 变更为 328.5 m 抬升 6.0 m。设计变更说明中未对变更后工程稳定性进行分析。

3. 四期续建情况

仓西工程由于 3# 坝上段河势不断上提,在工程上首形成 200 余 m 河湾,主流有操工程后路,威胁移民围堤安全;不能有效控制该段河势发展,也直接影响防汛抢险和日常工程管理。西北水利水电建筑勘察设计院于 2008 年 5 月完成设计工作。设计的主要内容是:①续建坝垛及坝裆 10 座,在工程上段修建 0#、1#、2# 坝,中间段先直线后弧线修建 11#~17# 坝,坝间距 80 m;②修建连坝路 800 m,与原已成工程连接成一体;③建设管理及附属设施。

陕西省水利厅以《陕西省水利厅关于渭河仓西控导续建四期工程施工图设计的批复》(陕水规计发〔2008〕206 号)对渭河仓西控导续建(四期)工程进行了批复。同意控导续建工程设计平面布置和主要建设内容。工程布设沿已建成工程 3# 坝直线向上游续建 0#、1#、2# 坝及坝裆,在已建成工程 10# 坝与 18# 坝之间先直线后弧线续建 11#~17# 坝,共续建 10 座雁翅坝及坝裆,坝间距 80 m,形成控导工程长度 780 m;新建连坝路 780 m 和进坝路 260 m,配套建设沿子石等附属工程。0#、11#~17# 按旱滩坝设计,1#、2# 按水中坝设计, 设计笼台顶部

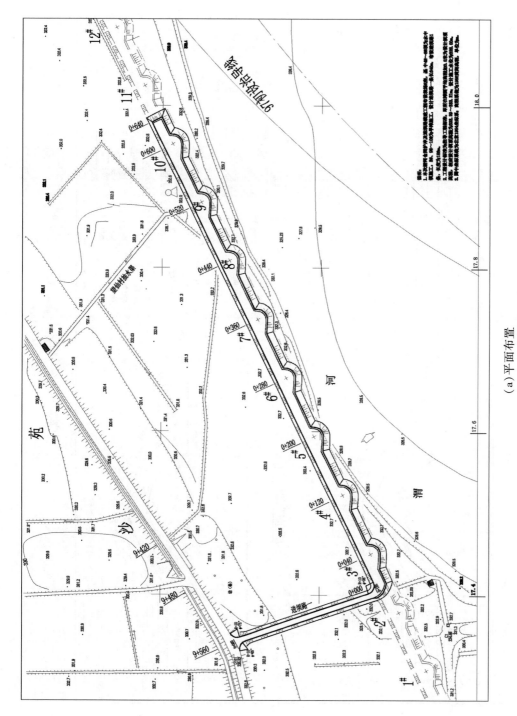

（a）平面布置

图 5-5 仓西工程续建工程图 I

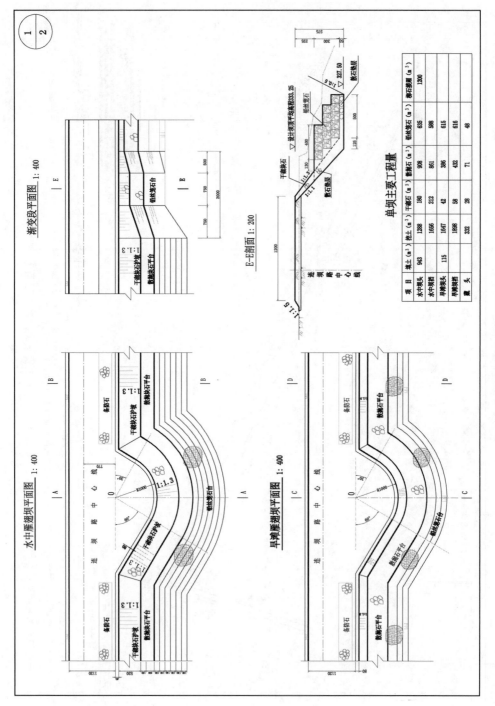

（b）雁翅坝坝结构设计（平面图）

续图 5-5

单坝主要工程量

项 目	砌土（m³）	抛土（m³）	干砌石（m³）	散抛石（m³）	铅丝笼石（m³）	块石垫层（m³）
水中坝头	943	1288	180	908	635	1200
水中夹心		1666	212	861	588	
旱滩坝头	115	1647	42	386	615	
旱滩夹心		1898	58	432	616	
裹 头		332	28	71	48	

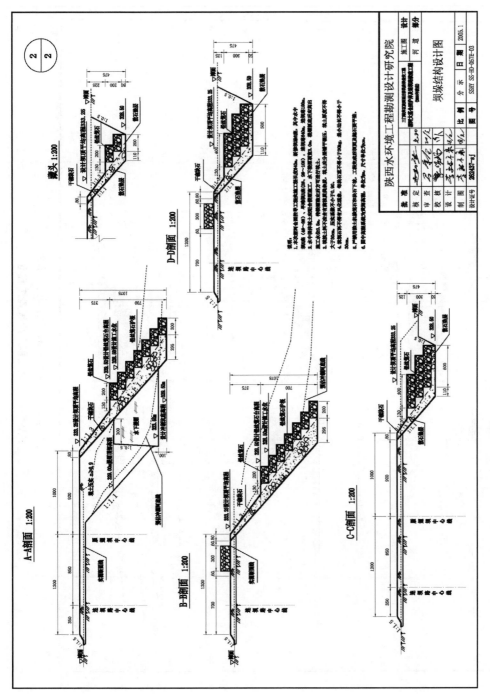

（c）雁翅坝坝埂结构设计（剖面图）

续图5-5

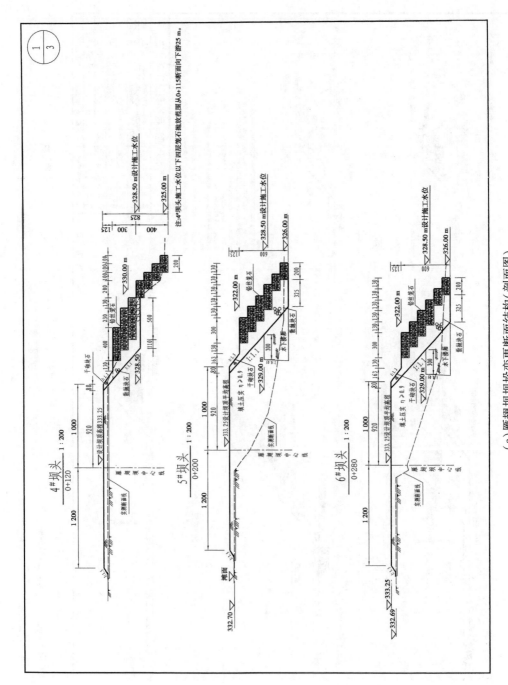

（a）雁翅坝坝垛变更断面结构（剖面图）

图 5-6　仓西工程三期续建工程 II

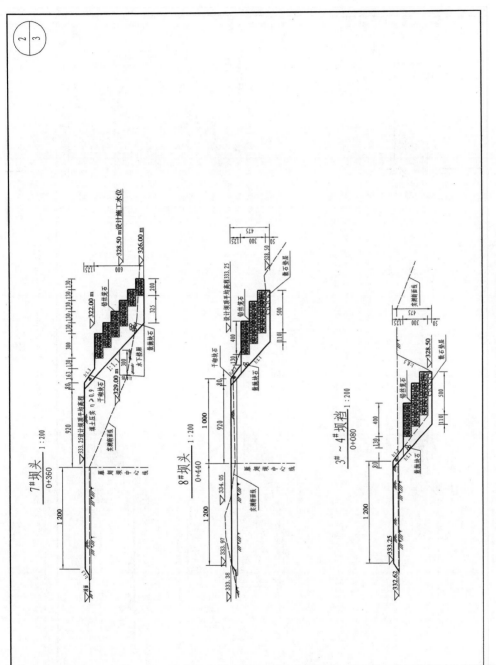

（b）雁翅坝坝垛与坝档变更断面结构（剖面图）

续图 5-6

（c）雁翅坝坝档变更断面结构（剖面图）

续图 5-6

高程水中坝为329.70 m,0#旱滩坝为332.15 m、11#~17#按旱滩坝为333.20 m。同意控导续建工程坝顶高程按工程所在河段的平均滩面高程加0.5 m超高确定,并与已建成工程高程基本衔接一致。

工程于2008年11月24日开工,2009年4月25日完工。工程施工过程中原设计的1#、2#水中坝受汛期洪水较小等因素影响,河势发展未至设计岸坎线,经过对原坝垛基坑土质勘测等情况决定将原1#、2#水中坝变更为旱滩坝;旱滩坝基槽散抛石垫层由50 cm调整为30 cm,坝垛基坑底部高程由328.65 m调整为328.85 m。

4.五期续建情况

为进一步控制工程段河势不利发展,加强工程控导能力,确保度汛安全,安排实施了渭河大荔仓西控导护岸五期续建工程。

陕西水环境工程勘测设计研究院承担设计工作,于2011年1月完成。设计内容包括下延续建工程与加固工程两部分。下延续建工程包括:①新修雁翅坝5座,坝号为30#~34#;②新修坝后路堤1条长420 m;③新修坝后路1条,长140 m。加固工程包括:①加固雁翅坝3座及坝档,坝号为4#~6#;②加固坝后路堤1条,长240 m。新修雁翅坝坝顶高程为所在河段平均滩面高程以上加超高0.5 m,并与已成工程坝顶高程衔接一致;修复雁翅坝坝垛高程维持原高程不变。

陕西省水利厅以《陕西省水利厅关于渭河仓西控导续建(五期)工程初步设计的批复》(陕水规计发〔2011〕38号)对渭河大荔仓西控导护岸续建(五期)工程进行了批复:同意工程设计平面布置,续建坝垛沿已成工程29#下端近治导线弯道布设坝垛,在32#坝下跨新修进坝路,修复坝垛维持原设计位置不变。主要建设内容为:①新修续建30#~34#共5座雁翅坝及坝档,坝间距80 m,增加工程长度400 m;②新修续建连坝路长度400 m,新修进坝路长度140 m;③修复4#、5#、6#共3座水毁雁翅坝及坝档,修复工程长度240 m;④配套建设沿子石等附属设施。主结构形式:①新修续建30#~34#雁翅坝采用旱滩结构,坝顶高程为332.88~332.80 m,笼石台顶部高程为331.00~330.92 m;雁翅坝顶部圆弧半径10 m,干砌石护坡顶宽0.8 m,外边坡1:1.3,内边坡1:1.1;笼石台高3.0 m,雁翅坝、坝档断面顶宽分别为5.0 m、4.0 m,散石平台顶宽2.3 m;进、连坝路顶宽8.0 m,泥结石路面宽6.0 m。②修复4#、5#、6#共3座雁翅坝采用水中进占结构,坝顶高程为333.28~333.26 m,笼石台顶部高程为329.50~329.48 m。其余细部结构同意设计意见。核定渭河仓西控导续建(五期)工程初步设计概算投资900.62万元,施工工期为4个月。

工程于2011年5月20日开工,11月15日完工。施工过程中没有重大设计变更,严格按照设计图纸施工。

5.2.4 工程历年出险与抢险基本情况

仓西控导工程2010年初次出险以来历次出险情况统计见表5-3。可以看出,出险集中在3#~10#坝段;出险主要表现为坝垛墩蛰(3#~6#坝、9#坝)、坝档后溃坍塌或土体坍塌(2#~3#坝档、4#~8#坝档)、坝及坝档笼石墩蛰或倒塌(8#~10#坝档)3种形式。历年具体出险情况分述如表 5-3 所示。

表 5-3　仓西控导工程历年出险情况统计

出险年份	出险位置	险情	出险长度(m)
2010	4#~6#坝	4#~6#坝 3 座坝墩蛰、坝裆后溃	153
2011	2#~3#坝	3#坝墩蛰、坝裆坍塌	65
2012	6#~8#坝	坝裆土体坍塌	16
2013	8#~9#坝	9#坝及坝裆笼石台发生墩蛰	52
2014	8#~10#坝	坝及坝裆根石走失、裆笼石倒塌	140

5.2.4.1　初次 2010 年出险与抢险情况

仓西工程上段河势变化不大,3#~9#坝着流,下段河势持续左移。受渭河"8·25"洪水持续淘刷及退水影响,下首河湾河势不断下挫左移逼近堤防;8 月 28~30 日,仓西工程 4#~6#坝及裆相继出现墩蛰、坝裆后溃等险情,累计出险坝垛 3 座(4#~6#坝),坝裆 2 段(4#~6#坝裆),出险长度 153 m;弯道距堤防最近距离为 127 m(桩号 6+800 处),较汛前左移 38 m,塌岸线长度 350 m 左右。工程出险后,大荔局组织人员、机械、物资开展工程抢护,陕西省局工情组现场指导抢险工作。抢险工作于 8 月 28 日 7 时 30 分开始,按照既定方案对仓西工程 4#~6#坝及坝裆进行组织抢护,历时 5 d,于 9 月 1 日 15 时险情初步得到控制。汛后 2010 年特大防汛费下达仓西工程抢险费 36.31 万元用以修复工程。

5.2.4.2　二次 2011 年出险与抢险情况

2011 年 9 月 4~5 日、9 月 11~15 日、9 月 16~20 日三次降雨过程在渭河中下游形成了三次首尾相连的秋淋洪水过程。受这次秋淋洪水冲刷影响,大荔仓西工程 3#坝及 2#~3#坝坝裆相继出险。其中 9 月 14 日晚 21 时 50 分,水位距坝顶 40 cm,水位略有回落,受高水位主流冲刷影响,仓西工程 3#坝坝头出现笼石走失,坡石滑塌,土胎外露险情,出险长度 20 m。大荔河务局连夜组织对出险坝垛进行抢护,采用抛笼石、散石护根的方法进行抢险,16 日凌晨 2 时,散石抢护体抛出水面 1m,险情初步得到控制;16 日早 6 时水位回落了 1.5 m 左右,6 时到 6 时 45 分仓西工程 3#坝抢护体迅速滑塌入水,3#坝险情扩大至上跨 25 m、2#~3#坝坝裆 30 m 笼石、散石台全部坍塌入水,出现重大墩蛰险情,出险长度增加了 65 m。

工程出险后大荔河务局采取抛笼石、散石护根的方法抢护,且以机械投散石为主。随后在 16 日至 18 日抢护中,仓西 3#坝、2#~3#坝坝裆险情连续 3 次出现险情得到初步控制后抢护体滑塌入水的情况。截至 9 月 19 日渭河出现了 1981 年至今 30 年来最大的洪水,抢险机械、人员后退撤入堤防,抢险工作才告一段落。本次仓西 3#坝及 2#~3#坝坝裆自 9 月 14~18 日抢险以来,累计历时 5 天 4 夜,累计抛投石料 2 100 m³,上劳 462 个工日,机械 82 台班,铅丝 7 t,石子 120 m^3。

汛后修复:利用黄委维修养护专项对仓西工程 $18^#$~$29^#$ 坝及进连坝路进行维修,维修坝垛 12 座,坝挡 11 段,下游裹头 20 m,维修总长度 1 088 m,维修连坝路 960 m,维修进坝路 90 m。利用特大防汛补助经费项目,安排对仓西工程 $6^#$~$8^#$ 坝及坝挡进行修复,投资 19.38 万元。

5.2.4.3 三次 2012 年出险与抢险情况

2012 年 8 月、9 月渭河二次降雨过程,在渭河中下游形成了二次中常流量洪水,其中 8 月 21 日,在洪水回落巡查中发现仓西工程 $6^#$~$7^#$ 坝坝挡出现土体坍塌险情,长度 12 m,考虑水位已全面回落,大荔河务局对该坝挡未进行抢护;9 月 2 日 15 时,仓西工程 $7^#$~$8^#$ 坝坝挡同样出现土体坍塌险情,出险长度 4 m。

考虑该两段坝挡未进行石方砌护,若遇后续较大来水或抢险不及时,将有抄工程后路危及工程安全之危险,为此,为保护工程安全,在 9 月 2 日 $7^#$~$8^#$ 坝坝挡出险后,大荔河务局立即组织对该 2 段坝挡进行抢护,抢护采取抛柳枕、笼石护根、散石护坡根方法。截至 9 月 4 日,险情得到有效控制。

汛后修复:基本建设项目,对渭河仓西控导续建(五期)工程水毁修复,仓西工程 $4^#$~$6^#$ 坝及 $3^#$~$6^#$ 坝坝挡进行修复,修复总长度 258 m;仓西控导复建加固项目对仓西工程水毁的 $2^#$、$3^#$、$7^#$、$8^#$ 坝及 $2^#$~$4^#$、$6^#$~$8^#$、$1^#$~$2^#$、$8^#$~$12^#$ 坝坝挡进行了复建,共计复建加固长度 525.5 m。利用 2012 年中央水利基金项目,对仓西 $4^#$ 坝进行修复,投资 1.91 万元。

5.2.4.4 四次 2013 年出险与抢险情况

受 2013 年 7 月下旬渭河流域强降雨影响,7 月 26 日洪水退水巡查中,发现仓西 $8^#$~$9^#$ 坝坝挡中下段及 $9^#$ 坝上跨笼石台发生墩蛰较大险情,出险长度 52 m。险情发生后,大荔河务局立即组织人员和机械,采取抛柳枕、笼石和散石结合护根的方法进行抢护,抢护工作历时两天一夜。

汛后修复:省级维修养护经费,安排对仓西工程 $9^#$ 坝及 $8^#$~$9^#$ 坝坝挡进行修复,修复坝垛 1 座,坝挡 1 段,修复长度 93 m,对损坏的基础设施进行修复。2014 年组织实施。

5.2.4.5 五次 2014 年出险与抢险情况

仓西工程上首河湾呈下挫之势,汛前着流的 $5^#$ 坝已脱流,下挫约 100 m,目前主流北靠顶冲 $6^#$~$7^#$ 坝坝挡,原未着流的 $12^#$ 坝现已着流,工程中段河势北靠逐渐靠近脱流坝垛,下段 $28^#$~$34^#$ 坝着流情况较好,且河势平顺、稳定。着流的 $6^#$~$12^#$ 坝坝挡段,在 9 月洪水过程中,$8^#$~$10^#$ 坝及坝挡出现根石走失、笼石倒塌入水情况,长度共计约 140 m,水毁较为严重。

5.3 仓西工程河段地质勘查分析

渭河仓西段控导工程位于黄河、渭河、洛河交汇处,地面高程在 335 m 以下,原属三门峡水库滞洪区。由于三门峡水库运用方式的改变,部分移民陆续返迁定居。因区内防洪体系不完善,防洪工程标准低,洪水灾害频繁,约有 15 万人、20 000 hm^2 耕地受洪水威胁。

近二三十年来,水利部、陕西省多次立项对区内的堤防及控导工程进行了整治,但仓西段控导工程仍多次出险,因此有必要进行专门研究,以确定治理对策。

5.3.1 河段地质概况

5.3.1.1 地层岩性

勘察区位于渭河断陷盆地内,堆积了巨厚的新生代地层,据石油钻探资料,三河汇流区第四系最大厚度达 1 352 m。工作区出露地层主要为第四纪冲积、洪积、风积成因的松散堆积层,按成因类型分述如下:

(1)第四系冲积层。

①全新统冲积层(Q_4^{al}):分布于渭河、黄河及其支流的河床、河漫滩及一级阶地区。其中上全新统冲积层分布于河床及河漫滩,岩性以中细砂为主,表层有 1~3 m 的砂壤土。

下全新统冲积层分布于一级阶地,上部为灰黄、褐黄色砂壤土与壤土,疏松,具微层理,孔隙发育,厚 10 m 左右;下部为灰黄色砾砂、粗砂和中细砂,下粗上细,松散,分选性好,成分以石英、长石为主,厚 10~50 m。

②上更新统冲积层(Q_3^{al}):分布于渭河二级阶地,具二元结构。上部为灰黄色砂壤土、壤土,富含钙质,较密实,厚 15~25 m;下部为灰白、灰黄色中细砂、砂壤土与壤土,厚 65~85 m,由西向东厚度增大。

③中更新统冲积层(Q_2^{al}):分布于孟塬以东渭河三级阶地,岩性主要为浅灰、灰色中细砂夹壤土。砂松散,分选性好,成分以石英、长石为主;壤土为灰褐色,硬塑状,可见灰绿色条带,上部覆盖风积黄土。

(2)第四系洪积层。

分布于山前洪积扇裙。秦岭山前洪积扇属上叠类型,地面出露主要为全新统洪积层(南山支流出山口段),从扇顶到前缘,岩性由含黏性土的漂石、卵砾石过渡到砾砂、砂、砂壤土及壤土;漂、卵石分选性差,呈次圆状到圆状,粒径一般 20~300 mm,大者达数米,多被中粗砂及黏性土充填,厚 10~25 m。

(3)第四系风积层。

主要分布于黄土台塬,为中、上更新统风积黄土(Q_2^{eol}、Q_3^{eol})。淡灰黄色,质地均一,可见 8~9 层古土壤,厚 70~150 m,是理想的筑堤及灌浆材料。

5.3.1.2 地质构造及地震

勘察区位于渭河断陷盆地东部,盆地形成始于第三纪始新世,长期以来以沉降为主,新生界厚达数千米。区内断裂发育,主要有 EW—NE 向的秦岭山前大断裂,双泉—临猗大断裂及 NE 向的潼关断裂,均为第四纪活动性断裂。由于潼关断裂下盘翘升形成的潼关断隆,中更新世以来活动明显,故黄河三级阶地基底高程在朝邑等地反低于潼关一带,黄河流经此段,以下切为主,河床狭窄,形成"卡口"。

勘察区属汾渭地震带,历史上经受过多次破坏性地震。1501 年 1 月朝邑 7 级地震,震中位于朝邑,震中烈度Ⅸ度,房舍倒塌,地裂涌水。1556 年华县 8 级地震,波及勘察区,烈度达Ⅺ度。

根据《中国地震动参数区划图》(GB 18306—2001),该区设计地震动加速度为 $0.20g$,一般中硬场地地震动反应谱特征周期为 0.35 s,相应地震基本烈度为Ⅷ度。

5.3.1.3 水文地质

区内以第四系松散岩类孔隙水为主,由于地势低平,径流汇集,补给条件好,含水层厚度大,故地下水水量普遍较大,水质较好。勘察区潜水赋存于全新统冲积层中,含水层岩性以中细砂、中粗砂、砾砂为主。一般南部秦岭山前地带岩性粗而不稳定,岩性垂向和横向变化大,到渭河和黄河两岸岩性细而稳定。潜水含水层厚度 25 ~ 40 m,渗透系数 8.5 ~ 39 m/d。潜水埋深受地形、地貌控制,"二华夹槽"较浅,到阶地后缘和渭河沿岸变深。潜水位动态受年降雨量、三门峡水库运用方式、二华排水干沟疏排及地下水开采等因素综合影响。以 1977 年为界大致可分为两个不同动态特征的时段:

(1)1960 ~ 1977 年,气候上为相对丰水系列,同时受三门峡水库高水头蓄水和溯源淤积影响,潼关高程居高不下,黄、渭河两岸潜水位壅高,水位埋深变浅,如"二华夹槽"潜水埋深小于 3 m,形成大片盐碱地和沼泽地(详见图 5-7)。

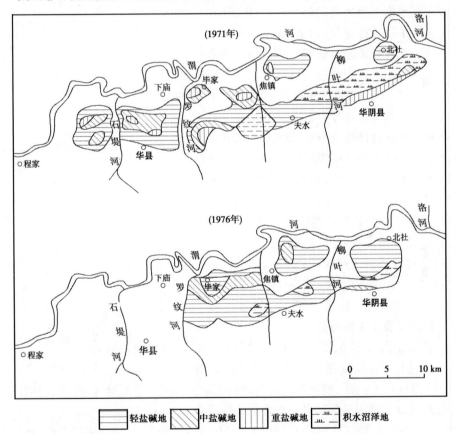

图 5-7 盐碱地、沼泽地分布

(2)1978 年至今,由于 1973 年 12 月三门峡水库改建完成,调整了水库使用原则,以蓄清排浑、低水头运用为主,黄河、渭河河床随之下切,又恰逢多年降水偏枯,潜水补给量减少,而开采量逐年增加,潜水位呈下降趋势,"二华夹槽"盐碱地、沼泽地不断退缩。目前区内潜水埋深一般为 4 ~ 10 m,南山支流两侧埋深较浅为 1 ~ 4 m,受西北第二合成制药厂、秦岭电厂等水源地开采影响的地段水位埋深达 10 m 以上。

5.3.2 地勘工作情况

5.3.2.1 本阶段勘察的目的和任务

（1）目的。

本次勘察工作的目的主要是查明仓西段控导工程的地质条件,为探讨仓西段出险原因提供地质依据。

（2）任务。

本次勘察工作的任务是查明仓西控导工程的地基土层结构、岩性特征及物理力学、水力性质指标,并提出河床堆积物的中值粒径。

5.3.2.2 技术标准

本次勘察工作主要遵循以下技术标准:

（1）《水利水电工程地质勘察规范》(GB 50487—2008)。

（2）《堤防工程设计规范》(GB 50286—2013)。

（3）《堤防工程地质勘察规范》(SL 188—2005)。

（4）《水利水电工程天然建筑材料勘察规程》(SL 251—2000)。

（5）《岩土工程勘察规范》(GB 50021—2001)(2009 年版)。

（6）《建筑桩基技术规程》(JGJ 94—2008)。

（7）《建筑抗震设计规范》(GB 50011—2010)。

（8）《水利水电工程钻探规程》(SL 291—2003)。

（9）《水利水电物探规程》(DL/T 5010—2005)。

（10）《湿陷性黄土地区建筑规范》(GB 50025—2004)。

（11）《建筑工程地质勘探与取样技术规程》(JGJ/T 87—2012)。

（12）《水文地质手册》(第二版)。

（13）《工程地质手册》(第四版)。

（14）《土工试验规程》(SL 237—1999)。

（15）《土的工程分类标准》(GB/T 50145—2007)。

5.3.2.3 勘察布置及工作方法

本次勘察采用了工程地质钻探、探井、室内分析测试等综合勘察方法。

（1）工程地质钻探及探井。

按 100～200 m 的间距,渭河沙苑滩仓西段控导工程共布置断面 3 个,共计钻孔 3 个,探井 6 眼,仓西河段工程地质勘察平面布置详见图 5-8。

为满足取样要求,施工中钻孔孔径均大于 110 mm。在水位以上,采用干钻,水位以下用泥浆护壁。钻进中要求严格控制回次进尺,做好岩芯编录及钻进记录工作。终孔后均按要求严格封孔。探井终孔后采用 2:8 灰土夯实回填。

（2）室内岩土测试。

试验所用的原状土样均严格要求,室内进行了常规物性指标、力学指标(含饱和快剪)、颗分及有机质、可溶盐含量等测试,对试验结果进行了认真检查,采用数理统计方法进行了综合统计分析。每一层有效室内试验组数一般在 6 组以上,如果样本数不足 6 组,一般均用其他手段验证或特别予以指出。

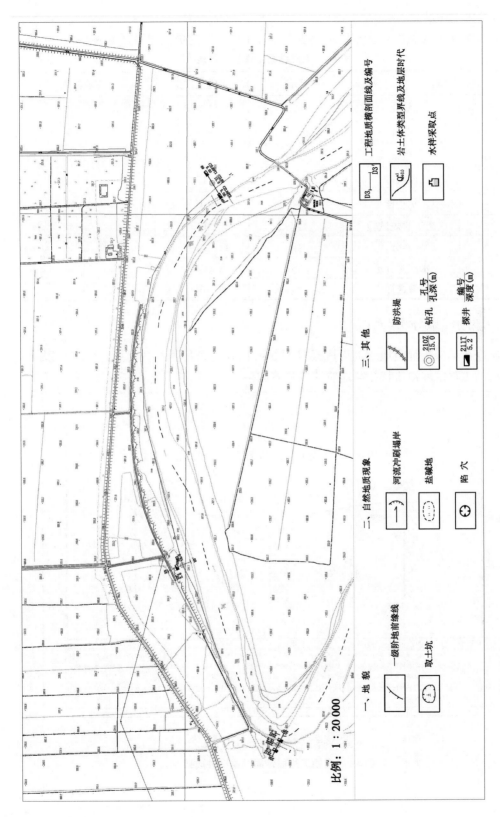

比例：1：20 000

一、地貌

一级阶地前缘线	取土坑

二、自然地质现象

河流冲刷塌岸	盐碱地	陷穴

三、其他

防洪堤	钻孔 孔号 孔深(m)	探井 编号 深度(m)

工程地质横剖面线及编号

岩土体类型界线及地层时代

水样采取点

图 5-8 仓西河段工程地质勘察平面布置

（3）完成工作量。

本次勘察工作中按勘察大纲要求完成了设计工作量。完成工作量详见表5-4。

表5-4 完成勘察工作量一览表

项目		单位	完成工作量	完成时限
钻孔	钻孔	m/孔	31.6/3	
	探井	m/眼	19.5/5	
原位测试	标贯试验	次	10	2016年11月10~14日
样品采集	原状样	件	15	
	扰动样	件	4	
室内分析	土工常规试验	组	15	2016年11月15~29日
	颗分	组	19	
	水质简分析	组	2	
	渗透样	组	6	

5.3.3 地勘成果分析与评价

本次仓西勘探工程段地质剖面成果见图5-9,探井成果见图5-10,钻孔成果见图5-11,依此分析的工程区域地质特征与地质评价具体成果。

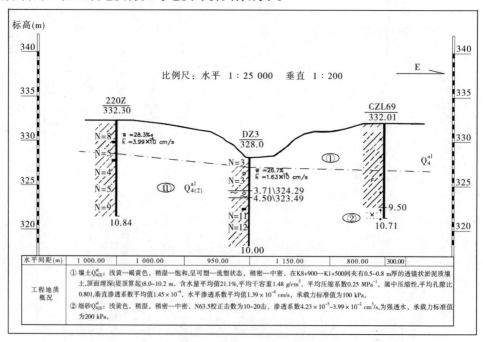

（a）仓西工程段地质勘察纵剖面

图5-9 仓西工程段地质勘察探井成果

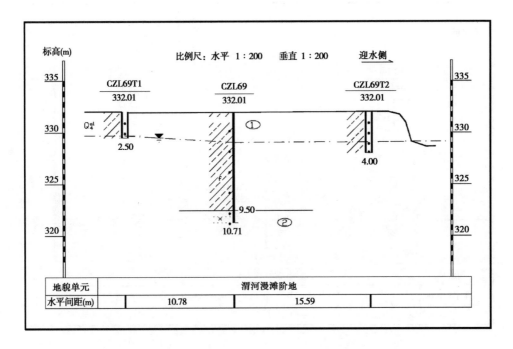

（b）仓西工程段地质勘察 69—69′横剖面

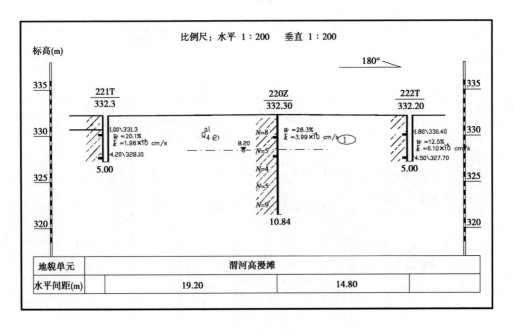

（c）仓西工程段地质勘察 220—220′横剖面

续图 5-9

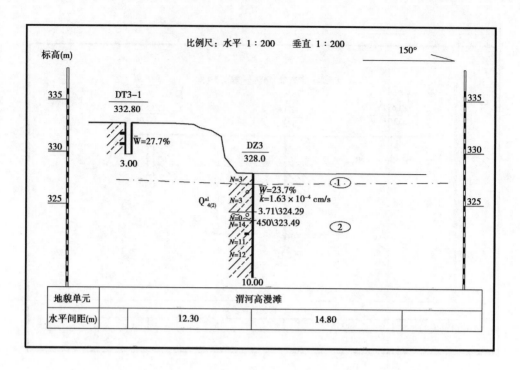

（d）仓西工程段地质勘察 D3—D3′横剖面

续图 5-9

探井号	221T			井口标高	332.3 m			水位埋深		
钻孔位置				水位标高				施工日期		
时代成因	层底标高(m)	层底深度(m)	分层厚度(m)	柱状图 1:100	工程地质岩性描述	岩芯采取率(%) 20 40 60 80	重Ⅱ击数深度(m) 标贯击数深度(m)	岩石质量指标RQD(%) 20 40 60 80	容许承载力(kPa) 桩周土极限摩阻力(kPa)	取样编号
$Q_{4(2)}^{al}$	331.3	1.00	1.00		壤土：灰白色，致密坚硬，硬塑，土质不均					
					壤土：淡黄色,虫孔,根系发育,硬塑,稍湿,具黄褐色铁锰质斑点					221T-1 2.0-2.2
	328.1	4.20	3.20							
	327.3	5.00	0.80		壤土：黄褐色，呈流塑状态					221T-2 4.5-4.7

（a）仓西工程段地质勘察 221T 探井柱状图

图 5-10 仓西工程段地质勘察探井成果

| 探井号 | 222T | | | | 井口标高 | 332.20 m | | | 水位埋深 | |
| 钻孔位置 | | | | | 水位标高 | | | | 施工日期 | |

时代成因	层底标高(m)	层底深度(m)	分层厚度(m)	柱状图 1:100	工程地质岩性描述	岩芯采取率(%) 20 40 60 80	重Ⅱ击数深度(m) / 标贯击数深度(m)	岩石质量指标RQD(%) 20 40 60 80	容许承载力(kPa) / 桩周土极限摩阻力(kPa)	取样编号
$Q_{4(2)}^{al}$	330.40	1.80	1.80		壤土：灰白色,致密坚硬,虫孔、根系发育,硬塑,土质不均					222T-1 2.0~2.2
	327.7	4.50	2.70		壤土：淡黄色,结构疏松,针状孔隙发育具有水平层理,土质均一					
	327.2	5.00	0.50		壤土：棕黄色,虫孔发育,可塑-软塑,土质较疏松					222T-2 4.5~4.7

（b）仓西工程段地质勘察 222T 探井柱状图

工程名称	仓西控导工程勘察							工程编号	
探井号	CZL69T1		坐标		钻孔直径	130 mm		稳定水位	2.30 m
井口标高	332.01 m				初见水位	2.30 m		测量日期	

地质时代	层号	层底标高(m)	层底深度(m)	分层厚度(m)	柱状图 1:100	岩性描述	标贯深度(m)	标贯实测击数	附注
Q_4^{al}	1	329.51	2.50	2.50		壤土:0~1.8 m,浅灰黄色,稍密,湿—很湿,土质较均,针状孔隙较发育,可见大量植物根系及腐殖质。往下含水量大。1.8~2.2 m黏土,黄色,中密,很湿—饱水,针孔较发育,少见腐殖质,团块状结构,2.0~2.5 m为壤土,浅灰色,中密,饱水,土质均一			

（c）仓西工程段地质勘察 CZL69T1 探井柱状图

续图 5-10

工程名称	仓西控导工程勘察							工程编号		
探井号	CZL69T2	坐标			钻孔直径	130 mm		稳定水位	3.00 m	
井口标高	332.01 m				初见水位	3.00 m		测量日期		
地质时代	层号	层底标高 (m)	层底深度 (m)	分层厚度 (m)	柱状图 1:100	岩性描述		标贯深度 (m)	标贯实测击数	附注
Q_4^{al}	2	328.01	4.00	4.00	1● 2● 3● 4●	填土:0~4.0 m,灰黄色,稍密,稍湿—湿,土质均一,虫孔针状孔发育,见植物根系,夹少量砂团,偶见炭屑。2.4~2.6 m夹黏土层,棕黄色,中密,很湿,土质较均一,针状孔隙发育,团块结构。2.6~2.8 m夹粉砂层,浅灰黄色,很湿,稍密,砂质较纯,含少量泥质。均一。3.2~3.3 m夹暴层棕红色黏土层,团块状。3.3 m以下色杂,浅灰夹灰黄色,腐殖质含量高				

（d）仓西工程段地质勘察 CZL69T2 探井柱状图

续图 5-10

钻孔编号	220Z	孔口标高	332.20 m		水位埋深	3.86 m				
钻孔位置	K9+700	水位标高	326.92 m		施工日期					
时代成因	层底标高 (m)	层底深度 (m)	分层厚度 (m)	柱状图 1:100	工程地质岩性描述	岩芯采取率 (%) 20 40 60 80	重Ⅱ击数 深度(m) 标贯击数 深度(m)	岩石质量指标RQD (%) 20 40 60 80	容许承载力 (kPa) 桩周土极限摩阻力 (kPa)	取样编号
$Q_{4(2)}^{al}$	323.70	8.60	8.60		填土:褐黄色—深褐色,稍湿—湿,可塑—软塑,具水平层理,含有淤泥质土夹层		9.0 1.75~2.05 6.0 3.75~4.05 5.0 5.75~6.05 6.0 7.75~8.05			
$Q_{4(2)}^{al}$	321.46	10.84	2.24		砂填土:深褐色,稍湿,可塑,中密,具水平层理		12.0 9.75~10.05			

（a）仓西工程段地质勘察 220Z 钻孔柱状图

图 5-11　仓西工程段地质勘察钻孔成果

钻孔编号 DZ3			孔口标高 328.0 m		水位埋深 1.10 m			
钻孔位置			水位标高 324.20 m		施工日期			

时代成因	层底标高(m)	层底深度(m)	分层厚度(m)	柱状图 1:100	工程地质岩性描述	岩芯采取率(%) 20 40 60 80	重Ⅱ击数深度(m) / 标贯击数深度(m) 20 40 60 80	岩石质量指标RQD(%) 20 40 60 80	容许承载力(kPa) / 桩周土极限摩阻力(kPa)	取样编号
$Q_{4(2)}^{al}$					壤土:褐黄色—深褐色,稍湿—湿,可塑—软塑,具水平层理,含有淤泥质土夹层		3.0 / 0.45~0.75			
							3.0 / 2.44~2.74			DZ3-3 6.0~6.2
	324.29	3.71	3.71		淤质土:灰褐色,软塑至流逆,饱和		14.0 / 4.80~5.10			DZ3-4 8.2~8.4
	323.49	4.50	1.40		砂壤土:深褐色,稍湿,可塑,中密,具水平层理		11.0 / 6.45~6.75			DZ3-5 10.0~10.2
							12.0 / 7.70~8.10			
	318.0	10.0	10.0							

（b）仓西工程段地质勘察 DZ3 钻孔柱状图

工程名称 仓西控导工程勘察						工程编号		
探井号 CZL69	坐标		钻孔直径 130 mm		稳定水位 2.90 m			
井口标高 332.01 m			初见水位 2.90 m		测量日期			

地质时代	层号	层底标高(m)	层底深度(m)	分层厚度(m)	柱状图 1:100	岩性描述	标贯深度(m)	标贯实测击数	附注
						壤土:浅灰—褐黄色,可塑,稍密,很湿,以粉土为主,含云母			
						壤土:褐黄色,稍密,很湿,以粉土为主,土质均匀,含云母			
Q_4^{al}	1	322.51	9.50	9.50					
Q_4^{al}	2	321.30	10.71	1.21		细砂:浅灰色,稍密,很湿,以石英长石为主,含云母,有腐植质味			

（c）仓西工程段地质勘察 CZL69 钻孔柱状图

续图 5-11

地基土工程地质特征:勘探深度内所揭露的地基土层为全新统上部冲积层,岩性以壤土为主,具体特征为:壤土($Q_{4(2)}^{al}$):浅黄色—褐黄色,具水平层理,普遍有壤土夹层。K8 + 900 ~ K1 + 500 间夹有 0.5 ~ 0.85 m 厚透镜状淤泥质壤土,其顶面埋深(从堤顶算起)8.0 ~ 10.2 m。土含水量 w = 3.7% ~ 35.5%,$\bar{w}$ = 21.1%,稍湿—很湿,干密度 ρ_d = 1.21 ~ 1.72 g/cm³,$\bar{\rho}_d$ = 1.48 g/cm³,液性指数 I_L = −2.21 ~ 1.25,一般为可塑状态,少量呈流塑状态;孔隙比 e = 0.544 ~ 1.181,$\bar{e}$ = 0.801,稍密—密实。

5.3.4 地基土工程地质评价

5.3.4.1 压缩性评价

壤土:压缩系数 a_{1-2} = 0.06 ~ 0.58 MPa^{-1},$\bar{a}_{1-2}$ = 0.25 MPa^{-1},属低—中压缩性土。

5.3.4.2 湿陷性评价

依据土工试验资料,按《湿陷性黄土地区建筑规范》(GBJ 25—2004)判定,场地多数探井为非湿陷性土,部分具湿陷性,具体计算见表 5-5。计算时自重湿陷量自地面算起,β_0 取 0.7,总湿陷量也自地面算起,β 取 1.5。

表 5-5　湿陷性评价表

勘探点号	湿陷土深度(m)	自重湿陷量(cm)			总湿陷量(cm)			湿陷类型	湿陷等级
		计算厚度	δ_{ZS}	Δ_{ZS}	计算厚度	δ_{ZS}	Δ_{ZS}		
221T	3.45	345	0.003		345	0.035	18.113		
222T	3.35	335	0.003		335	0.015	7.538	非自重	I
	5.00	165	0.049	5.66	165	0.069	17.078		

如表所见,总体判定场地为 I 级非自重湿陷性黄土场地。

5.3.4.3 地基土承载力

依据土工试验资料按《湿陷性黄土地区建筑规范》(GBJ 25—90)、《建筑地基基础设计规范》(GB 50007—2011)确定承载力基本值,综合考虑后提出各层土的承载力标准值 f_k:②层壤土 f_k = 100 kPa,③细砂 f_k = 200 kPa。堤基土承载力评价详见表 5-6。

表 5-6　承载力值计算

层序	岩性	指标	查表 f_0(kPa)	建议值 f_k(kPa)
②	壤土	$\bar{e}$ = 0.801 $\bar{w}$ = 21.1	130	100

5.3.4.4 场地地震效应。

(1)场地土类型及场地类别。

按《建筑抗震设计规范》(GB 50011—2016)(2016 版)第 3.1.3 条和第 3.1.5 条,依据地面下 15 m 厚度内地基土的岩性及承载力,综合评判场地土为中软土,场地类别为 III 类。

(2)地震动峰值加速度,特征周期及地震基本烈度。

依据《中国地震动参数区划图》(GB 18306—2015),该区设计地震动加速度为 $0.20g$,相应地震基本烈度为Ⅷ度,1 区中硬场地地震动反应谱特征周期为 0.35 s,1 区中软场地地震动反应谱特征周期为 0.45 s。

(3)饱和土液化地震可能性判别。

地基土地震液化判别,按抗震烈度Ⅷ度考虑,分勘探条件和工程运用时地下水水位埋深为 0.00 m 两种状态分别评判。采用标准贯入试验法,判别成果见表 5-7。由成果表可看出,在勘探条件下,只有部分地基土具液化性,但当地下水位上升至地面时,大多产生液化。

5.3.4.5　渗透性评价

1. 土的渗透系数确定

堤基壤土实测垂直渗透系数平均值为 1.45×10^{-4} cm/s,水平渗透系数平均值为 1.39×10^{-4} cm/s,统计结果详见表 5-7;根据土工试验颗分资料按公式 $K = 6.3 C_u^{-3/8} d_{20}^2$(式中:$C_u$ 为土的不均匀系数,d_{20} 为占总土重 20% 的土粒粒径)计算的渗透系数平均值为 4.58×10^{-4} cm/s。

表 5-7　渭河沙苑滩堤基土地震液化判别

钻孔			d_s	ρ_c	勘探条件下				$d_w = 0$ 时		
孔号	深度 (m)	岩性	(m)	(%)	d_w (m)	实测 $N_{63.5}$	N_{cr}	液化性	校正 $N_{63.5}$	N_{cr}	液化性
220Z	6	壤土	1.6	22.5	8.2	9			2.1	5.1	液化
	8	壤土	3.6			6			2.2	5.1	液化
	10	壤土	5.6			5			2.3	5.3	液化
	12	壤土	7.6			6			3.2	6.1	液化
	14	壤土	9.6			12		不液化	7	6.8	不液化
DZ3	4.6	壤土	0.3	9.5	1.8	3			1.1	5.2	液化
	6.6	壤土	2.3	16.5		3	4.1	液化	1.9	4.8	液化
	8.4	壤土	4.1	14.5		0	5.1	液化	0	6	液化
	8.95	壤土	4.65	10.83		14	6.2	不液化	10.7	7.2	不液化
	10.6	壤土	6.3	10.83		11	8.5	不液化	8.9	8.1	不液化
	11.85	壤土	7.5	19.0		12	9.3	不液化	10	6.6	不液化

注: 近震Ⅷ度 $N_{cr} = N_{-c}[0.9 + 0.1(d_s - d_w)] \cdot \sqrt{\dfrac{3\%}{\rho_c}}$,$\rho_c > 18\%$ 时,可判为不液化,$d_s < 5$ m 时,应采用 5 m 计算;

当 $d_w = 0$,校正 $N_{63.5} = $ 实测 $N_{63.5} \dfrac{d_s + 0.7}{d_s + 0.9 d_w + 0.7}$,《水利水电工程地质勘察规范》(GB 50487—2008)公式(N.0.4-2),d_w 为标贯时地下水埋深。

据规范(GB 50487—2008)附录 D.0.2 第 2 条,一般情况下渗透系数可采用大值平均值;用于水位降落和排水计算时,应采用小值平均值。

2. 土的渗透变形类型的判别及临界水力比降

渭河沙苑堤防堤基土为壤土,其黏粒含量平均值为 14.5%,其颗分曲线大多数呈瀑布型,按《水利水电工程地质勘察规范》(GB 50487—2008)附录 M 计算的临界水力比降,但考虑其瀑布型长尾巴均为黏粒,因黏粒之间特有的黏聚力,因此其渗透变形类型应为流土型,而不应为管涌型,其临界水力比降按公式 $J_{cr} = (G_s - 1)(1 - n)$ 计算。经计算,②层壤土临界水力比降为 0.97,其允许水力比降取安全系数为 2,可按 0.48 取值。

5.3.5　地勘成果结论

(1)沙苑滩移民防洪堤地处渭河高漫滩—洛河漫滩区,地形平坦,在仓西工程段存在渭河强烈冲刷塌岸的现象。

(2)地基壤土属中等—弱透水岩性,渗透变形类型为流土型,临界水力比降取 0.97,安全系数取 2,允许水力比降可取 0.48,壤土与砂壤土不会产生接触冲刷。

(3)根据渭河沙苑堤防工程地质勘察资料来看,从西边的拜家(K0 +000)直至东边的渭洛河交汇处(K13 +600),北上至终点(K19 +100)沙苑段现状岸坎岩性主要为壤土,局部夹薄层砂层及砂壤土,地层均为全新统上部冲积层,工程地质性质相同,水文地质条件相同,从上下游工程地质条件对比来看,造成仓西段塌岸的原因与地质条件关系不大,主要受河流动力学控制。

5.4　仓西河段水沙条件与河道冲淤变化分析

5.4.1　水沙条件变化及其特征分析

仓西河段附近无水文站,上游在渭淤 2 下游 615 m 处的华阴站只有测水位,无法分析该河段的水沙情况,而华县站位于渭淤 10 下游约 900 m 处,故以华县站来分析仓西河段的水沙特征。

5.4.1.1　华县站水沙特征

1960 ~ 2015 年华县站水量统计表见表 5-8,历年水量变化见图 5-12。

表 5-8　1960 年以来华县站历年径流量统计

年份	径流量(亿 m³)			年份	径流量(亿 m³)		
	汛期	非汛期	全年		汛期	非汛期	全年
1960	37.40	14.57	51.97	1988	61.94	22.43	84.37
1961	60.76	30.60	91.36	1989	33.75	33.89	67.64
1962	51.07	33.44	84.52	1990	45.12	31.95	77.08
1963	38.92	61.18	100.10	1991	12.34	36.94	49.28
1964	110.92	67.84	178.76	1992	45.67	13.96	59.63
1965	31.07	60.29	91.36	1993	31.91	30.35	62.26
1966	65.01	20.60	85.62	1994	16.83	19.82	36.65

年份	径流量（亿 m³）			年份	径流量（亿 m³）		
	汛期	非汛期	全年		汛期	非汛期	全年
1967	51.62	48.04	99.67	1995	11.41	10.94	22.35
1968	71.64	44.55	116.19	1996	22.91	8.77	31.68
1969	18.96	43.74	62.71	1997	6.07	17.61	23.68
1970	58.50	31.37	89.87	1998	26.69	13.33	40.02
1971	15.28	29.71	45.00	1999	23.23	13.96	37.19
1972	13.33	21.02	34.34	2000	22.42	10.21	32.63
1973	45.97	14.92	60.88	2001	15.77	12.55	28.32
1974	28.08	17.27	45.36	2002	10.88	17.64	28.52
1975	78.20	20.78	98.98	2003	74.96	9.10	84.06
1976	53.34	42.97	96.31	2004	18.32	24.69	43.01
1977	19.24	19.14	38.38	2005	50.27	13.91	64.18
1978	43.08	8.74	51.82	2006	19.05	20.89	39.94
1979	24.03	13.51	37.54	2007	34.49	12.57	47.06
1980	41.13	9.68	50.81	2008	19.53	19.91	39.44
1981	82.51	12.05	94.56	2009	22.09	17.90	39.99
1982	32.68	23.37	56.05	2010	40.27	20.58	60.85
1983	87.20	34.08	121.28	2011	55.31	15.78	71.09
1984	87.40	43.63	131.03	2012	32.25	33.80	66.05
1985	42.99	42.78	85.77	2013	39.30	21.57	60.87
1986	20.42	24.90	45.32	2014	22.18	25.64	47.82
1987	22.09	28.75	50.84	2015	13.52	29.80	43.32
1960~1985	49.63	31.15	80.78	1986~2002	25.26	20.47	45.73
2003~2013	36.89	19.15	56.05	2003~2015	33.96	20.47	54.44
1960~2002	40.00	26.93	66.92	1960~2015	38.60	25.43	64.02

注：本表中全年指水文年（运用年）。

可以看出：1960~2015 年该时期多年平均水量 64.02 亿 m³，其中汛期水量 38.60 亿 m³，非汛期水量 25.4 亿 m³，分别占全年的 60.3%、39.7%；年径流量集中于汛期，总体上呈减小趋势。1960~2015 年水量变化大致可分为 3 个阶段：一是 1960~1985 年丰水期，平均水量 80.78 亿 m³，占多年平均 64.02 亿 m³ 的 126.2%；二是 1986~2002 年的枯水期，平均水量 45.73 亿 m³，占多年平均的 71.4%；三是 2003~2015 年的平水偏枯期，平均水量 54.44 亿 m³，占多年平均的 85.0%。

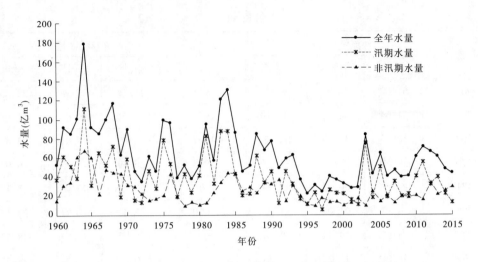

图 5-12 1960～2015 年渭河下游华县站历年水量变化过程线

1960～2015 年华县站历年输沙量统计表见表 5-9,历年沙量变化见图 5-13。可以看出:1960～2015 年多年平均沙量 2.795 亿 t,其中汛期沙量 2.484 亿 t,非汛期沙量 0.311 亿 t,分别占年的 88.9%、11.1%;年输沙量集中于汛期更为突出,总体上呈减小趋势更为明显。该时期沙量变化大致可分为 4 个阶段:一是 1960～1978 年丰沙期,平均输沙量 4.270 亿 t,占多年平均 2.795 亿 t 的 152.8%;二是 1979～1996 年平沙期,平均输沙量 2.861 亿 t,占多年年均的 102.4%;三是 1997～2003 年枯沙期,平均输沙量 2.002 亿 t,占多年平均的 71.6%;四是 2004～2015 年特枯沙期,平均输沙量 0.821 亿 t,占多年平均的 29.4%。

表 5-9 1960 年以来渭河华县站历年输沙量统计

年份	输沙量(亿 t)			年份	输沙量(亿 t)		
	汛期	非汛期	全年		汛期	非汛期	全年
1960	2.323	0.044	2.367	1988	5.281	0.284	5.565
1961	2.259	0.262	2.521	1989	1.614	0.231	1.846
1962	2.651	0.113	2.764	1990	2.721	0.214	2.935
1963	1.745	1.277	3.021	1991	0.648	1.516	2.164
1964	9.639	0.947	10.586	1992	4.502	0.349	4.851
1965	1.436	0.392	1.828	1993	1.360	0.149	1.508
1966	8.907	0.580	9.487	1994	3.569	0.240	3.808
1967	2.682	0.727	3.409	1995	2.371	0.040	2.411
1968	4.808	0.326	5.134	1996	4.032	0.090	4.122
1969	2.316	1.429	3.745	1997	1.609	0.098	1.707
1970	7.147	0.338	7.485	1998	1.137	0.735	1.872
1971	1.445	0.210	1.655	1999	2.179	0.087	2.266
1972	0.384	0.142	0.526	2000	0.943	0.536	1.479
1973	7.690	0.642	8.332	2001	1.269	0.026	1.295
1974	1.500	0.119	1.619	2002	1.670	0.742	2.412
1975	3.667	0.070	3.737	2003	2.951	0.033	2.984

年份	输沙量（亿 t）			年份	输沙量（亿 t）		
	汛期	非汛期	全年		汛期	非汛期	全年
1976	2.659	0.169	2.829	2004	1.083	0.027	1.110
1977	5.474	0.201	5.675	2005	1.454	0.075	1.529
1978	4.260	0.159	4.419	2006	0.869	0.027	0.896
1979	2.101	0.020	2.121	2007	0.909	0.009	0.918
1980	2.847	0.126	2.973	2008	0.564	0.017	0.581
1981	3.324	0.294	3.618	2009	0.576	0.027	0.603
1982	1.367	0.140	1.507	2010	1.440	0.027	1.468
1983	2.098	0.404	2.502	2011	0.419	0.020	0.439
1984	3.594	0.617	4.211	2012	0.382	0.056	0.438
1985	2.227	0.329	2.556	2013	1.337	0.098	1.435
1986	0.602	1.020	1.622	2014	0.192	0.030	0.222
1987	0.727	0.456	1.184	2015	0.167	0.050	0.218
1960~1978	3.842	0.429	4.270	1979~1996	2.499	0.362	2.861
1997~2003	1.680	0.323	2.002	2004~2015	0.783	0.039	0.821
1960~2003	2.948	0.385	3.333	1960~2015	2.484	0.310	2.795

注:本表中全年指水文年(运用年)。

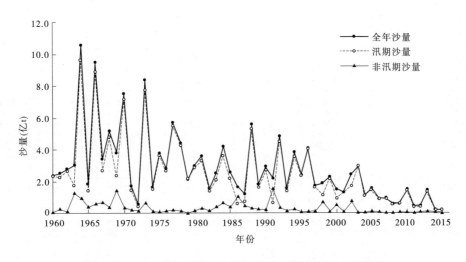

图 5-13　1960~2015 年渭河下游华县站历年沙量变化过程线

分析表明,渭河下游水、沙量变化在总体大致相同的情况下,还存在一定的差异:一是水量、沙量均集中于汛期,但沙量更为集中;二是水量、沙量总体呈减小趋势,但沙量的减少更为持续与连续——由丰趋平、由平至枯、由枯减为特枯的明显特征;三是变化过程有一定差异,如近期(2004~2015 年)呈现"水量平水偏枯、沙量为特枯"的明显差异。

1960～2015年华县站历年含沙量统计见表5-10,历年含沙量变化过程线见图5-14。该时期多年平均含沙量46.4 kg/m³,其中汛期含沙量73.2 kg/m³,非汛期含沙量12.5 kg/m³。

表5-10　1960年以来渭河华县站历年含沙量统计

年份	含沙量(kg/m³)			年份	含沙量(kg/m³)		
	汛期	非汛期	全年		汛期	非汛期	全年
1960	62.1	3.02	45.5	1988	85.3	12.66	66.0
1961	37.2	8.56	27.6	1989	47.8	6.82	27.3
1962	51.9	3.38	32.7	1990	60.3	6.68	38.1
1963	44.8	20.9	30.2	1991	52.5	41.05	43.9
1964	86.9	14.0	59.2	1992	98.6	25.00	81.4
1965	46.2	6.50	20.0	1993	42.6	4.90	24.2
1966	137	28.1	111	1994	212	12.1	104
1967	52.0	15.1	34.2	1995	208	3.65	108
1968	67.1	7.31	44.2	1996	176	10.3	130
1969	122	32.7	59.7	1997	265	5.55	72.1
1970	122	10.8	83.3	1998	42.6	55.2	46.8
1971	94.5	7.06	36.8	1999	93.8	6.24	60.9
1972	28.8	6.75	15.3	2000	42.0	52.5	45.3
1973	167	43.0	137	2001	80.5	2.10	45.7
1974	53.4	6.90	35.7	2002	154	42.1	84.6
1975	46.9	3.36	37.8	2003	39.4	3.65	35.5
1976	49.9	3.94	29.4	2004	59.1	1.08	25.8
1977	285	10.5	148	2005	28.9	5.37	23.8
1978	98.9	18.2	85.3	2006	45.6	1.30	22.4
1979	87.4	1.49	56.5	2007	26.4	0.745	19.5
1980	69.2	13.0	58.5	2008	28.9	0.853	14.7
1981	40.3	24.4	38.3	2009	26.1	1.51	15.1
1982	41.8	5.99	26.9	2010	35.8	1.34	24.1
1983	24.1	11.9	20.6	2011	7.58	1.26	6.18
1984	41.1	14.2	32.1	2012	11.9	1.65	6.64
1985	51.8	7.68	29.8	2013	34.0	4.54	23.6
1986	29.5	41.0	35.8	2014	8.65	1.18	4.64
1987	32.9	15.9	23.3	2015	12.4	1.69	5.03
1960～1978	87.0	13.2	56.4	1979～1993	53.7	15.5	40.2
1994～2002	141	21.1	77.5	2003～2015	28.0	2.01	17.5
1960～2002	86.8	15.6	55.2	1960～2015	73.2	12.5	46.4

注:本表中全年指水文年(运用年)。

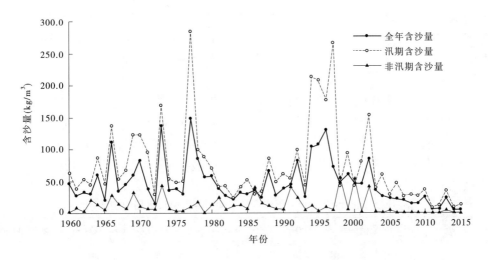

图 5-14　1960~2015 年渭河下游华县站年含沙量变化过程线

由变化过程图可以看出:1960~1978 年含沙量增大期、1979~1993 年低含沙量期、1994~2002 年高含沙期与 2003~2015 年的含沙量减小期共 4 个明显的不同变化过程。1960~1978 年含沙量增大期,年均含沙量 56.4 kg/m³,汛期平均含沙量 87.0 kg/m³,非汛期平均含沙量 13.2 kg/m³;1979~1993 年低含沙量期,年均含沙量 40.2 kg/m³,汛期平均含沙量 53.7 kg/m³,非汛期平均含沙量 15.5 kg/m³;1994~2002 年高含沙期,年均含沙量 77.5 kg/m³,汛期平均含沙量 141 kg/m³,非汛期平均含沙量 21.1 kg/m³;2003~2015 年的含沙量减小期,年均含沙量 17.5 kg/m³,汛期平均含沙量 28.0 kg/m³,非汛期平均含沙量 2.01 kg/m³。

从含沙量变化过程看,近期(2003~2015 年)含沙量减少非常明显:近期年均含沙量 17.5 kg/m³ 占多年年平均 46.4 kg/m³ 的 37.7%,近期汛期平均含沙量 28.0 kg/m³ 占多年年平均 73.2 kg/m³ 的 38.3%,近期非汛期平均含沙量 2.01 kg/m³ 占多年年平均 12.5 kg/m³ 的 16.1%。进一步说明近期输沙量较径流量减小的量更大,才表现为含沙量大幅度减少。

5.4.1.2　场次洪水变化分析

1960~2015 年华县站洪峰流量 $Q \geq 1\,000$ m³/s 洪水的出现次数变化见图 5-15。可以看

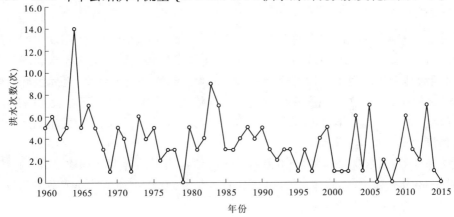

图 5-15　1960~2015 年华县站洪峰流量 1 000 m³/s 以上洪水出现次数变化

出,洪峰流量 $Q \geqslant 1\,000\ \mathrm{m^3/s}$ 洪水场次 1964 年最多为 14 场,次多为 1983 年 9 次洪水,1984 年、2005 年、2013 年出现了 7 次洪水;1970 ~ 1989 年年均 4 次洪水,1990 ~ 2015 年年均 2.7 次洪水,且 1979 年、2006 年、2008 年、2015 年均未发生场次洪水洪峰流量大于 1\,000\ \mathrm{m^3/s} 的洪水。

1960 ~ 2015 年各年不同量级洪水场次统计见表 5-11。从洪峰流量 $Q \geqslant 1\,000\ \mathrm{m^3/s}$ 洪水场次变化看,20 世纪 60 年代频次最高年均 5.5 次,80 年代频次次之为年均 4.7 次,21 世纪初 10 年频次最低为 2.1 次为最低,21 世纪 10 年有所增长为 3.2 次;洪峰流量 $Q \geqslant 2\,000\ \mathrm{m^3/s}$ 洪水场次变化看,一般与洪峰流量 $Q \geqslant 1\,000\ \mathrm{m^3/s}$ 洪水场次变化一致,只是最低频次发生在 20 世纪 90 年代。

表 5-11　1960 ~ 2001 年华县站不同时期各级洪水场次统计

时期	洪峰量级	$\geqslant 1\,000\ \mathrm{m^3/s}$	$\geqslant 2\,000\ \mathrm{m^3/s}$	$\geqslant 3\,000\ \mathrm{m^3/s}$	$\geqslant 4\,000\ \mathrm{m^3/s}$	$\geqslant 5\,000\ \mathrm{m^3/s}$
1960 ~ 2015	洪水场次	205	84	40	17	7
	年均场次	3.66	1.50	0.71	0.30	0.13
1960 ~ 1969	总数	55	28	13	7	3
	年均场次	5.5	2.8	1.3	0.7	0.3
1970 ~ 1979	总数	33	14	9	5	1
	年均场次	3.3	1.4	0.9	0.5	0.1
1980 ~ 1989	总数	47	23	10	3	2
	年均场次	4.7	2.3	1.0	0.3	0.2
1990 ~ 1999	总数	30	5	4	0	0
	年均场次	3.0	0.5	0.4	0	0
2000 ~ 2009	总数	21	8	3	1	0
	年均场次	2.1	0.8	0.3	0.1	0
2010 ~ 2015	总数	19	6	1	1	1
	年均场次	3.2	1.0	0.2	0.2	0.2

洪峰流量 $Q \geqslant 3\,000\ \mathrm{m^3/s}$ 平槽洪水场次整体呈持续减小的变化过程,20 世纪 60、70 年代与 80 年代洪峰流量 $Q \geqslant 3\,000\ \mathrm{m^3/s}$ 较大洪水年均发生频次分别为 1.3 次、0.9 次与 1.0 次,该时期大体上年均发生一次洪峰流量 $Q \geqslant 3\,000\ \mathrm{m^3/s}$ 的较大洪水;之后洪峰流量 $Q \geqslant 3\,000\ \mathrm{m^3/s}$ 较大洪水频次大幅度减小,20 世纪 90 年代年均 0.4 次(两年半发生一次),21 世纪初 10 年年均 0.3 次(3 年发生不足 1 次)与 10 年以来年均 0.2 次(5 年发生不足一次),发生该量级洪水场次减少非常明显。

洪峰流量 $Q \geqslant 4\,000\ \mathrm{m^3/s}$、$Q \geqslant 5\,000\ \mathrm{m^3/s}$ 较大洪水年均发生频次同样呈减少趋势,特别是 20 世纪 90 年代以来,洪峰流量 $Q \geqslant 4\,000\ \mathrm{m^3/s}$、$Q \geqslant 5\,000\ \mathrm{m^3/s}$ 较大洪水分别为发生场次为 2 次、1 次,发生场次非常有限。

1960 ~ 2015 年华县站洪峰流量 $Q \geqslant 1\,000\ \mathrm{m^3/s}$ 以上洪水过程洪水水沙量变化见图 5-16,洪量与输沙量统计见表 5-12。可以看出:一是 1964 年、1981 年大水大沙,1966 年、

1970 年、1973 年、1977 年、1988 年平水大沙与 1975 年、1983 年、1984 年、2003 年等大水平沙年外,其他各年份洪量与洪水输沙量一般尚属协调;二是 1985～2002 年期间,渭河华县站洪峰流量 1 000 m³/s 以上各场次洪水过程洪水总量与输沙总量趋势是波动性减小的,2003 年以来输沙量仍持续这种波动性减小,洪水洪量略有增加,水沙条件更有利于河道冲刷。

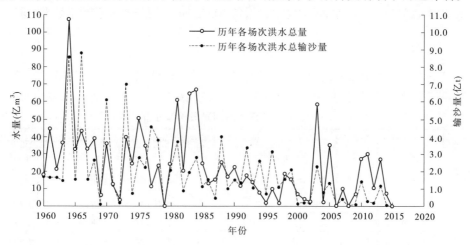

图 5-16　华县站历年洪峰流量 $Q \geqslant 1\ 000\ \mathrm{m}^3/\mathrm{s}$ 各场次洪水总量与输沙总量变化过程

表 5-12　不同时期华县站洪峰流量 $Q \geqslant 1\ 000\ \mathrm{m}^3/\mathrm{s}$ 各场洪水洪量与输沙量统计

时期	洪水过程洪量		洪水过程输沙量		洪水过程平均含沙量(kg/m³)
	总量(亿 m³)	年均(亿 m³)	总量(亿 t)	年均(亿 t)	
1960～1969	380.4	38.04	29.5	2.95	77.6
1970～1979	235.0	23.50	28.5	2.85	121
1980～1989	331.8	33.18	19.3	1.93	58.2
1990～1999	119.8	11.98	18.3	1.83	153
2000～2009	126.2	12.62	5.4	0.54	42.5
2010～2015	101.4	16.90	3.1	0.52	30.7
1960～1989	947.2	31.57	77.3	2.58	81.6
1990～2015	347.5	13.36	26.8	1.03	77.1
1960～2015	1 294.6	23.12	104.1	1.86	80.4

由表 5-12 可以看出,1960～2015 年洪峰流量 $Q \geqslant 1\ 000\ \mathrm{m}^3/\mathrm{s}$ 以上洪水场次多年平均洪量、输沙量与含沙量分别为 23.12 亿 m³、1.86 亿 t 与 80.4 kg/m³;1960～1989 年洪峰流量 $Q \geqslant 1\ 000\ \mathrm{m}^3/\mathrm{s}$ 以上洪水场次年平均洪量、输沙量与含沙量分别为 31.57 亿 m³、2.58 亿 t 与 81.6 kg/m³,与多年均值相比属丰洪丰沙时期,洪水过程含沙量略高于多年均值;1990～2015 年 $Q \geqslant 1\ 000\ \mathrm{m}^3/\mathrm{s}$ 以上洪水场次年平均洪量、输沙量与含沙量分别为 13.36 亿 m³、1.03 亿 t 与 77.1 kg/m³,与多年均值相比属枯洪枯沙时期,洪水过程含沙量略小于多年均值。

不同时期华县站洪峰流量 $Q \geqslant 1\ 000\ \mathrm{m}^3/\mathrm{s}$ 以上洪水过程洪水水沙量变化有较大差异:一是各时期年均洪量总体呈减小趋势,特别是 20 世纪 90 年代以来减小明显,洪水输沙量年均持续减小规律更为明显;二是年均洪量、输沙量不同时期差异较大,洪量最大时期均为20世纪60年代,是20世纪90年代与21世纪初的年均洪量3倍多,洪水过程输沙量是21世纪以来的接近4倍,差异巨大;三是20世纪70、90年代总体水沙相对更不协调,含沙量分别为121 kg/m³、153 kg/m³,占多年均值80.4 kg/m³的150.5%、190.3%;四是2010~2015年洪量较1990~2009年有所增加,沙量进一步减少,洪水含沙量为各不同时期最小的时期,有利于洪水冲刷。

5.4.2　冲淤变化分析

　　渭河下游各河段冲淤情况列于表5-13,渭河下游累计淤积量变化过程见图5-17,可以看出:渭河下游淤积主要发生在1973年10月以前,淤积泥沙10.074 6亿 m³;1973汛后至1991

表5-13　渭河下游河段淤积体分布

时期	时段起(年-月)	时段止(年-月)	项目	渭拦—渭淤1	渭淤1—渭淤10	渭淤10—渭淤26	渭淤26—渭淤28	渭淤28—渭淤37	渭拦—渭淤37	冲淤特征	渭淤1—渭淤2	渭淤2—渭淤3	渭淤1—渭淤3
蓄清排浑运用前 枢纽改建前	1960-04	1966-05	冲淤体积	0.190 8	1.498 7	0.282 7	-0.062 4	-0.002 9	1.906 9	中下淤、上部冲	0.307 1	0.300 7	0.607 8
			冲淤(%)	10.01	78.59	14.83	-3.27	-0.15	100.00		50.53	49.47	100.00
第一期改建期	1966-05	1969-10	冲淤体积	0.214 3	4.968 3	1.647 6	0.019 1	0.017 2	6.866 6	全河段淤积	0.321 6	0.505 9	0.827 5
			冲淤(%)	3.10	72.30	24.00	0.30	0.30	100.00		38.86	61.14	100.00
第二期改建期	1969-10	1973-10	冲淤体积	-0.008 8	0.163 7	1.138 1	0.041 2	-0.033 1	1.301 1	上下冲、中间淤	-0.024 7	0.014 9	-0.009 8
			冲淤(%)	-0.70	12.60	87.50	3.20	-2.60	100.00		252.04	-152.04	100.00
	1960-04	1973-10	冲淤体积	0.396 3	6.630 7	3.068 5	-0.002 1	-0.018 8	10.074 6	中下部淤、上部冲	0.604 0	0.821 5	1.425 5
			冲淤(%)	3.93	65.82	30.46	-0.02	-0.19	100.00		42.37	57.63	100.00
蓄清排浑运用期 型试验之前 潼关高程下降期	1973-10	1981-10	冲淤体积	0.059 1	0.044 9	-0.217 3	0.110 3	0.071 1	0.068 1	上下淤、中间冲	0.079 6	0.028 1	0.107 7
			冲淤(%)	86.78	65.93	-319.09	161.97	104.41	100.00		73.91	26.09	100.00
潼关高程上升期	1981-10	1991-09	冲淤体积	0.056 7	0.262 4	0.016 3	-0.033 7	-0.005 3	0.296 4	中下淤、上部冲	0.057 5	0.078 9	0.136 4
			冲淤(%)	19.13	88.60	5.50	-11.37	-1.79	100.00		42.16	57.84	100.00
	1991-09	2002-10	冲淤体积	0.088 2	1.643 1	0.897 9	0.051 7	0.098 2	2.779 1	全河段淤积	0.268 3	0.335 0	0.603 3
			冲淤(%)	3.17	59.12	32.31	1.86	3.53	100.00		44.47	55.53	100.00
	1973-10	2002-10	冲淤体积	0.204 0	1.950 4	0.696 9	0.128 3	0.164 0	3.143 6	全段淤积	0.405 4	0.442 0	0.847 6
			冲淤(%)	6.49	62.04	22.17	4.08	5.22	100.00		47.84	52.16	100.00
型试验以来 未超指标	2002-10	2012-10	冲淤体积	-0.074 9	-1.076 4	-0.024 0	-0.180 0	-0.894 6	-2.249 9	全段冲刷	-0.101 4	-0.149 2	-0.250 6
			冲淤(%)	3.33	47.84	1.07	8.00	39.76	100.00		40.46	59.54	100.00
超标运用	2012-10	2015-10	冲淤体积	0.005 8	0.518 2	-0.315 6	-0.393 0	-0.296 1	-0.480 7	下部淤、中上冲	-0.031 5	0.003 3	-0.028 2
			冲淤(%)	-1.21	-107.80	65.65	81.76	61.60	100.00		111.70	-11.70	100.00
	2002-10	2015-10	冲淤体积	-0.069 1	-0.558 2	-0.339 6	-0.573 0	-1.190 7	-2.730 6	全段冲刷	-0.132 9	-0.145 9	-0.278 8
			冲淤(%)	2.53	20.44	12.44	20.98	43.61	100.00		47.67	52.33	100.00
	1973-10	2015-10	冲淤体积	0.134 9	1.392 2	0.357 3	-0.444 7	-1.026 7	0.413 0	中下淤、上部冲	0.272 5	0.296 1	0.568 6
			冲淤(%)	32.66	337.09	86.51	-107.68	-248.60	100.00		47.92	52.08	100.00
建库以来不同时期	1960-04	2002-10	冲淤体积	0.600 3	8.581 1	3.765 4	0.126 2	0.145 2	13.218 2	全段淤积	1.009 4	1.263 5	2.272 9
			冲淤(%)	4.54	64.92	28.49	0.95	1.10	100.00		44.41	55.59	100.00
	1960-04	2015-10	冲淤体积	0.531 2	8.022 9	3.425 8	-0.446 8	-1.045 5	10.487 6	中下淤、上部冲	0.876 5	1.117 6	1.994 1
			冲淤(%)	5.07	76.50	32.67	-4.26	-9.97	100.00		43.95	56.05	100.00

年汛后,累积淤积量有增有减,总体略有增加,1991 年汛后为 10.439 1 亿 m³;之后至 2002年汛后,总体呈淤积趋势,至 2002 年汛后累积淤积 13.218 2 亿 m³,达历史最高值;至 2009年汛后期间,渭河下游累计淤积体呈缓慢减小趋势,2009 年汛后累计淤积量为 12.742 8 亿 m³;之后累计淤积量大幅度下降,特别是 2010 年汛后下降至 11.751 0 亿 m³,2010 年年度冲刷 0.991 8 亿 m³,之后至 2015 年汛后仍持续冲刷中,2015 年汛后累计淤积量为 10.487 6 亿 m³,相较 2009 年汛后共冲刷 2.255 2 亿 m³;2016 年渭河下游又由冲转淤,2016 年度渭河下游淤积泥沙 0.209 2 亿 m³。

由于渭淤 1—渭淤 3 河段位于渭河下游下段河口段,其淤积过程总体与渭河下游一致,但仍具有自己的特点:

(1)主要淤积发生在 1967 年汛后之前迅速淤积期,共淤积 1.415 8 亿 m³,占历年最大淤积量 2.272 9 亿 m³(2002 年汛后)的 62.3%,较整个渭河下游(1973 年)提前 6 年。

(2)蓄清排浑运用之前的三门峡二期改建期渭淤 1—3 仓西河段出现一个冲刷期,与渭河下游整体冲淤有明显差异。

(3)渭淤 1—渭淤 3 仓西河段除建库初期外,累计淤积体增减过程主要表现为几个阶梯状变化,上升台阶主要是 1977 年度、1992 年度,1977 年度、1992 年度分别淤积泥沙 0.231 5 亿 m³、0.434 6 亿 m³;下降台阶为 2003 年度、2011 年度,分别冲刷泥沙 0.170 9 亿 m³、0.127 5 亿 m³,除上述明显台阶年度外,其他年度增减变化幅度很小。

(4)2003 年度、2011 年度冲刷泥沙 0.298 4 亿 m³,占 2002 年原型试验以来总冲刷量 0.278 8 亿 m³的 107.03%,2002 年原型试验以来仓西河段的冲刷主要是这两年造成的,这与渭河下游有明显不同。

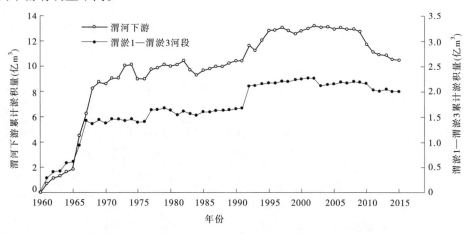

图 5-17　渭河下游与苍西河段(渭淤 1—渭淤 3)历年累计淤积量变化

渭河下游渭淤 1—渭淤 3 各河段河段淤积体分布情况列于表 5-14。从表中可以看出,渭淤 1—渭淤 3 仓西河段 2002 汛后由淤转冲,出险前 2002 年 9～10 月仓西河段整体冲刷 0.080 9 亿 m³,具体为 2003 年冲刷 0.170 9 亿 m³,2004～2009 年淤积 0.090 0 亿 m³,呈现"一年冲多年淤"的冲淤过程;2010 年汛期出险以来的 2009 年 10 月～2015 年 10 月仓西河段共冲刷 0.197 9 亿 m³,其中 2009～2012 年 4 年连续冲刷,分别冲刷 0.007 0 亿 m³、0.035 8 亿 m³、0.127 5 亿 m³、0.006 4 亿 m³,共冲刷 0.176 7 亿 m³;2013 年由冲转淤淤积 0.023 4 亿

m^3,2014 年冲刷 0.052 7 亿 m^3,2015 年又微淤 0.001 1 亿 m^3。

表 5-14　渭河下游渭淤 1—3 各河段淤积量分布

时期			项目	淤积量		
运用方式		时段(年-月)		渭淤 1—渭淤 2	渭淤 2—渭淤 3	渭淤 1—渭淤 3
蓄清排浑运用前		1960-04 ~ 1973-10	冲淤体积	0.604 0	0.821 5	1.425 5
			冲淤(%)	42.37	57.63	100.00
蓄清排浑运用期	原型试验之前	1973-10 ~ 2002-10	冲淤体积	0.405 4	0.442 0	0.847 4
			冲淤(%)	47.84	52.16	100.00
	原型试验以来	出险前	2002-09 ~ 2003-11	冲淤体积	-0.089 1	-0.081 8	-0.170 9
			冲淤(%)	52.14	47.86	100.00
			2003-11 ~ 2009-10	冲淤体积	0.028 6	0.061 4	0.090 0
			冲淤(%)	31.78	68.22	100.00
			2002-09 ~ 2009-10	冲淤体积	-0.060 5	-0.020 4	-0.080 9
			冲淤(%)	74.78	25.22	100.00
		出险后	2009-10 ~ 2010-10	冲淤体积	-0.022 7	-0.013 1	-0.035 8
			冲淤(%)	63.41	36.59	100.00
			2010-10 ~ 2011-10	冲淤体积	-0.031 4	-0.096 1	-0.127 5
			冲淤(%)	24.63	75.37	100.00
			2011-10 ~ 2012-10	冲淤体积	0.013 2	-0.019 6	-0.006 4
			冲淤(%)	-206.25	306.25	100.00
			2012-10 ~ 2013-10	冲淤体积	0.002 6	0.020 8	0.023 4
			冲淤(%)	11.11	88.89	100.00
			2013-10 ~ 2014-10	冲淤体积	-0.034 5	-0.018 2	-0.052 7
			冲淤(%)	65.46	34.54	100.00
			2014-10 ~ 2015-10	冲淤体积	0.000 4	0.000 7	0.001 1
			冲淤(%)	36.36	63.64	100.00
			2009-10 ~ 2015-10	冲淤体积	-0.072 4	-0.125 5	-0.197 9
			冲淤(%)	36.58	63.42	100.00
		2002-09 ~ 2015-10	冲淤体积	-0.132 9	-0.145 9	-0.278 8
			冲淤(%)	47.67	52.33	100.00
建库以来不同时期		1960-04 ~ 2002-10	冲淤体积	1.009 4	1.263 5	2.272 9
			冲淤(%)	44.41	55.59	100.00
		1960-04 ~ 2009-10	冲淤体积	0.948 9	1.243 1	2.192 0
			冲淤(%)	43.29	56.71	100.00
		1960-04 ~ 2015-10	冲淤体积	0.876 5	1.117 6	1.994 1
			冲淤(%)	43.95	56.05	100.00

综上所述,2002 年汛后至 2012 年汛后仓西河段总体冲刷,共冲刷 0.250 6 亿 m³,其中 2003 年度、2010 年度冲刷 0.298 4 亿 m³,幅度较大,占该时期 119.7%;2004 ~ 2008 年是补偿性连续微弱回淤,2009 ~ 2012 年度持续性微弱冲刷;由于渭河"冲槽淤滩"特点,仓西河段主槽平均冲刷下降 1.03 m。2013 年仓西河段"由冲转淤"引起该河段的变化调整,2014 年又有较大幅度的冲刷,2015 年该河段微淤,说明 2013 年以来仓西河段年度冲淤变化已由"连续冲刷"变为"冲淤相间"。

以渭淤 2 断面典型年断面变化分析断面冲淤,仓西河段渭淤 2 典型年断面变化见图 5-18。可以看出,1960 年以来渭淤 2 断面滩面、主槽最深点均大致抬升 4.0 m 左右,主槽变窄、深度变化不大,形成相对窄深的河槽,整个断面淤积抬升十分明显,淤积量巨大。

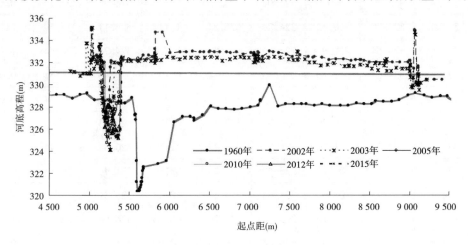

图 5-18　仓西河段渭淤 2 典型年断面变化

2002 年以来仓西河段各断面河底最深点变化过程见图 5-19,具体变化值统计见表 5-15。

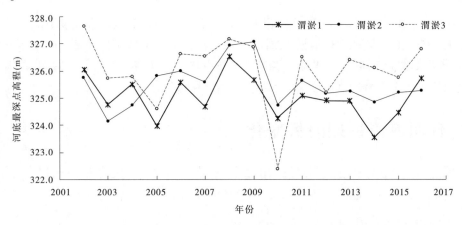

图 5-19　仓西河段各断面汛后最深点变化过程

可以看出:仓西河段渭淤 1、渭淤 2、渭淤 3 各断面最深点近期变化趋势大致相同,但有个明显特征是多数年份会出现明显的拦门沙,形成河底倒比降;如 2002 ~ 2004 年渭淤 1 相对渭淤 2 形成倒比降的拦门沙坎, 2005 年渭淤 2 相对渭淤 3 形成倒比降的拦门沙坎,2010

年渭淤1、渭淤2相对渭淤3形成倒比降的拦门沙坎,渭淤1、渭淤2河底最深点较渭淤3河底最深点分别高1.8 m、2.3 m,倒比降非常明显。

表5-15 近期(2002年09月~2015年10月)仓西河段各断面河底最深点高程统计

年份	渭淤1			渭淤2			渭淤3		
	汛前 (m)	汛后 (m)	汛期升降 (m)	汛前 (m)	汛后 (m)	汛期升降 (m)	汛前 (m)	汛后 (m)	汛期升降 (m)
2002		326.04			325.74			327.64	
2003	326.60	324.74	-1.86	325.82	324.14	-1.68	327.73	325.74	-1.99
2004	325.43	325.50	0.07	325.02	324.75	-0.27	325.26	325.79	0.53
2005	324.40	323.98	-0.42	324.70	325.81	1.11	326.11	324.59	-1.52
2006	324.44	325.64	1.20	325.54	326.04	0.50	324.74	326.64	1.90
2007	325.87	324.64	-1.23	326.15	326.34	0.19	326.46	326.54	0.08
2008	325.01	326.54	1.53	325.65	326.94	1.29	326.57	327.24	0.67
2009	325.94	325.64	-0.30	326.37	327.14	0.77	326.33	326.94	0.61
2010	326.03	324.24	-1.79	326.92	324.74	-2.18	326.58	322.44	-4.14
2011	324.63	325.14	0.51	325.49	325.64	0.15	321.94	326.54	4.60
2012	324.57	324.93	0.36	325.66	325.18	-0.48	325.31	325.20	-0.11
2013	325.00	324.90	-0.10	325.32	325.26	-0.06	324.96	326.43	1.47
2014	324.85	323.54	-1.31	325.84	324.85	-0.99	325.67	326.12	0.45
2015	323.47	324.49	1.02	324.57	325.20	0.63	326.02	325.77	-0.25
2016	324.94	325.73	0.79	325.24	325.26	0.02	326.04	326.82	0.78

分析表明,近期2003年与2010年汛期仓西各断面河底最深点均大幅度下降,河槽冲刷幅度很大;2003年汛期渭淤1、渭淤2、渭淤3断面河槽分别冲刷下降1.86 m、1.68 m、1.99 m;2010年汛期渭淤1、渭淤2、渭淤3各断面河槽分别冲刷下降1.79 m、2.18 m、4.14 m,仓西河段呈从上游至下游冲刷幅度"由大减小"的沿程冲刷变化。

5.5 仓西河段近期河势变化

依据前面章节仓西控导工程建设缘由和目的,工程运行及历次续建情况,以及近年来工程多次出险情况等所引起的河势变化,探寻仓西河段河势产生变化的原因。

5.5.1 河段河势变化分析

为了分析仓西工程河段河势变化与特征,需主要分析仓西河段上下游河段和仓西工程河段河势的演变情况,采用渭河下游1971年、1987年、1995年、2003年、2005年、2011年和2015年的实测河道地形图套绘分析河口段、华阴段河势变化,各河段的河势变化情况具体如下。

5.5.1.1 河口段(渭拦—渭淤1)河势变化

河口段:1971~1987年渭河口上提3.13 km,幅度较大,除渭拦7~渭拦9河段以南摆外,其他河段以北摆为主,河道主槽有所拓宽。1987~1995年渭河口上提,95已提至渭拦2上游500 m处,弯道增多,弯道以下挫为主;渭拦7—渭拦9河段向左偏移,其他河段以向右偏移为主。1995~2000年除吴村河湾湾顶下挫400余m外,其他河段变化不大。

2000~2011年,2000年10月洪水渭河入黄口北偏大角度入黄,之后进一步北偏,入黄流路更为不利,2003年洪水过后渭河入黄流路呈略大于直角直接顶冲黄河,入黄流路十分不利;2003~2005年渭河入黄口向下向右(南)偏移,至2005年入黄流路有所改善,但仍与黄河略有顶冲。2005~2011年渭河入黄流路持续改善,至2011年渭河沿左(南)岸老坎(崖)过去流路下行入黄,入黄口下移约3.0 km,入黄流路有所恢复。2011年由于河口进行人工湿地景观建设,左(北)岸与黄河相交处修建控导工程,右岸修建护岸工程,河道顺直、河口下移;2011年之后该河段河势变化不大,河道主槽基本保持不变,河道形态变化不大,河道更为稳定。该河段2015年河道主槽基本恢复至靠右岸高坎老槽行进,整个河段变得比较顺直,入黄流路较为顺畅。

5.5.1.2 华阴(大荔)移民围堤河段(渭淤1—渭淤8)河势变化

移民围堤河段:1971~1987年仁义人工裁弯引起渭淤4—渭淤6河段河势变化很大,其他河段河湾上提下挫及河道摆动幅度都较大;弯道多以凸向反转变化为主,湾顶上提幅度大于下挫幅度,部分河湾消失,有的河湾进一步发展,整个河段趋于顺直。1987~1995年河道摆动较大,河湾以下挫为主,河湾减少,河道变得较为平顺,部分河段(渭淤5—渭淤6)主槽缩窄明显。1995~2000年河道基本稳定,湾顶上提下挫、河段摆动幅度都不大,河湾有所发展。

2000~2005年该河段河势变化较大,河道有所摆动,但是幅度不大,河湾以下挫为主,部分河段湾顶消失,河道明显顺直;仁西、仓西河段河道形态呈"几"字形,河道湾顶下挫,弯道减少,河道归顺。

2005~2011年该河段河势变化明显,弯道多以凸向反转变化为主,湾顶上提幅度大于下挫幅度,河湾明显减少,部分河湾消失和进一步发展,使得河段趋于顺直。

2011~2015年该河段河势整体变化不大,部分河势发生明显变化,河道摆动幅度明显,在仓西弯道(渭淤2附近)处,渭河主流着流点上提,渭河主流在仓西弯道及其上游蜿蜒坐湾,形成连续两个"Ω"湾;河道继续弯曲,弯道继续发育,河道增长。

由此可知,河口段、华阴(大荔)移民围堤河段河势整体河势变化明显,河道摆动幅度较大,弯道减少,河道归顺。

5.5.2 近期仓西河段河势变化分析

近年来,仓西河段河道在长期的中小水作用下,河湾在横向易向纵深发展,并形成较多的弯道,河段河势变化明显,有不利河势产生。其中,2000年在仓西弯道处,渭河主流着流点上提,渭河主流在仓西弯道及其上游蜿蜒坐湾,形成连续两个"Ω"湾。至2002年4月,两个"Ω"湾的湾顶分别距移民围堤不足300 m与100 m,傍依左岸的河段长1.5 km,湾顶处主河道的平面位置摆动相对较小,但局部上提下挫、岸坎冲刷和塌岸较为严重,上游着流点上提北移,产生了不利的河势。河势变化详见图5-20。

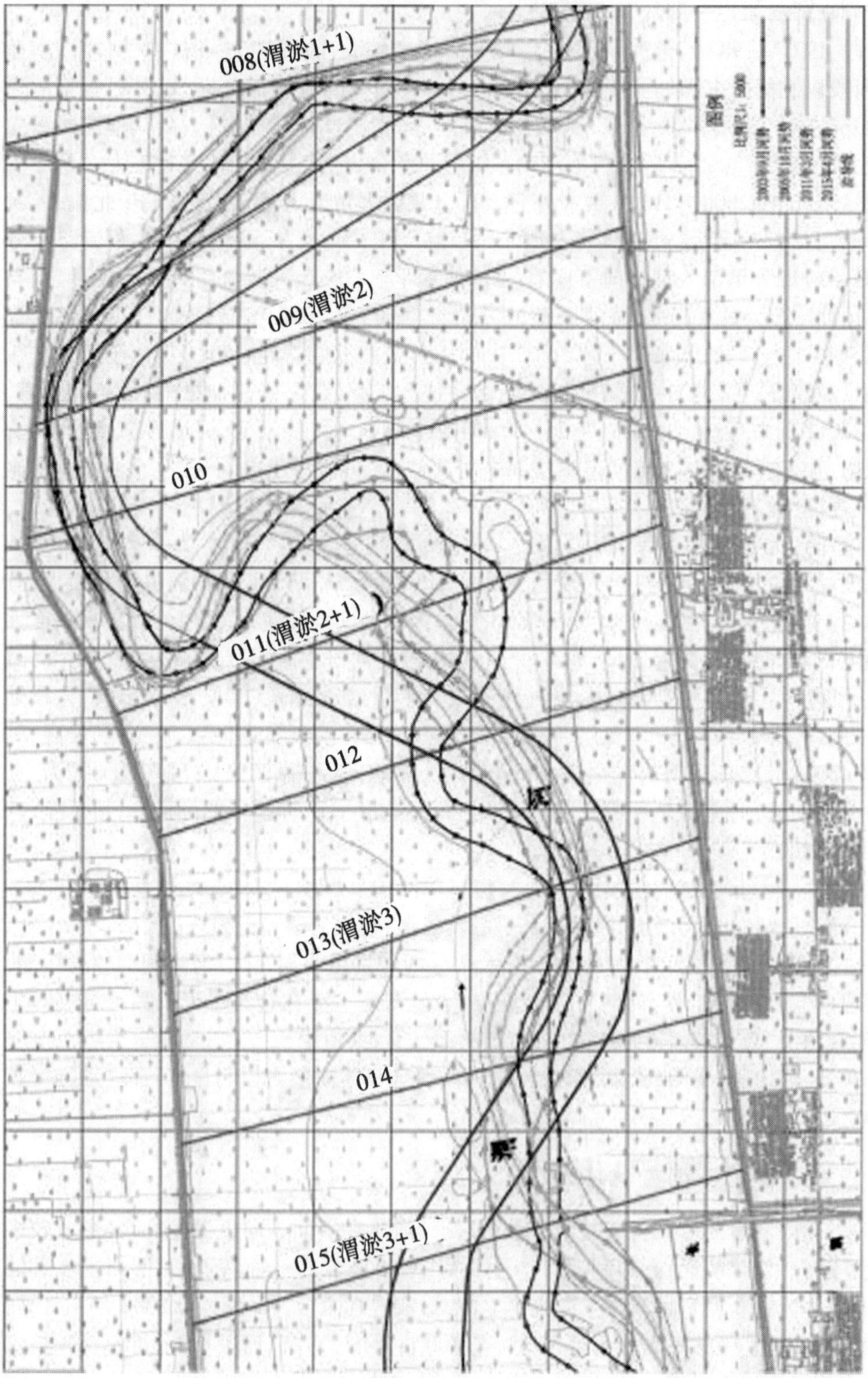

图 5-20　仓西河段河势变化

2003年汛后,仓西一期工程全部着流,着流点已有下挫之势。下游着流点下挫300多米,已建坝垛现已脱流,主流在该处南移140 m左右,但随着上游工程建设,该段河势会不断调整至治导线位置,主槽在10#~18#坝段可能会北移。仓西工程由于未达到规划工程规模,控导河段较短,不能有效控制仓西弯道的不利发展,致使河湾逐渐加深加大,河势仍然上提下挫,弯道逐渐加深加大;河势偏离了1997年规划制定的河道整治治导线。

由于仓西控导护岸工程控导能力不足,难以控制河湾发展,为进一步理顺中水流路,控导主流,稳定该段河势,防止不利河势发生,加强工程控导能力,保护大荔移民围堤安全,安排实施了渭河仓西控导护岸续建工程。2005年开始二期续建工程,3月20日开工,8月10日完工。施工时由于与设计时间相隔较长,该段河势较原设计河势发生了较大变化,因此发生设计变更,23#—25#坝段由水中坝变为旱滩坝;18#—19#坝段笼石台抬高0.78 m,23#坝笼石抬高1.5 m,25#—29#坝段笼石底部高程抬高1 m。三期工程于2006年1月3日开工,4月28日完工。施工时由于与设计时间相隔较长,河湾淘刷4#—7#坝头,坝前水深2~4 m,无法达到原设计断面,故对原设计4#—8#坝及坝裆抛石断面按照保持原笼石方量不变的原则进行了适当调整。这样可以有效遏制上游湾顶的冲刷发展,和已成工程共同对上、下游两湾顶做到重点防守,控导河势能力相对较强。

2006~2007年,渭河仓西河湾上首继续上提,有抄工程后路趋势,中断仍在不断摆动调整,曾逼近仓西工程上下段空裆段,直接威胁工程及堤防安全。2007年渭河几场洪水中,仓西河湾继续上提,原为旱滩坝的3#—5#坝现已着流,并在3#坝上端形成新的淘弯,长约200 m。主流有抄工程后路,威胁移民围堤安全。

2008年仓西河段上游湾顶淘刷滩岸后退幅度较大,河湾上首继续上提,中段仍在调整有北移逼近治导线趋势,下游湾已有修建工程对河势控制较为有效。目前已有工程坝垛明显控导能力不足,难以控制河湾发展,上、下两端工程整体控导河势作用明显降低。

2009年仓西工程上首主流顶冲1#—3#坝,弯道距堤防最近距离为127 m,直接威胁防护大堤的安全。但是已经完工的第四次续建工程,使已成工程上、下段连成一体,遇中常洪水时,可有效防护"Ω"湾顶塌岸,工程控导河势能力明显增强,同时有效遏制上游湾顶的冲刷发展。

2010年仓西工程上段河势变化不大,3#—9#坝着流,下段河势持续左移。受渭河"8·25"洪水持续淘刷及退水影响,工程中下段河势持续北靠,主湾顶下挫,主流顶冲4#—6#坝,下首河湾变化较为剧烈,河势不断下挫逼近堤防,局部河段岸坎坍塌,出现新的险段。受洪水淘刷影响,水毁坝垛3座(4#—6#坝),坝裆2段(4#—6#坝裆),长度252 m,出现坝裆墩蛰、后溃的重大险情。弯道距堤防最近距离为127 m,对应堤防桩号6+800处,较2010年汛前向北塌进38 m,塌岸长度约350 m。

2011年9月三次降雨过程在渭河下游形成了三次首尾相连的秋汛洪水过程。受这次秋汛洪水冲刷影响,仓西工程3#坝及2#—3#坝裆相继出险。仓西工程上段河湾下挫100 m,中段河势呈北靠趋势。

2012年仓西河段河势基本稳定,河道变化不大。受降雨影响,在渭河中下游形成了2场中常流量洪水,在洪水回落巡查中发现仓西工程6#—7#坝裆出现土体坍塌险情,长度12 m;在9月2日7#—8#坝裆出险。由于2段坝裆未进行石方砌护,若遇后续较大来水或抢险不及时,将有抄工程后路危及工程安全的危险;为保护大荔围堤工程安全,对该2段坝裆进行抢护。

2013 年仓西河段河道变化不大,河势基本稳定。受 2013 年 7 月下旬渭河流域强降雨影响,7 月 26 日洪水退水巡查中,发现仓西 8#—9# 坝坝裆中下段及 9# 坝上跨笼石台发生墩蛰较大险情,出险长度 52 m,但没有引起大的河势变化。

2014 年仓西工程上首河湾呈下挫之势,汛前着流的 5# 坝已脱流,下挫约 100 m,目前主流北靠顶冲 6#—7# 坝裆,原未着流的 12# 坝现已着流,工程中段河势北靠逐渐靠近脱流坝垛,下段 28#—34# 坝着流情况较好,河势平顺、稳定。

2015 年仓西河段河势基本稳定,河道变化不大;汛期仓西工程在小洪水条件下发生了坝坡坍塌、坝裆淘垮,根石、坡石走失险情,但是仓西工程河段河势变化不大,总体呈河道主槽刷深趋势。其上游河段渭淤 2 +1 断面处河道湾顶下挫明显,护岸工程脱流。但从“一湾变,湾湾变”的河床演变规律来看,仓西工程上游河段河道弯顶的变化将可能会引起下游仓西河段河势的演变。

5.5.3　河势与治导线对比分析

1997 年按照中水流量整治的原则,对渭河下游河道治理进行了统一规划。通过对 1974 ~ 1996 年来水来沙条件、河道冲淤、不同河段平滩流量变化分析,确定了各河段的整治流量、整治河宽和河湾参数;在分析历史河势演变的基础上,确定了各河段流路;遵循河道整治的原则,因势利导,充分利用已有河道工整治工程,拟定了渭河下游河道整治规划治导线。在其后渭河下游河道治理中,依据该治导线,布设了新工程点,续建和加固了已建工程。截至 2005 年,新修河道整治工程 13 处,续建和加固工程 18 处,对改善局部河段的畸形河湾、不利河势发挥了显著作用。在 2003 年洪水期间,渭河下游河道整治工程稳定了排洪输沙的主槽,保证了防洪大堤安全,在防洪中的作用十分明显。因此,1997 年河道整治规划治导线参数的确定、流路的选定基本是合理的,近十年发挥了重要作用。根据中下游河势控导治理与河势已经产生一定的控导作用,但随着时间的推移,水沙条件的变化,近几年来河势也出现了一些新变化、新情况;同时,人们对河道整治治导线、整治工程及其对河势控导作用认识的进一步深入,对 1997 年规划治导线进行进一步修订、优化调整显得十分必要。

2006 年 3 月,陕西省三管局设计院委托黄河水利科学研究院、水利部黄河泥沙重点实验室承担渭河下游河道整治治导线的优化调整论证,2007 年 2 月,黄河水利科学研究院、水利部黄河泥沙重点实验室完成提交《渭河下游河道整治治导线修订报告》(简称《治导线修订》),《治导线修订》中对包含仓西河段的方山河口—吊桥河段治导线拟定见图 5-21。

《治导线修订》方山河口—吊桥河段具体拟定的治导线为:方山河口下游设冯东弯道与上段溢度弯道相连,冯东弯道下游依次是陈村—华农—仁西弯道相连,该段与 97 治导线相同。

仁西弯道以下河段小弯道较多,横向摆动不大;依据多年河势,并考虑对主流的控导能力进行了弯道布设。仁西与仓西工程提出两个方案,方案一是仁西—五合—韦林—南栅—仓西弯道依次相连;方案二是仁西—北洛—东四—东阳—会龙—南栅—仓西弯道依次相连。分析可知:拟定的方案一、方案二在仓西工程河段弯道在河道湾顶处布设一致,该处与 1997 年河道整治治导线相同;迎送流路布设不同,方案一仓西弯道流路较方案二更为开阔,河道流路在工程的上首和下首处两方案有所差异。《治导线修订》认为其中拟定的治导线可以达到比较有效地控导主流,稳定河势的目的;可以作为渭河下游河道整治的依据。

随着仓西控导护岸工程与续建工程的陆续实施和完善,结合近几年仓西工程的出险情

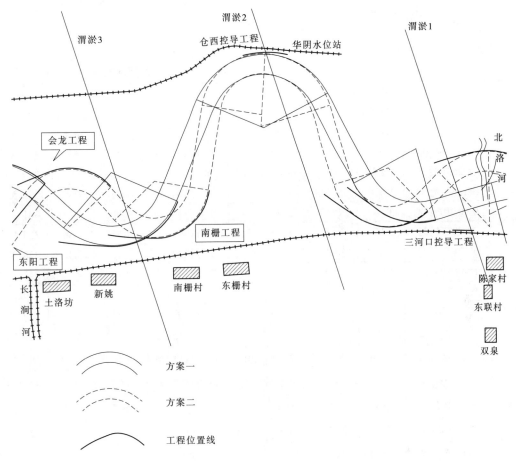

图 5-21　渭河下游仓西河段治导线方案

况、河段河势演变情况来看(见图 5-20),2003~2005 年、2005~2011 年除渭河 2 + 1 河段河湾有一定变化、更为顺直外,该河段河道河势基本稳定,河道主槽变化不大,河道形态保持不变,整体河势更为顺直,但湾顶顶冲段不断上移;2011~2015 年河道摆动不明显,整体仍在 2011 年主河槽行洪;工程上、下游部分河势发生明显变化,部分河段有新的河湾形成,部分河道工程受水流顶冲,护岸工程脱流;由于南栅工程控导工程未修建发挥作用,渭淤 2 + 1 河段与仓西工程上首入流段、仓西工程下首河段均已偏离治导线较多,控导效果受到一定影响。

5.6　仓西工程出险原因分析

5.6.1　地质勘探等方面的主要成果结论及其对仓西工程稳定的影响分析

根据渭河沙苑堤防工程地质勘察资料来看,从西边的拜家(K0 + 000)直至东边的渭洛河交汇处(K13 + 600),北上至终点(K19 + 100)沙苑段现状岸坎岩性主要为壤土,局部夹薄层砂层及砂壤土,地层均为全新统上部冲积层,工程地质性质相同,水文地质条件相同,从上下游工程地质条件对比来看,造成苍西段塌岸的原因与地质条件无关。

5.6.2 洪水对出险的影响分析

近期(2003～2015年)渭河下游华县站各场次洪水情况统计见表5-16。

表5-16 近期华县站 $Q \geq 2\,000\ m^3/s$ 或 $S \geq 200\ kg/m^3$ 洪水情况统计

年份	洪峰时间 (月-日T时:分)	最大洪峰流量 (m^3/s)	相应最大含沙量 (kg/m^3)	相应水位 (m)	年份	洪峰时间 (月-日T时:分)	最大洪峰流量 (m^3/s)	相应最大含沙量 (kg/m^3)	相应水位 (m)
2003	07-25T06:00	551	743	339.04	2009	08-27T17:42	613	417	337.83
	08-26T03:54	656	664	338.60		08-31T07:12	1 120	34.2	339.83
	08-29T16:48	1 470	598	341.32		09-16T04:30	1 010	19.3	339.55
	09-01T09:48	3 540	174	342.76	2010	07-26T19:30	1 980	458	341.15
	09-08T11:06	2 160	34.8	341.73		08-11T05:00	1 270	566	339.54
	09-21T16:00	3 020	39.5	342.03		08-13T22:18	1 130	248	338.30
	10-05T06:00	2 680	35.4	341.30		08-25T17:12	2 170	42.8	341.19
	10-13T05:00	2 020	23.5	339.73		09-08T10:24	1 100	37.4	339.21
2004	08-27T20:00	1 050	812	339.10		09-11T07:30	1 310	21.0	339.78
2005	07-04T14:12	2 060	180	340.67	2011	09-11T10:12	2 130	23.4	341.23
	07-21T12:54	1 150	551	338.72		09-17T11:30	2 180	12.9	341.35
	08-20T06:24	1 360	40.0	339.51		09-27T20:00	5 050	12.8	342.70
	09-22T07:30	1 490	72.3	338.61	2012	07-26T08:00	671	353	337.26
	10-01T02:00	2 540	37.7	340.84		08-20T09:18	1 130	39.7	338.26
	10-04T08:00	4 850	21.8	342.32		09-03T02:18	2 250	36.1	339.58
	10-07T20:00	1 720	17.0	339.70		05-30T19:48	1 050	6.1	338.20
2006	07-17T16:00	555	724	336.82		07-11T02:36	1 210	161	337.96
	08-17T01:14	615	486	337.09		07-17T04:06	1 180	491	337.57
2007	07-27T07:18	662	296	337.94	2013	07-20T05:54	1 280	71.1	337.72
	07-31T23:42	940	300	337.93		07-24T09:24	2 470	99.3	340.27
	08-11T7:30	1840	109	340.15		07-27T14:00	1 520	94.5	338.92
	09-01T18:48	1 130	89.9	338.05		08-09T14:00	1 020	26.1	337.57
2008	08-14T02:54	252	426	337.03	2014	08-22T20:00	312	385	336.01
	08-21T07:30	409	358	337.27		09-17T16:18	1 580	12.1	339.50
	09-02T23:36	475	288	337.83	2015	08-14T11:00	558	350	336.85
$Q \geq 1\,000\ m^3/s$ 的洪水场次			37 场		$Q \geq 2\,000\ m^3/s$ 的洪水场次				14 场
$Q \geq 3\,000\ m^3/s$ 的洪水场次			4 场		$S \geq 200\ kg/m^3$ 的洪水场次				20 场
$1\,000\ m^3/s \geq Q$ 且 $S \geq 200\ kg/m^3$洪水场次			13 场		$1\,000 < Q \geq 2\,000\ m^3/s$ 且 $S \geq 200\ kg/m^3$洪水场次				7 场

可以看出,2003～2015年华县站发生洪峰流量大于1 000 m^3/s或含沙量大于200 kg/

m^3 的洪水共 50 场。其中,洪峰流量大于 1 000 m^3/s、2 000 m^3/s、3 000 m^3/s、4 000 m^3/s、5 000 m^3/s 以上的洪水分别有 37 场、14 场、4 场、2 场、1 场。含沙量大于 200 kg/m^3 的高含沙洪水 20 场,其中洪峰流量小于 1 000 m^3/s,含沙量大于 200 kg/m^3 的高含沙小洪水 13 场,洪峰流量介于 1 000～2 000 m^3/s,含沙量大于 200 kg/m^3 的高含沙中小流量洪水 7 场,未发生洪峰流量大于 2 000 m^3/s,含沙量大于 200 kg/m^3 的较大流量高含沙洪水。

近期 2010 年前后两年时期场次洪水对比分析表明:一是 2010 年以后时期小流量洪水场次有所增加、中小洪水场次大致相同、较大洪水场次减少明显,2003～2009 年洪峰流量大于 1 000 m^3/s、2 000 m^3/s、3 000 m^3/s 的年均场次分别为 2.6 场、1.1 场、0.43 场,较 2010～2015 年的 3.2 场、1.0 场、0.17 场,少 0.6 场、多 0.1 场、多 0.26 场;二是高含沙洪水场次减少明显,2010～2015 年年均高含沙洪水场次为 1.2 场较 2003～2009 年年均高含沙洪水场次为 1.9 次,年均减少 1.7 场,十分明显。

2010～2015 年洪峰流量大于 1 000 m^3/s、2 000 m^3/s 洪水场次增加与高含沙洪水场次减少,为渭河下游仓西河段冲刷提供了充足的动力条件,各年该时期仓西河道冲刷泥沙 0.197 9 亿 m^3 分析亦充分证明了这一点。2010 年 7 月下旬至 9 月中旬,华县站连续发生洪峰流量大于 1 000 m^3/s 洪水 6 场,该时段华县站洪水过程平均流量 940 m^3/s,这一流量对渭河下游河段是冲刷是有利的。

上述分析表明:2010～2014 年汛期洪水为仓西河段冲淤、河势弯化与工程出险等方面的河道变化提供了动力(或能量)条件与保障;但从洪水条件分析,除"11·9"洪水外,其他洪峰流量介于 1 000～2 500 m^3/s,洪水流量小于仓西河段中水治导整治流量 3 000 m^3/s,一般不会引起整治控导工程的破坏失稳。因此,尽管 2010～2014 年洪水为仓西工程出险提供了动力与条件,但不是仓西工程出险的主要原因,整体上在仓西工程出险的影响因素中居于从属地位。

5.6.3 河段冲淤变化对仓西工程安全的影响

前述分析表明仓西河段河道累计淤积体在 2003 年洪水冲刷呈台阶形下降后,至 2008 年基本呈缓慢淤积过程;仓西河段在 2006～2009 年 4 年 8 场小流量高含沙洪水塑造下,总淤积量尽管不大,但这些淤积基本全淤积在主槽中;2010～2014 年较好的洪水条件,对前期淤在河道的泥沙大量冲刷,引起河势变化与岸坡坍塌。可见,在较好的洪水动力条件下,仓西河段出现了一定程度的冲刷。2010 年汛期渭淤 1、2、3 各断面河槽分别冲刷下降 1.79 m、2.18 m、4.14 m,仓西河段呈从上游至下游冲刷幅度"由大减小"的沿程冲刷变化,冲刷泥沙 0.032 7 亿 m^3。

渭淤 2 断面位于仓西控导(护岸)工程 22#—23# 坝坝档大致中间位置,因此本次采用渭淤 2 最深点与工程施工(设计)有关高程指标进行对比分析。仓西工程处渭淤 2 断面 2010 年汛期洪水冲刷回淤汛后实测最深点为 324.74 m,较 4#、5#、6# 坝设计变更冲刷底高程 325.0 m、326.0 m、326.0 m 分别低 0.26 m、1.26 m、1.26 m,较坝档设计变更冲刷坑底高程 328.5 m 低 3.76 m。

2011 年汛期仓西河段冲刷泥沙 0.141 0 亿 m^3,冲刷剧烈;渭淤 2 断面汛后最深点为 325.64 m,较出险的 3# 旱滩坝设计冲刷坑底高程 328.50 m 低 2.86 m。2012 年汛期仓西河段冲刷泥沙 0.007 1 亿 m^3,冲刷微弱;渭淤 2 断面汛后最深点为 325.18 m,较出险的 6#—8#

坝坝裆土体坍塌段工程施工(设计)冲刷坑底高程 328. 50 m 低 3. 32 m。2013 年汛期仓西河段淤积泥沙 0. 014 0 亿 m³,略有淤积;渭淤 2 断面汛后最深点为 325. 26 m,较墩蛰的 8#—9# 坝坝裆中下段及 9# 坝上跨笼石台段工程施工(设计)冲刷坑底高程 328. 50 m 低 3. 24 m。2014 年汛期仓西河段冲刷泥沙 0. 053 5 亿 m³,冲刷明显;渭淤 1、渭淤 2、渭淤 3 各断面河槽分别冲刷下降 1. 31 m、0. 99 m、- 0. 45 m,呈从上游至下游冲刷幅度"由小增大"典型的溯源冲刷;渭淤 2 断面汛后最深点为 324. 85 m,较出现根石走失、笼石倒塌 8#—10# 坝及坝裆工程段施工(设计)冲刷坑底高程 328. 50 m 低 3. 65 m。

需要说明的是,上述比较是在洪峰过后河道回淤后的成果,在实际中洪水过程出险时河道最深点应较上述汛后最深点更深;历年最大洪水过程流速与冲刷变化统计成果见表 5-17。成果表明,洪水过程河道最深点冲淤变化是相当剧烈的,幅度也是相当大的。

表 5-17　2010~2015 年期间年最大洪水过程流速、冲刷深度统计

年份	洪峰		洪水过程				
	时间 (月-日 T 时:分)	流量 (m³/s)	实测流速(m/s)		最深点冲刷变化(m)		
			最大平均	最大	起涨前	最深	冲刷值
2010	08-25T17:12	2 170	1. 89	2. 45	334. 60	333. 27	1. 33
2011	09-27T20:00	5 050	1. 58	2. 56	331. 14	326. 68	4. 46
2012	09-03T02:18	2 250	2. 22	3. 16	330. 36	327. 12	3. 24
2013	07-24T09:24	2 470	2. 23	3. 48	332. 28	327. 38	4. 90
2014	09-17T16:18	1 580	1. 53	2. 09	333. 24	331. 36	1. 88

注:2015 年未发生洪峰大于 1 000 m³/s 的洪水过程。

上述分析表明:仓西河段河道冲刷下切,河道最深点一般较出险工程施工(设计)冲刷坑底高程低,除 4# 坝垛低 0. 26 m 差距不大外,5#—6# 低 1. 26 m、3# 低 2. 86 m、其他均超过 3. 0 m;这种客观边界条件是工程失稳出险必要的外在条件,在充足的洪水动力条件下,工程失稳出险应成为大概率事件。因此,仓西河道较大幅度冲刷,河道最深点下切较工程施工(设计)冲刷坑底高程低是仓西工程连年出险的首要条件。

5.6.4　河道形态变化对仓西工程安全的影响

以渭淤 2 断面典型年形态变化代表仓西河段河道形态变化,渭淤 2 典型断面河道形态变化参数统计见表 5-18,绘制近期主槽断面变化见图 5-22。

可以看出,2003 年河道主槽较 2002 年拓宽 44 m、最深点下降 1. 57 m、面积增大接近 1 倍,河道变得相对窄深(河相系数减小);2005 年洪水过后,主槽进一步拓宽为 249 m,河道变得相对宽浅;之后河宽增加、河槽变宽浅,至 2009 年河相系数增大至 5. 53;2010 年以来,河槽变得相对宽浅,河槽形态较为稳定,河宽、主槽面积、河槽水深、河相系数均变化不大,只在最深点 1. 0 m 左右的范围波动。

从河槽形态变化分析,2010 年以来仓西河段变得宽浅,不出槽的 2 500 m³/s 以下各流量级洪水平均流速减小,冲刷能力减弱,对主槽岸坎与仓西工程稳定总体是有利的。

表 5-18　仓西河段渭淤 2 典型断面河道形态参数变化统计

断面	年份	滩唇高程 （m）	水面宽 B （m）	面积 A （m²）	平均水深 h （滩槽高差）（m）	河相系数 ξ	平均 河底高程 （m）	汛后河底 最深点 （m）
渭淤 2	2002	332.14	133	458	3.44	3.35	328.70	325.74
	2003	332.14	177	908	5.13	2.59	327.01	324.17
	2004	332.14	172	696	4.05	3.24	328.09	324.75
	2005	332.14	249	1 182	4.75	3.32	327.39	325.81
	2006	332.14	268	889	3.32	4.93	328.82	326.00
	2007	332.14	268	950	3.54	4.62	328.60	325.60
	2008	332.14	266	767	2.88	5.66	329.26	326.96
	2009	332.14	266	784	2.95	5.53	329.19	327.09
	2010	332.14	209	985	4.71	3.07	327.43	324.75
	2011	332.14	239	1 254	5.25	2.94	326.89	325.63
	2012	332.14	239	1 117	4.67	3.31	327.47	325.18
	2013	332.14	239	1 159	4.85	3.19	327.29	325.26
	2014	332.14	239	1 099	4.60	3.36	327.54	324.85
	2015	332.14	239	1 128	4.72	3.28	327.42	325.20

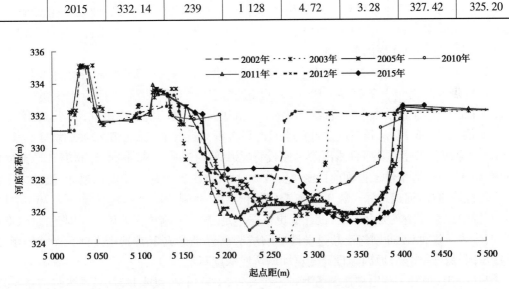

图 5-22　仓西河段渭淤 2 典型年主槽断面变化

5.6.5　河道主流（河势）与工程相对位置关系变化对仓西工程安全的影响

2010 年汛期仓西工程 3#—9# 坝着流，直接受水流顶冲，下段河势持续左移；受渭河 "8·25" 洪水持续淘刷及退水影响，工程中下段河势持续北靠，主湾顶下挫，主流顶冲 4#—

6#坝坽,下首河湾变化较为剧烈,河势不断下挫逼近堤防,局部河段岸坽坍塌;受洪水淘刷影响,水毁坝垛3座(4#—6#坝),坝裆2段(4#—6#坝裆),长度252 m,出现坝裆墩蛰、后溃的重大险情。

2011年汛期仓西"Ω"湾上湾顶水流继续顶冲3#坝,由于是湾顶部弯道段,形成局部环流淘刷,洪水动力得以充分发挥,至退水时3#坝及其上部坝裆发生坡石滑塌险情。

2012年汛期河势变化不大,水流未直接顶冲出险的6#—8#坝段,但由于着流段6#—8#坝裆未进行石方砌护,洪水过程出现坝裆土体坍塌,在水流顺淘刷下岸坽坍塌险情应是工程正常工况。

2013年8#—9#坝裆中下段及9#坝上跨笼石台发生墩蛰较大险情工程段相对河势位置与2012年大体一致,都不是直顶冲而是水流顺流淘刷造成的,这是旱滩坝首次临水的正常工况。

2014年汛期仓西工程上首河湾呈下挫之势,汛前着流的5#坝已脱流,下挫约100 m,6#—12#坝段着流,主流顶冲6#—7#坝裆;9月洪水着流的8#—10#坝及坝裆出现根石走失、笼石倒塌入水险情,是明显的顺流淘刷成险。

上述分析表明,2010年、2011年出险属洪水顶冲工程成险,出险工程与河势相对位置对工程稳定明显是不利的;之后2012~2014年出险均是顺流侧向淘刷成险的,河势与工程没有明显不利于工程稳定的相对位置关系。

5.6.6 综合分析

从上下游工程地质条件对比来看,造成仓西段塌岸的原因与地质条件无关;由前述分析表明连年出险主要表现为坝垛墩蛰、坝裆后溃坍塌或土体坍塌、坝及裆笼石墩蛰或倒塌3种形式,各次出险的具体原因分析如下:

2010年7月下旬至9月中旬,华县站连续发生洪峰流量大于1 000 m³/s洪水6场,各场洪水过程最大流速介于2.05~2.95 m/s,已超过设计平均抗冲流速1.90 m/s的9.9%~55.3%;而7月26日洪水平均流速2.18 m/s,已超过设计平均抗冲流速14.7%。2010年洪水主流顶冲4#—6#坝段,长时间底部洪水长时段淘刷河道最深点低于工程冲刷坑底高程,造成工程失稳坝垛墩蛰、坝裆后溃出险。原设计采用平均流速1.90 m/s,计算坝头局部冲刷深度$\Delta h = 2.88$ m,预估工程坝前冲刷坑深为3.0 m;本次出险是汛期洪水顶冲、流速大于设计平均抗冲流速,河道最深点较工程施工(设计变更)冲刷坑底高程低0.26~3.76 m时发生的,说明原设计是较为合理的,设计变更依据不足、预估冲刷坑深度偏小。因此,洪水直接顶冲,流速超过设计、冲刷深度超过设计冲刷坑底高程是造成2010年汛期4#—6#坝出险的直接原因,深层(主要)原因是设计变更冲刷坑底深度不足。

2011年9月发生首尾相连3场洪峰流量大于2 000 m³/s洪水过程,最大洪峰流量5 050 m³/s为1981年以来最大洪水,该时段华县站洪水过程平均流量1 620 m³/s,各场洪水过程最大流速介于1.97~2.56 m/s;2011年汛期出险的3#坝为旱滩坝,设计冲刷坑底高程328.50 m,并按此施工;仓西工程处渭淤2断面,2011年汛期洪水冲刷回淤汛后实测最深点为325.63 m,较设计冲刷坑底低2.97 m;河势变化水流顶冲3#坝及其上部坝裆,汛期洪水顶冲底部淘刷是汛期3#坝及上首坝裆出险的直接原因;但对于旱滩坝而言,河势变化临水后墩蛰、坍塌出险是正常情况。因此,河势变化使旱滩坝工程变化为临水工程,是2011年出险的主要原因。

2012 年由于 7 月下旬发生一次高含沙小洪水过程,之后发生洪峰大于 1 000 m³/s 的 2 场洪水,各场洪水过程最大流速介于 2.50 ~ 3.16 m/s,平均最大流速为 2.22 m/s;因前期高含沙洪水影响,汛期冲刷 0.007 1 亿 m³,冲刷微弱。6# —8# 坝挡土体坍塌是水流顺流淘刷造成的,是坝挡缺少防护水流冲刷岸坎坍塌的正常河道现象。因此,缺乏工程防护是 2012 年工程出险的主要原因。

2013 年汛期发生 7 场洪峰大于 1 000 m³/s 的洪水,各场洪水过程最大流速介于 1.92 ~ 3.48 m/s,7 月 23 ~ 24 日超过 24 小时平均流速大于 2.12 m/s、最大 2.37 m/s;9# 坝与坝挡笼石台墩蛰险情是旱滩坝首次临水后坍塌下挫的正常工况。

2014 年仓西工程 8# —10# 坝及坝挡出现根石走失、笼石倒塌险情也是旱滩坝首次临水后坍塌下挫的正常工况。

综上所述:仓西工程河段河道冲刷下切,河道最深点一般较出险工程施工(设计)冲刷坑底高程低,出险时除 4# 坝垛低 0.26 m 差距不大外,5# ~ 6# 坝低 1.26 m、3# 坝低 2.86 m、其他均超过 3.0 m;这种客观边界条件是工程失稳出险必要的外在条件,在充足的洪水动力条件下,工程失稳出险应成为大概率事件。

仓西工程连年出险,总体表现为:洪水造成河道冲刷,在河道最深点远低于工程抗冲底坑高程时,河势变化引起水流顶冲、顺流淘刷等外在水流、边界条件变化,工程失稳出险;但各年出险原因是不一致的。

洪水直接顶冲,流速超过设计、冲刷深度超过设计冲刷坑底高程是造成 2010 年汛期 4# —6# 坝出险的直接原因,深层(主要)原因是设计变更冲刷坑底深度不足造成的。

河势变化使旱滩坝工程变化为临水工程并受顶冲,是 2011 年 3# 坝及其上部坝挡出险的主要原因;缺乏工程防护是 2012 年 6# —8# 坝挡土体坍塌工程出险的主要原因。

2013 年 9# 坝与坝挡笼石台墩蛰险情、2014 年仓西工程 8# —10# 坝及坝挡出现根石走失、笼石倒塌险情,均是旱滩坝首次临水后坍塌下挫的正常工况。

5.7　结论与建议

5.7.1　结　论

(1)渭河仓西控导工程位于大荔县韦林乡望仙村东南的渭河渭淤 2 断面左岸上下游,仓西湾所在河段是渭河下游的方山河—潼关入黄段,该河段长约 58 km,属典型的弯曲性河段,枯水河床宽 400 ~ 600 m,河床局部摆动不定,河曲十分发育,平均弯曲系数约为 1.43,河势变化较为剧烈,侵蚀塌岸经常发生。

(2)历史上仓西河段河势变化受洛河入渭入黄变化的影响较大。1967 年黄河严重倒灌渭河和洛河小水大沙的汇入,渭河尾闾河段 8.8 km 河槽淤塞,洛河改道于渭淤 2 断面(仓西工程河段)上游分成多股入渭;经人工疏浚后,渭河尾闾段才得以主槽归顺畅通。1969 年入渭口基本稳定在渭拦 10 断面上游 0.7 km 处,其后变化相对较小;与之相应渭河尾闾河段河势大致稳定,没有急剧的变化,仓西湾道河段河势变化不大。

(3)仓西工程在平面布设上尽量使其满足控制仓西湾不再继续下挫的要求,同时满足下首送流顺畅的要求,以达到向三河口送流条件,防止河势继续恶化,确保移民围堤安全的目的。仓西控导工程布设起点在仓西湾上段,对应沙苑围堤管理桩号 9＋600 处,在仓西湾上段沿修正治导线及岸坎工程布置成直线,直线段布设 13 座雁翅坝垛抵御洪水顶冲;中段布设复合弯道 2 541 m,布置 32 座雁翅坝,形成以坝护湾、以湾导流;下段布置成直线,直线段布设雁翅坝 4 座,以确保向下游送流力度。工程布设总长度 3 951 m,沿工程位置线共布置雁翅坝 49 座,其中水中进占雁翅坝 12 座、旱滩雁翅坝 37 座。

(4)仓西控导工程 2010 年初次出险以来历次出险集中在三期续建的 3#—10# 坝段;出险主要表现为坝垛墩蛰(3#—6#、9# 坝)、坝裆后溃坍塌或土体坍塌(2#—3#、4#—8# 坝裆)、坝及坝裆笼石墩蛰或倒塌(8#—10# 坝裆)3 种形式。

(5)受三门峡建库影响,河道淤积严重,仓西河段渭淤 2 断面滩面、主槽最深点均大致抬升 4.0 m 左右,主槽变窄、深度变化不大,形成相对窄深的河槽,整个断面淤积抬升十分明显,淤积量巨大。沙苑河段移民防洪堤地处渭河高漫滩—洛河漫滩区,地形平坦,在仓西工程段存在渭河强烈冲刷塌岸的现象;根据渭河沙苑堤防工程地质勘察资料,岸坎岩性主要为壤土,局部夹薄层砂层及砂壤土,地层均为全新统上部冲积层,壤土属中等—弱透水岩性,渗透变形类型为流土型;从上下游工程地质条件对比来看,造成仓西段塌岸的原因与地质条件关系不大。

(6)2003～2015 年的水量平水偏枯期、沙量持续特枯是近期渭河下游水沙过程的主要特点;不同时期华县站洪峰流量 $Q \geqslant 1\ 000\ \mathrm{m^3/s}$ 以上洪水过程洪水水沙量变化有较大差异:一是各时期年均洪量总体呈减小趋势,特别是 20 世纪 90 年代以来减小明显,洪水输沙量年均持续减小规律更为明显;二是年均洪量、输沙量不同时期差异较大;三是 20 世纪 70、90 年代总体水沙相对更不协调;四是 2010～2015 年时期洪量较 1990～2009 年有所增加,沙量进一步减少,洪水含沙量为各不同时期最小的时期,水沙条件相比更为有利于河道冲刷。

(7)由于渭淤 1—渭淤 3 仓西河段位于渭河下游下段河口段,其淤积过程具有自己的特点:①主要淤积发生在 1967 年汛后之前迅速淤积期,共淤积 1.415 8 亿 m³,较整个渭河下游(1973 年)提前 6 年;②蓄清排浑运用之前的三门峡二期改建期渭淤 1—渭淤 3 仓西河段出现一个与渭河下游整体冲淤有明显差异冲刷期;③渭淤 1—渭淤 3 在 1967 年汛后累计淤积体增减过程主要表现为几个阶梯状变化,其他年度增减变化幅度很小;④仓西河段 2002 年原型试验以来的冲刷主要是 2003 年、2011 年两年的冲刷造成的,这与渭河下游也是明显不同的。

(8)2010 年以来,仓西河段变得宽浅,不出槽的 2 500 m³/s 以下各流量级洪水平均流速减小,冲刷能力减弱,从河槽形态变化分析,这种河槽形态对主槽岸坎与仓西工程稳定总体是有利的;同时期洪峰流量大于 1 000 m³/s、2 000 m³/s 洪水场次增加与高含沙洪水场次减少,洪水过程最大流速一般均大于工程设计抗冲流速,为渭河下游仓西河段冲刷提供了充足的动力条件;仓西河段河道冲刷下切,河道最深点一般较出险工程施工(设计)冲刷坑底高程低;这种客观边界条件是工程失稳出险必要的外在条件,在充足的洪水动力条件下,工程失稳出险必然成为大概率事件。

(9)2010 年、2011 年出险属洪水顶冲工程成险,出险工程与河势相对位置对工程稳定明显是不利的;之后 2012～2014 年出险均是顺流侧向淘刷成险的,河势与工程没有明显不利于工程稳定的相对位置关系。

（10）仓西河道较大幅度冲刷，河道最深点下切较工程施工（设计）冲刷坑底高程低是仓西工程 2010 年、2011 年出险的条件和主要原因；2012 仓西工程出险主要是工程防护措施不到位造成的；2013 年、2014 年出险应是旱滩坝首次临水后的正常工况。

5.7.2　建议

（1）河道较大幅度冲刷下切、主槽最深点较工程施工（设计）冲刷坑底高程低，是造成 2010 年、2011 年仓西工程出险主要原因，但产生这一问题的根源是设计变更中将冲刷坑底高程抬升 2.5~6.0 m；因此，在今后河道工程特别是控导工程施工中，重大变更的重要参数要进行复核、审查后方可进行。

（2）在今后河道工程管理中，汛期洪水过程工程出险后应首先大致识别工程出险类别［异常出险（对应重大险情）、正常出险（一般及以下险情）］，对工程正常工况的出险情况按规定上报并适时进行维修加固，以确保工程完整和发挥工程作用。

（3）仓西工程由于三期施工时的设计变更抬升了冲刷坑底高程，且高程高于近期河道最深点高程，成为工程易失稳出险的重大制约因素；在仓西河段河势未发生较大变化条件下，若河道仍继续冲刷下切，工程底部淘刷悬空失稳出现重大险情的边界条件将继续存在。因此，今后在仓西工程日常巡查、汛前（后）勘查，特别是洪水期要加强工程观测，做到提前预判、提前加固，防止重大险情发生。

（4）从仓西出险情况分析可以看出，在今后类似河湾设计修建防护工程，在考虑水流平均流速外，还应增加河段水流最大流速时坝头局部冲刷深度的分析计算，并作为坝头抗冲设计的重要依据与参考，确保工程稳定，实现控导河势、理顺流路，保障防护对象安全的目标。

参考文献

[1] 王光谦.河流泥沙研究进展[J].泥沙研究,2007(2):64-81.

[2] 王兴奎,邵学军,李丹勋.河流动力学基础[M].北京:中国水利水电出版社,2002.

[3] 许炯心.黄土高原高含沙水流形成的自然地理因素[J].地理学报,1999(54):318-326.

[4] 杨永红,廖建华,许炯心.黄土高原区高含沙水流发生频率空间分异及其影响因素[J].水科学进展,
    2008(19):160-170.

[5] 惠遇甲,李义天,胡春宏,等.高含沙水流紊动结构和非均匀沙运动规律的研究[M].武汉:武汉水利电
    力大学出版社,2000.

[6] 田治宗,钱意颖,程秀文,等.黄河高含沙水流紊动状态下流变特性的探讨[J].人民黄河,1991,17(1):
    12-14.

[7] 陈立.高含沙水流流变参数的试验研究[J].武汉大学学报(工学版),1992,25(4):384-392.

[8] 白玉川,徐海珏.高含沙水流流动稳定性特征的研究[J].中国科学(G辑:物理学力学天文学),2008,
    38(2):135-155.

[9] 司凤林,乔永杰.黄河中游多沙粗沙区高含沙水流流变特性研究[J].西北水资源与水工程,2002,13
    (3):39-42.

[10] 张瑞瑾.高含沙水流流性初探[J].武汉水利电力学院学报,1978(1).

[11] 张瑞瑾.长江中下游水流挟沙力研究[J].泥沙研究,1959,4(2):39.

[12] 张瑞瑾.河流泥沙动力学[M].北京:中国水利水电出版社,1998.

[13] 费祥俊.高浓度浑水的粘滞系数[J].水利学报,1982(3):57-63.

[14] 舒安平,张科利,费祥俊.高含沙水流紊动能量转化与耗散规律[J].水利学报,2007,38(4):383-388.

[15] 黄远东,张红武,吴文权.高含沙水流的紊动粘性系数研究及其应用[J].工程热物理学报,2005,26
    (5):785-788.

[16] 王光谦,李铁键,贺莉,等.黄土丘陵沟壑区沟道的水沙运动模拟[J].泥沙研究,2008(3):19-25.

[17] 刘兆存,徐永年.高含沙水流运动特性综述[J].泥沙研究,2001(4):74-80.

[18] 钱宁,万兆惠.高含沙水流运动研究述评[C]//钱宁论文集.北京:清华大学出版社,1990:809-816.

[19] 窦国仁.窦国仁论文集[M].北京:中国水利水电出版社,2003.

[20] 韩其为.水库淤积[M].北京:科学出版社,2003.

[21] 程文,王新宏,钱善琪,等.黄河龙潼段揭河底泥沙数值模拟[J].西安理工大学学报,1998,14(2):
    178-181.

[22] 邓贤艺,曹如轩,钱善琪.水流挟沙力双值关系研究[J].水利水电技术,2000,31(9):6-8.

[23] 齐璞,余欣,孙赞盈,等.黄河高含沙水流的高效输沙特性形成机理(黄河下游河道存在巨大的输沙潜
    力)[J].泥沙研究,2008(4):74-80.

[24] 张德茹,苏晓波,王力,等.洛惠渠高含沙水流的特性分析[J].泥沙研究,2000(2):44-48.

[25] 许继刚,郑宝旺,李永鑫,等.输沙管道高含沙水流阻力特性探讨[J].人民黄河,2005,27(4):10-11.

[26] 曾庆华,潘桂兰.高含沙水流与渭河河道冲淤关系的初步探讨[J].水利学报,1982(8).

[27] 杜殿勖.黄河禹门口至潼关河道冲淤特性及河势演变规律[J].泥沙研究,1991(1):44-51.

[28] 赵文林,茹玉英.渭河下游河道输沙特性与形成窄深河槽的原因[J].人民黄河,1994,17(3):1-4.

[29] 王明甫,陈立,周宜林.高含沙水流游荡型河道滩槽冲淤演变特点及机理分析[J].泥沙研究,2000(1):1-6.

[30] 江恩惠,曹永涛,张清.黄河高含沙洪水"揭河底"冲刷研究现状[J].人民黄河,2004,26(7):6-11.

[31] 程龙渊,张成,刘彦娥,等.黄河小北干流和渭河揭河底冲刷现象分析[J].泥沙研究,2005(4):21-29.

[32] 张金良,练继建,王育杰,等.黄河高含沙洪水"揭河底"机理探讨[J].人民黄河,2002,24(8):30-33.

[33] 戴清,胡健,周文浩.渭河下游河道冲淤规律及断面形态变化研究[J].人民黄河,2010,32(4):38-40,45.

[34] 李琦,宋进喜,宋令勇,等.渭河下游河道泥沙淤积及其对河床比降的影响[J].干旱区资源与环境,2010,24(9):110-113.

[35] 侯素珍,张翠萍,张晓华.黄河小北干流冲淤特性分析[J].人民黄河,1998,20(5):18-19,22.

[36] 梁志勇,匡尚富,王兆印,等.高含沙洪水冲刷规律的探讨[J].泥沙研究,1996(6):68-73.

[37] 梁志勇,李文学,张翠萍.渭河和黄河下游河道冲淤特性研究[J].人民黄河,2003,25(10):5-6,9.

[38] 张翠萍,张超,伊晓燕,等.渭河下游洪水冲淤特性及不淤临界流量分析[J].人民黄河,2011,33(2):27-28,31.

[39] 陈雄波,杨丽丰,张厚军,等.渭河下游洪水冲淤特性及输沙用水量研究[J].人民黄河,2007,29(8):24-28.

[40] 李小平,李勇,曲少军.黄河下游洪水冲淤特性及高效输沙研究[J].人民黄河,2010,32(12):71-73.

[41] 刘继祥,鄙国明,曾芹,等.黄河下游河道冲淤特性研究[J].人民黄河,2000,22(8):11-12.

[42] 秦毅,曹如轩,郑学萍,等.高含沙浑水静态剪切应力的试验研究[J].水科学进展,2008,19(6):863-867.

[43] 费祥俊,舒安平.多沙河流水流输沙能力的研究[J].水利学报,1998(11):38-43.

[44] 舒安平.高含沙水流挟沙能力及输沙机理的研究[D].北京:清华大学,1994.

[45] 冯普林,马雪妍,李茜,等.渭河下游悬移质全沙水流挟沙力公式研究[J].人民黄河,2012(9):1-5.

[46] 张红武.挟沙水流流速的垂线分布公式[J].泥沙研究,1995(2):1-10.

[47] 张仁,钱宁,蔡体录.高含沙水流长距离稳定输送条件的分析[J].泥沙研究,1982(3):1-11.

[48] 钱意颖,杨文海,赵文林,等,高含沙水流的基本特性[C]//河流泥沙国际学术讨论会论文集.北京:光华出版社,1980.

[49] 齐璞,黄河极细沙含量对水流挟沙能力影响机理初步的探讨[J].泥沙研究,1981(3):91-99.

[50] 蔡树棠.泥浆的力学性质和砂粒在泥浆中运动时所受的阻力[J].应用数学和力学,1981(3):267-272.

[51] 钱宁.高含沙水流运动[M].北京:清华大学出版社,1989.

[52] 王兴奎,邵学军,李丹勋.河流泥沙动力学[M].北京:中国水利水电出版社,1989.

[53] 江恩慧,黄河高含沙洪水"揭河底"模拟技术及机理研究[D].北京:中国水利水电科学研究院,2010.

[54] 王国安,李文家.水文设计成果合理性评价[M].郑州:黄河水利出版社,2002.

[55] 陕西江河水利工程咨询有限公司.咸阳市渭河上林大桥工程防洪评价报告[R],2005.

[56] 陕西省三门峡库区勘测设计院.国道312咸阳过境暨咸阳机场高速公路渭河大桥洪水影响评价报告[R].2001.

[57] 陕西水环境工程勘测设计研究院.咸阳市渭河横桥防洪影响评价报告[R],2008.12.

[58] 黄河水利委员会黄河水利科学研究院.陕西省西咸新区秦汉新城正阳渭河大桥防洪影响评价报告[R].2012.

[59] 陕西水环境工程勘测设计研究院.西安铁路枢纽新建北环线工程三郎村特大铁路桥跨渭河段防洪评价报告[R].2005.

[60] 陕西水环境工程勘测设计研究院.西安渭北(临潼)现代工业新城跨渭河秦王二桥防洪评价报告

[R].2012.

[61] 陕西水环境工程勘测设计研究院,新建大同至西安铁路客运专线渭南顺渭河湾特大桥防洪评价报告
[R].2010.

[62] 黄河勘测规划设计有限公司,新建铁路大同至西安客运专线渭河特大桥防洪评价报告[R].2010.

[63] 陕西水环境工程勘测设计研究院,新建铁路郑州至西安客运专线渭南二跨渭河特大桥防洪评价报告
[R],2006.